van Aerssen/Buchholz/Burkhardt
Das große Handbuch
Digitale Transformation

Das große Handbuch Digitale Transformation

222 Methoden und Instrumente für mehr Wandlungsfähigkeit im Unternehmen

Herausgeben von

Benno van Aerssen

Christian Buchholz

Prof. Dr. Nicolas Burkhardt

unter Mitarbeit der Autor:innen

Stephanie Bretz

Benjamin Brüser

Göran Göhring

Dr. Jan Herrmann

Dirk Kossey

Sabina Lammert

David Sauer

Tobias Scharikow

Thomas Schönhoff

Beate Sommer

Valerie Wacker

Verlag Franz Vahlen München

ISBN Print: 978 3 8006 6582 2
ISBN E-Book: 978 3 8006 6583 9

Satz: Fotosatz Buck
Zweikirchener Str. 7, 84036 Kumhausen
Druck und Bindung: Westermann Druck Zwickau GmbH
Crimmitschauer Str. 43, 08058 Zwickau
Umschlaggestaltung: Ralph Zimmermann – Bureau Parapluie
Bildnachweis: © phai.analog@gmail.com – depositphotos.com (modifiziert)

Gedruckt auf säurefreiem, alterungsbeständigem Papier
(hergestellt aus chlorfrei gebleichtem Zellstoff)

Inhaltsverzeichnis

Vorwort

Wer könnte das Vorwort zu einem Buch über digitale Transformation schreiben? Diese Frage hat uns einige Zeitlang beschäftigt. Sollen wir das selbst tun, sollten wir dies Kollegen überlassen oder vielleicht eine prominente Person dafür gewinnen? – Wir haben uns dagegen entschieden. Digitale Transformation ist kein Thema für Experten allein, dafür hat sie zu große und weitgreifende Auswirkungen auf unsere gesamte Gesellschaft und die Art und Weise wie wir in Zukunft zusammenarbeiten und -leben werden.

Wir werden Menschen aus der Zukunft zu Wort kommen lassen. Menschen, die mit den Ergebnissen unserer digitalen Transformationsprojekte leben müssen. Daher haben wir Schülerinnen und Schüler aus unterschiedlichen Herkunftsländern nach Ihrer Meinung zur digitalen Transformation gefragt. Lassen Sie sich davon inspirieren, wie die Jugendlichen die Frage nach dem **„Warum“** und dem **„Wie“** der digitalen Transformation beantworten.

An dieser Stelle möchten wir den beteiligten Schülerinnen und Schülern vom Collegium Augustinianum Gaesdonck und der gesamten Schule für das Engagement zu diesem Vorwort danken.

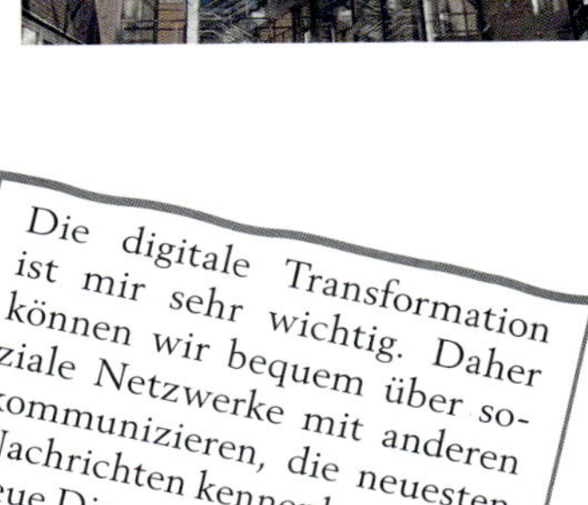

Die Frage lautete:

„Was bedeutet digitale Transformation für dich und deine Zukunft?“

„Digitalisierung nimmt immer mehr Einfluss auf unser alltägliches Leben. Egal ob im Berufs- oder Privatleben, man hat immer die Möglichkeit mit anderen Menschen verknüpft zu bleiben. Die Kommunikation hilft auch Chancen an anderen Orten zu erweitern und zu verwirklichen.

Allerdings fühlt man sich immer mehr kontrolliert und überwacht, da man oft nicht weiß, was mit seinen persönlichen Daten geschieht. Aus diesem Grund müssen zukünftig Schutzmaßnahmen ergriffen werden, um Privatsphäre zu gewährleisten.“

Viktoria zu Eulenburg

Die digitale Transformation ist mir sehr wichtig. Daher können wir bequem über soziale Netzwerke mit anderen kommunizieren, die neuesten Nachrichten kennenlernen und neue Dinge erleben. Außerdem müssen wir für Schüler keine schweren Bücher zur Schule bringen und benötigen nur ein iPad, um alles zu lösen.

Mingyu Xi

Wir sind mit digitalen Geräten, dem Internet und Social Media groß geworden. Deswegen ist es logisch, dass wir auch unsere Zukunft mit Technologie gestalten werden. Wir sind abhängig von der Technik und dem Fortschritt und werden unsere zukünftigen Jobs, Alltage, Beziehungen etc. mit der Technik bzw. sozialen Medien bestreiten. Großeltern und Eltern werden uns mit unserer modernen Zukunft nicht verstehen, doch wir werden viele Veränderungen feststellen. Und das ist das Aufregende, denn nicht nur wir werden erwachsen, sondern die Technik und der Fortschritt in Jobs etc. werden uns begleiten und mit uns wachsen.

Zelina Kern

Digitale Transformation ist vielschichtig. Sie schafft aber keine Strukturen im Unternehmen ab, sondern optimiert und vereinfacht Abläufe. Richtig abgestimmt und umgesetzt, steigert sie sowohl die Produktivität als auch das Arbeitsumfeld.

Lars Hemmers

Als Schüler von heute ist man von technologischem Fortschritt und Verbesserungen eingekreist, ob es einem interessiert oder nicht; jedoch haben die meisten von uns die Vorteile und Möglichkeiten eines digitalisierten und vernetzten Alltags schon in jungen Jahren gelernt zu schätzen. Lehrer werden gezwungen eine Reformation des Unterrichtens durchzumachen, von dem sie fast ausschließlich weniger Ahnung haben als diejenigen die unterrichtet werden sollen. Ob Lehrer oder Schüler hat man aber keine Wahl außer die Genialität der steigenden Effizienz, Qualität und Klarheit, die diese Änderungen mitbringen zu bewundern.

Jeremy Harrington

Schon jetzt, zu Beginn des 21. Jahrhunderts ist der Alltag der Menschen ohne die Verwendung digitaler Geräte kaum mehr möglich. Was das für unsere Zukunft bedeutet? Soziale Kommunikation wird zur Ausnahme und die Gesellschaft wird sich immer weiter zu kontaktfeindlichen Individuen entwickeln. Aber ohne mich!

Maximilian Gastens

Segen oder Fluch? Was für Viele die aufgehende Sonne am Horizont der Zukunft ist macht Mir eher Sorgen. Die Digitalisierung sorgt für Arbeitslosigkeit, digitale Demenz und nimmt Kindern natürliches Aufwachsen. Trotz ihrer Möglichkeiten, die außer Frage stehen, macht sie uns einsamer und lässt uns mehr und mehr an der Wirklichkeit vorbeileben. Wir brauchen einen deutlich regulierteren Umgang und dürfen uns Global nicht so stark von Ihr abhängig machen.

Simeon Enders

Digitale Transformation betrifft unsere gesamte Gesellschaft. In den folgenden Jahren werden sich soziale Strukturen aber auch die Geschäftsmodelle vieler Unternehmen verändern. Trotz neuer Technologien werden immer wieder neue kreative Köpfe gebraucht, um den digitalen Wandel zu unterstützen. Wir als zukünftige Generation werden von den Fortschritten profitieren können, um den nationalen und internationalen Markt neu zu erfinden.

Merle Danckwart

Die digitale Transformation bringt viele Chancen und Erleichterungen, aber auch hohe Risiken mit sich. Der Arbeitsmarkt wird dadurch revolutioniert und es gibt nicht mehr die Sicherheiten für unsere Generation Z, wie es sie vielleicht für vergangene Generationen gab. Keiner weiß, was die Digitalisierung in 15 Jahren bewirkt hat und wie wir dann damit leben.

Cedrik Crins

Die Digitalisierung steht uns nicht erst in der Zukunft bevor. Sie passiert schon jetzt! Die meisten Menschen erwarten, wenn sie Digitalisierung hören, komplizierte Technologien, die es bald erst in der Zukunft geben wird. Sie vergessen dabei jedoch das die Digitalisierung bereits heute einen großen Teil des Lebens einnimmt. Auch der Corona-Lockdown hat Deutschland einen großen Schritt Richtung Zukunft machen lassen, da erkannt wurde, wie weit die heutigen Technologien sind, und dass man diese bereits, beispielsweise im Homeoffice, nutzen kann.

Alexander Werland

Das Zeitalter der digitalen Medien ist eine Zeit der Beschleunigung, geprägt von einem nie versiegenden Informationsfluss, der einen ständigen Zugang zu geteiltem Wissen gewährleistet. Jenes Zeitalter vereinfacht nicht nur meinen Schulalltag, indem es mir ermöglicht wird alle Notizen zu jeder Zeit griffbereit zu haben, sondern zeigt mir auch immer wieder neue Möglichkeiten der Lebensgestaltung auf. Daher ist es umso wichtiger das digitale Zeitalter mit unserem realen Leben zu verknüpfen.

Marie Weinhardt

Die Digitale Transformation bedeutet für mich eine langsame, aber stetige Entwicklung, die das Ziel verfolgt, das Leben der Menschen einfacher und Informationen leichter und für nahezu alle zugänglich zu machen. Dabei entstehen aber auch vor allem durch die veränderte Kommunikation Probleme: die Menschen verlernen „in echt“ miteinander zu sprechen, da beim Schreiben über soziale Netzwerke zwischenmenschliche Reaktionen in Form der Mimik und Gestik wegfallen. Dadurch kommt es auch immer häufiger zu respektlosen Kommentaren auf sozialen Plattformen. Andererseits bietet die fortschreitende Digitalisierung zahlreiche neue Möglichkeiten, so ist es durch die Digitalisierung möglich Bürokratie abzubauen und so Prozesse in der Verwaltung schneller und einfacher zu gestalten.

Jael Singendonk

Der Prozess der Digitalen Transformation gehört zu den bedeutendsten Herausforderungen des 21. Jahrhunderts und darf daher nicht ohne Rücksicht fortschreiten, was jedoch nicht die Geschwindigkeit ihrer Entwicklung hemmen sollte. Die Funktionen der Digitalisierung dringen bis in unseren innersten Lebensbereich ein und begeistern die Menschen durch ihre Vorteile. Mit ihr können alte Arbeitsplätze verlorengehen und neue entstehen. Eine Zukunft ohne Digitalisierung ist mittlerweile unvorstellbar. Ihre Evolution liegt in unserer aller Hände und muss so gestaltet werden, dass nicht nur wir, sondern auch zukünftige Generationen von ihr profitieren können.

Luca Elias Poen

Digitalisierung bedeutet Veränderung. Die Digitalisierung ist und bleibt ein Prozess der Entwicklung, der unsere Zukunft bestimmt. Es ist momentan noch schwer zu sagen, was das genaue Ziel ist, ob es ein Ziel gibt oder der Weg das Ziel ist. Es ist jedoch sicher, dass die Digitalisierung eine Fülle an Möglichkeiten bietet und der Fortschritt, der in den letzten Jahren zu sehen war, enorm ist. Diese Veränderung also beeinträchtigt das Leben eines jeden Einzelnen: Ob in dem Bildungssystem, in der Wissenschaft oder sogar das, durch Corona bekannte, Homeoffice, welches einen großen Sprung in der Digitalisierung verursacht hat.

Mateusz Konieczny

Der Digitale Wandel begegnet uns überall. Die technologischen Entwicklungen sind rasant und verändern die Art, wie wir kommunizieren, arbeiten, lernen, leben. Sie eröffnen große Chancen für mehr Lebensqualität, effizienteres Wirtschaften und neuartige Geschäftsmodelle. Privat wie beruflich begleiten Computer, Tablets und Smartphones uns rund um die Uhr und verbinden uns mit der ganzen Welt. Schon heute sind weltweit über 20 Milliarden Geräte und Maschinen vernetzt – bis 2030 werden es rund eine halbe Billionen sein. Gerade wir als die Generation, die mit der Digitalisierung groß werden, sind wohl am meisten von dieser betroffen. Das ganze Ausmaß, egal ob positiv oder negativ, wird sich jedoch erst in den nächsten Jahren zeigen, und dann ist es unsere Aufgabe, am besten mit diesem Wandel umzugehen.

Jannis Groesdonk

Digitalisierung ist ein grundlegender und bereits fest verankerter Teil unseres Lebens und daher ist es wichtig diese zu fördern und auch gleichmäßig bei den Menschen zu verbreiten. Es dürfen keine Bevölkerungsgruppen benachteiligt werden, da sich das Internet in vielen Fällen bereits zu einer Art Grundbedarfsgut entwickelt hat. Auch in dem Bereich der Forschung, schreiten die digitalen Möglichkeiten immer mehr voran und es kommt zu einer digitalen Transformation in unserem alltäglichen Leben, da neuartige Technologie immer öfter die analogen Wege ersetzt und teilweise verbessert. Im Gegenzug dazu dürfen wir nicht vergessen, wo die Wurzel für unsere aktuelle digitale Welt liegen und die verschiedenen Aspekte, die sich seitdem verändert haben. Meiner Meinung nach zeigt sich das in unserer Generation besonders deutlich, denn wir sind die die ersten die mit einem Handy (oft noch ein Tastenhandy) aufgewachsen sind, allerdings gleichzeitig auch die letzten, die in ihrer Jugend das Handy und das Internet kaum benutzt haben.

Sebastian Hoppe

Digitalisierung hat sich zum Geist der Zeit entwickelt und wird immer mehr zu einer gesellschaftlichen Notwendigkeit. In ihr spiegelt sich sowohl der Drang nach Innovation und Effektivität als auch die Schnelllebigkeit der heutigen Zeit wider. Arbeitserleichterung, Genauigkeit und Automatisierung sowie mediale Darstellung und kundenorientiertes Handeln von Seiten der Unternehmen stehen dabei im Vordergrund. Es bereichert den Menschen, bietet ihm Zugang zu unbegrenztem Wissen und regt seine Kreativität an. Genauso gut entstehen durch Digitalisierung ein enormer Leistungsdruck und eine Abhängigkeit von Technologien, denen man sich nicht entziehen kann.

Lis Beemelmans

Was dieses Buch bietet

**Menschen wollen Überblick,
Menschen wollen sich inspirieren lassen
und Menschen wollen stöbern.**

Diesen Satz, von unserem Lektor und Büchermacher Dennis Brunotte ist uns immer noch in den Ohren und beschreibt am Ende exakt das, was dieses Buch will.

Das Thema „Digitale Transformation“ ist so groß, so vielfältig, so umfassend und weitgreifend, wie wohl aktuell nur noch der Klimawandel. Vor dem Hintergrund fortschreitender Digitalisierung und der Ausweitung digitaler, dynamisch wachsender Geschäftsmodelle ist z. B. Agilität ein Schlüsselbegriff für Unternehmen und weitere Zukunftsgewandte. Um diese zu gewährleisten, gilt es, passende Organisationsstrukturen zu schaffen und gleichzeitig Methoden zu nutzen, die dabei helfen, das digitale Potenzial auszuschöpfen. Gleichzeitig muss dies in Form der sogenannten Ambidextrie geschehen, in der das Unternehmen durch Verbesserung und Effizienzsteigerung das Bestehende weiterentwickelt und gleichzeitig durch Experimentieren und Flexibilität Neues erschließt.

Genau dies ist angesichts immer schnellerer Trendverläufe und digital bedingter (exponentieller) Skalierungen erfolgskritisch, da Zeitfenster für zählbare Projekterfolge enger und somit die Notwendigkeit für eine Konzentration auf die schnelle Bereitstellung von Produkten auf dem Markt (time to market) immer bedeutender wird.

Um Projekte in der digitalen Zukunft in wesentlich kürzeren Zyklen realisieren zu können und somit auch anlass- und aktualitätsbezogen am Markt Produkte und Services zu platzieren, bedarf es schlanker, pragmatischer und strukturierter Vorgehensweisen und Methoden, die wir in diesem Buch zusammentragen.

Unternehmens stehen wohl vor der größten Revolution der Menschheitsgeschichte, die sich in unzählige kleinere Herausforderungen herunterbricht. Dazu gehören agile Transformationsstrategien, Aufbau von neuen digitalen Geschäftsfeldern, Innovationsstrategien oder auch die Entwicklung von datenbasierten Geschäftsmodellen.

Ein weiterer großer Bereich der digitalen Transformation dreht sich um den Kunden und seine Wünsche bzw. Bedürfnisse. Mit zunehmender digitaler Reife wird von vielen Kunden bereits heute ein außergewöhnliches Kundenerlebnis gefordert und häufig vorausgesetzt. Begriffe wie Customer Experience, Customer Analytics, Customer Insights oder Touchpoint-Excellence werden zu Erfolgsfaktoren. Dabei entstehen spannende (und für viele Organisationen auch neue) Fragen, wie „Was ist unsere next best activity?“ oder „Wie gestalten wir unser Omnichannel-Management?“.

Last but not least steht auch die effiziente Umsetzung der digitalen Transformation im Fokus dieses Buches mit Herausforderungen wie Digitalisierung von Sales- und Serviceprozessen, Prozessmanagement oder dem Aufbau einer agilen Organisation bis hin zu Agile-as-a-service, Factory-Konzepten, Big Data, Customer Identity, Access Management u. v. m.

Um das thematische Schwergewicht digitale Transformation verständlich zu machen und vor allem praktikable Umsetzungswerkzeuge an Ihre Hände zu geben, haben wir das Thema aus unterschiedlichen Perspektiven betrachtet:

14 Autor:innen-Schlaglichter

Unser Buch bietet, mit einem sehr diversen Team vom 14 Autor:innen, einen echten Rundumblick auf das Thema digitale Transformation. Jeder Autor hat ein individuelles Schlaglicht verfasst, welches seinen Blick und seine Erfahrungen wiedergibt – inklusive eines wichtigen Rats oder Empfehlung.

222 Methoden und Tools

Alle Autor:innen haben eine Toolbox aus 222 Methoden und Tools zusammengestellt, die helfen soll, ganz konkrete Herausforderungen praktisch und zielführend zu unterstützen. Lassen Sie sich von unserer Toolbox inspirieren für die Umsetzung Ihrer digitalen Transformationsarbeit und Ihrer Projekte. Zu allen Methoden und Tools haben die Autor*innen umfangreiche Eigenschaften und Features hinterlegt, die schnell dabei helfen, das richtige Tool auszuwählen.

1 Transformation Canvas

Aus dem Austausch der Autor:innen haben Benno van Aerssen und Nicolas Burkhardt – nach vielen Jahren Beratung, Coaching und Umsetzung im Bereich der digitalen Transformation – den Digital Transformation Canvas entwickelt. Dieses Tool hilft Organisationen dabei, ihre Initiativen und Projekte im Bereich der digitalen Transformation schnell, ganzheitlich und zielführend zu modellieren. Der Transformation Canvas wird als kostenloser Download zur Verfügung gestellt.

44 Hinderniseffekte

In vielen Situationen der digitalen Transformation gibt es typische Hindernisse, die das Weiterkommen verlangsamen oder ganz zum Erliegen bringen. Daher haben wir alle Methoden nach ihrer Wirkung auf 44 bekannte und häufig auftretende Digitalisierungshindernisse untersucht und klassifiziert. Wir nennen dies Hinderniseffekte. Die Suchmöglichkeit über Hinderniseffekte liefert eine schnelle Unterstützung mit Methodenwissen in kritischen Situationen, die ansonsten möglicherweise zur Verzögerung oder sogar zum Ende der Digitalisierungsaktivitäten führen würden.

Schaut man sich die Verteilung der Methoden in Abhängigkeit zu den Hinderniseffekten an, dann stellt man fest, dass digitale Transformation klar durch die Themen Klarheit, Reflexion, Komplexität und Teamausrichtung geprägt ist.

50 Mindsetcards

Da das Gelingen von digitaler Transformation im hohem Maße von der Haltung der Menschen abhängt, lohnt es sich, die eigene Haltung zu reflektieren bzw. zu erweitern.

Wir haben insgesamt 50 Mindset Cards im Buch versteckt, die Ihnen spannende Denkimpulse bieten sollen. Wenn Sie eine Mindset Card entdecken, halten Sie doch kurz inne und denken über den Impuls nach, den Ihnen die Karte anbietet und reflektieren Sie, wie Sie darauf reagieren.

Grafik: verrocchio Mindset-Card – Illustration: Jennifer Weiss

Verteilung der Hinderniseffekte
53 % / 36 - Schafft schnell Klarheit und beschleunigt Erkenntnissgewinn
43 % / 32 - Verhindert unreflektiertes agieren
42 % / 04 - Beugt blinden Flecken / Betriebsblindheit vor
36 % / 11 - Schärft eine fehlende gemeinsame Ausrichtung
33 % / 13 - Schafft für den Erfolg nötige Realitätsbezüge
29 % / 16 - Beugt Misinterpretationen vor
27 % / 15 - Stärkt das Vertrauen im Team
27 % / 41 - Verringert zu große Komplexitäten
25 % / 10 - Verhindert falsche Flughöhen
24 % / 42 - Überzeugt strukturliebende Teammitglieder
22 % / 25 - Schwächt multidisziplinäre Reibungsverluste
21 % / 39 - Fördert die Agilität der Teilnehmer
20 % / 18 - Bewahrt vor zu generischen Ideen und Aussagen
20 % / 08 - Verhindert einseitige Bewertungen und Entscheidungen
18 % / 24 - Verkürzt und durchbricht vorhandene Kreativblockaden
18 % / 06 - Schwächt das Leben in der Vergangenheit
17 % / 12 - Wirkt fehlender Inspiration entgegen
17 % / 05 - Verhindert blinden Aktionismus
16 % / 21 - Bindet eher introvertierte Teammitglieder mit ein
15 % / 33 - Schwächt Verdiskutiererei
14 % / 20 - Verhindert Ideenfindung mit zu schwacher Erkenntnissgrundlage
13 % / 28 - Stärkt schwache Anreicherungsskills
11 % / 35 - Dynamisiert und aktiviert wenig dynamische Teams
10 % / 14 - Fördert eventuell fehlende Wertschätzung
9 % / 38 - Verkürzt zu lange Meetingzeiten
8 % / 34 - Verhindert vorschnelles Urteilen über Ideen
8 % / 26 - Schwächt nicht zielführende Emotionen
8 % / 01 - Schwächt Angst vor Neuem (Cainophobie)
7 % / 17 - Fördert gehemmte Teammitglieder
7 % / 02 - Schwächt Angst vor Kritik und Zurückweisung
6 % / 40 - Verhindert Finanz- und Ressourcenfallen
6 % / 37 - Verkürzt zu lange Entscheidungsmeetings
6 % / 23 - Schwächt Konkurrenzdenken und Angst vor Machtverlust
6 % / 19 - Verhindert Ideenbunkerei und Geheimniskrämerei
5 % / 44 - Überzeugt einen Rationalisierer
5 % / 29 - Schwächt den „Inneren Zensor"
5 % / 27 - Schwächt das „Not invented here" - Syndrom
5 % / 07 - Integriert einen dysfunktionalen Schweiger
4 % / 22 - Verhindert störende Killerphrasen
3 % / 03 - Schwächt störende Bewertung während der Ideenfindung
2 % / 43 - Überzeugt einen Daueropponenten
2 % / 09 - Schwächt zu extrovertierte Teammitglieder
1 % / 31 - Verhindert Topic-Jumping und schnelles Abschweifen
1 % / 30 - Bändigt einen störenden Gruppenclown

Der Transformation Canvas

Die Transformation Canvas wurde von Benno van Aerssen und Prof. Dr. Nicolas Burkhardt entwickelt und dient dazu, technologische Entwicklungen, Initiativen und (strategische) Projekte zur digitalen Transformation effizient und ganzheitlich zu beschreiben, zu gestalten und möglichst ohne Reibungsverluste durchzuführen.

Dieses visuelle Werkzeug kann in nahezu allen Transformationsprojekten eingesetzt werden. Es ist ein Makrotool, das stets einen 360-Grad-Blick auf Herausforderungen im einem Veränderungsprozess ermöglicht und allen Beteiligten Klarheit über das Warum und die operative Umsetzung eines Digitalisierungsprozesses verschafft.

Im Kern ordnet der Transformation Canvas zehn erfolgskritische Tätigkeiten und grundlegende Transformationselemente in einem Übersichtsmodell.

In Anlehnung an den Business Model Canvas (Osterwalder et al.) sprechen wir in diesem Zusammenhang von sogenannten Building Blocks oder schlicht Basisbausteinen. Sie wurden über diverse Beratungsmandate und in einem heterogenen Branchenumfeld als wiederkehrende Muster über mehrere Jahre identifiziert und empirisch validiert.

„Nur die Ganzheitlichkeit in der Betrachtung von Digitalvorhaben, und zwar von der Planung über die Realisierung bis hin zur Kontrolle, sowie die individuelle Adaption aus dem organisationsspezifischen Kontext sichern den Erfolg einer digitalen Transformation nachhaltig", so van Aerssen und Burkhardt.

Gratis-Download unter www.handbuch-digitale-transformation.com/canvas

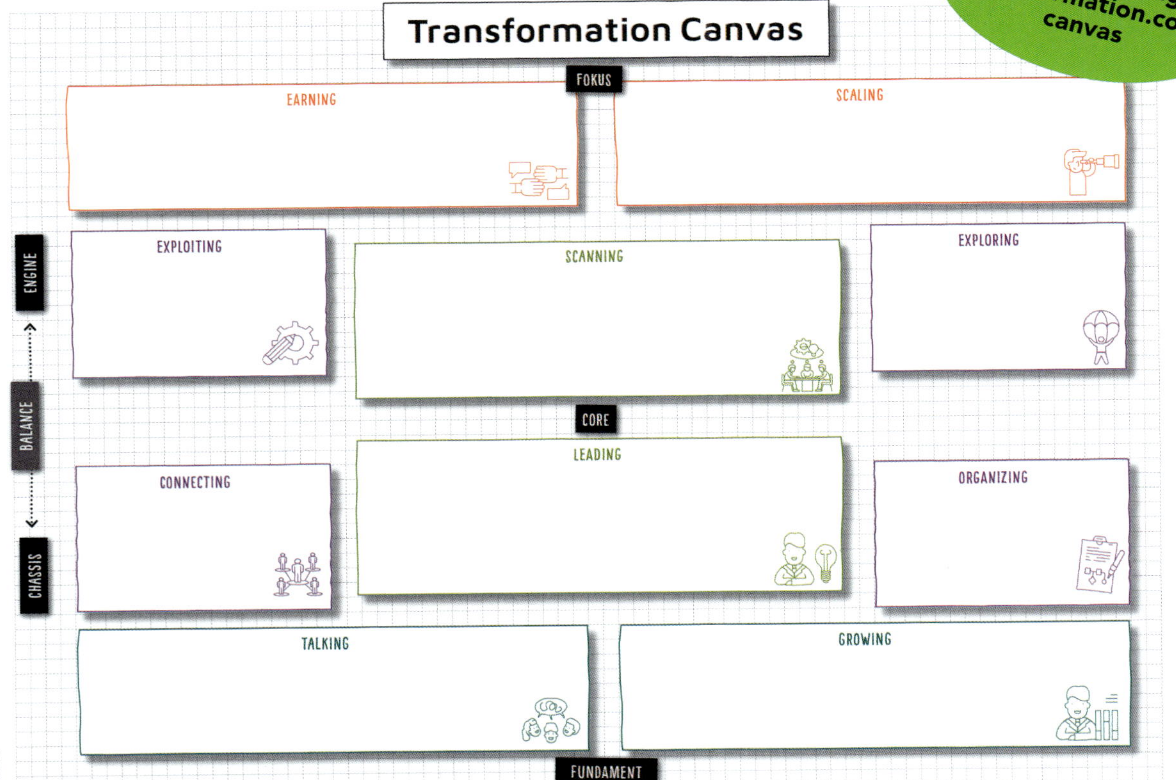

Transformation Canvas (Quelle: verrocchio und Kopfspringer)

Man könnte auch sagen, der Transformation Canvas ist das erste Werkzeug für ein ganzheitliches (digitales) Transformationsmanagement. In den nächsten Abschnitten werden wir Ihnen das umfassende Tool im Detail vorstellen.

Anwendungszenarien

Der Transformation Canvas lässt sich in zahlreichen typischen Arbeitspaketen und Vorhaben rund um digitale Transformationsaktivitäten einsetzen – darunter Analysearbeit, Entwicklungs- und Gestaltungsarbeit, Präsentations- und Kommunikationsarbeit und natürlich bei jeglichem Entscheidungsfindungsprozess.

Um das Ganze noch plastischer, noch greifbarer zu machen, lassen Sie uns zunächst festhalten, wie konkrete Anwendungsszenarien aussehen können und welche Arbeitspakete mit dem Canvas angegangen werden sollten:

- **Analyse von anstehenden und bereits durchgeführten digitalen Transformationsprojekten und -initiativen.** Hier ist das Tool insbesondere hilfreich bei der Anwendung und Gegenüberstellung mit einem Status „ex ante", also zum Zeitpunkt der initialen Planung vor einer Umsetzung, sowie „ex post", also zum Zeitpunkt nach dem schließlich umgesetzten und implementierten Ergebnis.
- **Vergleich und Benchmarking von digitalen Transformationsprojekten und -initiativen.** Hier ist der Transformation Canvas vor allem bei ähnlichen Transformations-Ausgangslagen hilfreich, um durch wiederverwendete „Best in Class"- oder „Best Practice"-Muster höhere Effizienz (z. B. durch geringere „Rüstkosten") auf dem Weg zum digitalen Wandel in weiteren Organisationen oder Organisationsbestandteilen zu erzeugen.
- **Ideenfindung zu digitalen Transformationsprojekten und -initiativen.** Hier hilft der Canvas bei der Identifikation von klassischen Opportunity Spaces. Im Mittelpunkt steht der Blick auf potenzielle Einsatzbereiche und den jeweiligen Wirkungsgrad. Wo lohnt sich Automatisierung? Was bewirkt digitaler Support in diesem und jenem Bereich? Wie kann Transformation durch den Einsatz von Software und „digitalem Mindset" unterstützt werden.
- **Entwicklung von digitalen Transformationsprojekten und -initiativen.** Gerade weil Transformationen sich dem agilen Sinne nach gern selbst im Prozess transformieren, hilft das Tool als lebendiges Arbeitsmittel. Ähnlich wie beim Business Model Canvas sollte der Transformation Canvas als dynamisches Begleitinstrument verstanden werden und nicht als Monument einer statischen Momentaufnahme.
- **Präsentation von digitalen Transformationsprojekten und -initiativen.** Gemäß „Kommunikation ist der Schlüssel zu allem" kann der Transformation Canvas hervorragend als Pitch-Instrument vor einem Transformationsvorhaben genutzt werden oder im Prozess Stakeholder regelmäßig updaten und entsprechende Fortschritte oder Hürden verständlich und schnell erfassbar kommunizieren
- **Alignment in digitalen Transformationsprojekten und -initiativen.** Zu guter Letzt wissen Transformationsprofis genauso wie Veränderungsanfänger bereits nach den ersten Schritten, dass ein einheitliches Verständnis über Zielvorgaben, Dimensionen und Definitionen absolut erfolgskritisch in Transformationsprojekten ist. Der Transformation Canvas hilft dabei, genau dieses transparent, einfach und eindeutig zu gewährleisten.

Für alle Anwendungsszenarien gilt der einfache Merksatz: „Es ist absolut empfehlenswert, für alle zehn erfolgsrelevanten Basisbausteine des Canvas Inhalte zu definieren. Nur so wird von Beginn an garantiert, dass Transformationsmanager oder ein Transformationsteam keine Perspektive unbeachtet lassen. Und ganz wichtig: Konzipieren darf immer auch ein anstrengender Denkprozess sein.

Der Transformation Canvas soll Ihnen in jedem Fall die bestmögliche Unterstützung bieten. Sie sind bei dessen Ausgestaltung völlig frei – ob Sie den Canvas nun allein befüllen oder im ausführlichen Workshop, ob spontan oder geplant, ob Sie bei Baustein 1 oder Baustein 10 beginnen. Es ist Ihre Transformation und Ihre Planung.

Ganz praktisch nutzen Sie für das Ausfüllen der Bausteine typischerweise Post-its. Sollten Sie allerdings von Beginn auch schon im Planungsprozess zur Digitalisierung voll auf Bits und Bytes setzen, bietet sich das Tool ebenso zu Befüllung in Kollaborationsprogrammen wie Miro, Mural oder Conceptboard an. Um die Übersichtlichkeit zu bewahren und der Planung Ihre eigene Logik beizumischen, hat es sich im Übrigen als äußerst sinnvoll erwiesen, in komplexen Vorhaben einzelnen Post-it-Farben zuzuweisen. Gerade wenn Sie To-dos für unterschiedliche Basisbausteine aus einem initialen Backlog ableiten und hier ggf. Verantwortlichkeiten darstellen möchten, kann dies sehr hilfreich sein. Auch zur Darstellung logischer Abfolgen oder Verbindungen sowie für Merkmale wie Wichtigkeit oder Dringlichkeit eignen sich eigene Farbklassifizierungen.

Fokusflughöhen

Als aufmerksame Leserin oder Leser haben Sie sicherlich schon bemerkt, dass sich mit dem Transformation Canvas sehr gut auf unterschiedlichen Fokusflughöhen arbeiten lässt – zum einen auf einer hohen, eher strategischen Flugebene. Gearbeitet wird hier beispielsweise im Rahmen einer grundsätzlichen, initialen und gesamtheitlichen Planung zur Transformation. Auch unternehmensweite Vorgehensweisen können auf diesem Niveau strukturiert werden.

Gleichsam bietet sich der Canvas zur Beschreibung von Digitalisierungsmaßnahmen auf niedrigerer, operativer Flughöhe an. Es lassen sich sowohl konkrete Ideen, Projekte in Abteilungen oder Maßnahmen als auch spezifische Handlungen bezogen auf ein konkretes Problem visualisieren.

Fokustätigkeiten

Und dennoch gilt: Alle Basisbausteine im Transformation Canvas haben die gleiche Relevanz und Wichtigkeit – wie und in welcher Reihenfolge Sie sie mit Inhalten befüllen, ist grundsätzlich beliebig.

Nutzen Sie dabei unterstützende Mikromethoden. Unser Transformation-Index ab Seite 60 des Buches zeigt Ihnen, welche Mikromethoden sich für welche Fokustätigkeiten (Basisbausteine) eignen.

Um ein möglichst eingängiges und schnelles Verständnis für die Arbeit mit dem Canvas entwickeln zu können, war es uns wichtig, den Transformation Canvas so anzulegen, dass eine helfende Metapher durch das Tool führt: So bilden die unteren fünf Fokustätigkeiten das sogenannte „Chassis" eines jeden konkreten Projektes oder einer strategischen Transformationsinitiative. Wie bei einem Auto ist das Chassis das notwendige Fundament. Es sorgt für Stabilität und ganzheitliches Zusammenwirken. Ohne ein Chassis, also ohne eine sprichwörtliche Basis, gelingt kein Projekt. Die oberen fünf Fokustätigkeiten bilden in weiteren fünf Basisbausteinen die sogenannte „Engine" unseres konkreten Projekts oder unserer strategischen Initiative.

Die Engine in unserem Canvas wirft den Blick weit nach vorn in die Zukunft und ist der eigentliche Treiber für die Veränderung. Und wenn es nicht der Motor ist, dann verstehen Sie sie bitte als leistungsfähiges Batterie-System.

Die beiden Tätigkeiten in der Mitte, quasi das Verbindungsstück zwischen Chassis und Engine, bilden den „Core" unseres konkreten Projektes oder unserer strategischen Transformationsinitiative. Erfahrungen aus diversen Beratungsprojekten haben gezeigt, dass die objektive Umfeldwahrnehmung und aktive Umfeldbeobachtung im Vorfeld sowie während einer laufenden Transformation absolut essenziell sind für das Gelingen des Vorhabens. Aus genau diesem Grund sind die beiden zentralen Elemente „Scanning" und „Leading" in unserem Transformation Canvas hervorgehoben.

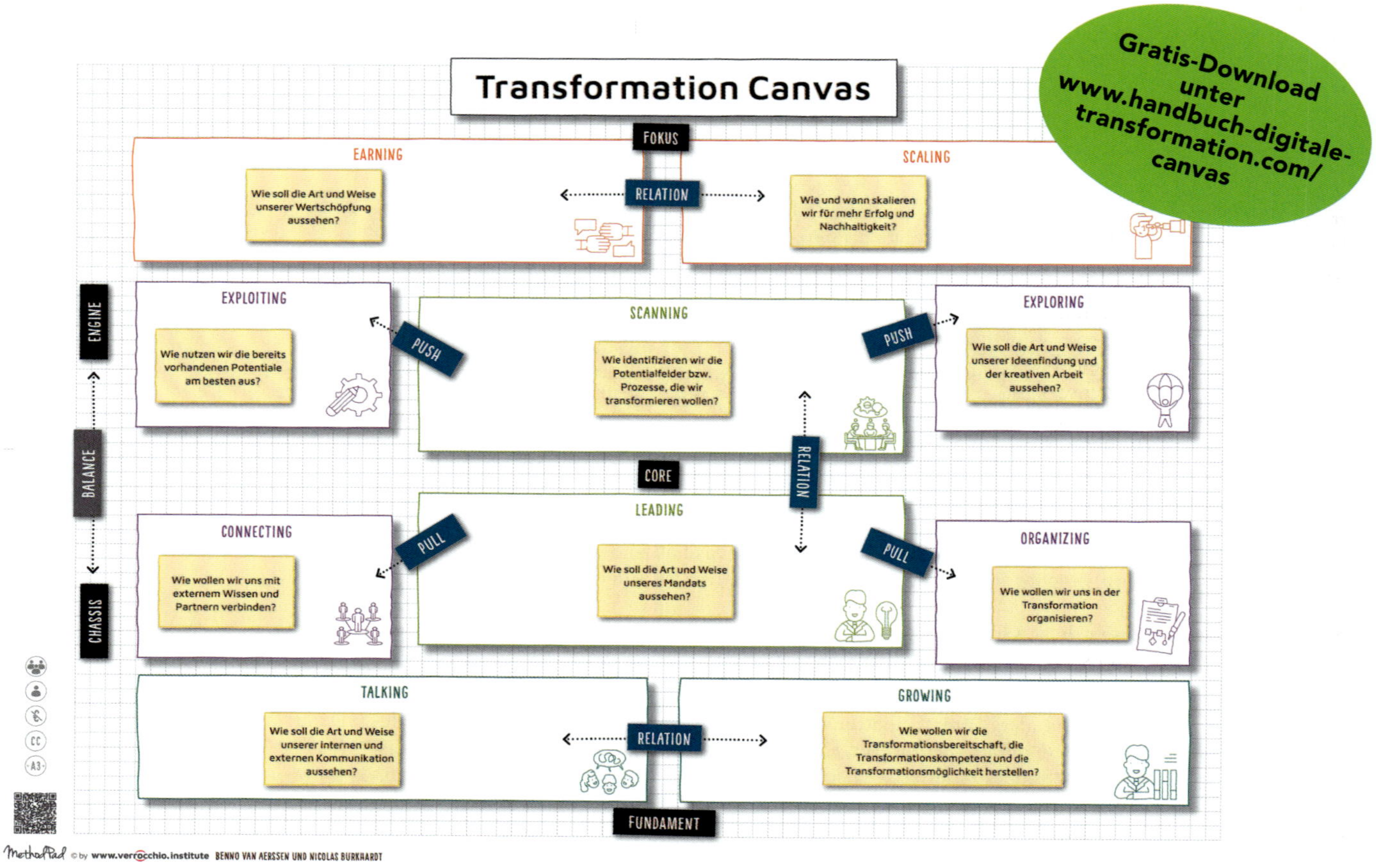

Transformation Canvas

Gratis-Download unter www.handbuch-digitale-transformation.com/canvas

FOKUS

EARNING
Wie soll die Art und Weise unserer Wertschöpfung aussehen?

RELATION

SCALING
Wie und wann skalieren wir für mehr Erfolg und Nachhaltigkeit?

ENGINE

EXPLOITING
Wie nutzen wir die bereits vorhandenen Potentiale am besten aus?

PUSH

SCANNING
Wie identifizieren wir die Potentialfelder bzw. Prozesse, die wir transformieren wollen?

PUSH

EXPLORING
Wie soll die Art und Weise unserer Ideenfindung und der kreativen Arbeit aussehen?

BALANCE

CORE

RELATION

CHASSIS

CONNECTING
Wie wollen wir uns mit externem Wissen und Partnern verbinden?

PULL

LEADING
Wie soll die Art und Weise unseres Mandats aussehen?

PULL

ORGANIZING
Wie wollen wir uns in der Transformation organisieren?

TALKING
Wie soll die Art und Weise unserer internen und externen Kommunikation aussehen?

RELATION

GROWING
Wie wollen wir die Transformationsbereitschaft, die Transformationskompetenz und die Transformationsmöglichkeit herstellen?

FUNDAMENT

MethodPad © by www.verrocchio.institute BENNO VAN AERSSEN UND NICOLAS BURKHARDT

Transformation Canvas mit unterstützenden Fragen (Quelle: verrocchio und Kopfspringer)

Schauen wir uns im Folgenden die Basisbausteine des Transformation Canvas, Ihres zukünftigen Projektbegleiters, im Einzelnen an. Beginnen wir mit der Beschreibung der Bestandteile des Chassis:

Leading: Wie soll die Art und Weise unseres Mandats aussehen?

Beschreiben Sie in diesem Basisbaustein, wie das optimale Mandat für Ihr Projekt aussehen sollte oder wie das bereits erteilte Mandat definiert ist. Wer ist Ihr Mandatsträger? Wie wird das Mandat gelebt? Wann und wie wird das Mandat erneuert?

Diese Fokustätigkeit ist besonders wichtig, da Projekte ohne Management Commitment bekanntlich meistens schon zu Beginn zum Scheitern verurteilt sind. Aus diesem Grund gilt es, diesen Basisbaustein in jedem Fall bei der ersten Bearbeitung des Transformation Canvas mit Inhalt zu befüllen und bei jedem weiteren Iterationsschritt auf Aktualisierungsbedarf zu prüfen.

Fragen, die beim Ausfüllen helfen können:

- Welches Mandat haben wir für unser Vorhaben?
- Wie stark ist unser Mandat?
- Gibt es mächtige Stakeholder, die unserem Mandat entgegenstehen?
- Wie oft und auf welche Art und Weise wird unser Mandat erneuert?
- Wie ist der Mandatsträger operativ in unser Transformationsvorhaben eingebunden?
- Über welche Medien spricht das Mandat?

Connecting: Wie wollen wir uns mit externem Wissen und Partnern verknüpfen?

Beschreiben Sie in diesem Basisbaustein, welches konkrete Wissen oder welche Partner benötigt werden, um den Erfolg des Transformationsvorhabens zu garantieren!

Die Erfahrung zeigt, dass in fast jedem Projekt zur digitalen Transformation externes, neues Wissen und/oder externe Partner absolut erfolgsentscheidend sein können. Neue Impulse von außen helfen, frische Perspektiven zu schaffen. Lernerfolge, Weiterentwicklung und Transformationseffizienzen können davon abhängen.

Fragen, die beim Ausfüllen helfen können:

- Welches nötige Wissen fehlt uns zur Erreichung unseres Transformationsziels?
- Von welchem vorhandenen Wissen wissen wir derzeit nicht, ob es noch aktuell ist?
- Welche externen Wissensressourcen lassen sich nutzen?
- Welche externen Branchenexperten lassen sich nutzen?
- Welche externen fachfremden Experten lassen sich nutzen?
- Wer kann uns zusätzliche spannende Blickwinkel liefern?
- Durch welche Verbindungen können wir intern bislang fehlende Basiskompetenzen und Wissen aufbauen?

Organizing: Wie wollen wir uns in der digitalen Transformation organisieren?

Beschreiben Sie in diesem Basisbaustein, welche Rollen, Zuständigkeiten, Verantwortlichkeiten, Tools und Teams im Fokus Ihres Transformationsvorhabens stehen.

Als beinahe schon selbstverständlich gilt, dass im Rahmen digitaler Transformationen, bei denen ggf. durch Automatisierungen tiefgreifende Einwirkungen in Aufbau und Ablauf einer Unternehmung vorgenommen werden, immer auch Neuformierungen der herkömmlichen Organisation erforderlich werden. Auf diesen Umstand antworten Sie mit diesem Basisbaustein.

Fragen, die beim Ausfüllen helfen können:

- Welche Rollen sind für eine erfolgreiche Durchführung nötig?
- Wie sollten diese Rollen zusammenwirken?
- Wie sind Verantwortlichkeiten geregelt?
- Wie verlaufen Entscheidungsprozesse?
- In welchem Maße und wie nutzen wir agile Strukturen und Vorgehensweisen?
- Welche Teams und Entitäten werden für eine erfolgreiche Umsetzung benötigt?
- Was soll sich und in welchem Maße selbst organisieren?
- Wie wollen wir über unsere Ablauforganisation reflektieren?

Talking: Wie soll die Art und Weise unserer internen und externen Kommunikation aussehen?

Beschreiben Sie in diesem Basisbaustein, in welcher Form, Frequenz und mit welchem Inhalt Ihr digitales Transformationsprojekt kommunikativ flankiert werden soll. Denken Sie daran: Kommunikation ist die Basis, um Betroffene zu Beteiligten und Beteiligte schließlich zu Verbündeten und Fans zu machen.

Gerade in unserer so schnelllebigen und komplexen VUCA-Welt ist Kommunikation in alle Richtungen ein wesentlicher Erfolgsfaktor für digitalen Wandel. Fehlender Austausch oder unzureichende Informationsweitergabe führen schnell zu Vertrauenverlusten und damit zum Misserfolg eines jeden Projektes.

Fragen, die beim Ausfüllen helfen können:

- Wer soll wen, wann und über was informieren?
- Mit welchen internen Stakeholdern muss kommuniziert werden?
- Wie sehen Präsentationen von Milestones, Zielen und Ergebnissen aus?
- Wie reden wir über Pivots im Projekt und über gemachte Fehler?
- Welche Medien und Tools wollen wir für die Kommunikation nutzen?
- Wer koordiniert und verantwortet die verschiedenen Kommunikationsaufgaben?

Growing: Wie wollen wir die Transformationsbereitschaft, die Transformationskompetenz und die Transformationsmöglichkeiten herstellen?

Beschreiben Sie in diesem Baustein, über welche Maßnahmen und konkreten Handlungen Sie den Dreiklang „Wollen", „Können" und „Dürfen" stärken werden, um damit den Transformationserfolg wachsen zu lassen.

Bedenken Sie: Bei digitalen Transformationen geht es immer um den Mensch. Eine richtige Haltung ist das Kernelement, um die Transformation Readiness gedeihen zu lassen. Darin enthalten ist das Wissen und die Anwenderkompetenz um mehrwertstiftende Tools und Methoden sowie das grundsätzlich inspirierende Set-up in Perspektive, Zeit und Umfeld.

Fragen, die beim Ausfüllen helfen können:

- Wie und auf welche Art betreiben wir das nötige Wissens- und Kompetenzmanagement?
- Wie und auf welche Art möchten wir lernen?
- Wie messen wir initial die bereits vorhandenen Veränderungsbereitschaft?
- Wie messen wir unseren digitalen Reifegrad?
- Wo und wie müssen wir den notwendigen Transformationsraum in Form von Raum und Zeit erweitern?
- Wer kann uns helfen, den Wissenszuwachs und damit die digitale Reife beständig zu erweitern?

Betrachten wir nun im Detail die Basisbausteine und Fokustätigkeiten in der Engine des Transformation Canvas.

Scanning: Wie identifizieren wir die Potenzialfelder bzw. Prozesse, die wir transformieren wollen?

Beschreiben Sie in diesem Baustein, wie Sie in Ihrem Transformationsprojekt vorgehen wollen, um mögliche Potenzialfelder zu identifizieren und zu bearbeiten.

Ihnen wird wahrscheinlich schon aufgefallen sein, dass es in diesem Arbeitsschritt eine Nähe und Ähnlichkeit zum prozessualen Vorgehen „Beobachten und Verstehen" aus Metamethoden wie dem Design Thinking gibt. Das detaillierte, analytische Vorgehen, um die richtigen Maßnahmen für wirklich relevante Potenzialfelder zu ergreifen, mag zunächst etwas akademisch wirken und so gar nicht nach „einfach mal machen" klingen. Am Ende jedoch zahlt sich eine gründliche Analyse oftmals gleich mehrfach aus, und zwar in puncto Hochlaufkurve, Projekteffizienz und Effektivität der priorisierten Maßnahmen.

Fragen, die beim Ausfüllen helfen können:

- Über welchen Zeitraum führen wir unser Scanning initial durch?
- Was wollen wir im Scanning in Erfahrung bringen? Wie lautet der konkrete Scan-Auftrag?
- An welchen Messgrößen machen wir relevante Findungen fest?
- Welche Trends, Suchgebiete und Prämissen bilden die Grundlage für unser Scanning?
- Wie führen wir das Scanning operativ durch (digital, analog, mithilfe welcher Tools)?
- Welche Kollegen oder externe Personen können das Scanning unterstützen?

Earning: Wie soll die Art und Weise unserer Wertschöpfung aussehen?

Beschreiben Sie in diesem Baustein die Zielvorstellung zur Wertschöpfung Ihrer Transformation. Was sind ihre Merkmale und wie wirkt sie. Generiert Ihre Organisation nach der Transformation mehr Umsätze? Realisieren Sie nachhaltige Earnings?

Fragen, die beim Ausfüllen helfen können:

- Wer sind die Kunden unserer Idee/Transformation und wofür bezahlen sie?
- Heben Sie Umsätze oder sparen Sie an ineffizienten Ausgaben?
- Gibt es sogar eine Double-Earning-Situation, in der Sie Ausgaben senken und Umsätze erhöhen können?
- Welche tangiblen und intangiblen Earnings sind denkbar?
- Über welchen Zeitraum denken wir die Earnings?

Scaling: Wie und wann skalieren wir für mehr Erfolg und Nachhaltigkeit?

Beschreiben Sie in diesem Baustein, in welcher Form (wie) und mit welcher Geschwindigkeit (wann) Sie sich eine Skalierung in Ihrem digitalen Transformationsprojekt vorstellen.

Bedenken Sie: Die Skalierung von digitalen Prozessen, Services und Geschäftsmodellen zum richtigen Zeitpunkt und in einer adäquaten Geschwindigkeit ist einer der wesentlichen Erfolgshebel digitaler Transformation. Muster identifizieren, Erfolgsfaktoren replizieren und über Skalierung Effizienzen heben. Bei richtiger Scaling-Strategie ist eine 10x-Skalierung keine Seltenheit.

Fragen, die beim Ausfüllen helfen können:

- Auf welche Art und Weise können wir skalieren?
- Welche Hilfsmittel benötigen wir und was muss erledigt werden, um Skalierung zu gewährleisten?
- Mit welchen KPIs belegen wir den Prozess der Skalierung?
- Welche Budgets werden für einzelne Skalierungsschritte gebraucht?
- Was sind die Ziele unserer Skalierungsstufen?
- Welche Personen leiten die Skalierungen ein?
- Was sind die Auswirkungen einer Skalierung und wie gehen wir damit um?

Exploiting: Wie nutzen wir die bereits vorhandenen Potenziale am besten aus?

Beschreiben Sie in diesem Baustein, welcher angestammte Bereich und welche Ressourcen noch optimiert werden können. Denken Sie daran, wo Sie noch schlanker werden müssen oder nachhaltiger operieren wollen, um besonders Kontinuität und Beständigkeit, aber auch maximalen Output in Ihrer Transformation zu realisieren.

Der Digital Transformation Canvas setzt an dieser Stelle wie auch im nächsten Baustein Exploration auf das Prinzip der Ambidextrie. Damit wird die Fähigkeit einer Organisation gemeint, beide Prinzipien des modernen, agilen Wirtschaftslebens zusammenzuführen – die *gleichzeitige* Fokussierung auf Effizienzsteigerung und Kostensenkung durch kontinuierliche Verbesserung (Exploitation) und die Identifikation von neuen Möglichkeiten durch das Ausprobieren und Testen von Ideen (Exploration).

Fragen, die beim Ausfüllen helfen können:

- In welchen Bereichen und Prozessen sehen wir starke Verbesserungspotenziale?
- Wo gibt es wahrgenommene Verschwendung, sogenannten Process Waste oder (japanisch) Muda?
- Welche angestammten Bereiche und Prozesse sind mit Trends verbunden?
- Wie können wir noch mehr aus unserer Organisation herausholen?
- Wenn wir verzichten müssten, was würde uns am wenigsten schmerzen?

Exploring: Wie soll die Art und Weise unserer Ideenfindung und der kreativen Arbeit aussehen?

Beschreiben Sie in diesem Baustein, welchen Weg Sie gehen, um konsequent potenzialträchtige Ideen zu produzieren, welche Ideen Sie bereits haben und welche Bereiche Sie grundsätzlich interessieren, um sich hierhin zu transformieren.

Messen Sie diesem Bestandteil des Transformation Canvas einen ausreichend großen Denkraum zu. Neue Dinge und Ideen kreativ zu denken und in bestehende Organisationen zu integrieren, ist Kern der Treiberfindung in jedem digitalen Transformationsprojekt.

Fragen, die beim Ausfüllen helfen können:

- In welchen Bereichen wollen wir etwas hinzuaddieren?
- Wo haben Sie das Gefühl, dass etwas in Ihrer Organisation oder in Ihrem Geschäftsmodell fehlt?
- Welche Anleihen aus anderen Branchen machen Sinn und bieten Cross-Industry-Potenziale?
- Wer soll am Generierungs- und Schaffungsprozess beteiligt sein?
- Welche Dinge könnten ganz anders funktionieren als aktuell?

Weitere Tipps zur Anwendung des Transformation Canvas

Es mag profan klingen, aber schreiben Sie nicht auf den Canvas selbst! Verwenden Sie bei analoger Arbeit Post-its zur inhaltlichen Befüllung Ihres Modells, damit Sie der Dynamik Ihrer konzeptionellen Gedankenspiele und prozessualer Entwicklungen Rechnung tragen können. Nutzen Sie variable Elemente, um zu aktualisieren, zu verschieben und umzuhängen, wenn immer Sie und Ihr Team Bedarf danach sehen.

Bleiben Sie im wahrsten Sinne agil. Bleiben Sie beweglich.

Verstehen Sie Ihre Gedanken als Momentaufnahmen, die durch permanente Reflexion und Validierung wiederkehrend einer Erneuerung unterzogen werden müssen.

Foto: Benno van Aerssen

Merken Sie sich folgenden Tipp: Wie bei vielen Kreativitäts- und Problemlösungstechniken sollten Ihre Gedanken so konkret wie möglich und so ausführlich wie nötig formuliert und festgehalten werden. Damit garantieren Sie die nachhaltige „Transportfähigkeit" Ihrer Konzepte. Ihr Transformation Canvas muss auch ohne Ihre persönliche Vorstellung funktionieren und selbsterklärend sein.

Beachten Sie, dass nur eine Idee pro Post-it festgehalten wird. Arbeiten Sie nicht in Spiegelstrichlogik, sondern nehmen Sie sich die Zeit, ausführlich zu formulieren. Sobald Sie mehr als einen Aspekt festhalten wollen, verwenden Sie ein neues Post-it. Auch damit bleiben Sie flexibel und müssen etwa nicht Dinge streichen, wenn einmal festgehaltene Bestanteile auf einem Post-it nicht mehr zutreffen.

Nutzen Sie Farbcodes: Verwenden Sie verschiedenfarbige Post-its, um bestimmte Aspekte Ihres Modells hervorzuheben oder wenn Sie in Ihrem Modell zwei sehr unterschiedliche Ebenen mit verschiedenen Aufgaben oder Zielen verdeutlichen wollen. Nutzen Sie im Verlauf Ihrer Arbeit mit dem Transformation Canvas dieselben Farben für die entsprechenden Elemente einer Ebene.

Zu guter Letzt denken Sie daran, dass zumindest in diesem Fall gilt: quantity beats quality. Achten Sie besonders im Bereich des Bausteins Exploration darauf, dass Sie zunächst viele verschiedene Canvas-Versionen mit unterschiedlichen Modellen generieren. Der Erfolg stellt sich über verschiedene Ansätze des Transformation-Layouts ein, die dann in konvergenten Arbeitsphasen gefiltert und bewertet werden, bis das finale Modell feststeht und in die Umsetzung überführt werden kann.

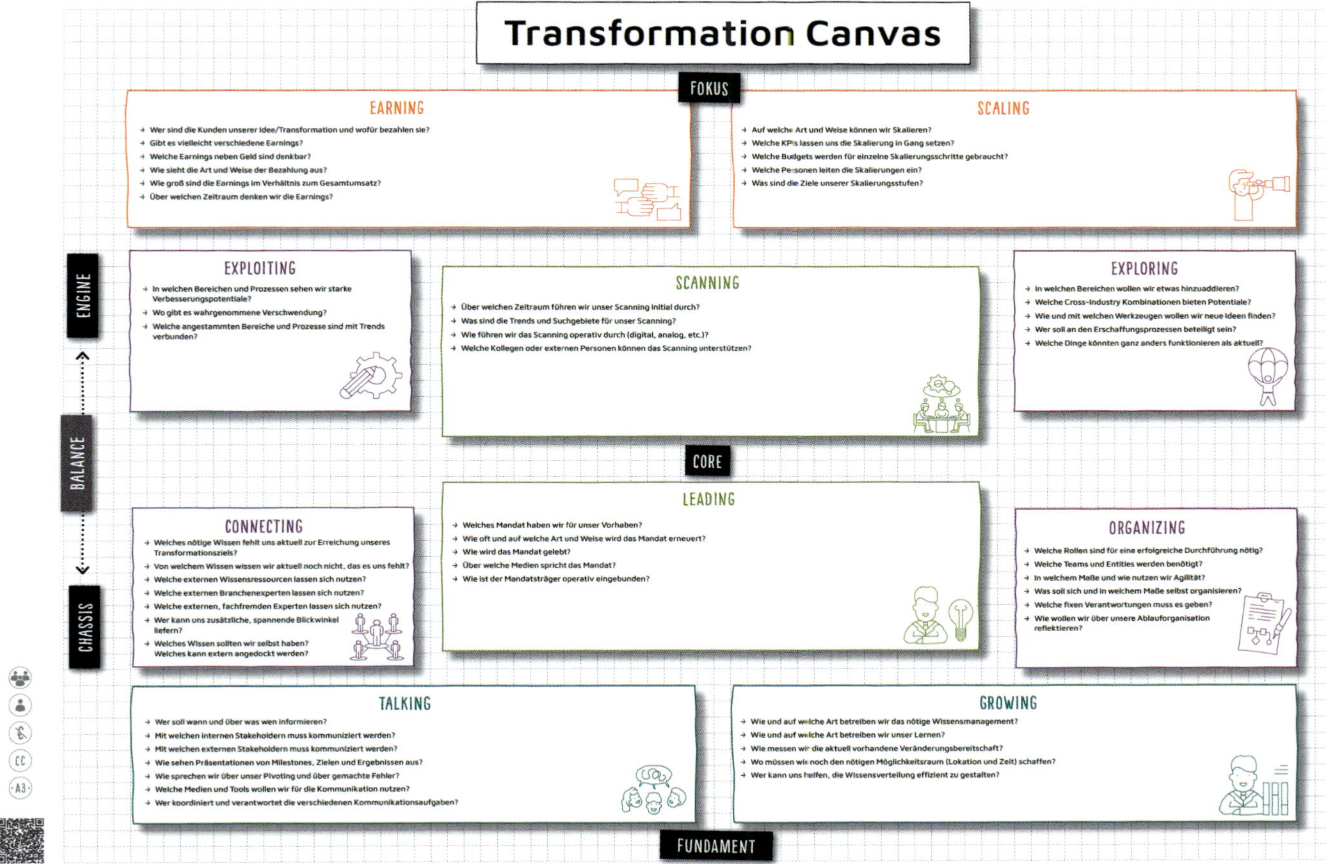

Transformation Canvas mit hilfreichen Fragen für Workshopteilnehmer

Digitale Transformation mit dem Transformation Canvas: ein Beispiel

Lassen Sie uns zu Illustrationszwecken an dieser Stelle gemeinsam in ein Beispiel eintauchen. In diesem Beispiel wollen wir zusammen verstehen, wie Ihnen der Transformation Canvas genau dabei hilft, Ihre digitalen Transformationsprojekte zu strukturieren, zu dokumentieren, zu reflektieren und weiterzuentwickeln.

Nehmen wir dafür einmal an, wir seien ein langjährig erfolgreiches, mittelständisches Familienunternehmen. Die Firma Musterwerk GmbH aus Franken. Seit drei Generationen produzieren wir bereits Pumpen für das Abwassermanagement von Städten. Mit der Übernahme der Geschäftsführungstätigkeit durch die Tochter des Hauses sollen nun allerdings auch die Bereiche Innovation und kerngeschäftsfremde Markterschließung stärker fokussiert werden, denn die neue Geschäftsführerin hat insgesamt Großes vor. Und sie weiß: Die Zeit drängt. Der Wettbewerb ist innerhalb der letzten Jahre härter geworden und die seit jeher hochgesteckten Unternehmensziele sind immer schwieriger zu erreichen. Klingt dem einen oder der anderen sicherlich bekannt, oder?

Ausgewiesenes Ziel der Geschäftsführerin ist, aus einer ressourcenbasierten Perspektive die Kompetenzen der Organisation auch für den Einsatz auf fremden Märkten zu nutzen und damit endlich neue Wege zu beschreiten und das Maximum an Chancen aus dem gesamten Firmenpotenzial zu realisieren – sozusagen ordentlich zu explorieren. Da die neue Geschäftsführung zusätzlich erkannt hat, dass der Schlüssel zum unternehmerischen Erfolg heute grundsätzlich im Nutzen organisationaler Ambidextrie liegt, möchte sie gleichzeitig kontinuierlich am bestehenden Kerngeschäft „schrauben", um über den Einsatz intelligenter Technologie Abläufe zu entschlacken, Effizienzen zu heben und mit geringerem Aufwand noch wirtschaftlicher zu werden – kurzum: maximal zu exploitieren.

Da die Belegschaft der recht ambitionierten Vorgehensweise höchstwahrscheinlich eher zurückhaltend gegenüberstehen wird, weiß die Neue im Chefsessel, dass den Faktoren Kommunikation, Mehrwert- und Purpose-Vermittlung eine ganz besondere Relevanz im Change zukommen wird.

In einem ersten Schritt stellt die Geschäftsführerin deshalb einen Stab zusammen, der sich strategisch und operativ mit dem Thema der Transformation und insbesondere mit den Chancen der Digitalisierung auseinandersetzen soll. Einer der Mitarbeiter erscheint zum Kick-off mit dem neuen Transformation Canvas und erklärt in einer sehr kurzweiligen Einleitung die gewinnbringende und einfache Arbeit mit dem Tool. Der Workshop beginnt.

Das Team um die Geschäftsführerin (der Projekt-Ownerin) fokussiert sich zunächst auf die Ausarbeitung des Chassis zur (digitalen) Transformation. Dafür wählen sie die Basisbausteine Leading, Connecting, Talking, Growing und Organizing. Das Kernelement Leading ist ihr Startpunkt. Sie bestücken sich mit einem frischen Päckchen Post-its, da der Workshop zur digitalen Transformation seine Anfänge ganz im Analogen nimmt.

Leading in der Transformation

Da die Geschäftsführerin selbst Initiatorin des (digitalen) Wandels sein möchte, unterstreicht Sie im Team die vorhandene Rückendeckung für alle bevorstehenden, auch radikalen Veränderungsgedankenspiele. Sie hebt das offizielle Mandat vor und legt fest, dass ihr das Kernteam einmal im Monat ein Update zu den Teilprojektfortschritten melden soll. Zwar möchte Sie selbst immer wieder operativ eingebunden werden, weiß allerdings aufgrund ihrer zahlreichen Verpflichtungen auch, dass sie kaum feste Terminzusagen treffen kann. So entscheidet sie, sich maßgeblich der Rolle der Projekt-Ownerin zu widmen und damit insbesondere strategische Verantwortung für die Formulierung der Vision und des initialen Gesamtbacklogs zu übernehmen.

Ferner legt Sie zusammen mit dem Team fest, wie weitreichend es allein „machen kann" und reflektiert im Basisbaustein Leading, wer innerhalb der Musterwerk GmbH ansonsten noch mächtig und wichtig ist und daher unbedingt als Stakeholder bedacht werden sollte. Zu diesem Zweck erstellt das Team eine Stakeholder Map, um sich über den Kontext des Gesamtprojektes ein Bild zu machen.

In einem nächsten Schritt konzentrieren sich die Kernteam-Mitglieder auf die Befüllung des Basisbausteins Connecting und damit auf die Beantwortung der Frage, auf welches Wissen und welche Wissensträger das Projekt zurückgreifen muss und kann.

Connecting in der Transformation

Da das Team bereits weiß, an welchen Ecken es grundsätzlich für die Transformation ansetzen will und welche Rollen auszufüllen sind, hält es an dieser Stelle interne Kollegen fest, die bereits Erfahrungen mit organisationalen Veränderungen gesammelt und in diesem Zusammenhang gegebenenfalls sogar radikalen Change erlebt haben. Insbesondere durch die Fokussierung auf neue Quellen von Wachstum außerhalb des Kerngeschäfts macht es Sinn, sich mit solchen Wissensträgern auszutauschen.

Gemeinsam bewegen die Kollegen im Kernteam die Frage, welche Netzwerke jeder mitbringt. Dabei fällt auf, dass eine junge „Neuer" zuvor in einem Unternehmen gewirkt hat, dass maßgeblich agil arbeitete. Sie bringt einige sehr hilfreiche Impulse ein, und so entscheidet das Team gerade auch im Hinblick auf die sprint-ähnliche Logik, die die Geschäftsführerin im Kontext des Ein-Monats-Fortschrittberichtsturnus angeregt hatte, dass die junge Kollegin eine Art methodisches Oberhaupt bilden soll. Als Scrum Master bekommt sie den Hut dafür auf, das Team auf Kurs zu halten, methodisch zu befähigen und die Grundprinzipien der agilen Arbeitsweise hochzuhalten, wenn das restliche Kernteam Gefahr läuft, in den alten Trott zu verfallen oder von der Orga-Krake verschluckt zu werden.

Als weitere Idee aus den externen Netzwerken hält das Team um die Geschäftsführerin fest, dass versucht werden sollte, gerade in der Anfangsphase möglichst viele Impulse von außen zu bekommen, um darüber die eigene Kompetenzbasis zu erweitern und Fehler, die andere Organisationen bereits gemacht haben, zu vermeiden. Als es kurz um das Thema der Fehlerkultur geht, hakt die Geschäftsführerin ein und verweist mit Nachdruck darauf, dass ihr dieser Punkt im Rahmen der bevorstehenden Veränderungen besonders wichtig ist: „Wir werden Fehler machen, wir werden darüber kommunizieren und wir werden gemeinsam lernen.“ Die Vorgabe scheint klar, und so macht sich das Team an den dritten Basisbaustein Talking.

Talking in der Transformation

„Reden ist Silber, Schweigen ist Gold“ wirft zu Beginn des nächsten Themenblocks ein Kernteam-Mitglied ein. Dass dies richtig ist, hatte sich in der Vergangenheit in vielerlei Hinsicht mehr als einmal bewiesen. Nun aber entgegnet die neue Chefin: „Das mag durchaus an einigen Stellen seine Korrektheit haben – hier jedoch kehrt sich diesmal die Logik um. Wenn wir wirklich die gesamte Firma umbauen möchten, sie für die Zukunft fit und die Mannschaft dabei für das Vorhaben gewinnen wollen, dann führt kein Weg an einer kontinuierlichen Transformations-Kommunikation vorbei.“

Das gesamte Team ist begeistert von der Klarheit und vom Veränderungswillen der Geschäftsführerin und begibt sich auf dieser Basis in ein erstes Brainstorming zum Thema. Gemeinsam wird in den nächsten Minuten überlegt, welche Form von Kommunikation an der Stelle die richtige sein könnte und wie eben diese dann auszugestalten sei.

Nach einigen Impulsen kombiniert eine junge Kollegin drei bereits geäußerte und sichtbar gesicherte Ideen. Sie fasst zusammen: „Lasst uns doch so eine Art Transformation Tracker und eine separate Landing Page im Intranet aufbauen, auf der wir den Status der Teilprojekte wiederkehrend erläutern und darüber hinaus Betroffene und Verantwortliche zu ihren Erwartungen zu Wort kommen lassen. Da wir zumindest untereinander gut vernetzt sind, sollte das doch kein Problem sein. Echtes Engagement, das wir sogar digital messen könnten – so eine Art fortlaufender NPS.“

Gesagt, getan. Ihr Team hält fest, dass über ausgewählte Kanäle beständig zur Transformation kommuniziert und Diskussionen moderiert werden sollen. Ferner beschließt es eine Digitale-Netzwerk-Analyse, anhand der herausgefunden werden soll, wer dem Wandel positiv gegenübersteht und wer gleichzeitig ein Kommunikationsknotenpunkt in der Organisation sein könnte. Denn auf genau diese Kollegen möchte das Team als Unterstützung bei der Skalierung der Transformation setzen.

Die junge Kollegin, der erst vor wenigen Minuten die Rolle des Scrum Masters zugeflattert war, verweist an der Stelle darauf, dass das Team sich damit eigentlich bereits in den nächsten Basisbaustein bewegen könne, dem Growing.

Growing in der Transformation

Hier zeigt das Kern-Team absolute Einigkeit: Growing dürfte bei der Musterwerk GmbH einer der neuralgischen Basisbausteine im Transformation Canvas sein. Zu oft hatte man bereits über Ähnliches diskutiert und dann ist der Change noch vor dem eigentlichen Beginn versandet.

Nach einigen Runden der offenen Fehlerdiskussion (und einer sehr fruchtbaren Kaffeepause) kommt das Team zu dem Schluss, für das Growing zunächst digital Daten zu erheben. Schlüssel ist hier der Wunsch, quantitativ valide zu identifizieren, wer wie viele interne Mails erhält und versendet, wer also ein echter Informationsverteiler, ein ein Kommunikationsknotenpunkt ist.

Dem Team ist im gleichen Augenblick klar, dass diese hilfreiche Information sensibel erhoben werden müsse und der Betriebsrat daher gleich zu Beginn einzubinden sei. Eine aufmerksame Kollegin ergänzt das entsprechende BR-Kärtchen unter Stakeholder beim Basisbaustein Leading.

Aus ihrer letzten Führungsfortbildung zitiert die Geschäftsführerin passend: „Der Wandel bei uns sollte modern sein. Ich werde im Operativen keine Vorgaben machen können. Zudem ist ein Wandel, den wir rein aktiv von der Grasnarbe erhoffen, nicht realistisch. Wir müssen bei unserem Vorhaben der Digitalisierung jeden und jede erreichen. Nur so können wir die Transformation gedeihen lassen. Vor Kurzem habe ich einen Vortrag über den Wandel auf Basis vieler Zellen gehört. Der Impulsgeber sprach von einem Multiple-Nucleus-Ansatz, also dem gleichzeitigen Wandel auf diversen Ebenen. Ich denke, dass das auch bei uns funktioniert. Und wenn der Betriebsrat dabei helfen kann, dass wir unsere Knotenpunkte auf allen Unternehmensebenen identifizieren, dann bin ich überzeugt, dass wir das hinbekommen. Lasst uns den Impulsgeber noch einmal im Basisbaustein Connecting festhalten – das scheint mir ein für uns alle relevantes Wissen zu sein. Den laden wir für einen kurzen Remote-Vortrag ein.“

Ein Mitarbeiter wirft ein: „Wenn ich so auf den Transformation Canvas schaue, dann meine ich, dass unser Chassis so gut wie steht. Wir können uns eigentlich dem letzten Baustein Organizing widmen.“

Organizing in der Transformation

An dieser Stelle springen wir kurz aus dem Beispiel der Musterwerk GmbH heraus. Wir wollen klarstellen, dass der Wandel, den die Musterwerk GmbH vollziehen möchte, sicherlich bei vielen von Ihnen vertraute Hintergründe aufzeigt, die Organisation des Wandels aber ausdrücklich auf Ihre Unternehmung abzustimmen ist. Weder gibt es hier ein richtig noch ein falsch. Allerdings gibt es ein: passt oder passt eben nicht.

Die Musterwerk GmbH entscheidet sich bei der Organisation des Transformationsprozesses für einen agilen Ansatz. Man möchte in Sprints arbeiten, aus einem allgemeinen Backlog sprintspezifische Backlogs bauen und so zunächst für Teilprojekte jeweils eine Art Minimal Viable Products (MVP) generieren. Die Rollen ergeben sich analog zur Scrum-Methode fast automatisch. Allerdings sei betont, dass agil nicht zwingend mit digitalen Projekten einhergehen muss, trotz einer gewissen Nähe. Allerdings kann es durchaus richtig sein, wenn Sie sich in Ihrem ganz realen Projekt anders organisieren und Elemente des klassischen Projektmanagements nutzen.

Kommen wir damit zum Motor der digitalen Transformation.

Scanning in der Transformation

Das Team ist sich der Relevanz einer guten Analysephase bewusst und legt in einem nächsten Schritt gemeinsam den zeitlichen Rahmen für die Aufnahme eines aktuellen Status quo fest. Die Geschäftsführerin unterstreicht an dieser Stelle, dass sie durchaus weiß, dass „gut Ding Weile haben will", sieht allerdings gleichzeitig den Zugzwang Ihres Unternehmens. Sie macht deutlich, dass bereits in der Scanning-Phase erste Ergebnisse und Zwischenberichte – zumindest geteilt im Kernteam – helfen können, das Momentum aufzunehmen und verstehen zu geben: Es geht los!

Ein Kollege aus dem Kreis, der schon länger im Unternehmen beschäftigt ist, hebt die Relevanz von Impulsen hervor, um abzugleichen, was denn überhaupt in puncto Digitalisierung möglich sei. Er habe sich bereits viele Jahre mit Trends der Informationstechnologie auseinandergesetzt und schlägt daher eine Art Trendbibliothek vor, an der das Team überprüfen solle, ob dieser oder jener Trend grundsätzlich bei der Musterwerk GmbH anwendbar sei.

Das gesamte Team stimmt zu, dass ein solcher Workshop zur Absteckung des Analyserahmens Sinn macht, und hält dies auf dem Transformation Canvas als erstes To-do fest.

Exploiting & Exploring in der Transformation

Nun stehen die eigentlichen Hauptattribute der Ambidextrie auf dem Plan. Auf der einen Seite untersucht das Team, wo es Potenziale sieht, wie sich die Musterwerk GmbH (kontinuierlich) verbessern könne. Die Geschäftsführerin berichtet in diesem Zusammenhang von einem halbjährlichen Branchentreffen und regt an, sich hier an Best-in-Class-Lösungen zu orientieren. Dafür wird einem jungen Kollegen die Aufgabe zugeteilt, sich zunächst in der Belegschaft umzuhören, wo immer wieder Prozessprobleme auftauchen und was nach Ansicht der verschiedenen Abteilungen unbedingt gelöst werden sollte.

Auf dieser Grundlage möchte das Team dann sowohl die Impulse vom Branchentreffen als auch aus der Trendbibliothek sowie aus branchenfremden Beispielen aufnehmen, um zu prüfen, ob identifizierte Muda-Treiber einfach und wirtschaftlich abzustellen sind. In der Folge soll eine Rangliste von Maßnahmen nach den gewichteten Kriterien (technische) Lösbarkeit, Wirtschaftlichkeit und Anwendernutzen entstehen.

In gleichem Maße plant das Team, sich mit ganz neuen Bereichen und Ansätzen für die Musterwerk GmbH auseinanderzusetzen. Man legt sich fest: Nur durch kreative Impulse könne man an wirkliche Quellen des Wachstums kommen.

Und plötzlich entsteht ein Schlüsselmoment. Die junge Geschäftsführerin stellt klar: „Es gibt für mich keine Gedankenschranken! Wenn wir in 2030 keine Pumpen mehr herstellen, sondern stattdessen in einem wachsenden Marktsegment mit unseren bisherigen und neu erworbenen Kompetenzen punkten können, dann ist das so. Wir gewinnen nicht dadurch, dass wir Bewahrer sind. Wir treten an, weil wir verändern möchten. Mit Mut, kalkuliertem Risiko, Neugierde und einer ganz gehörigen Portion Begeisterung. Wie Ihr wisst, pflegt mein Vater in seinem unverwechselbaren Fränkisch immer zu sagen: Fun is fundamental! Und das nehme auch ich mir zu Herzen!"

Einige aus dem Team schauen erstaunt, ob der energischen Unterfütterung des Transformationsanspruchs, sind aber gleichsam begeistert. Man beschließt, dass frühzeitig auch ein erweiterter Kreis für solche kreativen Impulse einbezogen werden sollte und wendet sich den letzten Basisbausteinen des Transformation Canvas zu.

Earning & Scaling in der Transformation

Das Team beginnt über mögliche neue Geschäftsmodelle zu diskutieren. Wie wirkt sich die Digitale Transformation auf die Mechanismen der Musterwerk GmbH aus, Geld zu verdienen? Und dies insbesondere unter Berücksichtigung etwaiger, neu explorierter Geschäftsfelder. Impulse werden gesammelt, bis die aufmerksame Kollegin, die bereits zuvor auf den Betriebsrat hingewiesen hat, wieder mit einem guten Einfall kommt: „Lasst uns doch unser Geschäftsmodell mit verschiedenen Business Model Patterns konfrontieren und schauen, was dabei herauskommt. So sagt es zumindest der Business Model Navigator und einen Versuch ist das doch wert!“

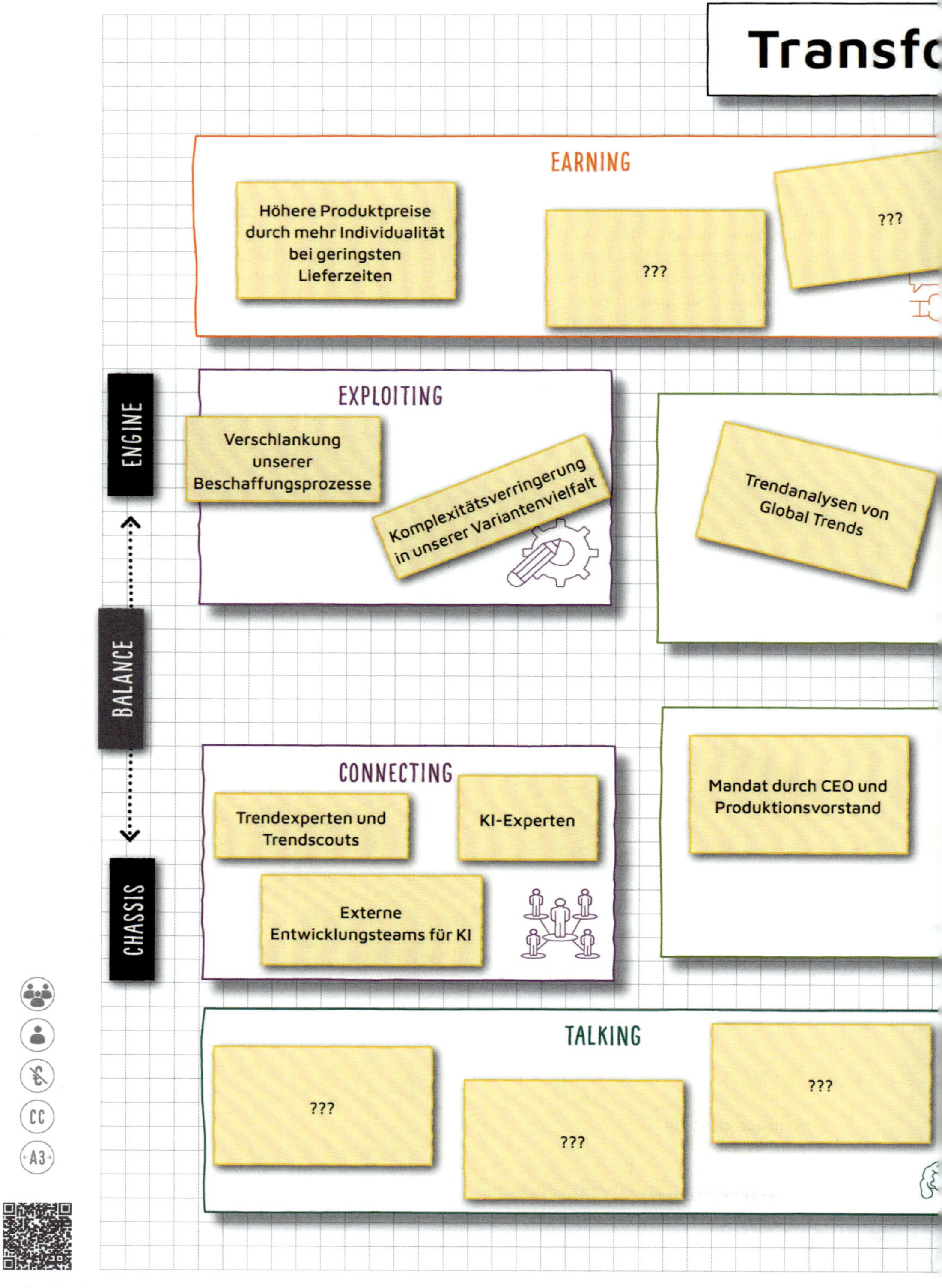

Transformation Canvas – Beispiel aus der Praxis

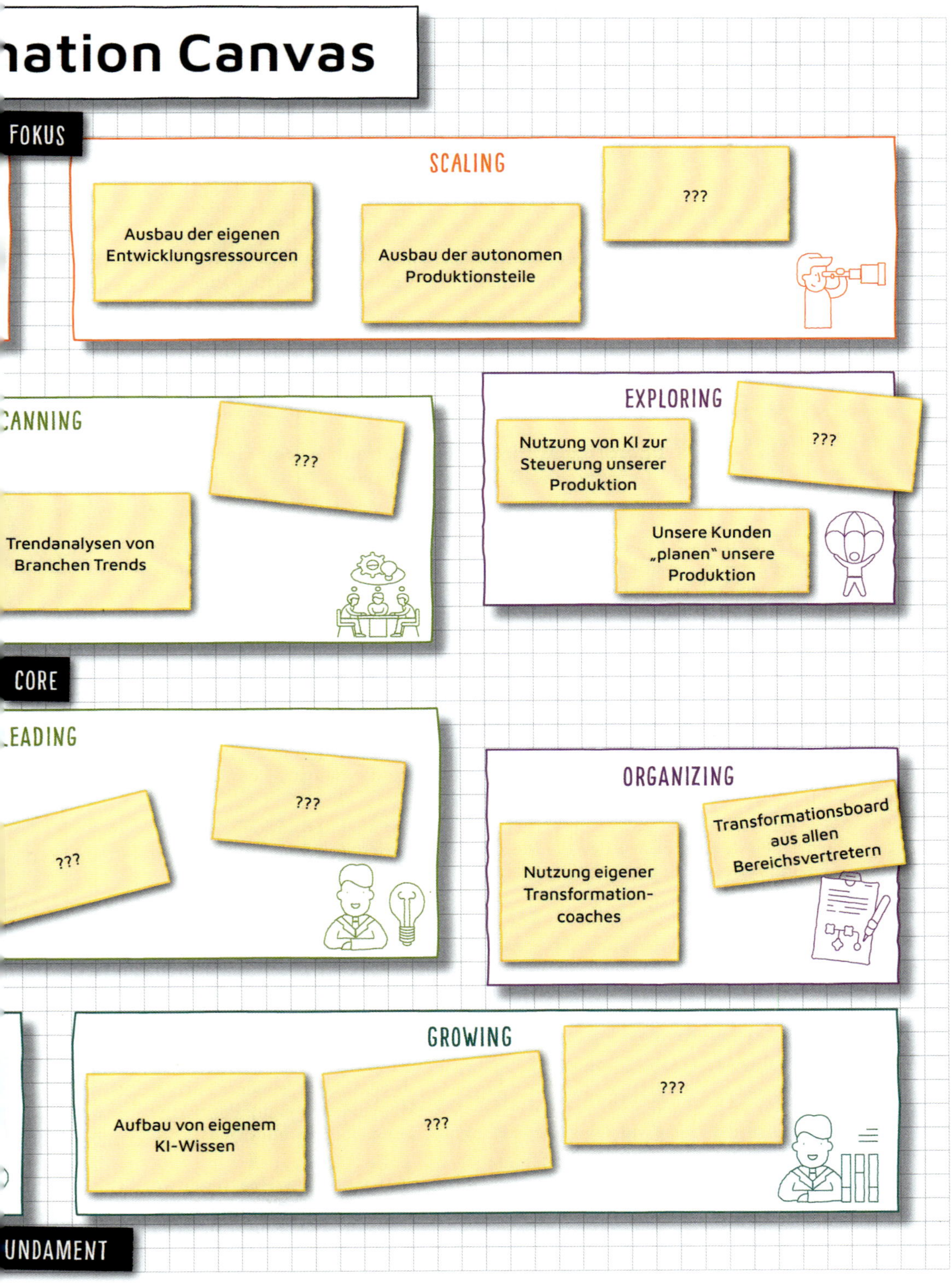

ation Canvas
FOKUS
SCALING
Ausbau der eigenen Entwicklungsressourcen
Ausbau der autonomen Produktionsteile
???
CANNING
???
Trendanalysen von Branchen Trends
EXPLORING
Nutzung von KI zur Steuerung unserer Produktion
???
Unsere Kunden „planen" unsere Produktion
CORE
EADING
???
???
ORGANIZING
Nutzung eigener Transformation-coaches
Transformationsboard aus allen Bereichsvertretern
GROWING
Aufbau von eigenem KI-Wissen
???
???
UNDAMENT

Digitale Transformation – 360 Grad

Lassen Sie sich von den 15 Schlaglichtern unserer Autor:innen inspirieren und auf eine Reise durch die Welt der digitalen Transformation mitnehmen.

Stellen Sie sich dazu zu jedem Schlaglicht die folgenden Reflexionsfragen, um einen zielführenden, hilfreichen Transfer auf die eigene Organisation oder Herausforderung zu ermöglichen:

- Welche Aspekte eines Schlaglichts kann ich sofort bestätigen?
- Welcher Aspekt des Schlaglichts lässt mich zweifeln oder versetzt mich sogar in Erstaunen?
- Was nehme ich als Erkenntnis aus dem Schlaglicht für meine Organisation mit?

#1: Die Ideenreichtumsfalle (von Benno van Aerssen)

Lassen Sie mich mit einem der bekanntesten Zitate zum Thema digitale Transformation beginnen:

> **„Wenn Sie einen Scheißprozess digitalisieren, dann haben sie anschließend einen scheiß digitalen Prozess."**
>
> Thorsten Dirks, CEO der Telefónica Deutschland AG, im Jahr 2015

Dieses Zitat beschreibt im Kern die so gefährliche Ideenreichtumsfalle der meisten Projekte im Bereich digitale Transformation – auch ich bin schon dieser Falle in vielen Projekt begegnet. Ich denke, es gibt wohl einen signifikanten Unterschied zwischen dem Begriff „Digitalisierung" und „Digitaler Transformation". Tatsächlich sind die Ergebnisse der meisten Projekte immer noch „scheiß digitale Prozesse", weil sie „nur" digitalisieren und nicht wirklich transformieren – nur ganz langsam wird es besser.

Vor dem Hintergrund meiner Herkunft im Bereich Kreativität und Ideenfindung kann ich sagen, dass in den meisten Fällen zu wenig kreative Energie, Wissen und Diversität in den Projekten eingesetzt wird. Dabei wissen wir bereits sehr genau aus der Geschichte, wie sich die Dinge verhalten, wenn wir in die Ideenreichtumsfalle treten. Hier hilft ein Blick in die Zeit der industriellen Revolution, da die digitale Transformation der Bedeutung der industriellen Revolution in nichts nachsteht, ja sogar noch weitreichender einzuschätzen ist.

Wer waren die Gewinner und wer die Verlierer der industriellen Revolution? Zur ersten Hochzeit der industriellen Revolution wurden die Maschinen in den Produktionsstätten über große Transmissionen und von einer einzigen riesigen Dampfmaschine angetrieben, die typischerweise in einer separaten Halle stand.

Industrielle Revolution (Quelle: Wikipedia)

Die zweite Hochzeit der industriellen Revolution wurde dann mit dem Elektromotor eingeläutet. Hier nun gab es zwei Typen von Unternehmern und damit auch zwei sehr unterschiedliche Haltungen und Vorgehensweisen. Die einen hielten sich für die Experten und waren überzeugt, den nächsten Schritt klar zu sehen – sie ersetzten sogleich die eine große Dampfmaschine gegen einen neuen großen Elektromotor – sie waren übrigens die Verlierer!

Die anderen aber dachten wirklich neu, sie zweifelten, hinterfragten und transformierten; sie bauten nicht nur die eine Dampfmaschine ab, sondern auch die gesamten Transmissionen. Sie arrangierten alle Montageplätze neu in der Produktionshalle und rüsteten jeden Montageplatz mit einem kleinen Elektromotor aus – sie waren die Gewinner der Transformation!

Die Ideenreichtumsfalle baut sich vor einem auf, indem einzelne, verantwortliche Personen die nächsten Schritte in Richtung einer digitalen Transformation ganz schnell, klar und überzeugend vor sich sehen. Diese Personen sind sogenannte Evangelisten, denen die Menschen ohne Reflexion und Fragen folgen. Dabei trifft die Evangelisten keine persönliche Schuld – sie sind lediglich ein Ergebnis unserer Gesellschaft, die extremes Evangelistentum hervorbringt, weil es auch ein Ergebnis von um sich greifender Verantwortungsflucht ist.

Oder die Ideenreichtumsfalle baut sich auf, weil einzelne Personen das Feld der Digitalisierung sofort und ausschließlich in die Hände der vermeintlich einzigen Experten geben, den Softwareentwicklern. Auch aus der Wahrnehmung bzw. dem sehr falschen Glaubenssatz heraus: „Ich bin kein Softwareentwickler, also kann ich nichts beitragen!"

Dieses Agieren ist im Besonderen auch deshalb höchst gefährlich, da wir uns in fast allen Situationen wirklich komplexen Sachverhalten gegenübersehen, die am allerbesten mit einem diversen und multidisziplinärem Team gelöst werden. In unserer VUCA-Welt (volatility, uncertainty, complexity, ambiguity) ist der primäre Hebel für erfolgreiche digitale Transformationen eben ein wirklich diverses, kreatives Team mit der Klarheit und der Haltung, wirklich alle Aspekte und Bestandteile der existierenden Systeme ausreichend tief infrage zu stellen.

Treiben Sie in Projekten zur digitalen Transformation die Diversität Ihrer Teams ins maximal Mögliche:

- Experten/Laien im Verhältnis 50:50
- IT-/Non-IT-Expertisen im Verhältnis 50:50
- Kompletter Geschlechtermix
- Kompletter Kulturmix
- Sehr junge und sehr erfahrene Menschen im Verhältnis 50:50
- …

Und dass alles gleichzeitig in einem Team.

Nur ein diverses Team kann die zu transformierenden Dinge, wie Prozesse, Services und Geschäftsmodelle, in alle Einzelteile zerlegen, diese aus unterschiedlichen Perspektiven betrachten und zu etwas völlig Neuem und Besserem zusammensetzen.

In nahezu allen Herausforderungen zur digitalen Transformation stecken im Wesentlichen nur zwei Risiken:

1. Marktrisiko: Wird es jemand kaufen und benutzen?
2. Realisierungsrisiko: Können wir es tatsächlich bauen und realisieren?

Typischerweise gehen wir immer zuerst das Risiko der Realisierung an. In den meisten Fällen wundern wir uns dann, dass unser Ergebnis nicht gekauft oder genutzt wird. Wir leben in einer Zeit, in der wir das Marktrisiko immer zuerst angehen müssen! Wir können heute unseren Ideen mit Methoden wie Design Thinking oder Lean Startup an einen Punkt treiben, an dem uns die potenziellen Käufer oder Nutzer unserer Idee geradezu um diese Idee und ihre Realisierung anbetteln – erst danach kümmern wir uns um die Realisierung!

Wir können heute fantasievoller, schneller und visueller kreieren, kombinieren und entwickeln als alle Generationen zuvor – nutzen Sie die Kreativität der Diversität. Oder wie Professor Peter Kruse einst formulierte:

Es geht um die übersummative Teamkreativität, die wirklich neue Dinge erschafft!

Schauen wir noch weiter in der Geschichte zurück, so finden wir die nötige kreative Herangehensweise bereits nachweislich in der Renaissance bei Leonardo da Vinci. Peter Klein hat dies in seinem Buch „Da Vincis Vermächtnis – oder wie Leonardo die Welt neu erfand" so treffend formuliert wie kein anderer: „Heute lassen wir uns von unseren Kenntnissen leiten; Leonardo war noch im hohen Alter bereit, die Dinge mit den Augen eines Kindes zu sehen. Wir unterteilen unser Wissen nach Disziplinen und verlangen in ihnen Logik; er betrachtete die ganze Welt als eine Einheit und suchte nach Ähnlichkeiten zwischen den entferntesten Phänomenen. Wir versuchen Probleme möglichst systematisch zu lösen; er tat es, indem er originell kombinierte. Wir wollen Antworten; er stellte Fragen. Nichts aber hindert uns, von Leonardos Herangehensweise zu lernen – nicht als Ersatz für die moderne Art zu denken, sondern um diese zu ergänzen. Vor allem aber hat Leonardo vorgemacht, wie weit ein Mensch kommen kann, der ohne Ziel forscht. Von Neugier getrieben, arbeitete er allein aus der Lust heraus, die Welt zu verstehen. Doch gerade in dieser Absichtslosigkeit stieß er zu so vielen neuen Horizonten vor, wie nie zuvor und nie wieder ein einzelner Mensch. Denn weil er nirgendwo hingelangen wollte, war er stets frei, sich nicht für den schnellsten, sondern für den interessantesten Weg zu entscheiden. Dies ist sein eigentliches Vermächtnis: Leonardo da Vinci hat gezeigt, wozu der Mensch fähig ist, wenn er sich frei macht von den Zwängen und scheinbaren Gewissheiten seiner Welt."

Überlassen Sie also nicht den vermeintlich digitalen Experten und Gurus allein das Feld der digitalen Transformation und seien Sie sensibel, wenn es um die Ideenreichtumsfalle geht!

#2: Kekse und digitale Verantwortung (von Prof. Dr. Nicolas Burkhardt)

Innovation, Disruption, Plattform-Ökonomie, Automatisierung, Künstliche Intelligenz, Kundenzentrierung, Design Thinking, Business-Modelle … Buzzwords über Buzzwords. Alles schon gesagt. Langweilig. Sie fragen sich deshalb zurecht, was mich dazu bewogen hat, das Buch, was Sie nun in Ihren Händen halten, mit zu konzipieren.

Und die Antwort darauf ist eigentlich recht einfach. Es war der perspektivisch breite Blick auf das riesige Thema Digitalisierung mit wirklich spannenden Autoren – und die Erinnerung an ein Projekt, das die Vielseitigkeit der digitalen Transformation unterstreicht. Hier ist dessen Geschichte.

Schon vor einigen Jahren hatte ich im Rahmen eines Beratungsmandats die Gelegenheit, eine Begehung zur Analyse einer Produktionsstätte vorzunehmen. Welche Prozesse lassen sich verkürzen, wie kann Process Waste vermieden werden. Wo bieten sich Gelegenheiten für Einsparungen, wo für Automatisierungen?

Der Kunde aus der Lebensmittelindustrie produziert Süßwaren, auch heute noch. Und diese leckeren kleinen Zuckerbomben sahen auch schon zu meinen eigenen Kindheitstagen gleich aus. Mit ihnen verbinde ich daher viele wunderbare Kindergeburtstage, unzählige lustige Erinnerungen und manchmal auch ein wenig Bauchweh.

Ich hatte also die Gelegenheit, endlich eine der Fabriken zu besuchen, in denen diese kleinen Zuckerzauberwerke produziert werden. Ein Rundgang durch die Produktion gleicht auch nach Jahren der Strategie- und Prozessberatung für mich noch immer einer unendlich immersiven Reise durch eine realgewordene Sendung-mit-der-Maus-Folge.

Ich kam zu einer Maschine, an der ein Keks von einer Rüttelmaschine einem Band zugeführt wird, um im nächsten Schritt eine Ladung Zucker in einer besonderen Form zu erhalten. Überraschenderweise passierte dies noch nicht hochtechnologisiert, sondern eher ziemlich „basic“, sozusagen mit einigem menschlichen Input.

Margitta (Name von der Redaktion geändert), eine Dame gehobenen Alters, stand als Kontrollinstanz mit Kittel und Haube am Band und ging wie ein Uhrwerk ihrer Arbeit nach. Bei genauerem Hinsehen bemerkte ich etwas Verblüffendes: Die Mitarbeiterin hatte nicht nur den Job, zu kontrollieren, sondern gleichsam zu korrigieren. Und zwar drehte sie die Kekse, die auf der falschen Seite auf dem Band landeten, mit einiger Routine in die richtige Position.

Nach Abschluss der Besichtigung fragte ich den Produktionsleiter, weshalb der Prozess des Drehens des Kekses überhaupt erforderlich ist. Seine Antwort: „Der Zulieferer bringt unser Markenlogo nur auf einer Seite des Kekses auf – und das Logo muss für unseren Kunden immer sichtbar sein.“

Angestrengtes Gesicht. Der Produktionsleiter unterbrach meine Gedanken: „Ich weiß … Wir wollen jetzt unbedingt diesen Schritt digitalisieren. Jetzt gehen wir es an.“

Ich blickte vom Kontrollraum in die Produktionshalle hinunter. Da sah ich Margitta stehen und erkannte das vermutlich unausweichliche Ende der Keks-Wende-Dynastie. In dem Moment kam mir ein – im Nachhinein vielleicht unerwachsener und sicherlich nicht sehr beratertypischer – Gedanke: „Ist das jetzt fair?“

Ein Mensch, der vermutlich seit 30 Jahren täglich drei Stunden an dem Band gestanden hat, hat im Leben vielleicht 20 Millionen Kekse gedreht. Kann man diesen jetzt ruhigen Gewissens, mir nichts dir nichts, wegdigitalisieren?

Verstehen Sie mich nicht falsch. Digitalisierung ist notwendig, unausweichlich, wichtig und in vielen Fällen sicherlich ein Heilsbringer. Digitalisieren hat aber auch Facetten und Auswirkungen, über die wir nur ungern reden oder die wir schnell mit den offensichtlichen Chancen wegdiskutieren. Digitalisierung hat gesellschaftliche Folgen. Weitreichend. Wirklich disruptiv. Egal wie klein oder groß der Prozess, egal an welcher Ecke. Irgendwo werden bislang analoge Tätigkeiten substituiert.

Es versteht sich von selbst, dass es mir nicht darum geht, künstlich Dinge aus nostalgischen oder romantischen Gefühlen heraus am Leben zu halten, die so keinen Sinn mehr ergeben. Ich faxe ja auch nicht mehr.

Allerdings halte ich reflexartiges Digitalisieren für ebenso zu kurz gegriffen wie vieles andere, das ohne hinreichendes Abwägen entschieden wird. Wo liegt der wirkliche Mehrwert? Welche Auswirkungen gibt es auch außerhalb der rein betriebswirtschaftlichen Perspektive.

Auch in der Digitalisierung gilt deshalb für mich Reflexion statt Reflex.

Wenn wir einen Prozess 30 Jahre haben laufen lassen, ohne dass sich jemand offenbar auch nur die Frage gestellt hat, warum der Keks vom Zulieferer nicht einfach auf beiden Seiten mit dem Logo versehen wird, der hat wohl eher ein organisatorisch-systemisches Problem. Und kein rein prozessuales, was man von heute auf morgen durch Digitaleinsatz wegbekommt.

Digitalisierung heißt auch digitale Verantwortung, Fairness bei Veränderungsgeschwindigkeiten, ohne dabei angesichts unausweichlicher Veränderungen den Kopf in den Sand zu stecken. Darum geht es eben auch.

#3: Digitale Transformation passiert im Kopf und nicht in einer App (von Christian Buchholz)

Wenn Unternehmen damit beginnen, über Digitalisierungsprojekte zu sprechen, liegt der Fokus häufig auf der Einführung von neuen Technologien und der Digitalisierung vorhandener Prozesse. „Lass uns daraus einmal eine App machen" ist häufig der erste Gedanke, wenn über Digitalisierung nachgedacht wird. Sehr schnell lernt man, dass dies nicht ausreichend ist und viele weitere Schritte notwendig sind, um das Unternehmen in die digitale Zukunft zu führen.

Vielleicht wird dann eine große Digitalisierungsoffensive gestartet. Die Mitarbeiter erhalten neue Devices, Prozesse werden digitalisiert und Strukturen verändert. Die IT wird zur neuen Schaltzentrale im Unternehmen.

Sobald das Projekt kalkuliert und aufgesetzt ist, wird es schwierig. Plötzlich stockt die Umsetzung, das vermeintlich klare Projektziel wird wiederholt diskutiert und hinterfragt oder Ressourcen werden plötzlich gestrichen. Spätestens jetzt merken die Beteiligten, dass sich hinter dem Begriff „Digitale Transformation" doch mehr verbirgt als eine rein technologische Sichtweise.

Nach unserer Erfahrung funktioniert digitale Transformation nicht ohne grundlegende Veränderung von Denkhaltung und Organisationsstrukturen. Die gute Nachricht daran: Die Beteiligten müssen kein Zusatzstudium in Informatik absolvieren, um digitale Transformation wirkungsvoll gestalten zu können. Allerdings hilft es, wenn man in der Lage ist, eine völlig neue Perspektive auf die Kunden und den eigenen Wertbeitrag einzunehmen.

Einige der größten Fehler, die Unternehmen bei der Digitalisierung machen: Digitale Transformation beschränkt sich auf den Ersatz von analogen durch digitale Prozesse.

So wird beispielsweise in einem Warenlager die Bestandsliste aus Papier, die bisher dazu genutzt wurde, den Warenbestand zu korrigieren, durch eine neue App ersetzt, die die Bestände durch Einscannen der Barcodes automatisch abgleicht. Belässt man es bei dieser Maßnahme, so erreicht man vielleicht eine minimale Effizienzsteigerung (die durch die Kosten der App-Entwicklung oft aufgefressen wird). Den größten Teil der digitalen Möglichkeiten lässt das Unternehmen allerdings außen vor.

Das Geschäftsmodell wird nicht verändert

Es gibt keine erfolgreiche digitale Transformation eines Unternehmens ohne eine grundlegende Veränderung des Geschäftsmodells. Dieser Grundsatz darf nach eigenen Projekterfahrungen und jahrelanger Marktbeobachtung formuliert werden. Als Beispiel sei ein Händler genannt, der seinen ersten Online-Shop eröffnet. Er wird nur dann langfristig erfolgreich sein, wenn er sich über neue Ertragsmodelle, logistische Veränderungen und digitale Kompetenzen Gedanken macht.

Widerstände werden nicht eingeplant

Häufig werden digitale Transformationsprojekte auf der Management- und Expertenebene erdacht, geplant und angestoßen. Aus strategischer Perspektive heraus sind die notwendigen Schritte sinnvoll und alternativlos. Anders ist die Wahrnehmung aber häufig bei den Beschäftigten, die das Projekt umsetzen sollen. Oft fühlen sich diese von der Geschwindigkeit überrollt und gehen nur zögerlich an die Umsetzung bzw. blockieren diese sogar. Ein Autohersteller, der den strategisch notwendigen Umstieg auf alternative Antriebsmodelle vorantreibt, sieht sich möglicherweise großem Widerstand der Belegschaft ausgesetzt, insbesondere wenn die aktuellen Zahlen Rekordumsätze bei Autos mit Verbrennungsmotoren belegen und daher in der gefühlten Realität keine Notwendigkeit für einen Wechsel sichtbar wird.

Digitales Wissen erfasst nicht alle Mitarbeiter

Viele Digitalisierungsprojekte werden von einer kleinen digitalen Elite in schicken Innovation Labs in Zusammenarbeit mit externen Beratern erdacht. Nicht selten werden die eigenen Mitarbeiter erst spät in den Prozess miteinbezogen und bringen dann Aspekte hinein, die als Widerstand und Angst gedeutet werden, bei näherem Hinschauen aber wichtige Erkenntnisse liefern. Wichtig für eine funktionierende digitale Transformation ist, dass das Wissen über digitale Methoden, neue Geschäftsmodelle und das interne Expertenwissen über Kunden und Prozesse möglichst frühzeitig zusammengebracht wird. Nur dann können Geschäftsmodelle entwickelt werden, die auch langfristig funktionieren.

Digitalisierung wird zu spät gestartet

Häufig starten Unternehmen erst dann mit tiefgreifenden Veränderungen ihres Geschäftsmodells, wenn Wettbewerber eine Marktmacht erlangt haben, die signifikant die eigene Position im Markt gefährdet. In der Regel ist es dann aber zu spät, die notwendigen Veränderungen in einer kurzen und auch finanzierbaren Art und Weise umzusetzen.

Der Kunde steht nicht im Fokus

Viele Digitalisierungsprojekte beginnen mit den eigenen Prozessen, entfalten dabei aber nicht ihr wahres Potenzial, weil die Energie sich nahezu komplett auf die Vergangenheit fokussiert. Konzentriert man sich jedoch auf den Kunden und seine Bedürfnisse, hat man die Chance, großartige neue Geschäftsmodelle zu entwickeln. Dazu gehört auch ein Konzept für die Datensammlung und -analyse. Das Wissen über die Kundenbedürfnisse ist häufig der einzige (und größte) Wettbewerbsvorteil in einem digitalen Marktumfeld.

Bevor sich ein Unternehmen also mit der technologischen Seite der Digitalisierung beschäftigt, sollten andere wichtige Fragen auf die Tagesordnung kommen:

- Wie digitalisieren wir unser Geschäftsmodell?
- Wie erhalten oder steigern wir in einer digitalisierten Welt unsere Relevanz für die Kunden?
- Wie verändern und erschaffen wir eine Organisationsform, die zukünftig schnell und flexibel auf veränderte Anforderungen der Kunden reagieren kann?
- Wie gestalten wir unsere Zusammenarbeit in einer digitalisierten Welt?
- Wie treffen wir die richtigen Entscheidungen, um auch zukünftig erfolgreich zu sein?

Viele der 222 Methoden und Tools in diesem Buch helfen Ihnen dabei, die richtigen Antworten zu finden.

#4: Alles ganz einfach und gleichzeitig ziemlich kompliziert (von Stephanie Bretz)

Wenn sich ein Produkt, ein Unternehmen oder ein Team auf den Weg der digitalen Transformation begibt, bieten sich zahlreiche Ansätze, Strategien und Technologien zur Unterstützung an. Von vielen Seiten wird es so dargestellt, als wäre es ganz einfach, von „hier" nach „dort" zu kommen: Mit dem richtigen Tool, der richtigen Software oder der richtigen Person an der Spitze funktioniert der Wandel vom Klassischen zum Digitalen wie von selbst und macht dabei noch Spaß. So wird es versprochen, und viele andere haben es ja schließlich schon vorgemacht.

Wenn es mit dem eigenen Transformations-Projekt dann nicht klappt, ist man rasch desillusioniert. Die digitale Transformation sieht plötzlich ziemlich kompliziert aus: lose Enden, alte Verstrickungen, historisch Gewachsenes, das sich nicht so schnell entwirren lässt, technische Hürden und hohe Kosten. Dazu kommen womöglich auch noch Blockierer im Team, die sich nicht recht auf das Neue einlassen mögen.

Digitale Transformation ist also ganz einfach und total kompliziert.

Aus meiner Erfahrung in kleinen und großen Transformations-Projekten kann ich sagen: Stimmt! Aber wie kann das sein? Und wie soll man die digitale Transformation dann überhaupt angehen?

Ich empfehle, dass wir dieses Dilemma lösen, indem wir die digitale Transformation als Wechselspiel zwischen Gegensätzen betrachten, auf das es sich einzulassen lohnt. Denn dieser Ansatz liefert den Schlüssel für eine pragmatische und erfolgversprechende Herangehensweise an Transformations-Projekte gleich mit.

Was sind das für Gegensätze, die auf die digitale Transformation einwirken?

Nehmen wir zum Beispiel das Naheliegende, nämlich analoge und digitale Medien. Gerade in der Softwareentwicklung oder der digitalen Prozessgestaltung kann es hilfreich sein, erst einmal mit echten bunten Zetteln und einer leeren Wand zu beginnen, um ganz physisch die Gedanken zu sammeln und zu sortieren. Im Nachgang kann man diese Aufgabe einem digitalen Tool übergeben, um neue Verbindungen zu erkennen, automatisch zu kategorisieren oder gemeinsam ein Konzept weiterzuentwickeln. Besonders hilfreich ist dieses Vorgehen übrigens, wenn wir als Team nicht an einem Ort zusammen sein können, wie in den Zeiten der Pandemie, in denen dieses Buch entstand. Werfen wir, wenn wir nach dem Abschluss des Transformations-Projektes in der Digitalität angekommen sind, unsere Zettel und Stifte in den Müll? Eher holen wir sie doch für das nächste Brainstorming wieder heraus.

Dieses Wechselspiel lässt sich auf weitere Gegensätzlichkeiten übertragen, die uns in Transformations-Projekten begegnen:

- Struktur (Mindmaps) und Chaos (Kreativität),
- Herausforderungen (hohe Investitionen) und Chancen (neue Geschäftsmodelle),
- klassisch (Gantt) und agil (Scrum),
- laut und leise,
- forsch und zurückhaltend,
- alt und neu,
- fachlich und technisch,
- „weiblich" und „männlich",
- 1 und 0.

Warum sollten wir uns jeweils für die eine oder andere Seite entscheiden? Wir brauchen sie beide. Es lohnt sich für Transformierer:innen, das eigene Unternehmen, Produkt oder Team aus diesen unterschiedlichen Perspektiven zu verstehen und daraus einen individuellen Weg ins Digitale zu gestalten.

Auch meine persönliche digitale Transformation war und ist ein Spiel der Gegensätze.

Ich stieg nach meinem Literatur-Studium in den E-Commerce ein. Meine Kommilitonen wollten prompt von mir wissen, ob es mir nicht schwerfiele, E-Books zu verkaufen. Meine neuen Kolleg:innen wiederum fragten mich, warum ich eine gedruckte Zeitung las. Waren diese Dinge für mich ein Widerspruch? Überhaupt nicht. Weil ich definierte Strukturen im Print kannte, konnte ich Regeln für die Artikelsortierung online ableiten. Und weil ich die Dynamik im digitalen Shop-System verstand, begriff ich, wieso eine streng hierarchisch organisierte Team-Führung nicht gut funktionierte.

Als Unternehmerin in der Digitalbranche ist es für mich bis heute unglaublich bereichernd, zwischen den Polen zu vermitteln. Ich bin Lehrbeauftragte für BWL, lese am iPad und auf Papier, spreche als Frau auf C-Level oft (noch) vor allem mit Männern, schreibe Tickets und Post-its, nutze ein Trello-Board mit säuberlich getrennten Kategorien und ein Notizbuch mit Chaos-Sortierung. Für mich hat es sich immer ausgezahlt, die Gegensätze zwar zu erkennen, aber nicht das eine zugunsten des anderen zu lassen. Beide Seiten verstehen und dann im Wechselspiel die sinnvollste Kombination finden, das ist für mich erfolgreiche digitale Transformation.

Wir sollten also in der digitalen Transformation beides können.

Ein Team kann z. B. Probleme mit einer agilen Vorgehensweise haben, weil ihm die Orientierung fehlt. Hier hilft ein Gantt-Plan mit fixen Milestones. Ein Mitarbeiter, der gewohnt ist, Entscheidungen von seiner Vorgesetzten freigeben zu lassen, kann sich scheuen, plötzlich eigene Entscheidungen zu treffen. Hier ist ein Format mit ordnenden Elementen hilfreich, sei es durch gemeinschaftliches Absegnen im Team oder durch die Definition klarer Ziele in einem abgegrenzten Zeitraum.

Obwohl bei diesen Methoden (die uns in vielfältiger Form in diesem Buch begegnen) ganz klassische Elemente zum Tragen kommen, sind sie wertvolle Helfer auf dem Weg der digitalen Transformation. Es kann gar nicht darum gehen, sich strikt von der einen Seite auf die andere zu entwickeln. Denn für jede Verwandlung brauchen wir einen Ausgangspunkt, der uns diese möglich macht. Und das Neue wird immer Elemente des Alten in sich tragen.

Eine neue Führungs-Person allein reicht nicht aus – das ganze Team muss sich gemeinsam auf den Weg der digitalen Transformation begeben. Vor allem transformieren sich in solchen Projekten schließlich die Menschen. Digitalisierung ist also nicht etwas rein Technisches, sondern auch und vor allem etwas Kulturelles. Es geht nicht nur um Systeme, Programme oder Maschinen, sondern ganz besonders um die Menschen, die die Digitalisierung leben.

Wenn wir uns auf einen Transformations-Prozess einlassen, ändern wir uns selbst. Und weil gerade das nicht so einfach ist, sollten wir großzügig, geduldig und offen sein, um voneinander zu lernen.

Für mich ist das im Laufe der Zeit das Spannendste an meiner Arbeit in digitalen Transformations-Projekten geworden: Wie verhalten wir uns, wenn wir uns verändern? Was trauen wir uns, wie ticken wir, wie können wir unterschiedliche Gemüter und Bedürfnisse für ein gemeinsames Ziel zusammenbringen? Wie kommunizieren wir miteinander? Was bringt jede:r Einzelne in die Projektkultur mit ein? Und vor allem: Was können wir voneinander lernen?

Wenn wir uns gemeinsam auf diese Fragen einlassen, können wir die digitale Transformation pragmatisch angehen – ohne falsche Versprechungen, überzogene Erwartungen oder misstrauische Hemmungen.

Manchmal kompliziert, manchmal ganz einfach, aber immer wieder spannend und herausfordernd.

#5: Auf nach Digitalien (von Benjamin Brüser)

Wo fängt man an, wenn der Begriff „Digitalisierung" schon eine ganze Generation lang umherwabert und so normal geworden ist, dass er als Gattungsbegriff gleichermaßen für radikale Innovation und Schutzbehauptung für Stillstand gelten kann?

Das Internet als „Neuland" (Angela Merkel) wurde 2014 verlacht und jetzt, einige iPhone-Generationen später, stehen wir immer noch vor der gleichen Herausforderung: Das Neuland steht uns in vielerlei Hinsicht noch bevor – sowohl von der technischen Infrastruktur als auch von dem Skillset; schonungslos offengelegt durch eine Pandemie, die alle bisher vermeintlichen stabilen Strukturen neu zusammengewürfelt hat.

Es gibt nicht „die eine Digitalisierung", sondern lediglich phasenweise, iterative Anpassungen und Erweiterungen der eigenen Wahrnehmung davon. So wie sich die Welt für Kinder jeden Tag neu erschließt, so lernen wir Erwachsene ebenfalls täglich neue Kontexte kennen und passen diese an unseren Wertekanon an.

Dabei gibt es wenig schwarz-weiß, sondern vielmehr bunte, changierende Ausprägungen der eigenen Sichtweise, die auch davon abhängig ist, aus welchem Betrachtungswinkel und zu welchem Zeitpunkt man der Digitalisierung begegnet.

Als Architekt haben mich zwei Zitate als Orientierung begleitet: der „genius loci" (der „Geist des Ortes") und Goethes „Man sieht nur, was man weiß". So wie man einen Ort beim ersten Mal wahrnimmt, wird man ihn nie wieder betrachten. Als Mensch stellen wir mit jeder Wiederkehr Bekanntes in den bestehenden Kontext und formen unsere neue Realität daraus.

War „Digitalisierung" für unsere Großeltern noch Rundfunk und Schwarz-weiß-Fernsehen, konnten unsere Eltern VHS-Kassetten aufnehmen und mit einer Vielzahl spezialisierter Geräte Digitales konservieren. Wir haben mit C64, CD-ROM und Napster nächtelang herumexperimentiert, wohingegen unsere Kinder nur noch streamen und Apps öffnen, statt Software zu installieren. Waren Stromausfall und Existenzsorgen durch den technischen Fortschritt vor 100 Jahren real, sind heutzutage fehlendes WLAN und ein leerer Handyakku die limitierenden Faktoren.

Meine persönlichen „digitalen Heureka-Momente" waren der Verkauf meiner analogen Spiegelreflexkamera im Jahr 2002 und die Vorstellung des iPhones 2007, im beruflichen Kontext dann die rasante Entwicklung von Rechnergeschwindigkeiten und Speicherkapazitäten und dem mobilen, cloudbasierten Internet.

> **„Alles was digitalisiert werden kann, wird digitalisiert."**
>
> Carly Fiorina, ehe. CEO von HP

Das ist mittlerweile allen klar. Nur wann, wie, durch wen und mit welchen Werkzeugen bleiben als Fragen offen und zudem: Welche Rolle spiele ich als Person in diesem Konstrukt?

Die digital unterstützte echte Welt zu verstehen ist meine Mission. Aus welchen Komponenten ist dieser Wandel zusammengesetzt, welche Stellschrauben stehen zur Verfügung und was macht die kontinuierliche Veränderung Richtung Digitalisierung mit unseren bestehenden Werten und uns selbst?

Mit der Gründung von „Emmas Enkel" im Jahr 2011 haben Sebastian Diehl und ich unser „Neuland" betreten. Unsere Idee einer Symbiose von Tante-Emma-Laden und Onlineshop mit Lieferservice war so weit gedacht, dass wir viele ungeschriebene Gesetze des Handels über Bord geworfen und bekannte Komponenten neu zusammengefügt haben. Dies ging nur, weil die technischen, digital unterstützten Optionen auf einmal zur Verfügung standen.

Nur wie sollte unser Ziel aussehen, welches wir ansteuern wollten? Das war im Vorfeld nicht klar auszumachen. Diese positive Naivität hat geholfen, unsere Idee binnen sechs Monaten in die Realität umzusetzen: Im stationären Laden konnte wie in der „guten Stube" per iPad bestellt werden, nebenbei wurde im effizienten Lager die Bestellung gepackt. Onlinebestellungen wurden zur Wunschzeit nach Hause geliefert, und mit rollbarer Regalierung, wechselndem Mittagstisch, der Erfindung des virtuellen Regals mit Abholstation hat Emmas Enkel viele Innovationen entwickelt, die mittlerweile „normal" sind. Die hohe Medienaufmerksamkeit, die Finalteilnahme bei den World Retail Awards und ein Preis beim „Land der Ideen" zeigten, dass wir den richtigen Weg eingeschlagen haben. Die Reise ging weiter mit der Expansion und Kooperationen mit großen Konzernen. Der rote Faden war immer vorhanden, die Richtung änderte sich jedoch stetig quer zum Wind – und endete mit dem Verkauf an einen DAX-Konzern im Jahr 2016.

Aus den Erfahrungen von mittlerweile 20 Jahren aktiver Digitalisierung sind mir folgende Punkte besonders wichtig, um den Weg nach Digitalien zu finden:

- Warum sollte ich dorthin gehen? Was ist meine Erwartungshaltung (-> Why, How, What von Simon Sinek).
- Digitalisierung ist keine Sackgasse. Vieles kann erstmal ausprobiert und mit wenigen Schritten korrigiert werden.
- Fragt nach dem Weg! Auf jedem Teilstück, auf jedem Gebiet gibt es Menschen, die diese Region besser kennen als man selbst.
- Stetiges Daraufstoßen und Anstupsen (im Englischen „Nudging" genannt) ist eine der besten Möglichkeiten, sich nach Digitalien zu begeben und man wird beginnen, sich dort wohlzufühlen. Einfach mal machen!

#6: Das kleine 1x1 der agilen digitalen Transformation (von Sabina Lammert)

Damit die digitale Transformation zum Erfolg wird, braucht es ein Umdenken in der gesamten Organisation. Die Zusammenarbeit muss nicht nur in Produktentwicklungsteams neu gelernt werden, sondern auch das Management und die administrativen Abteilungen brauchen ein Verständnis dafür, dass dieser Wandel eine gemeinsame Basis aus agilen Werten und Prinzipien benötigt. Nicht selten wird daher die digitale Transformation auch als „agile digitale Transformation" bezeichnet.

In diesem Zusammenhang wird oft berechtigterweise die Frage gestellt, weshalb eine digitale Transformation agil sein muss und was überhaupt agil bedeutet. Wenn diese beiden Fragen von den Mitarbeitern Ihrer Organisation nicht beantwortet werden können, werden Sie im Zuge Ihrer Transformation regelmäßig auf Widerstand stoßen.

Der aus meiner Sicht sinnvollste erste Schritt, um den Weg in die agile digitale Transformation zu ebnen, besteht aus der Aufklärung genau dieser Zusammenhänge für die betroffenen Menschen. Im zweiten Schritt ist es wichtig, die Betroffenen zu Beteiligten zu machen. Da ich selbst gefühlt ein halbes Jahr intensiver Auseinandersetzung gebraucht habe, um zu begreifen, was sich hinter Agilität verbirgt und dieses Wissen in Verbindung mit Digitalisierung zu setzen, möchte ich an dieser Stelle meinen persönlich besten Zugang zu der Thematik kurz umreißen:

Dazu nehme ich in meinen Seminaren die Stacey-Matrix zur Hand, die natürlich nicht die Realität in ihrer Komplexität widerspiegelt, jedoch dabei hilft, gedanklich erste Schubladen zu öffnen.

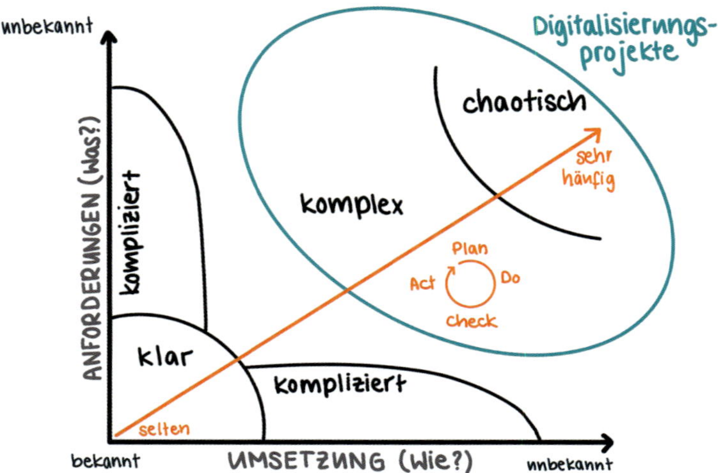

Modell nach der Stacey-Matrix

Die Stacey-Matrix (siehe Methode Nr. 183, Seite 540) beschreibt in erster Linie vier Systeme – klar, kompliziert, komplex und chaotisch –, die sich im Bekanntheitsgrad von Anforderungen und Umsetzungsmöglichkeiten unterscheiden. Sind sowohl Anforderungen (Was ist zu tun?) als auch Umsetzung (Wie mache ich es?) zu 100 % bekannt, befinden wir uns in einem klaren System, in dem wir laut Cynefin Framework (siehe Methode Nr. 53, Seite 220) Regeln klar befolgen und Checklisten abarbeiten können. In solchen Systemen macht beispielsweise das Erstellen eines detaillierten Projektplans, der jedes Arbeitspaket einer Ressource selbst drei Jahre im Voraus zuteilt, absolut Sinn. Je unbekannter Anforderungen und Umsetzung werden, desto mehr müssen wir uns beim Treffen von Entscheidungen in diesen Umgebungen wegbewegen vom Abrufen unserer Erfahrung hin zu einem Ansatz des Handelns und Beobachtens, um Muster zu identifizieren.

Der Unterschied in jedem dieser Systeme ist, dass wir Reflexionszyklen unterschiedlicher Länge benötigen, um sie erfolgreich zu bewältigen. Wo in klaren Systemen eine einmalige Planungsphase mit anschließender Umsetzung und abschließenden lessons learned vollkommen angebracht ist, braucht es in komplizierten, komplexen und chaotischen Systemen deutlich kürzere Zyklen aus Plan-Do-Check-Act. Dabei gilt: Je unbekannter die Anforderungen und Umsetzungsmöglichkeiten, desto kürzer müssen die Zyklen sein, um der Situation gerecht zu werden.

Denn Kontrolle in solchen Umgebungen erhält man nicht durch das Befolgen eines Plans, sondern durch das regelmäßige Überprüfen der sich ändernden Rahmenbedingungen und der damit verbundenen Plananpassung.

Agile Vorgehensweisen werden komplizierten, komplexen und chaotischen Rahmenbedingungen deshalb so gerecht, weil sie eine strukturierte Reflexion meist in Form von Retrospektiven (siehe Methode Nr. 166, Seite 503) eingebaut haben. Sie ermöglichen, dass der sogenannte Deming-Zyklus der kontinuierlichen Verbesserung (Plan-Do-Check-Act) einen tatsächlich gelebten Checkpoint mit Fokus auf der gemeinsamen Zusammenarbeit hat.

Nun stellt sich die Frage, wie die Digitalisierung in dieses Gesamtbild einzahlt.

Die allermeisten Unternehmen, die sich auf den Weg in die digitale Transformation begeben, sind von Haus aus keine digitalen Experten. Meistens war die einzige IT-Abteilung, die sie im Haus hatten, der IT-Support, der für die Bereitstellung von Laptops und für die Verwaltung von Betriebssystem und Software verantwortlich war. Plötzlich jedoch wünschen sich Kunden IT-basierte Lösungen – auch von Automobilkonzernen, Banken, Versicherungen, Pharma-Unternehmen oder Supermarktketten. Alle Branchen müssen zeitgleich zu digitalen Experten werden, um mit ihren Produkten gegen die globale Konkurrenz wie Amazon, Google oder PayPal antreten zu können, die zunehmend mehr Branchen disruptiv beeinflussen. Die Herausforderung bei diesem Unterfangen ist, dass es intern keine ausreichende Expertise für die Anforderungen und vor allem für die Umsetzung dieser gibt.

Und hier sind wir an dem Punkt, an dem die Projekte vieler Unternehmen nicht mehr links unten in der Stacey-Matrix zu finden sind, sondern schlagartig in den komplexen und chaotischen Bereich springen.

Ein solches Projekt als Organisation zu stemmen, erfordert nicht gleich einen kulturellen Wandel und eine agile digitale Transformation. Werden es plötzlich zwei, drei oder mehr Projekte, dann merken bald das Management und die Mitarbeiter, dass die bisherige Art der Zusammenarbeit den neuen Bedingungen nicht gerecht werden kann. Eine Lösung, um diese Flut an Komplexität zu stemmen, ist die Einführung agiler Zusammenarbeitsmethoden in den betroffenen Bereichen und der Aufbau eines Verständnisses für die beschriebenen agilen Grundlagen in der gesamten Organisation.

#7: Das Yin und Yang von Vergangenheit, Gegenwart und Zukunft (von Tobias Scharikow)

Ich kann mich noch gut daran erinnern, wie ich mich nach meinem Wirtschaftsinformatik-Studium als Freelancer im Bereich der digitalen Produktentwicklung selbstständig gemacht habe. Schon während meines Studiums habe ich diverse Fachmessen besucht, in denen früh von Digitalisierung, Digitaler Transformation, Internet of Things und Künstlicher Intelligenz aufgeregt diskutiert wurde.

In der ersten Zeit meiner Selbstständigkeit hatte ich das Glück, an Greenfield-Projekten[1] zu arbeiten, die in modernen Umgebungen für Remote Work und global verteilte Teams strukturiert waren. Die angepriesene Zukunft schien tatsächlich da zu sein. Doch im Laufe der Zeit hat mich die Realität eingeholt, und in diversen Brownfield- und Legacy-Projekten[2] wurde mir bewusst, dass viele Unternehmen noch mit ganz anderen Herausforderungen zu kämpfen hatten, als einfach nur auf die nächstbeste Technologie aufzuspringen.

Ich war ernsthaft verblüfft. Wie konnte die Kluft zwischen dem Status quo und der angepriesenen Zukunft, zwischen dem, was möglich war, und dem, was wirklich umgesetzt wurde, teilweise so gewaltig sein? Es war für mich teilweise sehr paradox, wie auf der einen Seite von Künstlicher Intelligenz gesprochen wurde und in der Praxis viele Unternehmen es noch nicht einmal geschafft hatten, ihre Webseiten, Portale und Bestellstrecken nutzerfreundlich und performant zu gestalten. Was lief da schief?

1989 wurden von Tim Berners-Lee die Grundlagen für das World Wide Web entwickelt und Ende der 90er begann die Kommerzialisierung des Internets. Damit bin ich gemeinsam mit der rasanten Entwicklung des Internets und den damit verbundenen digitalen Technologien aufgewachsen. Wenn ich diese Zeit reflektiere und mir die exponentiellen Kurven dieser Entwicklungen anschaue, dann hat es sich so angefühlt: Egal ob Hardware, Vernetzung oder Digitalisierung, Technologien haben sich ständig überholt, und man konnte gewiss sein, dass stets nach ein paar Tagen schon wieder die nächstbessere Technologie oder Hardware an die Tür geklopft hat.

[1] Bei Greenfield-Projekten hat man die Möglichkeit, Software auf einer „freien, grünen Wiese" mit den passenden Technologien zu bauen, ohne sich großartig mit den Rahmenbedingungen von Alt-Systemen zu beschäftigen.

[2] Bei Brownfield- und Legacy-Projekten muss man im Kontext von teilweise sehr großen und historisch gewachsenen Alt-Systemen und -Architekturen unter Beachtung der jeweiligen Rahmenbedingungen neue Software hinzuentwickeln oder die bestehenden Alt-Systeme weiterentwickeln.

Diese Entwicklung war (und ist) rasant, für mich persönlich aber nur natürlich und logisch. Ich konnte auf neue Technologien ohne hohe Kosten aufspringen und mit diesen experimentieren. Was man nicht mehr gebraucht hat, wurde verworfen. Gab es eine bessere Technologie, hat man diese ausprobiert. Mein Blick war stets in die Zukunft gerichtet, und ich war aufgeregt, was die nächsten Technologien verändern würden. Ich habe mich im wahrsten Sinne des Wortes stets selbst transformiert und bin dem Gang der Zeit gefolgt.

Nur wo kommen in dieser Gleichung die großen Unternehmen vor? An Geld kann es ganz offensichtlich nicht gemangelt haben. Am Willen meist auch nicht, im Gegenteil. Die Geschichten um Unternehmen, die nicht schnell genug waren und komplett disruptiert wurden, waren und sind realer denn je.

Der digitale Wandel beeinflusst alles – wie wir leben und kommunizieren, wie und wo wir arbeiten, wie wir unsere Kunden akquirieren, halten und zufriedenstellen.

Es ist bei Unternehmen daher nicht mit der bloßen Einführung von neuen Technologien und Tools getan. Prozesse müssen umgedacht und neu modelliert werden. Mitarbeiter müssen „abgeholt" und weitergebildet, ein neues Mindset muss geschaffen werden. Eine neue digitale Kultur wird notwendig.

Do wo anfangen? Für mich sind folgende Faktoren für den Erfolg von digitaler Transformation motwendig:

1. Verstehe deine Vergangenheit

Damit digitale Transformation gelingen kann, muss der Weg frei sein. Dazu gilt es, zunächst zu verstehen, was überhaupt im Weg steht – und sich von diesen Altlasten befreien, egal ob es starre Prozesse oder überholte IT-Infrastrukturen sind.

2. Schaffe heute die Voraussetzungen

Digitale Transformation betrifft das Unternehmen als Ganzes sowie jeden Mitarbeiter individuell. Umso wichtiger ist, die digitale DNA sowohl in der Unternehmenskultur als auch bei jedem Einzelnen zu verankern und die notwendigen Rahmenbedingungen und Fähigkeiten dafür zu schaffen. Die Mitarbeiter sind das Kapital eines jeden Unternehmen und jeder Einzelne muss sich transformieren. Weiterhin müssen die Strukturen geschaffen werden, um die zukünftigen Technologien flexibel in einer Plattform-Ökonomie adaptieren zu können. Prozesse können nicht immer 1:1 digital transformiert werden, sondern müssen vorher für die digitale Welt optimiert und umgedacht werden.

3. Blicke in die Zukunft und adaptiere sie

Wer sich Abbildungen zur digitalen Transformation nach der Digitalisierung anschaut, könnte schnell den falschen Eindruck gewinnen, dass digitale Transformation eine Endstufe darstellt. Ich bin der Meinung, dass digitale Transformation ein kontinuierlicher Prozess ist und niemals enden wird. Wenn der Weg daher frei ist und die Voraussetzungen für den Wandel geschaffen sind, muss dieser Weg auch gegangen werden, und die Technologien, Prozesse und Co. müssen eingeführt und gelebt werden.

Das Schöne ist, dass Sie als Leser mit diesem Buch einen Werkzeugkasten in den Händen halten, den Sie auf allen drei Stufen verwenden können.

> **Wenn man nur einen Hammer hat, sieht alles aus wie ein Nagel. Aber mit den Methoden aus diesem Buch haben Sie ein wahres Potpourri zur Verfügung, um verschiedenste Probleme der digitalen Transformation anzugehen.**

Dabei wünsche ich Ihnen viel Erfolg!

#8: Dekomposition des digitalen Elefanten (von Jan Herrmann)

Digitalisierung ist eine sehr komplexe Aufgabe und stellt jeden vor eine immense Herausforderung. Sie kann die persönliche Weiterentwicklung oder ganze Konzerne betreffen. Ich setze bei derartigen Aufgaben gern auf klare Problemlösung und bediene mich der Mathematik, gehe die Herausforderung also analytisch an.

Nähert man sich dem besonders großen „Elefanten“ auf diesem Wege, stellt sich die Frage, wie die Zielfunktion aussieht, was die Nebenbedingungen sind und welches mathematische Verfahren zur Lösung beitragen kann. Damit hier keine zu komplexe Gleichung entsteht, schneide ich das Problem in Scheiben und kreiere damit Teillösungen, die in Summe ein annähernd optimales Ergebnis erzeugen. Diese Herangehensweise des „Kleinschneidens“ eines Problems oder Elefanten nennt man Dekomposition – und sie führt uns schnell zu ersten wichtigen Erkenntnissen.

Zuerst muss man aber den Elefanten identifizieren. Das kann ein Geschäftsprozess sein, ein Produkt, eine Beziehungslandschaft oder auch ein Kunde. Im Grunde genommen spielt das Objekt keine Rolle. Elementar wichtig ist aber, dass man das Objekt seinem Grunde nach beschreiben kann. Im analytischen Sinne würde man von der Darstellung des Lösungsraums sprechen. Sobald man sich über das entsprechende Bild im Klaren ist, muss man sich um die einzelnen Scheiben kümmern. Bspw. kann man sich fragen, welche Inputfaktoren es gibt, welche Bearbeitungsmethoden in dem Objekt passieren oder welche exogenen Faktoren einwirken. Der entscheidende Schritt ist, die Bausteine des Objektes zu erkennen. Bleiben wir bei den Inputfaktoren: In einem kleinen Unternehmen kann es die Nachfrage aus dem Internet sein, eine interne Anforderung oder eine verbale Anfrage per Telefon. Nun beschäftigt man sich mit den einzelnen Elementen und versucht diese entweder weiter zu zerteilen oder man fängt an, diese zu digitalisieren und optimieren. Die Element werden „verdaubar“ und es wird deutlich einfacher, den richtigen Know-how-Träger, die Experten oder Technologien zu finden, die eine Digitalisierung ermöglichen.

Nehmen wir einmal an, dass sämtliche Inputfaktoren digitalisiert werden sollen: Telefonanfragen werden von einem Chatbot entgegengenommen, interne Anforderungen über digitale Bedarfsanforderungen integriert und mit externen Anfragen verknüpft und gebündelt. Es entsteht eine Digitalisierung der gesamten Inputfaktoren und generiert eine neue digitale Art und Weise, mit einem Teilobjekt des Elefanten umzugehen. Schließlich führt die Digitalisierung der Teilobjekte zu einem digitalen (zusammengesetzten) Elefanten.

Die Moral dieses Schlaglichts? Lassen Sie uns die einzelnen Objekte angehen und optimieren. Dann setzen wir sie wieder zusammen und erhalten ein sinnvolles und starkes Ergebnis. Erst dann sollte man sich mit Schnittstellen und übergreifenden Optimierungen und Digitalisierungen beschäftigen. So muss man keine Angst vor der digitalen Transformation haben.

#9: Kleine Schritte (von Beate Sommer)

Ich arbeite im öffentlichen Dienst mit einer Vielzahl von Prozessen und Dienstvorschriften. Veränderungen können platziert werden, jedoch mit der notwendigen Vorlaufzeit und unter Berücksichtigung aller Eventualitäten und höchster Genauigkeit. Projekte durchlaufen viele Genehmigungsinstanzen nach klaren Vorgaben in einer insgesamt sehr traditionellen Welt. Und zugleich befinden wir uns in derselben Organisation auf dem spannenden Weg der digitalen Transformation, in dem neue Arbeitsmethoden ausprobiert werden und Innovationsprojekte neuen Kriterien folgen. Wie das zusammenpasst, fragen Sie sich?

**Beginnen Sie,
kleine Schritte zu gehen.**

Ein großes System, welches stabil funktioniert und öffentliche Aufgaben erfüllen muss, sollte nicht von heute auf morgen eine neue „New Work“- oder „Start-up“-Hülle übergestülpt bekommen. Dazu wurde das System mit den vielen Vorschriften nicht geschaffen. Das bedeutet allerdings nicht, dass es veränderungsresistent ist – ganz im Gegenteil! Denn die Organisation besteht nicht nur aus Prozessen, sondern aus Menschen. Und menschliche Neugier ist Ihr Wegweiser zu mehr Wandlungsfähigkeit. Andreas Steinle und Dr. Carl Naughton beschreiben basierend auf der Merck-Neugier-Studie von 2018: „Kaum etwas bringt uns stärker voran als die menschliche Neugier – ob als Individuen, Gesellschaften oder Organisationen. Sie bringt uns dazu, den Dingen auf den Grund zu gehen und Neues zu erlernen. Die Neugier hilft uns, Veränderung nicht als etwas Bedrohliches, sondern als spannendes Neuland zu erfahren.“[3] Außerdem sagen sie: „Es zeigt sich, dass die Neugier nicht nur Innovationen in Unternehmen vorantreibt, sondern Organisationen grundsätzlich wandlungsfähig macht.“ Im Erwachsenenleben bzw. im Geschäftskontext wurde die menschliche Neugierde bisher völlig unterschätzt. Auch wenn die ein oder andere Persönlichkeit Veränderungen

[3] https://www.merckgroup.com/de/company/curiosity/curiosity-report.html (Stand: 13.03.2021).

gegenüber unsicher gegenübersteht, hat die Neugierde der Menschen doch dafür gesorgt, wie wir heute leben.

Digitalisierung, Innovation und Vernetzung sind wie ein neues Zeitalter, in dem Organisationen entscheiden müssen, wie sie diese neuen Entwicklungen für sich nutzen möchten. Die vielfältigen Möglichkeiten der digitalen Transformation sind herausfordernd und komplex. Zugleich sind sie spannend, machen Spaß, zeigen neue Perspektiven und bieten eindrucksvolle Erfolgschancen.

Unser Arbeitsumfeld entwickelt sich stetig weiter, ebenso wie Methoden und Technologien. Neue Arbeitsweisen und veränderte Ansprüche an das Arbeitsleben lassen sich nicht wegdiskutieren.

Wenn Sie gezielt mit der Veränderung beginnen möchten, gibt es kein Richtig oder Falsch. Es gibt nur eine Bedingung:

Sorgen Sie für die notwendige Beachtung auf Management-Ebene. Führungskräfte müssen mutiger werden und mehr Vertrauen in ihre Organisation und die Menschen setzen, die dort arbeiten. Jeder kann an einer Stelle im System anfangen und die vielen Möglichkeiten nutzen, die es täglich gibt. In fast jedem Bereich innerhalb einer Organisation sind intrinsisch-motivierte Personen zu finden.

Jede:r Mitarbeiter:in in einer Organisation kann bei dem Prozess der Veränderung unterstützen. Neue Methoden auszuprobieren, braucht lediglich etwas Neugierde. Stellen Sie sich eine leere Landkarte vor. Etwas Spannendes, das wir sehen, lesen oder hören, zeichnen wir auf dieser Landkarte ein. Alle gemachten Entdeckungen verbinden wir mit Linien, die Wege darstellen. Indem wir uns neues Wissen aneignen oder Praxisbeispiele aus anderen Unternehmen sammeln, verstärken wir diese Verbindungen und lassen Straßen entstehen. Methoden, die wir mehrfach getestet haben und schätzen, könnten z. B. stärkere Verbindungen in Formen von Autobahnen erhalten. Andere, ebenfalls spannende Themen bleiben in Waldgebieten so lange verborgen, bis wir dazu bereit sind, auch diese Pfade weiter zu erkunden. Diese Landkarte kann mit anderen Menschen geteilt werden. Im besten Fall gibt es jemanden, der eine Idee von uns weiterträgt und vielleicht dafür sorgt, dass sie verwirklicht wird. Höchstwahrscheinlich finden wir dabei auch Personen, die neue Formate mit uns gemeinsam ausprobieren möchten. So wächst unsere Landkarte zu einem Abenteuer heran, dass die ganze Organisation entdecken darf, und mündet in neuen Werten, die wichtig für die Zukunft sind.

Das Schwierigste bei dieser Entdeckungsreise ist das unbekannte Land und die damit einhergehende Ungewissheit über den Weg und das Ziel. Hier fühlen sich viele Menschen sowohl Mitarbeitende als auch Führungskräfte unwohl. Wo bisher Pläne verfolgt und Ergebnisse vorhergesagt wurden, bewegen wir uns nun in einem Bereich, in dem wir unbekannte Wege beschreiten, währenddessen lernen und uns ständig anpassen. Dabei handelt es sich um einen Lernprozess, der Zeit, Verständnis und die richtigen Erwartungshaltungen benötigt. Manche Methoden oder auch ganze Projekte werden nicht immer zu einem sichtbaren und erfolgreichen Endprodukt führen. Neues auszuprobieren, Produkte iterativ anzupassen oder sogar zu beenden, ist eine Veränderung, die besonders viel Zeit braucht und nicht unterschätzt werden darf. Völlige Transparenz hilft beispielsweise für ein besseres Erwartungsmanagement. Wirken Sie falschen Erwartungen entgegen, in dem Sie regelmäßig kurze Updates über gewonnene Erkenntnisse und später auch über angepasste Lösungen transparent machen. So wird keiner überrascht, wenn Sie plötzlich einen ganz anderen Weg einschlagen.

Dennoch wird uns die ein oder andere Baustelle auf unseren neuen Wegen begegnen.

Wir werden hin und wieder einen Moment stehenbleiben oder zwei Schritte zurückgehen müssen.

In solchen Situationen hilft ein Ausflug in die Vogelperspektive, um mit anderen Augen auf das Geschehene zu sehen. Manchmal bin ich zu schnell mit meinen Ideen und überrenne meine Kolleginnen und Kollegen wortwörtlich. Das kann verschiedene Gründe haben – und ist kein Beinbruch. Wichtig sind eine gute Beobachtungsgabe und Verständnis.

Unter anderem inspiriert durch Carl R. Rogers, dem Erfinder des aktiven Zuhörens, habe ich folgende Checkliste entworfen, die Sie gerne nutzen können, wenn es plötzlich nicht mehr vorwärts geht:

1. **Das Big Pictures im Blick behalten und Rückschläge niemals persönlich nehmen.**
   - In der Vogelperspektive schaue ich neutral auf die aktuelle Situation und erhalte einen gewissen Abstand.
     - Wo stehe ich mit welchem Standpunkt?
     - Wo steht mein Gegenüber mit welchem Standpunkt?
     - Wie haben wir zusammengefunden?
     - Worum geht es aktuell?
2. **Kolleginnen und Kollegen aktiv zuhören.**
   - Ich reagiere nicht unmittelbar auf meine:n Gesprächspartner:in, damit auf beiden Seiten Zeit zum Reflektieren bleibt.
   - Ich versuche nicht voreingenommen zu sein, sondern höre konzentriert zu.
   - Ich stelle Rückfragen, wenn ich etwas nicht verstehe.
3. **Feedback geben.**
   - Oftmals hilft bereits das Zuhören. Auch wenn ich eine eigene Erfahrung einbringen möchte, lohnt sich manchmal Zurückhaltung.
   - Ich muss nicht direkt Feedback geben, vielleicht ergibt sich eine Idee beim nächsten Kaffeegespräch.
   - Ich frage am Ende des aktiven Zuhörens, ob mein:e Gesprächspartner:in einen Ratschlag oder eine Idee hören möchte, sofern ich mich dazu entscheide, zu unterstützen.

Nahezu jede Person befindet sich auf dem Weg der Veränderung an einer anderen Stelle und geht die Schritte unterschiedlich schnell. Vielleicht möchten manche sogar lieber zurückgehen. Wenn Sie sich dessen immer wieder bewusstwerden, begleiten Sie Ihre Organisation mit viel Empathie und voller Freude auf diesen neuen Wegen.

Höchstwahrscheinlich werden Sie sogar von neuen Abzweigungen überrascht, die Ihnen Kolleginnen und Kollegen aufzeigen. Erfahrungsgemäß sind Sie in Ihrer Organisation mit Ihrem Mindset und Ihrer Neugier nicht allein!

#10: Warum die digitale Transformation menschlich ist und keinen Aufschub duldet (von Dirk Kossey)

> **„Du solltest Dinge nicht anders machen, nur damit sie anders sind. Sie müssen besser sein."[4]**
>
> Elon Musk, Tesla-Gründer

Zeitenwende. Das Licht drang in die Tiefen des Ur-Ozeans vor. Einige Mehrzeller, die sich seit ewigen Zeiten aus einzelligen Organismen entwickelten, wurden neugierig. Sie entschlossen sich schließlich dazu, mutig an die Oberfläche zu schwimmen, um das Ufer zu erobern.

Eine neue Zeit begann. Die Artenvielfalt explodierte, im Wasser, auf dem Land. Pflanzen und Tierarten wurden stärker, schneller, schlauer. Einfach besser. Seit dreieinhalb Milliarden Jahre entwickeln sich die Lebewesen auf unserem Planeten nun bereits weiter – solange dauert die Evolution von den ersten primitiven Urformen des Lebens bis hin zu den heutigen Säugetieren und Menschen bereits an.

Wir schreiben das Jahr 2021. Alexa ist nun Ihr Gesprächspartner. Chatbots beantworten Ihre Fragen. Die ersten Autos fahren bereits auf Teststrecken autonom, Drohnen liefern bald Pakete bis zu Ihrer Haustür und Menschen werden Biosensoren implementiert, um den Blutzuckerspiegel zu regeln. Alles wird noch stärker, noch schneller, noch schlauer. Einfach noch besser – allerdings nicht in Milliarden von Jahren, sondern in immer schnelleren Zyklen, in Jahren, Monaten, Wochen und Tagen. Die Evolution erreicht mit der digitalen Transformation ihre nächste Stufe.

Die digitale Transformation ist ein Meilenstein in der evolutionären Weiterentwicklung der Menschheit. Dazu benötigte sie nur wenige Jahre, bis sie so richtig ins Rollen kam – vergleichbar dem Mooreschen Gesetz, nach dem sich die Speicherkapazität alle 18 Monate verdoppelt.

[4] https://www.studihub.de/elon-musk-seine-besten-30-sprueche-und-zitate/

Ihren Ursprung fand die Digitalisierung mit den ersten Rechenmaschinen in den 1950er-Jahren. Sie startete dann 1982 mit den ersten Computern und der massenhaften Umwandlung analoger in digitale Daten der Musik-CD richtig durch.

Deutlich spürbar wurde für mich die digitale Revolution erstmals mit der rasanten Verbreitung der Mobiltelefone in den 1990er-Jahren. Ich war als Vertriebsmanager beim Telekommunikations-Konzern Vodafone tätig, und die Kunden rissen uns die ersten Mobiltelefone quasi aus den Händen, täglich starteten Kolonnen von LKWs aus unserem Zentrallager.

2007 sollte sich dann alles entscheidend ändern: Apple brachte mit dem iPhone sein erstes Smartphone auf den Markt. Mit dem persönlichen Begleiter können wir Menschen scheinbar alles, zumindest viel mehr als vorher, als das Handy nur klingeln konnte: EKG messen, fotografieren, fernsehen, Preise vergleichen, Revolutionen organisieren und Erlebnisse in Wort und Bild teilen. Und das Telefonieren geht auch noch. Das Smartphone ist ein Produkt der digitalen Transformation, welches das Verhalten der Menschheit, ihre Ansprüche und ihre Fähigkeiten von Grund auf ändert – und vor allem stark verbessert. Die digitale Transformation ist die unglaublich beschleunigte Form der Evolution. Sie findet mit Steve Jobs genialer Erfindung in allen Lebensbereichen statt, und der Mensch steht dabei im Mittelpunkt, wie der Apple Gründer so schön bemerkte:

**„Es ist nicht der Glaube an die Technologie.
Es ist der Glaube an die Menschheit.“[5]**

Die Anordnung der Nullen und Einsen in den digitalen Reihen ist somit nur das Mittel zum Zweck. Es geht um das Verhalten der Menschen, ihre Wünsche, ihre Fähigkeiten und nicht zuletzt um ihren Vorteil.

Die digitale Transformation, auch „digitaler Wandel“ genannt, bezeichnet per definitionem einen fortlaufenden, tiefgreifenden, in digitalen Technologien begründeten Veränderungsprozess für die Gesellschaft, Wirtschaft und Politik. Dieser digitale Prozess beeinflusst Information, Kommunikation und Transaktion elementar und führt zu einem neuen Verhalten der Protagonisten. In wirtschaftlicher Hinsicht sollen Unternehmen die gestiegenen Erwartungen und Erlebnisse der Kunden erfüllen.

Es geht also bei der digitalen Transformation, genau wie in der Evolutionsgeschichte, unverändert um den Menschen, um seine Weiterentwicklung. Und um seinen Vorteil. Um die Verbesserung. Um eine gesteigerte Wertschöpfung:

**„Du solltest Dinge nicht anders machen, nur damit sie anders sind.
Sie müssen besser sein.“[6]**

Tesla-Gründer Elon Musk bringt den Sinn und Zweck der digitalen Transformation präzise auf den Punkt. Es geht unverändert um das Überleben, nun aber verlagert auf die wirtschaftliche Ebene. Es geht darum, die Effizienz zu steigern, die Kundenbasis zu erweitern und neue Geschäftsmodelle zu generieren. Kurzum: Es geht darum, sein Unternehmen erfolgreich in die Zukunft zu führen. Lassen Sie sich nicht von einer neuen, höchst effizienten und kreativen Spezies, den Start-ups, fressen. Nokia war gestern, Stehenbleiben wird gnadenlos bestraft.

„Wollen“. „Können“. „Machen“[7]

Für Ihre erfolgreiche digitale Transformation sind drei Faktoren ausschlaggebend: das „Wollen“, das „Können“ und das „Machen“. Zum ersten Faktor (dem „Wollen“): Sie müssen Veränderungen, Verbesserungen und Weiterentwicklungen wirklich wollen, sonst scheitert Ihr Vorhaben schon im Ansatz. Um noch einmal Steve Jobs zu bemühen:

„Du kannst sie zitieren, du kannst ihnen widersprechen, du kannst sie verherrlichen oder verteufeln, nur eines kannst du nicht tun: sie ignorieren – denn sie verändern Dinge. Sie bringen die menschliche Rasse nach vorne. Diejenigen, die verrückt genug sind zu denken, sie könnten die Welt verändern, tun es auch.“[8]

Es liegt also an Ihnen, ob sie eine Veränderung herbeiführen wollen. Soll Ihr Unternehmen jedoch auf weitere Jahre erfolgreich im Markt bestehen, so sind Veränderungen alternativlos. Ganz gleich,

---

5 https://www.zitat-des-tages.de/zitate/es-ist-nicht-der-glaube-an-die-technologie-es-ist-der-glaube-an-die-menschheit-steve-jobs

6 https://www.studihub.de/elon-musk-seine-besten-30-sprueche-und-zitate/

7 Vgl. https://nfp-energie.ch/de/key-themes/195/synthese/3/cards/30

8 https://www.sueddeutsche.de/digital/zitate-von-apple-mitbegruender-steve-jobs-warum-der-marine-beitreten-wenn-man-pirat-sein-kann-1.1156198

welche Produkte und Dienstleistungen sie vermarkten. Denn die Welt um Sie herum dreht sich in einem immer schnelleren Turnus und bleibt auch nicht stehen. Bewegen Sie sich nicht mit der Welt, so ergeht es Ihnen wie den ehemaligen Marktführern: Krupp, Quelle, Kodak oder Nokia. Der Sinkflug vollzieht sich mal im Sturzflug, mal schleichend.

Der Punkt ist: „Wollen" bedeutet Veränderung. Und damit tun sich leider die meisten Menschen sehr schwer. Die Komfortzone zu verlassen, ist eben unbequem, das Festhalten am Status quo eher der Standard, funktioniert aber im Rahmen der Digitalisierung nicht mehr. Die Start-ups sind kleine Piranhas, die erbarmungslos an Ihrem Umsatz knabbern. Seien Sie gewiss: Verlassen Sie diese Komfortzone nicht selbstständig, so werden Sie aus Ihrem Paradies herausgeworfen. Wer nicht mit der Zeit geht, geht mit der Zeit.[9]

Doch wie in den meisten Lebensbereichen ist es bei der digitalen Transformation nicht mit dem „Wollen" getan. Sie müssen es auch „Können". Sie benötigen das entsprechende Wissen, um Ihr Vorhaben umzusetzen. Sie benötigen das Know-how, um neue Geschäftsmodelle entwickeln und zum Erfolg führen zu *können*. Und natürlich müssen Sie die richtigen Mitarbeiter einsetzen und befähigen, digitale Prozesse zu gestalten. Lebenslanges Lernen ist nicht länger eine Phrase: Legen Sie los. Buchen Sie Seminare. Und vor allem: Studieren Sie intensiv die Methoden in unserem Buch!

Und last but not least müssen Sie auch „Machen". „Was nützt die Liebe in Gedanken"[10], um mit dem Filmdrama mit Daniel Brühl und Anna Maria Mühe zu sprechen. Sie müssen die Dinge angehen und umsetzen. „Der Schnelle frisst den Langsamen", wie der ehemalige Vodafone-Geschäftsführer Dr. Peter Walz zu recht zu sagen pflegte. Was Sie heute nicht schaffen, müssen Sie morgen schon doppelt umsetzen, um Ihre Ziele zu erreichen.

Produkte, Prozesse und Plattformen bestimmen die digitale Transformation

Gestalten Sie also Ihre persönliche digitale Strategie. Drei Themen stehen im Mittelpunkt, um digitale Wertschöpfungen zu gestalten: Produkte, Prozesse und Plattformen.[11]

Smarte Produkte und das Internet der Dinge nehmen in unserem Leben eine immer stärkere Rolle ein und werden in einem unglaublichen Tempo weiterentwickelt. Es ist schon ein Wahnsinn, dass mir meine Smartwatch mein medizinisches EKG anzeigt und dazu auffordert, mich mehr zu bewegen – was ich nach dem Verfassen dieser Zeilen beherzigen werde.

Die Automatisierung von Prozessen ist die Grundvoraussetzung, um eine erfolgreiche Customer Journey Ihres Kunden zu realisieren. Nur mit funktionierenden digitalen Prozessen können Sie Ihre Gewinne und Umsätze skalieren.

Und als Drittes benötigen Sie natürlich Plattformen, über die Sie Ihre Produkte vermarkten. Die Bestellung Ihrer Kunden in Ihrem Online-Shop muss automatisch bearbeitet werden, um die Zufriedenheit in punkto Geschwindigkeit und Zuverlässigkeit zu steigern. Einfach funktionierende Fullfilment-Leistungen, wie kostenlose Lieferung, Zahlungen mit allen Abrechnungsmitteln wie Paypal oder Kreditkarte und schnelle Reklamationsbearbeitung im After-Sales-Service, setzen die Kunden voraus, wenn Sie bei Ihnen einkaufen. Plattformen wie Amazon, Ebay oder Zalando erweisen sich dabei als überlegenere digitale Öko-Systeme und bestimmen den Takt bezüglich Servicequalität, Preise und Geschwindigkeit. Die Leistungen werden immer besser. Orientieren Sie sich an Amazon mit seiner extremen Kundenorientierung. Wer nicht digital mitspielt, spielt bald überhaupt nicht mehr mit. Die Gesetze der Evolution gelten 1:1 bei der digitalen Transformation.

Ihr Kunde im Mittelpunkt

Unternehmen machen oft den Fehler, der Technologie zu viel Aufmerksamkeit zu schenken. Dabei ist die Customer Experience der Schlüssel für einen gelungenen Übergang in die digitale Welt. Begeistern Sie Ihre Kunden, schaffen Sie völlig neue Erlebnisse. Das ist der wahre Ansatz der digitalen Transformation. Es geht um Menschen! Die Erwartungshaltung, insbesondere der jungen Generation, ist die treibende Kraft. Dabei gilt: Eine analoge Kundenbeziehung kann nicht auf dieselbe Art und Weise gestaltet werden wie ein digitales Verhältnis. Stellen Sie Ihre Kunden konsequent

[9] https://www.handelsblatt.com/unternehmen/management/zitate-des-wirtschaftsjahrs-2010-wer-nicht-mit-der-zeit-geht-geht-mit-der-zeit/3736970.html?ticket=ST-5999763-Z5BmpGVb9HMBjxTHaw2E-ap2

[10] https://de.wikipedia.org/wiki/Was_nützt_die_Liebe_in_Gedanken

[11] Vgl. https://www.wissensfabrik.ch/potentialwirtschaft/

in den Mittelpunkt. Zielen Sie darauf ab, digitale Produkte, Services und Marken zu gestalten, die positive Gefühle auslösen.

Unternehmen müssen ihr ganzes Handeln auf die Kunden und ihre Bedürfnisse ausrichten, um die digitale Transformation erfolgreich zu meistern. Verbraucher denken nicht mehr in Online- oder Offline-Schubladen. Sie erwarten neben personalisierten, auf sie zugeschnittenen Produkten und Erlebnissen auch volle Transparenz. Sei es bei den Preisen, der Verfügbarkeit, der Produktqualität, den Umgang mit ihren Daten, der Herkunft von Produkten, der Nachhaltigkeit von Verpackung und Versand oder den Produktions- und Arbeitsbedingungen.

Was gerade Start-ups richtig machen: Sie stellen die Kunden mit all ihren Wünschen und Problemen wirklich und absolut in den Mittelpunkt. Sie analysieren jeden einzelnen Schritt und Berührungspunkt der Customer Journey. Dabei ist ihre zentrale Frage: „Was ist ihr Problem?" Beim Kauf eines Rasenmähers geht es eben nicht um die Maschine, sondern um das Mähen des Rasens. Oder um die Entspannung dabei. Start-ups lassen alles Überflüssige in der Produkt- und Prozessgestaltung weg, fügen Innovationen hinzu, gewinnen so schnell Marktanteile und zerstören die bestehenden Anbieter unaufhörlich und gnadenlos.

Netflix greift das Fernsehen an, die Videotheken sind bereits zerstört. Taxis können sich nur noch per Gesetz gegen Uber retten, und junge Leute buchen aufgrund der unglaublichen Vielfalt des Airbnb-Leistungsangebots keine Hotelzimmer. Disruption hat Methode und einen klaren Plan. Wie das genau funktioniert, können Sie von Clayton M. Christensen, einem Vordenker aus dem Silicon Valley, lernen. Oder schneller mit den zahlreichen Methoden in unserem Buch.

Big Data als Grundvoraussetzung

Die digitale Transformation funktioniert nicht ohne die entsprechende Datenbasis. Sie ist die Grundvoraussetzung für all Ihre digitalen Aktivitäten. Sammeln Sie Daten, verarbeiten und übertragen bzw. nutzen sie diese, wo es nur geht. Wie alt ist Ihr Kunde, wo wohnt er, wofür interessiert sie sich und was wünscht er sich? Wo liegen deren Probleme? Was hat sie schon gekauft? Was wünscht er sich? Hat er Kinder? Ein Haus? Wie hoch ist ihr Einkommen? Welches Toilettenpapier benutzt er – drei- oder vierlagig? Mag sie Pizza Margherita tiefgekühlt oder doch lieber von der Pizzeria um die Ecke? Soziale Netzwerke wie Facebook, Instagram und Twitter liefern eine Antwort auf all diese Fragen und schöpfen aus diesem Wissen per Werbung ihre gigantischen Gewinne. Sparen Sie nicht am falschen Ende. Sie benötigen diese Daten. Sie müssen dafür wissen, wie man eine Datensammlung aufbaut, eine Zielgruppe definiert und selektiert, die passenden Kommunikationskanäle auswählt, die digitale Kampagne gestaltet, eine personalisierte Ansprache kreativ gestaltet, das Kundenbedürfnis trifft und dann zur richtigen Zeit im richtigen Umfang ausspielt. Ein Post in Facebook mit acht Likes ist kein digitales Marketing. Es ist nur ein Post.

Das Erstaunliche: Über 2,8 Milliarden Menschen teilen ihre Präferenzen und ihre Daten freiwillig mit den sozialen Netzwerken[12], davon rund 44 Millionen allein in Deutschland[13]. Partizipieren Sie von diesem unglaublichen Mehrwert in Ihrer Kommunikation und Kundenansprache, schalten Sie personalisierte Werbung mit eben diesen Daten. Denn genau das ist der Vorteil der digitalen Transformation: Sie wissen mehr über Ihre Kunden und können Ihre Angebote zielgruppen-, nein, zielpersonengerecht ausspielen. Und das mit personalisierten Angeboten, die genau den Wünschen der Kunden entsprechen.

Die digitale Welt ist ein Dorf

Wenn wir von der digitalen Transformation sprechen, sprechen wie im selben Atemzug auch von der Globalisierung. Durch das Internet ist die Welt ein Dorf geworden. Jeder kennt jeden. Jeder ist mit jedem vergleichbar. Jeder konkurriert mit jedem. Ihre Kunden haben in Sekundenschnelle Ihre Preise mit dem des Wettbewerbs auf der ganzen Welt verglichen. Das ist Segen und Fluch zugleich. Das Problem dabei ist: In allen Bereichen hinken wir in Deutschland dem globalen Wettbewerb hinterher. Nicht einmal unsere Telekommunikationsnetze halten dem internationalen Vergleich Stand.

Die mächtigsten Player wie Amazon, Facebook, Apple, Google oder Alibaba kommen alle aus den USA oder China. Die erfolgreichsten Start-ups stammen aus dem Silicon Valley oder aus China. Deutschland muss aufpassen, das es nicht den Anschluss verliert. Tesla greift mit seinen E-Autos

---

[12] Vgl. https://de.statista.com/themen/1842/soziale-netzwerke/

[13] Vgl. https://de.statista.com/statistik/daten/studie/554909/umfrage/anzahl-der-nutzer-sozialer-netzwerke-in-deutschland/

unsere Autoindustrie an, die für jeden 10. Arbeitsplatz verantwortlich zeichnet. Es liegt letztendlich an uns selbst, an jeden Einzelnen von uns: Transformieren Sie Ihr Unternehmen digital. Schauen Sie sich alle Prozesse an, die Sie verbessern können. Gestalten Sie neue Produkte und Wertschöpfungen. Und trauen Sie sich einen großen Wurf zu. Die Mehrzeller haben sich schließlich auch aus dem Wasser getraut.

Agile Managementmethoden

Die Digitale Transformation bedarf neueR Arbeitsweisen und Managementmethoden, um mit der Geschwindigkeit des globalen Wettwebers Schritt zu halten. Ich empfehle Ihnen schlanke Vorgehensweisen und Methoden wie Design Thinking[14] oder Scrum[15], die aus dem Silicon Valley stammen. Mit diesen Techniken agieren Sie agiler, fokussierter und kommen schnellen zu ersten Ergebnissen. Vor einer aufwendigen Entwicklung entstehen dabei erste Lösungsansätze auf dem Papier. Die Arbeitsergebnisse werden in kurzen Abständen besprochen und gegebenenfalls direkt korrigiert. Sie überprüfen mit agilen Managementmethoden in einer Art „Endlosschleife" Ihre Projekte und verbessern so kontinuierlich alle Ebenen Ihres Wertschöpfungsprozesses – wie in der Evolution.

Mit klassischen Methoden laufen Sie eher Gefahr, nach Monaten zu der Erkenntnis zu gelangen, dass der eingeschlagene Weg der falsche war. Unser Buch erläutert Ihnen die agilen Methoden detailliert. Natürlich müssen Sie nicht alle Unternehmensbereiche gleich führen: Die Kassiererin oder den Buchhalter führen Sie wahrscheinlich unverändert mit klassischen, den Web-Entwickler mit agilen Führungsmethoden.

Mein Plädoyer für eine neue Unternehmens-Kultur

Es gehören Mut, Umsetzungsstärke und Know-how dazu, um das eigene Unternehmen auf den digitalen Pfad zu führen. Sie benötigen eine klare Vision und den festen Willen, wirklich etwas weiterzuentwickeln, zu verbessern und zu verändern. Nicht stehen zu bleiben.

Tappen Sie nicht in die Falle, die Dinge direkt groß und langwierig aufzuziehen. Fangen Sie kleiner an und versuchen Sie vor allem, Ihre Kunden, deren Probleme und Bedürfnisse zu verstehen. Eruieren Sie, wie Ihr Geschäftsmodell zukünftig angegriffen werden könnte und wie es durch die Digitalisierung in Gefahr gerät, wenn Sie untätig bleiben. Wenn Sie sich nicht der digitalen Welt zuwenden, dann wird ein anderer von außen Ihre Welt digital öffnen. Fragen Sie Ihre Kunden, mit welchen Herausforderungen sie aktuell kämpfen und wo ihre Schmerzpunkte liegen.

Bauen Sie digitale Schnittstellen und neue Services zu Ihren Kunden auf, führen Sie eine digitale Interaktion ein und generieren Sie aus diesen Kontakten zusätzliche Verkäufe. Analysieren Sie, was gut läuft und was weniger? Auch wenn sich Ihre Kunden nicht beklagen, bedeutet dies nicht, dass Sie zufrieden sind. Viele verlieren den Überblick über laufende Verträge, Preisaktualisierungen oder Produkt-Features, die sie aber voll bezahlen. Das macht auf Dauer unzufrieden.

Und dann ist gerade bei der digitalen Transformation viel „Learning by doing"[16] angesagt. Die digitale Transformation bedeutet auch, Produkte auf den Markt zu bringen, die noch nicht perfekt sind. Ja, richtig, dass läuft unserem deutschen Qualitätsbewusstsein zuwider. Doch die agile Herangehensweise in der digitalen Transformation bedingt auch eine völlig neue Kultur, mit Fehlern umzugehen. Veränderung impliziert, auch Fehler zu machen und diese zuzugestehen. Aus neuen Informationen und Fehlern zu lernen. Haben aber Mitarbeiter davor Angst, etwas falsch zu machen, so trauen sie sich nicht, großartige Neuerungen zu entwickeln. Das ist wahrscheinlich einer der Gründe, warum Deutschland digital in den Rückstand geraten ist: Schnelle Prozesse und Innovationen ohne eine 100-prozentige Absicherung laufen unserer deutschen Fehlerakzeptanz zuwider.

Darüber hinaus: Die digitale Transformation ist Chefsache.[17] Steht die Chefin oder der Chef nicht voll und ganz hinter dieser Ausrichtung, so ist sie zum Scheitern verurteilt. Dabei muss eine neue Unternehmenskultur geschaffen werden, die von Vertrauen und Wertschätzung geprägt ist. Kreativität für Veränderung benötigt den entsprechenden Freiraum. Binden Sie Kunden und Mitarbeiter

[14] Vgl. https://digitaleneuordnung.de/blog/design-thinking-methode/
[15] Vgl. https://scrumguide.de/die-geschichte-von-scrum/
[16] Vgl. https://karrierebibel.de/learning-by-doing/
[17] Vgl. https://www.maschinenmarkt.vogel.de/digitale-transformation-ist-chefsache-a-770194/

in die Prozesse ein. Holen Sie Feedback ein, sammeln Sie Daten, analysieren Sie sie, sammeln Sie Erkenntnisse und setzen diese um. Lassen Sie Fehler zu und lernen Sie daraus.

Ihr Ziel: Welchen Mehrwert möchten Sie erreichen?

Beantworten Sie die entscheidenden Fragen, um daraus Ihre persönlichen Schritte für eine Veränderung abzuleiten: Welche Ziele und welche Mehrwerte möchten Sie erreichen? Wie ist der aktuelle Ist-Zustand? Wo möchten Sie genau hin? Wenn Sie nicht wissen, wo Sie stehen und was genau Ihr Ziel ist – wie wollen Sie es erreichen? Die digitale Transformation gelingt Ihnen nur, wenn das Management und die Mitarbeitenden ihr Verhalten ändern. Motivieren Sie alle Beteiligten. Ohne Motivation keine Veränderung! Die Steigerung der Kundenzufriedenheit mit positiven Erlebnissen und Mehrwehrten ist dabei Ihre Mission.

Oft bleiben die meisten Unternehmen jedoch bei Fragen der Optimierung und Effizienzsteigerung stehen. Damit Ihnen das nicht passiert, haben wir dieses Buch für Sie verfasst. Sie wissen nun ja: Entscheidend ist das Wollen. Das Können. Das Machen. So gelingt Ihnen der nächste Evolutionsschritt – Ihre persönliche digitale Transformation. Und denken Sie immer daran: Es geht dabei nicht um Nullen und Einsen. Es geht um den Menschen.

Starten Sie digital durch.

#11: Wie nähere ich mich digitalen Themen? (von Göran Göhring)

Die Digitalisierung ist ein sehr weites Feld. Manchmal weiß man gar nicht, wo man anfangen soll. Ist man kein „Digital Native“ geht man meist zu rational an diese Thematik heran und beginnt, Bekanntes in die digitale Welt zu kopieren. Hilft das? Vielfach nein. Hilfreich ist dagegen, die sogenannte Ungewissheitskompetenz leben zu können. Man liest sich ins digitale Denken ein. Man denkt nach. Wie geht das möglichst risikolos? Testen – machen – verwerfen … und wieder testen – wieder machen – wieder verwerfen …

Aber wie funktioniert ein solches Vorgehen in der Geschäftspraxis? Man sollte doch eigentlich im Berufsleben keine Fehler machen, wenn eine gute Karriere das Ziel ist? Diese Ungewissheitskompetenz – ein etwas sperriger Begriff – des Ausprobierens von Neuem, das für die Fähigkeit steht, trotz unvollständiger Information beherzt und schnell zu entscheiden und dabei aus Fehlern rasch zu lernen, liegt unserer deutschen Mentalität wohl weniger.

Die FAZ schrieb im November 2020, dass diese Ungewissheitskompetenz der entscheidende Erfolgsfaktor in der militärischen Führung sei und auch in der Notfallmedizin hilfreich ist. Die Entwicklung der Fähigkeit, sich im Nebel der Ungewissheit zu bewegen, ist ein wichtiger Punkt, um mit Krisen oder Neuem umgehen zu können. Dementsprechend erscheint die Ungewissheitskompetenz als gute Eigenschaft für Menschen, Schritt für Schritt mit digitaler Innovation eine Wandlungsfähigkeit von Themenfeldern zu erzielen – ein kontinuierlicher Langstreckenlauf in immer wieder neuen Bereichen.

Mit digitalen Methoden oder Tools effektiver und effizienter Erfolg zu haben oder Ziele zu erreichen, ist *die* Aufgabe in unserer heutigen Welt. Dazu kommt aber auch, dass in der digitalen Welt jeder Tag immer wieder Tag 1 – im Sinne des Amazon Gründers Jeff Bezos – ist, denn an Tag 2 gehören viele Dinge der Digitalisierung schon zum alten Eisen, sind überholt, müssen neu kreiert und eingesetzt werden. Ein Kreislauf, der schneller denn je durchlaufen wird. Wie schafft man das?

> **„Jedes Unternehmen, das künftig Erfolg haben will, muss ein Technologieunternehmen werden."**
>
> Miriam Wohlfahrt, Gründerin des Fintechs RatePay

VW-Chef Herbert Diess sieht es genau wie die Digital-Expertin Miriam Wohlfahrt: „Tesla ist der einzige Hersteller, der das Auto von der Software her erdacht hat, als ein Device im Datennetz, das Kundendaten sammelt, auswertet und schnell reagiert. Da ist Tesla der Autoindustrie voraus. Tesla ist ein Digitalkonzern, der Autos baut.“ Apple ist ein Digitalkonzern, der auch Telefone baut. Netflix produziert (datengetriebene) Unterhaltung und ist ein gutes Beispiel für die digitale Wandlungsfähigkeit in der Medienbranche. Die Netflix-Programmanager wissen genau, was wir sehen wollen. Es geht nicht darum, was der Redakteur oder Regisseur persönlich gut findet. Netflix hat aus meiner Sicht das Fernsehen entscheidend revolutioniert. Der Hersteller von Fahrrad-Heimgeräten Peloton ist auch ein gutes Beispiel. Die FAZ sagt dazu: „Warum ist Adidas nicht auf diese Idee gekommen? Kern dieses Geschäfts ist nicht das Rad, sondern das Coaching, der interaktive Unterricht über einen Bildschirm. Peloton bezeichnet sich ja selbst auch nicht als Sport-, sondern als Tech-Unternehmen.“. Weitere Beispiele gibt es zur Genüge.

Wie nähere ich mich also digitalen Themen und digitalen Methoden, um einen zielgerichteten Wandel im Unternehmen anzustoßen?

Vier grobe Hauptfelder sehe ich hier. Sie werden alle in den 222 Methoden und Instrumenten dieses Buches in irgendeiner Art und Weise beleuchtet.

1. **Standardisierung und Digitalisierung von Prozessen sowie intelligentes Datenmanagement und -analyse**

Alle Prozesse eines Unternehmens können durch Digitalisierung abgebildet werden. Daraus entsteht eine nie zuvor erreichte Effizienz, aber auch schnellere Entscheidungssituationen aufgrund besserer Datengrundlage. Dies gilt für digitale Finanzprozesse zur Always-on-Bereitstellung von KPIs bis hin zur Automatisierung aller Standardprozesse eines Unternehmens.

2. **Optimierung der Zusammenarbeit innerhalb der Organisation**

Dieses Arbeitsfeld reicht von einfachsten, kollaborativen Tools der Zusammenarbeit bis zu hin zur durchdeklinierten Remote-first-Strategie einer Organisation.

3. **Kunden-Interaktion und -Kommunikation verbessern, beschleunigen oder effizient automatisieren**

Die Arbeit mit und an Kunden und Verbrauchern ist schon lange nicht mehr nur Sache des Vertriebs und des Marketings. Digitalgetriebene Strategien ermöglichen engere und reibungslos strukturierte Geschäftsopportunitäten.

4. **E-Commerce**

Seit der Covid-19-Pandemie gehört die digitale Shoppingplattform auf jede Agenda im Consumer Sales. E-Commerce zu betreiben, reicht aber weiter und ermöglicht, global skalierbare Geschäfte effizienter denn je zu betreiben – von Markplatz-Business bis hin zur Circular Economy, von B2B bis B2C.

#12: Die Wolkenkuckucksheimfalle (von Benno van Aerssen)

> **„Wenn Spinnen vereint weben, können sie einen Löwen fesseln.“**
>
> Äthiopisches Sprichwort

Sollten Sie bereits meine Ausführungen zur „Ideenreichtumsfalle“ im Schlaglicht #1 gelesen haben, dann habe sie Klarheit darüber, dass es einer der größten Fehler ist, die Ideenfindung zu Projekten der digitalen Transformation ausschließlich den IT-Experten und Entwicklern zu überlassen.

Wenn die „Ideenreichtumsfalle“ links des Weges der digitalen Transformation liegt, dann finden Sie auf der anderen Seite des Weges die „Wolkenkuckucksheimfalle“. Wenn Sie so wollen das genaue Gegenteil zur „Ideenreichtumsfalle“.

Projekte, die an der Wolkenkuckucksheimfalle gescheitert sind, leiden darunter, dass speziell in den frühen Ideenfindungsphasen keine IT- oder Softwareexperten und Softwareentwickler mit beteiligt sind. In Unternehmen, die in die Wolkenkuckucksheimfalle treten, herrscht der Glaubenssatz vor, das „irgendwelche Softwareexperten“ später unsere Ideen in Programmcode umsetzen und dass diese Softwareentwickler sowieso nur die Dinge programmieren, die andere ihnen vorgeben.

> **„Viele Ideen wachsen besser, wenn man sie in ein anderes Hirn umpflanzt, als sie in dem zu belassen, aus welchem sie stammen.“**
>
> Oliver Wendell Holmes

In der Wolkenkuckucksheimfalle werden zuverlässig zwei hässliche Reibungsverluste produziert:

1. Bei allen Möglichkeiten, die die Welt heute bietet, werden Ideen generiert, die sich tatsächlich nicht umsetzen lassen – unser Wolkenkuckucksheim. Entweder erzeugt das großen Frust, weil tatsächlich nichts umgesetzt wird, oder weil das, was am Ende umgesetzt wurde, bestenfalls nur ein weichgespülter Abklatsch der ursprünglichen Idee ist.
2. Wir erzeugen ein sehr starkes „Not-Invented-Here-Syndrom" in Richtung der Softwareentwickler, die am Ende den Programmcode erstellen müssen, um die Realität zu erzeugen. Softwareentwickler erzeugen nicht klaglos in dunklen Kellern 24 Stunden lang Quellcode. Sie sind Menschen wie wir alle, für die die wertvollsten Dinge die Ergebnisse eigener kreativer Erschaffensprozesse sind.

Beteiligen Sie deshalb so früh wie möglich in Ihren digitalen Transformationsprojekten auch die Menschen, die am Ende den Quellcode erzeugen müssen, der erst die neue Realität entstehen lässt! Folgen Sie auch bei Projekten der digitalen Transformation den grundlegenden Erfolgsprinzipien der ergebnisoffenen Erschaffensarbeit: Arbeiten Sie divers und multidisziplinär!

Folgen Sie also der alten Gewissheit: „Die Dosis macht das Gift". Zu viele digitale Nicht-Experten sind ebenso schädlich wie zu viele digitale Experten.

> **„Jede Arbeit ist wichtig, auch die kleinste. Es soll sich keiner einbilden, seine Arbeit sei über die seines Mitarbeiters erhaben. Jeder soll mitwirken zum Wohle des Ganzen."**
>
> Robert Bosch

#13: Digitale Transformation oder (Problem)-Lösungen neu denken (von David Sauer)

Wie schätzen Sie die Digitalisierung in Ihrem Unternehmen ein? Der Blick in die Forschung und Praxis gibt uns einen Einblick in die unterschiedlichen Vorstellungen, Erwartungen und Erlebnisse von Unternehmen zur Digitalisierung und digitalen Transformation.[18]

Die Bandbreite ist groß. In einigen Unternehmen sind digitale Prozesse bereits etabliert, CRM-Systeme und elektronische Warenwirtschaftssysteme eingeführt sowie die Automatisierung und Optimierung von bestehenden Produktions-, Arbeits- und Kommunikationswegen realisiert. Ungeachtet dieser Entwicklungen werden wir zusätzlich mit vielen neuen Fragen zu disruptiven oder selbstlernenden Technologien und digitalen Geschäftsmodellen konfrontiert; Veränderungen, die immer schneller voranschreiten, uns vor neue Anforderungen stellen und dabei auf den ersten Blick genauso viele Möglichkeiten wie Herausforderungen mit sich bringen – abhängig vom Standpunkt des Betrachters.

Wie begegnen wir diesen Herausforderungen? Im „Was" geht es oft um Produkte, Dienstleistungen oder ganze Geschäftsmodelle, die von digitalen Anwendungen und Technologien sowie Kunden mit neuen Bedürfnissen herausgefordert werden. Im „Wie" können wir uns fragen, wie bisherige erfolgreiche Prozesse und bestehende Strukturen zukünftig auch noch zum Erfolg führen und unsere (digitalen) Produkte, Dienstleistungen und Kunden optimal unterstützen können. Ausgehend vom Kunden bietet die Digitalisierung damit jedem Unternehmen die Chance, die eigenen Prozesse und Produkte neu zu denken und anzupassen. Damit beeinflusst insbesondere die Anpassungsfähigkeit den Erfolg unserer Organisation und es kommt darauf an, wie wir es schaffen können, proaktiv und antizipativ diese Veränderungen wahrzunehmen, aufzunehmen und in unseren Produkten und Dienstleistungen für unsere Kunden zu nutzen.

Das Beispiel von KODAK zeigt, was passiert, wenn wir nicht handeln. Schnell fällt in diesem Zusammenhang auch das Schlagwort von der „digitalen Kompetenz" – und ein Muster zeigt sich. Zum einen wird *„die IT"* als Impulsgeber oder sogar in der Verantwortung gesehen, neue Systeme einzuführen, technische Möglichkeiten aufzuzeigen, Prozesse zu digitalisieren oder neue Geschäftsmodelle zu ermöglichen. Zum anderen wird *„die IT „* oft als Flaschenhals für neue Ideen gesehen,

[18] Soluk, J., Kammerlander, N., Zöller, M.: Digitale Transformation im Mittelstand und in Familienunternehmen. Vallendar: WHU, Institut für Familienunternehmen, 2020.

und andere Fachabteilungen möchten ihre Anforderungen nur schnell realisieren – ziemlich egal, wie das geschieht.

Wie kann also die *gesamte* Organisation den technologischen Fortschritt nutzen, um bekannte (digitale) Kundenwünsche zu bedienen und unerkannte Wünsche durch (digitale) Kreativität zu wecken?

> **„Gehe ich vor dir, dann weiß ich nicht, ob ich dich auf den richtigen Weg bringe. Gehst du vor mir, dann weiß ich nicht, ob du mich auf den richtigen Weg bringst. Gehe ich neben dir, werden wir gemeinsam den richtigen Weg finden."**
>
> Afrikanisches Sprichwort

In der Begleitung digitaler Transformationen in und mit Unternehmen wird mir die individuelle Bedeutung von Digitalisierung für jede Organisation stets vor Augen geführt. Rational betrachtet, stehen uns neue Variablen in Form von neuen Technologien als Handwerkszeug zur Verfügung. Diese können wir individuell und kreativ einsetzen, um Wertschöpfung zu ermöglichen, Prozesse zu vereinfachen, Probleme zu lösen und Freiräume für Mitarbeiter zu schaffen, in denen neue und komplexe Fragestellungen gelöst werden können. Diese neuen Ideen und Handwerkszeuge helfen uns, das „Warum" eines jeden Unternehmens individuell zu beantworten: die Kundenwünsche und deren Bedürfnisse.

Wir können also Lösungen neu denken und dass nicht nur in spezifischen Digitalisierungs- und Innovationsabteilungen, sondern mit allen beteiligten Mitarbeitern, sowie mit jeder Fachabteilung zusammen. Denn ...

- digitales Wissen zeigt uns *neue* Suchfelder für Lösungen im bestehenden (analogen) Fachwissen auf.
- bestehendes (analoges) Fachwissen ermöglicht die Anwendung von digitalem Wissen in neuen Bereichen.
- digitales Wissen ohne bestehendes Fachwissen in der Organisation entspricht oft nicht bestehenden Erwartungen.
- Fachwissen ohne digitales Wissen bleibt oft hinter den eigenen Erwartungen zurück.

In diesem Sinne nutzen wir das neue digitale Wissen gleichermaßen wie bestehendes und neues Fachwissen eines jeden Unternehmens, um Problemlösungen neu zu denken. In vielen Prozessen, Produkten und Dienstleistungen kann die Digitalisierung uns neue Möglichkeiten aufzeigen. Auf dem Weg dahin ist die fachübergreifende Kooperation und Konzeption ein Schlüssel zum Erfolg, nämlich neue Lösungen zu denken und sie umzusetzen.

Dabei verlaufen Veränderungen schnell, und die Einbindung eines jeden Mitarbeiters ist essenziell. Wir wissen nie, wer eine neue analoge Idee denkt, die eventuell digital gedacht erfolgreich ist. Zum Bearbeiten aktueller und zukünftiger Herausforderungen auf dem Weg Ihrer ganz individuellen digitalen Transformation helfen Methoden und Techniken zur Ideenfindung, Fokussierung, Umsetzung sowie erfolgreichen Steuerung kultureller Veränderung. 222 Methoden haben wir dazu für Sie in diesem Buch zusammengestellt – als Werkzeug, Lösungen neu zu denken. Ich wünsche Ihnen viel Erfolg!

#14: Digitale Transformation heißt Transformation der Kultur (von Valerie Wacker)

Das wichtigste Kapital eines Unternehmens ist das Humankapital – entwickeln und bauen doch die Mitarbeitenden die Produkte. Ohne die Menschen kann ein Unternehmen nicht funktionieren. Soweit wird mir wohl jeder zustimmen.

Umso erstaunlicher ist, dass der Faktor „Mensch" so wenig in den unternehmerischen Köpfen verankert ist, wenn man an die digitale Transformation denkt. Meistens werden mit der digitalen Transformation technologie-orientierte Aspekte wie Künstliche Intelligenz, Blockchain oder auch Quantum Computing verbunden. Je nach Kenntnisstand wird noch über den aktuellen Kurs des Bitcoins philosophiert, der Wert von Daten in der Zukunft erörtert oder über die Effizienz der smarten Fabrik diskutiert. Das Wort „digital" in der Digitalen Transformation scheint also zu überwiegen und spielt sich auf einer ganz sachlichen und objektiven Ebene ab, nämlich auf der Ebene der Digitalisierung. Und wo bleibt die Transformation?

Digitale Transformation oder Digitalisierung?

Bei der Transformation sind wir nicht mehr ganz so sachlich, denn jetzt wird es subjektiv und emotional, weil wir bei einer Transformation über die Auswirkungen der technologie-basierten Aspekte auf die Mitarbeitenden sprechen. Und Veränderungen haben leider zunächst immer eine negative Konnotation. Gut ist, dass es jetzt endlich um die Menschen geht. Die Menschen, die doch das wichtigste Kapital des Unternehmens darstellen und trotzdem schnell vernachlässigt werden in der *digitalen* Transformation.

Dabei ist eine Vernachlässigung fatal, denn der Mensch verliert in der digitalen Transformation nicht an Bedeutung und verliert auch nicht seinen Arbeitsplatz, sondern er ist der Mittelpunkt einer neu gewonnenen Arbeitsumgebung, in der er sich erst zurechtfinden muss. Denn durch den Einsatz neuer Technologien wird unser Arbeitsalltag grundlegend transformiert und das ist die eigentliche Herausforderung! Die Mitarbeitenden haben mit deutlich mehr zu kämpfen als nur mit dem Erlernen eines neuen Softwareprogramms:

- Multitasking bekommt eine ganz neue Bedeutung, wenn immer wieder neue Chatnachrichten aufpoppen, die beantwortet werden wollen, weil man auf die dazugehörige E-Mail nicht schnell genug geantwortet hat oder nicht ans Handy gegangen ist. Sich dabei immer wieder in der Kürze der Zeit in wechselnde Themengebiete hineinzuversetzen, erfordert eine unglaublich hohe Auffassungsgabe und das bei genauso viel Qualität und Präzision wie noch zu der Zeit, als man seine Aufmerksamkeit nicht 100 Dingen gleichzeitig widmen musste.
- Zahlreiche Plattformen zur schnelleren Kommunikation dienen häufig auch dem rascheren Austausch von Dokumenten oder bieten die Möglichkeit, dass alle Beteiligten gleichzeitig darauf zugreifen können. Während wir bisher etwas eigenständig bearbeitet und dann abgelegt haben, arbeiten heute alle gleichzeitig an einem einzigen Dokument, bei dem immer ersichtlich ist, wer was erarbeitet hat und wie lange er dafür gebraucht hat – so viel Transparenz braucht Toleranz gegenüber anders arbeitenden Menschen und den Mut, seine Arbeit noch im Bearbeitungsstatus offen preiszugeben. Auf Feedback muss auch nicht mehr gewartet werden, nachdem man seine Arbeit verschickt hat, sondern der Feedbackgebende bekommt einen Link zum Dokument oder liest einfach direkt mit, sodass eigentlich auch keine Verschnaufpause da ist. Es gibt keine Möglichkeit, sich kurz zurückzulehnen, die Arme über dem Kopf zu verschränken und sich über das Erarbeitete Gedanken zu machen. Vielmehr wird erwartet, dass das Feedback umgehend wieder eingearbeitet wird – die digitale Welt ist sehr schnelllebig und erwartet dieses auch von ihrem Gegenüber.

Und wer nun meint, dass gelte nicht für ihn und sein eigenes Umfeld, der denke jetzt bitte an Situationen, wenn man 'kurz mal nebenbei' etwas per App bestellt oder gar die Mängel der Bestellung bei einem Chatbot reklamiert – Prozesse werden auch deshalb überall beschleunigt, weil natürlich auch der Kunde die Erwartungshaltung hat, immer nur einen Klick weit entfernt zu sein von seinem Anliegen.

Menschen und Technologie zu gleichwertigen Partnern machen

Ganz ehrlich – ich bekomme beim Lesen des letzten Abschnitts Verständnis für jeden Burn-out und den Unmut gegenüber der digitalen Transformation. Umso mehr stellt sich die Frage, wie denn die Menschen mitgenommen werden sollen auf die Reise in die digitale Welt? Wie schafft man es, sein wichtigstes Kapital nicht zu verlieren und gleichzeitig die richtigen Leute zu gewinnen, die dem standhalten können? Oder ganz lapidar gefragt: Wenn man um die technologie-orientierten Aspekte weiß und auch die Auswirkungen auf die Mitarbeitenden kennt, warum scheitern denn dann so viele an der digitalen Transformation? Was ist notwendig, um sie erfolgreich zu meistern?

Den Menschen und die Technologie zu gleichwertigen Partnern machen! Und dafür reicht es nicht, die Menschen frühzeitig über die Auswirkungen einer durch Technologie bedingten Veränderung zu informieren oder sie dazu zu schulen. „Aber das haben wir doch schon immer so gemacht!" genügt nicht und ist auch nicht mehr zeitgemäß, zumal jeder weiß, dass man mit der Zeit geht, wenn man nicht mit der Zeit geht. Der Nachfolger von „Das haben wir schon immer so gemacht!" ist „Das gibt unsere Unternehmenskultur nicht her!" und trifft den Nagel auf den Kopf – der kulturelle Wandel ist aus meiner Sicht der Schlüssel zur digitalen Transformation! Um zu verstehen, wie man einen kulturellen Wandel für die digitale Transformation hervorrufen kann, ist es nötig, kurz über „Kultur" nachzudenken. Ohne zu tief in die Diskussion um den Kulturbegriff einzusteigen, hier kurz ein Beispiel, um zu erklären, was ich unter Kultur verstehe: Deutschen sagt man nach, sie seien pünktlich. Eine konkrete Personengruppe (Deutsche) leben also nach einem ungeschriebenen Gesetz (Pünktlichkeit ist wichtig), das zu einem bestimmten Verhalten führt (auf die Uhrzeit achten), wodurch sie für andere erkennbar sind, zu einem Kulturkreis werden und eine bestimmte Kultur haben. Natürlich wird diese Verhaltensweise innerhalb der Personengruppe immer wieder hinterfragt durch Neulinge – beispielsweise durch Kinder –, und die Verhaltensweise des auf die Uhrzeit achtens wird immer wieder anders praktiziert – von der Sonnenuhr über die Armbanduhr bis hin zur Smartwatch. Kultur ist demnach der permanente Prozess des Praktizierens von ungeschriebenen Gesetzen innerhalb eines Personenkreises. Was heißt das jetzt für die Digitale Transformation?

Wenn Menschen und Technologie gleichwertige Partner sein müssen, um die digitale Transformation erfolgreich zu machen, dann ist die Kultur der Kleister, der sie zusammenhält, weil hier beides zum Einsatz kommt: Technologie verändert sich in einer Geschwindigkeit, dass wir kaum noch hinterherkommen. Aber wir Menschen wenden sie an, also befinden wir uns durch den technologischen Fortschritt in einem permanenten Prozess des Praktizierens von ungeschriebenen Gesetzen. Oder hat Ihnen jemand vorgeschrieben, dass Sie mit ihrer Smartwatch bitte nur auf die Uhrzeit achten und niemals damit an der Supermarktkasse zahlen sollen?

Welche Kultur herrscht in Ihrem Umfeld?

Die Smartwatch zu nutzen, ist aber etwas anderes als eine Mensch-Maschine-Interaktion im Geschäft einzugehen, höre ich schon einige sagen. Klar ist es das! Denn privat bewegen Sie sich ja in einem ganz anderen Kulturkreis als beruflich. Privat sind Alexa und Co. tolle Mitbewohner, die den Alltag erleichtern und die sogar noch ein gewisses Statussymbol sein können. Beruflich bewegt man sich dagegen im Kulturkreis der Organisation. In einem Unternehmen mit langer Tradition kann es schwierig sein, Mitarbeitende für neue Technologien zu begeistern, die womöglich noch den Ruf haben, Arbeitsplätze zu vernichten. Wir haben nun auf der einen Seite technologischen Fortschritt, der fortwährend ist und bestimmte Verhaltensweisen fordert, damit die Technologie Sinn macht. Und auf der anderen Seite Menschen, die Technologie für sich nutzen wollen, können und/oder müssen. Was kann man also tun, um einen kulturellen Wandel anzustoßen, der beide Seiten vereint?

Machen Sie sich zunächst bewusst, welche Kultur in Ihrem Umfeld vorherrscht. Welche Verhaltensweisen sind omnipräsent und zeichnen Sie aus? Welche werden zukünftig benötigt? Dann gleichen Sie sie ab, stärken die einen und schwächen die anderen – beides umsetzbar mit den Methoden aus diesem Buch. Weiter vorn gab es bereits einen kurzen Auszug an Verhaltensweisen, die nötig sind für das Überleben im Arbeitsalltag in der digitalen Welt – die schnelle Auffassungsgabe bei zu vielen Kommunikationswegen und den Mut, Arbeitsstände zu teilen. Leichter gesagt als getan? Auf jeden Fall! Und es ist auch kein Wochen-Projekt, sondern eine Lebensaufgabe, weil wir uns ja in einem permanenten Wandel befinden. Mutig wird man durch Bestätigung, also ist das Ihr erster Ansatzpunkt. Gehen Sie einen Schritt weiter: Bestätigung und Wertschätzung heißt, dass nicht nur informiert wird über eine Veränderung, sondern dass auch alle eingebunden werden. Es wird also kommuniziert statt informiert und es gibt deshalb auch keine Entscheidung von oben, sondern nur eine ganzheitliche, zu der jeder etwas beitragen durfte oder zumindest die Chance dazu hatte. Der zweite Schritt ist die Frage nach dem Warum und Wozu der neuen Kultur: Wenn etwas keinen Sinn macht, wird es auch nicht fruchten. Also sollten eine Vision und der Sinn bzw. der Purpose ganz oben auf Ihrer To-do-Liste stehen.

Selbst wenn ich den Grund verstehe und den Sinn erkenne, heißt es noch lange nicht, dass ich weiß, wie es geht. Gerade im digitalen Umfeld ist Enablement ein wichtiger Grundbaustein. Eine Transformation ohne Wissen funktioniert nicht und auch hier gilt, dass der Mensch gesehen werden muss, denn die Organisation lernt nicht, sondern nur die Menschen – und sie verändern dadurch die Organisation! Wissen und Informationen sind mittlerweile überall und immer abrufbar. Warum kann das nicht zur Tagesaufgabe bei der Arbeit gehören? Weshalb gibt es keine feste Zeit während der Arbeit, in der ich lernen muss oder darf? Das kann beginnen mit einem einfachen Gespräch mit jemandem, der mir seine Meinung zu einem Thema kundtut und mich zum Nachdenken anregt. Damit ich mit anderen sprechen und somit von anderen lernen kann, sollte es Kulturmaßnahmen zum Netzwerken geben, um in einem dafür vorgesehenen Rahmen miteinander zu sprechen.

Ohne zu sehr auszuschweifen und ohne Anspruch auf Vollständigkeit sind mir noch Teamgeist und Diversität für eine gelungene Kultur für die digitale Transformation sehr wichtig! Denn ganz im Sinne der Agilität wird gerade in der digitalen Transformation die Verantwortung von der klassischen Führungskraft auf das Produktteam übertragen, was mehr Entscheidungskraft und Freiraum schafft, aber auch mehr Verantwortung abverlangt. Ein diverses Team mit unterschiedlichen Fähigkeiten und Ansichten führt zu einem besseren Ergebnis. Auch das ist ein Bestandteil des kulturellen Wandels. Geben Sie wichtigen Fähigkeiten Raum und Zeit, um sie zu erlernen und sich mit ihnen anzufreunden.

Zusammengefasst: Die digitale Transformation besteht also nicht nur aus technologie-basierten Aspekten, sondern vor allem aus den Menschen, die sie durchleben! Entscheidend sind deren Verhaltensweisen, die sich ändern müssen. Aber auch ohne Zutun werden sich Verhaltensweisen ändern, wie die tägliche Nutzung einer Uhr, die nicht mehr nur die Zeit anzeigt. Die Summe dieser Verhaltensweisen wird zu einer Kultur, die die digitale Transformation fördert.

Daher ist Kultur die Antwort auf die Herausforderungen der digitalen Transformation. Jede:r Einzelne trägt dazu einen Teil bei. Überlegen Sie, was Sie heute schon getan haben, um einen Kulturwandel anzustoßen!

Ich trage übrigens keine Smartwatch, sondern eine über Generationen weitergegebene Taschenuhr und behaupte trotzdem, in der Welt der Digitalisierung zu Hause zu sein.

#15: Durchstarten in die neue Welt. Digital. Performant. Menschlich (von Thomas Schönhoff)

> **„Was wir am nötigsten brauchen, ist ein Mensch, der uns zwingt, das zu tun, was wir können."**
>
> Ralph Waldo Emerson

Ich erinnere mich noch, als wäre es erst gestern gewesen. In meinem „ersten Leben" war ich ein ziemlich unbegabter „Handwerker" und hatte klassisch den Beruf verfehlt. Die tägliche Arbeit machte mir keinen Spaß und überdies war ich auch wirklich nicht gut, in dem was ich tat. Als Konsequenz kündigte ich meinen Job.

Ich krempelte mein Leben um, heute würde man vielleicht sagen, ich war disruptiv mit mir selbst. Nach dem späten Abitur, dem Studium und diversen Managementrollen im Retailumfeld der Telekommunikationsbranche war ich nach 15 Jahren bereit für eine erneute Veränderung. Meine langjährige Verantwortung als Vertriebsmanager für den „Verkauf von Dienstleistungen in Ladenlokalen" haftete mir an. Ich galt als Experte für den klassischen Handel, für Geschäfte mit echten Kunden – sehr erfolgreich, aber auch sehr analog. Ich stellte mir immer häufiger Fragen wie: Überholt uns die digitale Transformation und macht unseren stationären Handel in Deutschland überflüssig? Oder: „Welchen Job werde ich als Digitalimmigrant bis zum Ruhestand eigentlich ausführen"?

Mein Weg in die Digitalisierung

In diesem Schlaglicht möchte ich Sie auf eine persönliche Reise mitnehmen – meinen ganz eigenen Weg in die Digitalisierung. Insbesondere deshalb, um Mut zu machen, dass auch Digital Immigrants Treiber der Digitalisierung sein können.

Mein Job- und Branchenwechsel in die Energiewirtschaft war wie ein „Sechser im Lotto". Raus aus dem Konzern und rein in die Kultur eines kommunalen Energieversorgers und seinem digitalen Tochterunternehmen. Bei meinem neuen Arbeitgeber beschäftigte ich mich fortan mit der Frage, was traditionelle Energieversorgungsunternehmen tun können, um sich gegen aufstrebende Preisdiscounter zu behaupten? Irgendwie erscheint es mir logisch, dass es bei weiter steigendem Kostendruck und Wettbewerb im Strom- und Erdgasmarkt unerlässlich ist, wertvolle Kundenbestände durch exzellenten Service und Kundenzentrierung zu sichern. Schafft man dies nicht, schmilzt der Kundenbestand gnadenlos weiter und die Preisdiscounter profitieren. Was ist also zu tun?

Meine bewährte Strategie aus der Telekommunikationsbranche, expandieren und mehr Läden aufmachen, um die Kundenbasis zu erhöhen, war in diesem Fall keine Option. Stromverträge werden heutzutage vorwiegend online abgeschlossen. Das Betreiben von Ladenlokalen in tollen Lagen mit hohen Personal- und Mietkosten schien mir tatsächlich nicht ideal, um Energieprodukte zu vermarkten. Diese Erkenntnis tat weh, denn das, was ich am besten konnte, nämlich Shops managen, um die maximale Zahlungsbereitschaft der Kunden abzuschöpfen, war als Methode auf einmal völlig ungeeignet!

Raus aus der Komfortzone

Ich war gezwungen, meine Komfortzone zu verlassen und mich mit digitalen Plattformen und Absatz im Internet zu beschäftigen. Erneut war ich in der Situation, mich neu erfinden (aka disruptieren) zu müssen. Es galt, meine Distanz zu digitalen Geschäftsmodellen und -ansätzen deutlich zu reduzieren.

Dabei konnte ich beobachten, dass Kunden total begeistert sind von ihren Erfahrungen bei professionellen digitalen und kundenzentrierten Anbietern anderer Branchen. Zahlende Kunden erwarten von ihrem Energieversorger einen ähnlichen Service wie zum Beispiel bei Peloton, Flaschenpost, Netflix, Booking und Co. Das Buzzword „Digitale Transformation" war endlich griffig und anfassbar für mich – es geht um mehr Komfort und Freude für den Kunden durch Geschwindigkeit, Einfachheit und echtem Mehrwert. Mir wurde immer klarer, dass man kein IT- oder Digitalexperte sein muss, um digitale Transformation maßgeblich mitzugestalten.

Mit diesem Selbstvertrauen durfte ich unser Tochterunternehmen mit einem großartigen Team launchen. Die neue Company – auch liebevoll „digitales Schnellboot" genannt – ist als Start-up angetreten, um den bundesweiten Energievertrieb durch den Einsatz digitaler Plattformen zu revolutionieren. Nach intensiver Arbeit war die Initialisierung nach zehn Monaten abgeschlossen. In Rekordzeit haben wir das Unternehmen in einer agilen und unternehmensübergreifenden Zusammenarbeit als „Greenfield-Ansatz" entwickelt. Diverse Fachbereiche und etliche erfahrene Mitarbeiter des Stadtwerke-Mutterkonzerns waren an dem „Bau" der neuen digitalen Energie-Company beteiligt. Wir haben das Beste aus dem „alten" Stadtwerk und der neuen digitalen Welt vereint. Dabei ging es uns vor allem um eine hohe Umsetzungsgeschwindigkeit und Reaktionsfähigkeit. Basis dafür sind sehr schlanke Prozesse mit hohem Automatisierungsgrad, agile Arbeitsmethoden und digitale Skills sowie ein digitales Mindset im Team. Sämtliche Kundenprozesse sind „digital gedacht". Die Idee ist nicht, den Menschen Produkte zu verkaufen, sondern Problemlösungen und gute Gefühle. Wir verkaufen gewissermaßen „ein kleines Stück vom großen Glück".

People! Was sonst

Das Wichtigste ist selbstverständlich die Mannschaft. Deshalb haben wir mit Akribie ein komplett neues zehnköpfiges Hochleistungsteam rekrutiert. Überwiegend haben wir ganz bewusst auf branchenfremde Kandidaten gesetzt, diese begeistert und für uns und unsere Idee gewonnen. Mit der neuen Besetzung haben wir Kompetenzen aufgebaut, die im Mutterkonzern noch nicht so stark oder noch gar nicht ausgeprägt waren.

Idealerweise hat sich unser Mutterkonzern mit der Bereitstellung aller notwendigen Ressourcen und dem nötigen Vertrauen in die handelnden Mitarbeitenden mindestens genauso disruptiv aufgestellt und dadurch den Nährboden für eine erfolgreiche Zukunft geboten. Dieses progressive Vorgehen ist aus meiner Beobachtung eine bis dato eher seltene und mutige Ausnahme bei Energieversorgungsunternehmen. Das Unternehmen hat also das getan was nötig war: *Es hat sich selbst gezwungen, das zu tun, was es kann.*" Der Mutterkonzern hat die digitale Transformation durch ihr „digitales Schnellboot" ernsthaft, fokussiert und schnell realisiert, auch um ihre Wachstumsstrategie mit Nachdruck zu verwirklichen.

Die richtigen Schlüsse ziehen

Ich empfehle, den Commodity-Branchen den auf der Hand liegenden Veränderungsbedarf nicht weiter aufzuschieben. Man muss nicht die gleichen Fehler machen wie die Telekommunikationsbranche – beispielsweise wurden die milliardenschweren SMS-Umsätze der Kunden gern mitgenommen, ohne die SMS aus Sicht des Kunden weiterzuentwickeln. Kunden nutzen heute so gut wie keine SMS mehr. WhatsApp ist weltweit das Maß aller Dinge. Die Botschaft ist, selbst disruptiv zu werden und eigene Geschäftsmodelle aus Kundensicht zu hinterfragen. Zudem ist der Einsatz digitaler, cloudbasierter Plattformen ein richtiger und wichtiger technologischer Schritt. Neben einem digitalen und disruptiven Mindset ist ein exzellentes Leadership für mich die dritte und wichtigste Komponente. Nur mit echtem Interesse an seinen mitwirkenden Mitarbeitern bekommt man die „Extrameile" von diesen. Gestaltungsspielraum, Verantwortungsübergabe, Wertschätzung sowie echte Mitarbeiter- und Kundenzentrierung führen zu Spaß und zu glänzenden Ergebnissen.

Machen Sie ihre Mitarbeiter zu Verbündeten!

Mein persönliches Take-away

Meine Sorge vor einer digitalen Zukunft im beruflichen Kontext hat sich umgekehrt. Auch wenn sich das knackig anhören mag. Der „Sargnagel" für die berufliche Perspektive digitaler Immigranten und des klassischen Handels ist aus meiner Sicht nicht das Internet oder die digitale Transformation, sondern die Bequemlichkeit und das Festhalten an der eigenen Komfortzone. In einer transparenten Welt des Wandels sind dies äußerst ungünstige Voraussetzungen.

> **Wenn der Wind des Wandels weht,**
> **bauen die einen Schutzmauern,**
> **die anderen Windmühlen.**
>
> Chinesisches Sprichwort

Passivität, Lethargie und Duldungsstarre sind keine Alternativen für ehemals „digitale Anfänger" wie mich. Fähigkeiten und Eigenschaften wie Hartnäckigkeit, kommerzielles Denken, Umsetzungsstärke, modernes Leadership, Begeisterungsfähigkeit, Überzeugungskraft, Neugier und Durchsetzungsvermögen können den digitalen Wandel „beflügeln" und sind im digitalen Zeitalter durchaus gefragt. Hier lauert für „Gleichgesinnte" eine riesige Chance, sich der digitalen Transformation anzunähern um sich zu entfalten, gebraucht zu werden und zu „machen".

> **Wann hast du zum letzten Mal etwas zum ersten Mal gemacht?**

Die Vielfalt des Buches entdecken

14 Autor:innen haben einige Zeit gebraucht, die Inhalte dieses Buches für Sie zusammenzutragen. Damit sich nun für Sie der Wert des Buches und seine Vielfalt optimal und schnell erschließt, hier nun einige Tipps und Wege zur Handhabung.

Weg 1 – Einfach mal nur stöbern

Dieser Weg liegt uns persönlich ganz besonders am Herzen, da wir wissen, dass er bereits von vielen Lesern von „Das große Handbuch Innovation" als wichtiger Weg zu den Inhalten des Buches genutzt wird. „Man kann sich beim Stöbern so schön inspirieren lassen und spannende Dinge finden, nach denen man gar nicht gesucht hat." Solche Erfahrungsberichte haben uns zu Hunderten erreicht. Lassen Sie sich auch von unseren Illustrationen und Bildern beim Stöbern leiten und „verführen".

Weg 2 – Der Transformation-Index

Der Transformation-Index setzt sich zusammen aus der kleinen Tabelle im Kopf jeder Methode oder im alphabetischen Methodenverzeichnis sowie der Index-Zahl jeder Methode, die sich immer im roten Dreieck oben auf der Seite befindet.

Mit dem Transformation-Index können Sie in Windeseile die helfenden Methoden für Ihre aktuelle Arbeitssituation finden. Der Transformation-Index bildet dabei die zehn wesentlichen Arbeitspakete der digitalen Transformation ab, die auch die Basis für unseren Transformation Canvas sind.

Wenn Sie also eine helfende Methode für ein bestimmtes Arbeitspaket suchen, zeigt Ihnen der Transformation-Index an, ob diese Methode dafür geeignet ist.

1

1-2-4-All

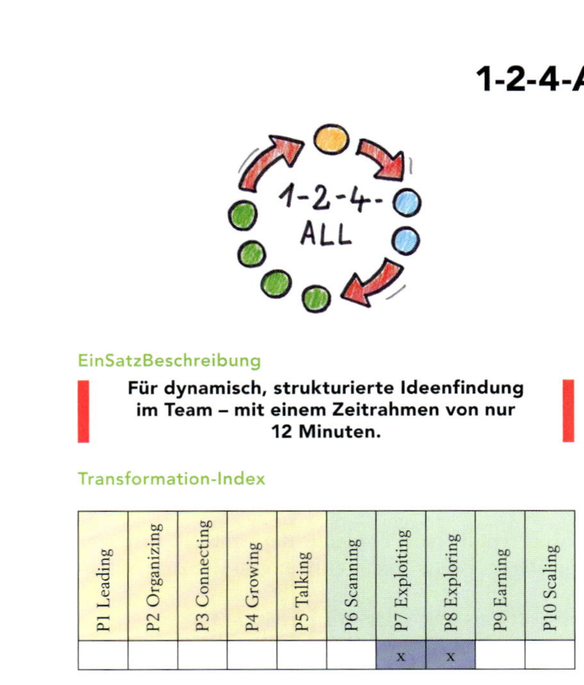

EinSatzBeschreibung

Für dynamisch, strukturierte Ideenfindung im Team – mit einem Zeitrahmen von nur 12 Minuten.

Transformation-Index

P1 Leading	P2 Organizing	P3 Connecting	P4 Growing	P5 Talking	P6 Scanning	P7 Exploiting	P8 Exploring	P9 Earning	P10 Scaling
						x	x		

werden. (Anmerkung: Im virtuellen Workshop sind dabei noch alle Teilnehmer in einer Videosession)

Schritt 3: Ideenfindung im 2er-Team – Alle Teilnehmer werden nun nach Zufallsprinzip in 2er-Teams aufgeteilt und bekommen 2 Minuten Zeit um erste Ideen, auf Basis ihrer Selbstreflexion, zu generieren. (Anmerkung: Im virtuellen Workshop werden nun so viele Breakout-Rooms eingerichtet wie nötig sind, um 2er-Teams zu bilden. Die Zuweisung der Teilnehmer auf die Räume wird systemseitig nach Zufallsprinzip hergestellt – alles in allen 2 bis 4 Mausklicks.)

Schritt 4: Ideenanreicherung im 4er-Team – Jetzt werden die 2er-Teams schnell zu 4er-Teams kombiniert und die Teilnehmer bekommen 4 Minuten Zeit. In dieser Zeit werden die Ideen aus den 2er-Teams geteilt, dann auf eine Idee fokussiert und diese wird gemeinsam angereichert bzw. weiter verbessert. (Anmerkung: Im virtuellen Workshop verschiebt man nun die Teilnehmer aus der Hälfte der 2er-Teams in andere 2er-Teams-Räume, so das schnell 4er-Teams entstehen.)

Schritt 5: Ideenpräsentation im Plenum – Alle Teilnehmer finden sich nun im Plenum zusammen. (Anmerkung: In virtuellen Workshops werden alle Breakout-Rooms geschlossen und die Teilnehmer in die Hauptsitzung zurückgeholt.) Nun bekommt die gesamte Gruppe 5 Minuten Zeit, um alle Ideen zu präsentieren. Dabei spricht pro 4er-Team immer ein Sprecher.

Anschließend kann auf eine beliebige Art und Weise eine Entscheidung für eine Idee getroffen werden. Dazu kann gerne eine weitere Mikromethode herangezogen werden. (Stichwort Strings).

Transformation-Index zu Beginn einer Methode

Index	Bezeichnung	P1 - Leading	P2 - Organizing	P3 - Connecting	P4 - Growing	P5 - Talking	P6 - Scanning	P7 - Exploiting	P8 - Exploring	P9 - Earning	P10 - Scaling	Kollaborationsboard	EinSatzBeschreibung	Methoden-Typ	
1	1-2-4-All - Liberating Structure							x	x				Für dynamisch, strukturierte Ideenfindung im Team - mit einem Zeitrahmen von nur 12 Minuten.	Mikromethode	
2	2-Pizza-Teams		x										Beantwortet die Frage aus wie vielen Personen ein Team maximal bestehen sollte, um noch effektiv und effizient arbeiten zu können.	Reines Wissensnugget	
3	3-P Modell der digitalen Transformation			x			x		x	x	x		Geschäftsmodell dient als Ansatz für eine ganzheitliche Strategie im Rahmen der digitalen Transformation von Unternehmen in der digitalen Wirtschaft.	Strategiemethode	
4	3D-Welten	x	x				x	x					Tool zur visuellen Darstellung von Abhängigkeiten, Priorisierung und Ressourcen komplexer Projekte.	Serious Games	
5	5-Meter-Blick						x	x	x				Beobachtungsmethode um eine Person und Ihre Jobs, Pains und Gains an einem bestimmten Ort breit zu verstehen.	Mikromethode	

Transformation-Index als Teil des alphabetischen Methodenverzeichnisses

Weg 3 – Die Methodentypen

Im alphabetischen Methodenverzeichnis haben wir für Sie auch die Kategorisierung der Methoden über Methodentypen eingebaut. So können Sie auch ganz schnell Methoden anhand ihres Typus identifizieren. Suchen Sie also zum Beispiel eine „Kreativitätstechnik", dann werden Sie ganz schnell die entsprechenden Methoden im alphabetischen Verzeichnis finden.

- Aktivierungsmethode/Technik zur Öffnung: Diese Methoden aktivieren und dynamisieren Ihr Team. Aktivierungsmethoden sind auch als „Opener" oder „Ice-Breaker" bekannt und werden typischerweise eingesetzt zu Beginn von Workshops oder in Phasen der Erschöpfung oder Neuorientierung.
- Feedbackmethode: Dieser Methodentyp kennzeichnet Methoden mit dem Fokus der Retrospektive und des Feedbacks. Besonders in agilen Projekten und Methoden ist die regelmäßige Reflexion auf die getane Arbeit ein unverzichtbarer Erfolgshebel.
- Kreativitätstechnik: Neue Ideen und Gedanken jenseits des Tellerrandes hervorbringen, das ist der Fokus von Kreativtechniken. Sie werden grundsätzlich in allen Arbeitspaketen der digitalen Transformation eingesetzt, aber mit einem deutlichen Fokus auf das Arbeitspaket „Explore". Hier wird Neuland betreten.
- Makromethode: Makromethoden kennzeichnen sich dadurch, dass sie aus mehreren Arbeitspaketen oder Arbeitsphasen aufgebaut sind. In den Arbeitspaketen von Makromethoden werden typischerweise Mikromethoden als Werkzeuge eingesetzt.
- Mikromethode: Mikromethoden sind all jene Methoden, die keine großen Phasen oder Arbeitspakete besitzen, sondern eher wie ein Werkzeug wahrgenommen werden.
- Reines Wissensnugget: Ein reines Wissensnugget vermittelt Wissen, beispielsweise über ein Erfolgsprinzip oder ein Model oder einen wichtigen Erfahrungsschatz. Ein solches Wissensnugget stellt oft wichtiges und fundamentales Wissen dar, auf dessen Basis wir in der digitalen Transformnation arbeiten.
- Strategiemethode: Diese Methoden fokussieren die hohe Flughöhe der strategischen oder visionären Arbeit in einem Projekt. Sie richten sich meistens an die Führungskräfte und Mandatsträger einer Organisation oder Projekte.
- Tool: Ein Tool ist meist ein konkretes Softwaretool oder ein physisches Werkzeug, wie zum Beispiel ein Kartenspiel.
- Serious Game: Ein Serious Game ist ein sogenanntes „Teamspiel", welches einen Fokus auf eine spezifische Herausforderung hat. Das kann die Reflexion auf etwas sein oder auch das Erlernen von bestimmten Fähigkeiten oder Verfahren und Methoden.

Weg 4 – Die Hinderniseffekte

Es gibt viele Dinge, die als Hindernis in einem Workshop, einem Projekt oder bei der Generierung eines Ergebnisses im Wege stehen können. Dies können dysfunktionale Gruppendynamiken sein, Fehlinterpretationen, falsche Flughöhen oder, oder, oder.

Wir haben die häufigsten Hinderniseffekte über viele Jahre im Autor:innenteam gesammelt und dazu die Methoden referenziert, die solche Hinderniseffekte verhindern oder abmildern helfen. Schauen Sie zunächst, ob Sie in unserer Liste Hinderniseffekte finden, die in Ihrem Arbeitsumfeld oder womöglich bei Ihrer nächsten Herausforderung häufiger vorkommen. Setzen Sie sich dann mit den referenzierten Methoden auseinander und identifizieren Sie schnell die helfende Methode.

Nr.	Hinderniseffekt	Beschreibung
1	Angst vor Neuem	Die Angst vor Neuem (Neophobie) ist weiterverbreitet. Sie äußert sich bei den betroffenen Personen auf sehr unterschiedliche Weise. Häufig wird in diesem Zusammenhang auch von den „Bewahrern“ oder „Bedenkenträgern“ gesprochen. Diese Methoden wirken dieser Angst zu einem guten Teil entgegen.
2	Ängste vor Kritik und Zurückweisung	Viele Menschen können nicht gut mit Kritik und Zurückweisung umgehen. Diese Methoden helfen, Ängste und Befürchtungen zu reduzieren.
3	Bewertung während der Ideenfindung	Jede Form von Bewertung (sei es mündlich oder durch Gesten und Körpersprache) ist während der Ideenfindung strengstens untersagt, da sie unmittelbar die Kreativität der Teilnehmer negativ beeinflusst. Diese Methoden verhindern die Vermischung der beiden Arbeitspakete „Ideenfindung“ und „Ideenbewertung“.
4	Blinde Flecken	Blinde Flecken und Betriebsblindheit erzeugen häufig große Reibungsverluste. Einige Methoden helfen zuverlässig, den „blinden Flecken“ aus dem Weg zu gehen.
5	Blinder Aktionismus	Blinden Arbeitsaktionismus findet man immer wieder in eher angespannten Projektsituationen. Theoretisch ist uns allen bewusst, dass diese Arbeitsweise meistens nicht zum Erfolg führt. Diese Methoden helfen dabei, blinden Aktionismus einzudämmen oder zu verhindern.
6	Denken aus der Vergangenheit heraus	Personen oder Teams, die gedanklich vorwiegend in der Vergangenheit leben (Bewahrer oder auch neophobe Personen), hemmen Innovationsbemühungen durch ihre Bemerkungen, warum Dinge nicht funktionieren werden. Die hier genannten Methoden schwächen das Agieren und Denken aus der Vergangenheit heraus.
7	Dysfunktionale Schweiger	Der dysfunktionale Schweiger ist nicht einfach nur introvertiert und still. Er wird von anderen Menschen in seinem Schweigen zum Beispiel als tief frustriert, trotzig und blockierend wahrgenommen. Diese Methoden können helfen, einen solchen Charakter so in die Gruppe zu integrieren, dass keine dysfunktionalen Störungen mehr wahrgenommen werden.
8	Einseitige Bewertungen und Entscheidungen	Entscheidungen, die nicht mit dem 360-Grad-Blick getroffen werden, sind insbesondere in komplexeren Geschäftsumgebungen erfolgsverhindernd. Diese Methoden helfen dabei, einseitige Entscheidungen zu erkennen und zu vermeiden.
9	Extrovertierte Teammitglieder	Zu extrovertierte Teammitglieder können dafür sorgen, dass eher introvertierte oder ruhige Personen im Workshop nicht die gleiche Aufmerksamkeit wie sie selbst erhalten oder dass nur den Ideen und Meinungen der Extrovertierten gefolgt wird. Die hier genannten Methoden haben die Eigenschaft, eher extrovertierte Personen einzubremsen und ausgleichend zu wirken.
10	Falsche Flughöhen	In der falschen Flughöhe zu arbeiten, ist ein bekanntes Erfolgshindernis für viele Innovationsinitiativen. Konkret heißt das, dass häufig zu generisch (zu hohe Flughöhe) gearbeitet wird. Aber auch eine zu geringe Flughöhe (hoher Detailierungsgrad) kann zu Reibungsverlusten im Projekt führen. Diese Methoden unterstützen Sie dabei, die richtige Flughöhe mit hoher Wahrscheinlichkeit zu treffen.
11	Fehlende gemeinsame Ausrichtung	Eine gemeinsame klare Ausrichtung aller Teammitglieder auf eine Vision, ein Ziel und eine Strategie trägt viel zum Innovationserfolg bei. Diese Methoden helfen grundsätzlich, die gemeinsame Ausrichtung zu schärfen.
12	Fehlende Inspiration	Immer da, wo in Arbeitssituationen Inspiration zu fehlen scheint, bieten diese Methoden einen Vorteil. Sie sorgen für Inspiration oder steigern die Inspirationsempfindlichkeit der Teilnehmer.

Nr.	Hinderniseffekt	Beschreibung
13	Fehlende Realitätsbezüge	Fantasievolles Innovieren, ohne dabei die wirklichen limitierenden Faktoren und Realitäten zu verlassen, ist eine große Herausforderung. Diese Methoden helfen, nötige Realitätsbezüge herzustellen, damit man nicht über die gesteckten Ziele und Grenzen hinausschießt.
14	Fehlende Wertschätzung	Diese Methoden helfen, wenn in einem Team oder Projekt nötige und wichtige Wertschätzungen fehlen. Für die meisten Menschen haben die Ergebnisse eigener Schaffensprozesse eine überaus hohe Bedeutung, weshalb Wertschätzung in diesem Umfeld besonders wichtig ist.
15	Fehlendes Vertrauen im Team	Vertrauen im Team ist ein zentraler Erfolgsfaktor, besonders je radikaler oder disruptiver die Ideen, Projekte und Ziele sind. Diese Methoden helfen, das Teamvertrauen zu stärken.
16	Fehlinterpretationen	Methoden mit dieser Eigenschaft beugen Missinterpretationen von Ergebnissen und Situationen vor. Sie kennen die Situationen, in denen zehn verschiedene Menschen ein Ergebnis in zehn verschiedenen Arten interpretieren. Neben fatalen Fehlinterpretationen entstehen hier auch häufig endlose Diskussionen.
17	Gehemmte Teammitglieder	Multikulturelle Teams, agile Methoden, radikales, über den Tellerrand Denken und viele andere Dinge können Personen in eine gehemmte Haltung treiben, sodass sie nicht ihre beste Performance im Workshop abrufen können. Diese Methoden fördern insbesondere gehemmte Teammitglieder, um gute Beiträge leisten zu können.
18	Generische Ideen und Aussagen	Zu generisches Arbeiten ist in allen Phasen von Innovationsprojekten ein großes Übel und oft ein Erfolgskiller Nr. 1. Besonders Teilnehmer, die nicht hochmotiviert sind, neigen zum Generischen, da es viel einfacher ist und nicht müde macht. Die folgenden Methoden bewahren zu einem großen Teil vor zu generischen Ideen oder Aussagen und helfen spezifisch zu arbeiten.
19	Ideenbunkerei und Geheimniskrämerei	Hier sprechen wir von dem nicht seltenen Phänomen, dass viele Menschen wie die Glucken auf ihren Ideen setzen und niemanden an sie heranlassen. Dabei ist das gemeinsame Anreichern und Weiterentwickeln von Ideen einer der großen Erfolgsfaktoren für Innovation. Diese Methoden wirken der „Ideenbunkerei" entgegen.
20	Ideenfindung mit zu schwacher Erkenntnisgrundlage	Eines der größten Erfolgshindernisse ist die Ideenfindung mit zu schwacher Erkenntnisgrundlage. So werden zum Beispiel häufig Ideen entwickelt, die bereits in anderen Branchen existieren und dabei nicht rentabel sind. Diese Methoden wirken diesem Hindernis entgegen.
21	Introvertierte Teammitglieder	In vielen Workshop-Situationen erhalten introvertierte Teilnehmer oft nicht die gleiche Aufmerksamkeit wie extrovertierte Kollegen und Kolleginnen. Diese Methoden binden introvertierte Mitarbeiter gut ein und schaffen Raum für deren Ideen.
22	Killerphrasen	Diese Methoden helfen, die so schädlichen Killerphrasen einzudämmen bzw. zu verhindern, wie „Tolle Idee, aber nicht für uns!", „Das hat sich doch bewährt, warum also ändern?", „Das hat schon früher nicht funktioniert!", „Das liegt nicht in unserem Kompetenzbereich.", „Das werden die uns da oben nie abnehmen." oder „Das entspricht nicht unserer Strategie!"
23	Konkurrenzdenken und Angst vor Machtverlust	Konkurrenzdenken und Angst vor Machtverlust verhindern so manchen Innovationserfolg. Sie sind sehr wirksam, entfalten sich häufig im Verborgenen und werden deshalb als Hinderniseffekte oft nicht erkannt. Diesen Methoden wirken beiden Phänomenen, Konkurrenzdenken und Angst vor Machtverlust, entgegen.
24	Kreativblockaden	Die hier genannten Methoden helfen Ihnen, Kreativblockaden zu durchbrechen und zu neuen Ideen und Lösungen zu gelangen.
25	Multidisziplinäre Reibungsverluste	Neben den bekannten Stärken von multidisziplinären Teams haben diese aber auch oft Schwächen und erzeugen Reibungsverluste. Diese Methoden helfen, derartige Reibungsverluste abzuschwächen.
26	Nicht zielführende Emotionen	In vielen Workshops, Meetings und Projekten kennen wir die Situation, wenn Emotionen plötzlich hochkochen – im Negativen wie im (euphorischen) Positiven. In beiden Fällen führen zu heftige Emotionen häufig dazu, dass Ziele nicht mehr erreicht oder verfehlt werden. Diese Methoden helfen, nicht zielführende Emotionen abzuschwächen.
27	Not invented here-Syndrom	Viele Menschen lehnen zunächst die Ideen anderer ab. Das lässt sich besonders häufig in Organisationen beobachten, in denen die Menschen in Silos organisiert sind und kaum oder keine interdisziplinäre Zusammenarbeit stattfindet. Diese Methoden helfen, das sogenannte „Not invented here-Syndrom" zu überwinden oder abzuschwächen.

Nr.	Hinderniseffekt	Beschreibung
28	Schwache Anreicherungsskills	Die Anreicherung von ersten Ideen (Vorideen) ist ein wesentlicher Erfolgsfaktor beim Innovieren, insbesondere bei komplexen Aufgabenstellungen. Hier darf beispielsweise das „Not invented here"-Syndrom nicht im Wege stehen. Diese Methoden helfen Teams bei der Ideenanreicherung.
29	Starker innerer Zensor	Der „innere Zensor" ist die Instanz im Menschen, die über die Einhaltung aller unserer verinnerlichten Werte, Regeln und Normen wacht. Sie verhindert zum Beispiel, dass wir uns in peinliche Situationen begeben.
30	Störender Gruppenclown	Der störende Gruppenclown wirkt dysfunktional in vielen Workshop-Situationen. Er raubt mit seinen Auftritten wertvolle Zeit und reist die Kollegen immer wieder aus der Konzentration oder aus dem Flow. Diese Methoden helfen, einen störenden Gruppenclown zu bändigen.
31	Themensprünge und schnelles Abschweifen	Es gibt viele Teams, die, wie der Niederrheiner sagen würde, immer „vom Hölzchen auf das Stöckchen kommen". Sie verlieren sich in Details, schweifen vom Thema und dem gesetzten Fokus ab. Diese Methoden helfen Teams, den Fokus der Arbeit zu behalten.
32	Unreflektiertes Agieren	Unreflektiertes Agieren ist besonders bei komplexen Herausforderungen und volatilen Märkten ein großer Fehler und führt zu vielen falschen Entscheidungen. Diese Methoden schützen Sie vor unreflektierten Handlungen.
33	Verdiskutiererei	Die hier genannten Methoden helfen Ihnen dabei, den ungeliebten und kontraproduktiven Hang zur „Verdiskutiererei" abzuschwächen. Je tradierter und konservativer eine Unternehmenskultur ist, desto ausgeprägter ist dieses Phänomen.
34	Vorschnelles Urteilen	Vorschnelles Urteilen über noch zu junge und unreife Ideen ist eine häufige Hürde auf dem Weg zu Innovationserfolgen. Gerade erste Vorideen müssen reifen wie ein guter Wein. Die folgenden Methoden verhindern ein zu schnelles oder zu frühes Urteilen.
35	Wenig dynamische Teams	Nicht alle Teams sind gleich dynamisch. Diese Methoden helfen, Teams zu dynamisieren, denn dynamische Teams erzeugen fast immer bessere Ergebnisse in Innovationsworkshops.
36	Wenig Klarheit und Erkenntnisgewinn	Besonders da, wo in Innovationsinitiativen wirkliches Neuland und völlig neue Themen- und Kompetenzgebiete betreten werden, ist ein schneller Gewinn von Klarheit und neuen Erkenntnissen ein großer Erfolgsfaktor. Diese Methoden helfen Ihnen dabei.
37	Zu lange Entscheidungsmeetings	Viele Reibungsverluste entstehen in (häufig) langen Entscheidungsmeetings. Diese Methoden helfen Ihnen dabei, effizienter zu entscheiden.
38	Zu lange Meetingzeiten	Die folgenden Methoden helfen zuverlässig, Meetingzeiten grundsätzlich zu verkürzen.
39	Zu wenig Agilität	Da die allermeisten Arbeitspakete im Rahmen der digitalen Transformation mit Erschaffensaufgaben zu tun haben, ist Agilität als Fähigkeit der Personen und Teams unerlässlich. Zu wenig Agilität erzeugt große Reibungsverluste und lässt das Erfolgsmomentum oft abreißen: „Die Projekte brauchen zu lange Zeit und frieren regelrecht ein."
40	Ressourcen und Finanzierungsfallen	„Wir benötigen viel mehr Ressourcen oder finanzielle Mittel als vorhanden sind." – das ist eine sehr tückische Falle, in die viele Teams und Organisationen hineinlaufen. Man ist euphorisiert und vergisst oft die Realität. Auch hier gibt es Methoden, die das zuverlässig verhindern.
41	Zu große Komplexitäten	Zu große Komplexitäten, die von den Teilnehmern nicht erkannt, durchschaut oder beherrscht werden, führen zu einer Vielzahl von Reibungsverlusten. Von frustrierten Menschen bis zu wirtschaftlichen Fehlschlägen ist hier alles vertreten. Vermuten Sie zu hohen Komplexitäten, dann nutzen Sie diese Methoden, die helfen, diese zu besiegen.
42	Viele strukturliebende Teilnehmer	Sind in einem Team zu viele strukturliebende Teilnehmer, kann zum einen Agilität verlorengehen und zu viel Zeit verschwendet werden. Diese Methoden helfen dann den Teams.
43	Daueropponenten im Team	Zu viele oder zu hartnäckige Daueropponenten rauben einem Projektteam meist viel Energie, Zeit und Ressourcen. Auch dafür gibt es bewährte Methoden.
44	Rationalisierer im Team	Eine gute Portion Rationalität ist immer gut, aber zu viel davon zerstört meist den kreativen Flow von Teams und sorgt in der Folge nur für sehr generische Ideen und Lösungen, die oft nur kleine Verbesserungen darstellen.

Methoden nach Alphabet mit Transformation-Index

Index	Bezeichnung	P1 – Leading	P2 – Organizing	P3 – Connecting	P4 – Growing	P5 – Talking	P6 – Scanning	P7 – Exploiting	P8 – Exploring	P9 – Earning	P10 – Scaling	Kollaborations-boardextravorteil
1	1-2-4-All – Liberating Structure							x	x			
2	2-Pizza-Teams		x									
3	3-P Modell der digitalen Transformation			x			x		x	x	x	
4	3D-Welten	x	x				x	x				
5	5-Meter-Blick						x	x	x			
6	6-3-5-Methode							x	x	x	x	x
7	6-Hüte-Methode				x			x	x			x
8	6-W-Methode						x	x	x		x	x
9	9 Levels Value System				x							
10	ABC-Analyse						x	x	x		x	x
11	Achtsamkeits-CheckUp				x							
12	Advocatus Diaboli	x	x	x	x	x	x	x	x	x	x	
13	AEIOU Technik						x	x	x			x
14	After Action Review	x	x	x	x	x	x	x	x	x	x	x
15	Agiler Baum	x	x		x							x
16	Agreement Certainty Matrix – Liberating Structure							x				
17	Akzeptanzkriterien mit Gherkin				x			x	x			
18	Alignment-/Autonomy-Matrix	x	x									x
19	ALPEN-Methode		x									
20	Analogietechnik								x			x
21	Anonymes Brainstorming							x	x			
22	Ausspeichern	x	x	x	x	x	x	x	x	x	x	x
23	Balanced Scorecard und E-Performance Score Card	x					x			x	x	x
24	Behavior Driven Development		x					x	x		x	

EinSatzBeschreibung	Methoden-Typ
Für dynamisch, strukturierte Ideenfindung im Team – mit einem Zeitrahmen von nur 12 Minuten.	Mikromethode
Beantwortet die Frage, aus wie vielen Personen ein Team maximal bestehen sollte, um noch effektiv und effizient arbeiten zu können.	Reines Wissensnugget
Geschäftsmodell dient als Ansatz für eine ganzheitliche Strategie im Rahmen der digitalen Transformation von Unternehmen in der digitalen Wirtschaft.	Strategiemethode
Tool zur visuellen Darstellung von Abhängigkeiten, Priorisierung und Ressourcen komplexer Projekte.	Serious Games
Beobachtungsmethode, um eine Person und ihre Jobs, Pains und Gains an einem bestimmten Ort breit zu verstehen.	Mikromethode
Eine Kreativmethode, die auch nach der letzten guten Ideen weitere neue Ideen remote und analog entstehen lässt.	Mikromethode, Kreativitätstechnik
Zur effizienten Bewertung und auch zur Anreicherung von komplexen und riskanten Ideen.	Mikromethode
Fragetechnik, um im Transformationsprojekt „blinde Flecken“ zu minimieren.	Mikromethode
Ein Modell, um Werte einer Organisation zu beschreiben und daraus die richtigen Werkzeuge für die digitale Transformation auszuwählen.	Makromethode, Reflexionshilfe
Ein Untersuchungs- und Ordnungsverfahren zur Klassifizierung großer Datenmengen.	Mikromethode
Methode zur Stärkung der Achtsamkeit in einem Team.	Mikromethode
Technik, um Ideen zu evaluieren bzw. diese einem Stresstest zu unterziehen.	Mikromethode
Bestehende Prozesse, Handlungen, Journeys etc. analysieren und verstehen.	Reflexionshilfe, Mikromethode
Eine Technik, um einen „Schulterblick“ methodisch zielführend durchzuführen.	Reflexionshilfe, Mikromethode
Visuelle Darstellung von agilen Werten, Prinzipien, Methoden und Praktiken.	Mikromethode, Reflexionshilfe
Methode, um Probleme genau zu verstehen und um passende Methoden anzuwenden.	Mikromethode
Anforderungen fokussieren mit Logiksprache für Akzeptanzkriterien aus der Software-Entwicklung.	Mikromethode
Grafik, die die Notwendigkeit von Alignment und Autonomie für die Selbstorganisation von Teams darstellt.	Leadership
Zeitmanagementmethode, um den kleinteiligen Arbeitstag im digitalen Wandel gut zu strukturieren.	Mikromethode
Kreativtechnik, die Analogien aus weit entfernten Themengebieten nutzt.	Mikromethode, Kreativitätstechnik
Anonyme, individuelle Ideensammlung zu einem vordefinierten Thema, um viele Ideen ohne Hemmungen sammeln zu können.	Kreativitätstechnik, Mikromethode
Freie kreative Methode zum visuellen Strukturieren von Gedanken.	Mikromethode
Kennzahlensystem, das die finanziellen Ziele eines Unternehmens um Markt-, Prozess- und Wissensperspektiven ergänzt.	Strategiemethode
Eine agile Softwareentwicklungsmethode, die auf diese Herausforderungen und Veränderungen reagiert.	Makromethode

Methoden nach Alphabet mit Transformation-Index

Index	Bezeichnung	P1 – Leading	P2 – Organizing	P3 – Connecting	P4 – Growing	P5 – Talking	P6 – Scanning	P7 – Exploiting	P8 – Exploring	P9 – Earning	P10 – Scaling	Kollaborations-boardextravorteil
25	Benchmarking						x					x
26	BetaCodex	x	x	x	x	x						
27	BINGO – Team Opener				x							x
28	Blogger-Team					x						
29	Blue Ocean Strategy						x		x			
30	Boss-Worker-Game	x	x		x							x
31	Brainwriting Pool							x	x			x
32	Brown Bag Sessions			x	x	x						
33	Buddy-Coaching				x							
34	Buildwork	x	x		x			x				
35	Business Model Canvas								x	x	x	x
36	Business Process Model and Notation – BPMN							x	x	x	x	x
37	CATWOE					x	x	x				x
38	Change-Impact-Analyse							x	x		x	
39	Change-Impact-Matrix						x	x	x			x
40	Change-Landkarte		x			x						x
41	Change-Monitor				x							
42	Check-in-Moodboard	x			x							x
43	Cluster-Methode	x	x	x	x	x	x	x	x	x	x	x
44	Collaboration Camps	x	x	x	x	x	x	x	x	x	x	x
45	Collaboration Tools CheckUp		x	x								
46	Commuter Game	x	x			x						
47	Company Board		x	x	x		x	x	x			x

EinSatzBeschreibung	Methoden-Typ
Managementmethode, mit der ein Unternehmen seine eigene Wettbewerbsfähigkeit optimieren kann.	Mikromethode
Ein System für den dezentralen Aufbau von Unternehmen jenseits von Planung und zentralem Management.	Makromethode
Warm-up-Methoden zum Kennlernen neuer Teammitglieder und „neuem“ Kennenlernen bereits vertrauter Kollegen/innen.	Mikromethode
Ein Team (außerhalb) eines Projektes, das konstant Informationen an Beschäftigte gibt.	Mikromethode
Vorgehensweise zur strategischen Metamorphose eines ganzen Unternehmens hin zu einem eigenen Blauen Ozean.	Strategiemethode, Makromethode
Serious Game mit mindestens 8 Personen zum Veranschaulichen des Prinzips „Servant Leadership“.	Serious Games
Teamkreativitätstechnik, die dynamische Inspiration,Ideenanreicherung und Ideenwertschätzung bietet.	Mikromethode, Kreativitätstechnik
Veranstaltung, bei der Essen und Lernen verbunden wird, indem zu einem bestimmten Thema während der Pause berichtet wird.	Mikromethode
Regelmäßiger Austausch zwischen zwei festen Personen für unterschiedliche Zwecke (Unterstützung, Zuhören, Austausch).	Mikromethode
Methode zur Analyse, Planung und Umsetzung von Changeprozessen mit der Metapher zum Umbau des eigenen Gebäudes.	Makromethode
Strukturierte Ideenfindung für neue Geschäftsmodelle auf wissenschaftlichem Fundament.	Mikromethode
Darstellungsart für Aufgaben, Prozessabläufe und Verantwortlichkeiten mit einfachen Symbolen.	Mikromethode
Menschzentrierte Analysemethode für Prozesse und komplexe Systeme.	Mikromethode
Auswirkungen einer Veränderung auf die Betroffenen werden spezifiziert und so Entwicklungsmaßnahmen abgeleitet.	Mikromethode
Die Change-Impact-Matrix priorisiert die Veränderungen nach der Komplexität des Wechsels und deren Wirkung.	Mikromethode
Zur Analyse von Transformationsprozessen ermöglicht die Change-Landkarte Einblicke in bestehende Dynamiken und Emotionen vor und während der Transformation.	Mikromethode, Reflexionshilfe
Change-Monitor zum Tracken der Gefühlslage von Mitarbeitern während der Transformation anhand der Veränderungkurve.	Mikromethode
Methode, um auf leichte Art einen kristallklaren Einblick in (Ver)Stimmungen, Abhängigkeiten und Teamperformance zu erhalten.	Feedbackmethode, Mikromethode, Reflexionshilfe
Informationen nach Wissenseinheiten und ähnlichen Merkmalen sammeln und zu Anhäufungen (Clustern) zusammenfassen.	Mikromethode
Effektive, kolloborative und cross-funktionale Arbeitsphase, die aus Vorbereitung, Training und Implementierung/Realisierung besteht.	Makromethode
Leitfaden bei der Auswahl und Anwendung von digitalen Tools für ein optimierte Zusammenarbeit.	Tool
Serious Game, das Dysfunktionen in Leadership, Selbstorganisation, Kommunikation und Problemlösung sichtbar macht.	Serious Games
Kanban-Board mit 6 Schritten für organisatorische Veränderungen (für selbstorganisierte Teams).	Mikromethode

Methoden nach Alphabet mit Transformation-Index

Index	Bezeichnung	P1 – Leading	P2 – Organizing	P3 – Connecting	P4 – Growing	P5 – Talking	P6 – Scanning	P7 – Exploiting	P8 – Exploring	P9 – Earning	P10 – Scaling	Kollaborations-boardextravorteil
48	Competence board		x		x							
49	Creative Problem Solving							x	x			
50	Critical Uncertainties – Liberating Structure	x					x		x			
51	Customer Journey Map							x	x	x	x	x
52	Customer Question Board						x		x	x		x
53	Cynefin Framework		x		x	x						
54	Das 7-Ps-Framework		x		x							x
55	Das magische Projektmanagement-Dreieck	x	x	x	x	x	x	x	x	x	x	
56	Das Verkaufsgespräch								x			
57	Debriefing Cube	x	x	x	x	x	x	x	x	x	x	x
58	DELAG+ Framework						x	x	x	x	x	
59	Delegation Poker		x		x			x	x			
60	Der leere Stuhl				x			x	x			
61	Design Sprint		x		x				x		x	x
62	Design Thinking						x	x	x			x
63	Die goldene Regel	x	x	x	x	x	x	x	x	x	x	
64	Digital Maturity Assessment	x					x					
65	Digital Mind Pumping		x	x		x	x		x			
66	Digital PMO+		x									
67	Digital Supplier Enablement – CheckUp		x	x								
68	Digitale Beerdigung	x				x						
69	Digitale Lieferantennetzwerke		x	x								
70	Digitale Whiteboards-Check-up		x	x								x
71	Digitales Personalmanagement – Check-up		x		x							

EinSatzBeschreibung	Methoden-Typ
Bewusst werden, welche Kompetenzen aus verschiedenen Feldern in welchem Maß bereits vorhanden sind.	Mikromethode
Problemlösungsverfahren ohne Menschzentrierung.	Makromethode
Methode zum Scenario Mapping von strategische Vorhersehbarkeit, um aufkommende Herausforderungen und Störungen antizipieren zu können.	Mikromethode
Visuelle und phasenbasierte Darstellung der Kundenreise von der ersten Überlegung bis zur Nutzung/zum Kauf.	Mikromethode
Ein Tool, dass im Rahmen der Customer Experience eingesetzt wird, für die fokussierte Entwicklung von Fragestellungen im Team.	Mikromethode
Ein Strategie-Modell für die Veranschaulichung und Steuerung komplexer adaptiver Systeme.	Strategiemethode
Framework/Checkliste zu Planung zielorientierter und effizienter Workshops.	Mikromethode
Grafische Methode, um Wirkungszusammenhänge im Projekt zu verdeutlichen.	Mikromethode
Simulation eines Verkaufsgespräches, um tatsächliche Produktvorteile transparent und bewertbar zu machen.	Mikromethode
Sammlung an Fragen für die Nachbesprechung von Simulationen, interaktiven Übungen und Serious Games.	Reflexionshilfe, Tool
Beschreibt, wie man von der Discovery über die Validierung von Hypothesen zur Umsetzung gelangt.	Makromethode
Eine Technik für Teams, die Delegation spielerisch thematisiert, um Handlungsregeln für das Miteinander und das Treffen von Entscheidungen abzuleiten.	Mikromethode
Sicherstellen, dass die Mitarbeiter in Meetings niemals den Kunden vergessen und ein kundenzentriertes Mindset verinnerlichen.	Mikromethode, Reflexionshilfe
Management Tool vereint das Beste aus Design Thinking, UX Design und Lean Startup zur Produkt- oder Prozessentwicklung.	Mikromethode
Menschzentrierter, iterativer Problemlösungsansatz (Innovationspreoss).	Makromethode, Kreativitätstechnik
Mindset-Methode zur Schaffung einer wertschätzenden Kommunikationskultur im Projektteam.	Reines Wissensnugget
Eine Bewertung des aktuellen Status quo in Relation zu Best practices und Benchmarks vor einer Transformation.	Makromethode
Ein kreatives Workout für das Gehirn, umgesetzt mit digitalen Kommunikationstools.	Mikromethode
Mit Digital PMO+ bewegt sich klassisches Projektmanagement in die agile Anspruchswelt der Gegenwart.	Makromethode
Anbindung von Lieferanten an die internen Systeme zur Optimierung der „externen" kollaborativen Zusammenarbeit.	Reines Wissensnugget
Methode, um aus gescheiterten Projekten die beste Lessons-Learned-Erfahrung herauszuholen.	Mikromethode
Identifikation der relevanten Liefernnetzwerke und -pfade, um eventuelle Risiken, Kosten, Innovationen richtig zu bewerten und auszuwählen.	Makromethode
Leitfaden, der bei der Auswahl eines geeigneten digitalen Whiteboards oder Kollaborationstools hilft.	Reines Wissensnugget
Check-up, der bei der Digitalisierung des Personalmanagements hilft (Statusanalyse und Entwicklungsmaßnamen-Katalog).	Makromethode

Methoden nach Alphabet mit Transformation-Index

Index	Bezeichnung	P1 – Leading	P2 – Organizing	P3 – Connecting	P4 – Growing	P5 – Talking	P6 – Scanning	P7 – Exploiting	P8 – Exploring	P9 – Earning	P10 – Scaling	Kollaborations-boardextravorteil
72	DILO (WILO)-Analyse		x		x			x				x
73	Disruptive Innovation (Das Prinzip)								x	x	x	
74	Dual-Track Agile		x					x	x		x	
75	E-Business Generator				x		x	x	x		x	
76	Ecocycle Planning – Liberating Structure				x		x	x				
77	Elevator Pitch			x		x			x			
78	Embrace the Chaos		x									
79	Empathy Map						x	x	x			x
80	Escape the Boom	x	x		x			x	x			
81	Escape Training				x							
82	Espresso Session	x	x	x	x	x						
83	Event Storming				x			x	x	x	x	
84	Explore-it-Team				x				x			
85	Fearless Journey		x		x			x	x			
86	Feedback Card	x			x	x		x	x			x
87	Fishbone Diagramm							x	x			x
88	FOR-DEC		x		x			x	x		x	
89	Fuckup Nights				x							
90	Gallery Walk				x			x	x			x
91	Gamification				x				x			x
92	Gantt einfach	x	x					x	x			x
93	Gehirnjogging mit Online-Quiz	x	x	x	x	x	x	x	x	x	x	
94	Geschäftsmodell Stresstest	x						x		x	x	
95	Growth Hacking										x	
96	Hackathons			x					x	x	x	

EinSatzBeschreibung	Methoden-Typ
Methode, um auf maximal analytischem Weg Tagesabläufe, Ineffizienzen und Kalender Optimierungspotenziale zu identifizieren.	Mikromethode
Management-Theorie zur Zerstörung etablierter Geschäftsmodelle mit revolutionären Lösungen.	Strategiemethode, Mikromethode
Dual-Track Agile ergänzt den agilen Entwicklungsstrang, um einen weiteren parallel laufenden Discovery-Strang.	Mikromethode
Management Tool für den Aufbau und die Implementierung digitaler Geschäftsmodelle.	Strategiemethode
Kollaborative Methode, um Priorisierungen und Planungen anhand eines vorgestellten natürlichen Lebenszyklus einzuordnen.	Mikromethode
Präsentation eines Produkts oder einer Lösung für ein Problem in 30-60 Sekunden.	Mikromethode
Projektmamagement-Methode, die Ordnung ins Chaos bringt, indem man sich auf das Chaos einlässt.	Mikromethode
Visualisierung von beobachteten Kunden/Anwender Jobs, Pains und Gains.	Reflexionshilfe, Mikromethode
Serious Game, das den Mehrwert eines cross-funktionalen T-shaped Teams erlebbar macht.	Serious Games
Teambuilding-Event, um die Fähigkeit zur kreativen Problemlösung zu steigern.	Aktivierungsmethode
Sehr kurze Lerneinheit, in der komprimiert über ein neues Thema berichtet wird.	Mikromethode
Event Storming ist eine Methode, um basierend auf fachlichen Ereignissen bei den Team-Mitgliedern ein Grundverständnis einer Domäne zu schaffen und die Sprache bzw. Begriffe dieser Domäne zu verstehen.	Mikromethode
Ein dauerhaftes Team zur konkreten Umsetzung der Explorationsarbeit.	Strategiemethode
Serious Game, das die spielerische Lösung von realen Herausforderungen in einem bevorstehenden kulturellen Wandel fördert.	Serious Games
Werkzeug, um schnell Feedback einzuholen und Feedback zu geben.	Feedbackmethode
Ursache-Wirkungs-Diagramm zur grafischen Darstellung von Quellen und Bestandteilen die ein Ergbnis/Problem beeinflussen.	Mikromethode
FORDEC ist ein sechsstufiges Handlungsschema, um schnelle, sachorientierte Entscheidungen in komplexen Umfeldern zu treffen.	Mikromethode
Eine Plattform, um offen über Fehler zu sprechen, damit andere daraus lernen können.	Mikromethode, Reflexionshilfe
Kreativitäts- und Moderationsmethode mit der eine Gruppe schnelle Lösungen zu Aufgaben findet, die der Veränderungen bedürfen.	Mikromethode
Spielerische Wissens- und Erfahrungsvermittlung für Teams in einer Transformation.	Reines Wissensnugget
Tipps und Tricks für den Einsatz von klassischen Gantt-Charts in digitalen Transformationsprojekten.	Mikromethode
Methode zur Gamifizierung mit digitalen Quiz-Tools.	Mikromethode, Tool
Mit dem Geschäftsmodell Stresstest werden regelmäßig Schwachstellen in der eigenen Business Logik entlarvt.	Mikromethode
Beschreibt smarte, meist kostenlose Taktiken („Hacks“), die Unternehmen dabei helfen, Käufe oder Registrierungen zu steigern.	Makromethode
Ein Hackathon ist ein fokussiertes Veranstaltungsformat, in dem in Kleingruppen an (zumeist digitalen) Lösungen gearbeitet wird.	Makromethode

Methoden nach Alphabet mit Transformation-Index

Index	Bezeichnung	P1 – Leading	P2 – Organizing	P3 – Connecting	P4 – Growing	P5 – Talking	P6 – Scanning	P7 – Exploiting	P8 – Exploring	P9 – Earning	P10 – Scaling	Kollaborations-boardextravorteil
97	HEART Framework							x	x	x	x	
98	Hebelworkshops							x	x	x	x	
99	Holakratie	x	x									
100	Impact Mapping	x	x		x							x
101	Innovationdigging								x			x
102	Innovation Lab								x			
103	Inspiration Cards Digital							x	x			x
104	Integrale Landkarte		x				x				x	x
105	Job Shadowing				x			x				
106	Job to be done (JTBD)							x	x	x	x	
107	Kanban – Wertfluss visualisieren		x									x
108	Keep-Start-Stop-Methode	x	x	x	x	x	x	x	x	x	x	
109	Key Emotional Indicators – Pulsbefragungen	x	x		x							
110	Kommunikationsbereiche – New Work		x	x	x							
111	Konsent	x	x	x	x	x	x	x	x	x	x	
112	Kräftedreieck	x	x		x							
113	Launch Events					x						
114	Leading from any Chair	x			x							
115	Lean Canvas						x	x		x		x
116	Lean Coffee	x	x	x	x	x	x	x	x	x	x	x
117	Lean Inception								x	x	x	
118	Lean Startup								x			
119	LEGO Serious Play		x		x				x			

EinSatzBeschreibung	Methoden-Typ
Das HEART Framework wurde von Google (Kerry Rodden) entwickelt und stellt fünf Kategorien von nutzerzentrierten Metriken zur Verfügung, mit denen man die User Experience eines digitalen Produkts messen kann.	Mikromethode
Strukturierter Ansatz zur Prüfung verschiedener Ansätze und Lösungsoptionen bei einer definierten Zielsetzung.	Mikromethode
Kompetenzbasiertes Managementsystem mit hierarchiearmer Organisationsstruktur.	Makromethode
Impact Mapping ist eine Methode zur strategischen Planung und soll sicherstellen, dass Projekte bzw. Produkte einen wirklichen „Impact" – einen Unterschied – bewirken und somit einen Wert schaffen.	Mikromethode
Strukturierte Ideenfindung mithilfe von Suchfeldmatrizen (strategisch oder ad hoc).	Mikromethode, Kreativitätstechnik
Ein Ort zum Ausprobieren und Kennenlernen neuer Methoden, in dem Digitalisierungsvorhaben entstehen und wachsen.	Strategiemethode
175 Inspirationskarten für Kollaborationsboards, um der Ideenfindung einen deutlichen Boost zu geben.	Tool
Ein Instrument, das komplexe Verbindungen und Beziehungen transparent macht und relevante Perspektiven einbindet.	Mikromethode
Methode, um den Erfahrungs- und Ideenaustausch zwischen Interessenten und Experten zu fördern.	Mikromethode
Eine Methode für die Entwicklung von kundenzentrierten Produkten durch Beobachtung und Befragung.	Mikromethode
Methode zum Verwalten von Arbeitsprozessen, Aufgaben und Arbeitsständen im Projektmanagement.	Mikromethode
Eine Methode, die hilft, Feedbacks positiv formuliert zu geben.	Feedbackmethode, Mikromethode, Reflexionshilfe
Einsatz, Nutzen und Umsetzung von Pulsbefragen zur Ermittlung der Key Emotional Indikatoren im Team.	Mikromethode
Flächen- und Büroplanung, um bessere Vernetzung und Kollaboration zu fördern.	Reines Wissensnugget
Werkzeug für das Herbeiführen von Entscheidungen, bei denen erst einmal nicht alles perfekt sein muss.	Mikromethode
Aufzeigen und Reflektieren der Grundvoraussetzungen für mehr Innovations- und Transformationsfähigkeit.	Reines Wissensnugget, Tool
Methode, um ein digitales Produkt effizient auf dem Markt einzuführen.	Mikromethode
Ein Konzept zur Transformation von Ownership – auf Führungsebene und operativ.	Mikromethode
Ein Modell für die Beschreibung des Geschäftsmodells, insbesondere für Start-ups in einem frühen Stadium der Entwicklung.	Mikromethode
Effizientes Meeting, bei dem Teilnehmer die Agenda mitgestalten und sich aktiv einbringen.	Mikromethode
Eine Workshopformat, dass einem Team dabei hilft, ein gemeinsames Verständnis des Minimum Viable Product (MVP) zu erreichen.	Makromethode
Arbeitsprinzip (Innovationsprozess) speziell für Start-ups.	Makromethode
Ein moderierter Prozess, der die Vorzüge des Spielens und Modellierens mit LEGO für eine fokussierte und ideenreiche Zusammenarbeit in Teams nutzt.	Serious Games

Index	Bezeichnung	P1 – Leading	P2 – Organizing	P3 – Connecting	P4 – Growing	P5 – Talking	P6 – Scanning	P7 – Exploiting	P8 – Exploring	P9 – Earning	P10 – Scaling	Kollaborations-boardextravorteil
120	Lernreisen			x	x	x						
121	Liberating Structures	x	x	x	x	x	x	x	x	x	x	
122	Life Hacks				x							
123	Lightning Decision Jam								x	x	x	x
124	Lösungspyramide	x	x	x	x	x	x	x	x	x	x	x
125	Meetingbingo	x	x	x	x	x	x	x	x	x	x	x
126	Meinungsblitzlicht	x	x		x			x	x			
127	Meme-ing	x	x	x	x	x	x	x	x	x	x	
128	Mindmapping	x	x	x	x	x	x	x	x	x	x	x
129	Missing Link							x	x			
130	Morphologischer Kasten							x	x			x
131	Mountain of Tomorrow	x	x						x			x
132	Moving Motivators				x							
133	Multiplikatoren	x		x	x	x	x	x				
134	MVP, MMP und MLP								x			
135	Nachhaltigkeits-Booster	x		x	x	x	x	x				
136	Netzwerken mit System	x		x								
137	Nightmare Competitor								x	x	x	x
138	No Drama, Lama!				x							
139	Nudging				x							
140	OKRs	x	x	x	x	x	x	x	x	x	x	
141	Open Innovation		x		x		x		x			
142	Optimal System Identification – Check-up		x				x				x	
143	Our own way of digital	x	x	x	x	x	x	x	x	x	x	x
144	Pair- und Mob Programming		x				x	x	x			

EinSatzBeschreibung	Methoden-Typ
Beschäftigte lernen andere Unternehmen und deren Erfahrungen kennen und geben dieses Wissen intern weiter.	Reines Wissensnugget
33 Mikrostrukturen, die mehr Beiteiligung, Effizienz und Erfolgsgefühl in der Teamarbeit erzeugen.	Mikromethoden Sammlung
Aufzeigen von Tipps und Tricks, die alltägliche Probleme in der digitalen Welt lösen.	Reines Wissensnugget
Eine Entscheidungstechnik, die in mehreren Schritten verläuft und Design-Thinking-Bestandteile beinhaltet.	Mikromethode, Kreativitätstechnik
Strukturiertes Vorgehen, um ein lösungsfokussiertes Coachinggespräch zu führen.	Reflexionshilfe, Mikromethode
Humorvolle Art und Weise, um auf Missstände in Meetings aufmerksam zu machen.	Reflexionshilfe, Mikromethode
Methode zum schnellen Erfassen und Austauschen von Einzelmeinungen.	Mikromethode, Feedbackmethode
Methode zur Vereinfachung komplexer Zusammenhänge, indem Ideen in Memes verpackt werden.	Mikromethode, Tool
Visuelle, gehirngerechte, kreative Notation von Informationen, Ideen und vielem mehr.	Mikromethode, Kreativitätstechnik
Aufspüren fehlender Verbindungselemente zur Entwicklung von Verbindungsgliedern in neuen oder bestehenden Unternehmensprozessen.	Reines Wissensnugget
Kreativitätstechnik, die schnell viele Varianten eines Produkts oder Services herstellt.	Mikromethode, Kreativitätstechnik
Unterstützung, eine gemeinsame Vision der Projektarbeit zu entwickeln und dabei auch die anstehenden Herausforderungen integriert.	Makromethode, Strategiemethode
Kartenspielmethode, um Motivation von Mitarbeitern und Teams im Change-Prozess zu ergründen.	Mikromethode
Wissen und bestimmte Themen werden durch interne Mitarbeitende auf Augenhöhe verbreitet und so ins Unternehmen gebracht.	Mikromethode
Abgrenzung eines Minimum Viable Product vs. Minimal Marketable Product vs. Minimum Lovable Product.	Makromethode
Methode, das Nachhaltigkeitsmanagement in Unternehmen zu tracken und zu optimieren.	Strategiemethode
Werkzeug für den Aufbau und die Pflege beruflicher Kontakte.	Mikromethode, Reflexionshilfe
Management-Methode transformiert traditionelle Geschäftsmodelle in kundenzentrierte Konzepte.	Mikromethode
Dramatische Elemente im Projekt erkennen und mit einem Augenzwinkern deeskalieren.	Mikromethode, Reflexionshilfe
Methode, um gewollte Verhaltensweisen zu fördern, die die digitale Transformation vorantreiben.	Mikromethode
Top-down-/Bottom-up-Zielerreichungsmethode zur systematischen Operationalisierung von Strategien.	Mikromethode
Einbeziehen externer Personen bzw. öffentlicher Gruppen in den eigenen Innovationsprozess.	Strategiemethode
Methode zur richtigen Auswahl des richtigen Systems, Tools oder digitalen Lösungen.	Strategiemethode
Digitalisierung ist für kein Team genau gleich – Meta-Methode, um die eigene Version der digitalen Transformation festzuhalten.	Makromethode
Beim Pair und Mob Programming arbeiten zwei oder mehr Personen gemeinsam an einem Problem, wobei nur eine der Personen den Code programmiert und die anderen bei der Lösungsfindung unterstützen.	Mikromethode

Methoden nach Alphabet mit Transformation-Index

Index	Bezeichnung	P1 – Leading	P2 – Organizing	P3 – Connecting	P4 – Growing	P5 – Talking	P6 – Scanning	P7 – Exploiting	P8 – Exploring	P9 – Earning	P10 – Scaling	Kollaborations-boardextravorteil
145	Penny Game				x							
146	Persona							x	x			x
147	Pirate Metrics						x	x	x	x	x	
148	Pivoting						x	x	x	x	x	
149	Planning Poker		x									x
150	POEM		x					x	x			x
151	Porters Five Forces Analyses						x		x			x
152	Problem Tackler						x					x
153	Process Mining	x	x							x	x	
154	Process-driven Transformation (PdT)							x	x		x	
155	Produkt ist das neue Projekt							x	x		x	
156	Projektmatrix		x									x
157	Quick Reference Cards				x							x
158	Rapid Contextual Design							x	x			x
159	Rapid Innovation								x			x
160	Rapid Prototyping & Testing							x	x			
161	Rekombination_20							x	x			
162	Remote first – Behavior Strategy				x							
163	Remote first – Bricks Strategy		x	x		x		x				
164	Remote first – Bytes Strategy		x	x	x	x	x	x	x	x	x	
165	Remote Teams – Check-up	x	x	x	x							
166	Retrospektive	x	x	x	x	x	x	x	x	x	x	
167	Reverse Mentoring	x			x							
168	Robotic Process Automation (RPA)							x				
169	ROTI Score	x	x	x	x	x	x	x	x	x	x	
170	Scaled Agile Framework SAFe (5.0)	x	x		x							
171	SCAMPER							x	x			x

EinSatzBeschreibung	Methoden-Typ
Spiel, dass die Zusammenarbeit stärkt und wertvolle Einsichten über Vorteile von agilen Teams liefert.	Serious Games
Visueller Kundensteckbrief, um Produkte auf die Bedürfnisse des Kunden besser auszurichten.	Mikromethode
Die Pirate Metrics bearbeiten die 5 Phasen eines Kunden-Lebenszyklus.	Mikromethode
Strategiemethode für die Entwicklung oder Veränderung des eigenen Geschäftsmodells.	Strategiemethode
Methode zur Schätzung des Aufwands von einzelnen Entwicklungsabschnitten in der agilen Softwareentwicklung.	Mikromethode
Template für die Klärung von Verantwortlichkeiten beim Product Ownership.	Mikromethode
Modell, um eine Strukturanalyse einer Branche durchzuführen.	Strategiemethode, Mikromethode
Verwandelt hässliche Probleme in sinnvolle Probleme (Selbstcoachingtool), um die intrinsische Motivitation zur Lösung zu fördern.	Tool
Methode zur Evaluierung und Identifzierung von Stärken und Schwächen digitalisierter Prozesse.	Mikromethode, Tool
Ansatz zur Teilung einer Hauptaufgabe in sinnvolle und handhabbare Bausteine.	Makromethode
Abgrenzung von Produkt- und Projektmanagement.	Strategiemethode
Methode zur schematischen Darstellung von Zuständigkeiten und Überschneidungen im Projekt – ohne klassische Hierarchien.	Mikromethode
Wissen komprimiert dargestellt, um es schnell in der Organisation zu verbreiten.	Mikromethode
Methode, um Benutzer-Schnittstellen für Endgeräte zu entwickeln.	Mikromethode
Innovationsframework zur schnellstmöglichen Entwicklung von neuen Produkten oder Services anhand strukturierter Rahmenbedingungen.	Makromethode
Vorgehensweise zur schlanken und iterativen Entwicklung von Produkten und Services auf Basis des Kundenfeedbacks.	Makromethode
Zusammenfügen bestehender oder bekannter Elemente zu neuen Formen und Geschäftsmodellen – immer mit digitaler Schnittstelle.	Mikromethode
Denkhaltung bzw. Strategie, alle Aspekte rund um das Verhalten der Menschen neu zu denken.	Reines Wissensnugget
Denkhaltung bzw. Strategie, alle Aspekte rund um den Arbeitsplatz neu zu denken.	Reines Wissensnugget
Denkhaltung bzw. Strategie, alle unternehmerischen Prozesse digital zu denken.	Reines Wissensnugget
Zusammenarbeit, digital Leadership und Impulse zu Besonderheiten für Remote Teams.	Mikromethode
Effizientes Vorgehen für eine strukturierte Reflexion von Arbeitsphasen im Team.	Mikromethode, Feedbackmethode
Ansatz zur Vermittlung von neuem Wissen und Denkweisen, indem jüngere Mitarbeiter die Rolle des Mentors für ältere Führungskräfte übernehmen.	Mikromethode
Robotic Process Automation ist eine virtuelle Lösung zur Abarbeitung von immer gleichen Transaktionen.	Makromethode
Feedbackmethode zur Ermittlung der aktuellen Meetingeffizienz.	Mikromethode, Feedbackmethode
Framework für den agilen Betrieb von Unternehmen und größeren Strukturen.	Makromethode
Kreativtechmik zur schnellen Variantengenerierung über 7 unterschiedliche Denkwege.	Mikromethode, Kreativitätstechnik

Methoden nach Alphabet mit Transformation-Index

Index	Bezeichnung	P1 – Leading	P2 – Organizing	P3 – Connecting	P4 – Growing	P5 – Talking	P6 – Scanning	P7 – Exploiting	P8 – Exploring	P9 – Earning	P10 – Scaling	Kollaborations-boardextravorteil
172	SCRUM	x	x	x	x	x	x	x	x	x	x	x
173	Shift and Share	x	x	x	x	x	x	x	x	x	x	x
174	Show Room					x			x			
175	Simple Ethnography						x	x	x			
176	SIPOC Map				x			x			x	x
177	SMART	x										
178	Software-as-a-Service	x	x	x	x	x				x	x	
179	Sorgen auf den Tisch/Wicked Questions	x	x	x	x	x	x	x	x	x	x	x
180	Sounding Board	x			x							x
181	Spotify-Modell							x	x		x	
182	St. Galler Business Model Navigator								x	x	x	
183	Stacey-Matrix	x	x		x							x
184	Stakeholder-Matrix		x	x	x	x						x
185	Start-up-Kooperation		x	x	x	x	x	x	x	x	x	
186	Start with why			x	x	x			x	x	x	
187	Supplier Relationship Management – Check-up			x								
188	SWOT-Analyse						x	x	x	x	x	x
189	Tasklogs		x									x
190	Team Dialogue Sheet	x	x	x	x	x	x	x	x	x	x	x
191	Team Management System (TMS)				x							
192	Testkonzept		x					x			x	
193	Ticket Check-up		x									
194	Top-10-Methode							x	x	x	x	x
195	Total Cost of Ownership – Check-up	x	x							x	x	
196	Transformation Team Canvas		x			x						x
197	Transformation Trendradar				x		x		x			x

EinSatzBeschreibung	Methoden-Typ
Vorgehensmodell des Projekt- und Produktmanagements, insbesondere zur agilen Softwareentwicklung.	Makromethode
Mit Minipräsentationen Innovationskraft und Vertrauen im Projekt-Team aufbauen.	Mikromethode
Digitalisierung wird durch eine Ausstellung greif- und erlebbar gemacht.	Mikromethode
Methode, um bestehende Situationen, Bedürfnisse oder Prozesse genau zu beobachten und mögliche Optimierungen abzuleiten.	Mikromethode
SIPOC ist eine effiziente Vorgehensweise zur lückenlosen Aufnahme und Analyse bestehender sowie zum Sketchen möglicher neuer Projekte.	Strategiemethode, Makromethode
Formulierungstechnik, um Ziele effizient, klar und wirkungsvoll zu beschreiben.	Mikromethode
Ziele, Nutzen, Einsatzgebiete und Implementierung von Software-as-a-Service.	Reines Wissensnugget
Sorgen und Problemstellungen wahrnehmen und mit paradoxen Fragestellungen als kreativen Ausgangspunkt nutzen.	Mikromethode, Reflexionshilfe
Feedbackbarometer, um entstehende Meinungen und Stimmungen über Hierarchieebenen hinweg in Veränderungsprozesse aufzunehmen.	Mikromethode
Agile Organisationsmethode nach dem Modell von Spotify zur schnellen Produktentwicklung.	Makromethode
Ein einfaches und trotzdem ganzheitliches Modell zur Beschreibung von Geschäftsmodellen.	Mikromethode
Hilfe, um zu erkennen und zu erklären, in welchen Situationen agiles Management sinnvoll ist.	Mikromethode
Technik, um die Bedeutung von Stakeholdern für das Projekt zu visualisieren und zu verstehen.	Mikromethode
Lernen von Start-ups für die strategische digitale Ausrichtung, die tägliche operative Arbeit und digitale Transformationen.	Strategiemethode, Makromethode
Kreativitätstechnik zur Lösung von Kundenproblemen.	Mikromethode
Das Lieferanten-Beziehungsmanagement hilft bei der Bewertung und Weiterentwicklung des Lieferanten und ermöglicht damit auch die Verlagerung der digitalen Transformation.	Makromethode
Die SWOT-Analyse ist ein Instrument der strategischen Planung und dient der Positionsbestimmung und der Strategieentwicklung.	Strategiemethode, Mikromethode
Methode zur Strukturierung und Nachverfolgung von Aufgabenclustern.	Mikromethode
Template für eine strukturierte, lösungsfokussierte Reflexion im Team.	Serious Games
Arbeitspräferenzen von Teammitgliedern analysieren, um die idealen Tätigkeiten und Verantwortlichkeiten zu matchen.	Tool
Ein gut geplantes und durchgeführtes Testkonzept hilft bei dem Roll-out und der Implementierung von digitalen Lösungen.	Makromethode
Tipps und Tricks für den Einsatz von Ticket-Systemen als Basis für die agile Projektarbeit.	Reines Wissensnugget
Methode zur Priorisierung und Reduktion von Ideen und Lösungen.	Mikromethode
Die Bewertung von Business Cases oder Lösungsalternativen erfordert eine strukturierte Bewertung aller Kosten.	Reines Wissensnugget
Poster zur Herleitung und Identifikation geeigneter Mitglieder für ein Transformationsteam.	Transformation
Methode zur Identifikation und Anwendung eines konkreten Trends, zu dem alle Beschäftigten für 6 oder 12 Monate neues Wissen aufbauen.	Mikromethode

Methoden nach Alphabet mit Transformation-Index

Index	Bezeichnung	P1 – Leading	P2 – Organizing	P3 – Connecting	P4 – Growing	P5 – Talking	P6 – Scanning	P7 – Exploiting	P8 – Exploring	P9 – Earning	P10 – Scaling	Kollaborations-boardextravorteil
198	Transformationskultur – Check-up	x			x							
199	Trend-Matrix						x					x
200	Triple Diamond			x		x						
201	TRIZ							x	x			x
202	Troika Consulting				x		x					
203	Ubongo Flow Game				x			x				
204	Use-Case-Diagramm						x		x	x		x
205	User Story Maps								x			x
206	UX/UI-Design					x			x			x
207	Value Chain Building								x			
208	Value Proposition Canvas						x	x	x			x
209	Vertriebsdigitalisierung – Check-up						x	x		x	x	
210	Virtual Café		x	x	x	x						
211	Vision Statement – Check-up	x			x							
212	Visionsentwicklung	x										
213	Visuelle Meetingcheckliste	x	x	x	x	x	x	x	x	x	x	x
214	Visuelle Schnellbewertung	x	x	x	x	x	x	x	x	x	x	x
215	VUCA-Modell	x			x		x		x			
216	Welcome Transformation		x									
217	Wireframing								x			x
218	Working Out Loud			x	x	x						
219	Worksetting Canvas	x	x		x							x
220	World Cafe			x		x						
221	WWW-Methode für agiles Feedback				x							
222	X-Team Silo Game		x					x				

EinSatzBeschreibung	Methoden-Typ
Messen und reflektieren, wie es um die Transformationskultur der Organisation bestellt ist.	Mikromethode, Reflexionshilfe
Übersicht über Veränderungen und Trends, die aktuell stattfinden und die zukünftige Veränderungen aufzeigen kann.	Mikromethode
Das Triple-Diamond-Modell schafft einen agilen Rahmen, um Kommunikationsstrategien zu entwickeln und Tests zu integrieren.	Makromethode
Probleme im Detail und schlimmsten Ausmaß beschreiben, um anschließend Maßnahmen für Lösungen zu finden.	Mikromethode, Kreativitätstechnik
Schnelle Beratung durch Kollegen, bei der 3 Personen abwechselnd für 10 Minuten die Klienten-Rolle einnehmen.	Mikromethode
Serious Game, das die Spieler erleben lässt, wie der Prozess einen größeren Einfluss auf den Outcome hat als individuelle Kompetenzen oder die Motivation der Spieler.	Serious Games
Ein Use-Case-Diagramm visualisiert und strukturiert das Verhalten eines Systems aus Anwendersicht.	Mikromethode
Mit User Story Maps kann man ganzheitlich einen Überblick über die User Stories in einer zweidimensionalen Form visualisieren.	Mikromethode
Sowohl das UI als auch die UX sind entscheidende Faktoren dafür, wie eine Website, ein Produkt oder eine App beim Nutzer wahrgenommen wird.	Reines Wissensnugget
Mit Value Chain Building wird disruptives Geschäftsmodelldenken im Innovation Horizon 3 zur rational nachvollziehbaren Rechenaufgabe.	Strategiemethode, Makromethode
Visuelles Tool, um die Passung zwischen Kunde und Produkt/Service deutlich zu verbessern.	Mikromethode
Check-up, der bei der Digitalisierung des Vertriebs hilft.	Mikromethode
Virtuelle Runde zum Austausch, um Kontakte zu pflegen und ein neues Thema zu erörtern.	Mikromethode
Guideline und Hilfe zu Entwicklung eines Vision Statements.	Mikromethode
Erstellen eines Zukunftsbildes, um strategische Unterziele und Entwicklungsmaßnahmen abzuleiten.	Makromethode
Visuelle Checkliste für die Planung von Meetings.	Mikromethode
Schnelles und visuelles Bewertungstool für Ideen, welches Entscheidungsmeetings sehr effizient macht.	Mikromethode
Modell, das hilft, vorausschauend in die Zukunft zu denken und diese mit zeitgemäßen Lösungen zu gestalten.	Reines Wissensnugget
Kleine physische Pakete für Beschäftigte, die den Start in eine Transformation erleichtern.	Wissensnugget
Visualisierung von Design und Funktion einer Anwendung im Prototyping.	Reines Wissensnugget
Methode, um das eigene Netzwerk zu erweitern und ein persönliches Ziel schneller und besser zu erreichen.	Mikromethode
Werkzeug zum Verstehen der Mitarbeiter-Bedürfnisse und Abgleich mit den Unternehmensangeboten für Life-Family-Work-Balance.	Mikromethode, Reflexionshilfe
Gezielter Austausch und Wissensaufbau in Kleingruppen mit sehr vielen Teilnehmern.	Mikromethode
Eine Feedbackmethode, die hilft. Feedbacks positiv formulierbar zu geben.	Feedbackmethode, Mikromethode, Reflexionshilfe
Serious Game, das den Mehrwert von T-shaped Teams vermittelt.	Serious Games

Methoden nach Hinderniseffekten gruppiert

Index	Bezeichnung	01 – Schwächt Angst vor Neuem (Cainophobie)	02 – Schwächt Angst vor Kritik und Zurückweisung	03 – Schwächt störende Bewertung während der Ideenfindung	04 – Beugt blinden Flecken/Betriebsblindheit vor	05 – Verhindert blinden Aktionismus	06 – Schwächt das Leben in der Vergangenheit	07 – Integriert einen dysfunktionalen Schweiger	08 – Verhindert einseitige Bewertungen und Entscheidungen	09 – Schwächt zu extrovertierte Teammitglieder	10 – Verhindert falsche Flughöhen	11 – Schärft eine fehlende gemeinsame Ausrichtung	12 – Wirkt fehlender Inspiration entgegen	13 – Schafft für den Erfolg nötige Realitätsbezüge	14 – Fördert eventuell fehlende Wertschätzung	15 – Stärkt das Vertrauen im Team	16 – Beugt Misinterpretationen vor	17 – Fördert gehemmte Teammitglieder
1	1-2-4-All – Liberating Structure							x										
2	2-Pizza-Teams																	
3	3-P Modell der digitalen Transformation				x		x							x	x			
4	3D-Welten				x	x			x		x	x						
5	5-Meter-Blick						x										x	
6	6-3-5-Methode												x					
7	6-Hüte-Methode		x		x				x									
8	6-W-Methode				x						x	x					x	
9	9 Levels Value System				x		x											
10	ABC-Analyse				x						x						x	
11	Achtsamkeits-CheckUp	x					x								x	x		
12	Advocatus Diaboli				x				x					x				
13	AEIOU Technik				x									x				
14	After Action Review				x	x				x		x		x			x	
15	Agiler Baum										x						x	
16	Agreement Certainty Matrix – Liberating Structure					x					x						x	
17	Akzeptanzkriterien mit Gherkin				x												x	
18	Alignment-/Autonomy-Matrix	x	x				x					x		x				
19	ALPEN Methode					x						x				x		
20	Analogietechnik						x						x					
21	Anonymes Brainstorming		x															x
22	Ausspeichern				x			x	x			x		x				x

18 – Bewahrt vor zu generischen Ideen und Aussagen	19 – Verhindert Ideenbunkerei und Geheimniskrämerei	20 – Verhindert Ideenfindung mit zu schwacher Erkenntnissgrundlage	21 – Bindet eher introvertierte Teammitglieder mit ein	22 – Verhindert störende Killerphrasen	23 – Schwächt Konkurrenzdenken und Angst vor Machtverlust	24 – Verkürzt und durchbricht vorhandene Kreativblockaden	25 – Schwächt multidisziplinäre Reibungsverluste	26 – Schwächt nicht zielführende Emotionen	27 – Schwächt das „Not invented here" – Syndrom	28 – Stärkt schwache Anreicherungsskills	29 – Schwächt den „Inneren Zensor"	30 – Bändigt einen störenden Gruppenclown	31 – Verhindert Topic-Jumping und schnelles Abschweifen	32 – Verhindert unreflektiertes agieren	33 – Schwächt Verdiskutiererei	34 – Verhindert vorschnelles Urteilen über Ideen	35 – Dynamisiert und aktiviert wenig dynamische Teams	36 – Schafft schnell Klarheit und beschleunigt Erkenntnissgewinn	37 – Verkürzt zu lange Entscheidungsmeetings	38 – Verkürzt zu lange Meetingzeiten	39 – Fördert die Agilität der Teilnehmer	40 – Verhindert Finanz- und Ressourcenfallen	41 – Verringert zu große Komplexitäten	42 – Überzeugt strukturliebende Teammitglieder	43 – Überzeugt einen Daueropponenten	44 – Überzeugt einen Rationalisierer
	x		x	x		x	x		x	x					x		x			x	x					
							x								x				x	x	x					
		x												x		x		x						x		x
														x	x			x					x	x		
x														x												
						x																		x		
							x	x						x	x											
x		x												x	x			x								
																		x								
x		x												x	x			x					x	x		
								x	x		x			x							x		x			
														x		x		x								
		x												x	x									x		
														x				x								
x																		x			x			x		
						x	x	x																		
x														x				x			x		x			
				x	x									x	x			x			x			x		x
														x										x		
			x	x		x																		x		
			x					x																		
	x		x											x	x			x				x		x		x

Methoden nach Hinderniseffekten gruppiert

Index	Bezeichnung	01 – Schwächt Angst vor Neuem (Cainophobie)	02 – Schwächt Angst vor Kritik und Zurückweisung	03 – Schwächt störende Bewertung während der Ideenfindung	04 – Beugt blinden Flecken/Betriebsblindheit vor	05 – Verhindert blinden Aktionismus	06 – Schwächt das Leben in der Vergangenheit	07 – Integriert einen dysfunktionalen Schweiger	08 – Verhindert einseitige Bewertungen und Entscheidungen	09 – Schwächt zu extrovertierte Teammitglieder	10 – Verhindert falsche Flughöhen	11 – Schärft eine fehlende gemeinsame Ausrichtung	12 – Wirkt fehlender Inspiration entgegen	13 – Schafft für den Erfolg nötige Realitätsbezüge	14 – Fördert eventuell fehlende Wertschätzung	15 – Stärkt das Vertrauen im Team	16 – Beugt Misinterpretationen vor	17 – Fördert gehemmte Teammitglieder
23	Balanced Scorecard und E-Performance Score Card				x				x		x			x	x		x	
24	Behavior Driven Development											x				x		
25	Benchmarking				x	x	x				x	x		x			x	
26	BetaCodex								x			x			x	x		
27	BINGO – Team Opener															x		x
28	Blogger-Team	x			x		x		x		x		x	x			x	
29	Blue Ocean Strategy				x	x	x					x						
30	Boss-Worker-Game						x									x		
31	Brainwriting Pool			x						x								
32	Brown Bag Sessions	x			x						x				x		x	
33	Buddy-Coaching		x		x		x						x		x	x		
34	Buildwork				x						x					x		
35	Business Model Canvas										x			x				
36	Business Process Model and Notation – BPMN										x						x	
37	CATWOE				x	x					x							
38	Change-Impact-Analyse													x				
39	Change-Impact-Matrix								x			x		x			x	
40	Change-Landkarte				x	x						x		x		x	x	
41	Change-Monitor																	
42	Check-in-Moodboard							x	x						x	x	x	x
43	Cluster-Methode				x						x						x	
44	Collaboration Camps															x		
45	Collaboration Tools CheckUp																	
46	Commuter Game				x													

18 – Bewahrt vor zu generischen Ideen und Aussagen	19 – Verhindert Ideenbunkerei und Geheimniskrämerei	20 – Verhindert Ideenfindung mit zu schwacher Erkenntnissgrundlage	21 – Bindet eher introvertierte Teammitglieder mit ein	22 – Verhindert störende Killerphrasen	23 – Schwächt Konkurrenzdenken und Angst vor Machtverlust	24 – Verkürzt und durchbricht vorhandene Kreativblockaden	25 – Schwächt multidisziplinäre Reibungsverluste	26 – Schwächt nicht zielführende Emotionen	27 – Schwächt das „Not invented here“ – Syndrom	28 – Stärkt schwache Anreicherungsskills	29 – Schwächt den „Inneren Zensor“	30 – Bändigt einen störenden Gruppenclown	31 – Verhindert Topic-Jumping und schnelles Abschweifen	32 – Verhindert unreflektiertes agieren	33 – Schwächt Verdiskutiererei	34 – Verhindert vorschnelles Urteilen über Ideen	35 – Dynamisiert und aktiviert wenig dynamische Teams	36 – Schafft schnell Klarheit und beschleunigt Erkenntnissgewinn	37 – Verkürzt zu lange Entscheidungsmeetings	38 – Verkürzt zu lange Meetingzeiten	39 – Fördert die Agilität der Teilnehmer	40 – Verhindert Finanz- und Ressourcenfallen	41 – Verringert zu große Komplexitäten	42 – Überzeugt strukturliebende Teammitglieder	43 – Überzeugt einen Daueropponenten	44 – Überzeugt einen Rationalisierer
							x			x							x									
		x												x				x								
							x			x																
			x				x	x									x									
x	x							x	x		x			x	x	x							x			
																		x								
			x								x						x	x			x					
			x			x						x														
										x				x	x			x					x			
						x	x	x													x					
		x												x								x	x			
x														x				x								
														x									x	x		
x		x													x			x								
																		x								
							x											x								
														x				x					x	x		x
														x				x								
			x					x									x			x				x		
														x				x					x	x		
x	x													x				x			x					
							x																x			
					x																					

Methoden nach Hinderniseffekten gruppiert

Index	Bezeichnung	01 – Schwächt Angst vor Neuem (Cainophobie)	02 – Schwächt Angst vor Kritik und Zurückweisung	03 – Schwächt störende Bewertung während der Ideenfindung	04 – Beugt blinden Flecken/Betriebsblindheit vor	05 – Verhindert blinden Aktionismus	06 – Schwächt das Leben in der Vergangenheit	07 – Integriert einen dysfunktionalen Schweiger	08 – Verhindert einseitige Bewertungen und Entscheidungen	09 – Schwächt zu extrovertierte Teammitglieder	10 – Verhindert falsche Flughöhen	11 – Schärft eine fehlende gemeinsame Ausrichtung	12 – Wirkt fehlender Inspiration entgegen	13 – Schafft für den Erfolg nötige Realitätsbezüge	14 – Fördert eventuell fehlende Wertschätzung	15 – Stärkt das Vertrauen im Team	16 – Beugt Misinterpretationen vor	17 – Fördert gehemmte Teammitglieder
47	Company Board					x								x		x		
48	Competence Board											x			x	x		
49	Creative Problem Solving			x													x	
50	Critical Uncertainties – Liberating Structure				x		x					x						
51	Customer Journey Map				x						x	x		x				
52	Customer Question Board										x	x						
53	Cynefin Framework				x		x					x		x			x	
54	Das 7-Ps-Framework					x											x	
55	Das magische Projektmanagement-Dreieck				x							x		x			x	
56	Das Verkaufsgespräch								x			x		x			x	
57	Debriefing Cube				x					x							x	
58	DELAG+ Framework											x						
59	Delegation Poker					x					x					x		
60	Der leere Stuhl					x					x			x			x	
61	Design Sprint			x	x				x							x		
62	Design Thinking				x				x					x			x	
63	Die goldene Regel														x	x		
64	Digital Maturity Assessment				x						x	x		x				
65	Digital Mind Pumping	x		x	x		x						x			x		x
66	Digital PMO+				x									x		x		
67	Digital Supplier Enablement – Check-up				x									x				
68	Digitale Beerdigung					x	x		x						x			
69	Digitale Lieferantennetzwerke		x											x				
70	Digitale Whiteboards-Check-up																	
71	Digitales Personalmanagement – Check-up																	

18 – Bewahrt vor zu generischen Ideen und Aussagen	19 – Verhindert Ideenbunkerei und Geheimniskrämerei	20 – Verhindert Ideenfindung mit zu schwacher Erkenntnissgrundlage	21 – Bindet eher introvertierte Teammitglieder mit ein	22 – Verhindert störende Killerphrasen	23 – Schwächt Konkurrenzdenken und Angst vor Machtverlust	24 – Verkürzt und durchbricht vorhandene Kreativblockaden	25 – Schwächt multidisziplinäre Reibungsverluste	26 – Schwächt nicht zielführende Emotionen	27 – Schwächt das „Not invented here" – Syndrom	28 – Stärkt schwache Anreicherungsskills	29 – Schwächt den „Inneren Zensor"	30 – Bändigt einen störenden Gruppenclown	31 – Verhindert Topic-Jumping und schnelles Abschweifen	32 – Verhindert unreflektiertes agieren	33 – Schwächt Verdiskutiererei	34 – Verhindert vorschnelles Urteilen über Ideen	35 – Dynamisiert und aktiviert wenig dynamische Teams	36 – Schafft schnell Klarheit und beschleunigt Erkenntnissgewinn	37 – Verkürzt zu lange Entscheidungsmeetings	38 – Verkürzt zu lange Meetingzeiten	39 – Fördert die Agilität der Teilnehmer	40 – Verhindert Finanz- und Ressourcenfallen	41 – Verringert zu große Komplexitäten	42 – Überzeugt strukturliebende Teammitglieder	43 – Überzeugt einen Daueropponenten	44 – Überzeugt einen Rationalisierer
														x								x	x	x		
			x				x											x								
		x				x												x								
																							x			
x										x				x				x								
x		x					x								x											
															x			x			x		x			
						x									x			x	x	x			x	x		
														x				x						x		x
		x								x						x		x								
			x															x								
							x							x				x			x					
x														x				x								
	x					x								x		x	x	x	x	x	x		x			
x		x							x					x				x			x					
					x			x																		
		x																x								
	x		x								x					x	x				x					
																			x	x		x		x		
			x				x											x				x	x	x		
																		x								
																		x								x
							x										x									
																		x								

Methoden nach Hinderniseffekten gruppiert

Index	Bezeichnung	01 – Schwächt Angst vor Neuem (Cainophobie)	02 – Schwächt Angst vor Kritik und Zurückweisung	03 – Schwächt störende Bewertung während der Ideenfindung	04 – Beugt blinden Flecken/Betriebsblindheit vor	05 – Verhindert blinden Aktionismus	06 – Schwächt das Leben in der Vergangenheit	07 – Integriert einen dysfunktionalen Schweiger	08 – Verhindert einseitige Bewertungen und Entscheidungen	09 – Schwächt zu extrovertierte Teammitglieder	10 – Verhindert falsche Flughöhen	11 – Schärft eine fehlende gemeinsame Ausrichtung	12 – Wirkt fehlender Inspiration entgegen	13 – Schafft für den Erfolg nötige Realitätsbezüge	14 – Fördert eventuell fehlende Wertschätzung	15 – Stärkt das Vertrauen im Team	16 – Beugt Misinterpretationen vor	17 – Fördert gehemmte Teammitglieder
72	DILO (WILO)-Analyse				x										x	x		
73	Disruptive Innovation (Das Prinzip)						x					x	x					
74	Dual-Track Agile											x				x		
75	E-Business Generator				x	x			x		x	x					x	
76	Ecocycle Planning – Liberating Structure				x				x			x		x			x	
77	Elevator Pitch																	x
78	Embrace the Chaos															x		
79	Empathy Map				x						x			x			x	
80	Escape the Boom	x			x			x								x	x	
81	Escape Training											x				x		x
82	Espresso Session														x	x		
83	Event Storming				x									x				
84	Explore-it-Team						x		x		x			x				
85	Fearless Journey	x	x	x	x			x	x				x	x			x	x
86	Feedback Card		x		x										x	x		x
87	Fishbone Diagramm											x					x	
88	FOR-DEC					x			x		x	x		x			x	
89	Fuckup Nights		x		x	x			x									
90	Gallery Walk				x							x		x			x	
91	Gamification				x													
92	Gantt einfach				x									x			x	
93	Gehirnjogging mit Online-Quiz												x			x		
94	Geschäftsmodell Stresstest				x		x							x				
95	Growth Hacking	x					x					x	x					
96	Hackathons	x	x									x				x		

18 – Bewahrt vor zu generischen Ideen und Aussagen	19 – Verhindert Ideenbunkerei und Geheimniskrämerei	20 – Verhindert Ideenfindung mit zu schwacher Erkenntnissgrundlage	21 – Bindet eher introvertierte Teammitglieder mit ein	22 – Verhindert störende Killerphrasen	23 – Schwächt Konkurrenzdenken und Angst vor Machtverlust	24 – Verkürzt und durchbricht vorhandene Kreativblockaden	25 – Schwächt multidisziplinäre Reibungsverluste	26 – Schwächt nicht zielführende Emotionen	27 – Schwächt das „Not invented here“ – Syndrom	28 – Stärkt schwache Anreicherungsskills	29 – Schwächt den „Inneren Zensor“	30 – Bändigt einen störenden Gruppenclown	31 – Verhindert Topic-Jumping und schnelles Abschweifen	32 – Verhindert unreflektiertes agieren	33 – Schwächt Verdiskutiererei	34 – Verhindert vorschnelles Urteilen über Ideen	35 – Dynamisiert und aktiviert wenig dynamische Teams	36 – Schafft schnell Klarheit und beschleunigt Erkenntnissgewinn	37 – Verkürzt zu lange Entscheidungsmeetings	38 – Verkürzt zu lange Meetingzeiten	39 – Fördert die Agilität der Teilnehmer	40 – Verhindert Finanz- und Ressourcenfallen	41 – Verringert zu große Komplexitäten	42 – Überzeugt strukturliebende Teammitglieder	43 – Überzeugt einen Daueropponenten	44 – Überzeugt einen Rationalisierer
																			x	x		x		x		
																		x			x					
														x			x				x		x			
x		x								x								x						x		
			x											x												
																	x						x			
															x			x						x		x
x														x				x								
			x																		x					
										x							x				x					
																		x								
x		x												x				x					x	x		
x														x		x					x	x	x			
x	x		x										x	x	x			x						x	x	
			x																							
		x								x				x									x			
							x			x				x	x			x	x							
			x											x							x					
x		x					x							x				x								
																		x								
																		x			x			x		
			x			x											x									
											x							x								
																x		x								
					x	x	x		x	x	x												x			

Methoden nach Hinderniseffekten gruppiert

Index	Bezeichnung	01 – Schwächt Angst vor Neuem (Cainophobie)	02 – Schwächt Angst vor Kritik und Zurückweisung	03 – Schwächt störende Bewertung während der Ideenfindung	04 – Beugt blinden Flecken/Betriebsblindheit vor	05 – Verhindert blinden Aktionismus	06 – Schwächt das Leben in der Vergangenheit	07 – Integriert einen dysfunktionalen Schweiger	08 – Verhindert einseitige Bewertungen und Entscheidungen	09 – Schwächt zu extrovertierte Teammitglieder	10 – Verhindert falsche Flughöhen	11 – Schärft eine fehlende gemeinsame Ausrichtung	12 – Wirkt fehlender Inspiration entgegen	13 – Schafft für den Erfolg nötige Realitätsbezüge	14 – Fördert eventuell fehlende Wertschätzung	15 – Stärkt das Vertrauen im Team	16 – Beugt Misinterpretationen vor	17 – Fördert gehemmte Teammitglieder
97	HEART Framework					x					x	x		x			x	
98	Hebelworkshops					x						x					x	
99	Holakratie				x													
100	Impact Mapping					x						x		x			x	
101	Innovation Lab								x		x		x	x				
102	Innovationdigging												x					
103	Inspiration Cards Digital	x			x						x		x					
104	Integrale Landkarte				x							x		x				
105	Job Shadowing				x				x					x				
106	Job to be done (JTBD)						x							x			x	
107	Kanban – Wertfluss visualisieren											x				x		
108	Keep-Start-Stop-Methode		x					x										x
109	Key Emotional Indicators – Pulsbefragungen				x							x		x		x	x	
110	Kommunikationsbereiche – New Work																	
111	Konsent		x		x													
112	Kräftedreieck										x							
113	Launch Events													x	x			
114	Leading from any Chair														x			x
115	Lean Canvas				x	x					x			x				
116	Lean Coffee				x				x		x		x			x		
117	Lean Inception						x					x		x			x	
118	Lean Startup													x			x	
119	LEGO Serious Play				x							x	x			x		x
120	Lernreisen						x				x		x	x				
121	Liberating Structures							x				x				x		

18 – Bewahrt vor zu generischen Ideen und Aussagen	19 – Verhindert Ideenbunkerei und Geheimniskrämerei	20 – Verhindert Ideenfindung mit zu schwacher Erkenntnissgrundlage	21 – Bindet eher introvertierte Teammitglieder mit ein	22 – Verhindert störende Killerphrasen	23 – Schwächt Konkurrenzdenken und Angst vor Machtverlust	24 – Verkürzt und durchbricht vorhandene Kreativblockaden	25 – Schwächt multidisziplinäre Reibungsverluste	26 – Schwächt nicht zielführende Emotionen	27 – Schwächt das „Not invented here" – Syndrom	28 – Stärkt schwache Anreicherungsskills	29 – Schwächt den „Inneren Zensor"	30 – Bändigt einen störenden Gruppenclown	31 – Verhindert Topic-Jumping und schnelles Abschweifen	32 – Verhindert unreflektiertes agieren	33 – Schwächt Verdiskutiererei	34 – Verhindert vorschnelles Urteilen über Ideen	35 – Dynamisiert und aktiviert wenig dynamische Teams	36 – Schafft schnell Klarheit und beschleunigt Erkenntnissgewinn	37 – Verkürzt zu lange Entscheidungsmeetings	38 – Verkürzt zu lange Meetingzeiten	39 – Fördert die Agilität der Teilnehmer	40 – Verhindert Finanz- und Ressourcenfallen	41 – Verringert zu große Komplexitäten	42 – Überzeugt strukturliebende Teammitglieder	43 – Überzeugt einen Daueropponenten	44 – Überzeugt einen Rationalisierer
x		x								x				x				x								
														x						x						
					x													x								
x							x							x				x								
						x	x							x		x							x			
						x																	x	x		
x						x				x																
							x							x				x					x			
		x																x								
x		x																								
							x							x	x									x		
			x		x		x	x							x			x								
					x		x							x				x								
																		x								
							x	x						x	x	x		x	x				x			
														x	x			x								
																		x								
			x		x																x					
x										x																
						x								x	x		x	x		x	x		x	x		
x														x				x								
x	x													x		x		x								
x			x			x				x						x					x		x			
						x								x				x					x			
			x			x	x										x	x			x					

Methoden nach Hinderniseffekten gruppiert

Index	Bezeichnung	01 – Schwächt Angst vor Neuem (Cainophobie)	02 – Schwächt Angst vor Kritik und Zurückweisung	03 – Schwächt störende Bewertung während der Ideenfindung	04 – Beugt blinden Flecken/Betriebsblindheit vor	05 – Verhindert blinden Aktionismus	06 – Schwächt das Leben in der Vergangenheit	07 – Integriert einen dysfunktionalen Schweiger	08 – Verhindert einseitige Bewertungen und Entscheidungen	09 – Schwächt zu extrovertierte Teammitglieder	10 – Verhindert falsche Flughöhen	11 – Schärft eine fehlende gemeinsame Ausrichtung	12 – Wirkt fehlender Inspiration entgegen	13 – Schafft für den Erfolg nötige Realitätsbezüge	14 – Fördert eventuell fehlende Wertschätzung	15 – Stärkt das Vertrauen im Team	16 – Beugt Misinterpretationen vor	17 – Fördert gehemmte Teammitglieder
122	Life Hacks																	
123	Lightning Decision Jam					x			x									
124	Lösungspyramide					x						x	x	x		x		
125	Meetingbingo				x													
126	Meinungsblitzlicht		x		x			x	x									
127	Meme-ing							x					x					x
128	Mindmapping											x				x		
129	Missing Link				x													
130	Morphologischer Kasten				x	x			x			x	x	x				
131	Mountain of Tomorrow					x					x	x						
132	Moving Motivators		x		x							x			x	x	x	
133	Multiplikatoren				x							x		x		x	x	
134	MVP, MMP und MLP											x	x				x	
135	Nachhaltigkeits-Booster				x	x			x			x		x		x	x	
136	Netzwerken mit System				x		x						x			x		
137	Nightmare Competitor	x			x		x											
138	No Drama, Lama!					x			x				x				x	
139	Nudging												x					
140	OKRs					x					x			x	x	x		
141	Open Innovation				x									x				
142	Optimal System Identification – Check-up				x		x				x		x	x				
143	Our own way of digital											x	x			x		
144	Pair- und Mob Programming				x	x					x	x				x		
145	Penny Game											x				x		
146	Persona										x			x				
147	Pirate Metrics					x			x		x	x		x				

18 – Bewahrt vor zu generischen Ideen und Aussagen	19 – Verhindert Ideenbunkerei und Geheimniskrämerei	20 – Verhindert Ideenfindung mit zu schwacher Erkenntnissgrundlage	21 – Bindet eher introvertierte Teammitglieder mit ein	22 – Verhindert störende Killerphrasen	23 – Schwächt Konkurrenzdenken und Angst vor Machtverlust	24 – Verkürzt und durchbricht vorhandene Kreativblockaden	25 – Schwächt multidisziplinäre Reibungsverluste	26 – Schwächt nicht zielführende Emotionen	27 – Schwächt das „Not invented here" – Syndrom	28 – Stärkt schwache Anreicherungsskills	29 – Schwächt den „Inneren Zensor"	30 – Bändigt einen störenden Gruppenclown	31 – Verhindert Topic-Jumping und schnelles Abschweifen	32 – Verhindert unreflektiertes agieren	33 – Schwächt Verdiskutiererei	34 – Verhindert vorschnelles Urteilen über Ideen	35 – Dynamisiert und aktiviert wenig dynamische Teams	36 – Schafft schnell Klarheit und beschleunigt Erkenntnissgewinn	37 – Verkürzt zu lange Entscheidungsmeetings	38 – Verkürzt zu lange Meetingzeiten	39 – Fördert die Agilität der Teilnehmer	40 – Verhindert Finanz- und Ressourcenfallen	41 – Verringert zu große Komplexitäten	42 – Überzeugt strukturliebende Teammitglieder	43 – Überzeugt einen Daueropponenten	44 – Überzeugt einen Rationalisierer
																		x								x
							x						x		x				x				x			
x		x				x								x				x								
																				x				x		
	x		x								x						x	x		x						
			x			x											x									
			x			x				x													x	x		
						x																				
		x				x	x			x				x				x					x			
														x									x			
			x		x		x	x										x								
																		x								
						x				x											x		x			
x		x		x			x	x		x				x	x	x		x	x				x			
					x																					
			x		x													x			x					
x				x				x				x			x	x		x						x	x	
						x													x	x			x			
														x				x								
									x	x								x					x			
														x				x								
	x								x	x				x			x	x			x					
																		x								
																x		x								
		x								x				x				x								

Methoden nach Hinderniseffekten gruppiert

Index	Bezeichnung	01 – Schwächt Angst vor Neuem (Cainophobie)	02 – Schwächt Angst vor Kritik und Zurückweisung	03 – Schwächt störende Bewertung während der Ideenfindung	04 – Beugt blinden Flecken/Betriebsblindheit vor	05 – Verhindert blinden Aktionismus	06 – Schwächt das Leben in der Vergangenheit	07 – Integriert einen dysfunktionalen Schweiger	08 – Verhindert einseitige Bewertungen und Entscheidungen	09 – Schwächt zu extrovertierte Teammitglieder	10 – Verhindert falsche Flughöhen	11 – Schärft eine fehlende gemeinsame Ausrichtung	12 – Wirkt fehlender Inspiration entgegen	13 – Schafft für den Erfolg nötige Realitätsbezüge	14 – Fördert eventuell fehlende Wertschätzung	15 – Stärkt das Vertrauen im Team	16 – Beugt Misinterpretationen vor	17 – Fördert gehemmte Teammitglieder
148	Pivoting				x		x											
149	Planning Poker				x							x				x	x	
150	POEM				x				x		x					x	x	
151	Porters Five Forces Analyses				x		x		x		x	x		x			x	
152	Problem Tackler					x						x					x	
153	Process Mining				x	x			x		x			x			x	
154	Process-driven Transformation (PdT)				x						x	x						
155	Produkt ist das neue Projekt					x					x	x		x				
156	Projektmatrix				x							x					x	
157	Quick Reference Cards																x	
158	Rapid Contextual Design								x				x	x				
159	Rapid Innovation						x											
160	Rapid Prototyping & Testing										x							
161	Rekombination_20						x						x					
162	Remote first – Behavior Strategy																	
163	Remote first – Bricks Strategy																	
164	Remote first – Bytes Strategy	x					x					x						
165	Remote Teams – Check-up									x		x				x		
166	Retrospektive				x		x				x	x		x	x	x		
167	Reverse Mentoring														x	x		
168	Robotic Process Automation (RPA)												x					
169	ROTI Score											x						
170	Scaled Agile Framework SAFe (5.0)				x													
171	SCAMPER																	
172	SCRUM					x			x									

18 – Bewahrt vor zu generischen Ideen und Aussagen	19 – Verhindert Ideenbunkerei und Geheimniskrämerei	20 – Verhindert Ideenfindung mit zu schwacher Erkenntnissgrundlage	21 – Bindet eher introvertierte Teammitglieder mit ein	22 – Verhindert störende Killerphrasen	23 – Schwächt Konkurrenzdenken und Angst vor Machtverlust	24 – Verkürzt und durchbricht vorhandene Kreativblockaden	25 – Schwächt multidisziplinäre Reibungsverluste	26 – Schwächt nicht zielführende Emotionen	27 – Schwächt das „Not invented here" – Syndrom	28 – Stärkt schwache Anreicherungsskills	29 – Schwächt den „Inneren Zensor"	30 – Bändigt einen störenden Gruppenclown	31 – Verhindert Topic-Jumping und schnelles Abschweifen	32 – Verhindert unreflektiertes agieren	33 – Schwächt Verdiskutiererei	34 – Verhindert vorschnelles Urteilen über Ideen	35 – Dynamisiert und aktiviert wenig dynamische Teams	36 – Schafft schnell Klarheit und beschleunigt Erkenntnissgewinn	37 – Verkürzt zu lange Entscheidungsmeetings	38 – Verkürzt zu lange Meetingzeiten	39 – Fördert die Agilität der Teilnehmer	40 – Verhindert Finanz- und Ressourcenfallen	41 – Verringert zu große Komplexitäten	42 – Überzeugt strukturliebende Teammitglieder	43 – Überzeugt einen Daueropponenten	44 – Überzeugt einen Rationalisierer
x						x				x	x															
							x	x						x						x						
														x				x	x		x			x		
		x												x				x			x	x				
				x		x	x							x										x		
x		x					x							x				x						x		
														x												
							x							x				x					x			
							x															x		x		
																x										
		x				x				x				x	x			x			x			x		
						x			x	x							x	x			x		x			
x		x				x								x							x		x			
x						x					x															
																					x					
																					x					
														x				x								
			x				x			x																
								x						x				x			x		x			
			x				x																			
																							x	x		x
																				x				x		
							x							x									x	x		x
		x				x																				
									x								x				x					

Methoden nach Hinderniseffekten gruppiert

Index	Bezeichnung	01 – Schwächt Angst vor Neuem (Cainophobie)	02 – Schwächt Angst vor Kritik und Zurückweisung	03 – Schwächt störende Bewertung während der Ideenfindung	04 – Beugt blinden Flecken/Betriebsblindheit vor	05 – Verhindert blinden Aktionismus	06 – Schwächt das Leben in der Vergangenheit	07 – Integriert einen dysfunktionalen Schweiger	08 – Verhindert einseitige Bewertungen und Entscheidungen	09 – Schwächt zu extrovertierte Teammitglieder	10 – Verhindert falsche Flughöhen	11 – Schärft eine fehlende gemeinsame Ausrichtung	12 – Wirkt fehlender Inspiration entgegen	13 – Schafft für den Erfolg nötige Realitätsbezüge	14 – Fördert eventuell fehlende Wertschätzung	15 – Stärkt das Vertrauen im Team	16 – Beugt Misinterpretationen vor	17 – Fördert gehemmte Teammitglieder
173	Shift and Share		x		x			x				x			x	x		x
174	Show Room	x												x			x	
175	Simple Ethnography				x												x	
176	SIPOC Map													x				
177	SMART										x	x				x	x	
178	Software-as-a-Service	x																
179	Sorgen auf den Tisch/Wicked Questions			x	x			x	x				x			x	x	
180	Sounding Board											x						
181	Spotify-Modell											x				x		
182	St. Galler Business Model Navigator												x				x	
183	Stacey-Matrix				x		x					x		x			x	
184	Stakeholder-Matrix				x									x				
185	Start-up-Kooperation				x								x					
186	Start with why												x					
187	Supplier Relationship Management – Check-up				x				x				x	x				
188	SWOT-Analyse				x	x			x		x	x		x			x	
189	Tasklogs											x						
190	Team Dialogue Sheet						x		x		x		x			x		
191	Team Management System (TMS)											x			x	x		x
192	Testkonzept					x			x							x		
193	Ticket Check-up																	
194	Top-10-Methode																	
195	Total Cost of Ownership – Check-up											x						
196	Transformation Team Canvas				x	x			x		x							
197	Transformation Trendradar				x		x		x									

18 – Bewahrt vor zu generischen Ideen und Aussagen	19 – Verhindert Ideenbunkerei und Geheimniskrämerei	20 – Verhindert Ideenfindung mit zu schwacher Erkenntnissgrundlage	21 – Bindet eher introvertierte Teammitglieder mit ein	22 – Verhindert störende Killerphrasen	23 – Schwächt Konkurrenzdenken und Angst vor Machtverlust	24 – Verkürzt und durchbricht vorhandene Kreativblockaden	25 – Schwächt multidisziplinäre Reibungsverluste	26 – Schwächt nicht zielführende Emotionen	27 – Schwächt das „Not invented here" – Syndrom	28 – Stärkt schwache Anreicherungsskills	29 – Schwächt den „Inneren Zensor"	30 – Bändigt einen störenden Gruppenclown	31 – Verhindert Topic-Jumping und schnelles Abschweifen	32 – Verhindert unreflektiertes agieren	33 – Schwächt Verdiskutiererei	34 – Verhindert vorschnelles Urteilen über Ideen	35 – Dynamisiert und aktiviert wenig dynamische Teams	36 – Schafft schnell Klarheit und beschleunigt Erkenntnissgewinn	37 – Verkürzt zu lange Entscheidungsmeetings	38 – Verkürzt zu lange Meetingzeiten	39 – Fördert die Agilität der Teilnehmer	40 – Verhindert Finanz- und Ressourcenfallen	41 – Verringert zu große Komplexitäten	42 – Überzeugt strukturliebende Teammitglieder	43 – Überzeugt einen Daueropponenten	44 – Überzeugt einen Rationalisierer
	x		x		x	x											x			x						
x						x																				
																		x				x	x			
																		x				x	x			
x				x		x					x					x									x	x
							x											x								
							x														x		x	x		
		x				x								x									x			
																		x			x		x			
							x							x												
x														x				x								
x				x		x												x			x					
x	x	x					x										x	x								
														x	x			x						x		
							x											x								
				x		x							x	x	x			x					x	x	x	
			x		x		x			x				x	x		x				x			x		
																		x				x	x			
																					x		x	x		
																			x	x						
														x								x	x	x		
		x												x				x						x		
			x																		x		x	x		

Methoden nach Hinderniseffekten gruppiert

Index	Bezeichnung	01 – Schwächt Angst vor Neuem (Cainophobie)	02 – Schwächt Angst vor Kritik und Zurückweisung	03 – Schwächt störende Bewertung während der Ideenfindung	04 – Beugt blinden Flecken/Betriebsblindheit vor	05 – Verhindert blinden Aktionismus	06 – Schwächt das Leben in der Vergangenheit	07 – Integriert einen dysfunktionalen Schweiger	08 – Verhindert einseitige Bewertungen und Entscheidungen	09 – Schwächt zu extrovertierte Teammitglieder	10 – Verhindert falsche Flughöhen	11 – Schärft eine fehlende gemeinsame Ausrichtung	12 – Wirkt fehlender Inspiration entgegen	13 – Schafft für den Erfolg nötige Realitätsbezüge	14 – Fördert eventuell fehlende Wertschätzung	15 – Stärkt das Vertrauen im Team	16 – Beugt Misinterpretationen vor	17 – Fördert gehemmte Teammitglieder
198	Transformationskultur – Check-up						x					x						
199	Trend-Matrix				x		x				x	x						
200	Triple Diamond											x						
201	TRIZ												x					
202	Troika Consulting		x						x				x			x		
203	Ubongo Flow Game											x				x		
204	Use-Case-Diagramm										x	x		x				
205	User Story Maps										x			x			x	
206	UX/UI-Design										x			x			x	
207	Value Chain Building					x			x					x				
208	Value Proposition Canvas				x						x		x				x	
209	Vertriebsdigitalisierung – Check-up				x							x		x				
210	Virtual Café																	x
211	Vision Statement – Check-up	x									x	x		x		x	x	
212	Visionsentwicklung						x					x	x					
213	Visuelle Meetingcheckliste				x						x							
214	Visuelle Schnellbewertung								x							x	x	
215	VUCA-Modell				x							x		x				
216	Welcome Transformation	x				x	x				x			x	x			
217	Wireframing								x					x				
218	Working Out Loud	x					x						x			x		
219	Worksetting Canvas				x		x		x						x			
220	World Cafe				x											x		
221	WWW-Methode für agiles Feedback		x		x							x				x	x	
222	X-Team Silo Game																	

18 – Bewahrt vor zu generischen Ideen und Aussagen	19 – Verhindert Ideenbunkerei und Geheimniskrämerei	20 – Verhindert Ideenfindung mit zu schwacher Erkenntnissgrundlage	21 – Bindet eher introvertierte Teammitglieder mit ein	22 – Verhindert störende Killerphrasen	23 – Schwächt Konkurrenzdenken und Angst vor Machtverlust	24 – Verkürzt und durchbricht vorhandene Kreativblockaden	25 – Schwächt multidisziplinäre Reibungsverluste	26 – Schwächt nicht zielführende Emotionen	27 – Schwächt das „Not invented here“ – Syndrom	28 – Stärkt schwache Anreicherungsskills	29 – Schwächt den „Inneren Zensor“	30 – Bändigt einen störenden Gruppenclown	31 – Verhindert Topic-Jumping und schnelles Abschweifen	32 – Verhindert unreflektiertes agieren	33 – Schwächt Verdiskutiererei	34 – Verhindert vorschnelles Urteilen über Ideen	35 – Dynamisiert und aktiviert wenig dynamische Teams	36 – Schafft schnell Klarheit und beschleunigt Erkenntnissgewinn	37 – Verkürzt zu lange Entscheidungsmeetings	38 – Verkürzt zu lange Meetingzeiten	39 – Fördert die Agilität der Teilnehmer	40 – Verhindert Finanz- und Ressourcenfallen	41 – Verringert zu große Komplexitäten	42 – Überzeugt strukturliebende Teammitglieder	43 – Überzeugt einen Daueropponenten	44 – Überzeugt einen Rationalisierer
							x							x				x								
										x				x									x	x		
						x																	x	x		
						x								x			x	x		x	x		x			
							x	x													x					
x														x				x								
x														x				x								
x														x				x								
x																						x	x			
x														x				x						x		
																		x								
							x										x									
																									x	
														x	x				x	x				x		
			x											x	x			x	x	x	x			x		
														x				x								
	x								x					x												
x		x												x		x		x								
										x	x							x								
			x											x									x	x		
			x			x			x									x					x	x		
					x		x	x							x		x	x								
							x														x				x	

1-2-4-All

EinSatzBeschreibung

Für dynamisch, strukturierte Ideenfindung im Team – mit einem Zeitrahmen von nur 12 Minuten.

Transformation-Index

P1 Leading	P2 Organizing	P3 Connecting	P4 Growing	P5 Talking	P6 Scanning	P7 Exploiting	P8 Exploring	P9 Earning	P10 Scaling
						x	x		

Beschreibung

1-2-4-All ist eine Mikromethode zur Ideenfindung aus den Liberating Structures. Wir erwähnen sie hier, weil sie auf die ein besondere Eigenschaft von vielen Projekten in der digitalen Transformation einzahlt. In vielen Projekten gibt es auf Grund der Komplexität, oft die Notwendigkeit extrem viele kleine Ideenfindungen durchzuführen – oft auch sehr AdHoc.

Mit 1-2-4-All können bessere Ideen schneller und vielfältiger erzeugt werden als jemals zuvor. Jeder Teilnehmer wird sofort mit involviert, ganz egal wie groß die Gruppe ist. Wissen und Vorstellungskraft wird dabei quasi aus verteilten und zuvor ungekannten Quellen angezapft. Es entfalten sich offene und fruchtbare Konversationen und Brainstormings. Ideen und Lösungen werden schnellstmöglich gesichtet. Und vor allem gehören die Ideen allen Teilnehmern gleichermaßen. Somit wird auch das Anreichern und die Umsetzung sehr vereinfacht. Die oft noch zusätzlich nötige Überzeugungsarbeit entfällt.

Anmerkung: 1-2-4-All eignet sich zudem hervorragend für die Arbeit mit virtuellen Kollaborationsboards. Ebenso kann 1-2-4-All sehr einfach für sehr große Gruppen hochskaliert werden.

Durchführung

Schritt 1: Die zu bearbeitende Frage wird an die Teilnehmer gegeben und ggf. erklärt bis alle ein klares, gemeinsames Verständnis haben.

Schritt 2: Selbstreflexion – Jetzt bekommt jeder Teilnehmer eine Minuten Zeit, um in Einzelarbeit über die gestellten Fragen zu reflektieren und zu denken. Gedanken können dabei gerne notiert werden. (Anmerkung: Im virtuellen Workshop sind dabei noch alle Teilnehmer in einer Videosession)

Schritt 3: Ideenfindung im 2er-Team – Alle Teilnehmer werden nun nach Zufallsprinzip in 2er-Teams aufgeteilt und bekommen 2 Minuten Zeit um erste Ideen, auf Basis ihrer Selbstreflexion, zu generieren. (Anmerkung: Im virtuellen Workshop werden nun so viele Breakout-Rooms eingerichtet wie nötig sind, um 2er-Teams zu bilden. Die Zuweisung der Teilnehmer auf die Räume wird systemseitig nach Zufallsprinzip hergestellt – alles in allen 2 bis 4 Mausklicks.)

Schritt 4: Ideenanreicherung im 4er-Team – Jetzt werden die 2er-Teams schnell zu 4er-Teams kombiniert und die Teilnehmer bekommen 4 Minuten Zeit. In dieser Zeit werden die Ideen aus den 2er-Teams geteilt, dann auf eine Idee fokussiert und diese wird gemeinsam angereichert bzw. weiter verbessert. (Anmerkung: Im virtuellen Workshop verschiebt man nun die Teilnehmer aus der Hälfte der 2er-Teams in andere 2er-Teams-Räume, so das schnell 4er-Teams entstehen.)

Schritt 5: Ideenpräsentation im Plenum – Alle Teilnehmer finden sich nun im Plenum zusammen. (Anmerkung: In virtuellen Workshops werden alle Breakout-Rooms geschlossen und die Teilnehmer in die Hauptsitzung zurückgeholt.) Nun bekommt die gesamte Gruppe 5 Minuten Zeit, um alle Ideen zu präsentieren. Dabei spricht pro 4er-Team immer ein Sprecher.

Anschließend kann auf eine beliebige Art und Weise eine Entscheidung für eine Idee getroffen werden. Dazu kann gerne eine weitere Mikromethode herangezogen werden. (Stichwort Strings).

Mit 1-2-4-All bekommt man also in ca. 12 Minuten eine spannende Menge Ideen für die gestellte Fragestellung und alle Teilnehmer sind gleichermaßen involviert.

Grafik: Anja Faber – 1-2-4-All

Transformationswirksamkeit

- Wirksam für Herausforderungen mit niedriger Komplexität
- Wirksam für alle Transformationen
- Wirksam für radikale Transformationen

Transformationsfähigkeit

- Fördert die Agilität eines Teams
- Fördert die Teamkreativität
- Fördert grundlegend die Kreativität
- Fördert offene Mindsets und innovative Denkhaltungen

Einsatzcharakteristik

- Austauschfokus: vornehmlich mit internen und externen Personen
- Durchführungszeit: eher gering (< 1 Stunde)
- Einsatzfrequenz: sinnvoll im dauerhaften Einsatz
- Einsatzfrequenz: vornehmlich im einmaligen Einsatz
- Einsatzfrequenz: vornehmlich über im kompletten Projektzeitraum
- Einsatzradius: vornehmlich im Teameinsatz
- Komplexität für den Moderator: eher gering
- Komplexität für die Teilnehmer: eher gering
- Teamgröße: Großgruppen möglich (>50 Teilnehmer)
- Teamgröße: Kleingruppe möglich (3 bis 5 Teilnehmer)
- Teamgröße: Maxigruppen möglich (20 bis 40 Teilnehmer)
- Teamgröße: Mittelgroße Teams möglich (5 bis 20 Teilnehmer)
- Vorbereitungszeit: eher gering (<1 Stunde)

Nötiger Input, um mit der Methode arbeiten zu können

- Aktuelle Herausforderung, Leitfrage, Problem

Erzeugter Output der Methode

- Erzeugt Ideen, Lösungsansätze, Vorideen, Möglichkeiten
- Erzeugt mehr Agilität im Team

Hinderniseffekte, auf die die Methode positiv wirkt

- 07 – Integriert einen dysfunktionalen Schweiger
- 19 – Verhindert Ideenbunkerei und Geheimniskrämerei
- 21 – Bindet eher introvertierte Teammitglieder mit ein
- 22 – Verhindert störende Killerphrasen
- 24 – Verkürzt und durchbricht vorhandene Kreativblockaden
- 25 – Schwächt multidisziplinäre Reibungsverluste
- 27 – Schwächt das „Not invented here"-Syndrom
- 28 – Stärkt schwache Anreicherungsskills
- 33 – Schwächt Verdiskutiererei
- 35 – Dynamisiert und aktiviert wenig dynamische Teams
- 38 – Verkürzt zu lange Meetingzeiten
- 39 – Fördert die Agilität der Teilnehmer

Mögliche Extravorteile

- für Teams in einer Krisensituation
- für Teams mit einer konservativen, tradierten Kultur
- für innovativ ungeübte Teams
- für interkulturell unerfahrene Teams
- für multidisziplinär unerfahrene Teams
- für unerfahrene Trainer und Agile Coaches
- für die Arbeit mit digitalen Kollaborationsboards

Quellen

Buch – Liberating Structures, Daniel Steinhöfer (Vahlen 2021)

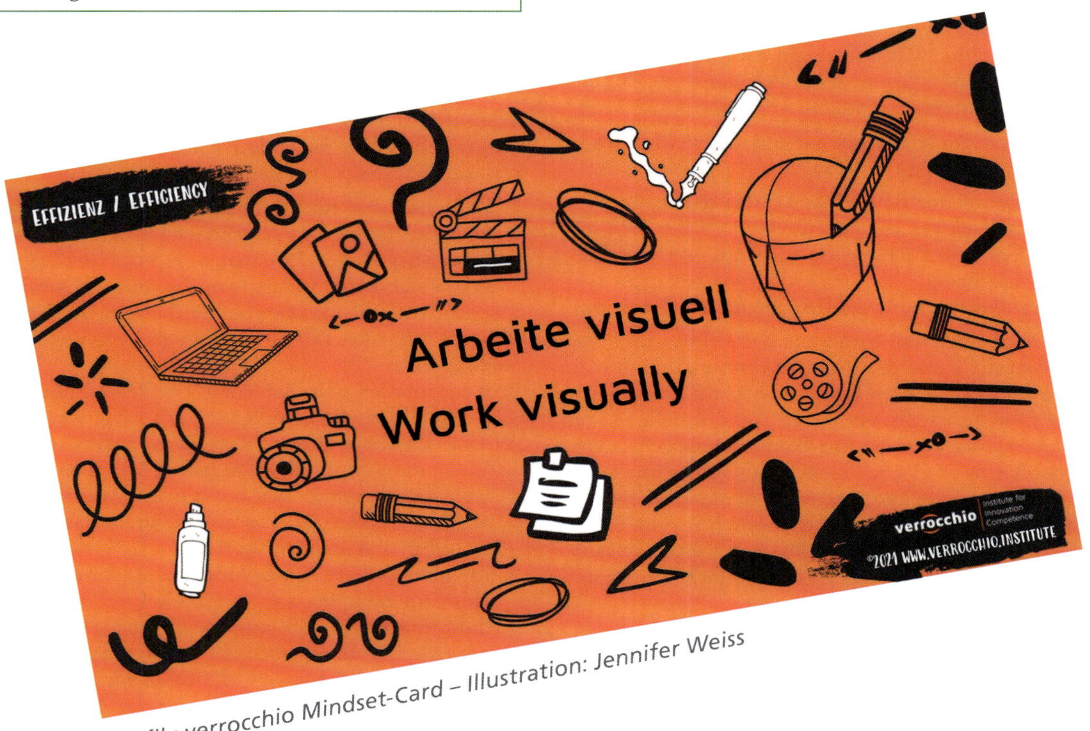

Grafik: verrocchio Mindset-Card – Illustration: Jennifer Weiss

2-Pizza-Teams

EinSatzBeschreibung

Beantwortet die Frage, aus wie vielen Personen ein Team maximal bestehen sollte, um noch effektiv und effizient arbeiten zu können.

Transformation-Index

P1 Leading	P2 Organizing	P3 Connecting	P4 Growing	P5 Talking	P6 Scanning	P7 Exploiting	P8 Exploring	P9 Earning	P10 Scaling
			x						

Beschreibung

In Zeiten von digitaler Transformation und agilen Arbeitsweisen arbeiten wir ständig in Teams. Doch früher oder später stellt sich bei der Zusammenstellung von Teams die Frage, wie groß das Team eigentlich sein sollte? Mit wie vielen Menschen kann ein Meeting noch effektiv und effizient sein? Wie kann die Zusammenarbeit im Team bestmöglich gestaltet werden?

Das bekannte Vorgehensmodell Scrum zur agilen Projektentwicklung kennt drei Rollen:

1. **Product Owner:** Verantwortlich für die Wertmaximierung und Eigenschaften des Produkts
2. **Scrum Master**: Verantwortlich für die reibungslose Durchführung der Scrum-Methode
3. **Entwickler**: Verantwortlich für die Umsetzung des Produkts

Durch die Rollen ergibt sich eine minimale Anzahl von drei Personen, wobei Scrum die Rolle des Product Owners und Scrum Masters exklusive der festgesetzten Teamgröße zählt. Aber wo genau liegt dann die Obergrenze für ein Team? Der offizielle Scrum Guide empfiehlt die Größe eines Scrum-Teams auf maximal zehn Personen zu legen. Somit ist es noch klein genug, um schnell und agil zu agieren, und groß genug, um auch ein bedeutendes Ergebnis innerhalb eines Sprints abliefern zu können. Sollten Scrum-Teams größer werden, empfiehlt der Guide, das Team in weitere zusammengehörige Teams aufzuteilen, die allerdings noch immer am selben Produkt arbeiten.

Auch der Amazon-Gründer Jeff Bezos hat sich dieselbe Frage gestellt, und kam mit folgender Faustregel auf: „We try to create teams that are no larger than can be fed by two pizzas. We call that the two-pizza team rule.“. Durch diese Aufstellung – also schätzungsweise vier bis acht Mitglieder – bleiben die Kommunikationswege kurz, die Kollaboration wird erhöht und die Effizienz wird erhöht.

Es gibt noch viele weitere Meinungen, wie groß die Teamgröße sein sollte, sie alle schwanken aber üblicherweise zwischen drei und zehn Mitgliedern.

Diese Faustregeln und Meinungen lassen sich auch in gewisser Art und Weise durch mathematische Formeln wie z. B. von Moore, Rogers oder Bell formalisieren, die die Komplexität der Gruppe durch die Anzahl der möglichen Interaktionssysteme zwischen den Mitgliedern berechnen.

Wie man in der Grafik sieht, ergibt sich bei der Erhöhung von fünf auf sechs Mitgliedern bereits ein riesiger Sprung in den möglichen Interaktionssystemen der Gruppe. Die Gruppengröße sollte daher genau abgewägt werden.

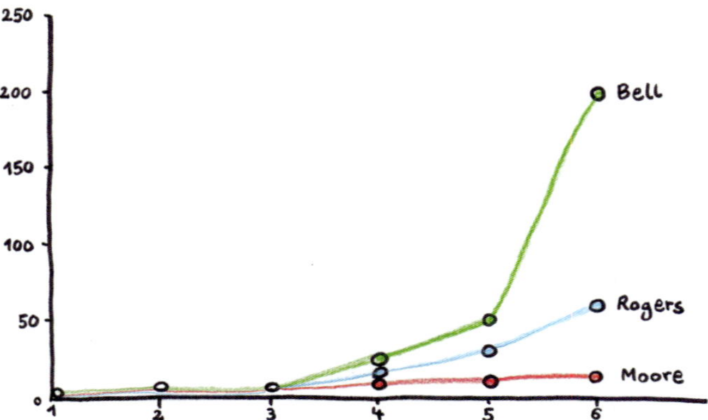

Grafik: Anja Faber – Gruppengröße zu Interaktionen

Durchführung

Wie sollte man seine Teams also idealerweise aufstellen? In der Praxis haben sich folgende Richtlinien zur optimalen Teamaufstellung bewährt:

1. **Zwischen drei und zehn Mitglieder:** Die meisten Meinungen bzgl. der Teamgröße schwanken im Bereich zwischen drei und zehn Mitgliedern. Wie man allerdings im obigen Modell sieht, ergibt sich beim Sprung von fünf auf sechs Mitglieder bereits eine deutliche exponentielle Erhöhung der Komplexität. Dies sollte auf jeden Fall in Betracht gezogen werden bei der Gruppengröße.
2. **Koordination und Lieferung:** Die Teamgröße sollte so gewählt werden, dass die Mitglieder dazu fähig sein, sinnvolle Ergebnisse abzuliefern, ohne dass die Koordination darunter leidet. Wenn die Kommunikation leidet, Meetings zu lange andauern oder die Informationen nicht mehr sinnvoll im Team verteilt werden können, ist dies ein Zeichen, dass der Aufwand der Koordination zu hoch wird.
3. **Interdisziplinäre Aufstellung:** Damit das Team gute Ergebnisse abliefern kann, muss es im Hinblick auf das zu erstellende Produkt interdisziplinär aufgestellt werden. Zu erfüllende Rollen bei einem Software-Projekt wären u. a. Frontend-Entwickler, Backend-Entwickler, UI/UX Designer und Marketing.
4. **Größere Teams aufteilen:** Wenn die Teams zu groß werden, sollten diese sinnvoll aufgeteilt werden. Diese „neuen“ Teams

sollten natürlich wieder dieselben Prinzipien erfüllen und am selben Produkt arbeiten. Der Produkt-Manager sollte sicherstellen, dass die Aufgaben sinnvoll aufgeteilt werden können.

5. **Team-Mitglieder sind nur Teil eines Teams:** Larry Maccherone hat in seinem Vortrag „The Impact of Lean and Agile Quantified: 2014" dargestellt, dass wenn Mitglieder nur einem Team zugeschrieben sind, sich die Produktivität verdoppeln kann und stabile Team-Aufstellungen die Produktivität um 60 % erhöhen können.

Transformationswirksamkeit

- Wirksam für alle Transformationen

Transformationsfähigkeit

- Fördert die Agilität eines Teams
- Fördert die allgemeine Transformationsfähigkeit des Teams

Einsatzcharakteristik

- Austauschfokus: vornehmlich mit internen Personen
- Durchführungszeit: eher hoch (> 1 Tag)
- Einsatzfrequenz: sinnvoll im dauerhaften Einsatz
- Einsatzfrequenz: vornehmlich über im kompletten Projektzeitraum
- Einsatzradius: vornehmlich im projektweiten Einsatz
- Einsatzradius: vornehmlich im unternehmensweiten Einsatz
- Komplexität für den Moderator: eher gering
- Komplexität für die Teilnehmer: eher gering
- Teamgröße: Mittelgroße Teams möglich (5 bis 20 Teilnehmer)
- Vorbereitungszeit: eher gering (<1 Stunde)

Nötiger Input, um mit der Methode arbeiten zu können

- Durchführungszeit, Trainingszeit

Erzeugter Output der Methode

- Bessere Projekteffizienz, bessere Teamperformance
- Erzeugt motiviertere und transformationsfähigere Teilnehmer

Hinderniseffekte, auf die die Methode positiv wirkt

- 25 – Schwächt multidisziplinäre Reibungsverluste
- 33 – Schwächt Verdiskutiererei
- 37 – Verkürzt zu lange Entscheidungsmeetings
- 38 – Verkürzt zu lange Meetingzeiten
- 39 – Fördert die Agilität der Teilnehmer

Mögliche Extravorteile

- für Teams mit einer konservativen, tradierten Kultur
- für disruptiv unerfahrene Teams
- für innovativ ungeübte Teams
- für multidisziplinär unerfahrene Teams
- für unerfahrene Trainer und Agile Coaches

Quellen

Web – https://docs.aws.amazon.com/whitepapers/latest/introduction-devops-aws/two-pizza-teams.html, 24.05.2021

Web – https://www.infoq.com/presentations/agile-quantify/, 24.05.2021

Web – https://rgalen.com/agile-training-news/2015/8/22/the-3-bears-of-agile-team-size, 24.05.2021

Web – https://vitalitychicago.com/blog/best-size-for-my-agile-team-high-performing-teams-magic-number/#:~:text=As%20 it%20turns%20out%2C%20Agile,3 %20or%20more%20 than%209, 24.05.2021

Web – https://agilepainrelief.com/blog/scrum-team-size.html, 24.05.2021

Web – https://www.toptal.com/product-managers/agile/scrum-team-size#:~:text=The%20Scrum%20Guide%20recommends%20having,members%20in%20a%20single%20team, 24.05.2021

Web – https://www.theguardian.com/technology/2018/apr/24/the-two-pizza-rule-and-the-secret-of-amazons-success, 24.05.2021

Web – https://scrumguides.org/scrum-guide.html, 24.05.2021

Paper – Bye bye, two-pizza rule? Die Bellschen Zahlen als Komplexitätsmaß für Teamarbeit in der digitalen Produktentwicklung, Meyer, H. A., Koal, K., Wrba, M., Bachmann, T., in: Fischer, H., Hess, S. (Hrsg.), Mensch und Computer 2019 (Usability Professionals 2019)

3-P Modell der digitalen Transformation

EinSatzBeschreibung

Das Geschäftsmodell dient als Ansatz für eine ganzheitliche Strategie im Rahmen der digitalen Transformation von Unternehmen in der digitalen Wirtschaft.

Transformation-Index

P1 Leading	P2 Organizing	P3 Connecting	P4 Growing	P5 Talking	P6 Scanning	P7 Exploiting	P8 Exploring	P9 Earning	P10 Scaling
		x			x		x	x	x

Beschreibung

Das 3-P-Modell dient als Ansatz für eine ganzheitliche Strategie im Rahmen der digitalen Transformation von Unternehmen in der digitalen Wirtschaft. Im Mittelpunkt stehen dabei die drei digitalen „Ps" Prozesse, Produkte und Plattformen, welche die wesentlichen Elemente bei dem Aufbau und der Gestaltung einer jeglichen Strategie und des Geschäftsmodells eines Unternehmens sind.

Professor Dr. Kollmann, Inhaber des Lehrstuhls für BWL und Wirtschaftsinformatik, insbesondere E-Business und E-Entrepreneurship, bringt die digitale Transformation auf der Marktseite mit seinem 3-P Modell auf den Punkt: In diesen drei Feldern treffen die Erwartungen der Kunden auf die Wettbewerbsanforderungen der Unternehmen aufeinander. Die Strategieentwicklungen, die wir in unserem Buch in verschiedensten Modellen skizzieren, finden hier Ihre Bestimmung: Der digitale Wandel benötigt als strategische Entwicklung einen ganzheitlichen Ansatz, um die gewünschten Erfolge einzufahren.

Ohne eine Automatisierung der Geschäftsprozesse findet eine Digitalisierung lediglich in Teilaspekten statt und kann seine Wirkung kaum entfalten. Ziel ist es dabei, Kosten, Zeit und Arbeitskraft in Form von manuellen Abläufen zu sparen, und eine digitale Wertschöpfungskette zu erzeugen, die in digitale Produkte münden, die den Kunden elektronische Mehrwerte bringen. Die Produkte werden schließlich auf digitalen Plattformen vermarktet, sodass Gewinne skaliert werden.

Das 3-P-Modell führt durch diese grundlegenden Zusammenhänge und bildet die Grundlage für die digitalen Strategien und Geschäftsmodelle, die wir mit unseren Methoden erläutern.

Durchführung

1. Digitalisieren Sie Ihre Prozesse

Um Ihr Unternehmen zu transformieren, müssen Sie zuerst Ihre bestehenden Geschäftsprozesse analysieren, um Sie dann zu digitalisieren. Elektronische Geschäftsprozesse werden in erster Linie durch die digitalen Plattformen und die zentralen Bausteine im E-Business bestimmt. Zu diesen Bausteinen zählen zuerst einmal die Hard- und Software Systeme Ihres Unternehmens, Datenbanken, sonstige Systemarchitekturen und Schnittstellen, Benutzeroberflächen, Content-Management – und nicht zuletzt auch Warenwirtschaftssysteme. Wesentliche Aspekte sind die Einkaufs- Verkaufs -und Handelsprozesse im engeren Sinne, die es zu digitalisieren gilt.

Mit einem E-Business Management schaffen Sie die digitalen Grundlagen Ihrer Geschäftsprozesse- und Modelle, und im digitalen Marketing mit all seinen Möglichkeiten die absatzpolitischen Grundlagen für eine erfolgreiche Vermarktung über digitale Plattformen. Und schließlich gilt es, dass Sie all diese digitalen Prozesse in Ihren Unternehmen implementieren. Diese Faktoren zielen auf einen Punkt ab: Die Automatisierung Ihrer Geschäftsmodelle.

Als Grundlage sammeln, verarbeiten und übertragen Sie Informationen und schaffen so eine elektronische Wertekette. Digitale Informationen werden als Folge nur noch einmal erstellt, und können dann beliebig oft ohne nennenswerten weiteren Kosten verteilt werden. Das Porto wird für jeden Brief, aber nicht mehr für jede E-Mail bezahlt.

2. Schaffen Sie digitale Produkte

Auf Basis der gesammelten und verarbeiteten Daten bauen Sie neue digitale Produkte und Services auf. Diese müssen Ihren Kunden elektronische Mehrwerte bieten und für Ihrem Unternehmen eine digitale Wertschöpfung bieten. Als Beispiel dient eine Smartwatch, die neben der Uhrzeit eine Vielzahl von gesundheitsfördernden Funktionen bietet. Als eigentliches Geschäftsmodell dient nicht mehr die Hardware, sondern zusätzliche Tracking-Funktionen, wie zum Beispiel einem Herz-Kreislauf-Check oder auch die Teilhabe an einer Sport-Community. So können sie reale Produkte digital anreichern und Mehrwerte generieren. Oder Sie schaffen rein digitale Produkte, die Sie in erster Linie auf der Sammlung, der Verarbeitung und der Vermittlung von Informationen beruhen. Ihr Kunde gewinnt auf jeden Fall: Im digitalen Zeitalter den Überblick über alle Angebote und Preisvorteile.

3. Digitale Plattformen

Drei zentrale Plattformen bestimmen das wirtschaftliche, digitale Handeln: E-Procurement Systeme zum Einkauf von Waren, sowie Onlineshops und E-Marketplaces für Verkauf und Handel von Waren. Diese digitalen Plattformen zeichnen sich dadurch aus, dass sie Kunden einen Überblick, eine Auswahl und die Vermittlung von physischen als auch elektronischen Produkten bieten. So wird der Wertschöpfungsprozess neu gezeichnet und Ihren Kunden ein echter Mehrwert geboten. Sie finden schnell und einfach Produkte, wofür sie im traditionellen, analogen Handel entschieden mehr Zeit benötigen würden. Onlineshops und Marktplätze zeichnen sich durch eine größere Produktauswahl, transparente Preisvergleiche, einfachere und schnellere Abwicklungen sowie zahlreichen weiteren kundenfreundlichen Services aus.

Sie haben generell zwei Möglichkeiten, an digitalen Plattformen teilzunehmen: Sie gestalten Ihren eigene Online-Shop – oder sogar die Königsdisziplin, einem Marktplatz, auf dem Nachfrage und

Angebote unterschiedlichster Anbieter aufeinandertreffen. Und falls Ihnen das aus finanziellen oder personellen Gründen nicht möglich ist: Vermarkten Sie Ihre Produkte über die bestehenden Plattformen. Ich weiß, Sie haben vielleicht gute Gründe, sich dem zu verweigern. Was aber immer mehr zählt im modernen Geschäftsleben, ist der direkte Zugang zum Kunden. Diese Suche ist alternativlos.

Fazit: Die Management Methoden in diesem Buch beschreiben die vielfältigen Möglichkeiten, mit der Sie Ihre Unternehmen steuern und zum Erfolg führen können. Das 3-P-Modell beschreibt dabei die Grundlagen für Ihre E-Business-Strategie. Möchten Sie nachhaltig agieren und Ihr Unternehmen zukunftssicher aufstellen, so halten Sie bei der Anwendung unserer agilen Methoden die 3-Ps immer im Visier. Es reicht nicht aus, eine Kommunikation mit Tools wie Zoom zu digitalisieren. Sie müssen alle Dimensionen der digitalen Transformation ganzheitlich angehen: Prozesse, Produkte und Plattformen.

Praxisschlaglicht

Studioline Photography ist ein Unternehmen, das von dem unmittelbaren Erlebnis am Point of Sale und auch vor Ort an verschiedenen Locations lebt: Unsere Kunden werden fotografiert. Diese Interaktion des Fotografen mit seinem „Modell“ kann nicht digitalisiert werden, das Geschäftsmodell erscheint eindeutig analog. Und doch gibt es die unterschiedlichsten Aspekte, die es zu digitalisieren gilt.

Folgen wir dem 3-P-Modell, so müssen wir die Prozesse in unserem Unternehmen so weit wie möglich digitalisieren: Das betrifft auf der Prozess-Seite unseren Einkauf, unsere Kommunikation und unsere Angebotserstellung. Das ist einleuchtend, automatisierte Prozesse sparen Zeit und Geld. Klar ist aber auch, dass wir auf Produktseite die Digitalisierung weitreichend vorantreiben müssen. Den Anfang haben wir bereits gemacht, indem wir die eigentlichen Produkte für den Kunden, das Foto, mit Digitalkameras shooten. Nun bestehen eben dieses Fotos aus Nullen und Einsen. Was liegt also näher, als dieses Produkt digital weiterzuverarbeiten und unseren Kunden in den unterschiedlichsten Variationen anzubieten? Das kann ein physikalisches Foto-Produkt in Form eines T-Shirts sein. Das kann aber auch ein Motiv für den Onlinedienst Instagram sein, dass wir per WhatsApp an den Kunden senden. Und schließlich gilt es, all diese Produkte und Services in einem Online-Shop bereitzustellen. Das 3-P-Modell von Prof., Kollmann findet also auch bei Studioline Photography volle Anwendung. Es gilt, unsere Geschäftsmodelle ganzheitlich zu steuern. Digital.

Der Test: Sind Sie ein Digital Leader?

Finden Sie es heraus! Mit dem Digital Leadership Index von Prof. Dr. Tobias Kollmann können Sie digital testen, ob Sie fit genug für die Unternehmensführung im digitalen Zeitalter sind. Prüfen Sie anonym Ihren aktuellen Stand und Positionierung im Vergleich zu anderen Index-Teilnehmern. Sie erhalten eine Auswertung zum persönlichen Abschneiden in den Bereichen digitale Proaktivität, Risiko-Bereitschaft und Innovation bis hin zu Technologien, Märkten und Wettbewerb im digitalen Bereich. Natürlich kommt auch die eigene Erfahrung bei digitalen Projekten in den Bereichen Prozesse, Produkte und Plattformen in dieser Auswertung nicht zu kurz.

Der Digital Leadership Index ist kostenlos und anonym abrufbar unter der Webadresse: www.digital-leadership-index.de

Transformationswirksamkeit

- Wirksam für Herausforderungen mit hoher Komplexität
- Wirksam für Marketingtransformationen
- Wirksam für Produkttransformationen
- Wirksam für Prozesstransformationen
- Wirksam für Servicetransformationen

Transformationsfähigkeit

- Fördert die allgemeine Transformationsfähigkeit des Teams
- Fördert offene Mindsets und innovative Denkhaltungen

Einsatzcharakteristik

- Austauschfokus: vornehmlich mit internen und externen Personen
- Durchführungszeit: eher hoch (> 1 Tag)
- Einsatzfrequenz: sinnvoll im dauerhaften Einsatz
- Einsatzradius: vornehmlich im unternehmensweiten Einsatz
- Komplexität für den Moderator: eher hoch
- Komplexität für die Teilnehmer: eher hoch
- Teamgröße: Großgruppen möglich (>50 Teilnehmer)
- Teamgröße: Kleingruppe möglich (3 bis 5 Teilnehmer)
- Teamgröße: Maxigruppen möglich (20 bis 40 Teilnehmer)
- Teamgröße: Mittelgroße Teams möglich (5 bis 20 Teilnehmer)
- Vorbereitungszeit: eher hoch (>1 Tag

Nötiger Input, um mit der Methode arbeiten zu können

- Aktuell existierende Geschäftsmodelle
- Aktuell existierende Produkte und Services
- Aktuelle Herausforderung, Leitfrage, Problem
- Existierende Prozesse und Verfahren
- Vorhandenes Wissen und Erfahrungen
- Produktmerkmale, Skizzen, Eigenschaften
- Trends und Zukunftsentwicklungen
- Ziele, Zielsystem, Kennzahlen

Erzeugter Output der Methode

- Bessere Projekteffizienz, bessere Teamperformance
- Erzeugt Ideen für neue Märkte und neue Business Modelle
- Erzeugt Planungen und Priorisierungen
- Erzeugt kollaborative Lösungen und Ideen
- Erzeugt neues Wissen und neue Erfahrungen
- Erzeugt definierte Zielkorridore
- Erzeugt größere Klarheit zu einem Thema
- Erzeugt transformationsfähigere Organisationen
- Erzeugt mehr Hintergrundinformationen
- Erzeugt mehr Know-how-Zuwachs
- Hilft bei Entscheidungen, Bewertungen und Feedback

3-P Modell der digitalen Transformation

Hinderniseffekte, auf die die Methode positiv wirkt

- 04 – Beugt blinden Flecken/Betriebsblindheit vor
- 06 – Schwächt das Leben in der Vergangenheit
- 13 – Schafft für den Erfolg nötige Realitätsbezüge
- 14 – Fördert eventuell fehlende Wertschätzung
- 20 – Verhindert Ideenfindung mit zu schwacher Erkenntnisgrundlage
- 32 – Verhindert unreflektiertes Agieren
- 34 – Verhindert vorschnelles Urteilen über Ideen
- 36 – Schafft schnell Klarheit und beschleunigt Erkenntnisgewinn
- 42 – Überzeugt strukturliebende Teammitglieder
- 44 – Überzeugt einen Rationalisierer

Quellen

Buch – Digital Leadership: Grundlagen der Unternehmensführung in der Digitalen Wirtschaft, Prof. Dr. Tobias Kollmann (SpringerGabler 2020)

Buch – E-Business: Grundlagen elektronischer Geschäftsprozesse in der Digitalen Wirtschaft, Prof. Dr. Tobias Kollmann (7. Auflage, SpringerGabler 2019)

Skript – Zertfikatskurs: E-Business Leader (Universität Duisburg Essen WS 2020/2021)

Mögliche Extravorteile

- für Teams mit einem starkem Auftragsmandat
- für Teams mit einer souveränen Teamleitung
- für innovativ erfahrene Teams
- für die Arbeit mit digitalen Kollaborationsboards

Grafik: Univ.-Prof. Dr. Tobias Kollmann – (2020), S. 4

3D-Projektwelten

EinSatzBeschreibung

Tool zur visuellen Darstellung von Abhängigkeiten und zur Priorisierung von Ressourcen komplexer Projekte.

Transformation-Index

P1 Leading	P2 Organizing	P3 Connecting	P4 Growing	P5 Talking	P6 Scanning	P7 Exploiting	P8 Exploring	P9 Earning	P10 Scaling
x	x				x	x			

Beschreibung

Die digitale Transformation mitsamt ihrer einzelnen Digitalisierungsprojekte erfordert in vielen Fällen eine komplexe Zusammenarbeit verschiedener Disziplinen, Fachbereiche und Teams. Dabei fällt es den Beteiligten oft nicht leicht, einen Überblick über die Zusammenhänge, Abhängigkeiten oder Prioritäten zu erhalten.

Janek Panneitz bietet mit seiner jüngst entworfenen Methode eine Lösung, damit das Projektteam und alle angrenzenden Beteiligten ein gemeinsames Verständnis schaffen und im Verlauf des Projekts den Überblick behalten. Die 3D-Projektwelten sind eine visuelle Darstellung von Themeninseln innerhalb eines Projekts die auf einer Landkarte mithilfe von Sechsecken dargestellt werden. Abhängig von der Flughöhe des Projektes, kann es sich bei den Themeninseln um einzelne Features oder um ganze Projekte handeln. Mithilfe von Brücken werden Verbindungen zwischen den Themeninseln dargestellt. Die Anzahl gestapelter Sechsecke spiegelt die Priorisierung der Themeninsel wider. Verschiedenfarbige Spielfiguren heben die Wichtigkeit der Themeninsel für die unterschiedlichen Stakeholder des Projektes hervor. Abschließend visualisieren die Projektbeteiligten mit einer sie selbst symbolisierenden Spielfigur, wofür sie Verantwortung übernehmen.

Das Ergebnis nach dem Workshop ist eine gemeinsame visuelle Landkarte, mit der die Projektbeteiligten auf einen Blick erkennen können, woran sie gerade arbeiten, wer die wichtigsten Stakeholder sind und wie die Prioritäten verteilt sind. Schafft das Team gleich zu Beginn dieses Verständnis, fallen Entscheidungen im weiteren Verlauf des Projekts deutlich leichter. Außerdem sinkt die Wahrscheinlichkeit, dass wichtige Punkte im Projektverlauf übersehen werden könnten.

Durchführung

Die Darstellung der 3D-Projektwelten kann haptisch mit Legesechsecken oder digital erfolgen. Das Vorgehen ist dabei in beiden Fällen das Gleiche:

1. Ziel klären: Wofür soll ein gemeinsames Bild entworfen werden?
2. Flughöhe definieren: Welche Ebene soll geclustert werden?
3. Platten (=Sechsecke) beschreiben: Zur Flughöhe passende Themen auf Platten schreiben.
4. Zusammengehörende Themen clustern und dadurch Inseln bilden.
5. Brücken bauen: Verbindungen zwischen den Brücken werden gebaut, wo immer es sinnvoll ist.
6. Strategie klären: Wie wollen wir das Ziel erreichen?
7. Höhenprofil priorisieren: Durch das Stapeln der Platten entstehen unterschiedlich hohe Türme, die die Priorität visuell hervorheben.
8. Stakeholderperspektive ergänzen: Den bunten Figuren die Rollen der wichtigsten Stakeholder zuweisen.
9. Persönliche Perspektive ergänzen: Figuren, die die Teilnehmer selbst repräsentieren, jeweils mit dem eigenen Namen versehen und auf die Platten setzen, für die die Teilnehmer Verantwortung übernehmen.
10. Gemeinsame Reflexion und Diskussion des Ergebnisses.

Die Methode kann von den Teilnehmern erweitert werden, indem beispielsweise eigene Interpretationen für die Figuren definiert werden. Dadurch ist sie sehr individualisierbar und auf die konkreten Fragestellungen anpassbar.

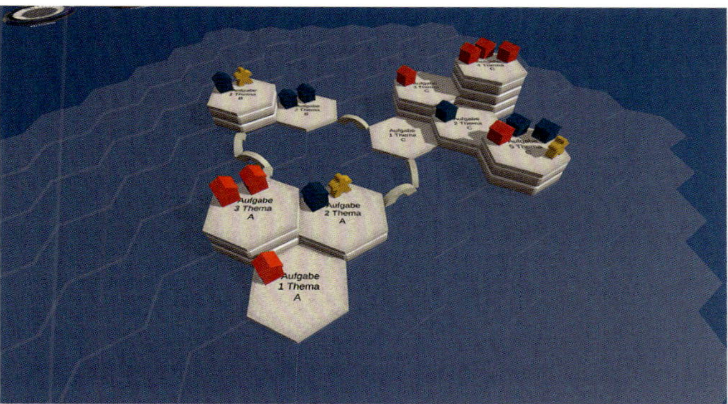

Grafik: Janek Panneitz – 3D-Projektwelten

Praxisschlaglicht

Die Vertreter aus unterschiedlichen Bereichen der Personalabteilung eines Logistikkonzerns fanden sich gemeinsam zu einem Workshop ein. Ihr Ziel war es, ein einheitliches Verständnis für ihre Aufgaben erlangen. Durch die verschiedenen Standorte des Konzerns haben die Personalabteilungen über die Jahre unterschiedliche Auffassungen ihrer Verantwortlichkeiten entwickelt. Obwohl es offiziell eine zentrale Personalabteilung gab, waren sie in der Praxis dezentral organisierte Einheiten.

Mit der Fragestellung „Wie sieht die ideale HR-Welt der Zukunft aus?" bauten sie eine 3D-Projektwelt. Die verschiedenen Aufgaben der Personalabteilung wurden zu Inseln geclustert. Inseln in der

Mitte des Feldes waren zentrale Aufgabenbereiche, wohingegen Inseln weiter außen weniger essenziell waren. Mit Blick auf die aktuelle Unternehmensstrategie priorisierten die Vertreter der Bereiche der Personalabteilung die Inseln, die für den zukünftigen Erfolg besonders wichtig waren. Anschließend ergänzten sie das Gesamtbild um die Stakeholderperspektiven: Neben der Belegschaft, die der unmittelbare „Kunde" der Personalabteilung ist, betrachteten sie noch die lokalen HR-Mitarbeiter, HR-Mitarbeiter in der Zentrale, sowie das Management und den Vorstand.

Foto: Janek Panneitz – 3D-Projektwelten im Einsatz

Mit dieser visuellen Vorarbeit war es ein Leichtes, die Bereiche zu identifizieren, die als nächstes gestärkt werden mussten und entsprechende Aufgaben für alle Bereiche der Personalabteilung nachvollziehbar zu priorisieren.

Transformationswirksamkeit

- Wirksam für Herausforderungen mit hoher Komplexität
- Wirksam für Herausforderungen mit mittlerer Komplexität
- Wirksam für alle Transformationen

Transformationsfähigkeit

- Fördert die allgemeine Transformationsfähigkeit des Teams
- Zahlt auf eine bessere Wahrnehmung ein

Einsatzcharakteristik

- Austauschfokus: vornehmlich mit internen Personen
- Durchführungszeit: eher mittel (>1 Stunde bis <1 Tag)
- Einsatzfrequenz: sinnvoll im dauerhaften Einsatz
- Einsatzradius: vornehmlich im Teameinsatz
- Einsatzradius: vornehmlich im projektweiten Einsatz
- Einsatzradius: vornehmlich im unternehmensweiten Einsatz
- Komplexität für den Moderator: eher mittel
- Komplexität für die Teilnehmer: eher mittel
- Teamgröße: Einzelpersonennutzung möglich
- Teamgröße: Kleingruppe möglich (3 bis 5 Teilnehmer)
- Teamgröße: Mittelgroße Teams möglich (5 bis 20 Teilnehmer)
- Vorbereitungszeit: eher gering (<1 Stunde)

Nötiger Input, um mit der Methode arbeiten zu können

- Aktuell existierende Geschäftsmodelle
- Aktuell existierende Produkte und Services
- Aktuelle Herausforderung, Leitfrage, Problem
- Beteiligte Personen mit Tätigkeiten und Aufgaben
- Existierende Prozesse und Verfahren
- Ideen und Projekte die zur Umsetzung anstehen
- Verschiedene Meinungen und Blickwinkel
- Durchführungszeit, Trainingszeit
- Trends und Zukunftsentwicklungen
- Wettbewerber und Komplementoren
- Ziele, Zielsystem, Kennzahlen

Erzeugter Output der Methode

- Bessere Projekteffizienz, bessere Teamperformance
- Erzeugt Prognosen und Ableitungen
- Erzeugt Planungen und Priorisierungen
- Erzeugt spezifischere Leitfragen, Ideen und Aussagen
- Erzeugt größere Klarheit zu einem Thema
- Erzeugt transformationsfähigere Organisationen
- Erzeugt mehr Hintergrundinformationen
- Hilft bei Entscheidungen, Bewertungen und Feedback
- Identifiziert vorhandene Schwachstellen
- Identifiziert vorhandene Stärken
- Macht Wirkzusammenhänge sichtbar

Hinderniseffekte, auf die die Methode positiv wirkt

- 04 – Beugt blinden Flecken/Betriebsblindheit vor
- 05 – Verhindert blinden Aktionismus
- 08 – Verhindert einseitige Bewertungen und Entscheidungen
- 10 – Verhindert falsche Flughöhen
- 11 – Schärft eine fehlende gemeinsame Ausrichtung
- 32 – Verhindert unreflektiertes Agieren
- 33 – Schwächt Verdiskutiererei
- 36 – Schafft schnell Klarheit und beschleunigt Erkenntnisgewinn
- 41 – Verringert zu große Komplexitäten
- 42 – Überzeugt strukturliebende Teammitglieder

Mögliche Extravorteile

- für Teams in einer Komfortsituation
- für Teams in einer Krisensituation
- für Teams mit einer schwacher Teamleitung
- für disruptiv unerfahrene Teams
- für agile Teams
- für multidisziplinär unerfahrene Teams
- für die Arbeit mit digitalen Kollaborationsboards

Quellen

Web – www.projektwelten.com
Person – Janek, Panneitz, https://www.thinking-without-boxes.de/

5-Meter-Blick

EinSatzBeschreibung

Beobachtungsmethode, um eine Person und ihre Jobs, Pains und Gains an einem bestimmten Ort zu verstehen.

Transformation-Index

P1 Leading	P2 Organizing	P3 Connecting	P4 Growing	P5 Talking	P6 Scanning	P7 Exploiting	P8 Exploring	P9 Earning	P10 Scaling
					x	x	x		

Beschreibung

Der „5-Meter-Blick" ist eine Fragemethode, die Inspiration und Erkenntnisse rund um ein Problem, Objekt oder einen Vorgang liefert.

Nehmen wir an, Ihre Herausforderung besteht darin, den Prozess, den ein Kunde an einer Supermarktkasse durchläuft, zu innovieren. In dieser Situation ist es generell angeraten, sich zunächst um das „Verstehen" der Situation zu kümmern. Das Verstehen bringt, wie schon aus dem Design-Thinking-Ansatz bekannt, im optimalen Fall Erkenntnisse und Inspirationen, die direkt zu neuen Ideen führen. Mit dem 5-Meter-Blick stellen wir uns die generelle Frage, was sich im Fünff-Meter-Radius rund um die Kassensituation abspielt. Dabei gehen wir wie ein detailverliebter Vogelkundler oder Forscher vor: jedes Detail soll erkannt und wahrgenommen werden.

Durchführung

Schritt 1: Wir erstellen zunächst einige helfende Leitfragen, in denen immer der Fünf-Meter-Radius und ein Aspekt aus der Herausforderung vorkommen müssen.

Für unser Supermarktkassenbeispiel können das folgende Fragen sein:

- Welche Objekte können wir typischerweise im Fünf-Meter-Radius rund um die Kasse finden?
- Welche Handlungen verschiedener Menschen finden im Fünf-Meter-Radius rund um die Kasse statt?
- Welche Geräusche können wir im Fünf-Meter-Radius wahrnehmen?
- Welche Gerüche können wir im Fünf-Meter-Radius wahrnehmen?

Schritt 2: Wir beantworten nun Frage für Frage und schreiben alle gefundenen Antworten pro Frage in einer Liste oder an der Pinnwand auf.

Schritt 3: Optional bitten wir andere Kollegen oder Personen, diese Fragen ebenfalls zu beantworten. Maximale Diversity ist auch hier ein wirkungsvoller Erfolgshebel.

Schritt 4: Für jeden Eintrag auf unseren Antwortlisten stellen wir uns nun Fragen wie:

- Wie können wir diese Beobachtung in eine Idee umsetzen, die unser Kassenerlebnis für den Kunden angenehmer macht?
- Welches Problem, das schon vorhanden ist, aber vom Kunden noch nicht erkannt wurde, könnte hinter diesem Detail stecken und wie könnten wir es innovativ lösen?
- Was hat dieses Detail mit unserer Herausforderung zu tun?
- Was würde sich ändern, wenn dieses Detail nicht da wäre?

Mit der Beantwortung dieser Fragen gehen wir ganz fließend in die Kreativphase über.

Transformationswirksamkeit

- Wirksam für Produkttransformationen
- Wirksam für Servicetransformationen
- Wirksam für radikale Transformationen

Transformationsfähigkeit

- Sorgt für Inspiration oder bessere Inspirationsempfindlichkeit
- Zahlt auf eine bessere Vorstellungskraft ein
- Zahlt auf eine bessere Wahrnehmung ein

Einsatzcharakteristik

- Austauschfokus: vornehmlich mit externen Personen
- Durchführungszeit: eher hoch (> 1 Tag)
- Einsatzfrequenz: vornehmlich über im kompletten Projektzeitraum
- Einsatzradius: vornehmlich im projektweiten Einsatz
- Komplexität für den Moderator: eher gering
- Komplexität für die Teilnehmer: eher gering
- Teamgröße: Einzelpersonennutzung möglich
- Teamgröße: Kleingruppe möglich (3 bis 5 Teilnehmer)
- Teamgröße: Maxigruppen möglich (20 bis 40 Teilnehmer)
- Teamgröße: Mittelgroße Teams möglich (5 bis 20 Teilnehmer)
- Vorbereitungszeit: eher hoch (>1 Tag)

Nötiger Input, um mit der Methode arbeiten zu können

- Aktuelle Herausforderung, Leitfrage, Problem

Erzeugter Output der Methode

- Erzeugt Ideen, Lösungsansätze, Vorideen, Möglichkeiten
- Erzeugt Leitfragen für die Ideenfindung
- Erzeugt Nutzenfunktionen und Bedürfniskorridore
- Erzeugt größere Klarheit zu einem Thema
- Erzeugt mehr Know-how-Zuwachs
- Macht Wirkzusammenhänge sichtbar

Hinderniseffekte, auf die die Methode positiv wirkt

- 06 – Schwächt das Leben in der Vergangenheit
- 16 – Beugt Misinterpretationen vor
- 18 – Bewahrt vor zu generischen Ideen und Aussagen
- 32 – Verhindert unreflektiertes Agieren

Mögliche Extravorteile

- für agile Teams
- für innovativ ungeübte Teams

Quellen

Organisation – verrocchio Institute GmbH, Düsseldorf

Grafik: verrocchio Mindset-Card – Illustration: Jennifer Weiss

6-3-5-Methode

EinSatzBeschreibung

Eine Kreativmethode, die auch nach der letzten guten Idee weitere neue Ideen remote und analog entstehen lässt.

Transformation-Index

P1 Leading	P2 Organizing	P3 Connecting	P4 Growing	P5 Talking	P6 Scanning	P7 Exploiting	P8 Exploring	P9 Earning	P10 Scaling
						x	x	x	x

Beschreibung

Die 6-3-5-Methode ist vielfältig einsetzbar und als Brainwriting-Kreativitätstechnik in der digitalen Geschäftsmodell Entwicklung und Problemanalyse geeignet, um eine Fülle von Ideen zu erschließen. Der Name der Methode ist der Durchführung bereits nah: 6 Teilnehmer erhalten jeweils ein Blatt oder online ein geteiltes Miroboard oder eine Online- Excel-Tabelle (für alle Teilnehmer zugänglich), 3 Ideen werden pro Runde notiert und 5 Runden wird das Blatt, Miroboard oder die Excel-Tabelle weitergegeben. Entwickelt wurde die Methode von Bernd Rohrbach 1968 und hat sich als kreative Brainwriting-Methode in unterschiedlichen Bereichen wiedergefunden. Die Methode eignet sich besonders in einer frühen Phase der Ideensammlung oder zur Lösung von Engpässen, in denen Teilnehmer den „Wald vor lauter Bäumen nicht mehr sehen". Die Methode hilft dabei Lösungen zu identifizieren und insbesondere analoge Lösungen digital neu und kreativ zu denken. Als Ergebnis werden in kurzer Zeit bis zu 108 (digitale) Ideen entstehen und auch nach der Streichung von doppelten Ideen, können in der Praxis viele Ideen zur weiteren Arbeit verwendet werden.

Durchführung

Zur Durchführung wird folgendes benötigt:

- 6 Teilnehmer
- 1 Moderator
- 6 Arbeitsblätter (Empfehlung: DIN A4, oder online: Miro oder Conceptboard, online geteilte Exel-Tabelle)

Vor Beginn der Methode werden die Arbeitsblätter vorbereitet. Hierzu unterteilt Jede(r) Teilnehmende das Papier in 3 Spalten und 6 Zeilen, sodass in Summe 18 Kästchen vorbereitet sind und Jede(r) Teilnehmende eines der (analogen oder digitalen) Blätter vorliegen hat.

Der Moderator erläutert die Methode und bestehenden Regeln und ist während der Durchführung der Methode für die Zeitmessung verantwortlich. Vor Beginn der ersten Runde werden eventuelle Rückfragen vom Teilnehmenden beantwortet. Die Fragestellung der Arbeitsgruppe wird von den Teilnehmern zunächst konkret benannt und auf einem weiteren Blatt in der Mitte des Tisches Online Board notiert, für alle TN einsehbar.

In der ersten Runde haben die Teilnehmende die Aufgabe in den drei Kästen der obersten Zeilen ihre Ideen zur Lösung des Problems zu benennen. Hierzu haben die Teilnehmenden 5 Minuten Zeit. Nach Ablauf der Zeit wird das eigene Blatt an einen Gruppenkollegen im Urzeigersinn weiter gereicht und die Zeitmessung beginnt erneut, mit dem Auftrag 3 weiteren Ideen in die zweite Zeile zu notieren. In diesem Moment weist der Moderator daraufhin, dass die genannten Ideen aus der ersten Zeile und sukzessive weiteren Zeilen gerne als Inspiration für neuen eigenen Ideen angewendet werden können. So können Ideen aufgegriffen und/oder weiterentwickelt werden in neuen Ideen. Im Idealfall sind im Ergebnis nach 6 Runden 108 Ideen auf dem Zettel/Online Board entstanden.

Die Gruppe überprüfen im nächsten Schritt gem. ob doppelte Ideen notiert wurden und streichen doppelte Nennungen. Auf Basis der erzeigten Ideen kann im nächsten Schritt mit diesen die weitere (digitale) Produktkonzeptionen oder Problemlösung vorangetrieben werden, in den Ideen gewichtet, bewertet und getestet werden.

Foto: Benno van Aerssen – Anwendungssituation 6-3-5

Praxisschlaglicht

In der Praxis zeigt sich oft, dass die ersten 5 Minuten schnell ausreichen, um 3 Ideen zur Problemlösung zu finden, und wenn alle TN in der Gruppe 3 Ideen gefunden haben, kann der Moderator die zweite Runde auch schneller beginnen. In den folgenden Runden wird die Zeit häufig vollständig benötigt. Wenn jemand keine Ideen in der vorgegebenen Zeit findet, dann bleibt das Feld leer. Um eine angenehme und entspannte Atmosphäre im Raum zu erzeugen, hilft etwas Musik im Hintergrund. Die Anwendung in digitalen Teams ist ebenso ohne Probleme möglich, mit der Nutzung von Kollaborationsdiensten wie Miro oder Conceptboard, sowie geteilten Excel-Tabellen, auf welche alle Teilnehmenden Zugriff haben. Die Vorbereitung des A4 Papiers wird hier mit Haftnotizen und z. B. Farbmarkeirungen in der Excel-Datei getroffen.

Transformationswirksamkeit

- Wirksam für alle Transformationen

Transformationsfähigkeit

- Fördert die Teamkreativität

Einsatzcharakteristik

- Austauschfokus: vornehmlich mit internen Personen
- Durchführungszeit: eher gering (< 1 Stunde)
- Einsatzfrequenz: vornehmlich im einmaligen Einsatz
- Einsatzradius: vornehmlich im Teameinsatz
- Einsatzradius: vornehmlich im projektweiten Einsatz
- Komplexität für den Moderator: eher gering
- Komplexität für die Teilnehmer: eher gering
- Teamgröße: Kleingruppe möglich (3 bis 5 Teilnehmer)
- Teamgröße: Mittelgroße Teams möglich (5 bis 20 Teilnehmer)
- Vorbereitungszeit: eher gering (<1 Stunde)

Nötiger Input, um mit der Methode arbeiten zu können

- Aktuelle Herausforderung, Leitfrage, Problem

Erzeugter Output der Methode

- Erzeugt Ideen, Lösungsansätze, Vorideen, Möglichkeiten

Hinderniseffekte, auf die die Methode positiv wirkt

- 12 – Wirkt fehlender Inspiration entgegen
- 24 – Verkürzt und durchbricht vorhandene Kreativblockaden
- 42 – Überzeugt strukturliebende Teammitglieder

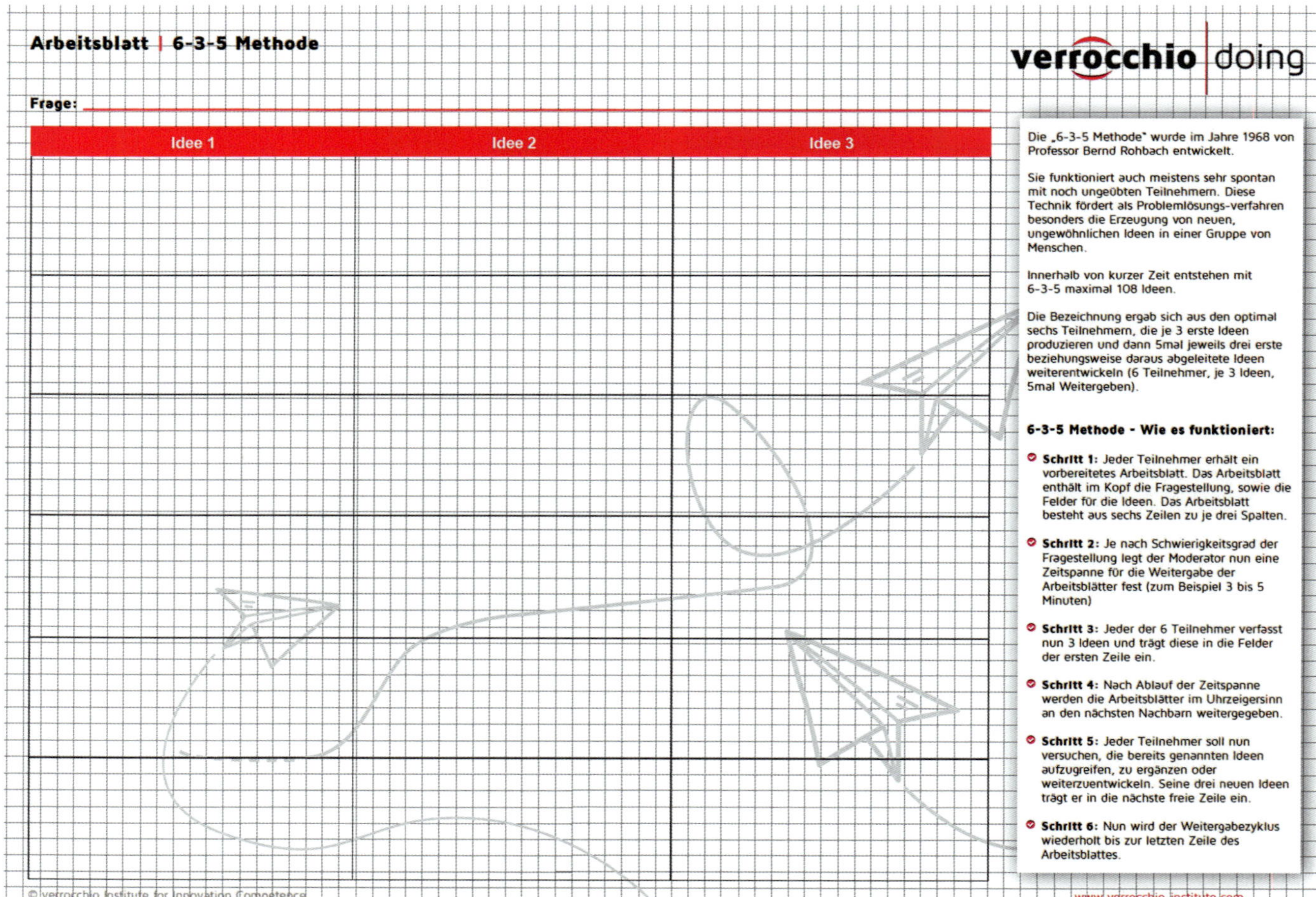

Arbeitsblatt | 6-3-5 Methode

verrocchio | doing

Frage:

Idee 1	Idee 2	Idee 3

Die „6-3-5 Methode" wurde im Jahre 1968 von Professor Bernd Rohbach entwickelt.

Sie funktioniert auch meistens sehr spontan mit noch ungeübten Teilnehmern. Diese Technik fördert als Problemlösungs-verfahren besonders die Erzeugung von neuen, ungewöhnlichen Ideen in einer Gruppe von Menschen.

Innerhalb von kurzer Zeit entstehen mit 6-3-5 maximal 108 Ideen.

Die Bezeichnung ergab sich aus den optimal sechs Teilnehmern, die je 3 erste Ideen produzieren und dann 5mal jeweils drei erste beziehungsweise daraus abgeleitete Ideen weiterentwickeln (6 Teilnehmer, je 3 Ideen, 5mal Weitergeben).

6-3-5 Methode - Wie es funktioniert:

- **Schritt 1:** Jeder Teilnehmer erhält ein vorbereitetes Arbeitsblatt. Das Arbeitsblatt enthält im Kopf die Fragestellung, sowie die Felder für die Ideen. Das Arbeitsblatt besteht aus sechs Zeilen zu je drei Spalten.
- **Schritt 2:** Je nach Schwierigkeitsgrad der Fragestellung legt der Moderator nun eine Zeitspanne für die Weitergabe der Arbeitsblätter fest (zum Beispiel 3 bis 5 Minuten)
- **Schritt 3:** Jeder der 6 Teilnehmer verfasst nun 3 Ideen und trägt diese in die Felder der ersten Zeile ein.
- **Schritt 4:** Nach Ablauf der Zeitspanne werden die Arbeitsblätter im Uhrzeigersinn an den nächsten Nachbarn weitergegeben.
- **Schritt 5:** Jeder Teilnehmer soll nun versuchen, die bereits genannten Ideen aufzugreifen, zu ergänzen oder weiterzuentwickeln. Seine drei neuen Ideen trägt er in die nächste freie Zeile ein.
- **Schritt 6:** Nun wird der Weitergabezyklus wiederholt bis zur letzten Zeile des Arbeitsblattes.

©verrocchio Institute for Innovation Competence

www.verrocchio-institute.com

Grafik: verrocchio Institute – Typisches 6-3-5-Arbeitsblatt

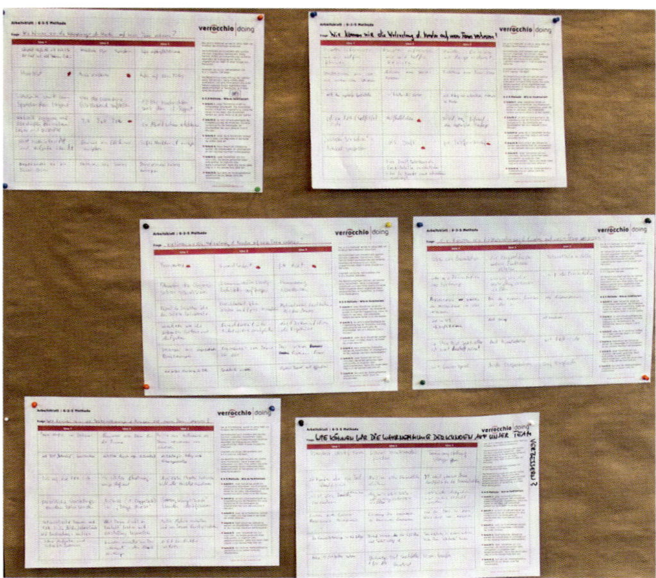

Foto: Benno van Aerssen – Ausgefüllte 6-3-5-Arbeitsblätter

Mögliche Extravorteile

- für Teams mit einer konservativen, tradierten Kultur
- für Teams mit einer schwacher Teamleitung
- für innovativ ungeübte Teams

Quellen

Buch – Das große Handbuch der Kreativitätsmethoden, M. Luther (managerSeminare Verlags GmbH 2013)

Buch – Innovationsmanagement für technische Produkte, W. Eversheim, E. Baessler (Springer 2002)

Buch – Innovationsmanagement, J. Hauschildt, S. Salomo (Vahlen 2016)

Buch – Organisation, D. Vahs (Schäffer Poeschel 2015)

Buch – Produktinnovation, J. Gausemeier, P. Ebbesmeyer, F. Kallmeyer (Hanser Fachbuch 2001)

Buch – Revolutionäres Innovationsmanagement, B.van Aerssen (mi-Wirtschaftbuch 2009)

Web – https://kreativitätstechniken.info/ideen-generieren/6-3-5-methode/, 23.05.20

6-Hüte-Methode

EinSatzBeschreibung

Zur effizienten Bewertung und auch zur Anreicherung von komplexen und riskanten Ideen.

Transformation-Index

P1 Leading	P2 Organizing	P3 Connecting	P4 Growing	P5 Talking	P6 Scanning	P7 Exploiting	P8 Exploring	P9 Earning	P10 Scaling
					x	x	x		x

Beschreibung

Als Denkhüte von De Bono (englisch Six Thinking Hats) ist die Methode von Edward de Bono 1986 entwickelt worden.

Diese Methode dient vorrangig zur effizienten Bewertung und auch zur Anreicherung von komplexen und riskanten Ideen. Sie ist eine Art Gruppendiskussion oder man könnte auch sagen Rollenspiel. Besonders im Rahmen von digitaler Transformation müssen erfahrungsgemäß viele nicht ganz leichte Entscheidungen getroffen werden. Die Teilnehmer nehmen bei den 6 Hüten unterschiedliche Rollen ein in denen sie diskutieren und arbeiten.

Jeder Hut entspricht einer bestimmten charakteristischen Denkweise oder einem Blickwinkel, wodurch eine effiziente Diskussion beziehungsweise ein Austausch über eine Idee oder Herausforderung erreicht und gleichzeitig kein Blickwinkel außer Acht gelassen werden soll.

Durchführung

Den Teilnehmern wird entsprechend der Art oder Rolle, in der sie nun denken und diskutieren sollen, ein Hut (beziehungsweise Armband, Tischkärtchen oder Ähnliches) in der zugehörigen Farbe gegeben. Wichtig ist es, sich vor der Diskussion auf die zugeordnete Farbe mit den geforderten Eigenschaften einzustellen und in der Diskussion „in der Farbe" zu bleiben. Dem Moderator kommt hier bei der Vorstellung der Technik eine äußerst wichtige Rolle zu. Neben der nüchternen Erläuterung ist besonders die Öffnung und Einstimmung der Teilnehmer wichtig. Der Moderator ist im Idealfall in der Lage, die einzelnen Rollen auch schauspielerisch vorzustellen. Beginnen Sie das Meeting damit, dass alle Beteiligten nacheinander die verschiedenen Hüte aufsetzen und jeder dann laut äußert, was er unter dem jeweiligen Hut zum Target zu sagen hat. Die Äußerungen werden schriftlich – am besten für alle sichtbar auf Pinnwänden – gesammelt. Im Prozess kann es auch förderlich sein, die Aufzeichnung der jeweils anderen Hüte zu verdecken, damit diese Aussagen nicht zu sehr beeinflussen. Hier nun die einzelnen Rollen beziehungsweise Hüte:

Hut weiß

- Analytisches Denken
- Konzentration auf Tatsachen
- Objektive Haltung

Der weiße Hut steht dafür, Informationen zu sammeln, ohne sie schon zu werten. Wer den weißen Hut aufsetzt, ist einem Computer sehr ähnlich: Es zählen nur die nackten Fakten und Zahlen.

Versuchen Sie mit dem weißen Hut auf dem Kopf, sich konsequent freizumachen von allen Emotionen oder Vorurteilen – keine Angst, Sie müssen Ihre Gefühle ja nicht für immer wegschieben, denn mit einem anderen Hut können Sie alle Ihre Gefühle rauslassen!

Der Träger des weißen Huts verschafft sich einen objektiven Überblick über alle verfügbaren Daten und Informationen – vollkommen unabhängig von der persönlichen Meinung. Dieser weiße Hut wird meistens zu Beginn einer Diskussion oder eines Prozesses aufgesetzt, um einen ersten neutralen Überblick zu erhalten.

Hut rot

- Emotionales Denken und Empfinden
- Konzentration auf Gefühle und Meinungen
- Subjektive Haltung

Ganz im Gegensatz zum weißen Hut steht der rote Hut nun für Emotionen. Lassen Sie alle Gefühle zu, die in Ihnen sind. Gemeint sind sowohl positive als auch negative Gefühle, wie zum Beispiel Ängste, Freude, Zweifel, Hoffnungen, Frustration oder was auch immer.

Zusätzlich geht es hier aber auch um „allgemeinere" Ansätze, wie zum Beispiel Intuition.

Lassen Sie mit dem roten Hut immer Ihren Bauch sprechen, nicht den Kopf.

Als Träger des roten Huts können Sie alles äußern, was Sie aktuell in sich fühlen, unabhängig davon, wie klar Sie es formulieren können oder ob die anderen in der Gruppe etwas damit anfangen können oder nicht. Alles Diffuse, alles Gefühlsmäßige kann mit dem roten Hut auf dem Kopf ausgesprochen werden, ohne dass Sie sich rechtfertigen müssen.

Hut schwarz

- Kritisches Denken
- Risikobetrachtung, Probleme, Skepsis, Kritik und Ängste beschreiben
- Objektive Haltung

Beim schwarzen Hut geht es darum, die objektiv negativen Aspekte des Targets zu finden.

Dazu gehören Bedenken, Zweifel, Risiken und Ähnliches – also alle sachlichen Argumente, die gegen ein Projekt beziehungsweise eine Entscheidung sprechen oder die eine Fragestellung verneinen. Wer den schwarzen Hut aufsetzt, strebt an, objektiv (!) alle negativen Aspekte eines Themas herauszufinden, zum Beispiel: „Gegen dieses Projekt spricht …", „Die objektiv erkennbaren Gefahren unseres Vorhabens sind …".

Hut gelb

- Optimistisches Denken
- Was ist das Best-Case Szenario?
- Spekulative Haltung

Der gelbe Hut steht für das Gegenteil des schwarzen Huts: Hier geht es darum, das objektiv Positive zu entdecken.

Wer den gelben Hut aufsetzt, hat die Aufgabe, Chancen oder Pluspunkte zu finden, aber auch realistische Hoffnungen und erstrebenswerte Ziele zu formulieren.

Auch hier geht es wieder darum, die positiven Aspekte aus einer möglichst objektiven Sicht zu erkennen und nicht aus einer persönlichen Gefühlsstimmung heraus (so gehört zum Beispiel Euphorie zum roten Hut).

Hier geht es auch noch nicht darum, Ideen zu entwickeln (grüner Hut), sondern um das Erkennen aller Aspekte, die für ein Target sprechen.

Hut grün

- Kreatives, assoziatives Denken
- Neue Ideen, Kreativität
- Konstruktive Haltung

Dieser Hut steht für die Kreativität, für Wachstum und für neue Ideen. Wer diesen Hut trägt, begibt sich auf die Suche nach allen möglichen Alternativen.

Der grüne Hut befähigt, über das hinauszudenken, was bereits getan wird oder angedacht ist.

Mit dem grünen Hut können Sie Kreativitätstechniken einsetzen oder zum Beispiel auch das Mittel der Provokation nutzen, um andere zum Widerspruch zu reizen.Träger des grünen Huts dürfen alles formulieren, was zu neuen Ideen und Ansätzen führt, unabhängig davon, wie verrückt oder unrealistisch die Ideen sind.

Besonderer Hinweis: Mit dem grünen Hut auf dem Kopf sind kritische Bemerkungen untersagt (dafür steht der schwarze Hut).

Hut blau

- Ordnendes, moderierendes Denken
- Überblick über die Prozesse
- Big Picture Haltung

Der blaue Hut steht für Kontrolle und für die Organisation des gesamten Denkprozesses. Wer den blauen Hut trägt, begibt sich auf die sogenannte Meta-Ebene, blickt also sozusagen von einem übergeordneten Punkt auf den gesamten Prozess und erlangt so einen Überblick.

Die Aufgaben des Trägers des blauen Huts bestehen zum Beispiel daraus, die Ergebnisse zusammenzufassen oder Entscheidungen darüber treffen, welche Hüte im weiteren Prozess überhaupt oder noch einmal aufgesetzt werden müssen.

Meistens beziehungsweise sinnvollerweise wird der blaue Hut am Ende einer Sitzung aufgesetzt.

Besonderer Hinweis: Es bietet sich aber alternativ auch an, dass eine Person den blauen Hut über den ganzen Prozess hinweg behält und somit Moderator in der Besprechung, Diskussion oder Problemlösung ist.

Transformationswirksamkeit

- Wirksam für Herausforderungen mit hoher Komplexität
- Wirksam für Herausforderungen mit mittlerer Komplexität
- Wirksam für alle Transformationen

Transformationsfähigkeit

- Fördert offene Mindsets und innovative Denkhaltungen
- Zahlt auf eine bessere Wahrnehmung ein

Einsatzcharakteristik

- Austauschfokus: vornehmlich mit internen Personen
- Durchführungszeit: eher mittel (>1 Stunde bis <1 Tag)
- Einsatzfrequenz: vornehmlich im einmaligen Einsatz
- Einsatzradius: vornehmlich im Teameinsatz
- Einsatzradius: vornehmlich im projektweiten Einsatz
- Komplexität für den Moderator: eher mittel
- Komplexität für die Teilnehmer: eher gering
- Teamgröße: Kleingruppe möglich (3 bis 5 Teilnehmer)
- Teamgröße: Maxigruppen möglich (20 bis 40 Teilnehmer)
- Teamgröße: Mittelgroße Teams möglich (5 bis 20 Teilnehmer)
- Vorbereitungszeit: eher gering (<1 Stunde)

Nötiger Input, um mit der Methode arbeiten zu können

- Beteiligte Personen mit Tätigkeiten und Aufgaben
- Durchlaufenes Projekt oder Projektphasen
- Durchführungszeit, Trainingszeit

Erzeugter Output der Methode

- Bessere Projekteffizienz, bessere Teamperformance
- Erzeugt größere Klarheit zu einem Thema
- Erzeugt segmentierte, kategorisierte, geclusterte Daten
- Hilft bei Entscheidungen, Bewertungen und Feedback

Hinderniseffekte, auf die die Methode positiv wirkt

- 02 – Schwächt Angst vor Kritik und Zurückweisung
- 04 – Beugt blinden Flecken/Betriebsblindheit vor
- 08 – Verhindert einseitige Bewertungen und Entscheidungen
- 25 – Schwächt multidisziplinäre Reibungsverluste
- 26 – Schwächt nicht zielführende Emotionen
- 32 – Verhindert unreflektiertes Agieren
- 33 – Schwächt Verdiskutiererei

Mögliche Extravorteile

- für Teams mit einer konservativen, tradierten Kultur
- für die Arbeit mit digitalen Kollaborationsboards

Quellen

Buch – Das große Handbuch Innovation, van Aerssen, Buchholz (Hrsg.), (Vahlen 2018)

Buch – Das große Handbuch der Kreativitätsmethoden, M. Luther (managerSeminare Verlags GmbH 2013)

Buch – Kreative Geister wecken, Z. M. Klein (managerSeminare Verlag 2006)

Buch – Manual Thinking, L. Huber, G. J. Veldmann (GABAL Verlag 2016)

Buch – Praxishandbuch Innovation, Leitfaden für Erfinder, Entscheider und Unternehmer, B. X. Weis (2. Auflage, Gabler Verlag 2014)

Buch – Revolutionäres Innovationsmanagement, B. van Aerssen (mi-Wirtschaftbuch 2009)

Buch – Serious Creativity, E. de Bono (Harper Collins Publ. UK 1995)

Buch – The Innovator's Toolkit, D. Silverstein, P. Samuel, N. de Carlo (New Jersey 2009)

Web – http://www.ideenfindung.de/Übersicht-Liste-Kreativitaetstechniken-Ideenfindung.html (April 2017)

Web – http://www.innovationsmethoden.info (April 2017)

Web – https://de.wikipedia.org/wiki/Kreativitätstechniken (April 2017)

Grafik: verrocchio Mindset-Card – Illustration: Jennifer Weiss

6-W-Methode

EinSatzBeschreibung

Fragetechnik, um im Transformationsprojekt „blinde Flecken" zu minimieren.

Transformation-Index

P1 Leading	P2 Organizing	P3 Connecting	P4 Growing	P5 Talking	P6 Scanning	P7 Exploiting	P8 Exploring	P9 Earning	P10 Scaling
					x	x	x		x

Beschreibung

Der Name bzw. die Bezeichnung der 6-W-Methode bezieht sich auf 6 W-Fragen, die häufig – beruflich als auch privat – in einem Kontext verwendet werden, und zwar: „Wer hat den Keks (hier: was?) wann, wie, wo und warum aus der Dose geklaut?" Dies macht es möglich gezielt Sachverhalte, Situationen und Fragestellungen bei digitalen Transformationsprojekten auf die grundlegenden Fragen zu reduzieren und ein einheitliches Verständnis im Team zu erzeugen.

Aufgrund der klaren Ws kann die zu analysierende Situation, Idee und oder Information in ihre einzelnen Bestandteile unterteilt werden und daraufhin in Bezug zu den anderen Ws gesetzt werden. Je nach Ausprägung kann die Fragestellung bereits in 15 Minuten zum gewünschten Ergebnis führen, und zwar, durch den Einsatz der Methode ein gemeinsames Verständnis und eine bessere Einschätzung zu erzeugen.

Gerade heute im digitalen Zeitalter, in der Situationen häufig durch vielfältigste Informationen untermauert/gestützt werden, ist es zielführend, sich auf die wesentlichen Informationen (das dahinter liegende, eigentliche Problem) zu konzentrieren und diese durch diese Methode herauszustellen, indem man konsequent die Informationen bewertet und den Fragestellungen zuordnet. Ist eine Information nicht zuordbar, so findet diese in der 6-W Methode keine Berücksichtigung bzw. wird ausgeblendet.

Wer? Was? Wann? Wo? Wie? Warum?

Methoden müssen nicht immer komplex sein. Wie die 6 W-Fragen zeigen, können auch einfache Fragen als Leitfaden einen erheblichen Nutzen bei der Auswahl des Themas und der damit verbundenen Fragestellung bieten. Sie helfen, die Aufgabe zu verstehen, zu strukturieren und zu lösen. Bei Projekten im Transformationsprozess ergeben sich immer viele Fragestellungen, jedoch gibt es häufig **blinde Flecken**. Diese durch unterschiedliche Impulse zu minimieren, zählt zu den Vorteilen der 6 W-Methode.

Durchführung

Bleiben wir bei der Ausgangsfragestellung und ihrem Format: „Wer hat den Keks wann, wo, wie und warum aus der Dose geklaut?", bevor wir in den beruflichen Kontext wechseln. Formuliere und beantworte (sofern möglich) die 6-W-Fragen:

- WER hat den Keks aus der Dose geklaut?
- WAS wurde geklaut?
- WANN wurde der Keks geklaut?
- WO wurde der Keks geklaut?
- WIE wurde der Keks geklaut?
- WARUM wurde der Keks geklaut?

Was zunächst anmutet wie ein Kinderspiel, und tatsächlich auch darauf zurückzuführen ist, kann unmittelbar in einen beruflichen Kontext gesetzt und genutzt werden.

Dafür ist es notwendig die Aufgabenstellung bzw. Herausforderung konkret zu benennen, ggfs. anzugrenzen, um dann die 6-W Fragen strukturiert zu beantworten und die vorhandenen Informationen entsprechend zu be- und verwerten. Ist dies abgeschlossen empfiehlt sich eine klar strukturierte Dokumentation, um die jetzt zu treffenden Ableitungen im Nachgang noch nachvollziehen zu können.

Die Methode kann schnell in vielfältigen Arbeitsformaten und Arbeitssettings benutzt werden – sie funktioniert in Einzelarbeit so gut wie in Gruppenformaten.

Praxisschlaglicht

Im Management einer großen Drogeriekette gibt es eine große Unzufriedenheit mit den Absätzen von „Toilettenpapier" über den Onlinekanal. Die Kundendurchdringung in Bezug auf den Umsatz mit dem Produkt „Toilettenpapier" hat über den Onlinevertrieb signifikant nachgelassen. Ziel ist, bei X% aller Onlinetransaktionen den Kunden das Produkt „Toilettenpapier" wieder mitzuverkaufen. Sämtliche benötigten Datensätze zur Analyse und Auswertung stehen der Drogeriekette zur Verfügung.

- WER: alle Onlinekunden die kein Toilettenpapier mehr kaufen (Veränderung zu vorher in %)
- WAS: kauft Online kein Toilettenpapier
- WANN: seit sechs Monaten
- WO: Onlineshop
- WIE: Online-Bestellvolumen für Toilettenpapier ist eingebrochen
- WARUM: Bevorratung über den Bedarf hinaus erfolgte bei Knappheit im Ladenlokal diverser Wettbewerber (Pandemie)

Datengestützte Analysen haben geholfen, die Kunden zu identifizieren und vertriebliche Maßnahmen wurden abgeleitet. So gab es beispielsweise Incentivierungen wie 3+1 Aktionen (kaufe 3 Einheiten Toilettenpapier und du bekommst 1 Einheit geschenkt) über den Onlineshop. Die fallenden Umsätze konnten teilweise kompensiert werden.

Transformationswirksamkeit

- Wirksam für Herausforderungen mit hoher Komplexität
- Wirksam für Herausforderungen mit mittlerer Komplexität
- Wirksam für alle Transformationen

Transformationsfähigkeit

- Fördert die allgemeine Transformationsfähigkeit des Teams
- Zahlt auf eine bessere Wahrnehmung ein

Transformationsjobs

- Scaling
- Exploiting
- Exploring
- Scanning

Einsatzcharakteristik

- Austauschfokus: vornehmlich mit internen Personen
- Durchführungszeit: eher gering (< 1 Stunde)
- Durchführungszeit: eher mittel (>1 Stunde bis <1 Tag)
- Einsatzfrequenz: sinnvoll im dauerhaften Einsatz
- Einsatzfrequenz: vornehmlich im einmaligen Einsatz
- Einsatzradius: vornehmlich im projektweiten Einsatz
- Komplexität für den Moderator: eher gering
- Komplexität für die Teilnehmer: eher gering
- Teamgröße: Einzelpersonennutzung möglich
- Teamgröße: Kleingruppe möglich (3 bis 5 Teilnehmer)
- Teamgröße: Maxigruppen möglich (20 bis 40 Teilnehmer)
- Teamgröße: Mittelgroße Teams möglich (5 bis 20 Teilnehmer)
- Vorbereitungszeit: eher gering (<1 Stunde)

Nötiger Input, um mit der Methode arbeiten zu können

- Aktuelle Herausforderung, Leitfrage, Problem
- Ergebnisse aus der Analysephase
- Merkmale der gegebenen Herausforderung
- Personenmerkmale (Meinungen, Bedürfnisse, Werte, etc.)

Erzeugter Output der Methode

- Erzeugt Prognosen und Ableitungen
- Erzeugt Leitfragen für die Ideenfindung
- Erzeugt spezifischere Leitfragen, Ideen und Aussagen
- Erzeugt größere Klarheit zu einem Thema
- Hilft bei Entscheidungen, Bewertungen und Feedback
- Macht Wirkzusammenhänge sichtbar

Hinderniseffekte, auf die die Methode positiv wirkt

- 04 – Beugt blinden Flecken/Betriebsblindheit vor
- 10 – Verhindert falsche Flughöhen
- 11 – Schärft eine fehlende gemeinsame Ausrichtung
- 16 – Beugt Misinterpretationen vor
- 18 – Bewahrt vor zu generischen Ideen und Aussagen
- 20 – Verhindert Ideenfindung mit zu schwacher Erkenntnisgrundlage
- 32 – Verhindert unreflektiertes Agieren
- 33 – Schwächt Verdiskutiererei
- 36 – Schafft schnell Klarheit und beschleunigt Erkenntnisgewinn

Mögliche Extravorteile

- für Teams in einer Komfortsituation
- für Teams mit einer konservativen, tradierten Kultur
- für Teams mit einer schwacher Teamleitung
- für disruptiv unerfahrene Teams
- für innovativ ungeübte Teams
- für multidisziplinär unerfahrene Teams
- für unerfahrene Trainer und Agile Coaches

Quellen

Buch – Das große Handbuch Innovation, B. van Aerssen, C. Buchholz (Vahlen 2018)

Web – https://www.erzieherin-ausbildung.de/praxis/kindergarten-spiele-kreisspiele-sprachfoerderung/stuhlkreisspiel-wer-hat-den-keks-aus-der, 16.05.2021

Web – https://www.designthinking-methods.com/1Empathie/6w.html, 16.05.2021

Web – http://www.meport.net/, 16.05.2021

Buch – Curedale: Design Thinking: process and methods manual Design Community College Inc.

Buch – Uebernickel, Brenner et al: Design Thinking: Das Handbuch (Frankfurter Allgemeine Buch 2015).

9 Levels Value-System

EinSatzBeschreibung

Ein Modell, um Werte einer Organisation zu beschreiben und daraus die richtigen Werkzeuge für die digitale Transformation auszuwählen.

Transformation-Index

P1 Leading	P2 Organizing	P3 Connecting	P4 Growing	P5 Talking	P6 Scanning	P7 Exploiting	P8 Exploring	P9 Earning	P10 Scaling
			x						

Beschreibung

9 Levels of Value Systems ist ein Modell zur Beschreibung der Entwicklungen von Wertesystemen bei Personen, Gruppen und Organisationen. Daraus lassen sich ein besseres Verständnis der Unternehmenskultur und vor allem etwaige Veränderungsnotwendigkeiten ableiten.

Im Zusammenhang mit der digitalen Transformation, ist das Modell gut geeignet, um das aktuelle Wertesystem zu ergründen und zu erfassen, welche Veränderungen nötig und auch möglich sind.

Das 9 Levels-Modell ist ein Werte-Metamodell, ein Entwicklungsmodell für die Persönlichkeitsentfaltung und die Evolution von Organisationen und Kulturen. Die klassische Anwendungsart ist das Ausfüllen eines Fragebogens, der die individuelle Sicht auf die Werte der Organisation, eines Teams oder der Einzelperson analysiert.

Warum sind Werte wichtig?

Werte sind die konstitutiven Elemente der Kultur. Sie definieren Sinn und Bedeutung innerhalb eines Sozialsystems (Gruppe, Gesellschaft etc.). Ein mit der Kultur vermittelter Wert dient dem Menschen als „Richtlinie“ zum Verständnis beziehungsweise zur Erkenntnis der Welt und wird infolgedessen bei der Planung des Verhaltens zur Prämisse. Insofern auch bei der Frage, wie Innovationsprozesse angenommen werden.

Hier die 9 Levels im Überblick:

1. Level: BEIGE

Der Level „Beige“, von dem alle Levels ausgehen, zeichnet sich durch starke Anpassungsfähigkeit des Einzelnen an die Umwelt aus, um zu überleben. Im Geschäftskontext kommt dies eigentlich nicht vor.

2. Level: PURPUR

Es bilden sich soziale Strukturen mit starker Rollenverteilung und gemeinschaftsorientierte Rituale heraus, man begegnet Problemen gemeinsam, jedoch immer geleitet von einem Oberhaupt, dem man sich unterordnet. Purpurne Strukturen findet man in patriarchalisch geprägten Familienunternehmen, wo klar ist „wer die Hosen anhat“.

3. Level: ROT

Das Individuum tritt wieder stärker in den Vordergrund und ist von Selbstständigkeit, Durchsetzungsvermögen und Machtstreben gekennzeichnet. So werden zum Beispiel neue Märkte erobert und erreichte Positionen gesichert. Rote Unternehmen verfügen über stark ausgeprägte Hierarchien und Entscheidungen werden von oben getroffen.

4. Level: BLAU

Gemeinschaftlich orientierte Strukturen mit Werten wie Sicherheit, Ordnung, Gerechtigkeit und Loyalität prägen blaue Unternehmen. Der Einzelne hat in der funktionalen Hierarchie mit klar definierten Regeln seinen zuständigen Aufgabenbereich und fügt sich loyal in die Struktur des Ganzen ein. Selbstverantwortung auf diesem Level bedeutet, dass jeder innerhalb seines Zuständigkeitsbereiches und der gesetzten Grenzen und Regeln durchdachte, unternehmensorientierte Entscheidungen trifft. Hierarchien bleiben bestehen, werden breiter und funktionaler, es gibt meist stark arbeitsteilige Strukturen. Blau geprägt sind klassisch funktional aufgestellt Unternehmen, große Verwaltungsapparate oder zum Teil auch Bildungseinrichtungen.

5. Level: ORANGE

Wettbewerb und individueller Erfolg, der dann aber auch der ganzen Gruppe dient, werden wichtiger. Starre Regeln und Strukturen werden aufgebrochen, es wird schneller und flexibler, der

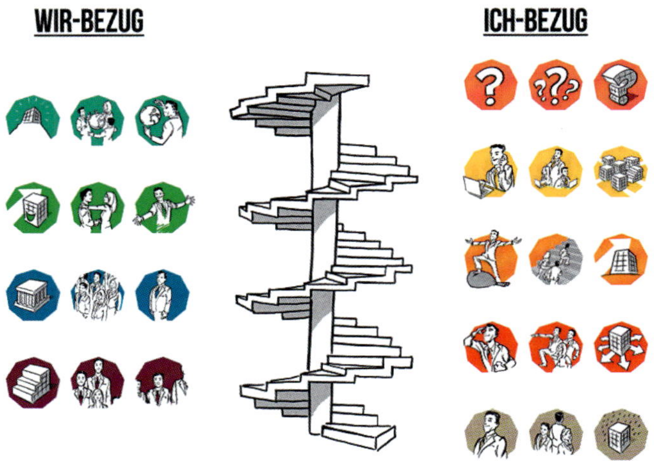

Grafik: axiocon GmbH – 9 Levels Modell

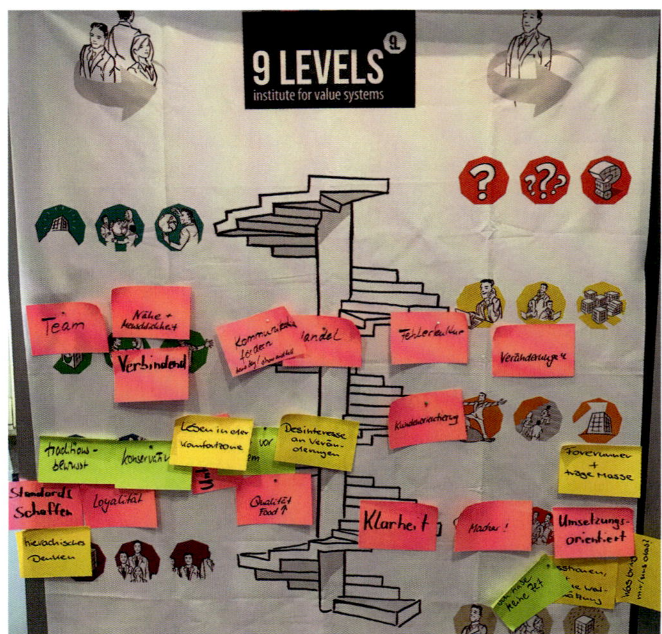

Foto: verrocchio Institute – 9 Levels-Arbeitswand

Einzelne misst sich stärker am Ergebnis, hält seine Ziele fest im Blick, verliert aber auch die Anderen und das Unternehmen nicht aus den Augen. Die Loyalität ist jedoch nicht mehr bedingungslos, wenn anderswo größere materielle oder persönliche Erfolge zu erwarten sind, wird das Unternehmen gewechselt. In orangen Unternehmen ist Führen anhand von Zielen wichtig und es bilden sich erstmals lineare Organisationen mit Prozessorientierung, Produktmanagement und Projektarbeit heraus.

6. Level: GRÜN

Die Gruppe, als heterogene Einheit, rückt stärker in den Vordergrund, Erfolg wird als Ergebnis einer richtigen Teamkonfiguration verstanden. Die zueinander komplementären Fähigkeiten werden gefördert und zielgerichtet genutzt, ganz nach dem Motto „zusammen erreichen, was der Einzelne nicht schaffen würde". Hierarchien werden weiter aufgelöst, die Zusammenarbeit ist geprägt von Flexibilisierung, Wertschätzung und Integration, wobei Werte wie Toleranz, Gemeinsamkeit und Verantwortung für andere eine große Rolle spielen. Dabei stehen die langfristige Erfolgssicherung, Wachstum und eine Verbesserung der Qualität durch eine reife Fehlerkultur im Vordergrund. In der Realität findet man selten ganze Unternehmen auf diesem Level, innerhalb einer Organisation sind es multifunktionale reflektierte Teams oder Projektteams, die sich auf einem grünen Level bewegen.

7. Level: GELB

Ab dem gelben Level beginnt eine neue Gruppe von Levels, es etabliert sich ein Verständnis dafür, dass alle existierenden Levels ihre Vorzüge haben. Ab diesem Level beginnen die Menschen, sich die besten Aspekte der vorherigen Levels zu Nutze zu machen und gezielt in verschiedenen Arbeitsmodellen anderer Levels zu arbeiten, um bestimmte Ziele zu erreichen. Flexibilität und Individualität rücken in den Vordergrund, begleitet von Werten wie Kompetenz, Unabhängigkeit, Eigenverantwortung und Innovation. Feste Strukturen sind weniger wichtig, man fühlt sich in losen Netzwerken und virtuellen Teams wohl. Beispiele für dieses gelbe Level sind selten zu finden, Think Tanks oder Wissensnetzwerke sind manchmal entsprechend dieser Ebene ausgeprägt.

8. Level: TÜRKIS

Die Perspektive dieses Levels geht über den eigentlichen Arbeitskontext weit hinaus, man versteht die Welt als globales, nachhaltig agierendes Team; das heißt, direkte Konkurrenz gibt es nicht mehr, große Zusammenhänge werden hergestellt, die Auswirkungen auf andere und die Umwelt werden im eigenen Handeln miteinbezogen und berücksichtigt, sodass sich langfristig ein Gesamtnutzen für alle ergibt. Diese Unternehmensform existiert in der Realität noch nicht.

9. Level: KORALLE

Der neunte Level zeichnet sich ab, ist jedoch noch nicht greifbar. Hier wird versucht werden, mit Problemen und Herausforderungen des türkisen Levels zurecht zu kommen.

> **Werte in der digitalen Transformation**
>
> Viele digitale Projekte führen zu grundlegenden Veränderungen in der Organisation. Diese Veränderungen führen sehr häufig zu Widerstand, gerade in Organisationen, die noch wenig Kontakt und Erfahrung mit digitalen Technologien haben. Dieser Widerstand hat häufig mit dem Wertelevel der Organisation zu tun. Schwer wird es für Organisationen, die in der digitalen Transformation nur den Fokus auf digitale Technologien und neue Prozesse legen und dabei die Betrachtung des Wertesystems vergessen. Hier ist ein Scheitern der Initiative beinahe vorprogrammiert.

Durchführung

Der Moderator sollte ein gutes Hintergrundwissen über den Einsatz des Modells der 9 Levels haben. Dies kann – als Mindestvoraussetzung – durch ein Studium entsprechender Literatur zu 9 Levels erfolgen oder durch die Zertifizierung im 9 Levels Institute.

1. Vor Beginn des Workshops wird für die Teilnehmer über die 9 Levels-Webseite ein Code generiert, mit dem sie einen Online-Fragebogen erhalten. Diesen füllen sie vorab aus, und der 9 Levels Berater/Moderator erhält eine Auswertung, die er den Teilnehmern während des Workshops aushändigen kann. Alternativ kann dies auch im Workshop durch eine „angenommene Zuordnung" erfolgen, diese ist jedoch nicht so aussagefähig wie der Fragebogen des 9 Levels-Instituts. Falls das Ausfüllen das Fragebogens keine Option ist, kann auch eine näherungsweise Selbsteinschätzung der Teilnehmer erfolgen mit der Frage „Was ist typisch für uns?"

2. Zu Beginn des Workshops werden von den Teilnehmern die empfundenen Werte in Worte gefasst und gesammelt. Fragestellung: „Was ist typisch für uns?" Die Schlagworte/Sätze werden auf Moderationskarten geschrieben und vom Trainer gesammelt.

3. Nun wird das 9 Levels-Modell erläutert. Dies kann anhand einer Präsentation geschehen, mithilfe einer Zeichnung auf dem

Flipchart/Brownpaper oder unter Einsatz des offiziellen 9 Levels-Plakats.

4. Im nächsten Schritt werden die vorher abgefragten Definitionen der Werte den einzelnen Levels zugeordnet. In der Regel ergibt sich hier schon ein Bild, über das mit den Teilnehmern gesprochen werden kann.

5. Falls der Fragebogen ausgefüllt wurde und eine Auswertung vorliegt, werden die Ergebnisse jetzt mit der Gruppe besprochen und gegebenenfalls über Unterschiede und Gemeinsamkeiten diskutiert. Ohne Fragebogen werden die Ergebnisse der Frage „Was ist typisch für uns?" den Levels zugeordnet.

6. Die Gruppe bespricht die Auswirkungen auf den Prozess der digitalen Transformation. Welche Maßnahmen werden gut funktionieren? Welche werden nicht klappen? An welchen Stellen ist z. B. mehr Kommunikation notwendig, wo wird es Widerstände geben?

Transformationswirksamkeit

- Wirksam für alle Transformationen

Transformationsfähigkeit

- Fördert die allgemeine Transformationsfähigkeit des Teams
- Fördert offene Mindsets und innovative Denkhaltungen

Einsatzcharakteristik

- Austauschfokus: vornehmlich mit internen Personen
- Durchführungszeit: eher mittel (>1 Stunde bis <1 Tag)
- Einsatzfrequenz: sinnvoll im dauerhaften Einsatz
- Einsatzfrequenz: vornehmlich über im kompletten Projektzeitraum
- Einsatzradius: vornehmlich im Teameinsatz
- Komplexität für den Moderator: eher hoch
- Komplexität für die Teilnehmer: eher mittel
- Teamgröße: Einzelpersonennutzung möglich
- Teamgröße: Großgruppen möglich (>50 Teilnehmer)
- Teamgröße: Kleingruppe möglich (3 bis 5 Teilnehmer)
- Teamgröße: Maxigruppen möglich (20 bis 40 Teilnehmer)
- Teamgröße: Mittelgroße Teams möglich (5 bis 20 Teilnehmer)
- Vorbereitungszeit: eher mittel (>1 Stunde bis <1 Tag)

Erzeugter Output der Methode

- Erzeugt Poster
- Erzeugt neues Wissen und neue Erfahrungen
- Erzeugt größere Klarheit zu einem Thema
- Erzeugt transformationsfähigere Organisationen
- Erzeugt mehr Know-how-Zuwachs
- Erzeugt motiviertere und transformationsfähigere Teilnehmer
- Macht Wirkzusammenhänge sichtbar

Hinderniseffekte, auf die die Methode positiv wirkt

- 04 – Beugt blinden Flecken/Betriebsblindheit vor
- 06 – Schwächt das Leben in der Vergangenheit
- 36 – Schafft schnell Klarheit und beschleunigt Erkenntnisgewinn

Mögliche Extravorteile

- für erfahrene Trainer und Agile Coaches

Quellen

Buch – 9 Levels of Value Systems, Rainer Krumm (Werdewelt Verlags- und Medienhaus 2017)

Buch – 30 Minuten Innovationskultur, Christian Buchholz/Rainer Krumm (Gabal Verlag 2018)

Buch – Das große Handbuch Innovation, B. van Aerssen, C. Buchholz (Vahlen 2018)

ABC-Analyse

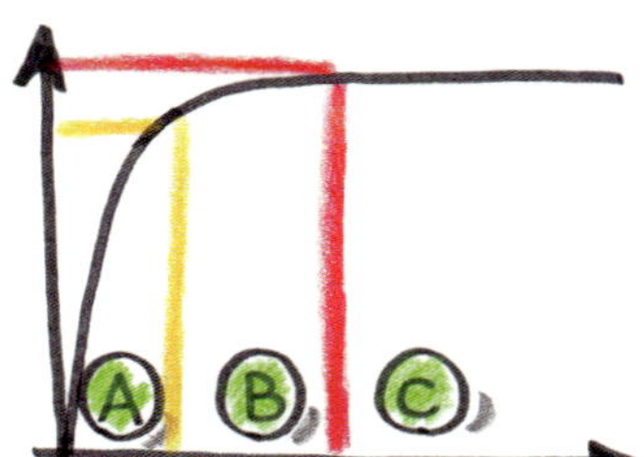

EinSatzBeschreibung

Ein Untersuchungs- und Ordnungsverfahren zur Klassifizierung großer Datenmengen.

Transformation-Index

P1 Leading	P2 Organizing	P3 Connecting	P4 Growing	P5 Talking	P6 Scanning	P7 Exploiting	P8 Exploring	P9 Earning	P10 Scaling
					x	x	x		x

Beschreibung

Einfach ausgedrückt ist die ABC-Analyse ein betriebswirtschaftliches Analysetool, welches im Jahr 1951 von H. Ford Dickie erstmals beschrieben wurde. Ganz so einfach wie es auf den ersten Blick wirkt, ist es aber nicht. Damals wie heute wird versucht durch die Klassifizierung von Daten in 3 Kategorien (A, B, und C) sowohl eine Vielzahl an Werten/Daten zu verarbeiten als auch durch deren Strukturierung das Wesentliche konzentriert zu betrachten, um durch Gewichtung Handlungsempfehlungen zu generieren.

Diese können – je nach Zielsetzung – in den unterschiedlichsten Geschäftsbereichen und -kontexten angewendet werden und gehen heute bereits über die betriebswirtschaftliche Nutzung hinaus. Ein Vorteil der Methode ist, dass das Wesentliche vom Unwesentlichen leicht abgrenzbar ist und diese Methode erweiterbar ist – sprich es müssen nicht zwingend A, B und C-Cluster gebildet werden – die Anzahl ist beliebig erweiterbar.

Durch den digitalen Wandel sind Unternehmen in der Lage durch datengestütztes Arbeiten und komplexe Datenanalysen noch viel mehr von dem Einsatz der ABC-Analyse zu profitieren. Durch die zunehmende technologische Datenkompetenz sind wichtige Rahmenbedingungen für einen professionellen und wertsteigernden Umgang mit Daten gegeben.

Big Data und ABC-Analyse

Hinter Big Data verbirgt sich nicht nur eine große Datenmenge, sondern es geht bei diesem Phänomen ebenso um Geschwindigkeit, Verfügbarkeit und die Vielfalt von Daten.

- Datengestützte Entscheidungen und Entscheidungsqualität
- Formulierung von geeigneten Problemstellungen an Datensätze
- Arbeitsschritte in der Datenanalyse wie z. B. Filtern von Daten
- Best Practices im Datenverarbeitungsprozess

Unternehmen erhalten permanent aus diversen Quellen sehr unterschiedliche Arten von Daten. Werden diese Daten im Kontext der ABC-Analyse verarbeitet, können wertvolle Erkenntnisse resultieren.

Durchführung

Zunächst gilt es festzulegen, welche Analyse erfolgen soll. Wenn z. B. früher Kunden ausschließlich „persönlich" in die Kaufabwicklung eingebunden waren, kann und ist es heute anders. Betrachten wir z. B. einen Elektronikhersteller, so können heute die Waren von Privatpersonen meist über mehrere Kanäle bezogen werden. Direkt (ab Werk), vom Fachhändler, im Internet oder weiteren Märkten und/oder Wiederverkäufern.

Schritt 1: Stellen wir uns also die Leitfrage, welcher Absatzmarkt grundsätzlich am margenträchtigsten ist, so setzen wir diesen in Verhältnis zum Verkaufspreis.

Schritt 2: Die Daten werden, in unserem Beispiel, in eine Tabelle überführt, in der im Wesentlichen 4 Kriterien definiert sind:

1. An wen wurde verkauft Y?
2. Wie war der Verkaufspreis an Y?
3. Wie viele Stücke wurden verkauft?
4. Wie hoch waren die Herstellungskosten?

Schritt 3: Stellt man die Daten in einer Tabelle zusammen, kann Anhand der Werte einfach errechnet werden, mit welchem Y am meisten Marge gemacht wurde und welchen Anteil dies an der Gesamtmarge hat.

Hinweis: Vorab gilt es zu definieren, bis zu welchen Prozentanteilen die Gruppen A, B und C zuzuordnen sind. Dann kann eine einfache Klassifizierung erfolgen.

Grafik: Anja Faber

Praxisschlaglicht

Bei einem bundesweit agierenden Telekommunikationsanbieter stellte sich die Frage, wie viele der mehr als 1.000 Franchiseunternehmer mit einem Shop autorisiert werden sollten, am Konzept „Ship from Store" teilzunehmen. Bei diesem Konzept werden Filialbestände für online Bestellungen genutzt. Ship from Store ist ein Versandmodell, mit dem Franchiser die Bestände ihrer Shops vor Ort über eCommerce-Kanäle verkaufen können. Hierfür werden die lokalen Bestände an die eCommerce Plattform angebunden und dann im Webshop bei Online-Bestellungen angezeigt. Ship from Store ist eine exzellente Möglichkeit, ein stationäres Produktangebot einem breiteren Publikum zugänglich zu machen. Gleichzeitig wird der Bedarf an Lagerkapazität verringert und die Lieferkette flexibler gestaltet. Der Umsatz kann bestenfalls gesteigert werden, wenn über Online-Kanäle Bestände verkauft werden, die zuvor in stationären Geschäften gefangen waren. (Quelle: www.metapack.com). Aus Kostengründen zur Anbindung an die Plattform und der Logistik wollte der Konzern nur einen Teil seiner Franchisepartner an das Ship from Store Konzept anbinden. Die Technik der angewandten ABC-Analyse wurde beispielsweise mit Kriterien wie: Dauer der Partnerschaft, Jahresumsatz, Größe des Kundenbestand, diverse vertriebliche KPI, Kundenzufriedenheit etc. „gefüttert". Durch die ABC-Analyse wurden 347 teilnehmende Partner als A Partner identifiziert und zur Teilnahme autorisiert.

Transformationswirksamkeit

- Wirksam für Herausforderungen mit hoher Komplexität
- Wirksam für Herausforderungen mit mittlerer Komplexität
- Wirksam für Herausforderungen mit niedriger Komplexität
- Wirksam für alle Transformationen

Transformationsfähigkeit

- Fördert die allgemeine Transformationsfähigkeit des Teams
- Zahlt auf eine bessere Wahrnehmung ein

Einsatzcharakteristik

- Austauschfokus: vornehmlich mit internen Personen
- Durchführungszeit: eher gering (< 1 Stunde)
- Durchführungszeit: eher mittel (>1 Stunde bis <1 Tag)
- Einsatzfrequenz: vornehmlich im einmaligen Einsatz
- Einsatzfrequenz: vornehmlich über im kompletten Projektzeitraum
- Einsatzradius: vornehmlich im Teameinsatz
- Einsatzradius: vornehmlich im projektweiten Einsatz
- Komplexität für die Teilnehmer: eher gering
- Teamgröße: Einzelpersonennutzung möglich
- Teamgröße: Kleingruppe möglich (3 bis 5 Teilnehmer)
- Teamgröße: Maxigruppen möglich (20 bis 40 Teilnehmer)
- Teamgröße: Mittelgroße Teams möglich (5 bis 20 Teilnehmer)
- Vorbereitungszeit: eher gering (<1 Stunde)
- Vorbereitungszeit: eher mittel (>1 Stunde bis <1 Tag)

Nötiger Input, um mit der Methode arbeiten zu können

- Ergebnisse aus der Analysephase
- Item-Listen, Wertelisten, Rohdatenlisten
- Merkmale der gegebenen Herausforderung
- Personenmerkmale (Meinungen, Bedürfnisse, Werte, etc.)
- Umfeldbeobachtungen, Umfeldanalysen

Erzeugter Output der Methode

- Erzeugt Planungen und Priorisierungen
- Erzeugt spezifischere Leitfragen, Ideen und Aussagen
- Erzeugt größere Klarheit zu einem Thema
- Erzeugt segmentierte, kategorisierte, geclusterte Daten
- Hilft bei Entscheidungen, Bewertungen und Feedback
- Macht Wirkzusammenhänge sichtbar

Hinderniseffekte, auf die die Methode positiv wirkt

- 04 – Beugt blinden Flecken/Betriebsblindheit vor
- 10 – Verhindert falsche Flughöhen
- 16 – Beugt Misinterpretationen vor
- 18 – Bewahrt vor zu generischen Ideen und Aussagen
- 20 – Verhindert Ideenfindung mit zu schwacher Erkenntnisgrundlage
- 32 – Verhindert unreflektiertes Agieren
- 33 – Schwächt Verdiskutiererei
- 36 – Schafft schnell Klarheit und beschleunigt Erkenntnisgewinn
- 41 – Verringert zu große Komplexitäten
- 42 – Überzeugt strukturliebende Teammitglieder

Mögliche Extravorteile

- für Teams in einer Komfortsituation
- für disruptiv unerfahrene Teams
- für innovativ ungeübte Teams
- für unerfahrene Trainer und Agile Coaches
- für die Arbeit mit digitalen Kollaborationsboards

Quellen

Buch – Das große Handbuch Innovation, B. van Aerssen, C. Buchholz (Vahlen 2018)

Web – http://www.biwe-akademie.de, 17.04.2021

11 Achtsamkeits-Check-up

EinSatzBeschreibung

Methode zur Stärkung der Achtsamkeit in einem Team.

Transformation-Index

P1 Leading	P2 Organizing	P3 Connecting	P4 Growing	P5 Talking	P6 Scanning	P7 Exploiting	P8 Exploring	P9 Earning	P10 Scaling
			x						

Beschreibung

In stressigen Situationen wird im Gehirn die Alarmbereitschaft aktiviert. Die daraus resultierenden Prozesse waren einst gut zum Überleben unserer Vorfahren, benötigen aber in unserer heutigen Zeit besondere Aufmerksamkeit, da permanente Erreichbarkeit, Reizüberflutung oder kontinuierliche Anpassungsfähigkeit unseren Körper schnell in den Zustand 'anhaltende Anspannung' versetzen. Wenn demgegenüber keine regelmäßige 'Entspannung' garantiert ist, kann eine digitale Transformation das i-Tüpfelchen sein, das Menschen schnell in eine Überforderung oder in krankhaften Stress versetzt. Nach neuesten wissenschaftlichen Erkenntnissen sind dann in solchen Situationen eigene Handlungsentscheidungen, Leistungsfähigkeit und Sozialkompetenz nicht mehr möglich. Oftmals gibt der Körper bei zu viel Stress zwar entsprechende Signale, jedoch werden diese oftmals bewusst überhört und die eigene Selbstregulation dadurch enorm geschädigt. Mit der digitalen Transformation ist es daher notwendig einen viel stärkeren, inneren Blick in uns selbst zu bewahren bzw. beim Überschreiten einer gesunden Balance den inneren Blick zurückzufordern.

Wir können lernen mit natürlichen Stressreaktionen besser umzugehen. Resilienz[19] und Selbststeuerung helfen uns beispielsweise dabei anpassungsfähig auf die Faktoren der Digitalisierung reagieren zu können. Auch Präsenz wird heutzutage immer wichtiger, da Mitarbeiter, Führungskräfte und Coaches erst richtig zuhören, an Lernformaten teilnehmen oder ein Team begleiten können, wenn sie mit ihren Gedanken da sind, wo sie gebraucht werden – präsent im Hier und Jetzt.

[19] Resilienz beschreibt die Fähigkeit belastbar zu sein und innere Stärke zu besitzen. In der Wirtschaftspsychologie steht der Begriff für die Widerstandsfähigkeit von Menschen gegenüber Krisen und Belastungen.

Der Achtsamkeits-Check-up ist eine helfende Checkliste und ein Leitfaden zu mehr Achtsamkeit. Bereits mit einfachen Achtsamkeitsübungen kann beispielsweise

- die Lebensqualität verbessert,
- der gefühlte Stress reduziert,
- ein fokussierter Blick ermöglicht,
- Empathie und Sozialkompetenz gefördert sowie
- lebenslanges Lernen unterstützt werden.

Langfristig gesehen wird die Kompetenz aufgebaut Probleme lösungsorientierter betrachten zu können. Das sorgt nicht nur für Innovation und eine erfolgreiche digitale Transformation, sondern für gesunde Menschen, die trotz anhaltender Herausforderungen in Balance stehen können.

Der Check-up ermöglicht einen ersten Einstieg in den Bereich der Achtsamkeit. Er stellt einen leeren Pfad dar, dessen inhaltlicher Weg mit unterschiedlichen weiteren Methoden von jedem interessierten Mitarbeiter selbst bestimmt werden kann. Servant Leader oder Führungskräfte können diesen Pfad nutzen, um Achtsamkeit nachhaltig in ihren Teams zu verankern.

Durchführung

1. Starten Sie den ersten Schritt

Recherchieren Sie nach verschiedenen Quellen und vertiefen Sie Ihr Wissen entlang Ihrer Interessen. Lesen Sie Bücher, hören Sie Podcasts, schauen Sie sich Videos an oder lassen Sie sich von verschiedenen Apps inspirieren. Vernetzen Sie sich mit anderen Personen und tauschen Sie sich aus. Wenn Sie möchten, notieren Sie Ihre Erlebnisse oder Erkenntnisse.

Wenn Ihnen eine Methode leicht umsetzbar vorkommt oder sehr ansprechend wirkt, machen Sie den nächsten Schritt, in dem Sie diese Methode ausprobieren. Wenn Sie Ihnen gefällt, integrieren Sie sie im Alltag. Bleiben Sie gelassen, wenn Sie Ihr Ziel aus den Augen verlieren. Machen Sie einfach dort weiter, wo Sie aufgehört haben oder beginnen Sie von vorn.

Check-up:

- Welche unterschiedlichen Quellen fanden Sie besonders interessant?
- Wie könnte Ihnen Achtsamkeit im Alltag helfen?
- Welcher Bereich spricht Sie am meisten an (Entspannung, Dankbarkeit, Fokus, Vitalität, …)?
- Sind Ihnen Mikromethoden über den Weg gelaufen, die Ihnen ganz leicht vorkommen?
- Haben Sie die ein oder andere Methode direkt ausprobiert? Wie ging es Ihnen danach?

2. Machen Sie es zur Gewohnheit

Lassen Sie Achtsamkeit immer mehr zu Ihrer Gewohnheit werden. Dabei gilt es, machbare Ziele zu bestimmen und einzuhalten. Auch wenn Ihnen viele Methoden gut gefallen, ist es wertvoller, ein oder zwei Methoden über einen längeren Zeitraum fest im Alltag zu integrieren anstelle eines intensiven 6-Wochen-Programms, dass Sie ab Woche 7 eigentlich gar nicht mehr durchhalten möchten.

Check-up:

- Welche maximal zwei Methoden möchten Sie in den 3 Monaten zur Gewohnheit machen?

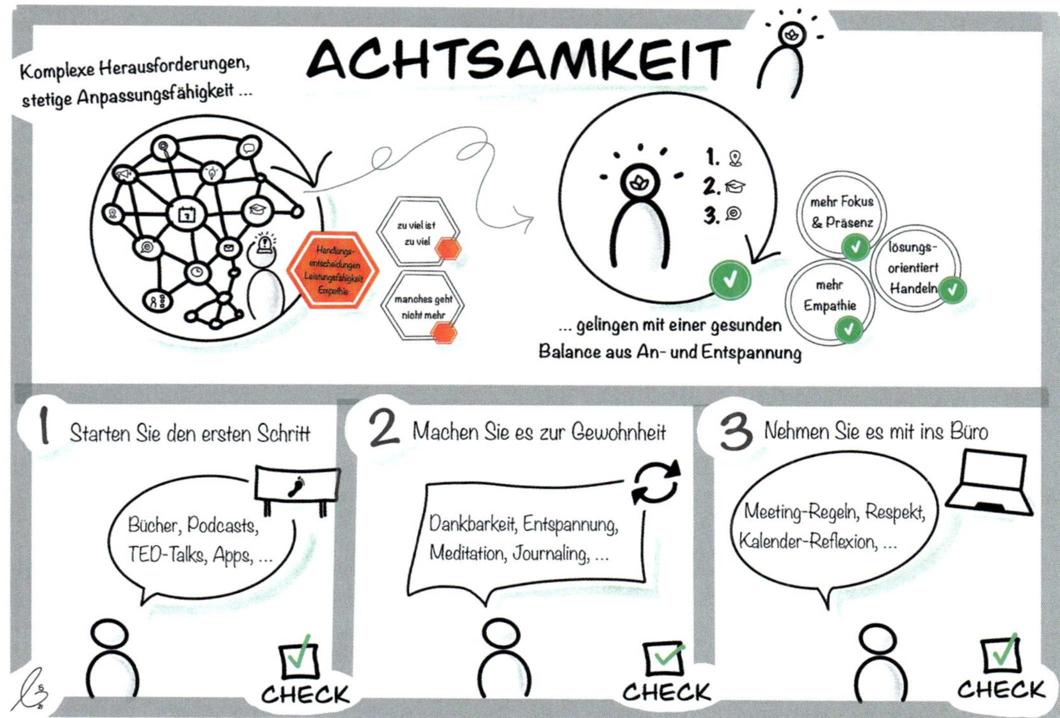

Grafik: Beate Sommer

- Haben Sie sich ein einfaches Ritual zu einer vorhandenen Routine überlegt (z. B. direkt morgens oder in der Mittagspause) oder eine Erinnerung im Kalender aktiviert?
- Fällt es Ihnen eher schwer oder leicht, eine kleine Übung im Alltag zu integrieren?
- Reflektieren Sie, zu welchen Zeitpunkten Sie es nicht so gut schaffen, achtsam mit sich selbst zu sein?
- Machen Sie nach Rückschlägen an der Stelle weiter, wo Sie aufgehört haben oder probieren Sie eine andere Methode aus?
- Wie geht es Ihnen? Sind Sie gelassener in stressigen Situationen, hören Sie besser zu oder lachen Sie mehr?

Mögliche Methoden für die Phase 1 und 2 (wobei es sich nur um eine kleine Auswahl handelt):

- Dankbarkeitsmomente, z. B. 1 Dankbarkeitsminute vor dem Schlafengehen
- Journaling, z. B. 2 Minuten-Tagebuch morgens oder abends
- Atem- oder Meditationsübungen
- Innenschau, z. B. Body Scan
- Entspannungstechniken bzw. Energiequellen, z. B. Autogenes Training, Progressive Muskelentspannung, Qi Gong, Yoga

3. Nehmen Sie die Achtsamkeit mit ins Büro

Gibt es eine Methode, die Ihnen im Business-Kontext helfen kann? Probieren Sie es aus. Wenn es Ihnen oder Ihrem Team vielleicht anfangs holprig vorkommt, bleiben Sie am Ball und versuchen Sie auch hier Geduld zu haben. Es gibt verschiedene Möglichkeiten im Büro achtsamer zu arbeiten, z. B. im Bereich der Kommunikation, in Meetings oder bei Teamentscheidungen. Auch gemeinsame Mittagspausen-Meditationen sind möglich. Vielleicht hilft es den Montagmorgen mit einer gemeinsamen Kalender-Reflexion zu starten, in der sich jeder bewusst wird, welche Termine wirklich wahrgenommen werden müssen oder an welchen Stellen Arbeitszeit oder Freiraum gut wären. Sie bzw. Ihr Team entscheiden ganz allein, an welcher Stelle Sie starten und wohin die Achtsamkeitsreise Sie führt.

Check-up:

- Denken Sie, dass Ihnen und Ihrem Team mehr Achtsamkeit im Büro helfen kann?
- Gibt es einen akuten Bedarf oder möchten Sie eher vorsorglich achtsamer sein?
- Haben Sie Ihre Gedanken mit dem Team oder mit jemand anderem geteilt?
- Möchten Sie dem Team eine Methode vorstellen oder soll das Team eine Auswahl erhalten und selbst entscheiden, welche Methode es über die nächsten Wochen ausprobiert?
- Reflektieren Sie gemeinsam im Team über die neuen Erfahrungen?

Mögliche Methoden für die Phase 3 (wobei es sich nur um eine kleine Auswahl handelt):

- Aufstellen von Meeting Regeln (z. B. mehr Präsenz, klare Meeting-Ziele, unterstützendes Timeboxing, Zuhören)
- Meeting Check-in oder Check-Out Methoden (z. B. mit bewusster Stille oder Stimmungsbarometern)
- Autopilot-Check, d. h. bewusst auf Stressreaktionen hinweisen, gemeinsam aussteigen und sich neu sortieren

- Entscheidungsfindung mit dem Beratungsprozess oder Kollegiale Konfliktlösung nach Frederic Laloux
- Gemeinsame Achtsamkeitspausen, z. B. durch Meditation, Atemübungen oder einem speziellen Teambuilding

Praxisschlaglicht

In ihrem Buch „Mindful Leader" beschreiben Esther und Johannes Narbeshuber ganz konkrete Situationen aus dem Arbeitsleben, die bei mir und auch Kollegen von mir einen hohen Wiedererkennungswert auslösten. Die Autoren erläutern passend zu den Geschehnissen, welche neurowissenschaftlichen Erkenntnisse damit verbunden sind und welche Interventionsmöglichkeiten bestehen, um aus dem Kreislauf 'anhaltende Anspannung' auszubrechen. Man begleitet Sam auf den Weg, wieder eine erfolgreiche Führungskraft zu werden, der Zeit für seine Familie hat und trotz gleichhoher Arbeitslast in Balance steht. Die Kombination aus Alltag, wissenschaftlichen Erkenntnissen und Mikromethoden, half mir dabei erste kleine bewusste Schritte auf dem Weg zu mehr Achtsamkeit zu gehen.

Das Üben fällt am schwersten. Einmal kurz für drei Minuten aus dem Hamsterrad auszusteigen, klingt erst einmal einfach und genau hier und jetzt in diesem Moment ist es das auch. Jedoch führt erst die Regelmäßigkeit, eine routinierte Achtsamkeit zu einer gesunden Balance, die in der digitalen Transformation zwingend notwendig ist. Suchen Sie sich daher Mikromethoden, die zu Ihnen und Ihrem Umfeld passen.

Wenn der Ausstieg aus dem Hamsterrad an einem Tag oder einer Woche nicht gelang, freuen Sie sich darüber, dass Sie genau das reflektieren und verändern können. Zusätzlich hilft uns die Gewohnheit dabei, es einfacher werden zu lassen. Geben Sie also nicht gleich auf, wenn es mal Tage gibt, an denen es sich „schwerer" anfühlt, achtsam mit sich selbst zu sein. Es wird im ersten Moment immer leichter sein, sich selbst und seine eigenen Bedürfnisse in den Hintergrund zu stellen, jedoch sind die Konsequenzen eindeutig.

Starten Sie also einfach wieder von vorn oder machen Sie dort weiter, wo Sie aufgehört haben. Wenn sich Ihre Bedürfnisse ändern oder Sie feststellen, dass andere Methoden besser zu Ihnen passen, versuchen Sie eine dieser anderen Methoden in Ihren Alltag zu integrieren. Es ist Ihr Leben und Sie bestimmen darüber, was Ihnen guttut und Ihnen dabei helfen kann, achtsam mit sich selbst zu sein und Achtsamkeit im Beruf zu integrieren.

Transformationswirksamkeit

- Wirksam für alle Transformationen

Transformationsfähigkeit

- Fördert die allgemeine Transformationsfähigkeit des Teams
- Fördert offene Mindsets und innovative Denkhaltungen
- Zahlt auf eine bessere Wahrnehmung ein

Einsatzcharakteristik

- Austauschfokus: vornehmlich mit internen Personen
- Austauschfokus: vornehmlich mit internen und externen Personen
- Durchführungszeit: eher gering (< 1 Stunde)
- Einsatzfrequenz: sinnvoll im dauerhaften Einsatz
- Einsatzradius: vornehmlich im Teameinsatz
- Einsatzradius: vornehmlich im projektweiten Einsatz
- Einsatzradius: vornehmlich im unternehmensweiten Einsatz
- Komplexität für die Teilnehmer: eher gering
- Komplexität für die Teilnehmer: eher mittel
- Teamgröße: Einzelpersonennutzung möglich
- Teamgröße: Kleingruppe möglich (3 bis 5 Teilnehmer)
- Teamgröße: Mittelgroße Teams möglich (5 bis 20 Teilnehmer)

Nötiger Input, um mit der Methode arbeiten zu können

- Beteiligte Personen mit Tätigkeiten und Aufgaben
- Vorhandenes Wissen und Erfahrungen
- Durchführungszeit, Trainingszeit
- Personenmerkmale (Meinungen, Bedürfnisse, Werte, etc.)

Erzeugter Output der Methode

- Bessere Projekteffizienz, bessere Teamperformance
- Erzeugt besseren Teamspirit, mehr Offenheit, Inspirationsempfindlichkeit
- Erzeugt neues Wissen und neue Erfahrungen
- Erzeugt transformationsfähigere Organisationen
- Erzeugt mehr Hintergrundinformationen
- Erzeugt mehr Know-how-Zuwachs
- Erzeugt motiviertere und transformationsfähigere Teilnehmer

Hinderniseffekte, auf die die Methode positiv wirkt

- 01 – Schwächt Angst vor Neuem (Cainophobie)
- 06 – Schwächt das Leben in der Vergangenheit
- 14 – Fördert eventuell fehlende Wertschätzung
- 15 – Stärkt das Vertrauen im Team
- 26 – Schwächt nicht zielführende Emotionen
- 27 – Schwächt das „Not invented here"-Syndrom
- 29 – Schwächt den „Inneren Zensor"
- 32 – Verhindert unreflektiertes Agieren
- 39 – Fördert die Agilität der Teilnehmer
- 41 – Verringert zu große Komplexitäten

Mögliche Extravorteile

- für Teams in einer Komfortsituation
- für Teams mit einer souveränen Teamleitung
- für Teams mit schwachem Auftragsmandat
- für interkulturell erfahrene Teams
- für multidisziplinär erfahrene Teams

Quellen

Buch – Mindful Leader, Esther Narbeshuber, Johannes Narbeshuber (O. W. Barth Verlag – 2019)

Buch – Reinventing Organizations, Frederic Laloux (Vahlen – 2015)

Web – https://www.hr-performance-institut.de/itm/mindfulness-in-organizations/, 03.05.2021

Web – https://www.mindfulleader.at/, 03.05.2021

Web – https://lexikon.stangl.eu/593/resilienz, 13.05.2021

Web – https://urbestself.de/blogs/article/die-5-besten-achtsamkeit-podcasts, 13.05.2021

Web – https://gesund.bund.de/stress, 13.05.2021

Web – https://www.gesundheit.gv.at/leben/stress/auswirkungen, 13.05.2021

Web – https://karrierebibel.de/journaling/, 14.05.2021

Web – https://www.emotion.de/de/persoenlichkeit/gluecks-interview-karlheinz-ruckriegel-6662, 14.05.2021

Web – https://dubistgenug.de/achtsamkeitsuebungen/, 14.05.2021

Web – https://www.achtsamleben.at/praxis/, 14.05.2021

Web – https://www.aok.de/pk/magazin/wohlbefinden/stress/die-besten-entspannungsuebungen-bei-stress/, 14.05.2021

Web – https://www.praxisvita.de/jon-kabat-zinn-von-der-wissenschaft-zur-achtsamkeit-14565.html, 14.05.2021

Organisation – HR Performance Institute, Freiburg im Breisgau, www.hr-performance-institut.de/

Person – Beate Sommer, www.b-sommer.com

Grafik: verrocchio Mindset-Card – Illustration: Jennifer Weiss

12 Advocatus Diaboli

EinSatzBeschreibung

Technik, um Ideen zu evaluieren bzw. diese einem Stresstest zu unterziehen.

Transformation-Index

P1 Leading	P2 Organizing	P3 Connecting	P4 Growing	P5 Talking	P6 Scanning	P7 Exploiting	P8 Exploring	P9 Earning	P10 Scaling
x	x	x	x	x	x	x	x	x	x

Beschreibung

Advocatus Diaboli (lat. „Anwalt des Teufels“) dient als Methode gegen Gruppenzwang, zahlt auf Perspektivenwechsel ein und ist ein alter lateinischer Ausdruck, der ursprünglich in der römisch-katholischen Kirche die Person bezeichnet, die im Verfahren der Selig- beziehungsweise Heiligsprechung Argumente gegen die besprochene Persönlichkeit zu sammeln und vorzutragen hatte. Der „Advocatus Angeli“, als Gegenposition, argumentierte für die Seligsprechung.

Im Kontext digitaler Transformation ist das Ziel dieser Technik, einem vorschnellen Konsens einer Gruppe entgegenzuwirken. Sie hilft, kognitive Verzerrungen, dysfunktionale Überzeugungen, sowie negative Glaubenssätze aufzudecken. Insbesondere bei Entscheidungen, die in Gruppen getroffen werden, kann es zu verschiedenen Gruppendynamiken kommen. So können sich beispielsweise dominantere oder hierarchisch höher gestellte Personen leichter durchsetzen, ohne unterschiedliche Alternativen zu prüfen. Ein anderes Phänomen ist ein Harmoniebedürfnis der Gruppe. Auf solcher Basis entstandener Konsens kann aber kontraproduktiv sein. Wenn jemand eine andere Meinung vertritt, wird er oft als Nörgler bewertet. Damit solchen Situationen vorgebeugt werden kann, ist es sinnvoll, Advocatus Diaboli in Entscheidungsprozessen und auch bei der Lösungsfindung einzusetzen, denn sie hilft, die Ideen kontrovers zu betrachten. Sozusagen ist die Methode Advocatus Diaboli als institutionalisierte Kritik einzuordnen.

Durchführung

Einige Teilnehmer nehmen bewusst die Rolle eines Advocatus Diaboli ein, um die Position der Gegenseite zu vertreten. Die gegnerische Seite versucht dann die Argumente zu widerlegen. Durch die intensive Beschäftigung mit den Gegenargumenten kommt es zur Blickerweiterung und Perspektivenwechsel. Entscheidungen können somit auf breiterer Basis besser durchdachten Argumenten getroffen werden, Vor- und Nachteile werden offen dargestellt. Die Übernahmen einer Rolle führt zur „gespielten“ Übernahme von bestimmter Position. Dadurch wird das Aussprechen von Gedanken, Argumenten, Optionen viel leichter. Ohne diese Rolle würden sich die Teilnehmer oft nicht trauen, dies auszusprechen oder diese Position zu vertreten.

In einem Remote-Meeting sollten idealerweise zwei Teilnehmer diese Rolle bewusst übernehmen und Argumente oder Ideen entwickeln, die ganz bewusst die Gegenposition zu dem Gesagten darstellt. Es geht nicht darum, dass diese Teilnehmer diese Meinung selbst verinnerlichen, es geht vielmehr darum, dass verschiedene Perspektiven und Argumente entwickelt werden.

Diese Methode eignet sich besonders gut zur Evaluierung von Ideen und zur Entscheidungsfindung. Damit wird es möglich, die Problemstellung in einem Quasi-Rollenspiel intensiv, kontrovers und effizient zu beleuchten, ohne, dass sich die Teilnehmer persönlich berührt fühlen.

Die Teilnehmer können erstmal jeder für sich die möglichen Alternativen und Argumente für die Ihnen zugeordnete Rolle überlegen. Danach können in Kleingruppen, bestehend aus den Vertretern der jeweiligen Rollen, diese Ideen ausgetauscht werden. Erst danach kann im Plenum die „richtige“ Diskussion stattfinden.

Insbesondere in virtuellen Meetings hat sich diese Methode bewährt, weil sie deutlich kürzer ist als zähe Diskussionen, die in das persönliche abdriften können. Es gibt verschiedene Möglichkeiten, die Methode anzuwenden. Zum Beispiel kann sie sehr gut in zwei Phasen verlaufen, zuerst als Gruppenarbeit erstmal in Break-out Räumen eingeleitet werden und anschließend mit einer für alle gleichzeitig bearbeitbarer Datei zusammengeführt und weiterentwickelt werden. Damit wird auch erreicht, dass sich die Teilnehmer mit dem Thema tiefgehend auseinandersetzen.

Transformationswirksamkeit

- Wirksam für Herausforderungen mit niedriger Komplexität
- Wirksam für alle Transformationen

Transformationsfähigkeit

- Fördert offene Mindsets und innovative Denkhaltungen
- Zahlt auf eine bessere Wahrnehmung ein

Einsatzcharakteristik

- Austauschfokus: vornehmlich mit internen Personen
- Durchführungszeit: eher gering (< 1 Stunde)
- Einsatzfrequenz: vornehmlich im einmaligen Einsatz
- Einsatzfrequenz: vornehmlich über im kompletten Projektzeitraum
- Einsatzradius: vornehmlich im Teameinsatz
- Komplexität für den Moderator: eher gering
- Komplexität für die Teilnehmer: eher gering
- Teamgröße: Kleingruppe möglich (3 bis 5 Teilnehmer)
- Teamgröße: Mittelgroße Teams möglich (5 bis 20 Teilnehmer)
- Vorbereitungszeit: eher gering (<1 Stunde)

Nötiger Input, um mit der Methode arbeiten zu können

- Angereicherte Ideen, Ideencluster oder höher integrierte Lösungen
- Ergebnisse aus der Analysephase
- Ideen und Projekte die zur Umsetzung anstehen
- Verschiedene Meinungen und Blickwinkel
- Ideen, Lösungsansätze, Vorideen, Varianten

Erzeugter Output der Methode

- Erzeugt größere Klarheit zu einem Thema
- Erzeugt mehr Hintergrundinformationen
- Erzeugt mehr Know-how-Zuwachs
- Hilft bei Entscheidungen, Bewertungen und Hinderniseffekte, auf die die Methode positiv wirkt
- Beugt blinden Flecken/Betriebsblindheit vor
- Verhindert einseitige Bewertungen und Entscheidungen
- Schafft für den Erfolg nötige Realitätsbezüge
- Beugt Misinterpretationen vor
- Verhindert unreflektiertes Agieren
- Verhindert vorschnelles Urteilen über Ideen
- Schafft schnell Klarheit und beschleunigt Erkenntnisgewinn

Mögliche Extravorteile

- für Teams mit einer schwacher Teamleitung
- für Teams mit schwachem Auftragsmandat
- für innovativ ungeübte Teams
- für interkulturell unerfahrene Teams
- für multidisziplinär unerfahrene Teams
- für unerfahrene Trainer und Agile Coaches

Quellen

Buch – Das große Handbuch Innovation, B. van Aerssen, C. Buchholz (Vahlen 2018)

Buch – Das große Handbuch der Kreativitätsmethoden, M. Luther (managerSeminare Verlags GmbH 2013)

Web – http://www.ideenfindung.de/Übersicht-Liste-Kreativitaetstechniken-Ideenfindung.html (April 2017)

Buch – Revolutionäres Innovationsmanagement, B. van Aerssen (mi-Wirtschaftbuch 2009)

AEIOU-Technik

EinSatzBeschreibung

Bestehende Prozesse, Handlungen oder Journeys analysieren und verstehen.

Transformation-Index

P1 Leading	P2 Organizing	P3 Connecting	P4 Growing	P5 Talking	P6 Scanning	P7 Exploiting	P8 Exploring	P9 Earning	P10 Scaling
					x	x	x		

Beschreibung

AEIOU ist eine hervorragende Methode, die hilft bestehende Prozesse, Handlungen, Journeys etc. zu analysieren und zu beobachten. Egal ob wir mit unserem Projekt das „Exploit" oder das „Explore" fokussieren, um wirklich neue digitale Ansätze zu finden müssen wir das vorhandene System wirklich wirklich verstehen.

Das Akronym AEIOU steht dabei für …

- **A**ction = Die Aktivitäten einzelner Individuen genau beobachten und aufzeichnen.
- **E**nvironment = Das Umfeld des Systems und der Personen beobachten und analysieren.
- **I**nteraction = Interaktionen zwischen Personen bzw. Objekten beobachten.
- **O**bject = Verwendung von Objekten, zum Beispiel Maschinen, analysieren und verstehen.
- **U**ser = Die Handlungen des Nutzers im Kontext der umgebenden Systeme betrachten.

Das menschliche Gehirn fokussiert sich aufgrund der Vereinfachung von komplexen Situationen auf wenige Aspekte, die ihm als wesentlich für den Eindruck erscheinen. Dadurch filtert das Gehirn den Überfluss an Informationen, dies ist allerdings hinderlich für erfolgreiche Beobachtungen. Hier unterstützt die AEIOU-Technik und man erhält einen vollständigen Überblick der zu beobachtenden Situation oder des Prozesses.

Durchführung

Schritt 1: Teilen Sie beispielsweise Ihr Team am besten in fünf Einzel- oder Kleingruppen für dem jeweiligen AEIOU-Fokus auf. Jeder Fokus stellt eine Teamaufgabe dar.

Schritt 2: Lassen Sie nun die Kleingruppen den jeweilig zugewiesenen Fokus analysieren. Die Wahl der Werkzeuge ist dabei beliebig, aber es ist wichtig das Beobachtete wirklich detailliert aufzuzeichnen.

Schritt 3: Ist die Analyse abgeschlossen, werden die Erkenntnisse der Beobachtungen in einer Gruppendiskussion zusammengetragen und Synthesen, Ableitungen oder Leitfragen für das Projekt erstellt.

Transformationswirksamkeit

- Wirksam für alle Transformationen
- Wirksam für radikale Transformationen

Transformationsfähigkeit

- Fördert die Teamkreativität
- Fördert die allgemeine Transformationsfähigkeit des Teams
- Zahlt auf eine bessere Wahrnehmung ein

Einsatzcharakteristik

- Einsatzradius: vornehmlich im projektweiten Einsatz
- Komplexität für den Moderator: eher mittel
- Komplexität für die Teilnehmer: eher gering
- Austauschfokus: vornehmlich mit internen und externen Personen
- Durchführungszeit: eher mittel (>1 Stunde bis <1 Tag)
- Einsatzfrequenz: vornehmlich im kompletten Projektzeitraum
- Einsatzradius: vornehmlich im Teameinsatz
- Vorbereitungszeit: eher gering (<1 Stunde)
- Teamgröße: Einzelpersonennutzung möglich
- Teamgröße: Mittelgroße Teams möglich (5 bis 20 Teilnehmer)
- Teamgröße: Kleingruppe möglich (3 bis 5 Teilnehmer)

Nötiger Input, um mit der Methode arbeiten zu können

- Umfeldbeobachtungen, Umfeldanalysen
- Personenmerkmale
  (Meinungen, Bedürfnisse, Werte, etc.)
- Verschiedene Meinungen und Blickwinkel
- Vorhandenes Wissen und Erfahrungen

Erzeugter Output der Methode

- Erzeugt neues Wissen und neue Erfahrungen
- Erzeugt größere Klarheitzu einem Thema
- Erzeugt mehr Know-how-Zuwachs
- Erzeugt Prognosen und Ableitungen
- Identifiziert vorhandene Stärken
- Identifiziert vorhandene Schwachstellen
- Macht Wirkzusammenhänge sichtbar

Hinderniseffekte, auf die die Methode positiv wirkt

- 04 – Beugt blinden Flecken/Betriebsblindheit vor
- 13 – Schafft für den Erfolg nötige Realitätsbezüge
- 20 – Verhindert Ideenfindung mit zu schwacher Erkenntnisgrundlage
- 32 – Verhindert unreflektiertes Agieren
- 33 – Schwächt Verdiskutiererei
- 42 – Überzeugt strukturliebende Teammitglieder

Mögliche Extravorteile

- für disruptiv erfahrene Teams
- für disruptiv unerfahrene Teams
- für agile Teams
- für innovativ erfahrene Teams
- für innovativ ungeübte Teams
- für die Arbeit mit digitalen Kollaborationsboards

Quellen

Buch – Das große Handbuch Innovation, B. van Aerssen, C. Buchholz (Vahlen 2018)

Buch – DESIGN THINKING – Das Handbuch, F. Uebernickel, W. Brenner, T. Naef, B. Pukall (Frankfurter Allgemeine Buch 2015)

Web – https://thinking-design.de/aeiou%e2%80%89-%e2%80%89methode/ (April 2017)

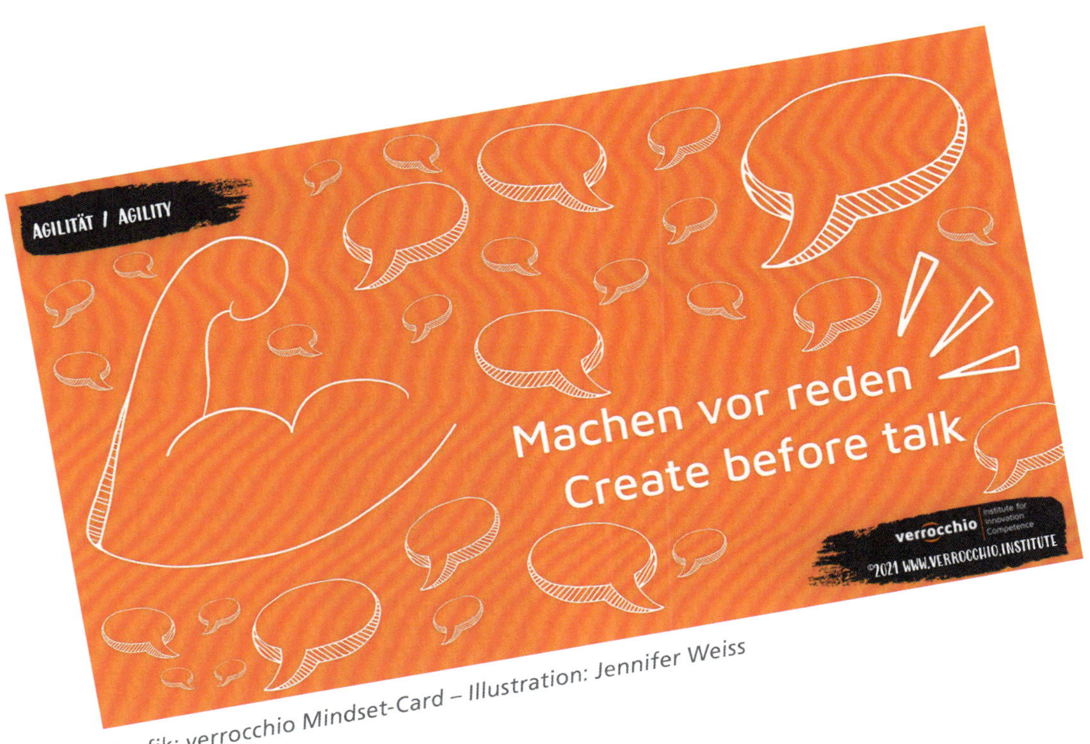

Grafik: verrocchio Mindset-Card – Illustration: Jennifer Weiss

After Action Review

EinSatzBeschreibung

Eine Technik, um einen „Schulterblick" methodisch zielführend durchzuführen.

Transformation-Index

P1 Leading	P2 Organizing	P3 Connecting	P4 Growing	P5 Talking	P6 Scanning	P7 Exploiting	P8 Exploring	P9 Earning	P10 Scaling
x	x	x	x	x	x	x	x	x	x

Beschreibung

Bei der Durchführung digitaler Transformationsprojekte lohnt sich der regelmäßige Schulterblick, um systematisch aus den gemachten Erfahrungen zu lernen. Der After Action Review (AAR) bietet sich als Technik an, um diesen wertvollen Schulterblick methodisch zielführend anzugehen.

Die ARR Methode ist zwar ein einfaches, aber sehr praktikables Tool, welches ursprünglich vom US-amerikanischen Militär entwickelt wurde, um Kampfeinsätze mit einem strukturierten Prozess zu reflektieren, zu bewerten und für zukünftige Einsätze zu lernen.

Das After Action Review wird von diversen Unternehmen genutzt, um am Ende eines Projekts, einer Projektphase oder eines Leistungszeitraums aus dem Zurückliegenden zu lernen und daraus wichtige Schlüsse für die Zukunft zu ziehen. Auch für die persönliche Weiterentwicklung ist ein After Action Review hervorragend geeignet, beispielsweise am Ende eines Jahres, eines Quartals, eines Monats oder einer Woche. Die Methode unterstützt Mitarbeiter in der digitalen Transformation, wenn sie ihre Komfortzone verlassen und sich der Veränderung stellen.

Das großartige an der ARR Methode ist, dass sie absolut flexibel einzusetzen ist und immer eine Lernkurve für die Beteiligten induzieren kann. Optimalerweise fokussiert man sich bei einem ARR nicht nur auf das „Was" erreicht wurde, sondern insbesondere auch auf das „Wie". Wie hast Du Deine Ziele erreicht? Welche Maßnahmen und Entscheidungen aus dem zurückliegenden Betrachtungszeitraum sind verantwortlich für eine positive Entwicklung des Transformationsprojektes? Die Wirkzusammenhänge sollen sichtbar gemacht werden. Vorhandene Defizite werden transparent, Stärken kommen an die Oberfläche.

Durchführung

Die Zielrichtung eines ARR liegt vor allem im gemeinsamen Lernen. Es geht darum Potenziale und Optimierungs-möglichkeiten zu identifizieren. Ziel ist nicht Fehler zu suchen, um daraus dann Kritik und Vorwürfe abzuleiten. Das Herausarbeiten von Chancen, um die zukünftige Performance zu verbessern steht bei dieser Technik eindeutig im Vordergrund. Ein fairer Umgang miteinander, modernes Leadership sowie ein proaktives Engagement aller Beteiligten sind Voraussetzung für ein gelungenes Review.

Es geht nicht um die Frage welche Person gute oder schlechte Arbeit geleistet hat, sondern es geht darum zu erkennen, welche Entscheidungen oder welche Maßnahmen dazu geführt haben. Ziel ist es für die zukünftige Projektphase bzw. den kommenden Leistungszeitraum zu lernen und besser zu werden. Selbstverständlich werden Erkenntnisse des AAR nicht ohne Zustimmung der Beteiligten öffentlich kommuniziert oder publiziert. In der Regel wird die Methode im Rahmen eines eintägigen Meetings durchgeführt.

Schritt 1: Was waren die konkreten Ziele im Betrachtungszeitraum? Was sollte erreicht werden (z. B. Kennzahlen)?

Schritt 2: Neutraler Soll-Ist-Abgleich in Bezug auf den Betrachtungszeitraum. Hier geht es noch nicht um eine Bewertung.

Schritt 3: Was lief im Betrachtungszeitraum sehr gut und warum ist das Ergebnis positiv? Best Practices werden reflektiert und die Teilnehmer können profitieren.

Schritt 4: Was kann künftig besser gemacht werden? Empfehlungen und Handlungsalternativen für den kommenden Betrachtungszeitraum oder für die kommende Projektphase werden identifiziert. Es empfiehlt sich eine selbstwertschützende Attribution der ursprünglichen Entscheidungen. Zu harte negative Beurteilungen sind kontraproduktiv!

Schritt 5: Die wichtigsten Erkenntnisse werden zusammengefasst und protokolliert. Es wird bestimmt welcher Teilnehmer ein ToDo in einem definierten Zeitfenster zu erledigen hat.

Das After Action Review ist wie beschrieben eine schnelle und einfach umzusetzende Technik, um Erfahrungen in den Veränderungsprozessen einer Company zu dokumentieren und die nötigen Schlüsse für die Zukunft zu ziehen. Die regelmäßige Nutzung am Ende einer Projektphase hilft Personen und Organisationen dabei sich kontinuierlich weiterzuentwickeln. Der geringe Aufwand ist zudem ein erstklassiger weiterer Vorteil!

Praxisschlaglicht

Im Vertrieb eines großen Telekommunikationskonzerns gibt es regelmäßige After Action Reviews mit dem Anliegen, die Performanceentwicklung pro Vertriebsgebiet und Region im Auge zu behalten. Quartalsweise werden die Account Manager der eigenen Filialkette und der Franchiseeinheit zu diesem methodischen Rückblick eingeladen. Beleuchtet wird unter anderem die quantitative Zielerreichung diverser Kennzahlen wie der Umsatz und die Vertragszahlen von Mobilfunk, Festnetz und Kundenzufriedenheit (NPS) pro Account Manager und pro Laden. Zusätzlich werden auch qualitative Projektfortschritte analysiert und besprochen. Beispielsweise wird bewertet, ob es den Account Managern gelungen ist, die Initialisierung eines digitalen Omnichannel-Konzeptes „Ship to Store“ erfolgreich umzusetzen. Bei dem fortschrittlichen Konzept können Kunden davon profitieren die gewünschten Produkte Online auszuwählen und zu kaufen. Die relevante Filiale versendet dann das Produkt (z. B. Mobilfunkvertrag mit dem neuen iPhone) an den jeweiligen Kunden und leert somit ihre Lagerbestände.

Ein wesentlicher Erfolgsbaustein ist, dass das Review mit bis zu zehn Account Managern gleichzeitig an einem Tag durchgeführt wird. So ergibt sich für alle Beteiligten die vom Konzern gewünschte Transparenz in Bezug auf das „WIE“ jeder einzelne Kollege im zurückliegenden Betrachtungszeitraum agiert hat. Die wechselseitigen Lerneffekte zahlen auf eine hohe Leistungsdichte bei den verantwortlichen Gebietsmanagern ein. Zwischen den Account Managern gibt es erfreulicherweise nur ein geringes Zielerreichungsdelta.

Transformationswirksamkeit

- Wirksam für alle Transformationen

Transformationsfähigkeit

- Fördert die Agilität eines Teams
- Fördert die allgemeine Transformationsfähigkeit des Teams

Einsatzcharakteristik

- Austauschfokus: vornehmlich mit internen Personen
- Durchführungszeit: eher gering (< 1 Stunde)
- Einsatzfrequenz: sinnvoll im dauerhaften Einsatz
- Einsatzfrequenz: vornehmlich über im kompletten Projektzeitraum
- Einsatzradius: vornehmlich im Teameinsatz
- Einsatzradius: vornehmlich im projektweiten Einsatz
- Komplexität für den Moderator: eher gering
- Komplexität für die Teilnehmer: eher gering
- Teamgröße: Einzelpersonennutzung möglich
- Teamgröße: Kleingruppe möglich (3 bis 5 Teilnehmer)
- Teamgröße: Mittelgroße Teams möglich (5 bis 20 Teilnehmer)
- Vorbereitungszeit: eher gering (<1 Stunde)

Nötiger Input, um mit der Methode arbeiten zu können

- Beteiligte Personen mit Tätigkeiten und Aufgaben
- Durchlaufenes Projekt oder Projektphasen
- Durchführungszeit, Trainingszeit

Erzeugter Output der Methode

- Bessere Projekteffizienz, bessere Teamperformance
- Erzeugt größere Klarheit zu einem Thema
- Erzeugt transformationsfähigere Organisationen
- Erzeugt mehr Agilität im Team
- Hilft bei Entscheidungen, Bewertungen und Feedback
- Identifiziert vorhandene Schwachstellen
- Identifiziert vorhandene Stärken
- Macht Wirkzusammenhänge sichtbar

Hinderniseffekte, auf die die Methode positiv wirkt

- 04 – Beugt blinden Flecken/Betriebsblindheit vor
- 05 – Verhindert blinden Aktionismus
- 09 – Schwächt zu extrovertierte Teammitglieder
- 11 – Schärft eine fehlende gemeinsame Ausrichtung
- 13 – Schafft für den Erfolg nötige Realitätsbezüge
- 16 – Beugt Misinterpretationen vor
- 32 – Verhindert unreflektiertes Agieren
- 36 – Schafft schnell Klarheit und beschleunigt Erkenntnisgewinn

Mögliche Extravorteile

- für Teams mit einer schwacher Teamleitung
- für disruptiv unerfahrene Teams
- für innovativ ungeübte Teams
- für interkulturell unerfahrene Teams
- für multidisziplinär unerfahrene Teams
- für unerfahrene Trainer und Agile Coaches

Quellen

Web – http://www.erfolgreich-projekte-leiten.de 17.04.2021

Buch – Das große Handbuch Innovation, B. van Aerssen, C. Buchholz (Vahlen 2018)

Buch – Revolutionäres Innovationsmanagement, B. van Aerssen (mi-Wirtschaftsbuch 2009)

15

Agiler Baum

EinSatzBeschreibung

Visuelle Darstellung von agilen Werten, Prinzipien, Methoden und Praktiken.

Transformation-Index

P1 Leading	P2 Organizing	P3 Connecting	P4 Growing	P5 Talking	P6 Scanning	P7 Exploiting	P8 Exploring	P9 Earning	P10 Scaling
x	x		x						

Beschreibung

Agilität ist ein Schlagwort, das im Rahmen der digitalen Transformation großzügig gebraucht wird, jedoch für viele Betroffene schwer zu fassen ist. Für einige, die im Rahmen der Transformation gezielt agile Vorgehensweisen verwenden, legt sich idealerweise mit der Zeit der Schleier. Findet keine strukturierte Herleitung von Ziel und Zweck agiler Zusammenarbeit statt, verstehen der Großteil trotz intensiver Beschäftigung mit der Thematik nicht, was der Mehrwert ist.

Wenn sie dann nach Monaten oder Jahren der agilen digitalen Transformation erstmalig an einem Training zum Thema Agilität teilnehmen, äußern sich Vorbehalte und Wissenslücken meist in Form folgender Fragen und Aussagen:

- „Was ist der Unterschied zwischen Agilät und Scrum? Ist das nicht das Gleiche?“
- „Das ist doch die nächste Sau, die durchs Dorf getrieben wird.“
- „Diese Agilität klappt bei uns nicht.“
- „Wir arbeiten nun schon seit Jahren mit Scrum, aber geändert hat sich dadurch nichts.“

Vor allem die letzte Aussage deutet darauf hin, dass Praktiken und Frameworks aus Büchern und von anderen Unternehmen kopiert werden (Doing Agile), aber der in vielen Fällen notwendige kulturelle Wandel für eine erfolgreiche Transformation vermutlich nicht stattgefunden hat (Being Agile). Ergibt ein genaueres Hinterfragen, dass beispielsweise der Product Owner der disziplinarische Vorgesetzte des Teams ist oder das die Teammitglieder parallel fünf verschiedenen Scrum-Teams angehören, bestätigt sich die Vermutung, dass die Etablierung von gemeinsamen agilen Werten und Prinzipien vernachlässigt worden ist.

Eine Möglichkeit, den Betroffenen und Initiatoren der Transformation den Kern und die Mehrdimensionalität von Agilität simplifiziert zu vermitteln und einen Cargo-Kult zu vermeiden, ist der agile Baum. Dieser stellt Agilität in vier verschiedenen Ebenen dar: Werte, Prinzipien, Frameworks und Praktiken.

Je nach Metaphervorliebe kann die Mehrdimensionalität der Agilität auch mit einer Zwiebel oder einem Eisberg dargestellt werden, wobei die Werte bei der Zwiebel den Kern bilden bzw. die Werte und Prinzipien beim Eisberg unterhalb der Wasseroberfläche liegen und den Großteil der Eismasse ausmachen.

Durchführung

Der agile Baum lässt sich hervorragend in Workshops, Trainings, Retrospektiven und Teambuildings einbauen, um ein gemeinsames Verständnis zum Thema Agilität zu schaffen.

Zu Beginn erläutert der Moderator die oben beschriebenen Problemstellungen zum Agilitätsverständnis, d. h. dass beispielsweise mit Agilität primär Frameworks wie Scrum oder Kanban assoziiert werden oder auch einzelne Praktiken wie Task Boards oder Backlogs, die Basis für eine erfolgreiche agile Zusammenarbeit jedoch die Werte und Prinzipien bilden, die leider häufig vernachlässigt werden. Als Beispiel kann aufgeführt werden, dass sich Unternehmen in solchen Fällen wundern, weshalb sie trotz der Imple-

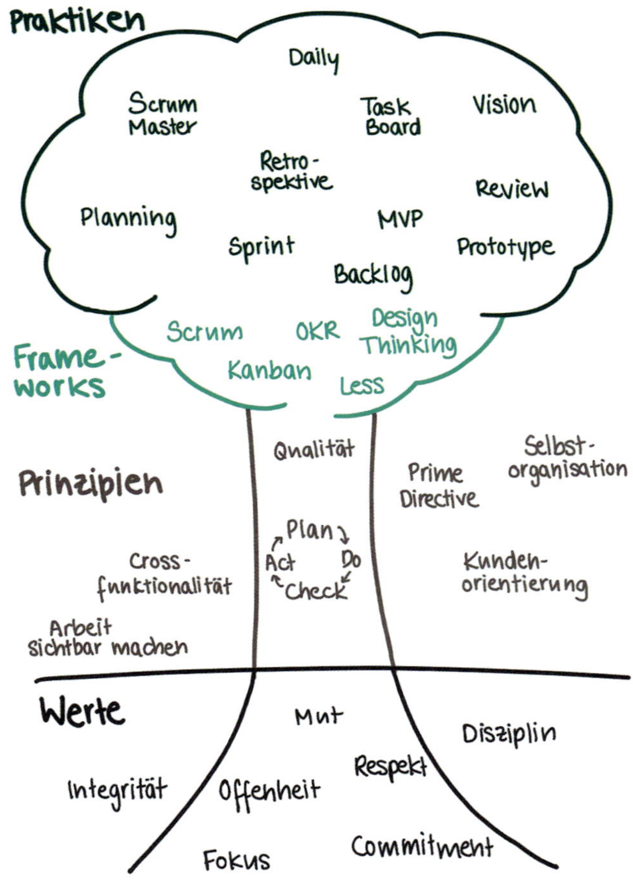

Grafik: Sabina Lammert

mentierung von Scrum in ihren Produktentwicklungsteams keine signifikante Steigerung ihres Outcomes erzielen.

Agilität besteht aus mehr als nur Frameworks und Praktiken, was der Moderator durch die Vorstellung eines zunächst leeren Agilen Baums verdeutlicht. Dieser kann auf einem Flipchart, einer Metaplanwand oder in einem beliebigen virtuellen Kollaborationstool aufgezeichnet sein.

Die Wurzeln agiler Zusammenarbeit sind die Werte und die Prinzipien bilden einen soliden Stamm, auf dem die Frameworks und Praktiken gedeihen. Sind die Wurzeln oder der Stamm beschädigt oder nicht vorhanden, können die Äste und Blätter nicht gedeihen und die Organisation wird die Früchte der agilen Zusammenarbeit nicht in vollem Umfang ernten können.

Damit die restliche Übung zu einer nachhaltigen Verankerung des Agilitätsverständnisses führt, ist es wichtig, die vier Begriffe des Baumes für alle anschaulich zu erläutern.

Werte:

Das große Buch der Werte liefert folgende Definition: „Werte (Wertvorstellungen) sind allgemein erstrebenswerte, moralisch oder ethisch als gut befundene spezifische Wesensmerkmale einer Person innerhalb einer Wertegemeinschaft."

Unsere eigenen Werte können wir ohne intensive Auseinandersetzung oftmals nicht einfach benennen. Wir merken jedoch sehr schnell, wenn jemand diese Werte verletzt, und das führt zu einem Konflikt. In einigen Fällen findet dieser Konflikt unmittelbar statt, meistens jedoch entsteht ein schleichender Prozess, bei dem immer wiederkehrende Werteverletzung zu einer passiven Aggressivität in der Zusammenarbeit und schließlich zu einem Eklat führt. Als Team und auch als Unternehmen bilden die gemeinsamen Werte den kleinsten gemeinsamen Nenner, auf die sich die Gemeinschaft einigt, um eine konstruktive Zusammenarbeit sicherzustellen.

Prinzipien:

Laut dem Duden handelt es sich bei einem Prinzip um eine „feste Regel, die jemand zu Richtschnur seines Handelns macht, durch die er sich in seinem Denken und Handeln leiten lässt". Im Vergleich zu Werten, die wir im Rahmen unseres familiären und sozialen Umfelds meist unbewusst übernehmen und die ein Bestandteil unseres Wesens sind, stellen wir Prinzipien bewusst auf.

Frameworks:

Als Frameworks werden an dieser Stelle Methoden wie beispielsweise Scrum, Kanban oder Design Thinking bezeichnet, die eine Komposition bestimmter Praktiken sind, die verschiedene Prinzipien umsetzen. Es macht je nach Übungsdesign gegebenenfalls Sinn, „Methoden" statt „Frameworks" als Begriff zu verwenden. Frameworks drückt korrekterweise aus, dass die agilen Methoden lediglich einen Rahmen darstellen, der von den Teams bedarfsgerecht ausgestaltet werden muss, jedoch ist dieser Begriff für Teilnehmer, die neu in die Thematik einsteigen, oft schwer greifbar.

Praktiken:

Die Baumkrone des agilen Baums bilden die Praktiken, die Einzelbausteine der Frameworks sind.

Foto: Sabina Lammert

Um den Zusammenhang der vier Dimensionen zu erläutern, bietet sich ein Beispiel an:

Transparenz ist ein Wert, der im Prinzip „Arbeit sichtbar machen" als Regel der Zusammenarbeit festgehalten werden kann. Das Taskboard ist eine Praktik, die Arbeit sichtbar macht und sich in verschiedenen Frameworks wie Scrum, Kanban oder auch Design Thinking wiederfindet. Dementsprechend zahlen Taskboards in diesen Frameworks über das Prinzip des Sichtbarmachens der Arbeit auf den Wert Transparenz ein.

Einen komplett vollständigen Agilen Baum zu erstellen ist ein Vorhaben, das nicht zielführend ist. Es gibt seitenlange Listen mit agilen Prinzipien und der Ausgabe des großen Buches des Werte von 2019 sind allein 124 Werte gelistet. Wichtig bei der Übung ist daher nicht die Vollständigkeit des Baumes, sondern die Relevanz der gewählten Begriffe. Beschäftigt sich eine Gruppe mit Scrum, sollten die fünf Scrum-Werte Fokus, Offenheit, Commitment, Mut und Respekt unter den Werten zu finden sein, die zwölf agilen Prinzipien aus dem Manifest dürfen als Stamm nicht fehlen und neben dem Framework selbst sollten die sechs Meetings, die drei Rollen und die Scrum-Praktiken abgebildet sein. Je nach Kontext können sich daher die Agilen Bäume unterscheiden.

Praxisschlaglicht

Als Check-in für ein Agile Leadership Training fragte eine Moderatorin die zwölf Teilnehmer nach ihren Assoziationen zum Thema Agilität. In einem 5-minütigen stillen Brainstorming schrieben die Teilnehmer ihre Assoziationen auf Haftnotizzettel und stellten diese im Anschluss den restlichen Anwesenden vor, während sie diese auf eine Metaplanwand klebten. Diese Sammlung parkte die Moderatorin zunächst, um sie zu einem späteren Zeitpunkt zu verwerten.

15 Agiler Baum

Den Agendapunkt „Agiler Baum“ eröffnete die Moderatorin mit den Hintergründen, weshalb es in vielen Fällen zu einer Reduktion des Agilen auf die Frameworks und Praktiken kommt und weshalb eine ganzheitliche Betrachtung aller vier Dimensionen der Agilität notwendig ist. Anschließend präsentierte sie den vorgezeichneten leeren Agilen Baum und erläuterte die Definition der vier Begriffe beginnend bei den Werten.

Nachdem die Teilnehmer ihre Verständnisfragen zu den Definitionen gestellt haben, holte die Moderatorin die Metaplanwand mit den bereits beschriebenen Haftnotizzetteln vom Check-in hervor und stellt diese neben den noch leeren Baum. Nun sortierten die Teilnehmer ihre Assoziationen mit dem Begriff Agilität den vier Dimensionen des Baumes zu, wodurch sie die zuvor gehörten und verwendeten Schlagwörter eigenständig kategorisierten und in einen Gesamtkontext brachten.

Fehlende Begriffe, die für den weiteren Verlauf des Trainings relevant waren, wurden von der Moderatorin ergänzt. Begriffe, die nicht allen Teilnehmern bekannt waren, erläuterten sich die Teilnehmer gegenseitig.

Transformationswirksamkeit

- Wirksam für agile Transformationen

Transformationsfähigkeit

- Fördert die Agilität eines Teams
- Fördert die Teamkreativität
- Fördert die allgemeine Transformationsfähigkeit des Teams
- Fördert grundlegend die Kreativität
- Fördert offene Mindsets und innovative Denkhaltungen
- Sorgt für Inspiration oder bessere Inspirationsempfindlichkeit
- Zahlt auf eine bessere Vorstellungskraft ein
- Zahlt auf eine bessere Wahrnehmung ein

Einsatzcharakteristik

- Austauschfokus: vornehmlich mit internen Personen
- Durchführungszeit: eher gering (< 1 Stunde)
- Einsatzfrequenz: vornehmlich im einmaligen Einsatz
- Einsatzradius: vornehmlich im Teameinsatz
- Komplexität für den Moderator: eher mittel
- Komplexität für die Teilnehmer: eher gering
- Teamgröße: Kleingruppe möglich (3 bis 5 Teilnehmer)
- Teamgröße: Mittelgroße Teams möglich (5 bis 20 Teilnehmer)
- Vorbereitungszeit: eher gering (<1 Stunde)

Nötiger Input, um mit der Methode arbeiten zu können

- Vorhandenes Wissen und Erfahrungen
- Personenmerkmale (Meinungen, Bedürfnisse, Werte, etc.)

Erzeugter Output der Methode

- Erzeugt Poster
- Erzeugt besseren Teamspirit, mehr Offenheit, Inspirationsempfindlichkeit
- Erzeugt neues Wissen und neue Erfahrungen
- Erzeugt größere Klarheit zu einem Thema
- Erzeugt transformationsfähigere Organisationen
- Erzeugt mehr Hintergrundinformationen
- Erzeugt mehr Agilität im Team
- Erzeugt mehr Know-how-Zuwachs
- Erzeugt motiviertere und transformationsfähigere Teilnehmer

Hinderniseffekte, auf die die Methode positiv wirkt

- 10 – Verhindert falsche Flughöhen
- 16 – Beugt Misinterpretationen vor
- 18 – Bewahrt vor zu generischen Ideen und Aussagen
- 36 – Schafft schnell Klarheit und beschleunigt Erkenntnisgewinn
- 39 – Fördert die Agilität der Teilnehmer
- 42 – Überzeugt strukturliebende Teammitglieder

Mögliche Extravorteile

- für agile Teams
- für erfahrene Trainer und Agile Coaches
- für unerfahrene Trainer und Agile Coaches

Quellen

Web – https://www.projektmagazin.de/artikel/agilitaet-einfuehren-mit-agilem-Baum, 02.04.2021

Buch – Das große Buch der Werte: Enzyklopädie der Wertvorstellungen, Frank H. Sauer (Intuistik Verlag 2019)

Agreement Certainty Matrix

EinSatzBeschreibung

Methode, um Probleme genau zu verstehen und anderen Wurzeln zu gelangen.

Transformation-Index

P1 Leading	P2 Organizing	P3 Connecting	P4 Growing	P5 Talking	P6 Scanning	P7 Exploiting	P8 Exploring	P9 Earning	P10 Scaling
						x			

Beschreibung

Probleme werden häufig versucht, mit unzureichenden Methoden zu lösen. Um aber an die Wurzel des Problems zu gelangen, ist es wichtig, die Art und Weise bestehender Herausforderungen zu verstehen, um passende Methoden zur möglichen Lösungsfindung abzuleiten.

Die Agreement Certainty Matrix ist eine nützliche Methode, bestehende Probleme in ihrer Art und Weise z. B. mit beteiligten Mitarbeitern einer Abteilung genau zu analysieren, um den geeigneten Lösungsansatz abzuleiten. Probleme und Herausforderungen werden dabei in vier Kategorien unterteilt: einfach, kompliziert, komplex und chaotisch.

- **Einfach ist ein Problem**, wenn es zuverlässig und mit wiederkehrend gleichen Mitteln und Maßnahmen zu lösen ist, die leicht zu kopieren sind (z. B. einer Bauanleitung zu folgen).
- **Kompliziert ist ein Problem**, wenn ausgebildete Experten eine mögliche Lösung erarbeiten müssen, um wiederkehrend vorhersehbare Lösungen und Ergebnisse zu erreichen (z. B. ein Flugzeug zu bauen)
- **Komplex ist ein Problem**, wenn es mehrere Wege zur möglichen Lösung gibt und die Ergebnisdetails nicht vollständig im Voraus zu antizipieren sind (z. B. ein Fitnesslevel zum Wettkampf auf dem Höchststand zu etablieren).
- **Chaotisch ist ein Problem**, wenn die Ausgansalge und der Kontext des Problems unstrukturiert ist und keine Gesetzmäßigkeiten gibt, um mögliche Wege zum Ziel zu identifizieren, die eine mögliche Lösung vorhersehbar machen (z. B. die Organisation von Rettungsmannschaften nach den Anschlägen auf die Twin Towers in New York 2001.

Durchführung

Die Strukturierung und Analyse bestehender Probleme, kann allein und anschließend idealerweise im Team, z. B. mit einem Bereich, aus dem alle Mitarbeiter involviert werden. Benötigte Arbeitsmittel sind Post-its und Stifte für jeden Teilnehmer, Freie Wandfläche zum Anbringen der Agreement & Certainty Matrix, eine Leere Matrix für jeden Mitarbeiter und ein Tisch und Stühle. Online können äquivalente Tools und Onlineboards sowie Abbildungen verwendet werden. Der Ablauf findet in folgenden Schritten statt:

1. Alle Teilnehmer schreiben für sich in 5 Min. alle Herausforderungen aus ihrem Aufgebenberich in einer Liste auf.
2. Die Teilnehmer platzieren die identifizierten Herausforderungen jeweils in ihrer vorliegenden Agreement & Certainty Matrix (5 Min.) in dem Sie zwei Fragen für sich beantworten
   a. Wie stark ist die Übereinstimmung bei bestehenden Teilnehmern zu der Herausforderung und wie das Problem gelöst werden kann?
   b. Wie hoch ist die Sicherheit und Vorhersehbarkeit von den erzielten Resultaten, wenn aktuell vorgeschlagene/die eigenen Lösungsansätze angewendet werden?
3. Paarweise, besprechen und diskutieren die Teilnehmer die Einteilung der Probleme (5 Min.)
4. In Gruppen von 4 bis 6 Personen tun sich die Teilnehmer zusammen, um Gemeinsamkeiten und Unterschiede in den bestehenden Einschätzungen zur Einteilung zu abzugleichen und zu besprechen (5 Min.)
5. Auf eine große Agreement & Certainty Matrix an der Wand, werden alle Teilnehmer gebeten ihre Herausforderungen an die Wand zu bringen (5 Min.).
6. Zum Abschluss werden die Teilnehmer gebeten das Gesamtbild aus der Distanz zu betrachten und das Ergebnis der Einteilung aller Probleme (z.B aus einer Abteilung) zu reflektieren und zu schauen, ob es Abweichungen der Einschätzungen zwischen den Gruppen gibt, die noch zu adressieren sind.
7. Als nächste Schritte werden die Teilnehmer gebeten, Ihre Sichtweise zu teilen und die nächsten Schritte zur Bearbeitung der jeweiligen Probleme festzuhalten.

Praxisschlaglicht

Auf Basis der Vorgehensweise und Anwendung der Agreement & Certainty Matrix wird das Risiko reduziert, dass bestehende Probleme mit den falschen Tools oder Techniken adressiert werden. Bei Methodenanwendung und Bearbeitung als Abteilung oder Team einer Organisation wird deutlich, warum in der Vergangenheit ggf. manche Probleme wiederkehrend aufgetaucht sind und in der Zukunft anders adressiert werden sollten. Teams erhalten ein gem. Bild über die zu erledigenden Aufgaben und Wege zur Lösungsfindung werden konkret. Raum für notwendige Experiment zur Lösung von bestimmten Problemen kann mit allen beteiligten abgestimmt werden, was die Erwartungshaltung aller beteiligten normt und möglichen Enttäuschungen vorbeugt.

16 Agreement Certainty Matrix

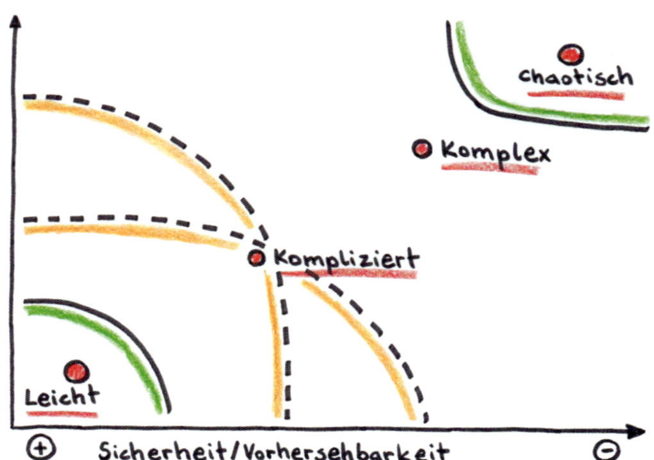

Grafik: Anja Faber – Agreement Certainty Matrix

Transformationswirksamkeit

- Wirksam für Herausforderungen mit mittlerer Komplexität
- Wirksam für Herausforderungen mit niedriger Komplexität
- Wirksam für alle Transformationen

Transformationsfähigkeit

- Fördert die allgemeine Transformationsfähigkeit des Teams

Einsatzcharakteristik

- Austauschfokus: vornehmlich mit internen Personen
- Durchführungszeit: eher mittel (>1 Stunde bis <1 Tag)
- Einsatzfrequenz: vornehmlich im einmaligen Einsatz
- Einsatzradius: vornehmlich im Teameinsatz
- Komplexität für den Moderator: eher gering
- Komplexität für die Teilnehmer: eher gering
- Teamgröße: Kleingruppe möglich (3 bis 5 Teilnehmer)
- Vorbereitungszeit: eher gering (<1 Stunde)

Nötiger Input, um mit der Methode arbeiten zu können

- Aktuelle Herausforderung, Leitfrage, Problem

Erzeugter Output der Methode

- Erzeugt Ideen, Lösungsansätze, Vorideen, Möglichkeiten

Hinderniseffekte, auf die die Methode positiv wirkt

- 05 – Verhindert blinden Aktionismus
- 10 – Verhindert falsche Flughöhen
- 16 – Beugt Misinterpretationen vor
- 24 – Verkürzt und durchbricht vorhandene Kreativblockaden
- 25 – Schwächt multidisziplinäre Reibungsverluste
- 26 – Schwächt nicht zielführende Emotionen

Mögliche Extravorteile

- für Teams mit einer konservativen, tradierten Kultur

Quellen

Web – https://liberatingstructures.de/agreement-certainty-matrix/, 27.04.2021
Buch – Liberating Structures, Daniel Steinhöfer (Vahlen 2021)

Akzeptanzkriterien mit Gherkin

EinSatzBeschreibung

Die Logiksprache Gherkin nutzen, um den Kern einer Anforderung zu fokussieren.

Transformation-Index

P1 Leading	P2 Organizing	P3 Connecting	P4 Growing	P5 Talking	P6 Scanning	P7 Exploiting	P8 Exploring	P9 Earning	P10 Scaling
			x			x	x		

Beschreibung

Gherkin ist eine sehr simple Logiksprache, mit der in der Softwareentwicklung u. a. Akzeptanzkriterien festgehalten werden. Akzeptanzkriterien definieren dabei die Bedingungen, die erfüllt werden müssen, damit eine zu entwickelnde Anforderung als vollständig umgesetzt gilt. Sie dienen als Vermittlung zwischen den anfordernden und umsetzenden Personen; durch die stringente Struktur von Gherkin können erwartete Ergebnisse klar und abgegrenzt noch vor der Umsetzung sehr verständlich festgehalten werden.

In Transformationsprojekten hilft die klare Logiksprache von Gherkin optimal für die Fokussierung auf den Kern einer Anforderung. So lassen sich im agilen Vorgehen komplexe Anforderungs-Bereiche leichter auf einzelne Use Cases oder Stories herunterbrechen. Zudem unterstützt sie die Konzentration auf die User-Perspektive, daher bietet ihr Einsatz sich zum Beispiel in der Kombination mit Customer Journey Maps ideal an.

Durchführung

Das Vorgehen mit Gherkin folgt stets demselben Muster. Es werden Sätze aneinandergereiht, jeweils eingeleitet mit den Operatoren *Given* („Vorausgesetzt, dass …"), *When* („Wenn") und *Then* („Dann"). Jeder in den Akzeptanzkriterien formulierte Satz beginnt also mit diesen Wörtern. Daraus ergibt sich der folgende Aufbau der Akzeptanzkriterien:

- **Given:** Man beschreibt einen initial gesetzten Kontext.
- **When:** Man beschreibt einen Vorfall oder ein Ereignis, das eintritt.
- **Then:** Man beschreibt das erwartete Ergebnis.

Um komplexere Szenarien zu definieren, können zusätzlich noch And (und) oder But (aber) hinzugefügt werden.

Given: Man beschreibt einen initial gesetzten Kontext.

Die Formulierung unter Given beschreibt einen klar definierten Zustand, der die Rahmenbedingungen für die weiteren Schritte setzt. Typischerweise sind also bereits Dinge geschehen oder Prozessschritte gelaufen, bevor der Given-Zustand erreicht wird. Dies ist aber kein notwendiges Kriterium für Given. Wichtig ist, dass die Situation, in der sich z. B. eine Kundin, ein Produkt oder ein Team befinden, bekannt und beschreibbar ist, bevor der When-Schritt folgt. Given-Schritte können gut mit And kombiniert werden.

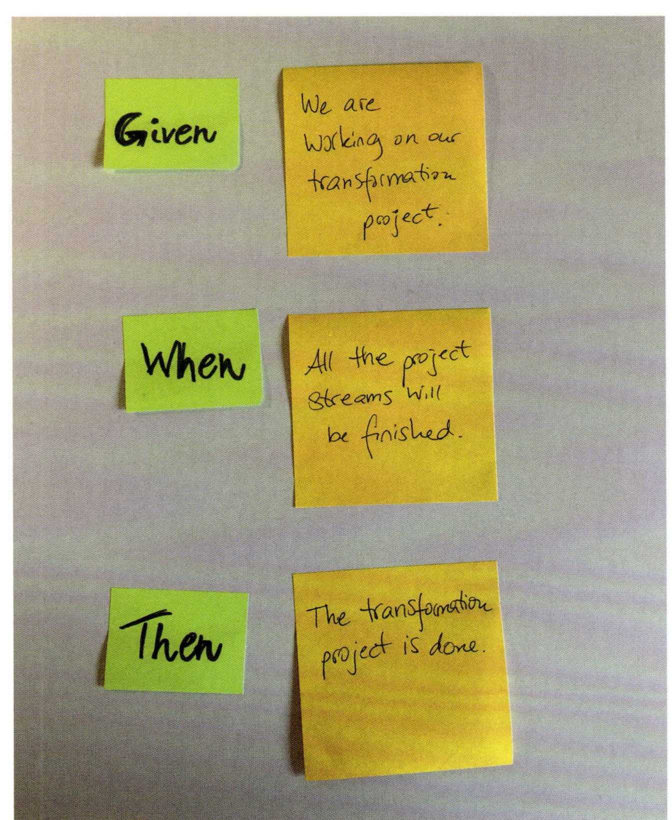

Foto: Stephanie Bretz

Beispiele für Given:

- Wir arbeiten an unserem Transformationsprojekt
- Die Bestellung befindet sich im Status „Storno".
- User ist im eingeloggten Zustand And es befindet sich ein Produkt im Warenkorb

When: Man beschreibt einen Vorfall oder ein Ereignis, das eintritt.

In der Beschreibung unter When geht es in der Regel um eine Handlung oder Interaktion, zum Beispiel mit Bezug auf die User eines digitalen Produktes. Auch ein Prozessschritt, der von einem System ausgelöst wurde, lässt sich mit When beschreiben. Sobald man merkt, dass man mehrere Whens miteinander kombinieren möchte, empfiehlt es sich in der Regel, Sub-Szenarien für die einzelnen Whens zu bilden. So lässt sich die Komplexität in den einzelnen Szenarien reduzieren.

Beispiele für When:

- Wir haben alle Projektstränge abgeschlossen.
- Das Update der Pack-Liste läuft.
- User klickt auf den Button „Warenkorb".

Then: Man beschreibt das erwartete Ergebnis.

Im letzten Schritt wird unter Then festgehalten, was aus den zuvor definierten Schritten entsteht. Dieses Ergebnis muss eindeutig wahrnehmbar sein. Die Formulierung ist daher möglichst klar und einfach aufgebaut. Das Ergebnis unter Then sollte idealerweise aus User-Perspektive formuliert sein, damit es in einem Test überprüfbar ist.

Beispiele für Then:

- Das Transformations-Projekt ist abgeschlossen.
- Die Bestellung wird aus der Liste gelöscht.
- Die zuletzt genutzte Lieferadresse wird unter dem Produkt angezeigt.

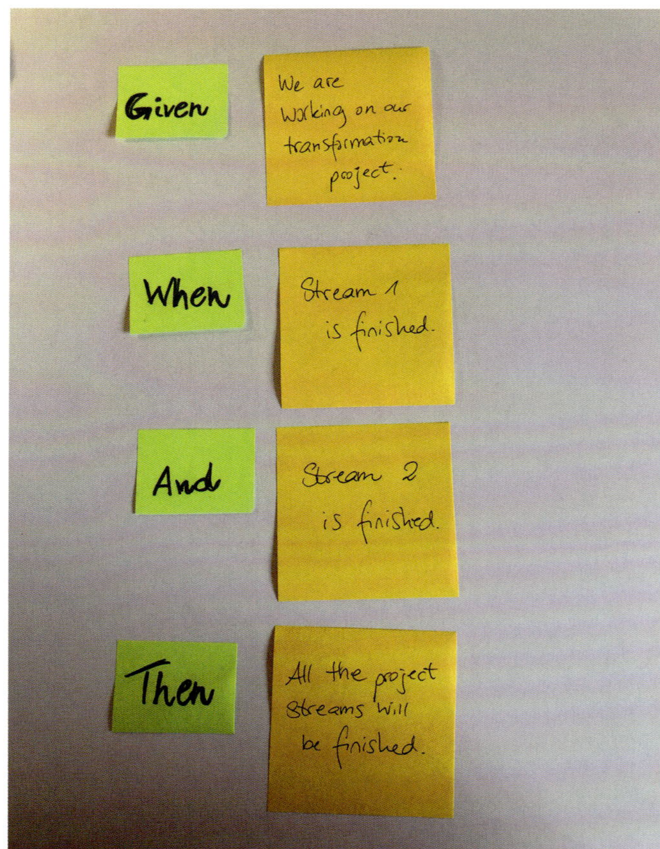

Foto: Stephanie Bretz

Zusätzliche Regeln & Tipps:

1) Die Bedingungen, die innerhalb der einzelnen Schritte definiert sind, dürfen nicht textgleich formuliert sein. Nur dann entstehen unzweideutige Szenarien, und die Anforderungen sind möglichst klar gestaltet.

z.B: Nicht erlaubt:

When the transformation project is done

Then the transformation project is done.

Erlaubt:
When all the project streams will be finished

Then the transformation project is done.

2) User-Interaktionen gehören in der Regel nicht in den Given- sondern in den When-Schritt:

Üblich:

Given a user is in the logged-in status

When the user clicks on the button „basket"

Nicht:

Given the user clicks on the button „basket"

Es kann für die Abgrenzung hilfreich sein, den Operatoren gedanklich drei Zeitebenen zuzuordnen:

- Given: (kurz) voher
- When: jetzt
- Then: nachher

Auflösung der drei oben genannten Beispielszenarien:

Given We are working on our transformation project

When all the project streams will be finished

Then the transformation project is done.

Given the order has the status „Storno"

When the update for the packing-list is run

Then the order will be deleted from the list.

Given a user is in the logged-in status

And there is a product in the basket

When the user clicks on the button „basket"

Then the last used delivery address will be shown below the product.

Anhand der genannten Beispiele wird deutlich, dass die Formulierung von Akzeptanzkriterien mit Gherkin helfen kann, unterschiedliche Schritte logisch voneinander abzugrenzen: Geht es um eine Bedingung oder ein Ergebnis? Was muss vorher geschehen sein, damit bestimmte Prozess-Schritte möglich sind? Wo brauche ich eine Interaktion der User, was kommt aus dem System? Was müssen wir testen? Und so weiter.

Die Definition von Akzeptanzkriterien mit Gherkin kann komplett ohne vorzubereitende Hilfsmittel umgesetzt werden. Zum Beispiel können einzelne Projektmitglieder die Kriterien für ihre Anforderungen selbst in einem gemeinsam genutzten Ticket-System oder digitalen Aufgabenbord ausdefinieren.

Das Bilden der Akzeptanzkriterien lässt sich aber auch in einer gemeinsamen Runde durchspielen. Dazu lässt man die Gruppe die

Ergebnis- und Bedingungssätze auf einzelnen Karten oder Post-its formulieren und ordnet dann gemeinsam mit vorbereiteten bunten Karten die Operatoren den Bedingungen zu. Für remote arbeitende Teams ist dies zum Beispiel auch mit einem Tool für Online-Whiteboards wie Miro umsetzbar. Dies kann dabei helfen, gerade in der Anfangsphase der Konzeption, mit ungeübten Transformations-Teams gemeinsam die Logik-Regeln einzuüben.

Transformationswirksamkeit

- Wirksam für alle Transformationen

Transformationsfähigkeit

- Fördert die Agilität eines Teams
- Fördert die allgemeine Transformationsfähigkeit des Teams
- Zahlt auf eine bessere Vorstellungskraft ein
- Zahlt auf eine bessere Wahrnehmung ein

Einsatzcharakteristik

- Durchführungszeit: eher gering (< 1 Stunde)
- Einsatzfrequenz: sinnvoll im dauerhaften Einsatz
- Komplexität für den Moderator: eher mittel
- Komplexität für die Teilnehmer: eher mittel
- Teamgröße: Einzelpersonennutzung möglich
- Teamgröße: Kleingruppe möglich (3 bis 5 Teilnehmer)
- Teamgröße: Maxigruppen möglich (20 bis 40 Teilnehmer)
- Teamgröße: Mittelgroße Teams möglich (5 bis 20 Teilnehmer)
- Teamgröße: Speziell für Großgruppen geeignet (>50 Teilnehmer)
- Vorbereitungszeit: eher gering (<1 Stunde)

Nötiger Input, um mit der Methode arbeiten zu können

- Aktuelle Herausforderung, Leitfrage, Problem
- Angereicherte Ideen, Ideencluster oder höher integrierte Lösungen
- Ergebnisse aus der Analysephase
- Ideen und Projekte die zur Umsetzung anstehen
- Merkmale der gegebenen Herausforderung
- Ziele, Zielsystem, Kennzahlen

Erzeugter Output der Methode

- Erzeugt angereicherte Ideen, Ideencluster, höher integrierte Lösungen
- Erzeugt eine Vision oder Zukunftsbild
- Erzeugt größere Klarheit zu einem Thema
- Erzeugt mehr Agilität im Team
- Erzeugt segmentierte, kategorisierte, geclusterte Daten
- Hilft bei Entscheidungen, Bewertungen und Feedback
- Macht Wirkzusammenhänge sichtbar

Hinderniseffekte, auf die die Methode positiv wirkt

- 04 – Beugt blinden Flecken/Betriebsblindheit vor
- 16 – Beugt Misinterpretationen vor
- 18 – Bewahrt vor zu generischen Ideen und Aussagen
- 32 – Verhindert unreflektiertes Agieren
- 36 – Schafft schnell Klarheit und beschleunigt Erkenntnisgewinn
- 39 – Fördert die Agilität der Teilnehmer
- 41 – Verringert zu große Komplexitäten

Mögliche Extravorteile

- für agile Teams
- für erfahrene Trainer und Agile Coaches
- für innovativ erfahrene Teams
- für die Arbeit mit digitalen Kollaborationsboards

Quellen

Web – https://cucumber.io/docs/gherkin/reference/, 11.04.2021.

18

Alignment-Autonomy-Matrix

EinSatzBeschreibung

Grafik die die Notwendigkeit von Alignment und Autonomie für die Selbstorganisation von Teams darstellt.

Transformation-Index

P1 Leading	P2 Organizing	P3 Connecting	P4 Growing	P5 Talking	P6 Scanning	P7 Exploiting	P8 Exploring	P9 Earning	P10 Scaling
x	x								

Beschreibung

Henrik Kniberg hat Spotify als Agile Coach begleitet und so maßgeblich an der Ausgestaltung der in der agilen Szene als „Spotify-Modell" bekannten Arbeitsweise mitgewirkt. In seinem 2014 veröffentlichen Video „Spotify engineering culture Part 1" stellt er unter anderem eine Matrix vor, mit der er die Verhältnisse von Alignment, d.h. gemeinsamer Zielausrichtung, und Autonomie visuell darstellt. Er sieht Alignment und Autonomie nicht als zwei entgegengesetzte Pole an, sondern stellt diese in einer Vier-Felder-Matrix dar.

Das Feld „Niedriges Alignment/niedrige Autonomie"

Hier haben wir verwirrte und orientierungslose Mitarbeiter die tendenziell zur Unzufriedenheit neigen. Hält dieser Zustand an, muss man sich nicht wundern, wenn Mitarbeiter mit der Zeit innerlich und schließlich tatsächlich kündigen.

Das Feld „Niedriges Alignment/hohe Autonomie"

In diesem Zustand haben wir Mitarbeiter, die wissen wie sie etwas umsetzen und auch munter vor sich hinarbeiten, jedoch fehlt eine gemeinsame Zielausrichtung, sodass man als Vorgesetzter nur hoffen kann, dass die dringenden und wichtigen Aufgaben umgesetzt werden.

Das Feld „Hohes Alignment/geringe Autonomie"

In diesem Feld ist zwar das Ziel bekannt, aufgrund der mangelnden Autonomie sind die Mitarbeiter darauf angewiesen, dass jemand ihnen jeden einzelnen Schritt bis zum Ziel vordiktiert und entsprechend Mikromanagement betreibt. Tauchen unerwartet Hindernisse bei der Umsetzung auf, kann dies zu einem Problem ausarten, falls eine unmittelbare Erkennung des Problems durch einen Verantwortlichen nicht gewährleistet ist.

Das Feld „Hohes Alignment/hohe Autonomie"

Dies ist der Idealzustand, in dem die Mitarbeiter das gemeinsame Ziel kennen und auch befähigt sind, eigenständig dieses Ziel zu erreichen.

Das Fazit von Henrik Kniberg ist, dass Alignment Autonomie erst ermöglicht. Die Aufgabe eines Leaders ist entsprechend zu kommunizieren, was das Ziel ist und wozu dieses angestrebt wird, damit die Umsetzer eigenständig auf dieses Ziel hinsteuern können.

Im Rahmen einer digitalen Transformation kann mithilfe der Alignment-Autonomy-Matrix ein Verständnis für die aktuelle Art der Führung geschaffen werden und die Notwendigkeit für mehr Alignment als Voraussetzung für die Etablierung von selbstorganisierten Teams hervorgehoben werden.

Durchführung

Die Anwendung der Alignment-Autonomy-Matrix bietet sich beispielsweise bei der Legitimation zur Einführung von Objectives & Key Results, für die Durchführung von Visions- und Missionsworkshops oder im Rahmen von Leadership Trainings an.

Nach einer kurzen theoretischen Erläuterung, was hinter der Matrix und ihren vier Feldern steht, bietet es sich an, diese mit einer kurzen Selbstreflexion der Teilnehmer zu verbinden.

Aufstellung im Raum:

Mithilfe von Krepband werden zwei Achsen auf dem Fußboden gezogen – eine für Alignment, eine für Autonomie. Auf der Tonspur wird erklärt, dass am Ursprung der Achsen sowohl Alignment als auch Autonomie niedrig sind. An den Außenseiten der Achsen sind sie hoch.

Schritt 1: Zunächst werden die Teilnehmer darum gebeten, sich als Einzelperson so aufzustellen, wie sie ihren aktuellen Grad an Alignment und Autonomie erleben. Das heißt die zu betrachtende Systemgröße umfasst eine Person.

Schritt 2: Nun bewerten die Teilnehmer die Alignment und Autonomie in dem Team, das sie entweder selbst leiten oder von dem sie ein Bestandteil sind, bewerten. Die zu betrachtende Systemgröße beträgt hier ein Team beliebiger Größe.

Schritt 3: Im letzten Schritt stellen sich die einzelnen Teilnehmer so auf, dass sie Alignment und Autonomie für die gesamte Organisation bzw. Organisationseinheit durch ihren Standpunkt ausdrücken, so wie sie es als Individuum erleben. Die zu betrachtende Organisationsgröße sind alle Mitarbeiter.

Diese Aufstellung funktioniert unter Verwendung eines virtuellen Whiteboard-Tools auch im Remote-Setting.

Praxisschlaglicht

In einem Geschäftsbereich mit 100 Mitarbeitern eines global agierenden Laborgeräteherstellers führte ein OKR-Coach im Rahmen eines Workshops Objectives and Key Results ein. Als Legitimation für die Notwendigkeit der Veränderung ihrer bisherigen Arbeitsweise entschied er sich unter anderem für die Alignment-Autonomy-Matrix.

Grafik: Henrik Knieberg

Im Zuge dessen wandte der OKR-Coach gleich zu Beginn des eintägigen Workshops die oben beschriebene Aufstellung mit den 20 Führungskräften an, die in einem ersten Piloten die Methoden stellvertretend für die restliche Organisation testen sollten.

Dabei war zu beobachten, wie sie in Schritt 1 Alignment und Autonomie am höchsten bewerteten und mit jeder Systemvergrößerung, d.h. von der Bewertung vom Individuum hin zum Team und schließlich zur Organisation, sich mehr in Richtung der beiden Achsen hin zu weniger Alignment und/oder Autonomie bewegten.

In der anschließenden Diskussion teilten die Führungskräfte die Erkenntnis, dass auch wenn sie für sich selbst den Bedarf nach mehr Abstimmung auf den ersten Blick nicht erkannten und ihnen deswegen Objectives and Key Results als Methode zunächst nicht zugesagt hat, sie sich nach der Übung der Notwendigkeit einer verbesserten Abstimmung auf Team-/Organisationsebene bewusst sind.

Transformationswirksamkeit

- Wirksam für Herausforderungen mit hoher Komplexität
- Wirksam für Herausforderungen mit mittlerer Komplexität
- Wirksam für Herausforderungen mit niedriger Komplexität
- Wirksam für Designtransformationen
- Wirksam für Marketingtransformationen
- Wirksam für Produkttransformationen
- Wirksam für Prozesstransformationen
- Wirksam für Servicetransformationen
- Wirksam für Sozialtransformationen
- Wirksam für alle Transformationen
- Wirksam für radikale Transformationen

Transformationsfähigkeit

- Fördert die Agilität eines Teams
- Fördert die Teamkreativität
- Fördert die allgemeine Transformationsfähigkeit des Teams
- Fördert grundlegend die Kreativität
- Fördert offene Mindsets und innovative Denkhaltungen
- Sorgt für Inspiration oder bessere Inspirationsempfindlichkeit
- Zahlt auf eine bessere Vorstellungskraft ein
- Zahlt auf eine bessere Wahrnehmung ein

Einsatzcharakteristik

- Austauschfokus: vornehmlich mit internen Personen
- Durchführungszeit: eher gering (< 1 Stunde)
- Einsatzfrequenz: vornehmlich im einmaligen Einsatz
- Einsatzradius: vornehmlich im unternehmensweiten Einsatz
- Komplexität für den Moderator: eher gering
- Komplexität für die Teilnehmer: eher gering
- Teamgröße: Kleingruppe möglich (3 bis 5 Teilnehmer)
- Teamgröße: Maxigruppen möglich (20 bis 40 Teilnehmer)
- Teamgröße: Mittelgroße Teams möglich (5 bis 20 Teilnehmer)
- Vorbereitungszeit: eher gering (<1 Stunde)

Nötiger Input, um mit der Methode arbeiten zu können

- Aktuell existierende Geschäftsmodelle
- Aktuell existierende Produkte und Services
- Aktuelle Herausforderung, Leitfrage, Problem
- Verschiedene Meinungen und Blickwinkel
- Vorhandenes Wissen und Erfahrungen
- Durchführungszeit, Trainingszeit

Erzeugter Output der Methode

- Bessere Projekteffizienz, bessere Teamperformance
- Erzeugt besseren Teamspirit, mehr Offenheit, Inspirationsempfindlichkeit
- Erzeugt spezifischere Leitfragen, Ideen und Aussagen
- Erzeugt visualisierte Ideen, Begriffe, Themen
- Erzeugt größere Klarheit zu einem Thema
- Erzeugt transformationsfähigere Organisationen
- Erzeugt mehr Hintergrundinformationen
- Erzeugt mehr Agilität im Team
- Erzeugt mehr Know-how-Zuwachs
- Erzeugt motiviertere und transformationsfähigere Teilnehmer
- Identifiziert vorhandene Schwachstellen
- Identifiziert vorhandene Stärken
- Macht Wirkzusammenhänge sichtbar

Hinderniseffekte, auf die die Methode positiv wirkt

- 01 – Schwächt Angst vor Neuem (Cainophobie)
- 02 – Schwächt Angst vor Kritik und Zurückweisung
- 06 – Schwächt das Leben in der Vergangenheit
- 11 – Schärft eine fehlende gemeinsame Ausrichtung
- 13 – Schafft für den Erfolg nötige Realitätsbezüge
- 22 – Verhindert störende Killerphrasen
- 23 – Schwächt Konkurrenzdenken und Angst vor Machtverlust
- 32 – Verhindert unreflektiertes Agieren
- 33 – Schwächt Verdiskutiererei
- 36 – Schafft schnell Klarheit und beschleunigt Erkenntnisgewinn
- 39 – Fördert die Agilität der Teilnehmer
- 42 – Überzeugt strukturliebende Teammitglieder
- 44 – Überzeugt einen Rationalisierer

Mögliche Extravorteile

- für Teams mit einer konservativen, tradierten Kultur
- für Teams mit einer schwacher Teamleitung
- für Teams mit einer souveränen Teamleitung
- für agile Teams
- für erfahrene Trainer und Agile Coaches
- für unerfahrene Trainer und Agile Coaches
- für die Arbeit mit digitalen Kollaborationsboards

Quellen

Web – https://engineering.atspotify.com/2014/03/27/spotify-engineering-culture-part-1/, 14.03.2021

ALPEN

EinSatzBeschreibung

Zeitmanagementmethode, um den kleinteiligen Arbeitstag im digitalen Wandel gut zu strukturieren.

Transformation-Index

P1 Leading	P2 Organizing	P3 Connecting	P4 Growing	P5 Talking	P6 Scanning	P7 Exploiting	P8 Exploring	P9 Earning	P10 Scaling
	x								

Beschreibung

Die ALPEN-Methode hat ihren Namen nicht, wie man vermuten könnte, von dem europäischen Hochgebirge übernommen. A-L-P-E-N ist ein Akronym und steht für die fünf Bausteine aus dem Zeit- oder Selbstmanagement. Entwickelt wurde die ALPEN-Methode von dem deutschen Wirtschaftswissenschaftler und Zeitmanagement-Experten Lothar Seiwert.

Das Konzept ist eine besonders effektive und einfache Art, den beruflichen Tagesablauf zu strukturieren, zu priorisieren und vorzubereiten. Insbesondere wenn Unternehmen sich im Transformationsprozess befinden und viele Routinen über Bord geworfen werden, macht der tägliche Einsatz dieser Methode für beteiligte Mitarbeiter Sinn. Unreflektiertes agieren kann verhindert werden und den Menschen in einem disruptiven Job-Umfeld Sicherheit geben. Sie bietet ein orientierendes Gerüst für alle Anwender.

Durch den heutigen digitalen Wandel in Unternehmen ist für Mitarbeiter eine neue, andere Herangehensweise an Aufgaben und Themen erforderlich, um die anstehenden Herausforderungen zu meistern. Mit der ALPEN-Methode kann eine veraltete, nicht mehr zielführende Arbeitsweise systematisch optimiert werden. Nutzer der Methode werden befähigt Prioritäten zu setzen, sich zu fokussieren, Aufgaben zu delegieren oder Nein zu sagen.

Der täglich benötigte Zeiteinsatz zur Verwendung der Methode hält sich in Grenzen. Man benötigt lediglich zehn bis fünfzehn Minuten, um die anstehenden Tagesaktivitäten in Form eines schriftlichen Tagesplans zu organisieren.

Durchführung

- Die Technik ist sehr beliebt, da sie wie oben beschrieben in der Regel nicht länger als eine Viertelstunde beansprucht und den Tagesablauf deutlich optimiert. Daher empfiehlt sich die Anwendung idealerweise schon am Vorabend des nächsten Arbeitstages oder am Morgen des relevanten Tages.
- Aufgaben niederschreiben
- Länge der Dauer abschätzen
- Pufferzeit berücksichtigen
- Entscheidungen über Prioritäten treffen
- Nachkontrolle

Aufgaben niederschreiben

Sämtliche Aufgaben und Aktivitäten der Tagesplanung sollen aufgelistet werden. Berücksichtigen Sie bei ihren Notizen alle erforderlichen Kategorien von Tätigkeiten (z. B. E-Mail, Persönliche Meetings inklusive Raumwechsel, Teams-Meetings, Telefonate, Präsentationen, Protokolle, Reflexionszeit etc.).

Länge abschätzen

Die für jede Tätigkeit erforderliche Zeitressource soll eingeschätzt werden. Als Grundlage dient auch der Zeitaufwand, den Sie pro Aufgabe verwenden wollen. Eine realistische Einschätzung ist wichtig.

Pufferzeit berücksichtigen

Um unvorhersehbare Zeitverluste aufzufangen, plant die ALPEN-Methode sogenannte „Pufferzeiten" ein. Wegezeiten, Pausenzeiten und unvorhersehbare Ereignisse werden somit vorausschauend berücksichtigt. Die ALPEN-Methode rät dazu, nur etwa 60 Prozent der Zeit tatsächlich effektiv für arbeitsrelevante Aufgaben zu verplanen. 40 Prozent sollen als reine „Pufferzeiten" aufgeschlüsselt werden.

Entscheidungen priorisieren

Die notierten Aufgaben und Tätigkeiten werden nach Wichtigkeit, beispielsweise per Eisenhower-Prinzip (auch bekannt als Eisenhower-Matrix) festgelegt. Hier gewichten und entscheiden sie klassisch den Fokus und die Prioritäten. Bei der jeweiligen Entscheidung (Wichtigkeit und Dringlichkeit) bitte immer die Relevanz für das Unternehmen im Auge behalten.

Nachkontrolle

Hier erfolgt eine Kontrolle der einzelnen Aufgaben und der Planung. Überprüft wird die Genauigkeit der Planung und das eventuelle „shiften" unerledigter Tätigkeiten in zukünftige Planungen. Die Nachkontrolle dient auch der Bewusstmachung, welche Aufgaben am Tag nicht bearbeitet wurden und welcher Erfüllungsgrad vorhanden ist. So kann man absichern das nichts vergessen wird.

Die ALPEN-Methode ist keine allgemeingültige Lösung aller Zeitprobleme im Job, dennoch bietet sie eine wunderbare Möglichkeit das Selbstmanagement zu verbessern. Das hilft Mitarbeitern ihren Tag zu strukturieren, um sich voll und ganz auf den digitalen Wandel in der eigenen Arbeitswelt einlassen zu können. Zudem ist es ist berufsabhängig, ob die angenommenen 60 Prozent Arbeitszeit tatsächlich ausreichend sind und ob die Berufe solche exakten Planungen überhaupt zulassen. Ist die Abhängigkeit von anderen Kollegen oder Schnittstellen im eigenen Arbeitskontext hoch, dann lässt sich die Strategie aufgrund der nicht vorhandenen Planbarkeit schwerer umsetzen. Nichtsdestotrotz ist es immer sinnvoll sich zumindest einen Tagesplan zu machen, mit dem Vorhaben diesen auch unbedingt erfüllen zu wollen.

Transformationswirksamkeit

- Wirksam für alle Transformationen

Transformationsfähigkeit

- Fördert die allgemeine Transformationsfähigkeit des Teams

Einsatzcharakteristik

- Austauschfokus: vornehmlich mit internen Personen
- Durchführungszeit: eher gering (< 1 Stunde)
- Einsatzfrequenz: sinnvoll im dauerhaften Einsatz
- Einsatzradius: vornehmlich im Teameinsatz
- Komplexität für den Moderator: eher gering
- Komplexität für die Teilnehmer: eher gering
- Teamgröße: Einzelpersonennutzung möglich
- Teamgröße: Kleingruppe möglich (3 bis 5 Teilnehmer)
- Teamgröße: Mittelgroße Teams möglich (5 bis 20 Teilnehmer)
- Vorbereitungszeit: eher gering (< 1 Stunde)

Nötiger Input, um mit der Methode arbeiten zu können

- Beteiligte Personen mit Tätigkeiten und Aufgaben
- Durchführungszeit, Trainingszeit

Erzeugter Output der Methode

- Bessere Projekteffizienz, bessere Teamperformance
- Erzeugt transformationsfähigere Organisationen
- Erzeugt motiviertere und transformationsfähigere Teilnehmer
- Hilft bei Entscheidungen, Bewertungen und Feedback

Hinderniseffekte, auf die die Methode positiv wirkt

- 05 – Verhindert blinden Aktionismus
- 11 – Schärft eine fehlende gemeinsame Ausrichtung
- 15 – Stärkt das Vertrauen im Team
- 32 – Verhindert unreflektiertes Agieren
- 42 – Überzeugt strukturliebende Teammitglieder

Mögliche Extravorteile

- für Teams mit einer schwacher Teamleitung
- für innovativ ungeübte Teams
- für unerfahrene Trainer und Agile Coaches

Quellen

Buch – Das große Handbuch Innovation, B. van Aerssen, C. Buchholz (Vahlen 2018)
Web – https://karrierebibel.de/alpen-methode (April 2021)
Web – https://www.factro.de (April 2021)
Web – https://www.absolventa.de/karriereguide/zeitmanagement/alpen-methode (April 2021)

Analogietechnik

EinSatzBeschreibung

Kreativtechnik, die Analogien aus weit entfernten Themengebieten nutzt.

Transformation-Index

P1 Leading	P2 Organizing	P3 Connecting	P4 Growing	P5 Talking	P6 Scanning	P7 Exploiting	P8 Exploring	P9 Earning	P10 Scaling
							x		

Beschreibung

Bei der Analogietechnik wird mithilfe von Analogien die Betrachtungsweise auf das Problem verändert, um neue Ideen und Lösungsgedanken zu provozieren. Besonders in Rahmen der digitalen Transformation müssen wir sehr oft die Dinge wirklich neu betrachten um sie zielführend transformieren zu können.

Dazu werden in der Analogietechnik Parallelen zu strukturell ähnlichen Dingen des täglichen Lebens ausgenutzt, um Inspiration und neue Ideen entstehen zu lassen. Die Erfahrung zeigt, dass sich Erkenntnisse bei der Betrachtung analoger Situationen auf das gegebene Problem oder Herausforderung rückübertragen lassen. Aus der Erfahrung kann ich berichten, dass diese Technik besonders bei eher struktur-affinen Teams gut ankommt, weil sie eine gute Mischung aus einer strukturierten Methode und großen Freiheitsgraden bietet.

Durchführung

Bei den Analogietechniken wird zunächst eine passende Analogie für die gegeben Herausforderung gesucht. Anschließend werden die Analogien gebildet. Dadurch dass das Problem in einen anderen Bereich verschoben wird, können sich ganz andere und völlig neue Lösungsansätze ergeben als im Ursprungsbereich.

Die gewonnenen Ansatzpunkte können die nachfolgende Ideenproduktion in neue Richtungen lenken. Die Ansatzpunkte, die während der Analyse der Analogie gefunden wurden, werden in die Herausforderungsrealität zurückübertragen. Dort können sie helfen, aus Denkstrukturen auszubrechen, die sich durch langjährige Erfahrung gefestigt haben oder sogar direkt als Lösungsansätze für das Problem dienen.

Bildung von Analogien: Zur Bildung einer Analogie wählt man ein Merkmal der Aufgabenstellung. Die Analogien sind dann andere „Inhaber" (zum Beispiel Dinge, Personen oder Organisationen), die dieses Merkmal ebenfalls besitzen.

Analogien zur einer Universität könnten zum Beispiel sein:

1. Theater, Flughafen, Tagungszentrum (Merkmal „Große Räume" – Es sind auch Organisationen, die große Säle besitzen.)
2. Kindergarten, Tanzschule, Flugsimulator (Merkmal „Orte des Lernens" – Dies sind Orte, an denen gelernt wird.)
3. Finanzamt, Rathaus, Polizei, öffentliche Toilette (Merkmal „Öffentliche Einrichtungen" – Dies sind ebenfalls Einrichtungen des Öffentlichen Dienstes.)
4. Unternehmen, Verein, Handwerker, Kirche (Merkmal „Arbeitgeber sein" – All das sind auch Arbeitgeber)
5. Labor, Archiv, Südpol, Klinik (Merkmal „Forschungsorte" – Ebenfalls Orte, an denen geforscht wird.)

Vorgehensweise grundsätzlich

Schritt 1: Ein Merkmal des vorhandenen Systems wählen.

Schritt 2: Weitere Inhaber dieses ausgewählten Merkmals sammeln.

Schritt 3: Die Aufgabenstellung aus der Sicht dieser Inhaber lösen.

Schritt 4: Die so gefundenen Lösungen auf die Aufgabenstellung übertragen.

Vorgehensweise an einem konkreten Beispiel

Herausforderung: Was können neue digitalen Potenzialfelder für unser Einkaufszentrum sein?

Schritt 1: Erstellen der ersten Merkmalsliste

Arbeitsfragefrage: Was sind Merkmale eines Einkaufzentrums?

Antwort 1: Ein Einkaufszentrum hat viele Gänge und Räume.

Antwort 2: Ein Einkaufszentrum bietet viele Sinneseindrücke.

Antwort 3: Ein Einkaufszentrum hat lange Fußwege.

Antwort 4: …

Hier entsteht eine durchaus lange Liste der ersten Merkmalsebene.

Schritt 2: Erstellen einer weiteren Merkmalsliste pro Antwort aus Schritt 1

Arbeitsfrage zu Antwort 1: „Wo gibt es sonst viele Gänge und Räume?"

Antwort 1: In einem Museum.

Antwort 2: In einer Galerie.

Antwort 3: In einem Bergwerk.

Antwort 4: …

Hier entsteht eine weitere durchaus lange Liste pro Arbeitsfrage und Merkmal.

Schritt 3: Erstellen einer weiteren Merkmalsliste pro Antwort aus Schritt 2

Arbeitsfrage zu Antwort 1 (In einem Museum): „Was wird dort den Menschen angeboten?

Antwort 1: Kunst.

Antwort 2: Bilder.

Antwort 3: Skulpturen.

Antwort 4: …

Hier entsteht eine weitere durchaus lange Liste pro Arbeitsfrage und Merkmal.

Schritt 4: Rückübertragung und Ideenfindung mit allen Antworten aus Schritt 3 als Inspirationsquelle

Arbeitsfrage: „Wie können wir dieses Merkmal auf unsere Aufgabe übertragen?

Idee auf Basis von „Kunst“: Wir könnten im Einkaufszentrum die Gänge nutzen, um Bilder von Künstlern der Region oder von Kindern der örtlichen Schule auszustellen – analog oder auch digital.

Transformationswirksamkeit

- Wirksam für Herausforderungen mit mittlerer Komplexität
- Wirksam für Herausforderungen mit niedriger Komplexität
- Wirksam für Designtransformationen
- Wirksam für Marketingtransformationen
- Wirksam für Produkttransformationen
- Wirksam für Prozesstransformationen
- Wirksam für Servicetransformationen

Transformationsfähigkeit

- Fördert grundlegend die Kreativität
- Fördert offene Mindsets und innovative Denkhaltungen
- Zahlt auf eine bessere Vorstellungskraft ein

Einsatzcharakteristik

- Austauschfokus: vornehmlich mit internen Personen
- Durchführungszeit: eher mittel (>1 Stunde bis <1 Tag)
- Einsatzfrequenz: vornehmlich im einmaligen Einsatz
- Einsatzradius: vornehmlich im Teameinsatz
- Einsatzradius: vornehmlich im projektweiten Einsatz
- Komplexität für den Moderator: eher gering
- Komplexität für die Teilnehmer: eher gering
- Teamgröße: Einzelpersonennutzung möglich
- Teamgröße: Kleingruppe möglich (3 bis 5 Teilnehmer)
- Teamgröße: Maxigruppen möglich (20 bis 40 Teilnehmer)
- Teamgröße: Mittelgroße Teams möglich (5 bis 20 Teilnehmer)
- Vorbereitungszeit: eher gering (<1 Stunde)

Nötiger Input, um mit der Methode arbeiten zu können

- Aktuelle Herausforderung, Leitfrage, Problem

Erzeugter Output der Methode

- Erzeugt Ideen, Lösungsansätze, Vorideen, Möglichkeiten

Hinderniseffekte, auf die die Methode positiv wirkt

- 06 – Schwächt das Leben in der Vergangenheit
- 12 – Wirkt fehlender Inspiration entgegen
- 21 – Bindet eher introvertierte Teammitglieder mit ein
- 22 – Verhindert störende Killerphrasen
- 24 – Verkürzt und durchbricht vorhandene Kreativblockaden
- 42 – Überzeugt strukturliebende Teammitglieder

Mögliche Extravorteile

- für Teams mit einer konservativen, tradierten Kultur
- für disruptiv unerfahrene Teams
- für agile Teams
- für erfahrene Trainer und Agile Coaches
- für innovativ ungeübte Teams
- für interkulturell unerfahrene Teams
- für unerfahrene Trainer und Agile Coaches
- für die Arbeit mit digitalen Kollaborationsboards

Quellen

Buch – Techniques of Structured Problem Solving, A. B. VanGundy (Springer Verlag 1988)

Buch – Cracking Creativity, M. Michalko (Ten Speed Press 2001)

Artikel – Mit Analogien neue Produkte entwickeln, C. Herstatt D. Engel (Harvard Business Manager 8/2006)

Buch – Das kleine Handbuch der Innovationsmethoden, F. Rustler, I. Plambeck (Creaffective 2014)

Web – http://www.ideenfindung.de/Übersicht-Liste-Kreativitaetstechniken-Ideenfindung.html (April 2017)

Buch – Revolutionäres Innovationsmanagement, B. van Aerssen (mi-Wirtschaftbuch – September 2009)

Buch – Das große Handbuch Innovation, B. van Aerssen, C. Buchholz (Vahlen 2018)

Anonymes Brainstorming

EinSatzBeschreibung

Anonyme und individuelle Ideensammlung zu einem vordefinierten Thema, um viele Ideen ohne Hemmungen sammeln zu können.

Transformation-Index

P1 Leading	P2 Organizing	P3 Connecting	P4 Growing	P5 Talking	P6 Scanning	P7 Exploiting	P8 Exploring	P9 Earning	P10 Scaling
						x	x		

Beschreibung

Das klassische Brainstorming ist der Klassiker unter allen Kreativtechniken und wohl auch die beliebteste. Das anonyme Brainstorming ist eine Variante davon und gerade für „unbequeme" Probleme und radikale Herausforderungen geeignet.

Durch die anonyme Vorgehensweise ist die Methode vor allem bei heterogenen Gruppenzusammensetzungen von Vorteil.

Teilnehmer aus unterschiedlichen (fachlichen) Bereichen oder verschiedenen Hierarchien eines Unternehmens bekommen hier Raum für offene, ungefilterte Äußerungen, ohne Rücksicht auf die Meinung anderer Teilnehmer nehmen oder befangen auf Vorgesetzte reagieren zu müssen.

(Anonymes) Brainstorming kann sehr vielfältig und in sehr vielen Situationen eingesetzt werden, zum Beispiel zum Einstieg in ein Target, zur Ideenfindung in der Werbung, zur Produktentwicklung, als Ausweg bei festgefahrenen Kreativmeetings, zur Vorbereitung kreativer Meetings und als Grundlage oder Vorstufe für weitere nachfolgende Kreativitätstechniken

Anonymes Brainstorming funktioniert immer optimal für Herausforderungen, Problemarten und Fragestellungen einfacher Komplexität. Besonders auch die gute Kombinationsmöglichkeit mit anderen Techniken sollte hier erwähnt werden.

Auch in virtuellen Teams und Remote-Sitzungen funktioniert anonymes Brainstorming gut.

Innerhalb des Meetings formulieren die Teilnehmer durch eigenes Notieren eine große Anzahl potenzieller Problemlösungen. Von Vorteil ist hierbei, dass jede Kritik oder Wertung an den Ideen zunächst unterbleibt, um den kreativen Ideengenerierungsprozess nicht zu stören.

Wichtiger noch als ein bestimmter Ablauf sind beim anonymen Brainstorming Regeln, die unter allen Umständen eingehalten werden müssen, auch nach Vorstellung der eigenen Vorschläge:

1. Keine Kritik an anderen Beiträgen, Ideen und Lösungsvorschlägen
2. Überhaupt keine Kritik
1. Auch Unmögliches aussprechen
2. Ideen anderer aufgreifen
3. Befangenheit verdrängen
4. Je kühner und fantasievoller desto besser
5. Keine Angst vor Blamage

Vorteile

- Für jeden einfach nutzbar
- Zeitversetzte Bearbeitung möglich
- Beugt Vorauswahl durch Alphatiere/Vorgesetzte vor
- Orts- und systemunabhängig durchführbar

Foto: NEU Innovation – Zur Goldenen Idee

Durchführung

Schritt 1: Den Teilnehmern wird das Problem dargestellt, gegebenenfalls mit Anschauungsmaterial vertieft und der erwartete Verlauf des Brainstormings mitgeteilt.

Schritt 2: Die Teilnehmer schreiben deutlich in klar formulierten Sätzen in Einzelarbeit je eine Idee auf eine Karte oder das eigene digitale Whiteboard.

Die Ideen werden nach ca. 30 Minuten zusammengebracht und einzeln vorgestellt.

Dies kann ebenfalls virtuell oder physisch auf einem Whiteboard erfolgen. Sofern keine gemeinsame digitale Plattform zur Verfügung steht, kann die Übermittlung auch per E-Mail oder per Messenger erfolgen.

Schritt 3: Alle protokollierten Ideen werden nach Kategorien sortiert und Doppelungen entfernt oder zusammengefasst.

Schritt 4: Die Teilnehmer nennen spontan Ihre weitergehenden Ideen zur Lösungsfindung, wobei sie sich im optimalen Fall gegenseitig inspirieren und untereinander Gesichtspunkte in neue Lösungsansätze und Ideen einfließen lassen.

Erst hier kann durch den Moderator auch der Ideengeber genannt werden, falls Rückfragen auftauchen sollten oder vertiefend auf diese Idee eingegangen werden soll.

Schritt 5: Die Karten/Ideen können nun in Gruppen analysiert und ausgewertet werden. Das Überprüfen der Durchführbarkeit im Teamwork regt dazu an, vorhandene Ideen anzureichern und zu ergänzen. Digital können die Ideen priorisiert oder zurückgestellt werden und ggf. in einer weiteren Brainstorming-Runde detailliert werden. Aus allen Ideen/Vorschlägen werden dann die Lösungsansätze ausgewählt, die als Problemlösung tatsächlich umsetzbar sind und Erfolg versprechen

Praxisschlaglicht

Das anonyme Brainstorming haben wir mehrfach eingesetzt, um bei knappem zeitlichen Vorlauf oder ungeplantem Zeitverzug bereits im Vorfeld Informationen sichten zu können und in der eigentlichen Session nicht von ganz vorne anfangen zu müssen.

Das Thema wurde den Teilnehmern dann vorab mitgeteilt und eine kurze Deadline bis zur Abgabe gewählt, um die besten und spontansten Ideen zu erhalten. Im Vorfeld zum eigentlichen Meeting konnte dann die anonymisierte Ideensammlung bereits vorsortiert werden und auf dem Level weitere Ideen generiert werden.

Transformationswirksamkeit

- Wirksam für Herausforderungen mit niedriger Komplexität
- Wirksam für alle Transformationen

Transformationsfähigkeit

- Fördert grundlegend die Kreativität

Einsatzcharakteristik

- Austauschfokus: vornehmlich mit internen Personen
- Durchführungszeit: eher mittel (>1 Stunde bis <1 Tag)
- Einsatzfrequenz: vornehmlich im einmaligen Einsatz
- Einsatzradius: vornehmlich im Teameinsatz
- Komplexität für den Moderator: eher gering
- Komplexität für die Teilnehmer: eher gering
- Teamgröße: Kleingruppe möglich (3 bis 5 Teilnehmer)
- Teamgröße: Mittelgroße Teams möglich (5 bis 20 Teilnehmer)
- Vorbereitungszeit: eher gering (<1 Stunde)

Nötiger Input, um mit der Methode arbeiten zu können

- Aktuelle Herausforderung, Leitfrage, Problem

Erzeugter Output der Methode

- Erzeugt Ideen, Lösungsansätze, Vorideen, Möglichkeiten

Hinderniseffekte, auf die die Methode positiv wirkt

- 02 – Schwächt Angst vor Kritik und Zurückweisung
- 17 – Fördert gehemmte Teammitglieder
- 21 – Bindet eher introvertierte Teammitglieder mit ein
- 26 – Schwächt nicht zielführende Emotionen

Mögliche Extravorteile

- für Teams mit einer konservativen, tradierten Kultur

Quellen

Buch – Das große Handbuch Innovation, B. van Aerssen, C. Buchholz (Vahlen 2018)

Ausspeichern

EinSatzBeschreibung

Freie kreative Methode zum visuellen Strukturieren von Gedanken.

Transformation-Index

P1 Leading	P2 Organizing	P3 Connecting	P4 Growing	P5 Talking	P6 Scanning	P7 Exploiting	P8 Exploring	P9 Earning	P10 Scaling
					x	x	x		

„Ich muss mich dringend mal ausspeichern!“ – hinter diesem Satz verbirgt sich meist ein Kopf voller Gedanken, Bedenken und Ideen, für den man nach einem Ventil sucht. Mit dem Ausspeichern als Methode gibt man dem Projekt-Team einen freien Rahmen für genau dieses Bedürfnis. In der digitalen Transformation ist dies eine effiziente Methode, um unvoreingenommene Eindrücke und Aussagen aus dem Team herauszukitzeln. Die Moderatorin lässt sich dabei auf ein freies Format ein und lässt dem Team beim Assoziieren freien Lauf. Sie kann flexibel und/oder gezielt auf bestimmte Aussagen eingehen und so den Austausch auf ein bestimmtes Ziel hinlenken. Oder sie ordnet während des Ausspeicherns die Eindrücke und Ideen aus dem Team bestimmten Kategorien zu. Das Ausspeichern ist besonders gewinnbringend, wenn Teams mit einer diversen Struktur zusammenkommen (Alter, Erfahrung, Know-how, Hierarchien, Fachbereiche). Es lässt sich zu jeder Phase im Projekt einsetzen, bietet sich allerdings insbesondere in Konzept- oder auch Krisenphasen an, zum Beispiel, wenn das Team nicht entscheiden kann, wie es mit einem bestimmten Thema weitergehen soll oder sich aufgrund unterschiedlicher Meinungen und Ideen blockiert sieht. Auch für die Teamkultur kann der Einsatz des Ausspeicherns ein sinnvolles Mittel sein. Die Teilnehmenden fühlen sich durch eine freiere Methode weniger eingehegt und liefern Aussagen, die auf den ersten Blick vielleicht nicht themenbezogen wirken, aber oft mehr Hintergrund und Tiefe für das konzeptionelle Vorankommen bieten. Umso wichtiger ist es allerdings, dass die Moderatorin sehr konzentriert und fokussiert bei der Sache ist, mitdenkt und flexibel auf das reagiert, was beim Ausspeichern von Team geliefert wird. Dies setzt bei den Mitarbeitenden einen offenen Gedankenprozess frei. Das Ausspeichern ist damit eine kreative Methode, die die Moderatorin mit einbezieht. Anything goes!

Durchführung

Beim Ausspeichern lässt man das Team zu einer Leitfrage oder konkreten Situation seine Gedanken frei äußern. Die Aufgabe der Moderatorin ist es, diese Äußerungen zu dokumentieren und auch optisch voneinander abzugrenzen, zum Beispiel auf Post-its in unterschiedlichen Farben und Formen. Während der Dokumentation ergeben sich Cluster und Zusammenfassungen von Gedanken. Um die Flexibilität in der Darstellung zu erhalten, sollte man daher bei der analogen Arbeit mit einem Whiteboard oder Flipchart mit flexiblen Karten oder Post-its arbeiten. Auch die Arbeit mit einem digitalen Whiteboard-Tool (Miro, Mural) bietet sich an.

Die Kunst beim freien Ausspeichern ist es, als Moderatorin den Input aus dem Team zu sortieren, ohne dass man vorher genau einschätzen kann, was kommen wird. Mit den folgenden Formaten lässt sich das Ausspeichern dabei in eine aufgeräumte Struktur bringen:

Foto: NEU Innovation – TÜV Rheinland

Mindmap/Cluster

Die einfachste Methode, die Gedanken aus dem Team zu sortieren, ist das Clustern. Gibt es übergreifende Themen, Leitfragen oder technische Rahmenbedingungen, nach denen man die Post-its zusammenfassen kann? Aus den Clustern lassen sich auch Mindmaps erstellen, wenn sich definierte Beziehungen zwischen den Clustern erkennen lassen. Dies kann auch ein Ausgangspunkt sein, um auf der horizontalen Ebene auf neue Ideen zu kommen, zum Beispiel zur Erweiterung eines Produktportfolios oder Toolsets.

People, Places, Things

Eine bewährte Methode aus Detektiv-Romanen oder dem Cluedo-Spiel ist auf der Suche nach der Lösung die Frage nach dem „Wer? Wo? Und womit?“ Die Einteilung in diese Kategorien ist hier sinnbildlich gemeint. Es ist für die Moderatorin sehr hilfreich, sich im Vorfeld schon die Frage zu stellen, welches in der konkreten Situation die Elemente sind, die sortiert werden müssen, um vorwärtszukommen (zum Beispiel: Skills, Tools & Personen; Budget & Kapazitäten; etc.). Dabei müssen es nicht zwangsläufig drei Kategorien sein, es gehen auch mehr oder weniger.

Matrix

Wenn man merkt, dass sich die Antworten zur Kernfrage anhand von zwei oder mehr Kategorien einordnen lassen, ist auch der Einsatz einer Matrix sinnvoll. Zusätzlich hat man mit der Matrix das Potenzial, auf unterschiedlichen Ebenen zu ähnlichen Fragestellungen den Input zu sortieren. Die Matrix bietet sich auch dann an, wenn man im Vorfeld der Methode schon etwas zielgerichteter den Prozess des Ausspeicherns vorbereiten möchte.

Die Souveränität im Umgang mit dem Ausspeichern ergibt sich aus der Erfahrung. Je öfter man das Ausspeichern moderiert hat, desto besser lässt sich einschätzen, in welche Richtung sich die Sitzung mit dem Projektteam entwickeln wird. Geübte Projektleiterinnen werden schließlich in der Lage sein, das Ausspeichern ohne viel Vorbereitungs- und Umsetzungszeit einzusetzen. Für den Anfang hilft es, zum Beispiel die Kategorien in der Matrix oder unter „People, Places, Things" vorab schon zu definieren. Man kann das Team anhand dieser auch in Untergruppen einteilen und die Zuordnungen selbst vorbereiten lassen. Im Anschluss werden diese dann in der großen Gruppe besprochen und ggf. verfeinert. Auch für größere Gruppen ist dies ein sinnvoller Weg, damit man ein möglichst diverses Bild einfangen kann.

Da das Ausspeichern einen sehr intensiven Austausch bedeutet, sollte man dafür 30, höchstens 45 Minuten Zeit einplanen.

Foto: NEU Innovation – TÜV Rheinland

Praxisschlaglicht

In einem unserer Projekte, das während des Pandemie-Lockdowns komplett remote stattfand, haben wir ein Frontend Tool für das Management digitaler Geschäfts-Prozesse im E-Commerce eingeführt.

Als wir kurz vor dem Live-Gehen standen, bat uns die Geschäftsleitung, parallel zur Fertigstellung dieses ersten Projekts ein Konzept für einen weiteren User-Touchpoint zu erarbeiten. Um zu bewerten, ob wir die Arbeit mit dem gleichen Tool fortsetzen wollten, haben wir in einem digitalen Miro-Board eine Skill-Matrix mit vier Quadranten (Vorteil Tool/Nachteil Tool/Vorteil Alternative/Nachteil Alternative) erstellt und recht pragmatisch unsere Einschätzung zugeordnet. Die Moderatorin stellte dabei in einem halbstündigen Austausch gezielte Fragen an das Team, um Aussagen zu den vier Quadranten zu generieren und ordnete diese parallel zur Fragerunde direkt auf virtuellen Post-its in die Miro-Matrix ein. Im Prozess des freien Ausspeicherns ergab sich, dass insbesondere mit Blick auf das neu anstehende Projekt, die Kernfrage „Mit welchem Tool wollen wir in Zukunft arbeiten?" zu diesem Zeitpunkt noch gar nicht zu beantworten war. Grund: Die Anforderungen waren überhaupt noch nicht klar, und im Team gab es das unausgesprochene Bedürfnis, vor der Auswahl des Tools und der Umsetzung noch eine weitere konzeptuelle Runde zu drehen. Die Ansätze dazu wurden von der Moderatorin am Rand des Miro-Boards außerhalb der Matrix in einer separaten virtuellen Post-it Farbe gesammelt. So ergab sich nach dem Ausspeichern direkt der Ansatz für eine darauffolgende Anforderungs-Session.

Transformationswirksamkeit

- Wirksam für alle Transformationen

Transformationsfähigkeit

- Fördert die Teamkreativität
- Fördert offene Mindsets und innovative Denkhaltungen
- Zahlt auf eine bessere Wahrnehmung ein

Einsatzcharakteristik

- Austauschfokus: vornehmlich mit internen Personen
- Durchführungszeit: eher gering (< 1 Stunde)
- Einsatzfrequenz: vornehmlich im einmaligen Einsatz
- Einsatzradius: vornehmlich im Teameinsatz
- Komplexität für den Moderator: eher mittel
- Komplexität für die Teilnehmer: eher gering
- Teamgröße: Kleingruppe möglich (3 bis 5 Teilnehmer)
- Teamgröße: Maxigruppen möglich (20 bis 40 Teilnehmer)
- Teamgröße: Mittelgroße Teams möglich (5 bis 20 Teilnehmer)
- Vorbereitungszeit: eher gering (<1 Stunde)

Nötiger Input, um mit der Methode arbeiten zu können

- Aktuelle Herausforderung, Leitfrage, Problem
- Beteiligte Personen mit Tätigkeiten und Aufgaben
- Vorhandenes Wissen und Erfahrungen
- Merkmale der gegebenen Herausforderung

Erzeugter Output der Methode

- Erzeugt Ideensuchfelder, unentdeckte Probleme, Inspiration
- Erzeugt Poster
- Erzeugt besseren Teamspirit, mehr Offenheit, Inspirationsempfindlichkeit
- Erzeugt kollaborative Lösungen und Ideen
- Erzeugt größere Klarheit zu einem Thema
- Hilft bei Entscheidungen, Bewertungen und Feedback

Hinderniseffekte, auf die die Methode positiv wirkt

- 04 – Beugt blinden Flecken/Betriebsblindheit vor
- 07 – Integriert einen dysfunktionalen Schweiger
- 08 – Verhindert einseitige Bewertungen und Entscheidungen
- 11 – Schärft eine fehlende gemeinsame Ausrichtung
- 13 – Schafft für den Erfolg nötige Realitätsbezüge
- 17 – Fördert gehemmte Teammitglieder
- 19 – Verhindert Ideenbunkerei und Geheimniskrämerei
- 21 – Bindet eher introvertierte Teammitglieder mit ein
- 32 – Verhindert unreflektiertes Agieren
- 33 – Schwächt Verdiskutiererei

Mögliche Extravorteile

- für erfahrene Trainer und Agile Coaches
- für die Arbeit mit digitalen Kollaborationsboards

Quellen

Organisation – masterplan.academy GmbH, Düsseldorf, www.masterplan.academy
Person – Stephanie Bretz, stephanie.bretz@masterplan.academy

Grafik: verrocchio Mindset-Card – Illustration: Jennifer Weiss

23 Balanced Scorecard und E-Performance Scorecard

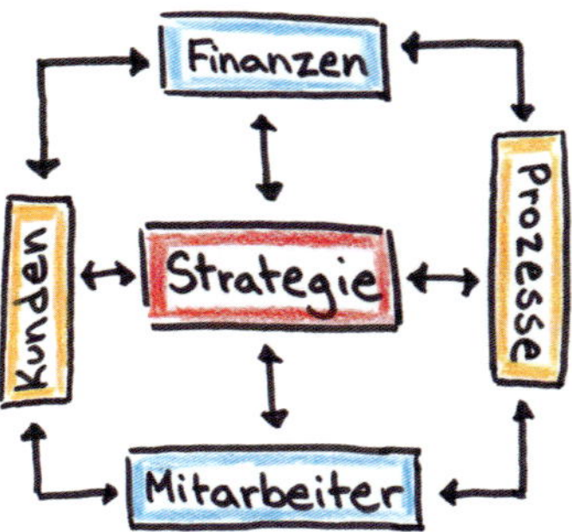

EinSatzBeschreibung

Kennzahlensystem, das die finanziellen Ziele eines Unternehmens um Markt-, Prozess- und Wissensperspektiven ergänzt.

Transformation-Index

P1 Leading	P2 Organizing	P3 Connecting	P4 Growing	P5 Talking	P6 Scanning	P7 Exploiting	P8 Exploring	P9 Earning	P10 Scaling
x					x		x	x	

Beschreibung

Das etablierte Kennzahlensystem „Balanced Scorecard" bildet die Brücke zwischen der Strategiefindung und der praktischen Umsetzung eines Unternehmens. Das Management-System visualisiert dabei einfach und klar strukturiert die strategischen Ziele und Kennzahlen eines Unternehmens. Die klassischen finanziellen Kennzahlen werden durch Kunden,- Markt, Prozess und Wissensperspektiven ergänzt. Die verschiedenen Abteilungen messen, planen, dokumentieren und überführen die Daten schließlich in praktische Maßnahmen. Diese müssen relevant, praktikabel, realistisch und umsetzbar sein.

Robert S. Kaplan und David P. Norton entwickelten Anfang der 90er-Jahre die Balanced Score Card, um die Wirksamkeit einer Unternehmensstrategie weiter zu verbessern. Ihr Leitmotiv war: „Translate strategy into action." Die Balanced Score Card berücksichtigt die Interessen aller Stakeholder eines Unternehmens und ist viel mehr als ein reines Kennzahlensystem: Neben den finanz- und ergebnisorientierten Größen werden auch nichtmonetäre Elemente wie zum Beispiel die Anzahl der Neu-Kunden in die Analyse einbezogen. Ein besonderes Augenmerk wird auf die Ausgewogenheit der unterschiedlichen Kennzahlen gelegt, um eine zielorientierte Umsetzung zu gewährleisten, die den unterschiedlichsten Aspekten zur Unternehmensführung Rechnung trägt. So wird die Ausgewogenheit („balanced") mit einem übersichtlichen Berichtswesen (Scorecard) verbunden.

Die Balanced Scorecard besteht üblicher Weise in der am häufigsten beschriebenen Form aus den vier Steuerungsperspektiven:

- Finanz- und Wertperspektive
- Markt- und Kundenperspektive
- Interne Prozessperspektive
- Innovations- und Wissensperspektive

Aus der Balance Scorecard geht schließlich die „E-Performance Scorecard" hervor. Die Unternehmensberatung McKinsey hat diese zur Steuerung des Kundenbindungsmanagements von E-Commerce Aktivitäten, wie zum Beispiel einem Online-Shop, entwickelt.

Durchführung

Schritt für Schritt Vorgehensweise

Gestalten Sie Ihre Balanced Scorecards für möglichst alle Ebenen Ihres Unternehmens. Gehen Sie dabei Schritt für Schritt vor.

Schritt 1: Definieren Sie Ihre Strategie und Ihre Vision

Starten Sie Ihre Planung mit der großen Vision Ihres Unternehmens, und daraus abgeleitet mit der entsprechenden Strategie.

Schritt 2: Leiten Sie Ihre Ziele aus der Strategie ab

Entwickeln Sie ein Leitziel für Ihr Unternehmen, dass Sie dann durch untergeordnete Ziele einzelner Fachbereiche konkretisieren: Was wollen wie erreichen? Berücksichtigen Sie dabei erfolgskritische Faktoren und die Erwartungen einzelner Unternehmenseinheiten sowie die Interessen Ihrer Mitarbeiter, Ihrer Kunden, Ihrer Lieferanten und Ihrer Kapitalgeber.

Schritt 3: Definieren Sie Ihre Aktionen

Leiten Sie aus Ihren Zielen die richtigen Aktionen und Entwicklungsfelder ab. Die Frage lautet: „Was wollen wir tun?" und „Mit wem" und „Für wen" wollen wir es tun? Beachten Sie hierbei alle Interessen der soeben aufgeführten Gruppen und formulieren Sie Ihre Aktionen möglichst genau. Fassen Sie Aktionen zu Projekten zusammen und strukturieren sie so Ihre strategischen Ziele.

Schritt 4: Identifizieren Sie mögliche Kennzahlen

Anschließend identifizieren Sie zu den untergeordneten Zielen entsprechende Kennzahlen, die diese beschreiben. Die Fragestellung hier lautet: Woran wollen wir erkennen und womit wollen wir messen, wie wir unser Leitziel erreichen? Die übergeordneten strategischen Ziele werden so in messbare Größen überführt.

Schritt 5: Entwickeln Sie die Balanced Scorecard

Entwickeln Sie ein umfassendes Berichtsystem. Erstellen Sie dabei zu jedem Teilprojekt und zu jeder Teilaufgabe eine Balance Scorecard mit den jeweils relevanten Kennzahlen. Beziehen Sie neben den strategischen Kennzahlen auch operative Kennzahlen ein und erläutern Sie das System.

Schritt 6: Einbindung der Balanced Scorecard in den Führungsprozess

Entwickeln Sie ein Kommunikationskonzept und führe Sie so das Balanced Score Card System in das Unternehmen ein. So ordnen Sie die Karten in den Führungsprozess Ihres Unternehmens ein und bilden die Grundlage dafür, dass Ihre Strategie in die praktische Arbeit durch Aktionsprogramme aufgeht.

Schritt 7: Etablieren Sie einen Lernprozess

Lernen Sie aus den Zahlen und Erkenntnissen. Das ist der Sinn und Zweck der Balance Score Cards.

Schritt 8: Regelmäßiger Check

Es wichtig, dass Sie Ihren Balanced Score Cards regelmäßige Überprüfungen unterziehen. Reagieren Sie agil auf die sich ständig verändernde Umwelt und Rahmenbedingungen und passen Sie die Karten auf die neuen Begebenheiten an. Dieser Lernprozess ist von entscheidender Bedeutung für den Erfolg.

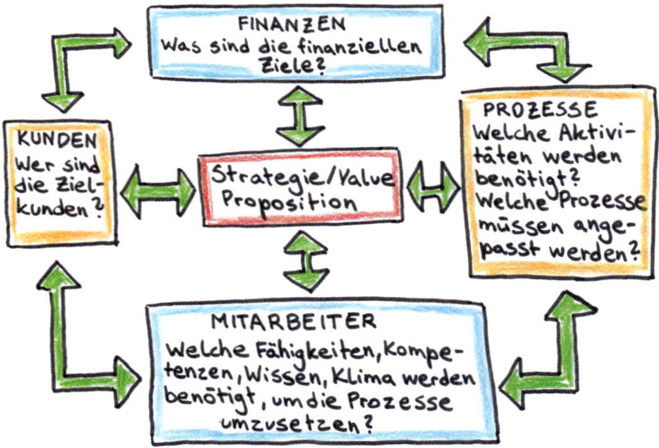

Grafik: Anja Faber

Die E-Performance Scorecard

McKinsey hat die Balanced Scorecard auf die Anforderungen des modernen E-Commerce zugeschnitten. Insgesamt hat das Beratungs-Unternehmen 21 Indikatoren in den Kategorien „Attraction", „Conversion" und „Rentention" identifiziert. „Attraction" zielt dabei auf die Gewinnung von Neukunden ab. „Conversion" zahlt auf die Umwandlung von Interessenten auf Kunden ein und „Retention" wiederum auf die Bindung der Kunden an die Unternehmen – und damit verbunden auf Wiederholungskäufe. Nach Ermittlung der gewichteten Durchschnittswerte wird ein Indexwert erstellt.

Vier Perspektiven

Finanzielle Perspektive

Mit der finanziellen Perspektive beschreiben Sie, wie die Implementierung Ihrer Strategie zur Ergebnisverbesserung beiträgt. Eine Kennzahl der finanziellen Perspektive ist beispielsweise die Eigenkapitalrendite.

Kundenperspektive

Mit der Kundenperspektive reflektieren Sie die strategischen Ziele Ihres Unternehmens hinsichtlich der Kunden- und Marktsegmente. Kundenzufriedenheit, Kundenprofitabilität und Marktdurchdringung sind hier geeignete Kennzahlen.

Prozessperspektive

Reflektieren Sie Ihre internen Prozesse, die zur Erreichung der Unternehmensziele erforderlich sind. Erfassen sie möglichst sämtliche Prozesse der Wertschöpfungskette.

Lern- und Entwicklungsperspektive

Mit der Lern- und Wachstumsperspektive reflektieren Sie die ersten drei Perspektiven. Von entscheidender Bedeutung sind dabei die Qualifizierung von Mitarbeitern, die Leistungsfähigkeit des Informationssystems sowie die Motivation und Zielausrichtung von Mitarbeitern. Die Kennzahlen der Kunden-, internen Prozess- sowie Lern- und Wachstumsperspektive müssen grundsätzlich über Ursache-/Wirkungsbeziehungen mit den finanziellen Zielen verbunden sein.

Gestalten Sie Ihre Balanced Scorecard gemeinsam mit Ihren Führungskräften. Binden Sie dazu innovative „Querdenker", ebenso wie Mitglieder des Betriebsrates oder externe Dienstleister oder dem Unternehmen nahestehenden Personen ein, die weniger „betriebsblind" sind und eine alternative Sicht einbringen können.

Wichtig sind Ihre eigenen Vorstellungen und die Ideen Ihres Teams. Es gibt keine Vorschriften, wie Sie diese Aufgabe angehen. Lassen Sie also Ihrer Kreativität freien Lauf. Alle Beteiligten müssen sich darin wiederfinden und die Ziele akzeptieren. Das funktioniert nur, wenn Ihre Balanced Scorecard praxisbezogen formuliert sind. Verhindern Sie, dass Ihr Aufwand zu einem reinen Selbstzweck verkommt. Auf die Handlungsableitung der Analysen kommt es schließlich an. Und schließlich: Kommunizieren Sie Ihre Ergebnisse, Analysen und Handlungsempfehlungen. Ein entsprechendes Kommunikationskonzept ist Ihr Schlüssel zum Erfolg.

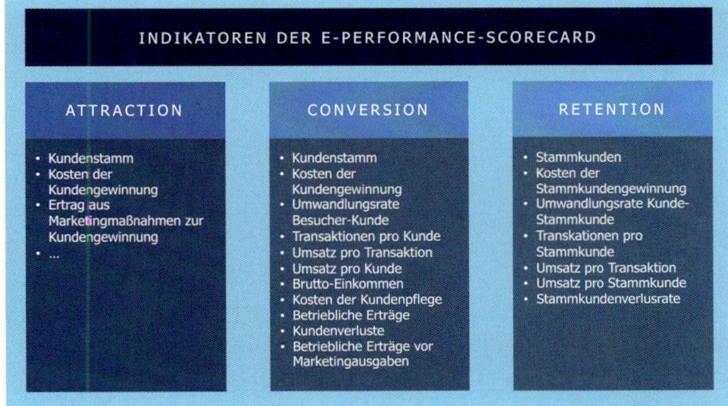

Grafik: Kollmann (2020), S. 128 ff.; in Anlehnung an Agrawal/Arjona/Lemmens (2001), S. 32

Praxisschlaglicht

Kreative Fotografen interessieren sich weniger für Umsätze, Finanzen oder Prozesse. Sie möchten sich kreativ austoben und Ihre Kunden fotografieren. Insofern ist die Etablierung eines Balanced Scorecard Systems in einem Unternehmen, dass von einer kreativen Kultur geprägt ist, ein ambitioniertes Unterfangen. Akzeptanz fand ich als Führungskraft, der ein entsprechendes Kennzahlen-System einführen wollte, indem ich die Perspektive wechselte und neben der finanz- und Werteperspektive sowohl die Kunden- und Marktperspektive als auch die Innovations- und Lernperspektive einführte. Schritt für Schritt erarbeiteten wir so neue Visionen, Strategien und Ziele, um das Unternehmen weiterzuentwickeln.

Wir reflektierten unsere Prozesse, formulierten unsere Ziele für jedes einzelne Fotostudio und entwickelten weitere Kennzahlen, die für unsere Mitarbeiter vor Ort sinnvoll und greifbar waren. Eben auch aus Ihrer Sicht sowie aus der Sicht unserer Kunden. Wichtig war, dass wir die kreativen Kollegen:innen in den Prozess integrierten, sie motivierten und sie schließlich aktivierten, teilzuhaben. So entstand automatisch mit der Innovations- und Wissensperspektive eine weitere Ebene, die großen Anklang fand. Heute ist ein Geschäftsbericht mit den wichtigsten strategischen und operativen Kennzahlen in dem zuvor sehr „bauchgetriebenen" Unternehmen als fester Bestandteil integriert und akzeptiert. Die Analyse der Scorecards münden in Handlungsempfehlungen, die schließlich zu konkrete Aktionen am Point of Sale werden. Was will man als Führungskraft mehr.

Transformationswirksamkeit

- Wirksam für Herausforderungen mit hoher Komplexität
- Wirksam für alle Transformationen

Transformationsfähigkeit

- Fördert die allgemeine Transformationsfähigkeit des Teams

Einsatzcharakteristik

- Austauschfokus: vornehmlich mit internen Personen
- Durchführungszeit: eher hoch (> 1 Tag)
- Einsatzfrequenz: sinnvoll im dauerhaften Einsatz
- Einsatzradius: vornehmlich im unternehmensweiten Einsatz
- Komplexität für den Moderator: eher hoch
- Komplexität für die Teilnehmer: eher hoch
- Teamgröße: Großgruppen möglich (>50 Teilnehmer)
- Teamgröße: Maxigruppen möglich (20 bis 40 Teilnehmer)
- Teamgröße: Mittelgroße Teams möglich (5 bis 20 Teilnehmer)
- Vorbereitungszeit: eher hoch (>1 Tag)

Nötiger Input, um mit der Methode arbeiten zu können Aktuell existierende Geschäftsmodelle

- Aktuell existierende Produkte und Services
- Aktuelle Herausforderung, Leitfrage, Problem
- Beteiligte Personen mit Tätigkeiten und Aufgaben
- Ergebnisse aus der Analysephase
- Existierende Prozesse und Verfahren
- Vorhandenes Wissen und Erfahrungen
- Ziele, Zielsystem, Kennzahlen

Erzeugter Output der Methode

- Bessere Projekteffizienz, bessere Teamperformance
- Erzeugt Listen von Chancen und Risiken
- Erzeugt Nutzenfunktionen und Bedürfniskorridore
- Erzeugt neues Wissen und neue Erfahrungen
- Erzeugt definierte Zielkorridore
- Erzeugt größere Klarheit zu einem Thema
- Erzeugt transformationsfähigere Organisationen
- Erzeugt mehr Hintergrundinformationen
- Erzeugt mehr Know-how-Zuwachs
- Erzeugt segmentierte, kategorisierte, geclusterte Daten
- Hilft bei Entscheidungen, Bewertungen und Feedback
- Identifiziert vorhandene Schwachstellen
- Identifiziert vorhandene Stärken

Hinderniseffekte, auf die die Methode positiv wirkt

- 04 – Beugt blinden Flecken/Betriebsblindheit vor
- 08 – Verhindert einseitige Bewertungen und Entscheidungen
- 10 – Verhindert falsche Flughöhen
- 13 – Schafft für den Erfolg nötige Realitätsbezüge
- 14 – Fördert eventuell fehlende Wertschätzung
- 16 – Beugt Misinterpretationen vor
- 36 – Schafft schnell Klarheit und beschleunigt Erkenntnisgewinn
- 40 – Verhindert Finanz- und Ressourcenfallen
- 42 – Überzeugt strukturliebende Teammitglieder
- 44 – Überzeugt einen Rationalisierer

Mögliche Extravorteile

- für Teams mit einer konservativen, tradierten Kultur

Quellen

Buch – The Strategy Focuses Organization: How Balanced Sorecard Companies Thrive in the New Business Environment, Robert S. Kaplan und David P. Norton (Harvard Business School Press 1997)

Buch – Digital Leadership. Grundlagen der Unternehmensführung in der digitalen Wirtschaft, Tobias Kollmann (Springer Gabler 2020)

Web – https://wirtschaftslexikon.gabler.de/definition/balanced-scorecard-28000, 13. Mai 2021

Web – https://www.controlling-wiki.com/de/index.php/Balanced_Scorecard, 13. Mai 2021

Behavior Driven Development

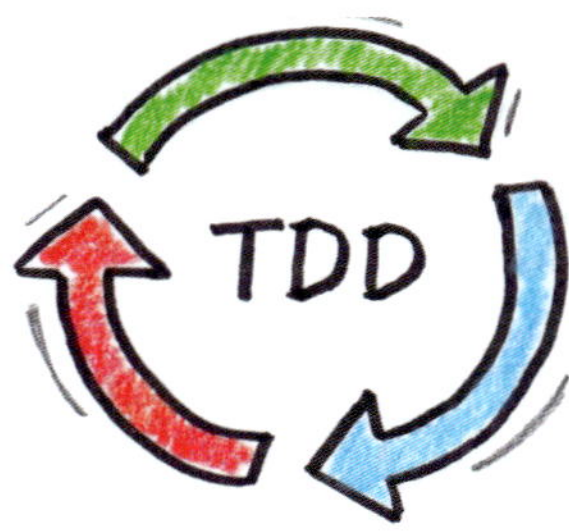

EinSatzBeschreibung

Eine agile Methode, die auf die Herausforderungen und Veränderungen in der Softwareentwicklung reagiert.

Transformation-Index

P1 Leading	P2 Organizing	P3 Connecting	P4 Growing	P5 Talking	P6 Scanning	P7 Exploiting	P8 Exploring	P9 Earning	P10 Scaling
	x					x	x		x

Beschreibung

Software zu entwickeln ist bekanntermaßen nicht einfach. Auch heutzutage schlagen immer noch viele Software-Projekte aus verschiedenen Gründen, wie schlechter Kommunikation, unzureichender Anforderungsermittlung oder unrealistischen Zielen, fehl. Es gibt viele wichtige Kriterien, die für den Erfolg einer Softwareentwicklung entscheidend sind, insbesondere müssen aber folgende zwei Dimensionen sichergestellt werden:

1. **Wir bauen die richtige Software,** d.h. die Software muss die Anforderungen korrekt adressieren und einen echten Mehrwert für die Benutzer stiften.
2. **Wir bauen die Software richtig,** d.h. die Software erfüllt verschiedene Qualitätskriterien wie Wartbarkeit, Fehlerfreiheit, Effizienz und Zuverlässigkeit.

Hinzu kommt, dass Software-Projekte zunehmen in agilen und „leanen" Szenarien umgesetzt werden müssen, bei denen teilweise alle Anforderungen noch gar nicht klar sind und das Geschäftsmodell erst noch gefunden werden muss.

Behavior Driven Development (BDD) ist eine agile Softwareentwicklungsmethode, die auf diese Herausforderungen und Veränderungen reagiert. Sie wurde 2003 von Daniel Terhorst-North als Verbesserung gegenüber Test Driven Development (TDD) entwickelt. Beim TDD schreibt man vor dem eigentlichen Feature einen automatisierten Test (ebenfalls als Code), der dieses Feature testen soll. Selbstverständlich wird dieser Test zunächst fehlschlagen, da das Feature selbst noch nicht entwickelt ist (1). Im Anschluss programmiert man gerade ausreichend Code, damit der Test erfolgreich ist (3). Im Anschluss kann man den Code aufräumen und verbessern (3). Der Vorteil hierbei ist, dass man sofort bemerkt, wenn eine Änderung einen Fehler hervorruft, weil in diesem Fall der Test wieder fehlschlagen würde. Am Ende hat man also einen sauberen, wartbaren und qualitativ hochwertigen Code und ein funktionierendes Feature.

BDD übernimmt den Ansatz, geht aber noch einige Schritte weiter. BDD wird auch „anforderungsgetriebene Softwareentwicklung genannt", denn hier wird der Fokus auf das eigentliche Benutzerverhalten gelegt. Somit kann man BDD auch während der Anforderungsermittlung und -dokumentation verwenden. Ein Beispiel zur gemeinsamen Anforderungsspezifikation ist die Sprache „Gherkin" (diese Methode ist ebenfalls im Buch beschrieben). BDD trägt somit neben Dimension 2 „Wir bauen die Software richtig" ebenfalls insbesondere zu Dimension 1 „Wir bauen die richtige Software" bei.

Dementsprechend ergeben sich einige Vorteile von BDD, wie folgende unvollständige Liste zeigt:

- fördert die gemeinsame Kollaboration zwischen Entwicklern, Product Owner, Tester und weiteren Stakeholdern,
- fördert die gemeinsame Kommunikation und Diskussion, bspw. durch die Sprache „Gherkin",
- verbessert die Code-Qualität, minimiert Bugs und erhöht diverse Kriterien wie Wartbarkeit und Wiederverwendbarkeit,
- durch die automatisierten Tests und Spezifikationen wird die Dokumentation erhöht,
- unterstützt die Anforderungsermittlung.
- Sicherstellung der Wertschöpfung von Features,
- wir reduzieren Verschwendung und Kosten, da wir nur die Features bauen, die auch einen Wert stiften.

Im Gegenzug muss aber sichergestellt werden, dass das gesamte Team mit dieser Methode vertraut ist und gemeinsam damit arbeitet. Gemeinsame Kommunikation und Kollaboration sind erfolgskritisch, damit BDD seine Vorteile ausspielen kann. Des Weiteren kann BDD seine Stärken wie oben beschrieben vor allem in agilen Szenarien ausspielen.

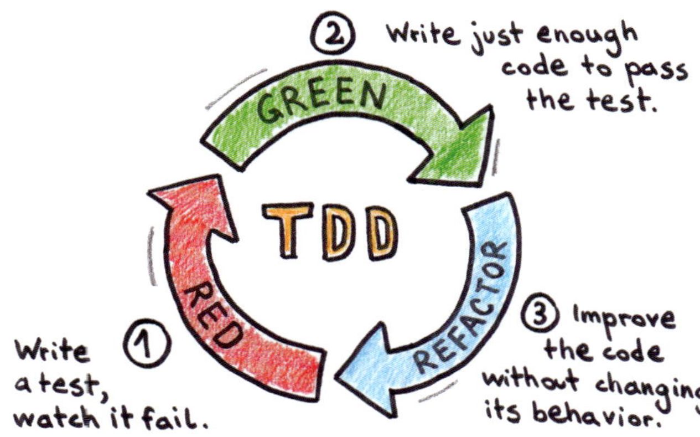

Grafik: Anja Faber

Durchführung

BDD kann wie folgt umgesetzt werden:

1. **Vision:** Zunächst muss man sich fragen, was die Software können soll: Wie können wir einen Mehrwert stiften und Probleme der Benutzer lösen? Was ist das eigentliche Ziel? Was wären

die High-Level Features? Um ein erstes Product Backlog aufzubauen, bietet sich auch die Methode Impact Mapping an (im Buch beschrieben). Dieses Backlog sollte ebenfalls priorisiert werden. Als Unterstützung kann bspw. die Methode User Story Mapping helfen (im Buch beschrieben). Die Dokumentation als User Stories kann sicherstellen, dass hinter jeder Anforderung auch eine (potenzielle/angenommene) Wertstiftung steckt.

2. **Illustrieren:** Als Nächstes greift man sich ein hoch priorisiertes Item aus dem Backlog heraus und fängt an, dieses gemeinsam und kollaborativ zu erkunden. In diesem Schritt geht es vor allem darum, über die Anforderung zu sprechen, Fragen zu stellen, Beispiele und Szenarien zu erkunden. Was sind „Edge Cases"? Was sind Regeln? Was sind Beispiele/Szenarien? Das Ziel muss es hier sein, ein möglichst gutes Verständnis aller involvierten Parteien zu dieser Anforderung zu entwickeln. Falls die User Story in diesem Schritt zu groß ist („Epic"), kann man diese hier auch in weitere User Stories schneiden, für die dieser Prozess natürlich wiederholt werden muss.
3. **Formulieren:** Anschließend wird die User Story basierend auf den erforschten Beispielen weiter spezifiziert und mit allen notwendigen Informationen angereichert, sodass das Team diese umsetzen kann (bspw. designen und programmieren). Hierfür bietet sich die Sprache „Gherkin" an, die ebenfalls in dem Buch beschrieben ist.
4. **Automatisieren:** Mit bestimmten Software Tools (z. B. „Cucumber") können die Spezifikationen aus Schritt 3 in Code überführt werden, aus denen dann automatisierte Tests entstehen. Aus den sprachlichen Szenarien werden in diesem Schritt also automatisiert ausführbare Test-Spezifikationen, mit der wir unsere Umsetzung überprüfen können. Anschließend muss der Code natürlich programmiert werden, der die User Story umsetzt, damit im Ziel dann auch alle Tests am Ende erfolgreich durchlaufen können.
5. **Demonstrieren:** An diesem Punkt sollten wir also unsere Tests automatisiert durchlaufen lassen können und idealerweise sehen, dass diese auch erfolgreich sind und wir das Feature gemäß Spezifikation (und gemäß potenziellem Wert) umgesetzt haben. Die Tests dienen ebenfalls eine lebendige Dokumentation, an denen man auch gut den aktuellen Fortschritt des Projektes sehen kann.
6. **Validieren:** Der letzte Schritt involviert ganz gemäß Lean Startup die eigentliche Validierung des umgesetzten Features in der realen Welt mit realen Benutzern. Waren die Annahmen korrekt? Stiftet das Feature einen Mehrwert? Wird es akzeptiert und angenommen?

Transformationswirksamkeit

- Wirksam für Herausforderungen mit hoher Komplexität
- Wirksam für alle Transformationen

Transformationsfähigkeit

- Fördert die Agilität eines Teams
- Fördert die allgemeine Transformationsfähigkeit des Teams
- Fördert offene Mindsets und innovative Denkhaltungen

Einsatzcharakteristik

- Austauschfokus: vornehmlich mit internen Personen
- Durchführungszeit: eher hoch (> 1 Tag)
- Einsatzfrequenz: sinnvoll im dauerhaften Einsatz
- Einsatzfrequenz: vornehmlich über im kompletten Projektzeitraum
- Einsatzradius: vornehmlich im projektweiten Einsatz
- Komplexität für den Moderator: eher hoch
- Komplexität für die Teilnehmer: eher hoch
- Teamgröße: Großgruppen möglich (>50 Teilnehmer)
- Teamgröße: Kleingruppe möglich (3 bis 5 Teilnehmer)
- Teamgröße: Maxigruppen möglich (20 bis 40 Teilnehmer)
- Teamgröße: Mittelgroße Teams möglich (5 bis 20 Teilnehmer)
- Vorbereitungszeit: eher hoch (>1 Tag)

Nötiger Input, um mit der Methode arbeiten zu können

- Aktuelle Herausforderung, Leitfrage, Problem
- Beteiligte Personen mit Tätigkeiten und Aufgaben
- Durchlaufenes Projekt oder Projektphasen
- Frühe erste Prototypen
- Ideen und Projekte die zur Umsetzung anstehen
- Durchführungszeit, Trainingszeit

Erzeugter Output der Methode

- Erzeugt umgesetzte Ideen

Hinderniseffekte, auf die die Methode positiv wirkt

- 11 – Schärft eine fehlende gemeinsame Ausrichtung
- 15 – Stärkt das Vertrauen im Team
- 25 – Schwächt multidisziplinäre Reibungsverluste
- 28 – Stärkt schwache Anreicherungsskills
- 35 – Dynamisiert und aktiviert wenig dynamische Teams

Mögliche Extravorteile

- für agile Teams
- für erfahrene Trainer und Agile Coaches
- für innovativ erfahrene Teams
- für interkulturell erfahrene Teams
- für multidisziplinär erfahrene Teams

Quellen

Web – https://www.thinktocode.com/2018/02/05/what-is-tdd/, 24.05.2021

Buch – BDD in Action: Behavior-driven development for the whole software lifecycle, John Ferguson Smart (Manning Publications 2014)

Benchmarking

EinSatzBeschreibung

Managementmethode, mit der ein Unternehmen seine eigene Wettbewerbsfähigkeit optimieren kann.

Transformation-Index

P1 Leading	P2 Organizing	P3 Connecting	P4 Growing	P5 Talking	P6 Scanning	P7 Exploiting	P8 Exploring	P9 Earning	P10 Scaling
					x				

Beschreibung

Benchmarking ist eine Managementmethode, mit der ein Unternehmen seine eigene Wettbewerbsfähigkeit optimieren kann. Verglichen werden entweder Produkte, Bereiche oder Prozesse mit denen anderer Unternehmen oder anderen internen Abteilungen. Im Idealfall werden Performanceunterschiede sichtbar, um Optimierungspotenziale zu erschließen.

Zu den relevantesten Benchmarking-Zielen gehört die Vergleichbarkeit der eigenen Produkte, der eigenen Prozesse oder des Marktzugangs mit dem Wettbewerb oder Best-in-Class Unternehmen. Die Identifikation von Defiziten sowie die Umsetzung von Verbesserungsmöglichkeiten ist das dominierende

Zielfragen der Benchmarking Methode:

- Wo kann man Effizienzen heben?
- Wo kann man Einsparpotenziale finden?
- Wo kann man besser werden?

Beim Benchmarking wird unterschieden zwischen „was gebenchmarkt wird“ und „wer gebenchmarkt wird“.

Was wird gebenchmarkt:

1. Produktion: Infrastruktur und Maschinen des Wettbewerbers
2. Produkte: Produkte und Services des Wettbewerbers
3. Prozesse: unternehmenswichtige Prozesse
4. Performance: Kennzahlen des Wettbewerbers
5. Strategie: strategische Ausrichtung des Wettbewerbers

Wer wird gebenchmarkt:

1. Internes Benchmarking: unternehmensinterner Vergleich zwischen verschiedenen Abteilungen oder Produktionsstätten
2. Externes Benchmarking innerhalb der Branche: Wettbewerbsbenchmarking ohne Wissen des Konkurrenten
3. Externes Benchmarking außerhalb der Branche: Partnerschaftliches vergleichen ohne direkte Konkurrenzsituation

Insbesondere beim Produktvergleich oder Produktbenchmark ist der digitale Wandel deutlich spürbar. Durch das Internet und die Möglichkeit des umfassenden Online-Shoppings sind Kunden heutzutage sehr gut informiert. Die allgemeine und große Transparenz durch das Internet in Bezug auf Preise, Produktmerkmale und Produktvorteile sorgt für ein verstärkt kundenzentriertes agieren durch die Unternehmen. Es gibt einen zunehmenden Bedarf, die Benchmarking-Methode einzusetzen, um die eigenen Produkte und Services valide zu vergleichen und in der Folge weiterzuentwickeln. Die erforderliche und gewünschte Wettbewerbsfähigkeit am Markt kann nur so sichergestellt werden.

Durchführung

Unternehmen, die sich zur Durchführung von Benchmarking entschlossen haben, verstehen dass es lohnend ist den Blick über den Tellerrand zu wagen. Man kann von der Konkurrenz immer etwas lernen. Eine zu starke Fokussierung auf sich selbst wird dadurch verhindert und das Gespür für Veränderungen am Markt bleibt erhalten. Innovationen und Trends im schnelllebigen digitalen Zeitalter werden nicht verpasst.

Benchmarking wird in vier Schritte gegliedert

1. Planung und Zielsetzung
2. Datensammlung
3. Analyse
4. Optimierung

Praxisschlaglicht

Bei einem bundesweit agierenden digitalen Energieversorgungsunternehmen stellte man sich die Frage, ob das eigene Produktportfolio genügend attraktive Differenzierungsmerkmale anbietet um das gewünschte Kundenwachstum sicherzustellen.

Die Benchmarking-Methode bot sich als ideale Technik an um die Produkte des Wettbewerbs zu analysieren. Der Energieversorger wollte herausfinden, welche Trends bei Strom- und Erdgasprodukten im Commodity-Markt gerade von Kunden nachgefragt wurden. Das hier angewandte konkurrenzbezogene bzw. competitive Benchmarking lenkte also ganz bewusst den Blick auf die anderen Marktteilnehmer.

Durch die hohe Onlinepräsenz der Produkte der Energieversorgungsbranche war es relativ einfach, die notwendigen Kennzahlen der anderen Anbieter zu bekommen. Durch die eingesetzte Benchmarking-Methode wurde sichtbar, dass die progressivsten Energieversorgungsunternehmen es geschafft hatten, aus Strom- und Erdgas auch prozessual ein Produkt zu bauen. Kunden konnten in einer digitalen Abschlussstrecke auf der Website der Top Anbieter beide Produkte, Strom und Erdgas, mit einem „Klick“ kaufen.

Diese Möglichkeit bietet für den Kunden den Vorteil, dass er seine Energieprodukte „aus einer Hand“ bekommt und somit weniger administrativen Aufwand während seiner Vertragslaufzeit hat, da er nur eine Rechnung erhält. Zudem bekommt der Kunde einen Rabatt da er „eigentlich" zwei Produkte gekauft hat – der Kunde wird für seine Entscheidung belohnt.

Diese Mechanik ist auch aus der Telekommunikationsbranche bekannt, Kunden mit zwei Produkten (Festnetz und Mobilfunk) bekommen einen Rabatt. Zudem ist die Kündigungswahrscheinlichkeit der Kunden mit zwei oder mehreren Produkten von einem Anbieter deutlich geringer als bei nur einem Produkt. Diesen unschlagbaren Vorteil hat sich der digitale Energieversorger im vorliegenden Praxisschlaglicht von den besten Konkurrenten abgeschaut und umgesetzt.

Transformationswirksamkeit

- Wirksam für Herausforderungen mit hoher Komplexität
- Wirksam für Herausforderungen mit mittlerer Komplexität
- Wirksam für Produkttransformationen
- Wirksam für Servicetransformationen
- Wirksam für radikale Transformationen

Transformationsfähigkeit

- Fördert die allgemeine Transformationsfähigkeit des Teams
- Zahlt auf eine bessere Wahrnehmung ein

Einsatzcharakteristik

- Austauschfokus: vornehmlich mit internen Personen
- Durchführungszeit: eher hoch (> 1 Tag)
- Einsatzfrequenz: sinnvoll im dauerhaften Einsatz
- Einsatzfrequenz: vornehmlich über im kompletten Projektzeitraum
- Einsatzradius: vornehmlich im projektweiten Einsatz
- Komplexität für den Moderator: eher hoch
- Komplexität für die Teilnehmer: eher hoch
- Teamgröße: Einzelpersonennutzung möglich
- Teamgröße: Kleingruppe möglich (3 bis 5 Teilnehmer)
- Teamgröße: Mittelgroße Teams möglich (5 bis 20 Teilnehmer)
- Vorbereitungszeit: eher hoch (>1 Tag)

Nötiger Input, um mit der Methode arbeiten zu können

- Aktuell existierende Geschäftsmodelle
- Aktuell existierende Produkte und Services
- Aktuelle Herausforderung, Leitfrage, Problem
- Personenmerkmale (Meinungen, Bedürfnisse, Werte, etc.)
- Produktmerkmale, Skizzen, Eigenschaften
- Umfeldbeobachtungen, Umfeldanalysen
- Wettbewerber und Komplementoren

Erzeugter Output der Methode

- Erzeugt größere Klarheit zu einem Thema
- Erzeugt mehr Hintergrundinformationen
- Erzeugt mehr Know-how-Zuwachs
- Erzeugt motiviertere und transformationsfähigere Teilnehmer
- Erzeugt segmentierte, kategorisierte, geclusterte Daten
- Hilft bei Entscheidungen, Bewertungen und Feedback
- Identifiziert vorhandene Schwachstellen
- Identifiziert vorhandene Stärken

Hinderniseffekte, auf die die Methode positiv wirkt

- 04 – Beugt blinden Flecken/Betriebsblindheit vor
- 05 – Verhindert blinden Aktionismus
- 06 – Schwächt das Leben in der Vergangenheit
- 10 – Verhindert falsche Flughöhen
- 11 – Schärft eine fehlende gemeinsame Ausrichtung
- 13 – Schafft für den Erfolg nötige Realitätsbezüge
- 16 – Beugt Misinterpretationen vor
- 20 – Verhindert Ideenfindung mit zu schwacher Erkenntnisgrundlage
- 32 – Verhindert unreflektiertes Agieren
- 36 – Schafft schnell Klarheit und beschleunigt Erkenntnisgewinn

Mögliche Extravorteile

- für Teams in einer Komfortsituation
- für Teams in einer Krisensituation
- für Teams mit einem starkem Auftragsmandat
- für Teams mit einer souveränen Teamleitung
- für erfahrene Trainer und Agile Coaches
- für innovativ ungeübte Teams
- für die Arbeit mit digitalen Kollaborationsboards

Quellen

Web – http://www.strategische-wettbewerbsbeobachtung.com, 17.04.2021

Web – http://www.centralstationcrm.de), 17.04.2021

BetaCodex

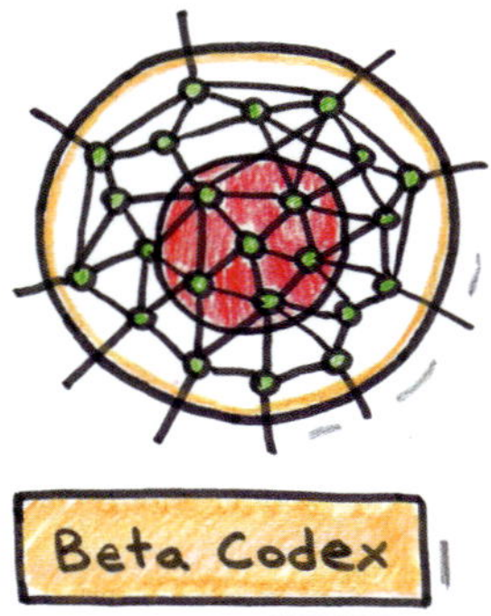

EinSatzBeschreibung

Ein System für den dezentralen Aufbau von Unternehmen jenseits von Planung und zentralem Management.

Transformation-Index

P1 Leading	P2 Organizing	P3 Connecting	P4 Growing	P5 Talking	P6 Scanning	P7 Exploiting	P8 Exploring	P9 Earning	P10 Scaling
x	x	x	x	x					

Beschreibung

Der BetaCodex ist ein Prinzipiensammlung für den Aufbau und die Führung von dezentralen Organisationen. Sie entstand 2008 aus der Forschungsinitiative „Beyond Budgeting Round Table" (BBRT). Die Prinzipien bilden ein System für den dezentralen Aufbau von Unternehmen jenseits von Planung und zentralem Management und wurden schon von Unternehmen wie Handelsbanken und Ikea eingesetzt.

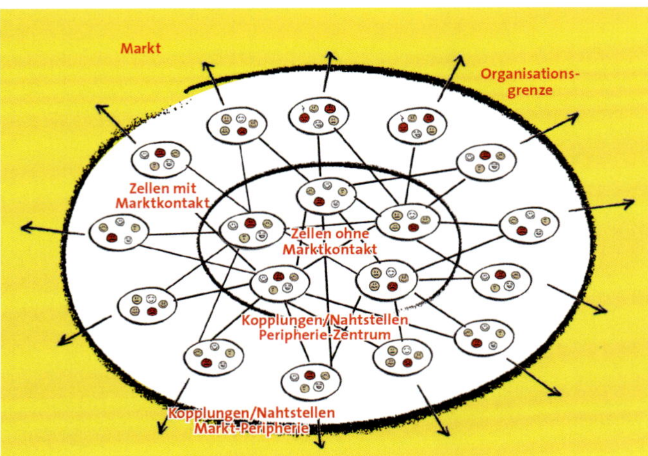

Grafik aus Pfläging, Zellstrukturdesign (Vahlen 2020)

Der BetaCodex ist sowohl ausgerichtet auf einen komplexen Markt, als auch orientiert an den Bedürfnissen der Menschen.

Der Name des Modells wurde bewusst zur Abgrenzung von sogenannten Alpha Organisation gewählt. Als Alpha Organisation werden im Modell herkömmlichen pyramidale Organisation bezeichnet, die von vielschichtigen formalen Hierarchien und einer funktionalen Differenzierung des Unternehmens gekennzeichnet sind. Der Beta Kodex sieht die Zukunft im sogenannten Pfirsichmodell (im Gegensatz zum klassischen Pyramidenmodell) und in 12 an diese Idee geknüpften Prinzipien. Im Pfirsichmodell sind Leistungsteams (auch Zellen genannt) funktional integriert und können Marktprobleme autonom lösen.

Im Inneren befindet sich der Kern/das Zentrum, das sind die Zellen ohne Marktkontakt. Außen, in der Peripherie, befinden sich die Zellen mit Marktkontakt, die durch „die Interaktion mit dem Markt, insbesondere mit direkten Empfängern der Wertschöpfung", in der Lage sind, am Markt zu lernen. Das Zentrum kann hingegen nicht vom Markt lernen, es lernt nur durch die Peripherie.

Aus mehreren Leistungsteams bildet sich eine zellartige Struktur. Die Leistungsteams greifen ihrerseits auf zentrale Dienste zu. Zu diesen unterhalten sie eine symmetrische Schnittstelle, d.h. die Zellen und das Zentrum sind wechselseitig aufeinander angewiesen.

Dadurch soll eine Organisation entstehen, die sehr marktorientiert arbeitet, während viele bestehende Organisationen heute den Blick eher nach innen gerichtet haben. Ein Unternehmen entwickelt sich mit BetaCodex als Netzwerk mit einer dezentralisierten Zellstruktur.

Durchführung

Der Aufbau eines Zellstrukturdesign sollte immer in der Reihenfolge Geschäftstätigkeit – Peripherie – Zentrum erfolgen. Das System wird immer von vielen gemeinsam erarbeitet, beispielsweise im OpenSpace-Format.

Bei der Umsetzung unterstützen 12 Prinzipien/Gesetze zur Unternehmensführung. Diese ergänzen sich, sind nicht teilbar und konsistent:

§ 1 Teamautonomie: Sinnkopplung statt Abhängigkeit
§ 2 Föderalisierung: Zellstruktur statt abgeteilter Silos
§ 3 Leaderships: Selbstorganisation statt Management
§ 4 Rundumerfolg: Passgenauigkeit statt Monomaximierung
§ 5 Transparenz: Fließintelligenz statt Machtverstopfung
§ 6 Marktorientierung: Relative Ziele statt Chefvorgabe
§ 7 Bedingtes Arbeitseinkommen: Teilhabe statt Anreiz
§ 8 Geistesgegenwart: Vorbereitung statt Planwirtschaft
§ 9 Rhythmus: Taktgefühl statt Fiskaljahrorientierung
§ 10 Könnerentscheidung: Konsequenz statt Bürokratie
§ 11 Ressourcendisziplin: Zweckdienlichkeit statt Statusgedöns
§ 12 Flowkoordination: Wertschöpfungsdynamik statt Zuweisungsstatik

BetaCodex

Transformationswirksamkeit

- Wirksam für alle Transformationen

Transformationsfähigkeit

- Fördert die allgemeine Transformationsfähigkeit des Teams
- Fördert grundlegend di e Kreativität
- Fördert offene Mindsets und innovative Denkhaltungen
- Sorgt für Inspiration oder bessere Inspirationsempfindlichkeit
- Zahlt auf eine bessere Vorstellungskraft ein
- Zahlt auf eine bessere Wahrnehmung ein

Transformationsjobs

- Leading
- Connecting
- Organizing
- Talking
- Growing

Einsatzcharakteristik

- Austauschfokus: vornehmlich mit internen Personen
- Durchführungszeit: eher hoch (> 1 Tag)
- Einsatzfrequenz: sinnvoll im dauerhaften Einsatz
- Einsatzradius: vornehmlich im unternehmensweiten Einsatz
- Komplexität für den Moderator: eher hoch
- Komplexität für die Teilnehmer: eher mittel
- Teamgröße: Großgruppen möglich (>50 Teilnehmer)
- Teamgröße: Kleingruppe möglich (3 bis 5 Teilnehmer)
- Teamgröße: Maxigruppen möglich (20 bis 40 Teilnehmer)
- Teamgröße: Mittelgroße Teams möglich (5 bis 20 Teilnehmer)
- Vorbereitungszeit: eher hoch (>1 Tag)

Nötiger Input, um mit der Methode arbeiten zu können

- Aktuelle Herausforderung, Leitfrage, Problem
- Beteiligte Personen mit Tätigkeiten und Aufgaben
- Durchlaufenes Projekt oder Projektphasen

Erzeugter Output der Methode

- Bessere Projekteffizienz, bessere Teamperformance
- Erzeugt transformationsfähigere Organisationen
- Erzeugt mehr Agilität im Team
- Erzeugt motiviertere und transformationsfähigere Teilnehmer

Hinderniseffekte, auf die die Methode positiv wirkt

- 08 – Verhindert einseitige Bewertungen und Entscheidungen
- 11 – Schärft eine fehlende gemeinsame Ausrichtung
- 14 – Fördert eventuell fehlende Wertschätzung
- 15 – Stärkt das Vertrauen im Team
- 25 – Schwächt multidisziplinäre Reibungsverluste
- 28 – Stärkt schwache Anreicherungsskills

Mögliche Extravorteile

- für Teams mit einem starkem Auftragsmandat
- für Teams mit einer souveränen Teamleitung
- für innovativ erfahrene Teams
- für multidisziplinär erfahrene Teams

Quellen

Buch – Organisation für Komplexität: Wie Arbeit wieder lebendig wird und Höchstleistung entsteht, Niels Pfläging, (Redline 2014)

Buch – OpenSpace Beta: Das Handbuch für organisationale Transformation in nur 90 Tagen, Silke Hermann, Niels Pfläging (Vahlen 2019)

Web – https://www.redforty2.com/deutsch/zellstrukturdesign , 26.05.2021

BINGO Team Opener

EinSatzBeschreibung

Warm-up-Methode zum Kennenlernen neuer Teammitglieder und erneutem Kennenlernen bereits vertrauter Kollegen:innen.

Transformation-Index

P1 Leading	P2 Organizing	P3 Connecting	P4 Growing	P5 Talking	P6 Scanning	P7 Exploiting	P8 Exploring	P9 Earning	P10 Scaling
			x						

Beschreibung

Die vertraute und erfolgreiche Zusammenarbeit in online Teams mit bestehenden und neuen Mitarbeitern fordert neben dem fachlichen Austausch auch neue Wege und Mittel Kollegen und Kolleginnen in Arbeitsgruppen persönlich kennenzulernen. Aber auch bestehende Teams kommen online in einer neuen Konstellation und Umgebung zusammen. Auch hier hilft es das Eis zu brechen, für z. B. einen erfolgreichen online Online-Workshop.

Das Eigenschaften-Bingo ist eine unterhaltsame und sehr gut passende Methode, um noch unbekannte aber auch ebenso bereits bekannten Teammitglieder kennenzulernen und in Gruppen das anfängliche Eis zu brechen und sich auf spielerische Art und Weise erstmalig kennen oder neu kennenzulernen. Damit ist die Methode, zu Beginn von online oder Präsenz Workshops, als Auflockerung von langen Sitzungen (besonders im digitalen Kontext), ein Schlüssel gegenseitige Wertschätzung aller Gruppen- Mitglieder untereinander zu stärken, und auf spielerische Art und Weise, nicht bekannte „Geheimnisse" und „Besonderheiten" der Teilnehmer hervorzuholen. Die Methode gibt im Online-Kontext die Chance von unbekannten Kollegen und Persönliche Merkmale zu erfahren, Potenziale offenzulegen sowie altbekannte Kollegen in einem völlig neuen Licht zu sehen.

Durchführung

Die Methode beruht auf dem klassischen Vorgehen im Bingo spielen. Vor einem Workshop oder Online-Termin mit 10 bis 25 Teilnehmenden erfragt die einladende Person oder die Workshop-Leitung von allen Personen separat ab, welche Besonderheiten sie erlebt haben, von denen niemand etwas weiß. Diese Besonderheiten müssen wahr sein und nach Auflösung der Lösungen sollte der jeweilige Teilnehmer vorbereitet sein, hierzu zwei, drei Sätze zu erzählen.

Sobald die Information von jedem Teilnehmer eingeholt ist, erstellt die termineinladende Person oder die Workshop-Leitung ein Template in der Form einer Tabelle, in für jede vertretene Person im Termin eine anonym „geheime" Information eingetragen wird. Für die Teilnehmer im Workshop wird eine Bingo-Vorlage mit der gleichen Anzahl an Kästen vorbereitet und für Beginn der ersten „Bingo-Ziehung" an die Teilnehmer verteilt.

Im Workshop wird das 10- bis 15-minutige Bingo-Spiel absolviert. Somit wird das Eis in Online- oder Remote-Teams leicht und auch unterhaltsam gebrochen, eine lockere Stimmung als Pause oder Start in den Termin oder Workshop ermöglicht.

☆ BINGO ☆			
Ich habe die Welt umsegelt.	Ich bin einen Marathon gelaufen.	Ich habe einen Flugschein.	Ich war einen Monat im Kloster.
Ich liebe Kreuzworträtsel.	Ich sammle Pilze.	Ich bin über die Alpen gelaufen.	Ich kann häkeln.
Ich spreche Russisch.	Mein linkes Bein ist länger als das Rechte.	Ich habe eine Rennfahrer-Lizenz.	Ich bin mit einem Ballon gefahren.
Ich spiele jede Woche Skat.	Ich kann Chinesisch.	Ich habe mein Haus selbst gebaut.	Ich bin Jogameisterin.

Grafik: Anja Faber – BINGO-Team Opener

Folgende Regeln gelten für das Spiel:

- Jeder Teilnehmer erhält die vorbereitete Bingo-Karte.
- In 15 bis 20 Minuten haben alle Teilnehmenden Zeit, mit allen anderen zu sprechen, um Informationen für die korrekte Zuordnung der Statements zu erhalten.
- Es dürfen hierbei nur indirekte Fragen gestellt werden. Im Falle, dass das Statement lautet: „Ich spiele Trompete in einer Schlagerband", sind zur Klärung dieser Fragen lediglich Fragen erlaubt wie: „Spielst Du ein Musikinstrument?" oder „Welche Musik hörst Du gern?".
- Der Antwortende darf auf diese Frage mit Ja oder Nein antworten. Nach einer Frage hat der Antwortende selbst die Chance, eine Frage zu stellen. Nachdem beiden Teilnehmer eine Frage gestellt haben, wird ein neuer Gesprächspartner gesucht. Es dürfen nie zwei Fragen hintereinander an die gleiche Person gestellt werden.
- Nach 15 Minuten haben die Teilnehmer Zeit, ihre eingeholten Informationen zu sortieren und eine Zuordnung der Aussagen mit den Personen im Raum für sich zu notieren.
- Im abschließenden Schritt deckt der Moderator die Lösungen auf. Die Teilnehmenden können ihre Statements reihum erläutern und dazu gern noch zwei bis drei Sätze zusätzliche Information liefern.

- Sobald jemand eine horizontale oder vertikale Reihe von korrekten Zuordnungen der Besonderheiten mit entsprechenden Personen vollständig hat, ruft sie Bingo und gewinnt das Spiel. Sollte niemand eine vollständige Reihe richtig haben, gewinnt die Person, die die meisten korrekten Zuordnungen hat.

Praxisschlaglicht

Egal ob online oder vor Ort. Das Bingo-Spiel lockert jede Arbeitsgruppe und jeden Termin auf. Die Einbindung zu Beginn eines Termins ermöglicht, dass Teilnehmer vertraut über den gesamten Workshop zusammenarbeiten, sich öffnen können für neue Inhalte und mit Spaß bei der Sache sind. Eigenschaften-Bingo ist damit in jedem Fall ein Icebreaker.

Bingo kann dabei ebenso wunderbar online gespielt werden und funktioniert wunderbar mit Zoom oder MS Teams. Grundsätzlich bieten sich jene Videokonferenz-Tools an, die Breakout-Räume ermöglichen. Je nach verwendeter Software können die Teilnehmer in kleinen Gruppen ihre Fragen stellen. Alle zwei Minuten dürfen neue 4er-Gruppen zusammengestellt werden. Eine hervorragende Lösung bietet die Software wonder.me. Hier können die Teilnehmenden frei „herumlaufen" und andere Gesprächsteilnehmer ansprechen – ähnlich dem Erlebnis in einem physischen Raum. Die Bingo-Karten könne im Voraus per E-Mail versendet werden, sodass sich jeder Teilnehmer im besten Fall individuelle Notizen machen kann. Nach den Interviews erfolgt die Auflösung. Sobald ein Teilnehmer ein Bingo hat, kann dieses vom Teilnehmer in die Runde mitgeteilt werden.

Transformationswirksamkeit

- Wirksam für alle Transformationen

Transformationsfähigkeit

- Fördert die Agilität eines Teams
- Fördert die Teamkreativität
- Fördert die allgemeine Transformationsfähigkeit des Teams
- Fördert grundlegend die Kreativität
- Fördert offene Mindsets und innovative Denkhaltungen
- Sorgt für Inspiration oder bessere Inspirationsempfindlichkeit
- Zahlt auf eine bessere Vorstellungskraft ein
- Zahlt auf eine bessere Wahrnehmung ein

Einsatzcharakteristik

- Austauschfokus: vornehmlich mit internen Personen
- Durchführungszeit: eher gering (< 1 Stunde)
- Einsatzfrequenz: vornehmlich im einmaligen Einsatz
- Einsatzradius: vornehmlich im Teameinsatz
- Komplexität für den Moderator: eher gering
- Komplexität für die Teilnehmer: eher gering
- Teamgröße: Kleingruppe möglich (3 bis 5 Teilnehmer)
- Teamgröße: Mittelgroße Teams möglich (5 bis 20 Teilnehmer)
- Vorbereitungszeit: eher gering (<1 Stunde)

Nötiger Input, um mit der Methode arbeiten zu können

- Durchführungszeit, Trainingszeit

Erzeugter Output der Methode

- Erzeugt motiviertere und transformationsfähigere Teilnehmer

Hinderniseffekte, auf die die Methode positiv wirkt

- 15 – Stärkt das Vertrauen im Team
- 17 – Fördert gehemmte Teammitglieder
- 21 – Bindet eher introvertierte Teammitglieder mit ein
- 25 – Schwächt multidisziplinäre Reibungsverluste
- 26 – Schwächt nicht zielführende Emotionen
- 35 – Dynamisiert und aktiviert wenig dynamische Teams

Mögliche Extravorteile

- für Teams mit einer konservativen, tradierten Kultur
- für unerfahrene Trainer und Agile Coaches
- für die Arbeit mit digitalen Kollaborationsboards

Quellen

Web – www.materialboerse.ejo.de/wp2014/menschenbingo/, 28.05.2021

Web – https://www.spielereader.org/spielereader.pdf (April 2017)

Web – www.materialboerse.ejo.de/wp2014/menschenbingo/, 31.05.2021

Blogger-Team

EinSatzBeschreibung

Ein Team (außerhalb) eines Projektes, das konstant Informationen an Beschäftigte gibt.

Transformation-Index

P1 Leading	P2 Organizing	P3 Connecting	P4 Growing	P5 Talking	P6 Scanning	P7 Exploiting	P8 Exploring	P9 Earning	P10 Scaling
				x					

Beschreibung

Digitale Transformationen, die große Auswirkungen auf ein Unternehmen haben, müssen von einer guten Kommunikation begleitet werden. Auch wenn Kommunikationsabteilungen dabei unterstützen, kann ein gesondertes multidisziplinäres Team wahre Wunder bewirken. Mit dieser Methode wird ein sogenanntes Blogger-Team gegründet, das große Projekte für einen längeren Zeitraum mit eigenen Kommunikationsideen unterstützt und in einem bestimmten Rhythmus verschiedenes Wissen für die Beschäftigten aufbereitet und veröffentlicht.

Durch Diversität im Blogger-Team wird die Qualität der Kommunikation gesteigert und höheres Interesse bei den Beschäftigten erzeugt. Die Teammitglieder, die meist sehr gut vernetzt sind, können wichtige Stimmungsbilder in die Kommunikation einfließen lassen und bereichern damit den Projekterfolg.

Das Team sorgt nicht nur für die Informationsverbreitung, sondern ist auch Impulsgeber und kann zum Dialog anregen. Wie es arbeitet und welche Themen in welcher Art und Weise kommuniziert werden, darf es selbst bestimmen. Das Team arbeitet selbstorganisiert, nutzerzentriert und ist in der Lage eigene Verbesserungen zu erkennen und umzusetzen.

Durchführung

1. Teamaufbau und Teambuilding

Zuerst muss ein Team zusammengestellt werden, dessen Mitglieder in verschiedenen Bereichen des Unternehmens arbeiten, unterschiedliche Erfahrungen im Bereich der Kommunikation besitzen und voller Überzeugung hinter dem Projekt stehen. Ein großes Netzwerk hilft bei der Auswahl der Teammitglieder. Es gibt keine Beschränkungen, jedoch sollte jeder eine spürbare Leidenschaft für das Projekt bzw. für die Kommunikation mitbringen.

Mit einem Kick-off-Workshop lernen sich die Teammitglieder kennen und erfahren, welchen Schatz an Diversität sie besitzen: von privaten Autoren und Bloggern über fachliche Experten und Designern sowie Personen, die das Projekt unterstützen möchten. Spätestens ab hier erhält das Team regelmäßig sehr detaillierte Projektinformationen.

2. Arbeitsmodus für den Start festlegen

Sofern kein Kommunikationskanal (Blog, Intranet, E-Mail, etc.) vorgegeben wird, entscheidet das Team unter Berücksichtigung der geeignetsten Erreichbarkeit der Zielgruppen sowie der technischen Möglichkeiten. Ob das Team einen eigenen Blog aufsetzt, Podcasts aufzeichnet und/oder Videos dreht, entscheidet das Team in eigener Verantwortung.

Das Team richtet einen gemeinsamen virtuellen oder analogen Arbeitsbereich ein, in dem der Themen-Backlog, Ansprechpersonen, Details und Links erarbeitet und gespeichert werden. Zu Beginn helfen ein paar weitere Grundregeln (z. B. Layout, Anrede, durchschnittliche Hör- oder Lesezeit, Veröffentlichungszeiträume). Der Backlog wird in Team- oder Einzelarbeit abgearbeitet. Es sollte zwingend vermieden werden, eine Endabnahme oder Korrektur durchführen zu müssen, da bei den Ergebnissen eines Blogger-Teams das Paretoprinzip gilt. Die jeweiligen individuellen Stile der Teammitglieder bringen Abwechslung und Spannung in die Kommunikation und sollten möglichst erhalten bleiben. Etwaige Qualitätschecks, Unterstützungen oder Anregungen klärt das Team bilateral untereinander.

Foto: NEU Innovation – Zur Goldenen Idee

3. Themen-Backlog füllen

In einem Backlog werden alle potenziellen Blogger-Themen aufgelistet. Die Teammitglieder ziehen sich selbstständig die obersten Themen aus dem Backlog in eine Übersicht, die chronologisch zeigt, wer welches Thema bis wann veröffentlichen muss. So ergibt sich ein Kommunikationsplan, der auch dem Projekt transparent gemacht wird.

Während alle Teammitglieder Themen und Ideen in den Backlog eintragen können, sollte eine Person für die Priorisierung des Backlogs verantwortlich sein. Es handelt sich dabei idealerweise um eine Person, die auch im Projekt mitarbeitet und zugleich Teil des Blogger-Teams ist. Sie kennt etwaige Abhängigkeiten zwischen den Themen und dem Projektzeitplan inkl. größerer Meilensteine.

4. Recherchieren und Schreiben

Mit den ausgewählten Backlog-Einträgen entscheiden die Teammitglieder selbst, wie sie zum Ziel kommen. Events, Präsentationen, Interviews, Gespräche und Recherchen helfen bei der Informationssammlung. Der/Die jeweilige Autor/in bestimmt, wie und in welcher Form am besten über das Thema kommuniziert wird (Wissensbeiträge, Geschichten, Erfahrungsberichte, Interviews, Bilder, Videos, Audioaufnahmen, etc.). Weitere Ideen, um die Beschäftigten interessiert zu halten, entstehen im Verlauf der Zusammenarbeit ganz automatisch. So werden mit der Zeit Rätsel, Gewinnspiele, Buchempfehlungen, Videos uvm. ausprobiert. Grundsätzlich empfiehlt es sich Beiträge „auf Vorrat" abzuspeichern, damit der übliche Veröffentlichungsrhythmus auch bei personellen Engpässen ermöglicht wird.

5. Arbeitsmodus und Arbeitsergebnisse iterativ verbessern

Das Team trifft sich einmal wöchentlich und bespricht die Beiträge der aktuellen zwei Wochen sowie etwaiges Feedback zum letzten Beitrag. In monatlichen Treffen können Feedback von Beschäftigten, Neuigkeiten aus dem Projekt und neue Ideen aus dem Team für grundsätzliche Verbesserungen genutzt werden. An diesem Termin können auch andere Personen, z. B. Projektverantwortliche oder weitere Stakeholder teilnehmen. Zusätzlich trifft sich das Blogger-Team einmal monatlich zu einer Retrospektive, um die Zusammenarbeit zu verbessern (Teamarbeit, Arbeitsmethoden, Organisatorisches, etc.).

Praxisschlaglicht

Je nach Zielbild der Kommunikationsstrategie und etwaigen Möglichkeiten der Teammitglieder müssen eventuell mit den jeweiligen Vorgesetzten der Teammitglieder Vereinbarungen über den Umfang der Arbeitszeit vereinbart werden. Bei einer Teamstärke von ca. 8-12 Personen erreicht das Team mit einer individuellen Arbeitszeit von durchschnittlich 1 bis 2 Stunden pro Woche ein bis zwei wöchentliche Beiträge in sehr guter Qualität, wobei jedes Teammitglied alle 3 bis 5 Wochen einen Beitrag liefern muss (abhängig von Team-/Einzelarbeit, Informationsumfang, etc.).

Transformationswirksamkeit

- Wirksam für Herausforderungen mit hoher Komplexität
- Wirksam für alle Transformationen
- Wirksam für radikale Transformationen

Transformationsfähigkeit

- Fördert die Agilität eines Teams
- Fördert die allgemeine Transformationsfähigkeit des Teams
- Fördert offene Mindsets und innovative Denkhaltungen
- Sorgt für Inspiration oder bessere Inspirationsempfindlichkeit

Einsatzcharakteristik

- Austauschfokus: vornehmlich mit internen Personen
- Durchführungszeit: eher hoch (> 1 Tag)
- Einsatzfrequenz: vornehmlich über im kompletten Projektzeitraum
- Einsatzradius: vornehmlich im unternehmensweiten Einsatz
- Komplexität für die Teilnehmer: eher mittel
- Teamgröße: Mittelgroße Teams möglich (5 bis 20 Teilnehmer)
- Vorbereitungszeit: eher hoch (>1 Tag)

Nötiger Input, um mit der Methode arbeiten zu können

- Aktuelle Herausforderung, Leitfrage, Problem
- Beteiligte Personen mit Tätigkeiten und Aufgaben
- Durchlaufenes Projekt oder Projektphasen
- Ideen und Projekte die zur Umsetzung anstehen
- Verschiedene Botschaften, Meinungen, Statements
- Verschiedene Meinungen und Blickwinkel
- Vorhandenes Wissen und Erfahrungen
- Gescheiterte Ideen und fehlgeschlagene Projekte
- Ideen, Lösungsansätze, Vorideen, Varianten
- Merkmale der gegebenen Herausforderung
- Personenmerkmale (Meinungen, Bedürfnisse, Werte, etc.)
- Produktmerkmale, Skizzen, Eigenschaften
- Trends und Zukunftsentwicklungen
- Umfeldbeobachtungen, Umfeldanalysen

Erzeugter Output der Methode

- Erzeugt größere Klarheit zu einem Thema
- Erzeugt transformationsfähigere Organisationen
- Erzeugt mehr Hintergrundinformationen
- Erzeugt mehr Know-how-Zuwachs
- Erzeugt motiviertere und transformationsfähigere Teilnehmer
- Macht Wirkzusammenhänge sichtbar
- Ziel- und Fokusgruppen

Hinderniseffekte, auf die die Methode positiv wirkt

- 01 – Schwächt Angst vor Neuem (Cainophobie)
- 04 – Beugt blinden Flecken/Betriebsblindheit vor
- 06 – Schwächt das Leben in der Vergangenheit
- 08 – Verhindert einseitige Bewertungen und Entscheidungen
- 10 – Verhindert falsche Flughöhen
- 12 – Wirkt fehlender Inspiration entgegen
- 13 – Schafft für den Erfolg nötige Realitätsbezüge
- 16 – Beugt Misinterpretationen vor
- 18 – Bewahrt vor zu generischen Ideen und Aussagen
- 19 – Verhindert Ideenbunkerei und Geheimniskrämerei
- 26 – Schwächt nicht zielführende Emotionen
- 27 – Schwächt das „Not invented here"-Syndrom
- 29 – Schwächt den „Inneren Zensor"
- 32 – Verhindert unreflektiertes Agieren
- 33 – Schwächt Verdiskutiererei
- 34 – Verhindert vorschnelles Urteilen über Ideen
- 41 – Verringert zu große Komplexitäten

Mögliche Extravorteile

- für Teams mit einem starkem Auftragsmandat
- für interkulturell unerfahrene Teams

Quellen

Person – Beate Sommer, www.b-sommer.com

Blue Ocean Strategy

EinSatzBeschreibung

Vorgehensweise zur strategischen Metamorphose eines ganzen Unternehmens hin zu einem eigenen Blauen Ozean.

Transformation-Index

P1 Leading	P2 Organizing	P3 Connecting	P4 Growing	P5 Talking	P6 Scanning	P7 Exploiting	P8 Exploring	P9 Earning	P10 Scaling
					x		x		

Beschreibung

Schwimmt Ihr Unternehmen in einem roten Ozean und wird von einer aggressiven Konkurrenz angegriffen? Dann befinden Sie sich in höchster Gefahr: Wer in einer heftig umkämpften Branche agiert, muss schrumpfende Gewinne und sinkende Umsätze befürchten. Die „Blue Ocean Strategie" weist Ihnen den Weg, wie sie sich in einen blauen Ozean unentschlossener Märkte retten.

Der Kerngedanke der Strategie von W. Chan Kim und Renée Mauborgne ist die Verlagerung des Geschehens aus einem ruinösen Konkurrenzkampf, sinkender Nachfragen, steigenden Preisdrucks und notwendiger Kostenersparnis hin zur Distanzierung des Wettbewerbs und der Erschließung neuer Märkte. Unsere Eltern haben uns schließlich mit auf dem Weg gegeben: „Prügel Dich nicht, sondern geh dem Streit geschickt aus dem Weg." Also segeln Sie vom einem blutrünstig roten in den friedlichen, paradiesischen blauen Ozean. Wer hat da nicht die schönen Bilder der Malediven vor Augen?

Die wichtigsten Kerngedanken der „Blue Ocean Strategie":

- Die Digitalisierung generiert in einem immer rasanteren Tempo neue Produkte und Dienstleistungen. Dadurch übertrifft das Angebot die Nachfrage, die Globalisierung verschärft diesen Aspekt.
- Der Wettbewerb steigt, die roten Ozeane dehnen sich aus. Eine immer stärkere werdende Konkurrenz sollte daher nicht im Zentrum Ihres strategischen Denkens stehen – was oft ein Ansatz der klassischen Management-Methoden ist.
- Versuchen Sie nicht, Ihren Wettbewerb zu schlagen, sondern weichen Sie ihm mit agilen Strategien aus.
- Schwimmen Sie in einen blauen Ozean. Konzentrieren Sie sich lieber auf den konkreten Nutzengewinn Ihrer Kunden.

Wie Ihnen das gelingt? Die Struktur einer Branche ist nicht so stark vorgegeben, wie es uns die klugen Köpfe der herkömmlichen Theorien vermitteln. Die Akteure können vielmehr mit neuen, agilen Methoden ihre Maßnahmen variabel verändern. Es gilt, Ihre strategische Kreativität systematisch zu entfesseln. Analytische Formate, Tools und Methoden der „Blue Ocean Strategie" helfen Ihnen, Innovationen mit echten Mehrwerten und neuen Kundennutzen zu verbinden. Die Strategie-Formulierung ist dabei in der Umsetzung bereits integriert, die Analyse wird direkt mit den menschlichen Aspekten verknüpft. Blaue Ozeane werden also durch die Erschaffung noch nicht erschlossener Märkte, der damit verbundenen Erzeugung von Nachfrage und die Aussicht auf profitables Wachstum definiert.

Durchführung

Kommen wir also zur Durchführung der „Blue Ocean Strategie". Entwickeln Sie die Strategie Ihres Unternehmens reaktiv, um ausschließlich mit einer starken Konkurrenz mitzuhalten, verliert Ihr Unternehmen seine Einzigartigkeit. Es wird beliebig. Handeln Sie also proaktiv. Ihre Erfolgskriterien sind: Strategie, Fokus, Divergenz und überzeugender Slogan. Dabei weichen Sie Ihrer Konkurrenz aus und richten Ihre Unternehmensaktivitäten auf Differenzierung und niedrige Kosten aus.

W. Chan Kim und Renée Mauborgne geben uns in Ihrem Bestseller: „Der Blaue Ozean als Strategie" die entscheidenden Fragen mit auf den Weg: „Welche Faktoren, die ihre Branchen als selbstverständlich erachtet, müssen eliminiert werden? Welche Faktoren können bis weit unter den Standard reduziert werden? Welche Faktoren, die bisher noch nie innerhalb Ihrer Branche angeboten wurden, können Sie neu kreieren? Welche Faktoren müssen hingegen weit über den Standard gesteigert werden, damit Sie erfolgreich sind?" Wie alle großen Strategien, fokussiert sich die beiden Erfolgsautoren und Unternehmensberater mit ihrer „Blue Ocean Strategie" auf Key Aktivities, die im Folgenden wiedergegeben werden.

1. Umgestaltung der Marktgrenzen

Weichen Sie Ihrer Konkurrenz aus und gestalten Sie Marktgrenzen um. Dabei analysieren Sie sechs Aspekte:

1. Die Alternativbranchen
2. die strategischen Gruppen
3. die Käufergruppen
4. die komplementären Produkte und Dienstleistungen
5. die funktionalen und emotionalen Kaufmotive
6. die nachhaltigen Trends

2. Fokussierung auf das Gesamtbild

Visualisieren Sie die Motive Ihres Aufbruchs, Ihre Ideen und Entdeckungen, Ihre strategischen Optionen, Ihre Kommunikation und schließlich Ihre Gesamtstrategie auf Unternehmensebene.

3. Über die vorhandene Nachfrage hinaus planen

Wer sich aus dem roten Ozean hinauswagt, möchte natürlich nicht in einer Pfütze landen. Das bedeutet: Konzentrieren Sie sich auf die größten Potenziale.

4. Die richtige strategische Abfolge

Sie müssen Ihren Kunden einen höchstmöglichen Vorteil bieten. Und das bitte mit den richtigen Prioritäten in der Reihenfolge: Nutzen, Preis, Kosten und Annahmen.

Fazit: Unternehmen, die blaue Ozeane erschaffen, genießen eine gewisse Zeit Vorteile, ohne sich mit ernsthaften Herausforderungen konfrontiert zu sehen. Die Schaffung eines solchen blauen Ozeans ist jedoch keine statische Errungenschaft, sondern ein dynamischer, iterativer Prozess. Nachahmer tauchen auf, die Kundenansprüche ändern sich. Das bedeutet, Sie müssen Ihre Strategie und Ihr Produkt-Portfolio immer wieder erneuern. Je attraktiver Ihr Angebot jedoch ist, desto weniger Anreiz besteht für Ihre Kunden, sich anderweitig zu orientieren. Nachahmer müssten ihr komplettes Geschäftsmodell verändern, um auf Ihren Zug aufzuspringen. Eine moderne Unternehmenskultur, innovative Produktangebote und eine absolute Konzentration auf die Wünsche der Kunden sind nicht mal so eben zu kopieren.

Steuern Sie Ihr Unternehmen in klare, blaue Gewässer!

Praxisschlaglicht

Ein perfektes Beispiel aus der Praxis für eine „Blue Ocean Strategie" liefert Deutschlands führender Spezialist für Fotoshootings „Studioline Photography". Bis Ende Mitte der achtziger Jahre dominierten altehrwürdige Fachgeschäftsketten wie „Photo Porst" den Markt rund um Produkte der Fotografie. Das Unternehmen war mit einem Portfolio aus Fotokameras in allen Varianten und Preislagen, einem großen Sortiment an Zubehörprodukten sowie Service-Dienstleistungen breit aufgestellt. Photo Porst installierte dabei eine Kette von Lagengeschäften in besten Lagen der deutschen Innenstädte und erweiterte diese geschäftstüchtig durch ein Franchise-System.

Carl Prien führte ebenfalls ein Foto-Filialunternehmen mit dem Sitz in Kiel und Filialen in Schleswig-Holstein. Mitte der 1990er-Jahre erkannte der umtriebige Unternehmer, dass dieses Geschäft nicht mehr zeitgemäß war: Der Markt war hart umkämpft und die Margen sanken. Ein entscheidender Grund für Prien, seine Strategie zu ändern, war zudem, die rasant an Fahrt gewinnende Digitalisierung der Fotografie: Wertvolle Fotokameras und das entsprechende Zubehör mussten von heute auf morgen wertmäßig abgeschrieben werden, weil die Produktlebenszyklen sich immer schneller drehten. Mit seiner neuen Marke „Studioline Photography" schuf Prien schließlich einen völlig neuen Markt in der Fotobranche: Er setzte fortan auf reine Servicedienstleistungen rund um die Fotografie und schaffte den Handel mit Waren ab. Diesem Erfolgsprinzip führt Studioline Photography bis heute in nunmehr mehr als 80 Geschäften in ganz Deutschland fort. Im Mittelpunkt steht die Portraitfotografie. Die Studioline Photography Fotografen shooten ihre Kunden professionell vor einem schönen Hintergrund, sodass diese ihre Fotos direkt mitnehmen können: Gedruckt oder digital. Mobile Shootings und Eventfotografie komplettierten das innovative Portfolio.

Studioline Photography entzog sich also dem Wettbewerb der roten Ozeane der Foto-Fachhandelsgeschäfte und schuf einen neuen, blauen Ozean der Portrait- und Eventfotografie, den das Unternehmen immer weiter ausbaut Photo Porst ist Vergangenheit. Eine Blue Ocean Strategie wie gemalt.

Transformationswirksamkeit

- Wirksam für Herausforderungen mit hoher Komplexität
- Wirksam für Marketingtransformationen
- Wirksam für Produkttransformationen
- Wirksam für Prozesstransformationen
- Wirksam für Servicetransformationen
- Wirksam für radikale Transformationen

Transformationsfähigkeit

- Fördert die allgemeine Transformationsfähigkeit des Teams
- Fördert grundlegend die Kreativität
- Fördert offene Mindsets und innovative Denkhaltungen
- Zahlt auf eine bessere Vorstellungskraft ein
- Zahlt auf eine bessere Wahrnehmung ein

Einsatzcharakteristik

- Austauschfokus: vornehmlich mit internen und externen Personen
- Durchführungszeit: eher hoch (> 1 Tag)
- Einsatzfrequenz: sinnvoll im dauerhaften Einsatz
- Einsatzradius: vornehmlich im unternehmensweiten Einsatz
- Komplexität für den Moderator: eher hoch
- Komplexität für die Teilnehmer: eher hoch
- Teamgröße: Einzelpersonennutzung möglich
- Teamgröße: Kleingruppe möglich (3 bis 5 Teilnehmer)
- Teamgröße: Mittelgroße Teams möglich (5 bis 20 Teilnehmer)
- Vorbereitungszeit: eher hoch (>1 Tag)

Nötiger Input, um mit der Methode arbeiten zu können

- Aktuell existierende Geschäftsmodelle
- Aktuell existierende Produkte und Services
- Aktuelle Herausforderung, Leitfrage, Problem
- Beteiligte Personen mit Tätigkeiten und Aufgaben
- Merkmale der gegebenen Herausforderung
- Trends und Zukunftsentwicklungen
- Umfeldbeobachtungen, Umfeldanalysen
- Wettbewerber und Komplementoren

Erzeugter Output der Methode

- Erzeugt Ideen für neue Märkte und neue Business Modelle
- Erzeugt Ideensuchfelder, unentdeckte Probleme, Inspiration
- Erzeugt transformationsfähigere Organisationen

Hinderniseffekte, auf die die Methode positiv wirkt

- 04 – Beugt blinden Flecken/Betriebsblindheit vor
- 05 – Verhindert blinden Aktionismus
- 06 – Schwächt das Leben in der Vergangenheit
- 11 – Schärft eine fehlende gemeinsame Ausrichtung
- 36 – Schafft schnell Klarheit und beschleunigt Erkenntnisgewinn

Mögliche Extravorteile

- für disruptiv erfahrene Teams
- für innovativ erfahrene Teams

Quellen

Buch – Der Blaue Ozean als Strategie. Wie man neue Märkte schafft, wo es keine Konkurrenz gibt., W. Chan Kim und Renée Mauborgne (Hanser Verlag 2015)
Web – www.blueoceanstrategy.com, 13. Mai 2021
Web – www.studioline.de, 13. Mai 2021

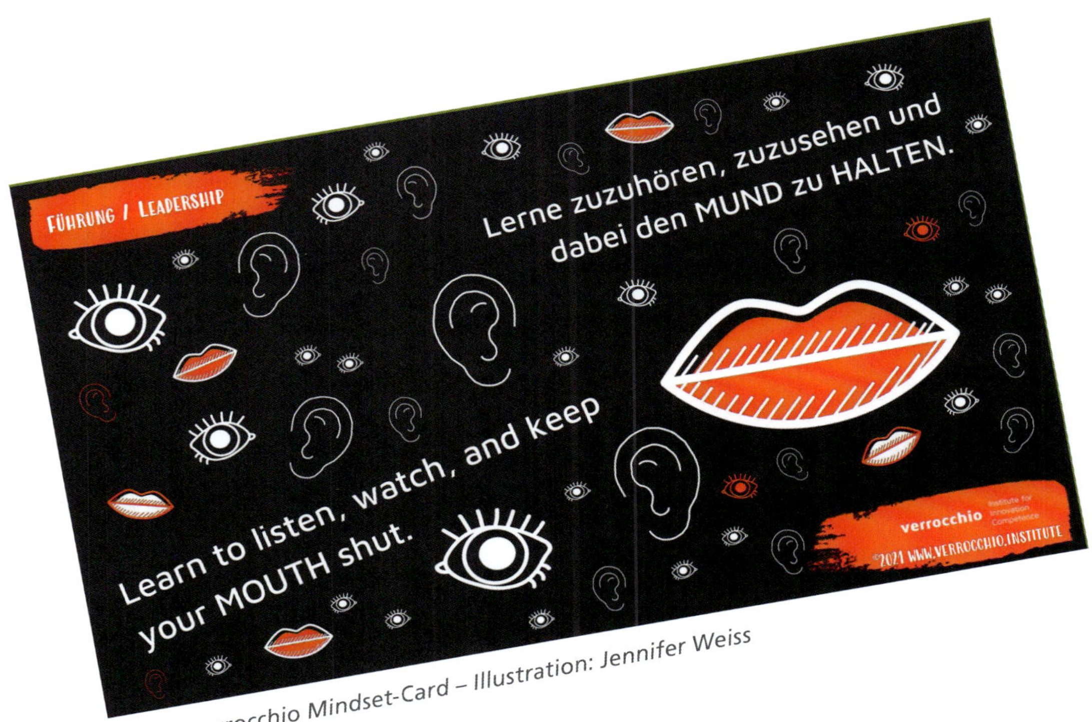

Grafik: verrocchio Mindset-Card – Illustration: Jennifer Weiss

30

Boss-Worker-Game

EinSatzBeschreibung

Serious Game mit mindestens acht Personen zum Veranschaulichen des Prinzips „Servant Leadership".

Transformation-Index

P1 Leading	P2 Organizing	P3 Connecting	P4 Growing	P5 Talking	P6 Scanning	P7 Exploiting	P8 Exploring	P9 Earning	P10 Scaling
x	x		x						

Beschreibung

Das Boss-Worker-Game veranschaulicht nachhaltig das Prinzip des Servant Leaderships sowie die damit einhergehende Selbstorganisation der Teammitglieder. Dabei erleben die Teilnehmer den Unterschied zwischen dem klassischen Command and Control und dem Servant Leadership. Die wichtigste Erkenntnis für die Teilnehmer ist, das Servant Leader nicht von außen steuern, sondern durch gezielte Unterstützung, z. B. dem Schaffen eines optimalen Arbeitsumfeldes, ein selbstorganisiertes Team erfolgreich arbeiten lassen können.

Servant Leadership in der Form, wie Robert K. Greenleaf den Begriff prägte, ist eine der wichtigsten neuen Ansätze, die im Rahmen der digitalen Transformation in Unternehmen platziert wird. Während bisherige Führungsstile mit den Auswirkungen der VUCA-Welt an ihre Grenzen geraten, ermöglicht Servant Leadership einen agilen Führungsansatz. Dieser Ansatz wird notwendig, da

1. die Konzentration auf die Bedürfnisse anderer vermehrt in den Vordergrund rückt (Human-Centered Design)
2. die Anzahl selbstorganisierter Teams deutlich steigt (agile Arbeitsweisen) und
3. wertschätzende und systemisch ausgerichtete Unternehmensansätze von Beschäftigten verstärkt verlangt werden wird (Neue Arbeitswelten).

Nachfolgende Eigenschaften sind essenziell für Personen, die im Rahmen des Servant Leaderships agieren:

- Selbstreflexion und ständige Verbesserung
- Aktives Zuhören und Verstehen
- Akzeptieren der gegebenen Umstände
- Vertrauen gegenüber dem Unbekannten
- Empathisches und vertrauensvolles Miteinander
- Begeistern aus Überzeugung
- Vorausschauendes und bewusstes Handeln

In seinem Buch „The Servant as Leader" beschreibt Greenleaf: „The servant-leader is servant first […] He is sharply different from the person who is leader first. […] The leader-first and the servant-first are two extreme types. Between them there are shadings and blends that are part of the infinite variety of human nature. […] The natural servant, the person who is servant first, is more likely to persevere and refine his hypothesis on what serves another's highest priority needs than is the person who is leader first and who later serves out of promptings of conscience or in conformity with normative expectations."

Durchführung

Das Boss-Worker-Game kann entweder physisch in einem begrenzen Raum oder digital mithilfe eines virtuellen Whiteboards gespielt werden. Mindestens 8 Teilnehmer sollten an dem Spiel aktiv teilnehmen, nach oben hin gibt es keine Teilnehmerbeschränkung. Der Raum muss in Relation zur Gruppengröße begrenzt sein und einige Hindernisse bereithalten (Stühle, Pflanzen, Papierkörbe, Flipcharts, etc.), sodass die Teilnehmer keinen großen Abstand zueinander haben.

Die Hindernisse werden im Raum so verteilt, dass einfaches Umherlaufen nicht mehr möglich ist. Die Teilnehmer bilden zweier Teams. Die Paare bestimmen, wer die Rolle des Bosses und wer die Rolle des Workers einnimmt. Falls jemand schon das Spiel kennt, kann dieser in der Rolle des Beobachters als zusätzliches „Hindernis" im Raum aufgestellt werden.

Runde 1

Die Aufgabe lautet: „Der Worker muss in einer Minute so viele Schritte wie möglich produzieren!" Dafür steht der Boss direkt hinter dem Worker und erteilt ihm mündlich Befehle: vor, zurück, links drehen, rechts drehen, stopp. Der Worker muss die Befehle so ausführen und darf keine eigenen Entscheidungen treffen. Ein Schritt hat eine normale Schrittlänge, ständiges Vor- und Zurücktreten werden nicht als gültige Schritte gewertet. Der Boss verbleibt während der 1. Runde immer direkt hinter dem Worker. Nach Ablauf der ersten Minute wird abgefragt, wie viele Schritte produziert wurden.

Runde 2

Die Aufgabe lautet wieder: „Der Worker muss in einer Minute so viele Schritte wie möglich produzieren!". Dieses Mal entscheidet der Worker, auf welchem Weg er sich wohin bewegt. Diese Bosse stellen Servant Leader dar, die ihren Workern ein optimales Arbeitsumfeld ermöglichen, in dem sie ganz konkret Hindernisse aus dem Weg räumen. Auch hier hat ein Schritt eine normale Schrittlänge, ständiges Vor- und Zurücktreten werden nicht als gültige Schritte gewertet. Nach Ablauf dieser Minute wird wieder abgefragt, wie viele Schritte produziert wurden.

Zum Abschluss erfolgt die Reflexion. Die Beobachter, Bosse und Worker sprechen über ihre Erfahrung und ihre Einschätzung. Abhängig von der Teilnehmergröße erfolgt die Reflexion im Plenum oder in größeren Teams. Folgende Hilfsfragen können dafür genutzt werden:

- Wie fühlten sich die Worker, als sie gesteuert werden?

- Wie fühlte es sich an, einen Worker zu steuern?
- Was war in der zweiten Runde anders?
- Wie verändern sich unsere Rollen mit der digitalen Transformation?
- Was können wir für unser Arbeitsumfeld mitnehmen?

Das Spiel kann auch beliebig abgeändert werden. So kann z. B. bei Runde 1 die Zielvorgabe eingebaut werden, 60 Schritte in 60 Sekunden zu erreichen anstatt „so viele Schritte wie möglich". Ebenso ist es denkbar, die Bosse in der zweiten Runde selbst zu Workern werden zu lassen und anschließend darüber zu reflektieren, welche Möglichkeiten durch Servant Leadership und Selbststeuerung entstehen können.

Grafik: Sabina Lammert

Praxisschlaglicht

Viele Beschäftigte und Führungskräfte bringen im Bereich Servant Leadership oftmals unterschiedliche Erwartungshaltungen mit. Es ist daher sehr hilfreich, in einem gemeinsamen Workshop oder Training ein gemeinsames Verständnis zum Servant Leadership für das eigene Team oder das Unternehmen zu erarbeiten. Das Boss-Worker-Game veranschaulicht auf einprägsame Art und Weise, welche wichtige Grundlage hinter dem Servant Leadership steht.

Ein IT-Dienstleister beschäftigte sich mit der Frage, wie Führung heutzutage aussieht und lud dafür die 28 Führungskräfte zweier Geschäftsbereiche zu einem Training zum Thema „Agile Leadership" ein. Unter anderem stand die Alignment-Autonomy-Matrix (siehe Methode) auf der Agenda. Als Einleitung für das Thema entschied sich die Trainerin das Boss-Worker-Game zu spielen. Dafür klebte sie während der Kaffeepause mit Kreppband ein Rechteck auf dem Boden des Seminarraums ab und stellte darin einige Stühle als Hindernisse auf. Die Trainerin batdie Teilnehmer zu zweit zusammenzugehen, wobei sich eine Person des Pärchens in das Rechteck stellt. Sie leitete das Spiel mit etwas Storytelling ein: „Wir alle arbeiten gemeinsam in einem Unternehmen. Nach einer Durststrecke haben wir nun endlich wieder den nächsten Auftrag, der uns über die Runden bringen wird. Unsere Kunden sind allerdings etwas ungewöhnlich. Sie kommen vom Mars und möchten die Menschen studieren. Sie bezahlen uns dafür, dass wir in 60 Sekunden 60 Schritte laufen. Allerdings bezahlen sie nicht so gut, wie wir es gerne hätten. Deswegen konnten wir nur Arbeiter mit geringem Arbeitsspeicher leisten. Das bedeutet, dass ihr Arbeiter in der Mitte des Rechtecks leider nur einen Befehl aufnehmen und umsetzen könnt und dann eine neue Anweisung braucht. Ihr könnt nur folgende Befehle ausführen: vor, zurück, links drehen, rechts drehen, stopp. Damit wir unser Ziel erreichen, haben wir teure Manager eingekauft. Diese Manager werden euch jeden dieser Schritte vorsagen indem sie sich zu euch ins Rechteck stellen. Sie müssen euch um die Hindernisse herumführen und aufpassen, dass ihr mit keinem der anderen Arbeiter

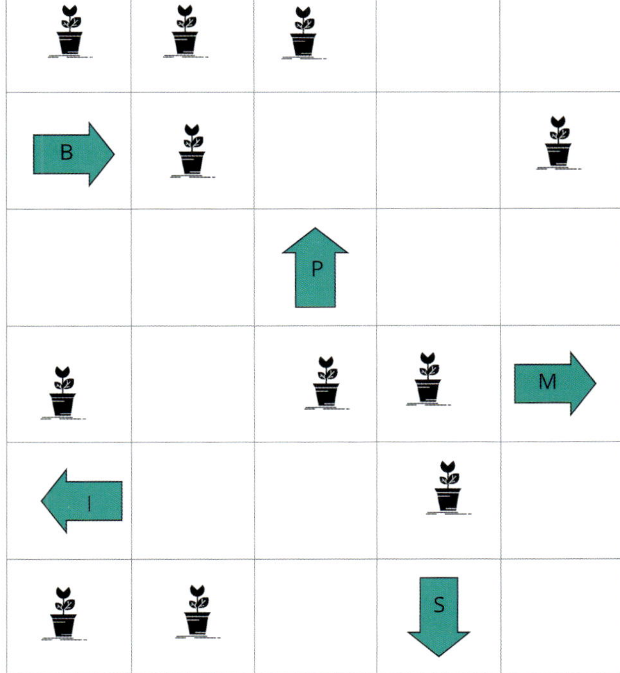

Grafik: Beate Sommer

oder Manager zusammenstoßt. Wer die 60 Schritte geschafft hat, bleibt bitte stehen und hebt die Hand."

Die Trainerin startete den Timer und keines der Boss-Worker-Pärchen schaffte es in der vorgegebenen Zeit die 60 Schritte umzusetzen. Die meisten haben vor lauter Anweisung das Zählen komplett vergessen.

In der zweiten Runde änderte sie die Regeln: „Das war ja eine Katastrophe! Ich habe unsere Kunden gebeten, uns eine zweite Chance zu geben und sie haben eingewilligt. Dieses Mal muss es einfach klappen. Die Arbeiter haben ein Upgrade erhalten. Nun können sie selbst jeden Schritt für sich entscheiden und brauchen keine Anweisungen mehr. Entsprechend brauchen wir keine Manager mehr und sie können selbst die 60 Schritte gehen, sodass wir doppelt so viel Outcome haben und unseren Patzer bei den Marsianern wieder gutmachen können. Hebt bitte wieder eure Hand, wenn ihr fertig seid."

In der zweiten Runde entsteht nach wenigen Sekunden ein selbstorganisiertes System. Nachdem anfänglich alle durcheinander gelaufen sind, laufen die Arbeiter nun im Kreis. Alle schaffen vor Ablauf der Zeit die 60 Schritte.

Im Anschließenden Debrief reflektierten die Führungskräfte, in welchen Situationen sie und ihre Teams selbst an Produktivität einbüßen, weil sie Kontrolle ausüben anstatt ein konkretes Ziel vorzugeben und Vertrauen zu schenken. Nach einer 15-minütigen Diskussion stellte die Trainerin anschließend die Alignment-Autonomy-Matrix vor und referenzierte das Boss-Worker Game, um den Unterschied zwischen den verschiedenen Quadranten zu erläutern.

Transformationswirksamkeit

- Wirksam für alle Transformationen

Transformationsfähigkeit

- Fördert die Agilität eines Teams
- Fördert die allgemeine Transformationsfähigkeit des Teams
- Zahlt auf eine bessere Wahrnehmung ein

Einsatzcharakteristik

- Austauschfokus: vornehmlich mit internen Personen
- Durchführungszeit: eher gering (< 1 Stunde)
- Einsatzfrequenz: vornehmlich im einmaligen Einsatz
- Einsatzradius: vornehmlich im Teameinsatz
- Einsatzradius: vornehmlich im projektweiten Einsatz
- Komplexität für den Moderator: eher gering
- Komplexität für die Teilnehmer: eher gering
- Teamgröße: Großgruppen möglich (>50 Teilnehmer)
- Teamgröße: Maxigruppen möglich (20 bis 40 Teilnehmer)
- Teamgröße: Mittelgroße Teams möglich (5 bis 20 Teilnehmer)
- Vorbereitungszeit: eher gering (<1 Stunde)

Nötiger Input, um mit der Methode arbeiten zu können

- Beteiligte Personen mit Tätigkeiten und Aufgaben
- Durchlaufenes Projekt oder Projektphasen
- Durchführungszeit, Trainingszeit

Erzeugter Output der Methode

- Bessere Projekteffizienz, bessere Teamperformance
- Erzeugt besseren Teamspirit, mehr Offenheit, Inspirationsempfindlichkeit
- Erzeugt mehr Agilität im Team
- Erzeugt motiviertere und transformationsfähigere Teilnehmer
- Macht Wirkzusammenhänge sichtbar

Hinderniseffekte, auf die die Methode positiv wirkt

- 06 – Schwächt das Leben in der Vergangenheit
- 15 – Stärkt das Vertrauen im Team
- 21 – Bindet eher introvertierte Teammitglieder mit ein
- 29 – Schwächt den „Inneren Zensor"
- 35 – Dynamisiert und aktiviert wenig dynamische Teams
- 36 – Schafft schnell Klarheit und beschleunigt Erkenntnisgewinn
- 39 – Fördert die Agilität der Teilnehmer

Mögliche Extravorteile

- für Teams mit einem starkem Auftragsmandat
- für Teams mit einer konservativen, tradierten Kultur
- für Teams mit einer souveränen Teamleitung
- für interkulturell unerfahrene Teams
- für unerfahrene Trainer und Agile Coaches

Quellen

Buch – Agile Spiele kurz und gut, Marc Bleß, Dennis Wagner (O'Reilly 2020)

Buch – The Servant as Leader, Robert K Greenleaf (The Robert K. Greenleaf Center 1991, 2008)

Web – https://agilecoach.de/agile-spiele-online/, 17.04.2021

Web – https://www.scrum.org/resources/blog/product-owner-servant-leader, 17.04.2021

Web – https://www.greenleaf.org/what-is-servant-leadership/, 17.04.2021

Web – https://www.agileconnection.com/article/sixty-steps-right-direction, 18.04.2021

Web – https://hr-pioneers.com/2017/09/agile-transformation-spielerisch-mit-instrumenten-begleiten-hr-pioneers/, 16.05.2021

Brainwriting Pool

EinSatzBeschreibung

Teamkreativitätstechnik, die dynamische Inspiration, Ideenanreicherung und Ideenwertschätzung bietet.

Transformation-Index

P1 Leading	P2 Organizing	P3 Connecting	P4 Growing	P5 Talking	P6 Scanning	P7 Exploiting	P8 Exploring	P9 Earning	P10 Scaling
					x	x			

Beschreibung

Der Brainwriting Pool ist als Kreativitätstechnik der großen Gruppe der Brainwriting-Techniken zuzuordnen. Brainwriting ist besonders geeignet, Probleme und deren Themenumfeld zu erkunden und zu durchleuchten und dazu Ideen und Stoffsammlungen zu generieren.

In Bezug auf digitale Transformationsprojekte leistet die Methode sehr gute Dienste, da wir typischerweise ein hohe Anzahl von vielen AdHoc-Ideenfindungen in den Projekten verzeichnen. Für diese AdHoc-Ideenfindungen ist sie perfekt geeignet da sie ein Funktionsgarantie für ungeübte Teams hat und zu jedem Problemtyp kompatibel ist. Außerdem braucht sie nur eine sehr kurze Erklärzeit.

Wie bei anderen Brainwriting-Techniken, beispielsweise Brainwriting, 6-3-5 Methode oder Kartentechnik, werden in einer Gruppensitzung Ideen schriftlich fixiert und dann unter den Teilnehmern ausgetauscht, um diese Ideen gegebenenfalls weiter auszubauen und zu verbessern.

Erstellung spontaner Stoffsammlungen, besonders bei wenig strukturierten Themen, lassen sich schnell erstellen. Im Fokus sollte man Probleme und Fragen geringerer bis mittlerer Komplexität haben.

Vorteile:

- Die Sitzungen sind meist sehr rege.
- Die schriftliche Fixierung der Ideen fördert die Verbesserung durch andere Teilnehmer.
- Eine Dokumentation der Ideenfindung ist sofort vorhanden.
- Auch stillere Teilnehmer werden gut eingebunden.

Nacheile:

- Etwas erhöhter Auswertungsaufwand, da auf den Karten mehrere Ideen und Subideen stehen können.

Durchführung

Schritt 1: Alle Teilnehmer sitzen um einen Tisch (optimal sind Teams von fünf bis maximal acht Personen).

Schritt 2: In der Mitte des Tisches wird ein Stapel leerer Poolkarten positioniert.

Schritt 3: Jeder Teilnehmer nimmt sich eine Poolkarte und notiert eine Idee.

Schritt 4: Anschließend reicht man die Karte seinem rechten Nachbarn, nimmt sich eine weitere Karte, notiert eine weitere Idee und reicht die Karte ebenfalls nach rechts weiter. Dies führt man nun für jede Idee aus.

Schritt 5: Vom Nachbarn erhaltene Karten werden kurz gelesen, gegebenenfalls ergänzt und wie eigene Karten weitergereicht. Alternativ, wenn man gerade mit der Formulierung einer Idee beschäftigt ist, kann die Karte auch ungesehen durchgereicht werden.

Schritt 6: Erhält man eine seiner eigenen Karten zurück und möchte man diese nicht weiter ergänzen, so wandert sie auf einen Stapel/Haufen (Pool) in der Mitte des Tisches.

Teilnehmern, denen gerade keine eigene neue Idee einfällt, können sich von diesem Stapel willkürlich eine Karte nehmen, diese eventuell ergänzen und die Karte wieder in Umlauf bringen.

Nach einer gewissen Zeit, wenn allen Teilnehmern die Ideen ausgegangen sind und die Karten aus dem Stapel schon mehrfach die Runde gemacht haben, ohne dass Ergänzungen erfolgten, ist das Brainwriting beendet.

Transformationswirksamkeit

- Wirksam für Herausforderungen mit hoher Komplexität
- Wirksam für Herausforderungen mit mittlerer Komplexität
- Wirksam für Herausforderungen mit niedriger Komplexität
- Wirksam für Designtransformationen
- Wirksam für Marketingtransformationen
- Wirksam für Produkttransformationen
- Wirksam für Prozesstransformationen
- Wirksam für Servicetransformationen
- Wirksam für Sozialtransformationen
- Wirksam für alle Transformationen
- Wirksam für radikale Transformationen

Transformationsfähigkeit

- Fördert die Teamkreativität
- Fördert die allgemeine Transformationsfähigkeit des Teams
- Fördert grundlegend die Kreativität
- Fördert offene Mindsets und innovative Denkhaltungen
- Sorgt für Inspiration oder bessere Inspirationsempfindlichkeit

Brainwriting Pool

Foto: Benno van Aerssen

Einsatzcharakteristik

- Austauschfokus: vornehmlich mit internen Personen
- Einsatzfrequenz: vornehmlich im einmaligen Einsatz
- Einsatzradius: vornehmlich im projektweiten Einsatz
- Einsatzradius: vornehmlich im Teameinsatz
- Komplexität für die Teilnehmer: eher gering
- Komplexität für den Moderator: eher gering
- Teamgröße: Mittelgroße Teams möglich (5 bis 20 Teilnehmer)
- Durchführungszeit: eher gering (< 1 Stunde)
- Vorbereitungszeit: eher gering (< 1 Stunde)

Nötiger Input, um mit der Methode arbeiten zu können

- Die Herausforderung als Frage formuliert

Erzeugter Output der Methode

- Erzeugt angereicherte Ideen, Ideencluster, höher integrierte Lösungen
- Erzeugt Ideen, Lösungsansätze, Vorideen, Möglichkeiten

Hinderniseffekte, auf die die Methode positiv wirkt

- 03 – Schwächt störende Bewertung während der Ideenfindung
- 09 – Schwächt zu extrovertierte Teammitglieder
- 21 – Bindet eher introvertierte Teammitglieder mit ein
- 24 – Verkürzt und durchbricht vorhandene Kreativblockaden
- 30 – Bändigt einen störenden Gruppenclown

Mögliche Extravorteile

- für Teams mit einer konservativen, tradierten Kultur
- für Teams mit einer schwacher Teamleitung
- für agile Teams
- für innovativ ungeübte Teams
- für interkulturell unerfahrene Teams
- für multidisziplinär unerfahrene Teams
- für unerfahrene Trainer und Agile Coaches
- für die Arbeit mit digitalen Kollaborationsboards

Quellen

Buch – Das große Handbuch Innovation, B. van Aerssen, C. Buchholz (Vahlen 2018)

Buch – Das große Handbuch der Kreativitätsmethoden, M. Luther (managerSeminare Verlags GmbH 2013)

Web – http://www.ideenfindung.de/Übersicht-Liste-Kreativitaetstechniken-Ideenfindung.html, April 2017

Buch – Revolutionäres Innovationsmanagement, B. van Aerssen (mi-Wirtschaftbuch 2009)

Brown Bag Sessions

EinSatzBeschreibung

Veranstaltung, bei der Essen und Lernen verbunden werden, indem zu einem bestimmten Thema während der Pause berichtet wird.

Transformation-Index

P1 Leading	P2 Organizing	P3 Connecting	P4 Growing	P5 Talking	P6 Scanning	P7 Exploiting	P8 Exploring	P9 Earning	P10 Scaling
		x	x	x					

Beschreibung

Vorbei sind die Zeiten, als Lernen nur in Klassenräumen stattfand und viel Zeit dafür aufgewendet werden musste – mit einer Brown Bag Session nutzen Sie einen Zeitraum zum Lernen, den ohnehin jeder in seinem Terminkalender geblockt hat: Die Mittagspause!

„Tschüss Kantine, Hallo Brown Bag Session"! heißt es dann zur Mittagszeit, wenn sich eine kleine, geladene Gruppe für ca. eine Stunde trifft, um in einem informellen Rahmen zu einem Thema informiert zu werden und gleichzeitig zu essen. Kein Wunder also, dass die Methode vielerorts auch als „Lunch & Learn" bekannt ist.

Der Ursprung für diese Art des Mircolearning findet sich in den USA, wo das Mittagessen typischerweise in braunen Papiertüten, den „brown bags", verpackt ist. Neben der Wissensvermittlung steht auch der Austausch und die Möglichkeit sich zu vernetzen im Vordergrund. Gleichzeitig kann sich der Referent Feedback und neue Impulse für das von ihm vorgestellte Thema holen.

Die Vorteile eines solchen Formats liegen auf der Hand: Kompakte und zeiteffektive Wissensvermittlung ohne Arbeitszeit oder den Feierabend dafür nutzen zu müssen. Eine Brown Bag Session ist offen für einen weiten Teilnehmerkreis und lädt in der informellen Atmosphäre auch Fachfremde dazu ein sich mitzuteilen und Input zu geben, sodass auch der Referent davon profitiert. Und als i-Tüpfelchen kann der Gastgeber die Digitale Transformation vermarkten, indem sich die gesamte Veranstaltungsreihe nur darum dreht.

Durchführung

Brown Bags in der Digitalen Transformation

Damit die Brown Bag Sessions im Rahmen der Digitalen Transformation genutzt werden können, sind die Themen der einzelnen Veranstaltungen das A und O.

Laden Sie dazu Vertreterinnen und Vertreter unterschiedlichster Fachrichtungen ein, damit Sie ihr Fachgebiet im Rahmen der Digitalen Transformation erklären. Dazu gehören standardmäßig Strategieteams, die immer wieder den Status quo der Digitalen Transformation mit Hintergrundinformationen und Zielen vorstellen und erläutern, welchen Stellenwert sie aktuell im Unternehmen einnimmt.

Oder nahe Themen wie die Datenstrategie und künstliche Intelligenz. Außerdem bieten sich jegliche Produkte an, die entwickelt wurden oder auch Prototypen, für die man noch fachfremden Input braucht.

> Auch Themen, die auf den ersten Blick nichts mit Digitaler Transformation zu tun haben, sind ein tolles Lockmittel und ein guter Denkanstoß, wie Diversity & Digitale Transformation, Kultur & Digitale Transformation oder Arbeitsumgebung & Digitale Transformation. Nicht zuletzt können Sie auch die Teilnehmenden dazu einladen, Ihnen Themen zu nennen, die sie interessieren und um die Sie sich als Gastgeber dann bemühen.

Organisation im Vorfeld

Auch eine kleine Veranstaltungsreihe wie die Brown Bag Sessions braucht eine gewisse Organisation im Vorfeld, die über die reine Themenfindung hinaus geht:

- Legen Sie die Veranstaltung auf einer (internen) Anmeldeplattform an, auf die man in der Einladung verweisen kann. So haben Sie die Teilnehmerzahl im Blick und können auch dem Referenten mitteilen, wie seine Hörerschaft aussieht, damit er sich entsprechend vorbereiten kann.
- Überlegen Sie sich zuvor, wie viel Teilnehmende Sinn machen. TIPP: Ein kuschelig kleiner Rahmen von höchstens 20 Personen reicht völlig aus! So ist gewährleistet, dass jeder Teilnehmende zu Wort kommen kann, wenn er das möchte und das Netzwerken fällt leichter.
- Verschicken Sie an einen ausgewählten Kreis oder aber einen ganz weiten Kreis eine Einladung mit den kommenden Themen und der Möglichkeit, sich anzumelden. Grund und Zweck der Brown Bag Sessions sollten auch noch erwähnt werden, wenn sich die Veranstaltungsreihe bereits etabliert hat – schließlich kann es immer neue Kolleginnen und Kollegen geben, die zunächst nichts mit dem Wissensformat anfangen können.
- Reservieren Sie einen Raum, der nicht zu groß ist, damit sich die kleine Gruppe nicht verliert. Außerdem sollte die Räumlichkeit den informellen Rahmen der Brown Bag Sessions unterstreichen.
- Wertschätzend ist es gegenüber dem Referenten, wenn Sie sich eine Woche vorher nochmal melden und ihn mit den wichtigsten Informationen ausstatten – Teilnehmerkreis, Anfahrtsbeschreibung, Parkmöglichkeiten, Ablauf, Treffpunkt und ihre Kontaktdaten.
- Zeit ist ein wertvolles Gut und so sollten Sie die Teilnehmenden einen Tag vor der Veranstaltung daran erinnern, dass morgen die Brown Bag Session stattfindet, zu der sie sich angemeldet

haben. Um auch den anderen, die keinen Platz mehr bekommen haben, die Möglichkeit zu geben doch noch teilzunehmen und auf der Anmeldeliste nachzurücken, wäre eine Absage bei Nichterscheinen kollegial.

Der große Tag

Als Gastgeber und Gesicht der Veranstaltungsreihe begrüßen Sie die Teilnehmenden und erklären, warum die Brown Bag Sessions stattfinden – Lernen mal anders, Austausch, Vernetzung und das alles im Mantel der Digitalen Transformation. TIPP: Nutzen Sie diese Plattform, um die Digitale Transformation in gutes Licht zu rücken und für ihre Notwendigkeit zu sensibilisieren!

Sie leiten nach der Begrüßung elegant zum heutigen Thema über, begrüßen den Referenten und übergeben ihm das Wort. Während die Teilnehmenden in den braunen Papiertüten stöbern und mit dem Essen beginnen, sollte der Referent sein Thema in ca. 30-40min vorstellen, sodass hinterher noch genug Zeit für die Frage- und Diskussionsrunde bleibt. Dass Sie als Gastgeber die Veranstaltung durch Danksagung und einen Ausblick auf die nächste Session schließen, versteht sich von selbst.

TIPP: Achten Sie penibel auf die Einhaltung der Zeit, damit Anschlusstermine wahrgenommen werden können und sich die Session wirklich schlank in den Arbeitsalltag einfügt. Nur so bleibt der Charakter der Brown Bag Session gewahrt.

Praxisschlaglicht

Wenn das Branding des Bäckers um die Ecke, bei dem Sie den Snack bestellen möchten, eher in Rottönen gehalten ist, dann veranstalten Sie eben Red Bag Sessions statt Brown Bag Sessions – ich kann aus eigener Erfahrung sagen, dass diese Geschichte eine nette Einleitung für jede Session ist!

Transformationswirksamkeit

- Wirksam für Herausforderungen mit hoher Komplexität
- Wirksam für Herausforderungen mit mittlerer Komplexität
- Wirksam für Herausforderungen mit niedriger Komplexität
- Wirksam für alle Transformationen

Transformationsfähigkeit

- Fördert die allgemeine Transformationsfähigkeit des Teams
- Fördert offene Mindsets und innovative Denkhaltungen
- Sorgt für Inspiration oder bessere Inspirationsempfindlichkeit

Einsatzcharakteristik

- Austauschfokus: vornehmlich mit internen Personen
- Durchführungszeit: eher gering (< 1 Stunde)
- Einsatzfrequenz: sinnvoll im dauerhaften Einsatz
- Einsatzradius: vornehmlich im unternehmensweiten Einsatz
- Komplexität für den Moderator: eher gering
- Komplexität für die Teilnehmer: eher gering
- Kleingruppe möglich (3 bis 5 Teilnehmer)
- Teamgröße: Mittelgroße Teams möglich (5 bis 20 Teilnehmer)
- Vorbereitungszeit: eher hoch (>1 Tag)

Nötiger Input, um mit der Methode arbeiten zu können

- Aktuell existierende Geschäftsmodelle
- Aktuell existierende Produkte und Services
- Durchlaufenes Projekt oder Projektphasen
- Existierende Prozesse und Verfahren
- Frühe erste Prototypen

Erzeugter Output der Methode

- Erzeugt Ideen für neue Märkte und neue Business Modelle
- Erzeugt Ideen, Lösungsansätze, Vorideen, Möglichkeiten
- Erzeugt Ideensuchfelder, unentdeckte Probleme, Inspiration
- Erzeugt Nutzenfunktionen und Bedürfniskorridore
- Erzeugt neues Wissen und neue Erfahrungen
- Erzeugt größere Klarheit zu einem Thema
- Erzeugt transformationsfähigere Organisationen
- Erzeugt mehr Hintergrundinformationen
- Erzeugt mehr Know-how-Zuwachs
- Erzeugt motiviertere und transformationsfähigere Teilnehmer
- Identifiziert vorhandene Schwachstellen
- Identifiziert vorhandene Stärken
- Macht Wirkzusammenhänge sichtbar

Hinderniseffekte, auf die die Methode positiv wirkt

- 01 – Schwächt Angst vor Neuem (Cainophobie)
- 04 – Beugt blinden Flecken/Betriebsblindheit vor
- 10 – Verhindert falsche Flughöhen
- 14 – Fördert eventuell fehlende Wertschätzung
- 16 – Beugt Misinterpretationen vor
- 28 – Stärkt schwache Anreicherungsskills
- 32 – Verhindert unreflektiertes Agieren
- 33 – Schwächt Verdiskutiererei
- 36 – Schafft schnell Klarheit und beschleunigt Erkenntnisgewinn
- 41 – Verringert zu große Komplexitäten

Mögliche Extravorteile

- für Teams in einer Krisensituation
- für Teams mit einem starkem Auftragsmandat
- für Teams mit einer konservativen, tradierten Kultur
- für die Arbeit mit digitalen Kollaborationsboards

Quellen

Buch – Change Management. Veränderungsprozesse erfolgreich gestalten, Mitarbeiter mobilisieren: Vision, Kommunikation, Beteiligung, Qualifizierung, Kerstin Stolzenberg/Krischan Heberle (Springer Verlag 2013)

Buddy Coaching

EinSatzBeschreibung

Regelmäßiger Austausch zwischen zwei festen Personen für unterschiedliche Anlässe (Unterstützung, Zuhören, Austausch).

Transformation-Index

P1 Leading	P2 Organizing	P3 Connecting	P4 Growing	P5 Talking	P6 Scanning	P7 Exploiting	P8 Exploring	P9 Earning	P10 Scaling
			x						

Beschreibung

Das Buddy Coaching wird in der digitalen Transformation dazu genutzt, Beschäftigte gezielt durch kollegiale Unterstützung weiterzuentwickeln. Zwei Personen, die sogenannten. Buddies, treffen sich dabei regelmäßig. Sie verfolgen eigene Ziele, werden jedoch durch ihren Buddy auf dem Weg der Weiterentwicklung unterstützt. Hierbei kommt einerseits die wichtige Eigenschaft des Lebenslangen Lernens zum Einsatz, was eine Grundvoraussetzung für die digitale Transformation ist. Zusätzlich stärken die Buddies ihre Fähigkeiten im Bereich der Anpassungsfähigkeit, Selbstorganisation und Sozialkompetenz.

Vielleicht erinnert Sie das Buddy Coaching an das Mentoring, das bei der Weiterentwicklung von Mitarbeitern zum Einsatz kommt. Das hat den Grund, dass die Methoden gleichermaßen zwei Mitarbeiter miteinander verbindet, die einander helfen und voneinander lernen wollen. Auch wenn meist einer von beiden mehr Erfahrung in einem bestimmten Bereich besitzt und dadurch seinem Buddy vielleicht in einem Wissensbereich überlegen ist, baut der erfahrene Buddy ebenfalls neues Wissen auf, z.B. neue Kompetenzen, neue Fähigkeiten oder neue Erfahrungen.

Die Methode kann innerhalb eines Teams oder eines Bereichs zwei Buddies zusammenbringen. Es kann aber auch gezielt zur Erweiterung des eigenen Netzwerks zu anderen Bereichen genutzt werden. Jeder Buddy darf selbst entscheiden, welche Themen in welcher Art und Weise im Ziel verankert werden. Wichtig ist, dass das Ziel dem Buddy dabei hilft, sich weiterzuentwickeln. Dabei spielt es in erster Linie keine Rolle, ob die Vereinbarung von Beruf und Familie, eine achtsame Lebensführung oder das Erlangen neuer Fähigkeiten im Vordergrund steht, da erst einmal alle Ziele auf die Weiterentwicklung des Menschen einzahlen und diese Weiterentwicklung wiederum das Unternehmen voranbringt.

Der Zeitraum des Buddy Coachings beträgt mindestens 12 Wochen, dabei treffen sich die Buddies in zweiwöchentlichen Abständen um ihre Erfolge, Erkenntnisse, Erfahrungen zu teilen und sich gegenseitig zu unterstützen. Das Buddy Coaching dauert maximal sechs Monate. Jedes Buddy Coaching steht für sich, ist individuell und einmalig. Die Buddies durchleben eine gemeinsame Reise, bei der sie voneinander lernen, sich weiterentwickeln, Zuspruch und Stärkung finden, Vertrauen und Mitgefühl erleben, in einem sicheren Rahmen Rückmeldung erhalten und neues Wissen oder neue Erfahrungen erlangen. Dabei ist jede Erfahrung eines einzelnen Buddies eine Bereicherung für die digitale Transformation. Je mehr solche Erfahrungen gemeinsam gesammelt und neue Kompetenzen auf kollegialer Ebene aufgebaut werden, desto erfolgreicher wird das Unternehmen die digitale Transformation erleben.

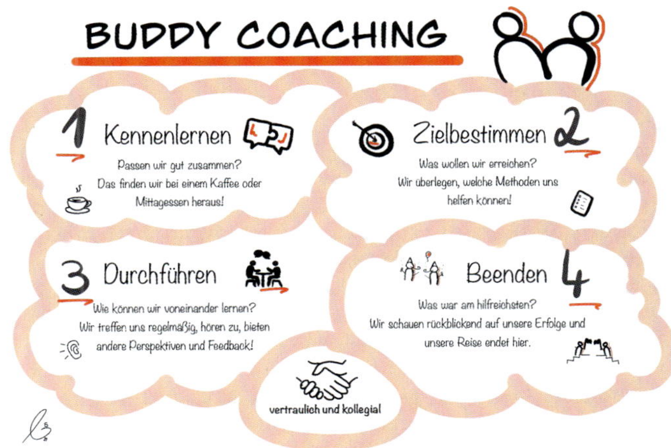

Grafik: Beate Sommer – Buddy Coaching

Durchführung

Ausgehend von einem einzelnen Mitarbeiter kann das Buddy Coaching gestartet werden, in dem er sich selbstständig einen zweiten Buddy sucht. Die Methode kann zwar auf Empfehlung einer Führungskraft oder Personalabteilung in einem Unternehmen oder einem Team verankert werden, die erste Phase sollte aber zwingend von einem Mitarbeiter ausgehen, da die intrinsische Motivation[20] der Erfolgsschlüssel für das Funktionieren der Methode ist. Die Führungskraft oder Personalabteilung kann hierbei einen Rahmen schaffen, z.B. durch ein technisches Roulette oder eine Pinnwand, bei der interessierte Buddies sich finden oder miteinander verknüpft werden können. Zusätzlich kann die Methode, z.B. als Follow-up zu einem Teambuilding eingeführt werden, wenn gemeinsames Lernen gefördert oder das Gemeinschaftsgefühl gestärkt werden soll. Jedoch darf auch hier kein Zwang entstehen, die Methode durchzuführen. Vielmehr sollten sich auch in diesen Teams freiwillige Buddies für das Buddy Coaching finden.

20 Intrinsische Motivation ist der innere Wille einer Person etwas freiwillig und gerne zu tun. Beispielsweise das Durchführen einer bestimmten Tätigkeit, weil die Person dabei Freude, Spaß oder Sinnhaftigkeit empfindet.

1. Kennenlernen: Wollen die Buddies in die nächste Phase gehen?

Zwei Buddies lernen sich beim Kaffee oder Mittagessen kennen und besprechen grob ihre ersten Gedanken zu möglichen Zielen, die sie beim Coaching anstreben. Da ein sehr vertrauter Rahmen beim Buddy Coaching entsteht, ist die zwischenmenschliche Beziehung der Buddies sehr wichtig. Falls sich ein Buddy eher unwohl fühlt, sollte man für sich eine klare Bewertung vornehmen und muss die Reise nicht antreten. Anfängliche Startschwierigkeiten sind durchaus nicht unüblich, jedoch sollten beide Buddies mit einem guten Gefühl den nächsten Schritt gehen.

2. Zielbestimmen: Welche Ziele möchten die Buddies erreichen?

Jeder Buddy entscheidet selbst, welches Ziel er verfolgen will. Folgende Fragen helfen bei der Zielformulierung:

- Was möchtest du (er)lernen? Welches Thema magst du näher entdecken? Was wäre eine schöne Veränderung?
- Wovon möchtest du in sechs Monaten weniger bzw. mehr haben (weg von – hin zu)?
- Nehmen wir an, ich frage deine Team-Kollegen in 6 Monaten, was sich verändert hat. Was würden sie antworten?
- Wie könnte ein erster Schritt lauten, um deinem Ziel näher zu kommen?

Das Ziel darf zunächst gerne grob und schwammig formuliert sein. Da meistens neue Themengebiete beim Buddy Coaching betrachtet werden, ist es nur angemessen, das eigene Ziel während der Durchführung sukzessive zu schärfen, wenn neue Erkenntnisse vorliegen oder sich Gegebenheiten ändern. Bereits bei der Zielformulierung findet das erste Buddy Coaching statt. Fragen können dabei helfen, das Thema des Buddies besser zu verstehen. Der Austausch unterstützt auch dabei für sein eigenes Ziel mehr Klarheit zu erlangen.

Die Buddies überlegen gemeinsam, ob es Methoden gibt, die ihnen bei der Reise helfen könnten (z.B. WOL, Lernreise, Achtsamkeits-Check-up, Espresso Session, Kreativitätstechnik). Wenn zwei Buddies sich ein gemeinsames Ziel geben, z.B. mehr zu einem neuen Thema zu erfahren, bietet es sich an, das Recherchieren und Lernen gemeinsam während der Treffen durchzuführen, verschiedene Quellen als Hilfe zu nutzen und mit dem Buddy über Erkenntnisse und neues Wissen zu sprechen.

Das Ziel und die Methoden müssen nicht zwingend mit denen des Buddies übereinstimmen. Stattdessen stellen sich dann die Buddies folgende Frage: „Wie kann ich dir dabei helfen, dein Ziel besser zu erreichen?“ bzw. „Wie kannst du mir dabei helfen, mein Ziel besser zu erreichen?“

Die Buddies teilen dafür ihr Wissen und ihre Gedanken:

- Ich kenne eine Methode, die dir helfen könnte.
- Ich kenne jemanden, der sich schon einmal mit dem Thema beschäftigt hat.
- Ich habe Erfahrungen oder Wissen, das ich einbringen könnte.
- Was wünsche ich mir zur Zielerreichung von meinem Buddy (Motivation, Erfahrung, Feedback, Wissen …)?
- Wie können wir unsere regelmäßigen Treffen nutzen?
- Inwiefern hilft es uns, neues Wissen miteinander zu teilen?

3. Durchführung: Was hilft den Buddies bei ihrer Weiterentwicklung?

Die zweiwöchentlichen Treffen werden wahrgenommen. Sie können an unterschiedlichen Orten stattfinden (Meeting vor Ort/virtuell, Kaffee, Mittagessen, Spaziergang). Zu Beginn eines Treffens werden kurz die Themen gesammelt und gemeinsam bestimmt, welche Themen wie besprochen werden. Die Buddies bestimmen selbst über das Vorgehen, sie können ein Timeboxing nutzen oder einfach den Gesprächsfluss laufen lassen. Es ist auch möglich, dass rotierend jeder Buddy einmal für ein Treffen die volle Aufmerksamkeit hat. Die Buddies müssen hier eigene Erfahrungen machen, gemeinsam darüber reflektieren und sich selbstorganisiert weiterentwickeln. Beide sind gleichwertig für die Durchführung des Buddy Coachings verantwortlich und müssen sich immer wieder von neuem fragen: „Wie kann ich dir dabei helfen, dein Ziel besser zu erreichen?“ bzw. „Wie kannst du mir dabei helfen, mein Ziel besser zu erreichen?“.

Beachten Sie, dass Gesprächspausen nicht schlimm sind. Wenn eine Frage oder eine Aussage im Raum steht, kann sie in aller Ruhe vom Buddy aufgenommen und verarbeitet werden. Das hilft bei der eigenen Strukturierung und ermöglicht außerdem weitere Gedankengänge.

Die Buddies sollten eine regelmäßige gemeinsame Retrospektive durchführen. Hierfür wird alle 4 bis 6 Wochen ganz bewusst mindestens 30 Minuten auf den Prozess des Buddy Coachings geschaut und kontinuierliche Verbesserungen am Prozess vorgenommen, z.B. über die Art, wie Treffen stattfinden oder in welcher Form die Buddies kommunizieren.

4. Abschluss: Was haben die Buddies erreicht?

Das Buddy Coaching endet spätestens nach sechs Monaten, kann aber auch schon vorher beendet werden, sobald die Buddies ihren Zielen nähergekommen sind oder sie die Methode vorzeitig beenden möchten. Beide Buddies treffen sich zu ihrem letzten Buddy Coaching, sprechen über ihre Erfahrungen, was sie gelernt haben und was am hilfreichsten war. Sie feiern gemeinsam ihre Erfolge und ihre Fortschritte in Richtung Zielerreichung. Auch wenn die Inhalte zwischen den Buddies vertraulich bleiben, kann trotzdem gerne mit anderen Personen über die positive Erfahrung gesprochen werden.

Praxisschlaglicht

Ein Mitarbeiter des HR (HR-MA) wollte mit dem Buddy Coaching sein Wissen zu agilen Methoden vertiefen, während ein anderer Mitarbeiter aus der IT (IT-MA) mehr zu künstlicher Intelligenz erfahren wollte. Wie sah das Buddy Coaching aus?

Beide hatten überlegt, das Working Out Loud gut als Methode passen könnte. Sie entschieden sich jedoch erst einmal für einen regelmäßigen Austausch, um sich besser kennenzulernen und ihre Themen gezielter zu strukturieren. Bei den zweiwöchentlichen regelmäßigen Treffen, die sie mit einem gemeinsamen Mittagessen verknüpften, hatten sie viele Aha-Momente. Der IT-MA hatte bereits Erfahrungen mit agilen Arbeiten und konnte so sein Wissen teilen. Sie sprachen eine halbe Stunde über das Ziel des HR-MA und die andere halben Stunde über das Ziel des IT-MA.

Der IT-MA erzählte, wie er und sein Team mit Scrum arbeiten und was andere Kollegen in seinem Bereich schon ausprobierten. Dadurch entstanden neue Netzwerke für den HR-MA, weil er nun gezielt weitere Personen ansprechen konnte. Über andere IT-Kollegen kam er so zu Personen im Marketing, die Kanban für sich entdeckt haben. Alle Erkenntnisse wiederum konnte der HR-MA mit dem IT-MA bei den Buddy Coach Treffen besprechen, sodass auch er ganz neue Facetten und Einblicke in die agile

Checkliste für das Buddy Coaching

Wie kann ich dir dabei helfen, dein Ziel besser zu erreichen?
Wie kannst du mir dabei helfen, mein Ziel besser zu erreichen?

Unterstützende Fragen, die du deinem Buddy stellen kannst!

Zum **Perspektivwechsel** anregen (ein systemischer Blick hilft bei der Weiterentwicklung):
Welche Frage könnte dir dabei helfen, eine andere Perspektive einzunehmen?
Was könnte ich fragen, damit du du den Blick über den Tellerrand einbeziehst?

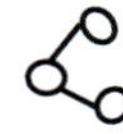

Erfahrungen teilen (Achtung Ratschläge sind Schläge, daher immer mit Vorsicht zu genießen):
Mir fällt gerade ein Gedanke ein, möchtest du ihn hören?
Ich habe eine Erfahrung dazu, die hilft dir vielleicht nicht weiter, aber vielleicht bringt sich dich auf eine Idee?

Lösungsorientiertes Denken unterstützen (den Blick nach vorn stärken)
Welcher nächste Schritt ist für dich machbar?
Wie könnte ein nächster Schritt auf deinem Weg zum Ziel aussehen?

Beim **Vernetzen** helfen (Schwarmintelligenz nutzen):
Ich kenne jemanden, der dir vielleicht dazu etwas sagen kann. Soll ich euch vernetzen?
Ich habe dorthin gute Kontakte. Soll ich mich mal erkundigen, an wen du dich wenden könntest?

Rückmeldung geben (z.B. durch WWW Feedback)
Wahrnehmung: Ich habe beobachtet ... Mir ist aufgefallen, dass...
Wirkung: Das wirkt auf mich...
Wunsch: Ich würde mir wünschen ...

Zuhören (und dabei nicht über Lösungen, Ratschläge oder Fragen nachdenken):
ggf. Rückfragen stellen, um besser zu verstehen oder in eigenen Worten widergeben, was gehört wurde!

Pausen sind erwünscht.
Einfach mal nichts sagen hilft beim Strukturieren, Inspirieren und Durchatmen.

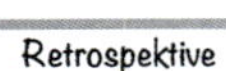

Retrospektive
Wie können wir das Buddy Coaching verbessern?
Was können wir ändern, damit unsere Weiterentwicklung noch besser gelingt?

Grafik: Beate Sommer

Arbeit bekam. Der HR-MA wiederum konnte durch kurze Wege in seiner Abteilung Ansprechpartner für Fortbildungen nennen. Das wiederum führte zu einer großen Auswahl an Fortbildungsangeboten, die den IT-MA ein wenig überforderten. Beim Buddy Coach Treffen konnte die Komplexität genommen werden, da der HR-MA mit gezielten Fragen helfen konnte, einen ersten nächsten Schritt zu formulieren. Der IT-MA begann seine Reise mit einem Webinar und teilte seine Erkenntnisse mit seinem Buddy. Nach drei Monaten sind beide Buddies ihren Zielen nähergekommen, auch wenn damit das Buddy Coaching für sie formal endete, treffen sie sich auch noch weiterhin in unregelmäßigen Abständen.

Transformationswirksamkeit

- Wirksam für alle Transformationen

Transformationsfähigkeit

- Fördert die Agilität eines Teams
- Fördert die allgemeine Transformationsfähigkeit des Teams
- Fördert offene Mindsets und innovative Denkhaltungen

33 Buddy Coaching

Einsatzcharakteristik

- Austauschfokus: vornehmlich mit internen Personen
- Austauschfokus: vornehmlich mit internen und externen Personen
- Durchführungszeit: eher hoch (> 1 Tag)
- Einsatzfrequenz: sinnvoll im dauerhaften Einsatz
- Einsatzradius: vornehmlich im unternehmensweiten Einsatz
- Komplexität für die Teilnehmer: eher mittel

Nötiger Input, um mit der Methode arbeiten zu können

- Aktuelle Herausforderung, Leitfrage, Problem
- Beteiligte Personen mit Tätigkeiten und Aufgaben
- Verschiedene Meinungen und Blickwinkel
- Vorhandenes Wissen und Erfahrungen
- Durchführungszeit, Trainingszeit
- Merkmale der gegebenen Herausforderung
- Personenmerkmale (Meinungen, Bedürfnisse, Werte, etc.)

Erzeugter Output der Methode

- Bessere Projekteffizienz, bessere Teamperformance
- Erzeugt neues Wissen und neue Erfahrungen
- Erzeugt transformationsfähigere Organisationen
- Erzeugt mehr Hintergrundinformationen
- Erzeugt mehr Agilität im Team
- Erzeugt mehr Know-how-Zuwachs
- Erzeugt motiviertere und transformationsfähigere Teilnehmer
- Hilft bei Entscheidungen, Bewertungen und Feedback

Hinderniseffekte, auf die die Methode positiv wirkt

- 02 – Schwächt Angst vor Kritik und Zurückweisung
- 04 – Beugt blinden Flecken/Betriebsblindheit vor
- 06 – Schwächt das Leben in der Vergangenheit
- 12 – Wirkt fehlender Inspiration entgegen
- 14 – Fördert eventuell fehlende Wertschätzung
- 15 – Stärkt das Vertrauen im Team
- 24 – Verkürzt und durchbricht vorhandene Kreativblockaden
- 25 – Schwächt multidisziplinäre Reibungsverluste
- 26 – Schwächt nicht zielführende Emotionen
- 39 – Fördert die Agilität der Teilnehmer

Mögliche Extravorteile

- für Teams in einer Komfortsituation
- für Teams mit einer schwacher Teamleitung
- für agile Teams
- für erfahrene Trainer und Agile Coaches

Quellen

Buch – Agile Teams lösungsfokussiert coachen, Veronika Kotrba, Ralph Miarka (dpunkt.verlag 2019)

Buch – Systemisches Fragen, Andreas Patrzek (Springer Gabler 2017)

Buch – Fragen können wir Küsse schmecken, Carmen Kindl-Beilfuß (Carl Auer 2021)

Web – https://www.aerzteblatt.de/archiv/163767/Buddy-Coaching-Den-Kollegen-weiterentwickeln, 16.05.2021

Web – https://www.impulse.de/management/personalfuehrung/einarbeitung-neuer-mitarbeiter/, 16.05.2021

Web – https://www.wirtschaftswissen.de/personal-arbeitsrecht/mitarbeiterfuehrung/fuehrungsinstrumente/einarbeitung-neuer-mitarbeiter-nach-dem-3-phasen-modell/, 16.05.2021

Web – https://karrierebibel.de/hin-zu-motivation/, 17.05.2021

Web – https://karrierebibel.de/intrinsische-motivation/, 17.05.2021

Person – Beate Sommer, www.b-sommer.com

Buildwork

EinSatzBeschreibung

Methode zur Analyse, Planung und Umsetzung von Change-Prozessen mit der Metapher des Umbaus des eigenen Gebäudes.

Transformation-Index

P1 Leading	P2 Organizing	P3 Connecting	P4 Growing	P5 Talking	P6 Scanning	P7 Exploiting	P8 Exploring	P9 Earning	P10 Scaling
x	x		x			x			

Beschreibung

Die Buildwork-Methode betrachtet ganzheitlich die verschiedenen Aspekte in einem Veränderungsprozess und macht diese sichtbar und steuerbar.

Basierend auf der Analogie einer Stadt werden fünf Kernbereiche betrachtet, die in der Gesamtheit die notwendigen Veränderungen aufzeigen. Das eigene Gebäude stellt dabei die zu verändernde Organisation dar.

Die verschiedenen Teilbereiche des Wandels werden im Änderungsprozess aufgezeigt und strukturiert aufbereitet. Daraus ergeben sich Handlungsempfehlungen und ein klares Bild über die Tiefe der notwendigen Anpassungen in den jeweiligen Teilbereichen.

Die beiden Wortteile, Build & Work, stellen dabei die Prozesse der Veränderung dar: Bauen, in seinen verschiedenen Formen (Neubau, Umbau, Umnutzung, Renovierung oder Abriss) und Arbeiten im Sinne von selbst aktiv werden und erarbeiten (dem erstmaligen Erlernen von neuen Fähigkeiten, dem kontinuierlichem Weiterentwickeln dieser und dem Ablegen alter Arbeitsweisen und Ent-Lernen).

Im Kontext des eigenen Gebäudes, um das man sich aktiv kümmern kann, steht die gebaute Umgebung, die zwar klassisch für jeden von uns bekannt, jedoch nicht immer beeinflussbar ist. Über die Assoziation zum Bauen werden die folgenden fünf Bereiche in freier Reihenfolge betrachtet und je nach Notwendigkeit detaillierter bearbeitet und ausformuliert.

1. Umgebung und Rahmenbedingungen
2. Bestand und Status quo des eigenen Unternehmens
3. Strategie und Planung
4. Umbau und Change
5. Das ICH als Einzelperson im Zentrum

Dabei bestehen die Bereiche nochmal aus jeweils vier bis fünf Komponenten, um die Art der Veränderung spezifisch bezeichnen zu können.

Vorteile

- wenig Vorwissen notwendig
- keine starre Struktur oder Ablauf
- konkrete Maßnahmen trotz Kreativität festzulegen
- über sämtliche Hierarchiestufen in einer Organisation anwendbar
- ganzheitliche, systemische Betrachtung der Transformation
- auch abteilungsweise anwendbar

Nachteile

- Einarbeitung in die Detaillierungen erfordert i.d.R. externe Unterstützung

Durchführung

Dauer zwischen zwei Stunden und drei Tagen; Umsetzung in der Projektphase auch intern durchführbar.

Ziel: selbstreflektiertes Skizzieren des eigenen Standpunkts und der eigenen Sichtweise, Erwartungshaltung.

1. Einführung in das Buildwork-Konzept und die Metaphorik der Stadt.
2. Offenlegen der verschiedenen Erwartungshaltungen/Hypothesen in Gruppen
3. Beschreibung der Umgebung und der Herausforderungen/Veränderungen im Umfeld
4. Überlegungen zum eigenen „Buildwork“-Umbau
5. Warum, für wen und mit welchem Ziel soll oder muss „umgebaut“ werden?
6. Welche Fähigkeiten und welches Team wird dafür gebraucht?
7. in welchem Zeitraum und mit welchem Aufwand muss der Umbau erfolgen?
8. welchen Beitrag muss ich als Person leisten, um zum Erfolg beizutragen?
9. Dabei kann bei jedem Schritt der Vergleich mit einem echten Umbau gezogen: Handelt es sich um eine Neudekoration, eine Renovierung oder um einen richtigen Um-/An-/Neubau? Wie tief sind die Eingriffe und wie stellen sich die Teilnehmer die Situation nach den Maßnahmen vor?
10. Die einzelnen Begriffe werden klassisch auf Post-its oder Notizfeldern bzw. digitalen Cards zu Beginn unsortiert gesammelt.
11. Die jeweilige Zuordnung zu den Buildwork-Bereichen und -Komponenten erfolgt über Farben und Symbole (Zuordnung mit Buildwork-Stickern oder Zahlen), in den folgenden Runden werden dann in der Gruppe die jeweiligen Fokusthemen besprochen und vertieft. Die Felder mit dem größten zu erwartenden Einfluss auf das Ergebnis werden benannt und dadurch als nächstes behandelt.
12. Aus den priorisierten Komponenten werden konkrete nächste Projekte oder ToDos abgeleitet und operativ umgesetzt.

13.

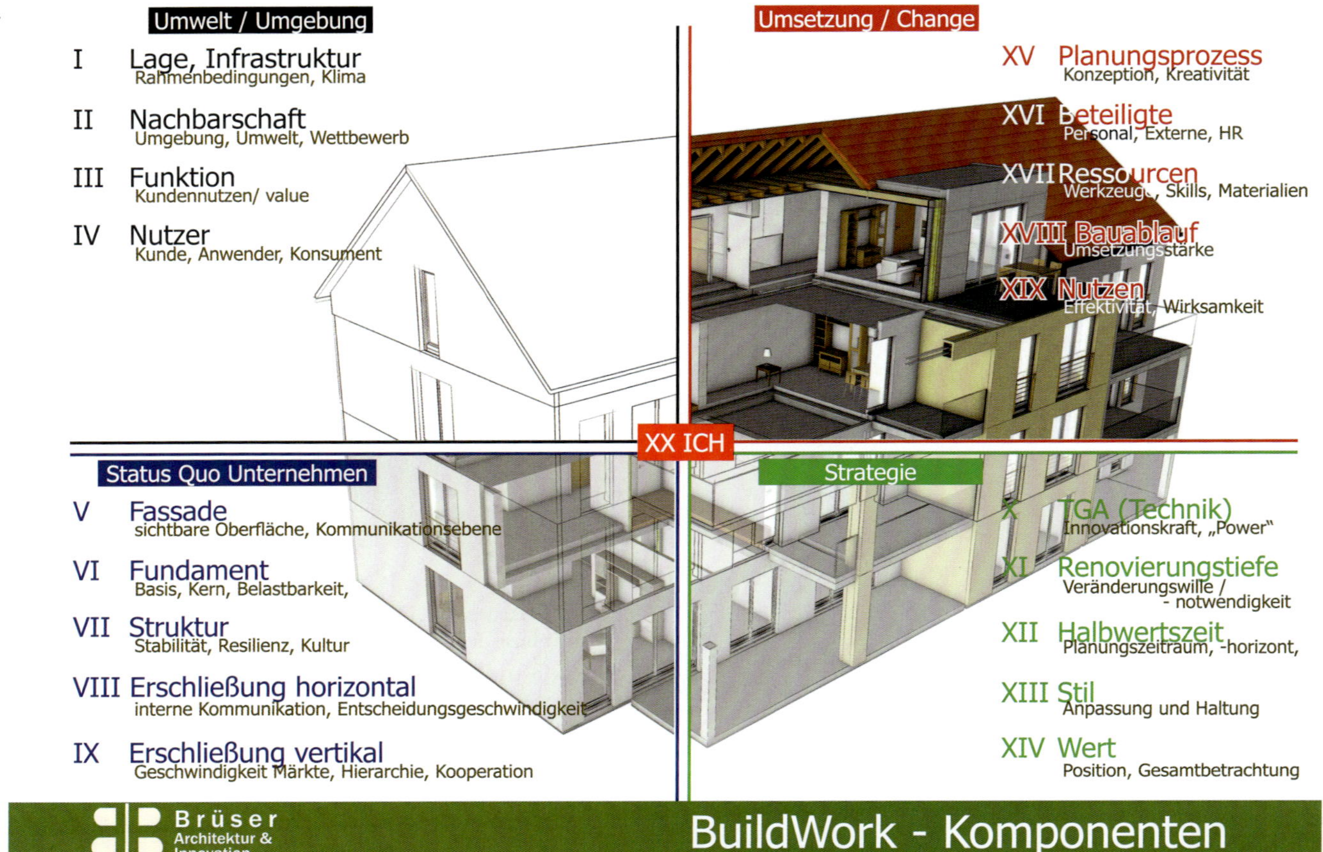

Grafik: Benjamin Brüser

Praxisschlaglicht

Mit dem Ablauf in Form von Workshops und der hohen Flexibilität in der Anwendung ergeben sich dynamische Herangehensweisen, die in einer zweiten Phase dann zu strukturierten Kanälen verbunden werden.

Durch die strukturierte Zuordnung der zuerst chaotisch gesammelten Themen ergibt sich schnell Klarheit über die tatsächlich möglichen Einflussfaktoren. Der Handlungsbedarf und -spielraum wird dadurch klar offengelegt und weitere Diskussionen in eine effiziente Richtung geführt.

Im Laufe der Workshops kommt es häufig vor, dass die Teilnehmer die zu Beginn formulierte Erwartungshaltung aufgrund neuer Erkenntnisse konkreter und detaillierter benennen können. Dabei sind sowohl Störfaktoren in der bestehenden Situation klarer zu erkennen als auch für zukünftige Entwicklungen gewünschte Zielsituationen visualisierbar. Der daraus resultierende Erkenntnisgewinn hilft oftmals, statt reiner Begriffe auch die entsprechenden Maßnahmen umzusetzen.

Transformationswirksamkeit

- Wirksam für Herausforderungen mit hoher Komplexität

Transformationsfähigkeit

- Fördert die allgemeine Transformationsfähigkeit des Teams

Einsatzcharakteristik

- Austauschfokus: vornehmlich mit internen Personen
- Durchführungszeit: eher hoch (> 1 Tag)
- Einsatzfrequenz: sinnvoll im dauerhaften Einsatz
- Einsatzradius: vornehmlich im unternehmensweiten Einsatz
- Komplexität für den Moderator: eher hoch
- Komplexität für die Teilnehmer: eher hoch
- Teamgröße: Kleingruppe möglich (3 bis 5 Teilnehmer)
- Teamgröße: Mittelgroße Teams möglich (5 bis 20 Teilnehmer)
- Vorbereitungszeit: eher hoch (>1 Tag)

Nötiger Input, um mit der Methode arbeiten zu können

- Durchlaufenes Projekt oder Projektphasen
- Durchführungszeit, Trainingszeit

Erzeugter Output der Methode

- Bessere Projekteffizienz, bessere Teamperformance
- Erzeugt Planungen und Priorisierungen
- Erzeugt größere Klarheit zu einem Thema
- Erzeugt transformationsfähigere Organisationen
- Hilft bei Entscheidungen, Bewertungen und Feedback
- Identifiziert vorhandene Schwachstellen
- Identifiziert vorhandene Stärken
- Macht Wirkzusammenhänge sichtbar

Hinderniseffekte, auf die die Methode positiv wirkt

- 04 – Beugt blinden Flecken/Betriebsblindheit vor
- 10 – Verhindert falsche Flughöhen
- 11 – Schärft eine fehlende gemeinsame Ausrichtung
- 15 – Stärkt das Vertrauen im Team
- 20 – Verhindert Ideenfindung mit zu schwacher Erkenntnisgrundlage
- 32 – Verhindert unreflektiertes Agieren
- 40 – Verhindert Finanz- und Ressourcenfallen
- 41 – Verringert zu große Komplexitäten

Mögliche Extravorteile

- für Teams mit einem starkem Auftragsmandat
- für Teams mit einer konservativen, tradierten Kultur

Quellen

Organisation – BR-AIN Brüser Architektur & Innovation, Bottrop, www.BR-AIN.de
Person – Benjamin Brüser, info@BR-AIN.de

35

Business Model Canvas

EinSatzBeschreibung

Strukturierte Ideenfindung für neue Geschäftsmodelle auf wissenschaftlichem Fundament.

Transformation-Index

P1 Leading	P2 Organizing	P3 Connecting	P4 Growing	P5 Talking	P6 Scanning	P7 Exploiting	P8 Exploring	P9 Earning	P10 Scaling
							x	x	x

Beschreibung

Der von Alexander Osterwalder erfundene Business Model Canvas ermöglicht eine visuelle und strukturierte Ideenfindung zur Generierung neuer oder verbesserter Geschäftsmodelle.

Über neun Bausteine bilden die Teilnehmer jeden neuralgischen Teil eines Geschäftsmodells ab, halten Essenzen fest und arbeiten Zusammenhänge und logische Verknüpfungen heraus. Die bildliche Darstellung verhilft zu einem schnellen gemeinschaftlichen Verständnis und macht das Modell auch für Unbeteiligte jederzeit zugänglich und nachvollziehbar.

Die Technik gewährleistet eine schnelle Business-Model-Generierung und eine gute Übersicht auch für Prozessexterne. Die effiziente breite Nutzung des Tools für alle Phasen eines Transformationsprozesses erfordert jedoch eine gute Einarbeitung.

Grafik: Anja Faber

Durchführung

Schritt 1: Mobilisieren

Schaffen Sie das Bewusstsein bei allen Teammitgliedern für die Notwendigkeit eines neuen Geschäftsmodells. Tragen Sie alle Elemente für eine erfolgreiche Gestaltung zusammen und sorgen Sie für eine gemeinsame „Sprache“, um Geschäftsmodelle zu beschreiben, zu entwickeln und zu diskutieren.

Schritt 2: Verstehen

Recherchieren und analysieren Sie die Elemente, die für die Geschäftsmodellgestaltung erforderlich sind. Sammeln Sie durch Interviews, Mafos und Internetsuchen Informationen, um die Bedürfnisse und Probleme zu den Wissensbereichen „Kunde, Technologie und Umfeld“ zu verstehen.

Schritt 3: Gestalten

Verwandeln Sie die recherchierten Informationen in Geschäftsmodell-Prototypen (im Canvas-Stil) – je mehr, desto besser. Diese müssen nun erforscht und getestet werden. Gestalten Sie viele Geschäftsmodell-Prototypen und wählen Sie die vielversprechendsten aus.

Schritt 4: Implementieren

Implementieren Sie den ausgewählten Prototypen in der Praxis.

Schritt 5: Durchführen

Schaffen Sie die (Management-)Strukturen, um Ihr Geschäftsmodell kontinuierlich zu überwachen, zu bewerten und anzupassen. Modifizieren Sie Ihr Geschäftsmodell regelmäßig im Hinblick auf Marktreaktionen.

Das Business Model Canvas von Osterwalder sieht auf den ersten Blick recht einfach aus. Eine Seite, neun Bausteine! Und hier liegt auch gleichzeitig die Gefahr. Man sollte genau wissen, was in die einzelnen Baustein-Felder kommt und wie diese gefüllt werden und zusammenhängen. Zudem gibt es immer noch ein Umfeld, und jedes Feld sollte geprüft werden. Mindestens sollte man also das oder die Bücher von Alexander Osterwalder dazu gelesen und/oder mit einem erfahren Coach sprechen.

Transformationswirksamkeit

- Wirksam für Herausforderungen mit hoher Komplexität
- Wirksam für Herausforderungen mit mittlerer Komplexität
- Wirksam für Produkttransformationen
- Wirksam für Servicetransformationen
- Wirksam für radikale Transformationen

Transformationsfähigkeit

- Fördert die Teamkreativität
- Fördert die allgemeine Transformationsfähigkeit des Teams
- Fördert grundlegend die Kreativität
- Fördert offene Mindsets und innovative Denkhaltungen
- Sorgt für Inspiration oder bessere Inspirationsempfindlichkeit

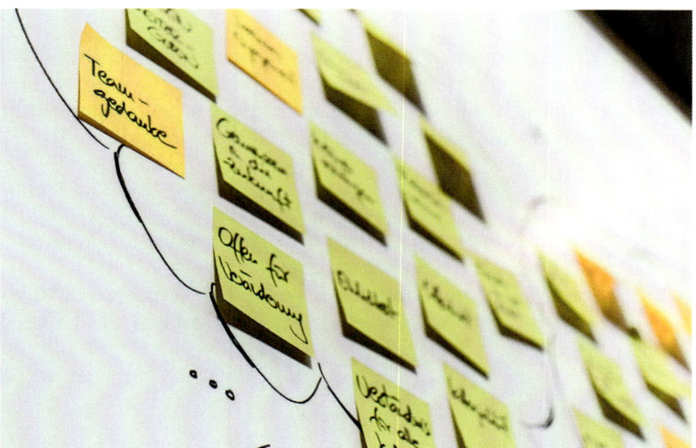

Foto: NEU Innovation – AOK Rheinland/Hamburg

Einsatzcharakteristik

- Austauschfokus: vornehmlich mit internen Personen
- Durchführungszeit: eher mittel (>1 Stunde bis <1 Tag)
- Einsatzfrequenz: vornehmlich im einmaligen Einsatz
- Einsatzfrequenz: vornehmlich über im kompletten Projektzeitraum
- Einsatzradius: vornehmlich im projektweiten Einsatz
- Komplexität für den Moderator: eher hoch
- Komplexität für die Teilnehmer: eher hoch
- Teamgröße: Einzelpersonennutzung möglich
- Teamgröße: Kleingruppe möglich (3 bis 5 Teilnehmer)
- Teamgröße: Mittelgroße Teams möglich (5 bis 20 Teilnehmer)
- Vorbereitungszeit: eher mittel (>1 Stunde bis <1 Tag)

Nötiger Input, um mit der Methode arbeiten zu können

- Aktuell existierende Geschäftsmodelle
- Aktuelle Herausforderung, Leitfrage, Problem
- Trends und Zukunftsentwicklungen
- Umfeldbeobachtungen, Umfeldanalysen
- Wettbewerber und Komplementoren

Erzeugter Output der Methode

- Erzeugt Ideen für neue Märkte und neue Business Modelle

Hinderniseffekte, auf die die Methode positiv wirkt

- 10 – Verhindert falsche Flughöhen
- 13 – Schafft für den Erfolg nötige Realitätsbezüge
- 18 – Bewahrt vor zu generischen Ideen und Aussagen
- 32 – Verhindert unreflektiertes Agieren
- 36 – Schafft schnell Klarheit und beschleunigt Erkenntnisgewinn

Mögliche Extravorteile

- für Teams mit einer konservativen, tradierten Kultur
- für die Arbeit mit digitalen Kollaborationsboards

Quellen

Buch – Business Model Generation, A. Osterwalder, Y. Pigneur (Campus Verlag 2011)

Buch – Gamestorming, D. Gray, S. Brown, J. Macanufo (O'Reilly Verlag 2011)

Buch – Das kleine Handbuch der Innovationsmethoden, F. Rustler, I. Plambeck (Creaffective 2014)

Buch – Design Thinking. Das Handbuch, F. Uebernickel, W. Brenner, T. Naef, B. Pukall (Frankfurter Allgemeine Buch 2015)

36 Business Process Model and Notation

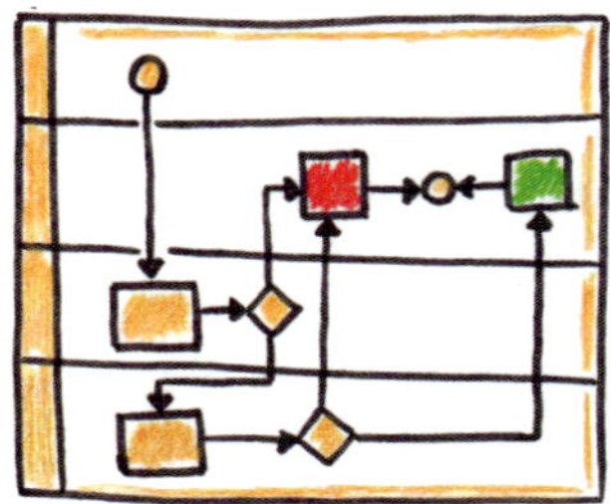

EinSatzBeschreibung

Darstellungsart für Aufgaben, Prozessabläufe und Verantwortlichkeiten mit einfachen Symbolen.

Transformation-Index

P1 Leading	P2 Organizing	P3 Connecting	P4 Growing	P5 Talking	P6 Scanning	P7 Exploiting	P8 Exploring	P9 Earning	P10 Scaling
						x	x	x	x

Beschreibung

Das BPMN (Business Process Model and Notation) ist vom Ursprung eine Darstellungsart von Prozessen im Geschäftsumfeld. Entwickelt wurde es 1986 bei IBM und ist seit 2011 in der Version 2.0 etabliert.

Durch die wenigen leicht verständlichen Zeichen die auf 4 Grundformen (abgerundetes Rechteck, gedrehtes Quadrat/Raute, Kreis und Pfeil) basieren, ist das Anwenden leicht verständlich und im Laufe der Bearbeitung erlernbar. Durch diese festgelegte Darstellungsart ist eine übersichtliche Struktur auch für eine Dokumentation Dritter leicht zu gewährleisten.

Einzelne Aufgaben eines Prozesses, werden als Aktivitäten durch abgerundete Rechtecke dargestellt und der jeweiligen verantwortlichen Swimlane zugeordnet. Diese Swimlanes verlaufen wie die Schwimmbahnen in einem Schwimmbecken parallel zueinander und stellen jeweils einen separaten Bereich dar, der für die Durchführung dieses Prozesses benötigt wird. Dies können Abteilungen, Personen oder auch IT-Systeme und andere Ressourcen sein.

Die für einen Geschäftsprozess jeweils notwendigen Aktivitäten werden in der zeitlichen Abfolge hintereinander dargestellt und untereinander durch genau einen Eingangs- und Ausgangspfeil miteinander verbunden.

Falls es zwischen den einzelnen Aktivitäten mehrere Auswahlmöglichkeiten gibt oder Entscheidungen notwendig sind, werden zusätzlich „Gateways" eingefügt, die durch um 45 Grad gedrehte Quadrate gekennzeichnet sind. Mit diesen Weg-Gabelungen werden die möglichen Optionen aufgezeigt und gekennzeichnet ob ausschließlich eine davon mehrere oder auch mehrere gewählt werden können bzw. müssen. Jeder von dem Gateway ausgehende Pfeil wird mit der möglichen Option benannt und zum nächstmöglichen Zeitpunkt wieder an die parallel verlaufenden anderen Aktivitäten angebunden.

Das Ende eines optionalen/parallelen Prozesspfades wird ebenfalls mit einem Gatewaysymbol dargestellt. Der Detaillierungsgrad der Prozesse kann je nach Stand der Bearbeitung vertieft werden oder für den großen Überblick mit weniger Informationen dargestellt werden.

Die für die Erfüllung des Prozesses notwendigen zusätzlichen Hilfsmittel, die keinerlei Aktivität an sich haben, werden als Datenobjekt (optisch wie ein Blatt Papier mit Eselsohr) dargestellt und an der Aktivität mit gestrichelten Pfeilen platziert.

Vorteile

- visuell klare Zuordnung zeitlich und organisatorisch möglich
- Start und Durchführung sehr einfach
- Einführung auch möglich nach klassischem Whiteboard/Post-it-Brainstorming durch verschieben der Zettel in die richtige Anordnung

Nachteile

- Platzbedarf ist je nach Detaillierungsgrad höher
- Kreativität kann durch Prozessdarstellung zu früh eingeschränkt werden

Durchführung

Die Methodik mit BPMN zu arbeiten, erfolgt entweder in Form einer Workshop-Session oder über ein digitales Whiteboard.

1. Zu Beginn der einzelnen Sessions wird geklärt, welche Themenfelder aus welcher Perspektive betrachtet werden sollen, Daraus ergeben sich die relevanten Kernprozesse, Aktivitäten und Beteiligten.
2. Zudem ist festzulegen, ob der IST- oder SOLL-Zustand aufgezeigt werden soll. Sofern dazu Uneinigkeit besteht, kann auch zuerst der IST-Zustand dargestellt werden und später durch Verschieben/Kopieren der Aktivitäten der SOLL-Zustand formuliert werden.
3. Der gewünschte Detaillierungsgrad ist vorab nicht klar zu beschreiben und muss situativ angepasst werden.
4. Die jeweiligen Teilnehmer schreiben die für sie relevanten Prozessaktivitäten auf jeweils ein Post-it/Karteikärtchen und legen diese erstmal in grober Reihenfolge auf den Tisch.
5. Im nächsten Schritt werden die Aktivitäten aller konsolidiert und den jeweiligen Swimlanes zugeordnet. In dieser Phase werden die fehlenden, vorher ggf. noch nicht offensichtlichen Aktivitäten hinzugefügt. Zudem können die zu treffenden Entscheidungen benannt werden.
6. Sollten sich jetzt oder im Laufe der Durchführung Verschiebungen zu der ursprünglichen Betrachtung ergeben, können diese gesondert gesammelt werden, oder zu einem späteren Zeitpunkt in einer separaten BPMN-Darstellung aufbereitet werden.
7. Bei der Zuordnung zu den Swimlanes ist es wichtig, dass diese konkret genug benannt werden. Einige müssen dazu noch detaillierter aufgeteilt oder ergänzt werden, einige fallen dabei komplett weg.

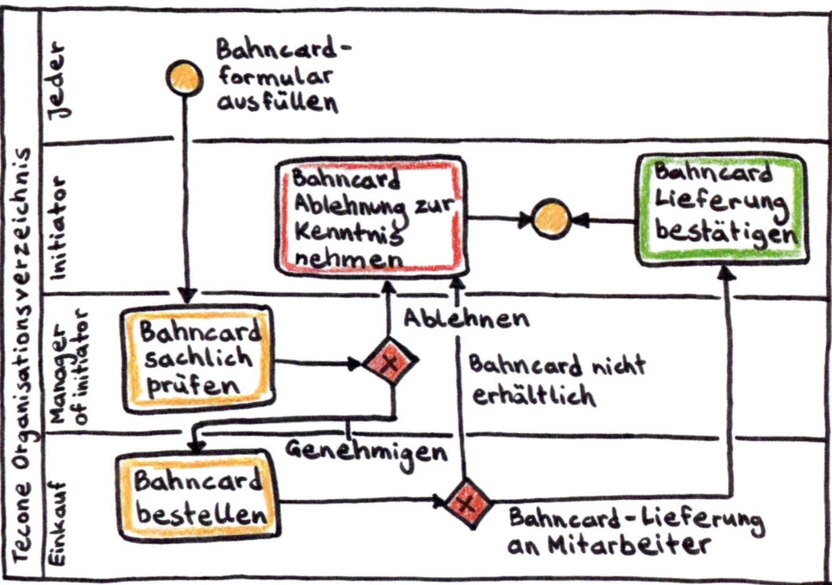

Grafik: Anja Faber

8. In der dritten Phase können die aus dem SOLL-IST-Abgleich resultierenden Aufgaben konkretisiert werden und mit Zeiten und Maßnahmen hinterlegt werden

Transformationswirksamkeit

- Wirksam für Herausforderungen mit hoher Komplexität
- Wirksam für Herausforderungen mit mittlerer Komplexität
- Wirksam für Prozesstransformationen
- Wirksam für Servicetransformationen
- Wirksam für radikale Transformationen

Transformationsfähigkeit

- Fördert die allgemeine Transformationsfähigkeit des Teams
- Zahlt auf eine bessere Vorstellungskraft ein

Einsatzcharakteristik

- Austauschfokus: vornehmlich mit internen Personen
- Austauschfokus: vornehmlich mit internen und externen Personen
- Durchführungszeit: eher hoch (> 1 Tag)
- Durchführungszeit: eher mittel (>1 Stunde bis <1 Tag)
- Einsatzfrequenz: vornehmlich über im kompletten Projektzeitraum
- Einsatzradius: vornehmlich im projektweiten Einsatz
- Komplexität für den Moderator: eher hoch
- Komplexität für die Teilnehmer: eher hoch
- Teamgröße: Einzelpersonennutzung möglich
- Teamgröße: Kleingruppe möglich (3 bis 5 Teilnehmer)
- Teamgröße: Mittelgroße Teams möglich (5 bis 20 Teilnehmer)
- Vorbereitungszeit: eher mittel (>1 Stunde bis <1 Tag)

Nötiger Input, um mit der Methode arbeiten zu können

- Aktuell existierende Geschäftsmodelle
- Aktuell existierende Produkte und Services
- Aktuelle Herausforderung, Leitfrage, Problem

Erzeugter Output der Methode

- Erzeugt Poster
- Erzeugt angereicherte Ideen, Ideencluster, höher integrierte Lösungen
- Erzeugt frühe Prototypen
- Erzeugt größere Klarheit zu einem Thema
- Erzeugt segmentierte, kategorisierte, geclusterte Daten
- Hilft bei Entscheidungen, Bewertungen und Feedback
- Macht Wirkzusammenhänge sichtbar

Hinderniseffekte, auf die die Methode positiv wirkt

- 10 – Verhindert falsche Flughöhen
- 16 – Beugt Misinterpretationen vor
- 32 – Verhindert unreflektiertes Agieren
- 36 – Schafft schnell Klarheit und beschleunigt Erkenntnisgewinn
- 41 – Verringert zu große Komplexitäten
- 42 – Überzeugt strukturliebende Teammitglieder

Mögliche Extravorteile

- für disruptiv unerfahrene Teams
- für innovativ ungeübte Teams
- für multidisziplinär unerfahrene Teams
- für die Arbeit mit digitalen Kollaborationsboards

Quellen

Buch – Praxishandbuch BPMN 2.0, Jakob Freund/Bernd Rücker (Hanser Verlag 2019)

CATWOE

EinSatzBeschreibung

Menschzentrierte Analysemethode für die Verstehensphase eines Transformationsprojekts.

Transformation-Index

P1 Leading	P2 Organizing	P3 Connecting	P4 Growing	P5 Talking	P6 Scanning	P7 Exploiting	P8 Exploring	P9 Earning	P10 Scaling
				x	x	x			

Beschreibung

Bei CATWOE haben wir es mit einer klassischen Analysetechnik für die Verstehensphase eines Innovations- oder Transformationsprojekts zu tun.

CATWOE ist ein Kunstwort für eine Art Analysecheckliste. Sie wurde von Peter Checkland und Jim Scholes publiziert. Bei dieser Methode steht nicht die Herausforderung selbst, sondern das Umfeld oder das umgebende System im zentralen Blickpunkt der Methode. Aus der Analyse des Umfelds des zu transformierenden Systems ergeben sich, besonders bei komplexeren Herausforderungen, immer wertvolle Erkenntnisse für die Ideenfindung in der Transformation.

CATWOE ist sicherlich besonders geeignet, um Herausforderungen im Bereich von Prozess- oder Service-Transformationen zu analysieren und zu beschreiben. Wenn zum Beispiel Ihrer Meinung nach der Prozess der Angebotserstellung in Ihrem Hause Transformationspotenzial bietet, wäre diese Technik einen Versuch wert.

Durchführung

Ist eine Herausforderung ausgemacht, dann werden die Schritte beziehungsweise Fragen der Checkliste nacheinander gestellt, beantwortet und niedergeschrieben, um die Herausforderung sehr effizient zu analysieren. Die Methode kann analog als auch sehr schön in virtuellen Kollaborationstools genutzt werden.

Hier die Checkliste mit einigen Hilfsfragen:

C = Customers – die „Kunden des zu transformierenden Systems“

In diesem Zusammenhang wird die Position von Nutzern analysiert.

- Wer ist letztendlich der Nutzer oder Kunde?
- Welches Problem haben diese derzeit und wie wird es gelöst?
- Wie sind ihre möglichen Reaktionen?
- Welche Gewinner und Verlierer werden sich ergeben?

A = Actors – die „Darsteller des zu transformierenden Systems“

Das betrifft die Personen, von denen die tatsächlichen Tätigkeiten ausgeführt werden müssen.

- Was ist der Einfluss auf die Darsteller?
- Wie werden sie reagieren, wenn das System wie geplant eingeführt wird?

T = Transformationprocess

Hier wird genau betrachtet, wie das zu transformierende System Dinge bearbeitet oder umwandelt.

- Wie wandelt es Input in Output um?
- Wie geht es mit veränderndem Input um?
- Wohin geht der Output?
- Welche Stadien durchläuft der Output?
- Welche Schritte gibt es innerhalb des Systems?

W = World View – die „Weltanschauung“

Wir betrachten hier, wie das zu transformierende System in Zusammenhang mit übergeordneten oder benachbarten Systemen steht.

- Welches hinter unserer Herausforderung liegende tiefere Problem soll eigentlich angegangen werden?
- Welche Implikationen stellen sich sich auf andere Systeme dar?
- Welche Implikationen ergeben sich aus seinem Ausfall oder seiner Fehlfunktion?

O = Owners – die „Eigentümer“

Betrachtet die Position der Personen, die die formale Macht über Einführung oder Ablehnung des zu transformierenden Systems haben.

- Welches sind ihre Beweggründe?
- Was ist ihre Teilhaberschaft?
- Welche Jobs, Pains und Gains sind für sie typisch?

E = Environmental constraints – die „Grenzen“

Hier betrachten wir die Grenzen des zu transformierenden Systems. Diese Grenzen können ethischer, gesetzlicher, juristischer, personeller, finanzieller und anderer Natur sein.

- Welche Grenzen sind bekannt?
- Welche Grenzen sind verschiebbar und welche nicht?
- Wie betreffen die Grenzen das System und wie können sie überwunden werden?

Transformationswirksamkeit

- Wirksam für Herausforderungen mit hoher Komplexität
- Wirksam für Herausforderungen mit mittlerer Komplexität
- Wirksam für alle Transformationen
- Wirksam für radikale Transformationen

Transformationsfähigkeit

- Fördert die allgemeine Transformationsfähigkeit des Teams

- Zahlt auf eine bessere Vorstellungskraft ein
- Zahlt auf eine bessere Wahrnehmung ein

Einsatzcharakteristik

- Einsatzradius: vornehmlich im projektweiten Einsatz
- Komplexität für den Moderator: eher mittel
- Komplexität für die Teilnehmer: eher mittel
- Austauschfokus: vornehmlich mit internen Personen
- Durchführungszeit: eher mittel (>1 Stunde bis <1 Tag)
- Einsatzfrequenz: vornehmlich im kompletten Projektzeitraum
- Einsatzfrequenz: vornehmlich im einmaligen Einsatz
- Einsatzradius: vornehmlich im Teameinsatz
- Vorbereitungszeit: eher mittel (>1 Stunde bis <1 Tag)
- Teamgröße: Mittelgroße Teams möglich (5 bis 20 Teilnehmer)
- Teamgröße: Kleingruppe möglich (3 bis 5 Teilnehmer)
- Teamgröße: Einzelpersonennutzung möglich

Nötiger Input, um mit der Methode arbeiten zu können

- Aktuelle Herausforderung, Leitfrage, Problem

Erzeugter Output der Methode

- Erzeugt neues Wissen und neue Erfahrungen
- Erzeugt größere Klarheit zu einem Thema
- Erzeugt segmentierte, kategorisierte, geclusterte Daten
- Erzeugt Nutzenfunktionen und Bedürfniskorridore
- Macht Wirkzusammenhänge sichtbar

Hinderniseffekte, auf die die Methode positiv wirkt

- 04 – Beugt blinden Flecken/Betriebsblindheit vor
- 05 – Verhindert blinden Aktionismus
- 10 – Verhindert falsche Flughöhen
- 18 – Bewahrt vor zu generischen Ideen und Aussagen
- 20 – Verhindert Ideenfindung mit zu schwacher Erkenntnisgrundlage
- 33 – Schwächt Verdiskutiererei
- 36 – Schafft schnell Klarheit und beschleunigt Erkenntnisgewinn

Mögliche Extravorteile

- für disruptiv unerfahrene Teams
- für innovativ ungeübte Teams
- für Teams mit einer schwacher Teamleitung

Quellen

Buch – Revolutionäres Innovationsmanagement, B. van Aerssen (mi-Wirtschaftbuch 2009)

Buch – Das große Handbuch Innovation, B. van Aerssen, C. Buchholz (Vahlen 2018)

Web – http://www.innovationsmethoden.info (April 2017)

Web – https://de.wikipedia.org/wiki/Kreativitätstechniken (April 2017)

38

Change Impact Analyse

EinSatzBeschreibung

Auswirkungen einer Veränderung auf die Betroffenen werden spezifiziert und so Entwicklungsmaßnahmen abgeleitet.

Transformation-Index

P1 Leading	P2 Organizing	P3 Connecting	P4 Growing	P5 Talking	P6 Scanning	P7 Exploiting	P8 Exploring	P9 Earning	P10 Scaling
						x	x		x

Beschreibung

Die Change Impact Analyse, zu Deutsch Auswirkungsanalyse, ist im Software-Engineering verwurzelt, wo IT-Experten sie nutzen, um die Auswirkungen von Änderungen in Teilen des Softwaresystems vorherzusagen. Zielsetzung ist, dass eine Änderungsanforderung beurteilt und so abgelehnt oder durchgeführt werden kann.

Erstmals erwähnt wurde die Change Impact Analyse 1996 von Robert Arnold und Shawn Bohner im gleichnamigen Buch „Impact Analysis“[21], in dem sie die Change Impact Analyse als eine Methode beschreiben, um „potenzielle Folgen auf das Software-System zu identifizieren und abzuschätzen, was geändert werden muss, um eine Änderung durchzuführen“[22] – es geht also zum einen um die konkreten Auswirkungen und zum anderen um den damit verbundenen Aufwand. Nach Arnold und Bohner gibt es drei Arten von Change Impact Analyse:

- Mit der Rückverfolgungs-Change Impact Analyse werden Verbindungen zwischen Anforderung und beispielsweise Designelementen erfasst, um den Umfang der Auswirkungen zu bestimmen.
- Mit der Abhängigkeits-Change Impact Analyse wird erarbeitet, welche Reichweite die Auswirkungen hat.
- Und mit der Erlebnis-Change Impact Analyse wird untersucht, was in der Vergangenheit bei ähnlichen Veränderungen passierte und ob sich das bei der kommenden Veränderung wiederholen könnte.

Wir befinden uns mit der Change Impact Analyse also mitten im IT-Umfeld und so wundert es nicht, dass man sie sich auch im Zuge der Digitalen Transformation zu Nutze machen kann: Wie oft saßen Sie schon genervt vor Ihrem PC, weil er ein Software-Update durchgeführt hat und dafür all’ ihre offenen Dateien geschlossen und sich selbst heruntergefahren hat, obwohl sie eigentlich dringend etwas fertig machen wollten? Aus einer ähnlichen Situation heraus entstand wohl auch die Idee, zu untersuchen, welche Auswirkungen denn solche Veränderungen auf den Nutzer der Software haben und wie man den Nutzer bei der Veränderung begleiten kann, sodass er nicht in seinem alltäglichen Geschäft beeinträchtigt wird. „Welche Maßnahmen müssen abgeleitet werden, damit der Mensch die Transformation durchsteht und akzeptiert?“ fragt der Change Manager bei Durchführung der Change Impact Analyse und setzt diese Maßnahmen dann um.

Durchführung

Informationen einholen

Wie bei allem, ist Vorbereitung die halbe Miete. Überlegen Sie zunächst, was mit der Change Impact Analyse erreicht werden soll, wie weitreichend sie sein soll und wer Ihnen Informationen liefern kann.

Erst im nächsten Schritt geht es darum, was sich verändert, wer von der Veränderung betroffen ist und in welchem Ausmaß – Personen, die diese Fragen beantworten können, haben Sie bereits im ersten Schritt gefunden. Allerdings werden die Personen immer mehr werden, je mehr Informationen sie erhalten, denn sie möchten ja mit allen Stakeholdern sprechen, um zu erfahren, welche Auswirkungen die Veränderung aus deren Sicht hat. So ergeben sich ganz neue Sichtweisen, die vielleicht von Seiten des Managements noch gar nicht bedacht wurden! Sie haben viele Möglichkeiten: Beispielsweise persönlich stattfindende Tiefen-Interviews, anonyme Online-Fragebögen oder offene Workshops.

Leitfragen für alle Varianten können sein:

- Was verändert sich konkret?
- Wer ist davon betroffen?
- Wer sind die Stakeholder?
- Wie viele Personen sind betroffen?
- In welchem Ausmaß?

Evaluierung

Um Maßnahmen abzuleiten, müssen die gesammelten Informationen ausgewertet werden. Fassen Sie Ihre Ergebnisse zum Beispiel in einer Matrix zusammen, mit der auf einen Blick gesehen wird, wer von welcher Veränderung in welchem Maße betroffen ist. Vertikal sind die konkreten Veränderungen aufgelistet, horizontal die Betroffenen und beim Aufeinandertreffen der beiden Punkte zeigt eine Skala von 1 bis 10 zum Beispiel die Tiefe der Veränderung.

Laden Sie zum Schluss nochmal alle von Ihnen identifizierten Stakeholder ein, sich die Matrix anzuschauen, damit sie gegebenenfalls noch ergänzt und überarbeitet werden kann. Oftmals gibt es hierbei große Verwunderung über die Ergebnisse, weil nicht jede Veränderung in diesem Maße bedacht wurde.

Wenn die von der Veränderung betroffenen Zielgruppen identifiziert sind, laden Sie auch hier die Vertreterinnen und Vertreter der Zielgruppen zu einem Workshop ein, um auch mit diesen die

[21] Buch – Impact Analysis – Towards A Framework for Comparison, Robert Arnold/Shawn Bohner (Wiley-IEEE Computer Society 1993).
[22] Buch – Impact Analysis – Towards A Framework for Comparison, Robert Arnold/Shawn Bohner (Wiley-IEEE Computer Society 1993), S. 292.

Change Impact Analyse zu erarbeiten bzw. die Ergebnisse mit ihnen abzugleichen und gegebenenfalls zu erweitern – wer weiß schon besser als die Betroffenen selbst, was sich für sie verändern wird. Wenn Sie dann noch gemeinsam über die Maßnahmen sprechen, die nötig sind, um mit der Veränderung klarzukommen, steigern Sie auch noch die Akzeptanz der Veränderung.

Schlagen Sie dazu schon konkrete Change-Management-Maßnahmen vor, die die Betroffenen bei der Veränderung begleiten und Ihnen helfen, um eine Diskussionsgrundlage zu haben.

Ergebnis der Change Impact Analyse ist, dass sie alle eingebunden und dadurch die Akzeptanz für die Veränderung gesteigert haben sowie konkrete abgeleitete Maßnahmen beim Topmanagement vorstellen und freigeben lassen können.

Praxisschlaglicht

Ziehen Sie Ihre Change Impact Analyse immer wieder aus der Schublade und gleichen Sie ab, ob Sie wirklich alle Personen bedacht haben!

Transformationswirksamkeit

- Wirksam für Herausforderungen mit hoher Komplexität
- Wirksam für Herausforderungen mit mittlerer Komplexität
- Wirksam für Herausforderungen mit niedriger Komplexität
- Wirksam für alle Transformationen

Transformationsfähigkeit

- Fördert das Verständnis und die Akzeptanz für die Transformation

Einsatzcharakteristik

- Austauschfokus: vornehmlich mit internen Personen
- Durchführungszeit: eher hoch (> 1 Tag)
- Einsatzfrequenz: vornehmlich über im kompletten Projektzeitraum
- Einsatzradius: vornehmlich im projektweiten Einsatz
- Komplexität für den Moderator: eher gering
- Teamgröße: Kleingruppe möglich (3 bis 5 Teilnehmer)
- Teamgröße: Maxigruppen möglich (20 bis 40 Teilnehmer)
- Teamgröße: Mittelgroße Teams möglich (5 bis 20 Teilnehmer)
- Vorbereitungszeit: eher mittel (>1 Stunde bis <1 Tag)

Nötiger Input, um mit der Methode arbeiten zu können

- Beteiligte Personen mit Tätigkeiten und Aufgaben
- Ergebnisse aus der Analysephase
- Existierende Prozesse und Verfahren

Erzeugter Output der Methode

- Erzeugt Listen von Chancen und Risiken
- Erzeugt Prognosen und Ableitungen
- Erzeugt größere Klarheit zu einem Thema
- Erzeugt transformationsfähigere Organisationen

Hinderniseffekte, auf die die Methode positiv wirkt

- 13 – Schafft für den Erfolg nötige Realitätsbezüge
- 36 – Schafft schnell Klarheit und beschleunigt Erkenntnisgewinn

Mögliche Extravorteile

- für Teams in einer Krisensituation
- für Teams mit schwachem Auftragsmandat
- für erfahrene Trainer und Agile Coaches

Quellen

Buch – Impact Analysis. Towards A Framework for Comparison, Robert Arnold/Shawn Bohner (Wiley-IEEE Computer Society 1993)

39

Change-Impact-Matrix

EinSatzBeschreibung

Die Change-Impact-Matrix priorisiert die Veränderungen nach der Komplexität des Wechsels und deren Wirkung.

Transformation-Index

P1 Leading	P2 Organizing	P3 Connecting	P4 Growing	P5 Talking	P6 Scanning	P7 Exploiting	P8 Exploring	P9 Earning	P10 Scaling
					x	x	x		

Beschreibung

Change-Management ist bei einer digitalen Transformationen immer ein unterschätztes Thema und gleichzeitig am schwersten umzusetzen. Die Wirkungsweisen von Veränderungen und die Auswirkungen auf die Organisationen müssen transparent sein, um richtig zu agieren.

Ein wichtiger Bestandteil zur sinnvollen Strukturierung der Change-Aktivitäten in einer digitalen Transformation ist die Change-Impact-Analyse (siehe auch dieses Buch), um die richtigen Methoden für die richtigen Veränderungen in Position zu bringen. Eine hilfreiche Evaluierung ist die Change-Impact-Matrix.

Mithilfe der Change-Impact-Matrix werden die Veränderungen nach der Komplexität und nach dem Umfang bewertet. Die Bewertung wird dabei durch skalierte Antworten auf strukturierte Fragen vorgenommen. Diese können je nach Unterfangen oder Unternehmung unterschiedlich sein.

Hier ein kurzes Beispiel zu einer Transformation von dezentral auf zentral:

Frage: Wie signifikant sind die Veränderung der existierenden Rollen?

Extreme (Wert: 5): Die Person(en) hat eine neue direkte Reportingstruktur und übernimmt eine globale Verantwortung.

High (Wert 4): Die Person(en) erhält eine neue direkte Reportingstruktur und hat eine regionale Verantwortung

Medium (Wert 3): Die Person(en) erhält eine neue direkte Reportingstruktur

Moderate (Wert 2): Die Person (en) bleibt disziplinarisch, wo sie ist, erhält aber einen anderen fachlichen Vorgesetzten

Low (Wert 1): Die Person(en) ist von der organisatorischen Änderung nicht betroffen

Die zugeordneten Werte zu den Fragen werden addiert und es wird ein un- oder gewichteter Mittelwert errechnet. Die sich ergebene Zahl ergibt die Einordnung der Veränderung auf der Y-Achse.

Hier noch einige Fragen, die für diese Methode sinnvoll sein könnten:

- Wie hoch ist die Anzahl der veränderten Rollen?
- Gibt es signifikante Änderungen der Arbeitsweisen ("way of working")
- Gibt es eine Verhaltens-/kulturelle Änderung?
- Wie groß sind die Auswirkungen in Handbüchern, Richtlinien, Zertifzierungen etc.?
- Wie stark verändert sich der Workflow?
- Welche Auswirkung hat ein neues System oder eine neue Schnittstelle?
- Welche Auswirkungen hat die Einführung einer komplexen neuen Lösung?
- Wie elementar sind die Änderungen von Prozessen?
- Wie entscheidend sind Änderungen in der Datenstruktur?
- Wie groß sind die regulatorischen Auswirkungen?
- …

Grundsätzlich lassen sich die Fragen auch in die klassischen Transformationselemente, wie Strategie, Organisation, Systeme, Prozesse oder People, clustern.

Der Umfang wird auf der X-Achse abgetragen. In der hier gezeigten Grafik ist der unternehmerische Umfang abgebildet. Es lassen sich aber sicherlich auch Dimensionen, wie Integrationsvolumen, Kosten, Marktveränderungen oder ähnliche Umfänge interpretieren.

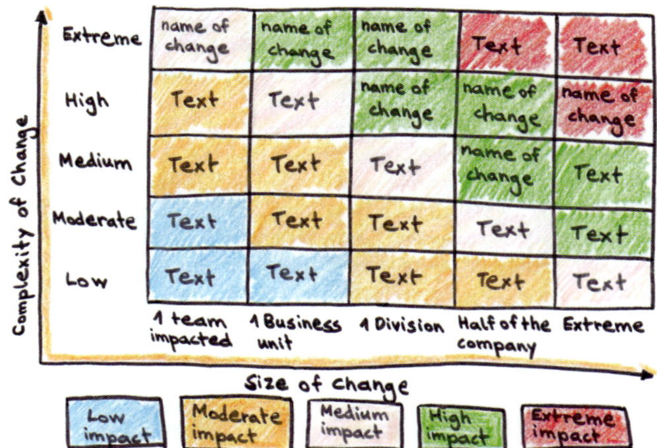

Grafik: Anja Faber – Change-Impact-Matrix

Durchführung

Die Durchführung der Methode ist relativ einfach, entscheidend ist sicherlich eher alle Veränderungen zu identifizieren und mit den richtigen Fragen/Antworten zu bewerten.

Schritt 1: Identifikation der Veränderungen

Auch hier wieder gerne anhand der Transformationscluster im Team überlegen, welche Veränderungen stattfinden können. Häufig helfen hier auch Interviews. Sinnvoll zur Identifikation der Gesprächspartner ist hier die Stakeholdermap (siehe dieses Buch). Je eher man insbesondere die kritischen Stimmen ins Boot holt desto besser identifiziert man die Veränderungen und startet damit automatisch ein gutes Change-Management.

Schritt 2: Bewertung der Veränderungen

Mittels der oben beschriebenen Analytik lässt sich eine Bewertung der Veränderungen vornehmen und damit in eine Kategorisierung bringen. Welche Veränderungen haben ein „low impact" und welche einen „extreme impact"?

Schritt 3: Ableiten der Normstrategien

Wie bei jeder guter Matrix überlegt man sich für das entsprechende Feld eine Normstrategie. Also eine Art Regelwerk, wie mit der Veränderung nach der Bewertung verfahren wird. Bspw. kann eine hohe Bewertung dazu führen, dass dies Thema unverzüglich beim Vorstand vorgestellt wird und eine Entscheidung zu erzielen ist.

Schritt 4: Kontinuierliche Überprüfung

Wichtig ist, dass man sich nicht nur stoisch an die Fragen und Bewertungen hält, sondern auch kontinuierlich überprüft, ob die Annahmen, Fragen und Cluster immer noch richtig sind. Sollten im Laufe der Zeit Fehler auftreten, sollte man auch hier keine Angst vor der Veränderung haben.

Praxisschlaglicht

Wie bereits erwähnt, wird dem Change-Management häufig eine untergeordnete Rolle gegeben und führt auf lange Sicht zu einer sehr langwierigen Nacharbeit, um die Nachhaltigkeit einer Veränderung zu sichern. Ein bisschen mehr Kontrolle von Anfang an spart hinten heraus eine Menge Zusatzkosten. Daher gilt für die Praxis, die elementaren Änderungen von Anfang zu identifizieren und den Change-Ansatz im Projekt zu integrieren.

Transformationswirksamkeit

- Wirksam für Herausforderungen mit hoher Komplexität
- Wirksam für Herausforderungen mit mittlerer Komplexität
- Wirksam für Produkttransformationen
- Wirksam für Prozesstransformationen
- Wirksam für Servicetransformationen

Transformationsfähigkeit

- Fördert die allgemeine Transformationsfähigkeit des Teams

Einsatzcharakteristik

- Austauschfokus: vornehmlich mit internen Personen
- Durchführungszeit: eher mittel (>1 Stunde bis <1 Tag)
- Einsatzfrequenz: vornehmlich über im kompletten Projektzeitraum
- Einsatzradius: vornehmlich im projektweiten Einsatz
- Komplexität für den Moderator: eher mittel
- Komplexität für die Teilnehmer: eher mittel
- Teamgröße: Einzelpersonennutzung möglich
- Teamgröße: Kleingruppe möglich (3 bis 5 Teilnehmer)
- Teamgröße: Maxigruppen möglich (20 bis 40 Teilnehmer)
- Teamgröße: Mittelgroße Teams möglich (5 bis 20 Teilnehmer)
- Vorbereitungszeit: eher mittel (>1 Stunde bis <1 Tag)

Nötiger Input, um mit der Methode arbeiten zu können

- Beteiligte Personen mit Tätigkeiten und Aufgaben
- Durchlaufenes Projekt oder Projektphasen

Erzeugter Output der Methode

- Bessere Projekteffizienz, bessere Teamperformance
- Erzeugt Planungen und Priorisierungen

Hinderniseffekte, auf die die Methode positiv wirkt

- 08 – Verhindert einseitige Bewertungen und Entscheidungen
- 11 – Schärft eine fehlende gemeinsame Ausrichtung
- 13 – Schafft für den Erfolg nötige Realitätsbezüge
- 16 – Beugt Misinterpretationen vor
- 25 – Schwächt multidisziplinäre Reibungsverluste
- 36 – Schafft schnell Klarheit und beschleunigt Erkenntnisgewinn

Mögliche Extravorteile

- für Teams mit einer konservativen, tradierten Kultur
- für Teams mit einer schwacher Teamleitung
- für innovativ ungeübte Teams
- für multidisziplinär unerfahrene Teams
- für unerfahrene Trainer und Agile Coaches

Quellen

Web – www.slideteam.net-change_management_impact_assessment_matrix_slide01.jpg (960×720) (slideteam.net) , 08.05.2021

Buch – Impact Analysis: Towards A Framework for Comparison, Robert Arnold/Shawn Bohner (Wiley-IEEE Computer Society 1993)

40

Change-Landkarte

EinSatzBeschreibung

Ermöglicht Einblicke in bestehende Dynamiken und Emotionen vor und während der Transformation und ist deshalb zur Analyse von Transformationsprozessen geeignet.

Transformation-Index

P1 Leading	P2 Organizing	P3 Connecting	P4 Growing	P5 Talking	P6 Scanning	P7 Exploiting	P8 Exploring	P9 Earning	P10 Scaling
	x		x						

Beschreibung

Als Mikromethode ist die Change-Landkarte ein kreatives Instrument, um individuelle Standpunkte von Mitarbeitern in der weiteren Unternehmensumwelt aufzuzeigen. Mit der Auswahl von erfahrenen Vertretern der Belegschaft, kann ebenso ein Bild über organisationale Dynamiken vor, während und nach einer Transformation aufgezeigt und analysiert werden.

Mit der Verwendung von definierten Bildern wie Wiesen, Wäldern, Sümpfen, Pfaden, Straßen, Autobahnen, Landesgrenzen, Hochspannungsleitungen, Bergen, Städten, Metropolen, Häfen und vielen weiteren Motiven, ermöglicht die Change-Landkarte den Ausdruck wahrgenommener eigener Sichtweisen von Mitarbeitern, sowie Einblicke in die Beziehungen von sich selbst und ggf. der eigenen Position und Abteilung zum Rest der Organisation.

Als Werkzeug zur Analyse von Transformationsprozessen (neue Teamzusammenstellungen wie bis zu gesamtorganisatorischen Unternehmenstransformationen) ermöglicht eine initiale Bildbetrachtung anhand der Change-Landkarte Einblicke in bestehende Dynamiken und Emotionen vor der Transformation. Ausgedrückt in bildlicher Sprache bietet sie so eine ehrliche und oft ungefilterte Art der Kommunikation. Ebenso können Change-Landkarten während und nach Veränderungen angewendet werden, um Veränderungen zu bewerten und Ergebnisse zu evaluieren.

Durchführung

Vorbereitung: Da die Zeichnung der Landkarten eine Einweisung bedarf, wird empfohlen, von einer dritten Person die Moderation anleiten zu lassen. Diese Person sollte ein neutrales Verhältnis zu weiteren Workshop Mitgliedern haben, selbst in keiner möglichen Landkarte auftauchen, sowie Erfahrungen in der Workshop Leitung und empathischen Kommunikation mitbringen.

Die Teilnehmer werden mit ausreichend Zeichenmaterial (Flipchartpapier, unterschiedlichen Stiften und Farben) ausgestattet. Wachsmalstifte und Filzstifte eigenen sich hier.

Eine Auswahl von Motiven in Form einer Legende einer Landkarte wird den Teilnehmern vorgestellt (siehe die Illustration). Mögliche Motive sind stets im übertragenen Sinne zu verwenden. So können z. B. Metropolen für größere Abteilungen und Städte für kleinere Abteilungen stehen, Pfade, Straßen und Autobahnen unterschiedliche Wege und Arten der Kommunikation, sowie Berge, heilige Orte, Flüsse, Brücken, Sümpfe, Wälder, Wiesen, Wüsten oder auch Stromleitungen und Landesgrenzen die Beziehungen zwischen Personen und Abteilungen in der Organisation darstellen.

Schritt 1: Teilnehmer erhalten den Auftrag ihre eigene Wahrnehmung der eigenen Aufgaben im Verhältnis zu Ihrer Abteilung und zu anderen Abteilungen in ihrer Organisation als Landkarte zu zeichnen, unter der Verwendung der vorgegebenen und eventuell zusätzlichen Legenden-Merkmale. Mitarbeiter könnten sich selbst fragen, wie sie als Fremdenführer andere durch das Land (die Organisation) führen und mit der Zeichnung zeigen, wie es in der Organisation aussieht. Welche Sprache wird gesprochen? Wie ist das Klima? Welche Kultur herrscht? Was ist bei einem Besuch im Land zu beachten? Welche Regierungen gibt es? Wo laufen Grenzen? Gibt es Spannungen, Kriege, Verbündete oder andere Allianzen? (…)

Schritt 2: Die Mitarbeiter haben ca. 45 Minuten Zeit Ihre Landkarte zu entwickeln und dabei ihre persönliche Sichtweise aus einer neuen Perspektive aufzuzeichnen, ohne Namen oder konkreten Bezug zu einzelnen Interessengruppen der eigenen Organisation.

Schritt 3: Jeder Mitarbeiter stellt die eigene Landkarte vor dem Rest der Gruppe vor und Beschreibung wie es in dem Land aussieht aus der Rolle eines „Reiseführers". Der Moderator kann mit gezielten Fragen noch neue Einblicke in die Überlegungen erfragen. Im gesamten Prozess ist der Ausdruck von Emotionen und Befindlichkeiten in bildlicher Sprache gewollt und darf niemanden zum Nachteil ausgelegt werden.

Schritt 4: Optional können gezeichnete Bilder noch nebeneinander gelegt werden zur Identifikation von Gemeinsamkeiten sowie Unterschiede für die weitere Planung von Maßnahmen zur Einführung oder Steuerung von Transformationsprojekten.

Im Ergebnis ermöglicht die Change-Landkarte eine neutrale Draufsicht und Reflexion von Zusammenhängen, Mustern der Kommunikation, unterschiedlichen Interpretationen von bestehenden Sachverhalten und des Ausdrucks von erlebten Missständen sowie Erfolgsdynamiken. Betroffene sowie Externe erhalten ein Verständnis bestehender Transformations-Dynamiken.

Transformationswirksamkeit

- Wirksam für Herausforderungen mit hoher Komplexität
- Wirksam für Herausforderungen mit mittlerer Komplexität
- Wirksam für alle Transformationen

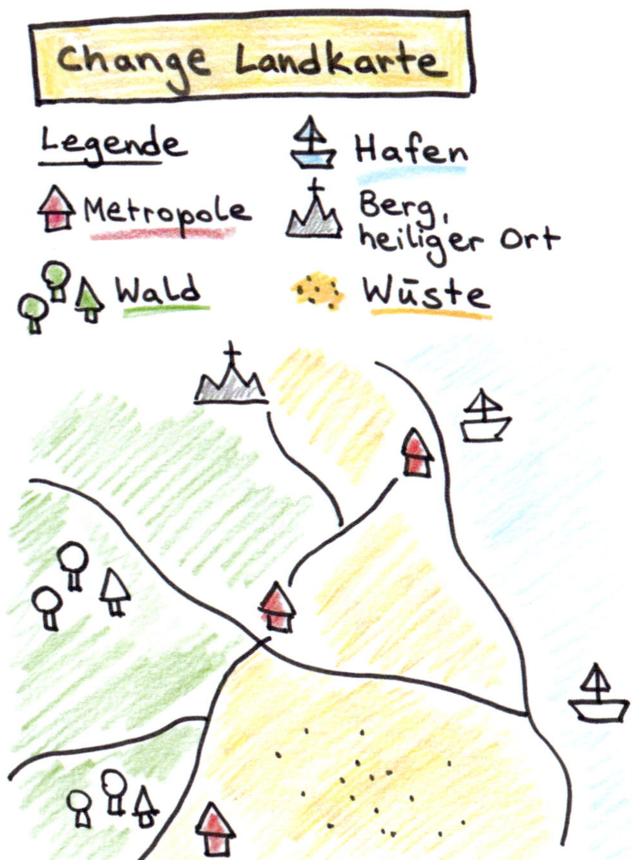

Grafik: Anja Faber – Change-Landkarte

Transformationsfähigkeit

- Fördert die allgemeine Transformationsfähigkeit des Teams

Einsatzcharakteristik

- Austauschfokus: vornehmlich mit internen Personen
- Durchführungszeit: eher mittel (>1 Stunde bis <1 Tag)
- Einsatzfrequenz: vornehmlich über im kompletten Projektzeitraum
- Einsatzradius: vornehmlich im projektweiten Einsatz
- Komplexität für den Moderator: eher hoch
- Komplexität für die Teilnehmer: eher gering
- Teamgröße: Großgruppen möglich (>50 Teilnehmer)
- Teamgröße: Kleingruppe möglich (3 bis 5 Teilnehmer)
- Teamgröße: Maxigruppen möglich (20 bis 40 Teilnehmer)
- Teamgröße: Mittelgroße Teams möglich (5 bis 20 Teilnehmer)
- Vorbereitungszeit: eher hoch (>1 Tag)

Nötiger Input, um mit der Methode arbeiten zu können

- Beteiligte Personen mit Tätigkeiten und Aufgaben
- Durchlaufenes Projekt oder Projektphasen
- Durchführungszeit, Trainingszeit

Erzeugter Output der Methode

- Bessere Projekteffizienz, bessere Teamperformance
- Erzeugt größere Klarheit zu einem Thema
- Erzeugt transformationsfähigere Organisationen
- Erzeugt segmentierte, kategorisierte, geclusterte Daten
- Hilft bei Entscheidungen, Bewertungen und Feedback

Hinderniseffekte, auf die die Methode positiv wirkt

- 04 – Beugt blinden Flecken/Betriebsblindheit vor
- 05 – Verhindert blinden Aktionismus
- 11 – Schärft eine fehlende gemeinsame Ausrichtung
- 13 – Schafft für den Erfolg nötige Realitätsbezüge
- 15 – Stärkt das Vertrauen im Team
- 16 – Beugt Misinterpretationen vor
- 32 – Verhindert unreflektiertes Agieren
- 36 – Schafft schnell Klarheit und beschleunigt Erkenntnisgewinn
- 41 – Verringert zu große Komplexitäten
- 42 – Überzeugt strukturliebende Teammitglieder
- 44 – Überzeugt einen Rationalisierer

Mögliche Extravorteile

- für Teams mit einer konservativen, tradierten Kultur
- für Teams mit einer schwacher Teamleitung
- für disruptiv unerfahrene Teams
- für innovativ ungeübte Teams
- für interkulturell unerfahrene Teams
- für multidisziplinär unerfahrene Teams
- für unerfahrene Trainer und Agile Coaches
- für die Arbeit mit digitalen Kollaborationsboards

Quellen

Web – http://blog.bepartner.de/methoden-des-change-managements (April 2021)

41

Change-Monitor

EinSatzBeschreibung

Anhand der Veränderungskurve Tracking der Gefühlslage von Mitarbeitern während der Transformation.

Transformation-Index

P1 Leading	P2 Organizing	P3 Connecting	P4 Growing	P5 Talking	P6 Scanning	P7 Exploiting	P8 Exploring	P9 Earning	P10 Scaling
			x						

Beschreibung

Wie fühlen sich Veränderungen an? Sehr wohl erlebt jeder Mensch Veränderungen in unterschiedlicher Form. Die kontinuierliche Aufnahme der aktuellen Stimmung von jedem einzelnen Mitarbeitenden während Veränderungen ist dabei ein Erfolgshebel um ggf. Maßnahmen zur Hilfestellung einzuleiten. Hierfür kann die Veränderungskurve eingesetzt werden.

Die Veränderungskurve zeigt ein wiederkehrendes Muster erlebter Veränderungen. In sieben Phasen wird die wahrgenommene eigene Kompetenz sowie auch oft der assoziierte „Spaß bei der Arbeit" ab dem Zeitpunkt, an dem jeder die Veränderungen erfährt, dargestellt. Folgend sind die Phasen der Veränderungskurve erläutert, mit Beispielen möglicher Gedanken von Mitarbeitenden über den zeitlichen Verlauf einer Veränderung.

Phase 1: Der **Schock** führt zum Abfall der eigen wahrgenommen Kompetenz:
„... Ich habe gerade von den neuen Prozessen und gleich mehreren neuen Themen erfahren, die mich in meiner täglichen Arbeit betreffen. Das kann echt nicht wahr sein und die aktuellen Prozesse und betroffenen Themengebiete funktionieren doch?! Verstehe ich nicht und die Maßnahmen bringen doch eh wieder nichts ..."

Phase 2: Die **Ablehnung, das Verneinen und Akzeptanzprobleme** führen zum Anstieg der eigenen wahrgenommen Kompetenz entgegen den Veränderungen:
„... Ich verstehe die Veränderungen einfach nicht und glaube auch, dass diese nicht stimmen können und falsch sind. Wenn ich nun meine Arbeit hier ändern muss, dann frage ich mich echt, ob ich es bisher alles so falsch gemacht habe und dabei es doch funktioniert hat?! Ich werde in den kommenden Tagen und Wochen mal versuchen zu zeigen, warum die Veränderungen nicht richtig und nicht sinnvoll sind und etwas mehr arbeiten, um zu zeigen, wie gut es aktuell alles funktioniert ..."

Phase 3: Die **rationale Einsicht** reduziert die eigen wahrgenommene Kompetenz immer weiter während der Auseinandersetzung mit Neuerungen.
„... Es ist nun bereits ein bisschen her, dass die Änderungen eingeführt wurden, und manchmal kann ich schon erkennen, dass das neue System oder die neuen Prozesse etwas besser funktionieren als die Alten. Aber es gibt immer wieder Probleme in den neuen Abläufen und wir müssen mal abwarten, ob die versprochenen Ziele wirklich mit den Veränderungen erreicht werden können ..."

Phase 4: Die **emotionale Akzeptanz, stellt den Tiefpunkt in der** eigenen wahrgenommen Kompetenz da und Neues wird akzeptiert.
„... Ich arbeite nun schon etwas in den neuen Prozessen und Abläufen und verstehe nun, warum wir die alte Vorgehensweise durch diese abgelöst haben. Es stimmt eigentlich und ich merke, dass die Prozesse besser laufen und auch wenn es ungewohnt ist, werde ich die neuen Anweisungen einmal so in meine Arbeit aufnehmen und glaube, dass wir damit gut vorankommen ..."

Grafik: Anja Faber – Change-Kurve

Phase 5: Durch **Lernen und Ausprobieren** steigt die eigene Kompetenz stets weiter an
„... Ich verstehe immer mehr Möglichkeiten, die wir mit den neuen Veränderungen umsetzen und realisieren können. Auch wenn vieles noch neu ist, versuche ich aktuell die Änderungen immer wieder in meine bisherigen Routinen einzubauen – und es klappt immer besser. Auch wenn ich ab und zu noch nachfragen muss, wie was funktioniert, geht die Arbeit immer besser von der Hand ..."

Phase 6: **Neue Erkenntnisse** bestätigen wir neue Lösungen zum Erfolg führen und funktionieren können.
„... Wir arbeiten nun schon länger mit den Veränderungen und mit den neuen Systemen und ich muss wirklich sagen, dass ich schneller bin und mehr schaffe als vorher. Ebenso fällt mir auf, dass auch unserer Kunden deutlich mehr profitieren, mit den Veränderungen, die wir nun vorgenommen haben ..."

Phase 7: In der **Integration der Neuerungen**, werden die Neuerungen als neue Routinen etabliert und selbstsicher angewendet.

„... Wir hatten vor einiger Zeit einige Änderungen, aber ich habe mich schon voll an die neuen Prozesse und Systeme gewöhnt und es funktioniert insgesamt alles sehr gut. Die neue Vorgehensweise ist an sich nun absolut selbstverständlich und wir merken, dass wir eventuell noch weitere Verbesserungen durchführen könnten, die wir davor ohne diese Neuerungen gar nicht in Anbetracht gezogen hätten ...“

Durchführung

Stimmungsbarometer während Veränderungsprojekten:
Mit dem Start eines Transformationsprojekts, werden Mitarbeiter gebeten, sich selbst entsprechend ihrer Stimmung und Gefühlslage auf der Kurve zu positionieren entlang der sieben Phasen. Im Ergebnis, wird ein Stimmungsbild zum Befinden beteiligter Mitarbeitenden m Transformationsprozess.

Die Bestandsaufnahme kann in regelmäßig stattfindenden Besprechungen vor Ort stattfinden oder online in regelmäßig abgefragten Umfragen.

Wichtig zur korrekten Positionierung auf der Kurve ist die initiale Erklärung der individuellen Phasen. Die oben genannten Beispieltexte können dafür verwendet werden.

Über die situationsabhängige Bestandsaufnahme erhalten die Führungskräfte und Change-Manager ein aktuelles Stimmungsbild. Situativ können passende Kommunikationsmaßnahmen und Aktivitäten zur Unterstützung und Motivation der Mitarbeiter abgeleitet und eingeleitet werden.

Die Abfrage über den aktuellen Gefühlsstand sollte z. B. 14 tätigen Rhythmen wiederholt werden. Dabei hilft es, wenn Mitarbeiter sich anonym auf der Kurve „positionieren“ können. Eine Online Abfrage auf der Kurve hilf dieses zu erreichen.

Individuelle Reflexionsübung zu Veränderungsdynamiken:
Die Veränderungskurve kann in Change-Workshops erläutert werden, mit der Bitte sich selbst in einer der Phasen zu positionieren und auf Basis der Erfahrungen zu reflektieren, wie jeder einzelne in der Vergangenheit Veränderungen gemeistert haben. Das Verständnis der unterschiedlichen Phasen, unterstützen die eigene Resilienz, als Fähigkeit in Herausforderungen und Veränderungen das eigene Verhalten zu regulieren. Durch das Verstehen der individuellen Phasen werden akute Veränderungen anpassbarer und können besser verstanden werden.

Transformationswirksamkeit

- Wirksam für Herausforderungen mit hoher Komplexität
- Wirksam für Herausforderungen mit mittlerer Komplexität
- Wirksam für Herausforderungen mit niedriger Komplexität
- Wirksam für alle Transformationen

Transformationsfähigkeit

- Fördert die allgemeine Transformationsfähigkeit des Teams
- Fördert offene Mindsets und innovative Denkhaltungen

Einsatzcharakteristik

- Austauschfokus: vornehmlich mit internen Personen
- Durchführungszeit: eher gering (< 1 Stunde)
- Einsatzfrequenz: vornehmlich über im kompletten Projektzeitraum
- Einsatzradius: vornehmlich im Teameinsatz
- Einsatzradius: vornehmlich im projektweiten Einsatz
- Einsatzradius: vornehmlich im unternehmensweiten Einsatz
- Komplexität für den Moderator: eher gering
- Komplexität für die Teilnehmer: eher gering
- Teamgröße: Einzelpersonennutzung möglich
- Teamgröße: Großgruppen möglich (>50 Teilnehmer)
- Teamgröße: Kleingruppe möglich (3 bis 5 Teilnehmer)
- Teamgröße: Maxigruppen möglich (20 bis 40 Teilnehmer)
- Teamgröße: Mittelgroße Teams möglich (5 bis 20 Teilnehmer)
- Vorbereitungszeit: eher gering (<1 Stunde)

Nötiger Input, um mit der Methode arbeiten zu können

- Durchführungszeit, Trainingszeit

Erzeugter Output der Methode

- Erzeugt motiviertere und transformationsfähigere Teilnehmer

Hinderniseffekte, auf die die Methode positiv wirkt

- 32 – Verhindert unreflektiertes Agieren
- 36 – Schafft schnell Klarheit und beschleunigt Erkenntnisgewinn

Mögliche Extravorteile

- für Teams mit einer konservativen, tradierten Kultur
- für erfahrene Trainer und Agile Coaches

Quellen

Buch – Interne Kommunikation als Element des Change Managements, Tobias Sebastian Witte, (Diplomica Verlag 2007)

Buch – Change Monitoring in Veränderungsprozessen, Jan Neumann, (Springer Fachmedien Wiesbaden 2016)

Web – https://change-leadership.org/die-sieben-phasen-der-individuellen-veraenderung/, 28.05.2021

42

Check-in-Moodboard

EinSatzBeschreibung

Methode, um auf leichte Art einen kristallklaren Einblick auf die (Ver)Stimmungen, Abhängigkeiten und Teamperformance zu erhalten.

Transformation-Index

P1 Leading	P2 Organizing	P3 Connecting	P4 Growing	P5 Talking	P6 Scanning	P7 Exploiting	P8 Exploring	P9 Earning	P10 Scaling
x			x						

Beschreibung

Das Check-in-Moodboard ist gerade in remote geführten Projekten eine hervorragende Methode, um den Faktor zwischenmenschliche Interaktion trotz rein virtuellem Austausch nicht nachrangig zu behandeln. Es sorgt insbesondere im Rahmen agiler Projektstrukturen im lockeren Stil für (täglichen) Austausch, Transparenz und die notwendige Offenheit, um in interdisziplinären und dezentral organisierten Teams die Motivation und Performance hochzuhalten.

Im Kontext von Transformationen kann der Faktor Kommunikation gar nicht deutlich genug als kritischer Erfolgsfaktor betont werden. Von daher findet sich mit dieser Methode ein ausgezeichnetes und einfaches Werkzeug, das zu jedem Change-Projekterfolg beitragen kann.

Durchführung

1. Schritt: Sie legen fest, in welchem Turnus sich ihre Projektmitglieder gemeinsam zu einem Check-in treffen. Dies kann sowohl auf Tages-, als auch auf Wochen- oder sonstiger Zeitbasis erfolgen. Entscheiden Sie, was Ihrem Projekt zuträglich ist.

2. Schritt: Sie legen mindestens fünf und maximal 12 Moods, also Launen oder Gemütszustände fest, die typischerweise genannt werden würden, sobald Sie Projektmitglieder nach ihrer morgendlichen Stimmung fragen. Dies können z. B. sein:

a) ich bin motiviert bis unter die Haarspitzen
b) habt Verständnis, ich brauche erstmal einen Kaffee
c) gestern war ein super Tag, heute hole ich noch mehr Erfolge
d) ich bin ein bisschen angeschlagen, schnief …
e) ich bin auf der Insel der Entspannung
f) ganz schön steil und steinig, aber es geht voran

3. Schritt: Sie suchen für jede festgelegte Mood ein Motiv. Sollten Sie remote miteinander arbeiten, z. B. via MS Teams oder eine andere Plattform, empfiehlt es sich, Emojis oder animierte Gifs zu wählen, die die Stimmung repräsentieren könnten.

4. Schritt: Vor dem Start der neuen Routine erklären Sie dem Team die Gemütszustände, den Zweck und die Notwendigkeit des wirklich regelmäßigen Check-ins.

5. Schritt: Nun haben Sie die Option den Check-in ohne Moderation turnusmäßig durchzuführen (eignet sich eher bei größeren Teams, kleineren Zeitabständen zwischen den Check-in Boards (z. B. im Rahmen von Dailys) und im Verlauf, wenn bereits Routine vorhanden ist). Oder Sie führen den Check-in moderiert durch indem Sie z. B. Ihre Stimmung als erstes eingeben und dann das nächste Mitglied in einem gemeinschaftlichen Call abfragen oder die Person textlich taggen/markieren. Spätestens nach wenigen Tagen der kontinuierlichen Arbeit mit Check-in-Boards verselbstständigt sich die Form des Check-ins und Projektteilnehmer beginnen weitere Moods kreativ zu benennen. Ab diesem Status haben Sie eine aktive Projektkultur.

Grafik: Anja Faber – Check-in-Moodboard

Transformationswirksamkeit

- Wirksam für alle Transformationen

Transformationsfähigkeit

- Fördert offene Mindsets und innovative Denkhaltungen

Einsatzcharakteristik

- Austauschfokus: vornehmlich mit internen und externen Personen
- Durchführungszeit: eher gering (< 1 Stunde)
- Einsatzfrequenz: vornehmlich über im kompletten Projektzeitraum
- Einsatzradius: vornehmlich im Teameinsatz
- Komplexität für den Moderator: eher gering

- Komplexität für die Teilnehmer: eher gering
- Teamgröße: Kleingruppe möglich (3 bis 5 Teilnehmer)
- Teamgröße: Mittelgroße Teams möglich (5 bis 20 Teilnehmer)
- Vorbereitungszeit: eher gering (<1 Stunde)

Erzeugter Output der Methode

- Bessere Projekteffizienz, bessere Teamperformance
- Erzeugt besseren Teamspirit, mehr Offenheit, Inspirationsempfindlichkeit
- Erzeugt motiviertere und transformationsfähigere Teilnehmer
- Hilft bei Entscheidungen, Bewertungen und Feedback
- Identifiziert vorhandene Schwachstellen
- Identifiziert vorhandene Stärken
- Macht Wirkzusammenhänge sichtbar

Hinderniseffekte, auf die die Methode positiv wirkt

- 07 – Integriert einen dysfunktionalen Schweiger
- 08 – Verhindert einseitige Bewertungen und Entscheidungen
- 14 – Fördert eventuell fehlende Wertschätzung
- 15 – Stärkt das Vertrauen im Team
- 16 – Beugt Misinterpretationen vor
- 17 – Fördert gehemmte Teammitglieder
- 21 – Bindet eher introvertierte Teammitglieder mit ein
- 26 – Schwächt nicht zielführende Emotionen
- 35 – Dynamisiert und aktiviert wenig dynamische Teams
- 38 – Verkürzt zu lange Meetingzeiten
- 42 – Überzeugt strukturliebende Teammitglieder

Mögliche Extravorteile

- für Teams in einer Krisensituation
- für Teams mit einer konservativen, tradierten Kultur
- für Teams mit einer schwacher Teamleitung
- für agile Teams
- für interkulturell unerfahrene Teams
- für multidisziplinär unerfahrene Teams
- für unerfahrene Trainer und Agile Coaches

Quellen

Organisation – Kopfspringer GmbH, Düsseldorf, www.kopfspringer.com
Person – Nicolas Burkhardt, burkhardt@kopfspringer.com

43

Cluster-Methode

EinSatzBeschreibung

Informationen nach Wissenseinheiten und ähnlichen Merkmalen sammeln und zu Häufungen (Clustern) zusammenfassen.

Transformation-Index

P1 Leading	P2 Organizing	P3 Connecting	P4 Growing	P5 Talking	P6 Scanning	P7 Exploiting	P8 Exploring	P9 Earning	P10 Scaling
x	x	x	x	x	x	x	x	x	x

Beschreibung

Kann der fortwährende Veränderungsprozess im digitalen Wandel von Unternehmen für die betroffenen Mitarbeiter Spaß machen? Aber gewiss. Vor allem, wenn man der eigenen Kreativität freien Lauf lassen kann. Das geht umso leichter, je passender die unterstützende Methode ist. Eine solche Arbeitstechnik bietet die Cluster-Methode. Gabriele L. Rico entwickelte diesen Ansatz bereits im Jahr 1973. Ursprünglich war sie für die Arbeit in Schreibkursen gedacht, wenn es darum ging, Handlungsstränge für Geschichten und lebendige Figuren zu entwickeln.

Inzwischen hat sich das Clustering weiterentwickelt und lässt sich vielfältig in Transformationsprojekten einsetzen. In der Cluster-Methode werden Informationen nach Wissenseinheiten, die ähnliche Merkmale aufweisen, gesammelt und zu Anhäufungen (Clustern) zusammengefasst. Als Moderationsmethode eingesetzt, hilft die Cluster-Methode, komplexe Sachverhalte zu reduzieren und zu ordnen. Nutzer der Methode können in jeder kreativen Phase den Überblick behalten und kategorisierte Daten generieren. Ideen werden anhand der Methode wunderbar visualisiert und verbunden. Dies erzeugt eine bessere Klarheit zu einem Thema: all das hilft beim Lernen, Denken und Handeln.

Durchführung

Zur Erhebung des Vorwissens, der Gedanken und Ideen der Teilnehmer werden Kartenabfragen durchgeführt. Dazu sind Moderationskarten, Pinnwände- und Nadeln sowie Moderationsstifte erforderlich. Jeder erhält bis zu zehn Moderationskarten und einen Stift. Selbstverständlich funktioniert die Methode auch im Remote-Einsatz per Teams o. ä.

In Kleingruppenarbeit werden Stichworte zu einer Fragestellung notiert. Die Fragestellung kann darauf ausgelegt sein, das Vorwissen zu aktivieren oder Erwartungen abzufragen. Selbstverständlich soll die Methode den Einfallsreichtum beflügeln – das Ziel ist, Ideen und Argumente zu einem Thema zu sammeln.

Der Moderator pinnt alle genannten Stichworte (Karten) auf die Pinnwände und fasst die genannten Ausführungen in eigenen Worten zusammen. Es entstehen inhaltliche Cluster durch das Anordnen der Argumente und Gedanken. Karten die zusammenhängen werden demzufolge neu verortet. Pro Cluster entsteht dann eine Überschrift welche ebenfalls mit Moderationskarten – möglichst in anderer Farbe, Form oder dargestellt wird. So werden Gemeinsamkeiten ideal zum Ausdruck gebracht. Die Anzahl der Begriffe bzw. Moderationskarten pro Cluster sollten aus Gründen der Praktikabilität auf maximal sieben bis zehn Karten limitiert werden.

Die Cluster-Methode kann auch als Brainstorming zum Start digitaler Transformationsbemühungen eingesetzt werden. Man schreibt ein „Schlagwort" auf und umrahmt dieses mit einem Kreis. Alle Einfälle zu diesem übergeordneten Begriff (Schlagwort) werden schriftlich festgehalten und mit dem „Schlagwort" (z. B. kundenzentrierte Produkte) mit einer Linie verbunden. Langes nachdenken ist kontraproduktiv – es geht um kreative, schnelle sowie spontane Einfälle. Das fertige Cluster wird dann überarbeitet mit dem Ziel, die wesentlichen Aufgaben für das Transformationsprojekt zu extrahieren. So entsteht bestenfalls ein Arbeitsplan, dessen Umsetzung systematisch angegangen werden kann.

Praxisschlaglicht

An einer Grundschule in Münster wurde im Zuge der Covid-19-Pandemie im Jahr 2021 über den Digitalisierungsbedarf und die möglichen Vorteile für die Schule und insbesondere für die Schüler diskutiert. An dem Diskurs nahmen Lehrer und Elternvertreter der betroffenen Schule teil. Um ein einheitliches Verständnis aller Beteiligten herzustellen, entschied man sich im Rahmen eines digitalen Workshops (Teams) für den Einsatz der Cluster-Methode. Als „Schlagwort" wurde der „digitale Wandel an der Grundschule" definiert. Im Workshop wurden dann vielschichtige, kreative und spontane Einfälle gesammelt und notiert.

Unter anderem wurden folgende Karten von den Workshopteilnehmern definiert: WLAN in der Schule, Ausstattung der Schüler mit Hardware, Versicherung Hardware, finanzielle Engpässe bei Eltern, Serverprobleme der Schule etc. Der Einsatz der Methode verhinderte sinnfreie und zeitraubende Diskussion zwischen den Parteien auf „verschiedenen Flughöhen". Durch den klaren und einfachen Erkenntnisgewinn konnten Lehrer und Eltern einen gemeinsamen Arbeitsplan aufstellen, um den Lehrherausforderungen während der Pandemie unbürokratisch zu begegnen. Kinder aus weniger wohlhabenden Familien wurden beispielsweise mit Tablets ausgestattet, da andere Eltern ein Sponsoring organisiert hatten.

Transformationswirksamkeit

- Wirksam für alle Transformationen

Transformationsfähigkeit

- Fördert die Agilität eines Teams
- Fördert die Teamkreativität
- Zahlt auf eine bessere Wahrnehmung ein

Einsatzcharakteristik

- Austauschfokus: vornehmlich mit internen Personen
- Durchführungszeit: eher gering (< 1 Stunde)
- Einsatzfrequenz: sinnvoll im dauerhaften Einsatz
- Einsatzfrequenz: vornehmlich im einmaligen Einsatz
- Einsatzfrequenz: vornehmlich über im kompletten Projektzeitraum
- Einsatzradius: vornehmlich im projektweiten Einsatz
- Komplexität für den Moderator: eher gering
- Komplexität für die Teilnehmer: eher gering
- Teamgröße: Einzelpersonennutzung möglich
- Teamgröße: Großgruppen möglich (>50 Teilnehmer)
- Teamgröße: Kleingruppe möglich (3 bis 5 Teilnehmer)
- Teamgröße: Maxigruppen möglich (20 bis 40 Teilnehmer)
- Teamgröße: Mittelgroße Teams möglich (5 bis 20 Teilnehmer)
- Vorbereitungszeit: eher gering (<1 Stunde)

Nötiger Input, um mit der Methode arbeiten zu können

- Ergebnisse aus der Analysephase
- Liste von Alternativen
- Ideen, Lösungsansätze, Vorideen, Varianten
- Item-Listen, Wertelisten, Rohdatenlisten
- Merkmale der gegebenen Herausforderung
- Personenmerkmale (Meinungen, Bedürfnisse, Werte, etc.)
- Produktmerkmale, Skizzen, Eigenschaften
- Ziele, Zielsystem, Kennzahlen

Erzeugter Output der Methode

- Bessere Projekteffizienz, bessere Teamperformance
- Erzeugt Listen von Chancen und Risiken
- Erzeugt Prognosen und Ableitungen
- Erzeugt segmentierte, kategorisierte, geclusterte Daten
- Hilft bei Entscheidungen, Bewertungen und Feedback
- Macht Wirkzusammenhänge sichtbar

Hinderniseffekte, auf die die Methode positiv wirkt

- 04 – Beugt blinden Flecken/Betriebsblindheit vor
- 10 – Verhindert falsche Flughöhen
- 16 – Beugt Misinterpretationen vor
- 32 – Verhindert unreflektiertes Agieren
- 36 – Schafft schnell Klarheit und beschleunigt Erkenntnisgewinn
- 41 – Verringert zu große Komplexitäten
- 42 – Überzeugt strukturliebende Teammitglieder

Mögliche Extravorteile

- für Teams mit einer konservativen, tradierten Kultur
- für multidisziplinär unerfahrene Teams
- für unerfahrene Trainer und Agile Coaches
- für die Arbeit mit digitalen Kollaborationsboards

Quellen

Web – https://erwachsenenbildung.at (April 2021)
Web – https://www.methodenkartei.uni-oldenburg.de (April 2021)
Buch – Das große Handbuch Innovation, B. van Aerssen, C. Buchholz (Vahlen 2018)
Buch – Das kleine Handbuch der Innovationsmethoden, F. Rustler, I. Plambeck (Creaffective 2014)

44

Collaboration Camps

EinSatzBeschreibung

Effektive, kolloborative und cross-funktionale Arbeitsphase, die aus Vorbereitung, Training und Implementierung/Realisierung besteht.

Transformation-Index

P1 Leading	P2 Organizing	P3 Connecting	P4 Growing	P5 Talking	P6 Scanning	P7 Exploiting	P8 Exploring	P9 Earning	P10 Scaling
x	x	x	x	x	x	x	x	x	x

Beschreibung

Das Collaboration Camp ist eine intensive Arbeitswoche in einem Projekt, um folgende drei Themen als einen Sprint zu ermöglichen:

- Forcierung des Fortschritts in einem bestimmten Stream, Aufgabe oder Teilprojekt
- Training von neuen Inhalten, Vorgehen oder Techniken. Dabei kann es sich aber auch um Updates, interne Governance oder andere strukturelle, transformatorische Aspekte handeln
- Verstärkung der Kollaboration durch die Adaptierung eines „new way of working" bspw. crossfunktionale Teams, internationale Zusammenarbeit, etc.

Kernelemente und -voraussetzungen des Camps:

- Die Teilnehmer besitzen die richtigen Fähigkeiten und Kompetenzen.
- Das Team ist crossfunktional zusammengestellt.
- Sämtliche Teilnehmer sind für die gesamte Woche freigestellt.
- Der Workshop folgt einem systematischen Ansatz/ Methodologie.
- Die Woche folgt einer Vollständigkeit: „kein Stein bleibt auf dem anderen."
- Innovative Denkweisen sind notwendig für die Fortschritte.
- Das richtige Mindset und Verhaltensweisen sind relevant.
- Aus der Woche müssen „echte" Resultate entstehen.

Durchführung

Die erfolgreiche Umsetzung des Collaboration Camps erfordert eine intensive Vor- und Nachbereitung. Die Kernelemente in den jeweiligen Phasen lassen sich wie folgt clustern:

Pre-Phase (1 Woche):

- Defintion klarer übergeordneter Projektziele/KPIs
- Klare Formulierung des Projektumfangs
- Entwicklung des Projektplans und Definition der Stakeholder

Vorbereitung (6 Wochen):

- Meeting- und Reviewrhythmus festlegen
- Team/Teilnehmer für das Camp und PMO für die Vorbereitung aufstellen
- Management-Team wird auf das Collaboration Camp vorbereitet
- Vorbereitungshandbuch wird entwickelt
- Feinabstimmung des Umfangs und Überwachung des Vorbereitungsfortschritts
- PMO zur Anleitung und Überprüfung der Vorbereitung
- Experten-Workshops zur Einbringung von Best Practices
- Einsatz von leistungsstarken Teams als Trainer für andere Teams
- Moderation von Vorbereitungsbesprechungen mit dem Management
- Abarbeitung der operativen Vorbereitungspunkten des Handbuchs
- Konzeptualisierung von Schulungen des Camps und Befähigung von Referenten
- Aufbau einer Daramaturgie

Definition der Schlüsselelemente und eine Transferstrategie für die Umsetzungswoche.

Umsetzung (1 Woche):

- Vereinbarung und Freigabe der Workshopregeln
- Details für jeden Tag
  - Tägliche Logik der Sitzungen
  - Tägliches Einchecken durch das Management
  - Tägliche Verfolgung der Aktivitäten
  - Treffen mit den Experten
  - Abstimmung mit dem Sounding Board
  - Tägliche Nachbereitung
  - Soziales Ereignis/Event
- Instanz zur Bewertung der Teams und Einweisung der Executives
- Ergebnispräsentation am Ende der Woche

Nachbereitung (8 Wochen +):

- Besprechungsrhythmus für Nachbesprechungen festlegen
- Strukturierter Follow-up-Prozess
- Ideenqualifizierung & Aktionsplanverfolgung
- Momentumschmelze verhindern, Inhalte beschleunigen und Ergebnisse maximieren
- Management-Reviews einrichten
- Alle Termine terminieren (Working sessions mit den Teams, Weekly Reviews mit Management, Trainings und Abschluss Meeting)
- Mit den Teams alle benötigten Daten für die Deliverables konsolidieren und anfangen zu arbeiten – am besten nominiert man einen „Team-lead", der die Verantwortung für den Progress übernimmt
- Nach 8 Wochen werden im Abschlussmeeting alle Deliverables präsentiert

Je nach Themengebiet und Projektphase können spezifische Inhalte natürlich ergänzt werden. Die hier aufgezeigten Punkte dienen als Kochrezept.

Beispiel eines Collaborative Cost Camp (CCC)

	MONTAG	DIENSTAG	MITTWOCH	DONNERSTAG
Methode *Überzeugen Sie*	*Morgen* • Kick off: Gemeinsamer Anspruch, Gaps und Ziel • Bestätigung durch die Basis	*Morgen* • Erster Benchmark • Präsentation der Benchmarks und Teardown	*Morgen* • Lieferanten-Workshops, z. B. Lieferanten-Ideen-Diskussion oder Ideen-Workshop • Definition von Aktionsplänen	*Morgen* • Finalisierung der gemeinsamen Aktionspläne, Risikoanalyse • Detaillierung der Aktionspläne mit Einkauf, F&E und Vertrieb (optional)
	Nachmittag • Statuspräsentation der Abteilungen • Präsentation von Sollkosten-kalkulationen und externe Angebote • Analyse der Kostentreiber	*Nachmittag* • Präsentation der Wertstromanalyse und Ableitung von weiteren Verbesserungspotenzialen	*Nachmittag* • Zweiter Benchmark • Weitere Value Engineering Workshops	*Nachmittag* • Identifizierung des Bedarfs für eine Eskalation • Freigabe durch die Geschäftsleitung
Mensch *Lernen Sie*	„Kooperation ist der Erfolgsfaktor # 1 Am späten Nachmittag des ersten Projekttages führen wir einen Teamdialog durch: Zusammenführung der Teams, Klärung von Fragen zur Projektmethodik und zum Projekthintergrund	„Vertrauen ist der Erfolgsfaktor # 2 Gemeinsames Auschecken am 2. Projekttag (mit Sun-Downer) zur kritischen Reflexion	„Motivation ist der Erfolgsfaktor # 3 Am späten Nachmittag des 3. Projekttages führen wir eine Kurzschulung der Schlüsselmitarbeiter durch (Multiplikatorenkonzept)	„Leistungsanspruch ist der Erfolgsfaktor # 4 Gemeinsames Auschecken am 4. Projekttag, Würdigung der gemeinsamen Ergebnisse, Diskussion erfolgskritischer Verhaltensweisen

Dr. Jan Herrmann – Collaboration Camp

Transformationswirksamkeit

- Wirksam für Herausforderungen mit hoher Komplexität
- Wirksam für alle Transformationen
- Wirksam für radikale Transformationen

Transformationsfähigkeit

- Fördert die Agilität eines Teams
- Fördert die allgemeine Transformationsfähigkeit des Teams

Einsatzcharakteristik

- Austauschfokus: vornehmlich mit internen Personen
- Durchführungszeit: eher hoch (> 1 Tag)
- Einsatzfrequenz: vornehmlich im einmaligen Einsatz
- Einsatzradius: vornehmlich im projektweiten Einsatz
- Komplexität für den Moderator: eher hoch
- Teamgröße: Mittelgroße Teams möglich (5 bis 20 Teilnehmer)
- Vorbereitungszeit: eher hoch (>1 Tag)

Nötiger Input, um mit der Methode arbeiten zu können

- Aktuelle Herausforderung, Leitfrage, Problem
- Beteiligte Personen mit Tätigkeiten und Aufgaben
- Durchlaufenes Projekt oder Projektphasen
- Durchführungszeit, Trainingszeit
- Ideen, Lösungsansätze, Vorideen, Varianten

Erzeugter Output der Methode

- Bessere Projekteffizienz, bessere Teamperformance
- Erzeugt angereicherte Ideen, Ideencluster, höher integrierte Lösungen

Erzeugter Output der Methode

- Erzeugt besseren Teamspirit, mehr Offenheit, Inspirationsempfindlichkeit
- Erzeugt kollaborative Lösungen und Ideen
- Erzeugt umgesetzte Ideen
- Erzeugt frühe Prototypen
- Erzeugt größere Klarheit zu einem Thema
- Erzeugt transformationsfähigere Organisationen

Hinderniseffekte, auf die die Methode positiv wirkt

- 15 – Stärkt das Vertrauen im Team
- 18 – Bewahrt vor zu generischen Ideen und Aussagen
- 19 – Verhindert Ideenbunkerei und Geheimniskrämerei
- 32 – Verhindert unreflektiertes Agieren
- 36 – Schafft schnell Klarheit und beschleunigt Erkenntnisgewinn
- 39 – Fördert die Agilität der Teilnehmer

Mögliche Extravorteile

- für Teams in einer Komfortsituation
- für Teams mit einem starkem Auftragsmandat
- für Teams mit einer souveränen Teamleitung
- für disruptiv erfahrene Teams
- für disruptiv unerfahrene Teams
- für agile Teams
- für innovativ erfahrene Teams
- für innovativ ungeübte Teams
- für multidisziplinär unerfahrene Teams

Quellen

Person – Jan Herrmann, jan_herrmann@gmx.net

Collaboration Tools – Check-up

EinSatzBeschreibung

Leitfaden zur Auswahl und Anwendung von digitalen Tools für ein optimierte Zusammenarbeit.

Transformation-Index

P1 Leading	P2 Organizing	P3 Connecting	P4 Growing	P5 Talking	P6 Scanning	P7 Exploiting	P8 Exploring	P9 Earning	P10 Scaling
	x	x							

Beschreibung

Collaboration oder deutsch Kollaboration definiert eine Art der Zusammenarbeit von Menschen. Ergebnis dieser Zusammenarbeit ist es, eine Gruppe von Personen bei der Erreichung eines gemeinsamen Ziels zu unterstützen. Collaboration muss nicht ausschließlich im digitalen Zusammenhang betrachtet werden. Vielfach ist sie aber heutzutage durch digitale Collaboration Tools unterstützt, um diese zu optimieren. Ein weiteres Merkmal ist die Zusammenarbeit in Echtzeit, indem z. B. mehrere Kollegen gleichzeitig an einem Dokument arbeiten können.

Erste Collaboration Tools waren als kleinster gemeinsamer Nenner E-Mail oder Chat. Heute sind diese Tools viel unkomplizierter nutzbar, meist webbasierte Software-as-a-Service Lösungen (SaaS) und hardwareseitig frei einsetzbar. Zudem sind sie durch intelligente Schnittstellen und programmierbare Logiken effizienter nutzbar als klassisch unstrukturierter E-Mail-Verkehr.

Für das Management sind sie sehr relevant, da sie ein Treiber für Begriffe wie „agiles Arbeiten“, „remote first“, „digital Leadership“ und „New Work“ sind. Sie helfen, freie und selbstorganisierte Arbeit zu ermöglichen. Große Potenziale ergeben sich durch das parallele oder zeitversetzte gemeinsame Bearbeiten von Themen oder Dokumenten in Echtzeit, obwohl man nicht am gleichen Ort ist. Damit machen sie Unternehmen beweglicher und anpassungsfähiger.

So sind der Einsatz von Collaboration Tools mit all ihren Potenzialen ein wichtiger Komptenzbestandteil der digitalen Wandlung von Unternehmen.

Durchführung

Um durch Collaboration Tools einen optimierten, besser koordinierten Arbeitsablauf zu ermöglichen, müssen die Menschen mit den digitalen Möglichkeiten zusammengebracht werden. Klare Prozesse, einfach gehaltener Informationsaustausch, Basisschulungen im Rahmen der Implementierung und ein gemeinsames persönliches Learning & Development durch Testen und Nutzen sind notwendige Erfolgstreiber. Darüber hinaus ist eine Einheitlichkeit im Team oder auch unternehmensweit zu definieren. Natürlich darf diese nicht auf ewig feststehen, denn die Entwicklung ist exponentiell, sodass auch immer wieder neue, innovative Collaboration Tools zum Einsatz kommen müssen. Die Arbeitseffizienz wird damit fortwährend optimiert.

Grafik: Anja Faber – Wirkschema Collaboration Tools

Zentrale Einsatzgebiete sind:

- den Informationsfluss zentral zu steuern
- die Verwaltung von Aufgaben und Projekten zu erleichtern sowie
- den internen Austausch zu fördern
- organisationsübergreifend Informationen bereitzustellen

Entscheidungskriterien und Voraussetzung für Collaboration Tools ist eine einheitliche Definition im Unternehmen für:

- Struktur- und Prozessabläufe
- Plattform für Teambesprechungen und Meetings
- File-Sharing Organisation
- Cloud-Deklination
- Aufgabenmanagement und -Zuweisung
- Echtzeit-Projektzusammenarbeit

Abhängig von der Unternehmensstruktur und den Einsatzgebieten, für die Collaboration Tools genutzt werden sollen, gibt es zusätzliche relevante Funktionen wie Automatisierung, Schnittstellen und regelbasierte Prozesse, die meistens komplett neu definiert werden müssen. Zudem ist es bei den Collaboration Tools auch eine Entscheidung für Google, Microsoft, Cloud-Speicher Diensten oder einzelne SaaS Tools, wie Slack, clickup oder offlinefähige Tools, die ein temporäres Arbeiten ohne Internetanbindung ermöglichen.

Einen Sonderfall stellen branchenspezifische Lösungen dar, die vornehmlich in Baugewerbe, Industrie, Logistik oder Behörden stark reglementierte oder genormte Prozesse haben, die weniger frei gestaltet werden können als bsp. Handel oder Werbeagenturen.

Digitale Collaboration Tools ergeben einen Kulturwandel in Unternehmen, indem Datensilos vermieden werden, Informationen über Organisationseinheiten hinweg getauscht werden und die Prozesse transparenter machen. Die informelle Organisation wird gestärkt, der digitale Wandel beschleunigt.

Foto: NEU Innovation – Zentis GmbH & Co. KG

Praxisschlaglicht

Seit der Home- und Remote-Office-Offensive 2020 sind viele Ansätze zur gemeinsamen Nutzung entfernter Teams entstanden.

Waren diese zuerst noch Neuland und ungewohnt, haben sich mittlerweile einige Grundregeln als notwendig und sinnvoll erwiesen:

- Trotz aller notwendiger Strukturen, die eine effiziente Nutzung von Collaboration Tools ermöglicht sind unstrukturierte Inhalte wie Videocalls, Telefonate und Screensharing die am häufigsten genutzte Form der digitalen Zusammenarbeit
- Auch klassische Messenger aus dem privaten Umfeld werden trotz aller Datenschutzwarnungen für den schnellen Austausch genutzt
- E-Mail, gedruckte Kopien und „CC-Setzer" sind die einfachsten Kollaborationswerkzeuge und müssen trotz ausdefinierten Prozessen mit in der Digitalstrategie berücksichtigt werden.
- Nicht die beste Lösung, sondern die am einfachsten zu Nutzende wird gewählt

Transformationswirksamkeit

- Wirksam für alle Transformationen

Transformationsfähigkeit

- Fördert die allgemeine Transformationsfähigkeit des Teams

Einsatzcharakteristik

- Austauschfokus: vornehmlich mit internen und externen Personen
- Durchführungszeit: eher hoch (> 1 Tag)
- Einsatzfrequenz: sinnvoll im dauerhaften Einsatz
- Einsatzradius: vornehmlich im projektweiten Einsatz
- Einsatzradius: vornehmlich im unternehmensweiten Einsatz
- Komplexität für den Moderator: eher hoch
- Komplexität für die Teilnehmer: eher hoch
- Teamgröße: Großgruppen möglich (>50 Teilnehmer)
- Teamgröße: Kleingruppe möglich (3 bis 5 Teilnehmer)
- Teamgröße: Maxigruppen möglich (20 bis 40 Teilnehmer)
- Teamgröße: Mittelgroße Teams möglich (5 bis 20 Teilnehmer)
- Vorbereitungszeit: eher hoch (>1 Tag)

Nötiger Input, um mit der Methode arbeiten zu können

- Beteiligte Personen mit Tätigkeiten und Aufgaben
- Durchlaufenes Projekt oder Projektphasen

Erzeugter Output der Methode

- Bessere Projekteffizienz, bessere Teamperformance

Hinderniseffekte, auf die die Methode positiv wirkt

- 25 – Schwächt multidisziplinäre Reibungsverluste
- 41 – Verringert zu große Komplexitäten

Mögliche Extravorteile

- für die Arbeit mit digitalen Kollaborationsboards

Quellen

Buch – The Basics Of Teamwork And Collaboration: Tools and Important Skills, Rico Mcnee (Independently published 2021)

Web – https://thedigitalprojectmanager.com/de/10-online-kollaborationstools/ (2021)

Web – https://www.iwmedien.de/blog/digitale-kommunikation-und-kollaborative-zusammenarbeit-7-tools-die-helfen (2020)

Web–https://www.impulse.de/it-technik/computer-internet/collaboration-tools/3563295.html?conversion=ads (2020)

Organisation – STAGG & FRIENDS, Düsseldorf, www.STAGG-FRIENDS.de

Organisation – BR-AIN Brüser Architektur & Innovation, Bottrop, www.BR-AIN.de

Personen – Göran Göhring, Düsseldorf; Benjamin Brüser, Bottrop

46

Commuter Game

EinSatzBeschreibung

Serious Game, das Dysfunktionen in Leadership, Selbstorganisation, Kommunikation und Problemlösung sichtbar macht.

Transformation-Index

P1 Leading	P2 Organizing	P3 Connecting	P4 Growing	P5 Talking	P6 Scanning	P7 Exploiting	P8 Exploring	P9 Earning	P10 Scaling
x	x			x					

Beschreibung

Eine erfolgreiche digitale Transformation erfordert in vielen Organisationen eine neue Art der Führung. Dabei ist es besonders wichtig, dass nicht mehr nur die dedizierten Führungskräfte sich ihrer Wirkkraft bewusst sind, sondern auch jeder einzelne Mitarbeiter sich selbst als Leader sieht. Nur dann kann die Selbstorganisation in einem Unternehmen den notwendigen Reifegrad erlagen, um mit den sich schnell ändernden Rahmenbedingungen komplexer Unternehmungen fertigzuwerden.

Das Commuter Game (= Pendler Spiel) ist eine Simulation, die das aktuelle Führungsverhalten in einem Team bei einer komplizierten Fragestellung erlebbar macht. Dabei muss das Team gemeinsam ein Logikrätsel lösen, bei dem sie nur als Ganzes gewinnen oder scheitern können.

Durchführung

Das Commuter Game hat zwei Ziele:

Das erste Ziel ist, dass das Team gemeinsam das Rätsel löst. Das zweite Ziel ist, dass jeder im Team den Lösungsweg eigenständig durchführen muss. Dabei ist das Team, bestehend aus einer geraden Anzahl von 8 bis 16 Teilnehmern, unterteilt.

Eine Hälfte des Teams gehört der Stadt Grün an. Die zweite Hälfte gehört der Stadt Gelb an. Zwischen beiden Städten gibt es nur eine Verbindungsbrücke, die bereits marode ist und deswegen nur einen Einwohner auf einmal tragen kann. Es gibt daher einen freien Platz mehr als es Spieler im Spiel gibt.

Jeden Tag müssen die Einwohner der grünen Stadt in die gelbe Stadt pendeln und umgekehrt. Dabei dürfen sie nur zwei Arten von Bewegungen ausführen. Wenn unmittelbar vor ihnen, d. h. in Laufrichtung zur anderen Stadt, ein Platz frei ist, dürfen sie sich nach vorne auf diesen Platz bewegen. Die zweite Option ist, dass unmittelbar vor ihnen ein entgegenkommender Einwohner der Nachbarstadt steht und hinter diesem ein freier Platz ist. In diesem Fall darf über den Einwohner der anderen Stadt ein symbolischer Bocksprung (Englisch „leapfrog") gemacht werden. Es sind keine Schritte rückwärts, Sprünge über mehrere Einwohner oder Sprünge über die Einwohner der eigenen Stadt erlaubt. Falls das Team sich in eine Sackgasse manövriert hat, müssen alle wieder zurück in ihre Ausgangsposition und von vorne beginnen.

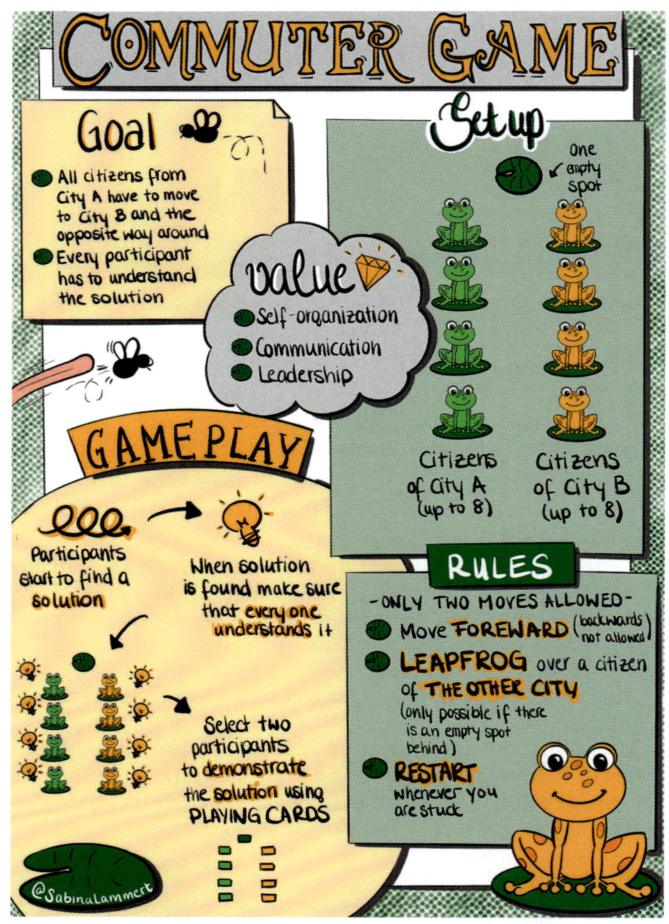

Grafik: Sabina Lammert

Die Simulation kann entweder als Aufstellung im Raum gespielt werden oder auf einem virtuellen Whiteboard!

Bei der Aufstellung im Raum können die Brücke und die Standpositionen in den beiden Städten durch Haftnotizzettel auf dem Boden symbolisiert werden. In diesem Fall stehen die Einwohner der grünen Stadt auf grünen Haftnotizzetteln und die Einwohner der gelben Stadt auf gelben, und die Brücke beispielsweise einen pinken Haftnotizzettel bekommt. Das Rätsel wird gelöst, in dem sich die Teilnehmer aktiv durch den Raum bewegen.

Im virtuellen Raum bekommt jeder Teilnehmer einen eigenen Avatar auf dem virtuellen Whiteboard. Die Standpositionen sind auch hier mit virtuellen Haftnotizen farblich hervorgehoben. Es braucht jedoch noch eine zusätzliche Regel, damit die Spieldynamik funktioniert: Jeder Teilnehmer darf nur seinen eigenen Avatar bewegen.

Sobald das Team erstmalig das Rätsel gelöst hat, nimmt es oft fälschlicherweise an, dass sie das Ende der Aufgabe bereits erreicht haben. An dieser Stelle weist der Moderator darauf hin, dass noch die Lösung der zweiten Aufgabe bevorsteht, nämlich dass jedes Teammitglied den Lösungsweg nachstellen können muss. In der Regel versucht das Team das Rätsel an dieser Stelle weitere Male zu lösen und Muster zu identifizieren, die ihnen ein gemeinsames Verständnis des Lösungswegs ermöglichen. Wenn das Team geschlossen der Meinung ist, dass sie alle den Lösungsweg verstanden haben, sucht der Moderator ein Teammitglied aus, dass das Rätsel eigenständig und ohne Hilfe der anderen Teammitglieder lösen soll. Im physischen Raum werden dafür Spielkarten entsprechend vorbereitet und vom Auserwählten verschoben. Im virtuellen Raum darf an dieser Stelle nun ein einzelner alle Avatare verschieben.

Foto: Sabina Lammert

Die Spieldauer kann sehr stark variieren und zwischen 45 und 90 Minuten betragen. Der Moderator kann durch Tipps, Hinweise und das Raumsetting die Spieldauer maßgeblich beeinflussen. Wichtig dabei ist, dass der Moderator die Lösung des Rätsels mühelos beherrscht. Die Lösung besteht daraus, dass die Einwohner einer Stadt so lange springen müssen, bis keine Sprünge über die Einwohner der Nachbarstadt möglich sind. Erst dann dürfen sie einen gewöhnlichen Schritt nach vorne auf das nächste freie Feld machen und so der Nachbarstadt ermöglichen selbst nach diesem Muster so oft zu springen wie möglich. Im ersten Zug der Simulation ist kein Sprung möglich, weshalb es mit einem Schritt nach vorne beginnt.

Abschließend findet ein sogenanntes Debrief noch statt, d.h. eine Nachbesprechung der gemeinsam gemachten Erlebnisse und Beobachtungen. Mögliche Fragen für das Debrief des Commuter Game sind (Auswahl aus dem Debriefing Cube von Julian Kea):

- Wie habt ihr gestartet?
- Was waren eure größten Herausforderungen?
- Was war der entscheidende Moment, an dem sich der Spielverlauf geändert hat?
- Was hättet ihr machen können, um den Prozess angenehmer zu gestalten?
- Welche Verhaltensmuster aus der Simulation erlebt ihr auch im Arbeitsalltag?
- Wie war die Kommunikationsstruktur im Team?
- Wer hat geführt?
- Wie ist es zur Lösung gekommen?
- Wenn ihr die gleiche Aufgabe noch einmal lösen müsstet, was würdet ihr anders machen?

Anwendungsmöglichkeiten für diese Simulation sind:

- Retrospektiven zum Thema Leadership und Selbstorganisation: Informationen und Beobachtungen werden während des Spiels in der zweiten Phase der Retrospektive gesammelt, um anschließend die Verhaltensweisen zu verstehen und Maßnahmen für die tägliche Zusammenarbeit abzuleiten.
- Trainings und Workshops zum Thema Leadership und Selbstorganisation: Gemeinsame Erlebnisse werden im Workshopsetting generiert, um eine Referenz für die darauffolgenden Inhalte zum Thema Leadership und Selbstorganisation zu schaffen.
- Teambuilding allgemein: Losgelöst von konkreten Inhalten zu Selbstorganisation und Leadership kann diese Simulation auch ein Bestandteil von einem Teambuildingevent sein und für sich alleine bereits einen Mehrwert für die Teamdynamik leisten.

Praxisschlaglicht

Das Transformationsteam eines Versicherungskonzerns hat im Rahmen eines Workshops zum Thema New Work das Commuter Game gespielt. Die Teammitglieder haben sich im Raum aufgestellt, wobei der Teamleiter zufällig auf einer der Positionen in unmittelbarer Nähe zur Brücke stand. Dieser hat entsprechend seiner gewohnten Aufgabe versucht die Führung zu übernehmen und einen Vorschlag nach dem anderen gebracht. Seine Teammitglieder kamen kaum zu Wort, vor allem die nicht, die weiter Weg von der Brücke standen. Die Gruppe hat fünfzehn Minuten erfolglos nach den Anweisungen des Teamleiters agiert und sich von einer Sackgasse in die nächste manövriert. Als die Motivation fast am Boden war, hat einer der am weitesten von der Brücke entfernten Teammitglieder einen Weg gefunden, sich und seinen Kollegen Handlungsspielraum zu ermöglichen. Er hat einen Perspektivwechsel vorgeschlagen, der sehr willkommen auch vom Teamleiter aufgenommen wurde. Alle Teammitglieder haben ihre Positionen getauscht, sodass die, die ursprünglich vorne an der Brücke standen ans Ende des Spielfelds gegangen sind und umgekehrt. Plötzlich war der Teamleiter nicht mehr am Ort des Geschehens und sah sich dadurch nicht mehr in der Verpflichtung,

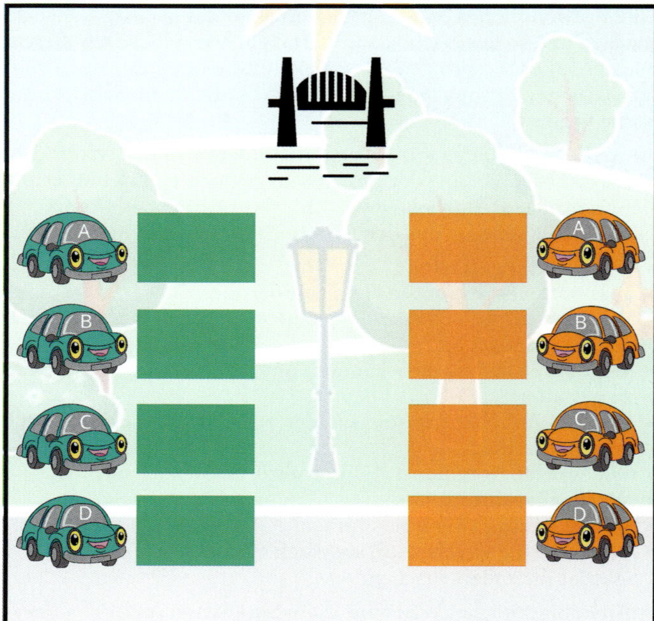

Mirotemplate von Sabina Lammert

permanent Vorschläge zu machen. Denn vor allem zu Beginn des Spiels finden die Spielzüge nur vorne an der Brücke statt. Einer, der zuvor ganz am Ende der Reihe gestanden war, konnte so nun endlich zu Wort kommen. Er hatte schon seit Beginn des Spiels einem Lösungsansatz, schaffte es aber nicht, sich Gehör zu verschaffen. Das hat sein Kollege für ihn durch den Perspektivwechsel bewirkt. Es dauerte keine fünf Minuten, bis sie zum ersten Mal das Rätsel gelöst hatten. Nun standen sie vor der zweiten Herausforderung: Sicherstellen, dass alle Teammitglieder die Lösung selbst umsetzen können, welcher Dank des Perspektivwechsels reibungslos verlief.

Im anschließenden Debrief konnten wir die beobachteten Dysfunktionen des Teams besprechen und Parallelen zu den Verhaltensmustern im Arbeitsalltag des Teams identifizieren. Unter anderem hat das Team erkannt, dass auch in ihrer gewohnten Arbeitsroutine konstruktive Lösungsfindung durch die Überpräsenz des Teamleiters gehemmt wird. Dieser war zu dem Zeitpunkt des Workshops noch relativ neu in seiner Führungsrolle und hatte kaum Erfahrung als Leader. Mit dieser Erkenntnis konnte ein Teamcoaching zum Thema gegenseitige Erwartungshaltungen aufgesetzt werden und das Team hat erfolgreich Maßnahmen für sich abgeleitet, um die identifizierten Dysfunktionen nach und nach auszugleichen.

Transformationswirksamkeit

- Wirksam für Sozialtransformationen

Transformationsfähigkeit

- Fördert die allgemeine Transformationsfähigkeit des Teams

Einsatzcharakteristik

- Austauschfokus: vornehmlich mit internen und externen Personen
- Durchführungszeit: eher mittel (>1 Stunde bis <1 Tag)
- Einsatzfrequenz: vornehmlich im einmaligen Einsatz
- Einsatzradius: vornehmlich im Teameinsatz
- Komplexität für den Moderator: eher mittel
- Komplexität für die Teilnehmer: eher hoch
- Teamgröße: Mittelgroße Teams möglich (5 bis 20 Teilnehmer)
- Vorbereitungszeit: eher gering (<1 Stunde)

Nötiger Input, um mit der Methode arbeiten zu können

- Personenmerkmale (Meinungen, Bedürfnisse, Werte, etc.)

Erzeugter Output der Methode

- Erzeugt besseren Teamspirit, mehr Offenheit, Inspirationsempfindlichkeit
- Erzeugt neues Wissen und neue Erfahrungen
- Identifiziert vorhandene Schwachstellen
- Identifiziert vorhandene Stärken

Hinderniseffekte, auf die die Methode positiv wirkt

- 04 – Beugt blinden Flecken/Betriebsblindheit vor
- 23 – Schwächt Konkurrenzdenken und Angst vor Machtverlust

Mögliche Extravorteile

- für Teams mit einer konservativen, tradierten Kultur
- für Teams mit einer schwacher Teamleitung

Quellen

Web – https://human-insight.nl/en/commuter-game/ ,20.03.2021

Person–David Lewis (https://www.linkedin.com/in/davidgalewis/?originalSubdomain=uk), Programmdirektor an der London Business School

Web – https://www.leadventure.de/visuals?pgid=klotc8oe-1abc0cd1-89ff.-4a24-b2ab-6060cfc15add , 20.03.2021

Web – https://www.kilearning.net/debriefingcube-shop/, 20.03.2021

Company Board

EinSatzBeschreibung

Führungsmonitor zur Visualisierung organisatorischer Veränderungen in sechs Schritten (für selbstorganisierte Teams).

Transformation-Index

P1 Leading	P2 Organizing	P3 Connecting	P4 Growing	P5 Talking	P6 Scanning	P7 Exploiting	P8 Exploring	P9 Earning	P10 Scaling
	x	x	x		x	x	x		x

Beschreibung

Das Company Board wird auch Führungsmonitor genannt und stammt vom Bernd Österreich und Claudia Schröder. Es unterstützt den Transformationsprozess, indem es keine täglichen Aufgaben aus dem Alltag beinhaltet, sondern darüberhinausgehende Positionen und Veränderungen, deren Auswirkungen die Organisation und/oder die Führung betreffen.

Das Team, das dieses Board einführt, ist für die Inhalte und dessen Fortschritt sowie der Weiterentwicklung des Boards verantwortlich. Es werden Themen platziert, die in Verantwortung des Teams erledigt werden können. Es erinnert an ein Kanban-Board und besteht aus 6 Teilschritten. Jedes Teammitglied darf neue Inhalte platzieren. Die Abarbeitung der Themen erfolgt nach dem Pull-Prinzip, d. h. wer freie Kapazitäten hat, kann sich einer Idee annehmen und sie bearbeiten.

Durchführung

Die Abarbeitung der Themen auf dem Company Board erfolgt in 6 Prozessschritten:

1. Möglichkeiten

In der ersten Spalte werden Ideen, Probleme und Herausforderungen gesammelt. Die Themen, die angegangen werden sollen, können z. B. in Form von Originalzitaten aufgeschrieben werden. Diese Inhalte reifen für einen maximal definierten Zeitraum heran, in dem aus Hindernissen erste Ideen wachsen oder Ideen weiter angereichert werden. Themen, die nicht konkretisiert werden und nicht mehr so spannend wirken, werden vom Board genommen.

2. Bereitmachen

In dieser Spalte werden spätestens aus Herausforderungen erste Ideen zur Problemlösung entworfen. Eine Person übernimmt die Verantwortung für das Thema.Je nach Umfang der Idee können weitere Mikro-Methoden beim Bearbeiten helfen. Anschließend wird aus den gefilterten Ideen ein erster nächster Schritt formuliert, der einen konkreten Nutzen bringt. Hier lohnt sich eine Checkliste mit einer Art Abnahmekriterien, die kann beinhalten, das von mindestens zwei Personen Feedback zu diesem nächsten Schritt eingeholt werden sollte.

3. Entwickeln

Aus den voran gegangen Problemen und Ideen wurden nun erste konkrete Lösungsvorschläge entwickelt. Im 3. Schritt wird der Nutzen dieser Lösungsvorschläge verprobt und zugleich bestimmt, wie die anschließende Bewertung aussehen könnte. Es soll ein vergleichsweiser sicherer Schritt sein, der für die Organisation vertretbar ist. Darunter könnte z. B. Prototypen oder Minimal Viable Products fallen, mit denen einzelne Ergebnisse vergleichsweise schnell entwickelt und den Beschäftigten zum Testen zur Verfügung gestellt werden können.

4. Bewerten

Im 4. Schritt wird die Reflexion über den Prozess und das bisherige Ergebnis bewertet. Letzteres beinhaltet beispielsweise das Feedback der Nutzer. Die in Schritt 3 anfangs definierten Bewertungsmöglichkeiten werden mit den Ergebnissen abgeglichen, dabei vor allem, ob der erwartete Nutzen eintrat.

5. Integration planen

In diesem Schritt werden unter Berücksichtigung der bisherigen Erkenntnisse die nächsten realen Schritte für die mögliche Integration geplant. Hier kann die Idee ausgeweitet, etabliert oder fortgesetzt werden. Dieser Prozessschritt wird übersprungen, sofern die Bewertung ergab, die Idee nicht weiter zu verfolgen.

6. Beenden

In diesem Bereich sammeln sich eingestellte und abgeschlossene Ideen. Mit Danksagungen und feierlichen Ritualen werden die Themen in diesem letzten Schritt ganz offiziell beendet.

Parkplatz „Offen"

Wenn ein Schritt entwickelt wird, der Teil eines größeren Bildes ist, kann dieses sogenannte Big Pictures auf einem „Offen"-Themenfeld verweilen. Hierfür gibt es eine Art Parkplatz unterhalb der Phasen Bereit machen, Entwickeln, Bewerten und Integration planen. Dieser Parkplatz kann genutzt werden, solange erste und ggf. weitere Teilschritte durch den Prozess wandern.

Praxisschlaglicht

Das Company Board funktioniert auf einem physischen Board, bietet digital aber sogar zusätzlichen Komfort durch Verknüpfungen und umfangreichere Kommentare bzw. Notizen.

Beim Besprechen jeder Spalte sollte sich das Team regelmäßig fragen, ob die Themen auf ihrem Board „richtig" sind. Das Board sollte nicht dazu genutzt werden, völlig neue Produkt- und Serviceideen zu entwickeln, die eigentlich in anderen Einheiten behandelt werden sollten.

47

Company Board

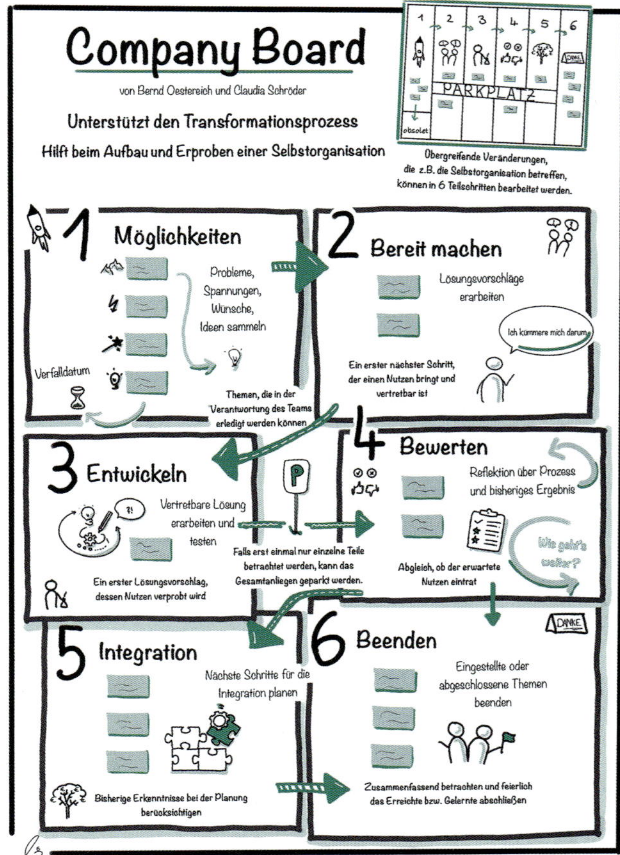

Grafik: Beate Sommer – Company Board

Das eigentliche Ziel, Führungsthemen bzw. die Organisation im Rahmen der digitalen Transformation weiterzuentwickeln, wird im Rahmen der sehr spannenden Zusammenarbeit schnell außer Acht gelassen und braucht regelmäßig Reflexion. Daher ist es sehr empfehlenswert regelmäßige Retrospektiven durchzuführen.

Transformationswirksamkeit

- Wirksam für Herausforderungen mit hoher Komplexität
- Wirksam für Herausforderungen mit mittlerer Komplexität
- Wirksam für alle Transformationen

Transformationsfähigkeit

- Fördert die Agilität eines Teams
- Fördert die allgemeine Transformationsfähigkeit des Teams
- Zahlt auf eine bessere Wahrnehmung ein

Einsatzcharakteristik

- Austauschfokus: vornehmlich mit internen Personen
- Durchführungszeit: eher gering (< 1 Stunde)
- Einsatzfrequenz: sinnvoll im dauerhaften Einsatz
- Einsatzradius: vornehmlich im Teameinsatz
- Komplexität für den Moderator: eher gering
- Komplexität für die Teilnehmer: eher gering
- Teamgröße: Kleingruppe möglich (3 bis 5 Teilnehmer)
- Teamgröße: Maxigruppen möglich (20 bis 40 Teilnehmer)
- Teamgröße: Mittelgroße Teams möglich (5 bis 20 Teilnehmer)
- Vorbereitungszeit: eher gering (<1 Stunde)

Nötiger Input, um mit der Methode arbeiten zu können

- Aktuelle Herausforderung, Leitfrage, Problem
- Verschiedene Botschaften, Meinungen, Statements

Erzeugter Output der Methode

- Bessere Projekteffizienz, bessere Teamperformance
- Erzeugt Ideen, Lösungsansätze, Vorideen, Möglichkeiten
- Erzeugt besseren Teamspirit, mehr Offenheit, Inspirationsempfindlichkeit
- Erzeugt umgesetzte Ideen
- Erzeugt transformationsfähigere Organisationen
- Macht Wirkzusammenhänge sichtbar

Hinderniseffekte, auf die die Methode positiv wirkt

- 05 – Verhindert blinden Aktionismus
- 13 – Schafft für den Erfolg nötige Realitätsbezüge
- 15 – Stärkt das Vertrauen im Team
- 32 – Verhindert unreflektiertes Agieren
- 40 – Verhindert Finanz- und Ressourcenfallen
- 41 – Verringert zu große Komplexitäten
- 42 – Überzeugt strukturliebende Teammitglieder

Mögliche Extravorteile

- für Teams mit einem starkem Auftragsmandat
- für Teams mit einer souveränen Teamleitung
- für disruptiv erfahrene Teams
- für agile Teams
- für erfahrene Trainer und Agile Coaches
- für die Arbeit mit digitalen Kollaborationsboards

Quellen

Buch – Agile Organisationsentwicklung: Handbuch zum Aufbau anpassungsfähiger Unternehmen, Bernd Oesterreich, Claudia Schröder (Vahlen 2020)

Web – https://kollegiale-fuehrung.de/material/, 28.02.2021

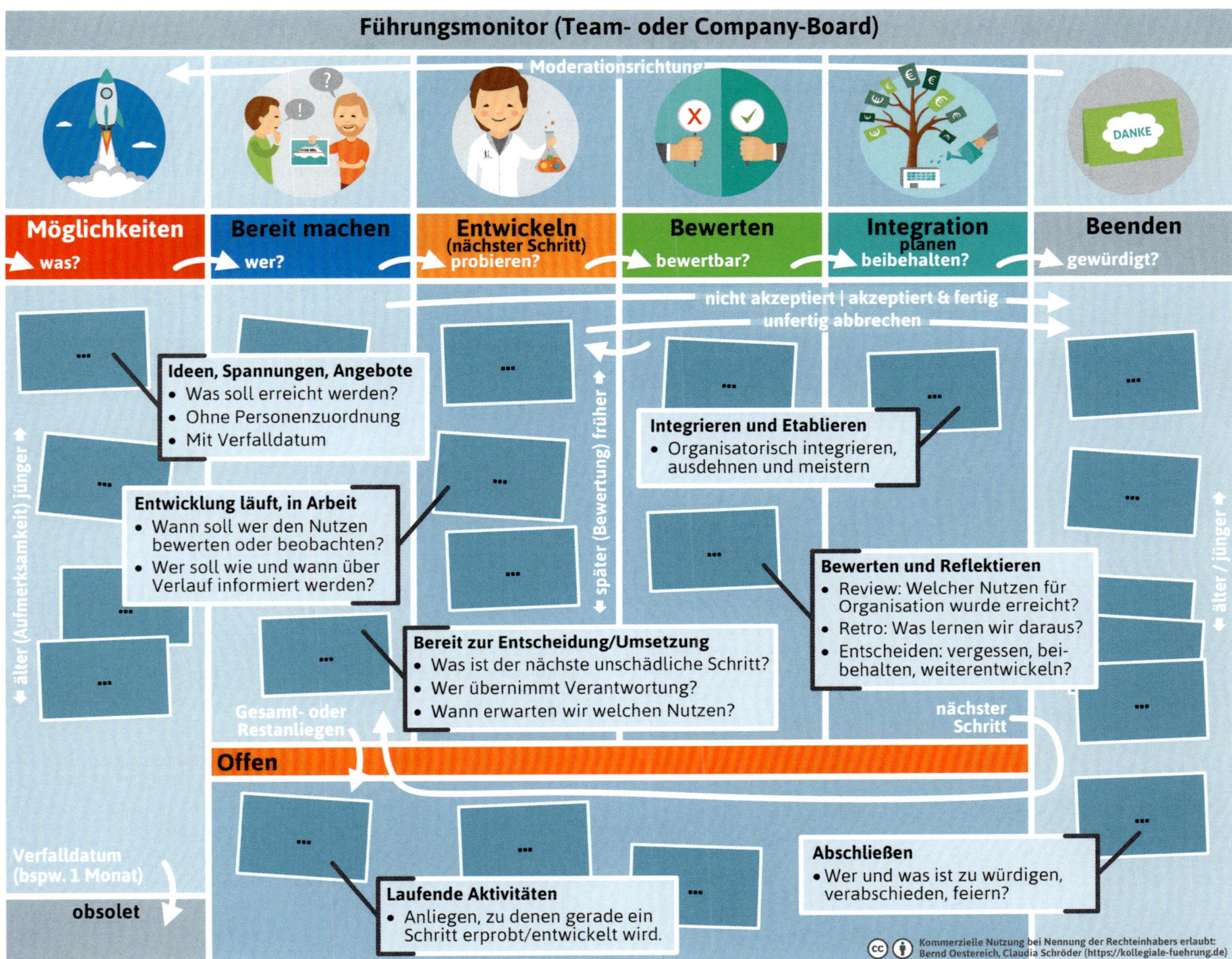

Grafik: Bernd Oestereich und Claudia Schröder (https://kollegiale-fuehrung.de)

48

Competence Board

EinSatzBeschreibung

Dient dem Bewusstwerden, welche Kompetenzen aus verschiedenen Feldern in welchem Maß bereits vorhanden sind.

Transformation-Index

P1 Leading	P2 Organizing	P3 Connecting	P4 Growing	P5 Talking	P6 Scanning	P7 Exploiting	P8 Exploring	P9 Earning	P10 Scaling
	x		x						

Beschreibung

Die Competence-Board-Skala ist als individuelle und für jeden Nutzer persönliche Kompassnadel für die Anforderungen an bestehende und kommende Aufgaben entwickelt worden. Zudem können aus den individuellen Competence-Board-Fähigkeiten mehrere Teilnehmer gebündelt werden und daraus Projektteams oder Abteilungen gebildet werden.

Im Gegensatz zu vielen kollaborativen Methoden werden zuerst die individuellen Kompetenzen und Fähigkeiten der Teilnehmer durch jeden selbst in Einzelarbeit erfasst.

Ziel ist es, sich selbst bewusst zu werden, welche Kompetenzen aus verschiedenen Feldern in welchem Maß bereits vorhanden sind. Diese Einschätzung ermöglicht es, sich von diesem eigenen Standpunkt dahin zu bewegen, wo die Kompetenzen benötigt werden oder zukünftig benötigte Fähigkeiten zu erlernen.

Im Competence Board wird zwischen den folgenden Feldern unterschieden:

- Persönlichkeit
  - Kompetenzen
  - Fähigkeiten
  - Ziele & Motivation
- Beruf
  - Kompetenzen
  - Fähigkeiten
  - Ziele & Motivation
- Interessen
  - Kompetenzen
  - Fähigkeiten
  - Ziele & Motivation

Je Themenkomplex werden, abhängig von der Fragestellung, die vor der Durchführung abgestimmt wird, auf einer Skala von 0 bis 9 die Ausprägung der Fähigkeit abgefragt und in einer weiteren Abfrage des „Halbwertszeit-Index", wann und wie lange diese zuletzt aktiv genutzt und gefordert wurde.

In einem nächsten Schritt wird dann geprüft, welche dieser Fähigkeiten für bestehende und zukünftige Anforderungen in einem Unternehmen/Team benötigt werden. Den Abschluss stellt die Reflexion mit den anderen Teilnehmern dar, bei der ein ehrliches Feedback notwendig ist und die für kommende Projekte definierten Kompetenzen mit den Teilnehmern abgeglichen werden.

Die Vorgehensweise des Competence Board basiert dabei auf dem Leitsatz „vom Ich, zum Du, zum Wir" der auf dem situationsorientierten Ansatz (S. o. A) in der Elementarpädagogik verankert ist. Gerade in Zeiten des Wandels ist es notwendig, eine Orientierung über sich selbst zu haben, um anschließend in einem größeren Verbund zu wirken.

Der entscheidende und kritische Moment ist, sich selbst auch über nicht mehr benötigte Fähigkeiten und In-Kompetenzen bewusst zu werden und diese auch zu kommunizieren. Diese stehen jedoch bewusst nicht im Vordergrund.

Vor dem Hintergrund, dass vielen Menschen gerade durch digitale und digitalisierte Veränderungen die fundamentale Sicherheit über den eigenen Standpunkt entzogen wird, ist das Competence Board geeignet, diese gefühlten Veränderungen zu benennen und sich über die eigenen Stärken bewusst zu werden.

Vorteile

- Bewusste Reflexion mit den eigenen Kompetenzen und Fähigkeiten
- Erkennen von Stärken und Schwächen (je Teilnehmer und im Team) mit zusätzlichem „Halbwertszeit-Index"
- Erkennen von möglichem Einsatzpotenzial in anderen Abteilungen/Projekten aufgrund von nicht-zertifiziertem Wissen.
- Kann zyklisch/iterativ auch individuell durchgeführt werden

Nachteile

- Erfordert Vorbereitungszeit zur Festlegung der richtigen Abfrageparameter
- Steuerung und Aktualisierung der Fortschreibungen der Competence Boards erfordert Aufwand

Durchführung

Das Competence-Board kann allein ausgefüllt oder in Kleingruppen bis ca. 12 Personen als Team durchgeführt werden.

Phase 1 beginnt mit der Einführung in die Thematik: Die Unterscheidung zwischen Kompetenzen als Meta-Ebene und Fähigkeiten als Erlernen von Neuem bzw. entlernen von Altem. Wichtig ist dabei, dass die Fähigkeiten und Kompetenzen auch schriftlich festgehalten werden. Hier werden auch die Unterschiede der einzelnen Felder erklärt.

Phase 2 ist in stiller Einzelarbeit (digital oder mit Stift und Papier) die Abfrage und das Festhalten von eigenen Kompetenzen und Fähigkeiten. Dies kann schriftlich erfolgen, sollte dann im weiteren Verlauf jedoch tabellarisch oder als Netz- oder Balkendiagramme erfolgen. Die eigene Betrachtung sämtlicher relevanter Persönlichkeitsbereiche ist besonders wichtig, um im nächsten Schritt in den Austausch gehen zu können.

Phase 3: Nach etwa 30 Minuten werden die erstellten eigenen Competence-Boards gesichtet und die jeweiligen Teilnehmer besprechen gemeinsam die jeweiligen Einträge. In dieser Phase werden die Eigen- und Fremdwahrnehmung miteinander abgeglichen und eventuelle Verständnisschwierigkeiten besprochen. Die Reihenfolge kann je nach Intention der Veranstaltung den beruflichen oder persönlichen Fokus haben.

Phase 4: Im Anschluss werden die für die jeweilige Aufgabe/Change notwendigen Kompetenzen und Fähigkeiten offen mit den aus der Runde genannten vorhandenen Fähigkeiten abgeglichen und es kann bereits jetzt eine Verteilung der Aufgaben, Rollen oder Bereiche vorgenommen werden.

Für einen SOLL-IST-Abgleich, bspw. für die Besetzung eines Projekts, werden die im Vorfeld grob skizzierten Ziele und die dabei im Team bestehenden blinden Flecken erkennbar und es kann direkt mit der Auflösung dieser begonnen werden.

Dies kann durch Schulung und Weiterbildung oder durch gezielte Unterstützung der Teams durch andere Mitarbeiter erfolgen. Zudem werden unbekannte Fähigkeiten oder Interessen aus dem nicht beruflichen Umfeld bekannt, die gegebenenfalls zu einem Mehrwert im Unternehmen führen können.

Praxisschlaglicht

Für die Projektbesetzung eines strategisch relevanten neuen, digitalen Geschäftsbereichs im Handelsumfeld wurde ein Ziel verfasst, welches noch nicht scharf formuliert werden konnte, weil die Beteiligten noch keine Erfahrung damit hatten. Auf dieser Grundlage wurde eine erste Competence-Board-Session abgehalten, die den Status quo festhielt. In der gemeinsamen Analyse wurden die blinden Flecken benannt und hier bereits überlegt, wer für die Umsetzung dieser in Frage kommen könnte. Einige Teilaufgaben wurden als Fortbildungsmaßnahme und strategischen Aufbau von zwei jüngeren Mitarbeitern formuliert, eine weitere übergreifende Position wurde interimsweise besetzt mit dem klaren Ziel, auch inhaltliche Kompetenzen zu schulen. Das Projekt wurde in kleinere Einheiten unterteilt, sodass die Kompetenz-Fortschritte zum Erreichen der Ziele und Meilensteine sichtbarer wurden und stimulierend wirkten.

Transformationswirksamkeit

- Wirksam für alle Transformationen

Transformationsfähigkeit

- Fördert die allgemeine Transformationsfähigkeit des Teams

Einsatzcharakteristik

- Austauschfokus: vornehmlich mit internen Personen
- Durchführungszeit: eher mittel (>1 Stunde bis <1 Tag)
- Einsatzfrequenz: vornehmlich im einmaligen Einsatz
- Einsatzradius: vornehmlich im Teameinsatz
- Komplexität für den Moderator: eher gering
- Komplexität für die Teilnehmer: eher gering
- Teamgröße: Mittelgroße Teams möglich (5 bis 20 Teilnehmer)
- Vorbereitungszeit: eher gering (<1 Stunde)

Nötiger Input, um mit der Methode arbeiten zu können

- Durchführungszeit, Trainingszeit

Erzeugter Output der Methode

- Bessere Projekteffizienz, bessere Teamperformance
- Erzeugt größere Klarheit zu einem Thema
- Erzeugt transformationsfähigere Organisationen
- Identifiziert vorhandene Schwachstellen
- Identifiziert vorhandene Stärken
- Macht Wirkzusammenhänge sichtbar

Hinderniseffekte, auf die die Methode positiv wirkt

- 11 – Schärft eine fehlende gemeinsame Ausrichtung
- 14 – Fördert eventuell fehlende Wertschätzung
- 15 – Stärkt das Vertrauen im Team
- 21 – Bindet eher introvertierte Teammitglieder mit ein
- 25 – Schwächt multidisziplinäre Reibungsverluste
- 36 – Schafft schnell Klarheit und beschleunigt Erkenntnisgewinn

Mögliche Extravorteile

- für Teams mit einer konservativen, tradierten Kultur
- für interkulturell unerfahrene Teams
- für multidisziplinär unerfahrene Teams
- für unerfahrene Trainer und Agile Coaches

Quellen

Web – www.BR-AIN.de, 20.05.2021
Organisation – BR-AIN Brüser Architektur & Innovation, Bottrop
Person – Benjamin Brüser, info@BR-AIN.de

49

Creative Problem Solving

EinSatzBeschreibung

Strukturierter Prozess zur Generierung neuer Ideen oder Lösungen aus der Perspektive der Herausforderungen der Auftraggeber.

Transformation-Index

P1 Leading	P2 Organizing	P3 Connecting	P4 Growing	P5 Talking	P6 Scanning	P7 Exploiting	P8 Exploring	P9 Earning	P10 Scaling
						x	x		

Beschreibung

Creative Problem Solving ist ein strukturierter Prozess zur Generierung von neuartigen Lösungen. Im Gegensatz zum Design Thinking, das komplett anwenderzentriert vorgeht, stellt Creative Problem Solving eher den Auftraggeber und seine Herausforderungen in den Fokus. Es eignet sich daher gut für sehr technische Themen im Bereich der digitalen Transformation, zu denen es keinen direkten Nutzer gibt.

Die erste Version von Creative Problem Solving wurde von Alex Osborn und Sidney J. Parnes in den 1950er-Jahren entwickelt. Alex Osborne hatte zuvor die Grundregeln des Brainstormings beschrieben und wollte ein Modell für den gesamten Prozess der kreativen Problemlösung entwickeln. Alex Osborne unterschied dabei zwischen zwei grundlegenden Denkweisen, die im Creative Problem Solving Prozess stattfinden:

- divergentes Denken (Denken in vielen Optionen) und
- konvergentes Denken (Evaluierendes Denken, Entscheidungen treffend)

Mittlerweile gibt es viele verschiedene Versionen des Prozesses, der über die Jahre immer weiterentwickelt wurde. Verschiedene Autoren benutzen unterschiedliche Versionen:

Der Creative-Problem-Solving-Prozess nach Isaksen und Treffinger aus dem Jahre 1992 besteht aus sechs Teilschritten in drei Phasen. Diese lauten:

1. Explore the Challenge (Erkunden der Herausforderung)
   1.1 Mess Finding (Bestimmen des Ziels)
   1.2 Data Finding (Sammeln von notwendigen Informationen)
   1.3 Problem Finding (Identifizieren des Problems, das gelöst werden muss, um das Ziel zu erreichen)
2. Generate Ideas (Generieren von Ideen)
   2.1 Idea Finding (Generieren von Ideen für die Lösung des identifizierten Problems)
3. Prepare for Action (Handlung vorbereiten)
   3.1 Solution Finding (Ausarbeiten von Ideen zu einer umsetzbaren Lösung)
   3.2 Acceptance Finding (Handlungsschritte planen)

Diese Version wurde im Jahr 2000 noch einmal angepasst durch Isaksen, Dorval und Treffinger und unterteilt in vier Phasen mit acht Teilschritten. Diese lauten:

1. **Understanding the Challenge**
   - Constructing Opportunities
   - Exploring Data
   - Framing Problem
2. **Generating Ideas**
3. **Preparing for Action**
   - Developing Solutions
   - Building Acceptance
4. **Planning your Approach**
   - Appraising Tasks
   - Designing Process

Das CPS-Learner-Modell von Dr. Gerard J. Puccio und Marie Mance aus dem Jahre 2011 wiederum ist ein heute vielgenutztes Modell und besteht aus vier Phasen und sechs Teilschritten. Diese lauten:

Clarify

Explore the Vision

- Gather Data
- Formulate Questions

Ideate

- Explore Ideas

Develop

- Formulate Solutions

Implement

- Formulate a Plan

Durchführung

Zu Beginn des Creative-Problem-Solving-Prozesses steht immer eine genaue Analyse des Problems oder der Herausforderung. Danach folgen die Phasen wie in den unterschiedlichen Ausprägungen des Prozesses beschrieben.

Für die einzelnen Phasen können wiederum unterschiedliche helfende Mikromethoden genutzt werden, beispielsweise verschiedene Kreativitätstechniken für die Phase der Ideenfindung. Wichtig für die Durchführung von Creative Problem Solving ist, dass die folgenden Grundsätze beachtet werden:

- Divergentes und konvergentes Denken müssen ausbalanciert sein, trennen Sie immer beide Denkweisen voneinander (wie zum Beispiel Ideenfindung und Ideenbewertung).
- Nutzen Sie klare, offene Fragen für die Beschreibung von Herausforderungen, dadurch erzeugen Sie stärkere Motivation bei den Teilnehmern.

- Verzichten Sie auf zu frühe Bewertungen. In den konvergenten Phasen ist dafür ausreichend Zeit vorhanden.
- Fokussieren Sie sich auf „Ja, und …" statt „Aber …". Sprache hat einen entscheidenden Einfluss auf die Entwicklung von Ideen. Kritik (auch versteckte) beendet häufig die Diskussion um eine Idee zu einem viel zu frühen Zeitpunkt.

Transformationswirksamkeit

- Wirksam für Herausforderungen mit mittlerer Komplexität
- Wirksam für Herausforderungen mit niedriger Komplexität
- Wirksam für alle Transformationen

Transformationsfähigkeit

- Fördert die allgemeine Transformationsfähigkeit des Teams

Transformationsjobs

- Wirksam in allen Transformationsjobs
- Exploiting
- Exploring

Toolcluster

- Im Toolcluster „Scrum" anwendbar
- Im Toolcluster „Change-Management" anwendbar
- Im Toolcluster „Co-Creation – Open Innovation" anwendbar
- Im Toolcluster „Cross-Industry Innovation" anwendbar
- Im Toolcluster „TRIZ" anwendbar

Einsatzcharakteristik

- Komplexität für den Moderator: eher mittel
- Komplexität für die Teilnehmer: eher mittel
- Austauschfokus: vornehmlich mit internen Personen
- Durchführungszeit: eher mittel (>1 Stunde bis <1 Tag)
- Einsatzfrequenz: vornehmlich im kompletten Projektzeitraum
- Einsatzfrequenz: vornehmlich im einmaligen Einsatz
- Einsatzradius: vornehmlich im Teameinsatz
- Vorbereitungszeit: eher mittel (>1 Stunde bis <1 Tag)
- Teamgröße: Mittelgroße Teams möglich (5 bis 20 Teilnehmer)
- Teamgröße: Kleingruppe möglich (3 bis 5 Teilnehmer)
- Teamgröße: Einzelpersonennutzung möglich

Nötiger Input, um mit der Methode arbeiten zu können

- Transformationssuchfelder, Intent Statements
- Aktuelle Herausforderung, Leitfrage, Problem

Erzeugter Output der Methode

- Erzeugt umgesetzte Ideen
- Erzeugt angereicherte Ideen, Ideencluster, höher integrierte Lösungen
- Erzeugt Ideen, Lösungsansätze, Vorideen, Möglichkeiten

Hinderniseffekte, auf die die Methode positiv wirkt

- 03 – Schwächt störende Bewertung während der Ideenfindung
- 16 – Beugt Misinterpretationen vor
- 20 – Verhindert Ideenfindung mit zu schwacher Erkenntnisgrundlage
- 24 – Verkürzt und durchbricht vorhandene Kreativblockaden
- 36 – Schafft schnell Klarheit und beschleunigt Erkenntnisgewinn

Mögliche Extravorteile

- für erfahrene Trainer und Innovationcoaches
- für innovativ ungeübte Teams
- für multidisziplinär unerfahrene Teams
- für die Arbeit mit digitalen Kollabaorationsboards

Quellen

Buch – Creative Problem Solving: An Introduction, D. J. Treffinger, S. G. Isaksen (Prufrock 2005)

Buch – Denkwerkzeuge der Kreativität und Innovation, F. Rustler (Midas Management Verlag AG 2017)

Buch – Das große Handbuch Innovation, B. van Aerssen, C. Buchholz (Vahlen 2018)

50 Critical Uncertainties

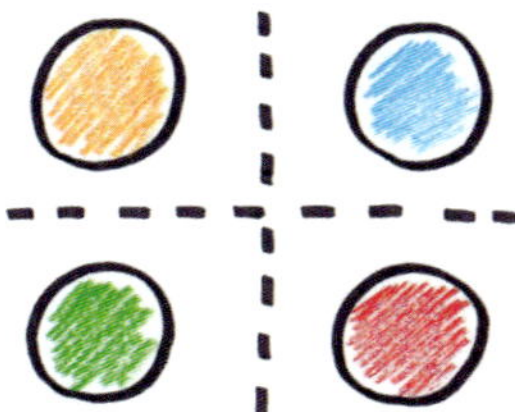

EinSatzBeschreibung

Bereitet darauf vor, eigene Strategien zu entwickeln, sie zu testen.

Transformation-Index

P1 Leading	P2 Organizing	P3 Connecting	P4 Growing	P5 Talking	P6 Scanning	P7 Exploiting	P8 Exploring	P9 Earning	P10 Scaling
x					x		x		

Beschreibung

„Disruptive Innovationen" oder Durchbruchsinnovationen mischen nicht selten lang bestehende Brachen und etablierte Unternehmen auf. Dabei sind digitale Geschäftsmodelle oft der Startpunkt disruptiver Innovationen, die berstende Unternehmen in der eigenen Erkennung von Möglichkeiten und notwendigen Reaktionen herausfordern.

Die Methode „Critical Uncertainties", eine Mikrostruktur der Liberating Structures, bereitet Führungskräfte und Mitarbeiter darauf vor, eigene Strategien zu entwerfen, zu testen und zu trainieren sowie auf zukünftige Herausforderungen zu reagieren.

Dabei fokussiert sich die Methode auf strategische Vorhersehbarkeit, um aufkommende Herausforderungen und Störungen antizipieren zu können und, wenn erforderlich, resilient und widerstandsfähig unerwartete Herausforderungen zu meistern.

Die Workshop Gruppe lernt somit kritische und unsichere Gegebenheiten in ihrer jeweilige Unternehmensumwelt und ihrem Markt im Blick zu behalten – welches in Zeiten digitaler Entwicklungen mit zunehmender Volatilität, Unsicherheit und Komplexität an Relevanz gewinnt.

Durchführung

Die Übung kann in Workshops online oder vor Ort mit vier Gruppen mit jeweils ca. vier Personen pro Gruppe ausgeführt werden. Die Workshop Moderation erläutert zunächst die Methode. Anschließend werden folgende Schritte durchlaufen:

Schritt 1: Alle Teilnehmer erhalten den Auftrag in einer Liste alle aktuellen Ungewissheiten, welchen Sie in ihrer Arbeitsumgebung gegenüberstehen und nicht vorhersagen können, aufzulisten. Nach fünf Minuten kann mit der Folgefrage nach den Faktoren, die die eigenen Möglichkeiten erfolgreich zu handeln bedrohen, eine Priorisierung der schlimmsten Faktoren errechnet werden. Die TN haben dann noch einmal zehn Minuten Zeit die jeweiligen Faktoren zu priorisieren oder weitere zu ergänzen.

Schritt 2: Auf Basis der genannten Themen und Erfahrungen in allen Gruppen, werden die beiden kritischsten und unsichersten Bedenken ausgewählt. Diese Faktoren werden in Diagramm mit zwei zentral gekreuzten Achsen (siehe die Abbildung) auf jeweils einer Achse abgetragen. Dabei stellen die Achsen die Intensität der ausgewählten Faktoren als Kontinuum da. Auf der linken Seite kann z. B. weniger von „lorem Impsum" abgetragen werden, auf der rechten mehr von „lorem Impsum". So kann z. B. eine Ungewissheit, die aktuelle Anzahl neuer Produkten im Produktportfolio sein, womit auf der linken Seite der X-Achse keine neuen Produkte vermerkt werden und auf der rechten Seite ein hoher Absatz notiert wird. Dieser wird auf der Y-Achse mit einem weiteren Kriterium wiederholt. So kann z. B. der bestehende Patentschutz ein kritischer Faktor sein, bei dem auf der Y-Achse auf der einen Seite kein Patentschutz und auf der gegenüberliegenden Seite ein starker Patentschutz notiert wird.

Schritt 3: Jeder der vier Gruppen hat zehn Minuten Zeit und erhält entsprechend der gegebenen Szenarien den Auftrag, die der Achsen entnommen werden können, einen passenden Namen für einen der Quadranten zu suchen und zu erarbeiten. Jeweils im Anschluss stellt jede Gruppe die Praxis Szenarien kurz (zwei Minuten pro Gruppe) den anderen Gruppen im Raum da.

Schritt 4: Jede Gruppe erarbeitet in weiteren zehn Minuten in ihrem Szenario drei mögliche Strategien Ihres Unternehmens, wie es in dem von Ihnen beschriebenen Szenario erfolgreich sein kann. Die Strategieen werden im Anschluss kurz (zwei Minuten pro Gruppe) den anderen Gruppen im Raum präsentiert.

Schritt 4: Alle Teilnehmer sichten die Ergebnisse und ermitteln in zehn Minuten gemeinsam, welche Strategien widerstandsfähig und robust ist, sodass sie in mehreren Quadranten zum Erfolg führt und welche Strategie als Absicherung dienen kann. Letztes sind Strategien, die in nur einem Szenario erfolgreich sein wird, aber in diesem Fall die TN vor einem antizierten Unglück schützen kann.

Schritt 5: Jede Gruppe führt intern eine Nachbesprechung (10 Minuten) durch. Die Teams tragen ihre Beobachtungen und neuen Erfahrungen zusammen und halten fest, warum es wichtig ist und wofür, und leiten Schlussfolgerungen ab und stellen im konkreten Fall weitere Hypothesen auf, um die nächsten Schritte zu validieren und festzuhalten.

Schritt 6: Jede Gruppe teilt ihre Beobachtungen und Ergebnisse aus der Nachbesprechung mit den anderen Teilnehmenden im Raum und entscheidet gemeinsam über die nächsten Schritte (ca. 10 – 15 Minuten).

Praxisschlaglicht

Die Methode „Critical Uncertainties" dient zur Erweiterung der eigenen strategischen Handlungsoptionen und kann dabei sowohl in strategischen Fragestellungen eingesetzt werden wie aber genauso bei der Evaluation und Bewertung von individuellen Produkten, oder z. B. einer Kundenanalyse mit z. B. Vertriebsmitarbeiter. Ebenso kann es in der Konzeption von neuen Produkten eingesetzt werde (welche Funktionen und Merkmale ein Produkt haben sollte und auf keinen Fall haben darf). Oder z.B bei der Einführung neuer IT-Systeme, um auch die schlechtesten Szena-

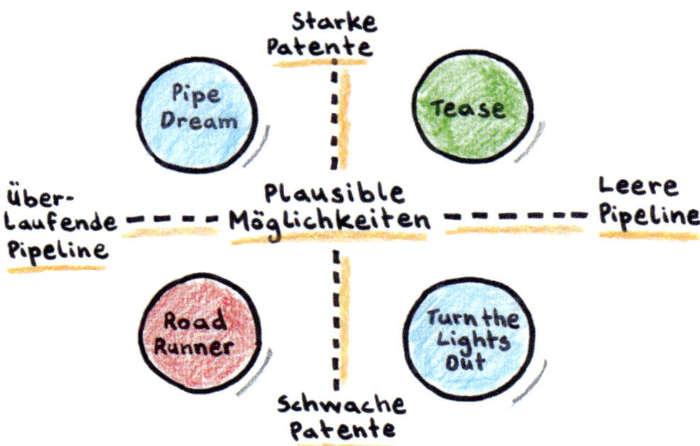

Grafik: Anja Faber – Critical Uncertainties

rien und Möglichkeiten zu antizipieren und vorbereitet zu sein. Die Fragen: Was könnte passieren? Wie sollten wir in diesem Fall reagieren und wie robust werden wir mit dieser Strategie sein? In der Anwendung kann die Workshop Moderation bei der Erarbeitung von möglichen Szenarios, externe Impulse und mögliche Events in die Gruppen hineingeben, um möglichst das unerwartete zu antizipieren. Um auch in den schlimmsten Erwartungen den Spaß beizubehalten, können kreative Benennungen der Quadranten gewählt werden.

Transformationswirksamkeit

- Wirksam für Herausforderungen mit hoher Komplexität
- Wirksam für Herausforderungen mit mittlerer Komplexität
- Wirksam für alle Transformationen

Transformationsfähigkeit

- Fördert die allgemeine Transformationsfähigkeit des Teams
- Zahlt auf eine bessere Vorstellungskraft ein

Einsatzcharakteristik

- Austauschfokus: vornehmlich mit internen Personen
- Durchführungszeit: eher hoch (> 1 Tag)
- Einsatzfrequenz: sinnvoll im dauerhaften Einsatz
- Einsatzfrequenz: vornehmlich über im kompletten Projektzeitraum
- Einsatzradius: vornehmlich im projektweiten Einsatz
- Komplexität für den Moderator: eher mittel
- Komplexität für die Teilnehmer: eher mittel
- Teamgröße: Kleingruppe möglich (3 bis 5 Teilnehmer)
- Teamgröße: Mittelgroße Teams möglich (5 bis 20 Teilnehmer)
- Vorbereitungszeit: eher mittel (>1 Stunde bis <1 Tag)

Nötiger Input, um mit der Methode arbeiten zu können)

- Aktuell existierende Geschäftsmodelle
- Aktuell existierende Produkte und Services
- Aktuelle Herausforderung, Leitfrage, Problem
- Ziele, Zielsystem, Kennzahlen

Erzeugter Output der Methode

- Erzeugt eine Vision oder Zukunftsbild
- Erzeugt größere Klarheit zu einem Thema
- Erzeugt segmentierte, kategorisierte, geclusterte Daten
- Hilft bei Entscheidungen, Bewertungen und Feedback
- Identifiziert vorhandene Schwachstellen
- Identifiziert vorhandene Stärken
- Macht Wirkzusammenhänge sichtbar

Hinderniseffekte, auf die die Methode positiv wirkt

- 04 – Beugt blinden Flecken/Betriebsblindheit vor
- 06 – Schwächt das Leben in der Vergangenheit
- 11 – Schärft eine fehlende gemeinsame Ausrichtung
- 41 – Verringert zu große Komplexitäten

Mögliche Extravorteile

- für Teams mit einem starkem Auftragsmandat
- für Teams mit einer souveränen Teamleitung

Quellen

Web – https://liberatingstructures.de/critical-uncertainties/, 27.04.2021
Buch – Liberating Structures, Daniel Steinhöfer (Vahlen 2021)

51

Customer Journey Map

EinSatzBeschreibung

Visuelle und phasenbasierte Darstellung der Kundenreise von der ersten Überlegung bis zur Nutzung bzw. zum Kauf.

Transformation-Index

P1 Leading	P2 Organizing	P3 Connecting	P4 Growing	P5 Talking	P6 Scanning	P7 Exploiting	P8 Exploring	P9 Earning	P10 Scaling
						x	x	x	x

Beschreibung

In einer Customer Journey Map wird grafisch die Reise des Kunden im Zusammenhang mit dem vom Unternehmen angebotenen Produkt oder Service dargestellt.

Dabei werden einerseits die einzelnen übergeordneten Phasen (stages) als auch die einzelnen Schritte (steps) des Kunden skizziert und die dazugehörigen Kontaktpunkte (touchpoints) dargestellt. Abhängig von der gewählten Darstellungsart wird die jeweilige Stimmung des Kunden auf einem Graphen angezeigt.

Aus dieser Reise lassen sich die jeweiligen Aufgaben ableiten, die im Unternehmen anfallen und erledigt werden müssen um dem Kunden an jedem Kontaktpunkt adäquat zu begegnen.

Je nach Notwendigkeit und Nutzen kann die Detaillierung der steps sehr basal erfolgen, aber auch bis in die kleinsten Entitäten heruntergebrochen werden.

Die übergeordneten Phasen gliedern sich je nach Notwendigkeit in 4 bis 7 Bereiche die je nach Definition unterschiedlich bezeichnet werden.

1. Attention/Awareness/ Relevanz
2. Interest/ Favorability/ Bewusstsein
3. Consideration/ Wunsch
4. Desire/ Intent of Purchase/ Kaufabsicht
5. Action/Acquisition/ Kauf
6. Post-Purchase/ Nutzungsdauer
7. End/ Entsorgung/ Neukauf

Jeder Kundenschritt lässt sich in eine der Phasen einordnen und einem chronologisch definierten Punkt zuweisen.

Je nachdem mit welcher Fragestellung die Customer Journey Map erstellt wird, können dabei beispielsweise verschiedene Kundengruppen zu unterschiedlichen Customer Journeys führen.

Die im Anschluss daraus resultierenden Aufgaben, die den einzelnen Abteilungen oder Verantwortungsbereichen innerhalb eines Unternehmens zugeteilt werden, machen den Rahmen sichtbar, in dem der Kundenkontakt stattfindet.

Bei dem Aufzeigen einer digitalen Customer Journey im Gegensatz zu einem klassisch physischen Weg wird schnell deutlich, welche Änderungen durch das Unternehmen vorgenommen werden müssen und wie das Kundenverhalten diese steuert.

Vorteile

- Niedrige Einstiegshürde
- Sichtbare, kundenzentrierte Unternehmenssteuerung möglich

Nachteile

- Mehrdimensionale Darstellung nicht ohne weiteres möglich
- Detaillierungsgrad muss gut gewählt und ausgeglichen werden

Durchführung

Eine Customer Journey Map kann entweder in Einzel- oder in Gruppenarbeit analog oder digital erfolgen. Der größtmögliche Effekt wird erreicht, wenn aus jedem beteiligten Unternehmensbereich eine Person bei der Erstellung teilnimmt, um eine ausgeglichene und vollständige Erfassung der Customer Journey Map zu gewährleisten. Die Bearbeitung dauert zwischen 30 Minuten und mehreren Stunden.

1. Vorbereiten Leinwand/digitales Board mit 4 bis 7 übergeordneten Phasen (Querformat, möglichst große Fläche)
2. Grobe Beschreibung des fiktiven Kunden (Alter, Gewohnheiten, Erfahrung, Beruf, …)
3. Benennen der einzelnen Customer/User-Steps durch Notieren auf Post-its/Sticker
4. Diskussion und ggf. Detaillierung oder Reduzierung der Komplexität zur zielgerichteten Darstellung der Map
5. Definition der Kundenstimmung während der einzelnen Steps
6. Benennen der Kontaktpunkte und der jeweiligen Detaillierung unternehmensseitig (Bsp.: reicht „Website" als Kontaktpunkt oder muss detailliert auf einen Bereich der Seite wie „Slider" oder „Footer" eingegangen werden)
7. Ableiten der Aufgaben für die im Unternehmen Beteiligten

Es kann hilfreich sein je Abteilung oder je nach benötigtem Kanal eine separate Darstellung der Aufgaben zu erstellen, damit die Übersichtlichkeit gewahrt bleibt. Während der Erstellung muss auf eine ausgewogene Positionierung geachtet werden um blinde Flecken zu vermeiden.

Praxisschlaglicht

Bei der Gründung eines neuen, digital skalierten Tochterunternehmens im privatwirtschaftlichen Bereich wurden zu Beginn Customer Journeys für das „alte" und das „neue" Unternehmensmodell durchgeführt. Die Vorgehensweise half, den Beteiligten aus den Abteilungen vorab deutlich zu machen, welche Prozessschritte die Kunden auf dem Weg durchlaufen und wie sich diese Wege in der alten Welt und der neuen Welt unterscheiden. Mög-

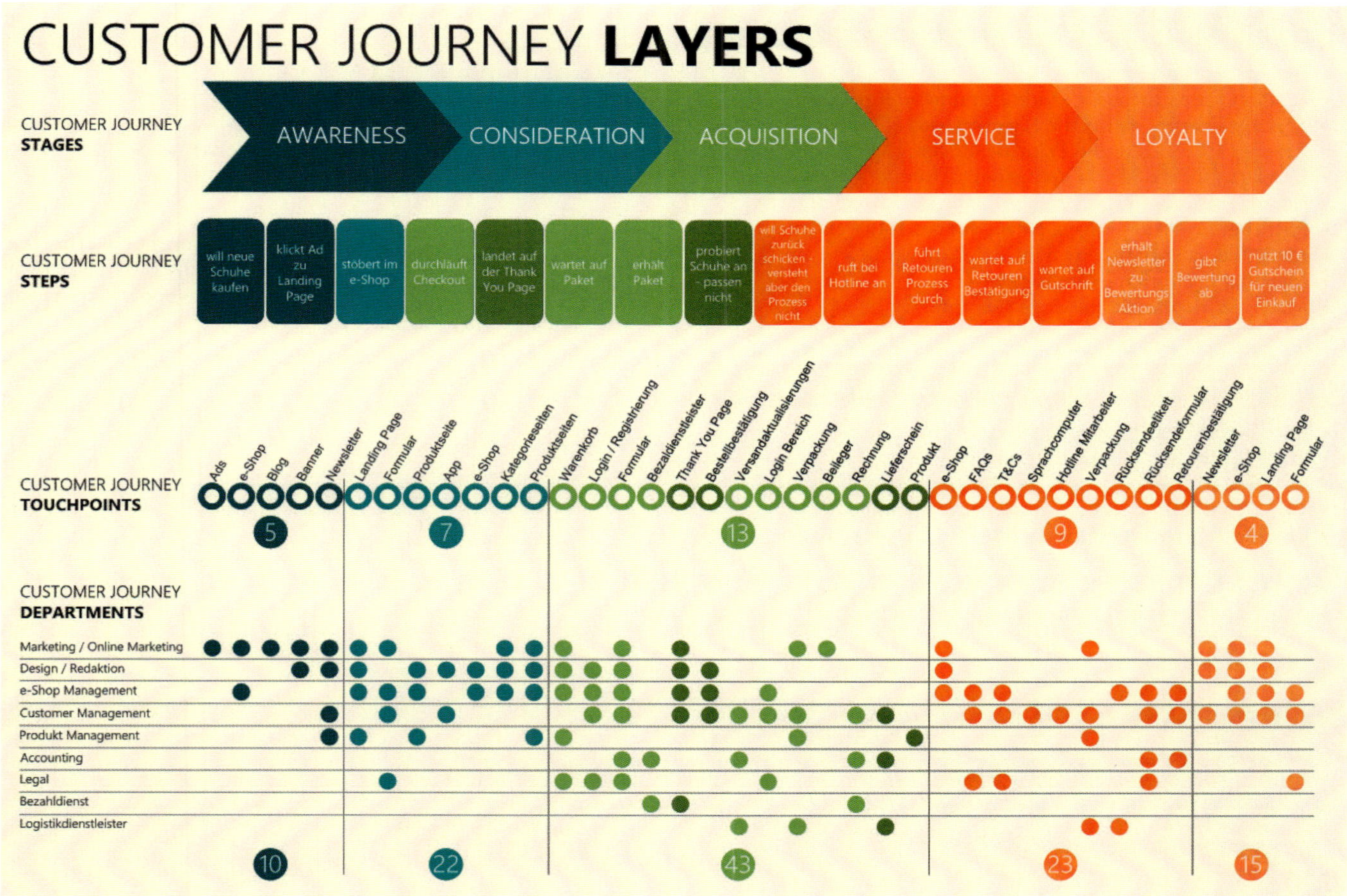

Abbildung von Oliver Buchberger, http://www.omkantine.de/customer-journey-warum-sie-so-kompliziert-ist-und-sich-trotzdem-lohnt/

liche Spannungen und Verständnisschwierigkeiten aufgrund von Unkenntnis der Abläufe konnten so direkt unterbunden werden. Zudem wurde direkt sichtbar, welche Kundenkontaktpunkte noch keine adäquate, qualitativ passende Beachtung in dem bisherigen Geschäftsmodell hat, sodass daraus neue Aufgaben geschaffen wurden und im Laufe der Gründung Stellen mit kompetenten Mitarbeitern besetzt wurden. Binnen 8 Monaten wurde die neue Firma erfolgreich aufgesetzt und währenddessen immer wieder anhand der Customer Journey Maps Prozessschritte verfeinert.

Transformationswirksamkeit

- Wirksam für Herausforderungen mit hoher Komplexität
- Wirksam für Herausforderungen mit mittlerer Komplexität
- Wirksam für Produkttransformationen
- Wirksam für Servicetransformationen

Transformationsfähigkeit

- Zahlt auf eine bessere Vorstellungskraft ein

Einsatzcharakteristik

- Austauschfokus: vornehmlich mit internen und externen Personen
- Durchführungszeit: eher hoch (> 1 Tag)
- Einsatzfrequenz: vornehmlich über im kompletten Projektzeitraum
- Einsatzradius: vornehmlich im projektweiten Einsatz
- Komplexität für den Moderator: eher hoch
- Komplexität für die Teilnehmer: eher hoch
- Teamgröße: Einzelpersonennutzung möglich
- Teamgröße: Kleingruppe möglich (3 bis 5 Teilnehmer)
- Teamgröße: Mittelgroße Teams möglich (5 bis 20 Teilnehmer)

Nötiger Input, um mit der Methode arbeiten zu können

- Aktuell existierende Geschäftsmodelle
- Aktuell existierende Produkte und Services
- Aktuelle Herausforderung, Leitfrage, Problem

Erzeugter Output der Methode

- Erzeugt Prognosen und Ableitungen
- Erzeugt Ideen für neue Märkte und neue Business Modelle
- Erzeugt Leitfragen für die Ideenfindung
- Erzeugt Planungen und Priorisierungen
- Erzeugt größere Klarheit zu einem Thema
- Erzeugt segmentierte, kategorisierte, geclusterte Daten
- Hilft bei Entscheidungen, Bewertungen und Feedback
- Identifiziert vorhandene Schwachstellen
- Identifiziert vorhandene Stärken
- Macht Wirkzusammenhänge sichtbar

Hinderniseffekte, auf die die Methode positiv wirkt

- 04 – Beugt blinden Flecken/Betriebsblindheit vor
- 10 – Verhindert falsche Flughöhen
- 11 – Schärft eine fehlende gemeinsame Ausrichtung
- 13 – Schafft für den Erfolg nötige Realitätsbezüge
- 18 – Bewahrt vor zu generischen Ideen und Aussagen
- 28 – Stärkt schwache Anreicherungsskills
- 32 – Verhindert unreflektiertes Agieren
- 36 – Schafft schnell Klarheit und beschleunigt Erkenntnisgewinn

Mögliche Extravorteile

- für agile Teams
- für erfahrene Trainer und Agile Coaches
- für innovativ ungeübte Teams
- für multidisziplinär unerfahrene Teams
- für die Arbeit mit digitalen Kollaborationsboards

Quellen

Web – http://www.omkantine.de/customer-journey-warum-sie-so-kompliziert-ist-und-sich-trotzdem-lohnt/, 20.05.2021
Web – https://www.atlassian.com/de/team-playbook/plays/customer-journey-mapping, 20.05.2021

Customer Question Board

EinSatzBeschreibung

Werkzeuge, dass im Rahmen der Customer Experience für die fokussierte Entwicklung von Fragestellungen im Team eingesetzt wird.

Transformation-Index

P1 Leading	P2 Organizing	P3 Connecting	P4 Growing	P5 Talking	P6 Scanning	P7 Exploiting	P8 Exploring	P9 Earning	P10 Scaling
					x		x	x	

Beschreibung

Für die Entwicklung und Verbesserung digitaler Produkte ist das Verständnis von Kundenproblemen ein wichtiger Erfolgsfaktor. Bei einer großen Anzahl verschiedener Kundenprobleme ist der Fokus des Teams eine Herausforderung.

Kollegen und Stakeholder müssen eine klare Vorstellung davon haben, was untersucht werden soll und welchen Nutzen dies bringt. Eine gemeinsame Abstimmung erhöht die Erfolgsrate und die Wirkung von Customer Research.

Das Customer Question Board ist ein hilfreiches Tool für die Abstimmung einer Roadmap. Es wurde von Julia Cowing entwickelt, die als User Researcher bei Mailchimp arbeitet. Auf dem Board legt das Team alle Fragen ab, die mit dem Kunden oder der Customer Experience zu tun haben.

Das Customer Question Board kann als fortlaufendes Tracking-Tool verwendet werden, um zu sehen, wie sich die Fragen im Laufe der Zeit entwickeln. Es hilft ebenso allen Mitarbeitern, die neu zum Team hinzukommen und sich schnell einarbeiten müssen. Zielnutzer sind vor allem Mitarbeiter im User Research, aber auch Produktmanager, Ingenieure oder Designer, die eine Research Roadmap planen müssen.

Durchführung

Schritt 1: Zusammenstellung des Teams

Idealerweise ist das Team interdisziplinär zusammengesetzt. Vorbereitet werden müssen Whiteboards/Pinnwände oder Klebezettel bzw. bei virtueller Durchführung die passenden virtuellen Arbeitsbereiche.

Schritt 2: Herausforderungen definieren

„Was wollen wir über den Benutzer erfahren?" Zu dieser Fragestellung schreibt das Team Fragen auf Post-it's, pro Post It wird eine Frage notiert.

Schritt 3: Diskutieren & Clustern

Die Teammitglieder sprechen über ihre Klebezettel. Die Post-it's werden in einem zentralen Bereich der Tafel platziert. Wenn andere ähnliche Fragen haben, platzieren sie ihre Post-it's neben dem Original. Dadurch wird sichtbar, wie Fragen auf viele verschiedene Art und Weise gestellt werden können.

Schritt 4: Einstellung vs. Verhalten

Nun entscheidet das Team für jedes Fragenbündel, ob sie sich auf die Einstellung oder das Verhalten des Kunden bezieht. Eine Einstellung ist das, was Menschen über ein Produkt oder eine Dienstleistung sagen oder denken (ihre Wahrnehmung). Ein Verhalten ist das, was Menschen mit dem Produkt oder der Dienstleistung tun. Erstellen Sie eine vertikale Linie in der Mitte (die Y-Achse). Platzieren Sie Einstellungsfragen auf der linken und Verhaltensfragen auf der rechten Seite.

Schritt 5: Qualitativ vs. Quantitativ

Als Nächstes fragen Sie das Team, ob es bei den Fragenbündeln darum geht, wie oft etwas passiert (quantitative Fragen) oder herauszufinden, warum etwas passiert und wie man es beheben kann (qualitative Fragen). Erstellen Sie eine X-Achse und platzieren Sie quantitative Fragen auf der rechten und qualitative Fragen auf der linken Seite.

Schritt 6: Abstimmen

Nun sollte es eine Reihe von Fragen in allen vier verschiedenen Quadranten geben. Lassen Sie das Team darüber abstimmen, welches Fragenbündel am wichtigsten ist und zuerst untersucht werden soll.

Schritt 7: Zuordnen von Fragen zu Methoden

Für das Fragenbündel, das die meisten Stimmen erhalten hat, kann das Team nun besprechen, welche Benutzerforschungsmethode verwendet werden soll. Es entsteht eine hohe Transparenz und Übereinstimmung für das Team darüber, wie die nächsten Schritte aussehen.

52 Customer Question Board

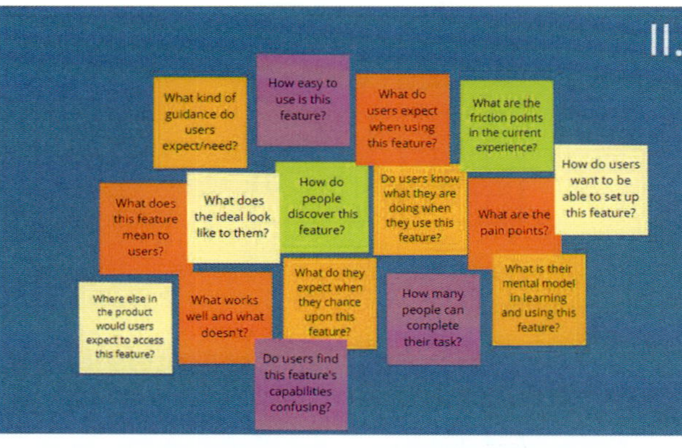

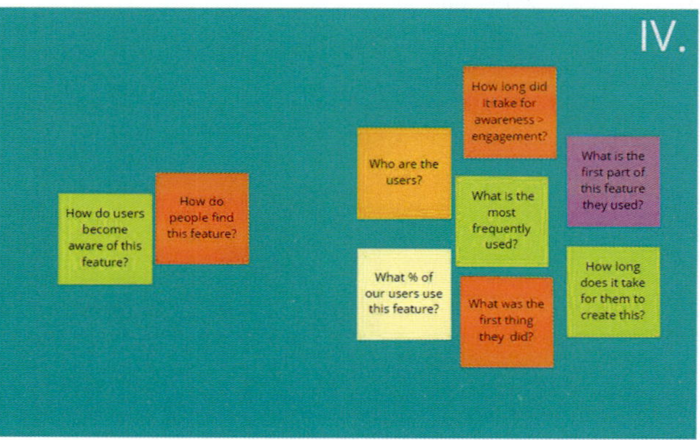

Screenshot aus https://miro.com/miroverse/the-question-board/

Transformationswirksamkeit

- Wirksam für Herausforderungen mit hoher Komplexität
- Wirksam für Herausforderungen mit mittlerer Komplexität
- Wirksam für Herausforderungen mit niedriger Komplexität
- Wirksam für Designtransformationen
- Wirksam für Marketingtransformationen
- Wirksam für Produkttransformationen
- Wirksam für Prozesstransformationen
- Wirksam für Servicetransformationen
- Wirksam für Sozialtransformationen
- Wirksam für alle Transformationen
- Wirksam für radikale TransformationenTransformationsfähigkeit
- Fördert die Agilität eines Teams
- Fördert die Teamkreativität
- Fördert die allgemeine Transformationsfähigkeit des Teams
- Fördert grundlegend die Kreativität
- Fördert offene Mindsets und innovative Denkhaltungen
- Sorgt für Inspiration oder bessere Inspirationsempfindlichkeit
- Zahlt auf eine bessere Vorstellungskraft ein
- Zahlt auf eine bessere Wahrnehmung ein

Einsatzcharakteristik

- Austauschfokus: vornehmlich mit internen Personen
- Durchführungszeit: eher mittel (>1 Stunde bis <1 Tag)
- Einsatzfrequenz: sinnvoll im dauerhaften Einsatz
- Einsatzfrequenz: vornehmlich über im kompletten Projektzeitraum
- Einsatzradius: vornehmlich im projektweiten Einsatz
- Komplexität für den Moderator: eher mittel
- Komplexität für die Teilnehmer: eher mittel
- Teamgröße: Einzelpersonennutzung möglich
- Teamgröße: Kleingruppe möglich (3 bis 5 Teilnehmer)
- Teamgröße: Mittelgroße Teams möglich (5 bis 20 Teilnehmer)
- Vorbereitungszeit: eher mittel (>1 Stunde bis <1 Tag)

Nötiger Input, um mit der Methode arbeiten zu können

- Aktuell existierende Geschäftsmodelle
- Aktuell existierende Produkte und Services
- Aktuelle Herausforderung, Leitfrage, Problem

Erzeugter Output der Methode

- Erzeugt Leitfragen für die Ideenfindung
- Erzeugt Nutzenfunktionen und Bedürfniskorridore
- Erzeugt größere Klarheit zu einem Thema
- Macht Wirkzusammenhänge sichtbar

Hinderniseffekte, auf die die Methode positiv wirkt

- 10 – Verhindert falsche Flughöhen
- 11 – Schärft eine fehlende gemeinsame Ausrichtung
- 18 – Bewahrt vor zu generischen Ideen und Aussagen
- 20 – Verhindert Ideenfindung mit zu schwacher Erkenntnisgrundlage
- 25 – Schwächt multidisziplinäre Reibungsverluste
- 33 – Schwächt Verdiskutiererei

Mögliche Extravorteile

- für disruptiv unerfahrene Teams
- für innovativ ungeübte Teams
- für die Arbeit mit digitalen Kollaborationsboards

Quellen

Web – https://miro.com/miroverse/the-question-board, 28.05.2021

Grafik: verrocchio Mindset-Card – Illustration: Jennifer Weiss

53

Cynefin Framework

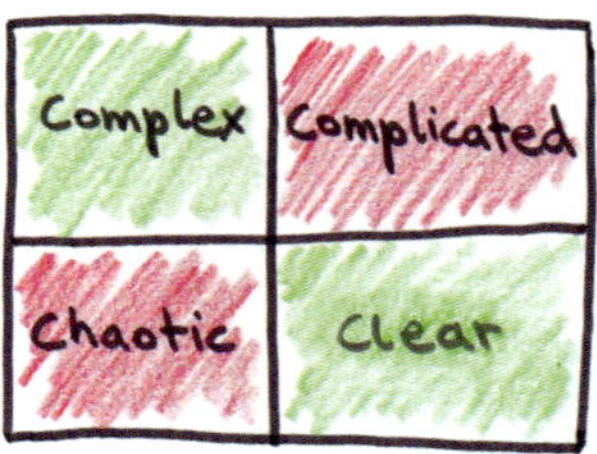

EinSatzBeschreibung

Strategie-Modell für die Veranschaulichung und Steuerung komplexer adaptiver Systeme.

Transformation-Index

P1 Leading	P2 Organizing	P3 Connecting	P4 Growing	P5 Talking	P6 Scanning	P7 Exploiting	P8 Exploring	P9 Earning	P10 Scaling
	x		x	x					

Beschreibung

Das Cynefin-Framework wurde im Jahr 1999 von dem walisischen Berater Dave Snowden entwickelt, um komplexe Systeme zu veranschaulichen. Ursprünglich war es im Kontext von Wissensmanagement und Organisationsstrategie verankert, wird aber mittlerweile als Strategie-Modell für die Steuerung komplexer adaptiver Systeme eingesetzt. Als komplex und adaptiv werden Systeme bezeichnet, die aus mehreren zusammenhängenden Elementen bestehen, ein besonderes Anpassungsvermögen besitzen und die Möglichkeit aus ihrer Erfahrung zu lernen. Dazu gehören z. B. auch größere Unternehmen oder soziale Systeme.

Das Cynefin-Framework unterscheidet in fünf verschiedene Bereiche:

- Clear/Einfach – hier ist die Beziehung zwischen Ursache und Wirkung für alle offensichtlich.
- Complicated/Kompliziert – hier erfordert die Beziehung zwischen Ursache und Wirkung eine Analyse und/oder die Anwendung von Fachwissen
- Complex/Komplex – die Beziehung zwischen Ursache und Wirkung wird erst im Nachhinein wahrgenommen
- Chaotic/Chaotisch – es gibt keine Beziehung zwischen Ursache und Wirkung auf der Systemebene
- Disorder/Ungewissheit – der Zustand des Nicht-Wissens über die Art der Zusammenhänge

Je nach Situation gibt es unterschiedliche Handlungsempfehlungen:

- Clear: Sense – Categorize – Respond. Best Practices aus vergleichbaren Situationen kommen oft zum Einsatz
- Complicated: Sense – Analyze – Respond. Wichtig ist hier der Austausch zwischen den Teilnehmer und eine grundlegende Analyse
- Complex: Probe – Sense – Respond. Komplexe Situationen erfordern agile Methoden sowie kreative Denkansätze
- Chaotic: Act – Sense – Respond. Schnelles Handeln steht an erster Stelle, um in zweiten Schritt auf die entstehenden komplizierten oder komplexen Situationen zu reagieren
- Disorder: Hier gilt es vor allem dem inneren Wunsch zu widerstehen, sich in seine Komfortzone zurückzuziehen. Wichtig ist es, die ungewohnte Situation anzunehmen und sich darauf einzulassen

Das Cynefin-Framework lässt sich gut einsetzen, um einen gemeinsamen Konsens zu erhalten über den Einsatz geeigneter Methoden für eine Problemsituation und als sinnstiftendes Modell für das Fällen von Entscheidungen.

Durchführung

Schritt 1: Das Cynefin-Framework mit seinen verschiedenen Ausprägungen wird den Teilnehmern erläutert.

Schritt 2: Selbstreflexion – jeder Teilnehmer erhält ein paar Minuten Zeit, um in Einzelarbeit darüber zu reflektieren, welche aktuellen Situationen im Unternehmen sich zu den jeweiligen Ausprägungen der Matrix zuordnen lassen. Dazu können Entscheidungen, Projekte, Prozesse oder auch Diskussionen gehören.

Schritt 3: Sammeln in der Gruppe – die Themen werden in der Gesamtgruppe gesammelt. Dazu wird das Cynefin Framework auf eine Pinnwand gezeichnet und die einzelnen von den Teilnehmern genannten Themen vom Moderator auf Post-it's geschrieben. Unterschiedliche Meinungen zur richtigen Zuordnung werden diskutiert, um gemeinsam Klarheit zu erhalten.

Schritt 4: Reflexion – Die Gruppe diskutiert das Ergebnis. Leitfragen können sein:

- In welchem Bereich liegen die meisten Themen in unserer Organisation?
- Welche Handlungsempfehlungen ergeben sich aus der Situation?
- Wo ergeben sich häufig Herausforderungen für unsere Organisation?
- Passen unsere Prozesse zu den Ergebnissen?

Grafik: Anja Faber

Schritt 5: Gegebenenfalls können nun in kleineren Gruppen noch tieferer Diskussionen zu einzelnen Themen geführt werden und konkrete To-do's abgeleitete werden. Dazu nimmt sich jede Gruppe ein relevantes Thema und bespricht, ob ein anderes Vorgehen bessere Ergebnisse liefern könnte. So kann das Diskussionsmodel in konkrete Aktivitäten umgesetzt werden.

Transformationswirksamkeit

- Wirksam für Herausforderungen mit hoher Komplexität
- Wirksam für Herausforderungen mit mittlerer Komplexität
- Wirksam für Herausforderungen mit niedriger Komplexität
- Wirksam für alle Transformationen
- Wirksam für radikale Transformationen

Transformationsfähigkeit

- Fördert die Agilität eines Teams
- Fördert die allgemeine Transformationsfähigkeit des Teams
- Fördert offene Mindsets und innovative Denkhaltungen
- Zahlt auf eine bessere Wahrnehmung ein

Einsatzcharakteristik

- Austauschfokus: vornehmlich mit internen Personen
- Durchführungszeit: eher mittel (>1 Stunde bis <1 Tag)
- Einsatzfrequenz: vornehmlich im einmaligen Einsatz
- Einsatzradius: vornehmlich im Teameinsatz
- Einsatzradius: vornehmlich im unternehmensweiten Einsatz
- Komplexität für den Moderator: eher mittel
- Komplexität für die Teilnehmer: eher mittel
- Teamgröße: Einzelpersonennutzung möglich
- Teamgröße: Kleingruppe möglich (3 bis 5 Teilnehmer)
- Teamgröße: Maxigruppen möglich (20 bis 40 Teilnehmer)
- Teamgröße: Mittelgroße Teams möglich (5 bis 20 Teilnehmer)
- Vorbereitungszeit: eher mittel (>1 Stunde bis <1 Tag)

Nötiger Input, um mit der Methode arbeiten zu können

- Aktuell existierende Geschäftsmodelle
- Aktuell existierende Produkte und Services
- Aktuelle Herausforderung, Leitfrage, Problem
- Beteiligte Personen mit Tätigkeiten und Aufgaben
- Verschiedene Botschaften, Meinungen, Statements
- Verschiedene Meinungen und Blickwinkel
- Vorhandenes Wissen und Erfahrungen
- Durchführungszeit, Trainingszeit
- Trends und Zukunftsentwicklungen
- Umfeldbeobachtungen, Umfeldanalysen
- Wettbewerber und Komplementoren
- Ziele, Zielsystem, Kennzahlen

Erzeugter Output der Methode

- Erzeugt neues Wissen und neue Erfahrungen
- Erzeugt größere Klarheit zu einem Thema
- Erzeugt transformationsfähigere Organisationen
- Erzeugt mehr Hintergrundinformationen
- Erzeugt mehr Know-how-Zuwachs
- Erzeugt motiviertere und transformationsfähigere Teilnehmer
- Hilft bei Entscheidungen, Bewertungen und Feedback
- Identifiziert vorhandene Schwachstellen
- Identifiziert vorhandene Stärken
- Macht Wirkzusammenhänge sichtbar

Hinderniseffekte, auf die die Methode positiv wirkt

- 04 – Beugt blinden Flecken/Betriebsblindheit vor
- 06 – Schwächt das Leben in der Vergangenheit
- 11 – Schärft eine fehlende gemeinsame Ausrichtung
- 13 – Schafft für den Erfolg nötige Realitätsbezüge
- 16 – Beugt Misinterpretationen vor
- 36 – Schafft schnell Klarheit und beschleunigt Erkenntnisgewinn
- 39 – Fördert die Agilität der Teilnehmer
- 41 – Verringert zu große Komplexitäten

Mögliche Extravorteile

- für Teams mit einer konservativen, tradierten Kultur

Quellen

Buch – Cynefin: Weaving Sense-Making into the Fabric of Our World – Dave Snowden/Then Goh (Cognitive Edge – The Cynefin Co. 2020)

Artikel – A Leader's Framework for Decision Making – Dave Snowden/Mary E. Boone (Harvard Business Review 2007)

54

Das 7-Ps-Framework

EinSatzBeschreibung

Framework/Checkliste zu Planung zielorientierter und effizienter Workshops.

Transformation-Index

P1 Leading	P2 Organizing	P3 Connecting	P4 Growing	P5 Talking	P6 Scanning	P7 Exploiting	P8 Exploring	P9 Earning	P10 Scaling
	x		x						

Beschreibung

Das 7-Ps-Framework ist eine effektive Methode, mit der Sie einen zielorientieren Workshop erfolgreich planen, vorbereiten und gestalten. Ein durchdachter Plan ist dabei die Grundvoraussetzung, wie Sie den Workshop ergebnisorientiert steuern. Anhand einer Checkliste ermitteln Sie alle grundlegenden Faktoren und berücksichtigen bereits in der Planungsphase die wichtigsten Aspekte.

Die sieben „Ps" „Purpose (Zweck), Products, People, Process, Pitfalls (Fallstricke), Preparation (Vorbereitung) und Practical Concerns (Praktische Aspekte) bilden die Grundlagen Ihrer Planung und zugleich das Gerüst Ihrer Checkliste. Mit dem Framework des Unternehmensberater James Macanufo stellen Sie bereits in der Vorbereitungsphase die richtigen Fragen, um den notwendigen Plan strukturiert für Ihr Meeting zu formulieren.

Die detaillierte Planung gibt Ihnen keine Garantie, dass Ihr Workshop erfolgreich verläuft, schafft aber die besten Voraussetzungen. Das 7-Ps-Framework schließt ausdrücklich keine agilen Prozesse während der kreativen Prozesse aus, sodass der ursprüngliche Plan durchaus variiert und verändert werden kann und darf. Die Methode fördert die Fokussierung, die Konzentration auf das Wesentliche sowie einen reibungslosen Ablauf. Und keine Sorge: Die Planung können Sie ausführlich gestalten, aber auch schnell in wenigen Minuten vornehmen.

Agile Methoden leben außerordentlich von dem Austausch ihrer Protagonisten. Das 7-Ps-Framwork dient der effizienten Kommunikation für eine erfolgreiches Management.

Durchführung

Erstellen Sie bereits vor Ihrem Workshop das 7 Ps Framework gemeinsam mit anderen Teilnehmern und beziehen Sie diese auch während des Meetings ein. Skizzieren Sie dazu am besten Ihre sieben Punkte Planung auf ein Flipchart, das Sie für alle Teilnehmer gut ersichtlich in den Meetingraum platzieren. So fokussieren Sie Ihr Team auf die wesentlichen Aspekte.

Purpose: (Zweck)

Starten Sie Ihren Workshop mit der grundlegendsten aller Fragen: „Warum machen wir das?" und „Was wollen wir erreichen?" Als Moderator ist es Ihre Aufgabe, diesen elementaren Punkt deutlich herausstellen. Ein klares Ziel ist für alle Beteiligten sehr wichtig. Von großer Bedeutung ist zudem die Notwendigkeit, warum alle zusammenkommen. Ist es wichtig? Bringt es uns weiter? Können Sie diesen Zweck nicht einwandfrei formulieren, so sollten Sie den Workshop ernsthaft in Frage stellen, beziehungsweise keine Einladungen aussprechen: Zeit ist für alle Teilnehmer ein hohes Gut.

Products: (Ergebnis)

Was für ein Produkt erzeugt Ihr Meeting? Was ist das genaue Ergebnis? Wie profitiert Ihr interner oder externer Kunde davon? Welche Vorteile generiert das Vorhaben? Können Sie bereits einen Prototyp erstellen oder zumindest skizzieren? Denken Sie bereits in Ihrer Planung darüber nach, was ein mögliches Ergebnis sein könnte. Es geht dabei nicht darum, das Resultat vorwegzunehmen oder die Kreativität der Gruppe einzuschränken. Vielmehr sollten Ihre Vorstellungen als Beispiel dafür dienen, wohin die Reise führen kann. Ihr Ziel muss es sein, dass in dem Workshop ein konkretes Arbeitsergebnis herauskommt. Reine Diskussionen und Meinungsaustausche mögen zwar nett sein und einem guten Betriebsklima dienen, reichen aber leider in einem kommerziellen Kontext, in denen sich Unternehmen nun einmal bewegt, nicht aus. Stellen Sie sich einfach vor, es ist Ihr Unternehmen (falls es das nicht bereits sein sollte), und es ist Ihr Geld, dass die Workshop-Teilnahme der Teammitglieder kostet.

People: (Menschen)

Hauptakteure Ihres Meetings sind die Teilnehmer. Planen Sie sorgfältig, wer teilnimmt und gehen Sie dabei ergebnisorientiert vor. Was wollen Sie erreichen, und wer kann dazu bestmöglich beitragen? Auf dieser Basis sprechen Sie die Einladungen dann aus. Eine kleine Hilfestellung: Formulieren Sie die Fragen, die Sie beantwortet haben möchten, aus und überlegene Sie sich gut, wer diese gut beantworten könnte. Berücksichtigen Sie nicht nur die Funktionen und die Stellenbeschreibungen, welche die Teilnehmer bekleiden. Oft sind es auch kreative Querdenker anderer Disziplinen innerhalb Ihres Unternehmens, die entscheidend zum Erfolg Ihres Unterfangens beitragen könnten. Verschiedene Sichtweisen sind wertvoll, sodass Sie eventuell auch die Teilnehmer variieren könnten, falls Sie eine Reihe an Meetings planen.

Process: (Agenda)

Eine durchdachte Agenda zählt wahrscheinlich zu den wichtigsten Punkten Ihrer Vorbereitung. Anhand dieser entscheiden die gewünschten Teilnehmer oft, ob Sie an Ihrem Meeting teilnehmen werden oder eben nicht. Die Agenda sollte auch direkt auf die Entwicklung des Produktes oder des Vorhabens einzahlen und dementsprechend zweckgebunden formuliert sein. Idealerweise entwerfen Sie diese nicht komplett in Eigenregie, sondern binden die wichtigsten Teilnehmer ein. Stellen Sie ihnen im Vorfeld

Fragen, wie z. B.: „Wie soll die Tagesordnung ausschauen? Welche Ergebnisse wollen wir erzielen? Welche Übungen sollen wir machen? Wer kann dazu beitragen?".

Pitfalls: (Tücken)

Wo Menschen aufeinandertreffen, sind Konflikte vorprogrammiert. Versuchen Sie daher bereits im Vorfeld, die möglichen Risiken zu identifizieren. Und falls Sie diese vor Ihren Augen haben: Wie gehen Sie mit diesen Problemen um? Suchen Sie nach Antworten, wie Sie auf solche Situationen reagieren – oder bestenfalls sogar verhindern können. Und zu Ihrer Planung: Wie groß kann eine Gruppe sein, damit der Workshop effizient bleibt? Bevormunden Sie die Teilnehmer, wenn Sie Notebooks ausschließen? Spielt die Technik mit – wir kennen es ja alle, dass die erste Viertelstunde oft der Aktivierung des Beamers gilt ... Entwerfen Sie also grundlegende Regeln, die allgemein akzeptiert werden.

Preparation: (Vorbereitung)

Wie können Sie Ihren Workshop optimal vorbereiten, um ihn möglichst effizient zu gestalten? Denken Sie darüber nach, ob Ihre Teilnehmer erste Ideen und Konzepte mitbringen, Teilaufgaben recherchieren oder sich in Themengebiete einlesen könnten. Teilen Sie ihnen Ihre Erwartungshaltung mit, überfordern Sie die Menschen aber nicht – meistens sind diese schließlich auch in andere Projekte involviert. Konzentrieren Sie sich zudem auf Ihre eigene Vorbereitung, die sich über eine mögliche PowerPoint-Präsentation bis hin zu einer Motivationsrede erstreckt.

Practical Concerns: (Praktisch)

Die praktischen Dinge sind oft die naheliegenden, werden aber gerade deshalb oft vernachlässigt. Laden Sie Ihre Teilnehmer frühzeitig ein und kommunizieren Sie alle wichtigen Informationen, wie z. B. Datum, Uhrzeit, Ort und Dauer. Sollen die Teilnehmer etwas mitbringen? Denken Sie rechtzeitig, einen Raum zu reservieren oder eine Videokonferenz einzurichten. Und last but not least: Getränke sind wichtig, gerade wenn das Meeting oder der Workshop länger dauert – wie schaut es mit Snacks oder Mahlzeiten aus? Und auch hier liegt der Teufel im Detail: Die Bedürfnisse sind von vegetarischer über vegane Kost bis hin zu Pommes-Mayo Currywurst oder Hühnchen vielfältig.

Praxisschlaglicht

Wir kennen es alle: Der Terminplan ist voll, ein Meeting reiht sich an das andere. Die Frage ist oft: Sind sie notwendig? Zielführend? Muss ich daran teilnehmen, und falls ja: Was bringt es dem Unternehmen und auch mir ein? Der 7-Ps-Framework beantwortet im Vorfeld viele dieser Fragen. Weniger ist oft mehr. Beachten wir die sieben Punkte der Methode und setzen sie konsequent um, so erzielen unsere Meetings und Workshops echte Mehrwerte.

Die Teilnehmer werden es Ihnen mit einer regen und aktiven Teilnahme danken, wenn Sie Ihre Meetings mit dieser Technik planen. Wir haben in unserem Unternehmen diese Vorbereitung und Regeln aktiv an unsere Kollegen*innen kommuniziert, und die meisten setzen diese Methode effizient ein. So arbeiten wir ausschließlich mit Whiteboards und Flipcharts, die wir schon vor den Meetings mit den 7 Ps entsprechend präpariert und beschriftet haben. Dabei legen wir Schwerpunkte auf den einen oder anderen Punkt, und erlauben es uns auch Abweichungen während der Meetings, die ja oft ein Eigenleben entwickeln. Im Großen und Ganzen aber gilt: Eine gute Vorbereitung hilft uns enorm, zielgerichtete, sinnvolle Zusammenkünfte zu realisieren. Der 7-Ps-Framework ist dabei maximal hilfreich.

Transformationswirksamkeit

- Wirksam für alle Transformationen

Transformationsfähigkeit

- Fördert die allgemeine Transformationsfähigkeit des Teams

Einsatzcharakteristik

- Austauschfokus: vornehmlich mit internen und externen Personen
- Durchführungszeit: eher gering (< 1 Stunde)
- Einsatzfrequenz: sinnvoll im dauerhaften Einsatz
- Einsatzradius: vornehmlich im Teameinsatz
- Einsatzradius: vornehmlich im unternehmensweiten Einsatz
- Komplexität für den Moderator: eher gering
- Komplexität für die Teilnehmer: eher gering
- Teamgröße: Kleingruppe möglich (3 bis 5 Teilnehmer)
- Teamgröße: Mittelgroße Teams möglich (5 bis 20 Teilnehmer)
- Vorbereitungszeit: eher gering (<1 Stunde

Nötiger Input, um mit der Methode arbeiten zu können

- Aktuelle Herausforderung, Leitfrage, Problem
- Angereicherte Ideen, Ideencluster oder höher integrierte Lösungen
- Beteiligte Personen mit Tätigkeiten und Aufgaben
- Ideen und Projekte die zur Umsetzung anstehen
- Liste von Alternativen
- Durchführungszeit, Trainingszeit
- Merkmale der gegebenen Herausforderung
- Ziele, Zielsystem, Kennzahlen

Erzeugter Output der Methode

- Bessere Projekteffizienz, bessere Teamperformance
- Erzeugt Planungen und Priorisierungen
- Erzeugt besseren Teamspirit, mehr Offenheit, Inspirationsempfindlichkeit
- Erzeugt definierte Zielkorridore
- Erzeugt größere Klarheit zu einem Thema
- Erzeugt mehr Hintergrundinformationen

Hinderniseffekte, auf die die Methode positiv wirkt

- 05 – Verhindert blinden Aktionismus
- 16 – Beugt Misinterpretationen vor
- 24 – Verkürzt und durchbricht vorhandene Kreativblockaden
- 33 – Schwächt Verdiskutiererei
- 36 – Schafft schnell Klarheit und beschleunigt Erkenntnisgewinn
- 37 – Verkürzt zu lange Entscheidungsmeetings
- 38 – Verkürzt zu lange Meetingzeiten
- 41 – Verringert zu große Komplexitäten
- 42 – Überzeugt strukturliebende Teammitglieder

Mögliche Extravorteile

- für Teams mit einer souveränen Teamleitung

Quellen

Buch – Gamestorming. Ein Praxisbuch für Querdenker, Moderatoren und Innovatoren, Dave Gray, Sunni Brown und James Macanufo (O'Reilly 2011)

Web – https://gamestorming.com/?s=7PS, 12. Mai 2021

Grafik: verrocchio Mindset-Card – Illustration: Jennifer Weiss

Das magische Projektmanagement-Dreieck

EinSatzBeschreibung

Grafische Methode, um Wirkungszusammenhänge im Projekt zu verdeutlichen.

Transformation-Index

P1 Leading	P2 Organizing	P3 Connecting	P4 Growing	P5 Talking	P6 Scanning	P7 Exploiting	P8 Exploring	P9 Earning	P10 Scaling
x	x	x	x	x	x	x	x	x	x

Beschreibung

Das magische Dreieck beschreibt im Projektmanagement im klassischen Blick das Zusammenspiel zwischen den drei Faktoren Zeit – Kosten – Leistung. Zwischen diesen drei miteinander verbundenen Eckpunkten wird das Projektergebnis austariert; verändert man einen der Faktoren, hat dies auch eine Auswirkung auf die anderen beiden. Das magische Dreieck hilft also, die klassischen Projekt-Parameter im direkten Verhältnis miteinander zu beschreiben. Beispiele: Ich kann ein Ergebnis in der erwarteten Qualität früher abliefern, allerdings steigt dann das Budget. Oder: Wenn wir mehr Zeit für das Projekt bekommen, können wir es im vereinbarten Budget-Rahmen mit einer guten Qualität umsetzen.

In Transformations-Projekten hilft das klassische Projektmanagement-Dreieck ganz einfach dabei, diese Wirkungszusammenhänge auf Projektleitungs-Ebene oder für das ausführende Team deutlich zu machen. So kann es beispielsweise als argumentative Unterstützung in Richtung Management fungieren und auch den operativ Arbeitenden den Rücken stärken, um sich auf das Wesentliche zu fokussieren. Da sich gerade digitale Projekte oft zwischen komplementären Bereichen (zum Beispiel IT – Vertrieb; technische Perspektive – fachliche Perspektive) abspielen, ist die Erweiterung um einen dritten der klassischen Faktoren im Projektmanagement-Dreieck ein guter Trick, um dieses komplementäre Zusammenspiel zu verdeutlichen. So kann zum einen der strategische Fokus des Projektes klarer herausgearbeitet werden, zum anderen ergibt sich ein sehr verständliches Modell, um zwischen den unterschiedlichen Perspektiven zu vermitteln.

Durchführung

Um mit dem Projektmanagement-Dreieck zu arbeiten, legt man zunächst fest, welche drei Faktoren man miteinander ins Verhältnis setzen möchte. Möchte man sich nicht auf die drei klassischen Faktoren Zeit – Kosten – Leistung einschränken, sind zunächst die spezifischen Eckpunkte zu definieren. Oft ergeben sich diese aus dem Kontext der Arbeit im Projekt, man kann aber auch ein Brainstorming vorschalten, um die Faktoren herauszuarbeiten.

Im nächsten Schritt wird dann recht simpel das Dreieck aufgezeichnet (digital oder analog) und mit den drei Begriffen in den Ecken beschriftet. Man kann zum Beispiel auch den wichtigsten Aspekt an die Spitze des Dreiecks schreiben und so die Priorisierung widerspiegeln. Man hat nun ein sehr simples plastisches Modell an der Hand, um die Wirkungszusammenhänge zu verdeutlichen: Wenn man an der einen Seite zieht, passen sich die anderen an. Wenn der eine Winkel spitzer wird, werden die anderen stumpfer. Dies ist sehr eingängig und unkompliziert zu vermitteln.

Was auf den ersten Blick trivial erscheint, wird im Projektverlauf oft zu einem wichtigen Referenzpunkt. Denn oftmals zeigt sich, dass die Vorstellungen zwischen unterschiedlichen Stakeholdern im Projekt implizit übereinstimmen, aber tatsächlich auseinanderliegen. Deshalb ist es lohnenswert, die Wahrnehmung im Team mit dem magischen Dreieck herauszufordern.

Beispiele: Vorstellung: Wir müssen pünktlich abliefern.

vs. Erwartungshaltung: Es soll möglichst gut und umfänglich sein.

Vorstellung: Die UX muss super sein.

vs. Erwartungshaltung: Neue Funktionalitäten im Backend sollen entstehen.

Das magische Projektmanagement-Dreieck lässt sich ganz einfach auf Papier oder einem Whiteboard aufzeichnen. Natürlich kann man an auch digitale Tools dafür nutzen (PowerPoint, Miro, Mural etc.).

Die Methode kann mit dem Team gemeinsam erarbeitet werden oder auf der Ebene der Projektleitung als Tool eingesetzt werden, um Klarheit über das Zusammenspiel im Projekt zu erhalten. Es bietet sich auch an, das projekt-spezifische magische Dreieck für das Team gemeinsam sichtbar zu machen (z. B. als Ausdruck im Projektraum oder als Teil der Status-Unterlagen), damit sich die gemeinsame strategische Perspektive schärft und man im weiteren Projektverlauf darauf zurückkommen kann.

Praxisschlaglicht

In unserem Transformationsprojekt sollte ein Team aus Vertriebs- und IT-Mitarbeiter:innen eine neue technische Infrastruktur mit Bestellstrecke umsetzen. Die Projektmitglieder waren aus dem Tagesgeschäft einen starken UX-Fokus und hohen Zeitdruck gewohnt. In unserem Projekt lag der strategische Fokus allerdings auf der Umsetzung der neuen technischen Infrastruktur. Dafür war das Management bereit, Abstriche bei der UX hinzunehmen und dem Team auch, wenn nötig, mehr Zeit als ursprünglich geplant einzuräumen. Schließlich wurde eine Verschiebung des ursprünglich geplanten Release-Datums zugunsten einer höheren technischen Qualität nötig, wobei die erhöhten Aufwände allerdings nicht der UX zugutekamen. Im Team entstand zunächst Irritation, dann hat das Aufzeigen der unterschiedlichen Achsen im Projektmanagement-Dreieck geholfen, den Fokus auf das Projektziel zu schärfen und den gedanklichen Druck für den Zeitplan und die

UX herauszunehmen. Zweifelnde Team-Mitglieder konnten so wieder neu motiviert werden. Auch in der Vermittlung zwischen Führungs-Vision und Umsetzung hat sich die Arbeit mit dem Projektmanagement-Dreieck so ausgezahlt.

Transformationswirksamkeit

- Wirksam für alle Transformationen

Transformationsfähigkeit

- Zahlt auf eine bessere Wahrnehmung ein

Einsatzcharakteristik

- Durchführungszeit: eher gering (< 1 Stunde)
- Einsatzfrequenz: sinnvoll im dauerhaften Einsatz
- Einsatzradius: vornehmlich im projektweiten
- Komplexität für den Moderator: eher mittel
- Komplexität für die Teilnehmer: eher mittel
- Teamgröße: Einzelpersonennutzung möglich
- Teamgröße: Kleingruppe möglich (3 bis 5 Teilnehmer)
- Teamgröße: Maxigruppen möglich (20 bis 40 Teilnehmer)
- Teamgröße: Mittelgroße Teams möglich (5 bis 20 Teilnehmer)
- Vorbereitungszeit: eher gering (<1 Stunde)

Nötiger Input, um mit der Methode arbeiten zu können

- Aktuelle Herausforderung, Leitfrage, Problem
- Ideen und Projekte die zur Umsetzung anstehen
- Merkmale der gegebenen Herausforderung
- Ziele, Zielsystem, Kennzahlen

Erzeugter Output der Methode

- Bessere Projekteffizienz, bessere Teamperformance
- Erzeugt größere Klarheit zu einem Thema
- Hilft bei Entscheidungen, Bewertungen und Feedback
- Macht Wirkzusammenhänge sichtbar

Hinderniseffekte, auf die die Methode positiv wirkt

- 04 – Beugt blinden Flecken/Betriebsblindheit vor
- 11 – Schärft eine fehlende gemeinsame Ausrichtung
- 13 – Schafft für den Erfolg nötige Realitätsbezüge
- 16 – Beugt Misinterpretationen vor
- 32 – Verhindert unreflektiertes Agieren
- 36 – Schafft schnell Klarheit und beschleunigt Erkenntnisgewinn
- 42 – Überzeugt strukturliebende Teammitglieder
- 44 – Überzeugt einen Rationalisierer

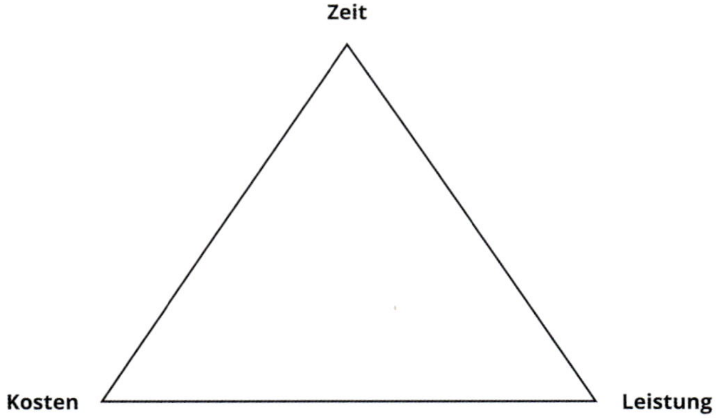

Grafik: Stephanie Bretz

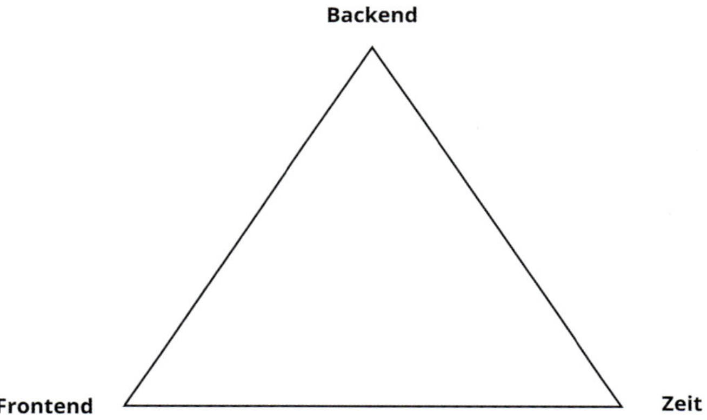

Grafik: Stephanie Bretz

Mögliche Extravorteile

- für erfahrene Trainer und Agile Coaches
- für innovativ erfahrene Teams

Quellen

Organisation – masterplan.academy GmbH, Düsseldorf, www.masterplan.academy
Person – Stephanie Bretz, stephanie.bretz@masterplan.academy

Das Verkaufsgespräch

EinSatzBeschreibung

Simulation eines Verkaufsgespräches, um tatsächliche Produktvorteile transparent und bewertbar zu machen.

Transformation-Index

P1 Leading	P2 Organizing	P3 Connecting	P4 Growing	P5 Talking	P6 Scanning	P7 Exploiting	P8 Exploring	P9 Earning	P10 Scaling
							x		

Beschreibung

Um den digitalen Transformationsprozess in einem Unternehmen erfolgreich zu gestalten, müssen idealerweise verschiedene Dinge berücksichtigt werden: Prozessverbesserungen, Mentalitätswandel bei der Belegschaft und das Mindset, dass die Kunden bei jeder Entscheidung in das Zentrum des Handelns gestellt werden.

Die Methode des Verkaufsgesprächs kann immer wieder kurzfristig und mit einfachen Mittel eingesetzt werden, da die Simulation eines Verkaufsgespräches eine geeignete Technik ist, um tatsächliche Produktvorteile zügig transparent und bewertbar zu machen.

Der potenzielle Kunde im simulierten Verkaufsgespräch muss mit Argumenten überzeugt werden, durch eine positive Zustimmung bzw. durch einen Kauf einen signifikanten Vorteil zu erhalten. Verkäufer im Rollenspiel sind angehalten, die relevanten Produktvorteile verständlich und klar zu beschreiben. Die beschriebenen Produktnutzen sind stets in Relation zu alternativen Entscheidungen zu sehen. Die Teilnehmer können durch gemeinsame Reflexion der beschriebenen Produktvorteile eine Idee besser beurteilen bzw. vorschnelles Urteilen über Ideen kann vermieden werden.

Mit der Technik kann man als Organisation sehr gut validieren, ob Produkte aus dem stationären Handel auch für den Omnichannel-Vertrieb geeignet sind. Lässt sich beispielsweise das Produkt bzw. der Produktnutzen auch im Onlinevertrieb erfolgreich darstellen und vermarkten.

Durchführung

Schritt 1: Die Gruppen werden so eingeteilt, dass idealerweise Zweier- und Dreierteams entstehen. Eine Gruppe besetzt die Rolle der Risikoanleger. Die andere Gruppe übernimmt die Unternehmerrolle.

Schritt 2: Die Gruppen arbeiten zehn Minuten an der Produktidee. Expliziert wird die Idee dann beispielsweise auf einem Flipchart oder Metaplanwänden. Maximal zwei Teilnehmer aus einer Gruppe übernehmen die Produktvorstellung. Alle anderen Teilnehmer der vorstellenden Gruppe halten sich bereit, den Risikoanlegern mögliche Fragen zu beantworten.

Schritt 3: Nach acht Minuten wird von den Risikoanlegern der Hinweis gegeben, dass die „letzten zwei Minuten" angebrochen sind.

Schritt 4: Die Gruppen haben drei Minuten Zeit die Produkte (insbesondere die Produktvorteile) vorzutragen.

Schritt 5: Die Risikoanleger haben fünf Minuten Zeit Fragen stellen.

Um die Methode „Das Verkaufsgespräch" erfrischend und dynamisch zu gestalten, kann man am Ende auswählen lassen welches Verkaufsteam die besten Argumente vorgetragen hat.

Praxisschlaglicht

In einem digitalen energiewirtschaftlichen Start Up wurde die Frage diskutiert, ob PayPal als Zahlungsmethode für Kunden zur Bezahlung von Strom- und Erdgasprodukte angeboten werden sollte. Das Team war sich nicht sicher, ob Aufwand und Kosten der Integration von PayPal an die cloudbasierte Abrechnungsplattform zielführend und lohnend seien.

Im Zuge dessen wurde die Methode „Das Verkaufsgespräch" als geeignete Technik identifiziert, um eine finale Entscheidung herbeizuführen. Die Gruppen wurden im Rahmen eines Workshops eingeteilt, um Vor- und Nachteile der Produktdienstleistung durch das simulierte Verkaufsgespräch zu reflektieren. Folgender Erkenntnisgewinn in Bezug auf die Produktvorteile von PayPal konnten gewonnen werden:

- Neben Überweisung, Lastschrift oder Kreditkarte ist die Zahlung per PayPal eine gängige Methode vor allem bei Online-Geschäften.
- PayPal ist einfach in der Handhabung. Um Einkäufe online zu bezahlen, benötigen man lediglich eine E-Mail-Adresse und das Passwort.
- Transaktionen werden sehr schnell ausgeführt.
- PayPal gibt keine Informationen über Bankkonten oder Kreditkarten an den Zahlungsempfänger weiter.
- PayPal bietet einen „Käuferschutz" genannte Sicherheitsfunktion an.
- PayPal-Zahlungen für Einkäufe und Freunde-Überweisungen sind gebührenfrei.
- Mit PayPal als Zahlungsmethode hat man in der Energiewirtschaft fast ein Alleinstellungsmerkmal.

Durch die Fragen der Risikoanleger ergab sich ebenfalls schnell Klarheit über die Produktnachteile von PayPal im Kontext einer digitalen energiewirtschaftlichen Company:

- PayPal-Konten werden häufig Ziel von Kriminellen. Über gefälschte E-Mails werden Kunden auf betrügerische Internet-

seiten geleitet und dort zur Preisgabe ihrer persönlichen Daten bzw. PayPal-Kennwörter aufgefordert.
- Ihre Daten speichert PayPal auf Servern in den USA. Es ist also nicht eindeutig, wo genau die Daten liegen und welche Datenschutzvorkehrungen dort getroffen werden.
- PayPal gibt Daten an Dritte weiter. Das ist notwendig, um Transaktionen abzuwickeln oder Vorschriften einzuhalten.
- Von Onlinehändlern verlangt PayPal Gebühren für erhaltene Zahlungen.

Nach Abwägung aller Produktargumente entschied sich das Team des Energie-Start-ups zur Integration von PayPal in ihre digitale Abschlussstrecke.

Transformationswirksamkeit

- Wirksam für Marketingtransformationen
- Wirksam für Produkttransformationen
- Wirksam für Servicetransformationen

Transformationsfähigkeit

- Zahlt auf eine bessere Vorstellungskraft ein
- Zahlt auf eine bessere Wahrnehmung ein

Einsatzcharakteristik

- Austauschfokus: vornehmlich mit internen und externen Personen
- Durchführungszeit: eher mittel (>1 Stunde bis <1 Tag)
- Einsatzfrequenz: vornehmlich im einmaligen Einsatz
- Einsatzfrequenz: vornehmlich über im kompletten Projektzeitraum
- Einsatzradius: vornehmlich im projektweiten Einsatz
- Komplexität für den Moderator: eher hoch
- Komplexität für die Teilnehmer: eher hoch
- Teamgröße: Kleingruppe möglich (3 bis 5 Teilnehmer)
- Teamgröße: Mittelgroße Teams möglich (5 bis 20 Teilnehmer)
- Vorbereitungszeit: eher mittel (>1 Stunde bis <1 Tag)

Nötiger Input, um mit der Methode arbeiten zu können

- Frühe erste Prototypen
- Ideen, Lösungsansätze, Vorideen, Varianten
- Produktmerkmale, Skizzen, Eigenschaften

Erzeugter Output der Methode

- Erzeugt Prognosen und Ableitungen
- Erzeugt Nutzenfunktionen und Bedürfniskorridore
- Erzeugt angereicherte Ideen, Ideencluster, höher integrierte Lösungen
- Erzeugt neues Wissen und neue Erfahrungen
- Erzeugt größere Klarheit zu einem Thema
- Erzeugt mehr Know-how-Zuwachs
- Hilft bei Entscheidungen, Bewertungen und Feedback
- Identifiziert vorhandene Schwachstellen
- Identifiziert vorhandene Stärken
- Macht Wirkzusammenhänge sichtbar

Hinderniseffekte, auf die die Methode positiv wirkt

- 08 – Verhindert einseitige Bewertungen und Entscheidungen
- 11 – Schärft eine fehlende gemeinsame Ausrichtung
- 13 – Schafft für den Erfolg nötige Realitätsbezüge
- 16 – Beugt Misinterpretationen vor
- 20 – Verhindert Ideenfindung mit zu schwacher Erkenntnisgrundlage
- 28 – Stärkt schwache Anreicherungsskills
- 34 – Verhindert vorschnelles Urteilen über Ideen
- 36 – Schafft schnell Klarheit und beschleunigt Erkenntnisgewinn

Mögliche Extravorteile

- für Teams mit einem starkem Auftragsmandat
- für Teams mit einer souveränen Teamleitung
- für erfahrene Trainer und Agile Coaches

Quellen

Buch – Das große Handbuch Innovation, B. van Aerssen, C. Buchholz (Vahlen 2018)

Debriefing Cube

EinSatzBeschreibung

Sammlung an Fragen für die Nachbesprechung von Simulationen, interaktiven Übungen und Serious Games.

Transformation-Index

P1 Leading	P2 Organizing	P3 Connecting	P4 Growing	P5 Talking	P6 Scanning	P7 Exploiting	P8 Exploring	P9 Earning	P10 Scaling
x	x	x	x	x	x	x	x	x	x

Beschreibung

Viele der in diesem Buch beschriebenen Methoden entfalten ihre volle Wirkung erst durch eine angemessene Nachbesprechung (= Debriefing). Der Moderator steuert und beeinflusst durch die gestellten Fragen im Debriefing maßgeblich den Erkenntnisgewinn. Entsprechend eigenen sich auch nicht alle Fragen für jede Simulation. Diese sollten passend zum angestrebten Lernziel sorgfältig gewählt werden.

Julian Kea und Chris Caswell haben aus ihrer 2017 entstandenen Idee #TheDebriefingCube entwickelt und damit die Welt der Facilitoren ungemein bereichert. Dabei handelt es sich um eine Sammlung von Fragen zur Nachbesprechung dieser reflexionsbedürftigen Formate, die insgesamt sechs wesentliche Fokusthemen adressieren:

1) Ziel: Erforschen der ersten Schritte und des Ziel-Verständnisses der Gruppe
2) Prozess: Erforschen der einzelnen Prozessschritte
3) Gruppendynamik: Erforschen von beobachteten Verhaltensweisen
4) Kommunikation: Erforschen von Gedachtem, Gehörtem und Gesagtem
5) Emotionen: Erforschen von Gefühlen und ihren Auswirkungen
6) Was nun? Erforschen von Erkenntnissen

Die im Set enthaltenen Fragen können nach Belieben mit eigenen Fragen ergänzt werden.

#TheDebriefingCube ist unter einer Creative Commons Namensnennung 4.0 International Lizenz lizenziert und kann online als ausschneidbares Kartenset kostenfrei heruntergeladen werden. Eine hochwertig gedruckte Version in einer edlen Holzbox wird in einer Integrationswerkstatt in Berlin gefertigt und ist käuflich erwerbbar. Die beiliegenden Würfel, bei denen jede Seite eines dieser Fokusthemen durch ein Symbol darstellt, ermöglicht eine Gamification auch während der Nachbesprechung. Mittlerweile gibt es auch eine kostenfreie browserbasierte Onlineversion des #TheDebriefingCube, bei der virtuell gewürfelt werden kann.

Foto: TheDebriefingCube.de

Durchführung

In der Anleitung des #TheDebriefingCube sind insgesamt vier verschiedene Anwendungsmöglichkeiten beschrieben, wie das Set verwendet werden kann. Besitzt der Moderator die passenden Würfel des #TheDebriefingCube, ergibt sich noch eine fünfte Anwendungsmöglichkeit für die Verwendung.

Anwendungsmöglichkeit 1: Konzeption

Nachdem der Moderator sich über die Zielsetzung der gewählten Übung und über das verfügbare Zeitfenster für das Debriefing im Klaren ist, verwendet er das Kartenset als Inspiration und wählt geeignete Fragekarten aus. Diese kann er an die Teilnehmer und an die angestrebte Lernerfahrung anpassen. Im Debriefing selbst stellt er die gewählten Fragen. Wichtig dabei ist, bei der Umsetzung situativ auf die Antworten der Teilnehmer einzugehen und neue Fragen daraus entstehen zu lassen.

Anwendungsmöglichkeit 2: Live

Der Moderator wählt passende Karten aus dem Kartenset aus, während er die Teilnehmer bei der Durchführung der Aufgabenstellung beobachtet. Anschließend werden die Teilnehmer auf das Debriefing vorbereitet. Große Gruppen sollten nach Möglichkeit in kleinere Gruppen geteilt werden, damit alle Teilnehmer ihre Erkenntnisse teilen können. Der Moderator beginnt die Reflexion, indem er eine Frage stellt. Die Karten selbst behält er als Inspiration in der Hand. Sobald die Frage durch die Teilnehmer beantwortet wurde, wählt er die nächste Frage, bis die vorhandene Debriefing-Zeit vorüber ist.

Anwendungsmöglichkeit 3: Anleiten

Der Moderator wählt vorab passende Karten für die Reflexion aus und bringt sie in eine gewünschte Reihenfolge. Bei Bedarf werden Kleingruppen gebildet. Anschließend teilt er den Gruppen unterschiedliche Karten aus und lässt sie diese selbstorganisiert erkunden. Nach Ablauf der vereinbarten Zeit für die Gruppendiskussion folgt das Teilen der gewonnenen Erkenntnisse in der Großgruppe.

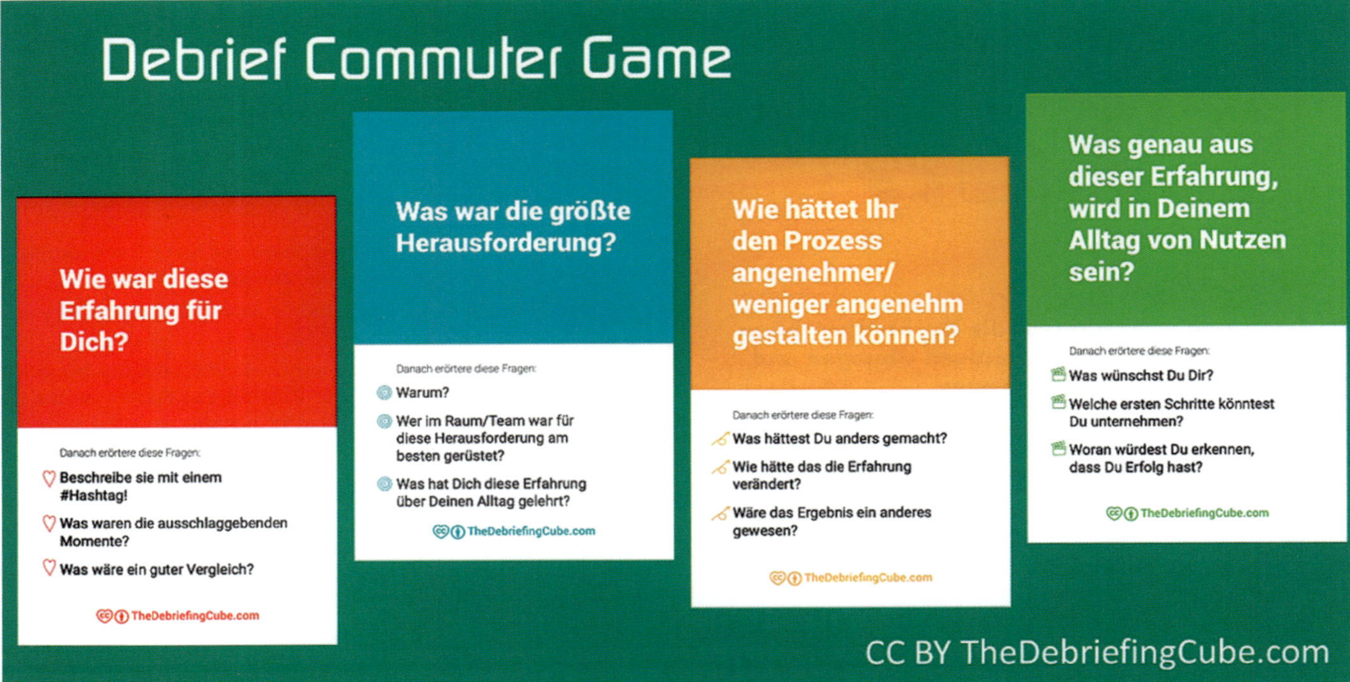

Präsentation von Sabina Lammert

Anwendungsmöglichkeit 4: Erkunden

Nachdem die Teilnehmer Kleingruppen gebildet haben, teilt der Moderator jeder Gruppe ein gesamtes Kartenset aus. Die gemischten Karten werden von den Teilnehmern nacheinander gezogen, beantwortet und diskutiert. Anschließend werden die gewonnenen Erkenntnisse der Kleingruppen in der Großgruppe geteilt und besprochen.

Anwendungsmöglichkeit 5: Würfeln

Ist der Moderator in Besitz eines #TheDebriefingCube-Sets mit Würfeln, kann er ganze Sets den Teams austeilen. Diese stapeln und mischen die Karten der sechs verschiedenen Kategorien separat, sodass am Ende sechs Stapel verdeckt auf dem Tisch liegen. Ein erster Teilnehmer der Kleingruppe würfelt und zieht anschließend eine Karte mit dem entsprechenden Symbol auf dem Würfel. Nachdem diese Frage beantwortet und diskutiert wurde, ist der nächste Teilnehmer dran und würfelt erneut. So entsteht eine Diskussion, die Dank des Würfels eine spielerische Komponente beinhaltet. Die Erkenntnisse der Kleingruppen werden abschließend in der Großgruppe geteilt.

Praxisschlaglicht

In einem Online-Leadership-Training haben die Teilnehmer das Commuter Game gespielt (siehe im Buch). Die zehn Teilnehmer wurden dafür in zwei gleichgroße Gruppen geteilt. Nachdem die Moderatorin alle wieder aus den Breakout-Sessions in den Hauptraum geholt hat, stellte sie die vier Fragen, die die Teilnehmer besprechen sollten, vor.

- Emotionen #30: Wie war diese Erfahrung für dich?
- Ziel #7: Was war deine größte Herausforderung?
- Prozess #11: Wie hättet ihr den Prozess angenehmer/weniger angenehm gestalten können?
- Take-away #38: Was genau aus dieser Erfahrung wird in deinem Alltag von Nutzen sein?

Die Teilnehmer wurden für die Diskussion wieder in ihre jeweiligen Teams in die Breakout-Sessions zurückgeschickt. Nach 15 Minuten Diskussionszeit versammelten sie sich wieder gemeinsam im Hauptraum der Videokonferenz und sie teilten ihre größten Erkenntnisse. Dank den Fragen und der Unterstützung der Moderatoren identifizierte die Teilnehmer des Leadership-Trainings auf diese Weise sogenannte Anti-Pattern, d. h. Verhaltensweisen, die für die Lösung der Aufgabenstellung ungünstig waren. Sie schafften gemeinsam einen Transfer zu ihrem Verhalten im Arbeitsalltag und identifizierten Verbesserungspotenzial im Bereich Leadership und Selbstorganisation in ihrem Unternehmen.

Transformationswirksamkeit

- Wirksam für alle Transformationen

Transformationsfähigkeit

- Fördert die Agilität eines Teams
- Fördert die Teamkreativität
- Fördert die allgemeine Transformationsfähigkeit des Teams
- Fördert grundlegend die Kreativität
- Fördert offene Mindsets und innovative Denkhaltungen
- Sorgt für Inspiration oder bessere Inspirationsempfindlichkeit
- Zahlt auf eine bessere Vorstellungskraft ein
- Zahlt auf eine bessere Wahrnehmung ein

Einsatzcharakteristik

- Austauschfokus: vornehmlich mit internen und externen Personen
- Durchführungszeit: eher gering (< 1 Stunde)
- Einsatzfrequenz: sinnvoll im dauerhaften Einsatz
- Einsatzradius: vornehmlich im Teameinsatz
- Komplexität für den Moderator: eher gering
- Komplexität für die Teilnehmer: eher gering
- Teamgröße: Einzelpersonennutzung möglich
- Teamgröße: Kleingruppe möglich (3 bis 5 Teilnehmer)
- Teamgröße: Maxigruppen möglich (20 bis 40 Teilnehmer)
- Teamgröße: Mittelgroße Teams möglich (5 bis 20 Teilnehmer)
- Vorbereitungszeit: eher gering (<1 Stunde)

Nötiger Input, um mit der Methode arbeiten zu können

- Verschiedene Meinungen und Blickwinkel
- Vorhandenes Wissen und Erfahrungen
- Durchführungszeit, Trainingszeit

Erzeugter Output der Methode

- Erzeugt neues Wissen und neue Erfahrungen
- Erzeugt größere Klarheit zu einem Thema
- Macht Wirkzusammenhänge sichtbar

Hinderniseffekte, auf die die Methode positiv wirkt

- 04 – Beugt blinden Flecken/Betriebsblindheit vor
- 09 – Schwächt zu extrovertierte Teammitglieder
- 16 – Beugt Misinterpretationen vor
- 21 – Bindet eher introvertierte Teammitglieder mit ein
- 36 – Schafft schnell Klarheit und beschleunigt Erkenntnisgewinn

Mögliche Extravorteile

- für unerfahrene Trainer und Agile Coaches

Quellen

Web – TheDebriefingCube.de, 03.05.2021
Web – https://thedebriefingcube-web.azurewebsites.net/, 05.05.2021
Web – https://www.professorgame.com/podcast/167/, 04.05.2021
Person – Julian, Kea, frage@kiLearning.net
Person – Chris Caswell, https://www.linkedin.com/in/cscaswell/

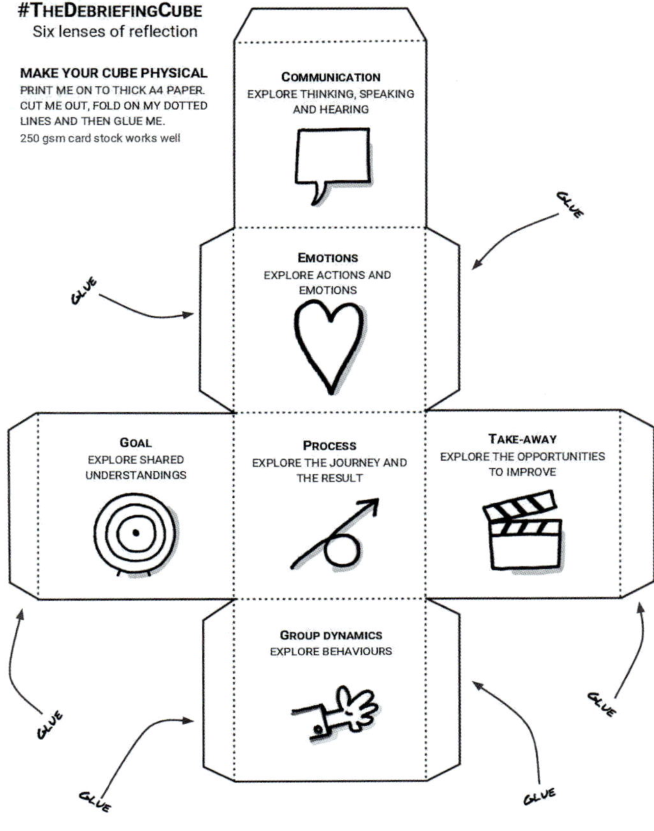

Grafik: TheDebriefingCube.de

DELAG+ Framework

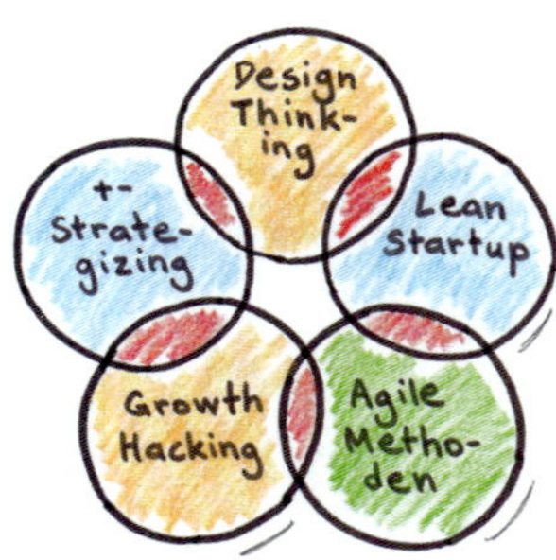

EinSatzBeschreibung

Beschreibt, wie man von der Discovery über die Validierung von Hypothesen zur Umsetzung gelangt.

Transformation-Index

P1 Leading	P2 Organizing	P3 Connecting	P4 Growing	P5 Talking	P6 Scanning	P7 Exploiting	P8 Exploring	P9 Earning	P10 Scaling
					x	x	x	x	x

Beschreibung

Zur digitalen Transformation gehört es dazu, digitale Geschäftsmodelle zu entwickeln und zu etablieren. Dazu finden Sie in diesem Buch viele hilfreiche Methoden, die Sie bei verschiedenen Szenarien unterstützen.

Im Kontext der Entwicklung von digitalen Produkten & Services haben in der Praxis viele Unternehmen häufig Probleme damit, diese Methoden sinnvoll und ganzheitlich zu kombinieren, um eine Idee zu generieren, aus dieser ein erfolgreiches Geschäftsmodell zu gestalten und die ersten Kunden zu akquirieren.

Um erfolgreich digitale Geschäftsmodelle zu entwickeln, werden einerseits ein interdisziplinäres Team und das entsprechende Umfeld zum freien, kreativen Arbeiten benötigt. Andererseits werden auch die richtigen Werkzeuge/Methoden und ein entsprechender Prozess benötigt. Das Framework „DELAG+" bietet einen Vorschlag für den ganzheitlichen Prozess mit einem vorausgewählten Werkzeugkasten.

DELAG+ Framework

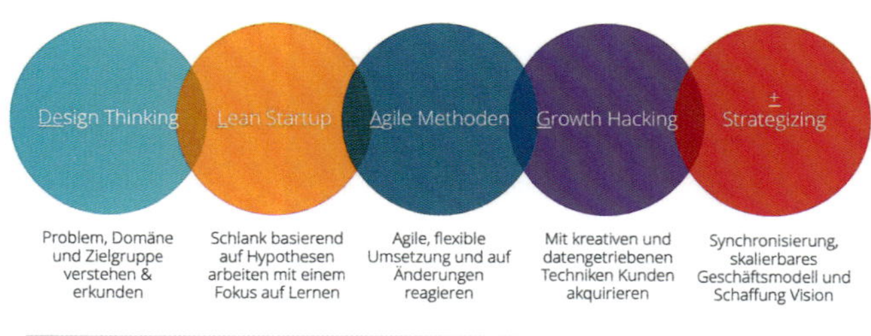

Die Phasen können **iterativ** in **Sprints** durchlaufen werden. Jede Phase bringt bestimmte **Ziele** mit sich, die durch **Methoden** erreicht werden können. Dadurch werden **Artefakte** geschaffen, die diese Phasen miteinander verbinden.

Grafik: oomanIT GmbH

„Standing on the shoulders of giants."

Die im Framework benutzten und von Experten entwickelten Methoden sind keinesfalls neu und größtenteils in diesem Buch beschrieben. Das Framework bringt diese in ein gemeinsames Grundgerüst, um digitale Geschäftsmodelle zu entwickeln.

Dazu gehören vor allem folgende Makro-Methoden:

- **De**sign Thinking soll sicherstellen, dass wir uns kundenzentriert auf die richtigen Problemstellungen konzentrieren
- **L**ean Startup soll sicherstellen, dass wir schlank arbeiten, unsere Annahmen hinterfragen und durch Fehler kontinuierlich lernen und verbessern
- **A**gile Methoden sollen sicherstellen, dass wir während der Umsetzung flexibel bleiben und auf sich ändernde Anforderungen reagieren können
- **G**rowth Hacking soll sicherstellen, dass wir die obigen Methoden auch in das Marketing transferieren, um kreativ, schlank, agil und datengetrieben Kunden akquirieren
- **± Strategizing** soll sicherstellen, dass wir an einer gemeinsamen Vision arbeiten, ein skalierbares Geschäftsmodell aufbauen und die Methoden ineinander übergreifen können

„Lag" bedeutet „nachhängen", „dahinkriechen" oder „langsam vergehen". Das als Akronym gebildete Kunstwort DELAG+ soll als Framework dagegenwirken, indem Geschäftsmodelle durch die Methoden schlank und schnell entwickelt und somit Verzögerungen durch eine Integration der verschiedenen Phasen und Methoden vermieden werden können.

Die DELAG+-Phasen

Ein Produkt hat im Gegensatz zu einem Projekt erst einmal kein festgesetztes Enddatum. Daher gibt es immer wiederkehrende Aktivitäten bei der Entwicklung von digitalen Geschäftsmodellen, die kontinuierlich und iterativ durchlaufen werden, solange das Produkt existiert, es erfolgreich ist und man es aktiv weiterentwickeln möchte.

Der Zyklus kann dabei in verschiedene Phasen unterteilt werden. Diese Phasen lassen sich nach agiler Vorgehensweise in Sprints durchlaufen. Jede Phase bringt bestimmte Ziele mit sich, auf die sich diese Phase konzentriert. Um diese Ziele zu erreichen, werden bestimmte Methoden durchgeführt, durch die wiederum Artefakte bzw. Ergebnisse („Deliverables") entstehen. Die Methoden sind in DELAG+ so ausgewählt, dass die entstehenden Artefakte durchgängig zwischen den Phasen durchgereicht und weiterverwendet werden können. Es sind handfeste Ergebnisse, wie z. B. Personas, Designs, User Stories oder ein Prototyp. Artefakte sind somit in DELAG+ quasi die Bindeglieder zwischen den Phasen.

Die Sprints der Phasen können beliebig verknüpft und kombiniert werden. Zu Beginn liegt der Fokus meist auf Strategy Sprints und Discovery Sprints. Bei Beginn der Umsetzung gibt es vermutlich mehrere Delivery Sprints. Aber die verschiedenen Sprints können auch bspw. in Form von „Dual-Track Agile" (im Buch beschrieben) kombiniert und synchron oder sequenziell durchlaufen werden. Dies kommt immer auf Organisation, Team, Kontext, Umgebung,

Rahmenbedingungen und Produkt an. Was in DELAG+ aber konstant ist, ist ein übergreifender Wertfluss durch die Schaffung von wiederverwendbaren Artefakten zwischen den Phasen. Dieser kann idealerweise in einem Kanban Board festgehalten werden:

Doch welche Phasen werden in DELAG+ durchlaufen, um ganzheitlich Geschäftsmodelle zu entwickeln – von der Ideenfindung bis zur Umsetzung und Vermarktung?

Dazu schauen wir uns die Definition eines Geschäftsmodell nach Alexander Osterwalder an:

„Ein Geschäftsmodell beschreibt das Grundprinzip, nach dem eine Organisation Werte schafft, vermittelt und erfasst."

Doch was genau ist ein Wert, ein Wertversprechen bzw. eine „Value Proposition"? Und wie können wir diesen schaffen, vermitteln und ausliefern? Eine Value Proposition entsteht, wenn wir Kunde, Problem und Lösung zusammenbringen. Wir müssen validieren, dass eine bestimmte Zielgruppe ein Problem hat und wir dieses Problem mit einer Lösung bzw. einem Wertversprechen adressieren können. Diesen Meilenstein nennt man „Problem-Solution-Fit".

Dies reicht aber noch nicht für ein tragfähiges Geschäftsmodell – eine Value Proposition allein genügt nicht. Wir müssen also zusätzlich validieren, dass die relevante Zielgruppe sich für diese Lösung interessiert, gegenüber anderen Lösungen vorzieht und bereit ist, dafür etwas zu bezahlen (Entstehen einer „Unique Value Proposition"). Diesen Meilenstein nennt man „Product-Market-Fit".

Wir haben ein relevantes Problem einer Zielgruppe identifiziert, wir können dieses adressieren und die Zielgruppe ist bereit, dafür Geld zu bezahlen. Allerdings fehlt neben der Value Proposition noch das Geschäftsmodell selbst, in das wir diese Value Proposition einbetten können, damit wir diese auch skalierbar schaffen, vermitteln und ausliefern können und der Umsatz am Ende dabei größer ist als die Kosten. Diesen Meilenstein nennt man „Business Model Fit".

Mit dem Geschäftsmodell in Kombination mit der Unique Value Proposition müssen wir also sicherstellen, dass wir diesen Wert skalierbar erschaffen („Desirability"/Wünschbarkeit), vermitteln („Feasibility"/Machbarkeit) und erfassen können („Viability"/Rentabilität).

Die „Desirability" bezieht sich auf die Erschaffung des Wertes: Eine Zielgruppe hat ein Problem, welches wir mit unserem Wertversprechen adressieren (Problem-Solution-Fit). Diesen Schritt nennen man auch „Customer Discovery".

Die Zielgruppe interessiert sich für die Lösung, präferiert es gegenüber anderen Lösungen und ist bereit, etwas zu bezahlen (Product-Market-Fit). Diesen Schritt nennt man auch „Customer Validation".

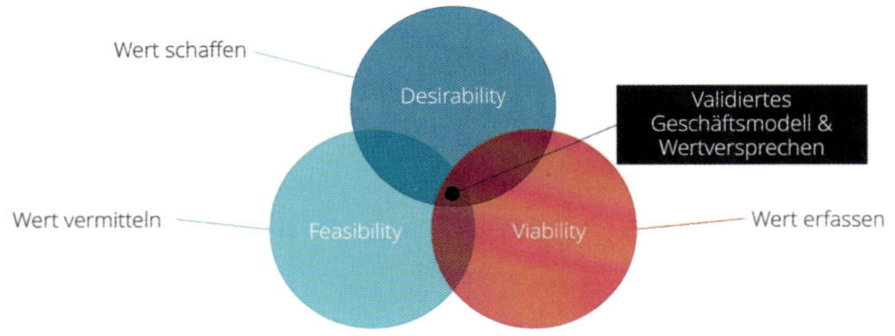

Grafik: oomanIT GmbH

Die „Feasibility" bezieht sich auf die Vermittlung des Wertes: Wir müssen die Lösung und Wertschöpfung skalierbar erschaffen und ausliefern können.

Die „Viability" bezieht sich auf die Erfassung des Wertes: Wir müssen sicherstellen, dass wir profitabel sein können und die Kosten langfristig geringer sind als die Einnahmen.

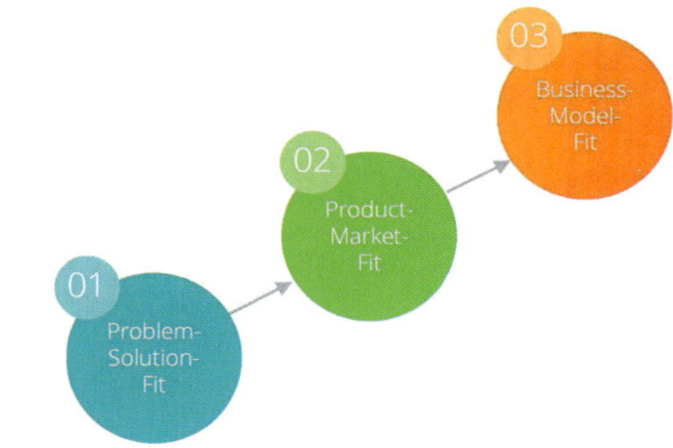

Grafik: oomanIT GmbH

Wenn wir zusammen mit der „Desirability" auch die „Feasibility" und „Viability" des Geschäftsmodells sichergestellt haben, nennen wir diesen Schritt „Customer Creation" (Business Model Fit).

Diese verschiedenen Schritte und Meilensteine werden in DELAG+ in folgende Phasen abgebildet:

1. Discovery Sprint mit Fokus auf „Desirability"
2. Delivery Sprint mit Fokus auf „Feasibility"
3. Growth Sprint mit Fokus auf „Viability"
4. Strategy Sprint mit Fokus zur langfristigen Planung und übergreifenden Synchronisierung

Ein übergreifender Wertfluss kann wie folgt aussehen:

- Discovery: Hypothese → Test → Validiertes/falsifiziertes Ergebnis
- Strategy: Priorisierung und Verfeinerung der Ergebnisse sowie Dokumentierung der Anforderungen für Umsetzung

Grafik: oomanIT GmbH

- Delivery: Dokumentierte Anforderungen aus validierten Ergebnissen → Umsetzung → Review → fertiggestellt
- Growth: Fertiggestellte Ergebnisse → Vermarktung im Funnel → Akquise von Kunden

Durchführung

Wie schon erwähnt, gibt es zu jeder Phase in DELAG+ bestimmte Ziele, Methoden und verbindende Artefakte. Im Folgenden sind die wichtigsten Aspekte zur Durchführung der jeweiligen Sprints zusammengefasst:

Strategy		
Beschreibung	Im Strategy Sprint werden wichtige Aspekte aus einer übergreifenden Perspektive geklärt. Er dient also gewissermaßen als ein Bindeglied zwischen den anderen Sprints zur Discovery, Delivery und zum Growth. Typischerweise kann zu Beginn ein Strategy Sprint oder bei Bedarf ein einzelner Workshop gehalten werden, sozusagen als Auftakt. Strategy Sprints sind ebenso wichtig, um die Ergebnisse aus dem Discovery Sprint zu ordnen, priorisieren und in eine Strategie wie eine Roadmap oder einer MVP-Definition zu verpacken. Nur dadurch können die Ergebnisse nahtlos in die Delivery übergehen und umgesetzt werden. Es muss entschieden werden, was wann umgesetzt werden und festgelegt werden, in welche Richtung wir uns bewegen. So muss zu Beginn zunächst ein initiales MVP-Backlog für die Delivery erstellt werden, welches sich zumeist nach mehreren Discovery Sprints und validierten Ergebnissen ergibt.	
Ziele	– Übergreifende Vision & Werte definieren – Langfristige Ziele festlegen – Übergreifende Projektplanung und Management der Abhängigkeiten – Festlegung der Roadmap und Definition von MVP/Releases – Ableitung von User Stories zur Umsetzung basierend auf den Delivery Ergebnissen – Priorisierung der User Stories für das Product Backlog im Delivery Sprint – Priorisierung der Hypothesen & Experimente für das Testing Backlog im Discovery Sprint – Rahmenbedingungen festlegen (Zeit, Budget, technische Einschränkungen, usw.)	
Methoden und Artefakte	**Methode**	**Artefakte/Ergebnisse**
	Vision Statement zur gemeinsamen Vision Der leere Stuhl	Festgelegte Vision & Werte
	2-Pizza-Teams Remote-Teams	Team-Setup
	User Story Map	User Stories User Story Map Release Roadmap Product Roadmap
	Event Storming	Event Storming Map
	Impact Mapping	Impact Map
	Business Model Canvas	Business Model Canvas
	Value Proposition Canvas	Value Proposition Canvas
	Scrum-Methoden wie Backlog Grooming und Priorisierungsmethoden	Delivery Backlog/Product Backlog (priorisierte User Stories) Discovery Backlog (priorisierte Hypothesen & Experimente)
	Use Case Diagramm	Use Case Diagramm
	MVP, MMP und MLP	MVP-/MMP-/MLP-Definition
	KANBAN	Kanban Board/Wertfluss

Discovery		
Beschreibung	Im Discovery-Sprint geht es darum, die Zielgruppe und deren Probleme zu erforschen sowie mögliche passende Lösungsansätze zu finden. Hier können diverse Methoden verwendet werden, um Zielgruppe, Problem und Lösung zu validieren, welche von Interviews bis hin zu Prototypen reichen. Zu Beginn müssen die Ergebnisse so weit validiert sein, dass diese ein eigenständiges MVP definieren, damit die Delivery-Sprints beginnen können. Sobald ein Problem-Solution-Fit und Product-Market-Fit erreicht sind, können die validierten Ergebnisse nach und nach in einem synchronisierten Weg an die Delivery übergeben werden (z. B. in Form von „Dual-Track Agile")	
Ziele	– „Build the right thing" – Zielgruppe verstehen und Empathie aufbauen (Problem-Solution-Fit) – Probleme erforschen und validieren (Problem-Solution-Fit) – Mögliche Lösungsansätze erforschen und Akzeptanz, Präferenz und Kaufbereitschaft validieren (Product-Market-Fit)	
Methoden und Artefakte	**Methode**	**Artefakte/Ergebnisse**
	Design Thinking Design Sprint	Designs Prototypen Nutzererkenntnisse & „Learnings" Validierte Hypothesen
	Empathy Map	Empathy Map
	User Journey	User Journey
	Kreativitätsmethoden	Ideen, Probleme, Lösungsansätze, …
	Persona	Persona
	Jobs-to-be-done (JTBD)	JTBD-Canvas
	Business Model Canvas	Business Model Canvas
	Value Proposition Canvas	Value Proposition Canvas
	KANBAN	Kanban Board/Wertfluss

Delivery		
Beschreibung	Nach der Discovery müssen die validierten Ergebnisse in die Umsetzung gelangen und released werden. Dies betrifft bspw. die Erstellung von Content, UI/UX Designs und Programmierung	
Ziele	– „Build the thing right." → Wie bauen wir? – Schlanke und agile Umsetzung der Ergebnisse – Erstellung von Content, Designs und Code und damit von Potentially Shippable Products nach jedem Sprint – Effizientes Reagieren auf sich ändernden Anforderungen	
Methoden und Artefakte	**Methode**	**Artefakte/Ergebnisse**
	Pair- & Mob-Programming	Potentially Shippable Product (Content, Code, Design
	Scrum	Potentially Shippable Product (Content, Code, Design
	Behavior Driven Development	Potentially Shippable Product (Content, Code, Design
	Akzeptanzkriterien mit Gherkin	User Stories Akzeptanzkriterien
	KANBAN	Kanban Board/Wertfluss

Growth		
Beschreibung	Die ausgelieferten Ergebnisse müssen vermarktet werden, damit Kunden gewonnen werden können. In den Growth Sprints geht es darum, durch Experimente den passenden Funnel zu finden, durch den Besucher zu Leads und zu Kunden werden.	
Ziele	– Funnel aufbauen/finden – Funnel-Stages verbessern – Nutzer und Kunden akquirieren	
Methoden und Artefakte	**Methode**	**Artefakte/Ergebnisse**
	HEART Framework	HEART Metriken Besucher, Leads, Nutzer, Kunden
	Pirate Metrics	Funnel Besucher, Leads, Nutzer, Kunden
	10 x Launch	Launch-Strategie Besucher, Leads, Nutzer, Kunden
	KANBAN	Kanban Board/Wertfluss

1. **Strategy Workshop: Auftakt**
   Da man immer irgendwo starten muss, bietet sich ein Strategy Workshop als Auftakt an. Für die Ziele dieses Workshops kann man sich an den Zielen für den Strategy Sprint orientieren. Hier sollten aber vor allem alle wichtigen Dinge festgelegt werden, um loslegen zu können. Gibt es schon eine Idee oder müssen erst noch Ideen erforscht werden? Wie setzt sich das Team zusammen und welche Kompetenzen werden benötigt? Wie sehen die Rahmenbedingungen aus wie Zeit, Budget oder technische Einschränkungen? Wie sehen Ziele und die Vision aus?
2. **Discovery Sprints:** Problem, Zielgruppe & Domäne verstehen
   Je nach Stand bieten sich ein oder mehrere Discovery Sprints an, um die wichtigsten Hypothesen zu validieren und damit Zielgruppe, Problem und Domäne zu verstehen sowie passende Lösungen zu testen. Durch die Discovery Sprints wollen wir einen Problem-Solution-Fit und einen Product-Market-Fit erreichen.
3. **Strategy Sprint:** Übergreifend organisieren, priorisieren und synchronisieren
   Im Strategy Sprint werden die Ergebnisse aus den Discovery Sprints übergreifend geordnet und priorisiert, damit die Basis für die Umsetzung in den Delivery Sprints geschaffen werden kann. Es wird nur umgesetzt, was auch hinreichend validiert ist. Im Strategy Sprint ist somit auch zu entscheiden, was erst in die Validierung gehen muss (Discovery) und was in die Umsetzung geht (Delivery). Wenn ausreichend Hypothesen validiert sind, kann hier ein MVP definiert werden, welches dann in die Umsetzung gelangt. So entsteht nach und nach eine Product Roadmap mit verschiedenen Releases, die sich aus den nach und nach validierten Ergebnissen aus den Discovery Sprints ergeben. Wenn die Ergebnisse aus der Discovery noch nicht ausreichend sind, um umgesetzt zu werden, können diese im Strategy Sprint verfeinert werden, also z. B. die Dokumentation als User Story mit Akzeptanzkriterien.
4. **Delivery Sprint:** Umsetzung der validierten und priorisierten Ergebnisse
   Sobald das Product/Delivery Backlog gefüllt ist, und validierte Ergebnisse bspw. in einem MVP umgesetzt werden können, kann es an die Umsetzung gehen. Hierzu gehören sämtliche Aktivitäten wie die Erstellung von Content, Designs, Programmierung, usw. Am Ende eines Sprints sollte die Umsetzung übergreifend im Kontext von Discovery und Strategy betrachtet werden.
5. **Growth Sprint:** Vermarktung der umgesetzten Ergebnisse und Akquise von Nutzern und Kunden
   Im Growth Sprint geht es darum, die umgesetzten Ergebnisse zu vermarkten und einen entsprechenden Funnel aufzubauen, damit Nutzer und Kunden akquiriert werden können.
6. **Rinse & Repeat**
   Die Sprints können beliebig je nach Situation kombiniert, synchronisiert und umgesetzt werden. Es sollte stets der übergreifende Wertfluss im Blick behalten werden. Zwangsläufig müssen die Meilensteine Problem-Solution-Fit, Product-Market-Fit und Business-Model-Fit durchlaufen werden. Auch wenn diese erreicht sind, können die Sprints zur Weiterentwicklung des Geschäftsmodells benutzt werden, um durch die Discovery zu verbessern, Annahmen stets zu überprüfen, agil umzusetzen und zu vermarkten.

Praxisschlaglicht

DELAG+ wurde zur Entwicklung einer Fitness App verwendet. Die Idee für eine Fitness App, in der sich die Nutzer duellieren können, ist formlos während einer Autofahrt entstanden. Im Nachgang haben sich die Beteiligten zu einem Strategy Workshop zusammengefunden und die wichtigsten Themen ausgearbeitet. Die gemeinsame Vision wurde vom Team erarbeitet sowie die wichtigsten Rahmenbedingungen festgelegt: Die Entwicklung sollte durch Bootstrapping selbstfinanziert werden mit einem Fokus auf die mobilen Plattform iOS und Android. Außerdem sollte das MVP innerhalb von 3 Monaten gelauncht werden.

Anschließend wurde die grundlegende Lösungsidee in einem Discovery Sprint weiter ausgearbeitet. Da weniger von einem Problem und mehr von einem Bedürfnis ausgegangen wurde, ist in dem Discovery Sprint die Zielgruppe näher untersucht worden, und weitere kreative Ideen, wie Ranglisten, ein interaktiver „Workout Builder", sind entstanden. Orientiert wurde sich an der Design Sprint-Methode von Google, sodass nach Ende der Woche ein kleiner Prototyp entstanden ist, der bereits mit ersten Nutzern aus der potenziellen Zielgruppe getestet wurde.

Anschließend wurde ein verkürzter Strategy Sprint von drei Tagen durchgeführt, in dem die Ergebnisse aus dem Discovery Sprint in ein Business Model Canvas und Value Proposition Canvas geordnet wurden. Außerdem wurden die Wettbewerber untersucht und ein potenzieller MVP definiert.

Vor Beginn der eigentlichen Umsetzung wurde ein weiterer Discovery Sprint durchgeführt, um weitere kritische Annahmen zu testen und den Prototyp auszubauen. Da die kritischsten Annahmen erfolgreich validiert werden konnten und auch das identifizierte Geschäftsmodell basierend auf einer „Free-Version mit Ads" und einer „Premium-Version mit weiteren Features und ohne Ads" gut bei der Zielgruppe ankam, wurde mit der Umsetzung begonnen.

Hierfür wurde ein weiterer Strategy Day eingeplant, indem die User Stories und Akzeptanzkriterien basierend auf dem Prototyp sowie den Nutzererkenntnissen aus den Discovery Sprints formuliert wurden. In 8 Wochen konnte der MVP in einwöchigen Delivery Sprints umgesetzt werden.

Aktuell werden die Growth Sprints vorbereitet. Für weitere Informationen kontaktieren Sie uns unter www.ooman.it.

Transformationswirksamkeit

- Wirksam für Herausforderungen mit hoher Komplexität
- Wirksam für Herausforderungen mit mittlerer Komplexität
- Wirksam für Produkttransformationen
- Wirksam für Prozesstransformationen
- Wirksam für Servicetransformationen
- Wirksam für radikale Transformationen

Transformationsfähigkeit

- Fördert die Agilität eines Teams
- Fördert die allgemeine Transformationsfähigkeit des Teams
- Fördert offene Mindsets und innovative Denkhaltungen

Einsatzcharakteristik

- Austauschfokus: vornehmlich mit internen Personen
- Durchführungszeit: eher hoch (> 1 Tag)
- Einsatzfrequenz: vornehmlich über im kompletten Projektzeitraum
- Einsatzradius: vornehmlich im projektweiten Einsatz
- Komplexität für den Moderator: eher hoch
- Komplexität für die Teilnehmer: eher hoch
- Teamgröße: Kleingruppe möglich (3 bis 5 Teilnehmer)
- Teamgröße: Maxigruppen möglich (20 bis 40 Teilnehmer)
- Teamgröße: Mittelgroße Teams möglich (5 bis 20 Teilnehmer)
- Vorbereitungszeit: eher hoch (>1 Tag)

Nötiger Input, um mit der Methode arbeiten zu können

- Aktuelle Herausforderung, Leitfrage, Problem

Erzeugter Output der Methode

- Bessere Projekteffizienz, bessere Teamperformance
- Erzeugt Ideen für neue Märkte und neue Business Modelle
- Erzeugt Ideen, Lösungsansätze, Vorideen, Möglichkeiten
- Erzeugt umgesetzte Ideen

Hinderniseffekte, auf die die Methode positiv wirkt

- 11 – Schärft eine fehlende gemeinsame Ausrichtung

Mögliche Extravorteile

- für Teams mit einem starkem Auftragsmandat
- für Teams mit einer souveränen Teamleitung
- für erfahrene Trainer und Agile Coaches
- für innovativ erfahrene Teams

Quellen

Organisation – oomanIT GmbH, Düsseldorf, www.ooman.it
Person – Tobias Scharikow, scharikow@ooman.it
Person – Prof. Dr. Nicolas Burkhardt, burkhardt@ooman.it

59 Delegation Poker

EinSatzBeschreibung

Eine Technik für Teams, das Thema „Delegation" spielerisch zu thematisieren, um Handlungsregeln für das Miteinander und das Treffen von Entscheidungen abzuleiten.

Transformation-Index

P1 Leading	P2 Organizing	P3 Connecting	P4 Growing	P5 Talking	P6 Scanning	P7 Exploiting	P8 Exploring	P9 Earning	P10 Scaling
	x		x			x	x		

Beschreibung

Mit dem Einsatz der Methode „Delegation Poker" gibt es die Chance, Teams zu selbstorganisiertem Arbeiten zu befähigen. Selbstorganisiertes Arbeiten gilt als zentrales Element agiler Führung, wobei die Delegationsfähigkeit eines der maßgeblichen Führungsinstrumente im Repertoire einer modernen Führungskraft ist.

Mit dem Spiel „Delegation Poker" können Führungskräfte und Teams ausprobieren, wie Entscheidungen im Transformationsprozess delegiert werden können. Die Methode bietet die Chance, die Delegation von Aufgaben und Entscheidungen auf Augenhöhe zu reflektieren, um eine maximale Transparenz in Bezug auf anstehende Entscheidungsprozesse sicherzustellen. Zudem bietet die Methode eine Handhabe, sich spielerisch mit den verschiedenen Stufen der Delegation von Entscheidungen auseinanderzusetzen.

Einsatzmöglichkeiten

- Verantwortlichkeiten gemeinsam vereinbaren
- Grad der Entscheidungsbefugnis vereinbaren
- Transparente Visualisierung von Zuständigkeiten in Entscheidungs-Szenarien
- Verständnis für zu treffende Entscheidungen schärfen
- Klarheit über Rollen und Verantwortlichkeiten für Szenarien schaffen
- Mitarbeiter befähigen und entwickeln durch die bewusste Delegation von Verantwortungen

Delegieren sollte man auch im Kontext des digitalen Wandels von Unternehmen trainieren, dass gilt sowohl für Führungskräfte als auch für Mitarbeiter. Dabei geht es um Kontrolle und Kontrollverlust, es geht um Sicherheit, Motivation, Mitwirkung und vor allem um Freiräume für Entscheidungen. Führungskräfte entscheiden täglich mehrmals, wie intensiv sie sich selbst in die einzelnen Themen involvieren und wie viel Freiräume und Verantwortung sie an ihr Team übertragen. Zwischen der „Weisung vom Chef" und „völliger Selbstüberlassung eines Teams" existieren sieben sinnvolle Abstufungen (Level of Authority). Die sieben Abstufungen hat Jurgen Appelo in seinem von ihm entwickelten Spiel „Delegation Poker" definiert.

Diese spielerische Methode hilft dabei, das Thema Delegation im Team zielführend zu bearbeiten. Vor- und Nachteile der verschiedenen Delegationsebenen werden durch das Spiel nachvollziehbar und die Entscheidungsprozesse werden transparent.

Lernziele

- Delegation unterliegt nicht dem Alles-oder-Nichts-Prinzip. Es gibt verschiedene Ebenen der Delegation.
- Delegation funktioniert wie ein „Schieberegler". Selbstorganisation kann schrittweise erhöht werden.
- Delegation hängt von der Situation und vom Kontext ab.

Die Methode ist für alle Führungskräfte im Veränderungsprozess von Organisationen ein zielführendes Instrument, um mehr Verantwortung an ihr Team zu übertragen. Idealerweise findet sich durch den Einsatz von Delegation Poker der bestmögliche Grad der erforderlichen Delegation.

Durchführung

Alle Teilnehmer des Teams erhalten sieben Karten. Diese Karten bedienen die sieben Ebenen der Delegation. Der Erfinder des Spiels Jurgen Appelo hat folgende Ebenen definiert:

1. **Verkünden**: Die Führungskraft trifft eine Entscheidung und verkündet sie. Meist ohne Begründung oder Diskussion
2. **Verkaufen**: Die Führungskraft entscheidet, begründet die Entscheidung und versucht das Team davon zu überzeugen
3. **Befragen**: Die Führungskraft holt Meinungen des Teams ein, bevor sie eine Entscheidung trifft
4. **Einigen**: Führungskraft und Team treffen eine gemeinsame Entscheidung

Grafik: Anja Faber – Delegation Poker

5. **Beraten**: Das Team entscheidet, holt sich aber im Vorfeld einen Rat oder Tipp von der Führungskraft
6. **Erkundigen**: Das Team trifft die Entscheidung und die Führungskraft erkundigt sich nach dem Resultat
7. **Delegieren**: Das Team entscheidet autark

Bei genauer Betrachtung ergibt sich eine passende Struktur der Ebenen der Delegation: In den ersten drei Ebenen entscheidet die Führungskraft und die Teilhabe des Teams variiert. In den Ebenen fünf, sechs und sieben entscheidet das Team und die Führungskraft ist unterschiedlich beteiligt. In der Mitte liegt die Ebene vier, Team und Führungskraft entscheiden hier im Einklang.

Delegation Poker lässt sich in drei Phasen einteilen:

1. Spielvorbereitung
2. Spieldurchführung
3. Dokumentation

Spielvorbereitung

- Vor dem Start des Spiels überlegt sich das Team einige Szenarien (Delegation Poker Storys), in denen Entscheidungen getroffen werden müssen, die für das Team relevant sind.
- Jeder Teilnehmer erhält sieben Karten entsprechend der oben beschriebenen sieben Ebenen. Die Karten sind von eins bis sieben durchnummeriert.

Durchführung

- Ein Teilnehmer wählt ein Szenario und beschreibt es oder liest es vor.
- Jeder Teilnehmer überlegt sich, welchen Delegationslevel er für das beschriebene Szenario beabsichtigt und wählt die entsprechende Karte aus. Danach wird die Karte verdeckt (mit der Zahl nach unten) auf den Tisch gelegt. Bei Signal drehen dann alle ihre Karten um.
- Jeder Mitspieler bekommt Punkte entsprechend dem Wert seiner Karte, mit Ausnahme der Spieler mit der „höchsten Minderheit“ bzw. der „niedrigsten Minderheit“.
- Die Spieler mit der höchsten und niedrigsten Wahl begründen ihre Wahl.
- Das Szenario wird nochmals gespielt, um auf eine gemeinsame Entscheidung zu kommen. Ein einstimmiges Ergebnis ist Ziel des Spiels.

Dokumentation

- Am Ende erfolgt die Dokumentation der Ergebnisse. Das Delegation Board bietet sich als visuelle Darstellungsmöglichkeit der Resultate an.

Praxisschlaglicht

Die Entscheidungsbefugnis, die in einem traditionell geführten, kommunalen Unternehmen der Energiewirtschaft, von Führungskräften, Geschäftsführern, Vorständen oder Aufsichtsräten wahrgenommen wird, sollte im agilen Tochterunternehmen bei den neuen und agilen Mitarbeitern liegen. Im vorliegenden Praxisbeispiel hat ein großes deutsches Stadtwerk ein digitales Tochterunternehmen, ein Start-up, gegründet. Ziel dieser Ausgründung war die Entwicklung einer digitalen Energiecompany zwecks bundesweitem Energievertrieb. Um das neu gegründete Start-up zu befähigen, tatsächlich erfolgreich Strom und Erdgas zu vermarkten, war bei der Initialisierung des Start-up sehr viel Fachwissen von Mitarbeitern des Mutterkonzerns gefragt. Die Mitarbeiter des hierarchisch geführten regionalen Versorgers kannten aus ihrer eigenen traditionellen Unternehmenskultur keine agilen Arbeitsweisen. Eigenverantwortliche Entscheidungen zu treffen waren die Mitarbeiter nicht gewohnt und es ist ihnen trotz hoher inhaltlicher Expertise schwergefallen, Entscheidungen zu treffen ohne vorher das Management um Zustimmung zu bitten.

Da hier Mitarbeiter aus zwei „Welten“ aufeinandergetroffen sind, war der Einsatz der Methode „Delegation Poker“ sehr von Vorteil, um die „alten“ Mitarbeiter zu entwickeln. Spielerisch haben sich die beteiligten Teammitglieder aus beiden Welten/Unternehmen mit der Delegation von Entscheidungen auseinandergesetzt. Durch den Einsatz der Methode sind wunderbare Synergien zwischen den Teams entstanden. Die agilen und neuen Mitarbeiter des Start-up konnten maximal von dem Fachwissen der Kollegen des Stadtwerks profitieren und umgekehrt wurden die Kollegen des Stadtwerks befähigt, nach und nach ihre traditionelle Arbeitsweise bei Entscheidungsprozessen über Bord zu werfen. Es wurden gemeinsame Handlungsregeln für das Team und das Miteinander abgeleitet.

Transformationswirksamkeit

- Wirksam für alle Transformationen

Transformationsfähigkeit

- Fördert die Agilität eines Teams
- Fördert die allgemeine Transformationsfähigkeit des Teams

Einsatzcharakteristik

- Austauschfokus: vornehmlich mit internen Personen
- Durchführungszeit: eher mittel (>1 Stunde bis <1 Tag)
- Einsatzfrequenz: sinnvoll im dauerhaften Einsatz
- Einsatzfrequenz: vornehmlich im einmaligen Einsatz
- Einsatzradius: vornehmlich im Teameinsatz
- Einsatzradius: vornehmlich im projektweiten Einsatz
- Komplexität für den Moderator: eher gering
- Komplexität für die Teilnehmer: eher gering
- Teamgröße: Kleingruppe möglich (3 bis 5 Teilnehmer)
- Teamgröße: Mittelgroße Teams möglich (5 bis 20 Teilnehmer)
- Vorbereitungszeit: eher gering (<1 Stunde)

Nötiger Input, um mit der Methode arbeiten zu können

- Beteiligte Personen mit Tätigkeiten und Aufgaben
- Durchlaufenes Projekt oder Projektphasen
- Durchführungszeit, Trainingszeit
- Merkmale der gegebenen Herausforderung

Erzeugter Output der Methode

- Bessere Projekteffizienz, bessere Teamperformance
- Erzeugt Planungen und Priorisierungen
- Erzeugt größere Klarheit zu einem Thema
- Erzeugt mehr Agilität im Team
- Erzeugt motiviertere und transformationsfähigere Teilnehmer

Hinderniseffekte, auf die die Methode positiv wirkt

- 05 – Verhindert blinden Aktionismus
- 10 – Verhindert falsche Flughöhen
- 15 – Stärkt das Vertrauen im Team
- 25 – Schwächt multidisziplinäre Reibungsverluste
- 32 – Verhindert unreflektiertes Agieren
- 36 – Schafft schnell Klarheit und beschleunigt Erkenntnisgewinn
- 39 – Fördert die Agilität der Teilnehmer

Mögliche Extravorteile

- für Teams mit einer schwacher Teamleitung
- für disruptiv unerfahrene Teams
- für innovativ ungeübte Teams
- für multidisziplinär unerfahrene Teams
- für unerfahrene Trainer und Agile Coaches

Quellen

Web – https://blog.setzwein.com, 09.05.2021
Web – https://www.haufe.de, 09.05.2021
Web – https://blog.reflect-beratung.de/fuehren-in-der-agilen-welt-teil-8-delegation-poker, 09.05.2021
Web – https://t2informatik.de, 09.05.2021
Web – https://management30.com/practice/delegation-poker, 09.05.2021
Buch – Das große Handbuch Innovation, B. van Aerssen, C. Buchholz (Vahlen 2018)

Grafik: verrocchio Mindset-Card – Illustration: Jennifer Weiss

Der leere Stuhl

EinSatzBeschreibung

Sicherstellen, dass die Mitarbeiter in Meetings niemals den Kunden vergessen und ein kundenzentriertes Mindset verinnerlichen.

Transformation-Index

P1 Leading	P2 Organizing	P3 Connecting	P4 Growing	P5 Talking	P6 Scanning	P7 Exploiting	P8 Exploring	P9 Earning	P10 Scaling
			x			x	x		

Beschreibung

Jeff Bezos sagte einmal „Start with the customer and work backwards“. Die Kundenzentriertheit gehört für ihn und Amazon schon lange zur DNA.

Gerade im Kontext der Digitalisierung stehen Unternehmen vielen Herausforderungen gegenüber: Geringe Wechselkosten für Kunden, Gefahren der Disruption, einfache Vergleichbarkeit, steigende Kundenanforderungen und erhöhter Wettbewerb sind nur einige der Beispiele, mit denen Unternehmen heute zu kämpfen haben.

Jedes Unternehmen muss Kunden gewinnen, sie halten und binden sowie glücklich machen – ohne Kunde kein Unternehmen. Aber auch bei kundenzentrierten Arbeitsweisen muss immer noch die Machbarkeit und das unternehmerische Interesse erfüllt werden:

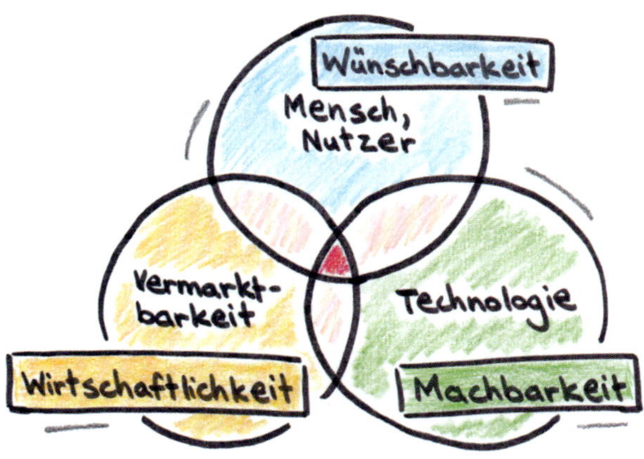

Grafik: Anja Faber

Doch obwohl so häufig von Kundenzentrierung gesprochen wird, stehen doch häufig die Wirtschaftlichkeit und Machbarkeit im Vordergrund. Wie kann man sicherstellen, dass wirklich kundenzentriert gearbeitet wird und dieses Dogma auch in Meetings und Entscheidungen berücksichtigt wird?

Dafür hat Jeff Bezos bei Amazon den „leeren Stuhl“ stellvertretend für den Kunden eingeführt: Dieser soll sicherzustellen, dass Mitarbeiter in Meetings niemals den Kunden vergessen und das Mindset der kundenzentrierten Arbeitsweise verinnerlichen. Dadurch können stets alle Entscheidungen und Maßnahmen im Hinblick auf den Kunden überdacht werden.

Durchführung

Die Durchführung der Methode kann verschiedene Ausprägungen haben:

- **„Leerer Stuhl“ am Tisch**: Sie stellen in Meetings einen leeren Stuhl am Tisch und beziehen diesen regelmäßig mit ein. Was würde der Kunde hiervon halten? Was würde er denken? Was will er? Hinterfragen Sie stets Ihre Entscheidungen und Annahmen.
- **„Leerer Teilnehmer“ in Videokonferenzen:** Auch in Videokonferenzen kann sich ein Teilnehmer ein zweites Mal einwählen als „Kunde“. So kann die „Leere Stuhl“-Philosophie auch auf Videokonferenzen übertragen werden.
- **Realen Kunden einladen**: Sie müssen nicht auf Messen oder Events warten, um mit Ihren Kunden zu kommunizieren. Sie können auch regelmäßig einen Kunden zu Ihren Meetings einladen. Fragen Sie ihn, was er denkt. Lassen Sie ihn frei erzählen und seine Gedanken äußern.
- **Personas aufstellen (Lebensgroß)**: Personas sind fiktive Stellvertreter der Zielgruppe, die ihre Eigenschaften und das Verhalten repräsentieren. Sie werden bewusst als reale Personen dargestellt – mit Namen, Foto, demografischen Angaben usw. Diese Personas können im ganzen Unternehmen dargestellt werden, bspw. als lebensgroße Pappfigur, als Poster oder Sticker, die an verschiedenen Orten aufgehängt werden.
- **Customer Journey aufhängen**: Auch die Customer Journey, also die Visualisierung der Reise des Kunden durch Ihr Produkt, kann bspw. als Poster aufgehängt werden.
- **Kundenzitate darstellen**: Verschiedene Zitate des Kunden in Wortlaut können ebenfalls die Kundenzentrierung erhöhen. Am besten ergänzen Sie sogar Name und Foto des Kunden, der das Zitat erwähnt hat, mindestens jedoch die fiktive Persona der Zielgruppe. Achten Sie darauf, dass Sie nicht nur positive Zitate sammeln, sondern ebenso Wortlaute über die Probleme des Kunden oder Verbesserungsvorschläge.

Transformationswirksamkeit

- Wirksam für alle Transformationen

Transformationsfähigkeit

- Fördert die allgemeine Transformationsfähigkeit des Teams
- Fördert offene Mindsets und innovative Denkhaltungen
- Zahlt auf eine bessere Vorstellungskraft ein
- Zahlt auf eine bessere Wahrnehmung ein

Der leere Stuhl

Einsatzcharakteristik

- Austauschfokus: vornehmlich mit internen Personen
- Durchführungszeit: eher gering (< 1 Stunde)
- Einsatzfrequenz: sinnvoll im dauerhaften Einsatz
- Einsatzfrequenz: vornehmlich im einmaligen Einsatz
- Einsatzfrequenz: vornehmlich über im kompletten Projektzeitraum
- Einsatzradius: vornehmlich im projektweiten Einsatz
- Komplexität für den Moderator: eher gering
- Komplexität für die Teilnehmer: eher gering
- Teamgröße: Kleingruppe möglich (3 bis 5 Teilnehmer)
- Teamgröße: Maxigruppen möglich (20 bis 40 Teilnehmer)
- Teamgröße: Mittelgroße Teams möglich (5 bis 20 Teilnehmer)
- Vorbereitungszeit: eher gering (<1 Stunde)

Nötiger Input, um mit der Methode arbeiten zu können

- Durchführungszeit, Trainingszeit

Erzeugter Output der Methode

- Erzeugt Leitfragen für die Ideenfindung
- Erzeugt Nutzenfunktionen und Bedürfniskorridore
- Erzeugt spezifischere Leitfragen, Ideen und Aussagen
- Erzeugt größere Klarheit zu einem Thema
- Erzeugt transformationsfähigere Organisationen
- Erzeugt mehr Hintergrundinformationen
- Identifiziert vorhandene Schwachstellen
- Identifiziert vorhandene Stärken
- Macht Wirkzusammenhänge sichtbar

Hinderniseffekte, auf die die Methode positiv wirkt

- 05 – Verhindert blinden Aktionismus
- 10 – Verhindert falsche Flughöhen
- 13 – Schafft für den Erfolg nötige Realitätsbezüge
- 16 – Beugt Misinterpretationen vor
- 18 – Bewahrt vor zu generischen Ideen und Aussagen
- 32 – Verhindert unreflektiertes Agieren
- 36 – Schafft schnell Klarheit und beschleunigt Erkenntnisgewinn

Mögliche Extravorteile

- für disruptiv unerfahrene Teams
- für innovativ ungeübte Teams
- für multidisziplinär unerfahrene Teams
- für unerfahrene Trainer und Agile Coaches

Quellen

Web – https://www.inc.com/john-koetsier/why-every-amazon-meeting-has-at-least-one-empty-chair.html, 24.05.2021

Foto: NEU Innovation – ARAG

Design Sprint

EinSatzBeschreibung

Dieses Management Tool zur Produkt- oder Prozessentwicklung vereint das Beste aus Design Thinking, UX Design und Lean Startup.

Transformation-Index

P1 Leading	P2 Organizing	P3 Connecting	P4 Growing	P5 Talking	P6 Scanning	P7 Exploiting	P8 Exploring	P9 Earning	P10 Scaling
	x		x				x		

Beschreibung

Sprinten Sie mit einer Methode aus dem Hause Google zu erfolgreichen Innovationen, neuen Produkten und Geschäftsmodellen: Design Sprint vereint das Beste aus Design Thinking, UX Design und Lean Startup in einem agilen Management Tool. Der Fokus liegt dabei auf Geschwindigkeit und Effizienz. In weniger als einer Woche entwickelt Ihr Team Produkte oder Dienstleistungen, transformiert aufwendige Prozesse in schlankere Abläufe, visualisiert erste Prototypen und testet diese auch direkt.

- Wollen Sie in die Jahre gekommene Produktpaletten um neue, digitale Erlebnisse erweitern?
- Ahnen Sie, dass Ihr Service Ihre Kunden nicht mehr begeistert?
- Erreichen Sie mit Ihrer Unternehmens Homepage in erster Linie ältere Semester?
- Möchten Sie Ihre Leistungen in das mobile Zeitalter transformieren und ein echtes, zeitgemäßes Erlebnis bieten?

… dann ist der „Design Sprint" das richtige Tool für Ihr Sie und Ihr Team.

Fragen Sie sich, ob Sie die ein oder andere Komponente aus einer agilen Methode mit den Vorteilen einer anderen kombinieren können – und wissen nicht, ob das funktioniert? Jake Knapp beantwortet diese Frage eindrucksvoll mit seinem „Design Sprint". Der ehemalige Mitarbeiter von Google ließ sich bei der Entwicklung von dem E-Mail-Service „Gmail" entscheidend davon inspirieren, wie in kürzester Zeit der erste Aufschlag von Google's Erfolgsprodukt entworfen wurde. Basierend auf den Erfahrungen seines Teams entwickelte er eine kreative Methode, die er in seinem Bestseller „Sprint" veröffentlichte.

Jake Knapps Design Sprints ermöglicht die schnelle Generierung von Ideen, in dem das direkte Testen erster Prototypen aus dem Design Thinking mit den kurzen, iterativen Planungs- und Entwicklungsphasen agiler Methoden gemixt werden. Als oberste Maxime aller Aktivitäten steht dabei stets die Kundenorientierung. Ziel und Zweck ist es, ein ganzheitliches Framework mit einem absoluten Minimum an Zeit und Budget zu gestalten. Obgleich das Tempo von entscheidender Bedeutung ist, können Sie mit Design Sprint auch überaus komplexe Herausforderungen meistern.

Ein Sprint Master steuert im Design Sprint ein interdisziplinäres Team. Der Zeitrahmen wird bewusst sehr eng gesetzt, um in einer maximalen Geschwindigkeit die Lösung zu einem Problem zu finden. Warum muss das ganze so schnell gehen? Die Kunst liegt in der Fokussierung, auf die Konzentration auf das Wesentliche. Ohne Schnickschnack. Aus den Ideen wird direkt ein Prototyp entwickelt, den potenziellen Kunden im Anschluss testen. Aus einem ebenfalls schnellen Feedback leitet das Team neuen Empfehlungen ab, um so das das Ergebnis weiter zu verbessern. Es folgt eine weitere Sprint-Phase – oder direkt die Produktion eines „Minimum Viable Product" – also einem Produkt, das sich auf das Kernbedürfnis des Kunden fokussiert.

Durchführung

Das Unternehmen nominiert einen „Sprintmaster". Dieser sollte bereits Erfahrungen in agilen Management Methoden wie Design Thinking, Scrum oder UX Design gesammelt haben, um das Team zum Erfolg zu führen.

Des Weiteren wird ein Team aus Experten der unterschiedlichsten Bereiche des Unternehmens gebildet. Wichtig dabei ist: Es sind nicht die „üblichen Verdächtigen". Jeder, der an irgendeiner Station in der „Customer Journey", einen Kundenkontakt hat, oder sonst mit seiner Arbeit zu dem Ergebnis beitragen kann, ist herzlich Willkommen. Und last but not least geben weitere Kollegen und Mitarbeiter schließlich die Testkunden. Noch besser ist es natürlich, man aktiviert „echte, unvoreingenommene Kunden, um dem ersten Prototypen einen realen Test zu unterziehen. „Wichtig ist auf dem Platz", wie wir Fußballer zu sagen pflegen. Und so agil die Methode auch sein mag: Wir Deutsche lieben dann doch ein Regelwerk. Dieses formuliert der Sprintmaster gemeinsam mit seinem Team. Denn er ist schließlich nur der Master, nicht der König.

Grafik: Anja Faber – Design Sprint

Fünf Phasen

Das Kundenproblem ist der „Startblock". Wie so oft bei den agilen Methoden. Wir Vertriebler formulieren das allerdings positiver als „Chance", wenn bereits eine erste Idee in den Raum geworfen wird. Alternativ reden wir von einer Herausforderung, wenn noch keinerlei Vorstellung existiert, was ein Lösungsansatz darstellen könnte. Und nun gilt's, das Rennen beginnt: Das Team konzentriert sich nun mit allen Kräften darauf, das Problem des Nutzers zu lösen.

Sprint-Phase 1: Verstehen

Der Startschuss ertönt. Das Team kommt gut aus den Startlöchern und legt direkt sein langfristiges Ziel fest. Dieses ein wenig überraschende Vorgehen wird als „Starting at the end" bezeichnet. Der Sprintmaster achtet darauf, dass hier klare Parameter festgelegt werden. Sie erinnern sich: Der Deutsche liebt seine Regeln. Jedes Team-Mitglied definiert für sich, wie der Erfolg für ihn ausschauen soll. Und auch, wann der Sprint ein Fehlstart war. Alle beschreiben möglichst präzise das genaue Problem, die technologische Anforderungen und natürlich in erster Linie die möglichen Wünsche des Nutzers. Zudem wird schon in dieser frühen Phase auch auf die Rentabilität geachtet -was den Design Sprint vom Design Thinking unterscheidet. Ein klarer Fokus wird zudem auf einen konkreten Teilbereich der Aufgabe gesetzt, um möglichst schnell zu rennen. Effizienz ist eines schließlich eines der Ziele.

Sprint-Phase 2: Ideen sammeln und skizzieren

Das Team beschleunigt nun: In Phase zwei sucht es Lösungen. Das erstaunliche: Jeder Teilnehmer läuft nun erst einmal sein eigenes Rennen, bzw. skizziert seine eigene Idee, wie sich die Lösung am besten gestalten, bauen oder programmieren lässt. Das kann haptisch mit Papier, Schere oder sonstigen haptischen Materialien erfolgen. Oder natürlich auch digital. Jeder wie er will, oder am besten kann. Das Ergebnis ist entscheidend.

Sprint-Phase 3: Entscheiden

Nun findet das Rennen seinen ersten Höhepunkt: Das Team bewertet alle Lösungen. Die Feedbacks werden ehrlich und möglichst ohne persönliche Wertungen gegeben. Obgleich der Sprintmaster ansonsten eine neutrale Rolle einnimmt, wählt er nun auf dieser Basis schließlich aus, welche Ideen als Prototyp umgesetzt werden. Die Entscheidung soll schließlich schnell fallen. Ein „Storyboard" wird nun erstellt, wie dieser entwickelt wird.

Sprint-Phase 4: Prototyp bauen

Die Ziellinie ist bereits in Sicht: Das Konzept wird in die Praxis umgesetzt, das bedeutet: Der Prototyp wird gebaut. Jedes Teammitglied setzt dabei seine eigentlichen Fähigkeiten in einer entsprechenden Aufgabe ein. Diese Arbeitsteilung sorgt für das maximale Tempo. Es folgen zwei kurze Testläufe.

Sprint-Phase 5: Prototyp überprüfen

Endspurt: Fünf Nutzer, also die ausgewählten Arbeitskollegen oder auch echte Nutzer bzw. Kunden, testen den Prototypen. Um diesen Test nicht zu beeinflussen oder gar zu manipulieren, beobachten die Team-Mitglieder per Videoübertragung, wie die Tester den Prototypen genau nutzen. Sie kennen das aus dem Tatort: Hauptkommissar Schenk beobachtet die Befragung des mutmaßlichen Mörders hinter einer für diesen undurchsichtigen Scheibe. Des Weiteren werden Tester zu dem Erlebnis befragt. Einzeln, damit auch hier nicht. Vorteile und Kritikpunkte Einfluss genommen werden kann. Nicht nur im Wein liegt die Wahrheit, sondern auch in der Objektivität der Methode.

Praxisschlaglicht

In der Telekommunikationsbranche sind Kundenverträge mit monatlicher Mindestlaufzeit ein perfektes Mittel, um kurz-mittel- und langfristige Umsätze im Unternehmen zu gewährleisten. Klassischerweise haben wir die Zielvorgaben all die Jahre mit Deutschlands bester Vertriebsmaschine „hingestellt" bzw. erreicht. Doch die Ziele sind stets ambitioniert, und wurden immer mit zusätzliche Ideen und innovativen Methoden erreicht. Gerade vor dem wichtigen letzten Quartal des Geschäftsjahres wollten sich die geforderten Ergebnisse mit den klassischen Vertriebsmethoden einfach nicht erreichen lassen. Wir standen unter enormen Zeitdruck. Scheitern war keine Alternative.

Also wagten wir einen „Design Sprint", um neuen Ideen für unsere Vertriebsmannschaft zu entwickeln. Und zwar auf einen sehr schnellen Design Sprint. Mir als „Sprintmaster" war es wichtig, stets strikt auf das definierte Zeitfenster pro Phase zu achten. Nur unter Druck entstehen Vertriebsdiamanten, daher liegt mir eine solche Vorgehensweise. Das Team, das ich aus den unterschiedlichsten Experten meiner Abteilungen zusammenstellte, arbeitete zunächst individuell, um maximal effizient zu agieren. Dabei durfte es bei uns aber ruhig wie in der Schule zugehen: Jeder ließ sich von der Arbeit des anderen „inspirieren".

In jeder Phase stimmten wir nun ab, welche Lösung zur schnellen Steigerung von Vertragsverlängerungen ein Erfolg war, und welche eben nicht. Denn auf diesen Punkt konzentrierten wir nun unsere Aktivitäten. Zur Bewertung der Ideen vergaben wir Punkte. Das Besondere daran: Unsere „Jury" warf ihre Ergebnisse nicht verbal in den Raum, sondern pappte gedruckte Punkte zur Benotung an ein Flipchart. Wir kennen das alle: Die wortstarken „Macher" übertönen die introvertierteren „Analytiker". Die Empathischen wollen es allen recht machen. Das verfälscht das Ergebnis – ich kenne meine „Pappenheimer" lange Jahre.

Schließlich probierten wir in mehrfachen Sprintphasen unterschiedliche Lösungen aus, und verbesserten in diesem iterativen Prozess die Ergebnisse zusehends. Das tolle daran war: Jedes Teammitglied war neugierig und gab sich mit den Ergebnissen nicht zufrieden. Unsere Devise: „Loslegen vor Richtigmachen" war goldrichtig und führte uns schließlich zu einem schnellen Erfolg: Wie stellten das beste Ergebnis an Vertragsverlängerung hin, das jemals erzielt wurde. Weltrekordsprinter und Olympiasieger Usain Bolt kommt auch eher langsam aus den Startblöcken. Legt dann aber stets einen fulminanten Lauf hin. Einen „Design Sprint".

Transformationswirksamkeit

- Wirksam für Herausforderungen mit mittlerer Komplexität
- Wirksam für Herausforderungen mit niedriger Komplexität
- Wirksam für Designtransformationen
- Wirksam für Produkttransformationen
- Wirksam für Servicetransformationen

Transformationsfähigkeit

- Fördert die Agilität eines Teams
- Fördert die Teamkreativität
- Fördert offene Mindsets und innovative Denkhaltungen

Einsatzcharakteristik

- Austauschfokus: vornehmlich mit internen und externen Personen
- Durchführungszeit: eher hoch (> 1 Tag)
- Einsatzfrequenz: vornehmlich über im kompletten Projektzeitraum
- Einsatzradius: vornehmlich im unternehmensweiten Einsatz
- Komplexität für den Moderator: eher mittel
- Komplexität für die Teilnehmer: eher mittel
- Teamgröße: Maxigruppen möglich (20 bis 40 Teilnehmer)
- Teamgröße: Mittelgroße Teams möglich (5 bis 20 Teilnehmer)
- Vorbereitungszeit: eher gering (<1 Stunde)

Nötiger Input, um mit der Methode arbeiten zu können

- Aktuelle Herausforderung, Leitfrage, Problem

Erzeugter Output der Methode

- Erzeugt neues Wissen und neue Erfahrungen
- Erzeugt Ideen und Lösungen
- Erzeugt visualisierte Ideen, Begriffe, Themen
- Erzeugt frühe Prototypen
- Erzeugt größere Klarheit zu einem Thema
- Erzeugt mehr Agilität im Team
- Erzeugt motiviertere und transformationsfähigere Teilnehmer

Hinderniseffekte, auf die die Methode positiv wirkt

- 03 – Schwächt störende Bewertung während der Ideen_findung
- 04 – Beugt blinden Flecken/Betriebsblindheit vor
- 08 – Verhindert einseitige Bewertungen und Entscheidungen
- 15 – Stärkt das Vertrauen im Team
- 19 – Verhindert Ideenbunkerei und Geheimniskrämerei
- 24 – Verkürzt und durchbricht vorhandene Kreativblockaden
- 32 – Verhindert unreflektiertes Agieren
- 34 – Verhindert vorschnelles Urteilen über Ideen
- 35 – Dynamisiert und aktiviert wenig dynamische Teams
- 36 – Schafft schnell Klarheit und beschleunigt Erkenntnisgewinn
- 37 – Verkürzt zu lange Entscheidungsmeetings
- 38 – Verkürzt zu lange Meetingzeiten
- 39 – Fördert die Agilität der Teilnehmer
- 41 – Verringert zu große Komplexitäten

Mögliche Extravorteile

- für Teams mit einem starkem Auftragsmandat
- für disruptiv erfahrene Teams
- für agile Teams
- für innovativ erfahrene Teams
- für multidisziplinär erfahrene Teams

Quellen

Buch – Sprint: Wie man in nur fünf Tagen neue Ideen testet und Probleme löst. Jake Knapp und John Zeratsky (Redline Verlag 2016)

Buch – Das Design Sprint Handbuch, Jana Noack und Jose Diaz (dpunkt.verlag – 2019)

Design Thinking

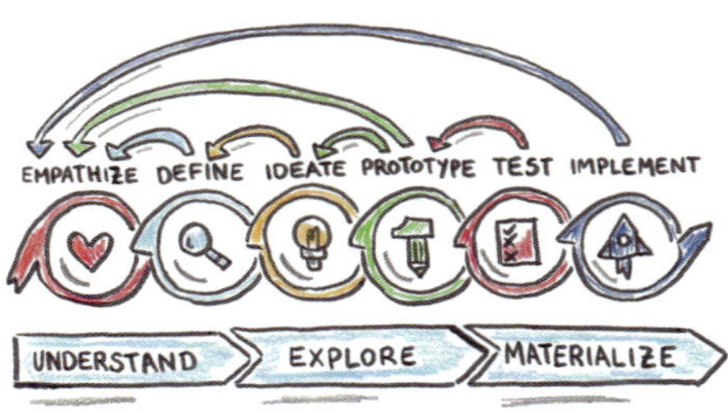

EinSatzBeschreibung

Menschzentrierter, iterativer Problemlösungsansatz (Innovationsprozess).

Transformation-Index

P1 Leading	P2 Organizing	P3 Connecting	P4 Growing	P5 Talking	P6 Scanning	P7 Exploiting	P8 Exploring	P9 Earning	P10 Scaling
					x	x	x	x	

Beschreibung

Design Thinking ist ein fundamentaler Ansatz zum Lösen von komplexen Problemen und zum Entwickeln von neuen Ideen, wobei immer der Kunde oder Nutzer ins Zentrum des Bemühens gestellt wird. Design Thinking ist auch optimal geeignet, um Prozesse mit anwenderzentriertem Blick zu optimieren oder komplett und digital neu zu denken.

Design Thinking basiert auf der Erkenntnis, dass Probleme effizienter gelöst werden können, wenn Menschen unterschiedlicher Disziplinen und Teams in einem die Kreativität fördernden Raum zusammenarbeiten, gemeinsam eine Fragestellung entwickeln, die Bedürfnisse und Motivationen von Kunden exakt kennen und dann Konzepte entwerfen, die mehrfach geprüft und iterativ geändert werden (Pivoting).

Das Design Thinking Verfahren orientiert sich an der Arbeit von Erfindern und kreativen Entwicklern, die als eine Kombination aus Verstehen, Beobachtung, Ideenfindung, Anreicherung, Testen und Lernen verstanden wird.

Design Thinking ist immer multidisziplinär!

Der führende Ansatz ist hier die ausschließlich multidisziplinäre Arbeit mit Personen aus mindestens drei bis fünf verschiedenen Expertisen und Blickwinkeln. Der multidisziplinäre Ansatz ist auch aus unserer Erfahrung einer der größten Erfolgshebel für Projekte in der digitalen Transformation, wenn man wirklich Prozesse neu denken will.

Um neue Dinge zu erschaffen und Probleme zu lösen, die unser Kunde hat, aber noch gar nicht erkannt hat, ist es unwesentlich, zu welcher Hierarchiestufe ein Mitarbeiter gehört oder zu welcher Abteilung. Maximale Diversity ist der Schlüssel zum Transformationserfolg mit Design Thinking.

Design Thinking heißt immer „breites Verständnis"!

Beim Design Thinking geht es immer darum, ein Problem und die beteiligten Personen breit zu verstehen. Mit was sonst hängt es zusammen? Wer oder was beeinflusst es? Solche und ähnliche Fragen werden beim Design Thinking zu hunderten gestellt. Für viele bedeutet das schon einen Paradigmenwechsel – sind doch die meisten Menschen darauf konditioniert, ein Problem nur tief zu verstehen.

Foto: NEU Innovation – Zur Goldenen Idee

Design Thinking heißt immer MACHEN!

„Don't judge on opinions – only judge on Testing!" – das ist ein weiteres der so wichtigen Naturgesetzte im Design Thinking. Ganz generell kann man auch sagen „bevor wir lange theoretisieren und Annahme um Annahme kreieren … machen wir's lieber". Early Prototyping und Testing heißt auch ganz hart betriebswirtschaftlich: Wir wollen Fehler gerne schnell und früh machen. So sparen wir bares Geld und lernen frühzeitig großartige Dinge. Dem Prototyping und Testing entspricht auch, dass Kunstwerke der Renaissance immer wieder während ihrer Entstehung verändert und übermalt wurden.

Ebenfalls damals schon erprobt: inspirierende Räume und multidisziplinäre Arbeit. Beides findet sich zum Beispiel in der Kunstschule von Andrea del Verrocchio. Künstler unterschiedlichster Disziplinen haben damals in großen inspirierenden Räumen gemeinsam interaktiv gearbeitet – sie haben immer sofort gemacht und ihre Ideen in die Tat umgesetzt.

Design Thinking ist Innovations- und Transformationskultur!

Ja, es gibt sie – die Transformationskultur. Design Thinking bringt dafür eine Menge Wirkmechanismen mit und hilft, ganze Organisationen zielführend zu transformieren. Hier einige wesentliche Merkmale:

- Design Thinking involviert mehr Menschen für mehr Ideen in kürzerer Zeit, damit die richtigen Dinge zur richtigen Zeit passieren.
- Design Thinking gibt Hilfe bei der Transformation und Schärfung der Strategie – es macht Ihr Team fit.
- Design Thinking heißt für den Anwender oder Kunden Nutzen schaffen und dadurch das Unternehmen in die Poleposition bringen.
- Design Thinking ist erfinderisches Denken mit dem Fokus auf radikalem Kundennutzen und radikaler Bedürfniserfüllung.
- Design Thinking schafft eine neue agile Kultur der Zusammenarbeit mit mehr gelebten Werten.

Grafik: Anja Faber

Durchführung

Da der Design Thinking Prozess iterativ-agil gelebt wird, gibt es keinen wirklich festen Ablauf. Ebenfalls gibt es für Design Thinking keinerlei Zeitvorgaben – man kann es skalieren und sowohl in einem Tag (Sprint) als auch in einem intensiven, monatelangen Projekt nutzen.

Teams, die zum ersten Mal Design Thinking nutzen wollen, sollten immer zunächst das nötige Grundwissen lernen und sich von einem versierten Design Thinking Coach begleiten und anleiten lassen.

Der Design Thinking-Prozess

Eines der wesentlichen Elemente des Design Thinking ist der klare Prozess, der sich in iterativen Schleifen vollzieht. So wird früh prototypisiert und Einsichten werden wiederholt rekapituliert. Der iterative Prozess des Design Thinking besteht in der Regel aus sechs Arbeitspaketen:

Verstehen: Im ersten Schritt geht es um das Verständnis des gegebenen Problems und der Menschen, die wir in den Mittelpunkt unserer Arbeit stellen. Wir erfassen im „Inside/Out-View" die Jobs, Pains und Gains der beteiligten Personen.

Beobachten: Es folgt nun eine intensive Recherche und Feldbeobachtung, um die angenommenen Jobs, Pains und Gains der beteiligten Personen zu verifizieren und genau zu klären. Wir wollen die wichtigsten Jobs, die größten Pains und die größten Gains finden – dies ist der „Outside/In-View.

Point-of-View/Synthese: Die gemachten Beobachtungen werden dann auf einen einzelnen, prototypischen Nutzer heruntergebrochen und dessen Bedürfnisse in einer klar definierten Brainstorming-Frage (Leitfrage) kondensiert werden.

Ideenfindung: Dieser Schritt ist eines der Kern-Elemente des Design Thinking und besteht vor allem aus einem gemeinsamen kreativen Prozess, welcher zunächst der Entwicklung und Visualisierung unterschiedlicher erster Lösungskonzepte (Vorideen) dient.

Prototyping/Testing: Zur Anreicherung der gefundenen Ideen werden erste, aufwandsarme Prototypen entwickelt und sofort an der Zielgruppe getestet.

Auf Basis der durch das Testen gewonnenen Einsichten wird die Idee weiter verbessert und so lange verfeinert, bis ein optimales, nutzerorientiertes Produkt entstanden ist. Dieser Iterationsschritt kann sich auf alle bisherigen Arbeitspakete von Design Thinking beziehen. Am Ende eines erfolgreichen Design Thinking Projekte wurde jedes der 6 Arbeitspakete mehrfach durchlaufen.

Grundlegende Werte in der Design Thinking-Arbeit sind:

- Arbeite immer visuell (be visual).
- Nur einer spricht zu einer Zeit (one conversation at a time).
- Fördere verrückte Ideen (encourage wild ideas).
- Stelle Kritik zurück (defer judgement).
- Quantität ist wichtig (go for quantity).
- Bleib beim Thema (stay on topic).
- Baue auf den Ideen anderer auf (build on the ideas of others).
- Es gibt keine Fehler.

Interdisziplinäre Teams

Um möglichst vielfältige Herangehensweisen an eine Problemstellung zu gewährleisten, kommen beim Design Thinking Personen aus unterschiedlichen Disziplinen zusammen. Dies können berufliche sein, aber auch kulturelle, nationale oder einfach nur Alters- und Geschlechtsunterschiede. Entscheidend ist der vielschichtige Blick auf eine Thematik.

Inspirierende Raumkonzepte

Raum nimmt eine große Rolle beim Design Thinking ein. Arbeiten im Stehen, Schreiben auf Whiteboards und mobile Raumkonzepte gehören zum Design Thinking, wie Erfinder IDEO es praktiziert.

Foto: Benno van Aerssen

Design Thinking bietet auch die Möglichkeit, durch verschiedene Kreativitätsmethoden und die schnelle Erstellung von Prototypen Mitarbeiter in Wandelvorhaben einzubeziehen, ihre Ideen und Sorgen ernst zu nehmen und gleichzeitig neben der Innensicht die Außensicht aufzunehmen.

Praxisschlaglicht

Meine Überzeugung ist, dass eine digitale Transformation nur dann eine Wirkung erzielt, wenn Sie kein Selbstzweck ist, sondern immer den Menschen dient – und das besonders auch im betriebswirtschaftlichen Kontext. In einem großen, 6monatigen Innovationsprojekt eines bayerischen Versicherungsunternehmen, das ich als Coach und Berater begleiten durfte, zeigte sich wie umfassend die Wirkung von Design Thinking wirklich ist. Die ca. 20 involvierten Teilnehmer haben nicht nur neue Produkte und Services erfunden, die eine digitale Transformation bedeuten, sondern sie haben, unter Anwendung der agilen Arbeitsweise im Design Thinking auch sich selbst und ihre Arbeit zu einem großen Teil digital transformiert. Das gesamte Projekt wurde rein digital durchgeführt. Aus großer Skepsis zu Beginn wurde eine wirkliche Überzeugung für die neuen agilen und digitalen Möglichkeiten. So sind über 6 Monate auch Ideen entstanden, die ohne digitale Anteile nicht denkbar wäre und die außerhalb der heutigen, traditionellen Wertschöpfung und Business Modelle einer Versicherung liegen.

Transformationswirksamkeit

- Wirksam für Herausforderungen mit hoher Komplexität
- Wirksam für Herausforderungen mit mittlerer Komplexität
- Wirksam für Produkttransformationen
- Wirksam für Prozesstransformationen
- Wirksam für Servicetransformationen
- Wirksam für radikale Transformationen

Transformationsfähigkeit

- Fördert die Agilität eines Teams
- Fördert die Teamkreativität
- Fördert die allgemeine Transformationsfähigkeit des Teams
- Fördert offene Mindsets und innovative Denkhaltungen
- Zahlt auf eine bessere Wahrnehmung ein

Transformationsjobs

- Earning
- Exploiting
- Exploring
- Scanning

Toolcluster

- Im Toolcluster „Business Model Generation“ anwendbar
- Im Toolcluster „Co-Creation – Open Innovation“ anwendbar
- Im Toolcluster „Cross-Industry Innovation“ anwendbar
- Im Toolcluster „Design Thinking“ anwendbar
- Wirksam bei der umfassenden Transformation einer ganzen Organisation

Einsatzcharakteristik

- Austauschfokus: vornehmlich mit internen Personen
- Durchführungszeit: eher hoch (> 1 Tag)
- Einsatzfrequenz: sinnvoll im dauerhaften Einsatz
- Einsatzfrequenz: vornehmlich über im kompletten Projektzeitraum
- Einsatzradius: vornehmlich im projektweiten Einsatz
- Komplexität für den Moderator: eher hoch
- Komplexität für die Teilnehmer: eher mittel
- Teamgröße: Kleingruppe möglich (3 bis 5 Teilnehmer)
- Teamgröße: Maxigruppen möglich (20 bis 40 Teilnehmer)
- Teamgröße: Mittelgroße Teams möglich (5 bis 20 Teilnehmer)
- Vorbereitungszeit: eher hoch (>1 Tag)

Nötiger Input, um mit der Methode arbeiten zu können

- Aktuell existierende Geschäftsmodelle
- Aktuell existierende Produkte und Services
- Aktuelle Herausforderung, Leitfrage, Problem
- Innovationssuchfelder, Intent Statements

Erzeugter Output der Methode

- Bessere Projekteffizienz, bessere Teamperformance
- Erzeugt Ideen für neue Märkte und neue Business Modelle
- Erzeugt Ideen, Lösungsansätze, Vorideen, Möglichkeiten
- Erzeugt Leitfragen für die Ideenfindung
- Erzeugt Nutzenfunktionen und Bedürfniskorridore
- Erzeugt angereicherte Ideen, Ideencluster, höher integrierte Lösungen
- Erzeugt besseren Teamspirit, mehr Offenheit, Inspirationsempfindlichkeit
- Erzeugt kollaborative Lösungen und Ideen
- Erzeugt spezifischere Leitfragen, Ideen und Aussagen
- Erzeugt frühe Prototypen
- Erzeugt größere Klarheit zu einem Thema
- Erzeugt transformationsfähigere Organisationen
- Erzeugt mehr Agilität im Team
- Erzeugt motiviertere und transformationsfähigere Teilnehmer

Hinderniseffekte, auf die die Methode positiv wirkt

- 04 – Beugt blinden Flecken/Betriebsblindheit vor
- 08 – Verhindert einseitige Bewertungen und Entscheidungen
- 13 – Schafft für den Erfolg nötige Realitätsbezüge
- 16 – Beugt Misinterpretationen vor
- 18 – Bewahrt vor zu generischen Ideen und Aussagen
- 20 – Verhindert Ideenfindung mit zu schwacher Erkenntnisgrundlage
- 27 – Schwächt das „Not invented here“-Syndrom
- 32 – Verhindert unreflektiertes Agieren
- 36 – Schafft schnell Klarheit und beschleunigt Erkenntnisgewinn
- 39 – Fördert die Agilität der Teilnehmer

Foto: Benno van Aerssen

Mögliche Extravorteile

- für Teams mit einem starkem Auftragsmandat
- für disruptiv erfahrene Teams
- für agile Teams
- für erfahrene Trainer und Agile Coaches
- für innovativ erfahrene Teams
- für interkulturell erfahrene Teams
- für multidisziplinär erfahrene Teams

Quellen

Buch – Das große Handbuch Innovation, B. van Aerssen, C. Buchholz (Vahlen 2018)

Buch – Change by Design, T. Brown (Vahlen 2016)

Buch – Das große Handbuch der Kreativitätsmethoden, M. Luther (managerSeminare Verlags GmbH 2013)

Buch – Das IDEO Innovationsbuch. Wie Unternehmen auf neue Ideen kommen, T. Kelley, J. Littman (Econ 2002)

Buch – Das kleine Handbuch der Innovationsmethoden, F. Rustler, I. Plambeck (Creaffective 2014)

Buch – DESIGN THINKING: Das Handbuch, F. Uebernickel, W. Brenner, T. Naef, B. Pukall (Frankfurter Allgemeine Buch 2015)

Buch – Design Thinking im Unternehmen. Ein Workbook für die Einführung von Design Thinking. I. Gerstbach (GABAL Verlag 2016)

Buch – Design Thinking live. Wie man Ideen entwickelt und Probleme löst. C. Meinel, U. Weinberg, T. Krohn (Murmann Verlag 2015)

Buch – Design Thinking: Fragestellung, Recherche, Ideenfindung, Prototyping, Auswahl, Ausführung, Feedback, G. Ambrose, P. Harris (Stiebner 2010)

Buch – Design-Thinking, Innovation lernen – Ideenwelten öffnen, H. Plattner, C. Meinel, Ulrich Weinberg (mi-Wirtschaftsbuch 2009)

Web – http://www.ideenfindung.de/Übersicht-Liste-Kreativitaetstechniken-Ideenfindung.html (April 2017)

63

Die goldene Regel

EinSatzBeschreibung

Methode zur Schaffung einer wertschätzenden Kommunikationskultur im Projekt-Team.

Transformation-Index

P1 Leading	P2 Organizing	P3 Connecting	P4 Growing	P5 Talking	P6 Scanning	P7 Exploiting	P8 Exploring	P9 Earning	P10 Scaling
x	x	x	x	x	x	x	x	x	x

Beschreibung

„Nimm dich nicht so wichtig." Ein simpler Satz, der uns allen trotzdem in Extremsituationen oft schwerfällt. „Don't take yourself so g–damn seriously" (The Art of Possibility, S. 79), sagen auch Rosamund Stone Zander und Benjamin Zander in ihrem Buch „The Art of Possibility". Sie beschreiben vielfältige Denkanstöße zur Kommunikation in Gruppen unter Leistungsdruck, die sich auf Transformationsprojekte sehr gut übertragen lassen. Die goldene Regel – „Rule Number 6", wie sie sie nennen – formulieren Stone Zander & Zander sogar als Grundlage, die Transformation überhaupt erst ermöglicht.

Insbesondere in Transformationsprojekten, wo oft Team-Mitglieder aus unterschiedlichsten Unternehmensbereichen und Hierarchie-Ebenen mit großem Erwartungsdruck das Zusammenarbeiten lernen müssen, kann die goldene Regel eine wertschätzende Kommunikationskultur und den Zusammenhalt im Team stärken. Denn obwohl es auf die Leistung des ganzen Teams ankommt, ist dieses doch aus Einzelpersonen mit den unterschiedlichsten Hintergründen, Motivationen und Befindlichkeiten zusammengesetzt. Gerade unter Stress zeigt sich bei manchen Menschen aus ganz unterschiedlichen Gründen ein Hang zur Selbstdarstellung oder Wichtigtuerei; andere tendieren zu Dramatisierung, schieben Frust oder nerven das Team mit Eskalationen und Machtspielereien. Laut Stone Zander & Zander steckt dahinter eine Angst zu versagen, die durch eine klassische hierarchische Prägung begründet ist, in der man Stärke zeigen muss, um Konflikte zu bestehen.

Dem setzen Stone Zander und Benjamin Zander den Fokus auf die goldene Regel entgegen: Wenn man sich selbst nicht so wichtig nimmt und den eigenen Stolz ablegt, öffnet man sich laut Stone-Zander & Zander für ein neues Mindset, in dem es um Konfliktlösung statt Konkurrenz geht; der Fokus schwenkt vom eigenen Vorankommen auf ein gemeinsames Ziel. Das Festlegen dieser goldenen Regel, auf die sich ein Team in einem ehrlichen Austausch gemeinsam einigt, fördert damit das kooperative Arbeiten im Team und hilft den Mitarbeitenden, in einer eskalierenden Situation alles etwas leichter zu nehmen. Durch den Verweis auf die goldene Regel kann man mit einem Augenzwinkern einen gemeinsamen Scherz teilen, um ein Gemeinschaftsgefühl herzustellen. Festgefahrene und verbissene Situationen lassen sich auflösen, wenn man über ein Code-Wort auf einen spielerischen Moment referenziert, in dem man sich mit dem Team gemeinsam auf die goldene Regel verständigt hat. So lassen sich hochkochende Situationen aus dem Team selbst heraus humorvoll erden.

Durchführung

Die goldene Regel ist sehr flexibel und kreativ einsetzbar: Sie funktioniert für eine Einzelperson, um die eigene Rolle zu reflektieren und mehr Gelassenheit einzuüben. Man notiert sich eine Erinnerung, wie bei Stone Zander und Benjamin Zander auf einem Tischkärtchen, oder klebt sich ganz einfach ein Post-it an den Monitor.

Man kann die Perspektive für die goldene Regel auch erweitern und eine gemeinsame Richtlinie mit dem Team festlegen: Wie wollen wir uns verhalten, um unser gemeinsames Ziel zu erreichen? Wem ist was besonders wichtig? Und warum? Worauf können wir uns einigen? Was können wir voneinander erwarten? Wie wollen wir *unsere* goldene Regel nennen?

So entsteht ein sehr konstruktiver und kooperativer Austausch, auf dem man insbesondere kulturell aufbauen kann. Stone Zander und Benjamin Zander beschreiben, wie die Referenz auf die goldene Regel als Code bei Konfliktsituationen innerhalb des Teams deeskalierend funktioniert. „Denk doch bitte an die goldene Regel" kann als einfaches Stop-Wort im Team funktionieren, ohne einzelne Personen direkt für ihr Verhalten zu kritisieren. „And what, may I ask, are the other rules? There aren't any." (The Art of Possibility, S. 79).

Transformationswirksamkeit

- Wirksam für alle Transformationen

Transformationsfähigkeit

- Fördert offene Mindsets und innovative Denkhaltungen
- Zahlt auf eine bessere Wahrnehmung ein

Einsatzcharakteristik

- Durchführungszeit: eher gering (< 1 Stunde)
- Einsatzfrequenz: sinnvoll im dauerhaften Einsatz
- Komplexität für den Moderator: eher gering
- Komplexität für die Teilnehmer: eher gering
- Teamgröße: Einzelpersonennutzung möglich
- Teamgröße: Großgruppen möglich (>50 Teilnehmer)
- Teamgröße: Kleingruppe möglich (3 bis 5 Teilnehmer)
- Teamgröße: Maxigruppen möglich (20 bis 40 Teilnehmer)
- Teamgröße: Mittelgroße Teams möglich (5 bis 20 Teilnehmer)
- Vorbereitungszeit: eher gering (<1 Stunde)

Nötiger Input, um mit der Methode arbeiten zu können

- Personenmerkmale (Meinungen, Bedürfnisse, Werte, etc.)

Erzeugter Output der Methode

- Erzeugt besseren Teamspirit, mehr Offenheit, Inspirationsempfindlichkeit
- Erzeugt motiviertere und transformationsfähigere Teilnehmer

Hinderniseffekte, auf die die Methode positiv wirkt

- 14 – Fördert eventuell fehlende Wertschätzung
- 15 – Stärkt das Vertrauen im Team
- 23 – Schwächt Konkurrenzdenken und Angst vor Machtverlust
- 26 – Schwächt nicht zielführende Emotionen

Mögliche Extravorteile

- für Teams in einer Komfortsituation
- für interkulturell erfahrene Teams

Quellen

Buch – The Art of Possibility, Rosamund Stone Zander & Benjamin Zander (Penguin 2002)

Grafik: verrocchio Mindset-Card – Illustration: Jennifer Weiss

64 Digital Maturity Assessment

EinSatzBeschreibung

Dynamisch und strukturierte Ideenfindung im Team innerhalb von 12 Minuten.

Transformation-Index

P1 Leading	P2 Organizing	P3 Connecting	P4 Growing	P5 Talking	P6 Scanning	P7 Exploiting	P8 Exploring	P9 Earning	P10 Scaling
x					x				

Beschreibung

Eine bewerte Methode, die insbesondere vor Transformationen stattfindet, ist eine eigne Standortbestimmung. Dabei überprüft man anhand relevanter Kriterien, wie weit oder nah man von einem bestimmten Status entfernt ist. Als Ergebnis wird eine Klassifizierung vorgenommen und mit einem Reifegrad (engl. maturity level) bewertet. Wenn man sehr gut bewertet wird, dann bezeichnet man sich als best-in-class oder im gegenteiligen Fall als Beginner, Novize oder Laggard (Nachzügler).

Ziel ist es sich selbst über seine Schwächen und Stärken im Klaren zu sein (Ist-Situation) und auf der anderen Seite zu wissen, welche Verbesserungen vorgenommen werden müssen, um den Reifegrad zu erhöhen. Dies ist gerade in der ersten Phase relevant, um die strategischen Ziele mit den richtigen Verbesserungsdimensionen und den entsprechenden Maßnahmen zu verknüpfen. Häufig wird bei Transformation in den Dimensionen Strategie, Organisation, Prozesse, People und Systeme gedacht, um Vergleiche mit Benchmarks, Peer Groups oder Markttrends durchzuführen und entsprechende Schlüsse für die Transformation zu erzielen.

Das Digital Maturity Assessment erlaubt es die für die digitale Transformation vorhandenen Fragen im Vorhinein zu beantworten. Diese sind insbesondere mit den relevanten Teams zu diskutieren, um die relevanten Transformationsschritte im Folgenden umsetzen zu können.

- Wie positioniere ich mich als Unternehmen in einem sich dramatisch verändernden Marktumfeld?
- Was ist meine Value Proposition?
- Wie kann ich mein Geschäftsmodell digitalisieren?
- Wie groß ist das Bedrohungspotenzial aus Veränderungen innerhalb und außerhalb der Branche?
- Wie will ich gegen agile digitale Newcomer im Wettbewerb bestehen?
- Womit kann ich mich in Zukunft noch differenzieren?
- Welche digitalen Fähigkeiten und Kernkompetenzen benötige ich?
- Wie hoch ist die optimale Wertschöpfungstiefe für mein Unternehmen?
- Auf welche Partnerschaften bin ich angewiesen?
- Wie verlasse ich eingetretene Pfade und passe mein Geschäftsmodell so an, um Innovationen zu schaffen?
- Wie stelle ich sicher, dass ich kontinuierlich gute Ideen in wertstiftende Innovationen umwandle?
- Wie gestalte ich eine über alle Kanäle konsistente Customer Experience für meine Kunden?
- Wie binde ich die Vielzahl der Social-Media-Kanäle effizient in mein Betriebsmodel ein?
- Wie intensiviere ich den Dialog mit dem Kunden, ohne die Servicekosten signifikant ansteigen zu lassen?
- Bin ich ausreichend gegen Cyberangriffe geschützt?
- …

Hier handelt es sich um einige Beispiele. Die Komplexität und die Vielzahl sollte man nicht unterschätzen. Es sollten sämtliche Stakeholder entsprechend angehört werden und man benötigt hier auch etwas Mut *sämtliche* – auch die unbequemen – Fragestellungen auf den Tisch zu bringen.

Um die Komplexität zu reduzieren und um mehr Transparenz bei der Ist-Situation zu gewinnen, ist eine strukturierte, methodische digitale Statusbestimmung zu empfehlen. Eine häufige Variante zur Identifikation der richtigen Fragestellung, und Dimensionen, ist die Analyse des Marktes, des Geschäftsmodells und der IT.

- Marktbezogene Analyse:
  Mittels einer ausführlichen Branchenstrukturanalyse wird das marktseitige Bedrohungspotenzial identifiziert und bewertet. Hierbei wird detailliert untersucht, inwiefern sich branchenübliche Geschäftsmodelle durch die Digitalisierung verändern. Außerdem wird sichtbar, wie sich die Branchenstruktur strukturell, z. B. durch neue digitale Newcomer verändert und wie sich damit die Wettbewerbsintensität in der Branche erhöht. Untersuchungsobjekte sind auszugsweise z. B. Skaleneffekte, Produktdifferenzierungen, Kapitalerfordernisse, Wechselkosten, Anzahl der Lieferanten, Verfügbarkeit von Substituten, Differenzierungsmöglichkeiten, Vorwärts- und Rückwärtsintegrationspotenziale, Anzahl der Abnehmer, Umstellungskosten, Abnehmer-Kostenanteil an der Wertschöpfungskette, Abnehmer-Profitabilität, Anzahl der Wettbewerber, Branchenwachstum, Sprungfixe Kosten, Spezialisierungsgrad, Produktloyalität, Wechselkosten, Auslaufende Patente/Lizenz, Preis-Leistungs-Verhältnis von Ersatzprodukten, Aggressivität von Ersatzproduktherstellern.
- Unternehmensbezogene Analyse aus Business Sicht:
  Mittels einer strukturierten unternehmensbezogenen Analyse werden die Business-bezogenen Stärken und Schwächen inkl. Optimierungspotenziale identifiziert. Untersuchungsobjekte sind auszugsweise Kundenwissen/Analytics und Kundensegmentierung, digitale Vision, Value Chain Positioning, Digitalisierungsstrategie, Geschäftsmodell, Anteil digitaler Services am Gesamt-Portfolio, Governance-Strukturen, Digital Marketing

Management, Multichannel Management und Customer Experience Management, Digitalisierungsgrad des Betriebsmodells, Prozessdigitalisierung und Reifegrad des Prozess Managements, Digitale Organisation, Unternehmenskultur und Offenheit bzw. Wiederstand gegen Veränderungen, Unternehmenskommunikation und -kollaboration, Weiterbildung/Organisational Learning, Transformations- und Projektmanagement Fähigkeiten.

- Unternehmensbezogene Analyse aus IT-Sicht:
  Im Anschluss werden mittels einer strukturierten unternehmensbezogenen Analyse die IT-bezogenen Stärken und Schwächen inkl. Optimierungspotenziale identifiziert. Untersuchungsobjekte sind hierbei Interoperabilität, IT Security, Big Data und Connectivity. Jeder dieser Themenblöcke untergliedert sich wiederum hinsichtlich IT-Management/-Governance, IT-Ressourcen/Skills, IT-Prozesse, IT-Architektur und Technologie.

Grundsätzlich lassen sich hier verschiedene Analysemodelle finden und es soll keine sklavische Fixierung sein. Grundsätzlich sollte aber zumindest eine rudimentäre Struktur ausgewählt werden, um ein methodisch, sauberes Ergebnis zur Diskussion zur Verfügung zu haben.

Durchführung

Die vorherigen Erläuterungen dienen nun, einen methodischen Ansatz für ein Digital Maturity Assessment zur Verfügung zu stellen:

1. Definition eines Nordsterns

Im ersten Schritt ist die Definition einer Mission, Vision und Zielsetzung notwendig, um festzulegen, woran man eigentlich den Reifegrad messen möchte. Ist dies nicht vorhanden, wäre dies genauso sinnvoll, wie die Nutzung eines Zollstocks, ohne zu wissen, wo man ihn ansetzt und bis wo man messen möchte.

2. Dimensionen und Fragestellungen festlegen

Es wird festgelegt, welche Dimensionen für eine solche Analyse sinnvoll sind. Dabei sollte man möglichst nicht das Rad neu erfinden, sondern sich bereits etablierten Strukturen bedienen.

3. Benchmarks definieren

Für die Fragestellungen in den Dimensionen werden Benchmarks festgelegt.

4. Abweichungen zum Benchmark

Um seinen eignen Reifegrad festzustellen, werden diese Fragen nun mit allen Stakeholdern in einem Interview besprochen und bewertet. Im entsprechenden Durchschnitt befindet sich dann häufig die Wahrheit.

5. Maßnahmenentwicklung

Auf Basis des Status quo lässt sich der inhaltliche Abstand zum Nordstern festlegen und damit auch die Maßnahmen zur Schließung der Lücke

6. Fortschrittsmessung

Es bietet sich an, dieses Assessment nach einiger Zeit (mindestens 6 Monate) noch einmal durchzuführen, um einen Fortschritt zu messen bzw. zu evaluieren.

Mit dieser Methodik kann man somit von Beginn an eine qualitative Messbarkeit seiner eigenen Entwicklung erzielen. Für die digitale Transformation ein enormer Vorteil in die richtige zu arbeiten und ggf. auch notwendige Richtungsänderung zu erkennen.

Transformationswirksamkeit

- Wirksam für Herausforderungen mit hoher Komplexität
- Wirksam für Designtransformationen
- Wirksam für Marketingtransformationen
- Wirksam für Produkttransformationen
- Wirksam für Prozesstransformationen
- Wirksam für Servicetransformationen
- Wirksam für Sozialtransformationen
- Wirksam für alle Transformationen
- Wirksam für radikale Transformationen

Transformationsfähigkeit

- Fördert die allgemeine Transformationsfähigkeit des Teams
- Fördert grundlegend die Kreativität
- Sorgt für Inspiration oder bessere Inspirationsempfindlichkeit
- Zahlt auf eine bessere Vorstellungskraft ein

Einsatzcharakteristik

- Austauschfokus: vornehmlich mit internen Personen
- Durchführungszeit: eher hoch (> 1 Tag)
- Einsatzfrequenz: sinnvoll im dauerhaften Einsatz
- Einsatzradius: vornehmlich im unternehmensweiten Einsatz
- Komplexität für den Moderator: eher hoch
- Komplexität für die Teilnehmer: eher hoch
- Teamgröße: Maxigruppen möglich (20 bis 40 Teilnehmer)
- Vorbereitungszeit: eher hoch (>1 Tag)

Nötiger Input, um mit der Methode arbeiten zu können

- Aktuelle Herausforderung, Leitfrage, Problem
- Trends und Zukunftsentwicklungen
- Umfeldbeobachtungen, Umfeldanalysen
- Wettbewerber und Komplementoren
- Ziele, Zielsystem, Kennzahlen

Erzeugter Output der Methode

- Bessere Projekteffizienz, bessere Teamperformance
- Erzeugt Planungen und Priorisierungen
- Erzeugt eine Vision oder Zukunftsbild
- Erzeugt größere Klarheit zu einem Thema
- Erzeugt mehr Hintergrundinformationen
- Identifiziert vorhandene Schwachstellen
- Identifiziert vorhandene Stärken
- Macht Wirkzusammenhänge sichtbar

Hinderniseffekte, auf die die Methode positiv wirkt

- 04 – Beugt blinden Flecken/Betriebsblindheit vor
- 10 – Verhindert falsche Flughöhen
- 11 – Schärft eine fehlende gemeinsame Ausrichtung
- 13 – Schafft für den Erfolg nötige Realitätsbezüge
- 20 – Verhindert Ideenfindung mit zu schwacher Erkenntnisgrundlage
- 36 – Schafft schnell Klarheit und beschleunigt Erkenntnisgewinn

Mögliche Exravorteile

- für Teams in einer Komfortsituation
- für Teams mit einem starkem Auftragsmandat
- für Teams mit einer konservativen, tradierten Kultur
- für Teams mit schwachem Auftragsmandat
- für disruptiv unerfahrene Teams
- für interkulturell unerfahrene Teams
- für multidisziplinär unerfahrene Teams

Quellen

Web – https://www.strategy-transformation.com/digital-maturity-assessment/, 08.05.2021
Person – Jan Herrmann, jan_herrmann@gmx.net

Grafik: verrocchio Mindset-Card – Illustration: Jennifer Weiss

Digital Mind Pumping

EinSatzBeschreibung

Ein Work-out für das Gehirn – umgesetzt mit digitalen Kommunikationstools.

Transformation-Index

P1 Leading	P2 Organizing	P3 Connecting	P4 Growing	P5 Talking	P6 Scanning	P7 Exploiting	P8 Exploring	P9 Earning	P10 Scaling
	x	x		x	x				

Beschreibung

Mind Pumping funktioniert wie ein kreatives Workout für das Gehirn. Ziel dabei ist, wie im sportlichen Zirkeltraining, mit regelmäßig durchgeführten Übungssets ein kreatives Selbstverständnis zu entwickeln und zu reflektieren. Letztlich dient die Methode in der gemeinsamen Ausführung im Team dazu, den kreativen Output zu steigern.

Mit dem Einsatz von einem digitalen Kanban-Tool, z.B. Trello, können die Ergebnisse aus dem Mind Pumping über einen längeren Zeitraum dokumentiert und strukturiert zusammengebracht werden. Dies bietet sich insbesondere für Teams an, die physisch nicht am gleichen Ort zusammenarbeiten. Auf einem gemeinsam genutzten Kanban-Board lassen sich die Ergebnisse dokumentieren, kommentieren und vielfältig weiterentwickeln. Aus dem Mind Pumping der einzelnen Teammitglieder entsteht so ein vielfältig nutzbares Ideen-Board. Je nach Team und Übungsauswahl entstehen z.B.: Ansätze für die digitale Produktentwicklung, Ausgangspunkte für Breakout Sessions, Formate für den Austausch im Team, Dokumentation der persönlichen kreativen Entwicklung, etc.

Durch die Dynamik, die auf dem Board entsteht und das regelmäßige Aktualisieren der jeweiligen Listen mit frischem Input steigt die Motivation der einzelnen Teammitglieder, und es lassen sich Innovationsängste und kreative Hemmungen abbauen. Mit dem gemeinsam geteilten Kanban-Board hat das ganze Transformations-Team Zugriff und kann sich gegenseitig inspirieren. Updates auf dem Mind Pumping-Board können auch als Aufhänger für gemeinsame Check-ins genutzt werden.

Ausgangspunkt für das digitale Mind Pumping mit sind die Ansätze, die Michael Michalko in seinem Buch „Thinkertoys" vorstellt. Daraus abgeleitet bieten sich für das digitale Mind Pumping folgende Übungen an:

1) Breaking Habits
   Routinen bewusst durchbrechen.
2) Feeding your Head
   Lesestoff als Gehirnfutter definieren, dokumentieren und kleine Ergebnisse festhalten.
3) Content Analysis
   Kleine Inhaltsanalysen erstellen aus Ads, Videos, Blogs etc. Ziel: Trends erkennen.
4) Travel Stories
   Neue Orte entdecken und Inspirationen mitbringen.
5) Idea Birds
   Schnelle Ideen und Eingebungen festhalten. So verlieren sie sich nicht im Kurzzeitgedächtnis.
6) Idea Log
   Systematisches Ausspeichern von Ideen als Protokoll zu verschiedenen Arbeitsbereichen.
7) Brainbank
   Sammlung von inspirierenden Snippets, Bildern, Memes.

Durchführung

Ein übergreifendes Kanban-Board wird angelegt und mit dem Team geteilt. Auf dem Board werden gemeinsam Listen erstellt, die die einzelnen Übungen abbilden. Man kann auch für das Erstellen der einzelnen Listen jeweils einen Owner definieren. Für jede der Übungen wird eine Liste erstellt.

Einleitende Übungen/Regeln:

- Interaction Quota
  Das Team legt zu Beginn gemeinsam festen, wie häufig auf dem Kanban-Board interagiert werden soll, z.B.: Eine Karte pro Mitglied pro Woche, eine Karte pro Mitglied und Liste, jeden Mittwoch mindestens 5 Karten, etc. Insbesondere für remote

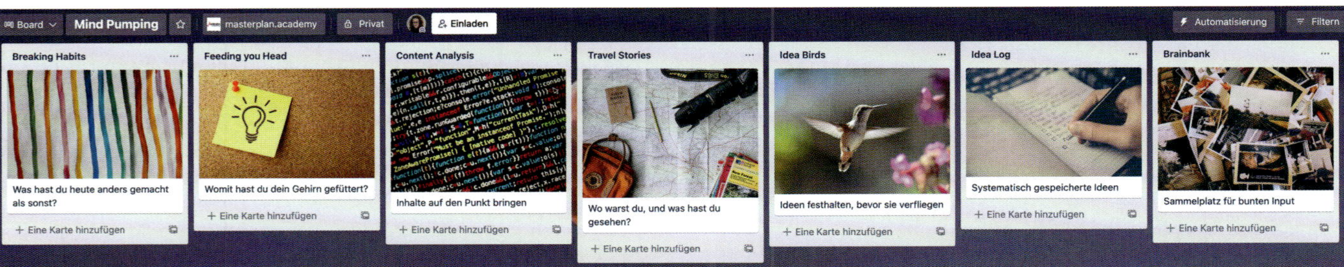

Grafik: Stephanie Bretz – Screenshot Trello Mind Pumping

arbeitende Temas ist diese Vereinbarung essenziell, damit der übergreifende Austausch entstehen kann.

- Setting the Radar
  Eine unerwartete Idee kann überall gefunden werden – die Mitglieder im Team schärfen zu Beginn gemeinsam ihre Antennen, um sich auf den kreativen Prozess im digitalen Mind Pumping einzulassen. Dabei gibt es kein „richtig“ oder „falsch“: Das Team trainiert gemeinsam die kreativen Muskeln.

Übersicht der zur Auswahl stehenden Übungen im digitalen Mind Pumping:

1) **Breaking Habits**
   Routinen bewusst durchbrechen: Wer jeden Tag das Gleiche macht, verliert den Blick für Neues. In dieser Übung soll deshalb ganz bewusst mit alltäglichen Gewohnheiten gebrochen werden, um Gewohnheiten und Denkbarrieren zu durchbrechen. Das Team soll also Dinge ganz bewusst anders tun, als sie es sonst gewohnt sind und dazu jeweils Karten in der Kanban-Liste anlegen. Inspirationen:
   - Einen anderen Weg zur Arbeit nehmen.
   - Eine analoge Zeitung lesen, statt auf dem Handy die News zu checken.
   - Radio hören statt Playlists.
   - Das Feuilleton zuerst lesen, den Wirtschaftsteil nur, wenn noch Zeit ist (oder umgekehrt).
   - Eine neue Sportart ausprobieren (Yoga statt Joggen, Fußball statt Zumba).
   - Ein Konto in einem neuen sozialen Netzwerk anlegen.
   - Tee statt Kaffee trinken.
   - Einen Roman lesen, statt Netflix zu schauen.
   - Das generische Femininum verwenden.
2) **Feeding your Head**
   Lesestoff als Gehirnfutter definieren, dokumentieren und kleine Ergebnisse festhalten: Bei dieser Übung wird definiert, mit welchen Büchern, Magazinen und Texten die Personen im Team ihre Gehirne füttern. Auf Karten in der Kanban-Liste werden die Titel genannt, beschrieben sowie Zitate und besondere Denkanstöße festgehalten. Tipps und Inspirationen:
   - Ungestörte Zeit für das Lesen einplanen und auch wirklich nutzen. Konzentration und Fokus sind Balsam für unsere überreizten Gehirne. Z. B. als Ritual nach dem Frühstück, auf dem Weg ins Büro, in der Mittagspause.
   - Notizen schon beim Lesen in die Bücher schreiben und später die besten Stellen ins Kanban-Board übertragen.
   - Gute Stellen in Büchern oder Magazinen mit Post-its markieren.
   - Dem Gehirn einen abwechslungsreichen Speiseplan bieten; Themen und Formate variieren: Sachbücher, Magazine zu unterschiedlichen Fachbereichen, Romane.
   - Beim Lesen versuchen, die Lösung des Problems oder das Ende der Geschichte vorauszusagen.
3) **Content Analysis**
   Kleine Inhaltsanalysen erstellen aus Ads, Videos, Blogs, etc. Ziel: Trends erkennen. Eine selbst erstellte Content Analysis kann wertvoller sein als jeder Trend-Scout. Die Methode hat sich u. a. aus Vorgehensweisen der CIA entwickelt, um gegnerische Strategien mithilfe von Zeitungen und anderen medialen Veröffentlichungen nachzuvollziehen. Sie kann für das erfolgreiche digitale Trendspotting auf solche medialen Formate übertragen werden, die man besonders im Blick haben möchte, z. B. soziale Netzwerke wie YouTube, LinkedIn, Tik Tok. Die Ansätze und Analysen werden auf Karten in der Kanban-Liste festgehalten. Es können auch Links und Bilder mit verknüpft werden.
   Anstöße:
   - Profile von Influencern oder Marken recherchieren und abonnieren, die im gefragten Produkt- oder Trendbereich aktiv sind.
   - Die „Entdecken“-Funktion in den sozialen Netzwerken nutzen, um verwandte Profile und Threads zu finden.
   - Personalisierte Werbung zulassen, um thematisch verwandte Marken und Profile zu erkennen.
   - Podcasts in der Playlist speichern und z. B. auf Auto- und Bahnfahrten oder bei der Hausarbeit anhören.
4) **Travel Stories**
   Neue Orte entdecken und Inspirationen mitbringen: Ein solcher Ort kann ein besonderes Reiseziel sein, aber auch ein Spaziergang, Geschäft, ein Markt, eine Ausstellung, Bücherei oder Universität. Ein eher zufällig gefundener Begriff oder Gegenstand wird zum Ausgangspunkt für neue Reflexionen. Im Kanban-Board können Fotos oder Geo-Locations mit den Karten verknüpft werden, die diese Orte beschreiben. Für remote arbeitende Teams: Den Ort, an dem man gerade ist, für die anderen beschreiben. Inspiration findet sich nicht nur an exotischen Plätzen, sondern ergibt sich häufig auch aus einer neuen Perspektive auf das Gewohnte.
5) **Idea Birds**
   Schnelle Ideen und Eingebungen festhalten. So verlieren sie sich nicht im Kurzzeitgedächtnis: Ideen verschwinden in der Regel innerhalb von 20 Sekunden aus unserem Gedächtnis, wenn wir sie uns nicht merken oder sie festhalten. Damit sie nicht wie kleine Vögel davonflattern, ist das Kanban-Board zur Stelle. Praktischer Tipp: Die Boards sind auch als mobile App verfügbar. Das Smartphone haben wir in der Regel immer zur Hand, eine kleine Karte ist schnell angelegt.
6) **Idea Log**
   Systematisches Ausspeichern von Ideen als Protokoll zu verschiedenen Arbeitsbereichen: In der Abgrenzung zu den „Idea Birds“ geht es hierbei um einen fokussierten und strukturierten Prozess. Zu einzelnen Ideen werden Karten angelegt und mit Beschreibungen, Medien, Links, etc. angereichert. Mit den farbigen Labels im Kanban-Board können diese Ideen nach unterschiedlichen Sektionen oder Projekt-Strängen gegliedert werden, z. B. Produkt, Marketing, IT, Vertrieb, Personal, Service.
7) **Brainbank**
   Sammlung von inspirierenden Snippets, Bildern, Memes, Ideen: Alles, was sich nicht in den anderen Listen kategorisieren lässt, gehört in die Brainbank. Die Karten aus der Brainbank können später zufällig ausgewählt werden und Denkanstöße für das Team liefern. Letzten Endes ist auch das Mind Pumping-Board an sich eine große Brainbank.

Hier liegt der Fokus auf dem Mind Pumping mit Kanban und geeigneten Methoden für Remote Teams. Daher wurden folgende Übungen aus der ursprünglichen Liste Michalkos herausgelassen:

- Tiny Truths (Aufmerksamkeit schärfen durch die Betrachtung von Bildern)
- Think Right (Über das Erstellen von Listen eine hohe Anzahl von möglichst kreativen Ideen generieren)

Diese kann man bei Bedarf bei Michalko nachlesen und in das eigene kreative Zirkeltraining mit einbinden.

Alle Übungen sind frei miteinander kombinierbar. Es bietet sich auch an, gemeinsam mit dem Team zu entscheiden, welche Übungen für den „Trainingsplan" auf das Kanban-Board kommen. Auch kann das Board nach und nach mit weiteren Mind Pumping-Übungen ergänzt werden, die einfach als zusätzliche Listen auf dem Board aufgenommen werden.

Transformationswirksamkeit

- Wirksam für Herausforderungen mit hoher Komplexität
- Wirksam für Herausforderungen mit mittlerer Komplexität
- Wirksam für Herausforderungen mit niedriger Komplexität
- Wirksam für alle Transformationen

Transformationsfähigkeit

- Fördert die Agilität eines Teams
- Fördert die Teamkreativität
- Fördert die allgemeine Transformationsfähigkeit des Teams
- Fördert grundlegend die Kreativität
- Fördert offene Mindsets und innovative Denkhaltungen
- Sorgt für Inspiration oder bessere Inspirationsempfindlichkeit
- Zahlt auf eine bessere Vorstellungskraft ein
- Zahlt auf eine bessere Wahrnehmung ein

Einsatzcharakteristik

- Austauschfokus: vornehmlich mit internen und externen Personen
- Einsatzfrequenz: sinnvoll im dauerhaften Einsatz
- Einsatzradius: vornehmlich im Teameinsatz
- Komplexität für den Moderator: eher mittel
- Komplexität für die Teilnehmer: eher gering
- Teamgröße: Einzelpersonennutzung möglich
- Teamgröße: Großgruppen möglich (>50 Teilnehmer)
- Teamgröße: Kleingruppe möglich (3 bis 5 Teilnehmer)
- Teamgröße: Maxigruppen möglich (20 bis 40 Teilnehmer)
- Teamgröße: Mittelgroße Teams möglich (5 bis 20 Teilnehmer)
- Vorbereitungszeit: eher mittel (>1 Stunde bis <1 Tag)

Nötiger Input, um mit der Methode arbeiten zu können

- Aktuelle Herausforderung, Leitfrage, Problem

Erzeugter Output der Methode

- Erzeugt Ideen für neue Märkte und neue Business Modelle
- Erzeugt Ideen, Lösungsansätze, Vorideen, Möglichkeiten
- Erzeugt Ideensuchfelder, unentdeckte Probleme, Inspiration
- Erzeugt Leitfragen für die Ideenfindung
- Erzeugt besseren Teamspirit, mehr Offenheit, Inspirationsempfindlichkeit
- Erzeugt kollaborative Lösungen und Ideen
- Erzeugt neues Wissen und neue Erfahrungen
- Erzeugt visualisierte Ideen, Begriffe, Themen
- Erzeugt mehr Agilität im Team
- Erzeugt mehr Know-how-Zuwachs
- Erzeugt motiviertere und transformationsfähigere Teilnehmer

Hinderniseffekte, auf die die Methode positiv wirkt

- 01 – Schwächt Angst vor Neuem (Cainophobie)
- 03 – Schwächt störende Bewertung während der Ideenfindung
- 04 – Beugt blinden Flecken/Betriebsblindheit vor
- 06 – Schwächt das Leben in der Vergangenheit
- 12 – Wirkt fehlender Inspiration entgegen
- 15 – Stärkt das Vertrauen im Team
- 17 – Fördert gehemmte Teammitglieder
- 19 – Verhindert Ideenbunkerei und Geheimniskrämerei
- 21 – Bindet eher introvertierte Teammitglieder mit ein
- 29 – Schwächt den „Inneren Zensor"
- 34 – Verhindert vorschnelles Urteilen über Ideen
- 35 – Dynamisiert und aktiviert wenig dynamische Teams
- 39 – Fördert die Agilität der Teilnehmer

Mögliche Extravorteile

- für agile Teams
- für die Arbeit mit digitalen Kollaborationsboards
- für remote arbeitende Teams

Quellen

Buch – Thinkertoys, M. Michalko (Ten Speed Press 2006)

Digital PMO+

EinSatzBeschreibung

Mit Digital PMO+ bewegt sich klassisches Projektmanagement in die agile Anspruchswelt der Gegenwart.

Transformation-Index

P1 Leading	P2 Organizing	P3 Connecting	P4 Growing	P5 Talking	P6 Scanning	P7 Exploiting	P8 Exploring	P9 Earning	P10 Scaling
	x								

Beschreibung

Der größte Vorteil remote geführter Projekte liegt bekanntlich in der signifikanten Zeitersparnis, der deutlich besseren Trackbarkeit sowie der Einfachheit in der Kommunikation. Soweit die herkömmliche Annahme. Schaut man jedoch tiefer hinter das ein oder andere digitale Projekt bemerkt man recht schnell: ganz so eindeutig sind die Vorteile nicht. Zumindest nicht, wenn man nicht penibel auf ein gutes Projektmanagement achtet.

Wie wir wissen, hängt der Erfolg eines Projektes grundsätzlich und im Wesentlichen von den drei Indikatoren Time, Quality und Einhaltung der Kosten (also Budget) ab. In offline geführten Projekten ist daher ein sauberes Projektcontrolling nach diesen drei Indikatoren essenziell für den Erfolg. In digitalen Projekten ist dies selbstredend nicht anders. Nur, wie lässt sich ein Projekt bei remote zusammenarbeitenden Teams eigentlich am besten steuern? Gibt es nicht doch Unterschiede oder weitere Ergänzungen? Oder gar besondere Herausforderungen?

Vor allem in herausfordernden Zeiten der zu Teilen anonymen Projektzusammenarbeit liegt eine deutliche Zusatzherausforderung in der Kommunikation von Erfolgen/Engpässen sowie im kulturellen Zusammenhalt eines Projektes. An dieser Stelle setzt die Methode PMO+ an. Im herkömmlichen PMO laufen naturgemäß bereits alle Informationsfäden zusammen, sodass hier die beste Übersicht zum Projektstand aus strategischer, operativer sowie kultureller Perspektive vorherrscht. Informationen werden in der Regel gesammelt, aggregiert, aufbereitet und schließlich (vor allem für das Management) geteilt.

PMO+ geht über diese herkömmliche Leistung hinaus. Da es in digitalen Projekten oftmals zu größeren, komplexeren und schneller erforderlichen Leistungserbringungen kommen muss, haben digitale Projektteams in der Regel einen erhöhten Support Bedarf. PMO+ setzt den Rahmen für Austausch, hält die Kommunikation von Projekterfolgen aufrecht, ist Schaltzentrale oder Infoplattform und Digitale Feuerwehr.

Durchführung

1. Schritt: Sie legen fest, welche Rolle PMO+ inhaltlich erfüllen muss. Neben den üblichen Tätigkeiten (Tracking, Controlling etc.) kommt es dabei maßgeblich auf die Definition des „+" an. Das „+" ist sozusagen das Sicherheitsnetz zur Deckung Ihrer potenziellen Risiken im Projekt.

Beispiel: Ihr Projektteam zur Erstellung einer neuen Website ist kompetent, leidet jedoch unter einem Ressourcenmangel, da das digitale Projekt neben dem Tagesgeschäft aufgesetzt wurde. In diesem Zuge ist es zumindest risikobehaftet, ob die inhaltliche Arbeit an Texten, Layouts und mehr immer im Rahmen der KPI Anforderungen zu Quality und Time geleistet werden kann. Sie identifizieren also bereits zu Beginn des Projektes, dass hier ein vermeintliches Realisierungsrisiko besteht, das gedeckt werden muss.

2. Schritt: PMO+ strukturiert für Sie im Rahmen des genannten Beispielprojektes Teileinheiten und setzt in teaminternen 1:1 Gesprächen zu Beginn mit Ihnen den operativen Teilprojektfahrplan auf. Seien Sie dafür so gründlich und granular wie nötig, in jedem Fall achten Sie jedoch darauf, dass der Granularisierungsgrad stets auf einem ähnlichen Fluglevel liegt.

Beispiel: Der Aufbau der Website besteht aus den Teilprojekten a) Text, Bild, CI; b) UI/UX Frontend; c) technische Umsetzung Backend; d) Prozesse; e) Migration Altinhalte

3. Schritt: PMO+ überführt die offenen operativen ToDos inkl. Verantwortlichkeiten und Timings im Rahmen jedes Teilprojektes in ein übersichtliches Board (z. B. Trello, Planner oder ein sonstiges Kanban Tool). Fortan fungiert PMO+ hier als Master des Boards, verschiebt und trackt Projektfortschritte und kommuniziert diese wiederkehrend (z. B. im Rahmen von Sprints) auch zu kulturellen Zwecken (Erfolge feiern) an das Team. Parallel setzt PMO+ einen Zeitstrukturplan auf, der Abhängigkeiten, zeitliche Längen und erforderliche Personentage visuell darstellt. Auch jener wird fortlaufend angepasst und zyklisch (in Ausschnitten) an das Projektteam kommuniziert.

4. Schritt: In einem Parallelprozess sucht PMO+ bereits nach potenziellen Lösungsansätzen für ebenfalls potenzielle (zuvor identifizierte) Realisierungsrisiken. Dies können sowohl weitere interne als auch externe Ressourcen sein, die im Bedarfsfall ohne Zeitverzug aktiviert werden können. Ferner kann auch PMO+ selbst als „Feuerwehr" fungieren, sofern die inhaltlichen Kompetenzen hierfür vorliegen. PMO+ kommt damit neben der üblichen PMO Rolle, die Rolle eines effizienten Netzwerkmanagers zu, um den Anforderungen digitaler (agiler) Projekte gerecht zu werden. Werden weitere Ressourcen hinzugezogen, zeichnet sich PMO+ für das Onboarding und damit die schnelle Einsatzbereitschaft verantwortlich.

5. Schritt: PMO+ bedient sich im Projektverlauf geeigneter Tools, um über insbesondere auch die Rolle des „Kulturschaffenden" auszufüllen. So kann PMO+ zum Beispiel auf ein Check-in-Moodboard zurückgreifen oder Scrum und Design Sprints orchestrieren und damit zum Erfolg des Gesamtprojektes wesentlich beitragen.

Transformationswirksamkeit

- Wirksam für Herausforderungen mit hoher Komplexität
- Wirksam für Herausforderungen mit mittlerer Komplexität
- Wirksam für alle Transformationen

Transformationsfähigkeit

- Fördert die Agilität eines Teams

Einsatzcharakteristik

- Austauschfokus: vornehmlich mit internen und externen Personen
- Durchführungszeit: eher hoch (> 1 Tag)
- Einsatzfrequenz: vornehmlich über im kompletten Projektzeitraum
- Einsatzradius: vornehmlich im projektweiten Einsatz
- Einsatzradius: vornehmlich im unternehmensweiten Einsatz
- Komplexität für den Moderator: eher hoch
- Komplexität für die Teilnehmer: eher gering
- Teamgröße: Kleingruppe möglich (3 bis 5 Teilnehmer)
- Teamgröße: Maxigruppen möglich (20 bis 40 Teilnehmer)
- Teamgröße: Mittelgroße Teams möglich (5 bis 20 Teilnehmer)
- Teamgröße: Speziell für Großgruppen geeignet (>50 Teilnehmer)
- Vorbereitungszeit: eher hoch (>1 Tag)

Nötiger Input, um mit der Methode arbeiten zu können

- Aktuelle Herausforderung, Leitfrage, Problem
- Beteiligte Personen mit Tätigkeiten und Aufgaben
- Durchlaufenes Projekt oder Projektphasen
- Umfeldbeobachtungen, Umfeldanalysen
- Ziele, Zielsystem, Kennzahlen

Erzeugter Output der Methode

- Bessere Projekteffizienz, bessere Teamperformance
- Erzeugt Planungen und Priorisierungen
- Erzeugt transformationsfähigere Organisationen
- Erzeugt mehr Hintergrundinformationen
- Erzeugt mehr Agilität im Team
- Erzeugt mehr Know-how-Zuwachs
- Erzeugt motiviertere und transformationsfähigere Teilnehmer
- Hilft bei Entscheidungen, Bewertungen und Feedback
- Macht Wirkzusammenhänge sichtbar

Hinderniseffekte, auf die die Methode positiv wirkt

- 04 – Beugt blinden Flecken/Betriebsblindheit vor
- 13 – Schafft für den Erfolg nötige Realitätsbezüge
- 15 – Stärkt das Vertrauen im Team
- 37 – Verkürzt zu lange Entscheidungsmeetings
- 38 – Verkürzt zu lange Meetingzeiten
- 40 – Verhindert Finanz- und Ressourcenfallen
- 42 – Überzeugt strukturliebende Teammitglieder

Mögliche Extravorteile

- für Teams in einer Krisensituation
- für Teams mit einer schwacher Teamleitung
- für agile Teams

Quellen

Organisation – Kopfspringer GmbH, Düsseldorf, www.kopfspringer.com
Person – Nicolas Burkhardt, burkhardt@kopfspringer.com
Person – Jan Hermann, jan_hermann@gmx.net

67 Digital Supplier Enablemant – Check-up

EinSatzBeschreibung

Anbindung von Lieferanten an die internen Systeme zur Optimierung der „externen" Zusammenarbeit.

Transformation-Index

P1 Leading	P2 Organizing	P3 Connecting	P4 Growing	P5 Talking	P6 Scanning	P7 Exploiting	P8 Exploring	P9 Earning	P10 Scaling
	x	x							

Beschreibung

Ein wichtiges Element der digitalen Transformation ist die Einbindung der nötigen Business Partner. Hier ist der Lieferant im Vordergrund. Die Methode soll aufzeigen, wie Lieferanten dazu befähigt werden, sich an die eigenen Systeme anzudocken und die relevanten Informationen zu liefern. Dabei geht es nicht nur um klassische Informationen, wie Adresse, Kontodaten oder Firmierung. Es geht mittlerweile um ganzheitliche Kollaboration. Das heißt es werden Informationen über Entwicklungen, Innovationen, Qualitäten, Kapazitäten und Risiken ausgetauscht. Diese Aufgabe wird mehr und mehr Bestandteil des Einkaufs und erhebt das Digital Supplier Enablement zu einem elementaren Bestandteil der digitalen Transformation.

Grundsätzlich lässt sich das der systematische und methodische Prozess des digitalen Supplier Enablement wie folgt zusammenfassen:

- Sammlung von Dokumenten und Daten
- Qualifizierung, Freigabe und vertragliche Anbindung
- Austausch von transaktionalen Daten (Bestellungen, Rechnungen, etc.)
- Katalogdaten zu den Artikeln, Kapaziäten, Lagerbestände, etc.)

Die **Vorteile** der digitalen Lieferantenanbindung lässt sich in sechs Dimensionen beschreiben:

1. Organisatorische Verbesserungen
   - Konsequenter, effizienter und klar zugeordneter Prozess mit den involvierten Funktionen (Finance, Einkauf, Supply Chain, etc.)
   - Daten sind in Echtzeit verfügbar
   - Reduktion von manuellen und ineffizienten Tätigkeiten
2. Effizienteres Supplier Relationship Management (Referenz zur weiteren Methode)
   - Offene, klare und kontinuierliche Kommunikation
   - Vollständige Datentransparenz in beide Richtungen
   - Ausweitung des Austausch bei Vertiefungen der strategischen Partnerschaften
3. Reduktion des Maverick Buying
   - Durch die systematische Anbindung und Freigabe der Lieferanten und Transaktionen wird Maverick Buying (Einkaufsaktiviäten, die am Einkäufer vorbei gemacht werden) verhindert
   - Der Einkauf wird bereits in einer frühen Anbahnung eingebunden
   - Durch die Anbindung wird sichergestellt, dass sich an laufende Verträge und Kataloge gehalten wird
4. Electronic Data Exchange mit den Lieferanten
   - Informationen werden ohne manuelle Schnittstelle verbessert und eingebunden
   - Transaktionale Daten werden über die Schnittstelle versendet oder erhalten
5. Freigaben durch das System
   - Sämtliche Freigabeprozeduren und Verantwortliche können systematisch eingeholt und eingehalten werden
   - Freigabestati können jederzeit geprüft, dokumentiert und verändert werden
6. Erhöhte Compliance
   - Sämtliche Richtlinien in Form von Freigaben und Unterschriften lassen sich abbilden und einhalten

Die praktische Umsetzung ist häufig nicht einfach, da sich Schnittstellen und notwendige Informationen häufig ändern. Auch die schiere Anzahl der Lieferanten reduziert die Komplexität dieser Aufgabe nicht. Dennoch liegen die Vorteile für ein methodisches Digitial Supplier Enablement auf der Hand.

Durchführung

Wichtig für das Supplier Enablement ist ein klarer Prozess, um die Komplexität in den Griff zu bekommen und Stück für Stück die Anforderungen auf die gesamte Lieferantenbasis auszurollen. Die Methode wird dabei in vier Schritte aufgeteilt.

Schritt 1: Vorbereitung und Set-up des Supplier Enablements

- Definition des Supplier Enablement Prozess: Dabei wird festgelegt, wer welche Schritte übernimmt.
- Festlegung der Anforderungen, Erwartungen und Ausnahmen: Definition der notwendigen Informationen. Festlegung von Ausnahmen, wie bspw. Bestimmter Einkaufsvolumen oder Unternehmensgrößen.
- Etablierung der Evaluierung- und Freigabe-Parameter: Festlegung der notwendigen Freigaben und Parameter für die Qualität und Vollständigkeit der Daten und Prozesse.

Schritt 2: Lieferantenevaluierung und Daten Review

- Zusammenstellung und Organisation der Lieferanten und Einkaufsvolumen.
- Identifikation und Kategorisierung der Lieferanten anhand der Parameter: Festlegung, welche Lieferanten, wie wichtig für den Fortschritt für das Supplier Enablement ist (Priorisierung).
- Durchführung des Kommunikations- und Trainingskonzept: Lieferanten und Einkäufer sind gleichermaßen zu schulen und zu informieren, um eine erfolgreiche Umsetzung zu gewährleisten.

Schritt 3: Überwachung, Überprüfung und Bewertung

- Initialisierung der Überwachung: Implementierung eines Statuskonzepts zur Feststellung, ob sämtliche Prozesse und Informationen vorhanden sind bzw. wo Inkonsistenzen oder Fehler entstanden sind. Ohne einen klaren systematischen Ansatz ist bei der Vielzahl an Informationen eine Fehlerbehebung aussichtslos.
- Aufbau eines kontinuierlichen Reportings und Dashboards.

Schritt 4: Kontinuierliche Prozessverbesserung

- Identifizierung von Automatisierungsverbesserungen: Durch die kontinuierliche Auseinandersetzung mit einer Vielzahl von Lieferanten und Informationen ist es durchaus sinnvoll, die Prozeduren für bestimmte Cluster anzupassen bzw. zu optimieren.
- Einsatz von RPAs (siehe dieses Buch): Robotic Process Automation wird für häufige manuelle Schritte eingesetzt, um eine weitere Automatisierung und Effizienz zu gewährleisten.
- Update des Supplier Enablement Prozess aus Schritt 1.

Praxisschlaglicht

Das Supplier Enablement ist eine häufig unterschätzte Aufgabe, die bei einer digitalen Transformation vernachlässigt wird. Es ist daher sinnvoll diesen Prozess so früh wie möglich aufzusetzen.

Transformationswirksamkeit

- Wirksam für Herausforderungen mit hoher Komplexität
- Wirksam für Prozesstransformationen

Transformationsfähigkeit

- Fördert die allgemeine Transformationsfähigkeit des Teams

Einsatzcharakteristik

- Austauschfokus: vornehmlich mit externen Personen
- Durchführungszeit: eher hoch (> 1 Tag)
- Einsatzfrequenz: sinnvoll im dauerhaften Einsatz
- Komplexität für den Moderator: eher hoch
- Komplexität für die Teilnehmer: eher hoch
- Teamgröße: Mittelgroße Teams möglich (5 bis 20 Teilnehmer)
- Vorbereitungszeit: eher hoch (>1 Tag)

Nötiger Input, um mit der Methode arbeiten zu können)

- Aktuelle Herausforderung, Leitfrage, Problem
- Beteiligte Personen mit Tätigkeiten und Aufgaben

Erzeugter Output der Methode

- Erzeugt größere Klarheit zu einem Thema
- Erzeugt transformationsfähigere Organisationen
- Erzeugt mehr Know-how-Zuwachs

Hinderniseffekte, auf die die Methode positiv wirkt

- 04 – Beugt blinden Flecken/Betriebsblindheit vor
- 13 – Schafft für den Erfolg nötige Realitätsbezüge
- 21 – Bindet eher introvertierte Teammitglieder mit ein
- 25 – Schwächt multidisziplinäre Reibungsverluste
- 36 – Schafft schnell Klarheit und beschleunigt Erkenntnisgewinn
- 40 – Verhindert Finanz- und Ressourcenfallen
- 41 – Verringert zu große Komplexitäten
- 42 – Überzeugt strukturliebende Teammitglieder

Mögliche Extravorteile

- für Teams mit einem starkem Auftragsmandat
- für die Arbeit mit digitalen Kollaborationsboards

Quellen

Person – Jan Herrmann, jan_herrmann@gmx.net

68

Digitale Beerdigung

EinSatzBeschreibung

Methode, um aus gescheiterten Projekten die beste Lessons-Learned-Erfahrung herauszuholen.

Transformation-Index

P1 Leading	P2 Organizing	P3 Connecting	P4 Growing	P5 Talking	P6 Scanning	P7 Exploiting	P8 Exploring	P9 Earning	P10 Scaling
x				x					

Beschreibung

Im Zuge der Digitalisierung haben sich ursprüngliche Diffusionsmodelle von Innovationen, Produkten und Geschäftsmodellen maßgeblich verändert. Klassische Marktgänge entlang einer zyklisch relativ langgezogenen Gaußschen Normalverteilung (vom Innovator, über den Early Adopter, die frühe und späte Mehrheit bis hin zum Nachzügler) sind deutlich verkürzt. Aber nicht nur das. Durch exponentielle Skalierung, weiter angefeuert über Mechanismen digitaler Plattformen und digitale Vernetzung, sind Marktgänge inzwischen in der Regel wesentlich dramatischer. Dramatisch meint dabei schnellere Markteintritte, steilere Erfolgskurven und drastischere Trend-Enden. Kurzum: ohne schnelles Reagieren und schnelle Entscheidungsfähigkeit innerhalb von Organisationen, ob man bei einer Entwicklung dabei sein möchte oder nicht, ist der Konkurrenzkampf bereits verloren.

Im Umkehrschluss bedeutet dies gleichzeitig auch das schnelle und frühzeitige Absteigen von Projekten, Produkten oder Geschäftsmodellen, sobald erkannt wird, dass man a) auf das falsche Pferd gesetzt hat oder b) das Pferd bereits lahmt.

Um kulturell negative Auswirkungen von sich häufenden Beendigungen von Projekten zu vermeiden, bietet es sich an, solchen Projekten eine gewisse Wertschätzung entgegenzubringen und sie im exploitativen Sinne zumindest bezüglich Lerneffekte ausgiebig zu reflektieren. Eine zu diesem Zwecke entwickelte Methode, die bereits in der analogen Welt bedeutende Relevanz hatte, ist die Methode der (Ideen-)Beerdigung.

Hierbei geht es primär um ein aktives Wissensmanagement sowie die Motivation im Team. Auf Seiten des Idea Owners, der seine Idee ggf. noch vor dem Markterfolg wieder aufgeben muss, stehen Wertschätzung und Lernerfolg im Vordergrund. Die Methode „Digitale Beerdigung“ ist in vielen agilen Projekten kultureller Bestandteil der Projektentwicklung; gerade dort, wo in kurzer Zeit viele Impulse getestet, an den Markt gebracht und wieder verworfen werden (müssen).

Durchführung

1. Schritt: Kanban Board Erweiterung

Richten Sie in einem ersten Schritt einen weiteren Bucket ganz rechts in Ihrem digitalen Kanban Tool (z. B. Planner oder Trello) ein. Benennen Sie den Bucket anschließend mit Graveyard oder Friedhof.

2. Schritt: KPI Set für Beerdigung festlegen

Erstellen Sie im Vorfeld allgemeingültige KPIs, an denen Sie klar ablesen können, wann Sie bei einer Idee, einem Produkt, einem Geschäftsmodell oder einer Innovation den sprichwörtlichen Stecker ziehen. Gerade wenn Sie im Vorfeld festlegen, wann es nicht mehr weitergehen soll, fällt der Abschied zur rechten Zeit nur noch halb so schwer und Sie können sich auf das Wertschätzen und Huldigen konzentrieren.

3. Schritt: Beerdigung durchführen

Für die Durchführung einer „Beerdigung“ fertigt der Idea Owner eine kurze Bestattungsrede an, ganz wie bei einer echten Anzeige mit Blick auf ein fachliches und persönliches Resümee.

Dabei kann die Rede die Idee, das Produkt oder das Geschäftsmodell durchaus als Person darstellen, sodass eine Auseinandersetzung leichter fällt. Nachdem die Rede erstellt wurde, wird sie im nächsten Teammeeting (z. B. im Sprint Retrospektive in Scrum-Projekten) zu (virtuellem) Kaffee und Kuchen vorgelesen. Dabei kann durchaus etwas theatralisches Geschick an den Tag gelegt werden, um den Gesamtprozess mit Humor zu garnieren. Wertgeschätzt werden im Rahmen der Rede alle spezifischen Learnings, die der Idea Owner, aber auch das Team gemacht haben.

Im Rahmen eines gescheiterten Plattform-Geschäftsmodells könnte der Text zum Beispiel wie folgt klingen:

„Wir haben von Dir sehr viel gelernt. Über die Zeit mit Dir mussten wir feststellen, dass es nicht einfach war, Dich mit Menschen zu verbinden. Dich wollte niemand besuchen und das selbst, als wir Dich modisch aufgepeppt haben. Wir haben von Dir gelernt, dass Menschen immer noch auf Inhalt und nicht nur auf Aufmachung achten. Du bleibst in unserem Herzen, auch wenn Du es eigentlich nicht wert warst. Danke trotzdem.“

Nach dem Verlesen wird die Idee dann tatsächlich beerdigt und der Text als Word-Datei an die entsprechende (Trello)Karte geheftet. Die Karte fungiert fortan als Grabstein und darf durchaus auch später noch einmal besucht werden. RIP.

Über die Zeit sammeln sich mit dieser Methode viele Impulse, deren Mehrwerte weiterhin sichtbar und transparent bleiben. Die (digitale) Beerdigung ist damit ein sehr sinnvolles Kulturtool.

Transformationswirksamkeit

- Wirksam für Herausforderungen mit niedriger Komplexität
- Wirksam für alle Transformationen

Transformationsfähigkeit

- Fördert die Teamkreativität
- Fördert grundlegend die Kreativität
- Fördert offene Mindsets und innovative Denkhaltungen
- Sorgt für Inspiration oder bessere Inspirationsempfindlichkeit

Einsatzcharakteristik

- Austauschfokus: vornehmlich mit internen und externen Personen
- Durchführungszeit: eher gering (< 1 Stunde)
- Einsatzfrequenz: sinnvoll im dauerhaften Einsatz
- Einsatzradius: vornehmlich im Teameinsatz
- Einsatzradius: vornehmlich im projektweiten Einsatz
- Komplexität für den Moderator: eher gering
- Komplexität für die Teilnehmer: eher gering
- Teamgröße: Einzelpersonennutzung möglich
- Teamgröße: Großgruppen möglich (>50 Teilnehmer)
- Teamgröße: Kleingruppe möglich (3 bis 5 Teilnehmer)
- Teamgröße: Maxigruppen möglich (20 bis 40 Teilnehmer)
- Teamgröße: Mittelgroße Teams möglich (5 bis 20 Teilnehmer)
- Vorbereitungszeit: eher gering (<1 Stunde)

Nötiger Input, um mit der Methode arbeiten zu können

- Gescheiterte Ideen und fehlgeschlagene Projekte
- Ideen, Lösungsansätze, Vorideen, Varianten
- Ziele, Zielsystem, Kennzahlen

Erzeugter Output der Methode

- Bessere Projekteffizienz, bessere Teamperformance
- Erzeugt besseren Teamspirit, mehr Offenheit, Inspirationsempfindlichkeit
- Erzeugt neues Wissen und neue Erfahrungen
- Erzeugt größere Klarheit zu einem Thema
- Erzeugt mehr Know-how-Zuwachs

Hinderniseffekte, auf die die Methode positiv wirkt

- 05 – Verhindert blinden Aktionismus
- 06 – Schwächt das Leben in der Vergangenheit
- 08 – Verhindert einseitige Bewertungen und Entscheidungen
- 14 – Fördert eventuell fehlende Wertschätzung
- 36 – Schafft schnell Klarheit und beschleunigt Erkenntnisgewinn

Mögliche Extravorteile

- für Teams mit einer konservativen, tradierten Kultur
- für agile Teams
- für erfahrene Trainer und Agile Coaches
- für innovativ erfahrene Teams
- für die Arbeit mit digitalen Kollaborationsboards

Quellen

Buch – Das große Handbuch Innovation, B. van Aerssen, C. Buchholz (Vahlen 2018)

Digitale Lieferantennetzwerke

EinSatzBeschreibung

Identifikation der relevanten Liefernnetzwerke und -pfade, um eventuelle Risiken, Kosten, Innovationen richtig zu bewerten und auszuwählen.

Transformation-Index

P1 Leading	P2 Organizing	P3 Connecting	P4 Growing	P5 Talking	P6 Scanning	P7 Exploiting	P8 Exploring	P9 Earning	P10 Scaling
	x	x							

Beschreibung

Bei einer digitalen Transformation ist ein wichtiger Entwicklungsschritt die Verwandlung der Lieferkette in ein digitales Netzwerk. Die aktuelle Grundannahme einer linearen und sequenziellen Kette mit einer statischen Abfolge der Phasen Design, Plan, Source, Make und Deliver ist nicht mehr zeitgemäß. Wie lässt sich ein digitales Lieferantennetzwerk (engl. Digital supply networks) am besten beschreiben?

- Es ist ein offenes System mit vielen Querverbindungen in den Wertschöpfungsstufen.
- Unternehmen steuern mehrere Liefernetzwerke. Das bedeutet beispielsweise, dass jeweils ein Netzwerk für Gussteile, Kunststoffelemente, Technische Baugruppen und ähnliches existiert.
- Die Verknüpfungen zwischen den Wertschöpfungsstufen werden von einem Digital Core zusammengehalten.
- Innerhalb des digitalen Kerns werden die Daten gesammelt, analysiert und Handlungsempfehlungen entworfen.
- Vollständige Transparenz bis in die letzte Stufe der Supply Chain wird in Echtzeit bereitgestellt und messbar gemacht.

Es existiert dann ein digitales Liefernetzwerk, laut Deloitte, wenn die folgenden 5 Merkmale realisiert wurden:

1. **„Always on"-Agilität:** Die digitalen Liefernetzwerke ziehen fortwährend Daten – traditionelle und solche, die auf Sensoren und anderen ortsbezogenen Tools basieren. Diese Datengrundlage ermöglicht eine integrierte Sicht auf das Netzwerk und schnelle Antworten auf sich verändernde Situationen ohne Latenzen.
2. **Connected Community:** Nahtlose und multimodale Echtzeit-Kommunikation verbessert die Zusammenarbeit mit Zulieferern, Partnern und Kunden. Die gesamte Wertkette profitiert von zentralisierten, standardisierten und synchronisierten Daten.
3. **Intelligente Optimierung:** Menschen und Maschinen arbeiten nicht nur reibungslos zusammen, sondern lernen voneinander. Das geht einher mit datengetriebenen Analysen, die Entscheidungsfindung und Ergebnisse optimieren.
4. **Völlige Transparenz:** Sensoren und ortsbezogene Services sorgen für sofortige Sichtbarkeit auch von kritischen Aspekten. Möglich werden dadurch die Verfolgung des Materialflusses, die Synchronisierung von Terminplänen, ein Gleichgewicht von Angebot und Nachfrage sowie finanzielle Vorteile.
5. **Ganzheitliche Entscheidungen:** Besser informierte Entscheidungen werden möglich, weil über alle funktionalen Silos hinweg Informationstransparenz herrscht.

Die Vorteile der Unternehmen liegen auf der Hand:

- Unternehmen können neue Leistungsniveaus durch eine höhere betriebliche Effizienz und Effektivität
- Durch ein stärker auf den Kunden bezogenes Netzwerk können neue Umsatzmöglichkeiten geschaffen werden
- Wenn Unternehmen ihr gesamtes Liefernetzwerk nutzen, schrumpfen die traditionellen Barrieren
- Mittels Informationsbewertung in dem gesamten Netzwerk lassen sich Risiken oder Schwächen deutlicher schneller eliminieren
- Globale Effekte wie Pandemien lassen sich früher antizipieren und die Netzwerke lassen sich umlenken

Die Erstellung eines digitalen Liefernetzwerks ist somit nicht nur ein unternehmerischer Vorteil, sondern auch auf kurz oder lang umzusetzen, um konkurrenzfähig zu bleiben. Hinzu kommt, dass die Transparenz in der Supply Chain sogar eine regulatorische Notwendigkeit wird. Hier sind die Effekte des neuen Sorgfaltspflichtengesetz einzubeziehen (siehe Sorgfaltspflichtengesetz – Regulatorik vs. Wettbewerbsvorteil, Sustaining Values (pwc.de)).

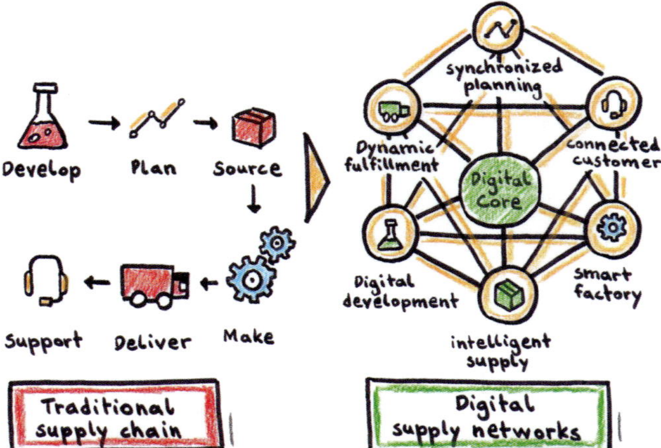

Grafik: Anja Faber – Digitale Lieferentennetzwerke

Durchführung

Eine methodische Umsetzung der Vielzahl an Elementen ist sicherlich so umfangreich, dass man hier ein eigenes Buch zu schreiben kann. Daher wird hier ein Fokus auf die Startaktivitäten einer Umstellung von Ketten auf Netzwerke gelegt.

Für den Aufbau eines digitalen Netzwerks lassen sich drei elementare Schritte festlegen:

Schritt 1: Groß denken: Unternehmen sollten in Innovation „eintauchen" und mit dem Aufbau ihres Ökosystems beginnen. Es reicht also nicht sein Ziel auf verschiedene Transaktionen im Netzwerk zu beschränken. Man sollte sich von Anfang an darauf einlassen, dass man eine vollständige und ganzheitliche Transparenz erzielt. Nur dann lässt sich die Herausforderung in seine Einzelteile zerlegen und realisieren. Der Begriff Ökosystem stellt ebenfalls direkt Forderungen an den ersten Schritt:

- Das Netzwerk agierten in sich häufig durch eine Vielzahl von Triggerpunkten und digitalen sowie menschlichen Aktionen, die identifiziert und dokumentiert werden müssen.
- Ein Ökosystem zu führen, heißt ein Gleichgewicht aufrecht zu erhalten.
- Das Netzwerk muss sich somit in sich selbst steuern können und es sind die elementaren Synapsen zum richtigen Zeitpunkt zu zünden.

Eine geringere Zielsetzung als diese, wird ein Projekt in dieser Form zu scheitern bringen, bzw. wird sich in die lineare Kette zurückentwickeln.

Schritt 2: Klein anfangen: Wie bereits in der Methode Process-driven Transformation beschrieben, kann es Sinn ergeben, erst einmal kleine Schritte zu unternehmen. So lassen sich Strategien testen – mit relativ geringen Konsequenzen. es empfiehlt sich, erste Projekte am Rand des Unternehmens zu wählen. Dadurch könne auch Mitarbeitern die Angst vor einem Scheitern genommen werden, was letztlich mehr Innovation ermögliche. Sinnvoll sei es auch, mit ein oder zwei strategisch wichtigen Transformationen zu beginnen.

Schritt 3: Schnell beginnen: Auch kleine Erfolge können als Belege dafür funktionieren, dass der eingeschlagene Weg sich lohnt. Erfolgsgeschichten können den Wert und die Bedeutung von digitalen Liefernetzwerken beweisen – sollten dazu aber auch entsprechend vermarktet werden. Das Teilen von Beispielen erfolgreichen digitaler Liefernetzwerke bzw von realisierten Fällen, wird Skeptiker innerhalb der Organisation bekehren. Ein entsprechendes Marketing wird auch den Kunden zeigen, dass man hier an der Spitze des Fortschritts steht.

Praxisschlaglicht

Die Relevanz der digitalen Liefernetzwerke ist gleichzusetzen mit den Diskussionen rund um IoT und Industrie 4.0 und wird sich in den nächsten Jahren als eines der wichtigsten Themen im Supply Chain Management entpuppen.

Transformationswirksamkeit

- Wirksam für Herausforderungen mit hoher Komplexität
- Wirksam für radikale Transformationen

Transformationsfähigkeit

- Fördert die allgemeine Transformationsfähigkeit des Teams

Einsatzcharakteristik

- Austauschfokus: vornehmlich mit internen und externen Personen
- Durchführungszeit: eher hoch (> 1 Tag)
- Einsatzfrequenz: sinnvoll im dauerhaften Einsatz
- Einsatzradius: vornehmlich im unternehmensweiten Einsatz
- Komplexität für den Moderator: eher hoch
- Komplexität für die Teilnehmer: eher hoch
- Teamgröße: Großgruppen möglich (>50 Teilnehmer)
- Vorbereitungszeit: eher hoch (>1 Tag)

Nötiger Input, um mit der Methode arbeiten zu können

- Aktuell existierende Geschäftsmodelle
- Aktuell existierende Produkte und Services
- Aktuelle Herausforderung, Leitfrage, Problem

Erzeugter Output der Methode

- Erzeugt Planungen und Priorisierungen
- Erzeugt kollaborative Lösungen und Ideen
- Macht Wirkzusammenhänge sichtbar

Hinderniseffekte, auf die die Methode positiv wirkt

- 02 – Schwächt Angst vor Kritik und Zurückweisung
- 13 – Schafft für den Erfolg nötige Realitätsbezüge
- 36 – Schafft schnell Klarheit und beschleunigt Erkenntnisgewinn
- 44 – Überzeugt einen Rationalisierer

Mögliche Extravorteile

- für disruptiv erfahrene Teams
- für innovativ erfahrene Teams
- für multidisziplinär erfahrene Teams
- für multidisziplinär unerfahrene Teams

Quellen

Web – Supply Chain Management: Das Digital Supply Network ersetzt die Lieferkette – cio.de, 30.05.2021

Web – 5 Merkmale eines digitalen Liefernetzwerks – Supply Chain Management – cio.de, 30.05.2021

Buch – The rise of the digital supply network, Adam Mussomeli (Deloitte University Press 2016)

Web – https://blogs.pwc.de/sustaining-values/sustainable-supply-chain-circular, 30.05.2021

Digitale Whiteboards – Check-up

EinSatzBeschreibung

Leitfaden, der bei der Auswahl eines geeigneten digitalen Whiteboards oder Kollaborationstools unterstützt.

Transformation-Index

P1 Leading	P2 Organizing	P3 Connecting	P4 Growing	P5 Talking	P6 Scanning	P7 Exploiting	P8 Exploring	P9 Earning	P10 Scaling
	x	x							

Beschreibung

Digitale Whiteboards helfen Teams bei der Kollaboration auf sozialer Distanz. Diese Softwarelösungen, vielfach meist web- bzw. cloudbasierte Apps als Software-as-a-Service (SaaS) hardwareunabhängig nutzbar, erzielen Visualisierungen von Gruppen gemeinsam erarbeiteten Themen. Somit ist ein Online-Whiteboard ein sehr wichtiger Teil jeder Remote First Strategie (in diesem Buch beschrieben), um eine effektive Zusammenarbeit aller Teammitglieder bis hin zu unternehmensweitem Einsatz zu ermöglichen.

Wie in allen digitalen Themen ist ein Online-Whiteboard nicht einfach nur eine Übersetzung des klassischen Whiteboards aus Präsenzmeetings. Dies zu erkennen und für sich zu nutzen, ist ein wichtiger Entwicklungsschritt im digitalen Wandel.

Gerade weil die Einstiegshürde bei vielen Whiteboards sehr niedrig ist, sind vor dem Einsatz eines Tools vorab zwei grundlegende Fragen zu klären. Davon abhängig kann die Entscheidung für oder gegen eine Einsatzmethode und ein Tool getroffen werden:

1. Ist der Einsatzzweck für kurzfristiges, einmaliges Nutzen oder zur fortwährenden Dokumentation und längerfristigen Nutzung in einem Team gedacht?
2. Wie setzt sich das Team zusammen? Welche Gruppengröße aus welchem Teilnehmerkreis (intern/extern) ist zu erwarten und welchen Erfahrungshorizont bringen die Teilnehmer mit?

Im Gegensatz zu physischen Whiteboards können bei digitalen Whiteboard-Lösungen auch mehrschichtige Prozesse im Hintergrund hinterlegt werden und eine nahtlose Integration in die weitere IT-Umgebung erfolgen.

Durchführung

Wie bei allen Kategorisierungen von Kollaborations-Software ist die Bandbreite bei Online-Whiteboards sehr hoch. Eine Recherche von geeigneten Tools ist bindend. Nur so können im späteren Einsatz die individuellen Erwartungen voll ausgenutzt werden. Folgende Kriterien sind die Basis:

- Mögliche Anzahl der zu erstellenden Boards
- Speicherumfang der Visualisierungen und Bilder
- Notwendige technische Einbindung in Drittsysteme
- Dateianhänge integrierbar
- Maximale Anzahl der gleichzeitig arbeitenden Teilnehmer
- Angebotene Features der virtuellen Zusammenarbeit
- Dateien-Export für die Weiterverarbeitung der Ergebnisse
- Nutzerrechte (Administration, Sichtbarkeit, Löschen, Bearbeiten und Exportfunktion, Backupmöglichkeiten)
- Kosten
- mögliche Funktionspakete
- Ersatz für bestehende digitale Produkte/ Prozesse
- Datenschutz/ DSGVO

Sofern die Auswahl der richtigen Whiteboardlösung eine strategische Tragweite bekommt, ist es ratsam, einen definierten Inhalt in mehreren verschiedenen Tools testweise dort umzusetzen, um direkt den Einarbeitungsaufwand, Funktionsumfang und Limitationen zu erkennen. Testversionen stehen für alle relevanten Versionen gratis zur Verfügung.

Zusätzlich benötigt die Zusammenarbeit in einem Whiteboard einen transparenten Prozess aller Meetingteilnehmer. Idealerweise ist eine Implementierung im Vorfeld mit einer kurzen Schulung im Vorfeld erfolgt. Unternehmensweit ist es hilfreich, wenn ein bis zwei Online-Whiteboards transparent zur Nutzung definiert sind, um die Kollaboration effektiv zu gestalten.

In der Praxis ist nicht die eigentliche Erstellung der Whiteboard-Inhalte kritisch, sondern der Transfer aus dem Board in den echten Arbeitsmodus und die Aufgabenverteilung.

Zusammengefasst sind Online-Whiteboards in der Remote Arbeit unverzichtbar. Sie gestalten den digitalen Wandel von Unternehmen aktiv mit.

Foto: NEU Innovation – Digitale Whiteboards

Die zukünftige Entwicklung wird dahin gehen, dass die Schnittstellen zu anderen Anwendungen wichtiger werden und die fortschreitenden Digitalisierungsstrategien berücksichtigt werden müssen.

Praxisschlaglicht

In einem mittelständisch geprägten Unternehmen musste kurzfristig auf die komplette remote-Kommunikation umgestellt werden.

Viele Absprachen, die vorher in Meetings oder über händische Prozesse erfolgten, mussten ad hoc angepasst werden.

Die ungewohnte Situation und Unsicherheit über die richtige Vorgehensweise führten zu einem proaktiven Vorgehen der Mitarbeiter: Mehrere Mitarbeiter testeten unterschiedliche Whiteboards aus und stellten sich gegenseitig die Vor- und Nachteile vor. Die Entscheidung wurde demokratisch und hierarchieübergreifend getroffen und binnen zehn Tagen umgesetzt.

Nach ca. sechs Monaten wurde die ursprünglich favorisierte Lösung durch eine besser integrierte Lösung ersetzt und seitdem verwendet. Für Skizzen und die Nutzung mit Externen wird nach wie vor auf die erste Lösung gesetzt, weil Berechtigungen und Verwaltung unkonventionell funktioniert.

Transformationswirksamkeit

- Wirksam für alle Transformationen

Transformationsfähigkeit

- Fördert die allgemeine Transformationsfähigkeit des Teams

Einsatzcharakteristik

- Austauschfokus: vornehmlich mit internen und externen Personen
- Einsatzfrequenz: sinnvoll im dauerhaften Einsatz
- Einsatzradius: vornehmlich im unternehmensweiten Einsatz
- Komplexität für den Moderator: eher mittel
- Komplexität für die Teilnehmer: eher mittel
- Teamgröße: Großgruppen möglich (>50 Teilnehmer)
- Teamgröße: Kleingruppe möglich (3 bis 5 Teilnehmer)
- Teamgröße: Maxigruppen möglich (20 bis 40 Teilnehmer)
- Teamgröße: Mittelgroße Teams möglich (5 bis 20 Teilnehmer)
- Vorbereitungszeit: eher mittel (>1 Stunde bis <1 Tag)

Nötiger Input, um mit der Methode arbeiten zu können

- Beteiligte Personen mit Tätigkeiten und Aufgaben
- Durchlaufenes Projekt oder Projektphasen

Erzeugter Output der Methode

- Bessere Projekteffizienz, bessere Teamperformance
- Erzeugt transformationsfähigere Organisationen
- Erzeugt mehr Agilität im Team
- Erzeugt motiviertere und transformationsfähigere Teilnehmer

Hinderniseffekte, auf die die Methode positiv wirkt

- 25 – Schwächt multidisziplinäre Reibungsverluste
- 35 – Dynamisiert und aktiviert wenig dynamische Teams

Mögliche Extravorteile

- für disruptiv erfahrene Teams
- für disruptiv unerfahrene Teams
- für agile Teams
- für erfahrene Trainer und Agile Coaches
- für innovativ ungeübte Teams
- für interkulturell erfahrene Teams
- für interkulturell unerfahrene Teams
- für multidisziplinär unerfahrene Teams
- für unerfahrene Trainer und Agile Coaches

Quellen

Web – https://zapier.com/blog/best-online-whiteboard/, 11.8.2021
Web – https://blog.bit.ai/digital-whiteboard-software/, 11.8.2021
Web – https://www.digital-affin.de/blog/online-whiteboard-tools/, 11.8.201

71

Digitales Personalmanagement – Check-up

EinSatzBeschreibung

Check-up, der bei der Digitalisierung des Personalmanagements hilft (Statusanalyse und Entwicklungsmaßnamen-Katalog).

Transformation-Index

P1 Leading	P2 Organizing	P3 Connecting	P4 Growing	P5 Talking	P6 Scanning	P7 Exploiting	P8 Exploring	P9 Earning	P10 Scaling
	x		x						

Beschreibung

Das Personalmanagement ist, in digitalen Zeiten, mehr denn je strategischer Business-Partner vom Management sowie von den Fachabteilungen und benötigt daher solide Grundlagenprozesse. Diese operativen Prozesse können fast alle digitalisiert werden, um das Tagesgeschäft orts- und zeitunabhängig, effektiv zu meistern. Deshalb ist z. B. eine Cloud-Lösung sinnvoll, wo Personalmanagement, Führungskräfte und Mitarbeiter jederzeit und von überall Informationen einsehen können und auch alle Themen rund um den Menschen erledigen können.

Personalmanagement kann also entscheidend daran mitwirken, den digitalen Wandel in Unternehmen zu beschleunigen.

Das Personalmanagement oder auch die HR-Abteilung eines Unternehmens ist für vielfältige Themen verantwortlich:

- Personalstrategie
- Personalrecruiting
- Personalverwaltung
- Personalcontrolling
- Personalentwicklung
- weitere personelle Angelegenheiten

Durchführung

Auch im Personalmanagement reicht es nicht Papier in Excel zu übertragen, also analoge Strukturen und Prozesse einfach in digitale zu überführen. Ziel muss es sein, alle Prozesse rund ums Personal grundsätzlich neu zu denken. Denn nur dadurch entsteht ein passgenaues digitales System. Es ist also das Problem zu lösen, alle Informationen, die ehemals auf Papier waren, digital zu verarbeiten und intelligent nutzbar zu machen. Cloudbasierte Software, meist als SaaS angeboten, ist dafür die richtige Basisentscheidung (siehe hierzu auch Software-as-a-Service in diesem Buch).

Die Recherche von Anbietern gestaltet sich leicht, da es vielfältige Lösungen auf dem Markt gibt. Entscheidend ist ein Briefing als Basis der Softwareentscheidung. Es gibt Nischenanbieter für Teilbereiche des Personalmanagement z. B. Recruiting oder digitale Personalakte oder Full-Service-Cloudlösungen, die alle Bereiche des Personalmanagements digitalisieren. Empfehlenswert ist, eine Shortlist von 3-4 Anbietern zu erarbeiten. Mit diesen Anbietern kann ein Demotermin meist direkt auf der Homepage definiert werden.

Check-up: Wichtige Bestandteile einer Digitalisierung im Personalmanagement, die einfach und korrekt funktionieren müssen:

- Digitale Personalakte:
  Alle Mitarbeiterinformationen von Lebenslauf über Verträge und Stellenbeschreibung bis hin zu Personalentwicklungsunterlagen.
- Automatisierung standardisierter Prozesse:
  Beispiele sind Urlaubsanträge oder Krankheitsabwesenheiten etc., die dezentral erfasst, aber dann zentral geplant und verwaltet werden.
- Recruiting:
  Reibungsloser Prozess für den Bewerber aber auch für den Bewerber-Koordinationsprozess inhouse zum schnellen Nachbesetzen von offenen Positionen.
- Onboarding von Mitarbeitern:
  Digitale Checklisten, kollaborative Aufgabenverteilung, Meilensteinplanung und Probezeitmanagement mit reduziertem Koordinationsaufwand.
- Zeiterfassung:
  Arbeitszeiten online und zentral buchen und verwalten.
- Abrechnung von Lohn- und Gehalt:
  API-Schnittstellen und Anbindungen z. B. zu Datev oder anderen Lohnabrechnungsprogrammen.
- Freelancer-Management:
  Erfassung, Vertragsmanagement und Umsetzung beim Engagement von Freelancern.
- Personalentwicklungsprozess:
  Transparenz im Prozess und den Maßnahmen.

Foto: NEU Innovation – Zur Goldenen Idee

- Performancemanagement:
  Mitarbeiterbeurteilung u.a. mit regelmäßigen transparenten Feedbacks.
- Offboarding von Mitarbeitern:
  Digitale Checklisten zum Übergabeprozess bis hin zur Zeugniserstellung.
- Erstellung von Berichten und Auswertungen:
  Wichtige Daten optimiert aufbereiten u.a. Personal- und Gehaltsstruktur, Abwesenheitszeiten oder Nutzung von Weiterbildung der Mitarbeiter.

Die Personalabteilung wird nach Implementierung einer vollumfänglichen Digitalisierung spürbar entlastet. Der digitale Wandel erzielt damit auch im Personalmanagement erhebliche Vorteile und Erfolge.

Praxisschlaglicht

Eine Kommunikationsagentur, die auf Remote First umgestellt wurde, musste als ein zentrales Element auch das Personalmanagement digitalisieren. Ziel war es, dass alle Prozesse papierlos umgesetzt werden können. Außerdem mussten alle Personalunterlagen digitalisiert abgelegt sein. Die Entscheidung fiel auf Personio. Die Implementierung ging innerhalb von 6 Wochen vonstatten, da Personio digitalisierte Prozesse gleich mitbringt. Der erste wichtige Teil der Implementierung war, die Personalakten vollständig zu digitalisieren. Danach ging es darum, alle Papiervorgänge zu unterbinden. Der schwierigste und zeitaufwendigste Teil war nach der vollständigen Implementierung somit, das Verhalten der Mitarbeiter zu schulen und auf die neue digitale Plattform zu verändern.

Transformationswirksamkeit

- Wirksam für Prozesstransformationen
- Wirksam für Sozialtransformationen

Transformationsfähigkeit

- Fördert die allgemeine Transformationsfähigkeit des Teams

Toolcluster

- Wirksam bei der umfassenden Transformation einer ganzen Organisation

Einsatzcharakteristik

- Austauschfokus: vornehmlich mit internen Personen
- Einsatzfrequenz: sinnvoll im dauerhaften Einsatz
- Einsatzradius: vornehmlich im unternehmensweiten Einsatz

Nötiger Input, um mit der Methode arbeiten zu können

- Ziele, Zielsystem, Kennzahlen

Erzeugter Output der Methode

- Bessere Projekteffizienz, bessere Teamperformance
- Erzeugt größere Klarheit zu einem Thema
- Erzeugt transformationsfähigere Organisationen
- Erzeugt mehr Hintergrundinformationen
- Erzeugt mehr Agilität im Team
- Erzeugt mehr Know-how-Zuwachs
- Erzeugt motiviertere und transformationsfähigere Teilnehmer

Hinderniseffekte, auf die die Methode positiv wirkt

- 36 – Schafft schnell Klarheit und beschleunigt Erkenntnisgewinn

Mögliche Extravorteile

- für Teams in einer Komfortsituation

Quellen

Web – https://www.springerprofessional.de/personalmanagement/transformation/personalabteilungen-profitieren-von-digitalen-prozessen/16391894, 10.10.2019

Web – https://www.springerprofessional.de/personalmanagement/transformation/hr-prozesse-mit-koepfchen-digitalisieren/18601950, 8.6.2020

Web – https://www.personalwirtschaft.de/hr-organisation/artikel/hr-digitalisierung-im-personalbereich.html, 1.12.2018

Buch – Smart HRM: Digitale Tools für die Personalarbeit, Christian Gärtner (Springer Gabler 2020)

72

DILO (WILO)-Analyse

EinSatzBeschreibung

Methode zur Analyse von Aufgaben und Rollen, um in Tagesabläufe und Kalendern Optimierungspotenziale zu identifizieren.

Transformation-Index

P1 Leading	P2 Organizing	P3 Connecting	P4 Growing	P5 Talking	P6 Scanning	P7 Exploiting	P8 Exploring	P9 Earning	P10 Scaling
	x		x			x			

Beschreibung

Die Methode „Day in Life of" oder „Week in Life of" („Tag/Woche im Leben von") geht auf einen Artikel von Francis Gouillart und Frederick D. Sturdivant aus dem Jahr 1994 zurück. Und trotz des bereits langen Bestandes könnte diese Methode nicht relevanter sein als im Zeitalter der Digitalisierung: Zeiten sind knapp, Aufgaben komplex und umfangreich, Effizienzen erforderlicher als je zuvor, und jeder Tag beschleunigt sich obendrein. Priorisierung ist das Mantra der Stunde.

Die Methode DILO hat zum Ziel a) Aufgaben von Personen zu identifizieren und b) Rollen zu analysieren, die im Rahmen von täglicher Arbeit anfallen. DILO hilft dabei betriebliche Schwachstellen und Herausforderungen zu erkennen und Lösungen zu erarbeiten, um mit selbigen Problemstellungen effizient umzugehen. Zentral ist dabei die Erkenntnis zur Nutzung der täglich zur Verfügung stehenden Zeit. Sobald ein klares Bild vorherrscht, wie Menschen ihre Zeit nutzen, müssen Sie keine unscharfen Annahmen mehr darüber treffen, was wohl passiert, und wie Ressourcen irgendwie effektiver genutzt werden könnten.

Im Hintergrund der Methode steht die Offenlegung, wie viel Zeit für Aufgaben aufgewendet wird, die der Organisation einen echten Mehrwert bieten (welche mittelbar wertschöpfend sind) und wie viel Zeit für solche Aufgaben verbraucht wird, wo dies eben nicht der Fall ist. Anstatt also an angenommenen Problemen zu werkeln, kann nach einer DILO Analyse daran gearbeitet werden, wo sich echte Zeit- und damit Kostenfresser verbergen.

Durchführung

DILO basiert im Wesentlichen auf sieben sequenziellen Schritten, wobei zu betonen ist, dass gerade im Kontext der Anwendung im betrieblichen Rahmen in einem Schritt 0 klarzumachen ist, dass die Methode nicht dazu gedacht ist, Personen als Non-Performer zu diskreditieren, sondern im Mittelpunkt das Gewinnen von Zeit für organisational wichtige Aufgaben steht.:

1. Schritt: Festlegen des Umfangs

Eingangs Ihrer DILO Analyse legen Sie den Fokus Ihrer Betrachtung fest. Was wollen Sie erreichen? Soll ein spezifischer Prozess verbessert werden? Wollen Sie die Belastung für ein bestimmtes Team(mitglied) reduzieren? Oder haben Sie im Sinn, neue Ressourcen zu identifizieren? In jedem Fall holen Sie das Beste aus dieser Methode, wenn Sie zunächst Ihre eigenen Ziele festlegen.

Auf Basis der festgelegten Ziele, können Sie nachgängig bestimmen, welcher Personenkreis in Ihre Analyse einbezogen werden muss. Sollte es praktikabel sein, versuchen Sie stets verschiedene Personen mit gleicher Aufgabenstellung/Rolle in Ihre Analyse einzubeziehen, da Sie so aus den unterschiedlichen Auslegungsformen lernen können und Ihre Ableitungen zielgenauer sind.

Berücksichtigen Sie bei der Festlegung Ihrer Analyse auch den angestrebten Zeitrahmen. Zwar schwingt im Namen DILO bereits der Tagesfokus mit, allerdings bedeutet dies nicht, dass die Analyse mit dem Blick auf einen Tag (einen Zyklus) abgeschlossen sein muss. In der Regel gilt: je länger der Betrachtungsraum, desto genauer Ihr Analyseergebnis. Wie überall im Digitalen sind Daten sprichwörtlich Gold wert.

2. Schritt: Kommunizieren Sie Sinn und Zweck

Bevor Sie mit Ihrer DILO-Analyse beginnen, sollten Sie den Betroffenen unbedingt erklären, wie und warum Sie die Informationen verwenden. Heben Sie hervor, dass die gesammelten Daten genutzt werden, um die Funktionsweise des täglichen Betriebs zu verbessern. Im Fokus steht explizit nicht, individuelle Leistungen zu bewerten. Beruhigte Betroffene oder Involvierte sind die Grundlage für einen guten Analyse-Output.

3. Schritt: Clustern Sie und legen Sie Aktivitätskategorien fest

Zu den Aktivitätskategorien gehören üblicherweise:

a) Verwaltung; b) Routineaufgaben; c) Unterbrechungen; d) Wartezeit; e) Projektbezogene Aktivität; f) Treffen; g) Coaching; h) Interviewen; i) Reisen.

Versuchen Sie nicht zu viele Kategorien anzuwenden, um eine Fehlklassifizierung zu vermeiden. Eine Kategorie wie „Verschiedenes" sollte in der Regel vermieden werden, da die Aussagekraft in der Auswertung entsprechend gering ist.

4. Schritt: Aufbau eines DILO-Arbeitsblatts

Ein gut strukturiertes DILO-Arbeitsblatt (z. B. simpel als shared document remote bereitgestellt) hilft den Involvierten, ihre eigenen Aktivitäten strukturiert zu tracken. Die dezentrale Aufnahme beschleunigt den DILO Prozess, sollte jedoch keine Interpretationen offenlassen.

Tätigkeit	Tätigkeitskategorien	
	a) Verwaltung b) Routineaufgaben c) Unterbrechungen d) Wartezeit e) Projektbezogene Aktivität	f) Meeting g) Coaching h) Interviewen i) Reisen

Uhrzeit	Dauer	Tätigkeit	Tätigkeits-kategorie	Bewertung (1–5)

Hinweis: Die Spalte Bewertung klassifiziert wie effizient/effektiv der/die Betroffene seine/ihre Tätigkeit ausüben konnte. 1 ist gleichbedeutend mit sehr ineffizient, 5 ist gleichbedeutend mit sehr effizient.

5. Schritt: Durchführung der DILO-Analyse

Nun haben Sie 2 Möglichkeiten: Sie können den Involvierten a) entweder das DILO-Arbeitsblatt übergeben, erklären und darum bitten, es (dezentral) auszufüllen. Alternativ b) führen Sie oder eine andere Person die Analyse zentral selbst nacheinander durch. Beide Ansätze haben Vor- und Nachteile. Während im dezentralen Vorgehen die Geschwindigkeit als wesentlicher Benefit gelten kann, unterbricht die Vorgehensweise die Arbeit des Betroffenen. Zudem ist der Blick subjektiv und „viele Köche verderben bekanntlich den Brei". Die zentralisierte Vorgehensweise dauert dagegen länger, ist jedoch objektiver und standardisiert.

In jedem Fall sollte Sie beachten, dass auch Pausenzeiten erfasst werden.

6. Schritt: Auswertung der DILO-Arbeitsblätter

Wenn die Aufnahme abgeschlossen ist, sammeln Sie die Arbeitsblätter und bereiten Sie Ihre Analyse vor. Trennen Sie zunächst die Tätigkeiten, die einen Mehrwert bieten (nennen Sie diese VA = valuable activities), von denen, die keinen Mehrwert bieten (NVA = non valuable activities). Aufgaben, die einen Mehrwert schaffen/wertschöpfend sind, sind diejenigen, für die Kunden bezahlen würden oder die Ihrem Produkt oder Ihrer Dienstleistung zugutekommen und für die es sinnvoll wäre, sie beizubehalten. Aufgaben, die keinen Mehrwert bieten, sind alles andere.

Einige Aufgaben, die keinen Mehrwert bieten, wie das Abrufen von E-Mails, Mittagspause oder das Ausfüllen einer Reisekostenabrechnung, sind möglicherweise weiterhin erforderlich und unvermeidbar (nennen Sie diese NVAU, wobei „U" für „unavoidable" steht). Andere, wie beispielsweise lange Zeiträume beim Lesen von Internetnachrichtenseiten oder das Checken von Social Media, sind wahrscheinlich vermeidbar (nennen Sie diese NVAA, wobei „A" für „avoidable" steht).

Anhand der aggregierten Daten können Sie Verbesserungsmöglichkeiten erkennen, wie z. B. den Bedarf an mehr Ressourcen oder Personal zu bestimmten Tageszeiten/Engpässen.

7. Schritt: Kommunikation und Planen der Verbesserungen

Der Sinn einer DILO-Analyse besteht darin, die Effektivität/Effizienz des Arbeitsumfelds zu verbessern (kontinuierliche Verbesserung). Wenn Ihre Analyse abgeschlossen ist, teilen Sie Ihre Erkenntnisse mit den Betroffenen und Auftraggebern. Denken Sie daran, Menschen dabei zu helfen, ihre Zeit besser zu verwalten, damit sie ihre Arbeitsgewohnheiten verbessern können. Legen Sie abschließend ein Datum für eine nachfolgende DILO-Analyse fest, um Änderungen nachzuhalten.

Transformationswirksamkeit

- Wirksam für Herausforderungen mit hoher Komplexität
- Wirksam für Herausforderungen mit mittlerer Komplexität
- Wirksam für alle Transformationen

Transformationsfähigkeit

- Zahlt auf eine bessere Wahrnehmung ein

Einsatzcharakteristik

- Austauschfokus: vornehmlich mit internen Personen
- Durchführungszeit: eher hoch (> 1 Tag)
- Einsatzfrequenz: vornehmlich im einmaligen Einsatz
- Einsatzradius: vornehmlich im Teameinsatz
- Einsatzradius: vornehmlich im unternehmensweiten Einsatz
- Komplexität für den Moderator: eher hoch
- Komplexität für die Teilnehmer: eher mittel
- Teamgröße: Einzelpersonennutzung möglich
- Teamgröße: Kleingruppe möglich (3 bis 5 Teilnehmer)
- Teamgröße: Maxigruppen möglich (20 bis 40 Teilnehmer)
- Teamgröße: Mittelgroße Teams möglich (5 bis 20 Teilnehmer)
- Vorbereitungszeit: eher hoch (>1 Tag)

Nötiger Input, um mit der Methode arbeiten zu können

- Aktuelle Herausforderung, Leitfrage, Problem
- Beteiligte Personen mit Tätigkeiten und Aufgaben
- Durchführungszeit, Trainingszeit

Erzeugter Output der Methode

- Bessere Projekteffizienz, bessere Teamperformance
- Erzeugt Prognosen und Ableitungen
- Erzeugt Ideen, Lösungsansätze, Vorideen, Möglichkeiten
- Erzeugt Planungen und Priorisierungen
- Erzeugt transformationsfähigere Organisationen

Hinderniseffekte, auf die die Methode positiv wirkt

- 04 – Beugt blinden Flecken/Betriebsblindheit vor
- 14 – Fördert eventuell fehlende Wertschätzung
- 15 – Stärkt das Vertrauen im Team
- 37 – Verkürzt zu lange Entscheidungsmeetings
- 38 – Verkürzt zu lange Meetingzeiten
- 40 – Verhindert Finanz- und Ressourcenfallen
- 42 – Überzeugt strukturliebende Teammitglieder

Mögliche Extravorteile

- für Teams in einer Komfortsituation
- für Teams in einer Krisensituation
- für agile Teams

Quellen

Web – https://www.mindtools.com/pages/article/newtmm_86.htm, 30.04.2021

73 Disruptive Innovation (das Prinzip)

EinSatzBeschreibung

Management-Theorie zur Zerstörung etablierter Geschäftsmodelle mit revolutionären Lösungen.

Transformation-Index

P1 Leading	P2 Organizing	P3 Connecting	P4 Growing	P5 Talking	P6 Scanning	P7 Exploiting	P8 Exploring	P9 Earning	P10 Scaling
							x	x	x

Beschreibung

Start-up-Gründer und auch Führungskräfte in etablierten Unternehmen beschreiben das Prinzip der „Disruptiven Innovation" als ihre Inspiration: die Management-Theorie von Clayton M. Christensen, dem berühmte Vordenker aus dem Silicon Valley, zählt in Zeiten der digitalen Transformation zu den aktuell wichtigsten Management-Theorien überhaupt.

Cloud Computing, Einkaufs-Portale, Streaming Sender, eMobilität: Die Liste der disruptiven Innovationen wird länger und länger. Das Prinzip beschreibt dabei einen Prozess, in dem es ein kleines Unternehmen mit geringerem finanziellem Budget schafft, alteingesessene, etablierte Marktteilnehmer herauszufordern und in letzter Konsequenz oft zu zerstören. Während die etablierten Unternehmen im Kampf um Wettbewerbsvorteile, Rentabilität und anspruchsvolle Kunden ihre Produkte und Dienstleistungen immer weiterentwickeln und mit neuen Features versehen, greifen Disruptoren sie zuerst mit einem kostengünstigen Produkt an, das sich auf die Merkmale beschränkt, die ihren Kunden wirklich am wichtigsten sind – und fügen ein innovatives Alleinstellungsmerkmal hinzu. So knabbern die kleinen „Piranhas" immer heftiger an den Fettreserven des großen, übermächtig scheinenden Wals – bis sie diesen schließlich komplett gefressen haben.

Christensen beschreibt in seinem Bestseller „The Innovator's Dilemma", wie schwierig es für die erfahrenen Führungskräfte der Unternehmen ist, disruptive Angreifer abzuwehren, zu bekämpfen oder sogar selbst eine Disruption zu starten. Sie sehen zuerst keinen Sinn in deren Taktik. Zu rentabel sind noch die traditionellen Wertschöpfungsketten ihrer Erfolgsprodukte, als dass sie diesen hinterfragen oder gar erneuern wollen. Christensen Modell liefert Ihnen eine Blaupause dafür, wie Sie eine Disruption starten. Oder sich gegen eine solche effektiv verteidigen können.

Durchführung

1. Verstehen Sie das Problem Ihres Kunden

Nicht nur technikverliebte Autofahrer lieben es: Die Online-Konfiguratoren von VW, BMW, Mercedes und Co machen einfach Spaß. Jawohl, das Lederpaket „Vienna" brauche ich. Schließlich will ich bequem sitzen. Ok, die Sitzheizung passt natürlich dazu, sonst wird's im Winter zu kalt. Spurwechselassistent „Side Assist": Sicherheit ist mir wichtig! LED-Scheinwerfer? Natürlich, ich will gut sehen. Parkassistent? Klasse Innovation. Und schon habe ich den Preis des PKWs von 30.000 Euro auf stolze 49.000 Euro konfiguriert.

Doch was brauche ich wirklich zum Autofahren? Welche Funktionen sind für Sie bzw. Ihre Kunden relevant? Welche tollen Vorteile werden Sie aber nie nutzen? Sie parken doch bislang auch ohne Blechschaden vorbildlich ein ... Hier nimmt die Disruption ihren Lauf. Ihr Grundprinzip: Denken Sie maximal kundenorientiert, identifizieren Sie die Probleme und Bedürfnisse und schneiden Sie so Ihre Produkte und Leistungen optimal auf Ihre Kunden zu. Lassen Sie den ganzen „Schnickschnack" weg und konzentrieren sich auf die wesentlichsten Wünsche. Setzen Sie sich im Detail intensiv damit auseinander, was Ihr Kunde wirklich möchte. Sie müssen ihn komplett verstehen. Die kreativen Methoden in diesem Buch helfen Ihnen bei diesem wichtigen ersten Schritt.

2. Schaffen Sie eine einfache Lösung. Ein Nischenangebot. Mit niedrigen Preisen

Im zweiten Schritt gestalten Sie die Lösung. Eine einfache Lösung: Lenkrad, Reifen. Gaspedal. Ein einziges PKW-Model. Dafür aber ein anderer Antrieb. Innovativ. Nachhaltig. Vollelektrisch halt. Dabei erfüllen Sie bitte die Anforderung an Funktionalität. Ihr Produkt, Ihre Dienstleistung oder Ihre Plattform sollte einfacher, günstiger und benutzerfreundlicher sein. Und vor allem eins: Innovativer. Disruptive Innovationen bieten den sogenannten „First Mover" Vorteile und beruhen auf Innovationsführerschaft.

3. Greifen Sie untere Marktsegmente zuerst an

Attacke. Nun greifen Sie an. Konzentrieren Sie sich als neuer Player im Markt auf die vernachlässigten Bereiche der renommieren Anbieter. Ihr Ziel sind die unteren Marktsegmente. Sie erinnern sich: Günstig, die wesentlichsten Funktionen plus ein gehöriger Schuss Innovation lautet die Formel jedes erfolgreichen Disruptors. Das unterscheidet Sie vom Konzern. Das ist Ihr Rennen. Hier liegen ihre Chancen, und eben nicht im Mainstream. Greifen Sie bestimmten Zielgruppen mit einer hohen Intensität an, während sie andere ignorieren. Als Disruptor müssen Sie es nicht allen recht machen, im Gegenteil – da liegt die Falle. Disruptive Innovationen setzen sich durch, weil die Platzhirsche sich auf ihre profitabelsten und anspruchsvollsten Kunden mit den entsprechend gut ausgestatten Produkten konzentrieren. Disruptoren nehmen hingegen weniger anspruchsvolle Kunden ins Visier und bieten zunächst ein Produkt an, das „gerade gut genug" ist.

4. Weiten Sie nun Ihr Angebot auf weitere Segmente aus

Nachdem Sie mit Ihren disruptiven Produkten die erste Ernte eingefahren haben, nehmen Sie nun lukrativere Marktsegmente in Ihr Visier. Denn als „Piranha" sind Sie schließlich unersättlich. Doch achten Sie unbedingt darauf, dass Sie die Bedürfnisse Ihrer Kunden im Auge behalten, dabei besser als die traditionellen Anbieter agieren und auch weiterhin auf Innovationen bauen. Findet Ihr erweitertes Angebot eine große Anzahl an Kunden, so gelingt Ihnen die Disruption.

5. Schaffen Sie neue Märkte
Im letzten Schritt erobern Sie den Massenmarkt, indem Sie die Qualität ihrer Produkte weiter steigern. Schaffen Sie mit neuen Plattformen und direkten Zugängen zum Kunden einen neuen Markt. Holen Sie sich hierzu zusätzliche Ideen bei der „Blue Ocean Strategie", die wir ebenfalls in unserem Buch skizzieren. Und auch jetzt behalten Sie bitte die Wünsche Ihrer Kunden im Auge und stellen Sie diese ins Zentrum all Ihrer Aktivitäten. Sonst werden sie beliebig. Ihr Ziel: Verwandeln Sie Nichtkonsumenten in Konsumenten. Die etablierten Unternehmen sind nun Ihrer Disruptions-Strategie ausgesetzt, nun Sie jagen ihnen entscheidende Marktanteile und Gewinnen ab. Kurzum: Die ehemaligen Marktführer können nicht mehr auf Ihre Attacke reagieren. Der Wal ist erlegt.

Praxisschlaglicht

Die wohl einflussreichste Managementtheorie der vergangenen Jahrzehnte wurde oft missverstanden. Die Disruptions-Theorie wurde fälschlicherweise in jede noch so geringfügige „Innovation" hineingedeutet. „Disruption" macht sich halt auf den PowerPoint-Folien der Marketing-Strategen gut, ist aber doch so viel mehr als reines Marketing. 2015 reichte es dem Erfinder, Harvard-Professor Clayton M. Christensen, schließlich. Er erklärte noch einmal im Detail, was seine Theorie bedeutet und was nicht. Weil ich mich nicht auf diese dünne Eis begeben möchte, führe ich lieber das Lieblings-Beispiel des Meisters an: Netflix ist ein klassisches Beispiel disruptiver Innovation.

Das Unternehmen startete 1997 mit einer eingeschränkten Auswahl an Videofilmen. Das Problem vieler Kunden in ländlichen Teilen der USA war aufgrund der großen Entfernungen, dass sich eine Fahrt zu einem Videogeschäft, wie zum Beispiel zum Marktführer Blockbuster, nicht lohnte. Weiteren Kunden in den Städten waren teilweise zu bequem oder hatten keine Zeit, einen nahegelegenen Blockbuster-Shops aufzusuchen. Die innovative Lösung: Netflix versendete sein limitiertes Angebot nach einer Online-Bestellung per Post. Die Zielgruppen waren also mit Kunden in ländlichen Gebieten, bequeme Städter und Onlineshopper eher klein definiert. Blockbuster ignorierte folglich Netflix. Was für ein Fehler.

Der Versand per Post in den USA hatte allerdings noch den Nachteil, dass es mehrere Tage dauerte, bis der Wunschfilm beim Kunden ankam. Und Sie kennen das ja von sich selbst: Sie möchten den Film möglichst sofort sehen, wenn Sie denn gerade mal Zeit haben. Ein klassischer Fall von Impulskauf. Also zündete Netflix den Turbo und griff nach dem unteren nun ein breiteres Marktsegment an: Dank der immer schneller werdenden Download-Raten des Internets konnte das Unternehmen jetzt Filme per Streaming anbieten. Durch diesen direkten Zugang zum Kunden waren nun auch Blockbuster-Kunden von dem innovativen Angebot begeistert. Bequemer geht es nicht mehr. Heute bietet Netflix eine immer rasanter wachsende Auswahl an Filmen und Serien an, eine Flatrate, niedrige Preise, eine hohe Qualität und einen sehr bequemen Zugang. Entgegen der gängigen Vorstellung eines sich blitzschnell entwickelnden Start-ups kann Disruption also viel Zeit in Anspruch nehmen. Das Unternehmen hat einen klassischen, disruptiven Weg genommen: Neben den nun bereits zerstörten Videofachgeschäften greift das Unternehmen nunmehr TV-Sender in aller Welt und natürlich auch Kinos an. Lineares Fernsehen ist von gestern. Blockbuster ging in die Insolvenz. „Wetten Dass" hat ausgewettet. „Deutschland sucht den Superstar" krächzt nur noch. Das klassische Kino hingegen werden wir schmerzlich vermissen. Hoffen wir, dass es nicht „Vom Winde verweht" wird.

Transformationswirksamkeit

- Wirksam für Produkttransformationen
- Wirksam für Servicetransformationen
- Wirksam für radikale Transformationen

Transformationsfähigkeit

- Fördert die Agilität eines Teams
- Fördert die allgemeine Transformationsfähigkeit des Teams
- Fördert offene Mindsets und innovative Denkhaltungen
- Sorgt für Inspiration oder bessere Inspirationsempfindlichkeit

Einsatzcharakteristik

- Austauschfokus: vornehmlich mit internen und externen Personen
- Durchführungszeit: eher hoch (> 1 Tag)
- Einsatzfrequenz: sinnvoll im dauerhaften Einsatz
- Einsatzradius: vornehmlich im unternehmensweiten Einsatz
- Komplexität für den Moderator: eher hoch
- Komplexität für die Teilnehmer: eher hoch
- Teamgröße: Maxigruppen möglich (20 bis 40 Teilnehmer)
- Teamgröße: Mittelgroße Teams möglich (5 bis 20 Teilnehmer)
- Vorbereitungszeit: eher hoch (>1 Tag)

Nötiger Input, um mit der Methode arbeiten zu können

- Aktuell existierende Geschäftsmodelle
- Aktuell existierende Produkte und Services
- Aktuelle Herausforderung, Leitfrage, Problem
- Trends und Zukunftsentwicklungen
- Umfeldbeobachtungen, Umfeldanalysen

Erzeugter Output der Methode

- Erzeugt Ideen für neue Märkte und neue Business Modelle
- Erzeugt Nutzenfunktionen und Bedürfniskorridore
- Erzeugt eine Vision oder Zukunftsbild

Hinderniseffekte, auf die die Methode positiv wirkt

- 06 – Schwächt das Leben in der Vergangenheit
- 11 – Schärft eine fehlende gemeinsame Ausrichtung
- 12 – Wirkt fehlender Inspiration entgegen
- 36 – Schafft schnell Klarheit und beschleunigt Erkenntnisgewinn
- 39 – Fördert die Agilität der Teilnehmer

Mögliche Extravorteile

- für Teams mit einem starkem Auftragsmandat
- für disruptiv erfahrene Teams
- für agile Teams
- für innovativ erfahrene Teams

Quellen

Buch – The Innovators Dilemma. Warum etablierte Unternehmen den Wettbewerb um bahnbrechende Innovationen verlieren, Clayton M. Christensen (Vahlen Verlag 2011)
Web – https://www.manager-magazin.de/harvard/innovation/disruptive-innovation-was-die-theorie-von-clayton-christensen-erklaert-a-00000000-0002-0001-0000-000171978386, 13. Mai 2021

Grafik: verrocchio Mindset-Card – Illustration: Jennifer Weiss

Dual-Track Agile

EinSatzBeschreibung

Dual-Track Agile ergänzt den agilen Entwicklungsstrang um einen weiteren parallel laufenden Discovery-Strang – die sich dann gegenseitig beflügeln.

Transformation-Index

P1 Leading	P2 Organizing	P3 Connecting	P4 Growing	P5 Talking	P6 Scanning	P7 Exploiting	P8 Exploring	P9 Earning	P10 Scaling
	x				x	x			x

Beschreibung

Scrum (siehe Methodenübersicht) wird häufig dann in der Softwareentwicklung eingesetzt, wenn bereits Designs vorhanden sind oder schon ein grobes Backlog für ein sogenanntes MVP – ein „Minimum Viable Product" – besteht (siehe Methodenübersicht). Dieses bezeichnet die erste minimale Version eines Produktes, mit welchen man einen Wert schaffen kann und bereits erstes Feedback sammeln kann.

Aber kann man auch agil Software entwickeln, wenn das Geschäftsmodell erst noch exploriert werden muss oder die notwendigen Designs noch nicht erstellt worden sind? Kann man die agile Umsetzung zusammen mit Methoden wie Design Thinking (siehe Methodenübersicht) und Lean Startup kombinieren?

Die Antwort lautet „Ja!" – und Dual-Track Agile ist eine gute Methode, diese Stränge zu kombinieren.

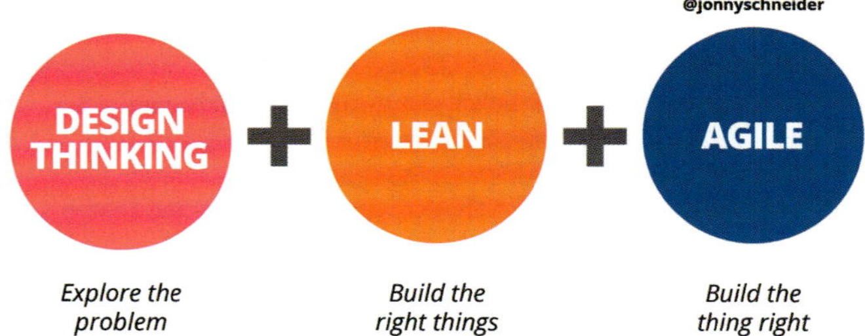

Grafik: https://www.mindtheproduct.com/understanding-design-thinking-lean-agile-work-together/

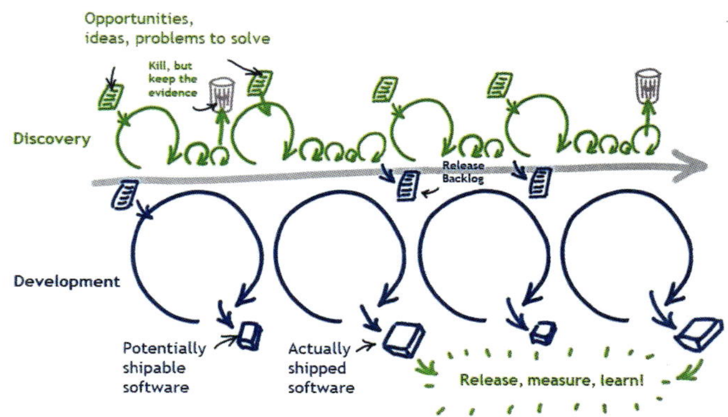

Grafik: https://blogs.itemis.com/dual-track-scrum-agile-produktentwicklung-und-usability-engineering-hand-in-hand

Dual-Track Agile unterteilt sich – wie sich vom Namen vermuten lässt – in zwei parallellaufende „Tracks": je einen für „Discovery" und „Delivery". Im Discovery Track finden Aktivitäten aus dem Design Thinking und Lean Startup statt, um Probleme zu erforschen, Ideen/Lösungsvorschläge zu generieren, zu prototypisieren, zu testen und zu validieren. Beim Delivery Track geht es dann darum, die validierten Ideen agil umzusetzen. Somit wird sichergestellt, dass auch nur die validierten Ideen aus dem Discovery Track in die Umsetzung gelangen.

Diese Tracks beflügeln sich also gewissermaßen gegenseitig. Zum einen entstehen Anforderungen und validierten Ergebnisse und Learnings im Discovery Track und bieten die Basis für die Umsetzung im Delivery Track. Aber auch die agile Umsetzung durch den Delivery Track kann natürlich wiederum Ergebnisse an den Discovery Track zurückspielen – bspw. Learnings aus der Umsetzung oder in Folge die real gemessenen Daten aus der produktiven Umgebung, in der die Ergebnisse umgesetzt wurden.

Durchführung

Da in dem Buch bereits einzelne Methoden wie Design Sprint, Scrum und Lean Startup beschrieben sind, wird die Durchführung von Dual Track Agile hier auf einer „High-Level"-Perspektive als ganzheitlicher Prozess beschrieben.

1. **Aufstellung des Teams:** Um Dual-Track Agile durchzuführen, muss das Team entsprechend interdisziplinär mit den notwendigen Rollen wie Product Owner, Entwickler, UX/UI Designer, Geschäftsmodellierer, usw. ausgestattet werden. Obwohl in zwei Tracks gearbeitet wird, werden diese immer noch einem Team durchgeführt.
2. **Gemeinsame Umgebung schaffen:** Da die Tracks ineinander übergreifen, sich beflügeln und dadurch auch gewisse Abhängigkeiten für die Delivery von der Discovery geschaffen werden, muss die Umgebung prozessual und kulturell dafür angepasst werden. Die Tracks stellen ein Team dar und arbeiten an einem Produkt. Der übergreifende Wertfluss von der nicht validierten Hypothese über die Validierung bis hin zur eventuellen Umsetzung bei erfolgreicher Validierung muss auch hier in der Umgebung reflektiert werden. Sehr gut bietet sich hier bspw. ein Kanban-Board an, bei dem dieser Wertfluss visuell dargestellt wird.

3. **Discovery Sprint durchführen:** In der Durchführung der Discovery Sprints finden sich die klassischen Aktivitäten aus Design Thinking, Design Sprints und Lean Startup – also bspw. die Exploration des Problemraums, Aufstellung und Validierung von Hypothesen, Rapid Prototyping, Design und Testen von Lösungen. Die validierten Ergebnisse, die dann auch in die Umsetzung gelangen sollen (Entscheidung bspw. durch Product Owner und Team oder weiteren Stakeholdern), sollten stets dem Delivery Sprint mitsamt den Anforderungen und Designs sauber übergeben werden, damit dieser sich auf die Umsetzung konzentrieren kann.
4. **Delivery Sprint durchführen:** Im Delivery Sprint finden sich die klassischen Aktivitäten aus agilen Methoden wie Scrum, die für die Umsetzung von Software zuständig sind und somit die validierten Ergebnisse aus dem Discovery Sprint umsetzen. Hierbei sollten die Beteiligten aus dem Discovery Sprint, wie bspw. der UX Designer, weiterhin beratend zur Seite stehen, um ggf. weiteren Input zur Umsetzung zu liefern.
5. **Gemeinsam die Ergebnisse sichten:** Nach der Durchführung eines Zyklus von Discovery und Delivery werden die Ergebnisse anschließend vom gesamten Team gesichtet und überprüft. Dann starten die Zyklen erneut.

Praxisschlaglicht

Aus der praktischen Durchführung von Dual-Track Agile empfehlen wir Ihnen folgende Tipps:

- Alle aus dem Team müssen an einem Strang ziehen; Jeff Patton sagte einmal „It's Dual Track, not Duel Track".
- Die Tracks greifen ineinander über und sind nicht isoliert zu betrachten; vor allem Rollen wie UX-Designer stehen gewissermaßen an der Schnittstelle zwischen Discovery und Umsetzung.
- Übergreifende Kommunikation aus den Tracks ist wie immer essenziell.
- Wie schon erwähnt, handelt es sich trotzdem noch um ein Team und ein Produkt, auch wenn es zwei Tracks sind.
- Es sind zwar zwei Sprints, aber am Ende entsteht dennoch ein gemeinsames Ergebnis, das in Summe von dem gesamten Team betrachtet und überprüft werden muss.
- Nicht sämtliche Aufgaben müssen vorher zwangsläufig durch den Discovery Track laufen, denn wie immer beim Lean Startup muss abgewägt werden, wie sicher sich das Team ist, dass die am Anfang stehende Hypothese wahr ist („Evidence"). Wenn diese „Evidence" hoch genug ist oder sich eine Durchführung des Discovery Tracks nicht lohnen würde, dann kann diese ggf. auch direkt in die Umsetzung gelangen. Dies betrifft natürlich auch technische Aufgaben oder Bug-Fixings.
- Es ist sehr hilfreich, den globalen Wertfluss von der Discovery bis hin zur Delivery und dem Ergebnis zu visualisieren, bspw. in einem Kanban Board.
- Da diese Tracks eine gewisse Komplexität mit sich bringen, sollte das Team mit den Methoden und Prinzipien aus Lean Startup, Design Thinking und agilen Arbeitsweisen vertraut sein.
- Die Dauer des Discovery Tracks ist hier zwar als ein Sprint beschrieben, aber häufig lässt sich dies nicht immer in der Praxis so umsetzen, da hier mit vielen Vermutungen gearbeitet wird und diese bspw. auch sehr schnell wieder verworfen werden können. Nichtsdestotrotz bieten sich hier Time-Boxing-Methoden und eine Orientierung an der Design Sprint Logik an. Wichtig ist, dass der Delivery Track kontinuierlich mit Umsetzungsaufgaben versorgt ist. Dadurch bietet es sich auch ggf. an, dass die Discovery im Allgemeinen einen gewissen Vorsprung zu der Delivery hat.

Transformationswirksamkeit

- Wirksam für Herausforderungen mit hoher Komplexität
- Wirksam für Produkttransformationen
- Wirksam für Prozesstransformationen
- Wirksam für Servicetransformationen

Transformationsfähigkeit

- Fördert die allgemeine Transformationsfähigkeit des Teams

Einsatzcharakteristik

- Austauschfokus: vornehmlich mit internen Personen
- Durchführungszeit: eher hoch (> 1 Tag)
- Einsatzfrequenz: vornehmlich über im kompletten Projektzeitraum
- Einsatzradius: vornehmlich im projektweiten Einsatz
- Komplexität für den Moderator: eher hoch
- Komplexität für die Teilnehmer: eher hoch
- Teamgröße: Kleingruppe möglich (3 bis 5 Teilnehmer)
- Teamgröße: Maxigruppen möglich (20 bis 40 Teilnehmer)
- Teamgröße: Mittelgroße Teams möglich (5 bis 20 Teilnehmer)
- Vorbereitungszeit: eher mittel (>1 Stunde bis <1 Tag)

Nötiger Input, um mit der Methode arbeiten zu können

- Aktuelle Herausforderung, Leitfrage, Problem
- Beteiligte Personen mit Tätigkeiten und Aufgaben
- Durchlaufenes Projekt oder Projektphasen
- Existierende Prozesse und Verfahren

Erzeugter Output der Methode

- Bessere Projekteffizienz, bessere Teamperformance
- Erzeugt Planungen und Priorisierungen
- Erzeugt größere Klarheit zu einem Thema
- Erzeugt transformationsfähigere Organisationen
- Erzeugt mehr Agilität im Team
- Erzeugt motiviertere und transformationsfähigere Teilnehmer
- Hilft bei Entscheidungen, Bewertungen und Feedback

Hinderniseffekte, auf die die Methode positiv wirkt

- 11 – Schärft eine fehlende gemeinsame Ausrichtung
- 15 – Stärkt das Vertrauen im Team
- 32 – Verhindert unreflektiertes Agieren
- 35 – Dynamisiert und aktiviert wenig dynamische Teams
- 39 – Fördert die Agilität der Teilnehmer
- 41 – Verringert zu große Komplexitäten

Mögliche Extravorteile

- für Teams mit einer souveränen Teamleitung
- für disruptiv erfahrene Teams
- für erfahrene Trainer und Agile Coaches
- für innovativ erfahrene Teams

Quellen

Web – https://www.projektmagazin.de/artikel/dual-track-agile-parallel-forschen-liefern-praxisbericht, 24.05.2021

Web – https://blogs.itemis.com/dual-track-scrum-agile-produkt entwicklung-und-usability-engineering-hand-in-hand, 24.05.2021

Web – https://www.mindtheproduct.com/understanding-design-thinking-lean-agile-work-together/, 24.05.2021

Web – https://www.productplan.com/glossary/dual-track-agile/, 24.05.2021

Web – https://www.productboard.com/glossary/dual-track-agile/, 24.05.2021

Grafik: verrocchio Mindset-Card – Illustration: Jennifer Weiss

E-Business-Generator

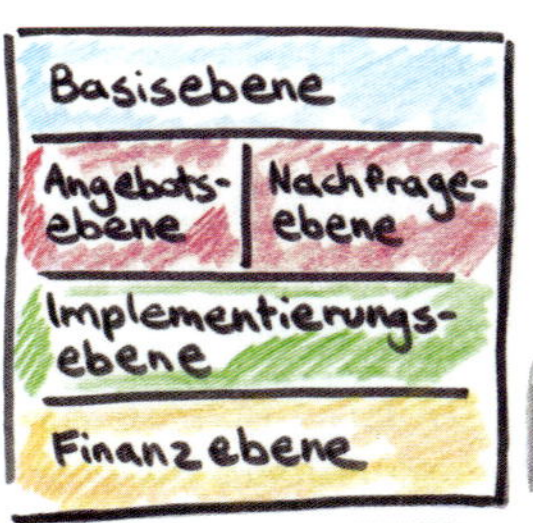

EinSatzBeschreibung

Management-Wekzeug für den Aufbau und die Implementierung digitaler Geschäftsmodelle.

Transformation-Index

P1 Leading	P2 Organizing	P3 Connecting	P4 Growing	P5 Talking	P6 Scanning	P7 Exploiting	P8 Exploring	P9 Earning	P10 Scaling
			x		x	x	x		x

Beschreibung

Der E-Business-Generator ist ein praxisorientiertes Tool für den Aufbau und die Implementierung digitaler Geschäftsmodelle. Schritt für Schritt werden sowohl neue digitale Geschäftsprozesse (E-Model-Generation) entworfen, als auch bereits vorhandene reale Geschäftsprozesse (E-Business-Generation) digital transformiert.

Das Tool bietet gleichermaßen neuen und etablierten Unternehmen aus dem Mittelstand oder der Industrie, Start-ups und Kleinunternehmer ein Framework für ein digitales Geschäftsmodell. Die Nutzer werden durch das Tool befähigt, ihre Wertschöpfungsprozesse zu erfassen, zu analysieren, zu artikulieren, zu teilen und zu verändern.

Der E-Business-Generator ist ein dynamisches Tool, dass den prozessorientieren Ansatz der Ideengenerierung berücksichtigt. Er lenkt dabei die Anwender stufenweise, von Schritt zu Schritt, durch die fünf zentrale Erfolgsfaktoren Management, Produkt, Prozesse, Marktzugang und Finanzen zum Ergebnis. Sie beantworten dabei mittels einer präziseren Anleitung zahlreiche Fragen, die für ein erfolgreiches Geschäftsmodell von entscheidender Bedeutung sind.

Die einzelnen Themenfelder kommen dabei genau auf den Punkt, sodass sie auch Methoden wie Lean Startup, Design Thinking oder Digital Prototyping Rechnung tragen. Das Ziel ist ein digitales Geschäftsmodell als zentraler Punkt der Geschäftsstrategie. Der E-Business-Generator kann in jeder Phase einer Unternehmensentwicklung genutzt werden. Zielgruppe sind Praktiker, die ein Unternehmen gründen wollen, Gründer, die das bereits gewagt haben, Mitarbeiter aus kleinen und mittleren Unternehmen oder auch aus Konzernen, Business Angels und auch Studierende, Lehrkräfte, Trainer und Coaches.

Durchführung

1. Basisebene

Ausgangspunkt des E-Business Generators sind zwei Fragen: „Welches Problem können Sie mithilfe elektronischer Geschäftsprozesse besser lösen als mit bereits bekannten realen und/oder elektronischen Lösungen? Sind Ihre Kunden bereit, für diese Problemlösung von Anfang an zu bezahlen? Der Startpunkt ist dabei eine innovative Idee, die ein Problem mittels digitaler Prozesse löst – und das schneller, leichter, bequemer oder günstiger, als das bislang der Fall ist. Entweder ist der Kundennutzen höher oder der Preis geringer. Dabei werden Punkte wie z. B. der Innovationsgrad, die Skalierbarkeit oder die Nachhaltigkeit geprüft. Idealerweise entstehen dann in einem Wertschöpfungsprozess smarte Produkte und effiziente Services.

2. Angebotsebene

Im zweiten Schritt bearbeiten die Anwender Angebot und Nachfrage. Welche digitalen Mehrwerte werden geschaffen und wie kommuniziert? Welche Plattform, zum Beispiel Shop oder Marketplace, E-Procurement oder E-Company, sind die richtigen für die Aufgabenstellung? Dabei sind die verschiedensten Kombinationen zwischen Mehrwert und Plattform möglich.

3. Nachfrageebene

Auf der Nachfrageebene steht Ihr Kunde mit seinen Bedürfnissen und Problemen im Mittelpunkt der Betrachtung. Es gilt, die Zielgruppen zu identifizieren und Kundensegmente und Profile fein zu zeichnen, um eine Identifikation mit den Produkten zu erzielen. Des Weiteren werden mit dem E-Business-Generator die Maßnahmen des digitalen Marketings geplant, um den Kunden genau dort zu erreichen, wo er sich aufhält. Die Möglichkeiten sind dabei von der Suchmaschinen-Optimierung bis hin zum Social Media Marketing sehr vielfältig – umso wichtiger ist es, die erfolgversprechendsten Chancen zu nutzen, um den Erfolg zu maximieren.

4. Implementierungsebene

Im vierten Schritt gilt es nun, mit dem E-Business-Generator Produkte, Prozesse und Plattformen in ein ganzheitliches elektronisches Geschäftsmodell in das Unternehmen zu implementieren. Dabei wird zuerst einmal die Markensteuerung von der Positionierung über das Leistungsversprechen bis hin zum Markenwert in all seinen Facetten konzeptioniert. Da digitale Geschäftsmodelle in entscheidenden Maßen informations- und prozessgetrieben sind, müssen Prozesse etabliert implementiert werden, die den definierten Plattformen und Technologien Internet, Mobilfunk und ITV sowie den entsprechenden Hardware-Komponenten gerecht werden. Strukturierte Datenbanken bilden ebenfalls eine Grundvoraussetzung, um Daten erfolgreich zu sammeln, zu verarbeiten und zu übertragen – die Basis eines digitalen Geschäftsmodells. Entscheidend ist schließlich ein ansprechendes Produkt-Design, um die Kunden zu begeistern. Nicht zuletzt Steve Jobs hat uns mit seinen schönen, anwenderfreundlichen Produkten gelehrt, wie wichtig die Kundenzentrierung hierbei ist.

5. Finanzebene

Schließlich betrachtet der Anwender über den E-Business-Model-Generator die Einnahmen- und Kostenseite aus dem neu entstandenen digitalen Geschäftsmodell. Im Mittelpunkt stehen dabei Fragen wie: Wie wird die digitale Leistung monetarisiert? Welche laufenden Kosten fallen für den Betrieb der digitalen Plattform an?

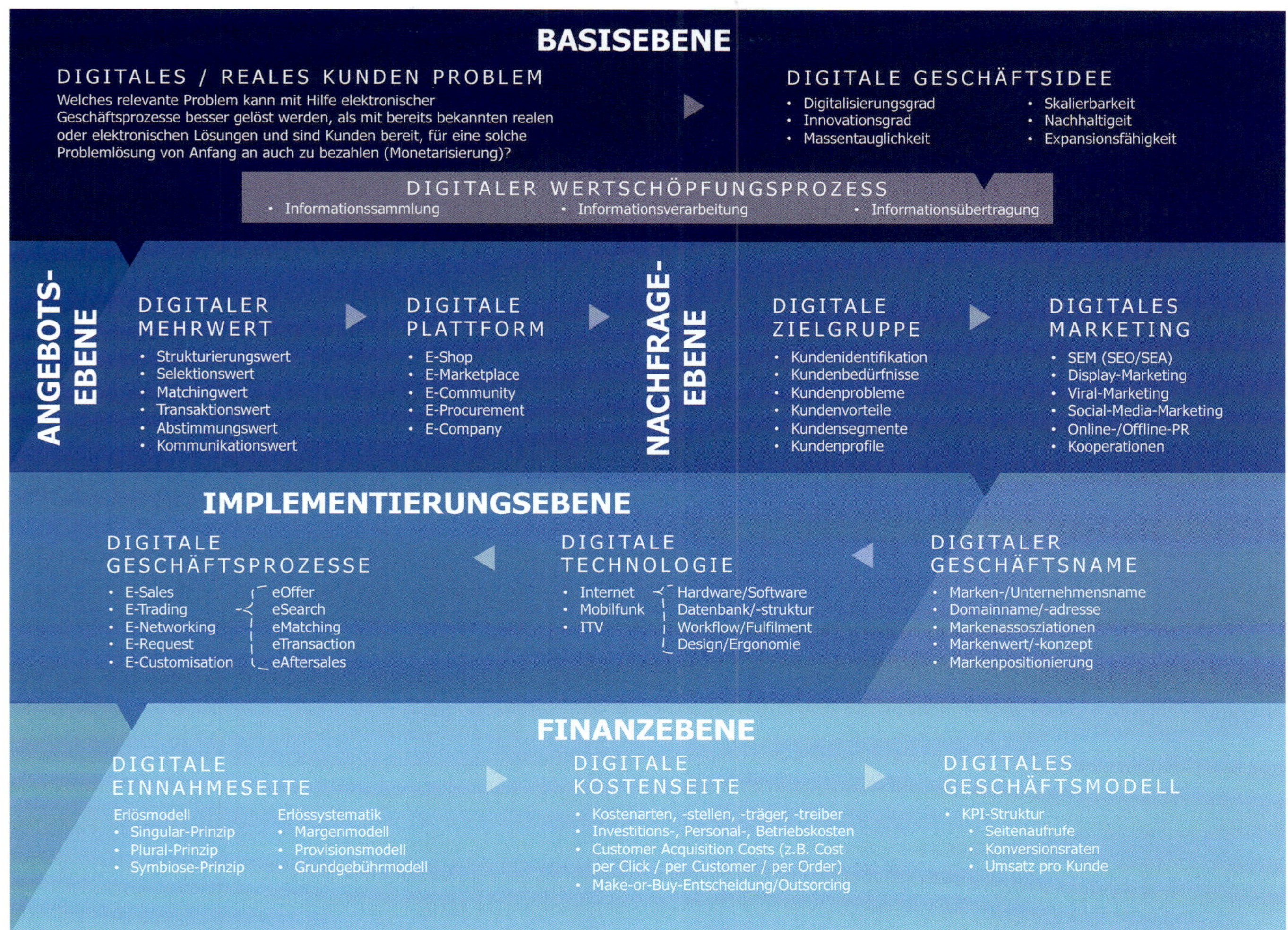

Grafik: E-Business-Generator. Aufbau elektronischer Geschäftsmodelle, Prof. Dr. Tobias Kollmann und Dr. Simon Hensellek (SpringerGabler 2020)

Welche Erlösmodelle- und Systematiken sind am profitabelsten? Wann wird der Break-Even erreicht? Welche Kennzahlen benötige ich für meine Reportings und Analysen?

Praxisschlaglicht

Unterschiedliche Zielgruppen mit Varianten eines Produkts und damit variablen Preismodellen anzusprechen, ist ein sensibles Thema. In diesem Zusammenhang haben wir für ein Telekommunikations-Produkt eine Mehrmarken-Strategie gewählt, um die rentablen Preise der existierenden Tarif-Modelle nicht zu gefährden.

Dies gab uns die große Chance, ein Geschäftsmodell von Grund auf neu zu denken. Ein zugleich schwierige wie auch sehr schöne Aufgabe. Mit dem E-Business-Generator haben wir uns Schritt für Schritt den Herausforderungen gestellt, ein ganzheitliches Geschäftsmodell mit einer neuen Telekommunikations-Marke zu bilden.

Die Idee für den Kundenvorteil war schnell formuliert: Ein abgespecktes Produkt zu einem möglichst günstigen Preis zu kreieren, dass gegen die „Billiganbieter" im Markt antritt, ohne die Dachmarke zu beschädigen. Die digitalen Mehrwerte haben wir auch geschaffen, indem wir das neu entstandene Produkt auf verschiedenen Plattformen anboten: Sowohl im realen Handel als auch auf digitalen Plattformen konnte der Kunde die Lösungen schnell, einfach und günstig kaufen. Mit einem exzellenten Online-Marketing sprachen wir dabei eine große Zielgruppe von Studenten über preisbewusste Konsumenten bis hin zu kleinen Unternehmen an.

Unser Vorteil: Die Marke gewann unglaublich schnell an Strahlkraft, da eine deutsche Fußball-Legende als Testimonial aus der Tiefe des Raums für uns das Spiel erfolgreich gestaltete. Grundlage für unser erfolgreiches Geschäftsmodell war die überragende Technik, die unsere „Muttergesellschaft" zur Verfügung stellte, sodass wir die Prozesse nicht zuletzt dank des E-Business-Generators schnell und effektiv implementieren konnten. Den Break Even konnte wir so sehr schnell erreichen.

E-Business-Generator

Transformationswirksamkeit

- Wirksam für Herausforderungen mit hoher Komplexität
- Wirksam für Designtransformationen
- Wirksam für Marketingtransformationen
- Wirksam für Produkttransformationen
- Wirksam für Prozesstransformationen
- Wirksam für Servicetransformationen

Transformationsfähigkeit

- Fördert die Teamkreativität
- Fördert die allgemeine Transformationsfähigkeit des Teams
- Fördert offene Mindsets und innovative Denkhaltungen
- Sorgt für Inspiration oder bessere Inspirationsempfindlichkeit
- Zahlt auf eine bessere Wahrnehmung ein
- Transformation einer ganzen Organisation

Einsatzcharakteristik

- Austauschfokus: vornehmlich mit internen und externen Personen
- Durchführungszeit: eher hoch (> 1 Tag)
- Einsatzfrequenz: sinnvoll im dauerhaften Einsatz
- Einsatzradius: vornehmlich im projektweiten Einsatz
- Einsatzradius: vornehmlich im unternehmensweiten Einsatz
- Komplexität für den Moderator: eher hoch
- Komplexität für die Teilnehmer: eher hoch
- Teamgröße: Mittelgroße Teams möglich (5 bis 20 Teilnehmer)
- Vorbereitungszeit: eher hoch (>1 Tag)

Nötiger Input, um mit der Methode arbeiten zu können

- Aktuell existierende Geschäftsmodelle
- Aktuell existierende Produkte und Services
- Aktuelle Herausforderung, Leitfrage, Problem
- Angereicherte Ideen, Ideencluster oder höher integrierte Lösungen
- Beteiligte Personen mit Tätigkeiten und Aufgaben
- Ergebnisse aus der Analysephase
- Existierende Prozesse und Verfahren
- Ideen und Projekte die zur Umsetzung anstehen
- Verschiedene Meinungen und Blickwinkel
- Vorhandenes Wissen und Erfahrungen
- Ideen, Lösungsansätze, Vorideen, Varianten
- Innovationssuchfelder, Intent Statements
- Merkmale der gegebenen Herausforderung
- Produktmerkmale, Skizzen, Eigenschaften
- Trends und Zukunftsentwicklungen
- Umfeldbeobachtungen, Umfeldanalysen
- Ziele, Zielsystem, Kennzahlen

Erzeugter Output der Methode

- Erzeugt Ideen für neue Märkte und neue Business Modelle
- Erzeugt Leitfragen für die Ideenfindung
- Erzeugt Planungen und Priorisierungen
- Erzeugt angereicherte Ideen, Ideencluster, höher integrierte Lösungen
- Erzeugt größere Klarheit zu einem Thema
- Hilft bei Entscheidungen, Bewertungen und Feedback
- Identifiziert vorhandene Schwachstellen
- Identifiziert vorhandene Stärken
- Macht Wirkzusammenhänge sichtbar
- Ziel- und Fokusgruppen

Hinderniseffekte, auf die die Methode positiv wirkt

- 04 – Beugt blinden Flecken/Betriebsblindheit vor
- 05 – Verhindert blinden Aktionismus
- 08 – Verhindert einseitige Bewertungen und Entscheidungen
- 10 – Verhindert falsche Flughöhen
- 11 – Schärft eine fehlende gemeinsame Ausrichtung
- 16 – Beugt Misinterpretationen vor
- 18 – Bewahrt vor zu generischen Ideen und Aussagen
- 20 – Verhindert Ideenfindung mit zu schwacher Erkenntnisgrundlage
- 28 – Stärkt schwache Anreicherungsskills
- 36 – Schafft schnell Klarheit und beschleunigt Erkenntnisgewinn
- 42 – Überzeugt strukturliebende Teammitglieder

Mögliche Extravorteile

- für Teams mit einem starkem Auftragsmandat
- für disruptiv erfahrene Teams
- für agile Teams
- für erfahrene Trainer und Agile Coaches
- für innovativ erfahrene Teams
- für multidisziplinär erfahrene Teams

Quellen

Buch – E-Business-Generator. Aufbau elektronischer Geschäftsmodelle, Prof. Dr. Tobias Kollmann und Dr. Simon Hensellek (SpringerGabler 2020)

Buch – E-Business Management, Prof. Dr. Tobias Kollmann (SpringerGabler 2019)

Web – www.e-business-generator, 13. Mai 2020

Web – www.e-Business-Seminar.de, 13. Mai 2020

Skript – Fern-Studium E-Business Manager, Prof. Dr, Tobias Kollmann (Universität Duisburg-Essen – 2020)

Ecocycle Planning – Liberating Structure

EinSatzBeschreibung

Kollaborative Methode, um Priorisierungen und Planungen anhand eines vorgestellten natürlichen Lebenszyklus einzuordnen.

Transformation-Index

P1 Leading	P2 Organizing	P3 Connecting	P4 Growing	P5 Talking	P6 Scanning	P7 Exploiting	P8 Exploring	P9 Earning	P10 Scaling
			x		x		x		

Beschreibung

Der Ecocycle ist eine Methode aus den Liberating Structures. Mit der Methode analysiert man Aktivitäten und Beziehungen in einem Team oder Unternehmensbereich, um Hindernisse und Chancen für den Fortschritt zu identifizieren und Ansatzpunkte für Kreativität zu finden. Vorbild ist dabei ein ökologischer Lebenszyklus in der Natur, in dem die vier Phasen Geburt, Reife, kreative Zerstörung und Erneuerung durchlaufen werden. So werden Agilität, Belastbarkeit und nachhaltige Leistung gefördert, indem alle vier Phasen der Entwicklung in den Planungsprozess einbezogen werden.

In Projekten zur digitalen Transformation eignet sich der Ecocycle, um im Team gemeinsam die Priorisierung und Planung zu erleichtern. Als kollaborative Methode schärft der Ecocylce dabei den Fokus sowohl für die individuelle Rolle der Mitarbeitenden als auch für die Gesamtperspektive. Er bietet sich zum Beispiel für die Produktentwicklung an, kann aber auch auf Führungsebene helfen, die Perspektive für die relevanten Themen in einer Neuausrichtung zu schärfen.

Durchführung

Für die Durchführung der Methode sollte man ca. 95 Minuten einplanen. Am besten eignet sich ein Raum mit einer großen freien Wandfläche, an dem der Ecocycle auf einem großen Poster gemeinsam mit Post-its oder Klebe-Karten bearbeitet werden kann. Im remote-Kontext bietet sich auch die Arbeit mit einem digitalen Whiteboard an. Es ist außerdem hilfreich, den Teilnehmenden zur Orientierung zusätzlich eine kleine Vorlage des Ecocycle an die Hand zu geben. Alle Mitwirkenden sind beim Ecocycle gleichermaßen kollaborativ beteiligt. Es gibt keine besonderen Rollen oder Hierarchien.

Bei der Arbeit mit dem Ecocyle fordert man die Projektgruppe auf, ihre Aktivitäten im zuvor gesetzten Projekt- oder Unternehmenskontext nach vier Phasen in einem vorgestellten natürlichen oder pflanzlichen Lebenszyklus einzuordnen und zu priorisieren: Geburt, Reife, kreative Zerstörung und Erneuerung.

Dann sollen zu jeder Phase passende Aktionsschritte formuliert werden:

- Geburt: Schritte, die das Wachstum fördern
- Reife: Schritte, die lebensverlängernd oder effizienzsteigernd wirken
- Kreative Zerstörung: Schritte, die totes Holz herausschneiden oder erstarrte Angewohnheiten kompostieren können
- Erneuerung: Schritte, die kreative Elemente verbinden oder den Boden für eine neue Geburt vorbereiten

Den vier Phasen werden außerdem passende Führungs-Typen zugeordnet:

- Geburt: Unternehmerin
- Reife: Managerin
- Kreative Zerstörung: Ketzerin
- Erneuerung: Netzwerkerin

Zwischen den Phasen Geburt und Erneuerung sowie Kreative Zerstörung und Reife sind zwei „Fallen" auf dem Ecocycle abgebildet: Die Starrheits-Falle (man kann nicht loslassen) und die Armuts-Falle (eine Investition lohnt sich nicht).

Empfohlene Arbeitsschritte und Zeiteinteilung:

1. Den Ecocycle vorstellen und jeder teilnehmenden Person eine leere Vorlage des Ecocycle aushändigen. (5 Minuten)
2. Jede Person soll dann eine Liste mit Aktivitäten erstellen, die ihre Arbeitszeit beanspruchen. (5 Minuten)
3. Danach werden die Aktivitäten auf Karten in Zweiergruppen im eigenen Ecocycle platziert. (10 Minuten)
4. Im Anschluss wird die Platzierung der Aktivitäten auf dem eigenen Ecocycle in Vierergruppen abgeschlossen. (15 Minuten)
5. Nun sollen die Gruppen ihre Aktivitäten zunächst auf Post-its übertragen. Diese werden dann nacheinander auf dem großen gemeinsamen Ecocyle im Raum plaziert. (15 Minuten)
6. Nun sollen die Gruppen sich etwas Zeit nehmen, die Anordnung auf dem gemeinsamen Ecocycle wirken zu lassen. Insbesondere soll der Fokus auf den Karten liegen, bei denen die Gruppen sich über die Platzierung im Ecocycle einig waren. Folgende Frage soll reflektiert werden: „Welche Aktivitäten müssen wir kreativ zerstören oder stoppen, um voranzukommen? Welche Aktivitäten müssen wir ausbauen oder beginnen, um voranzukommen?" (15 Minuten)
7. Nun richtet sich in den Kleingruppen der Fokus auf die Karten in der Starrheits-Falle: Für alle Punkte, die sich hier befinden, soll ein erster Handlungsschritt benannt werden. (10 Minuten oder mehr, je nach Anzahl der Aktivitäten und Gruppen.)
8. Dann geht es um die Armuts-Falle: Auch hier wird ein erster Handlungsschritt für jede Karte definiert. (10 Minuten oder mehr, je nach Anzahl der Aktivitäten und Gruppen.)
9. Zum Schluss geht es um die Aktivitäten, zu denen die Gruppe keinen Konsens gefunden hat. Sie sollen diskutiert werden, um die Unterschiede bei der Platzierung klarzumachen. Wenn möglich, sollen auch hier Handlungsschritte definiert werden. (10 Minuten)

76

Ecocycle Planning – Liberating Structure

Es ist wichtig, dass man alle Phasen des Ecocycle als Teile eines gesunden Systems begreift. Die Aktivitäten, die beschrieben werden, sollten außerdem im Umfang und Themengebiet grob vergleichbar sein. Es kann sinnvoll sein, eine zweite Runde des Ecocyle anzuschließen.

Unter der als Quelle angegebenen URL lässt sich auch ein Arbeitsblatt als Vorlage herunterladen, auf dem der Ecocycle abgebildet ist.

Transformationswirksamkeit

- Wirksam für Herausforderungen mit mittlerer Komplexität
- Wirksam für alle Transformationen

Transformationsfähigkeit

- Fördert die Agilität eines Teams
- Fördert die Teamkreativität
- Fördert die allgemeine Transformationsfähigkeit des Teams
- Zahlt auf eine bessere Wahrnehmung ein

Einsatzcharakteristik

- Austauschfokus: vornehmlich mit internen Personen
- Durchführungszeit: eher mittel (>1 Stunde bis <1 Tag)
- Einsatzradius: vornehmlich im Teameinsatz
- Einsatzradius: vornehmlich im projektweiten Einsatz
- Komplexität für den Moderator: eher mittel
- Komplexität für die Teilnehmer: eher mittel
- Teamgröße: Kleingruppe möglich (3 bis 5 Teilnehmer)
- Teamgröße: Maxigruppen möglich (20 bis 40 Teilnehmer)
- Teamgröße: Mittelgroße Teams möglich (5 bis 20 Teilnehmer)
- Vorbereitungszeit: eher mittel (>1 Stunde bis <1 Tag)

Nötiger Input, um mit der Methode arbeiten zu können

- Aktuell existierende Geschäftsmodelle
- Aktuell existierende Produkte und Services
- Aktuelle Herausforderung, Leitfrage, Problem
- Beteiligte Personen mit Tätigkeiten und Aufgaben
- Durchführungszeit, Trainingszeit
- Merkmale der gegebenen Herausforderung

Erzeugter Output der Methode

- Erzeugt Ideensuchfelder, unentdeckte Probleme, Inspiration
- Erzeugt Planungen und Priorisierungen
- Erzeugt Poster
- Erzeugt besseren Teamspirit, mehr Offenheit, Inspirationsempfindlichkeit
- Erzeugt größere Klarheit zu einem Thema
- Erzeugt transformationsfähigere Organisationen
- Erzeugt mehr Agilität im Team
- Hilft bei Entscheidungen, Bewertungen und Feedback
- Identifiziert vorhandene Schwachstellen
- Identifiziert vorhandene Stärken
- Macht Wirkzusammenhänge sichtbar

Hinderniseffekte, auf die die Methode positiv wirkt

- 04 – Beugt blinden Flecken/Betriebsblindheit vor
- 08 – Verhindert einseitige Bewertungen und Entscheidungen
- 11 – Schärft eine fehlende gemeinsame Ausrichtung
- 13 – Schafft für den Erfolg nötige Realitätsbezüge
- 16 – Beugt Misinterpretationen vor
- 21 – Bindet eher introvertierte Teammitglieder mit ein
- 32 – Verhindert unreflektiertes Agieren
- 36 – Schafft schnell Klarheit und beschleunigt Erkenntnisgewinn

Mögliche Extravorteile

- für disruptiv erfahrene Teams
- für erfahrene Trainer und Agile Coaches
- für innovativ erfahrene Teams

Quellen

Buch – Liberating Structures, Daniel Steinhöfer (Vahlen 2021)
Web – https://www.liberatingstructures.com/31-ecocycle-planning, 17.05.2021

Elevator Pitch

EinSatzBeschreibung

Präsentation eines Produkts oder einer Lösung für ein Problem in 30 bis 60 Sekunden.

Transformation-Index

P1 Leading	P2 Organizing	P3 Connecting	P4 Growing	P5 Talking	P6 Scanning	P7 Exploiting	P8 Exploring	P9 Earning	P10 Scaling
		x		x			x		

Beschreibung

In einem Elevator Pitch wird die Kernideen einer Initiative oder eines Konzepts in kürzester Zeit- wortwörtlich während einer Aufzugfahrt- formuliert und überzeugend präsentiert.

Aufgrund der kurzen Aufmerksamkeitsspanne müssen die Kernargumente so kondensiert dargestellt werden, dass der Adressat das Besondere und Einzigartige an der Idee erkennt und Interesse auf mehr bekommt.

Die Form kann klassisch entweder nur verbal gewählt werden, mittlerweile sind Präsentationsfolien oder Videos auch bei diesen Kurzpräsentationen üblich.

Trotz der kurzen Präsentationszeit sind mehrere Schlüsselelemente in einem guten Elevator Pitch enthalten:

- Markanter Einstieg
- Glaubwürdige Kurzpräsentation
- Verständliche Sprache
- Fokus auf das Wesentliche
- Adressat als Zielgruppe einbeziehen

Inhaltlich werden in der kurzen Präsentation folgende Themen angeschnitten und abhängig von einer Dramaturgie in einer Geschichte verpackt.

- Relevanz
- Geschichte der Idee/ des Problems
- Problem, das gelöst werden soll
- Wettbewerb/ Konkurrenz
- Vision, Mission, Motto
- Potenzial der Idee
- Geschäftsmodell

Für Unternehmen und Teams ist die Durchführung von internen Elevator Pitches ein gutes Mittel, um vielfältige Verbesserungsvorschläge oder neue Ideen zu Tage zu bringen. Aufgrund des vorgegebenen Rahmens können diese Ideen in weiteren Schritten konkretisiert oder plausibilisiert werden, um daraus konkrete Produkte zu entwickeln.

Die Art der Präsentation erfordert von den Beteiligten Fokussierung auf die wesentlichen Inhalte, sodass das zu lösende Problem und die Idee nicht verwässert wird.

Vorteile

- Fokus auf relevante Inhalte
- Geringe Vorbereitungs- und Durchführungszeit
- Mehrere Präsentationsrunden möglich
- Schnelles Feedback und hohe Lernkurve

Nachteile

- Komplexe Probleme können nicht umfänglich erläutert werden

Durchführung

Die Vorbereitung des Elevator Pitch kann in 4 Phasen unterteilt werden:

- 1. Liste erstellen (nur das, was auf der Liste steht, wird auch im Pitch kommuniziert)
- 2. Reihenfolge planen und präzise Worte wählen (SMS-Länge)
- 3.Visualisieren und Präsentation vorbereiten (Bilder, Metaphern, Worte, Zitate)
- 4. Üben und verfeinern
- Die Präsentation des Elevator Pitch kann einzeln oder gruppenweise erfolgen. Der Ablauf der Präsentation wird häufig im AIDA-Modell (Attention, Interest, Desire, Action) gewählt.
- Jede Gruppe präsentiert 30 Sekunden bis maximal 5 Minuten ihre Idee oder Lösungsansatz. Mit Ablauf der vorgegebenen Zeit sollte der pitch direkt unterbrochen werden.
- Rückfragen und Feedback sind erst erlaubt, sobald alle Gruppen mit der gleichen Aufgabenstellung präsentiert haben
- Diskussion der Pitches
- Wahl eines oder mehrerer Sieger
- Konkretisierung der nächsten Schritte

Praxisschlaglicht

Im Rahmen einer Innovationswoche bei einem Großkonzern konnten die Teilnehmer zu Beginn eine eigene Idee entwickeln, und abends in Form von Elevator Pitches allen anderen präsentieren. Zuerst wurden die groben Ideen aufgeschrieben und die Gruppen selbst zusammengestellt um diese zu verfeinern. Durch Coaches wurde in separaten Kurzvorträgen und Beispielen die Herangehensweise und Inhalte nähergebracht. Die Gruppenmitglieder näherten sich über die eigentliche Problemstellung und den Nutzen aus Kundensicht dem zu pitchenden Produkt, welches dann nachmittags ausformuliert wurde. Ein zusätzliches Präsentationstraining und die detaillierte Planung des Pitches standen als letzte Punkte an, bis sich dann am Ende des ersten Tags sieben Gruppen mit ihren Elevator Pitches der Jury stellten. Der Sieger wurden durch die Lautstärke des Applauses gekührt und konnten sich über eine weitere Ausarbeitung in den nächsten beiden Tagen und Unterstützung bei der weiteren Entwicklung freuen.

77

Elevator Pitch

Transformationswirksamkeit

- Wirksam für alle Transformationen

Transformationsfähigkeit

- Fördert die allgemeine Transformationsfähigkeit des Teams

Einsatzcharakteristik

- Austauschfokus: vornehmlich mit internen und externen Personen
- Durchführungszeit: eher gering (< 1 Stunde)
- Einsatzfrequenz: vornehmlich im einmaligen Einsatz
- Einsatzradius: vornehmlich im unternehmensweiten Einsatz
- Komplexität für den Moderator: eher gering
- Komplexität für die Teilnehmer: eher gering
- Teamgröße: Einzelpersonennutzung möglich
- Teamgröße: Kleingruppe möglich (3 bis 5 Teilnehmer)
- Teamgröße: Mittelgroße Teams möglich (5 bis 20 Teilnehmer)
- Vorbereitungszeit: eher mittel (>1 Stunde bis <1 Tag)

Nötiger Input, um mit der Methode arbeiten zu können

- Ideen und Projekte die zur Umsetzung anstehen

Erzeugter Output der Methode

- Erzeugt umgesetzte Ideen
- Hilft bei Entscheidungen, Bewertungen und Feedback

Hinderniseffekte, auf die die Methode positiv wirkt

- 17 – Fördert gehemmte Teammitglieder
- 35 – Dynamisiert und aktiviert wenig dynamische Teams
- 41 – Verringert zu große Komplexitäten

Mögliche Extravorteile

- für Teams mit einer konservativen, tradierten Kultur

Quellen

Web – https://www.marketinginstitut.biz/blog/elevator-pitch/, 21.05.2021

Web – https://www.fuer-gruender.de/kapital/eigenkapital/elevator-pitch/, 22.05.2021

Person – Christoph Sollich, the@pitchdoctor.com

Grafik: verrocchio Mindset-Card – Illustration: Jennifer Weiss

Embrace the Chaos

EinSatzBeschreibung

Projektmamagement-Methode, die Ordnung ins Chaos bringt, indem man sich auf das Chaos einlässt.

Transformation-Index

P1 Leading	P2 Organizing	P3 Connecting	P4 Growing	P5 Talking	P6 Scanning	P7 Exploiting	P8 Exploring	P9 Earning	P10 Scaling
			x						

Beschreibung

„Embrace the Chaos“ beschreibt eine Methode, mit der man als Projektmanagerin oder Product Ownerin bei der Dokumentation einer Vielzahl von Terminen, Themen und Abstimmungsrunden den Überblick behält – indem man sich auf das Chaos einlässt. Sie ist als Projektmanagement-Methode auch in der digitalen Transformation anwendbar.

Bei „Embrace the Chaos“ versucht man gar nicht erst, die einzelnen Elemente, die man sich merken möchte, in irgendwelchen Kategorien oder Tools voneinander zu trennen, sondern dokumentiert einfach alles, was passiert, in einfachen Textnotizen. So entsteht ein großer Wissensspeicher, den man im Nachhinein nach Schlagwörtern durchsuchen kann.

Die Methode erfordert eine gewisse Geduld, ist aber, wenn man dabeibleibt, eine großartige Unterstützung, um in der Projektarbeit den roten Faden zu behalten. Man kann zum Beispiel auf Besprochenes wieder zurückkommen oder im Vorhinein Schlagworte notieren, die für künftige Aufgaben relevant sein werden. Das Protokollieren funktioniert zugleich sehr gut als Gedächtnisstütze; was man aufschreibt, kann man sich in der Regel per se besser merken.

Durchführung

Die Methode ist denkbar einfach durchzuführen; alles, was man braucht, ist ein digitales Notiztool, in dem man kontinuierlich die Geschehnisse in einem Projekt dokumentiert. Dabei empfiehlt es sich, ein Tool zu wählen, das auf unterschiedlichsten Geräten funktioniert und über ein Benutzerkonto in der Cloud synchronisiert werden kann. Tools, die sich eignen, sind zum Beispiel Evernote, One Note von Microsoft, Notizen auf dem Mac oder jedes andere digitale Notizbuch (Stand April 2021). Damit „Embrace the Chaos“ funktioniert ist es unerlässlich, dass die Notizen in dem Tool übergreifend durchsucht werden können.

Man notiert in dem Tool einfach alles – zum Beispiel Protokolle von Gesprächen oder Terminen, Preislisten, Abläufe, Beschreibungen und To Dos, aber auch Ideen, Ansätze oder Planungen, auf die man später zurückkommen möchte. Sucht man dann nach einer bestimmten Information oder einem Thema, benutzt man ganz einfach die globale Suche des Notizbuchs. Das kontinuierliche Pflegen einer Notiz für regelmäßige Austauschtermine hilft zum Beispiel sehr gut, um jeweils die Punkte aus dem letzten Gespräch wieder ins Gedächtnis zu rufen.

Tipps & Tricks

- Unterkategorien sehr grob definieren und nach Bedarf mit Color-Codes arbeiten. Beispiel: Ein Notizbuch pro Unternehmens-Bereich oder Kunde, ein bis zwei Notizen pro Projekt oder Themenbereich. So weiß man sofort, was wo eingetragen werden muss.
- Überschriften aus treffenden Schlagworten generieren.
  Gern dabei auch Synonyme aneinanderreihen, zum Beispiel Digitalisierung, Digitalprojekt, digitale Transformation. So findet man die Notiz später unter all diesen Suchbegriffen wieder.
- Dranbleiben!
  Damit das Chaos-System funktioniert, muss man kontinuierlich protokollieren.
- Beim gleichen Tool bleiben
  Damit das Chaos-System funktioniert, müssen alle Informationen im gleichen Tool durchsuchbar sein.

Praxisschlaglicht

Eine Projektmanagerin in einer Digital-Agentur mit Clean-Desk Policy sitzt zwischen zwei riesigen Stapeln von Notizblättern. Sie hat sich mit ihren Aufgaben verzettelt und weiß nicht mehr, womit sie anfangen soll und was wichtig ist. Der Chef kommt an ihrem Tisch vorbei. „Was ist das denn hier?“ fragt er und zeigt auf das Durcheinander. „Meine Notizen,“ antwortet die Projektmanagerin argwöhnisch. „Das kommt jetzt alles in den Müll. Ab heute machst du deine Notizen in Evernote“, verfügt der Chef. „Alles, was du brauchst, ist eine Überschrift mit Schlagwörtern. Und du musst wirklich alles digital aufschreiben. Dann findest du es auch jederzeit wieder.“ Damit nimmt er die Stapel vom Tisch und wirft sie in den Papierkorb. Die Projektmanagerin ist verzweifelt und verflucht ihren Chef. Die digitale Notizfunktion probiert sie trotzdem mal aus.

Noch heute ist die Projektmanagerin ihrem ehemaligen Chef dankbar für diese Lektion, auch wenn sie „Embrace the Chaos“ auf die harte Tour lernen musste.

Transformationswirksamkeit

- Wirksam für alle Transformationen

Transformationsfähigkeit

- Zahlt auf eine bessere Wahrnehmung ein

Einsatzcharakteristik

- Einsatzfrequenz: sinnvoll im dauerhaften Einsatz
- Einsatzfrequenz: vornehmlich über im kompletten Projektzeitraum
- Einsatzradius: vornehmlich im projektweiten Einsatz
- Teamgröße: Einzelpersonennutzung möglich

Nötiger Input, um mit der Methode arbeiten zu können

- Ein Projekt

Erzeugter Output der Methode

- Bessere Projekteffizienz, bessere Teamperformance
- Hilft bei Entscheidungen, Bewertungen und Feedback

Hinderniseffekte, auf die die Methode positiv wirkt

- 15 – Stärkt das Vertrauen im Team
- 33 – Schwächt Verdiskutiererei
- 36 – Schafft schnell Klarheit und beschleunigt Erkenntnisgewinn
- 42 – Überzeugt strukturliebende Teammitglieder
- 44 – Überzeugt einen Rationalisierer

Quellen

Organisation – masterplan.academy GmbH, Düsseldorf, www.masterplan.academy

Person – Stephanie Bretz, stephanie.bretz@masterplan.academy

Grafik: verrocchio Mindset-Card – Illustration: Jennifer Weiss

Empathy Map

- Blickwinkel Sehen: „Was sieht die Person gerade oder in einer bestimmten Situation vor sich?“
- Blickwinkel Hören: „Was hört die Person gerade oder in einer bestimmten Situation?“
- Blickwinkel Denken: „Was denkt die Person über das gerade Gehörte oder Gesehene (akustische/visuelle Wahrnehmung) auf Basis ihrer Erfahrungen und Erwartungen?“
- Blickwinkel Fühlen: „Wie fühlt die Person sich bei dem Gesehenen, Gehörten und Gefühlten? Ergibt sich eventuell eine Diskrepanz, welche dann zu Behagen oder Unbehagen führen kann?“

EinSatzBeschreibung

Durch Visualisierung unsere Kunden und Anwendern, deren Jobs, Pains und Gains verstehen.

Transformation-Index

P1 Leading	P2 Organizing	P3 Connecting	P4 Growing	P5 Talking	P6 Scanning	P7 Exploiting	P8 Exploring	P9 Earning	P10 Scaling
					x	x	x		

Beschreibung

Wir kennen Empathy Maps hauptsächlich in den Verstehens- und Beobachtungsphasen von Innovationsmethoden wie Design Thinking oder Lean Startup. Die Empathy Map hilft, den Anwender/Kunden unserer Idee sehr detailliert und breit zu verstehen. Das Ergebnis einer Empahty Map sind die identifizierten Jobs, Pains und Gains unseres Anwenders, der im Zentrum unserer Innovationsarbeit steht.

Wir wissen, dass Ideen höchst erfolgreich sind, wenn sie auf die Jobs, Pains und Gains des Anwenders einzahlen bzw. die Jobs effizienter machen, Pains eliminieren und Gains erschaffen. Aber warum gehört diese Methode hier in dieses Buch? Besonders in Projekten zur digitalen Transformation, bei denen es um tiefgreifende Veränderungen von internen Prozessen geht, wird viel zu wenig menschenzentriert gearbeitet. Dabei liegen hier sehr große Potenziale. Digitale Transformation vom Menschen her gedacht erschließt unserer Meinung nach erst die eigentlichen Potenziale. Also schauen Sie sich ihre Kollegen im Prozess, der verändert werden soll, mithilfe von Empahty Maps (wie im Design Thinking) genau an und setzten Sie mit der Transformation an den Jobs, Pains und Gains an.

Die Empathy Map hilft, die untersuchten Personen oder Personengruppen auf fachlicher, sozialer und emotionaler Ebene zu verstehen.

Eine typische Empathy Map nutzt die vier Blickwinkel Sehen, Hören, Denken, Fühlen, um die Jobs, Pains und Gains zu identifizieren.

Durchführung

Schritt 1: Nutzen Sie am besten ein Flipchart oder Brown Paper oder ein virtuelles Kollborationstool und teilen eine Fläche durch ein diagonales Kreuz in vier Felder, diese benennen Sie mit Sehen, Hören, Denken und Fühlen (Alternativ nutzen Sie fertige Empathy-Map-Arbeitsblätter der verschiedenen Anbieter).

Schritt 2: In die Mitte des Kreuzes beschreiben sie die Person oder Personengruppe, die beobachtet werden soll.

Schritt 3: Füllen Sie die Map im Team zunächst auf Basis Ihres Wissens aus (Inside-Out-View). Versuchen Sie zu jedem Beitrag in den 4 Feldern Jobs, Pains und Gains abzuleiten. (Job = Tätigkeiten in Bezug auf unsere Herausforderung, Pains = Schmerzen in Bezug auf unsere Herausforderung, Gains = Zugewinne in Bezug auf unsere Herausforderung).

Schritt 4: Wechseln Sie nun in den Beobachtungsmodus (Outside-In-View) und besuchen Sie die Personen am Ort des Geschehens. Reichern Sie die Empathy Map nun weiter mit den gefundenen Erkenntnissen an. Nutzen und erneuern Sie die Map nach einer durchgeführten Beobachtung oder einem durchgeführten Interview mit den tatsächlich gesehenen Details und besprechen Sie die neuen Erkenntnisse, beziehungsweise eventuelle Abweichungen und deren Gründe.

Schritt 5: Diskutieren Sie im Team über die neuen Erkenntnisse, Auffälligkeiten und Häufungen in Bereich der Jobs, Pains und Gains. Versuchen Sie die bedeutendsten Jobs, Pains und Gains zu identifizieren – sie sind dann das Zentrum Ihrer Ideenfindung.

Grafik: Anja Faber

Transformationswirksamkeit

- Wirksam für Herausforderungen mit hoher Komplexität
- Wirksam für Herausforderungen mit mittlerer Komplexität
- Wirksam für Herausforderungen mit niedriger Komplexität
- Wirksam für alle Transformationen
- Wirksam für radikale Transformationen

Transformationsfähigkeit

- Zahlt auf eine bessere Wahrnehmung ein

Einsatzcharakteristik

- Austauschfokus: vornehmlich mit internen Personen
- Durchführungszeit: eher hoch (> 1 Tag)
- Einsatzfrequenz: sinnvoll im dauerhaften Einsatz
- Einsatzfrequenz: vornehmlich über im kompletten Projektzeitraum
- Einsatzradius: vornehmlich im projektweiten Einsatz
- Komplexität für den Moderator: eher gering
- Komplexität für die Teilnehmer: eher gering
- Teamgröße: Einzelpersonennutzung möglich
- Teamgröße: Kleingruppe möglich (3 bis 5 Teilnehmer)
- Teamgröße: Maxigruppen möglich (20 bis 40 Teilnehmer)
- Teamgröße: Mittelgroße Teams möglich (5 bis 20 Teilnehmer)
- Vorbereitungszeit: eher gering (<1 Stunde)

Nötiger Input, um mit der Methode arbeiten zu können

- Aktuelle Herausforderung, Leitfrage, Problem
- Vorhandenes Wissen und Erfahrungen
- Personenmerkmale (Meinungen, Bedürfnisse, Werte, etc.)
- Umfeldbeobachtungen, Umfeldanalysen

Erzeugter Output der Methode

- Erzeugt Ideensuchfelder, unentdeckte Probleme, Inspiration
- Erzeugt Leitfragen für die Ideenfindung
- Erzeugt größere Klarheit zu einem Thema
- Erzeugt mehr Hintergrundinformationen
- Erzeugt segmentierte, kategorisierte, geclusterte Daten
- Macht Wirkzusammenhänge sichtbar

Hinderniseffekte, auf die die Methode positiv wirkt

- 04 – Beugt blinden Flecken/Betriebsblindheit vor
- 10 – Verhindert falsche Flughöhen
- 13 – Schafft für den Erfolg nötige Realitätsbezüge
- 16 – Beugt Misinterpretationen vor
- 18 – Bewahrt vor zu generischen Ideen und Aussagen
- 32 – Verhindert unreflektiertes Agieren
- 36 – Schafft schnell Klarheit und beschleunigt Erkenntnisgewinn

Mögliche Extravorteile

- für Teams in einer Komfortsituation
- für Teams mit einer konservativen, tradierten Kultur
- für Teams mit schwachem Auftragsmandat
- für disruptiv unerfahrene Teams
- für innovativ ungeübte Teams
- für interkulturell erfahrene Teams
- für die Arbeit mit digitalen Kollaborationsboards

Quellen

Buch – Das große Handbuch Innovation, B. van Aerssen, C. Buchholz (Vahlen 2018)

Buch – CREABILITY, M. J. Eppler, F. Hoffmann, R. A. Pfister (Schäffer Poeschel 2014)

Buch – 101 Design Methods, V. Kumar (John Whiley & Sons 2012)

Buch – DESIGN THINKING: Das Handbuch, F. Uebernickel, W. Brenner, T. Naef, B. Pukall (Frankfurter Allgemeine Buch 2015)

Escape the Boom

EinSatzBeschreibung

Serious Game, das den Mehrwert eines cross-funktionalen T-shaped Teams erlebbar macht.

Transformation-Index

P1 Leading	P2 Organizing	P3 Connecting	P4 Growing	P5 Talking	P6 Scanning	P7 Exploiting	P8 Exploring	P9 Earning	P10 Scaling
x	x		x			x	x		

Beschreibung

Ein Prinzip, nachdem agile Teams zusammenarbeiten, ist das der Cross-Funktionalität. Oft wird Cross-Funktionalität mit Interdisziplinarität verwechselt, was bei weitem nicht den gewünschten Mehrwert mit sich bringt.

Interdisziplinäre Teams bestehen aus Teammitgliedern, die verschiedenen Disziplinen angehören. Ein Team, in dem Wirtschaftswissenschaftler, Entwickler und Mediziner zusammenarbeiten, ist somit bereits interdisziplinär, aber noch nicht zwangsweise cross-funktional.

Cross-funktionale Teams besitzen ein sogenanntes T-shaped Skillset. Das bedeutet, dass sie weiterhin Experten in ihrer Disziplin sind, jedoch auch links und rechts davon, beispielsweise an ihren unmittelbaren Schnittstellen, Kenntnisse zu den Tätigkeitsfeldern ihrer Kollegen aus den anderen Disziplinen verfügen. Sie bauen dabei nicht ein zweites Expertentum auf, sondern erwerben Grundkenntnisse in diesen für das Team relevanten Disziplinen.

Ein häufiger Fehler, der dabei unterläuft, ist das die Expertise auf einem rein mündlichen Weg vermittelt wird. Folgendes Sprichwort der amerikanischen Ureinwohner verdeutlicht, weshalb eine mündliche Vermittlung nicht ausreichend ist:

„Erzähle mir etwas und ich werde es vergessen.

Zeige mir etwas und ich werde mich vielleicht daran nicht daran erinnern.

Beteilige mich und ich werde verstehen."

Der Mehrwert von agilen Teams, die cross-funktional arbeiten ist daher nicht ihre Interdisziplinarität, sondern die Beteiligung jedes einzelnen Teammitglieds entlang des gesamten Wertschöpfungsprozesses.

Escape the Boom bietet einen interaktiven Weg, um den Mehrwert von Skillbuilding außerhalb der eigenen Expertise plakativ erlebbar zu machen. Dabei muss das Team eine Bombe entschärfen, die als App auf das Handy zunächst eines Teammitglieds geladen wird. Die restlichen Teammitglieder erhalten das Bombenentschärfungshandbuch, ohne jemals selbst die Bombe gesehen zu haben.

Das Serious Game zeigt auf, weshalb es sich lohnt, vor allem an den Schnittstellen Redundanzen im Team aufzubauen und dass die Etablierung einer gemeinsamen Sprache und einer gemeinsamen Vorstellung der Aufgabenstellung die Umsetzung erheblich beschleunigt und erleichtert. Es eignet sich hervorragend für die Verdeutlichung dieser Prinzipien in Trainings, Workshops, Retrospektiven oder bei Teambuilding-Events.

Durchführung

In einer Gruppe von drei bis fünf Personen lädt zunächst eine Person die App „Escape the Boom" kostenlos herunter. Für die Demonstration der Übung reichen die in der Freeversion verfügbaren vier Level aus. Sollte das Team ein intensiveres Teambuilding mit dem Spiel planen, ist der Erwerb der kostenpflichtigen App mit weiteren 20 Leveln empfehlenswert.

Alle weiteren Teammitglieder erhalten das Entschärfungshandbuch, welches kostenlos auf der Website https://escape-the-boom.com/ in verschiedenen Sprachen heruntergeladen werden kann.

Für die erste Runde ist es wichtig, dass das Teammitglied mit der Bombe keine Möglichkeit hat, das Handbuch zur Bombenentschärfung einzusehen und dass die restlichen Teammitglieder umgekehrt keinen Blick auf die Bombe werfen können. Im Remote-Setting empfehle ich über die gesamte Spieldauer die Kameras auszuschalten. Bei Präsenzveranstaltungen sitzen die Teammitglieder mit dem Handbuch Rücken an Rücken zu dem Teammitglied mit der Bombe.

Sobald diese Vorbereitungen abgeschlossen sind, kann das Spiel starten.

Die Bombe wird gestartet und das Team hat insgesamt fünf Minuten Zeit, um die einzelnen Module der Bombe zu entschärfen. Natürlich ist ein Modul dabei, bei dem klassischerweise der korrekte Draht durchgeschnitten werden muss. Daneben gibt es mit zunehmendem Level auch deutlich anspruchsvollere Module, in denen beispielsweise Buchstabencodes in der korrekten Reihenfolge eingegeben werden müssen, wobei die angezeigten Buchstaben anderen Alphabeten angehören und mit einem Rätsel verbunden sind.

Nachdem das erste Teammitglied zwei bis drei Runden à fünf Minuten gespielt hat, wechseln teamintern die Rollen. Ein Teammitglied, das zuvor das Handbuch hatte, bekommt nun die Bombe überreicht und die Person, die bisher an der Bombe saß, sieht erstmals das Handbuch. Es gibt daher einen Vorteil gegen über der ersten Konstellation, da nun zwei Teammitglieder beide Seiten kennen. In der Regel fallen an dieser Stelle einige Groschen, weshalb zuvor die Kommunikation für die Entschärfung der Bombe nicht optimal lief.

Idealerweise haben alle Teammitglieder bis zum Ende der Simulation die Möglichkeit sowohl die Bombe als auch das Handbuch bedient zu haben und somit beide Perspektiven erlebt zu haben.

Wie bei allen Serious Games ist es an dieser Stelle wichtig, ein sogenanntes Debrief, d. h. eine Diskussion zu den Beobachtungen

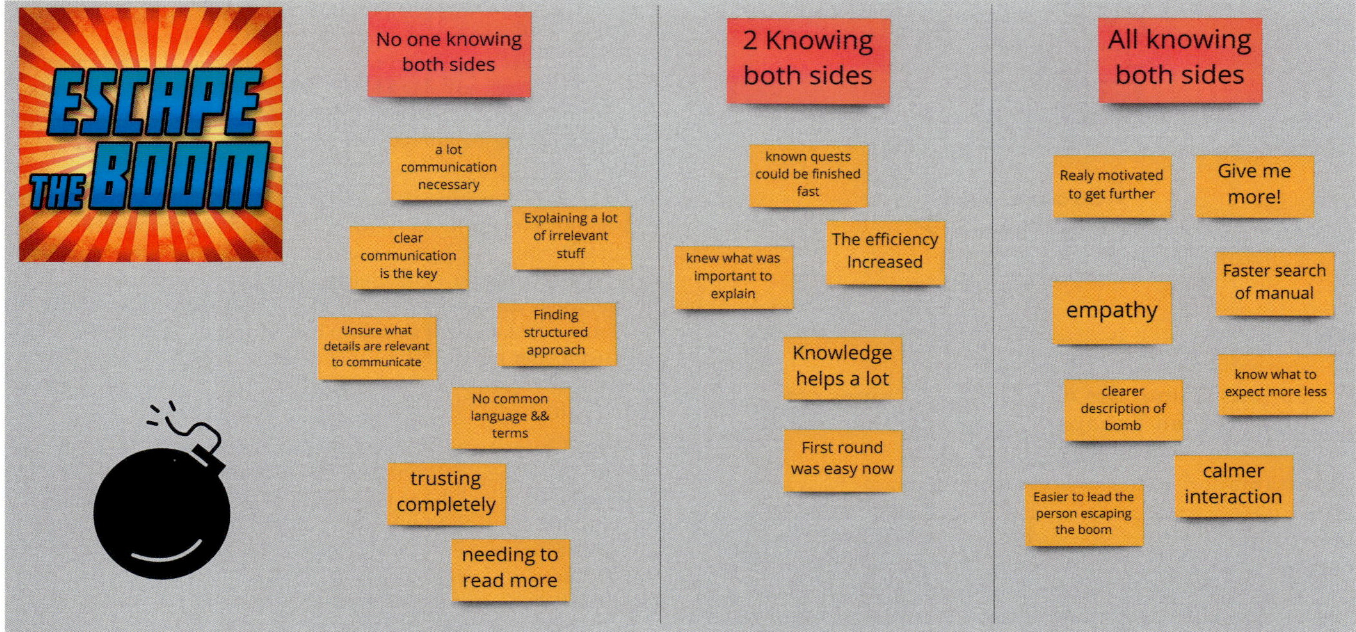

Grafik: Sabina Lammert

und Erlebnissen durchzuführen. Im Fall von „Escape the Boom" ist ein eine Hilfestellung für die Teilnehmer, wenn der Moderator das Spielerlebnis in drei Phasen unterteilt:

1. Jeder kennt nur entweder die Bombe oder das Handbuch
2. Nach dem ersten Wechsel: Zwei Teammitglieder kennen sowohl Bombe als auch Handbuch
3. Alle kennen Bombe und Handbuch

Die Teammitglieder werden wahlweise nach ihren Beobachtungen, Herausforderungen und/oder Erkenntnissen gefragt. Anschließend sollte unbedingt ein Transfer zu Erlebnissen aus der Arbeitspraxis erfolgen, in dem der Moderator danach fragt, welche Verhaltensmuster oder Erlebnisse den Teammitgliedern in analoger Form im Arbeitsalltag begegnen.

> Eine herausragende Sammlung an Debrief-Fragen bietet der Debriefing-Cube von Julian Kea.

Im Remote-Setting ist es notwendig, dass alle Teammitglieder sich nacheinander die App in der kostenlosen Version herunterladen. Das Handbuch kann in diesem Fall als pdf zur Verfügung gestellt werden.

Praxisschlaglicht

Ein dezentral zusammenarbeitendes Team eines Versicherungskonzerns spielte im Rahmen eines Teambuidlings Escape the Boom. Dazu versammelten sich drei Teammitglieder in der Slowakei und drei Teammitglieder in Österreich, da das geplante persönliche Treffen, aufgrund einer missverständlichen Absprache zwischen den beiden Gruppen, kurzfristig nicht stattfand. Beide Gruppen kommunizierten per Videoübertragung miteinander auf Englisch.

Nach dem die Moderatorin den Spielablauf erklärt und App als auch Handbücher verteilt hat, begann die erste Runde. Ein Teammitglied aus Österreich hielt die Bombe in der Hand, sodass die Kollegen, die im gleichen Raum saßen, sie nicht sehen konnten. Nach zwei Entschärfungsversuchen tauschte das österreichische Teammitglied mit einem slowakischen Teammitglied die Rollen, bis insgesamt vier der sieben Teammitglieder beide Perspektiven, d.h. Handbuch und Bombe, erlebt hatten.

In der anschließenden Diskussion überschlugen sich die Erkenntnisse. Die Dysfunktionen, die das Team in der Simulation beobachtet hatte, entsprachen ihren Herausforderungen in der täglichen Zusammenarbeit. Dazu gehörten:

- Mangelnde Vorstellung über die Aufgabenfelder der anderen Teammitglieder. Das noch junge Team hatte, inklusive des Teamleiters, keine Vorstellung davon, was die anderen Teammitglieder den ganzen Tag arbeiteten.
- Fehlende Sprachkenntnisse. Alle drei der slowakischen Teammitglieder sprachen nur gebrochen Englisch und nur eine sprach zusätzlich noch Deutsch und musste regelmäßig für Erklärungen zwischen beiden Parteien dolmetschen. Zusätzlich waren zwei der in Österreich sitzenden Teammitglieder keine Muttersprachler in Deutsch, weshalb sie für die Deutsch sprechende slowakische Kollegin schwer zu verstehen waren.
- Kein gemeinsames Vokabular. Unabhängig von der Sprache kam das Team zur Erkenntnis, dass sie kein gemeinsames Fachvokabular verwendeten.
- Mangelnde Qualität der Internetverbindung. Nicht nur im Workshop, sondern auch in der täglichen Zusammenarbeit brach die Internetverbindung regelmäßig zusammen.

Darauf basierend leitete das Team folgende Maßnahmen für sich ab:

- Im Rahmen von Pairings, d.h. das Abarbeiten von Aufgaben in wechselnden Zweiergruppen, wollten sie jeweils die Arbeitsbereiche ihrer Kollegen aktiv erleben, um so ein gemeinsames Verständnis und ein gemeinsames fachliches Vokabular aufzubauen.
- Weiterhin einigten sie sich darauf, in den nächsten Monaten in Sprachkurse zu investieren und mit der IT Möglichkeiten für eine Optimierung der Internetverbindung während ihrer Videokonferenzen zu finden.

Transformationswirksamkeit

- Wirksam für Herausforderungen mit niedriger Komplexität
- Wirksam für Prozesstransformationen
- Wirksam für Servicetransformationen
- Wirksam für Sozialtransformationen

Transformationsfähigkeit

- Fördert die Agilität eines Teams
- Fördert die allgemeine Transformationsfähigkeit des Teams

Einsatzcharakteristik

- Austauschfokus: vornehmlich mit internen Personen
- Durchführungszeit: eher gering (< 1 Stunde)
- Einsatzfrequenz: vornehmlich im einmaligen Einsatz
- Einsatzradius: vornehmlich im Teameinsatz
- Komplexität für den Moderator: eher gering
- Teamgröße: Kleingruppe möglich (3 bis 5 Teilnehmer)
- Teilnehmer)
- Teamgröße: Mittelgroße Teams möglich (5 bis 20 Teilnehmer)
- Vorbereitungszeit: eher gering (<1 Stunde)

Nötiger Input, um mit der Methode arbeiten zu können

- Verschiedene Meinungen und Blickwinkel
- Vorhandenes Wissen und Erfahrungen
- Durchführungszeit, Trainingszeit

Erzeugter Output der Methode

- Bessere Projekteffizienz, bessere Teamperformance
- Erzeugt besseren Teamspirit, mehr Offenheit, Inspirationsempfindlichkeit
- Erzeugt neues Wissen und neue Erfahrungen
- Erzeugt mehr Agilität im Team
- Identifiziert vorhandene Schwachstellen
- Identifiziert vorhandene Stärken

Hinderniseffekte, auf die die Methode positiv wirkt

- 01 – Schwächt Angst vor Neuem (Cainophobie)
- 04 – Beugt blinden Flecken/Betriebsblindheit vor
- 07 – Integriert einen dysfunktionalen Schweiger
- 15 – Stärkt das Vertrauen im Team
- 16 – Beugt Misinterpretationen vor
- 21 – Bindet eher introvertierte Teammitglieder mit ein
- 39 – Fördert die Agilität der Teilnehmer

Mögliche Extravorteile

- für Teams mit einer konservativen, tradierten Kultur
- für agile Teams

Quellen

Web – https://escape-the-boom.com, 04.04.2021
Person – Michael Cramer, contact@escape-the-boom.com
Web – https://www.kilearning.net/debriefingcube-shop/ , 04.04.2021

81

Escape Training

EinSatzBeschreibung

Teambuilding Event, um die Fähigkeit zur kreativen Problemlösung zu steigern.

Transformation-Index

P1 Leading	P2 Organizing	P3 Connecting	P4 Growing	P5 Talking	P6 Scanning	P7 Exploiting	P8 Exploring	P9 Earning	P10 Scaling
			x						

Beschreibung

In ganz Deutschland werden sogenannte Escape Trainings in Escape Rooms angeboten. Dabei werden das Geschick und die Fähigkeiten einer Gruppe, logische Schlussfolgerungen ziehen zu können, auf die Probe gestellt.

Der Escape Room ist ein realitätsgetreu nachgebauter thematischer Raum, in dem die Spieler in der vorgeschriebenen Zeit unterschiedliche Rätsel lösen müssen, um den Raum als Sieger verlassen zu können. Ziel ist also die gemeinsame Flucht des Teams aus dem verschlossenen Raum.

Bei einem Live Exit Game steht die Zusammenarbeit und Kommunikation im Vordergrund, aber auch die Sinne jedes Einzelnen werden gefordert. Logisches Denken, Vorstellungskraft, Geschick und Ausdauer sind die Grundvoraussetzungen, die helfen ein Fluchtspiel zu gewinnen, um dem Raum zu entkommen. Jeder Kollege kann seine Stärken einbringen damit die Gruppe profitiert und zum Ziel kommt. Gerade im Kontext digitaler Transformation und dem Fokus auf technologischem Fortschritt wird die Interaktion zwischen Menschen wieder an Bedeutung gewinnen. Die Methode ist im Veränderungsprozess einer digitalen Transformation besonders wertvoll, um langjährige und „eingefahrene" Mitarbeiter aus ihren gewohnten Routinen herauszuholen und für Neuerungen zu begeistern. Die Teilnehmer am Escape Training sind spielerisch gezwungen, um „die Ecke zu denken", neue Dinge zu kombinieren und sich auf neue Teammitglieder mit anderen Stärken einzulassen und zu verlassen

Das gemeinsame Lösen der Escape Challenge ist eine wunderbare Grundlage für ein Zusammenwachsen im Team, um die Herausforderungen des digitalen Wandels einer Company zu meistern.

Im Zuge der Covid-19-Pandemie haben sich vermehrt auch Trainingsangebote etabliert, die an einem Bildschirm stattfinden. Die geniale Escape Room Idee wird einfach digital umgesetzt. Somit kann man ein Escape Training mit Teilnehmern, die im Homeoffice verweilen dennoch realisieren.

Durchführung

Nach einer Einführung durch einen Instruktor beginnt das gemeinsame Abenteuer: In einem realen und detailliert dekorierten Raum tauchen Gruppen von meistens zwei bis sechs Personen in eine Geschichte ein. Größere Gruppen können mehrere Räume gleichzeitig erleben. Die Teilnehmer entdecken versteckte Hinweise, lösen knifflige Rätsel und müssen ihre Geschicklichkeit unter Beweis stellen. Ziel ist, den Schlüssel innerhalb von 60 Minuten zu finden und zu entkommen.

Die Gruppe ist von der ersten bis zur letzten Minute gefordert. Sobald sich die Tür hinter der Gruppe schließt, gilt es, keine Zeit zu vergeuden. Umschauen und den Raum **durchsuchen** heißt die Devise, alles wird auf den Kopf gestellt und es wird geschaut, ob sich wichtige Hinweise oder Hilfsmittel finden lassen. Teamwork ist gefragt. Die Teilnehmer tragen zusammen, was sie gefunden und **gesammelt** haben, tauschen sich aus, machen sich Notizen und koordinieren sich als Team. Manchmal können nur die Mitspieler das passende Gegenstück liefern. Je besser ein Team zusammenarbeitet, desto schneller sind sie auf der richtigen Fährte. Es geht darum, Rätsel zu knacken, sinnvoll zu **kombinieren** und die Geheimnisse des Raums zu lüften. Es sind Köpfchen und logisches Denken gefordert. Die Geschichte des Raums und versteckte Hinweise helfen dabei, den richtigen Schluss zu ziehen. Der zeitliche Lösungsdruck sorgt zudem dafür, dass Berührungsängste mit Neuem gar nicht erst aufkommen. Das Setting sorgt für eine zielführende Fehler- und Ausprobierkultur.

Ein beobachtender Gamemaster begleitet die Gruppe am Monitor bei der Rätsellösung. Bei Bedarf kann dieser auf Wunsch per Lautsprecher kleine unterstützende Hinweise geben, um das Team wieder auf die richtige Spur zu bringen.

Praxisschlaglicht

Ein kommunaler, traditioneller Energieversorger hat ein digitales Tochterunternehmen gegründet. Hinter dem neugegründeten Tochterunternehmen steckt ein „digitales Schnellboot" für den bundesweiten Energievertrieb. Damit will der Versorger schneller sowie effizienter auf aktuelle Trends und Entwicklungen reagieren, was ihm selbst aufgrund der Strukturen nicht in dem Maße möglich ist. Die Erfahrungen aus dem Start-Up sollen mittelfristig in den Konzern einfließen und den klassischen Vertrieb nachhaltig und moderner gestalten. Umgekehrt sollen die Teammitglieder des Start-up von dem tiefen energiewirtschaftlichen Wissen der Mitarbeiter des Mutterkonzerns profitieren.

Um diesen Synergieprozess zwischen den Teams proaktiv zu unterstützen, hat sich der Energieversorger der Methode des Escape Trainings bedient. Das neu rekrutierte Team des Tochterunternehmens bestand aus sieben Mitgliedern und kam größtenteils nicht aus der Energiebranche. Diese sieben Mitarbeiter des Start-ups sowie zehn Projektmitarbeiter des Mutterkonzerns haben in gemischten Gruppen das spielerische Escape Training absolviert. Das potenzielle Konkurrenzdenken und die Angst vor Machtverlust wurden durch die gemeinsame Erfahrung im Escape Room maximal abgeschwächt. Beide Teams wurden zur Zusammenarbeit inspiriert. Ein erster Aufschlag zur Entwicklung einer gemeinsamen Kultur war getan.

Transformationswirksamkeit

- Wirksam für alle Transformationen

Transformationsfähigkeit

- Fördert die Agilität eines Teams
- Fördert die Teamkreativität
- Fördert die allgemeine Transformationsfähigkeit des Teams
- Fördert offene Mindsets und innovative Denkhaltungen
- Sorgt für Inspiration oder bessere Inspirationsempfindlichkeit

Einsatzcharakteristik

- Austauschfokus: vornehmlich mit internen Personen
- Durchführungszeit: eher mittel (>1 Stunde bis <1 Tag)
- Einsatzfrequenz: vornehmlich im einmaligen Einsatz
- Einsatzradius: vornehmlich im Teameinsatz
- Komplexität für den Moderator: eher hoch
- Komplexität für die Teilnehmer: eher hoch
- Teamgröße: Großgruppen möglich (>50 Teilnehmer)
- Teamgröße: Kleingruppe möglich (3 bis 5 Teilnehmer)
- Teamgröße: Maxigruppen möglich (20 bis 40 Teilnehmer)
- Teamgröße: Mittelgroße Teams möglich (5 bis 20 Teilnehmer)
- Vorbereitungszeit: eher mittel (>1 Stunde bis <1 Tag)

Nötiger Input, um mit der Methode arbeiten zu können

- Durchführungszeit, Trainingszeit

Erzeugter Output der Methode

- Bessere Projekteffizienz, bessere Teamperformance
- Erzeugt besseren Teamspirit, mehr Offenheit, Inspirationsempfindlichkeit
- Erzeugt motiviertere und transformationsfähigere Teilnehmer
- Identifiziert vorhandene Schwachstellen
- Identifiziert vorhandene Stärken
- Macht Wirkzusammenhänge sichtbar

Hinderniseffekte, auf die die Methode positiv wirkt

- 11 – Schärft eine fehlende gemeinsame Ausrichtung
- 15 – Stärkt das Vertrauen im Team
- 17 – Fördert gehemmte Teammitglieder
- 28 – Stärkt schwache Anreicherungsskills
- 35 – Dynamisiert und aktiviert wenig dynamische Teams
- 39 – Fördert die Agilität der Teilnehmer

Mögliche Extravorteile

- für Teams mit einer schwacher Teamleitung
- für disruptiv unerfahrene Teams
- für innovativ ungeübte Teams
- für interkulturell unerfahrene Teams
- für multidisziplinär unerfahrene Teams

Quellen

Buch – Das große Handbuch Innovation, B. van Aerssen, C. Buchholz (Vahlen 2018)
Web – https://www.xpert-teambuilding.com (Mai 2021)

Espresso Session

EinSatzBeschreibung

Sehr kurze Lerneinheit, in der komprimiert über ein neues Thema berichtet wird.

Transformation-Index

P1 Leading	P2 Organizing	P3 Connecting	P4 Growing	P5 Talking	P6 Scanning	P7 Exploiting	P8 Exploring	P9 Earning	P10 Scaling
x	x	x	x	x					

Beschreibung

Wer kennt es nicht – die meisten Informationen erhält man an zwei Orten im Büro: in der Raucherzone und an der Kaffeemaschine! Möchte man mit den Geschäftspartnern diskutieren, Informationen austauschen oder sich vor oder nach einem Meeting abstimmen, ist die informelle Atmosphäre einer Kaffeeküche mit dem Klang des Mahlwerks und des Milchschäumers die Adresse schlechthin. Silos lösen sich durch den oft ungeplanten, bereichsübereifenden intensiven Wissensaustausch auf und Ideen entstehen.[23] Multidisziplinär zu arbeiten, Wissen auszutauschen und sich zu vernetzen ist für das Gelingen der Digitalen Transformation unabdingbar!

Warum also macht man sich bereits funktionierende Systeme wie den Austauschort rund um Kaffeemaschine nicht zu Nutze? Das kann man mit einer Espresso Session! Das ist ein sehr kurzes Wissensformat von circa 15 Minuten, das in die Kaffeepause fällt. Der Organisierende lädt eine kleine Gruppe von bis zu 10 Personen auf einen Kaffee bzw. einen Espresso ein und ein Referent gibt einen Impuls zu einem bestimmten Thema – organisiertes Kaffeetrinken sozusagen!

Eine Weiterbildungsmaßnahme nimmt oftmals viel Zeit in Anspruch, während sich eine Espresso Session sehr schlank in den Arbeitsalltag einfügt und dafür sorgt, dass man trotz Zeitmangel etwas gelernt hat.[24] Außerdem ist man nicht weit von seinem Arbeitsplatz entfernt, sondern noch im selben Gebäude. Gleichzeitig bekommt man den Kopf frei, indem man sich einem völlig anderen Thema widmet als dem, an dem man gerade arbeitet.

Durchführung

Der Aufwand ist für alle Seiten gering:

Der Organisierende

- koordiniert im Vorfeld ein festes Zeitfenster, in dem die Espresso Session stattfinden kann – denken Sie dabei an die Zeiten, zu denen üblicherweise eine Kaffeepause gemacht wird. Ein 14-tägiger Turnus bietet sich an, es ist jedoch Ihnen bzw. der Nachfrage überlassen.
- organisiert die Reservierung der Räumlichkeiten rund um die Kaffeemaschine,
- lädt den Referenten ein, der einen Impuls zu einem Themengebiet aus der Digitalen Transformation gibt,
- kümmert sich um die Werbemaßnahmen, damit die Espresso Session Anklang finden,
- sorgt für die Einladungsmodalitäten für die Teilnehmenden – eine kleine Runde von höchstens 10 Personen sollte die Espresso Session nicht überschreiten, damit die Teilnehmenden den Referenten, der kein Mikrofon hat, sondern einfach nur in die Runde spricht, verstehen.
- moderiert in aller Kürze an und ab.

Foto: NEU Innovation – Espresso Session

Der Referent

- bereitet einen kurzen Impulsvortrag von 10min vor, der ohne weitere Technik auskommt, sondern im Rahmen der Kaffeeküche gehalten werden kann.
- gibt einen Impuls zu einem Thema und Anregungen zum Nachdenken – hierbei eignet sich der sogenannte Elevator Pitch!
- weist auf weiterführende Informationsquellen hin, damit die Runde nach 15 Minuten beendet werden und jeder seiner gewohnten Arbeit nachgehen kann.

Die Teilnehmenden

- hören zu
- stellen Fragen und geben Feedback

23 Buch – Changement! – Nudge Management – mit kleinen Stupsern schnell zum Kulturwandel, Dr. Wolfgang Freibichler, (Handelsblatt 2017), S.6.
24 Web – https://www.hemsleyfraser.de/espresso-sessions-0, 27.04.2021

Tipp 1: Klären Sie ab, inwiefern Sie zu einem Kaffee einladen können und welches Budget dafür verwendet werden kann. Den Kaffee für ihre Gäste zu zahlen, ist eine nette Geste und gibt der Espresso Session einen etwas formelleren und professionelleren Charakter.

Tipp 2: Am schönsten ist es, die informelle Atmosphäre rund um die Kaffeemaschine zu nutzen, also reservieren Sie dort einen etwas ruhigeren und abgegrenzten Bereich. Machen Sie außerdem Werbung für das Format, indem Sie ein Schild oder ähnliches aufstellen, das die Neugierde für ihre Sessions weckt und anzeigt, wo Interessierte mehr Informationen erhalten.

Transformationswirksamkeit

- Wirksam für Herausforderungen mit niedriger Komplexität
- Wirksam für alle Transformationen

Transformationsfähigkeit

- Fördert offene Mindsets und innovative Denkhaltungen
- Sorgt für Inspiration oder bessere Inspirationsempfindlichkeit

Einsatzcharakteristik

- Austauschfokus: vornehmlich mit internen Personen
- Durchführungszeit: eher gering (< 1 Stunde)
- Einsatzfrequenz: sinnvoll im dauerhaften Einsatz
- Einsatzradius: vornehmlich im projektweiten Einsatz
- Einsatzradius: vornehmlich im unternehmensweiten Einsatz
- Komplexität für den Moderator: eher gering
- Komplexität für die Teilnehmer: eher gering
- Teamgröße: Kleingruppe möglich (3 bis 5 Teilnehmer)
- Vorbereitungszeit: eher gering (<1 Stunde)

Nötiger Input, um mit der Methode arbeiten zu können

- Aktuelle Herausforderung, Leitfrage, Problem
- Beteiligte Personen mit Tätigkeiten und Aufgaben
- Durchlaufenes Projekt oder Projektphasen
- Existierende Prozesse und Verfahren
- Vorhandenes Wissen und Erfahrungen

Erzeugter Output der Methode

- Erzeugt Ideen, Lösungsansätze, Vorideen, Möglichkeiten
- Erzeugt besseren Teamspirit, mehr Offenheit, Inspirationsempfindlichkeit
- Erzeugt neues Wissen und neue Erfahrungen
- Erzeugt transformationsfähigere Organisationen
- Erzeugt mehr Hintergrundinformationen
- Erzeugt mehr Know-how-Zuwachs

Hinderniseffekte, auf die die Methode positiv wirkt)

- 14 – Fördert eventuell fehlende Wertschätzung
- 15 – Stärkt das Vertrauen im Team
- 36 – Schafft schnell Klarheit und beschleunigt Erkenntnisgewinn

Mögliche Extravorteile

- für Teams mit einer konservativen, tradierten Kultur
- für multidisziplinär erfahrene Teams

Quellen

Buch – Changement! Nudge Management: mit kleinen Stupsern schnell zum Kulturwandel, Dr. Wolfgang Freibichler (Handelsblatt 2017).

Web – https://www.hemsleyfraser.de/espresso-sessions-0, 27.04.2021

83 Event Storming

EinSatzBeschreibung

Event Storming ist eine Methode, um basierend auf fachlichen Ereignissen bei den Team-Mitgliedern ein Grundverständnis einer Domäne zu schaffen und die Sprache bzw. Begriffe dieser Domäne zu verstehen.

Transformation-Index

P1 Leading	P2 Organizing	P3 Connecting	P4 Growing	P5 Talking	P6 Scanning	P7 Exploiting	P8 Exploring	P9 Earning	P10 Scaling
			x		x	x	x	x	

Beschreibung

Wie genau entwickelt man Software oder ermittelt Anforderungen, wenn das Verständnis der jeweiligen Domäne im Team noch nicht entwickelt ist? Jede Software soll ja die Probleme aus einer spezifischen Domäne lösen und die fachlichen Prozesse unterstützen oder ermöglichen.

Eine Domäne kann laut Eric Evans wie folgt definiert werden: „A sphere of knowledge, influence, or activity. The subject area to which the user applies a program is the domain of the software."

Sie ist also ein abgegrenzter Fachbereich von Wissen, Einfluss oder Aktivität und ergibt sich bspw. aus dem entsprechenden Unternehmen, das diese Software einsetzen soll, dessen Branche und zu lösendes Problemfeld – z.B. eine Finanz-Domäne (z.B. für eine Banking- oder Crypto-Software) oder Telekommunikationsdomäne (z.B. für eine Vertriebspartnersoftware). Selbstverständlich kann und wird diese meist aus weiteren Sub-Domänen bestehen, je nach Komplexität der Domäne und Software. Die Modellierung von Domänen & Co. ist aber eher ein Teil der Methode „Domain Driven Design".

Die entsprechenden Fachexperten haben naturmäßig meist ein tiefes Wissen der Domäne, doch letztendlich müssen auch die Umsetzer der Software die Domäne verstehen, wie bspw. Die Entwickler, Designer oder Product Owner. Wie will ein Team eine Software umsetzen, ohne die Domäne dahinter zu verstehen? Dieses Team ist schließlich für die Lösung der Probleme zuständig. Nur mit einem tiefen Verständnis können auch die passenden Lösungen entwickelt werden.

Event Storming ist eine praktische Methode, um auch bei den weiteren Team-Mitgliedern ein Grundverständnis der Domäne zu schaffen und die Sprache bzw. Begriffe dieser Domäne zu verstehen. Stellen Sie sich vor, Sie müssen eine Software in der Energiebranche entwickeln und werden mit Begriffen wie Marktkommunikation, Netzbetreiber und EDIFACT bombardiert. Ohne ein Grundverständnis wird es hier kaum möglich sein, gute Lösungen zu entwickeln. Deswegen wird beim Event Storming in interaktiven Workshops mit vielen Haftnotizen und den Fach- und IT-Experten die Domäne soweit erforscht und ein interdisziplinäres Verständnis aufgebaut, dass man mit der weiteren Systemmodellierung und -umsetzung fortfahren kann.

Wie der Name der Methode schon sagt, wird hier basierend auf fachlichen Ereignissen gearbeitet, die während des zu betrachtenden Geschäftsprozesses passieren. Diese Ereignisse werden in der Vergangenheitsform beschrieben, es sind also Ereignisse, die bereits passiert sind.

Neben den Ereignissen, die konventionsgemäß in orangefarbigen Haftnotizen aufgeschrieben werden, gibt es u.a. auch folgende Haftnotizen:

- **Blaue Haftnotizen**: Befehle ("Commands"), die zu einem bestimmten Ereignis führen (z.B. „Vertragsbestätigung senden", „Account erstellen", „Produkt kaufen", ...)
- **Gelbe Haftnotizen**: Akteure, die den Befehl auslösen (z.B. Endnutzer, Kunde, ...)
- **Violette Haftnotizen**: Geschäftsprozesse, die einen Befehl mit einer bestimmten Geschäftslogik verarbeiten und die dadurch ein oder mehrere Ereignisse erzeugen (z.B. „Rückläufer bearbeiten", ...)
- **Pinke Haftnotizen**: Externe Systeme, die einen Befehl auflösen können (z.B. CRM-System, CMS, ...)
- **Rote Haftnotizen**: Fragen, Probleme, Risiken oder Entscheidungen
- **Weitere gelbe Haftnotizen:** Sogenannte Aggregate, die mehrere Haftnotizen wie Ereignis, Akteur und Befehl gruppiert und einen Namen gibt

Es gibt noch weitere Haftnotizen, die etwas technischer sind. In der angeführten Literatur können Sie mehr über diese Möglichkeiten erfahren.

Durchführung

Zur Durchführung der Methoden benötigen Sie insbesondere folgende drei Grundzutaten:

- **Eine große Wand** (oder ein visuelles Kollaborationsboard), an denen massiv viele Post-its gehängt werden können
- **Viele Post-its**, in **verschiedenen Farben**, sowie Marker zum Beschriften
- **Die richtigen Leute** (idealerweise 8 – 10 Personen): Einen Moderator, Leute mit Fragen (wie z.B. die Entwickler) und Leute mit Antworten (wie z.B. die Fachexperten)

1. **Ereignisse sammeln, die in der Domäne passieren**
   Zunächst werden alle relevanten Ereignisse gesammelt, die in der Domäne passieren und für die Fachexperten eine Bedeutung haben. Diese werden grob in einer zeitlichen Reihenfolge von links nach rechts geordnet. Die Ereignisse werden auf den orangenen Haftnotizen in der Vergangenheitsform geschrieben, wie z.B. „Buch wurde in den Warenkorb gelegt", „Vertrag wurde angelegt" oder „Rechnung wurde erstellt"

2. **Fragen, Probleme, Risiken oder Entscheidungen auflisten**
   Nebenher sollten alle offenen Fragen, Probleme, Risiken, Annahmen, Entscheidungen, etc. auf roten Haftnotizen festgehalten werden. Dies gilt für den ganzen Workshop.
3. **Ursachen für die Ereignisse sammeln**
   Nun versuchen Sie herauszufinden, wie die jeweiligen Ereignisse zustande kommen. Was sind die Ursachen, die diese Ereignisse auslösen? Im Event Storming sind dies also die anderen Haftnotizen, wie die Befehle, Akteure, Geschäftsprozesse und externe Systeme. Bringen Sie alle Ursachen in eine Reihenfolge und ordnen Sie die Haftnotizen bei den entsprechenden Ereignissen an.
4. **Ordnen, ergänzen und Aggregate erstellen**
   Nun können Sie die verschiedenen Ansammlungen ordnen und gruppieren und daraus Aggregate bilden. Versuchen Sie hier also logische Gruppierungen abzubilden. Weiterhin können Sie noch weitere hilfreiche Informationen ergänzen, die sinnvoll für das Verständnis des Kontexts sind. Durch die Gruppierung kann natürlich die zeitliche Reihenfolge verwaschen.

Praxisschlaglicht

Folgende Tipps helfen bei der Umsetzung der Methode:

- Schaffen Sie Platz: Beim Event Storming werden meist wirklich viele Haftnotizen generiert.
- Lassen Sie Diskussionen zu: Diese sind ausdrücklich erwünscht; insbesondere bei der Reihenfolge treten naturgemäß meist viele Diskussionen auf.
- Es soll in erster Linie auch um Verständnisaufbau gehen und Fachexperten und IT-Experten zusammenzuschweißen, wodurch Know-how-Silos aufgebrochen werden können.
- Haftnotizen können und sollen natürlich verschoben werden.
- Nicht zu viel Text auf die Haftnotizen schreiben; halten Sie sich an die obigen Formulierungsbeispiele.
- Bieten Sie am Anfang möglichst viel Freiraum, um ein Grundgerüst zu haben, mit dem man arbeiten kann. Jede neue Haftnotiz befeuert weitere Ideen.
- Die Methode, Begriffe und Konventionen sind für viele zunächst ungewöhnlich – erklären Sie diese daher und stellen Sie die Farben und Begriffe auf einer Legende zur Referenz dar.
- Nicht zu dogmatisch sein: Wenn einzelne Formulierungen nicht stimmen, ist dies kein Weltuntergang.
- Je mehr Haftnotizen kommen und je mehr Farben auf der Wand entstehen, desto technischer wird es meist. Es kann unter Umständen Sinn machen, die letzten Schritte in Bezug auf die Aggregate & Co. allein mit Entwicklern zu machen.

Transformationswirksamkeit

- Wirksam für Herausforderungen mit hoher Komplexität
- Wirksam für Herausforderungen mit mittlerer Komplexität
- Wirksam für alle Transformationen
- Wirksam für radikale Transformationen

Transformationsfähigkeit

- Fördert die allgemeine Transformationsfähigkeit des Teams
- Zahlt auf eine bessere Vorstellungskraft ein
- Zahlt auf eine bessere Wahrnehmung ein

Einsatzcharakteristik

- Austauschfokus: vornehmlich mit internen Personen
- Durchführungszeit: eher mittel (> 1 Stunde bis < 1 Tag)
- Einsatzfrequenz: vornehmlich im einmaligen Einsatz
- Einsatzfrequenz: vornehmlich über im kompletten Projektzeitraum
- Einsatzradius: vornehmlich im Teameinsatz
- Einsatzradius: vornehmlich im projektweiten Einsatz
- Komplexität für den Moderator: eher mittel
- Komplexität für die Teilnehmer: eher mittel
- Teamgröße: Einzelpersonennutzung möglich
- Teamgröße: Kleingruppe möglich (3 bis 5 Teilnehmer)
- Teamgröße: Mittelgroße Teams möglich (5 bis 20 Teilnehmer)
- Vorbereitungszeit: eher mittel (>1 Stunde bis <1 Tag)

Nötiger Input, um mit der Methode arbeiten zu können

- Aktuelle Herausforderung, Leitfrage, Problem
- Beteiligte Personen mit Tätigkeiten und Aufgaben
- Durchlaufenes Projekt oder Projektphasen

Erzeugter Output der Methode

- Bessere Projekteffizienz, bessere Teamperformance
- Erzeugt größere Klarheit zu einem Thema

Hinderniseffekte, auf die die Methode positiv wirkt

- 04 – Beugt blinden Flecken/Betriebsblindheit vor
- 13 – Schafft für den Erfolg nötige Realitätsbezüge
- 18 – Bewahrt vor zu generischen Ideen und Aussagen
- 20 – Verhindert Ideenfindung mit zu schwacher Erkenntnisgrundlage
- 32 – Verhindert unreflektiertes Agieren
- 36 – Schafft schnell Klarheit und beschleunigt Erkenntnisgewinn
- 41 – Verringert zu große Komplexitäten
- 42 – Überzeugt strukturliebende Teammitglieder

Mögliche Extravorteile

- für Teams mit einer konservativen, tradierten Kultur
- für Teams mit einer schwacher Teamleitung
- für disruptiv unerfahrene Teams
- für innovativ ungeübte Teams
- für multidisziplinär unerfahrene Teams
- für unerfahrene Trainer und Agile Coaches
- für die Arbeit mit digitalen Kollaborationsboards

Quellen

Buch – Introducing Event Storming, Alberto Brandolini (Leanpub, 2021)

Buch – Domain-Driven Design: Tackling Complexity in the Heart of Software, Eric J. Evans (Addison-Wesley Professional, 2003)

Explore-it-Team

EinSatzBeschreibung

Ein dauerhaftes Team zur konkreten Umsetzung der Explorationsarbeit zusammenstellen.

Transformation-Index

P1 Leading	P2 Organizing	P3 Connecting	P4 Growing	P5 Talking	P6 Scanning	P7 Exploiting	P8 Exploring	P9 Earning	P10 Scaling
			x				x		

Beschreibung

Explore-it-Team beschreibt ein konkretes Werkzeug der ambidextrous organization, der sogenannten „beidhändigen Organisation". Während einerseits auf den richtigen und effizienten Einsatz vorhandener Ressourcen und den laufenden Betrieb geschaut werden muss, ist die Bewertung neuer Technologien, das Ausprobieren neuer Methoden und das Erschließen neuer Märkte gleichwertig wichtig. Mit dem Explore-it-Team wird eine gesonderte Einheit oder Abteilung gegründet, die ausschließlich der Exploration dient, wie eine Art zweites Betriebssystem.

Gerade in großen Organisationen, Unternehmen oder Behörden bietet sich das Explore-it-Team an, um zu verifizieren, wie Beschäftigte und neue Technologien sowie neue Methoden aufeinander reagieren und welchen Mehrwert sie stiften, ohne den laufenden Betrieb einzuschränken. So wird Neues in einem sicheren Umfeld angewandt und von internen Beschäftigten bewertet. Bewährtes kann anschließend auf weitere Bereiche der Organisation ausgeweitet werden.

Die Aufgabe des Senior Managements ist dabei die äußerst wichtigste, es muss beide Organisationsteile zur gleichen Zeit unterstützen. O'Reilly and Trushman beschreiben diese Führungsrolle als ambidextrous leader: „Ambidextrous leaders demand profit and discipline with one unit while encouraging experimentation in another; support a strategy in one part of the business while also seeking to cannibalize it with another" Das bedeutet: „Practice consistens inconsistency by deliberately holding units to different standards", woraus folgt: „… this possibility of leading ambidextrously requires emotional and strategic clarity and the ability to embrace contradiction."

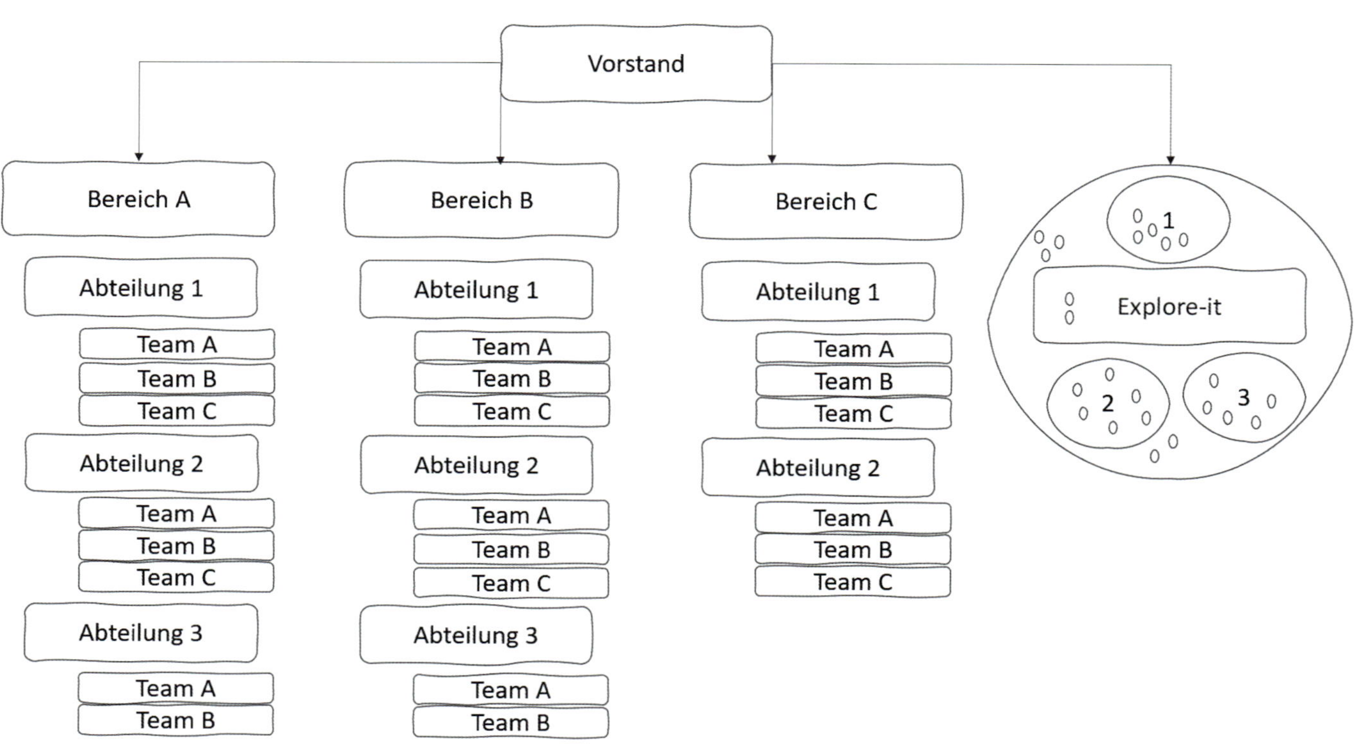

Grafik: Beate Sommer

Durchführung

1. Legen Sie den Rahmen fest und bestimmten Sie den Zweck und das Ziel der neuen Einheit.

Ein Explore-it-Team sollte idealerweise bei der Geschäftsleitung angehängt werden, damit einerseits problemlos Experten aus verschiedenen Bereichen involviert werden dürfen sowie andererseits die korrekte Verzahnung mit dem restlichen Unternehmen gewährleistet wird.

Zweck und Ziel muss mit einer lang- bzw. mittelfristigen Strategie festgelegt werden. Hierbei sollte eingeschränkt werden, in welchen konkreten Bereichen die Exploration stattfinden soll (z. B. neue Geschäftsmodelle, neue nutzerzentrierte Produkte und Services, agile Organisationsformen, neue Arbeitsmethoden, bestimmte Technologiefelder)

2. Das richtige Team setzt sich direkt zu Beginn aus multidisziplinären Mitgliedern zusammen.

Die Führungskräfte bzw. Leader sowie Teammitglieder werden zu 100 % im neuen Bereich eingesetzt und bringen vollumfängliche Diversität mit. Gerade in konservativ, tradierten Unternehmen führt diese Zusammenstellung bereits zu ersten wichtigen Erkenntnissen, deren Vorteile sich schnell auf die gesamte Organisation ausbreiten können. Das Team sollte temporär abwechselnd mit weiteren Experten für 100 % bereichert werden, damit durchgehend nicht nur ein Wissensaustausch stattfindet, sondern auch die Motivation und die Neugierde auf beiden Seiten der beidhändigen Organisation bestehen bleibt. Zusätzlich werden weitere Kooperationen zu anderen internen Einheiten und externen Partnern ausgebaut.

3. Organisationsformen, Makro- und Mikromethoden sowie weitere Tools ausprobieren

Die erste Aufgabe des Teams ist es, basierend auf dem Zweck und dem Ziel eine eigene kurz- bis mittelfristige Vision festzulegen. Dabei können Werte und Prinzipien *(siehe Agiler Baum)* oder der Golden Circle (*siehe Start with why*) erste Methoden sein, die genutzt werden. Basierend auf diesen Entscheidungen bestimmt das Team über eine geeignete interne Organisationsform, mit der es anpassungsfähig bleibt. Sofern im Mandat festgelegt, ist es beim Explore-it-Team explizit erwünscht, im Laufe der Zeit mehrere Organisationsformen auszuprobieren und sich dadurch auch auf oberster Ebene weiterentwickeln zu können. Mit der Vision wird bestimmt, welche mittelfristigen Ziele erreicht werden sollten. OKR's wiederum helfen dabei, diese Ziele (Objectives) in ambitionierte, aber erreichbare Teile zu zerlegen und geeignete, messbare Maßnahmen (Key Results) zu identifizieren.

4. Exploratives Leben innerhalb der Organisation

Die Beschäftigten arbeiten nach den festgelegten Werten und Prinzipien, haben stets die Vision vor Augen und sind maximal anpassungsfähig auf allen Ebenen. Neben dem Verproben verschiedener Organisationsformen, erstellen und skalieren sie neue Produkte oder neue Geschäftsmodelle mittels Makromethoden und probieren im täglichen Geschäft Mikro-Methoden aus. Sie führen Technologieuntersuchungen durch und bewerten mögliche Einsatzfelder. Coaches unterstützen ununterbrochen die Mitarbeiter/innen bei der Evaluierung und Einführung sowie Anwendung und Integration neuer Themen innerhalb der Explore-it-Organisation.

5. Alle Bewertungen bzw. Ergebnisse der Explore-it-Teams sind transparent für das Unternehmen.

Durch das Prinzip der lernenden Organisation berichtet Explore-it über erzielte Erkenntnisse und gewonnene Erfahrungen mittels einer unkomplizierten und sehr offenen Vorgehensweise. Bewährte und sehr positiv bewertete Untersuchungsgegenstände werden in weiteren gesonderten Projekten auf das ganze Unternehmen ausgerollt bzw. überführt. Besonders dieser Übergang darf nicht unterschätzt werden und benötigt neue Führungskompetenzen.

Der Ambitrextrous Leader muss die beiden Betriebsmodelle zur gleichen Zeit so begleiten, dass beide mit ihren Stärken erfolgreich sein können. Dazu gehören beispielswiese folgende Kriterien:

- Die Entscheidung für eine beidhändige Organisation ist eine Veränderung für das gesamte Unternehmen und wird früher oder später jeden Beschäftigten direkt oder indirekt betreffen.
- Gemeinsame Visionen und Ziele mit den betroffenen Leadern der beidhändigen Organisation bilden das Fundament für den Erfolg.
- Erfolgreich Leiten kann nur die Person, die regelmäßig auf beiden Seiten als Teammitglied mitarbeitet (z. B. durch Praktika oder Hospitanzen). So wird ein Status quo nicht nur vermutet oder fälschlicherweise zu kennen geglaubt, sondern wirklich erlebt. Hintergrund dieser Vorgehensweise ist, dass sich beide Betriebsmodelle ständig weiterentwickeln und dadurch regelmäßig neue Bedürfnisse entstehen, die ein ambitrextrous leader nicht kennen kann, wenn er sie nicht selbst erlebt.
- Explore-it-Erfahrungen können auf das gesamte Unternehmen ausgerollt werden, benötigen jedoch eigenständige Projekte und erfordern ein erfolgreiches Management übergreifender Abhängigkeiten (Beispiel: nutzerzentrierte Methoden wie Design Thinking können problemlos im Explore-it-Team unter Berücksichtigung weiterer Bereiche des Unternehmens ausprobiert werden. Diese Methode im ganzen Unternehmen einzuführen, kann jedoch nur erfolgreich sein, wenn das dahinterstehende Prinzip, das im Explore-it die Basis legt, ebenfalls auf das ganze Unternehmen ausgerollt wird: kundenzentriertes Denken und Handeln).

Praxisschlaglicht

Wichtig ist, die richtige Balance zwischen Ausprobieren, Implementieren und Abschließen. Gerade neue Organisationsformen oder Makromethoden sollten möglichst einige Zeit in Explore-it-Team angewandt und iteriert werden, da anfängliche Umstellungsschwierigkeiten auch in diesem Bereich völlig normal sind. Mikromethoden hingegen können schnell getestet und das neue Wissen mit der gesamten Organisation unkompliziert geteilt werden. Viele Mikromethoden können in der gesamten Organisation schnell Mehrwert erzielen und benötigten keine Projekte – Mut zum Ausprobieren und Lernen sollten beide Seiten leben dürfen!

Exploration für den definierten Zweck (siehe 1.) durchzuführen, ist nicht einfach. Das Tagesgeschäft und neue Rahmenbedingungen erhöhen schnell die Komplexität und können das Ziel ein wenig kaschieren. Daher helfen gemeinsame Retrospektiven mit allen Teammitgliedern, um sich zu sammeln und sich ggf. wieder neu auszurichten.

Explore-it-Team

Transformationswirksamkeit

- Wirksam für Herausforderungen mit hoher Komplexität
- Wirksam für alle Transformationen

Transformationsfähigkeit

- Fördert die Agilität eines Teams
- Fördert die Teamkreativität
- Fördert die allgemeine Transformationsfähigkeit des Teams
- Fördert grundlegend die Kreativität
- Fördert offene Mindsets und innovative Denkhaltungen
- Sorgt für Inspiration oder bessere Inspirationsempfindlichkeit

Einsatzcharakteristik

- Austauschfokus: vornehmlich mit internen und externen Personen
- Durchführungszeit: eher hoch (> 1 Tag)
- Einsatzfrequenz: sinnvoll im dauerhaften Einsatz
- Einsatzradius: vornehmlich im unternehmensweiten Einsatz
- Komplexität für die Teilnehmer: eher hoch
- Teamgröße: Großgruppen möglich (>50 Teilnehmer)
- Teamgröße: Maxigruppen möglich (20 bis 40 Teilnehmer)
- Teamgröße: Mittelgroße Teams möglich (5 bis 20 Teilnehmer)
- Vorbereitungszeit: eher hoch (>1 Tag)

Nötiger Input, um mit der Methode arbeiten zu können

- Aktuelle Herausforderung, Leitfrage, Problem
- Innovationssuchfelder, Intent Statements
- Trends und Zukunftsentwicklungen
- Umfeldbeobachtungen, Umfeldanalysen
- Ziele, Zielsystem, Kennzahlen

Erzeugter Output der Methode

- Bessere Projekteffizienz, bessere Teamperformance
- Erzeugt kollaborative Lösungen und Ideen
- Erzeugt neues Wissen und neue Erfahrungen
- Erzeugt umgesetzte Ideen
- Erzeugt innovationsfähigere Organisationen
- Erzeugt mehr Agilität im Team
- Erzeugt mehr Know-how-Zuwachs
- Macht Wirkzusammenhänge sichtbar

Hinderniseffekte, auf die die Methode positiv wirkt

- 06 – Schwächt das Leben in der Vergangenheit
- 08 – Verhindert einseitige Bewertungen und Entscheidungen
- 10 – Verhindert falsche Flughöhen
- 13 – Schafft für den Erfolg nötige Realitätsbezüge
- 18 – Bewahrt vor zu generischen Ideen und Aussagen
- 32 – Verhindert unreflektiertes Agieren
- 34 – Verhindert vorschnelles Urteilen über Ideen
- 39 – Fördert die Agilität der Teilnehmer
- 40 – Verhindert Finanz- und Ressourcenfallen
- 41 – Verringert zu große Komplexitäten

Mögliche Extravorteile

- für Teams in einer Komfortsituation
- für Teams in einer Krisensituation
- für Teams mit einem starkem Auftragsmandat
- für Teams mit einer konservativ, tradierten Kultur
- für Teams mit einer souveränen Teamleitung
- für disruptiv erfahrene Teams
- für agile Teams
- für erfahrene Trainer und Agile Coaches
- für innovativ erfahrene Teams
- für interkulturell erfahrene Teams
- für multidisziplinär erfahrene Teams
- für unerfahrene Trainer und Agile Coaches

Quellen

Buch – Lead and Disrupt, How to solve the innovators dilemma, O'Reilly, Tushman (Stanford University Press 2016)

Web – https://www.researchgate.net/publication/228513145_Exploitation_Exploration_and_Process_Management_The_Productivity_Dilemma_Revisited (07.02.2021)

Person – Beate Sommer, www.b-sommer.com

Fearless Journey

EinSatzBeschreibung

Serious Game, das die spielerische Lösung von realen Herausforderungen in einem bevorstehenden kulturellen Wandel fördert.

Transformation-Index

P1 Leading	P2 Organizing	P3 Connecting	P4 Growing	P5 Talking	P6 Scanning	P7 Exploiting	P8 Exploring	P9 Earning	P10 Scaling
	x		x			x	x		

Beschreibung

Während einer digitalen Transformation müssen beteiligte Teams regelmäßig Herausforderungen verschiedenster Form bewältigen. In Scrum bezeichnet man solche Herausforderungen als Impediments, welche vom Team selbst bzw. von Transformation Team in einem sogenannten Impediment Backlog nachverfolgt werden.

Zu einer Resignation kann führen, wenn die dort gelisteten Impediments zunehmend Faktoren betreffen, auf die das Team auf den ersten Blick keinen Einfluss ausüben kann. Das Team läuft in so einem Fall Gefahr, den Umsetzungswillen zu verlieren.

Fearless Journey ist ein Serious Game, das von Deborah Preuß kollaborativ mit weiteren Konferenzteilnehmern auf der agilen Unkonferenz Play4Agile im Jahr 2011 entwickelt wurde.

Es hat zum Ziel, den Teammitglieder dabei zu helfen, dass sie sich aus ihrer vermeintlichen Sackgasse befreien, und strukturiert Handlungsmöglichkeiten für Herausforderungen außerhalb ihres eigenen Einflussbereichs identifizieren. Dabei unterstützen Lösungskarten, die auf den Texten der Bücher „Fearless Change" und „More Fearless Change" beruhen, eine Lösungsfindung außerhalb der gewohnten Denkmuster. Bedingt durch den Spielaufbau fokussiert sich das Team nur wenige Minuten auf die Ermittlung der potenziellen Hindernisse und verbringt den Großteil der Spielzeit mit der Lösungsfindung. Dabei werden symbolisch von der zuvor definierten Ausgangssituation bis zum gemeinsam bestimmten Zielzustand Wegstücke für jede gemeinsam gelöste Herausforderung gelegt.

Im Vergleich zu anderen Serious Games handelt es sich bei Fearless Journey nicht um eine Simulation, sondern um eine spielerische Weise, reale Problemstellungen konstruktiv im Team zu lösen.

Das Serious Game eignet sich aufgrund der Formulierung der Lösungskarten vor allem für Hindernisse den kulturellen Wandel betreffend.

Durchführung

Vorbereitung: Im Spielaufbau besteht eine Gruppe aus maximal sechs Personen. Sollte das Team größer sein, kann es in zwei Gruppen geteilt werden. Zunächst schreibt die Gruppe ein gemeinsames Ziel auf, das außerhalb ihres eigenen Einflussbereichs liegt.

Beispiele für solche Ziele können sein:

- Wir möchten im Sprint störungsfrei arbeiten.
- Rahmenbedingungen schaffen, in denen wir Scrum by the Book umsetzen können.
- Ein agiles Mindset in die gesamte Organisation bringen.
- Die digitale Transformation ohne Kompromisse einleiten.

Sobald das Ziel formuliert ist, wird es zur Ziel Karte im Spielset gelegt. An dieser Stelle macht es Sinn noch einmal auf den Startpunkt zu blicken. Dieser ist in der Regel der aktuelle Status quo des Teams. Aufgrund unterschiedlicher Erlebnisse und zur besseren Klärung der Herausforderung sollten alle Teammitglieder hier auch noch einmal die Möglichkeit haben, ihre Sicht auf die Ausgangslage zu erläutern, bevor das Team zum nächsten Schritt übergeht.

Nun bekommen die Teammitglieder einige Minuten Zeit, um jeweils vier bis sechs Hindernisse auf ein leeres Kärtchen zu schreiben, die sie ihrer Meinung nach davon abhalten, den gewünschten Zielzustand zu erreichen. Diese Herausforderungen werden in einen Stapel gemischt. Zusätzlich werden sieben leere Karten untergemischt, damit das Team im späteren Spielverlauf auch gelegentlich einen Fortschritt erzielt, ohne dass eine Entscheidung getroffen werden muss. Doppelungen von Herausforderungen müssen nicht aktiv vermieden werden, da diese abhängig von den zum Zeitpunkt der Diskussion aufgedeckten Lösungskarten unterschiedlich gelöst werden können.

Nachdem der Stapel mit den Herausforderungen vorbereitet wurde, begibt sich das Team vom Problemraum in den Lösungsraum. Dafür werden zunächst pro Person fünf Lösungskarten verteilt, die offen und für alle sichtbar auf den Tisch nebeneinandergelegt werden. Alle Teammitglieder bekommen ein paar Minuten Zeit, um ihre eigenen Lösungskarten durchzulesen, bevor das Spiel beginnt.

Spielverlauf: Die erste Hinderniskarte wird gezogen und für alle sichtbar auf den Tisch gelegt. Die Person, die die Karte geschrieben hat, erläutert kurz, was sie genau damit gemeint hat. Anschließend betrachten die alle Teammitglieder ihr Deck an Lösungskarten und schieben die Lösungskarte nach vorne, die aus ihrer Sicht den bestmöglichen Beitrag zu einer Lösungsfindung leisten könnte. Damit jedes Teammitglied zu Wort kommt, werden die ausgewählten Lösungskarten im Kreis nacheinander vorgestellt, bevor es in die Diskussion geht. Eine Lösung kann durch eine Lösungskarte abgedeckt werden, durch die Kombination mehrerer Lösungskarten oder das Team überlegt sich eine eigene Lösung und schreibt diese auf eine leere Lösungskarte. Wichtig dabei ist, dass eine kompromissfreie Lösung im Konsens gefunden wird.

Die Lösung wird vom Team so lange angepasst, bis alle damit zufrieden sind.

Ist das Hindernis gelöst, darf eine Wegkarte gelegt werden. Die Hinderniskarte wird zur Dokumentation gemeinsam mit den Lösungskarten beiseitegelegt. Alle Teammitglieder, die für die Lösung eine Lösungskarte verbraucht haben, ziehen eine neue Karte, sodass alle wieder fünf Lösungskarten vor sich haben. Start und Ziel liegen 40 cm auseinander, was elf Wegkarten entspricht. Da diese nicht aus gerade Wegstücken bestehen, sondern auch Abbiegungen und Verzweigungen haben, variiert die Anzahl der zu lösenden Herausforderungen, zumal auch noch leere Hinderniskarten im Kartendeck sind. Wird eine leere Hinderniskarte gezogen, darf ein Wegstück gelegt werden, ohne dass ein Problem gelöst werden muss.

Die Spieldauer kann ebenfalls variieren basieren auf die Intensität der Diskussionen und der Freude am Lösungsfindungsprozess. Eine Stunde sollte jedoch mindestens eingeplant werden.

Sämtliches Material, inklusive einer detaillierten Anleitung in verschiedenen Sprachen, ist unter einer CC BY SA Lizenz zum kostenlosen Download auf der Website fearlessjourney.info verfügbar. Auf der Website findet sich auch eine Spielvariation für Einzelpersonen.

Ein Nachbau des Spieles in online Whiteboardtools ist möglich, wodurch es sich auch für Remote-Teams eignet.

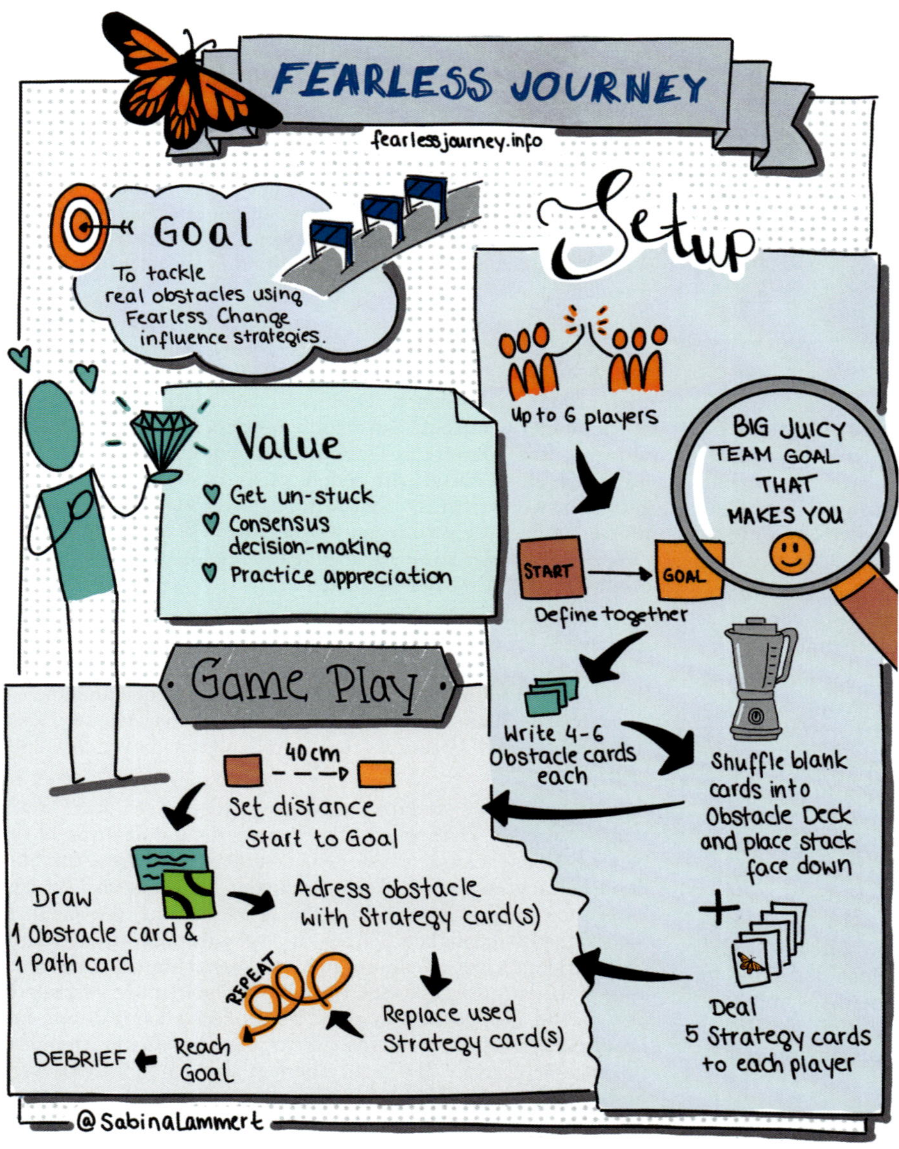

Grafik: Sabina Lammert

Praxisschlaglicht

Ein Telekommunikationskonzern hat unternehmensweit eine agile digitale Transformation eingeleitet. Davon betroffen war unter anderem ein Systementwicklungsteam, das bereits seit einigen Wochen mit Scrum arbeiten sollte. Im Rahmen eines Agile Basics Trainings hat sich jedoch herausgestellt, dass ihre aktuellen Rahmenbedingungen die Umsetzung von Scrum nach Lehrbuch nicht ermöglichten. Sie sollten zeitgleich die bisherigen Systeme warten, als auch das neue System entwickeln. Die Anfragen für die Systemwartung nahmen nahezu die gesamte Arbeitszeit in Anspruch. Schnell herrschte bei den Teammitgliedern Einigkeit darüber, dass sie, statt alte Systeme zu warten, ihren Fokus auf die Entwicklung des neuen Systems legen sollten und dass Scrum hierfür die passende Vorgehensweise war. Sie wussten nur nicht, wie sie diese Rahmenbedingungen schaffen sollten, da sie sich zu diesem Zeitpunkt fremdbestimmt fühlten.

Die Trainerin änderte in Abstimmung mit dem Team die Agenda des zweiten Trainingstages, sodass das Team drei Stunden Zeit für ein lösungsfokussiertes Spiel Fearless Journey hatte. Als Ziel legten sie fest, das neue System als festes Scrum-Team umzusetzen. Innerhalb von fünf Minuten sammelten sie Herausforderungen und verbrachten anschließend eine Stunde damit, fokussiert und wertschätzend Lösungen für ein Hindernis nach dem anderen zu finden. Dabei geisterte immer wieder eine Frage im Raum: Was erwartet wohl der CIO vom Team? Möchte er das neue System überhaupt ausgebaut haben unter der Bedingung, dass die alten nicht mehr ausreichend gewartet werden können oder nicht?

Ein Mitglied des Transformation Teams war ebenfalls im Training anwesend und ergriff in Absprache mit der Trainerin die Initiative, den CIO anzurufen und ins Training einzuladen, um genau diese Frage aus der Welt zu schaffen. Das Team war begeistert, dass der CIO 30 Minuten später im Raum stand und sich ihre Bedenken anhörte. Seine Antwort hat das Team jedoch nicht erwartet.

Der CIO bestärkte das Team darin, eigenständige Entscheidungen zu treffen und garantierte, dass er hinter diesen Entscheidungen steht unter einer Voraussetzung: Das Team darf nicht nur die technischen Aspekte betrachten, sondern muss lernen, auch die Business-Sicht im Blick zu behalten. Die technischen Teams müssen sicherstellen, dass das Business zu jedem Zeitpunkt läuft und in die Diskussion mit den Business-Teams gehen, um Möglichkeiten für die Entwicklung des neuen Systems bei Sicherstellung der Wartung aller notwendigen Prozesse der alten Systeme zu finden.

In diesem Moment wurde dem Team bewusst, dass sie eine falsche Vorstellung ihres Auftrags hatten und dass eine ganz klare Wissenslücke bezüglich der Businessanforderungen herrschte. In der restlichen Stunde bis zur Mittagspause stellte die Trainerin mit dem Team einen Maßnahmenliste auf, mit der es sich von einer rein technisch orientierten Sicht hin zu einer businessorientierten Denkweise entwickeln konnte.

Dieses Praxisschlaglicht verdeutlicht, wie wichtig es ist, die Grundannahmen der Problemstellung zu verstehen, bevor man sich der Lösungsfindung widmet und wie auch eine falscher Fokus bei der Lösungsfindung zu neuen Erkenntnissen führen kann.

Foto: Sabina Lammert

Transformationswirksamkeit

- Wirksam für Herausforderungen mit hoher Komplexität
- Wirksam für Herausforderungen mit mittlerer Komplexität
- Wirksam für Sozialtransformationen

Transformationsfähigkeit

- Fördert die Agilität eines Teams
- Fördert die allgemeine Transformationsfähigkeit des Teams
- Fördert offene Mindsets und innovative Denkhaltungen

Einsatzcharakteristik

- Austauschfokus: vornehmlich mit internen Personen
- Durchführungszeit: eher gering (< 1 Stunde)
- Durchführungszeit: eher mittel (>1 Stunde bis <1 Tag)
- Einsatzfrequenz: vornehmlich im einmaligen Einsatz
- Einsatzradius: vornehmlich im Teameinsatz
- Komplexität für den Moderator: eher mittel
- Komplexität für die Teilnehmer: eher hoch
- Teamgröße: Kleingruppe möglich (3 bis 5 Teilnehmer)
- Teamgröße: Mittelgroße Teams möglich (5 bis 20 Teilnehmer)
- Vorbereitungszeit: eher mittel (>1 Stunde bis <1 Tag)

Nötiger Input, um mit der Methode arbeiten zu können

- Aktuelle Herausforderung, Leitfrage, Problem
- Verschiedene Botschaften, Meinungen, Statements
- Verschiedene Meinungen und Blickwinkel
- Vorhandenes Wissen und Erfahrungen
- Durchführungszeit, Trainingszeit
- Merkmale der gegebenen Herausforderung
- Personenmerkmale (Meinungen, Bedürfnisse, Werte, etc.)

Erzeugter Output der Methode

- Erzeugt Ideen, Lösungsansätze, Vorideen, Möglichkeiten
- Erzeugt besseren Teamspirit, mehr Offenheit, Inspirationsempfindlichkeit
- Erzeugt kollaborative Lösungen und Ideen
- Erzeugt größere Klarheit zu einem Thema
- Erzeugt transformationsfähigere Organisationen
- Erzeugt mehr Agilität im Team
- Erzeugt motiviertere und transformationsfähigere Teilnehmer
- Hilft bei Entscheidungen, Bewertungen und Feedback

Hinderniseffekte, auf die die Methode positiv wirkt

- 01 – Schwächt Angst vor Neuem (Cainophobie)
- 02 – Schwächt Angst vor Kritik und Zurückweisung
- 03 – Schwächt störende Bewertung während der Ideenfindung
- 04 – Beugt blinden Flecken/Betriebsblindheit vor
- 07 – Integriert einen dysfunktionalen Schweiger
- 08 – Verhindert einseitige Bewertungen und Entscheidungen
- 12 – Wirkt fehlender Inspiration entgegen
- 13 – Schafft für den Erfolg nötige Realitätsbezüge
- 16 – Beugt Misinterpretationen vor
- 17 – Fördert gehemmte Teammitglieder
- 18 – Bewahrt vor zu generischen Ideen und Aussagen
- 19 – Verhindert Ideenbunkerei und Geheimniskrämerei
- 21 – Bindet eher introvertierte Teammitglieder mit ein
- 31 – Verhindert Topic-Jumping und schnelles Abschweifen
- 32 – Verhindert unreflektiertes Agieren
- 33 – Schwächt Verdiskutiererei
- 36 – Schafft schnell Klarheit und beschleunigt Erkenntnisgewinn
- 42 – Überzeugt strukturliebende Teammitglieder
- 43 – Überzeugt einen Daueropponenten

Mögliche Extravorteile

- für Teams in einer Krisensituation

Quellen

Buch – Fearless Change: Patterns for Introducing New Ideas, Mary Lynn Manns & Linda Rising (Addison Wesley, Reprint Edition 2015)

Buch – More Fearless Change: Strategies for Making Your Ideas Happen, Mary Lynn Manns & Linda Rising (Addison-Wesley Professional 2015)

Web – https://fearlessjourney.info/ (03.04.2021)

Deborah Preuß, https://abiggergame.today/ (03.04.2021)

Feedback Card

EinSatzBeschreibung

Werkzeug, um schnell Feedback einzuholen und Feedback zu geben.

Transformation-Index

P1 Leading	P2 Organizing	P3 Connecting	P4 Growing	P5 Talking	P6 Scanning	P7 Exploiting	P8 Exploring	P9 Earning	P10 Scaling
x			x	x		x	x		x

Beschreibung

Zusammenarbeit, Mut und Offenheit stellen drei konkrete Werte dar, die in der digitalen Transformation viel bewusster als zuvor gelebt werden müssen. Damit diese Werte gelebt werden können, ist nicht nur Selbstreflexion notwendig, sondern auch Feedback. Mit der Feedback Card werden im Rahmen der digitalen Transformation wichtige Werte sowie wertschätzendes und offenes Feedback im Unternehmen gestärkt.

Angelehnt an Mark Twain, der sagte „Wir schätzen die Menschen, die frisch und offen ihre Meinung sagen – vorausgesetzt, sie meinen dasselbe wie wir.", ist es auch heutzutage für viele Menschen nicht einfach, Feedback zu geben bzw. Feedback anzunehmen. Ein Lob wird oft weggelächelt oder abgewunken. Das ist sehr schade, da viele Menschen wirklich hervorragende Arbeit leisten und viel zu selten Lob erhalten bzw. Lob erhalten und es nicht richtig wertschätzen können. Darüber hinaus mangelt es an vielen Stellen an konstruktiver Kritik. Oftmals wissen wir nicht, ob ein Kollege Feedback haben möchte oder wir finden nicht auf Anhieb die richtigen Worte. Schließlich vergessen wir sehr schnell, was wir sagen wollten oder verdrängen es.

Nutzen Sie die Feedback-Karte auf den Weg zur digitalen Transformation, in dem Sie 5 leere Feedback Cards mit dem nachfolgenden Hinweis zur Durchführung an alle Beschäftigten verteilen. Ermuntern Sie die Beschäftigten dazu, selbst Feedback zu fordern und Feedback zu verteilen. Stellen Sie die leere Feedback Card zusätzlich über das Intranet bereit, sodass jeder Beschäftige sie sich ausdrucken und schnell konstruktives Feedback geben und fordern kann.

Grafik: Beate Sommer

Durchführung

1. Feedback fordern

Geben Sie die leere Feedback Card an einen Kollegen, mit dem sie in den letzten Wochen oder Monaten zusammengearbeitet haben und bitten Sie ihn um Feedback. Das hilft Ihnen einerseits dabei Ihr Eigenbild mit dem Fremdbild abzugleichen und andererseits Lob und Kritik einzusammeln. Zugleich entsteht die Möglichkeit, sich selbst weiterzuentwickeln und mit konstruktivem Feedback bestimmte Dinge zukünftig noch besser zu erledigen.

2. Feedback geben

Alternativ können Sie Feedback geben. Fragen Sie dafür zuerst bei dem Kollegen nach, ob er Feedback von Ihnen haben möchte. Falls ja, füllen Sie die Feedback Card aus und geben Sie sie an den Kollegen.

3. Die Feedback Card ist in drei Bereiche unterteilt und enthält den Namen des Empfängers und des Absenders.

Der Feedback-Geber füllt die Feedback Card aus und teilt dem Empfänger auf diesem Wege folgendes mit:

- Das war richtig gut:
  - Etwas das sehr gut lief oder richtig gut war, z. B. ein Event, eine Aktion, ein Projekt, eine Situation, etc.

- „Deine Präsentation letzte Woche war richtig gut vorbereitet, sehr informativ und kurzweilig."
- Dafür danke ich dir:
  - Etwas wofür der Absender der Feedback Card in Bezug auf den Empfänger dankbar ist, z. B. eine Situation oder Eigenschaft (Mut, Offenheit), Wissen, Unterstützung, Mitarbeit, etc.
  - „Ich danke dir für deine Geduld und Ehrlichkeit, gerade bzgl. meiner kritischen Nachfragen."
- Das könntest du ausprobieren:
  - Etwas das der Empfänger ausprobieren könnte, z. B. ein Vorschlag oder eine Idee, wie etwas noch besser gelingen kann
  - „Der ein oder andere Absatz war etwas zu schnell gesprochen. Lass dir ruhig Zeit, ich höre dir gerne zu." oder „Du wärst ein guter Moderator oder könntest den Vortrag auch vor internationalen Gästen halten."

Praxisschlaglicht

Eine Kollegin bat mich letztens darum, ihr Feedback zu geben. Ich machte mir kurz Gedanken und hatte sehr schnell bestimmte Szenen aus unserer Zusammenarbeit im Kopf. Es handelte sich um viele schöne Momente, in denen wir uns richtig gut ergänzten. Jedoch blitzte auch ein Thema auf, das mich ein paar Wochen zuvor ein wenig verwunderte und mir in Erinnerung blieb. Wir trafen uns online auf einen Kaffee und begannen mit Smalltalk. Sie leitete zum eigentlichen Thema über und äußerte den konkreten Wunsch, ihr Eigen- und Fremdbild bewusst zu challengen. Ich gab ihr mündliches Feedback entlang der Feedback Card. Sie freute sich sehr und war dankbar, dass ich mir die Zeit nahm. Für mich war es kein Aufwand, ich konnte einer Kollegin innerhalb weniger Minuten helfen und erntete Dank, den ich gerne annahm.

Transformationswirksamkeit

- Wirksam für alle Transformationen

Transformationsfähigkeit

- Fördert die allgemeine Transformationsfähigkeit des Teams
- Fördert offene Mindsets und innovative Denkhaltungen

Einsatzcharakteristik

- Austauschfokus: vornehmlich mit internen Personen
- Durchführungszeit: eher gering (< 1 Stunde)
- Einsatzfrequenz: sinnvoll im dauerhaften Einsatz
- Einsatzradius: vornehmlich im Teameinsatz
- Einsatzradius: vornehmlich im projektweiten Einsatz
- Einsatzradius: vornehmlich im unternehmensweiten Einsatz
- Komplexität für die Teilnehmer: eher gering
- Teamgröße: Einzelpersonennutzung möglich
- Vorbereitungszeit: eher gering (<1 Stunde)

Nötiger Input, um mit der Methode arbeiten zu können

- Beteiligte Personen mit Tätigkeiten und Aufgaben
- Verschiedene Meinungen und Blickwinkel
- Vorhandenes Wissen und Erfahrungen
- Personenmerkmale (Meinungen, Bedürfnisse, Werte, etc.)

Erzeugter Output der Methode

- Bessere Projekteffizienz, bessere Teamperformance
- Erzeugt besseren Teamspirit, mehr Offenheit, Inspirationsempfindlichkeit
- Erzeugt neues Wissen und neue Erfahrungen
- Erzeugt transformationsfähigere Organisationen
- Erzeugt motiviertere und transformationsfähigere Teilnehmer

Fokusorganisation

- Geeignet für Teams aus Konzernen und Großorganisationen
- Geeignet für Teams von Kleinbetrieben (KMU)
- Geeignet für Teams von Mittelstandsunternehmen

Fokusanwender

- Besonders wirkungsvoll für Transformationsteams
- Für alle normalen Teams wirkungsvoll
- Für einen einzelnen Mitarbeiter wirkungsvoll
- Vornehmlich für Trainer und Coaches

Hinderniseffekte, auf die die Methode positiv wirkt

- 02 – Schwächt Angst vor Kritik und Zurückweisung
- 04 – Beugt blinden Flecken/Betriebsblindheit vor
- 14 – Fördert eventuell fehlende Wertschätzung
- 17 – Fördert gehemmte Teammitglieder
- 21 – Bindet eher introvertierte Teammitglieder mit ein
- 15 – Stärkt das Vertrauen im Team

Mögliche Extravorteile

- für Teams in einer Krisensituation
- für Teams mit einem starkem Auftragsmandat
- für Teams mit einer konservativen, tradierten Kultur
- für Teams mit einer schwacher Teamleitung
- für multidisziplinär unerfahrene Teams
- für unerfahrene Trainer und Agile Coaches

Quellen

Person – Beate Sommer, www.b-sommer.com

Fishbone Diagramm (Ishikawa)

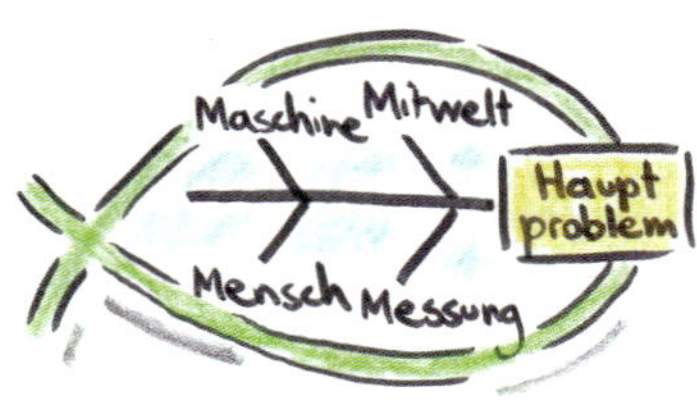

EinSatzBeschreibung

Ursache-Wirkungs-Diagramm zur grafischen Darstellung von Quellen und Bestandteilen, die ein Ergebnis oder Problem beeinflussen.

Transformation-Index

P1 Leading	P2 Organizing	P3 Connecting	P4 Growing	P5 Talking	P6 Scanning	P7 Exploiting	P8 Exploring	P9 Earning	P10 Scaling
						x	x		

Beschreibung

Transformationen sowie die Digitalisierung von Unternehmen und Produkten bedeuten umfassende und tiefgehende Eingriffe in bestehende Unternehmens- und oder Systemstrukturen. Die Methode des Ishikawa-Diagramms hilft zur Analyse bestehender Abhängigkeiten und möglicher Problemursachen, sowie die „Ursachen hinter den Ursachen" um notwendige Maßnahmen im folgenden Schritt abzuleiten. Das Digitalisierungsprojekt oder die geplante Transformationen wird dabei als Thema/Aufgabe genannt und alle Abhängigkeiten aus verschiedenen Bereichen und von verschiedenen Experten in vorgegebenen Clustern (z. B. Abteilungen, Mitarbeiter, IT-Systeme, Widerstände) aufgezeigt. Die Methode hilft, die Grundursachen und maximalen Einflussfaktoren und Abhängigkeiten zu sammeln und zu strukturieren, um die Problem-Ursachen-Wirkungsbeziehung aufzuzeigen. Die Methode kann sowohl als Team oder allein vor Ort oder digital online angewendet werden und stellt als Sammlung von Ursachen eine Vorgehensweise zum strukturierten Brainstorming dar.

Durchführung

Als Methode aus dem Qualität- und Prozessmanagement, bietet die Methode eine strukturierte Analyse von geplanten Transformationsprozessen und Digitalisierungsprojekten. Folgende Schritte sind durchzuführen:

Schritt 1: Formulierung des anstehenden Transformations- oder Digitalisierungsprojekt

Am Ende des horizontalen Pfeiles, wird die Herausforderung, Aufgabe oder das Thema formuliert (z. B. Einführung eines neuen CRM-Systems). Auf diesen Hauptstrang zielen Pfeile von oben und unten (in Form von „Fischgräten"), welche die Themenbereiche jeweiliger Einflussbereiche auf das definierte Thema am Kopf des Hauptpfeils bestimmen.

Schritt 2: Festlegung der Einflussbereiche

Am Ende der Seitenpfeile werden die Einflussbereiche benannt. Häufig zu findende Bereiche sind: Material, Maschine (technische Hilfsmittel), Methode und der Mensch. Weitere Einflussbereiche sind spezifische Geschäftsprozesse und externe Einflussbereiche der Umwelt. Im Rahmen der Analyse von Transformationsprozessen, sind weitere Bereiche hilfreich wie Widerstände (Widerstandsarten) und Einflussnahme betroffener Unternehmensbereiche. In der Arbeitsgruppe können die Einflussbereiche in Haupt- und Nebenursachen geclustert werden, je nach Fragestellung und Bewertung der Teilnehmer.

Schritt 3: Ursachensammlung

Über alle Einflussbereiche hinweg werden individuell sowie gemeinsame einzelne Ursachenkomponenten ermittelt, welche eine Auswirkung auf die anstehende Transformation oder Digitalisierungsprojekt haben. Die Anwendung weitere Kreativitätstechniken wird hier empfohlen.

Schritt 4: Ursachenbewertung und Zuordnung

Identifizierte Ursachen werden definierten Einflussbereiche zugeordnet, wobei doppelt genannte Themen aussortiert werden. Wenn Ursachen nicht zugeordnet werden können, kann eine weiterer Einflussbereich eröffnet werden. Die Ursachen werden mit kleinen Pfeilen auf die Pfeile der Einflussbereiche notiert. Eine Analyse von weiteren Ursachen für die benannten Ursachen kann erfolgen. Diese werden ebenso den jeweiligen Ursachen im Diagramm zugeordnet. Die wiederholte Frage nach dem Warum entfaltet die Wirkung des Ishikawa-Diagramms, da das Verhältnis der Ursachen und Ihrer Wirkung aufzeigt wird und grundsätzliche Probleme und Ursachen identifiziert werden können.

Schritt 5. Auswertung

Identifizierte Ursachen und Einwirkungsbereiche werden zum Abschluss bei Bedarf gewichtet. Dies ist die Grundlage zur Ableitung von Handlungsbereiche, um die Umsetzung von Transformationsprozessen und Digitalisierungsprojekten mit erfolgreich umzusetzen.

Zur systematischen Analyse von den jeweiligen Ursachen und Unter-Ursachen hilft die Anwendung von Kreativmethoden. Auf dieser Basis können alle antizipierten Probleme im Voraus von Digitalisierungs- und Transformationsprojekten hergeleitet und analysiert werden.

Transformationswirksamkeit

- Wirksam für Herausforderungen mit hoher Komplexität
- Wirksam für Herausforderungen mit mittlerer Komplexität
- Wirksam für alle Transformationen
- Wirksam für radikale Transformationen

Transformationsfähigkeit

- Fördert die allgemeine Transformationsfähigkeit des Teams

87 Fishbone Diagramm (Ishikawa)

Einsatzcharakteristik

- Austauschfokus: vornehmlich mit internen Personen
- Durchführungszeit: eher mittel (>1 Stunde bis <1 Tag)
- Einsatzfrequenz: vornehmlich im einmaligen Einsatz
- Einsatzfrequenz: vornehmlich über im kompletten Projektzeitraum
- Einsatzradius: vornehmlich im Teameinsatz
- Einsatzradius: vornehmlich im projektweiten Einsatz
- Komplexität für den Moderator: eher gering
- Komplexität für die Teilnehmer: eher gering
- Teamgröße: Einzelpersonennutzung möglich
- Teamgröße: Kleingruppe möglich (3 bis 5 Teilnehmer)
- Teamgröße: Mittelgroße Teams möglich (5 bis 20 Teilnehmer)
- Vorbereitungszeit: eher gering (<1 Stunde)

Nötiger Input, um mit der Methode arbeiten zu können

- Aktuelle Herausforderung, Leitfrage, Problem

Erzeugter Output der Methode

- Erzeugt größere Klarheit zu einem Thema
- Erzeugt segmentierte, kategorisierte, geclusterte Daten
- Macht Wirkzusammenhänge sichtbar

Hinderniseffekte, auf die die Methode positiv wirkt

- 11 – Schärft eine fehlende gemeinsame Ausrichtung
- 16 – Beugt Misinterpretationen vor
- 20 – Verhindert Ideenfindung mit zu schwacher Erkenntnisgrundlage
- 28 – Stärkt schwache Anreicherungsskills
- 32 – Verhindert unreflektiertes Agieren
- 41 – Verringert zu große Komplexitäten

Mögliche Extravorteile

- für die Arbeit mit digitalen Kollaborationsboards

Quellen

Buch – Das große Handbuch Innovation, B. van Aerssen, C. Buchholz (Vahlen 2018)

FOR-DEC

EinSatzBeschreibung

FOR-DEC ist ein sechsstufiges Handlungsschema, um schnelle, sachorientierte Entscheidungen in komplexen Umfeldern zu treffen.

Transformation-Index

P1 Leading	P2 Organizing	P3 Connecting	P4 Growing	P5 Talking	P6 Scanning	P7 Exploiting	P8 Exploring	P9 Earning	P10 Scaling
	x		x			x	x		x

Beschreibung

Im Zuge der digitalen Transformation von Unternehmen, wird der wiederkehrende Arbeitsalltag für die Belegschaft immer dynamischer und anspruchsvoller. Es gestaltet sich schwierig, in so einem beweglichen Umfeld die Übersicht zu behalten. Wie gelingt es Unternehmen oder Führungskräften, im aktuellen Wandel den Blick für das Wesentliche zu schärfen, um exzellente Entscheidungen treffen zu können?

Eine einfache Methode aus der Luftfahrt, die FOR-DEC-Methode, kann bei komplexen Entscheidungen als Orientierung oder Kompass eingesetzt werden. Sie unterstützt dabei, strukturierte Entscheidungen in einem schnelllebigen Arbeitskontext zu treffen.

Mitarbeiter des Deutschen Zentrums für Luft- und Raumfahrt haben diese Checkliste entwickelt, damit Piloten in schwierigen und kritischen Situationen einen kühlen Kopf bewahren und befähigt sind, die richtige Entscheidung zu treffen. Übereilte Affekte oder Bauchgefühl haben somit keinen Einfluss auf die anstehende wichtige Entscheidung. Stressbedingte Fehlentscheidungen werden durch den Einsatz der FOR-DEC-Methode verhindert. Klare und überlegte Handlungen münden dann im erwünschten Verhalten.

Durchführung

FOR-DEC hat sich im Praxiseinsatz in diversen Unternehmen und Branchen, über die Luft- und Raumfahrt hinaus, bewährt.

Angewandt wird die Methode bei einzelnen Beteiligten/Teammitgliedern oder bei ganzen Teams.

Die Buchstaben des Akronyms FOR-DEC beziehen sich auf die sechs relevanten Schritte, um eine stabile Entscheidung treffen zu können:

F – Facts: Was sind die Fakten? Interpretationen und Bewertungen sind nicht -zulässig.

O – Options: Welche Handlungsmöglichkeiten stehen zur Verfügung? Nicht nur die offensichtlichen Optionen durchdenken, sondern auch die unkonventionellen Ideen notieren.

R – Risks and Benefits: Welche Chancen und Risiken ergeben sich für die verschiedenen Handlungsmöglichkeiten? Danach vergleicht man das Chancen-Risiko-Verhältnis aller Optionen und erhält einen Überblick. So verhindert man, dass Chancen übersehen oder Risiken überbewertet werden.

D – Decision: Sämtliche benötigten Fakten und Informationen sind vorhanden. Eine konsequente Entscheidung ist nun erforderlich. Fällt ihnen oder dem Team die Entscheidung immer noch schwer? Bitten sie einen Außenstehenden um einen Rat um finale Klarheit zu erlangen.

E – Execution: Eine rasche Umsetzung der Handlungsmöglichkeit ist jetzt tonangebend. WAS getan wird ist klar – es geht jetzt nur noch um das WIE. Die konkreten Maßnahmen, um das Ziel zu erreichen werden aufgeschrieben. Bei Entscheidungen im Team werden Verantwortlichkeiten festgelegt.

C – Check: Regelmäßige Kontrollen ob die gewählten Handlungsmöglichkeiten zum Ziel führen sind angesagt. Funktionieren die verabschiedeten Maßnahmen oder muss nachgebessert werden? Wenn sich äußere Einflüsse geändert haben, welche die Entscheidungen beeinflussen, ist ein neues FOR-DEC in Erwägung zu ziehen.

Beim Einsatz der FOR-DEC-Methode ist es unerlässlich, das zeitliche Entscheidungslimit im Visier zu behalten. Wird eine Entscheidung zeitkritisch, muss unbedingt eine erste Handlungsalternative gewählt werden, um die maximale Sicherheit zu gewährleisten.

Idealerweise kümmern sich Nutzer beim Einsatz der Methode gleich zu Beginn des Arbeitstages um die wichtigen Entscheidungen. Ein entsprechender Slot im Kalender sollte ausreichend groß gewählt werden, um die FOR-DEC Methode anzuwenden. Optimalerweise kommt man bei der Anwendung erst gar nicht in Verlegenheit, Telefonate zu empfangen oder E-Mails zu beantworten. Selbst bei erfahrenen FOR-DEC Nutzern, welche die Methode automatisiert beherrschen, empfiehlt sich, die Checkliste immer schriftlich und niemals nur gedanklich durchzuführen. Die schriftliche Explikation strukturiert die Gedanken und verschafft einen Überblick. Die zusätzliche visuelle Erfassung des Problems erzeugt eine ganzheitliche Transparenz.

Bitte immer bedenken, für jeden FOR-DEC-Einsatz bei Transformationsprojekten gilt: nicht die getroffenen Entscheidungen haben eine finale Implikation, sondern immer nur das resultierende Ergebnis. Ist das Ergebnis unerwünscht, bedeutet dies eine neues FOR-DEC.

Praxisschlaglicht

Bei einem Online-Anbieter für Strom- und Erdgasvertrieb stand die Entscheidung aus, welcher IT-Dienstleister den Zuschlag für die Entwicklung und den Bau der neuen kundenzentrierten „Ver-

ID	Handlungsmöglichkeit	Chance	Chancenwert	Risiko	Risikowert	CR-Wert
1	Erfahrener IT-Dienstleister aus Energiebranche	Verfügt Kenntnisse aus Energiewirtschaft. Hat bereits „Abschlussstrecken" entwickelt.	4 (+)	Ist eingefahren, innovative Impulse fehlen, hohe Kosten	(-8)	(-4)
2	IT-Start-Up aus Energiewirtschaft	Verfügt Kenntnisse aus Energiewirtschaft. Disruption + Innovation im Vordergrund.	5 (+)	Keine Routine, Keine Erfahrung aus anderen Branchen	(-4)	(+1)
3	Branchenfremder IT-Dienstleister	Verfügt kundenzentrierte Kenntnisse anderer Branchen. Geringe Kosten.	(7+)	Keine Erfahrung in Energiewirtschaft	(-2)	(+5) Empfehlung
4	etc.					

Grafik: Anja Faber – FOR-DEC Beispiel

trags-Abschlussstrecke“ erhalten soll. Die angedachte progressive Abschlussstrecke sollte so gut sein, dass der Vertragsabschluss für die Kunden angenehmer, schneller und intuitiver durchzuführen ist. Mit dieser, aus Kundensicht gedachten Möglichkeit, wollte sich der Online-Anbieter für Energieprodukte einen Wettbewerbsvorteil im Energiemarkt verschaffen.

Die Chancen und Risiken für jede Handlungsoption (welcher IT-Dienstleister bekommt den Zuschlag) wurden in einer Matrix bewertet und visualisiert. Dazu wurden die jeweiligen Chancen und Risiken quantitativ gegenübergestellt. Um die Handlungsoptionen tatsächlich quantifizieren zu können, wurde ein KPI für Chancen/Risiken gebildet. Für die Kennzahl (CR = Chancen/Risiken) wurde eine Wertebereich von -10 bis+10 definiert. Anhand dieses Wertebereiches ließ sich die Wertigkeit der Handlungsalternativen leicht quantifizieren und darstellen (siehe unten).

Matrix: Wertigkeit der Handlungsalternativen zur Auswahl des IT-Dienstleisters (ggf. Kann ein Profi die Tabelle schick machen??)

Durch den Einsatz der FOR-DEC-Methode und den daraus resultierenden Erkenntnissen, wurde entschieden, dass der branchenfremde IT-Dienstleister den Zuschlag erhält. Der Online-Anbieter für Strom- und Erdgas war auf der Suche nach einem herausragenden Alleinstellungsmerkmal in der Energiebranche. Da sämtliche Online-Abschlussstrecken in der Energiewirtschaft nicht zwingend als Benchmark geeignet waren, bekam der IT-Dienstleister ohne energiewirtschaftliche Vorerfahrung den Auftrag. Die Website inklusiver der Abschlusstrecke ist inzwischen sehr erfolgreich im Live-Betrieb. Die Kundenresonanz auf die sehr einfache und schnelle Handhabung ist überragend.

Transformationswirksamkeit

- Wirksam für radikale Transformationen

Transformationsfähigkeit

- Fördert die Agilität eines Teams

Einsatzcharakteristik

- Austauschfokus: vornehmlich mit internen Personen
- Durchführungszeit: eher hoch (> 1 Tag)
- Einsatzfrequenz: vornehmlich über im kompletten Projektzeitraum
- Einsatzradius: vornehmlich im Teameinsatz
- Einsatzradius: vornehmlich im projektweiten Einsatz
- Komplexität für den Moderator: eher mittel
- Komplexität für die Teilnehmer: eher mittel
- Teamgröße: Kleingruppe möglich (3 bis 5 Teilnehmer)
- Teamgröße: Mittelgroße Teams möglich (5 bis 20 Teilnehmer)
- Vorbereitungszeit: eher mittel (>1 Stunde bis <1 Tag)

Nötiger Input, um mit der Methode arbeiten zu können

- Aktuelle Herausforderung, Leitfrage, Problem
- Beteiligte Personen mit Tätigkeiten und Aufgaben
- Durchlaufenes Projekt oder Projektphasen
- Liste von Alternativen
- Verschiedene Meinungen und Blickwinkel

Erzeugter Output der Methode

- Bessere Projekteffizienz, bessere Teamperformance
- Erzeugt Listen von Chancen und Risiken
- Erzeugt Planungen und Priorisierungen
- Erzeugt größere Klarheit zu einem Thema
- Erzeugt transformationsfähigere Organisationen
- Erzeugt segmentierte, kategorisierte, geclusterte Daten
- Hilft bei Entscheidungen, Bewertungen und Feedback

Hinderniseffekte, auf die die Methode positiv wirkt

- 05 – Verhindert blinden Aktionismus
- 08 – Verhindert einseitige Bewertungen und Entscheidungen
- 10 – Verhindert falsche Flughöhen
- 11 – Schärft eine fehlende gemeinsame Ausrichtung
- 13 – Schafft für den Erfolg nötige Realitätsbezüge
- 16 – Beugt Misinterpretationen vor
- 25 – Schwächt multidisziplinäre Reibungsverluste
- 28 – Stärkt schwache Anreicherungsskills
- 32 – Verhindert unreflektiertes Agieren
- 33 – Schwächt Verdiskutiererei
- 36 – Schafft schnell Klarheit und beschleunigt Erkenntnisgewinn
- 37 – Verkürzt zu lange Entscheidungsmeetings

Mögliche Extravorteile

- für Teams in einer Krisensituation
- für Teams mit einer konservativen, tradierten Kultur
- für Teams mit einer schwacher Teamleitung

Quellen

Web – https://www.tae.de/die-tae/aktuelles/artikelansicht/article/die-fordec-methode-checkliste-fuer-gute-entscheidungen/, 16.05.2021

Web – https://www.1155pm.de/informationen/fachartikel/claim-management-strategie-fordec-entscheidungsfindung, 16.05.2021

Web – https://www.projektmagazin.de/methoden/fordec, 16.05.2021

Grafik: verrocchio Mindset-Card – Illustration: Jennifer Weiss

89

Fuckup Nights

EinSatzBeschreibung

Eine Plattform, um offen über Fehler zu sprechen, damit andere daraus lernen können.

Transformation-Index

P1 Leading	P2 Organizing	P3 Connecting	P4 Growing	P5 Talking	P6 Scanning	P7 Exploiting	P8 Exploring	P9 Earning	P10 Scaling
			x						

Beschreibung

„I never lose. I either win or learn!", sagte Nelson Mandela einst und zeigt damit, warum verlieren nicht zu seinem Wortschatz gehört. Er meint damit, dass selbst eine Niederlage etwas Positives innehat – man lernt daraus und macht die Fehler, die zur Niederlage geführt haben, nie wieder. Was sich so einfach anhört, gehört immer noch zu den Tabuthemen, über die man nicht sprechen möchte. Schade eigentlich! Denn aus den Fehlern, die man selbst gemacht hat, könnten auch andere lernen und sie dann vermeiden.

Das dachten sich auch einige Gründer aus der Start-up-Szene Mexikos, als sie 2012 die ersten Fuckup Nights ins Leben riefen – hier geht es nicht um wirtschaftliche Erfolge, sondern um Misserfolge. Es geht nicht um das schnelle Geld, sondern um Pleiten. Es geht nicht um den Ruhm einer Geschäftsidee, sondern um deren Scheitern. Aus Misserfolgen lernt man mehr als aus Erfolgen, daher sprechen bei Fuckup Nights drei bis vier Gründer in kurzen Vorträgen von 15 Minuten öffentlich über ihr Versagen, erläutern ihr Vorgehen und zeigen die Fehler darin auf. Das Publikum kann hinterher die Gelegenheit nutzen, um Fragen zu stellen oder die Geschichte zu kommentieren.

Mittlerweile werden rund um den Globus in mehr als 320 Städten aus 90 Ländern Fuckup Nights veranstaltet. Es gehört viel Mut dazu, sich auf die Bühne zu stellen und ein Tabuthema zu brechen, aber es lohnt sich, denn nur so entsteht auf Dauer eine Fehlerkultur, die ein Treiber der Digitalen Transformation sein kann!

Möchte man die Digitale Transformation meistern, ist langes Planen und Wasserfallmethodik fehl am Platz und stattdessen eine agile Herangehensweise gefragt. Denn die neuen Technologien leben eine nie da gewesene Geschwindigkeit und erwarten dasselbe von ihren Mitstreitern, die sich ebenso schnell anpassen müssen.

Statt am Ende des Projekts nach dem Fehler zu suchen, der das Projekt zum Scheitern brachte, sollte iterativ gearbeitet werden und vielmehr das Produkt denn das Projekt angepackt und dieses auch immer wieder hinterfragt und neu ausgerichtet werden – natürlich passieren hier auch Fehler, aber diese können ja sofort behoben und ein Scheitern verhindert werden.

Weil Fehler gemacht werden dürfen, haben viele Firmen das inzwischen in ihrer Unternehmenskultur explizit festgehalten und tragen so zu einer funktionierenden Fehlerkultur bei – schnellere Reaktionsfähigkeit am Markt sind die Belohnung. So eine Fehlerkultur zu fördern, ist mit „Fuckup Nights" möglich.

Foto: NEU Innovation – Fuckup Night

Durchführung

Da Sie selbst „nur" Organisator und/oder Moderator der abendlichen Veranstaltung sind, müssen Sie inhaltliche Vorbereitung der Kurzvorträge nicht übernehmen. Wohl aber das Event selbst, bei dem sie auf einige Spezifika achten sollten:

- Interne und externe Referenten ermitteln und anfragen: Wie bereits gesagt – es gehört viel Mut dazu, öffentlich über das eigene Versagen zu sprechen, also gebührt den Referenten viel Wertschätzung! Bedenken Sie das bei der Vorbereitung wie auch bei der Veranstaltung und gehen sie behutsam auf mögliche Referenten zu. Gleichwohl haben sie auch nicht nur den zeitlichen Rahmen im Auge zu behalten, sondern auch die Referenten, die womöglich stark angespannt sind und auf ihre Moderationsfähigkeiten angewiesen sind, wenn das Publikum schwierige Fragen stellt.
- Ein informeller Rahmen, in dem man nach dem Vortrag noch in gemütlicher Atmosphäre weitersprechen kann, ist von Vorteil.
- Berichten Sie über interne Medien über die Veranstaltung, ohne die Referenten bloßzustellen. Aber berichten Sie von den Fuckup Nights, um die Idee einer gelebten Fehlerkultur zu fördern.

Praxisschlaglicht

Ein Fuckup geschieht nicht nur im Rahmen einer Unternehmensgründung, sondern ist genauso vielseitig wie die Digitale Transformation selbst. Warum nicht eine Fuckup Night über Burnouts veranstalten, bei der Mitarbeitende erzählen, wie es so weit kam und was Ihnen geholfen hat?

Transformationswirksamkeit

- Wirksam für alle Transformationen

Transformationsfähigkeit

- Fördert offene Mindsets und innovative Denkhaltungen
- Sorgt für Inspiration oder bessere Inspirationsempfindlichkeit

Einsatzcharakteristik

- Austauschfokus: vornehmlich mit externen Personen
- Durchführungszeit: eher mittel (>1 Stunde bis <1 Tag)
- Einsatzfrequenz: sinnvoll im dauerhaften Einsatz
- Einsatzradius: vornehmlich im unternehmensweiten Einsatz
- Komplexität für den Moderator: eher mittel
- Komplexität für die Teilnehmer: eher mittel
- Teamgröße: Großgruppen möglich (>50 Teilnehmer)
- Teamgröße: Kleingruppe möglich (3 bis 5 Teilnehmer)
- Teamgröße: Maxigruppen möglich (20 bis 40 Teilnehmer)
- Teamgröße: Mittelgroße Teams möglich (5 bis 20 Teilnehmer)
- Vorbereitungszeit: eher mittel (>1 Stunde bis <1 Tag)

Nötiger Input, um mit der Methode arbeiten zu können

- Durchlaufenes Projekt oder Projektphasen
- Vorhandenes Wissen und Erfahrungen
- Gescheiterte Ideen und fehlgeschlagene Projekte

Erzeugter Output der Methode

- Bessere Projekteffizienz, bessere Teamperformance
- Erzeugt Listen von Chancen und Risiken
- Erzeugt Prognosen und Ableitungen
- Erzeugt Ideensuchfelder, unentdeckte Probleme, Inspiration
- Erzeugt neues Wissen und neue Erfahrungen
- Erzeugt größere Klarheit zu einem Thema
- Erzeugt transformationsfähigere Organisationen
- Erzeugt mehr Know-how-Zuwachs
- Erzeugt motiviertere und transformationsfähigere Teilnehmer
- Identifiziert vorhandene Schwachstellen
- Identifiziert vorhandene Stärken

Hinderniseffekte, auf die die Methode positiv wirkt

- 02 – Schwächt Angst vor Kritik und Zurückweisung
- 04 – Beugt blinden Flecken/Betriebsblindheit vor
- 05 – Verhindert blinden Aktionismus
- 08 – Verhindert einseitige Bewertungen und Entscheidungen
- 21 – Bindet eher introvertierte Teammitglieder mit ein
- 32 – Verhindert unreflektiertes Agieren
- 39 – Fördert die Agilität der Teilnehmer

Mögliche Extravorteile

- für agile Teams
- für innovativ erfahrene Teams

Quellen

Web – https://www.fuckupnights.com, 18.04.2021

Gallery Walk

EinSatzBeschreibung

Kreativitäts- und Moderationsmethode, mit der eine Gruppe schnelle Lösungen zu Aufgaben findet, die der Veränderungen bedürfen.

Transformation-Index

P1 Leading	P2 Organizing	P3 Connecting	P4 Growing	P5 Talking	P6 Scanning	P7 Exploiting	P8 Exploring	P9 Earning	P10 Scaling
			x			x	x		

Beschreibung

Der Gallery Walk ist eine Kreativitäts- und Moderationsmethode, mit der eine Gruppe schnelle Lösungen sowohl zu einzelnen Teilaufgaben als auch zu der übergeordneten Gesamtaufgabe findet, die der Veränderungen bedürfen. Die Aufgaben werden auf einer Gallery-Wand visualisiert, mit allen Teammitgliedern diskutiert, abgestimmt und schließlich mit Lösungen versehen.

Der Leiter des Projekts sorgt mit dem Gallery Walk für die idealen Rahmenbedingungen und einen regen Austausch, die Mitglieder eines Teilprojekts für ein Verständnis für die jeweils Aufgabe. Die Schwarmintelligenz der Gruppe trägt schließlich mit ihren unterschiedlichsten Expertisen verschiedenster Fachbereiche entscheidend zur Lösungsfindung bei.

Alle Teilnehmer verschaffen sich mit einem gemeinsamen Gallery Walk, einem Gang von einem Themen-Komplex zum nächsten, einen Überblick über die jeweiligen Probleme. In Gruppenarbeiten erarbeiten sie Lösungen, die auf einer Wand oder einer Aneinanderreihung von Flipcharts zusammengetragen werden. Im Anschluss betrachten die Teilnehmer das gesamte Werk, wobei jeweils ein Mitglied der Gruppe das Teilergebnis erläutert. Dieses wird im Anschluss von allen Beteiligten kommentiert und diskutiert.

Der Gallery Walk kann in einem fest definierten, kurzen Zeitraum wie z. B. 120 Minuten, innerhalb eines Workshops organisiert werden. Die Methode kann allerdings auch zur Lösung ganzheitlicher, komplexer Aufgabenstellungen dienen und sich über einen längeren, auch tage- oder wochenlangen Zeitraum erstecken.

Das Gehen von einer Station zur nächsten hält die Teilnehmer sowohl psychisch als auch physisch in Bewerbung und dient somit der Kreativitätsentwicklung und der aktiven Teilnahme. Die Atmosphäre ist lockerer und entspannter als an einem runden oder eckigen Tisch. Die einzelnen Stationen des Gallery Walks fügen sich schließlich zu einem Gesamtbild zusammen.

Das Ziel des Gallery Walks ist ein intensiver Wissensaustausch aus unterschiedlichen Betrachtungswinkeln sowie eine damit verbundene Analyse, um eine schnelle Lösungsfindung und positive Veränderungen zu bestehenden Problemen herbeizuführen.

Durchführung

Die Vorbereitung des Gallery Walks

Die Mitglieder aus den unterschiedlichen Fachbereichen des Unternehmens werden zu einem Team zusammengestellt, um an der Lösung an einer klar definierten Aufgabenstellung beizutragen. Dabei werden einzelne Projektgruppen organisiert, die an klar definierten Einzel-Themen arbeiten. Diese Gruppen bestimmen einen Sprecher, der ihre Ergebnisse vorträgt. Zudem wird ein Moderator des gesamten Gallery Walks ernannt, der an den einzelnen Diskussionen nicht teilnimmt, aber durch die Teilnahme an allen Phasen einen Expertenstatus erlangt – welches er bei der finalen Lösungsfindung einbringt. Eine für alle Teilnehmer stets zugängliche Wand wird ausgewählt, auf der die einzelnen Themen der Galerie visualisiert werden. Hierzu stehen Materialien wie Edding, Moderatorenkarten und Nadeln bereit. Der Moderator legt die Zeitfenster zur Gruppenbearbeitung fest und sorgt für eine transparente Kommunikation.

Der erste Gallery Walk: die Präsentation der Aufgaben

Der Moderator führt die Gruppen durch die einzelnen Themen entlang der Gallery. Je nach Anzahl, laufen alle Teilnehmer gemeinsam der Wand entlang, oder sie erkunden diese als Einzelgruppe. Jedes Thema wird durch ein solches Team vertreten, und deren Sprecher erläutert die Aufgabenstellung. Meinungsaustausche und Diskussionen zu den Aufgaben und Problemen sind nicht nur gestattet, sondern vielmehr erwünscht.

Themenspezifische Gruppenarbeiten

Die Gruppen arbeiten nun erste Lösungen zu ihrer jeweiligen Aufgabe aus. Die Mitglieder unterschiedlichster Fachbereiche diskutieren ihre Ansätze, recherchieren, zum Beispiel im Internet, und formulieren schließlich ein Ergebnis.

Gestaltung der Galerien/Präsentationen

Die Lösungen der Aufgaben visualisieren die Teams auf der Galeriewand. dazu nutzen Sie die bereitgestellten Materialien, die sie zudem mit eigenen Medien und Formaten wie Analysen, Kommentaren, Zeichnungen, Poster oder Zeitungausschnitte ergänzen können.

Der zweite Gallery Walk: die Präsentation der Lösungsansätze

Die gesamte Gruppe begibt sich dann auf den zweiten Gallery Walk. Jede Arbeitsgruppe stellt nun ihre Ergebnisse aus der Gruppenphase vor. Fragen und Meinungen sind auch hier gewünscht und werden vom Moderator aktiv eingeholt. Der Austausch aller Beteiligten wird so bestmöglich aktiviert und gefördert. Nun wird ein Galeriebild nach dem anderen von den Teilnehmern erkundet. Reaktionen, Fragen, und die dazugehörigen Antworten notiert der Moderator auf entsprechenden Posts und haftet sie auf die jeweilige Galerie.

Komplexere Problemlösungen

Wie bereits erwähnt, kann der Gallery Walk auch über einen längeren Zeitraum durchgeführt werden. Dies macht insbesondere bei komplexen Probleme Sinn. Die Arbeitsgruppen gehen hierbei in sogenannte SWATS auf, einzelne Spezialeinheiten zur Lösung eben dieser Aufgaben. Zeitraum und Frequenz der Zusammenkünfte werden individuell definiert und von dem Moderator gesteuert, dem nun eine intensivere Aufgabe zukommt.

Ergebnis

Am Ende des Gallery Walks fügt die Gruppe ihre Teilergebnisse zu einem Gesamtbild zusammen, der Moderator präsentiert das finale Werk. Um eine schnellstmögliche Umsetzung zu realisieren, werden die Teilschritte zur Lösung priorisiert und mit einem Zeitplan versehen.

Praxisschlaglicht

In unserem Telekommunikationskonzern galt es eine Aufgabe zu bewältigen, die klar formuliert und gleichermaßen komplex war: Vertragsverlängerungen unserer Kunden sollen mit einer klaren Zielquote online abgeschlossen werden. Es gelang uns einfach nicht, die erforderlichen Vertriebsziele zu erfüllen, sodass wir schließlich das Problem mit einem Gallery Walk angingen.

Der SWAT, den wir hierzu nominierten, definierte sämtliche Berührungspunkte, auf die unser Unternehmen auf dem Weg zu einer Vertragsverlängerung mit unseren Kunden stieß – die sogenannte „Customer Journey".

Die jeweiligen Teams analysierten diese Touchpoints im Detail und formulierten die Lösungen der Probleme, die jeweils zu einem Abbruch einer möglichen Vertragsverlängerung führte. Die Ergebnisse präsentierte sie dann auf dem Gallery Walk der ganzen Gruppe, die wiederum weitere Aspekte zur Problemlösung beitrug. Im Ergebnis gelang es dem Team innerhalb kürzester Zeit, eine herausragende Steigerung der Abschlüsse zu erzielen.

Der Gallery Walks trug zur Motivation des Teams und der interdisziplinären Zusammenarbeit in der Hauptabteilung bei, sodass nunmehr die agile Methode bei den unterschiedlichsten Aufgabenstellungen angewendet wird.

Transformationswirksamkeit

- Wirksam für Herausforderungen mit mittlerer Komplexität
- Wirksam für Designtransformationen
- Wirksam für Marketingtransformationen
- Wirksam für Produkttransformationen
- Wirksam für Prozesstransformationen
- Wirksam für Servicetransformationen

Transformationsfähigkeit

- Fördert die Teamkreativität
- Fördert die allgemeine Transformationsfähigkeit des Teams
- Fördert offene Mindsets und innovative Denkhaltungen
- Sorgt für Inspiration oder bessere Inspirationsempfindlichkeit
- Zahlt auf eine bessere Vorstellungskraft ein
- Zahlt auf eine bessere Wahrnehmung ein

Einsatzcharakteristik

- Austauschfokus: vornehmlich mit internen und externen Personen
- Durchführungszeit: eher mittel (>1 Stunde bis <1 Tag)
- Einsatzfrequenz: vornehmlich über im kompletten Projektzeitraum
- Einsatzradius: vornehmlich im Teameinsatz
- Komplexität für den Moderator: eher mittel
- Komplexität für die Teilnehmer: eher mittel
- Teamgröße: Maxigruppen möglich (20 bis 40 Teilnehmer)
- Vorbereitungszeit: eher mittel (>1 Stunde bis <1 Tag

Nötiger Input, um mit der Methode arbeiten zu können

- Aktuell existierende Geschäftsmodelle
- Aktuell existierende Produkte und Services
- Aktuelle Herausforderung, Leitfrage, Problem
- Existierende Prozesse und Verfahren

Erzeugter Output der Methode

- Bessere Projekteffizienz, bessere Teamperformance
- Erzeugt Listen von Chancen und Risiken
- Erzeugt Ideen für neue Märkte und neue Business Modelle
- Erzeugt Ideen, Lösungsansätze, Vorideen, Möglichkeiten
- Erzeugt Ideensuchfelder, unentdeckte Probleme, Inspiration
- Erzeugt neues Wissen und neue Erfahrungen
- Erzeugt spezifischere Leitfragen, Ideen und Aussagen
- Erzeugt größere Klarheit zu einem Thema
- Erzeugt mehr Hintergrundinformationen
- Erzeugt mehr Know-how-Zuwachs
- Hilft bei Entscheidungen, Bewertungen und Feedback

Hinderniseffekte, auf die die Methode positiv wirkt

- 04 – Beugt blinden Flecken/Betriebsblindheit vor
- 11 – Schärft eine fehlende gemeinsame Ausrichtung
- 13 – Schafft für den Erfolg nötige Realitätsbezüge
- 16 – Beugt Misinterpretationen vor
- 18 – Bewahrt vor zu generischen Ideen und Aussagen
- 20 – Verhindert Ideenfindung mit zu schwacher Erkenntnisgrundlage
- 25 – Schwächt multidisziplinäre Reibungsverluste
- 32 – Verhindert unreflektiertes Agieren
- 36 – Schafft schnell Klarheit und beschleunigt Erkenntnisgewinn

Mögliche Extravorteile

- für Teams mit einem starkem Auftragsmandat
- für disruptiv erfahrene Teams
- für agile Teams
- für innovativ erfahrene Teams
- Teams
- für multidisziplinär erfahrene Teams

Quellen

Web – https://www.futurebirds.de/post/von-kunstwerk-zu-kunstwerk-der-weg-in-eine-diskussionsarme-arbeitsatmosphaere-1, 10. November 2021

Web – https://www.kraus-und-partner.de/wissen-und-co/wiki/gallery-walk, 10. November 2021

91

Gamification

EinSatzBeschreibung

Spielerische Wissens- und Erfahrungsvermittlung für Teams in einer Transformation.

Transformation-Index

P1 Leading	P2 Organizing	P3 Connecting	P4 Growing	P5 Talking	P6 Scanning	P7 Exploiting	P8 Exploring	P9 Earning	P10 Scaling
			x				x		

Beschreibung

Gamification ist eine spielerische Wissensvermittlung, durch die Sie Inhalte und Aufgaben auf innovative Art und Weise transportieren. Mit den spieletypischen, unterhaltsamen Mechanismen vermittelt die Methode Informationen und vielfältige weitere Zusammenhänge. Ziele sind Wissensanreicherung sowie Motivation und Verhaltensänderungen für die unterschiedlichsten Zielgruppen.

Gamification ist abgeleitet aus den dem englischen: „Game" – „das Spiel". Zu den spieltypischen Elementen zählen, neben der Bewältigung von Aufgaben durch individuelle oder kollaborative Leistungen, Regeln, Punkte, Preise und Vergleiche.

Die Werbebranche nutzte Gamification zuerst für ihre Zwecke. Durch den großen Erfolg setzte sich die Methode in vielen Bereichen durch, in denen ein kurzweiliges Infotainment zielführend ist. So wird Gamification heute zum Beispiel beim Online-Shopping, in der Fitness-Branche und im Bildungssektor eingesetzt. Der Erfolg beruht in erster Linie auf den Spieltrieb des Menschen, da die spielerischen Erlebnisse positive Emotionen auslösen. Die digitalen Komponenten verstärken diesen Effekt, da die Belohnung, oft in Form von Punkten und positiven Rankings, unmittelbar erfolgt. Gamification findet zumeist auf digitalen Kanälen per Smartphone, Notebook oder PC statt, jedoch kann die Methode auch in klassischen Formen angewendet werden. Agile Management-Methoden nutzen zwecks kreativer Ideenfindung ebenfalls Gamification.

Gamification wird auch häufig im Bereich der Schulung und Motivation von Mitarbeitern eingesetzt. Hat man erst einmal seine Ausbildung oder sein Studium vollendet, ist eine kontinuierliche Weiterbildung nicht selbstverständlich, gleichwohl ist Wissenserweiterung in einer sich immer schneller digital transformierend Welt zwingend notwendig. Die Belohnungssysteme von Gamification motivieren Mitarbeiter zu einer Teilnahme an solchen Bildungsmaßnahmen. Im Vertrieb bildet der oft integrierte Wettbewerbscharakter ein Anreiz, sich mit den Kollegen zu „challengen": Ranglisten spiegeln Verkaufserfolge wider und steigern den Konkurrenzkampf. Jeder möchte gewinnen und seine Belohnung erhalten. Dieses ist zugleich der Grund, warum Personalführung und Betriebsräte an der Planung von Gamification-Anwendungen teilhaben müssen – die Ergebnisse sind messbar und durch die digitalen Anwendungen auch direkt dem einzelnen Anwender zuzuordnen.

Durchführung

1. Zielsetzung

Vom Wissens-Know-how über Motivation-Steigerung bis hin zur Kundenbindung und Launch von Produkten: Sie können mit Gamification die unterschiedlichsten Zielsetzungen verfolgen. Wichtig ist: Formulieren sie Ihre Ziele einfach. Kommunizieren Sie diese nicht einmalig und nutzen Sie vielfältige Kommunikationsformen. Binden Sie also das „Spiel" in den Arbeitsalltag Ihrer Mitarbeiter oder in der „Customer Journey" Ihrer Kunden ein. Am Ende Ihrer Gamification-Methode sollten zum Beispiel Zielerreichungen wie Steigerungen der Qualifikationen oder der Umsätze stehen.

2. Die Teilnehmer

Teilnehmer sind entweder geschlossene Benutzergruppen, wie zum Beispiel eine Vertriebsmannschaft, die ihre Verkaufserfolge im direkten Vergleich untereinander messen. Sie können den Kreis der Mitspieler auch völlig offen und unlimitiert gestalten – insbesondere dann, wenn es sich um Endkunden zum Zwecke der Bewerbung von Produkten oder Ihres Unternehmens handelt. Gestalten Sie Ihre Gamification digital, so erhöhen „Avatare" den Spaß für die Spieler.

3. Die Spielregeln

Gestalten Sie Ihre Spielregeln möglichst einfach. Sie müssen leicht zu verstehen und strukturiert sein, sodass die Spieler das Regelwerk schnell verstehen und direkt loslegen können. Zu komplexe Zusammenhänge sorgen für Ablehnung und eine geringe Teilnehmerzahl.

4. Spielsystem

Idealerweise setzen Sie digitale Medien und Endgeräte für Ihre Gamification-Anwendungen ein. Ihre Zielgruppen nutzen meist schon Smartphone, Tablets oder Computer, was die Akzeptanz steigert. Am besten ist es, wenn die Anwendungen möglichst auf allen Geräten lauffähig sind. Apps oder mobile Internetseiten sind hier die idealen Kanäle zur Ausspielung des Erlebnisses. Natürlich stehen Ihnen darüber hinaus auch traditionelle Spielformen zur Verfügung, wobei in solchen Fällen die Anzahl der teilnehmenden Spieler eher limitiert ist.

5. Das Spiel

Sie können die Art des Spiels völlig frei gestalten, der unterhaltende Charakter sollte jedoch keine zu geringe Rolle im Verhältnis zum eigentlichen Ziel spielen. Je mehr Gamification Spaß bereitet, desto höher ist die Akzeptanz. Im Laufe der Anwendung sollte das Spiellevel schwerer werden und so für ein spannendes Erlebnis sorgen. Der Lerneffekt sollte dazu beitragen, dass die Aufgaben zunehmend besser gelöst werden.

Grafik: Anja Faber

6. Bewertung

Vergeben Sie für erfolgreich absolvierte Aufgaben Punkte. Untergliedern Sie die Aufgaben in Teilprojekte, sodass die Motivation aufrecht erhalten bleibt. Erstellen Sie auf dieser Basis Ranglisten, um den Wettbewerbscharakter hervorzuheben – der Reiz des Spiels zeichnet sich durch das Gewinnen und Verlieren aus. Für erfolgreich abgeschlossene Aufgaben oder eine hohe Anzahl an Verkäufen klettern Ihre Mitarbeiter oder Ihre Kunden in der Rangliste nach oben. Wichtig ist, dass die Belohnung unmittelbar, fair und transparent erfolgt und zudem klar kommuniziert wird.

7. Preise

Sie können reale oder virtuelle Preise zur Belohnung und Motivationssteigerung an die Mitspieler vergeben: Beides motiviert. Im Falle virtueller Preisen setzen Sie Punkte, Smileys, Urkunden oder sonstige digitale Elemente ein. Die erzielten Punkte können Sie darüber hinaus in reale Preise wandeln, wie zum Beispiel Sachpreise, Vergünstigungen, Urlaubstage oder Gutscheine. Wichtig ist in diesem Fall, dass die Gleichbehandlung Ihrer Mitarbeiter gewährleistet ist, alle die gleichen Chancen haben und die Preisverteilung fair und nachvollziehbar erfolgt.

Praxis Schlaglicht

Ob neue Tarife, Smartphones oder Serviceleistungen: In der Telekommunikationsbranche sind die Produkt-Lebenszyklen oft von geringer Dauer, Innovation erfolgt auf Innovation. Umso wichtiger war es uns, dass unsere Mitarbeiter optimal geschult wurden. Kunden informieren sich im Internet vor dem Einkaufserlebnis, insofern muss der Verkäufer einen Informationsvorsprung haben. Gamification von Lerninhalten ist ein optimales Instrument, um das Team für die Kundengespräche entsprechend fit zu machen.

Um diese kontinuierliche Weiterbildung zu unterstützen und das Team zu motivieren und sich fortzubilden, riefen wir eine „Performance Academy" ins Leben, dass ein umfassendes Trainingsangebot beinhaltet. In diesem realen als auch digitalen Bildungssystems wurde die Gamification Methode gewählt. Sowohl interne als auch externe Vertriebsmitarbeiter von Franchise-Nehmer bis Handelspartner wählen ihre gewünschten Lerninhalte, durchlaufen die Programme und werden durch ein Punktsystem und Auszeichnungen wie Urkunden für die Teilnahme belohnt. Als Avatar setzten wir in einer Gamification-Serie als Sponsor der Formel 1-Rennwagen ein, auf dem Weg zum Erfolg visualisierten wir das Punkteranking mit Rennsportmotiven. Für interne Mitarbeiter war die regelmäßige Teilnahme Pflicht, jedoch stand die intrinsische Motivation im Vordergrund. Für die externen Teilnehmer war die Zertifizierung zum „Exzellent Partner" ein starker Grund, an dem Programm teilzunehmen.

> Um sich kontinuierlich fortzubilden, muss der „innere Schweinehund" immer wieder aufs Neue überwunden werden. Gamification hilft, dass der Spaßfaktor dabei nicht zu kurz kommt und die Motivation steigt.

Transformationswirksamkeit

- Wirksam für Herausforderungen mit niedriger Komplexität
- Wirksam für Produkttransformationen
- Wirksam für Prozesstransformationen
- Wirksam für Servicetransformationen

Transformationsfähigkeit

- Fördert die Agilität eines Teams
- Fördert die allgemeine Transformationsfähigkeit des Teams
- Sorgt für Inspiration oder bessere Inspirationsempfindlichkeit
- Zahlt auf eine bessere Vorstellungskraft ein

Einsatzcharakteristik

- Austauschfokus: vornehmlich mit internen und externen Personen
- Durchführungszeit: eher gering (< 1 Stunde)
- Einsatzfrequenz: sinnvoll im dauerhaften Einsatz
- Einsatzradius: vornehmlich im unternehmensweiten Einsatz
- Komplexität für den Moderator: eher hoch
- Komplexität für die Teilnehmer: eher gering
- Teamgröße: Einzelpersonennutzung möglich
- möglich (20 bis 40 Teilnehmer)
- Teamgröße: Mittelgroße Teams möglich (5 bis 20 Teilnehmer)

Nötiger Input, um mit der Methode arbeiten zu können

- Aktuell existierende Produkte und Services
- Durchführungszeit, Trainingszeit
- Ideen, Lösungsansätze, Vorideen, Varianten
- Produktmerkmale, Skizzen, Eigenschaften
- Ziele, Zielsystem, Kennzahlen

Erzeugter Output der Methode

- Bessere Projekteffizienz, bessere Teamperformance
- Erzeugt neues Wissen und neue Erfahrungen
- Erzeugt größere Klarheit zu einem Thema
- Erzeugt mehr Hintergrundinformationen
- Erzeugt mehr Know-how-Zuwachs
- Erzeugt motiviertere und transformationsfähigere Teilnehmer

Hinderniseffekte, auf die die Methode positiv wirkt

- 04 – Beugt blinden Flecken/Betriebsblindheit vor
- 36 – Schafft schnell Klarheit und beschleunigt Erkenntnisgewinn

Quellen

Buch – Gamify: How Gamification Motivates People to Do Extraordinary Things, Brian Burke, 2014

Web – https://wirtschaftslexikon.gabler.de/definition/gamification-53874, 13. Mai 2021

Mögliche Extravorteile

- für die Arbeit mit digitalen Kollaborationsboards

Grafik: verrocchio Mindset-Card – Illustration: Jennifer Weiss

Gantt einfach

EinSatzBeschreibung

Tipps und Tricks für den Einsatz von klassischen Gantt-Charts in digitalen Transformationsprojekten.

Transformation-Index

P1 Leading	P2 Organizing	P3 Connecting	P4 Growing	P5 Talking	P6 Scanning	P7 Exploiting	P8 Exploring	P9 Earning	P10 Scaling
x	x					x	x		

Beschreibung

Gantt-Pläne sind Balkendiagramme, die auf der zeitlichen Schiene die Abläufe in einem Projekt visualisieren. Sie lassen sich mit vielfältigen Informationen anreichern, zum Bespiel operativen Zuständigkeiten, finanziellen und kapazitiven Ressourcen oder Abhängigkeiten zu Vorgängern und Nachfolgern.

Gemäß der Wasserfall-Methode werden Arbeitsschritte als Balken zwischen einem Start- und Enddatum abgebildet und in eine chronologische Abfolge gebracht. Beispielhaft, für die Umsetzung einer Website: Erst kommt das Design, danach Entwicklung und Testing, zum Schluss folgt der Go Live.

Als Übergangsschritte zwischen den Projektphasen dienen Milestones, zum Beispiel für Freigaben oder Entscheidungs-Meetings. Im Projektmanagement gehören Gantt-Pläne damit zu den klassischen Methoden, schließlich sind sie schon seit dem frühen 20. Jahrhundert im Einsatz.

Wieso ist der klassische Gantt-Plan hier als Transformations-Methode aufgenommen? Weil er Elemente enthält, die sich auch für den Einsatz in Transformations-Projekten äußerst sinnvoll anbieten. In der Abstraktion auf diese wesentlichen Elemente hilft der Gantt-Plan Transformations-Teams dabei, Strukturen festzuhalten, Abhängigkeiten abzubilden oder die Umsetzung einzelner Arbeitspakete durchzusteuern.

Und: Man kann ihn digital oft aus Daten erstellen, die man eh schon zur Verfügung hat. Insbesondere in der frühen Projektphase, wenn alles noch sehr strubbelig erscheint, bietet ein Gantt-Plan Orientierung und bringt Ruhe ins Team. Er kann auch Zweifler überzeugen und Personen ins Boot holen, die eher klassische Projekte gewöhnt sind und der Transformation (noch) nicht vertrauen. Mit digitalen Tools, z. B. Smartsheet, kann der Gantt-Plan sogar gemeinsam bearbeitet und geteilt oder für das Management als Link zur Verfügung gestellt werden.

Durchführung

Diese Dos und Don'ts bieten eine Leitschnur, um Gantt-Pläne einfach und effizient für digitale Transformations-Projekte einsetzbar zu machen. Grundsätzlich können die Elemente natürlich je nach Projekt ganz individuell zusammengesetzt werden. Alles kann – nichts muss!

Dos: Welche Elemente des klassischen Gantt-Plans sind für Transformations-Projekte eher förderlich?

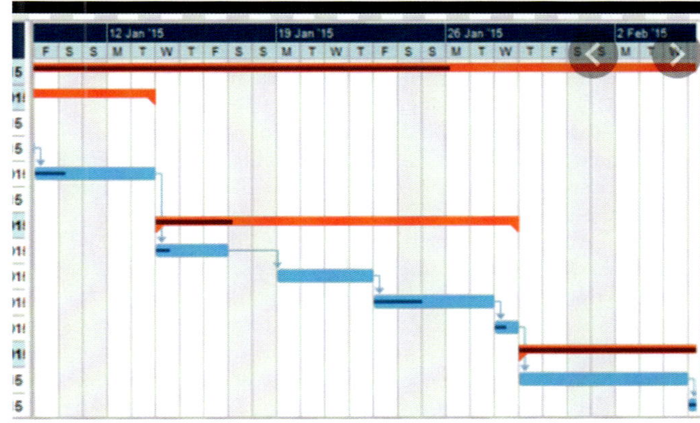

Grafik: Stephanie Bretz – Screenshot Gantt-Diagramm

- Klare und einfache Struktur abbilden: Das ist die wichtigste Faustregel. Der Plan soll die übergreifenden benötigten Arbeitsschritte in der verfügbaren Zeit visualisieren. Lassen sich Aufgabenpakete zusammenschnüren? Können die Aufgaben in einzelnen Projektsträngen erfasst werden?
- Abhängigkeiten zwischen unterschiedlichen Projektsträngen und übergeordneten Milestones für das ganze Projekt aufzeigen: Was muss erledigt sein, damit andere Aufgaben starten können? Welche übergreifenden Entscheidungstermine stehen ggf. an? Wo werden Freigaben benötigt, bevor etwas umgesetzt werden kann? Hier ergeben sich oft neue Erkenntnisse für das Zusammenspiel in größeren und komplexeren Projekten.
- Von hinten nach vorn arbeiten: Mit umgekehrten Vorgänger-Beziehungen lässt sich pragmatisch abbilden, welche Vorläufe zum Beispiel für Tests, Freigaben oder Marketing-Planung zur Verfügung stehen müssen. Das Team weiß dann genau, wann diese Aufgaben beginnen müssen. Sehr hilfreiche Kommunikation, um die Aufgabenflut am Projektstart zu bändigen: „Nicht heute, nicht morgen, aber an Tag X müssen wir damit beginnen."
- Auf vorhandene Daten setzen: Wenn es bereits definierte Aufgaben, Tickets oder To-do-Listen gibt, sind diese ein idealer Ausgangspunkt für den Gantt-Plan. Die Tools haben in der Regel eine Import-Funktion, mit der man zum Beispiel Daten aus Excel verarbeiten kann. Im Gantt-Tool können sie dann angereichert und dynamisch dargestellt werden. Leitfragen zur Orientierungshilfe: Ist dies ein längerer Prozess (Balken) oder ein Abgabe-Datum (Milestone)? Gibt es Dinge, die vorher erledigt sein müssen (Vorgänger) oder die unmittelbar daraus folgen (Nachfolger)? Gibt es einen fix gesetzten Abgabetermin oder Marketingstart (Planung von hinten nach vorn), oder soll sich dieser aus den Tätigkeiten ergeben (Planung von vorn nach hinten)? Gibt es Urlaube, Ferien oder System-Freezes, in denen mit einem

langsameren Fortschritt im Projekt zu rechnen ist (im Plan zum Beispiel farblich hervorheben oder blocken)? So sind die ersten Fixpunkte gesetzt, um die herum sich der Plan aufbauen lässt. Möchte man ein Tool nutzen, um einen Gantt-Plan automatisch als Visualisierung aus bestehenden Aufgaben-Listen zu erzeugen, sollte man grundsätzlich beachten, dass sich für die Aufgaben im Tool ein Start- und Enddatum definieren lassen (zum Beispiel bei Trello oder Asana). Vorsicht: Bei kleinteilig gepflegten Aufgabenlisten wird der Gantt-Plan dann wieder unübersichtlich.

- Den Gantt-Plan gemeinsam mit dem Team bzw. für das Team erstellen und regelmäßig nutzen: Milestones oder Fertigstellungstermine mit dem Team gemeinsam verabschieden und für das Task-Tracking übertragen (zum Beispiel in ein digitales Ticket-Tool). Dies stärkt die Owner-Rolle und Verbindlichkeit im Projekt. Den Plan sollte man regelmäßig im Team gemeinsam betrachten, zum Beispiel immer zum Start oder Ende eines regelmäßigen Projekt-Updates. So festigt sich auch vor dem inneren Auge der Blick auf den aktuellen Stand, kritische Deadlines werden sichtbar, übergreifende Zusammenhänge bleiben für die operative Projektarbeit im Gedächtnis.
- Offen über nicht eingehaltene Meilensteine sprechen: Was sind die Konsequenzen? Verschiebt sich etwas anderes? Gibt es einen Puffer? Nicht im Sinne einer Schuldzuweisung, sondern mit Bezug auf die Fertigstellung des Projektes im Team. Dies schafft Verbindlichkeit für die Projektleitung und Owner und fördert einen Austausch auf Augenhöhe mit allen Projekt-Mitgliedern.
- Zuständigkeiten klar definieren: Wer pflegt den Projektplan? Es sind unterschiedliche Konstellationen denkbar: Bei einer Transformation mit mehreren Product Ownern oder Teilprojekten können zum Beispiel diese selbst für ihren Bereich den Plan pflegen. Oder die Aufgabe liegt beim übergreifenden Projektmanagement. Wichtig ist, dass alle wissen, wer wofür verantwortlich ist.
- Digitale Tools mit Share-Funktion nutzen: Zum Beispiel mit Smartsheet lässt sich eine URL erzeugen, unter der der Gantt-Plan auch extern und ohne Login-Daten oder Lizenz einsehbar ist. Sehr praktisch zum Beispiel, um dem Management einen schnellen Blick auf den Status zu geben.

Don'ts: Welche Elemente des klassischen Gantt-Plans sind für Transformations-Projekte eher hinderlich?

- Zu große Komplexität: Das Motto der Methode ist „Gantt einfach": Es sollten nur die wichtigsten Abläufe, Abhängigkeiten und Milestones eingetragen werden. Zum Beispiel, um eine ganz konkrete Frage zu beantworten: Wann werden wir fertig? Wann müssen wir die Media-Buchung verbindlich abgeben? Wie viel Vorlauf haben wir für das Abnahme-Testing (etc.)?
- Ressourcen-Planung mit Gantt: Verkompliziert den „Gantt einfach"-Blick und ist daher hier nicht empfehlenswert.
- Kleine Kaskaden bzw. zu kleinteilige Abfolgen: Dies möglichst vermeiden. Zum einen verstärken diese die Intensität in einem Projekt, denn je kleiner die Kaskaden, desto stressiger wird es. Zum anderen soll ja bewusst ein abstrakter, übergreifender Blick geschärft werden.
- Nicht die Fleißarbeit scheuen, die die Erstellung eines Gantt-Plans insbesondere für komplexe Projekte erfordert – es lohnt sich in der Regel ☺.

Zur Durchführung

Man kann zur Erstellung des Gantt-Plans mit digitalen Tools arbeiten oder ein großes Poster vorbereiten und die Balken gemeinsam einzeichnen. Es empfiehlt sich dabei, mit Post-Ist oder vorbereiteten Schablonen die Milestones bzw. Start- und Enddaten zu markieren. Diese können in der Erarbeitung noch flexibel verschoben werden. Ganz zum Schluss werden dann die Balken eingezeichnet.

Fun Fact: Das Gantt-Diagramm ist tatsächlich nach seinem Entwickler, Henry L. Gantt (1861-1919), benannt. Seinen ursprünglichen Einsatz im Projektmanagement fand es bezeichnenderweise im Brückenbau.

Transformationswirksamkeit

- Wirksam für alle Transformationen

Transformationsfähigkeit

- Fördert die Agilität eines Teams
- Zahlt auf eine bessere Wahrnehmung ein

Einsatzcharakteristik

- Austauschfokus: vornehmlich mit internen Personen
- Einsatzfrequenz: sinnvoll im dauerhaften Einsatz
- Komplexität für den Moderator: eher mittel
- Komplexität für die Teilnehmer: eher gering
- Teamgröße: Einzelpersonennutzung möglich
- Teamgröße: Großgruppen möglich (>50 Teilnehmer)
- Teamgröße: Kleingruppe möglich (3 bis 5 Teilnehmer)
- Teamgröße: Maxigruppen möglich (20 bis 40 Teilnehmer)
- Teamgröße: Mittelgroße Teams möglich (5 bis 20 Teilnehmer)
- Vorbereitungszeit: eher gering (<1 Stunde)

Nötiger Input, um mit der Methode arbeiten zu können

- Beteiligte Personen mit Tätigkeiten und Aufgaben
- Ideen und Projekte die zur Umsetzung anstehen
- Zeitlicher Rahmen für das Projekt, Deadlines

Erzeugter Output der Methode

- Bessere Projekteffizienz, bessere Teamperformance
- Erzeugt Prognosen und Ableitungen
- Erzeugt Planungen und Priorisierungen
- Erzeugt definierte Zielkorridore
- Erzeugt größere Klarheit zu einem Thema
- Erzeugt mehr Agilität im Team
- Erzeugt segmentierte, kategorisierte, geclusterte Daten
- Hilft bei Entscheidungen, Bewertungen und Feedback
- Identifiziert vorhandene Schwachstellen
- Identifiziert vorhandene Stärken
- Macht Wirkzusammenhänge sichtbar

Hinderniseffekte, auf die die Methode positiv wirkt

- 04 – Beugt blinden Flecken/Betriebsblindheit vor
- 13 – Schafft für den Erfolg nötige Realitätsbezüge
- 16 – Beugt Misinterpretationen vor
- 36 – Schafft schnell Klarheit und beschleunigt Erkenntnisgewinn
- 39 – Fördert die Agilität der Teilnehmer
- 42 – Überzeugt strukturliebende Teammitglieder

Mögliche Extravorteile

- für Teams mit einer konservativen, tradierten Kultur

Quellen

Person – Stephanie Bretz, stephanie.bretz@masterplan.academy

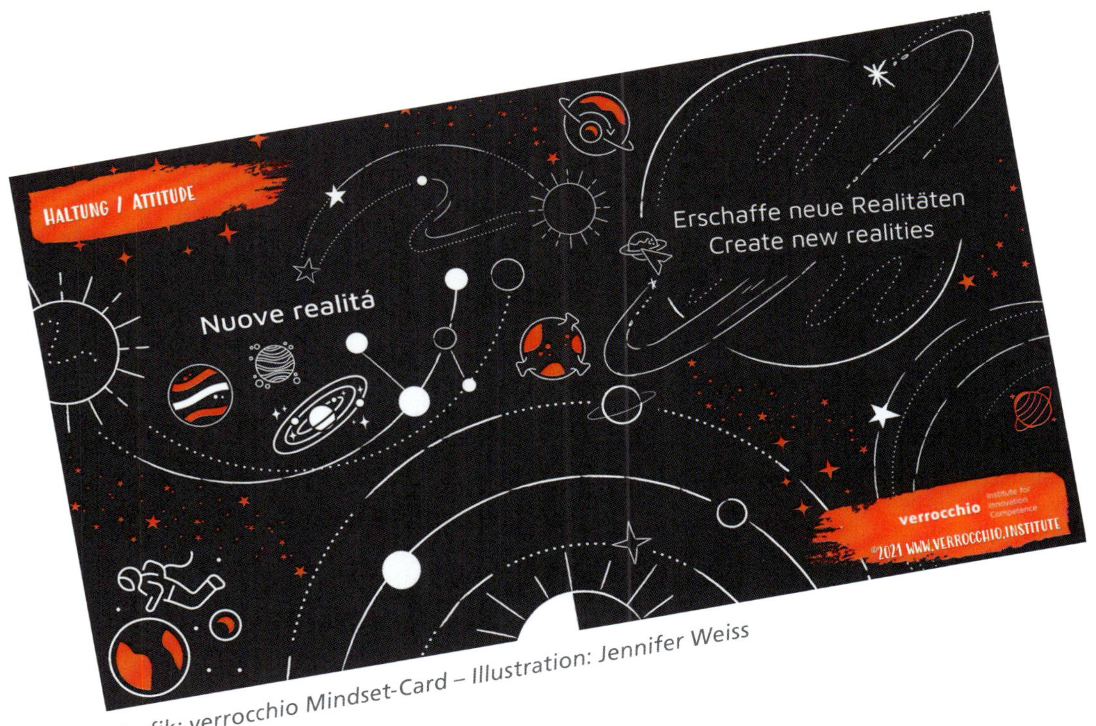

Grafik: verrocchio Mindset-Card – Illustration: Jennifer Weiss

93

Gehirnjogging mit Online-Quiz

EinSatzBeschreibung

Methode zur Gamifizierung mit digitalen Quiz-Tools.

Transformation-Index

P1 Leading	P2 Organizing	P3 Connecting	P4 Growing	P5 Talking	P6 Scanning	P7 Exploiting	P8 Exploring	P9 Earning	P10 Scaling
x	x	x	x	x	x	x	x	x	x

Beschreibung

Mit E-Learning Tools lassen sich, neben anderen Funktionen, Fragen-Sets anlegen, die interaktiv von einer Projektgruppe über die eigenen digitalen Geräte beantwortet werden können. In der Regel können zum Beispiel Multiple-Choice- oder Wahr-/Falsch-Fragen erstellt werden, die das Team in einer Online-Session beantwortet. Auch ein Puzzle-Quiz ist möglich; hier müssen vier Antworten in die richtige Reihenfolge gebracht werden. Außerdem gibt es Tools, die ein Umfrage-Template anbieten. Dies ist zum Beispiel sinnvoll einsetzbar, um über Varianten abzustimmen. Die Antwortmöglichkeiten müssen hier vorab vorgegeben werden. Über zusätzliche Slides lassen sich in der Regel ergänzende Informationen in das Quiz einfügen.

Mit dem Einsatz solcher digitaler Quiz lässt sich die Arbeit in Transformationsprojekten also gamifizieren. Insbesondere zur Auflockerung vor langen Konzentrationsphasen ist dies sehr sinnvoll. Je nach Quiz-Typ kann man das Team über ein solches Gehirnjogging ein offenes Mindset bringen und gerade bei remote arbeitenden Teams durch den Aufbruch der starren Moderator-Zuschauer Perspektive die Interaktion stärken. An Tagen mit aufeinanderfolgenden Video-Konferenzen beugt eine kurze spielerische Gehirnjogging-Session auch der Ermüdung vor. Man kann mit dem Einsatz des Online-Quiz natürlich auch spielerisch Wissen über das Projekt vermitteln, indem man fach- oder projektbezogene Themen einfließen lässt.

Durchführung

Vor dem Spiel muss das Quiz in dem jeweiligen Online-Tool vorbereitet werden. Dies ist recht unkompliziert und intuitiv, erfordert allerdings je nach Thema und Umfang eine entsprechende Bearbeitungs-Zeit, was bei der Vorbereitung logischerweise zu bedenken ist.

Das fertige Quiz wird im Einsatz mit dem Team in der Regel über die Quiz-Website von der Moderatorin gestartet. Auf dem Bildschirm der Moderatorin werden die Fragen dargestellt, die Teilnehmer wählen über die eigenen digitalen Endgeräte (Laptop oder Smartphone) im Browser ihre Antworten. Dazu wird von einigen Tools zum Beispiel ein Quiz-spezifischer Code generiert, den die Mitspielenden auf ihren Geräten zunächst eingeben. Die Moderatorin teilt für die Durchführung ihren Bildschirm mit der Gruppe, entweder über einen Beamer oder Screen oder, bei Remote-Teams, über das Screensharing. So ist zu Beginn der Code für alle sichtbar, danach kann die Gruppe den Fragen auf dem geteilten Screen folgen. Man sollte idealerweise grundsätzlich darauf achten, dass das gerade laufende Quiz nur für die jeweilige Gruppe zugänglich ist.

Je nach Schnelligkeit und richtiger oder falscher Beantwortung der Fragen werden im Quiz automatisch Punkte vergeben. Die teilnehmenden Personen werden darüber auf ihren eigenen Geräten benachrichtigt, während das Quiz läuft, auf dem Moderations-Screen sieht man in regelmäßigen Abständen den Zwischenstand. All dies läuft also sehr interaktiv, die Teilnehmenden sehen sofort, wer die Punkteliste anführt, wie viele Antworten je Frage richtig oder falsch waren usw. Nach der letzten Frage wird automatisch ein Gewinner oder eine Gewinnerin ermittelt.

Tipps und Tricks

Timer: Man sollte dem Team nicht zu viel Zeit für die Beantwortung der einzelnen Fragen lassen (Quiz zieht sich in die Länge), zu wenig aber auch nicht (Frust-Gefahr). Bewährt hat sich eine Dauer von 20 Sekunden für Multiple-Choice-Fragen.

Double Points: Einzelne Fragen lassen sich mit doppelter Punktzahl belegen. Dies wird im Quiz-Interface dann auch extra hervorgehoben. Es bietet sich also an, ein paar dieser Fragen einzustreuen, um die Dynamik zu erhöhen.

Fragen-Bibliothek: Für das Erstellen von Quizzes bieten manche Tools eine große Fragen-Datenbank. Gerade zu Bereichen des Allgemeinwissens kann man sich hier gut bedienen. Es kann auch hilfreich sein, die Suchbegriffe auf englisch einzugeben, da hier manchmal mehr Content zur Verfügung steht. Allerdings sollte man immer eine Qualitätskontrolle machen und die Fragen nicht einfach „blind“ übernehmen.

Privater/öffentlicher Modus: Quiz-Fragen, die selbst erstellt werden, fließen bei einigen Tools per se in die globale Fragen-Datenbank mit ein. Allerdings kann man ein erstelltes Quiz auch als privat kennzeichnen. Wenn man also Interna in die Fragen einbaut, sollte man dies dringend bedenken bzw. überprüfen.

Schwierigkeitslevel: Die Fragen sollten nicht zu komplex formuliert sein, damit alle die gleichen Chancen bei der Beantwortung haben. Sonst wird es für einzelne Teilnehmende ggf. langweilig oder frustrierend, was für die öffnende Funktion des Gehirnjoggings kontraproduktiv wirkt.

Name-Generator: Manche Tools bieten einen automatischen Nickname-Generator an. Wenn man diesen ausschaltet, kann das Team selbst kreativ werden. Dies bietet sich als weiteres Element an, den eigenen Ausdruck der Projektteilnehmer zu fördern und das Mindset für die Interaktion zu wecken.

Teamgröße: Wenn über das Quiz ein Austausch untereinander zustande kommen soll, bietet sich der Einsatz eher für kleinere Teams < 10 Personen an, damit sich alle einbringen können.

Praxisschlaglicht

In unserem Projekt-Hub hat sich das Quiz mit dem Tool „kahoot!“ als fester Bestandteil des wöchentlichen Team-Check-ins etabliert (< zehn Teilnehmende). Wir nehmen uns 20 bis 30 Minuten Zeit für das Gehirnjogging, bevor wir in eine längere Konzentrationsphase übergehen. Wer gewinnt, darf ein Thema für die nächste Woche vorschlagen. Dies fördert den Team-Zusammenhalt und die Identifikation mit dem Projekt. Und Spaß macht es auch!

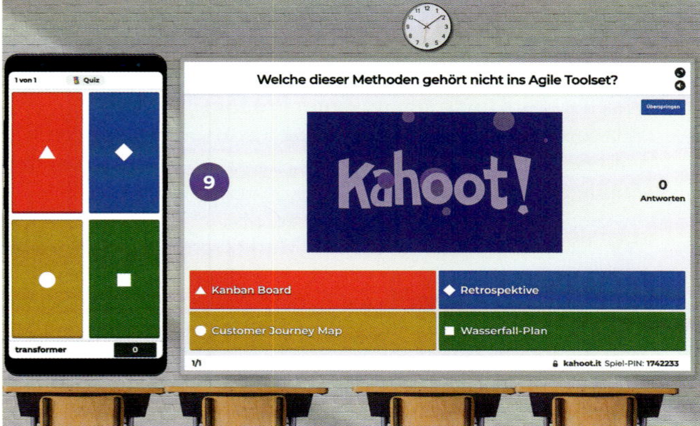

Grafik: www.kahoot.it – eLearning

Transformationswirksamkeit

- Wirksam für alle Transformationen

Transformationsfähigkeit

- Fördert die Teamkreativität
- Fördert grundlegend die Kreativität
- Fördert offene Mindsets und innovative Denkhaltungen

Einsatzcharakteristik

- Austauschfokus: vornehmlich mit internen und externen Personen
- Durchführungszeit: eher gering (< 1 Stunde)
- Einsatzfrequenz: sinnvoll im dauerhaften Einsatz
- Komplexität für den Moderator: eher mittel
- Komplexität für die Teilnehmer: eher mittel
- Teamgröße: Kleingruppe möglich (3 bis 5 Teilnehmer)
- Teamgröße: Mittelgroße Teams möglich (5 bis 20 Teilnehmer)
- Vorbereitungszeit: eher mittel (>1 Stunde bis <1 Tag)

Nötiger Input, um mit der Methode arbeiten zu können

- Erstelltes Quiz

Erzeugter Output der Methode

- Erzeugt mehr Know-how-Zuwachs
- Erzeugt motiviertere und transformationsfähigere Teilnehmer

Hinderniseffekte, auf die die Methode positiv wirkt

- 12 – Wirkt fehlender Inspiration entgegen
- 15 – Stärkt das Vertrauen im Team
- 21 – Bindet eher introvertierte Teammitglieder mit ein
- 24 – Verkürzt und durchbricht vorhandene Kreativblockaden
- 35 – Dynamisiert und aktiviert wenig dynamische Teams

Mögliche Extravorteile

- für Teams in einer Komfortsituation
- für multidisziplinär erfahrene Teams

Quellen

Web – www.kahoot.com, 22.04.2021
Web – https://www.typeform.com/quizzes/, 03.05.2021
Organisation – masterplan.academy, Düsseldorf, www.masterplan.academy
Person – Stephanie Bretz, stephanie.bretz@masterplan.academy

94

Geschäftsmodell Stresstest

EinSatzBeschreibung

Mit dem Geschäftsmodell Stresstest werden regelmäßig Schwachstellen in der eigenen Business-Logik entlarvt.

Transformation-Index

P1 Leading	P2 Organizing	P3 Connecting	P4 Growing	P5 Talking	P6 Scanning	P7 Exploiting	P8 Exploring	P9 Earning	P10 Scaling
					x	x	x		

Beschreibung

Wir befinden uns in der Digitalisierung. Im Zeitalter der technischen Reproduzierbarkeit. Wirklich „unique" sind Leistungen von Unternehmen hier nur noch sehr selten. Differenzierung findet heute zu großen Teilen eher über Marke statt. In einem Organisationsuniversum also, dass es notwendig macht, sich nach neuen Erlösstrukturen umzusehen, wird die Diversifikation und das Identifizieren von Quellen für transformatives Wachstum für Unternehmen essenziell.

Vor diesem Hintergrund betreibt eine Vielzahl von Organisationen inzwischen massive Innovationsbemühungen. Seit einigen Jahren verstärkt im Bereich digital skalierbarer Ansätze wie beispielsweise der Plattform Ökonomie. Leider fallen die meisten dieser Innovationsideen dabei jedoch nicht auf fruchtbaren Boden. Grund dafür ist nicht selten, dass das oder die genutzten Geschäftsmodelle des Unternehmens einfach nicht mehr zeitgemäß und als Basis insbesondere für digitale Veränderung zu schwach (geworden) sind.

In unserer schnelllebigen und komplexen Zeit müssen jedoch besonders bestehende Geschäftsmodelle an die sich ständig ändernde Marktsituation angepasst werden. Mit der Methode „Geschäftsmodell Stresstest" kann eine erste Reflexion zum eigenen Geschäftsmodell durchgeführt werden, mit der Fragestellung: Wie fit ist mein Business für digital?

Durchführung

Schritt 1: Legen Sie ein Intervall fest (zum Beispiel vier Mal pro Jahr), um in regelmäßigen Abständen Ihr Geschäftsmodell zu hinterfragen und auf Digitalisierungsmöglichkeit hin zu reflektieren. Beschreiben Sie dann die Ausgangssituation zu Ihrem Geschäftsmodell.

Schritt 2: Begutachten Sie nun in einem zweiten Schritt die neun bekannten Building Blocks aus Ihrem Business Model Canvas, mit besonderem Fokus auf die nachfolgenden sechs Elemente mittels der methodischen Hilfsfragen. In den meisten Unternehmen werden diese sechs Faktoren ähnlich oder sogar gleich (und oft stiefmütterlich) behandelt – und das einmal verabschiedete Geschäftsmodell nie wieder angefasst. Digitale Transformation ist somit fast schon ausgeschlossen.

Wird an einer, oder besser noch, an mehreren der Stellschrauben gleichzeitig „gedreht" und mutig das bestehende Modell hinterfragt oder verändert, kann relativ schnell ein klarer Wettbewerbsvorteil erzielt werden, indem beispielsweise ganz neue Märkte (digital) erschlossen werden. Hier lohnt übrigens auch eine Inspiration über den St. Galler Business Model-Navigator.

1. Fokus Kundennutzen
   - Was hat der Kunde von unserem Produkt?
   - Wie sonst kann unser Kunde diesen Nutzen befriedigen?
   - Gibt es digitale Erleichterungen, die unseren traditionellen Kunden substituieren?
2. Marktsegment
   - Wie lässt sich unser aktuelles Marktsegment beschreiben und definieren?
   - Wie hat sich dieses Marktsegment in den letzten fünf Jahren (digital) verändert?
   - Welche (digitalen) Trends werden wohl zukünftig unser Marktsegment verändern?
3. Umsatzquelle
   - Womit und in welcher Form und Art und Weise verdienen wir unser Geld?
   - Gibt es aktuell auch andere Formen des Geldverdienens?
   - Lohnt es sich über digital integrierte Zweitverwertung unseres Geschäftsmodells Gedanken zu machen?
4. Umgang mit der eigenen Technologie
   - Ist unsere Technologie in irgendeiner Form vor dem Wettbewerb geschützt (Lizenzen, Patente, ...)?
   - Sind wir auch im Zeitalter der Digitalisierung mit zahlreichen neuen Wettbewerbern weiterhin zukunftsweisend?
   - Könnten wir unsere Technologie besser schützen, wenn wir unser Geschäftsmodell ändern?
5. Vertriebsform
   - Welche klassischen Vertriebsformen und -kanäle nutzen wir aktuell?
   - Welche digitale Vertriebsform wäre aktuell eine gute Ergänzung oder bessere Alternative?
   - Lassen sich bisherige Vertriebsformen und -kanäle mit neuen Kanälen konvergieren?
6. Erlös- und Kostenstrukturen
   - Wie stellen sich unsere wesentlichen Erlös- und Kostenstrukturen heute dar?
   - Wie haben sich unsere wesentlichen Erlös- und Kostenstrukturen in den letzten fünf Jahren verändert?
   - Können wir durch digitale Prozesse Kosten reduzieren?

Besondere Erkenntnisse gewinnen Sie auch dadurch, dass verschiedene Teams den Stresstest durchführen und anschließend ihre Ergebnisse vergleichen und diskutieren.

Schritt 3: Identifizieren Sie sogenannte Stressfaktoren. Versetzen Sie sich dafür in den Modus „Was wäre, wenn?“ und spielen Sie Auswirkungen durch. Eine neue digitale oder andersartig technologische Entwicklung mit Bezug zu Ihrem Geschäft erhält auf dem Markt Einzug? Ein Wettbewerber hat eine digital disruptive Veränderung in seinem Business Modell vorgenommen? Halten Sie zu jeder Frage bzw. zu jedem Building Block entsprechende Veränderungspotenziale, die am Markt grundsätzlich denkbar sind, fest.

Zusammenfassung ausgewählter Risiken

Perspektive	Risiko	Outcome 1	Outcome 2
Rechtlich	*Verbot provisionsbasierter Vergütungen*	Verbot der Provisionen für komplexe Versicherungsprodukte	Generelles Provisionsverbot
Technologisch	*Verfügbarkeit und Anwendbarkeit kognitiver Systeme*	Human Helpdesk	Kognitiv eingängige Systeme
Sozial Politisch	*Interesse an DIY Versicherungen Scope genereller Fürsorgepflichten*	Limitiertes Interesse Fürsorgepflicht ist limitiert	Wachsendes Interesse Fürsorgepflicht ist stark

Grafik: Nicolas Burkhardt – Stressfaktoren am Beispiel eines Versicherungsunternehmens (Anlehnung PESTEL sowie Haaker et al., Future Vol. 89)

Schritt 4: Wenden Sie die Stressfaktoren nun explizit auf Ihren Business Model Canvas an. Wo finden die Faktoren Anwendung? Welche Wechselwirkungen entstehen? Übersehen Sie etwas? Welche denkbaren Szenarien ergeben sich insgesamt? Überführen Sie die Szenarien in eine Tabellenform und weisen Sie den beeinflussten Building Blocks eine Farbauswahl zu. Wählen Sie hierfür aus einer Ampellogik Grün, Gelb und Rot. Die farbliche Abstufung illustriert dabei die Schwere der Auswirkung eines Stressfaktors. Grüne Faktorauswirkungen kann Ihr Modell auffangen, gelbe sind potenziell kritisch, rote erfordern direkte, vorbereitende Gegenmaßnahmen

Schritt 5: Überführen Sie die gefundenen Auswirkungen in eine Tabelle, die alle Building Blocks berücksichtigt. Elemente ohne Auswirkungen lassen sie farblich unberücksichtigt.

So entsteht im Gesamtblick eine Art Business Model Heatmap, die Sie abschließend zur optimierten Übersichtlichkeit in eine Business Model Canvas übertragen und an ihr Lösungsteam übertragen können.

Transformationsfähigkeit

- Sorgt für Inspiration oder bessere Inspirationsempfindlichkeit
- Zahlt auf eine bessere Wahrnehmung ein

Einsatzcharakteristik

- Austauschfokus: vornehmlich mit internen Personen
- Durchführungszeit: eher hoch (> 1 Tag)
- Einsatzfrequenz: sinnvoll im dauerhaften Einsatz
- Einsatzradius: vornehmlich im unternehmensweiten Einsatz
- Komplexität für den Moderator: eher hoch
- Komplexität für die Teilnehmer: eher hoch
- Teamgröße: Einzelpersonennutzung möglich
- Teamgröße: Kleingruppe möglich (3 bis 5 Teilnehmer)
- Vorbereitungszeit: eher hoch (>1 Tag)

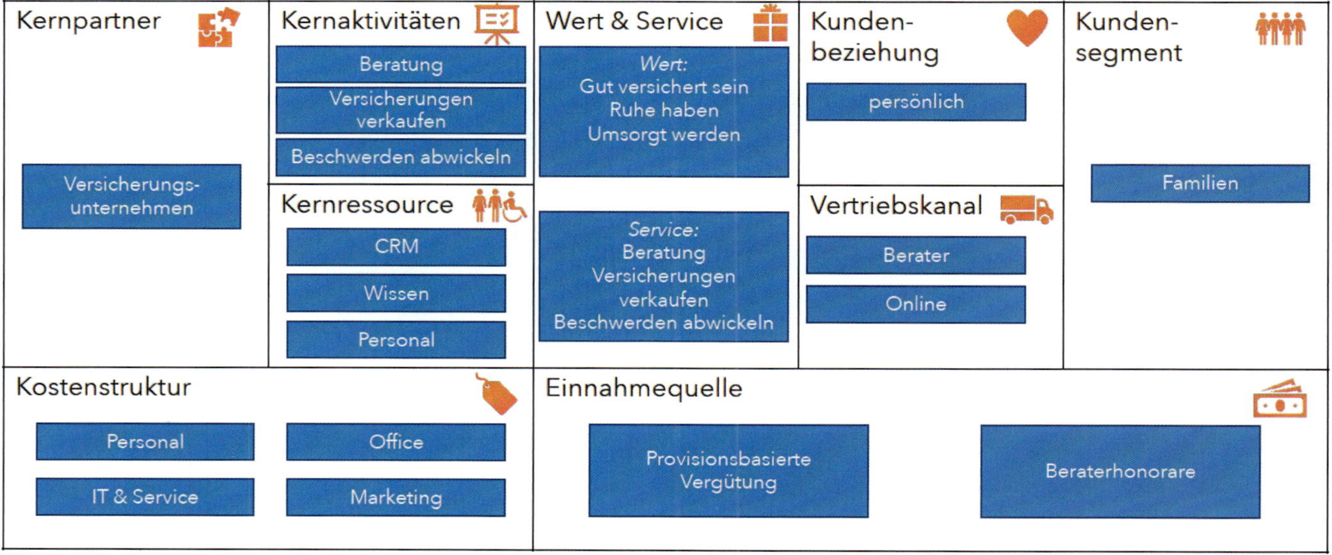

Nicolas Burkhardt – Business Model Heatmap eines Versicherungsunternehmens (in Anlehnung an Haaker et al., Future Vol. 89)

Auswirkung der Risiken auf Geschäftsmodellkomponenten

Outcome	**Geschäftsmodellkomponente**	**Auswirkung**
Generelles Provisionsverbot	Einnahmequelle	Aktuelles Geschäftsmodell funktioniert nicht mehr; es braucht neue Einnahmequellen.
	Kundensegment	Kunden akzeptieren keine honorarbasierten Geschäftsmodelle, weil Intermediäre für sie als „kostenlos" wirken.
	Partnerschaft	Partnerschaft mit Versicherung sollte überdacht werden.
Kognitiv eingängiges System	Kernaktivität	Impliziert einen Wandel von personenbasierter Beratung zu systembasierter Beratung.
	Kernressource	Benötigt hohe Datenmengen als Inputfaktor.
	Kostenstruktur	Implementierungskosten sind hoch, aber langfristig ist es kostensenkend.
Interesse an DIY Versicherung wächst	Wertschöpfung	Wenn insb. Die junge Generation auf „Self-Service" setzt, ist die aktuelle Wertschöpfung nicht nachhaltig.
Interesse an DIY Versicherung wächst	Vertriebskanal	Stärkung der „Self-Service" und Online Vertriebskanäle.
Fürsorgepflicht ist stark	Kundenbeziehung	Bei hohem Gefühl genereller Fürsorgepflichten ist eine enge Kundenbeziehung notwendig.

Nicolas Burkhardt – Stressfaktor-Einfluss Beispiel Versicherungsunternehmen (in Anlehnung an Haaker et al., Future Vol. 89)

Heat Map

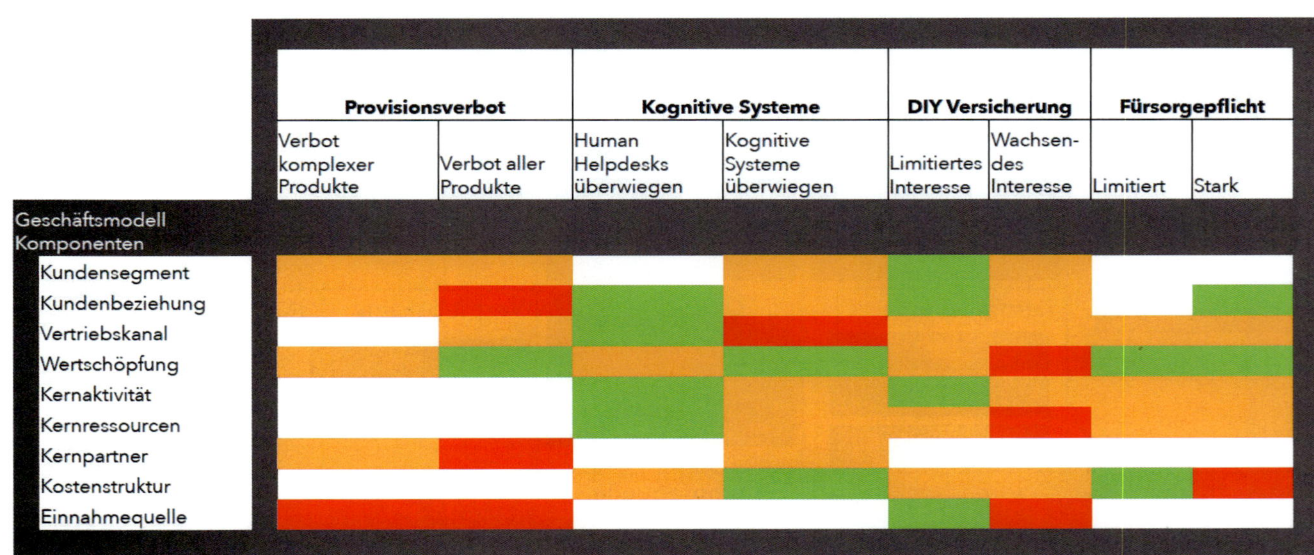

Nicolas Burkhardt – Stressfaktor Heatmap am Beispiel eines Versicherungsunternehmen (in Anlehnung an Haaker et al., Future Vol. 89)

Geschäftsmodell: Generelles Provisionsverbot

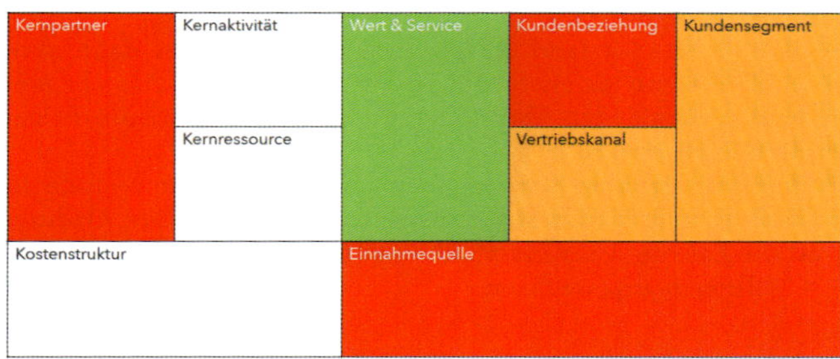

Nicolas Burkhardt – Business Model Heatmap eines Versicherungsunternehmens (in Anlehnung an Haaker et al., Future Vol. 89)

Geschäftsmodell: DIY Versicherungen bei limitiertem Interesse

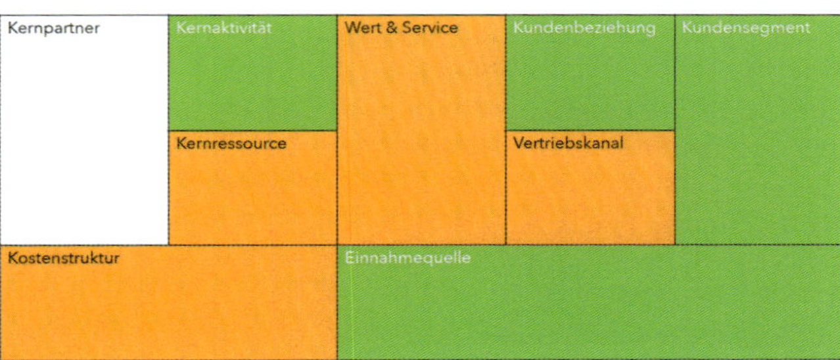

Nicolas Burkhardt – Business Model Heatmap eines Versicherungsunternehmens (in Anlehnung an Haaker et al., Future Vol. 89)

Nötiger Input, um mit der Methode arbeiten zu können

- Aktuell existierende Geschäftsmodelle
- Aktuell existierende Produkte und Services
- Aktuelle Herausforderung, Leitfrage, Problem
- Trends und Zukunftsentwicklungen
- Umfeldbeobachtungen, Umfeldanalysen
- Wettbewerber und Komplementoren
- Ziele, Zielsystem, Kennzahlen

Erzeugter Output der Methode

- Erzeugt Listen von Chancen und Risiken
- Erzeugt Prognosen und Ableitungen
- Erzeugt Ideen für neue Märkte und neue Business Modelle
- Erzeugt transformationsfähigere Organisationen
- Identifiziert vorhandene Schwachstellen
- Identifiziert vorhandene Stärken

Hinderniseffekte, auf die die Methode positiv wirkt

- 04 – Beugt blinden Flecken/Betriebsblindheit vor
- 06 – Schwächt das Leben in der Vergangenheit
- 13 – Schafft für den Erfolg nötige Realitätsbezüge
- 29 – Schwächt den „Inneren Zensor“
- 36 – Schafft schnell Klarheit und beschleunigt Erkenntnisgewinn

Mögliche Extravorteile

- für disruptiv erfahrene Teams
- für innovativ erfahrene Teams

Quellen

Buch – Business model stress testing: A practical approach to test the robustness of a business model; Haaker, T., Bouwman, H., Janssen, W., de Reuver, M.; Futures, Vol. 89 (p. 14-25), Elsevier 2017.

Web – https://www.sciencedirect.com/science/article/pii/S001632871630341X, 25.05.2021

95 Growth Hacking

EinSatzBeschreibung

Beschreibt smarte, meist kostenlose Taktiken („Hacks"), die Unternehmen dabei helfen, Käufe oder Registrierungen zu steigern.

Transformation-Index

P1 Leading	P2 Organizing	P3 Connecting	P4 Growing	P5 Talking	P6 Scanning	P7 Exploiting	P8 Exploring	P9 Earning	P10 Scaling
									x

Beschreibung

Der Begriff des Growth Hacking wurde 2010 von Sean Ellis verwendet, der für Unternehmen wie Dropbox oder Eventbrite arbeitete. Insbesondere bei Start-ups ist das Vorgehen sehr populär, um durch eine Steigerung der Viralität auch das Wachstum des Unternehmens erhöhen. Es funktioniert insbesondere bei digitalen Produkten und Dienstleistungen gut.

Growth Hacking ist ein Marketingwerkzeug und wird eingesetzt zur Kundengewinnung und -bindung insbesondere durch folgende Ziele:

- Akquisition: Menschen auf die Website holen
- Aktivierung: Besucher zur Registrierung bringen
- Bindung: Besucher dazu bewegen, aktiv zu werden
- Monetarisierung: aktive User zum Kauf überreden
- Weiterempfehlung: aktive User zur Empfehlung motivieren

Sogenannte Growth Hacks werden gerne insbesondere zur Veröffentlichung oder auch zur Prüfung des Minimum Viable Products (MVP) eingesetzt. Vor allem Start-ups, die mit begrenzten Mitteln starten und schnell wachsen wollen, wenden diese Techniken an. Gesetzt wird in der Regel auf Suchmaschinenoptimierung, Content Marketing und Websiteanalyse.

Mittlerweile gibt es auch die Stellenbeschreibung des Growth Hackers als jemand im Team, der mit kleinen Tricks und Hacks das Wachstum des Unternehmens steigert.

Bekannte Beispiele für Growth Hacks sind z. B.:

- Hotmail: Der E-Mail-Anbieter Hotmail fügte bei seinem Start im Jahr 1998 an jede mit Hotmail versandte E-Mail unten einen Satz ein: „Diese E-Mail wurde mit Hotmail versandt. Holen Sie sich jetzt gratis Ihr E-Mail-Konto" an. Dieser simple Growth Hack verhalf Hotmail in kurzer Zeit zu 11 Millionen neuen Accounts.
- Twitter: Twitter fand heraus, dass neue User erst dann aktiv werden, wenn sie mehr als 30 Personen folgen. Also begann Twitter damit, den Usern laufend neue Personen zum Folgen vorzuschlagen.
- Dropbox: Dropbox User erhalten für die Weiterempfehlung des Services zusätzlichen kostenlosen freien Speicherplatz. Dadurch ist die Zahl der User innerhalb von 15 Monaten von 100.000 auf 4 Millionen angewachsen.

Durchführung

Für die Durchführung von Growth Hacking gibt es kein vordefiniertes Vorgehen. Vielmehr kommt es auf eine Vielzahl kreativer Ideen an und den Willen diese schnell und nachhaltig zu testen. Hilfreich ist zu Beginn der Blick auf bereits erfolgreiche Hacks, die Suchmaschinen liefern dazu viele Quellen.

Danach können diese Hacks auf die eigene Produktidee oder das eigene Unternehmen übertragen werden. Einige Growth Hacks können 1:1 übernommen und getestet werden, andere wiederum müssen gezielt angepasst werden.

Ein Team-Workshop unter Einsatz von Kreativitätsmethoden für die Ideenfindung ist hier eine gute Startmöglichkeit.

Ideen, die für gut befunden werden, sollten umgehend getestet werden. In der Praxis zeigt sich, dass gerade in größeren Unternehmen häufig der richtige Zeitpunkt verpasst wird, weil die Entscheidungszeiten länger sind.

Im Anschluss sollte eine umfassende Analyse der Maßnahme stattfinden mit dem Fokus: Was müssen wir verändern, um den Growth Hack noch besser zu machen. Gerade bei digitalen Produkten kann diese Weiterentwicklung dann umgehend eingesetzt und erneut getestet werden.

Transformationswirksamkeit

- Wirksam für Marketingtransformationen
- Wirksam für Produkttransformationen
- Wirksam für Servicetransformationen

Transformationsfähigkeit

- Fördert die allgemeine Transformationsfähigkeit des Teams

Einsatzcharakteristik

- Austauschfokus: vornehmlich mit internen und externen Personen
- Durchführungszeit: eher hoch (> 1 Tag)
- Einsatzfrequenz: sinnvoll im dauerhaften Einsatz
- Einsatzradius: vornehmlich im projektweiten Einsatz
- Komplexität für den Moderator: eher hoch
- Komplexität für die Teilnehmer: eher hoch
- Teamgröße: Mittelgroße Teams möglich (5 bis 20 Teilnehmer)
- Vorbereitungszeit: eher hoch (>1 Tag)

Erzeugter Output der Methode

- Bessere Projekteffizienz, bessere Teamperformance
- Erzeugt Nutzenfunktionen und Bedürfniskorridore
- Erzeugt neues Wissen und neue Erfahrungen
- Erzeugt spezifischere Leitfragen, Ideen und Aussagen
- Erzeugt größere Klarheit zu einem Thema

Hinderniseffekte, auf die die Methode positiv wirkt

- 01 – Schwächt Angst vor Neuem (Cainophobie)
- 06 – Schwächt das Leben in der Vergangenheit
- 11 – Schärft eine fehlende gemeinsame Ausrichtung
- 12 – Wirkt fehlender Inspiration entgegen
- 34 – Verhindert vorschnelles Urteilen über Ideen
- 36 – Schafft schnell Klarheit und beschleunigt Erkenntnisgewinn

Mögliche Extravorteile

- für Teams mit einem starkem Auftragsmandat
- für agile Teams
- für erfahrene Trainer und Agile Coaches
- für innovativ erfahrene Teams

Quellen

Buch – Hacking Growth: How Today‘s Fastest-Growing Companies Drive Breakout Success, Morgan Brown/Sean Ellis, Virgin Books 2017.

Web – https://blog.hubspot.de/marketing/growth-hacking, 22.05.2021

Grafik: verrocchio Mindset-Card – Illustration: Jennifer Weiss

Hackathons

EinSatzBeschreibung

Ein Hackathon ist ein fokussiertes Veranstaltungsformat, in dem in Kleingruppen an (zumeist digitalen) Lösungen gearbeitet wird.

Transformation-Index

P1 Leading	P2 Organizing	P3 Connecting	P4 Growing	P5 Talking	P6 Scanning	P7 Exploiting	P8 Exploring	P9 Earning	P10 Scaling
		x					x	x	x

Beschreibung

Der Begriff des Hackathons ist eine Wortschöpfung aus den Begriffen „Hack" und „Marathon" und steht für eine Veranstaltung, in der gemeinsam an Soft- oder/und Hardwarelösungen gearbeitet wird. Ein Hack steht dabei für eine (häufig kreative, schnelle und effektive) Problemlösung oder einen technischen Kniff, während Marathon für die außergewöhnliche Länge der Veranstaltung steht.

Ziel eines Hackathons ist, innerhalb der Veranstaltungsdauer Lösungen für spezifische Probleme zu finden. In der Regel gibt es ein spezifisches Thema oder der Hackathon ist technologiebezogen.

Ursprünglich wurden unter dem Begriff ab 1999 Entwicklertreffen benannt, die im Umfeld von Betriebssystem-Programmierung (OpenBSD/Sun Microsystems) stattfanden. Mittlerweile sind Hackathons eine beliebte Methode, um schnell neue Ideen in Software umzusetzen oder durch Prototypen zu verfeinern.

Viele Teilnehmer von Hackathons sehen das offene, fokussierte und liberale Arbeitsmodell als Grund für den Erfolg des Veranstaltungsformats. Die üblichen Zwänge bei der Softwareentwicklung fallen weg – die Entscheidung mit wem ich wie arbeite obliegt dem Einzelnen. Dies führt zu einem als stark empfundenen Gemeinschaftsgefühl.

Während es reine interne Veranstaltungen gibt, öffnen viele Organisatoren ihre Türen auch für externe Teilnehmern – für jeden der einen Beitrag zum Ergebnis leisten kann.

Durchführung

Die Abläufe eines Hackathons sind häufig sehr ähnlich:

- Konzeption/Vorbereitung
- Onboarding/Teambildung
- kreative Problemlösung
- Präsentationen der Ergebnisse
- Auszeichnungen für besonders

Schritt 1: Motto und Challenge

Wichtig für das Gelingen des Hackathons eine gut formulierte Challenge mit klar definierten Herausforderungen. Achten Sie darauf, dass das Thema die anvisierten Teilnehmer auch anspricht.

Schritt 2: Infrastruktur

Grundsätzlich kann ein Hackathon sowohl in einem physischen Raum stattfinden oder auch rein virtuell. Während die erste Variante einen persönlicheren Kontakt ermöglicht, ist in einer virtuellen Variante häufig die Vielfalt der Teilnehmer größer.

Schritt 3: Rahmenbedingungen und Rollen

Binden Sie frühzeitig alle Personen ein, die Interesse an den Ergebnissen des Hackathons haben. Hier sei insbesondere die Rechtsabteilung erwähnt, denn das geistige Eigentum an den Ergebnissen ist ein häufiges Streitthema im Anschluss an die Veranstaltung. Daneben ist aber auch das Organisationsteam wichtig, die Sponsoren des Hackathons, Jury und ggf. Mentoren, die die Teilnehmer unterstützen.

Foto: Alex Kotliarskyi

Schritt 4: Teilnehmer

Bei der Auswahl der Teilnehmer gibt es viele Variante, von offenen bis zu geschlossenen Veranstaltungen ist alles möglich. Häufig werden die Teilnehmer explizit eingeladen oder müssen sich vorab registrieren.

Schritt 5: Teamaufbau und -entwicklung

Häufig bilden sich schon vor dem Hackathon Gruppen von Teilnehmern, sodass schon direkt losgelegt werden kann. Bei Online-Hackathons kann eine passende Software-Plattform eingesetzt werden, um die Teilnehmer zusammenzuführen.

Schritt 6: Live

Ziel während der Live-Phase ist es vor allem, einen Lösungsvorschlag zu skizzieren und/oder einen ersten Protoypen zu entwickeln. In dieser Phase macht es Sinn, dass Mentoren die Teilnehmer unterstützen, denn viele kennen sich z. B. nicht mit dem Erstellen von guten Präsentationen aus.

Schritt 7: Jury und Gewinner

Eine unterschiedliche, möglicherweise sogar prominente Jury zieht besonders viele Teilnehmer an. Entwickeln Sie vorher klare Beurteilungskriterien, damit eine Einigung auf die Gewinner leichter fällt. Nach dem Hackathon halten die Teilnehmer ihre Pitches/Präsentationen (Dauer typischerweise acht bis zehn Minuten) und stellen ihre Idee/ihren Prototypen vor. Die Jury gibt nach einer Pause die Gewinner bekannt. Typische Prämien sind Geschenke oder das Budget für die Weiterentwicklung des Protoyps. Achten Sie darauf, dass die Gewinne zum Thema des Hackathons passen.

Transformationswirksamkeit

- Wirksam für Herausforderungen mit hoher Komplexität
- Wirksam für Produkttransformationen
- Wirksam für Prozesstransformationen
- Wirksam für Servicetransformationen
- Wirksam für radikale Transformationen

Transformationsfähigkeit

- Fördert die Agilität eines Teams
- Fördert die Teamkreativität
- Fördert offene Mindsets und innovative Denkhaltungen
- Sorgt für Inspiration oder bessere Inspirationsempfindlichkeit

Einsatzcharakteristik

- Austauschfokus: vornehmlich mit externen Personen
- Durchführungszeit: eher hoch (> 1 Tag)
- Einsatzfrequenz: vornehmlich im einmaligen Einsatz
- Einsatzradius: vornehmlich im projektweiten Einsatz
- Komplexität für die Teilnehmer: eher hoch
- Teamgröße: Großgruppen möglich (>50 Teilnehmer)
- Teamgröße: Maxigruppen möglich (20 bis 40 Teilnehmer)
- Teamgröße: Mittelgroße Teams möglich (5 bis 20 Teilnehmer)
- Vorbereitungszeit: eher hoch (>1 Tag)

Nötiger Input, um mit der Methode arbeiten zu können

- Aktuelle Herausforderung, Leitfrage, Problem
- Ideen und Projekte die zur Umsetzung anstehen

Erzeugter Output der Methode

- Erzeugt kollaborative Lösungen und Ideen
- Erzeugt neues Wissen und neue Erfahrungen
- Erzeugt umgesetzte Ideen
- Erzeugt frühe Prototypen

Hinderniseffekte, auf die die Methode positiv wirkt

- 01 – Schwächt Angst vor Neuem (Cainophobie)
- 02 – Schwächt Angst vor Kritik und Zurückweisung
- 11 – Schärft eine fehlende gemeinsame Ausrichtung
- 15 – Stärkt das Vertrauen im Team
- 23 – Schwächt Konkurrenzdenken und Angst vor Machtverlust
- 24 – Verkürzt und durchbricht vorhandene Kreativblockaden
- 25 – Schwächt multidisziplinäre Reibungsverluste
- 27 – Schwächt das „Not invented here“-Syndrom
- 28 – Stärkt schwache Anreicherungsskills
- 29 – Schwächt den „Inneren Zensor“
- 41 – Verringert zu große Komplexitäten

Mögliche Extravorteile

- für Teams in einer Komfortsituation
- für Teams mit einem starkem Auftragsmandat

Quellen

Web – https://blog.hypeinnovation.com/ideenmanagement/hackathons , 24.05.2021

Web – https://de.wikipedia.org/wiki/Hackathon , 24.05.2021

97

HEART Framework

EinSatzBeschreibung

Das HEART Framework stellt fünf Kategorien von nutzerzentrierten Metriken zur Verfügung, mit denen man die User Experience eines digitalen Produkts messen kann.

Transformation-Index

P1 Leading	P2 Organizing	P3 Connecting	P4 Growing	P5 Talking	P6 Scanning	P7 Exploiting	P8 Exploring	P9 Earning	P10 Scaling
						x	x	x	x

Beschreibung

Bei der Umsetzung und Einführung von digitalen Produkten und Services ist das Messen der User Experience essenziell und entscheidend für den Erfolg und Nichterfolg, denn zusammen mit den Nutzern steht und fällt auch das Produkt.

Das HEART Framework wurde von Google (Kerry Rodden) entwickelt und stellt fünf Kategorien von nutzerzentrierten Metriken zur Verfügung, mit denen man die User Experience eines digitalen Produkts messen kann. Diese Metriken können sowohl auf der globalen Produkt-Ebene als auch auf Feature-Ebene genutzt werden. Eine der zentralen Motivationen hinter diesen Metriken ist es, sowohl datengetrieben als auch nutzerzentriert zu agieren.

Entstanden ist das HEART Framework als Komplementär zu den PULSE-Metriken, die sich sehr stark auf die technische Seite eines Produktes konzentrieren:

1. Page Views: Wie oft wird das Produkt benutzt? Welche Seiten werden wie oft und wie lange aufgerufen?
2. Uptime: Wie hoch ist die Betriebszeit, in der das Produkt für die Nutzer verfügbar und erreichbar ist?
3. Latency: Wie hoch sind Performance, Ladezeiten und Reaktionszeiten des Produkts?
4. Seven-Day Active Users: Wie viele einzigartige Nutzer nutzen das Produkt mindestens einmal innerhalb von sieben Tagen?
5. Earnings: Wie viel Umsatz wird durch das Produkt generiert?

Diese PULSE-Metriken sind wichtig aus Geschäftssicht, sagen aber bspw. wenig über die Zufriedenheit oder den Kontext des Engagements der Nutzer aus. Wenn eine Seite durchschnittlich für fünf Minuten besucht wird, kann dies für ein hohes Engagement sprechen, aber auch für hohe Ladezeiten oder eine schnelle Informationsarchitektur, in der sich die Nutzer nicht zurechtwerden.

HEART soll diese Metriken daher um folgende Kategorien ergänzen:

1. Happiness: Wie zufrieden sind die Nutzer? Wie wahrscheinlich würden sie das Produkt weiterempfehlen?
2. Engagement: Wie häufig und intensiv wird das Produkt genutzt?
3. Adoption: Wie viele neue Nutzer gibt es?
4. Retention: Wie häufig kommen die Nutzer wieder? Wie lange bleiben sie dem Produkt erhalten?
5. Task Success: Können die Nutzer ihre Aufgaben mit dem Produkt effektiv und effizient erledigen?

Je nach Produktart kann es vorkommen, dass nicht alle Kategorien gleich intensiv gemessen werden. So führt Kerry Rodden auf, dass in B2B Anwendungen, die im Kontext der täglichen Arbeit von Mitarbeitern benutzt werden (müssen), die Kategorie „Engagement" vermutlich weniger wichtig ist als bspw. „Happiness" oder „Task Success". Nichtsdestotrotz sollten die Kategorien ganzheitlich betrachtet werden.

Durchführung

Um das HEART Framework anzuwenden, sollte sich das Team idealerweise interdisziplinär bestehend aus UX-Designer, Produktmanager und Entwickler zusammensetzen, damit alle Perspektiven berücksichtigt werden können. Ebenfalls ist es wichtig zu entscheiden, ob das Framework auf das Produkt oder auf ein spezifisches Feature angewendet wird.

Da es sich bei HEART zunächst um Kategorien für Metriken handelt, müssen die konkreten Metriken noch festgelegt werden. Damit die Kategorien also über Metriken quantitativ gemessen werden können, kann man den sogenannten „Goals-Signals-Metrics"-Prozess anwenden. Damit werden für jede Kategorie Ziele, Signale und Metriken festgelegt:

- **Ziel**: Was soll das Produkt oder Feature erreichen?
- **Signal**: Welche Signale des Nutzerverhaltens geben uns Aufschluss darüber, ob wir dem Ziel näherkommen?
- **Metrik**: Was sind konkrete, messbare Datenpunkte, die Erfolg oder Nichterfolg ausdrücken?

Grafik: Anja Faber

Zusammen mit den HEART Kategorien kann das Team dann bspw. auf einem Flipchart oder Whiteboard in einer Matrix die folgenden Felder ausfüllen, sodass für jede Kategorie Ziele, Signale und Metriken definiert werden:

Ein Beispiel für die Einführung eines „Kanban-Board-Features" in einer imaginären Anwendung für digitale Zusammenarbeit in Teams könnte wie folgt aussehen:

	Ziele	Signale	Metriken
Happiness	Die Nutzer finden das Kanban-Board nützlich und einfach zu bedienen.	Antworten in Umfragen zu dem Feature; Bewertungen im internen Feedback-Tool	Net Promoter Score (NPS); Anzahl positiver Bewertungen
Engagement	Die Nutzer legen im Durchschnitt mindestens ein Kanban-Board pro Monat an.	Die Nutzer verbringen mehr Zeit mit der Anwendung	Anzahl erstellter Kanban-Boards in einem festen Zeitraum (Monat)
Adoption	/	/	/
Retention	Die Nutzer benutzen das Feature im Durchschnitt mindestens 3x/Woche.	Die Nutzer kommen häufiger wieder	Anzahl erstellter und bearbeiteter Kanban-Board-Items in einer Woche; Anzahl der erneuten Sitzungen in Kanban-Boards
Task Success	Die Einrichtung und Bearbeitung eines Kanban-Boards funktionieren schnell und einfach.	Die Nutzer legen erfolgreich Kanban-Boards und Items an	Anzahl erstellter Kanban-Boards; Anzahl erstellter Kanban-Board-Items

Wie man sieht, muss man sich nicht zwangsläufig auf alle Kategorien konzentrieren, sondern auf die, die am sinnvollsten sind.

Nachdem die Metriken festgelegt wurden, müssen diese natürlich kontinuierlich gemessen, analysiert und verbessert werden, um die User Experience des Produkts zu erhöhen.

Transformationswirksamkeit

- Wirksam für Herausforderungen mit hoher Komplexität
- Wirksam für Herausforderungen mit mittlerer Komplexität
- Wirksam für Produkttransformationen
- Wirksam für Servicetransformationen
- Wirksam für radikale Transformationen

Transformationsfähigkeit

- Fördert die allgemeine Transformationsfähigkeit des Teams
- Zahlt auf eine bessere Wahrnehmung ein

Einsatzcharakteristik

- Austauschfokus: vornehmlich mit internen und externen Personen
- Durchführungszeit: eher mittel (>1 Stunde bis <1 Tag)
- Einsatzfrequenz: vornehmlich über im kompletten Projektzeitraum
- Einsatzradius: vornehmlich im projektweiten Einsatz
- Komplexität für den Moderator: eher gering
- Komplexität für die Teilnehmer: eher gering
- Teamgröße: Einzelpersonennutzung möglich
- Teamgröße: Kleingruppe möglich (3 bis 5 Teilnehmer)
- Teamgröße: Maxigruppen möglich (20 bis 40 Teilnehmer)
- Teamgröße: Mittelgroße Teams möglich (5 bis 20 Teilnehmer)
- Vorbereitungszeit: eher mittel (>1 Stunde bis <1 Tag)

Nötiger Input, um mit der Methode arbeiten zu können

- Aktuell existierende Geschäftsmodelle
- Aktuell existierende Produkte und Services
- Frühe erste Prototypen
- Produktmerkmale, Skizzen, Eigenschaften

Erzeugter Output der Methode

- Erzeugt Ideen, Lösungsansätze, Vorideen, Möglichkeiten
- Erzeugt Leitfragen für die Ideenfindung
- Erzeugt Nutzenfunktionen und Bedürfniskorridore
- Erzeugt spezifischere Leitfragen, Ideen und Aussagen
- Erzeugt größere Klarheit zu einem Thema
- Erzeugt mehr Hintergrundinformationen
- Erzeugt mehr Know-how-Zuwachs
- Erzeugt segmentierte, kategorisierte, geclusterte Daten

Hinderniseffekte, auf die die Methode positiv wirkt

- 05 – Verhindert blinden Aktionismus
- 10 – Verhindert falsche Flughöhen
- 11 – Schärft eine fehlende gemeinsame Ausrichtung
- 13 – Schafft für den Erfolg nötige Realitätsbezüge
- 16 – Beugt Misinterpretationen vor
- 18 – Bewahrt vor zu generischen Ideen und Aussagen
- 20 – Verhindert Ideenfindung mit zu schwacher Erkenntnisgrundlage
- 28 – Stärkt schwache Anreicherungsskills
- 32 – Verhindert unreflektiertes Agieren
- 36 – Schafft schnell Klarheit und beschleunigt Erkenntnisgewinn

Mögliche Extravorteile

- für Teams mit schwachem Auftragsmandat
- für disruptiv unerfahrene Teams
- für innovativ ungeübte Teams
- für multidisziplinär unerfahrene Teams
- für die Arbeit mit digitalen Kollaborationsboards

Quellen

Web – https://library.gv.com/how-to-choose-the-right-ux-metrics-for-your-product-5f46359ab5be, 24.05.2021

Web – https://www.interaction-design.org/literature/article/google-s-heart-framework-for-measuring-ux, 24.05.2021

Paper – Measuring the User Experience on a Large Scale: User-Centered Metrics for Web Applications, Kerry Rodden, Hilary Hutchinson, Xin Fu, Proceedings of CHI 2021

Grafik: verrocchio Mindset-Card – Illustration: Jennifer Weiss

Hebelworkshops

EinSatzBeschreibung

Strukturierter Ansatz zur Prüfung verschiedener Ansätze und Lösungsoptionen bei einer definierten Zielsetzung.

Transformation-Index

P1 Leading	P2 Organizing	P3 Connecting	P4 Growing	P5 Talking	P6 Scanning	P7 Exploiting	P8 Exploring	P9 Earning	P10 Scaling
					x	x	x	x	x

Beschreibung

Wie Archimedes sagte: „Gebt mir einen Hebel, der lang genug, und einen Angelpunkt, der stark genug ist, dann kann ich die Welt mit einer Hand bewegen." Der Hebelworkshop ist ein Ansatz, um verschiedene Hebel für eine bestimmte Problemstellung auszuprobieren und das Problem zu lösen, Potenzial zu identifizieren oder Herausforderungen zu meistern.

Ein Hebel ist dabei eine wirksame Aktion, die eine gewünschte Reaktion erzeugt.

Hier ein Beispiel aus dem Einkauf: Ein Lieferant fordert zu hohe Preise für seine Waren. Ein Hebel ist es einen Konkurrenten zu identifizieren, dem ich ein Teil des Umsatzes abgeben kann. Dieser Druckpunkt führt dazu, dass ich mit dem originären Lieferanten in Verhandlung treten kann und günstigere Preise damit erzielen kann. Der Hebel ist somit der Aufbau von Konkurrenz!

Diese Ansätze lassen sich auch im privaten Umfeld finden. Wenn das eigene Kind nun wieder einmal nicht hört, nutzen Eltern gerne Hebel, um ein bestimmtes Verhalten zu erreichen oder zu bestrafen. Einige bekannte Hebel sind beispielsweise Fernsehverbot oder Hausarrest.

Wie sehen nun Hebelworkshops im unternehmerischen Kontext aus:

Der Einsatz der Hebelworkshops erfordert drei elementare Bausteine:

1. Es ist eine konkrete Zielsetzung von Anfang an notwendig (Beispiel: Digitale Tools werden eingesetzt, um die Kosten um 5 % im Jahr zu reduzieren)
2. Die Durchführung des Workshops folgt gewöhnlich einem übergeordneten Struktur-Merkmal (bspw. Produktgruppen, Organisation, Prozesse, Warengruppen, etc.)
3. Für den Workshop ist eine gute Informationslage notwendig. Eine individuelle Vorbereitung ist wichtig und damit auch das Verständnis über die Methodologie bei den Teilnehmern des Workshops.

Sind diese Voraussetzung gegeben, so ist der Einsatz von Hebelworkshops eine sehr mächtige Methode, um aus einer Idee konkrete Maßnahmen zu identifizieren und festzulegen.

Durchführung

Die Durchführung teilt sich in zwei Segmente auf 1. Vorbereitung und 2. Durchführung. Als kontinuierliches Beispiel dient das Thema Einkaufsoptimierung.

Vorbereitung

Schritt 1: Bilden Sie für die Strukturelemente (bspw. Produktgruppen, Organisation, Prozesse, Warengruppen, etc.) die richtigen Teams. Hier ist es besonders wichtig, dass die relevanten Beteiligten richtig identifiziert werden. Je kritischer die Stakeholder, desto wichtiger, dass sie dabei sind.

Beispiel: Für jede Einkaufswarengruppe, wie bspw. Kabelbäume, Marketing, oder Handelswaren, werden die Kollegen aus der Entwicklung, Produktion, Arbeitsvorbereitung, Einkauf, Lager, etc. hinzugezogen.

Schritt 2: Sämtliche notwendigen Informationen werden strukturiert zusammengezogen und für den Workshop aufbereitet.

Beispiel: Sämtliche Einkaufsvolumen (Preis, Menge, Artikel, Bedarfsträger, Lieferanten etc.) werden für die Warengruppe aufbereitet. Informationsträger zu den Prozessen, Verträge, Organisationen und eingesetzte Tools werden zum Workshop hinzugezogen.

Schritt 3: Neben den internen Informationen sollten auch möglichst viele externen Themen eingeholt werden. Hier können es Studien, Benchmarks oder Marktanalysen sein, die eine Outside-in-Perspektive für die Workshopteilnehmer ermöglichen.

Schritt 4: Für den Hebelworkshop ist die Aufbereitung der Hebel notwendig. Zu der Zielsetzung wird sich dabei eine Hebelstruktur überlegt, mit der die Diskussion zur Zielverbesserung gestartet werden. Wie bei den Eltern, die sich nun Hebel überlegen, wie sie das Kind beeinflussen, müssen die Moderatoren der Workshops die Hebel für die entsprechenden Inhalte vorbereiten. Als Beispiel dient hier wieder der Einkauf, der Hebel zur Kostensenkung nutzen möchte:

- Produkthebel: Veränderung der Produktspezifikation, um günstiger einkaufen zu können.
- Markthebel: Erweiterung des Beschaffungsmarktes, um mehr potenzielle Lieferanten zu finden, die Konkurrenz erzeugen
- Vertragshebel: Längere Vertragslaufzeiten, um den Lieferanten mehr Sicherheit für höhere Rabatte zu bieten.
- Mengenhebel: Konsolidierung von Bedarfsmengen, um höhere Rabattstaffeln zu erzielen.

Schritt 5: Sämtliche Stakeholder/Teilnehmer sind über den Workshop und die Durchführung vorab zu informieren und einzubinden. Insbesondere die Vorbereitung zu den Themen ist wichtig

Illustrative

		Logistics	Dienst-leistung	Mobility	Travel	Marketing	Gebäude	IT	Others	Total
	Annual Spend [mn EUR]	X€	X€	X€	X€	X€	X€	X€	tbd	...
	Assessment Done?	Y	Y	Y	Y	Y	Y	Y		
	Category Strategy Avail.?	Y	Y	N	N	Y	Y	Y		
Cost Transparency	Cost/Price benchmarks									
	Zero based cost opt.									
	Total cost comparison									
	LPP – linear price perf.									
Product	Demand Management									
	Optimize Specs (TCO)									
Demand Bundling	Reduce Maverick Spend									
	Cross-Category									
	Cross-Supplier									
...	...									
	Typical Savings Range	3,1-4,2%	3,1-4,8%	3,2-7,5%	3,5-4,7%	2,7-4,2%	4,0-6,8%	4,2-5,8%	tbd	

Reviewed, no potential · Small potential · Large potential · Not analysed

Grafik: Jan Herrmann

und notwendig, da ansonsten die Unterstützung der Teilnehmer ausbleibt.

Durchführung:

Schritt 1: Allen Teilnehmern sind die Daten und Informationen einmal kurz vorzustellen, da im Voice-Over doch die eine oder andere Information noch deutlicher geteilt wird.

Schritt 2: In jedem Workshop werden nun die möglichen Hebel am Analyseobjekt durchgesprochen und auf mögliche Maßnahmen analysiert.

Beispiel: Lässt sich ein neuer Lieferant finden, der Konkurrenz zum aktuellen Lieferanten aufbauen kann?

Schritt 3: Sämtliche Maßnahmen werden dokumentiert. Dazu gehören ein Umsetzungsdatum, ein Verantwortlicher und ein definiertes Potenzial.

Schritt 4: Alle Maßnahmen werden zum Schluss konsolidiert und priorisiert. Dies sollte nicht nach mehr als zwei Kriterien erfolgen, da es sonst zu kompliziert wird.

Schritt 5: Die Ergebnisse sind final zu verteilen, sodass für alle Teilnehmer eine klare Transparenz herrscht. Es ist wichtig, dass die Beteiligten feststellen, dass sie nicht allein am Ziel arbeiten.

> Die erarbeiteten Maßnahmen sind sehr mächtig und bringen ein Team oder ein Unternehmen ein gutes Stück vorwärts. Allerdings erfordert dies auch eine erhebliche Vorbereitung und ein spezifisches Projektteam.

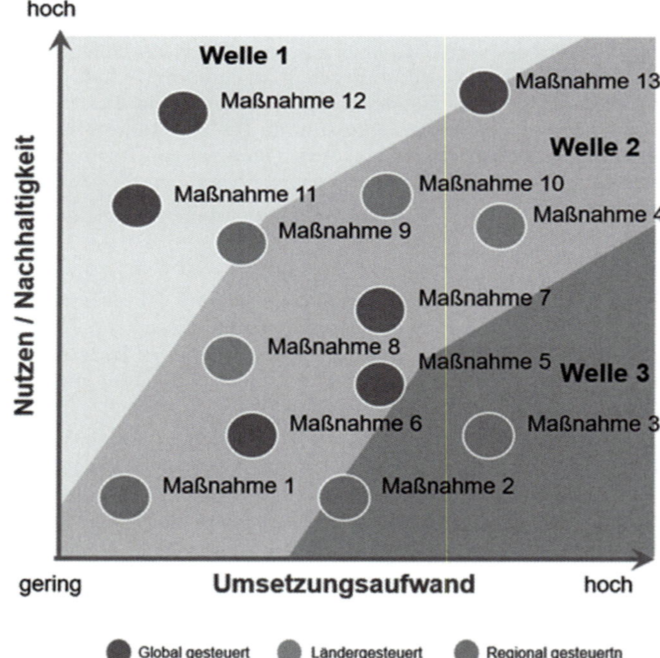

Grafik: Jan Herrmann

Transformationswirksamkeit

- Wirksam für Herausforderungen mit hoher Komplexität
- Wirksam für Herausforderungen mit mittlerer Komplexität
- Wirksam für alle Transformationen

Transformationsfähigkeit

- Fördert die allgemeine Transformationsfähigkeit des Teams

Einsatzcharakteristik

- Austauschfokus: vornehmlich mit internen Personen
- Durchführungszeit: eher mittel (>1 Stunde bis <1 Tag)
- Einsatzfrequenz: vornehmlich im einmaligen Einsatz
- Einsatzradius: vornehmlich im Teameinsatz
- Komplexität für den Moderator: eher mittel
- Komplexität für die Teilnehmer: eher mittel
- Teamgröße: Kleingruppe möglich (3 bis 5 Teilnehmer)
- Teamgröße: Maxigruppen möglich (20 bis 40 Teilnehmer)
- Teamgröße: Mittelgroße Teams möglich (5 bis 20 Teilnehmer)
- Vorbereitungszeit: eher mittel (>1 Stunde bis <1 Tag)

Nötiger Input, um mit der Methode arbeiten zu können

- Aktuelle Herausforderung, Leitfrage, Problem

Erzeugter Output der Methode

- Bessere Projekteffizienz, bessere Teamperformance
- Erzeugt Ideen, Lösungsansätze, Vorideen, Möglichkeiten

Hinderniseffekte, auf die die Methode positiv wirkt

- 05 – Verhindert blinden Aktionismus
- 11 – Schärft eine fehlende gemeinsame Ausrichtung
- 16 – Beugt Misinterpretationen vor
- 32 – Verhindert unreflektiertes Agieren
- 38 – Verkürzt zu lange Meetingzeiten

Mögliche Extravorteile

- für erfahrene Trainer und Agile Coaches

Quellen

Person – Jan Herrmann, jan_herrmann@gmx.net

Foto: NEU Innovation – ARAG

Holakratie

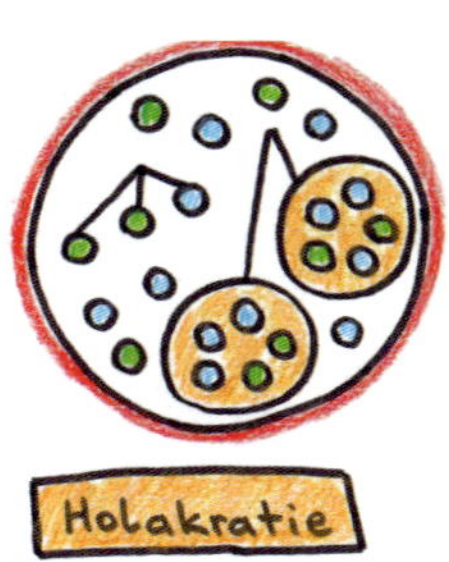

EinSatzBeschreibung

Kompetenzbasiertes Managementsystem mit hierarchiearmer Organisationsstruktur.

Transformation-Index

P1 Leading	P2 Organizing	P3 Connecting	P4 Growing	P5 Talking	P6 Scanning	P7 Exploiting	P8 Exploring	P9 Earning	P10 Scaling
x	x								

Beschreibung

Holakratie (Holacracy) ist ein Management-System, dessen methodische Grundlage darauf basiert, dass die Entscheidungskraft in Unternehmen nach der Arbeit der Menschen und nicht nach dem Jobtitel bewertet wird. Kompetenz, Erfahrung und fachliche Priorisierung schlagen also die klassische Hierarchie. Gerade für sich wandelnde oder neu gebildete Strukturen ist eine pragmatische und dennoch strukturierte Form der Vorgehensweise essenziell. Das Ergebnis ist effiziente Kommunikation, effektive Meetings, weniger Bürokratie und Hindernisse sowie klar verteilte Verantwortlichkeiten und Erwartungen.

Grundlage bildet die Verfassung, die „Holacracy Constitution“, die über fünf Kapitel das Vorgehen der Zusammenarbeit regelt:

1. Rollen füllen
2. Kreisstruktur
3. Governance-Prozess
4. Operativer Prozess
5. Inkrafttreten

Durch die Zuordnung zu verschiedenen tlw. verschachtelten und verlinkten Kreisen, denen die Teammitglieder angehören, werden die „purposes“, Zwecke und Ziele/ Aufgaben der Struktur, benannt. Das „Was“ ist hier definiert, das „Wie“ bleibt unter Berücksichtigung definierter Regeln den Teilnehmern überlassen.

Die Kreise stellen dabei zwar „Hierarchien“ dar, sodass der übergeordnete „Super-Kreis“ die darunterliegenden „Sub-Kreise“ einsetzen oder auflösen kann, jedoch handelt es sich bei den Sub-Kreisen eher um spezifische Aufgaben, die für das große Ganze erledigt werden müssen, als um personelle Hierarchien.

Für jeden Kreis gibt es vier verschiedene Rollen, die von einem oder mehreren Mitgliedern auch kreisübergreifend besetzt werden können. Die beiden Rollen „Lead-Link“ und „Rep-Link“ stellen die Verbindung zu anderen Kreisen dar, dabei repräsentiert und kommuniziert der „Rep-Link“ die internen Zwischenstände an den übergeordneten Super-Kreis; die Lead-Rolle kommuniziert nach innen die Erkenntnisse aus dem Super-Kreis. Der Lead ist dabei vergleichbar mit einer Zellwand, die den Rahmen und die Form der Zelle schützt und sich temporär auch um nicht besetzte Rollen kümmert. Die beiden Link-Rollen sollen immer durch unterschiedliche Personen ausgefüllt werden.

Die weiteren Rollen „Moderator“ und der „Sekretär“ kümmern sich um die Abläufe in dem eigenen Kreis.

Jede Rolle steuert nach vordefinierten Regeln die Arbeitsweise und sorgt insgesamt für Transparenz, Struktur und Fortschritt für das Unternehmen.

In den Governance- und Operativen Meetings werden nach festgelegten Abläufen die für eine effektive Bearbeitung der Aufgaben notwendigen Punkte abgearbeitet und fortgeschrieben.

Ein Kernbegriff bei der Holakratie ist die positiv konnotierte Verwendung von „Spannung“ statt „Probleme“ oder „Herausforderungen“. Spannungen können von jedem Teilnehmenden in den jeweiligen Meetings benannt werden und sollen als Antrieb oder Energie gesehen werden, einen gegenwärtigen Zustand in etwas anderes zu verändern.

Mit Einführung von holakratischen Ansätzen kann es gelingen, spannungsreduzierte Transformationen zu erzeugen, da viel klassisch informelles Wissen offen kommuniziert wird und zielführend gesteuert werden kann. Mit neuen Aufgabenstellungen innerhalb der Organisation können fließend neue Aufteilungen erfolgen und somit das zielorientierte Unternehmen geschaffen werden.

Trotz fehlender Hierarchie ergeben sich durch kleinere, iterative Kurskorrekturen schnelle Ergebnisse, die durch regelmäßige Überprüfung mit der strategischen Ausrichtung nachgesteuert werden können.

Vorteile

- iterative „Updates“ der Organisationsstruktur auf Basis von konkreten Anforderungen
- flexiblere Arbeitsweise und Eigenverantwortlichkeit der Kreise
- Abbau von Bürokratie und Hierarchien
- klare Regeln für Verwaltung, Machtverteilung und Rollenzuordnung
- Reduzierung von persönlichen Befindlichkeiten durch Rollen- statt Personenbezug
- effiziente Zusammenarbeit durch definierte Abläufe

Nachteile

- Einführung erfordert Einarbeitungszeit und Veränderungswillen
- Gehalts- und Vergütungsstruktur kann zu Spannungen führen
- Frustrationspotenzial durch Wegfall langfristig erworbener Titel und Privilegien oder Verantwortlichkeiten

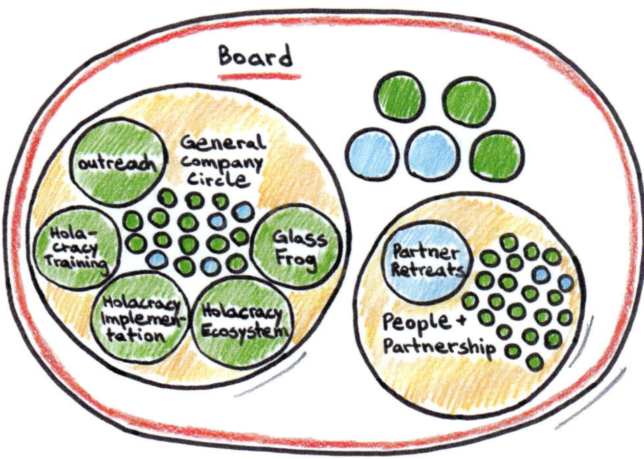

Grafik: Anja Faber

Durchführung

Erstmalig, einmalig oder selten:

- Festlegen des allgemeinen Zwecks der Organisation
- Benennung der Kreise und den jeweiligen Funktionen darin
- Zuordnung der jeweiligen Rolle

Wiederkehrend, iterativ bzw. regelmäßig

- Abhalten der Tactical Meetings (Arbeiten *in* der Organisation, ein- bis zweiwöchig)
  - Check-in
  - Checklisten-Durchsicht
  - Kennzahlen-Durchsicht
  - Projekfortschritte
  - Agenda erstellen
  - Spannungen besprechen
  - Abschlussrunde
- Governance-Meetings (Arbeiten *an* der Organisation, alle ein bis drei Monate)
  - Check-in
  - Administratives
  - Agenda erstellen
  - Agenda bearbeiten
    - Vorstellung Vorschlag
    - Klärung Verständnisfragen
    - Reaktionsrunde
    - Klärung und Verbesserung
    - Sicherheitsprüfung des Vorschlags
    - ggf. Integration
- Austausch unter den verschiedenen Rollen
  - Moderator/Facilitator
  - Sekretär
  - Lead-Rolle
  - Rep-Link

Transformationswirksamkeit

- Wirksam für Herausforderungen mit hoher Komplexität

Transformationsfähigkeit

- Fördert die allgemeine Transformationsfähigkeit des Teams

Einsatzcharakteristik

- Austauschfokus: vornehmlich mit internen Personen
- Durchführungszeit: eher hoch (> 1 Tag)
- Einsatzfrequenz: sinnvoll im dauerhaften Einsatz
- Einsatzradius: vornehmlich im unternehmensweiten Einsatz
- Komplexität für den Moderator: eher hoch
- Komplexität für die Teilnehmer: eher hoch
- Teamgröße: Großgruppen möglich (>50 Teilnehmer)
- Teamgröße: Kleingruppe möglich (3 bis 5 Teilnehmer)
- Teamgröße: Maxigruppen möglich (20 bis 40 Teilnehmer)
- Teamgröße: Mittelgroße Teams möglich (5 bis 20 Teilnehmer)
- Vorbereitungszeit: eher hoch (>1 Tag)

Nötiger Input, um mit der Methode arbeiten zu können

- Beteiligte Personen mit Tätigkeiten und Aufgaben
- Ziele, Zielsystem, Kennzahlen

Erzeugter Output der Methode

- Bessere Projekteffizienz, bessere Teamperformance

Hinderniseffekte, auf die die Methode positiv wirkt

- 04 – Beugt blinden Flecken/Betriebsblindheit vor
- 23 – Schwächt Konkurrenzdenken und Angst vor Machtverlust
- 36 – Schafft schnell Klarheit und beschleunigt Erkenntnisgewinn

Mögliche Extravorteile

- für Teams in einer Komfortsituation
- für Teams mit einem starkem Auftragsmandat
- für Teams mit einer konservativen, tradierten Kultur
- für erfahrene Trainer und Agile Coaches

Quellen

Buch – Holacracy , Brian J.Robertson (Vahlen 2016)
Web – https://agilescrumgroup.de/holacracy/, 22.05.2021

100

Impact Mapping

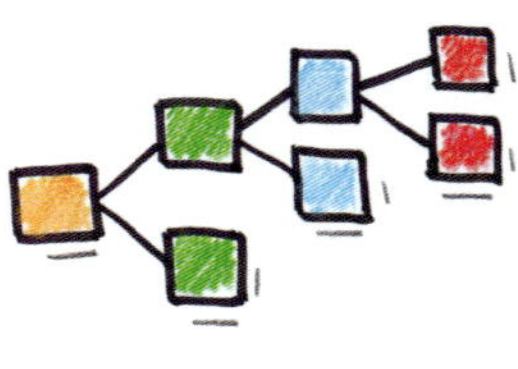

EinSatzBeschreibung

Impact Mapping ist eine Methode zur strategischen Planung und soll sicherstellen, dass Projekte bzw. Produkte einen wirklichen „Impact" bewirken und somit einen Wert schaffen.

Transformation-Index

P1 Leading	P2 Organizing	P3 Connecting	P4 Growing	P5 Talking	P6 Scanning	P7 Exploiting	P8 Exploring	P9 Earning	P10 Scaling
x	x		x						

Beschreibung

Impact Mapping ist eine Methode zur strategischen Planung und soll sicherstellen, dass Projekte bzw. Produkte einen wirklichen „Impact" – einen Unterschied – bewirken und somit einen Wert schaffen. Als Ursache für die von Gojko Adžić entwickelte Methode steht die Aussage, dass Produkte/Projekte nicht isoliert funktionieren und entstehen, sondern in dynamischen Wechselwirkungen mit Menschen, anderen Projekten und ihrer Umwelt stehen.

Durch Impact Maps soll diese dynamische Beziehung explizit gemacht sowie die dahinter wichtigsten Annahmen und der Lieferumfang visualisiert werden. Dadurch können Teams ihre Aktivitäten gezielter auf die Geschäftsziele des Projektes richten.

Um dies zu erreichen, wird eine Impact Map – eine Art von Mindmap – mit folgenden vier Kernfragen erstellt:

1. Warum machen wir dieses Projekt/Produkt (Ziel)?
2. Wer ist dafür von Belang (Akteur)?
3. Wie wirkt sich das Ziel auf die Akteure aus (Auswirkung)?
4. Was sind die dafür zu liefernden Anforderungen (Ergebnis)?

Einer der großen Vorteile ist, dass das „Was?", also die Aktivitäten, die wir umsetzen müssen, immer mit den entsprechenden Auswirkungen und dem Ziel verknüpft sind.

Durchführung

Zur Erstellung einer Impact Map bietet sich eine diversifizierte Gruppe an. Hier machen Rollen wie Product Owner, Domänenexperten, Entwickler, Designer und Vertreter der Akteure Sinn.

1. Ziel definieren („Warum?")

Ähnlich wie beim Golden Circle startet die Impact Map mit der wichtigsten aller Fragen: Warum führen wir dieses Projekt durch? Was ist das dahinter liegende Ziel? Durch die Beantwortung dieser zentralen Frage können alle Beteiligten ihre Aktivitäten besser auf das formulierte Ziel ausrichten und bessere Lösungen entwickeln. Um das Ziel zu konkretisieren, bietet sich es an, dieses SMART zu formulieren, also spezifisch, messbar, aktivierend, realistisch und terminiert. Es ist wichtig, dass das dahinterliegende Kernproblem dargestellt wird, damit alle Lösungen auf dieses ausgerichtet werden können.

2. Akteure identifizieren ("Wer?")

Die zweite Frage „Wer?" zielt darauf ab, alle Akteure zu identifizieren, die von dem Ziel beeinflusst werden bzw. das zu erreichende Ziel beeinflussen können:

Zentrale Fragen sind:

- Wer kann den gewünschten „Impact" erreichen?
- Wer kann diesen behindern?
- Wer sind die Endnutzer des Produktes?
- Wer wird davon positiv oder negativ beeinflusst?
- Wer setzt die Ziele in die Tat um?

3. Auswirkungen finden ("Wie?")

Die Auswirkungen stellen die eigentlichen „Impacts" dar, wie bzw. durch welches Verhalten die Akteure mit dem Ziel verknüpft sind. Hier gilt es also einerseits herauszufinden, wie die Akteure die Zielerreichung unterstützen oder verhindern können, andererseits aber auch wie sich das Verhalten der Akteure idealerweise verändern sollte, um das Ziel zu erreichen.

Zentrale Fragen sind:

- Wie können die Akteure die Erreichung des Ziels unterstützen?
- Wie können die Akteure die Erreichung des Ziels verhindern?
- Wie sollte sich das Verhalten der Akteure idealerweise verändern, um das Ziel zu erreichen?

4. Ergebnisse erarbeiten ("Was?")

In den Ergebnissen sind die Aktivitäten und Anforderungen aufzulisten, die wir als Organisation bzw. Team umsetzen können bzw. müssen, um die Auswirkungen zu unterstützen und damit den Akteuren zu ermöglichen, diese Dinge durchzuführen, damit unser Ziel erreicht wird.

5. Ergebnisse Priorisierung

Nachdem die obigen Schritte durchgeführt wurden und eine Impact Map erstellt wurde, können die Ergebnisse nun priorisiert, bspw. hinsichtlich Aufwände und Kosten.

6. Hypothesen validieren & Ergebnisse umsetzen

Vor der eigentlichen Umsetzung der Ergebnisse empfiehlt es sich, diese Pfade zunächst zu validieren, denn letztendlich stellen dies nur Annahmen des Teams dar. Jedes Ergebnis ist mit einer Auswirkung und einem Akteur verknüpft. Wenn sich diese Verknüpfung also irgendwo als „falsch" herausstellt, dann erreichen wir mit der

Umsetzung des Ergebnisses nicht das Ziel. Zur Validierung kann bspw. mit Methoden aus dem Lean Startup gearbeitet werden.

7. Validierte Ergebnisse umsetzen

Nach der erfolgreichen Validierung können die Ergebnisse anschließend in die Umsetzung starten, um das Ziel zu erreichen.

Grafik: Anja Faber

Praxisschlaglicht

Folgende Tipps helfen bei der Durchführung der Methode:

- Egal auf welcher Ebene Sie unterwegs sind, stellen Sie immer sicher, dass Sie sich auf das formulierte Ziel konzentrieren.
- Stellen Sie sicher, dass das Ziel hinreichend spezifiziert wurde (SMART).
- Idealerweise laden Sie auch Akteure zur Durchführung der Methode ein, von denen Sie wissen, dass diese in der Impact Map stehen (z. B. Endnutzer).
- Nach der Durchführung der Methode haben Sie verschiedene Pfade, aber das bedeutet nicht, dass sie auch jeden Pfad umsetzen können. Priorisieren Sie die Ergebnisse und bewerten Sie diese hinsichtlich Aufwände und weiteren Kriterien, um möglichst effektiv und effizient an das Ziel zu gelangen.
- Vergessen Sie nicht, dass alle Pfade nur Annahmen darstellen und zunächst validiert werden sollten.
- Konzentrieren Sie sich zunächst „auf das große Ganze" – Sie können die verschiedenen Ergebnisse immer noch detaillierter spezifizieren.
- Die Impact Map kann immer erweitert werden. Legen Sie zu Anfang ggf. den Fokus auf den „kürzesten" bzw. „günstigsten" Pfad, um das Ziel zu erreichen.

Transformationswirksamkeit

- Wirksam für Herausforderungen mit hoher Komplexität
- Wirksam für Herausforderungen mit mittlerer Komplexität
- Wirksam für alle Transformationen
- Wirksam für radikale Transformationen

Transformationsfähigkeit

- Fördert die allgemeine Transformationsfähigkeit des Teams
- Zahlt auf eine bessere Vorstellungskraft ein
- Zahlt auf eine bessere Wahrnehmung ein

Einsatzcharakteristik

- Austauschfokus: vornehmlich mit internen Personen
- Durchführungszeit: eher hoch (> 1 Tag)
- Durchführungszeit: eher mittel (>1 Stunde bis <1 Tag)
- Einsatzfrequenz: sinnvoll im dauerhaften Einsatz
- Einsatzfrequenz: vornehmlich über im kompletten Projektzeitraum
- Einsatzradius: vornehmlich im Teameinsatz
- Einsatzradius: vornehmlich im projektweiten Einsatz
- Komplexität für den Moderator: eher mittel
- Komplexität für die Teilnehmer: eher mittel
- Teamgröße: Einzelpersonennutzung möglich
- Teamgröße: Kleingruppe möglich (3 bis 5 Teilnehmer)
- Teamgröße: Maxigruppen möglich (20 bis 40 Teilnehmer)
- Teamgröße: Mittelgroße Teams möglich (5 bis 20 Teilnehmer)
- Vorbereitungszeit: eher mittel (>1 Stunde bis <1 Tag)

Nötiger Input, um mit der Methode arbeiten zu können

- Durchlaufenes Projekt oder Projektphasen
- Existierende Prozesse und Verfahren
- Durchführungszeit, Trainingszeit

Erzeugter Output der Methode

- Bessere Projekteffizienz, bessere Teamperformance
- Erzeugt Planungen und Priorisierungen
- Erzeugt größere Klarheit zu einem Thema
- Erzeugt transformationsfähigere Organisationen
- Erzeugt segmentierte, kategorisierte, geclusterte Daten

Hinderniseffekte, auf die die Methode positiv wirkt

- 05 – Verhindert blinden Aktionismus
- 11 – Schärft eine fehlende gemeinsame Ausrichtung
- 13 – Schafft für den Erfolg nötige Realitätsbezüge
- 16 – Beugt Misinterpretationen vor
- 18 – Bewahrt vor zu generischen Ideen und Aussagen
- 25 – Schwächt multidisziplinäre Reibungsverluste
- 32 – Verhindert unreflektiertes Agieren
- 36 – Schafft schnell Klarheit und beschleunigt Erkenntnisgewinn

Mögliche Extravorteile

- für Teams mit einer konservativen, tradierten Kultur
- für Teams mit einer schwacher Teamleitung
- für disruptiv unerfahrene Teams
- für innovativ ungeübte Teams
- für multidisziplinär unerfahrene Teams
- für unerfahrene Trainer und Agile Coaches
- für die Arbeit mit digitalen Kollaborationsboards

Quellen

Buch – Impact Mapping: Making a Big Impact with Software Products and Projects, Gojko Adzic (NEURI LTD 2012)

Grafik: verrocchio Mindset-Card – Illustration: Jennifer Weiss

Innovationdigging

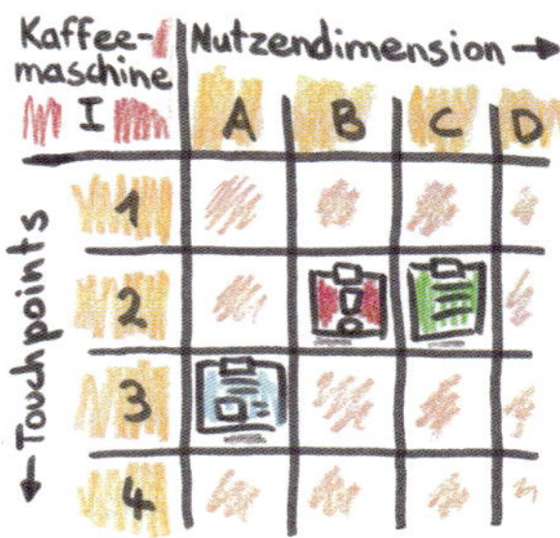

EinSatzBeschreibung

Strukturierte Ideenfindung mithilfe von Suchfeldmatrizen (strategisch oder ad hoc).

Transformation-Index

P1 Leading	P2 Organizing	P3 Connecting	P4 Growing	P5 Talking	P6 Scanning	P7 Exploiting	P8 Exploring	P9 Earning	P10 Scaling
							x		

Beschreibung

Die Methode von Tamer Kemeröz und Benno van Aerssen für eine „Systematische Ideenausgrabung im Tal der verborgenen Suchfelder" – Innovationdigging – beantwortet die schmerzlichen Fragen: „Wo sollen wir denn nur mit der Ideensuche beginnen?" und „Wie verschaffen wir uns schnell Inspirationen für neue Innovationssuchfelder?" ganz konkret.

Die Methode arbeitet mit Suchfeldtabellen und ist vom Morphologischen Kasten inspiriert. Innovationdigging ist die erste Methode ihrer Art und definiert den neuen Gattungsbegriff der Kreativkräftebündelung. Mit Innovationdigging erhöhen Sie systematisch die Wahrscheinlichkeit sowohl für kontinuierliche (inkrementelle) Innovationen als auch für disruptive (radikale) Innovationen.

- Innovationdigging funktioniert in Einzelarbeit, für Teams und ganze Unternehmen.
- Innovationdigging steigert die Innovationswahrscheinlichkeit.
- Innovationdigging findet verborgene Suchfelder.
- Innovationdigging senkt die Ideen- und Innovationssuchkosten durch einen einfachen, messbaren und strukturierten Prozess, der die Kreativkräfte im Unternehmen systematisch bündelt.
- Innovationdigging bietet einen systematischen und strukturierten Ansatz für die Ideenfindung und Innovationsgenerierung.
- Innovationdigging sorgt für schnelle Ergebnisse und verhindert Frustmomente.
- Innovationdigging steigert die Ideenfindungseffizienz und senkt die Kosten, die durch ziellose Diskussionen und ständige Neusynchronisation der Teams entstehen.
- Innovationdigging steigert die Teammotivation und sorgt für eine Kräftebündelung, da keiner Sorgen haben muss, sein Suchfeld würde übersehen.
- Innovationdigging generiert durch die transparente Dokumentation ständig wertvolle Sollbruchstellen und Milestones.
- Innovationdigging bietet die Möglichkeit, Kennzahlen zu bilden, auf deren Basis sich der gesamte Ideenfindungsprozess kalkulieren und controllen lässt.

Durchführung

Hier nun ein Beispiel und eine Vorgehensweise für eine Produkt-Suchfeldmatrix. Dieses Beispiel beschreibt, wie Produktentwickler mithilfe von Innovationdigging einen Kaffeevollautomaten innoviert haben.

Schritt 1: Beschreiben Sie kurz das Suchgebiet beziehungsweise Ihre Herausforderung, wonach Sie suchen wollen, und schreiben dies als Frage über Ihre Suchfeldmatrix. Hier: „Mit welchen innovativen Funktionen können wir unseren Kaffeevollautomaten zusätzlich ausstatten?"

Schritt 2: Legen Sie eine Tabelle auf einem möglichst großen Blatt Papier, einem Flipchart, einer Pinnwand oder in Excel an.

Schritt 3: Beschriften Sie als erstes die Hochachse (sprich die Zeilenköpfe der Tabelle). Stellen Sie hier zum Beispiel die Kontaktpunkte (Touchpoints) Ihres Kunden mit dem Produkt zusammen (Die Beschriftung der Hochachse mit den Touchpoints ist die klassische Variante, die Sie in jedem Fall erstmal nutzen sollten. Später können viele andere Beschriftungen dazukommen.).

Am besten laufen die Touchpoints über den ganzen Lebenszyklus des Produkts. Benennen Sie jede Zeile mit einem Kontaktpunkt – am besten auch in der Reihenfolge ihres typischen Auftretens. Die Touchpoints werden typischerweise durch Verben oder beschreibende Handlungen definiert.

Foto: Benno van Aerssen

Bei unserem Kaffeemaschinenbeispiel haben wir folgende Kontaktpunkte auf der Hochachse notiert:

(1) Auspacken, (2) Aufstellen, (3) Wasser befüllen, (4) Kaffeemenge dosieren, (5) Kaffee hinzugeben, (6) Gerät anschalten,

(7) Kaffee brühen … (x) Kaffee servieren, (y) Gerät entsorgen.

Schritt 4: Beschriften Sie nun die Querachse (sprich die Spaltenköpfe der Tabelle) – definieren Sie hier zum Beispiel die Nutzendimensionen für das Produkt. Nutzendimensionen sind typischerweise Adjektive im Komparativ, die einen Nutzen beschreiben. Bei unserem Kaffeemaschinenbeispiel haben wir folgende Nutzendimensionen auf der Querachse notiert:

(A) schneller, (B) sicherer, (C) umweltfreundlicher, (D) kompakter, (E) einfacher, (F) hygienischer, (G) unterhaltsamer, (H) wertvoller, (I) günstiger machen.

Hinweis!

Versuchen Sie immer, auch auf den ersten Blick völlig „abwegige" beziehungsweise „verrückte" Nutzendimensionen (zum Beispiel lustiger, lauter, erotischer …) einzubauen, um besonders neuartige Ideen zu generieren. Besonders die eher abwegigen Nutzendimensionen generieren die so wichtigen verborgenen Suchfelder, die sich zu Goldquadraten entwickeln können.

Schritt 5:

Schauen Sie nun, welche Suchfelder auf Ihrer Suchfeldmatrix entstanden sind – Sie werden bekannte, vermutete, neue und ganz überraschende Suchfelder finden. Zeigen Sie mit den Fingern auf die verschiedenen Suchfelder und sprechen Sie in Gedanken die entstandene Wortkombination (Beispiel: „lustiger reinigen", „einfacher auspacken" und so weiter). Lassen Sie sich von den Suchfeldern für Ihre Ideenfindung inspirieren.

Hinweis!

Die Suchfeldmatrix muss nicht zwingend an einer Pinnwand erstellt werden. Sie funktioniert fast überall und auch ganz spontan: auf Bierdeckeln, Servietten, Kollegeblöcken, Pinnwänden, Flipcharts und natürlich als Excel-Tabelle.

Transformationswirksamkeit

- Wirksam für Herausforderungen mit hoher Komplexität
- Wirksam für Herausforderungen mit mittlerer Komplexität
- Wirksam für Herausforderungen mit niedriger Komplexität
- Wirksam für Designtransformationen
- Wirksam für Marketingtransformationen
- Wirksam für Produkttransformationen
- Wirksam für Prozesstransformationen
- Wirksam für Servicetransformationen
- Wirksam für Sozialtransformationen
- Wirksam für radikale Transformationen

Transformationsfähigkeit

- Fördert die Teamkreativität
- Fördert grundlegend die Kreativität
- Sorgt für Inspiration oder bessere Inspirationsempfindlichkeit

Einsatzcharakteristik

- Austauschfokus: vornehmlich mit internen und externen Personen
- Durchführungszeit: eher gering (< 1 Stunde)
- Durchführungszeit: eher hoch (> 1 Tag)
- Durchführungszeit: eher mittel (>1 Stunde bis <1 Tag)
- Einsatzfrequenz: vornehmlich im einmaligen Einsatz
- Einsatzfrequenz: vornehmlich über im kompletten Projektzeitraum
- Einsatzradius: vornehmlich im Teameinsatz
- Einsatzradius: vornehmlich im projektweiten Einsatz
- Komplexität für den Moderator: eher gering
- Komplexität für die Teilnehmer: eher gering
- Teamgröße: Einzelpersonennutzung möglich
- Teamgröße: Kleingruppe möglich (3 bis 5 Teilnehmer)
- Teamgröße: Maxigruppen möglich (20 bis 40 Teilnehmer)
- Teamgröße: Mittelgroße Teams möglich (5 bis 20 Teilnehmer)
- Vorbereitungszeit: eher mittel (>1 Stunde bis <1 Tag)

Nötiger Input, um mit der Methode arbeiten zu können

- Aktuelle Herausforderung, Leitfrage, Problem

Erzeugter Output der Methode

- Erzeugt Ideen für neue Märkte und neue Business Modelle
- Erzeugt Ideen, Lösungsansätze, Vorideen, Möglichkeiten

Hinderniseffekte, auf die die Methode positiv wirkt

- 12 – Wirkt fehlender Inspiration entgegen
- 24 – Verkürzt und durchbricht vorhandene Kreativblockaden
- 41 – Verringert zu große Komplexitäten
- 42 – Überzeugt strukturliebende Teammitglieder

Mögliche Extravorteile

- für Teams mit einer konservativen, tradierten Kultur
- für disruptiv unerfahrene Teams
- für innovativ ungeübte Teams
- für multidisziplinär unerfahrene Teams
- für unerfahrene Trainer und Agile Coaches
- für die Arbeit mit digitalen Kollaborationsboards

Quellen

Buch – Innovationdigging, B. van Aerssen, T. Kemeröz (Books on Demand 2013)

Buch – Das große Handbuch Innovation, B. van Aerssen, C. Buchholz (Vahlen 2018)

Web – http://www.ideenfindung.de/Übersicht-Liste-Kreativitaetstechniken-Ideenfindung.html (April 2017)

Innovation Lab

Foto: NEU Innovation – Zentis GmbH & Co. KG

EinSatzBeschreibung

Ein Ort zum Ausprobieren und Kennenlernen neuer Methoden, in dem Digitalisierungsvorhaben entstehen und wachsen.

Transformation-Index

P1 Leading	P2 Organizing	P3 Connecting	P4 Growing	P5 Talking	P6 Scanning	P7 Exploiting	P8 Exploring	P9 Earning	P10 Scaling
							x		

Beschreibung

Die Struktur, die Kultur, die Spielregeln und die Wirkung einer digitalen Transformation können in einem Innovation Lab, in einem sicheren Rahmen bestimmt, verprobt und kontinuierlich weiterentwickelt werden. Beschäftigte, die temporär im Innovation Lab im Rahmen von Digitalisierungsprojekten mitarbeiten oder das Geschehen beobachten und Austausch suchen, sollen grundsätzlich in die Lage versetzt werden, selbstständig Bestandteile aus dem Innovation Lab in ihren Bereichen der Organisation übertragen zu können. Damit kann ein Innovation Lab, in dem die Elemente der digitalen Transformation gelebt werden, als Keimzelle für eine übergreifende digitale Transformation agieren. Damit die Methode Erfolg hat, muss die Veränderung spürbar sein und sukzessive immer mehr Bereiche des Unternehmens erfolgreich einbeziehen.

Foto: NEU Innovation – Zentis GmbH & Co. KG

Mittlerweile wurden weltweit unterschiedliche Formen von Innovation Labs aufgebaut, erweitert und teilweise auch wieder aufgegeben. Unabhängig von der aktuellen Situation Ihres Unternehmens, können Sie jederzeit Ihr Innovation Lab so gestalten, dass es Ihnen für die digitale Transformation nützt. Wenn Sie das erste Mal von einem Innovation Lab hören, starten Sie mit kleinen Schritten, indem Sie z. B. einen Kreativraum einrichten und mit einem erfahrenen Methoden-Coach Angebote für interessierte Beschäftigte schaffen. Haben Sie ein 200 m² Innovation Lab, das mit neuem Wissen, neuen Formaten oder einer neuen Organisation erweitert werden kann? Dann nutzen Sie das und verknüpfen Sie Ihre digitale Transformation gezielt mit Ihrem Innovation Lab. Scheiterte Ihr Innovation Lab schon einmal, beginnen Sie von vorn, lernen Sie aus den Fehlern und ändern Sie die entscheidenden Parameter, damit es besser gelingen kann.

Das Innovation Lab bietet Ihrem Unternehmen einen sicheren Rahmen, in dem Beschäftigte alle Formen der digitalen Transformation hautnah erleben können. Dabei kombinieren die Beschäftigten neues Theoriewissen direkt mit der Praxis. In dem sie in Digitalisierungsprojekten selbstorganisiert zusammenarbeiten, entdecken sie neue Arbeitsweisen in neuen Räumen mit einer neuen Kultur, neuen Prozesse und neuen Methoden. Und ganz nebenbei können im besten Fall die Digitalisierungsprojekte zu disruptiven Geschäftsmodellen oder innovativen Produkten heranwachsen.

Durchführung

Aufbau: Wählen Sie aus der Grafik Ihre bevorzugten Elemente in den Kategorien Raum, Kultur, Prozesse und Methoden, die Sie in Ihrem Innovation Lab für Ihre digitale Transformation einbringen möchten. Unsere Liste dient Ihnen als eine erste Gedankensammlung, die Sie für Ihre Zwecke nutzen können. Beachten Sie, dass es für Ihr Innovation Lab keine Blaupause oder Vorlage gibt, da für

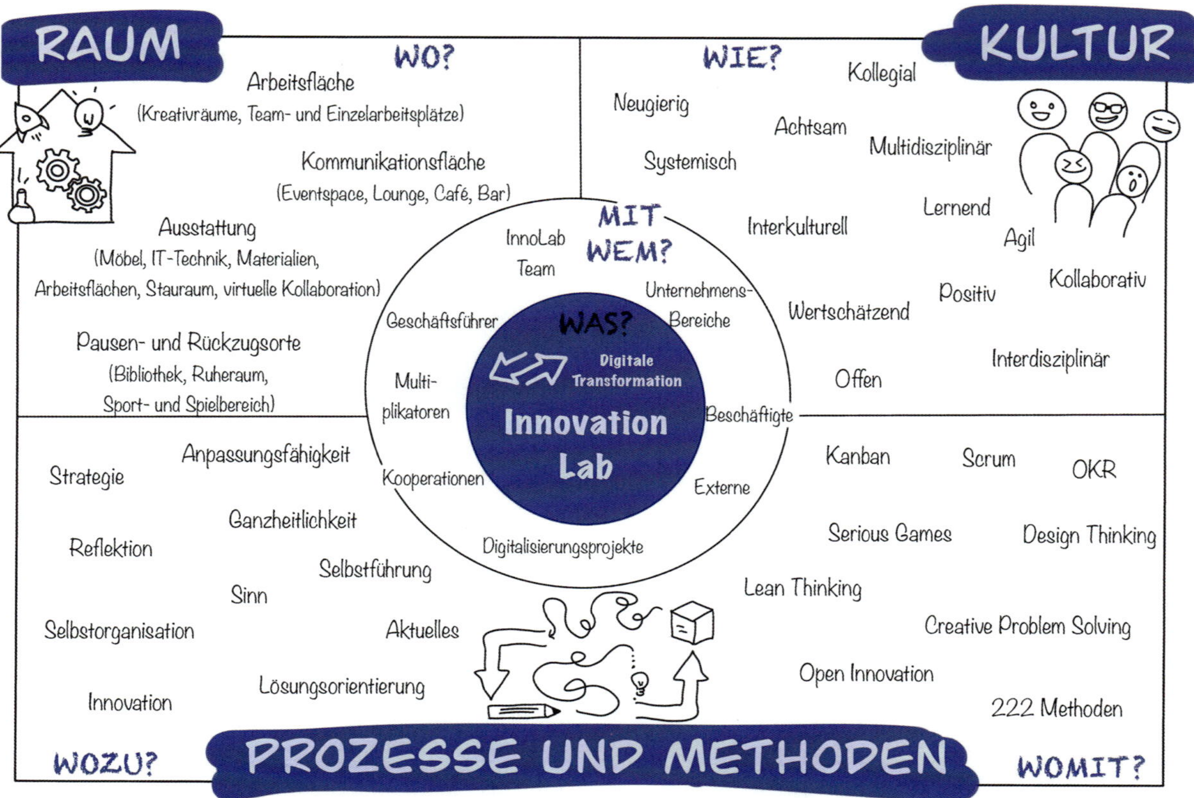

Grafik: Beate Sommer

die digitale Transformation niemals das Innovation Lab sondern Ihr Unternehmen als Ausgangspunkt genutzt werden sollte. Gehen Sie Ihre ersten eigenen Schritte, wählen Sie ein iteratives Vorgehen und reflektieren Sie kontinuierlich. Beim Aufbau eines Innovation Labs lohnt es sich externe Hilfe in Anspruch zu nehmen, da ein Erfahrungsreichtum ein besseres Ergebnis hervorbringt. Sie sollten ebenfalls Innovation Labs anderer Unternehmen besuchen (siehe Lernreise), sich ein Netzwerk in diesem Bereich aufbauen bzw. von Ihrem Netzwerk, das bereits Erfahrungen besitzt, lernen.

Integration: Alles, was Sie in Ihrem Innovation Lab anbieten, muss als Prototyp für die gesamte Organisation angesehen werden. Dazu gehören der Raum, die Kultur, die Prozesse und die Methoden. Es ist zwingend notwendig, dass sich das Innovation Lab durch kontinuierliche Verbesserungen weiterentwickelt und Neues ausprobiert. Parallel dazu, muss es erlaubt sein, dass Beschäftigte im ganzen Unternehmen von den Erfahrungen des Innovation Labs – von dem Prototypen – lernen bzw. profitieren. Eine erfolgreiche Integration kann dadurch entstehen, dass Beschäftigte in Digitalisierungsprojekten, bei Events oder bei anderen Formaten den Prototypen kennenlernen. Anschließend muss es den Beschäftigten erlaubt sein, einzelne Teile dieses Prototypen in ihren Teams zu kopieren. Während für ein Team der Kreativraum besonders wertvoll ist, möchte sich ein anderes Team durch einen Coach methodisch weiterentwickeln, wiederum ein anderes Team interessierte sich stattdessen für Teile der Kultur oder den Prozessen und möchte diese in ihrem Umfeld ausprobieren. Mit der Zeit entstehen überall im Unternehmen viele kleine Innovation Labs, die die digitale Transformation erfüllen.

Management: Was für den einen Leser nach Chaos klingen mag, lässt viele andere Leser in eine neue Realität abtauchen, ein ersehntes neues Arbeiten. Genauso unterschiedlich wird die Begeisterung für das Innovation Lab und die damit einhergehenden Veränderungen im Unternehmen ausfallen. Es werden verschiedene Gefühle ausgelöst werden, die die Manager auf allen Ebenen nicht nur aushalten, sondern auch zulassen müssen. Manager müssen lernen diese neue Realität zu akzeptieren und die daraus entstehenden Entwicklungen als Servant Leader zu begleiten. Hierfür sollten sich die Beteiligten unbedingt beraten lassen, da viele Teams anders als bisher unterstützt werden müssen und diese neuen Kompetenzen nicht für jeden leicht erlernbar sind.

Digitalisierungsprojekte

Mittel zum Zweck: Abgleitet von dem Ziel die digitale Transformation voranzutreiben, in dem viele kleine neue Labs im ganzen Unternehmen entstehen, können die Digitalisierungsprojekte Auslöser für das Bedürfnis sein, mehr davon haben zu wollen und zugleich dienen sie als Vehikel für den Wissenstransfer. Von der Problemstellung zu Ideen über Prototypen bis hin zur Skalierung von Produkten oder Fehlschlägen erhalten Beschäftigte einen ersten Fundus an Wissen, um künftig selbst in der Lage zu sein, in Ihren Bereichen mit diesem neuen Wissen arbeiten zu können. Stellen Sie sich das Digitalisierungsprojekt in einem Innovation Lab als praxisorientiertes Kompakttraining vor, bei dem jeder Beschäftigte neues Wissen zu den Bereichen Raum, Kultur, Prozess und Methoden aufbaut.

Integration: Für die Digitalisierungsprojekte braucht es das Innovation Lab Team, Coaches, Experten und weitere Beteiligte. Mit dem Wissen, dass nicht jedes Projekt erfolgreich ist, müssen dennoch alle Bereiche des Unternehmens in der Lage sein, die Erkenntnisse weiterzuverwenden. Falls erfolgreiche Projekte umgesetzt und skaliert werden sollen, müssen alle Bereiche des Unternehmens entsprechende Fähigkeiten besitzen. Für beide Szenarien empfiehlt sich eine entsprechende Integration, die von dem Digitalisierungsprojekt begleitet wird. Das erfordert vom gesamten Unternehmen ein sehr hohes Engagement, das von der Geschäftsführung durchgesetzt werden muss, damit ein Innovation Lab tatsächlich im Unternehmen funktioniert und nicht nur ein Luftschloss bleibt.

Praxisschlaglicht

Damit die digitale Transformation mithilfe eines Innovation Labs gelingt, ist eine der aktuell schwierigsten Hürden in Unternehmen, die Implementierung der Selbstorganisation durch das Innovation Lab Team und die Digitalisierungsprojekte. Auch wenn zu Beginn definitiv mit Startschwierigkeiten zu rechnen ist, helfen iterative und reflektierende Prozesse dabei, die Schwierigkeiten zu begrenzen, Schaden zu vermeiden und stattdessen den Lerneffekt einer guten Fehlerkultur zu fördern.

Im Innovation Lab sollte ein feststehendes Team mit ausreichend Ressourcen, umfangreichen Verantwortungen und einer klaren Vision, die von der Geschäftsleitung getragen wird, implementiert werden. In einer großen Organisation kann dieses Team interdisziplinär zusammengesetzt werden, internes und externes Knowhow mitbringen und sollte ausschließlich freiwillige, intrinsisch motivierte Personen umfassen. Die Interdisziplinarität sorgt dafür, dass ein hilfreiches Netzwerk in- und außerhalb der Organisation vorhanden ist und mögliche Schnittstellen zu anderen Unternehmensbereichen besser erkannt und genutzt werden können.

Foto: NEU Innovation – AOK Rheinland/Hamburg

Das Team leitet und verantwortet selbstorganisiert das Innovation Lab. Abgeleitet von einer Vision erstellt das Team eigene Strategien und legt fest, welche Digitalisierungsprojekte in welcher Art und Weise im Innovation Lab durchgeführt werden. Das Team sollte durch einen sehr erfahrenen Coach bei ihrer Selbstorganisation unterstützt werden. Ebenso wichtig ist die Führungsrolle, die als Servant Leader das Team stärkt. Falls Coach und Servant Leader nur wenig, bis keine Erfahrungen mitbringen, besteht ein hohes Risiko schnell in klassische Denkmuster zurückzufallen, was mit Blick auf die Vision und die digitale Transformation sehr nachteilig wäre.

Für die Durchführung der Digitalisierungsprojekte ist es empfehlenswert, jeweils 3 Personen aus dem Innovation Lab Team aktiv an einem Digitalisierungsprojekt mitwirken zu lassen. Dabei übernimmt eine Person die Rolle des Methoden-Coaches, der das Projekt methodisch durch das Innovation Lab führt. Eine weitere Person begleitet das Projekt in der Rolle eines IT-Coaches. Diese Rolle sorgt für notwendige Schnittstellen in der IT (z. B. IT-Sicherheit) und kann zu technologischen Lösungen oder Trends beraten. Die dritte Person übernimmt aktiv die Rolle der digitalen Transformation bzw. Unternehmens-Integration. Sie schaut darauf, wie die Verknüpfung von dem Innovation Lab mit dem restlichen Unternehmen gelingt, welches Wissen oder welche Kompetenzen das Team zusätzlich benötigt, um eine erste gute Basis für die digitale Transformation zu haben.

Für die Synchronisierung im Innovation Lab Team sollte mehrere Prozesse und Methoden ineinanderfließen. Außerdem sollten Planungen für das nächste Quartal ermöglicht werden, wobei die Inhalte dieser Planungen zwingend auf die Vision des Unternehmens und die Strategie des Innovation Labs einzahlen muss, damit die digitale Transformation erfolgreich stattfindet. Hierbei helfen Objectives and Key Results, die vom Innovation Lab Team genutzt werden können. Sie werden gezielt dafür genutzt, übergreifende Angebote für die Vision bereitzustellen, z. B. unkomplizierte Beteiligungsmöglichkeiten für Beschäftigte, Kommunikationsmaßnahmen oder Fortbildungsangebote.

Transformationswirksamkeit

- Wirksam für Herausforderungen mit hoher Komplexität
- Wirksam für alle Transformationen

Transformationsfähigkeit

- Fördert die Agilität eines Teams
- Fördert die Teamkreativität
- Fördert die allgemeine Transformationsfähigkeit des Teams
- Fördert offene Mindsets und innovative Denkhaltungen

Einsatzcharakteristik

- Austauschfokus: vornehmlich mit internen und externen Personen
- Durchführungszeit: eher hoch (> 1 Tag)
- Einsatzfrequenz: sinnvoll im dauerhaften Einsatz
- Einsatzradius: vornehmlich im unternehmensweiten Einsatz
- Komplexität für die Teilnehmer: eher hoch
- Teamgröße: Mittelgroße Teams möglich (5 bis 20 Teilnehmer)
- Vorbereitungszeit: eher hoch (>1 Tag)

Nötiger Input, um mit der Methode arbeiten zu können

- Aktuelle Herausforderung, Leitfrage, Problem
- Beteiligte Personen mit Tätigkeiten und Aufgaben
- Durchlaufenes Projekt oder Projektphasen
- Ideen und Projekte die zur Umsetzung anstehen
- Durchführungszeit, Trainingszeit
- Ziele, Zielsystem, Kennzahlen

Erzeugter Output der Methode

- Erzeugt Ideen für neue Märkte und neue Business Modelle
- Erzeugt Ideen mit ersten Fundings und Machbarkeitsstudien
- Erzeugt Ideen, Lösungsansätze, Vorideen, Möglichkeiten
- Erzeugt Ideensuchfelder, unentdeckte Probleme, Inspiration
- Erzeugt Leitfragen für die Ideenfindung
- Erzeugt Nutzenfunktionen und Bedürfniskorridore
- Erzeugt kollaborative Lösungen und Ideen
- Erzeugt neues Wissen und neue Erfahrungen
- Erzeugt umgesetzte Ideen
- Erzeugt frühe Prototypen
- Erzeugt transformationsfähigere Organisationen
- Erzeugt mehr Know-how-Zuwachs
- Erzeugt motiviertere und transformationsfähigere Teilnehmer
- Macht Wirkzusammenhänge sichtbar

Hinderniseffekte, auf die die Methode positiv wirkt

- 08 – Verhindert einseitige Bewertungen und Entscheidungen
- 10 – Verhindert falsche Flughöhen
- 12 – Wirkt fehlender Inspiration entgegen
- 13 – Schafft für den Erfolg nötige Realitätsbezüge
- 24 – Verkürzt und durchbricht vorhandene Kreativblockaden
- 25 – Schwächt multidisziplinäre Reibungsverluste
- 32 – Verhindert unreflektiertes Agieren
- 34 – Verhindert vorschnelles Urteilen über Ideen
- 41 – Verringert zu große Komplexitäten

Mögliche Extravorteile

- für agile Teams
- für erfahrene Trainer und Agile Coaches
- für innovativ erfahrene Teams
- für innovativ ungeübte Teams
- für interkulturell erfahrene Teams
- für multidisziplinär erfahrene Teams

Mögliche Nachteile

- Möglicher Nachteil für Teams in einer Krisensituation
- Möglicher Nachteil für Teams mit schwachem Auftragsmandat
- Möglicher Nachteil für Teams mit einer konservativen Teamkultur
- Möglicher Nachteil für Teams mit einer schwacher Teamleitung
- Möglicher Nachteil für unerfahrene Trainer und Agile Coaches

Quellen

Buch – 60 Tools für den New Work Coach, Susanne Klein (Gabal – 2020)

Buch – Reinventing Organizations: Ein illustrierter Leitfaden sinnstiftender Formen der Zusammenarbeit, Frederic Laloux (Vahlen 2017)

Buch – Design Thinking – Das Handbuch, Falk Uebernickel, Walter Brenner, Britta Pukall, Therese Naef, Bernhard Schindlholzer (Frankfurter Allgemeine Buch 2015)

Buch – Wertschätzende Organisationsentwicklung, Reinhold Pabst, David Schneider, Michael Soszynski, Marian Kujau (Wiley-VCH 2021)

Buch – Organisation in einer digitalen Zeit, Malte Foegen, Christian Kaczmarek (wibas 2020)

Web – https://www.computerwoche.de/a/was-ist-ein-innovation-lab,3550261, 18.05.2021

Web – https://www.haufe-akademie.de/blog/themen/persoenliche-kompetenz/die-10-wichtigsten-soft-skills-fuer-die-digitalisierung/, 18.05.2021

Web – https://www.etventure.de/blog/ist-die-innovation-unit-gescheitert/, 18.05.2021

Web – https://zeitzuleben.de/growth-mindset/, 19.05.2021

Inspiration Cards Digital

EinSatzBeschreibung

175 Inspirationskarten, für Kollaborationsboards, um der Ideenfindung einen deutlichen Boost zu geben.

Transformation-Index

P1 Leading	P2 Organizing	P3 Connecting	P4 Growing	P5 Talking	P6 Scanning	P7 Exploiting	P8 Exploring	P9 Earning	P10 Scaling
						x	x		

Beschreibung

In den meisten Projekten zur digitalen Transformation müssen nicht nur viele Ideen generiert und Lösungen gefunden werden, es müssen auch völlig neue Denkansätze her. An dieser Stelle kommt die unterstützende Inspiration von außen ins Spiel, die Menschen hilft auf völlig neue Gedanken zu kommen, so wie es schon Edward de Bono zum Lateralen Denken beschrieben hat.

Die Inspiration Cards Digital vom verrocchio Institute sind spezielle Brainstorming Cards die für die digitale und online Ideenfindung entworfen worden. Sie können sie in jeder Adhoc Ideenfindung und in jedem Innovationsprojekt als Inspiration sofort eingesetzt werden. Die Inspirations Cards helfen schneller mehr wirklich neue Ideen finden. Alle Bilder sind von Benno van Aerssen selbst aufgenommen und gestaltet worden.

Die Inspiration Cards beantworten die folgenden Fragen:

- Wie bekomme ich schnellsten spannende Inspirationen?
- Wie kann ich langweilige Ideen schnell spannend machen?
- Wie kann ich Inspiration in Conceptboard, Mural, oder Miro nutzen?
- Wie komme ich auf Ideen für neue Geschäftsmodelle?
- Wie kann ich online Ideenfindung interaktiv und spannend gestalten?
- Wie kann ich meine Teilnehmer aus der Denkblockade befreien?

Die Inspiration Cards Digital sind in spannende Kategorien aufgeteilt: Digitale Transformation, Anwender Zentrierung, Geschäftsmodell Entwicklung, Künstliche Intelligenz, Osborn Prinzipien, disruptives Denken, Blue Ocean-Suchpfade, Nutzendimensionen und viele mehr.

Insgesamt enthält das Set 175 Inspiration Cards (zweisprachig, Deutsch und Englisch im Format 16:9).

Durchführung

Die Inspiration Cards Digital sind sofort und in jeder digitalen Anwendung einsetzbar: auf Kollaborationboards, als Bildschirmhintergründe, in PowerPoint und Keynote, in Videokonferenztools als virtuelle Hintergründe, …

Schritt 1: In der klassischen Anwendung werden die Inspiration Cards digital in einer Galerie auf einem Kollaborationsboard angeordnet. Dabei ist die Reihenfolge beliebig. Wichtig: Lassen Sie etwas Platz zwischen den Cards, damit die Teilnehmer dort ihre Ideen-Post-its anbringen können.

Schritt 2: Teilen Sie Ihre Teilnehmer in Mikroteams zu zwei Personen ein. Dabei ist es zusätzlich hilfreich, wenn ein Geschlechtermix etabliert werden könnte.

Galerie der Inspiration Cards in Miro

Schritt 3: Die Zweier-Teams machen sich nur mit ihrer Brainstorming-Frage auf die Reise durch die Galerie der Inspiration Cards. Sie lesen jeweils den Inspirationstext/-gedanken auf dem Bild und versuchen mit dessen Hilfe eine neue Idee zu denken.

Schritt 4: Die generierte Idee wird als Post-it an die entsprechende Inspiration Card geheftet.

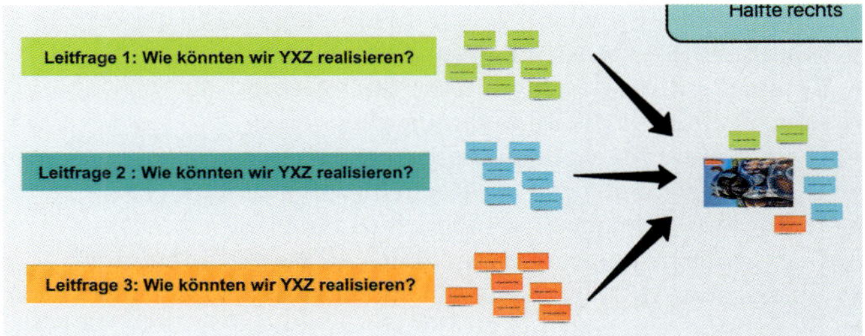

Ideen-Post-its rund um eine Inspiration Card

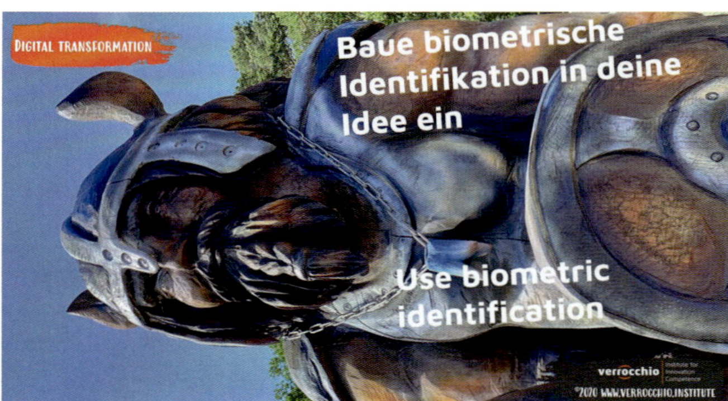

Eine Inspiration Card (Benno van Aerssen)

Beispiel

Stellen wir uns erstens konkret vor unsere Brainstorming-Frage heißt: „Wie können wir den Kauf von vorbestellten Brötchen unter Coronabedingungen deutlich vereinfachen?".

Stellen wir uns zweitens konkret vor wir haben folgende Bild als Inspiration Card ausgewählt:

Welche Ideen würden uns vielleicht hier einfallen? Meine Idee: Die vorbestellten Brötchen lagern in persönlichen, vorgewärmten Schließfächern, außen an der Bäckerei. Die Schließfächer können nur mit dem eigenen Fingerabdruck geöffnet werden.

Transformationswirksamkeit

- Wirksam für alle Transformationen

Transformationsfähigkeit

- Fördert die Teamkreativität
- Fördert grundlegend die Kreativität
- Sorgt für Inspiration oder bessere Inspirationsempfindlichkeit

Einsatzcharakteristik

- Austauschfokus: vornehmlich mit internen und externen Personen
- Durchführungszeit: eher gering (< 1 Stunde)
- Einsatzfrequenz: vornehmlich im einmaligen Einsatz
- Einsatzradius: vornehmlich im Teameinsatz
- Komplexität für den Moderator: eher gering
- Komplexität für die Teilnehmer: eher gering
- Teamgröße: Einzelpersonennutzung möglich
- Teamgröße: Großgruppen möglich (>50 Teilnehmer)
- Teamgröße: Kleingruppe möglich (3 bis 5 Teilnehmer)
- Teamgröße: Maxigruppen möglich (20 bis 40 Teilnehmer)
- Teamgröße: Mittelgroße Teams möglich (5 bis 20 Teilnehmer)
- Teamgröße: Speziell für Großgruppen geeignet (>50 Teilnehmer)
- Vorbereitungszeit: eher gering (<1 Stunde)

Nötiger Input, um mit der Methode arbeiten zu können

- Aktuell existierende Geschäftsmodelle
- Aktuell existierende Produkte und Services
- Aktuelle Herausforderung, Leitfrage, Problem

Erzeugter Output der Methode

- Erzeugt Ideen für neue Märkte und neue Business Modelle
- Erzeugt Ideen, Lösungsansätze, Vorideen, Möglichkeiten
- Erzeugt angereicherte Ideen, Ideencluster, höher integrierte Lösungen

Hinderniseffekte, auf die die Methode positiv wirkt

- 01 – Schwächt Angst vor Neuem (Cainophobie)
- 04 – Beugt blinden Flecken/Betriebsblindheit vor
- 10 – Verhindert falsche Flughöhen
- 12 – Wirkt fehlender Inspiration entgegen
- 18 – Bewahrt vor zu generischen Ideen und Aussagen
- 24 – Verkürzt und durchbricht vorhandene Kreativblockaden
- 28 – Stärkt schwache Anreicherungsskills

Mögliche Extravorteile

- für Teams mit einer souveränen Teamleitung
- für disruptiv unerfahrene Teams
- für innovativ ungeübte Teams
- für unerfahrene Trainer und Agile Coaches
- für die Arbeit mit digitalen Kollaborationsboards

Quellen

Organisation – verrocchio Insitute, www.verrocchio.institute

Integrale Landkarte

EinSatzBeschreibung

Ein Instrument, das komplexe Verbindungen und Beziehungen transparent macht und relevante Perspektiven einbindet.

Transformation-Index

P1 Leading	P2 Organizing	P3 Connecting	P4 Growing	P5 Talking	P6 Scanning	P7 Exploiting	P8 Exploring	P9 Earning	P10 Scaling
	x				x				x

Beschreibung

Für eine erfolgreiche digitale Transformation müssen verschiedene Perspektiven in der Transformationsgestaltung berücksichtigt werden. Mit der integralen Landkarte werden nicht nur verschiedene Perspektiven umfassend berücksichtigt, sondern auch weitere Ebenen, die in Ihrer Organisationsentwicklung wichtig sein können. Dabei wird der Mensch zwangsläufig in den Mittelpunkt gestellt, da er von Anfang an eine zentrale Rolle bei der Veränderung spielt.

Die integrale Landkarte setzt sich aus dem 4-Quadranten-Modell nach Ken Wilber mit den sogenannten Entwicklungslinien und Entwicklungsstufen zusammen. Letztere können z.B. mit den Werteebenen von Spiral Dynamics® nach Clare Graves bzw. Beck und Cowan verknüpft werden. Die insgesamt sehr hohe Komplexität, die beim Anwenden der integralen Landkarte zum Vorschein kommt, ermöglicht eine sehr umfassende Standortbestimmung des ganzen Unternehmens. Anhand dieser Ergebnisse können gezielte Weiterentwicklungen iterativ vorangetrieben werden. Dabei erfolgt diese Veränderung nicht nur auf objektiver, sichtbarer Ebene, sondern zugleich auf subjektiver, unsichtbarer Ebene.

Durchführung

1. **Erarbeiten der unternehmenseigenen integralen Landkarte nach dem Quadranten-Modell von Ken Wilber.**

4-Quadranten-Modell

Quadrant links oben: ***individuell subjektiv („ICH")***

- Persönlichkeit, Gefühle, Gedanken, Werte, Glaubenssätze, Einstellungen, Bewertungen, Ich-Entwicklungsstufe

Quadrant rechts oben: ***individuell objektiv („ES")***

- Verhalten, Fertigkeiten, Wortwahl, Körpersprache, Kompetenzen, Handlungen

Quadrant links unten: ***systemisch subjektiv („WIR")***

- Unternehmenskultur, Teamgeist, Gelebte Unternehmenswerte, Familienkultur, Kultur im Umfeld (Freunde, Verein)

Quadrant rechts unten: ***systemisch objektiv („SIE")***

- Organisationsstruktur, Rollen, Prozesse, Produkte, Services, Unternehmensumfeld, Lebensraum, Wohnung, Arbeitsplatz

- Entwicklungsstufen

Als Entwicklungsstufen können beispielsweise die Modelle nach Kohlberg (präkonventionell, konventionell, postkonventionell) oder die Entwicklungsstufen nach Spiral Dynamics® genutzt werden.

- Entwicklungslinien

Je Quadrant gibt es für einzelne Themen bzw. Handlungsfelder unterschiedliche Entwicklungsstufen (z.B. kognitiv nach Piaget oder Kegan, emotional nach Goleman, spirituell nach Fowler, Bedürfnisse nach Maslow).

- Zustände

Die Entwicklungsphasen von Organisationen nach Glasl und Lievegoed können beispielsweise dabei unterstützen ein umfassenderes Bild für die Standortbestimmung abzubilden (Pionierphase, Differenzierungsphase, Integrationsphase, Assoziationsphase). Aber auch spirituelle Zustände oder Gefühlskategorien sind ebenso denkbar wie spezielle Zustände, die bestimmte Situationen beschreiben, z.B. Kundenverlust, Liquiditätsprobleme.

- Typen

Typologien in der Organisationskultur können z.B. Branchen, Größen oder Unternehmenstypen sein. Es sind aber auch Einteilungen nach Geschlechtern oder Kommunikationsverhalten möglich.

2. **Standortbestimmung durchführen**

Basierend auf der integralen Landkarte wird eine ganzheitliche Standortbestimmung mit den beteiligten Personen sowohl aus individueller als auch systemischer Perspektive durchgeführt. Dabei werden die aktuellen subjektiven (nach innen gerichteten) und objektiven (nach außen gerichteten) Eigenschaften, die ihr Unternehmen bzw. deren Mitarbeiter individuell und systemisch ausmachen.

3. **Transformations-Roadmap erstellen**

Anhand der Standortbestimmung lässt sich bestimmen, in welchen Bereichen Handlungsfelder identifiziert und dazugehörige Verbindungen genutzt werden sollten. Hierbei empfiehlt es sich iterativ und fokussiert in konkreten Schritten vorzugehen, das Geschehen und deren Wirkungen regelmäßig zu reflektieren und damit die integrale Landkarte über den gesamten Zeitraum mitwachsen zu lassen.

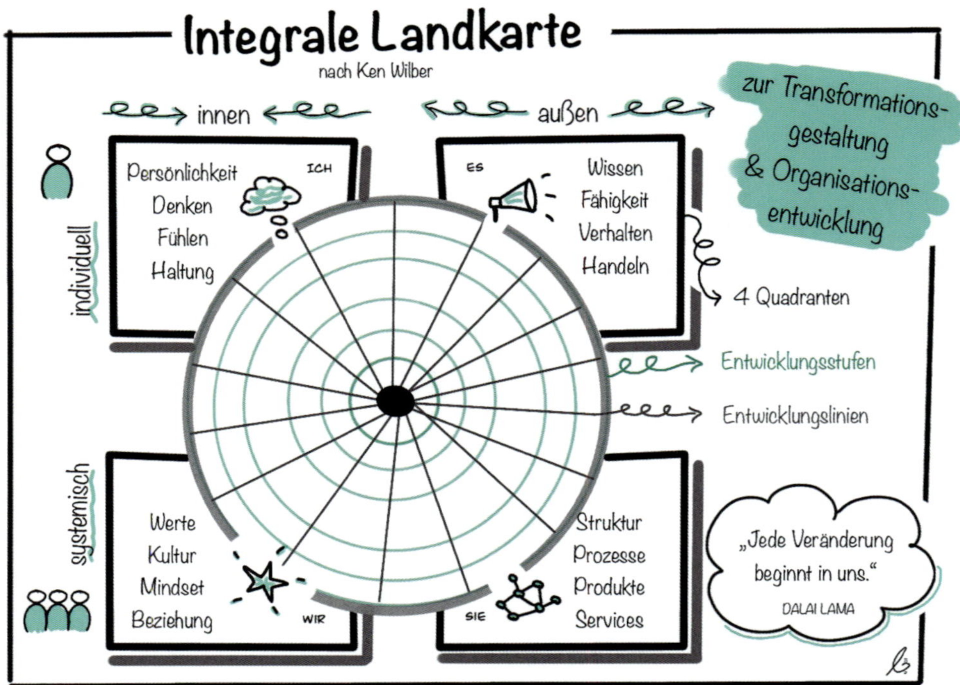

Beate Sommer – Integrale Landkarte

Praxisschlaglicht

Im Veränderungsprozess der digitalen Transformation wird mit der integralen Landkarte nicht nur sichtbares Verhalten transparent aufgezeigt und das Bewusstsein dafür geschärft (z. B. mit Methoden agil arbeiten) sondern auch entsprechende subjektive Sichtweisen dazu miteinander kombiniert (im Mindset agil sein) und dieses Wissen wiederum aus verschiedenen Perspektiven auf unterschiedlichen Ebenen betrachtet.

Insgesamt stellt die integrale Landkarte eine sehr umfassende Methode dar, die Einordnungen in sogenannte „Schubladen" zulässt und damit Auf- bzw. Abwertungen gewisse Risiken bergen. Zusätzlich bewegen wir uns bei der integral-agilen Transformationsgestaltung in einem vergleichsweise jungen Anwendungsbereich. Mit der Methode kann zwar grundsätzlich der Veränderungsprozess eines Unternehmens bis hin zu evolutionären Organisationsentwicklung vorangetrieben werden, jedoch sollte dabei das Transformations-Team sich ganz offen stückchenweise mit der integralen Landkarte in eine jetzt noch nicht feststehende Zielstruktur navigieren lassen. Daneben ist es unerlässlich eine entsprechende Vision für die Transformation zu haben, die dem Transformations-Team als Richtungspfeil dient.

Abhängig von der Vision der digitalen Transformation können gezielte Schwerpunkte in den Quadranten platziert werden, die wiederum mittels der Entwicklungslinien differenziert werden:

Quadrant links oben: individuell subjektiv („ICH") > Persönlichkeitsentwicklung, Coaching

Quadrant recht oben: individuell objektiv („ES") > Fortbildungen und Trainings

Quadrant links unten: systemisch subjektiv („WIR") >Kulturveränderung, Teamentwicklung

Quadrant rechts unten: systemisch objektiv („SIE") >Organisationsentwicklung

Transformationswirksamkeit

- Wirksam für Herausforderungen mit hoher Komplexität
- Wirksam für alle Transformationen

Transformationsfähigkeit

- Fördert die allgemeine Transformationsfähigkeit des Teams

Einsatzcharakteristik

- Austauschfokus: vornehmlich mit internen und externen Personen
- Durchführungszeit: eher hoch (> 1 Tag)
- Einsatzfrequenz: vornehmlich über im kompletten Projektzeitraum
- Einsatzradius: vornehmlich im unternehmensweiten Einsatz
- Komplexität für den Moderator: eher hoch
- Komplexität für die Teilnehmer: eher hoch
- Teamgröße: Kleingruppe möglich (3 bis 5 Teilnehmer)
- Teamgröße: Mittelgroße Teams möglich (5 bis 20 Teilnehmer)
- Vorbereitungszeit: eher hoch (>1 Tag)

Nötiger Input, um mit der Methode arbeiten zu können

- Aktuell existierende Geschäftsmodelle
- Aktuell existierende Produkte und Services
- Aktuelle Herausforderung, Leitfrage, Problem
- Beteiligte Personen mit Tätigkeiten und Aufgaben
- Vorhandenes Wissen und Erfahrungen
- Durchführungszeit, Trainingszeit
- Merkmale der gegebenen Herausforderung
- Personenmerkmale (Meinungen, Bedürfnisse, Werte, etc.)

Erzeugter Output der Methode

- Bessere Projekteffizienz, bessere Teamperformance
- Erzeugt kollaborative Lösungen und Ideen
- Erzeugt neues Wissen und neue Erfahrungen
- Erzeugt spezifischere Leitfragen, Ideen und Aussagen
- Erzeugt definierte Zielkorridore
- Erzeugt transformationsfähigere Organisationen
- Macht Wirkzusammenhänge sichtbar

Hinderniseffekte, auf die die Methode positiv wirkt

- 04 – Beugt blinden Flecken/Betriebsblindheit vor
- 11 – Schärft eine fehlende gemeinsame Ausrichtung
- 13 – Schafft für den Erfolg nötige Realitätsbezüge
- 25 – Schwächt multidisziplinäre Reibungsverluste
- 32 – Verhindert unreflektiertes Agieren
- 36 – Schafft schnell Klarheit und beschleunigt Erkenntnisgewinn
- 41 – Verringert zu große Komplexitäten

Mögliche Extravorteile

- für Teams in einer Komfortsituation
- für agile Teams
- für multidisziplinär erfahrene Teams
- für die Arbeit mit digitalen Kollaborationsboards

Quellen

Buch – Das Change Management Workbook, Michael Lang, Reinhard Wagner (Carl Hanser 2020)

Buch – Praxishandbuch Integrale Organisationsentwicklung, Heiko Veit (WILEY-VCH 2018)

Web – https://i-m-u.de/integrale-landkarte/, 25.05.2021

Web – https://socialarchitect.de/die-integrale-landkarte-als-orientierungsrahmen-fuer-changeprozesse/, 25.05.2021

Web – https://www.achtsamleben.at/integralesicht/ 25.05.2021

Web – https://spiraldynamics-integral.de/ueber-sdi/integrale-theorie/, 25.05.2021

Web – https://www.integralesforum.org/medien/integrale-bibliothek/theorie-grundlagen/4823-ken-wilbers-integrale-theorie-und-praxis-eine-einfuhrung-2, 25.05.2021

Web – https://one-mind.net/spiral-dynamics/, 29.05.2021

Web – https://gedankenwelt.de/kohlbergs-theorie-der-moralischen-entwicklung/, 29.05.2021

105

Job Shadowing

EinSatzBeschreibung

Methode, um den Erfahrungs- und Ideenaustausch zwischen Interessenten und Experten zu fördern.

Transformation-Index

P1 Leading	P2 Organizing	P3 Connecting	P4 Growing	P5 Talking	P6 Scanning	P7 Exploiting	P8 Exploring	P9 Earning	P10 Scaling
			x			x			

Beschreibung

Job Shadowing fördert den Erfahrungs- und Ideenaustausch zwischen Interessenten und Experten. Es entsteht ein übergreifender Austausch von Informationen, Wissen und Ideen von jungen Mitarbeitern für erfahrene Mitarbeiter oder umgekehrt. So zeigen zum Beispiel die Jüngeren den Älteren, wie die neusten digitalen Technologien die Arbeitsprozesse und den Arbeitsplatz des älteren Mitarbeiters optimieren können. Die erfahrenen Mitarbeiter wiederum lassen die jungen Mitarbeiter an Erfahrungen und Routinen teilhaben. Natürlich kann das Job Shadowing auch in unterschiedlichen Szenarien und Aufgabenstellungen angewendet werden. So kann auch ein Coach seinen Schüler:in „beschatten".

Job Shadowing leitet sich vom englischen Wort „shadow" ab, welches „Schatten" bedeutet. Beim Job Shadowing folgt also der Beobachter seinem Partner „wie einen Schatten". Es handelt sich um eine Methode aus der Kategorie Beobachtung. Ziel ist es, ein Innovationspotenzial zu heben und ein Produkt, ein Prozess oder die Fähigkeiten des Gegenübers weiterzuentwickeln.

Die Nutzer werden bei ihrer Arbeit begleitet. Die Beobachtung durch den „Schatten" hat einige Vorteile gegenüber einem sonst üblichen Interview – die konkrete Handlungsweise wird bei einer Befragung oft nicht präzise formuliert, aus den unterschiedlichsten Gründen wird nicht die Wahrheit gesagt oder der Befragte hat eine Wahrnehmung, die nicht der Realität entspricht. Kurzum: Das „Tun" wird nicht korrekt wiedergegeben. Der Schatten hingegen hat eine größere Distanz zu der verrichteten Arbeit und weniger Motivation, seine Analyse zu beeinflussen.

Die Art und Weise hinsichtlich Dauer, Länge der jeweiligen Zeiteinheit oder der Frequenz kann beliebig variieren und sollte der Zielsetzung entsprechen. Eine Person kann auch über einen kürzeren oder einen längeren Zeitraum beobachtet werden, es können auch mehrere Personen begleitet werden, um Zufälle möglichst auszuschließen. Die Beobachtungen und erhobenen Daten werden schließlich analysiert, bevor Handlungsempfehlungen daraus abgeleitet werden können.

Job Shadowing eignet sich sowohl zur Grundlagenforschung als auch zur Erforschung von einfachen Handlungsweisen oder Prozessabläufen. Ziele ist es, ein Verständnis für die Arbeit zu entwickeln und wie man sie optimieren kann, Bedürfnisse zu entdecken, und um Optionen, Features oder innovative Produkte zu entwickeln. Insbesondere im Rahmen der digitalen Transformation von Produkten, Prozessen und Plattformen ist Job Shadowing sehr effektiv, um analoge Vorgehensweisen zu digitalisieren, Arbeitsabläufe zu optimieren, die Zusammenarbeit zu verbessern und die Gestaltung von smarten Produkten oder Services zu erneuern. Die Anwendungsszenarien sind gerade in einem Job Shadowing 2.0 vielfältig und gehen bis zur Integration von Künstlicher Intelligenz.

Foto: NEU Innovation – Zentis GmbH & Co. KG

Durchführung

Ziele definieren und Verständnis schaffen

Zuerst werden die genauen Ziele des Job Shadowing definiert. Vor der Beobachtung führt der Projektleiter erste qualitative Interviews, um ein allgemeines Verständnis bezüglich Ziele und Vorgehensweise zu erzeugen. Es ist wichtig, dass gerade dem Beobachteten der Sinn und Zweck der Aktion erläutert wird, damit er sich nicht kontrolliert fühlt – oder im schlimmsten Fall seinen Arbeitsplatz als gefährdet sieht. Zur Vorbereitung zählen:

- Den Zeitrahmen und Umfang definieren
- Anzahl der Teilnehmer definieren
- Teilnehmer rekrutieren
- Durchführungsorganisation und Planung
- Teilnehmer vorbereiten, Gespräche führen, erläutern

Spielregeln schaffen

Wichtig ist es für alle Beteiligten, klare Regeln für das Job Shadowing zu definieren. Wo liegen die Grenzen der Beobachtung? Wie lange wird beobachtet? Wann gilt es, sich zurückzuziehen?

Die Anforderungen an die Ergebnisse sowie die Bereitschaft des Beobachteten spielt hier eine wichtige Rolle.

Geräuschlose Beobachtung

Ein Schatten ist stets still. Er spricht nicht. Das oberste Prinzip des Job Shadowings ist es also, die beobachtete Person so wenig wie möglich zu stören. Geschieht dieses nicht, so weicht das Verhalten zu sehr von der Norm ab und ist nicht mehr natürlich. Fragen sind nur in Ausnahmen-Situationen erlaubt.

Fragen sammeln und im Nachgang stellen

Da während des Job Shadowings keine Fragen gestattet sind, muss der „Schatten" folglich seine Fragen für ein abschließendes Interview sammeln. Der Beobachtete hat im Nachgang Gelegenheit, sein Verhalten zu erläutern. Der Schatten muss zudem bei seinen Beobachtungen zahlreichen Fragestellungen Rechnung tragen, um die definierten Ziele zu erreichen:

- Wie gehen Nutzer genau vor?
- Wo stoßen sie auf Hindernisse?
- Sind wiederkehrende Muster sind zu erkennen?
- Wie kann man den herkömmlichen Handlungsablauf optimieren?
- Wie kann man Jobs digital transformieren und automatisieren?

Beobachtungen aufzeichnen

Um das Beobachtete so gut wie möglich wiederzugeben und im Anschluss analysieren zu können, ist eine Aufzeichnung der Informationen empfehlenswert. Dabei kann es sich um analoge oder digitale Schriftaufzeichnungen handeln, oder auch um die Aufnahme von Videos, Fotos und Audioaufnahmen. Gerade die Aufzeichnungen bedürfen selbstverständlich der ausdrücklichen Einwilligung des Beobachteten und müssen im Vorfeld abgestimmt und genehmigt werden. Betriebsräte sind generell in das Projekt einzubinden.

Analyse und Bewertung

Im Anschluss des Job Shadowings erfolgt eine sachliche Analyse. Diese kann der „Schatten" sowohl allein als auch mit dem Projektteam erstellen. Das Analyseverfahren sollte idealerweise im Vorfeld der Beobachtung definiert werden, muss jedoch auch Raum für intuitive Schlüsse lassen.

Offene Reflexion

Zum Abschluss des Job Shadowings erfolgt ein qualifiziertes Feedback an den Beobachteten. Um keine Verunsicherung zu erzeugen, sollte diese Rückkopplung zeitnah erfolgen. Der Beobachter wird idealerweise durch einen „Kommentator" unterstützt, der Verhaltensweisen, Vorgehen und Hintergründe erläutert.

Praxisschlaglicht

Vertriebsbeauftragte:innen repräsentieren das Unternehmen und sind oftmals das „One face to the customer". Umso wichtiger ist es für sie, die unterschiedlichsten Facetten, Probleme und Aufgabenstellungen kennenzulernen, die in der Kundenbetreuung eine Rolle spielen. Nur so gewinnen sie ein tieferes Verständnis für die Aufgabenstellungen, die sie während ihrer täglichen Arbeit lösen müssen.

Foto: NEU Innovation – Zentis GmbH & Co. KG

Unsere Vertriebsbeauftragte durchlaufen daher schon zum Start Ihrer Karriere ein Job Shadowing in den unterschiedlichsten Fachbereichen und Abteilungen des Unternehmens. So ist es zum Beispiel ein wertvoller Erfahrungs- und Wissensgewinn, einen Tag bei der Kundenbetreuung im Callcenter zu verbringen oder auch die Callcenter Agents bei der Kundenrückgewinnung zu beobachten. Die Mitarbeiter unserer Zentrale wiederum haben den Auftrag, ein paar Tage im Jahr in einem Shop zu verbringen und so die tägliche Praxis hautnah zu erleben. Generell ist die Überraschung stets sehr groß, wie intensiv und vielfältig sich die einzelnen Jobs darstellen und wie hoch der Erfahrungsschatz der Kollegen ist. Darüber hinaus ist der Auftrag, Optimierungspotenzial zu erforschen, was bis hin zur digitalen Transformation einzelner Aufgabenstellungen geht.

Außerdem begleiten neue Mitarbeiter kontinuierlich erfahrene bzw. langjährige Mitarbeiter bei der Arbeit und setzen „das voneinander lernen" so konsequent um.

Transformationswirksamkeit

- Wirksam für alle Transformationsformen

Transformationsfähigkeit

- Fördert die allgemeine Transformationsfähigkeit des Teams
- Zahlt auf eine bessere Wahrnehmung ein

Einsatzcharakteristik

- Austauschfokus: vornehmlich mit internen und externen Personen
- Durchführungszeit: eher mittel (>1 Stunde bis <1 Tag)
- Einsatzfrequenz: vornehmlich im einmaligen Einsatz
- Einsatzradius: vornehmlich im Teameinsatz
- Komplexität für den Moderator: eher gering
- Komplexität für die Teilnehmer: eher gering
- Teamgröße: Einzelpersonennutzung möglich
- Teamgröße: Mittelgroße Teams möglich (5 bis 20 Teilnehmer)
- Vorbereitungszeit: eher gering (<1 Stunde)

105 Job Shadowing

Nötiger Input, um mit der Methode arbeiten zu können

- Aktuell existierende Geschäftsmodelle
- Aktuell existierende Produkte und Services
- Aktuelle Herausforderung, Leitfrage, Problem
- Beteiligte Personen mit Tätigkeiten und Aufgaben
- Verschiedene Botschaften, Meinungen, Statements
- Verschiedene Meinungen und Blickwinkel
- Vorhandenes Wissen und Erfahrungen
- Durchführungszeit, Trainingszeit
- Umfeldbeobachtungen, Umfeldanalysen

Erzeugter Output der Methode

- Bessere Projekteffizienz, bessere Teamperformance
- Erzeugt neues Wissen und neue Erfahrungen
- Erzeugt größere Klarheit zu einem Thema
- Erzeugt mehr Hintergrundinformationen
- Identifiziert vorhandene Schwachstellen
- Identifiziert vorhandene Stärken

Hinderniseffekte, auf die die Methode positiv wirkt

- 04 – Beugt blinden Flecken/Betriebsblindheit vor
- 08 – Verhindert einseitige Bewertungen und Entscheidungen
- 13 – Schafft für den Erfolg nötige Realitätsbezüge
- 20 – Verhindert Ideenfindung mit zu schwacher Erkenntnisgrundlage
- 36 – Schafft schnell Klarheit und beschleunigt Erkenntnisgewinn

Mögliche Extravorteile

- für Teams mit einer souveränen Teamleitung
- für erfahrene Trainer und Agile Coaches

Quellen

Buch – Job Shadowing: Techniques to Get Maximum Impact from the Experience, Kyle Richards (Kindle Taschenbuch October 2014)

Buch – Digital Leadership: Grundlagen der Unternehmensführung in der digitalen Wirtschaft, Prof. Dr. Tobias Kollmann (SpringerGabler 2020)

Web – https://d-labs.com/blog/methoden_im_fokus__shadowing.html, 13. Mai 2021

Job to be done

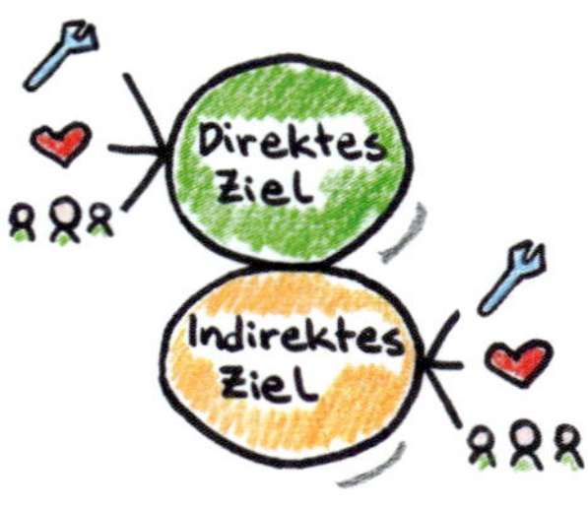

EinSatzBeschreibung

Eine Methode für die Entwicklung von kundenzentrierten Produkten durch Beobachtung und Befragung.

Transformation-Index

P1 Leading	P2 Organizing	P3 Connecting	P4 Growing	P5 Talking	P6 Scanning	P7 Exploiting	P8 Exploring	P9 Earning	P10 Scaling
					x	x	x	x	x

Beschreibung

Der Ursprung der Methode geht auf den Harvard-Profession Clayton M. Christensen zurück. Gemeinsam mit dem Innovationsberater Anthony W. Ulwick entwickelte er 1999 die Jobs-to-be-Done Methode.

Jobs-to-be-Done ist eine kundenzentrierte Arbeitsweise, die sich von klassischen Entwicklungsschritten unterscheidet. Unternehmen entwickeln traditionell ein Produkt basierend auf der Verfügbarkeit von Wissen oder neuen Technologien. Die Frage, ob dieses Produkt für den Kunden einen relevanten Nutzen bringt wird erst nach Fertigstellung beantwortet.

Bei der Job-to-be-Done Methode stehen die Kunden von Beginn an im Fokus und die Dienstleistungen/Produkte werden darauf basierend passgenau entwickelt. Dabei reicht es nicht das klassische Modell der Kundenbefragung einzusetzen, denn vielen Kunden ist ein großer Teil der Bedürfnisse gar nicht bewusst.

Christensen beschreibt einen Job als ein Problem oder ein Bedürfnis des Kunden (nicht zu verwechseln mit einer Jobbeschreibung im Unternehmen). Die Qualität des eigenen Produktes beurteilt der Kunde danach, wie hilfreich es bei der Erfüllung dieser Aufgabe ist. Dabei gibt es vordergründigen Ziele, die unmittelbar sichtbar sind und wohl auch dem Kunden bekannt. Spannend sind aber vor allem die indirekten Ziele, denn diese werden nur durch genaues Beobachten und Hinterfragen sichtbar.

Durchführung

Schritt 1: Kundennutzen und das „Warum" erkennen

Kern der JTBD-Methode ist es, den Kundennutzen genauestens zu analysieren und die Ergebnisse in die Produktentwicklung einzubeziehen. Beginnen kann man dabei bei bestehenden Fragen mit der grundlegenden Fragestellung „Warum kaufen Kunden bei mir?" oder „Warum kaufen Kunden nicht bei mir?". Wichtig ist es hier tatsächlich direkt mit Kunden ins Gespräch zu kommen und die Erkenntnisse nicht nur aus den eigenen Theorien zu beziehen.

Fragen die dabei helfen können sind z. B. „Hilft mein Angebot den Kunden ihren Job besser zu machen?". Hier bietet sich z. B. die „5-Why-Fragetechnik" an.

Schritt 2: Antworten sammeln und besprechen

Alle Kundenantworten und -beobachtungen werden gesammelt, sichtbar gemacht (z. B. durch Post-it's)

Schritt 3: Kundenziele erarbeiten

Bei den Zielen der Kunden kann z. B. sortiert werden in

- funktionale Ziele
- soziale Ziele
- emotionale Ziele

Es empfiehlt sich, dieses als Job-Story zu beschreiben wie „Der Kunde kauf das Produkt, weil …"

Grafik: Anja Faber – Job to be done

Schritt 4: Das „Warum nicht" erkennen

Sicherlich gibt es Wettbewerber, Alternativen oder Workarounds, die der Kunde bereits jetzt einsetzt oder zukünftig einsetzen könnte. Diese werden bewertet und den eigenen Produkten/Ideen gegenübergesetzt. Dies kann z. B. auch mit dem Value Proposition Canvas kombiniert werden.

Schritt 5: Das eigene Angebot weiterentwickeln

Nun werden die eigenen Ideen angereichert, bei bereits fertigen Produkten/Dienstleistungen werden diese weiterentwickelt. Diese sollten im Anschluss die Bedürfnisse des Kunden bzgl. der Jobs besser erfüllen als der Wettbewerb

Schritt 6: Überprüfen

Vor der Markteinführung sollte die Hypothesen im Bezug auf das „Warum" oder „Warum nicht" durch einen Austausch mit dem Kunden und z. B. den Einsatz eines ersten Prototypen verifiziert werden.

Job to be done

Transformationswirksamkeit

- Wirksam für Produkttransformationen
- Wirksam für Servicetransformationen

Transformationsfähigkeit

- Sorgt für Inspiration oder bessere Inspirationsempfindlichkeit
- Zahlt auf eine bessere Vorstellungskraft ein
- Zahlt auf eine bessere Wahrnehmung ein

Einsatzcharakteristik

- Austauschfokus: vornehmlich mit externen Personen
- Durchführungszeit: eher hoch (> 1 Tag)
- Einsatzfrequenz: vornehmlich über im kompletten Projektzeitraum
- Einsatzradius: vornehmlich im projektweiten Einsatz
- Komplexität für den Moderator: eher hoch
- Komplexität für die Teilnehmer: eher hoch
- Teamgröße: Einzelpersonennutzung möglich
- Teamgröße: Kleingruppe möglich (3 bis 5 Teilnehmer)
- Teamgröße: Mittelgroße Teams möglich (5 bis 20 Teilnehmer)
- Vorbereitungszeit: eher mittel (>1 Stunde bis <1 Tag)

Nötiger Input, um mit der Methode arbeiten zu können

- Aktuell existierende Geschäftsmodelle
- Aktuell existierende Produkte und Services
- Aktuelle Herausforderung, Leitfrage, Problem

Erzeugter Output der Methode

- Erzeugt Ideen für neue Märkte und neue Business Modelle
- Erzeugt Leitfragen für die Ideenfindung
- Erzeugt neues Wissen und neue Erfahrungen
- Erzeugt größere Klarheit zu einem Thema

Hinderniseffekte, auf die die Methode positiv wirkt

- 06 – Schwächt das Leben in der Vergangenheit
- 13 – Schafft für den Erfolg nötige Realitätsbezüge
- 16 – Beugt Misinterpretationen vor
- 18 – Bewahrt vor zu generischen Ideen und Aussagen
- 20 – Verhindert Ideenfindung mit zu schwacher Erkenntnisgrundlage

Mögliche Extravorteile

- für Teams mit einer konservativen, tradierten Kultur
- für innovativ ungeübte Teams

Quellen

Buch – The Innovators Dilemma: When New Technologies Cause Great Firms to Fail, Clayton M. Christensen (Harvard Business Review Press 2016)

Buch – The Jobs to Be Done Playbook, Jim Kalbach (Rosenfield Media 2020)

Kanban – Wertfluss visualisieren

EinSatzBeschreibung

Methode zum Verwalten von Arbeitsprozessen, Aufgaben und Arbeitsständen im Projektmanagement.

Transformation-Index

P1 Leading	P2 Organizing	P3 Connecting	P4 Growing	P5 Talking	P6 Scanning	P7 Exploiting	P8 Exploring	P9 Earning	P10 Scaling
	x								

Beschreibung

Wer macht was bis wann? Eine Frage, die in jeder Organisation aufkommt und in der Zusammenarbeit von digital zusammenarbeitenden Teams genauso wichtig ist – auch ohne einem Flipchart oder Pinnwand vor Ort im Büro. Hier hilft das KANBAN Board, alle Aufgaben zu dokumentieren und transparent zu verwalten.

Der Begriff „KANBAN" stammt aus dem Japanischen und bedeutet übersetzt Karte, Tafel oder Beleg. Dabei entstammt das KANBAN Prinzip aus der Produktionssteuerung, in der KANBAN (Karten) zur kostenoptimalen Produktionssteuerung angewendet wurden. Die KANBAN (Karte) diente als Steuerungsinstrument der Materialversorgung und ermöglichte die asynchrone Nachlieferung von Produktionsmitteln aus Pufferlagern, wodurch Lagerbestand am Produktionsort reduzieret werden konnte.

Nach diesem Pull-Prinzip ist das KANBAN Board ein Tool zur Visualisierung und Abbildung von Arbeitsabläufen, z. B. im Projektmanagement, und bietet besonderen Nutzen in der Organisation digitaler oder räumlich getrennter Projektteams. Das KANBAN Board dokumentiert dabei – in individuell festzulegenden Prozessphasen – den Arbeitsstand jeder fertigzustellenden Aufgabe.

Durchführung

Ursprünglich als Whiteboard-Methode gestartet, wird das KANBAN Board in individuelle Spalten aufgeteilt, wobei jede Spalte eine Prozessphase darstellt. Eine einfache und oft verwendete Aufteilung der Spalten könnte sein „Nicht begonnen", „In Arbeit" und „Abgeschlossen". Alle zu erledigenden Aufgaben, die zu absolvieren sind, werden in der ersten Spalte („Nicht begonnen") gesammelt unter Beachtung, dass eine Aufgabe auf einer KANBAN (Karte) notiert ist. Sobald die Arbeit an der Aufgabe beginnt, erfolgt die Verschiebung der Karte in die Spalte „In Arbeit", und eine Person sowie ein Fälligkeitsdatum auf der Karte kann notiert werden. Mit Abschluss der Aufgabe wird die Karte in den Status „Abgeschlossen" geschoben. Nach dem Pull-Prinzip kann eine neue Karte aus dem Aufgabenspeicher („Backlog", Spalte „Nicht begonnen") gezogen und bearbeitet werden.

Mit der Anpassung der Spalten an individuelle Arbeitsphasen wird der gesamte Workflow abgebildet. Mit dem Verschieben der Karten entsprechend des aktuellen Arbeitsstandes werden mögliche Engpässe in einzelnen Prozessschritten aufgezeigt. Ein Engpass besteht, wenn Aufgaben zwischen den Spalten in einer Phase verweilen. Hier sind ggf. nicht ausreichend Kapazitäten vorhanden, um die Aufgaben zu übernehmen, oder der wiederkehrende Arbeitsschritt in dieser Phase könnte besonders anspruchsvoll sein und zeigt einen möglichen Engpass in der Aufgabenbearbeitung auf.

Neben der Engpass- und Schwachstellen-Analyse ermöglicht das KANBAN Board einen transparenten und kontinuierlichen Einblick in den aktuellen Arbeitsfluss und Fortschritt. Diese Übersicht ermöglicht Teams, Besprechungen zum Zweck der Status-Meldungen zu reduzieren, da jedes Teammitglied in seinem individuellen Rhythmus den aktuellen Stand einsehen kann.

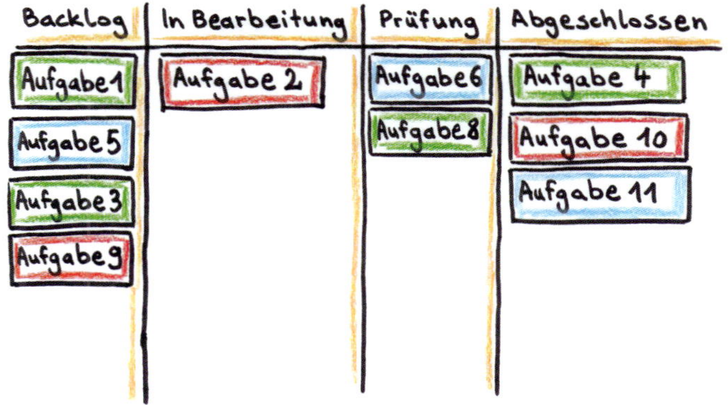

Grafik: Anja Faber – Beispielhaftes Kanban Board

Praxisschlaglicht

Die transparente, detaillierte und einfache Aufgabendokumentation ermöglicht, in räumlich und zeitlich getrennten Teams zu arbeiten. So hat sich die Dokumentation der Aufgaben in Projektteams aus unterschiedlichen Bereichen bewährt sowie in der Kooperation mit internationalen Programmierern im Rahmen der Softwareentwicklung. Bei der Anwendung des digitalen KANBAN Board stehen viele Optionen zur Verfügung: Microsoft Teams bietet mit dem Teams Planner ein digitale KANBAN Board an. Weitere, freiverfügbare Online-Tools sind beispielsweise „Trello Board" oder „Meistertask".

Wenn Sie in Ihrem Team bereits in Tages- oder Wochensprints arbeiten, bietet das KANBAN Board die Möglichkeit, den Arbeitsstatus zu visualisieren. Aus der Spalte die Aufgaben „Backlogs" werden im Sprint-Planning Aufgaben gezogen und z. B. in die Spalte des Wochensprints gezogen. Im Rahmen des Reviews werden abgeschlossene Aufgaben in die Spalte „Abgeschlossen" sortiert. Dies ist eine empfohlene Vorgehensweise, Transparenz und Arbeitsfortschritt zu visualisieren. Neben gängigen Spalten, wie „Backlog“, „In Arbeit“, „In Review“ oder „Abgeschlossen“ können natürlich auch andere Spalten verwendet werden, denn KANBAN ist ein exzellentes Tool, um einen Wertfluss individuell zu visualisieren.

Transformationswirksamkeit

- Wirksam für Herausforderungen mit hoher Komplexität
- Wirksam für Herausforderungen mit mittlerer Komplexität
- Wirksam für alle Transformationen

Transformationsfähigkeit

- Fördert die allgemeine Transformationsfähigkeit des Teams

Einsatzcharakteristik

- Austauschfokus: vornehmlich mit internen Personen
- Durchführungszeit: eher hoch (> 1 Tag)
- Einsatzfrequenz: sinnvoll im dauerhaften Einsatz
- Einsatzfrequenz: vornehmlich über im kompletten Projektzeitraum
- Einsatzradius: vornehmlich im Teameinsatz
- Einsatzradius: vornehmlich im projektweiten Einsatz
- Komplexität für den Moderator: eher gering
- Komplexität für die Teilnehmer: eher gering
- Teamgröße: Einzelpersonennutzung möglich
- Teamgröße: Großgruppen möglich (>50 Teilnehmer)
- Teamgröße: Kleingruppe möglich (3 bis 5 Teilnehmer)
- Teamgröße: Maxigruppen möglich (20 bis 40 Teilnehmer)
- Teamgröße: Mittelgroße Teams möglich (5 bis 20 Teilnehmer)
- Vorbereitungszeit: eher mittel (>1 Stunde bis <1 Tag)

Nötiger Input, um mit der Methode arbeiten zu können

- Beteiligte Personen mit Tätigkeiten und Aufgaben
- Durchlaufenes Projekt oder Projektphasen

Erzeugter Output der Methode

- Bessere Projekteffizienz, bessere Teamperformance
- Erzeugt Planungen und Priorisierungen
- Erzeugt größere Klarheit zu einem Thema
- Hilft bei Entscheidungen, Bewertungen und Feedback
- Macht Wirkzusammenhänge sichtbar

Hinderniseffekte, auf die die Methode positiv wirkt

- 11 – Schärft eine fehlende gemeinsame Ausrichtung
- 15 – Stärkt das Vertrauen im Team
- 25 – Schwächt multidisziplinäre Reibungsverluste
- 32 – Verhindert unreflektiertes Agieren
- 33 – Schwächt Verdiskutiererei
- 42 – Überzeugt strukturliebende Teammitglieder

Mögliche Extravorteile

- für Teams in einer Krisensituation
- für Teams mit einer konservativen, tradierten Kultur
- für die Arbeit mit digitalen Kollaborationsboards

Quellen

Buch – Personal Kanban: Visualisierung und Planung von Aufgaben, Projekten und Terminen mit dem Kanban-Board, Benson, J., & Barry, T. D., (dpunkt 2012)

Web – https://kanbanize.com/de/kanban-ressourcen/kanban-erste-schritte/was-ist-kanban-board, 22.4.2021

Keep-Start-Stop-Methode

EinSatzBeschreibung

Eine Methode, die hilft, positiv formulierte Feedbacks zu geben.

Transformation-Index

P1 Leading	P2 Organizing	P3 Connecting	P4 Growing	P5 Talking	P6 Scanning	P7 Exploiting	P8 Exploring	P9 Earning	P10 Scaling
x	x	x	x	x	x	x	x	x	x

Beschreibung

Das neue agile und digitale Arbeitsumfeld in vielen Unternehmen erfordert mehr situationsbedingte und schnellere Feedbackgespräche. Mitarbeiter-Jahresgespräche sind sicher nicht mehr der richtige Turnus dafür. Daraus resultiert, dass es auch im Feedbackbereich viele neue Methoden und Tools gibt, die gerade auch in virtuell und digital arbeitenden Teams Anwendung finden. Mithilfe dieser Feedbackmethoden kann der Feedbackgeber schnell und unkompliziert Gespräche strukturieren.

Keep-Start-Stop ist eine agile Feedbackmethode. Sie wird auch den Lean Start-Methoden in der Kommunikation mit Mitarbeitern zugerechnet. Die Keep-Start-Stop ist schnell erlernbar und damit adhoc einsetzbar.

Vorteile sind:

- klare Feedbackstruktur
- positive Punkte werden explizit integriert
- die Gesprächsstruktur führt zu annehmbar formulierten Feedbacks

Durch diese Feedbackmethode wird die Zusammenarbeit mit Kollegen und Teammitgliedern sofort verbessert. Somit wird das agile Feedback ein wesentlicher Treiber in der Wandlung und Wandlungsfähigkeit von Unternehmen.

Durchführung

Befindet man sich in einem Transformationsprozess in einem Unternehmen oder in einem Team, ist das der beste Zeitpunkt auch mit neuen Feedbackprozessen zu starten. Idealerweise ist dieser neue Feedbackprozess bereits vorher dekliniert, die Tools – digital oder analog – fertig zur Bereitstellung und die Vorlagen kreiert. Zusätzlich sollte eine Testphase in einem oder zwei Teams abgeschlossen und die Learnings umgesetzt sein.

Zentraler Punkt ist die Entscheidung für eine konkrete Feedbackmethode für das gesamte Unternehmen. Denn ein Mix ist vielfach nicht zielführend, zumal in agiler Arbeitsweise die Mitarbeiter mehr mit anderen Mitarbeitern aus anderen Teams für Projekte zusammenarbeiten. Gerade in der Agilität sind zentrale einheitliche Methoden auch im Feedback starke Säulen, die das Unternehmen und seine Kultur festigt.

Die Keep-Start-Stop-Methode ist eine sehr einfach zu lernende Technik für den Feedbackgeber. Für den Feedbacknehmer erfolgt eine sehr annehmbare Feedbackerläuterung. Grund hierfür ist der positive Formulierungswille aufgrund des „Keep".

Die Keep-Start-Stop-Methode gliedert sich wie folgt:

1. **Keep:** Was soll künftig fortgesetzt werden? Was macht der Feedbacknehmer gut und was solltest er/sie unbedingt beibehalten und weiter machen? Dies ist der Methodenteil, um ausdrücklich zu loben.
2. **Start:** Was soll künftig gemacht werden? Mit was könnte der Feedbacknehmer starten, wo könnte er/sie eine positive Verhaltensänderung vornehmen?
3. **Stop:** Was soll künftig unterlassen werden? Welches Verhalten sollte der Feedbacknehmer sein lassen, was sollte er/sie nicht mehr machen?

Foto: NEU Innovation – Zur Goldenen Idee

Die Reihenfolge der drei Methodenelemente ist frei wählbar. Erfolgsentscheidend ist, immer alle drei Elemente Keep-Start-Stop zu verwenden. Nur bei Verwendung aller drei Punkte lassen sich Feedback-Gespräche konstruktiv und leicht nachvollziehen. Die Kommunikation wird im Hinblick auf die Arbeitsleistung transparenter. Durch die Keep-Start-Stop-Methode werden Fehlentwicklungen von Teams oder einzelnen Teammitgliedern zeitnah gegengesteuert.

Das Feedbackgespräch dauert meist nicht länger als 15 bis 30 Minuten. Ganz wesentlich ist, dass am Ende noch einmal eine Zusammenfassung der wesentlichen Punkte erfolgt. Außerdem sollte das Gespräch mit einem positiven Tenor, idealerweise einem Lob für besondere Leistungen im Feedbackzeitraum beendet werden.

108 Keep-Start-Stop-Methode

Diese agile Feedbackmethode ist gleichermaßen für Feedbacks von Führungskräften zu Mitarbeitern aber auch von Kollege zu Kollege einsetzbar.

Zusätzlich gibt es Erweiterungsmöglichkeiten u. a.

- Ausweitung zu einem 360-Grad-Feedback
- Erweiterung durch weitere Elemente wie Stop-Less-Keep-More-Start

Eine zentrale Verankerung mit Project Owner im HR-Bereich ist sinnvoll. Dieser Project Owner ist zuständig für die Implementierung, die Bereitstellung aller Tools, den Trainingsprozess zur Einführung sowie später auch als zentraler Ansprechpartner für Fragen bzw. auch für die Weiterentwicklung der Feedbackmethode im Unternehmen.

Diese agile Feedbackmethode ist ein großer Einflussfaktor, die Wandlungsfähigkeit von Teams zu beschleunigen.

Praxisschlaglicht

Für erfahrene Führungskräfte ist es ungewohnt, dass seit einigen Jahren gerade die Generation Y und Z Feedback zwischendurch oder nach kurzen Projektetappen einfordert. Will eine Führungskraft erfolgreich sein, muss sie ihr Feedbackverhalten hierauf anpassen. Keep-Start-Stop als agile Feedbackmethode hilft dabei. Dazu kann man dann pro Mitarbeiter eine Datei in seinem persönlichen Notizbuch anlegen und sich zeitnah Punkte, die einem in der Zusammenarbeit auffallen, notieren. So ist man immer vorbereitet, konstruktiv Feedbackgespräche ohne große Vorbereitung zu führen. Dieses Feedbackgespräch kann auch in One-to-One's virtuell erfolgen.

Transformationswirksamkeit

- Wirksam für Herausforderungen mit hoher Komplexität
- Wirksam für Herausforderungen mit mittlerer Komplexität
- Wirksam für Herausforderungen mit niedriger Komplexität
- Wirksam für alle Transformationen

Transformationsfähigkeit

- Fördert die Agilität eines Teams
- Fördert die allgemeine Transformationsfähigkeit des Teams
- Fördert offene Mindsets und innovative Denkhaltungen

Einsatzcharakteristik

- Austauschfokus: vornehmlich mit internen Personen
- Durchführungszeit: eher gering (< 1 Stunde)
- Einsatzfrequenz: sinnvoll im dauerhaften Einsatz
- Komplexität für den Moderator: eher mittel
- Komplexität für die Teilnehmer: eher mittel
- Teamgröße: Einzelpersonennutzung möglich
- Teamgröße: Kleingruppe möglich (3 bis 5 Teilnehmer)
- Teamgröße: Mittelgroße Teams möglich (5 bis 20 Teilnehmer)
- Vorbereitungszeit: eher gering (<1 Stunde)

Nötiger Input, um mit der Methode arbeiten zu können

- Beteiligte Personen mit Tätigkeiten und Aufgaben
- Verschiedene Botschaften, Meinungen, Statements
- Verschiedene Meinungen und Blickwinkel
- Vorhandenes Wissen und Erfahrungen
- Personenmerkmale (Meinungen, Bedürfnisse, Werte, etc.)
- Umfeldbeobachtungen, Umfeldanalysen
- Ziele, Zielsystem, Kennzahlen

Erzeugter Output der Methode

- Bessere Projekteffizienz, bessere Teamperformance
- Erzeugt besseren Teamspirit, mehr Offenheit, Inspirationsempfindlichkeit
- Erzeugt größere Klarheit zu einem Thema
- Erzeugt transformationsfähigere Organisationen
- Erzeugt motiviertere und transformationsfähigere Teilnehmer
- Hilft bei Entscheidungen, Bewertungen und Feedback
- Identifiziert vorhandene Schwachstellen

Hinderniseffekte, auf die die Methode positiv wirkt

- 02 – Schwächt Angst vor Kritik und Zurückweisung
- 07 – Integriert einen dysfunktionalen Schweiger
- 17 – Fördert gehemmte Teammitglieder
- 21 – Bindet eher introvertierte Teammitglieder mit ein
- 23 – Schwächt Konkurrenzdenken und Angst vor Machtverlust
- 25 – Schwächt multidisziplinäre Reibungsverluste
- 26 – Schwächt nicht zielführende Emotionen
- 33 – Schwächt Verdiskutiererei
- 36 – Schafft schnell Klarheit und beschleunigt Erkenntnisgewinn

Mögliche Extravorteile

- für Teams in einer Krisensituation
- für Teams mit einer konservativen, tradierten Kultur
- für Teams mit einer schwacher Teamleitung
- für innovativ ungeübte Teams
- für interkulturell unerfahrene Teams
- für multidisziplinär unerfahrene Teams

Quellen

Web – https://www.n-tv.de/ratgeber/So-verpacken-Sie-Feedback-richtig-article22479118.html, 10.2.2021

Web – https://talente.co/fuehrung/8167/start-stop-keep-feedback-geben-methode/, 10.2.2021

Web – https://www.tu-berlin.de/fileadmin/fg14/ELV-PDF/Start_Stop_Continue.pdf, 18.10.2020

Key Emotional Indicators – Pulsbefragung

EinSatzBeschreibung

Einsatz, Nutzen und Umsetzung von Pulsbefragen zur Ermittlung der Key Emotional-Indikatoren im Team.

Transformation-Index

P1 Leading	P2 Organizing	P3 Connecting	P4 Growing	P5 Talking	P6 Scanning	P7 Exploiting	P8 Exploring	P9 Earning	P10 Scaling
x	x		x						

Beschreibung

Jeder Fortschritt, jede gelungene Transformation und jedes gute Ergebnis im Wirtschaftsleben ist die Leistung eines Teams. Das Team muss gerade auch in Zeiten digitaler Wandlung in den Fokus rücken. Aber agile Teams werden auch immer wieder durchgemischt. Agilität braucht man aber heute mehr denn je, um mit flexiblerem Framework günstiger und schneller bessere Ergebnisse zu erzielen.

Das bedeutet eine höhere Anforderung an den Menschen, in der Arbeit sich immer wieder mit anderen Menschen zusammen zu schließen. Diese Zusammenarbeit in Teams kann man aktiv begleiten und unterstützen. Im Endeffekt hilft die Methode, sich schneller als Team zu verstehen und damit schneller in einen Wirkkontext der Ergebniserzielung für Transformationen zu kommen.

In vielen Unternehmen gibt es noch die alleinige Konzentration auf das individuelle Mitarbeitergespräch. Zusätzlich werden Teams, Abteilungen oder größere Organisationen größtenteils an Key Performance Indicators (KPIs) gemessen. Diese sind meist betriebswirtschaftlichen Ursprungs. Selbst wenn bestimmte Umsatz- und Ertrags-KPI's erfüllt werden, die Profitabilität vorhanden ist, kann es sein, dass viel mehr erreichbar ist, wenn wirkliche Kollaboration und Teamarbeit in den Vordergrund rücken. Meist scheitert dies, da Teams von Führungskräften falsch zusammengesetzt sind, Machtspiele gegeneinander erfolgen oder Einzelleistungen vor Teamleistungen stehen.

Klassische Methoden wie 360-Grad-Feedback, jährliche Mitarbeitergespräche oder jährliche Mitarbeiterzufriedenheitsanalyse bilden nicht die Realität des tatsächlichen Geschehens in der Organisation ab. Sie sind langsam aufgrund der langen Pausen zwischen den Zeiträumen und vielfach zeitaufwendig in der Auswertung. Eine wirkliche Entscheidungsgrundlage in Zeiten stetigen Wandels bieten sie kaum.

Neben agilen Feedbackmethoden helfen Daten, die in schnell wiederkehrenden Pulsbefragungen ermittelt werden. Hierzu bedarf es neben den richtigen Fragen auch ein digitales System, wie sofortige Bereitstellung und Auswertung dieser Daten in einem Dashboard erfolgen kann. Daten bilden die Grundlage von Entscheidungen, wenn sie die aktuelle Realität abbilden. Sie geben Transparenz. Die Führungskraft und jeder Einzelne im Team kann darauf zeitnahe Optimierungen aufbauen. Es können die Stärken gestärkt und Probleme schneller beseitigt werden.

Transformation findet immer mehrdimensional statt und betrifft alle: kollektiv, persönlich, in alle Richtungen gleichzeitig und fortwährend. Arbeitsstrukturen sind ein wesentlicher Erfolgstreiber.

Der Blick muss also verstärkt auf die Key Emotional Indicators (KEIs) fokussiert werden. Diese ermöglichen ein besseres Verständnis der Interaktionen innerhalb von Unternehmen und Teams. Damit entsteht eine Handlungsbasis, mit der gezielte Interventionen auf allen Ebenen, vom Individuum zum Team bis zur Führungsebene, gesetzt werden können.

Durchführung

Bei den Key Emotional Indicators misst man drei Dimensionen erfolgreicher Transformationsoptimierung:

1. psychologische Sicherheit
2. Zugehörigkeitsgefühl
3. Flow

Die Messung erfolgt durch digitale Pulsbefragungen jedes Einzelnen im Team oder in der Gesamtorganisation. Sie sind gerade bei Arbeiten auf sozialer Distanz sehr gut anwendbar. Beispielhafte Fragestellungen sind

- zur psychologischen Sicherheit: Im Team um Hilfe fragen, ist ...?
- zum Zugehörigkeitsgefühl: Kannst du in der Arbeit sein, wer du sein willst?
- zum Flow: Deine Fähigkeit, dich zu konzentrieren, ist zurzeit ...?

Kontrollfrage: Wie siehst du deine Zukunft in der Firma (größter Prädiktor für Leistung und Engagement insgesamt)?

Stimmen die Key Emotional Indicators ziehen auch die KPIs nach. Verbesserte Kollaboration und kontinuierliches Lernen aus den Daten im Dashboard der Pulsbefragungen erzeugen Energie und positive Eigendynamik. Eine gute Grundlage für mehr Resilienz und agiles Arbeiten. Dieses wird über ein Dashbord abgebildet.

Employee Experience umfasst also das emotionale Wohlbefinden von Menschen, Teams und Organisationen. Nicht nur Produktivität und Arbeitsleistung steigert sich, sondern auch Mitarbeiterfluktuation und Krankenstände verringern sich.

Synchronisiertes Miteinander und kollektiver Fortschritt ermöglichen exponentielles Arbeiten. Die agile Methode zur Messung von Kollaboration und Teamarbeit liefern systemisch nicht nur die offensichtlichen KPI's, sondern vervollständigen das Bild mit unsichtbaren Teamdynamiken, um diese zu entwickeln und zu optimieren. Die ganzheitliche Wandlungsfähigkeit von Unternehmen wird dabei massiv unterstützt.

109

Key Emotional Indicators – Pulsbefragung

Grafik: Anja Faber

Praxisschlaglicht

Eine Kommunikationsagentur, die seit einiger Zeit auf agile Teamzusammensetzungen setzt und zusätzlich auf Flex-Office umgestellt wurde, begleitet seitdem die agile Messung von Zusammenarbeit und Teamwork mit dem Tool ‚kokoro'.

Durch monatliche digitale Pulsbefragungen, zentral initiiert und geführt durch die HR-Abteilung, ergab sich ein Bild für den Status der Kollaboration innerhalb der Agentur, das Zugehörigkeitsgefühl jedes Einzelnen, obwohl man sich nur noch selten im Büro sieht sowie die psychologische Sicherheit, die Menschen in dieser Agentur fühlen.

Aus dem Daten-Dashboard, welches sich natürlich immer wieder mit jeder Pulsbefragung veränderte, konnten gute Schlüsse, Entscheidungen und Maßnahmen eingeleitet werden, die den Erfolg der Agentur maßgeblich steigerte.

Transformationswirksamkeit

- Wirksam für alle Transformationen

Transformationsfähigkeit

- Fördert die allgemeine Transformationsfähigkeit des Teams
- Fördert offene Mindsets und innovative Denkhaltungen
- Zahlt auf eine bessere Wahrnehmung ein

Einsatzcharakteristik

- Austauschfokus: vornehmlich mit internen Personen
- Durchführungszeit: eher gering (< 1 Stunde)
- Einsatzfrequenz: sinnvoll im dauerhaften Einsatz
- Einsatzfrequenz: vornehmlich über im kompletten Projektzeitraum
- Einsatzradius: vornehmlich im Teameinsatz
- Einsatzradius: vornehmlich im projektweiten Einsatz
- Einsatzradius: vornehmlich im unternehmensweiten Einsatz
- Komplexität für den Moderator: eher gering
- Komplexität für die Teilnehmer: eher gering
- Teamgröße: Großgruppen möglich (>50 Teilnehmer)
- Teamgröße: Maxigruppen möglich (20 bis 40 Teilnehmer)
- Teamgröße: Mittelgroße Teams möglich (5 bis 20 Teilnehmer)
- Vorbereitungszeit: eher mittel (>1 Stunde bis <1 Tag)

Nötiger Input, um mit der Methode arbeiten zu können (

- Beteiligte Personen mit Tätigkeiten und Aufgaben
- Durchlaufenes Projekt oder Projektphasen

Erzeugter Output der Methode

- Bessere Projekteffizienz, bessere Teamperformance
- Erzeugt größere Klarheit zu einem Thema
- Erzeugt transformationsfähigere Organisationen
- Erzeugt motiviertere und transformationsfähigere Teilnehmer
- Identifiziert vorhandene Schwachstellen
- Identifiziert vorhandene Stärken
- Macht Wirkzusammenhänge sichtbar

Hinderniseffekte, auf die die Methode positiv wirkt

- 04 – Beugt blinden Flecken/Betriebsblindheit vor
- 11 – Schärft eine fehlende gemeinsame Ausrichtung
- 13 – Schafft für den Erfolg nötige Realitätsbezüge
- 15 – Stärkt das Vertrauen im Team
- 16 – Beugt Misinterpretationen vor
- 23 – Schwächt Konkurrenzdenken und Angst vor Machtverlust
- 25 – Schwächt multidisziplinäre Reibungsverluste
- 32 – Verhindert unreflektiertes Agieren
- 36 – Schafft schnell Klarheit und beschleunigt Erkenntnisgewinn

Mögliche Extravorteile

- für Teams mit einer konservativen, tradierten Kultur
- für Teams mit einer schwacher Teamleitung
- für Teams mit einer souveränen Teamleitung
- für interkulturell unerfahrene Teams
- für multidisziplinär unerfahrene Teams

Quellen

Buch – Das Ende der unvereinbaren Gegensätze: 12 überraschende Lösungen für Menschen, Wirtschaft und Gesellschaft, Stefanie Kuhnhen, Markus von der Lühe, (Springer 2018)

Web – https://www.absatzwirtschaft.de/zwar-waechst-das-bewusstsein-fuer-key-emotional-indicators-doch-wissen-die-meisten-nicht-wie-sie-das-implementieren-sollen-135842/, 2018

Web – https://worldofmencraft.com/2017/01/23/emotionen-sind-die-besten-werkzeuge-um-mit-komplexitaet-umzugehen/, 2017

Web – https://www.linkedin.com/pulse/evaluationssysteme-für-mitarbeiter-employee-oder-harald-dietrich/, 2020

Kommunikationsbereiche – New Work

Foto: NEU Innovation – Zentis GmbH & Co. KG

EinSatzBeschreibung

Flächen- und Büroplanung, um Vernetzung und Kollaboration zu fördern.

Transformation-Index

P1 Leading	P2 Organizing	P3 Connecting	P4 Growing	P5 Talking	P6 Scanning	P7 Exploiting	P8 Exploring	P9 Earning	P10 Scaling
	x	x	x						

Beschreibung

Obgleich der primäre Arbeitsplatz sicherlich der Schreibtisch ist, sind wir doch immer weniger an ihn gebunden. Inzwischen ist es üblich, standortübergreifend mit Menschen unterschiedlichster Fachrichtungen zusammenzuarbeiten.

Das multidisziplinäre Arbeiten, Brainstormen und Austauschen sorgt für Innovationskraft und lässt tolle Ideen wachsen. Wie kann man das unterstützen? Durch Räumlichkeiten, die die Kommunikation zwischen den Mitarbeitenden fördert! Man sollte daher bei der Flächen- und Büroplanung sekundäre Arbeitsbereiche miteinplanen, die als temporäre Arbeitsplätze dienen – sogenannte „Kommunikationsbereiche".

Die Idee dahinter ist, „unternehmensinterne (Bereiche) zu schaffen, die auch ungeplante Zusammenkünfte erlauben. Indem Vorbeigehende beispielsweise zu einer Gruppenbesprechung spontan hinzustoßen können, werden der team- und abteilungsübergreifende Austausch sowie die Anregung neuer Ideen gefördert. Voraussetzung hierfür ist es, die Räumlichkeiten offen zu gestalten und neben festen Einheiten, wie Sofas und Stehtischen, auch flexibel arrangierte Module wie Sitzwürfel vorzusehen"[25].

Die Kommunikationsbereiche sind offen gestaltet, allen Mitarbeitenden zugänglich und eignen sich für konzentrierte Arbeit und den Kaffeeplausch gleichermaßen. Vorteilhaft ist außerdem, dass kein anderer Kollege im Büro gestört wird, sondern man nun einen expliziten Raum „für nicht-vertrauliche Arbeit in Klein- und Großgruppensettings"[26] hat, der sich von den Einzelarbeitsplätzen klar abgrenzt. Der informelle Rahmen, der geschaffen wird, schafft eine einladende Atmosphäre, die den Austausch der Mitarbeitenden untereinander fördert und einen Wissensaustausch zulässt.

Durchführung

Es gilt, den „Raum der Arbeit als umfassenden Wertschöpfungsfaktor zu nutzen und Flächen so zu gestalten, dass Möglichkeiten zur Steigerung der Innovationskraft und Engagement der Beteiligten voll ausgeschöpft, die Agilität der Organisation unterstützt und das Arbeitgeber-Image gefördert werden"[27] – wie also sollte der Kommunikationsbereich aussehen?

Kommunikationsbereiche „müssen zentral im Office sein und alle Anforderungen an einen gemütlichen Treffpunkt erfüllen"[28]. Sie müssen einladend und offen gestaltet sein und ausdrücken, dass ein informelles Arbeiten gewünscht ist. Wenn Austausch, Netzwerken, Kreativität und Vertrauen sichtbar sein dürfen, wird

Foto: NEU Innovation – Zentis GmbH & Co. KG

[25] Buch – Arbeitsplatz der Zukunft. Gestaltungsansätze und Good-Practice-Beispiele, Martin Klaffke (Springer Gabler 2016), S. 16

[26] Buch – Arbeitsplatz der Zukunft. Gestaltungsansätze und Good-Practice-Beispiele, Martin Klaffke (Springer Gabler 2016), S. 16

[27] Buch – Arbeitsplatz der Zukunft. Gestaltungsansätze und Good-Practice-Beispiele, Martin Klaffke (Springer Gabler 2016), S. 3

[28] Buch – Büro-Bibel: Auftritt, Organisation, Kommunikation, Gabriele Cerwinka, Gabriele Schranz (Linde International 2015), S.375

eine entsprechende Unternehmenskultur nicht nur auf dem Blatt Papier stehen, sondern sicht- und vor Allem erlebbar.

Die Funktionalität der Kommunikationsbereiche spielt eine zentrale Rolle und sollte für den Nutzer sofort ersichtlich sein – ein optisch und akustisch abgeschirmter Bereich mit nur zwei Möglichkeiten ein mobiles Endgerät abzustellen, wird wohl kaum für eine große Gruppe gedacht sein. Das heißt, dass die Angebote an Kommunikationsbereichen mannigfaltig sein sollten und sich nach Personenanzahl, Art und Inhalt sowie Vertraulichkeit des Austausches ausrichten sollten.

Praxisschlaglicht

Meistens ist das Topmanagement nicht oft verfügbar und damit wenig nahbar, doch auch das Topmanagement kann die öffentlichen Kommunikationsbereiche nutzen und damit eine Nahbarkeit erzeugen, was langfristig einem Silo-Denken entgegenwirkt und hierarchische Grenzen abbaut.

Transformationswirksamkeit

- Wirksam für Herausforderungen mit niedriger Komplexität
- Wirksam für alle Transformationen

Transformationsfähigkeit

- Fördert grundlegend die Kreativität
- Fördert offene Mindsets und innovative Denkhaltungen
- Sorgt für Inspiration oder bessere Inspirationsempfindlichkeit

Einsatzcharakteristik

- Austauschfokus: vornehmlich mit externen Personen
- Durchführungszeit: eher gering (< 1 Stunde)
- Einsatzfrequenz: sinnvoll im dauerhaften Einsatz
- Einsatzradius: vornehmlich im unternehmensweiten Einsatz
- Komplexität für die Teilnehmer: eher gering
- Teamgröße: Kleingruppe möglich (3 bis 5 Teilnehmer)
- Teamgröße: Speziell für Großgruppen geeignet (>50 Teilnehmer)
- Vorbereitungszeit: eher mittel (>1 Stunde bis <1 Tag)

Nötiger Input, um mit der Methode arbeiten zu können

- Vorhandenes Wissen und Erfahrungen

Erzeugter Output der Methode

- Erzeugt kollaborative Lösungen und Ideen
- Erzeugt neues Wissen und neue Erfahrungen
- Erzeugt transformationsfähigere Organisationen
- Erzeugt mehr Hintergrundinformationen

Hinderniseffekte, auf die die Methode positiv wirkt

- 36 – Schafft schnell Klarheit und beschleunigt Erkenntnisgewinn

Mögliche Extravorteile

- für agile Teams
- für erfahrene Trainer und Agile Coaches
- für innovativ erfahrene Teams
- für multidisziplinär erfahrene Teams

Foto: NEU Innovation – Zentis GmbH & Co. KG

Quellen

Buch – Arbeitsplatz der Zukunft. Gestaltungsansätze und Good-Practice-Beispiele, Martin Klaffke (Springer Gabler 2016)

Buch – Büro-Bibel: Auftritt, Organisation, Kommunikation, Gabriele Cerwinka, Gabriele Schranz (Linde International 2015)

Konsent

Diese Form der Entscheidungsfindung ist für die digitale Transformation außerordentlich wertvoll. Erfolgreich wird sie jedoch erst, wenn sie mit nachgelagerten Methoden verknüpft wird. Der Erfolg eines Vorschlags muss im Nachgang zu einer Konsent-Entscheidung iterativ begleitet werden, damit schnell und früh im Prozess festgestellt werden kann, ob es sich um eine gute Entscheidung handelte oder Anpassungen notwendig werden. Ein zusätzlicher Vorteil der Methode ist, dass der Vorschlaggeber durch die unterschiedlichen Stufen des Konsent, die durch Handzeichen angezeigt werden, ein sehr umfangreiches Meinungsbild einholt. Dadurch kann derjenige selbst entscheiden, ob der Konsent für ihn erst einmal ausreicht, um in die nächste Phase zu starten oder ob er gezielt weitere Diskussionen führen möchte.

Der Konsent stammt ursprünglich aus der Soziokratie und wurde seither weiterentwickelt, geändert und ergänzt. Wir stellen hier eine Durchführung vor, die sich bei uns in der Praxis bewährt hat.

EinSatzBeschreibung

Werkzeug für das Herbeiführen von Entscheidungen, bei denen erst einmal nicht alles perfekt sein muss.

Transformation-Index

P1 Leading	P2 Organizing	P3 Connecting	P4 Growing	P5 Talking	P6 Scanning	P7 Exploiting	P8 Exploring	P9 Earning	P10 Scaling
x	x	x	x	x	x	x	x	x	x

Beschreibung

Kennen Sie Entscheidungsrunden, bei der grundsätzlich jeder mit einem Vorschlag explizit einverstanden sein muss? Meistens sind alle beteiligten Personen sich zwar mit der Richtung einig, möchten aber dennoch ihre Punkte in weiteren Abstimmungsrunden ergänzen. In diesem Fall sprechen von einem Konsens: Alle beteiligten Personen müssen ausdrücklich zustimmen und „Ja" sagen. Hierbei wird meist nach der einen perfekten Entscheidung gestrebt. Dieses Vorgehen ist jedoch heutzutage nur noch selten effizient. Demgegenüber nutzen wir daher in der digitalen Transformation den Konsent für Entscheidungen, bei dem die beteiligten Personen nicht explizit „Nein" sagen.

Mit der digitalen Transformation werden komplexe Herausforderungen angegangen. Dabei können weder perfekte Entscheidungen vorhergesagt werden noch bleibt den Unternehmen ausreichend Zeit für endlose Abstimmungsrunden. Vielmehr gilt es schnell und effizient Entscheidungen mit dem Konsent herbeizuführen.

Für den Konsent braucht es einen Vorschlag, der den beteiligten Personen vorgelegt wird. Diskussionsrunden unterstützen das Hervorbringen unterschiedlicher Perspektiven. Schließlich erfolgt mithilfe unterschiedlicher Abstufungen der Konsent. Nur ein expliziter, schwerwiegender Einwand von mindestens einer Person reicht aus, um die Entscheidung aufzuhalten. Andernfalls wurde die Entscheidung für den Vorschlag wirksam, auch wenn beispielsweise Enthaltungen, leichte oder sogar schwere Bedenken geäußert wurden. Sie halten die Entscheidung jedoch nicht auf, da sie den Vorschlag zum jetzigen Zeitpunkt erst einmal akzeptieren können.

Grafik: Beate Sommer

Durchführung

1. Vorschlag präsentieren

Die Person, die eine Entscheidung herbeiführen möchte, stellt ihren Vorschlag den Personen vor, die von der Entscheidung betroffen sind oder mitbestimmen sollen.

2. Verständnisfragen klären

Die beteiligten Personen dürfen Rückfragen zum Vorschlag stellen, die durch den Vorschlaggeber erläutert und geklärt werden.

3. Diskussionsrunde eröffnen

An dieser Stelle dürfen z. B. Kommentare, Meinungen, Hinweise, Bedenken, Widersprüche oder Befürwortungen diskutiert werden. Der Vorschlag aus Runde 1 kann daraufhin vom Vorschlaggeber angepasst werden.

4. Konsent abfragen

Der Vorschlaggeber stellt seinen Vorschlag final vor. Hierbei hilft es, die entsprechende Entscheidung auf einem Flipchart oder einer Präsentation transparent zu machen. Anschließend müssen die beteiligten Personen durch Handzeichen ihren Grad der Zustimmung abgeben.

5 Finger: Ich stimme dem Vorschlag vorbehaltlos zu.

4 Finger: Ich habe leichte Bedenken, aber der Vorschlag ist zum jetzigen Zeitpunkt tragbar.

3 Finger: Ich habe größere Bedenken, halte aber die Entscheidung nicht auf.

2 Finger: Ich bin nicht einverstanden, halte aber die Entscheidung nicht auf.

1 Finger: Ich enthalte mich und halte die Entscheidung nicht auf.

Faust: Ich habe einen schwerwiegenden Einwand und halte die Entscheidung auf.

Nur die Faust kann die Entscheidung aufhalten. Die anderen Abstufungen zeigen die unterschiedlichen Meinungen, die in einer weiteren Diskussionsrunde oder bilateral angehört werden können, jedoch müssen sie für den nächsten Schritt erst einmal nicht zwingend berücksichtigt werden.

Liegt ein schwerwiegender Einwand vor, der die Entscheidung blockiert, tauscht sich die Gruppe über die Argumente und Sichtweisen aus. Eventuell kann sich daraus ein neuer Vorschlag entwickeln (Wiederholung der Schritte 1–4). Alternativ kann auch nur Nr. 4 wiederholt werden, wenn sich der Vorschlag nicht grundlegend geändert hat. Falls weiterhin kein Konsent möglich ist, kann keine Entscheidung getroffen werden. Die Gruppe bespricht das weitere Vorgehen (z. B. ob oder wie ein neuer Vorschlag erarbeitet werden soll).

5. Zusammenfassung

Der Vorschlaggeber fasst das Ergebnis zusammen und informiert über etwaige nächste Schritte.

Es empfiehlt sich, je nach Umfang des Thema Zeitvorgaben für die Schritte 1 bis 5 festzulegen und dafür einen Timer zu nutzen. Größere Themen sollten dabei maximal 60 Minuten in Anspruch nehmen, während kleinere Themen für die Durchführung nur 15 Minuten benötigen.

Praxisschlaglicht

Es geht beim Konsens nicht darum, die beteiligten Personen zu einer Zustimmung zu überreden. Stattdessen soll gezielt und schnell herausgefunden werden, wo ein legitimer Widerstand liegt und was es braucht, um schnell in die nächste Phase zu gehen. Zusätzlich helfen die unterschiedlichen Meinungsbilder und Konsent-Abstufungen dem Vorschlaggeber bei seinem weiteren, iterativen Vorgehen. Er erhält direkt Feedback für die Skalierung seines Vorschlags und wertvollen Input, auf welche Punkte er beispielsweise besonders achten sollte. So gelingt es ganzheitlich neue Vorschläge schrittweise nach vorn zu bringen, damit die digitale Transformation erfolgreich gestaltet werden kann.

Gerade für ungeübte Teams kann es helfen, regelmäßige Retrospektiven zu dem Vorgehen der Konsent-Entscheidungen durchzuführen. So können sich die Teams weiterentwickeln und mit der Zeit effizienter Entscheidungen treffen.

Für Entscheidungen, bei denen das Meinungsbild nicht zwingend notwendig ist, kann auch eine einfachere Form der Konsent-Abfrage ausreichen:

Daumen hoch: Zustimmung!

Daumen zur Seite: Ich bin mir nicht sicher, halte die Entscheidung aber nicht auf!

Daumen runter: Ich habe einen schwerwiegenden Einwand!

Transformationswirksamkeit

- Wirksam für alle Transformationen

Transformationsfähigkeit

- Fördert die Agilität eines Teams
- Fördert die allgemeine Transformationsfähigkeit des Teams
- Fördert offene Mindsets und innovative Denkhaltungen
- Zahlt auf eine bessere Wahrnehmung ein

Einsatzcharakteristik

- Austauschfokus: vornehmlich mit internen Personen
- Durchführungszeit: eher gering (< 1 Stunde)
- Einsatzfrequenz: sinnvoll im dauerhaften Einsatz
- Einsatzradius: vornehmlich im Teameinsatz
- Einsatzradius: vornehmlich im projektweiten Einsatz
- Einsatzradius: vornehmlich im unternehmensweiten Einsatz
- Komplexität für den Moderator: eher mittel
- Komplexität für die Teilnehmer: eher mittel
- Teamgröße: Kleingruppe möglich (3 bis 5 Teilnehmer)
- Teamgröße: Mittelgroße Teams möglich (5 bis 20 Teilnehmer)
- Vorbereitungszeit: eher gering (<1 Stunde)

Nötiger Input, um mit der Methode arbeiten zu können

- Aktuelle Herausforderung, Leitfrage, Problem
- Ideen und Projekte die zur Umsetzung anstehen
- Verschiedene Meinungen und Blickwinkel
- Merkmale der gegebenen Herausforderung

Erzeugter Output der Methode

- Bessere Projekteffizienz, bessere Teamperformance
- Erzeugt Planungen und Priorisierungen
- Erzeugt besseren Teamspirit, mehr Offenheit, Inspirationsempfindlichkeit
- Erzeugt größere Klarheit zu einem Thema
- Erzeugt transformationsfähigere Organisationen
- Erzeugt mehr Agilität im Team
- Erzeugt motiviertere und transformationsfähigere Teilnehmer
- Hilft bei Entscheidungen, Bewertungen und Feedback
- Identifiziert vorhandene Schwachstellen
- Macht Wirkzusammenhänge sichtbar

Hinderniseffekte, auf die die Methode positiv wirkt

- 02 – Schwächt Angst vor Kritik und Zurückweisung
- 04 – Beugt blinden Flecken/Betriebsblindheit vor
- 25 – Schwächt multidisziplinäre Reibungsverluste
- 26 – Schwächt nicht zielführende Emotionen
- 32 – Verhindert unreflektiertes Agieren
- 33 – Schwächt Verdiskutiererei
- 34 – Verhindert vorschnelles Urteilen über Ideen
- 36 – Schafft schnell Klarheit und beschleunigt Erkenntnisgewinn
- 37 – Verkürzt zu lange Entscheidungsmeetings
- 41 – Verringert zu große Komplexitäten

Mögliche Extravorteile

- für Teams in einer Komfortsituation
- für Teams mit einer schwacher Teamleitung
- für Teams mit schwachem Auftragsmandat
- für disruptiv erfahrene Teams
- für agile Teams
- für erfahrene Trainer und Agile Coaches
- für innovativ erfahrene Teams
- für multidisziplinär erfahrene Teams

Quellen

Buch – Agile Organisationsentwicklung: Handbuch zum Aufbau anpassungsfähiger Organisationen, Bernd Oestereich, Claudia Schröder (Vahlen 2020)

Web – https://digitaleneuordnung.de/blog/konsent/, 15.05.2021

Web – https://next-u.de/2015/bericht-infoabend-effiziente-team-entscheidungen-statt-endlos-diskussionen/, 15.05.2021

Web – https://www.soziokratie.org/wp-content/uploads/2018/07/buch-soziokratie-holakratie-laloux-2018-zweite-auflage.pdf, 15.05.2021

Web – https://www.agile-teams.de/der-konsent/, 15.05.2021

Web – https://www.oose.de/blogpost/entscheiden-im-konsens-teil-1-was-ist-konsens/, 15.05.2021

Foto: Benno van Aerssen

112

Kräftedreieck

EinSatzBeschreibung

Aufzeigen und Reflektieren der Grundvoraussetzungen für mehr Innovations- und Transformationsfähigkeit.

Transformation-Index

P1 Leading	P2 Organizing	P3 Connecting	P4 Growing	P5 Talking	P6 Scanning	P7 Exploiting	P8 Exploring	P9 Earning	P10 Scaling
x	x		x						

Beschreibung

Wenn die Transformationsfähigkeit eines Teams oder Unternehmens gesteigert werden soll, hört man gleichzeitig, neben vielen erfolgreichen Fällen, auch jede Menge Berichte über Fälle, bei denen das nicht gelungen ist. Mit dem Kräftedreieck gelingt es, darüber mit dem Team zu reflektieren und zielführende Handlungen, zur Entwicklung der Transformationsfähigkeit abzuleiten. Liest man sich durch die einschlägige Literatur, stößt man letztlich im Kern immer wieder auf die gleichen drei Kernvoraussetzungen, die auch gleichzeitig die Säulen des Tools „Kräftedreieck der Transformationsfähigkeit" bilden.

Diese drei Kernvoraussetzungen sind

- die Veränderungsbereitschaft der Menschen,
- die Veränderungskompetenz der Menschen und
- die Veränderungsmöglichkeiten, die den Menschen gegeben werden.

Fehlt eine der Säulen oder gibt es zu mindestens einer Säule keine begleitenden Maßnahmen, wird die Steigerung der Transformationsfähigkeit nachhaltig nicht gelingen und auch die Entwicklung einer lebendigen digitalen Transformation rückt in weite Ferne.

Betrachten wir nun die drei Säulen etwas genauer. Da wäre zunächst die Veränderungsbereitschaft der beteiligten Menschen, oder das WOLLEN. Nur wenn die beteiligten Personen einen Sinn in der Generierung und Umsetzung neuer Ideen sehen, stehen sie sodann auch den implizit folgenden Veränderungen offen gegenüber.

Die sicherlich grundlegendste Maßnahme, um Veränderungsbereitschaft herzustellen, heißt Information, Information und nochmals Information. Mit Transparenz und einer guten Kommunikationspolitik („Talking" – siehe Transformation Canvas) nehmen Sie die Menschen mit auf die Transformationsreise.

Jenseits dieser Basis ist alles an Maßnahmen denkbar vom Einzelgespräch bis zur Teambuildingmaßnahme, um hier zu unterstützen. Haben wir nun im besten Falle ein veränderungsbereites Team, dann sollte unmittelbar an Säule zwei, der Veränderungskompetenz, gearbeitet werden. Hier geht es grundlegend darum, den Menschen kognitives Wissen, Werkzeuge und Methoden an die Hand zu geben, wie Ideenfindung und Transformation gelingen können. Auch ein veränderungsbereites Team bringt ohne gutes Wissensfundament die Innovations-PS nicht auf die Straße.

Gehen wir nun von dem Fall aus, dass die Säulen eins und zwei gegeben sind. Nun müssen die Menschen noch die Möglichkeit bekommen, es auch konkret zu tun. Das heißt, in der dritten Säule geht es banal um die Zeiten für Ideenfindung und Transformationsarbeit und die Orte und Räume, an denen das stattfinden kann. Es ist sozusagen ein organisatorisches Thema, wobei klar ist: „Es ist sicher leichter gesagt als getan".

In einer tatsächlich vorhandenen und lebendigen digitalen Transformation haben die Menschen in einem Unternehmen sowohl Freiräume für die Kreativarbeit als auch entsprechend ausgestattete Räume.

Grafik: Anja Faber

Durchführung

Das Kräftedreieck ist ein Reflexionswerkzeug für Teams und einzelne Personen. Das heißt, es muss immer dann sichtbar sein, wenn ich über den Status der Transformationsfähigkeit eines Teams oder einzelner Personen aktiv nachdenken möchte. Es hat sich bewährt, das Kräftedreieck als mindestens DIN A3 großen Ausdruck oder besser noch als Flipchartgrafik prominent an die Wand des eigenen Büros oder der Team-Workspaces zu hängen. So kann unmittelbar immer darauf zugegriffen werden.

Wenn Sie nun die Transformationsfähigkeit in Bezug auf ein Team oder ein Projekt analysieren und weiter entwickeln möchten, dann stellen Sie sich im Angesicht des Kräftedreiecks vielleicht folgende Hilfsfragen:

- Was kann ich über die Veränderungsbereitschaft des Teams sagen?
- Woran mache ich eine gute Veränderungsbereitschaft des Teams fest?
- Was habe ich in der letzten Zeit aktiv getan, um die Veränderungsbereitschaft des Teams zu steigern?
- Was könnte ich in der nächsten Zeit tun, um die Veränderungsbereitschaft des Teams zu steigern?
- Woran könnte ich feststellen, dass sich die Veränderungsbereitschaft weiterentwickelt hat?
- Was kann ich über die Veränderungskompetenz des Teams sagen?
- Woran mache ich eine gute Veränderungskompetenz des Teams fest?
- Was habe ich in der letzten Zeit aktiv getan, um die Veränderungskompetenz des Teams zu steigern?
- Was könnte ich in der nächsten Zeit tun, um die Veränderungskompetenz des Teams zu steigern?
- Woran könnte ich feststellen, dass sich die Veränderungskompetenz weiterentwickelt hat?
- Was kann ich über die Veränderungsmöglichkeiten des Teams sagen?
- Woran mache ich gute und helfende Veränderungsmöglichkeiten für das Teams fest?
- Was für Veränderungsmöglichkeiten habe ich in letzter Zeit dem Team gegeben?
- Welche Veränderungsmöglichkeiten sollte ich in der nächsten Zeit dem Team gegeben?

Eine weitere Empfehlung ist, diesen Reflexionsprozess zyklisch zu planen und zu wiederholen.

Transformationswirksamkeit

- Wirksam für radikale Transformationen

Transformationsfähigkeit

- Fördert die allgemeine Transformationsfähigkeit des Teams

Einsatzcharakteristik

- Einsatzradius: vornehmlich im unternehmensweiten Einsatz
- Komplexität für den Moderator: eher gering
- Komplexität für die Teilnehmer: eher gering
- Austauschfokus: vornehmlich mit internen Personen
- Durchführungszeit: eher gering (< 1 Stunde)
- Einsatzfrequenz: vornehmlich im kompletten Projektzeitraum
- Einsatzfrequenz: vornehmlich im einmaligen Einsatz
- Einsatzradius: vornehmlich im Teameinsatz
- Vorbereitungszeit: eher gering (<1 Stunde)
- Teamgröße: Großgruppen möglich (>50 Teilnehmer)
- Teamgröße: Maxigruppen möglich (20 bis 40 Teilnehmer)
- Teamgröße: Mittelgroße Teams möglich (5 bis 20 Teilnehmer)
- Teamgröße: Kleingruppe möglich (3 bis 5 Teilnehmer)
- Teamgröße: Einzelpersonennutzung möglich

Nötiger Input, um mit der Methode arbeiten zu können

- Durchführungszeit, Trainingszeit

Erzeugter Output der Methode

- Erzeugt transformationsfähigere Organisationen
- Erzeugt motiviertere und transformationsfähigere Teilnehmer

Hinderniseffekte, auf die die Methode positiv wirkt

- 10 – Verhindert falsche Flughöhen
- 32 – Verhindert unreflektiertes Agieren
- 33 – Schwächt Verdiskutiererei
- 36 – Schafft schnell Klarheit und beschleunigt Erkenntnisgewinn

Mögliche Extravorteile

- für disruptiv unerfahrene Teams
- für innovativ ungeübte Teams
- für multidisziplinär unerfahrene Teams
- für Teams in einer Krisensituation
- für Teams mit einem starkem Auftragsmandat
- für Teams mit einer souveränen Teamleitung
- für Teams mit einer schwacher Teamleitung

Quellen

Organisation – verrocchio Institute GmbH, Düsseldorf
Buch – Das große Handbuch Innovation, B. van Aerssen, C. Buchholz (Vahlen 2018)

113 Launch Events

EinSatzBeschreibung

Methode, um ein digitales Produkt effizient auf dem Markt einzuführen.

Transformation-Index

P1 Leading	P2 Organizing	P3 Connecting	P4 Growing	P5 Talking	P6 Scanning	P7 Exploiting	P8 Exploring	P9 Earning	P10 Scaling
				x					

Beschreibung

Die agile Entwicklung von digitalen Produkten ist zum De-facto-Standard geworden und erzielt beachtliche Erfolge bei Entwicklungsgeschwindigkeit, Planbarkeit und Qualität.[29] Der Entwicklungsprozess verläuft nicht streng linear nach dem Wasserfall-Prinzip, sondern iterativ. Nachdem immer wieder angepasst und weiterentwickelt wurde, kann das Produkt irgendwann der breiten Masse gezeigt werden – bei einer Einführungsveranstaltung, dem Launch Event.

Der Produkt-Launch beschreibt den Prozess der Einführung eines neuen Produkts auf dem Markt. Es ist die „Startphase der operativen Vermarktung eines Neuprodukts, bei dem es um viele verschiedene Kommunikationsprodukte geht, die von diversen Abteilungen des Unternehmens für unterschiedliche Zielgruppen zu unterschiedlichen Zeitpunkten und je nach Phase im Kundenprojekt eingesetzt werden".[30]

Der Produkterfolg hängt eng mit der Perfektion zusammen, mit welcher der Produkt-Launch abläuft. Bei Misslingen wird es in der Regel keine zweite Chance geben – denken Sie an die großen Markteinführungsveranstaltungen in der Automobilbranche. Liefe hier etwas schief, würde man wahrscheinlich eher darüber sprechen als über die Erfolge. Üblicherweise wird ein Launch Event also nur einmal durchgeführt, aber dafür richtig. Im Rahmen der Digitalen Transformation eines Unternehmens kann ein Launch Event eines digitalen Produkts wie beispielsweiser einer Unternehmens-APP, die agil entwickelt wurde, durchaus öfters wiederholt werden – etwa, wenn die Benutzergruppe erweitert wird und auch, wenn die neuen Nutzer abgeholt werden müssen oder wenn das Produkt selbst weiterentwickelt wurde und neue Funktionen gelauncht werden sollen. Und da wir uns im Rahmen der Digitalisierung bewegen, ist es absolut selbstverständlich, dass auch das Launch Event selbst auf virtuellem Wege stattfindet!

Durchführung

Termin festlegen, Einladungen verschicken und das Verproben der Technik stehen auf der organisatorischen Seite des Launch Events. Viel wichtiger ist jedoch die inhaltliche Gestaltung:

Grund und Zweck: Warum man etwas erarbeitet hat, liegt leider oft in der hierarchischen Kaskade – der Grund der Arbeit ist, dass jemand entschiedet hat, dass es getan werden soll. Entscheidend bei einem Launch Event, bei dem ihr digitales Produkt angenommen werden soll, ist jedoch, welchen Zweck ihr Produkt erfüllt. Welches Problem der Teilnehmenden löst ihr Produkt?

Von Kollegen für Kollegen: Beziehen Sie das Produktteam mit ein und stellen Sie diese als Ansprechpartner vor – so agieren Sie auf Augenhöhe! Dass die Budgetfreigabe vom Topmanagement kam, ist jedem bewusst und muss nicht nochmal erwähnt werden.

Macht mit! Inzwischen sind ihre Zuhörer ganz gefesselt, denn Sie scheinen mit ihrem Produkt eine Lösung für ein gängiges Problem gefunden zu haben. Schöner noch als die reine Produktvorstellung ist die Interaktion mit den Teilnehmenden, also führen Sie durch das Produkt und durch einzelne Funktionen und laden Sie die Teilnehmenden ein mitzumachen. So geben Sie nicht nur eine kleine Schulung, sondern sorgen dafür, dass die Teilnehmenden die Scheu vor dem Neuen verlieren und machen die Digitalisierung erlebbar.

Weiter geht's … Sammeln Sie Feedback zur weiteren Optimierung des Produkts und machen Sie klar, wie wichtig es ist, dass jeder Teilnehmende sich hier einbringt – das Produkt wurde für und mit den Teilnehmenden entwickelt! Beim nächsten Launch werden die überarbeiteten Funktionen vorgestellt und das Feedback der Teilnehmenden so wertgeschätzt.

Praxisschlaglicht

Führen Sie das Launch Event immer zu zweit durch, damit eine Person sich um die Moderation kümmern kann, während die andere Person Fragen per Chat beantwortet oder bei Technikproblemen helfen kann.

Transformationswirksamkeit

- Wirksam für Herausforderungen mit niedriger Komplexität
- Wirksam für Produkttransformationen
- Wirksam für Prozesstransformationen
- Wirksam für Servicetransformationen

Transformationsfähigkeit

- Zahlt auf eine bessere Vorstellungskraft ein

[29] Buch – Grundlagen der agilen Produktentwicklung. Basiswissen zu Scrum, Kanban, Lean Development, Joachim Pfeffer (Peppair GmbH 2019), S. 13

[30] Buch – Produktmarketing für Ingenieure: Wirkungsvolle Vertriebsunterstützung im internationalen Maschinenbau, Michael Nitsche (Walter de Gruyter GmbH 2019), Kapitel 6.2

Einsatzcharakteristik

- Durchführungszeit: eher mittel (>1 Stunde bis <1 Tag)
- Einsatzfrequenz: vornehmlich im einmaligen Einsatz
- Einsatzradius: vornehmlich im unternehmensweiten Einsatz
- Komplexität für den Moderator: eher gering
- Komplexität für die Teilnehmer: eher gering
- Teamgröße: Großgruppen möglich (>50 Teilnehmer)
- Teamgröße: Mittelgroße Teams möglich (5 bis 20 Teilnehmer)
- Teamgröße: Speziell für Großgruppen geeignet (>50)
- Vorbereitungszeit: eher mittel (>1 Stunde bis <1 Tag)

Nötiger Input, um mit der Methode arbeiten zu können

- Aktuell existierende Geschäftsmodelle
- Aktuell existierende Produkte und Services

Erzeugter Output der Methode

- Erzeugt größere Klarheit zu einem Thema

Hinderniseffekte, auf die die Methode positiv wirkt

- 14 – Fördert eventuell fehlende Wertschätzung
- 13 – Schafft für den Erfolg nötige Realitätsbezüge
- 36 – Schafft schnell Klarheit und beschleunigt Erkenntnisgewinn

Mögliche Extravorteile

- für Teams mit einer konservativen, tradierten Kultur
- für innovativ ungeübte Teams
- für multidisziplinär unerfahrene Teams

Quellen

Buch – Grundlagen der agilen Produktentwicklung. Basiswissen zu Scrum, Kanban, Lean Development, Joachim Pfeffer (Peppair GmbH 2019)

Buch – Produktmarketing für Ingenieure: Wirkungsvolle Vertriebsunterstützung im internationalen Maschinenbau, Michael Nitsche (Walter de Gruyter GmbH 2019)

Grafik: verrocchio Mindset-Card – Illustration: Jennifer Weiss

Leading from any Chair

EinSatzBeschreibung

Ein Konzept zur Transformation von Ownership – auf Führungsebene und operativ.

Transformation-Index

P1 Leading	P2 Organizing	P3 Connecting	P4 Growing	P5 Talking	P6 Scanning	P7 Exploiting	P8 Exploring	P9 Earning	P10 Scaling
x			x						

Beschreibung

In ihrem Buch *The Art of Possibility* beschreiben Rosamund Stone Zander und Benjamin Zander vielfältige Denkanstöße, um in unterschiedlichsten Lebensbereichen und Situationen das Bewusstsein für neue Möglichkeiten („notion of possibilty") zu üben. So wird ungeahnte Kreativität freigesetzt und die Kommunikation untereinander bekommt einen neuen Spin.

Im Kapitel „Leading from any chair" beschreibt Benjamin Zander, wie er als Dirigent nach und nach lernte, seine klassisch etablierte, dominante Führungsrolle zum einen mit anderen zu teilen, zum anderen mit dem Orchester neue Formen des gemeinsamen Führens zu üben. Er berichtet von drei Konzepten, die sich auf Transformationsprojekte übertragen lassen, in denen Teams und Führungspersonen lernen sollen, von hierarchischen Strukturen mit starker Führung zu einer gemeinsamen bzw. geteilten Ownership zu kommen:

- Silent Conductor: Anderen die Führung überlassen und trotzdem selbst führen.
- White Sheets: Input geben und annehmen.
- Leaders Everywhere: Partnerschaftlich voneinander lernen.

Durchführung

Zander hat selbst und mit seinen Orchestern folgende Methoden geübt:

Silent Conductor: Anderen die Führung überlassen und trotzdem selbst führen

Basis für diese Methode ist bei Zander das Bewusstsein darüber, dass die Musik im Orchester gespielt wird, während man den Dirigenten selbst gar nicht hört. Genauso kommt es bei erfolgreichen Transformations-Projekten darauf an, dass die einzelnen Personen im Team sich optimal einbringen können. Die Aufgabe der führenden Person ist, hierfür zu sorgen.

Beim Silent Conductor geht es also um eine Reflexion, die Führungspersonen in Transformationsprojekten hilft, die eigene Rolle zu begreifen. Es ist mit Zander hilfreich, den Fokus von der eigenen Person auf das ausführende Team übertragen. Silent Conductors konzentrieren sich auf das Enablement, sie ermutigen ihre Teammitglieder, selbst als Owner ihre eigenen Themen, Konzepte oder Teilprojekte voranzutreiben. Dabei stehen sie ihrem Team strategisch unterstützend zur Seite, statt aus einer hierarchischen Position heraus selbst jede Kleinigkeit vorzugeben.

Ein weiteres, kommunikatives Element ist, Feedback aus dem Team heraus ehrlich zu erfragen und einzuordnen. Auch bei großen Teams, wenn Einzelgespräche mit jedem Teammitglied schwierig umzusetzen sind, üben Silent Conductors den wertschätzenden Umgang mit der Gruppe. Nach Zanders Erfahrung lohnt es sich zum Beispiel, eigene Fehler einzugestehen – eine Praxis, die in stark hierarchisch geprägten Organisationen oft nicht greift. Letzten Endes hilft dies den neuen Ownern im Transformationsteam auch, die eigene Rolle offen und verantwortungsbewusst auszuüben.

White Sheets: Input geben und annehmen

Eine klassische Feedback-Methode, hier aus dem Blickwinkel des „leeren Notenblatts" gesehen: Es ist nicht die Führungsperson, die den Ton vorgibt, sondern das Team selbst kann Einfluss darauf nehmen, wie gespielt wird. White Sheets bieten sich in vielfältigen Situationen an, zum Beispiel in der Vorbereitung eines internen Regel-Termins, eines Status-Updates an die Geschäftsleitung oder eines Briefings mit Dienstleistern. Dazu können die Mitglieder des Teams in der Vorbereitungsphase in freier Form Input an die leitende Person geben. Diese greift einzelne Vorschläge für die Ausgestaltung auf. So bietet sich ein guter Übergang, um einzelne Teammitglieder für kommende Aufgaben als Owner zu stärken und zu befähigen, ohne sie ins kalte Wasser zu werfen oder zu überfordern.

In erfahrenen Teams lässt sich das White Sheet anstelle eines reinen Feedback-Instruments auch als Ausgangspunkt für die Ausgestaltung begreifen: Diese wird den Ownern im Transformationsprojekt selbst überlassen, die Führungsperson steht ihnen beratend und korrigierend zur Seite.

Leaders Everywhere: Partnerschaftlich voneinander lernen

Zander beschreibt eine Erfahrung, in der zwei Orchester mit unterschiedlichen kulturellen Hintergründen den Stil des jeweils anderen sehr effizient und kurzfristig erlernen konnten. Dies geschah nicht etwa durch akribisches Üben oder Vorgaben der Dirigenten. Stattdessen half die Bildung von Zweier-Teams, zusammengesetzt aus je einer Person aus den unterschiedlichen Orchestern, in denen die Musizierenden sich untereinander die nötigen Spielweisen vermittelten.

Ein Vorgehen mit solchen Duos kann auch in Transformationsprojekten helfen, in denen unterschiedliche Perspektiven aufeinandertreffen. Diese können zum Beispiel fachlich oder kulturell bedingt sein, oder aber aus unterschiedlichen Erfahrungs-Leveln der Personen resultieren. Durch die Bildung von Zweierteams, die gemeinsam Aufgaben im Projekt bearbeiten, wird der Transfer von der Führungsperson ins Team ausgelagert und die Projekt-Mitglieder lernen direkt voneinander.

Idealerweise sind die Projekt-Duos so aufgestellt, dass beide Personen jeweils etwas von der Perspektive der andern lernen können, sodass der Transfer in beide Richtungen stattfindet. Vorstellbare Duos sind zum Beispiel: Vertrieb und IT, externe und interne, alte Hasen und Neulinge, technische und fachliche Perspektive.

„Leading from any chair" ist damit ein Konzept, mit dem sich auf Führungs- sowie auf operativer Ebene die Wahrnehmung von Ownership transformiert. Aus Sicht der Führungsperson: „A leader does not need a podium; she can be sitting quietly on the edge of any chair, listening (...) with commitment, fully prepared to take up the baton" (The Art of Possibility, S. 76). Aus operativer Sicht: „From this day, I will be leading every section in which I sit – whichever seat" (The Art of Possibility, S. 76).

Transformationswirksamkeit

- Wirksam für alle Transformationen

Transformationsfähigkeit

- Fördert die Agilität eines Teams
- Fördert die allgemeine Transformationsfähigkeit des Teams

Einsatzcharakteristik

- Austauschfokus: vornehmlich mit internen und externen Personen
- Einsatzfrequenz: sinnvoll im dauerhaften Einsatz
- Komplexität für den Moderator: eher mittel
- Komplexität für die Teilnehmer: eher mittel
- Teamgröße: Großgruppen möglich (>50 Teilnehmer)
- Teamgröße: Kleingruppe möglich (3 bis 5 Teilnehmer)
- Teamgröße: Maxigruppen möglich (20 bis 40 Teilnehmer)
- Teamgröße: Mittelgroße Teams möglich (5 bis 20 Teilnehmer)
- Vorbereitungszeit: eher gering (<1 Stunde)

Nötiger Input, um mit der Methode arbeiten zu können

- Beteiligte Personen mit Tätigkeiten und Aufgaben

Erzeugter Output der Methode

- Bessere Projekteffizienz, bessere Teamperformance
- Erzeugt besseren Teamspirit, mehr Offenheit, Inspirationsempfindlichkeit
- Erzeugt neues Wissen und neue Erfahrungen
- Erzeugt transformationsfähigere Organisationen
- Erzeugt mehr Agilität im Team
- Erzeugt motiviertere und transformationsfähigere Teilnehmer

Hinderniseffekte, auf die die Methode positiv wirkt

- 14 – Fördert eventuell fehlende Wertschätzung
- 17 – Fördert gehemmte Teammitglieder
- 21 – Bindet eher introvertierte Teammitglieder mit ein
- 23 – Schwächt Konkurrenzdenken und Angst vor Machtverlust
- 39 – Fördert die Agilität der Teilnehmer

Mögliche Extravorteile

- für Teams mit einem starkem Auftragsmandat
- für Teams mit einer souveränen Teamleitung
- für disruptiv erfahrene Teams
- für agile Teams
- für erfahrene Trainer und Agile Coaches
- für innovativ erfahrene Teams
- für interkulturell erfahrene Teams
- für multidisziplinär erfahrene Teams

Quellen

Buch – The Art of Possibility, Rosamund Stone Zander & Benjamin Zander (Penguin 2002)

Lean Canvas

EinSatzBeschreibung

Ein Modell für die Beschreibung des Geschäftsmodells, insbesondere für Start-ups in einem frühen Stadium der Entwicklung.

Transformation-Index

P1 Leading	P2 Organizing	P3 Connecting	P4 Growing	P5 Talking	P6 Scanning	P7 Exploiting	P8 Exploring	P9 Earning	P10 Scaling
					x	x		x	

Beschreibung

Der Lean Canvas wurde im Jahr 2009 von Ash Maurya auf Basis des Running-Lean-Ansatz entwickelt und ist eine Ableitung des Business Model Canvas von Alexander Osterwalder. Einsatzgebiet sind vor allem Start-ups oder auch nur Ideen in frühen Phasen, in denen viele Elemente des umfangreicheren Business Model Canvas nicht bekannt sind.

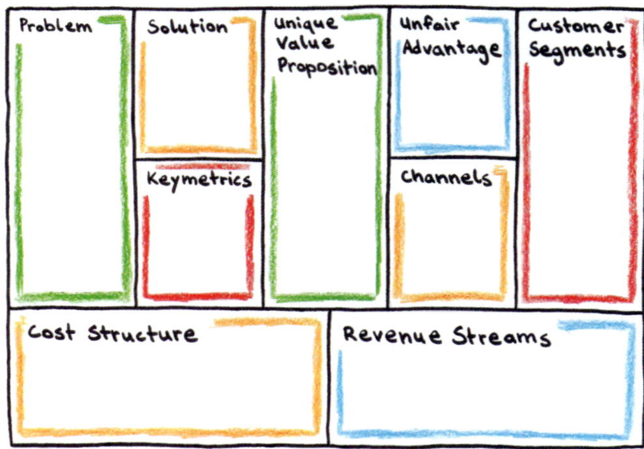

Grafik: Anja Faber – Lean Canvas

Im Vergleich zum Business Model Canvas werden vier Teilelemente ausgetauscht, sodass die neun Elemente nun lauten:

(1) Problem
Welche Probleme löst die Idee/das Produkt/die Dienstleistung? Was sind existierende Alternativen?
(2) Customer Segments
Wer sind die Zielgruppen? Welche Kundensegmente sprechen wir an? Wer sind Early Adopters?
(3) Solution
Welche konkrete Lösung wird den Kunden angeboten?
(4) Unique Value Proposition
Welches einzigartige Wertversprechen bieten wir an? Was ist unser Alleinstellungsmerkmal?
(5) Unfair Advantage
Was ist der „unfaire Vorteil“? Was erschwert es ihren Wettbewerb, ihre Vorgehensweise zu kopieren?
(6) Key Metrics
Wie wird der Erfolg messbar? Welche Handlungen müssen die Kunden vornehmen, damit Sie Umsatz erwirtschaften
(7) Channels
Wie erreichen wir die Kunden? Welche Kanäle nutzen wir?
(8) Kosten
Wo entstehen welche Kosten?
(9) Einnahmen
Wo entstehen welche Einnahmen?

Durchführung

Die nachfolgenden Schritte beziehen sich auf einen Teamworkshop mit mehreren Beteiligten. Etwas abgewandelt können sie natürlich genauso auch in Einzelarbeit bearbeitet werden.

Schritt 1: Kundensegment bestimmen

Wenn Sie mehrere Kundensegmente bearbeiten: Entscheiden Sie sich im Team für das wichtigste Segment, mit dem Sie beginnen möchten.

Schritt 2: Lean Canvas ausfüllen

Jeder Teilnehmer des Workshops füllt alle 9 Elemente des Lean Canvas aus. Nehmen Sie sich 10 Minuten Zeit und integrieren Sie alle Informationen, die Sie jetzt schon haben. Stellen Sie sicher, dass die Angaben nachvollziehbar und spezifisch sind.

Schritt 3: Varianten integrieren

Legen Sie die einzelnen Blätter der Teilnehmer nebeneinander und integrieren sie diese in einen gemeinsamen Lean Canvas. Diskutieren und klären Sie strittige Punkte.

Schritt 4: Lean Canvas für jedes Kundensegment

Erstellen Sie einen einzelnen Lean Canvas für jedes Kundensegment in der Gruppe oder erneut als Einzelarbeit.

Schritt 5: Lean Canvas Challenge

Lassen Sie die Teilnehmer weitere Variante des Lean Canvas entwickeln. Ändern Sie dabei einzelne Segmente bewusst radikal, um andere Perspektiven zu bekommen. Beispiel: Revenue Stream – war der Plan hier, eine feste Monatsgebühr für einen Service zu verlangen, dann erstellen Sie einmal eine Canvas-Variante, in der Sie den Service verschenken. Der neue Canvas sollte trotzdem funktionieren, daher muss hier überlegt werden, aus welchen anderen Quellen der Ertrag kommt.

Schritt 6: Anpassen

Der Lean Canvas sollte dabei während der Weiterentwicklung des Produkts/des Services immer wieder angepasst werden, um neue Erkenntnisse einfließen zu lassen.

Transformationswirksamkeit

- Wirksam für Produkttransformationen
- Wirksam für Servicetransformationen
- Wirksam für radikale Transformationen

Toolcluster

- Im Toolcluster „Business Model Generation“ anwendbar
- Im Toolcluster „Cross-Industry Innovation“ anwendbar
- Im Toolcluster „Design Thinking“ anwendbar
- Im Toolcluster „Lean Entrepreneurship – Lean Startup-Innovation“ anwendbar

Einsatzcharakteristik

- Austauschfokus: vornehmlich mit internen Personen
- Durchführungszeit: eher hoch (> 1 Tag)
- Einsatzfrequenz: vornehmlich über im kompletten Projektzeitraum
- Einsatzradius: vornehmlich im projektweiten Einsatz
- Komplexität für den Moderator: eher mittel
- Komplexität für die Teilnehmer: eher mittel
- Teamgröße: Einzelpersonennutzung möglich
- Teamgröße: Kleingruppe möglich (3 bis 5 Teilnehmer)
- Teamgröße: Mittelgroße Teams möglich (5 bis 20 Teilnehmer)
- Vorbereitungszeit: eher mittel (>1 Stunde bis <1 Tag)

Nötiger Input, um mit der Methode arbeiten zu können

- Aktuelle Herausforderung, Leitfrage, Problem

Erzeugter Output der Methode

- Erzeugt Ideen für neue Märkte und neue Business Modelle
- Erzeugt Leitfragen für die Ideenfindung

Hinderniseffekte, auf die die Methode positiv wirkt

- 04 – Beugt blinden Flecken/Betriebsblindheit vor
- 05 – Verhindert blinden Aktionismus
- 10 – Verhindert falsche Flughöhen
- 13 – Schafft für den Erfolg nötige Realitätsbezüge
- 18 – Bewahrt vor zu generischen Ideen und Aussagen
- 28 – Stärkt schwache Anreicherungsskills

Mögliche Extravorteile

- für Teams mit einem starkem Auftragsmandat
- für agile Teams
- für innovativ erfahrene Teams

Quellen

Buch – Running Lean: Iterate from Plan A to a Plan That Works, Ash Maurya (O_Reilly and Associates 2012)

Buch – Scaling Lean: Wie Start-ups wachsen, Ash Maurya (Vahlen 2018)

Web – https://blog.leanstack.com, 22.05.2021

116

Lean Coffee

EinSatzBeschreibung

Effizientes Meeting, bei dem Teilnehmer die Agenda mitgestalten und sich aktiv einbringen.

Transformation-Index

P1 Leading	P2 Organizing	P3 Connecting	P4 Growing	P5 Talking	P6 Scanning	P7 Exploiting	P8 Exploring	P9 Earning	P10 Scaling
x	x	x	x	x	x	x	x	x	x

Beschreibung

Der Lean Coffee ist eine Mikromethode, die die lernende Organisation, die selbstorganisierte Zusammenarbeit und die Effizienz von Sitzungen in der digitalen Transformation weiterentwickelt. Jim Benson und Jeremy Lightsmith schufen das Lean Coffee. Während sich das „Lean" vom Lean Management ableitet und für das Vermeiden jeglicher Verschwendungen steht, sorgt der Gedanke des „Coffee" für eine Umsetzung in eher lockerer Atmosphäre.

Mit dem Lean Coffee findet ein Meeting in einer festen Struktur statt, wobei die Inhalte von den Teilnehmern selbst bestimmt werden. Üblicherweise nehmen drei bis 15 Personen am Lean Coffee teil, damit sich jeder Teilnehmer aktiv einbringen kann.

In der digitalen Transformation kann der Lean Coffee für folgende Einsatzzwecke genutzt werden:

- Beim fachbereichsübergreifenden regelmäßigen Austausch
- Innerhalb eines Teams oder Projekts für den Wissensaustausch, als Diskussionsplattform oder für das Einholen von Meinungsbildern (wöchentlich oder monatlich)
- Für den regelmäßigen Austausch innerhalb einer bestimmten Personengruppe, z. B. Agile Coaches, Product Owner etc.
- Als Werkzeug in einer Retrospektive
- Zum Wissenstransfer bzw. Wissensaufbau (anlassbezogen)

Die Teilnahme am Lean Coffee ist stets freiwillig. Die Durchführung ist einfach und erfordert nur einen sehr geringen Aufwand an Vor- und Nachbereitung. Das Lean Coffee folgt einem strikten Timeboxing und braucht aus diesem Grund eine Person für das Timeboxing. Diese Person soll sich aktiv an den Gesprächen beteiligen. Der Termin beginnt und endet pünktlich.

Durchführung

Vorbereitung des Boards

(physisch oder virtuell) mit drei Spalten

- zu diskutieren
- in Diskussion
- diskutiert

Durchführung

1. Zu diskutieren

1.1. Themen sammeln (max. 5 Min.)
- Die Teilnehmer schreiben ihre Themen, die sie vorstellen oder besprechen möchten, auf Post-its.
- Die Teilnehmer kleben die Post-its in die Spalte „zu diskutieren".

1.2. Themen vorstellen (max. 5 Min.)
- Die Teilnehmer stellen ihre Themen mit ein bis zwei Sätzen vor.
- Falls Themen zusammengehören, kann geclustert werden.

1.3. Priorisieren (max. 3 Min.)
- Diese Priorisierung sorgt für die Agenda des Lean Coffees.
- Jeder Teilnehmer erhält zwei oder drei Stimmen und darf diese auf ein oder mehrere Post-its verteilen.
- Die Post-its werden nach der höchsten Punktzahl absteigend sortiert.

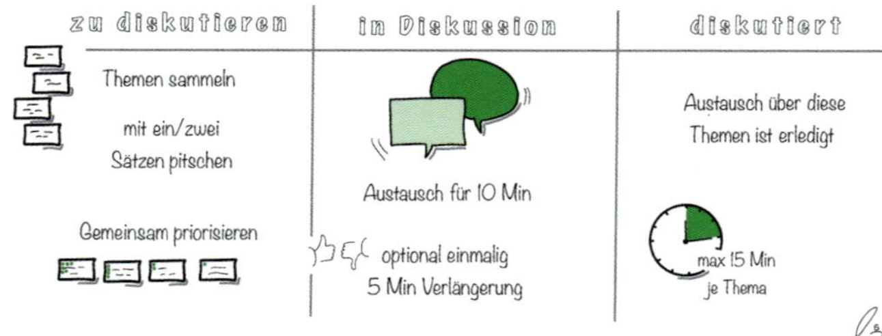

Grafik: Beate Sommer

2. In Diskussion

2.1. Die Themen werden der Reihe nach diskutiert, bis zum harten Schnitt am Ende der Veranstaltung.
- Jedes Thema wird zehn Minuten diskutiert.
- Nach Ablauf dieser Zeit entscheidet das Team durch „Daumen hoch" oder „Daumen runter", ob es weitere fünf Minuten diskutieren möchte.
- Falls keine Verlängerung erfolgt, wird das nächste Thema für zehn Minuten diskutiert.
- Spätestens nach Ablauf der fünf Minuten Verlängerung wird das nächste Thema genommen. Das sorgt dafür, dass ein Thema maximal 15 Minuten besprochen wird. Etwaiger

weiterer Gesprächsbedarf wird bilateral im Nachgang der Sitzung geklärt.
   – Bis zum Ende der Veranstaltung werden so viele Themen der Priorisierung nach besprochen, wie die Gruppe in diesem Zeitfenster schafft.

2.2. Themen, die nicht priorisiert oder in der Zeit nicht besprochen werden konnten, müssen beim nächsten Mal wieder aktiv von einem Teilnehmer eingebracht werden.

3. Diskutiert

3.1. Alle Themen, die besprochen wurden, werden in die Spalte „diskutiert" geschoben.

Nachbereitung

- Das Board kann ein paar Tage so verbleiben, damit andere Personen sehen, worüber gesprochen wurde
- Spätestens vor dem nächsten Lean Coffee, sollte das Board wieder bereinigt und für den nächsten Termin vorbereitet werden.

Praxisschlaglicht

Gerade bei regelmäßigen wöchentlichen Zeitfenster, kann es durchaus vorkommen, dass ein Team nur sehr wenige oder gar keine Themen einbringt. Das ist kein Problem. Besprechen Sie einfach die wenigen Themen, die eingebracht wurden und beenden Sie anschließend den Lean Coffee. Falls keine Themen eingeliefert wurden, wird der Lean Coffee direkt nach Beginn wieder aufgelöst.

Wichtig ist, dass sich der Rhythmus für die Teilnehmer richtig anfühlt. Empfehlenswert sind Termine in größeren Team- oder Projektsettings, die zwei- bis vierwöchentlich stattfinden. Übergreifende Austauschformate (z. B. ein Treffen aller Agile Coaches) sind in der Regel einmal im Quartal sehr befruchtend. Ein Lean Coffee, der 60 Minuten dauert, ist optimal. In diesem Zeitfester können regelmäßig drei bis vier Themen mit etwas gefühlten Zeitdruck besprochen werden, ohne eine Langatmigkeit aufkommen zu lassen.

Transformationswirksamkeit

- Wirksam für Herausforderungen mit mittlerer Komplexität
- Wirksam für Herausforderungen mit niedriger Komplexität
- Wirksam für alle Transformationen

Transformationsfähigkeit

- Fördert die Agilität eines Teams
- Fördert die Teamkreativität
- Fördert die allgemeine Transformationsfähigkeit des Teams
- Fördert offene Mindsets und innovative Denkhaltungen
- Sorgt für Inspiration oder bessere Inspirationsempfindlichkeit

Einsatzcharakteristik

- Austauschfokus: vornehmlich mit internen Personen
- Austauschfokus: vornehmlich mit internen und externen Personen
- Durchführungszeit: eher gering (< 1 Stunde)
- Einsatzfrequenz: sinnvoll im dauerhaften Einsatz
- Einsatzfrequenz: vornehmlich über im kompletten Projektzeitraum
- Einsatzradius: vornehmlich im Teameinsatz
- Einsatzradius: vornehmlich im projektweiten Einsatz
- Einsatzradius: vornehmlich im unternehmensweiten Einsatz
- Komplexität für den Moderator: eher gering
- Komplexität für die Teilnehmer: eher gering
- Teamgröße: Kleingruppe möglich (3 bis 5 Teilnehmer)
- Teamgröße: Mittelgroße Teams möglich (5 bis 20 Teilnehmer)
- Vorbereitungszeit: eher gering (<1 Stunde)

Nötiger Input, um mit der Methode arbeiten zu können

- Aktuelle Herausforderung, Leitfrage, Problem
- Durchlaufenes Projekt oder Projektphasen
- Verschiedene Meinungen und Blickwinkel
- Durchführungszeit, Trainingszeit

Erzeugter Output der Methode

- Bessere Projekteffizienz, bessere Teamperformance
- Erzeugt Ideen, Lösungsansätze, Vorideen, Möglichkeiten
- Erzeugt besseren Teamspirit, mehr Offenheit, Inspirationsempfindlichkeit
- Erzeugt kollaborative Lösungen und Ideen
- Erzeugt neues Wissen und neue Erfahrungen
- Erzeugt größere Klarheit zu einem Thema
- Erzeugt transformationsfähigere Organisationen
- Erzeugt mehr Hintergrundinformationen
- Erzeugt mehr Agilität im Team
- Hilft bei Entscheidungen, Bewertungen und Feedback

Hinderniseffekte, auf die die Methode positiv wirkt

- 04 – Beugt blinden Flecken/Betriebsblindheit vor
- 08 – Verhindert einseitige Bewertungen und Entscheidungen
- 10 – Verhindert falsche Flughöhen
- 12 – Wirkt fehlender Inspiration entgegen
- 15 – Stärkt das Vertrauen im Team
- 24 – Verkürzt und durchbricht vorhandene Kreativblockaden
- 32 – Verhindert unreflektiertes Agieren
- 33 – Schwächt Verdiskutiererei
- 35 – Dynamisiert und aktiviert wenig dynamische Teams
- 36 – Schafft schnell Klarheit und beschleunigt Erkenntnisgewinn
- 38 – Verkürzt zu lange Meetingzeiten
- 39 – Fördert die Agilität der Teilnehmer
- 41 – Verringert zu große Komplexitäten
- 42 – Überzeugt strukturliebende Teammitglieder

Mögliche Extravorteile

- für Teams mit einer konservativen, tradierten Kultur
- für unerfahrene Trainer und Agile Coaches
- für die Arbeit mit digitalen Kollaborationsboards

Quellen

Buch – Agile Organisationsentwicklung: Handbuch zum Aufbau anpassungsfähiger Unternehmen, Bernd Oesterreich, Claudia Schröder (Verlag Vahlen 2020)

Web – https://leancoffee.org/, 09.04.2021

Web – https://www.agil-werden.de/methoden-fuer-lean-change-lean-coffee/, 09.04.2021
Web – https://leanbase.de/lexicon/lean-coffee, 09.04.2021
Web – https://www.scrummasterjournal.de/ressourcen-scrum-master/lean-coffee/, 09.04.2021
Web – https://ifm-business.de/aktuelles/business-news/was-ist-lean-management-definition-methoden.html, 09.04.2021

Grafik: verrocchio Mindset-Card – Illustration: Jennifer Weiss

Lean Inception

EinSatzBeschreibung

Eine Workshopformat, das einem Team dabei hilft, ein gemeinsames Verständnis des Minimum Viable Product (MVP) zu erreichen.

Transformation-Index

P1 Leading	P2 Organizing	P3 Connecting	P4 Growing	P5 Talking	P6 Scanning	P7 Exploiting	P8 Exploring	P9 Earning	P10 Scaling
							x	x	x

Beschreibung

Lean Inception ist eine Methode, die Elemente aus dem Design Thinking und Lean Startup kombiniert, mit dem Ziel das Minimum Viable Product (MVP) zu bestimmen. Das Minimum Viable Product ist die einfachste Version des Produkts, die dem Unternehmen zur Verfügung gestellt werden kann (Minimalprodukt) und die vom Endbenutzer effektiv genutzt und validiert werden kann.

Die Anwendung findet im Rahmen eines kollaborativen Workshops statt, der in mehrere Phasen und Aktivitäten unterteilt ist. In der Regel kann ein Zeitumfang von 1 Woche für den Workshop eingeplant werden.

Durchführung

Die Lean Inception beginnt mit einem Kick-off, gefolgt von einer Abfolge intensiver Aktivitäten und endet mit einem Workshop-Showcase. Das Team, das direkt an der Initiative beteiligt ist, muss an allen Aktivitäten teilnehmen; die anderen Interessenten müssen am Kick-off und am Showcase teilnehmen, wo die Erwartungen und die im Workshop erzielten Ergebnisse präsentiert werden.

Für die gesamte Dauer werden folgende Übersichten genutzt und sind durchgängig sichtbar:

Themenparkplatz

Der Themenparkplatz dient dazu, Gespräche, Ideen oder Fragen, die während eines Gesprächs aufgeworfen werden, aber zu diesem Zeitpunkt nicht sinnvoll zu diskutieren sind, vorübergehend zu parken. Es ist ein wichtiges Werkzeug für den Moderator zu jeder Zeit während des Workshops, da es eine höfliche Art ist, zu sagen: „Ja, ich habe Sie gehört, aber dieses Gespräch planen wir später ein“.

Glossar

Nutzen Sie die Lean Inception, um das Vokabular des Themas zu validieren, anzupassen und sichtbar zu machen. Es ist sehr wichtig, dass alle Beteiligten – Business-, Technologie- und Anwendervertreter – mit einer gemeinsamen Sprache kommunizieren. Achten Sie darauf, das Verständnis jedes Schlüsselbegriffs in der Gruppe zu überprüfen und in das Glossar aufzunehmen, das für alle sichtbar ist.

Produktvision

Die Produktvision definiert die Essenz Ihres Projekts und sollte eine klare und überzeugende Botschaft an Ihre Kunden darstellen.

Schritt 1: Kick-off

Im Kick-off wird die Initiative mit ihren Zielen vorgestellt. Fragen zum Minimum Viable Product werden geklärt. Alle Teilnehmer stellen sich vor.

Schritt 2: Das Produkt ist/ist nicht/tut/tut nicht

Oft ist es einfacher, zu beschreiben, wann etwas nicht ist oder etwas nicht tut. Diese Aktivität sucht nach Klassifizierungen über das Produkt, die den vier Richtlinien folgen, und fragt speziell nach jedem positiven und negativen Aspekt darüber, ob das Produkt etwas ist oder tut.

Schritt 3: Produktziele

Jeder Teilnehmer teilt seine Sicht auf die Geschäfts- und Projektziele, die verschiedenen Standpunkte werden von der Gruppe diskutiert. Diese Aktivität hilft dabei, die wichtigsten Ziele zu erheben und zu klären.

Schritt 4: Persönlichkeiten

Um die Eigenschaften eines Produkts effektiv zu identifizieren, ist es wichtig, die Benutzer und ihre Ziele im Auge zu behalten. Eine Persona schafft eine realistische Darstellung der Benutzer und hilft dem Team, Features aus der Sicht derjenigen zu beschreiben, die mit dem Endprodukt interagieren werden.

Schritt 5: User Journeys

Eine User Journey beschreibt die Reise eines Benutzers durch eine Abfolge von Schritten, um ein Ziel zu erreichen. Einige dieser Schritte stellen verschiedene Kontaktpunkte mit dem Produkt dar und charakterisieren die Interaktion der Person mit dem Produkt.

Schritt 6: Feature-Brainstorming

Ein Feature repräsentiert eine Aktion oder Interaktion des Benutzers mit dem Produkt, z.B. das Drucken von Rechnungen, die Einsicht in detaillierte Informationen und das Einladen von Facebook-Freunden. Die Beschreibung eines Features muss so einfach wie möglich sein und darauf abzielen, ein Geschäftsziel, ein Persona-Bedürfnis und/oder einen Schritt der Reise zu erfüllen.

Schritt 7: Review für Technik, Geschäftsprozess und User Experience (UX)

In diesem Schritt wird diskutiert, wie das Team das technische, geschäftliche und UX-Verständnis für jedes Feature sieht. Aus dieser Aktivität ergeben sich neue Klarheiten und etwaige Unstimmigkeiten und Zweifel werden deutlicher.

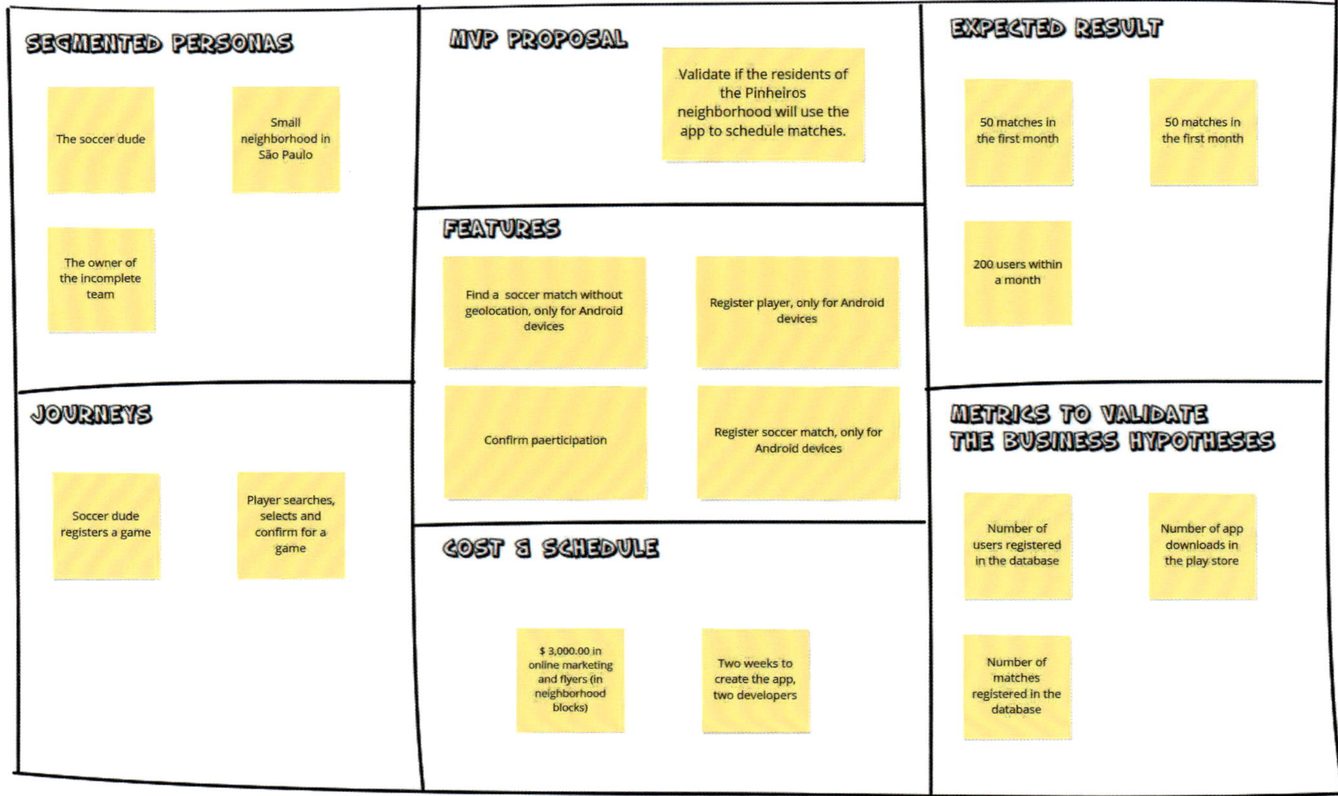

Grafik: https://miro.com/miroverse/lean-inception-workshop

Dabei werden die aufgestellten Features aufgestellt und die Karten/Post-its wie folgt bewertet:

- drei Farben grün/gelb/rot je nachdem wir sicher sich der Bewertende ist
- Voraussichtlicher Wert für das Unternehmen
- Aufwand
- Wert für das Customer Erlebnis

Schritt 8: Feature Sequencer

Der Feature Sequencer hilft beim Organisieren und Betrachten der Features und der inkrementellen Validierung des Produkts.

Schritt 9: MVP Canvas

Der MVP Canvas ist ein visuelles Diagramm, das dem Team hilft, den MVP auszurichten und zu definieren. Der MVP-Canvas ist in die folgenden sieben Elemente unterteilt:

MVP-Proposal: Was ist der Vorschlag für dieses MVP?

Segmentierte Personas: Für wen ist dieses MVP gedacht? Können wir dieses MVP segmentieren und in einer kleineren Gruppe testen?

Journeys: Welche Journeys sollen mit diesem MVP verbessert werden?

Features: Was bauen wir in diesem MVP? Welche Aktionen werden in diesem MVP vereinfacht oder verbessert?

Erwartetes Ergebnis: Welchen Lerneffekt oder welches Ergebnis wollen wir mit diesem MVP erzielen?

Metriken zur Validierung der Geschäftshypothesen: Wie können wir die Ergebnisse dieses MVP messen?

Kosten und Zeitplan: Wie hoch sind die erwarteten Kosten und das Fälligkeitsdatum für dieses MVP? Wann können wir uns die Daten zur Validierung ansehen? Gibt es irgendwelche terminlichen Beschränkungen?

Schritt 10: Showcase

Dies ist der Zeitpunkt, um den MVP-Plan den Stakeholdern zu präsentieren.

Transformationswirksamkeit

- Wirksam für Produkttransformationen
- Wirksam für Servicetransformationen
- Wirksam für radikale Transformationen

Transformationsfähigkeit

- Fördert die Agilität eines Teams
- Sorgt für Inspiration oder bessere Inspirationsempfindlichkeit
- Zahlt auf eine bessere Vorstellungskraft ein

Einsatzcharakteristik

- Austauschfokus: vornehmlich mit internen und externen Personen
- Durchführungszeit: eher hoch (> 1 Tag)
- Einsatzfrequenz: vornehmlich über im kompletten Projektzeitraum
- Einsatzradius: vornehmlich im projektweiten Einsatz
- Komplexität für den Moderator: eher mittel
- Komplexität für die Teilnehmer: eher mittel
- Teamgröße: Einzelpersonennutzung möglich
- Teamgröße: Kleingruppe möglich (3 bis 5 Teilnehmer)
- Teamgröße: Maxigruppen möglich (20 bis 40 Teilnehmer)
- Teamgröße: Mittelgroße Teams möglich (5 bis 20 Teilnehmer)
- Vorbereitungszeit: eher mittel (>1 Stunde bis <1 Tag)

Nötiger Input, um mit der Methode arbeiten zu können

- Angereicherte Ideen, Ideencluster oder höher integrierte Lösungen
- Ideen, Lösungsansätze, Vorideen, Varianten

Erzeugter Output der Methode

- Erzeugt frühe Prototypen

Hinderniseffekte, auf die die Methode positiv wirkt

- 06 – Schwächt das Leben in der Vergangenheit
- 11 – Schärft eine fehlende gemeinsame Ausrichtung
- 13 – Schafft für den Erfolg nötige Realitätsbezüge
- 16 – Beugt Misinterpretationen vor
- 18 – Bewahrt vor zu generischen Ideen und Aussagen
- 32 – Verhindert unreflektiertes Agieren
- 36 – Schafft schnell Klarheit und beschleunigt Erkenntnisgewinn

Mögliche Extravorteile

- für agile Teams
- für erfahrene Trainer und Agile Coaches
- für innovativ erfahrene Teams

Quellen

Buch – Lean Inception: How to Align People and Build the Right Product, Paulo Caroli (Editora Caroli 2019)
Web – https://miro.com/miroverse/lean-inception-workshop, 30.05.2021

Lean Startup

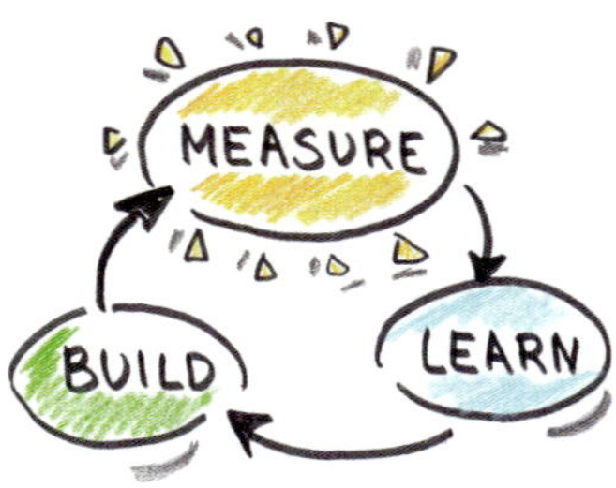

EinSatzBeschreibung

Methode, um mit möglichst wenig Kapital und reduzierten Prozessen ein erfolgreiches Unternehmen oder einen Produkt-Launch zu starten.

Transformation-Index

P1 Leading	P2 Organizing	P3 Connecting	P4 Growing	P5 Talking	P6 Scanning	P7 Exploiting	P8 Exploring	P9 Earning	P10 Scaling
							x		

Beschreibung

Das Konzept Lean Startup beschreibt einen sehr effizienten Weg, eine Idee – besonders eines Start-ups – zum Erfolg zu führen. Entwickelt wurde das Konzept von Eric Ries, der seine Erkenntnisse aus eigenen erfolgreichen Unternehmungen zusammengefasst hat.

Bei der von Ries mitentwickelten Lean Startup-Methode geht es darum, mit möglichst wenig Kapital und reduzierten Prozessen ein erfolgreiches Unternehmen oder einen Produkt-Launch zu starten. Anstelle einer langen Konzipierung ist das Ziel, so schnell wie möglich einen Prototypen oder eine Beta-Version auf den Markt zu bringen.

Darüber hinaus soll der Produktzyklus so reduziert wie nur möglich gehalten werden, sodass mithilfe des Kundenfeedbacks schnell auf Wünsche oder Änderungen reagiert werden kann.

Insbesondere bei digitalen Projekten/Gründungen ist das Prinzip sinnvoll, da hier mit relativ wenig Aufwand funktionierende Prototypen (z. B. ein Mockup oder eine Landingpage) gebaut werden können, die sich dann in kurzer Zeit überprüfen lassen.

Durchführung

Lean Startup beschreibt einen Lernprozess als Zyklus in drei Schritten:

1. Schritt – Build (Erstellen): Auf Basis einer ersten Idee wird ein sogenanntes MVP (Minimum Viable Product) erstellt. Diese Form von Prototyp hat alle Eigenschaften, die nötig sind, die Kernidee erlebbar zu machen. Auf alle weiteren Eigenschaften wird verzichtet. Sollte aus dem Kundenfeedback später nach weiteren Eigenschaften verlangt werden, fließen sie in den nächsten Prototypen ein. Wichtig ist, dass der Begriff Prototyp als simpler Testballon verstanden wird und nicht als ausgefeilter technischer Prototyp, wie er im Ingenieurswesen gängig (und kostspielig) ist. In einem digitalen Projekt kann dies ein Mockup sein, z. B. eine Version der Webseite mit eingeschränkten Funktionen

2. Schritt – Measure (Auswertung): In dieser Phase wird sehr genau beobachtet, wie Kunden auf den Prototypen reagieren und welches Feedback sie hierzu geben. Sämtliche Rückmeldungen und Erkenntnisse werden im nächsten Schritt ausgewertet und dienen der Verbesserung für den nächsten Prototypen.

3. Schritt – Learn (Erkenntnis): Wichtigste Erkenntnis in dieser Phase ist, ob eine grundsätzliche Richtungsänderung notwendig ist oder man am vorhandenen Konzept weiter feilt. Sämtliche Veränderungen am Prototypen ergeben sich aus den Erfahrungen im Schritt 2. Im nächsten Schritt wird ein neuer Prototyp entwickelt und werden erneut die Schritte 1 bis 3 durchlaufen.

Wichtig ist, die Phasen schnell zu durchlaufen, um nicht zu lange in einem Konzeptstand zu verharren. In speziellen Lean Startup-Workshops werden oft pro Tag die einzelnen Schritte mehrfach durchlaufen. Agilität der Teilnehmer ist auch hier eine Erfolgsnotwendigkeit.

Transformationswirksamkeit

- Wirksam für Herausforderungen mit hoher Komplexität
- Wirksam für Herausforderungen mit mittlerer Komplexität
- Wirksam für Produkttransformationen
- Wirksam für Servicetransformationen
- Wirksam für radikale Transformationen

Transformationsfähigkeit

- Fördert die Agilität eines Teams
- Fördert die allgemeine Transformationsfähigkeit des Teams
- Fördert grundlegend die Kreativität
- Fördert offene Mindsets und innovative Denkhaltungen

Einsatzcharakteristik

- Austauschfokus: vornehmlich mit internen Personen
- Durchführungszeit: eher hoch (> 1 Tag)
- Einsatzfrequenz: vornehmlich über im kompletten Projektzeitraum
- Einsatzradius: vornehmlich im projektweiten Einsatz
- Komplexität für den Moderator: eher hoch
- Komplexität für die Teilnehmer: eher mittel
- Teamgröße: Kleingruppe möglich (3 bis 5 Teilnehmer)
- Teamgröße: Maxigruppen möglich (20 bis 40 Teilnehmer)
- Teamgröße: Mittelgroße Teams möglich (5 bis 20 Teilnehmer)
- Vorbereitungszeit: eher hoch (>1 Tag)

Nötiger Input, um mit der Methode arbeiten zu können

- Aktuelle Herausforderung, Leitfrage, Problem

Erzeugter Output der Methode

- Erzeugt Ideen für neue Märkte und neue Business Modelle
- Erzeugt angereicherte Ideen, Ideencluster, höher integrierte Lösungen
- Erzeugt umgesetzte Ideen
- Erzeugt frühe Prototypen

Hinderniseffekte, auf die die Methode positiv wirkt

- 13 – Schafft für den Erfolg nötige Realitätsbezüge
- 16 – Beugt Misinterpretationen vor
- 18 – Bewahrt vor zu generischen Ideen und Aussagen
- 19 – Verhindert Ideenbunkerei und Geheimniskrämerei
- 32 – Verhindert unreflektiertes Agieren
- 34 – Verhindert vorschnelles Urteilen über Ideen
- 36 – Schafft schnell Klarheit und beschleunigt Erkenntnisgewinn

Mögliche Extravorteile

- für Teams mit einem starkem Auftragsmandat
- für Teams mit einer souveränen Teamleitung
- für Teams mit schwachem Auftragsmandat
- für erfahrene Trainer und Agile Coaches
- für innovativ erfahrene Teams
- für multidisziplinär erfahrene Teams

Quellen

Buch – Lean Startup: Schnell, risikolos und erfolgreich Unternehmen gründen, Eric Ries (Redline 2014)
Buch – Innerinnovation, B. Buck, U. Buck (Literatur-VSM 2014)
Web – http://theleanstartup.com, 30.05.2021)

Grafik: verrocchio Mindset-Card – Illustration: Jennifer Weiss

119

Lego Serious Play

EinSatzBeschreibung

Ein moderierter Prozess, der die Vorzüge des Spielens und Modellierens mit Lego für eine fokussierte und ideenreiche Zusammenarbeit in Teams nutzt.

Transformation-Index

P1 Leading	P2 Organizing	P3 Connecting	P4 Growing	P5 Talking	P6 Scanning	P7 Exploiting	P8 Exploring	P9 Earning	P10 Scaling
	x		x				x		

Beschreibung

LEGO Serious Play ist ein moderierter Prozess, der die Vorzüge der Hand-Hirn-Koordination in einem spielerischen Format mit Legosteinen mit spezifischen Herausforderungen und Thematiken der Geschäftswelt verbindet.

LEGO Serious Play wird typischerweise in Unternehmen und Teams eingesetzt. Es fördert durch seine offene und aktivierende Form die Entstehung von Kreativität sowie neuen Ideen und Lösungsansätzen. Es verbessert darüber hinaus die Kommunikation und beschleunigt dadurch etwaige Problemlösungen, besonders auch im Bereich von Prozessinnovationen.

Foto: Benno van Aerssen

Gerade durch die letztgenannte Eigenschaft eignet sich LEGO Serious Play nicht nur für strategische Entwicklungsprojekte, sondern auch im Change- oder Teambuilding-Zusammenhang.

Im Wesentlichen können folgende Aspekte als deutliche Vorteile benannt werden, die im Verlauf von LEGO Serious Play-Workshops entstehen.

1. Fördert LEGO Serious Play Kreativität und Innovationskraft durch das Zusammenwirken von Kopf und Händen.
2. Verbessert LEGO Serious Play die Kommunikation und Kommunikationsfähigkeit der Teilnehmer unter- und miteinander in erheblichem Maße, da die Technik des Story Tellings zu erbauten Lösungsmodellen elementarer Bestandteil der Methode ist.
3. Bezieht die Methode das Wissen und die Erfahrung aller Teilnehmer eines Workshops mit ein und bringt diese in einem auf Wertschätzung und gemeinsamen Erfolg ausgelegten Format zusammen.
4. Wird ein gemeingültiges Verständnis unter allen Teilnehmern eines Workshops (auch in Bezug auf bestimmte Metaphern) erstellt, was in der Regel wiederum positive Auswirkungen auf Kommunikationseffizienz und Teamkultur hat.

Gerade bei Digitalisierungsprojekten fällt es oft schwer, Herausforderungen oder Ideen so zu beschreiben, dass sie für alle Beteiligten verständlich sind. Lego Serious Play unterstützt hier durch seine visuelle Kraft.

Foto: Benno van Aerssen

Durchführung

1. Schritt (Warm-up I): Heranführen der Teilnehmer an das Bauen durch eine simple Challenge wie: „Bauen Sie mit den vorhandenen Steinen (alle haben in dieser Phase die gleiche, begrenzte Auswahl an Steinen) den höchstmöglichen Turm. Erläutern Sie nach Ablauf von fünf Minuten, warum Ihr Turm der beste und etwas ganz Besonderes ist."

2. Schritt: Verknappung der Zeit, um Lösungsdruck zu erzeugen.

3. Schritt: Vorstellung der Modelle, Storytelling und Einholen von Feedback.

4. Schritt (Warm-up II): Bauen nach Plan in vorgegebener Zeit. Anschließende Modifikation des Bauergebnisses (zum Beispiel eine Schildkröte wird zu einem innovativen Unternehmen).

5. Schritt: Vorstellung der Modelle, Storytelling und Einholen von Feedback.

6. Schritt: Bauen an Individualmodellen zur Lösung einer vorgegebenen Challenge.

Die Challenge ist durch den Moderator im Superlativ zu formulieren („Bauen Sie das weltbeste Restaurant"), um tatsächlich das Optimum zu erhalten. Durch weitere Zwischen-Challenges (oftmals Störeinflüsse) werden die Teilnehmer während der Bauphase angehalten, ihre Modelle zu optimieren (zum Beispiel, weil am Markt nun nur noch Lieferdienste gefragt sind).

Foto: Benno van Aerssen

7. Schritt: Vorstellung der Modelle, Story Telling und Einholen von Feedback.

8. Schritt: Zusammenführen der Individualmodelle in ein Gesamtmodell, das mindestens einen Bauaspekt aus jedem Individualmodell integriert und bei dem kein einziger Bauteil auf Ablehnung durch einen der Teilnehmer stößt. Hier steht der Konsens auf starker Basis im Vordergrund. Schritt 8 kann eine durchaus lange Zeitdauer einnehmen und die Teilnehmer durch mehrfache Feedback- und Erklärungsrunden besonders herausfordern. An dieser Stelle ist besonders der Moderator gefragt.

Transformationswirksamkeit

- Wirksam für Herausforderungen mit hoher Komplexität
- Wirksam für Herausforderungen mit mittlerer Komplexität
- Wirksam für Herausforderungen mit niedriger Komplexität
- Wirksam für alle Transformationen

Foto: Benno van Aerssen

Transformationsfähigkeit

- Fördert die Agilität eines Teams
- Fördert die Teamkreativität
- Fördert die allgemeine Transformationsfähigkeit des Teams
- Fördert grundlegend die Kreativität
- Fördert offene Mindsets und innovative Denkhaltungen
- Sorgt für Inspiration oder bessere Inspirationsempfindlichkeit
- Zahlt auf eine bessere Vorstellungskraft ein
- Zahlt auf eine bessere Wahrnehmung ein

Einsatzcharakteristik

- Austauschfokus: vornehmlich mit externen Personen
- Austauschfokus: vornehmlich mit internen Personen
- Durchführungszeit: eher mittel (>1 Stunde bis <1 Tag)
- Einsatzfrequenz: sinnvoll im dauerhaften Einsatz
- Einsatzradius: vornehmlich im Teameinsatz
- Komplexität für den Moderator: eher mittel

Foto: Benno van Aerssen

- Komplexität für die Teilnehmer: eher gering
- Komplexität für die Teilnehmer: eher mittel
- Teamgröße: Kleingruppe möglich (3 bis 5 Teilnehmer)
- Teamgröße: Maxigruppen möglich (20 bis 40 Teilnehmer)
- Teamgröße: Mittelgroße Teams möglich (5 bis 20 Teilnehmer)
- Vorbereitungszeit: eher mittel (>1 Stunde bis <1 Tag)

Nötiger Input, um mit der Methode arbeiten zu können

- Aktuell existierende Geschäftsmodelle
- Aktuell existierende Produkte und Services
- Aktuelle Herausforderung, Leitfrage, Problem
- Existierende Prozesse und Verfahren
- Frühe erste Prototypen
- Durchführungszeit, Trainingszeit
- Ideen, Lösungsansätze, Vorideen, Varianten

Erzeugter Output der Methode

- Erzeugt Ideen, Lösungsansätze, Vorideen, Möglichkeiten
- Erzeugt Ideensuchfelder, unentdeckte Probleme, Inspiration
- Erzeugt angereicherte Ideen, Ideencluster, höher integrierte Lösungen
- Erzeugt besseren Teamspirit, mehr Offenheit, Inspirationsempfindlichkeit
- Erzeugt kollaborative Lösungen und Ideen
- Erzeugt eine Vision oder Zukunftsbild
- Erzeugt frühe Prototypen
- Erzeugt größere Klarheit zu einem Thema
- Erzeugt motiviertere und transformationsfähigere Teilnehmer
- Hilft bei Entscheidungen, Bewertungen und Feedback
- Macht Wirkzusammenhänge sichtbar

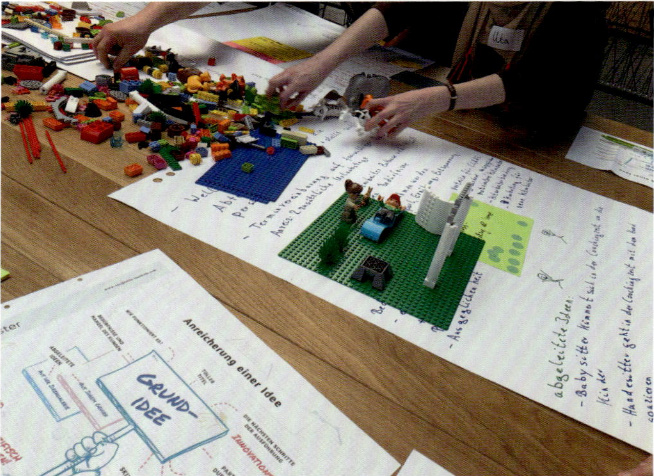

Foto: Benno van Aerssen

Hinderniseffekte, auf die die Methode positiv wirkt

- 07 – Integriert einen dysfunktionalen Schweiger
- 11 – Schärft eine fehlende gemeinsame Ausrichtung
- 12 – Wirkt fehlender Inspiration entgegen
- 15 – Stärkt das Vertrauen im Team
- 17 – Fördert gehemmte Teammitglieder
- 18 – Bewahrt vor zu generischen Ideen und Aussagen
- 21 – Bindet eher introvertierte Teammitglieder mit ein
- 24 – Verkürzt und durchbricht vorhandene Kreativblockaden
- 28 – Stärkt schwache Anreicherungsskills
- 35 – Dynamisiert und aktiviert wenig dynamische Teams
- 39 – Fördert die Agilität der Teilnehmer
- 41 – Verringert zu große Komplexitäten

Mögliche Extravorteile

- für Teams in einer Komfortsituation
- für Teams mit einem starkem Auftragsmandat
- für Teams mit einer konservativen, tradierten Kultur
- für disruptiv erfahrene Teams
- für disruptiv unerfahrene Teams
- für agile Teams
- für erfahrene Trainer und Agile Coaches
- für innovativ erfahrene Teams
- für innovativ ungeübte Teams
- für interkulturell erfahrene Teams
- für multidisziplinär erfahrene Teams

Quellen

Buch – Building a Better Business Using the Lego Serious Play Method, Per Kristiansen/Robert Rasmussen (Wiley 2014)

Buch – Das große Handbuch Innovation, Benno van Aerssen/Christian Buchholz (Vahlen 2018)

Lernreisen

EinSatzBeschreibung

Beschäftigte lernen andere Unternehmen und deren Erfahrungen kennen und geben dieses Wissen intern weiter.

Transformation-Index

P1 Leading	P2 Organizing	P3 Connecting	P4 Growing	P5 Talking	P6 Scanning	P7 Exploiting	P8 Exploring	P9 Earning	P10 Scaling
		x	x	x					

Beschreibung

Innerhalb der digitalen Transformation profitieren Unternehmen sehr stark von Austauschformaten mit anderen Unternehmen, die vor ähnlichen Herausforderungen stehen, bestimmte Erfahrungen bereits sammelten oder ganz bewusst andere Ideen verfolgen.

Durch das Format der Lernreise, die durch einen externen Partner gebucht oder intern selbst organisiert werden kann, erhalten die Teilnehmer dieser Lernreise ganz konkrete Einblicke in andere Unternehmen. Eine Gruppe besteht aus ca. acht bis 15 Personen. Innerhalb von zwei bis vier Tagen werden auf diesem Wege Unternehmen, z. B. in einer naheliegen Stadt vor Ort besucht. In Relation zu weiter entfernten Reisezielen kann der Aufenthalt mit anderen Formaten (z. B. einer Hospitanz) verknüpft werden und fünf bis zehn Tage andauern.

Die Methode, die wir hier vorstellen, beschreibt die Vorgehensweise, um intern eine Lernreise für Beschäftigte zu organisieren. Dabei sollten Beschäftigte aus verschiedenen Bereichen an der Lernreise teilnehmen dürfen, damit sich die Teilnehmer optimal ergänzen und spannende Erkenntnisse entstehen.

Weder das eigene Unternehmen noch die Unternehmen, die besucht werden, sollen sich und ihre Erfolgsprojekte „verkaufen". Vielmehr geht es um das gegenseitige Kennenlernen und Austauschen, voneinander Lernen und Wissen bzw. Inspiration aufzunehmen. Die Lernreise lebt von dem gegenseitigen Interesse, der Offenheit und den Gesprächen zwischen allen beteiligten Personen. Während der Lernreise erfahren die Teilnehmer sehr viel über andere Unternehmen. Sie lernen dabei auch andere Städte und Kulturen kennen. Alles was die Teilnehmer der Lernreise an neuem Wissen erlangt haben, sollten sie im Nachgang intern an andere Beschäftigte weitergeben.

Durchführung

1. Vorbereitung

- Themenauswahl

Die Lernreise beginnt mit einem Thema. Soll ein bestimmter Trend (z. B. New Work oder agile Arbeitsweisen) oder eine konkrete Fragestellung (z. B. Wie führen andere Unternehmen Digitalisierungsprojekte durch? Wie arbeiten andere Digitalisierungsabteilungen?) bei der Lernreise erörtert werden?

- Recherche

Je konkreter eine Fragestellung ist, desto mehr empfiehlt es sich nach Unternehmen im direkten Umfeld (z. B. national) zu suchen. Generelle Trends hingegen laden eher dazu ein, etwas weiter zu reisen, zu Orten wo diese Trends entstanden oder seit einiger Zeit erfolgreich gelebt werden. Der Organisator recherchiert mögliche Standorte und Unternehmen, die für das ausgewählte Thema in Betracht gezogen werden könnten.

- Dabei sollte es einen guten Mix von Unternehmen geben, die ähnliche Herausforderungen bereits erfolgreich gemeistert haben und denjenigen, die ganz am Anfang stehen.
- Sofern möglich, lohnt es sich ein/zwei Stationen bei Unternehmen einzuplanen, die ganz bewusst andere Wege einschlugen, um dieselbe Problematik völlig anders anzugehen.
- Es sollte auf eine Ausgewogenheit geachtet werden, Unternehmen derselben bzw. von anderen Branchen zu besuchen, um möglichst viele Erkenntnisse aufnehmen zu können.
- Zusätzlich lohnt es sich nach weiteren ortsspezifischen Veranstaltungen zu schauen, ggf. finden passend zum Thema Konferenzen, Workshops oder Messen statt, die in der Lernreise zeitlich gut berücksichtigt werden können.
- Geht es um bestimmte Themenfelder, in denen Prinzipien vertieft oder erlernt werden, könnten auch Orte oder Events ausgesucht werden, die diese Prinzipien darstellen. Sollen zum Beispiel Vertrauen oder Mut erlebbar gemacht werden, können auch Baustellen- oder Wald-Projekte in die Planung einfließen.

- Unternehmensauswahl

Schließlich wird der Ort und das Datum fixiert, sodass Erstgespräche mit konkreten Unternehmen stattfinden können. Das Ziel der Lernreise, das Datum und eine Übersicht der Unternehmen sowie zusätzliche Events werden als Einladung an die Beschäftigten gesandt.

- Anmeldung

Interessierte Beschäftigte melden sich zur Veranstaltung an und können Interessensschwerpunkte oder konkrete Fragen einliefern. Auf dieser Basis führen die Organisatoren noch einmal Details-Gespräche mit den Unternehmen, damit einem erfolgreichen und zielgerichteten Austausch nichts mehr im Wege steht.

- Finale Planung

Der Organisator legt die Unterkunft fest und plant eine optimale Reiseroute abhängig von etwaigen terminlichen Beschränkungen der Unternehmen. Zum Ablaufplan gehören auch die Beförderungsmittel, ausreichend Pausenzeiten, Nachbesprechungen zu den einzelnen Stationen, gemeinsame Verpflegungspunkte, Sightseeing und Kultur. Es empfiehlt sich, dass der Organisator alle notwendigen Buchungen und Reservierungen für die gesamte Teilnehmergruppe vornimmt (Unterkunft, Reisemittel, Restaurants, Events etc.).

2. Durchführung

- Check-in

Der Organisator und die Teilnehmer reisen zur Unterkunft und checken ein. Es folgt eine Begrüßung durch den Organisator, ein gemeinsames Kennenlernen der Teilnehmer und das Besprechen des Tagesablaufs. Es ist hilfreich, wenn die Teilnehmer ein kleines Travel-Bag mit Notizbuch, Stift und detailliertem Ablaufplan erhalten, inkl. Kontaktinformationen des Organisators, der Teilnehmer und Ansprechpersonen der Unternehmen.

- Stationen

Die Gruppe durchläuft die Stationen nach dem vordefinierten Ablaufplan gemeinsam. Nach jeder Station sollte ausreichend Zeit für den Ortswechsel und zum Nachbesprechen und Austauschen eingeplant werden. Abends lässt die Gruppen jeden Tag beim gemeinsamen Tagesabschluss Revue passieren.

- Abschluss

Das Ende der Lernreise wird durch eine gemeinsame Retrospektive von Organisator und Teilnehmern abgerundet.

3. Nachbereitung

- Der Organisator bedankt sich noch einmal explizit einzeln bei den Unternehmen. Er verteilt die Unterlagen (z. B. Präsentationen) und Fotos, die während der Lernreise entstanden sind an die Teilnehmer.
- Die Teilnehmer geben die neuen Erkenntnisse und Information aus der Lernreise intern an Kollegen weiter, z. B. durch Lunch&Learn – Formate, Intranetbeiträge oder über sonstige Kommunikationswege.

Praxisschlaglicht

Die Lernreise kann gut mit einer Hospitanz verknüpft werden. Werden beispielsweise Digitalisierungsabteilungen bei der Lernreise betrachtet, schaut sich die Gruppe Unternehmen an, die dabei bereits Erfahrungen gesammelt haben. Am vorletzten Tag der Lernreise könnten jeweils zwei Personen einen Tag in konkreten Digitalisierungsabteilungen verbringen und dort mitarbeiten/hospitieren. So lernen die Teilnehmer nicht nur die Theorie aus Erfahrungsberichten kennen, sondern auch die dazugehörige Praxis. Am letzten halben Tag, zum Abschluss der Lernreise, würde ausreichend Zeit bleiben, um die gemachten Erfahrungen gemeinsam mit allen anderen Teilnehmern zu teilen und die Lernreise umfassend in einer Nachschau zu betrachten.

Die Lernreise ist ein Format des Lernens und Austauschens. Denken Sie bei der Planung an das Geben und Nehmen und überlegen Sie vorab, währenddessen und im Nachgang zur Lernreise, was Sie den anderen Unternehmen, die bereit waren als Station ihre Lernreise zu bereichern, geben könnten. Möchte das Unternehmen einen Bereich von Ihnen mal näher kennenlernen oder bei Ihnen hospitieren, dann vereinbaren sie einen „Gegenbesuch", alternativ könnte z. B. ein wertschätzender Beitrag auf Ihrer Homepage oder Ihren Social-Media-Kanälen ebenfalls infrage kommen.

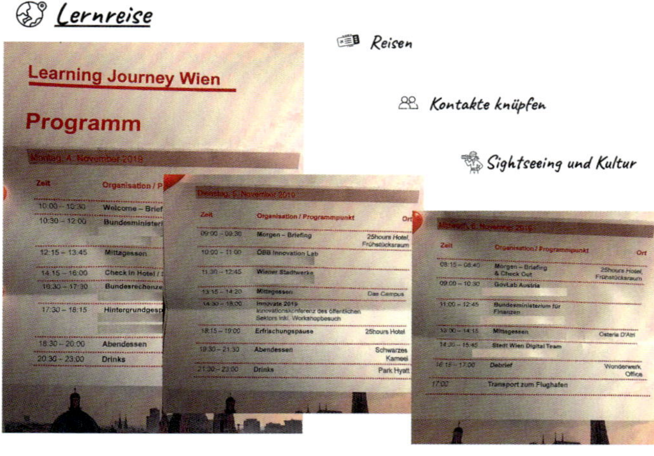

Foto: Beate Sommer

Transformationswirksamkeit

- Wirksam für Herausforderungen mit hoher Komplexität
- Wirksam für Herausforderungen mit mittlerer Komplexität
- Wirksam für alle Transformationen

Transformationsfähigkeit

- Fördert die Teamkreativität
- Fördert die allgemeine Transformationsfähigkeit des Teams
- Sorgt für Inspiration oder bessere Inspirationsempfindlichkeit
- Zahlt auf eine bessere Wahrnehmung ein

Toolcluster

- Wirksam bei der umfassenden Transformation einer ganzen Organisation
- Wirksam für alle Toolcluster

Einsatzcharakteristik

- Austauschfokus: vornehmlich mit internen und externen Personen
- Durchführungszeit: eher hoch (> 1 Tag)
- Einsatzfrequenz: sinnvoll im dauerhaften Einsatz
- Einsatzfrequenz: vornehmlich im einmaligen Einsatz
- Einsatzradius: vornehmlich im unternehmensweiten Einsatz
- Komplexität für die Teilnehmer: eher mittel
- Teamgröße: Mittelgroße Teams möglich (5 bis 20 Teilnehmer)
- Vorbereitungszeit: eher hoch (>1 Tag)

Nötiger Input, um mit der Methode arbeiten zu können

- Aktuelle Herausforderung, Leitfrage, Problem
- Beteiligte Personen mit Tätigkeiten und Aufgaben
- Durchführungszeit, Trainingszeit
- Merkmale der gegebenen Herausforderung
- Trends und Zukunftsentwicklungen
- Umfeldbeobachtungen, Umfeldanalysen

Erzeugter Output der Methode

- Bessere Projekteffizienz, bessere Teamperformance
- Erzeugt Ideensuchfelder, unentdeckte Probleme, Inspiration
- Erzeugt besseren Teamspirit, mehr Offenheit, Inspirationsempfindlichkeit
- Erzeugt neues Wissen und neue Erfahrungen
- Erzeugt größere Klarheit zu einem Thema
- Erzeugt transformationsfähigere Organisationen
- Erzeugt mehr Hintergrundinformationen
- Erzeugt mehr Know-how-Zuwachs
- Erzeugt motiviertere und transformationsfähigere Teilnehmer
- Macht Wirkzusammenhänge sichtbar

Hinderniseffekte, auf die die Methode positiv wirkt

- 06 – Schwächt das Leben in der Vergangenheit
- 10 – Verhindert falsche Flughöhen
- 12 – Wirkt fehlender Inspiration entgegen
- 13 – Schafft für den Erfolg nötige Realitätsbezüge
- 24 – Verkürzt und durchbricht vorhandene Kreativblockaden
- 32 – Verhindert unreflektiertes Agieren
- 36 – Schafft schnell Klarheit und beschleunigt Erkenntnisgewinn
- 41 – Verringert zu große Komplexitäten

Mögliche Extravorteile

- für Teams in einer Komfortsituation
- für Teams mit einem starkem Auftragsmandat
- für Teams mit einer konservativen, tradierten Kultur
- für interkulturell erfahrene Teams

Quellen

Web – https://www.wonderwerk.com/de/tours/, 24.04.2021
Web – https://www.computerwoche.de/3329688, 24.04.2021
Web – https://www.psychodrama-deutschland.de/wp-content/uploads/2020/08/ZOE-4_10-Werkzeugkiste_final.pdf, 24.04.2021
Organisation – Wonderwerk Consulting GmbH, Wien, www.wonderwerk.com

Foto: Beate Sommer

Liberating Structures

EinSatzBeschreibung

33 Mikrostrukturen, die mehr Beteiligung, Effizienz und ein Erfolgsgefühl in der Teamarbeit erzeugen.

Transformation-Index

P1 Leading	P2 Organizing	P3 Connecting	P4 Growing	P5 Talking	P6 Scanning	P7 Exploiting	P8 Exploring	P9 Earning	P10 Scaling
x	x	x	x	x	x	x	x	x	x

Beschreibung

Liberating Structures ist eine Sammlung 33 Mikromethoden, die von Keith McCandless und Henri Lipmanowicz zusammengetragen wurden. Diese Mikromethoden wurden sowohl auf der Liberating-Structures-Website und im Liberating-Structures-Buch veröffentlicht.

Wir erwähnen die Liberating Structures an dieser Stelle, weil sie helfen, die konventionellen Arbeitsstrukturen zu ändern. Dies ist bei fast allen Projekten zur digitalen Transformation wichtig. In der digitalen Transformation müssen Menschen zusammenarbeiten, die oft lange in etablierten Strukturen gearbeitet haben. Die konventionellen Strukturen, in denen Menschen lange und tagtäglich zusammenarbeiten, unterdrücken unabsichtlich die Einbeziehung und das Engagement der Beteiligten, welches so wichtig ist für den Erfolg der digitalen Transformation.

Die Liberating Structures beginnen ziemlich einfach und grundlegend, dass es fast zweifelhaft scheint, ob sich es überhaupt lohnt, damit anzufangen. Und am Ende ist das Ergebnis so kraftvoll und tiefgründig, dass man sich wundert, wie das passieren konnte.

Liberating Structures sind leicht zu erlernende Mikromethoden, die das Vertrauen im Umgang miteinander verbessern. Sie fördern die gelebte Beteiligung in Gruppen jeglicher Größe, indem sie es möglich machen, jeden wirklich einzubinden und zu entfesseln. Die Liberating Structures sind völlig neuartig und alles verändernd und damit ein guter Ersatz für die bisherigen kontrollierenden oder erzwungenen Lösungsansätze.

Durchführung

Um mit den Liberating Structures zu arbeiten, gibt es prinzipiell zwei Wege: 1. der Adhoc-Einsatz unter Benutzung des Matchmakers – für erfahrene Moderatoren und Coaches. 2. der Weg über das Buch oder Seminare, um tief in die Liberating Structures einzusteigen. Dieser Weg wird empfohlen, wenn der Einsatz sehr nachhaltig erfolgen und mithilfe der Liberating Structures die Kultur und die Organisation weiterentwickelt werden soll.

Für die schnelle Auswahl hilft der sogenannte Matchmaker der Liberating Structures der mittels eines Farbcodes die einzelnen Mikromethoden in 6 Kategorien einteilt. Der Farbcode ist in allen Darreichungsformen enthalten, der App, der Website und in der gedruckten Kartenversion.

Folgende Kategorien bietet der Matchmaker an:

- **Teilen oder verbreiten** von Ideen, Know-how, Erfahrungen, Herausforderunge
- **Offenlegen, entdecken, erschaffen, entwickeln oder verbessern** von Möglichkeiten, Hindernisse, Lösungen, Ideen
- **Untersuchen, erkennen, klären, detaillieren, debriefen**
- **Helfen, Hilfe bekommen, zusammenarbeiten**
- **Strategie entwerfen**
- **Planen**

Eine ausführliche Version des Matchmakers wird auch der Website der Liberating Structures zum kostenlosen Download angeboten.

Hat man durch den Matchmaker die helfenden Structures gefunden, so lassen sich diese einzeln einsetzen oder aber in sogenannten Strings bzw. Ketten. Der Output einer Structure kann der Input für die nächste Structure sein.

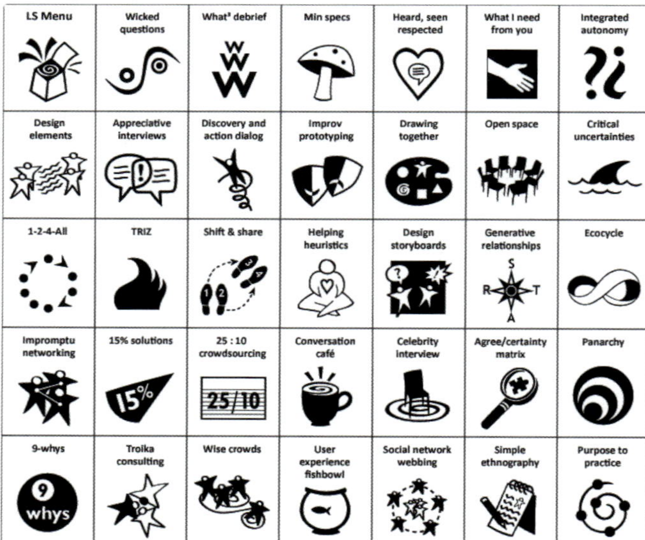

Transformationswirksamkeit

- Wirksam für alle Transformationen
- Wirksam für radikale Transformationen

Transformationsfähigkeit

- Fördert die Agilität eines Teams
- Fördert die Teamkreativität
- Fördert die allgemeine Transformationsfähigkeit des Teams
- Fördert offene Mindsets und innovative Denkhaltungen
- Sorgt für Inspiration oder bessere Inspirationsempfindlichkeit

Einsatzcharakteristik

- Austauschfokus: vornehmlich mit internen und externen Personen
- Durchführungszeit: eher gering (< 1 Stunde)
- Einsatzfrequenz: sinnvoll im dauerhaften Einsatz
- Einsatzfrequenz: vornehmlich im einmaligen Einsatz
- Einsatzradius: vornehmlich im Teameinsatz
- Komplexität für den Moderator: eher gering
- Komplexität für die Teilnehmer: eher gering
- Teamgröße: Kleingruppe möglich (3 bis 5 Teilnehmer)
- Teamgröße: Mittelgroße Teams möglich (5 bis 20 Teilnehmer)
- Vorbereitungszeit: eher gering (<1 Stunde)

Nötiger Input, um mit der Methode arbeiten zu können

- Aktuelle Herausforderung, Leitfrage, Problem

Erzeugter Output der Methode

- Bessere Projekteffizienz, bessere Teamperformance
- Erzeugt besseren Teamspirit, mehr Offenheit, Inspirationsempfindlichkeit
- Erzeugt kollaborative Lösungen und Ideen
- Erzeugt neues Wissen und neue Erfahrungen
- Erzeugt transformationsfähigere Organisationen
- Erzeugt mehr Agilität im Team
- Erzeugt motiviertere und transformationsfähigere Teilnehmer

Foto: NEU Innovation – Zur Goldenen Idee

Hinderniseffekte, auf die die Methode positiv wirkt

- 07 – Integriert einen dysfunktionalen Schweiger
- 11 – Schärft eine fehlende gemeinsame Ausrichtung
- 15 – Stärkt das Vertrauen im Team
- 21 – Bindet eher introvertierte Teammitglieder mit ein
- 24 – Verkürzt und durchbricht vorhandene Kreativblockaden
- 25 – Schwächt multidisziplinäre Reibungsverluste
- 35 – Dynamisiert und aktiviert wenig dynamische Teams
- 36 – Schafft schnell Klarheit und beschleunigt Erkenntnisgewinn
- 39 – Fördert die Agilität der Teilnehmer

Mögliche Extravorteile

- für Teams mit einer konservativen, tradierten Kultur
- für Teams mit einer schwacher Teamleitung
- für interkulturell unerfahrene Teams
- für multidisziplinär unerfahrene Teams
- für unerfahrene Trainer und Agile Coaches

Quellen

Buch – The Surprising Power of Liberating Structures, H. Lipmanowicz, K. McCandless, (Liberating Structures Press 2014)
Buch – Liberating Structures: Entscheidungsfindung revolutionieren, D. Steinhöfer (Vahlen 2021)
Website – https://liberatingstructures.de, 24.05.2021

Life Hack

EinSatzBeschreibung

Aufzeigen von Tipps und Tricks, die alltägliche Probleme in der digitalen Welt lösen.

Transformation-Index

P1 Leading	P2 Organizing	P3 Connecting	P4 Growing	P5 Talking	P6 Scanning	P7 Exploiting	P8 Exploring	P9 Earning	P10 Scaling
			x						

Beschreibung

Wenn man eine Zwiebel vor dem Bearbeiten für ca. eine halbe Stunde in das Gefrierfach legt, kann man den Tränen über dem Schneidebrett entgehen, denn durch die Kälte wird der Stoff, der die Augen reizt, nicht produziert – ein einfacher Trick, der ein alltägliches Problem löst, vor dem viele Menschen stehen. Das ist ein sogenannter Lifehack!

Der IT- und Technik-Journalist Danny O'Brien führte die Wörter „Live" und „Hack" erstmals 2004 bei seinem gleichnamigen Vortrag „Life Hacks – Tech Secrets of Overprolific Alpha Geeks" zusammen.[31] Er stellte dabei einfache Tricks und Abkürzungen vor, die IT-Spezialisten nutzen, um im Datendschungel effektiver arbeiten zu können und bezeichnete diese als Life Hacks. Ein Jahr später nahm die American Dialect Society das Wort sogar in die engere Auswahl zum Wort des Jahres im Bereich „nützlich", wobei der Life Hack gegen „Podcast"[32] verlor. Trotzdem wird das Wort seitdem sehr gerne genutzt und hat sogar einen ganzen Life Hack-Hype ausgelöst, denn inzwischen wird das Wort mannigfaltig genutzt – so gibt es in vielen Fernsehsendungen oder in Zeitschriften Kategorien namens „lifehack"[33] – und das Wort „Life Hacks" wurde weiterentwickelt: Life Hacks gibt es nicht mehr nur für die IT-Szene, sondern für die unterschiedlichsten Bereiche wie beispielsweise „Start-up Hacks"[34].

Gleich ausgesprochen, aber anders geschrieben sind übrigens sogenannte „Live Hacks", bei denen Hacker live, also in Echtzeit, etwas entschlüsseln – nicht verwechseln!

Wie passen die Digitale Transformation und Life Hacks nun zusammen? Die Entstehungsgeschichte zeigt es schon: Um effizienter und einfacher arbeiten zu können, kann Wissen geteilt und durch Life Hacks zur Verfügung gestellt werden, sodass allen der Alltag im digitalen Umfeld erleichtert wird. Gleichzeitig werden durch Wissen auch Berührungsängste reduziert, sodass man Life Hacks nutzen kann, um Wissen aus dem digitalen Sektor zu verbreiten.

Durchführung

- Wie kann ein Life Hack im Bereich der Digitalen Transformation aussehen?

Einige Beispiele: Inzwischen gibt es zahlreiche Apps, die einem das Leben erleichtern und auch im unternehmerischen Alltag werden viele Apps genutzt, die selbst ein Life Hack sind. Viele Organisationen nutzen Apps auf dem Firmenhandy, um den Mitarbeitenden die Parkplatzsuche zu erleichtern, bei der Schreibtischreservierung im Rahmen von Shared Desk oder schlicht beim Merken von Passwörtern. Oftmals sind die Apps aber nicht bekannt – wie wäre es also mit einer App für Life Hacks, in der wiederum andere Apps vorgestellt werden, die den Arbeitsalltag erleichtern? Natürlich könnte es auch eine Rubrik mit „Daily Hacks" geben, mit der jeden Tag andere Tricks publiziert werden, die ein Problem lösen. Die Problemlösung kann gut auch mit einem Wissensnugget verbunden werden, sodass Dinge aus dem Digitalisierungsbereich kurz und prägnant erklärt werden. Dazu gehören Fachbegriffe genauso wie neue Tools, die eingeführt werden oder Impulse, die zum Nachdenken anregen.

- Wie kann ein Life Hack verbreitet werden?

Ohne zu sehr in den Bereich der internen Kommunikation auszuschweifen, sollen hier kurz einige Beispiele genannt werden, um die Life Hacks zu verbreiten, und zwar so, dass auch die Verbreitung selbst in die Geschichte der Digitalen Transformation passt.

Bei einem Problem, das man lösen will – ob privater oder beruflicher Natur – stolpert man inzwischen oftmals über einen Chatbot, der versucht eine Lösung zu finden. Chatbots werden mit Wissen gefüttert, das wir ihnen geben und so lässt sich auch ein Life Hack gut in die Kommunikation zwischen Chatbot und Schreibendem integrieren, indem er Tipps und Tricks mit an die Hand gibt.

Neben dem klassischen Newsletter bieten sich auch Push-Nachrichten auf dem Diensthandy oder im Social Intranet an, um Anregungen per Life Hack zu geben.

Der Unternehmenssender im Corporate TV, ein bestimmter Blog oder Podcast kann auch mit den Rubriken „Lifehacks" gespeist werden oder sogar ein eigener Podcast kreiert werden, bei dem jede Folge einen Life Hack zeigt.

---

[31] Web – https://lifehacker.com/interview-father-of-life-hacks-danny-obrien-36370, 17.04.2021

[32] Web – https://www.americandialect.org/Words_of_the_Year_2005.pdf, 17.04.2021

[33] Beispielsweise bei der Zeitschrift Stern: Web – https://www.stern.de/panorama/wissen/lifehacks/, 16.04.2021

[34] Buch – Start-up Hacks: Was Unternehmen wirklich voranbringt, Bernhard Kalhammer (Redline Verlag 2019)

Transformationswirksamkeit

- Wirksam für alle Transformationen

Transformationsfähigkeit

- Fördert die allgemeine Transformationsfähigkeit des Teams
- Fördert offene Mindsets und innovative Denkhaltungen
- Sorgt für Inspiration oder bessere Inspirationsempfindlichkeit

Einsatzcharakteristik

- Austauschfokus: vornehmlich mit internen Personen
- Durchführungszeit: eher gering (< 1 Stunde)
- Einsatzradius: vornehmlich im Teameinsatz
- Einsatzradius: vornehmlich im unternehmensweiten Einsatz
- Komplexität für die Teilnehmer: eher gering
- Vorbereitungszeit: eher gering (<1 Stunde)

Nötiger Input, um mit der Methode arbeiten zu können

- Aktuell existierende Geschäftsmodelle
- Aktuell existierende Produkte und Services
- Aktuelle Herausforderung, Leitfrage, Problem
- Vorhandenes Wissen und Erfahrungen
- Ideen, Lösungsansätze, Vorideen, Varianten

Erzeugter Output der Methode

- Erzeugt besseren Teamspirit, mehr Offenheit, Inspirationsempfindlichkeit
- Erzeugt kollaborative Lösungen und Ideen
- Erzeugt neues Wissen und neue Erfahrungen
- Erzeugt größere Klarheit zu einem Thema
- Erzeugt transformationsfähigere Organisationen
- Erzeugt mehr Hintergrundinformationen
- Erzeugt mehr Know-how-Zuwachs

Hinderniseffekte, auf die die Methode positiv wirkt

- 36 – Schafft schnell Klarheit und beschleunigt Erkenntnisgewinn
- 44 – Überzeugt einen Rationalisierer

Mögliche Extravorteile

- für agile Teams
- für erfahrene Trainer und Agile Coaches
- für innovativ erfahrene Teams
- für multidisziplinär erfahrene Teams
- für unerfahrene Trainer und Agile Coaches

Quellen

Web – https://lifehacker.com/interview-father-of-life-hacks-danny-obrien-36370, 17.04.2021

Web – https://www.americandialect.org/Words_of_the_Year_2005.pdf, 17.04.2021

Web – https://www.stern.de/panorama/wissen/lifehacks/, 16.04.2021

Buch – Start-up Hacks: Was Unternehmen wirklich voranbringt, Bernhard Kalhammer (Redline Verlag 2019)

123

Lightning Decision Jam

EinSatzBeschreibung

Lightning Decision Jam verläuft in mehreren Schritten und dient dazu, Entscheidungen besser zu strukturieren und zu verkürzen.

Transformation-Index

P1 Leading	P2 Organizing	P3 Connecting	P4 Growing	P5 Talking	P6 Scanning	P7 Exploiting	P8 Exploring	P9 Earning	P10 Scaling
							x	x	x

Beschreibung

Ein Lightning Decision Jam ist eine Entscheidungstechnik, die von der Agentur AJ/Smart entwickelt wurde. Sie lehnt sich an die Design Thinking-Methode an und besteht aus mehreren Schritten.

Sie hilft dabei, Entscheidungen besser zu strukturieren und zu verkürzen. Dabei liegt ein besonderer Fokus darauf, dass die Entscheidung demokratisch getroffen und die Meinungen der Teilnehmer integriert werden. Lange Diskussionen ohne konkreten Entscheidungsfokus sollen damit vermieden werden. Die Methode kann immer dann verwendet werden, wenn eine Gruppe von Menschen Herausforderungen oder Probleme lösen und Entscheidungen muss.

Lightning Decision Jam basiert auf den Prinzipien der Design Sprint-Methode:

- Anfangen ist wichtiger als Recht haben
- Wir arbeiten zusammen, aber allein
- Verlasse Dich nicht auf Kreativität
- Konkret schlägt abstrakt

Die ideale Teilnehmergröße liegt bei vier bis sechs Personen; es wird eine maximale Zahl von 8 Teilnehmern empfohlen.

Ein Lightning Decision Jam dauert in der Regel zwischen 30 Minuten und 1,5 Stunden, abhängig von der Teilnehmerzahl und der Anzahl der Probleme, die bearbeitet werden.

Material, das benötigt wird:

- Post-it's (rechteckig) in Gelb
- Post-it's (quadratisch) in zwei unterschiedlichen Farben
- Klebepunkte in zwei unterschiedlichen Farben
- freie Wandfläche oder Pinnwand
- Stifte

Lightning Decision Jam kann auch in Remote-Arbeitssituationen durchgeführt werden, unter Nutzung eines digitalen Web Collaboration Tools/eines digitalen Whiteboards.

Ergebnis der Methode sind konkrete Arbeitsschritte für eine Lösung des Problems.

Durchführung

Schritt 1: Ziel des Workshops bestimmen (5 Min.)

Es ist hilfreich, zu Beginn ein weit gefasstes Thema zu bestimmen, beispielsweise wie wir Events organisieren oder Wachstum erreichen möchten.

In der Originalbeschreibung zu Lightning Decision Jam wird ein Segelboot auf eine Tafel gezeichnet. Der obere Teil wird in Schritt 2 gefüllt, der untere Teil in Schritt 3

Schritt 2: Positiver Start (5 Min.)

Alle Teilnehmer schreiben positive Dinge auf Post-it's (Farbe 1) , die das Team in Richtung des Ziels bewegen können. Was zeichnet das Team aus? Was ist das Besondere an der Kultur? Was können wir gut? Was sind unsere Kompetenzen?

Schritt 3: Probleme sammeln (5 Min.)

Die Teilnehmer schreiben Herausforderungen/Probleme auf Post-it's (Farbe 2), die das Team an der Umsetzung hindern.

Schritt 4: Probleme priorisieren (3 Min.)

Jeder Teilnehmer erhält drei Klebepunkte (Farbe 1) und klebt diese auf die drei Probleme, die das Team am meisten daran hindern das Ziel zu erreichen. Das passiert still und ohne Diskussion untereinander.

Schritt 5: Reframing der Probleme (3 Min.)

Der Moderator nimmt die Probleme, die im vorherigen Schritt die meisten Stimmen erhalten haben und wandelt diese in Fragen um. Es empfiehlt sich diese mehrfach zu paraphrasieren, also unterschiedliche Fragestellungen zu finden, um dann die beste auszuwählen.

Schritt 6: Ideenfindung (5 Min.)

Bei der anschließenden Ideenfindung zu den ausgewählten Problemen geht es vor allem um eine hohe Zahl von Ideen, die das jeweilige Problem lösen. Ziel ist es Ideen mit möglichst wenig Aufwand und hohem Einfluss zu generieren. Diese werden von den Teilnehmern in Einzelarbeit in Form eines Brainwritings auf rechteckige Post-it's geschrieben (Farbe 1).

Schritt 7: Lösungen priorisieren (4 Min.)

Jeder Teilnehmer liest sich die Ideen durch und bekommt drei Klebepunkte. Er klebt diese auf die Lösungen mit der höchstmöglichen Wirkung und den geringstmöglichen Aufwand. Das Ganze findet leise ohne Diskussionen statt.

Schritt 8: Entscheidung (10 Min.)

Der Moderator nimmt die Lösungen, die am meisten Punkte erhalten haben. Gemeinsam mit den Teilnehmern werden diese auf einer Wirkungs-/Aufwand-Skala platziert. Dies wird in einer schnellen Diskussion unter den Teilnehmern durchgeführt.

Schritt 9: Lösungen praxisbereit machen (5 Min.)

Der Moderator nimmt die Lösungen, die am nächsten zum Quadranten „Hohe Wirkung, wenig Aufwand" liegen und fragt das Team nach drei Aktivitäten, um die Lösung zu testen. Idealerweise sollten diese weniger als zwei Wochen für die Bearbeitung benötigen.

Transformationswirksamkeit

- Wirksam für Herausforderungen mit hoher Komplexität
- Wirksam für Herausforderungen mit mittlerer Komplexität
- Wirksam für alle Transformationen
- Wirksam für radikale Transformationen

Transformationsfähigkeit

- Fördert die Agilität eines Teams
- Fördert die allgemeine Transformationsfähigkeit des Teams

Einsatzcharakteristik

- Austauschfokus: vornehmlich mit internen Personen
- Durchführungszeit: eher gering (< 1 Stunde)
- Einsatzfrequenz: sinnvoll im dauerhaften Einsatz
- Einsatzradius: vornehmlich im projektweiten Einsatz
- Komplexität für den Moderator: eher mittel
- Komplexität für die Teilnehmer: eher mittel
- Teamgröße: Kleingruppe möglich (3 bis 5 Teilnehmer)
- Teamgröße: Mittelgroße Teams möglich (5 bis 20 Teilnehmer)
- Vorbereitungszeit: eher gering (<1 Stunde)

Nötiger Input, um mit der Methode arbeiten zu können

- Durchlaufenes Projekt oder Projektphasen
- Ideen und Projekte die zur Umsetzung anstehen
- Ideen, Lösungsansätze, Vorideen, Varianten
- Ziele, Zielsystem, Kennzahlen

Erzeugter Output der Methode

- Bessere Projekteffizienz, bessere Teamperformance
- Erzeugt Planungen und Priorisierungen
- Erzeugt definierte Zielkorridore
- Erzeugt größere Klarheit zu einem Thema
- Hilft bei Entscheidungen, Bewertungen und Feedback

Hinderniseffekte, auf die die Methode positiv wirkt

- 05 – Verhindert blinden Aktionismus
- 08 – Verhindert einseitige Bewertungen und Entscheidungen
- 25 – Schwächt multidisziplinäre Reibungsverluste
- 31 – Verhindert Topic-Jumping und schnelles Abschweifen
- 33 – Schwächt Verdiskutiererei
- 37 – Verkürzt zu lange Entscheidungsmeetings
- 41 – Verringert zu große Komplexitäten

Mögliche Extravorteile

- für agile Teams
- für erfahrene Trainer und Agile Coaches
- für innovativ erfahrene Teams
- für die Arbeit mit digitalen Kollaborationsboards

Quellen

Web – https://ajsmart.com/ldj, 24.05.2021
Web – https://miro.com/miroverse/lightning-decision-jam-ldj, 24.05.2021

Lösungspyramide

EinSatzBeschreibung

Strukturiertes Vorgehen, um ein lösungsfokussiertes Coachinggespräch zu führen.

Transformation-Index

P1 Leading	P2 Organizing	P3 Connecting	P4 Growing	P5 Talking	P6 Scanning	P7 Exploiting	P8 Exploring	P9 Earning	P10 Scaling
x	x	x	x	x	x	x	x	x	x

Beschreibung

Teammitglieder, Führungspersonen oder sogar ganze Teams kommen im Rahmen von Change-Prozessen, wie bei der digitalen Transformation, immer wieder in Situationen, an denen sie selbst nicht weiterkommen. Eine Möglichkeit den nächsten Schritt zu machen, ist das Einholen eines Ratschlags. Dabei gehen die Betroffenen auf einen Experten zu, der basierend auf der eigenen Erfahrung Handlungsempfehlungen ausspricht. „Mach doch einfach …“ oder „Bei mir hat … funktioniert“ können helfen. Solche Empfehlungen bergen jedoch auch die Gefahr, dass sich die Betroffenen denken „Wenn es so einfach wäre, hätte ich es bereits gemacht!“ und einen inneren Widerstand verspüren. Die eigene Situation ist zu jedem Zeitpunkt einzigartig und nicht vergleichbar mit den Erfahrungen anderer.

Im lösungsfokussierten Coachingansatz sind die Betroffenen die Experten – und nicht der Coach. Sie kennen am besten ihre eigenen Rahmenbedingungen und habe das umfassende Wissen darüber, was in der Vergangenheit funktioniert hat oder eben nicht. Dabei unterstützt der Coach mithilfe von Fragen, dass der Coachee sich auf die Lösungsfindung konzentriert, statt sich mit der Ursache seines Themas zu beschäftigen. Getreu dem Prinzip „der Lösung ist es meist egal, wie das Problem entstanden ist“, wird das Problem als solches wertgeschätzt, jedoch wird diesem nicht mehr Raum als unbedingt nötig gegeben. Das wird unter anderem dadurch möglich, dass der Coach in den Aussagen seines Coachees auf Möglichkeiten zur Lösungsfindung achtet und den Fokus des Gesprächs auf Positives und Funktionierendes lenkt. Dadurch wird der Coachee dazu gebracht, eine Lösungssprache zu verwenden, die bewusst aufrechterhalten wird, um ein zweites Prinzip des lösungsfokussierten Coachings zu befolgen: Lösungssprache schafft Lösungen – Problemsprache schafft Probleme.

Veronika Kotrba und Ralph Miarka von sinnvollFÜHREN beschreiben in ihrem Modell, dass Coach und Coachee während eines lösungsfokussierten Coachinggesprächs insgesamt vier Ebenen durchlaufen, nachdem das Thema des Gesprächs geklärt wurde: Ziele und Auswirkungen, Funktionierendes, nächste Schritte und Zuversicht. Sie haben diese vier Ebenen mit der Lösungspyramide visuell dargestellt und ein Set von zwölf Fragen zusammengestellt, mit denen auch Einsteiger durch ein lösungsfokussiertes Coachinggespräch führen können.

Wichtig: Für eine erfolgreiche Umsetzung eines lösungsfokussierten Coachings ist eine entsprechende innere Haltung des Coaches und die Befolgung lösungsfokussierter Prinzipien essenziell. Kotrba und Miarka beschreiben sechs Haltungen und acht Prinzipien. Erfahrene Coaches durchlaufen eine lange Ausbildung, in der sie ihre Coachingkompetenz systematisch aufbauen und sich die zahlreichen Fragetechniken und Formate aneignen. Der Coachingansatz hat seine Wurzeln in der lösungsfokussierten Kurzzeittherapie, die von Insoo Kim Berg und Steve de Shazer entwickelt wurde und in den die verschiedenen Einflüsse zahlreicher Therapeuten und Wissenschaftler miteinfließen.

Grafik: Sabina Lammert

Durchführung

Der Boden: Das Thema

Das Fundament, auf dem die Lösungspyramide steht, ist das Thema des Gesprächs. Dieser Boden besteht aus dem Problem des Coachees mitsamt all den dazu gemachten Erfahrungen. Da dieses Wissen bereits vorhanden ist, ist das Thema nicht Bestandteil der Lösungspyramide. Der Coach gibt diesem so viel Raum wie nötig, aber nicht mehr und wertschätzt das Thema angemessen. Wichtig dabei ist, keine vertiefenden Fragen zum Problem zu stellen, damit der Coachee im weiteren Prozess den Wechsel in die Lösungssprache schnell vollziehen kann.

Frage 1: *Worüber möchtest du sprechen, damit dieses Gespräch für dich sinnvoll ist?*

Ebene 1: Das Ziel und seine Auswirkungen

Die unterste Ebene der Pyramide ist die größte und nimmt auch im Coachinggespräch selbst oft die Hälfte der Zeit in Anspruch. Für Coachee und Coach ist es entscheidend herauszufinden, was das eigentliche Ziel ist. Dieses bringt der Coachee nicht zwangsläufig bereits vorbereitet mit ins Gespräch und oft verändert sich das Ziel im Laufe des Gesprächs mehrmals. Je klarer das Ziel ist, desto leichter fällt dem Coach die Navigation durch die restliche Lösungspyramide.

Frage 2: *Was ist dein Ziel – was möchtest du erreichen?*

Frage 3: *Wenn du dein Ziel erreicht hast, wie wird sich das für dich auswirken?*

Frage 4: *Angenommen, du hast dein Ziel erreicht, was wird dann für dich möglich?*

Frage 5: *Wenn du dein Ziel erreicht hast, wie wird sich dies für andere auswirken? Und wie noch?*

Ebene 2: Funktionierendes

Auf der zweiten Ebene der Lösungspyramide lenkt der Coach die Aufmerksamkeit auf bereits Funktionierendes. Dazu wird betrachtet, wie weit der Coachee auf seinem Weg zum Ziel bereits gekommen ist und wie der Coachee es geschafft hat, bereits so weit gekommen zu sein. Der Coachee erzählt im Zuge dessen von vorhandenen Fähigkeiten, die ihm auf dem bisherigen Weg geholfen haben und fasst so zunehmend mehr Vertrauen für die bevorstehenden nächsten Schritte.

Frage 6: *Auf einer Skala von 0 bis 10, wobei 10 bedeutet, dass du dein Ziel erreicht hast und 0 das Gegenteil davon, wo stehst du im Moment?*

Frage 7: *Wie ist es dir gelungen, dass du schon bei X stehst und nicht mehr bei 0? Und wie noch?*

Ebene 3: Der nächste Schritt und seine Auswirkungen

Wenn das Ziel klar definiert ist und das Funktionierende für diese Zielerreichung ausreichend beleuchtet wurde, wird es Zeit die nächsten Schritte zu definieren. Hierfür legt der Coach den Fokus darauf, was notwendig ist, um dem Ziel einen Schritt näher zu kommen. Es soll nicht der gesamte Weg zum Ziel definiert werden. Dadurch wird die Umsetzungswahrscheinlichkeit der definierten Maßnahmen erhöht, da der Coachee nicht einen Berg von Aufgaben vor sich hat, sondern lediglich die nächste Etappe auf seiner Reise zum Ziel beschreitet.

Frage 8: *Angenommen, du wärst schon einen Schritt weiter 0… Was wäre dann anders? Und was noch?*

Frage 9: *Stell dir vor, du bist einen Schritt weiter, was wirst du dann anders machen? Und was noch?*

Frage 10: *Wenn du einen Schritt weiter bist, wie werden dies andere bemerken? Und wie noch? Und wer noch?*

Frage 11: *Wie wird es dir gelungen sein, diesen Schritt zu machen?*

Ebene 4: Transfer in die Praxis – die Ergebnisprüfung

Abschließend wird im lösungsfokussierten Coachinggespräch die Zuversicht geprüft. Hierfür kann sich der Coach erneut einer Skalenfrage bedienen. Ist die Zuversicht nicht im obersten Bereich der Skala, kann eine zweite Frage gestellt werden, in der der Coachee gefragt wird, was ihn zuversichtlicher machen würde. Als Ergebnis kommen häufig noch weitere Maßnahmen zur Liste dazu oder die bereits definierten Maßnahmen müssen noch einmal umformuliert werden, sodass die Umsetzungswahrscheinlichkeit steigt.

Frage 12 *Wie zuversichtlich bist du auf einer Skala von 0 bis 10, dass du diesen Schritt machen wirst? Evtl.: Was würde dich noch zuversichtlicher machen?*

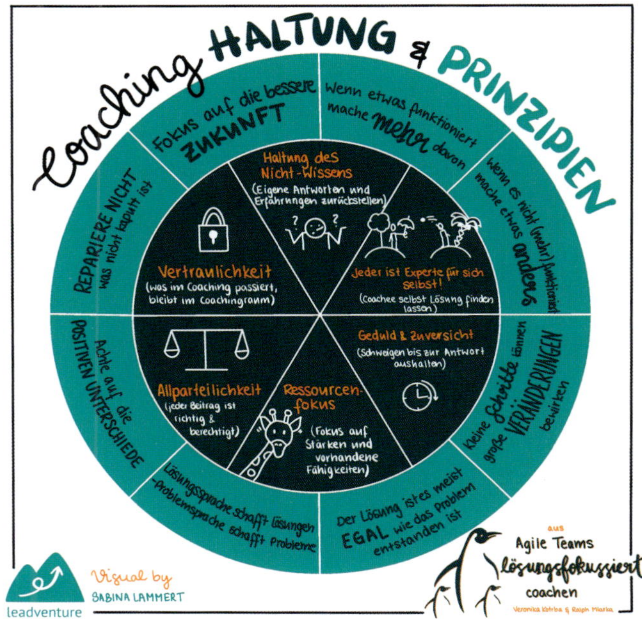

Grafik: Sabina Lammert

Praxisschlaglicht

Eine Scrum Master hat ein Coachinggespräch gesucht, da sie das Gefühl hatte, ihrer Rolle nicht gerecht zu werden.

Coach: Worüber möchtest du sprechen, damit dieses Gespräch sinnvoll für dich ist?

Scrum Master: Das von mir begleitete Softwareentwicklungsteam hat bereits selbst sehr viel Scrum Erfahrung und ich weiß nicht, wie ich sie optimal unterstützen kann. Anstatt Woche für Woche Verbesserungsmöglichkeiten zu identifizieren und diese proaktiv im Team umzusetzen, agiere ich mehr als Coach. Ich spreche Einladungen aus und bin nicht aktiv dahinter, die identifizierten Stellschrauben anzugehen. Ich habe schon seit Monaten ein schlechtes Gewissen und es wird zunehmend schlimmer.

Coach: Wow, da klingt sehr belastend. Was ist dein Ziel – was möchtest du erreichen?

Scrum Master: Ich möchte mein Team bis zum Ende meiner Beauftragung optimal unterstützen.

Coach: Wenn du dein Ziel erreicht hast, wie wird sich dies für dich auswirken?

Scrum Master: Ich werde nicht mehr von meinem schlechten Gewissen geplagt werden.

Coach: Sondern?

Scrum Master: Ich werde wieder mit mehr Freude mit dem Team zusammenarbeiten können.

Coach: Angenommen, du hast dein Ziel erreicht, was wird dann für dich möglich?

Scrum Master: Mein Selbstbewusstsein würde wieder zunehmen und ich könnte guten Gewissens das Team an den nächsten Scrum Master abgeben.

Coach: Wenn du dein Ziel erreicht hast, wie wird sich dies für andere auswirken?

Scrum Master: Mein Team wird noch bessere Ergebnisse erzielen, weil wir von Sprint zu Sprint die Zusammenarbeit verbessern.

Coach: Auf einer Skala von 0 bis 10, wobei 10 bedeutet, dass du dein Ziel erreicht hast und 0 das Gegenteil davon, wo stehst du im Moment?

Scrum Master: Hmm … Im Moment stehe ich auf einer 4.

Coach: Wie ist es dir gelungen, dass du schon bei einer 4 stehst und nicht mehr bei 0?

Scrum Master: Ich bin sehr kommunikativ und führe regelmäßig Einzelgespräche mit den Teammitgliedern und ich bin bei den meisten Terminen mit dabei.

Coach: Und wie noch?

Scrum Master: Außerdem tausche ich mich mit den anderen Scrum Mastern aus und bestärke auch den privaten Austausch zwischen den Teammitgliedern.

Coach: Das finde ich doch schon beachtlich. Angenommen, du wärst schon einen Schritt weiter … Was wäre dann anders?

Scrum Master: Wenn ich einen Schritt weiter wäre, würde ich mich mehr auf die korrekte Einhaltung des Scrum-Prozesses fokussieren, statt auf die reine Harmonie bei der Zusammenarbeit. Ich würde die Abweichungen vom Prozess thematisieren und proaktiver das Team bei der kontinuierlichen Verbesserung ihrer Zusammenarbeit unterstützen.

Coach: Stell dir vor, du bist diesen einen Schritt weiter, was wirst du anders machen?

Scrum Master: Wenn ich einen Schritt weiter bin, werde ich eine Übersicht zum Scrum-Prozess und das Verbesserungspotenzial, das in den Retrospektiven identifiziert wurde, visualisiert haben. Ich wäre beim Planning wieder mit dabei und ich würde regelmäßig Impulse zur Scrum-Theorie dem Team vermitteln.

Coach: Wenn du diesen einen Schritt weiter bist, wie werden dies andere bemerken?

Scrum Master: Mein Team wird endlich die angemessene Unterstützung bekommen. Sie werden jede Woche neue Impulse von mir bekommen und ich werde allen vereinbarten Maßnahmen bis zur Umsetzung nachgehen, sodass nichts unter den Tisch fällt.

Coach: Wie wird es dir gelungen sein, diesen Schritt zu machen?

Scrum Master: Bevor ich einen Impuls ins Team bringe, werde ich vorab dieses Thema bereits mit einigen ausgewählten Teammitgliedern in Einzelgesprächen besprochen haben, um mich zu vergewissern, dass auch sie den Handlungsbedarf sehen. So habe ich die Sicherheit, dass ich ihnen nichts erzähle, was sie bereits wissen und generiere gleich schon Unterstützer für meine Impulse, die sich aktiv miteinbringen. Außerdem werde ich gleich ab dem nächsten Sprint wieder am Planning teilnehmen. Dafür werde ich den Paralleltermin, den ich habe, verschieben.

Coach: Auf einer Zuversichtsskala von 0 bis 10: Wie zuversichtlich bist du, dass du diesen Schritt machen wirst?

Scrum Master: Da bin ich jetzt ganz klar bei einer 10.

Transformationswirksamkeit

- Wirksam für Herausforderungen mit hoher Komplexität
- Wirksam für Herausforderungen mit mittlerer Komplexität
- Wirksam für Herausforderungen mit niedriger Komplexität
- Wirksam für alle Transformationen

Transformationsfähigkeit

- Fördert die Agilität eines Teams
- Fördert die Teamkreativität
- Fördert die allgemeine Transformationsfähigkeit des Teams
- Fördert offene Mindsets und innovative Denkhaltungen
- Sorgt für Inspiration oder bessere Inspirationsempfindlichkeit

Einsatzcharakteristik

- Austauschfokus: vornehmlich mit internen Personen
- Durchführungszeit: eher gering (< 1 Stunde)
- Einsatzfrequenz: sinnvoll im dauerhaften Einsatz
- Einsatzradius: vornehmlich im Teameinsatz
- Komplexität für den Moderator: eher hoch
- Komplexität für die Teilnehmer: eher mittel
- Teamgröße: Einzelpersonennutzung möglich
- Teamgröße: Großgruppen möglich (>50 Teilnehmer)
- Teamgröße: Kleingruppe möglich (3 bis 5 Teilnehmer)
- Teamgröße: Maxigruppen möglich (20 bis 40 Teilnehmer)
- Teamgröße: Mittelgroße Teams möglich (5 bis 20 Teilnehmer)
- Vorbereitungszeit: eher gering (<1 Stunde)

Nötiger Input, um mit der Methode arbeiten zu können

- Aktuelle Herausforderung, Leitfrage, Problem
- Vorhandenes Wissen und Erfahrungen
- Durchführungszeit, Trainingszeit

Erzeugter Output der Methode

- Erzeugt Ideen, Lösungsansätze, Vorideen, Möglichkeiten
- Erzeugt besseren Teamspirit, mehr Offenheit, Inspirationsempfindlichkeit
- Erzeugt kollaborative Lösungen und Ideen
- Erzeugt größere Klarheit zu einem Thema
- Erzeugt motiviertere und transformationsfähigere Teilnehmer
- Hilft bei Entscheidungen, Bewertungen und Feedback

Hinderniseffekte, auf die die Methode positiv wirkt

- 05 – Verhindert blinden Aktionismus
- 11 – Schärft eine fehlende gemeinsame Ausrichtung
- 12 – Wirkt fehlender Inspiration entgegen
- 13 – Schafft für den Erfolg nötige Realitätsbezüge
- 15 – Stärkt das Vertrauen im Team
- 18 – Bewahrt vor zu generischen Ideen und Aussagen
- 20 – Verhindert Ideenfindung mit zu schwacher Erkenntnisgrundlage
- 24 – Verkürzt und durchbricht vorhandene Kreativblockaden
- 32 – Verhindert unreflektiertes Agieren
- 36 – Schafft schnell Klarheit und beschleunigt Erkenntnisgewinn

Mögliche Extravorteile

- für Teams in einer Krisensituation
- für agile Teams
- für erfahrene Trainer und Agile Coaches

Quellen

Buch – Agile Teams lösungsfokussiert coachen, Veronika Kotrba & Ralph Miarka, (dpunkt.verlag, 3. Auflage 2019)

Buch – Mehr als ein Wunder: Lösungsfokussierte Kurzzeittherapie heute, Steve de Shazer & Yvonne Dolan (Carl-Auer, 7. Auflage 2020)

Buch – Wege der erfolgreichen Kurztherapie, Steve de Shazer (Klett-Cotta, 9. Auflage 2014)

Organisation – sinnvollFÜHREN, Wien, https://sinnvoll-fuehren.com/

Person – Veronika Kotrba, office@sinnvoll-fuehren.com

Person – Ralph Miarka, office@sinnvoll-fuehren.com

Person – Insoo Kim Berg

Person – Steve de Shazer

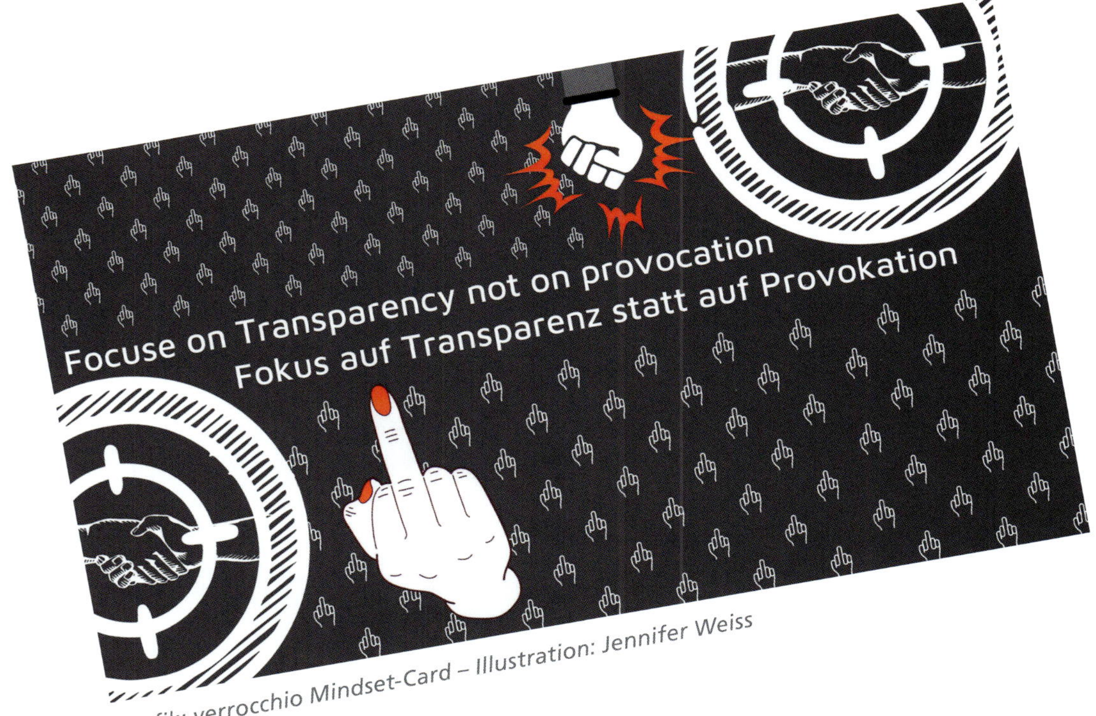

Grafik: verrocchio Mindset-Card – Illustration: Jennifer Weiss

Meetingbingo

EinSatzBeschreibung

Humorvolle Art, um auf Missstände in Meetings aufmerksam zu machen.

Transformation-Index

P1 Leading	P2 Organizing	P3 Connecting	P4 Growing	P5 Talking	P6 Scanning	P7 Exploiting	P8 Exploring	P9 Earning	P10 Scaling
x	x	x	x	x	x	x	x	x	x

Beschreibung

Meetings können ein Produktivitätskiller sein und dem ambitioniertesten Transformationsvorhaben den Wind aus den Segeln nehmen, besonders in Unternehmen mit einer eher konservativen Kultur. Aufgestellte Meetingregeln hängen in zahlreichen Konferenzräumen und werden schlichtweg nicht beachtet. Doch wie adressiert ein leidender Meetingteilnehmer charmant, dass es Verbesserungspotenzial in der Meetingdurchführung gibt, ohne wie eine kaputte Schallplatte zu klingeln?

Im Rahmen des Workshops „Nie wieder ineffiziente Meetings" hat Sabina Lammert eine Kopfstandübung mit ihren Teilnehmern gemacht und sie sammeln lassen, was es bräuchte, um das schlechteste Meeting aller Zeiten zu organisieren. Die Sammlung hat sie in einer Visualisierung – „Das Remote-Meeting des Grauens – Bingo" – zusammengefasst, die humorvoll dabei unterstützen kann, auf eventuelle Missstände in Meetings hinzuweisen und eine gemeinsame Reflexion zur Meetingeffizienz anzuregen. Im Falle dieser Karte ist ein Bingo kein erstrebenswertes Ergebnis.

Die Meetingkarte steht für alle frei zum Download (siehe Link in den Quellen) und zum Einsatz verfügbar. Natürlich können auch eigene Variationen des Meetingbingos erstellt werden.

Durchführung

Am Ende eines Meetings wird die Bingo-Karte auf einem virtuellen Whiteboard vorgestellt. In 2 Minuten Stillarbeit markieren alle Teilnehmer die Felder, von denen sie glauben, dass sie im Rahmen des Meetings aufgetreten sind. Anschließend werden die Felder mit den meisten Markierungen zuerst besprochen und es werden Maßnahmen abgeleitet, damit das nächste Meeting effizienter wird.

Das Meetingbingo eignet sich hervorragend für Retrospektiven zur Meetingeffizienz.

Praxisschlaglicht

In einem Pharmakonzern hat ein Agile Coach die Begleitung eines seit zwei Jahren bestehenden Softwareentwicklungsteams übernommen. Das Kennenlernen mit den 25 Softwareentwicklern fand online statt. Wie gewohnt, hat sich der Agile Coach mit einer eingeschalteten Kamera in Mircrosoft Teams eingewählt, um dann erschreckend festzustellen, dass ausnahmslos alle anderen Teilnehmer ihre Kamera ausgeschaltet haben. In diesem ersten Meeting hat sich der Agile Coach der Masse angepasst und ebenfalls die Kamera ausgeschaltet. Bei einem anschließenden Gespräch mit der Projektleiterin stellte sich heraus, dass sich die meisten Teammitglieder noch nie gesehen haben – weder im echten Leben noch virtuell. Ausgeschaltete Kameras gehörten zum Alltag und niemand im Team hat je hinterfragt, wie sich diese Gewohnheit eingeschlichen hat.

Im nächsten Meeting mit dem Leadership-Team sprach der Agile Coach diese Beobachtung an. Er leitete das Gespräch ein, indem er davon erzählte, dass er eine Meeting-Bingokarte in den Sozialen Medien entdeckt hat, die er gerne mit dem vierköpfigen Leadership-Team ausfüllen möchte. Beim ersten Durchlesen der Bingokarte gab es einige Lacher seitens des Leadership-Teams, da sie bei so vielen Feldern eine Markierung setzen konnten. Sie

Grafik: Sabina Lammert

brachten zahlreiche Beispiele aus ihrem eigenen Meetingalltag, in denen sie die dargestellten Punkte auf der Bingokarte selbst störten. Im Laufe der Besprechung schalteten die Mitglieder des Leadership-Teams erstmalig nacheinander die Kamera an, wodurch sich manche zum ersten Mal sahen. Sie erkannten viel Verbesserungspotenzial in ihren Meetings und nahmen sich vor, gute Meetingkultur fortan selbst vorzuleben.

Transformationswirksamkeit

- Wirksam für Herausforderungen mit niedriger Komplexität
- Wirksam für alle Transformationen

Transformationsfähigkeit

- Fördert die allgemeine Transformationsfähigkeit des Teams
- Zahlt auf eine bessere Wahrnehmung ein

Einsatzcharakteristik

- Austauschfokus: vornehmlich mit internen Personen
- Durchführungszeit: eher gering (< 1 Stunde)
- Einsatzfrequenz: vornehmlich über im kompletten Projektzeitraum
- Einsatzradius: vornehmlich im Teameinsatz
- Einsatzradius: vornehmlich im projektweiten Einsatz
- Einsatzradius: vornehmlich im unternehmensweiten Einsatz
- Komplexität für den Moderator: eher gering
- Komplexität für die Teilnehmer: eher gering
- Teamgröße: Einzelpersonennutzung möglich
- Teamgröße: Großgruppen möglich (>50 Teilnehmer)
- Teamgröße: Kleingruppe möglich (3 bis 5 Teilnehmer)
- Teamgröße: Maxigruppen möglich (20 bis 40 Teilnehmer)
- Teamgröße: Mittelgroße Teams möglich (5 bis 20 Teilnehmer)
- Teamgröße: Speziell für Großgruppen geeignet (>50 Teilnehmer)
- Vorbereitungszeit: eher gering (<1 Stunde)

Nötiger Input, um mit der Methode arbeiten zu können

- Verschiedene Meinungen und Blickwinkel
- Vorhandenes Wissen und Erfahrungen
- Durchführungszeit, Trainingszeit

Erzeugter Output der Methode

- Bessere Projekteffizienz, bessere Teamperformance
- Erzeugt besseren Teamspirit, mehr Offenheit, Inspirationsempfindlichkeit
- Erzeugt kollaborative Lösungen und Ideen
- Hilft bei Entscheidungen, Bewertungen und Feedback
- Identifiziert vorhandene Schwachstellen

Hinderniseffekte, auf die die Methode positiv wirkt

- 04 – Beugt blinden Flecken/Betriebsblindheit vor
- 38 – Verkürzt zu lange Meetingzeiten
- 42 – Überzeugt strukturliebende Teammitglieder

Mögliche Extravorteile

- für Teams mit einer schwacher Teamleitung
- für interkulturell unerfahrene Teams
- für multidisziplinär unerfahrene Teams
- für unerfahrene Trainer und Agile Coaches
- für die Arbeit mit digitalen Kollaborationsboards

Quellen

Web – https://www.leadventure.de/meetingeffizienz, 13.05.2021
Person – Sabina Lammert, sabina@leadventure.de

126

Meinungsblitzlicht

EinSatzBeschreibung

Methode zum schnellen Erfassen und Austauschen von Einzelmeinungen.

Transformation-Index

P1 Leading	P2 Organizing	P3 Connecting	P4 Growing	P5 Talking	P6 Scanning	P7 Exploiting	P8 Exploring	P9 Earning	P10 Scaling
x	x		x			x	x		

Beschreibung

Schnelles Erfassen und Austauschen von Einzelmeinungen, das ist der Fokus des Meinungs-Blitzlichts. Spontane Äußerungen zu einer Herausforderung oder einer Idee sowie mögliche Konflikte und Probleme. Dabei geht es beim Meinungs-Blitzlicht nur um Meinungen zu gestellten Fragen und nicht um Ideen, wie beim Brainstorming.

Das Meinungs-Blitzlicht ist gut geeignet zur Evaluierung und auch zur Analyse einer Herausforderung beziehungsweise Beschreibung in den ersten Phasen eines Projekts.

Durchführung

Das Meinungsblitzlicht kann sowohl vor Ort als auch mit remote zusammengeschalteten Teams durchgeführt werden.

Schritt 1: Die Moderatorin bereitet Fragen zur Herausforderung und deren Evaluierung vor. Die Fragen müssen klar formuliert sein. Alternativ können die Fragen auch aus dem Team heraus vorbereitet werden und zum Beispiel auf einem digitalen Board (z. B. mit Trello, Microsoft Teams, Miro) im Vorfeld gesammelt werden; oder sie ergeben sich aus der Projektarbeit heraus und werden zur Beantwortung im Meinungsblitzlicht gesammelt.

Schritt 2: Frage für Frage wird an die Runde gestellt und der Reihe nach von jeder Teilnehmerin kurz und ohne Umschweife beantwortet. Jede Teilnehmerin drückt ihre eigene Meinung aus und spricht dabei nicht von „wir" oder „man", sondern von „ich". Die schnelle Abfolge (wie bei einem Blitzlicht) ist bei dieser Methode ausschlaggebend. So kann man auch für die Beantwortung der Fragen mittels Stoppuhr einen auf einige Sekunden begrenzten Zeitraum festlegen.

Schritt 3: Die Beiträge der Teilnehmerinnen werden nicht kommentiert, sondern eins zu eins protokolliert.

Anmerkung: Als Variante kann das Blitzlicht auch schriftlich durchgeführt werden. Die Antworten können in einem digitalen Tool (z. B. Trello, Microsoft Teams, Miro, Mural) erfolgen. Zum Abschluss können die wichtigsten Aussagen am Flipchart oder in einem digitalen Board gemeinsam zusammengefasst werden.

Die Streichholzvariante

Eine sehr schöne Variante des Meinungsblitzlichts ist die Variante, bei der jede Teilnehmerin ein Streichholz anzündet, wenn sie an der Reihe ist. Sie darf so lange ihre Meinung äußern, bis sie das Streichholz ausbläst.

Transformationswirksamkeit

- Wirksam für Herausforderungen mit niedriger Komplexität
- Wirksam für alle Transformationen

Transformationsfähigkeit

- Fördert offene Mindsets und innovative Denkhaltungen

Einsatzcharakteristik

- Austauschfokus: vornehmlich mit internen und externen Personen
- Durchführungszeit: eher gering (< 1 Stunde)
- Einsatzfrequenz: vornehmlich im einmaligen Einsatz
- Einsatzradius: vornehmlich im Teameinsatz
- Komplexität für den Moderator: eher gering
- Komplexität für die Teilnehmer: eher gering
- Teamgröße: Kleingruppe möglich (3 bis 5 Teilnehmer)
- Teamgröße: Maxigruppen möglich (20 bis 40 Teilnehmer)
- Teamgröße: Mittelgroße Teams möglich (5 bis 20 Teilnehmer)
- Vorbereitungszeit: eher mittel (>1 Stunde bis <1 Tag)

Nötiger Input, um mit der Methode arbeiten zu können

- Aktuelle Herausforderung, Leitfrage, Problem
- Verschiedene Meinungen und Blickwinkel

Erzeugter Output der Methode

- Erzeugt besseren Teamspirit, mehr Offenheit, Inspirationsempfindlichkeit
- Erzeugt größere Klarheit zu einem Thema
- Hilft bei Entscheidungen, Bewertungen und Feedback

Hinderniseffekte, auf die die Methode positiv wirkt

- 02 – Schwächt Angst vor Kritik und Zurückweisung
- 04 – Beugt blinden Flecken/Betriebsblindheit vor
- 07 – Integriert einen dysfunktionalen Schweiger
- 08 – Verhindert einseitige Bewertungen und Entscheidungen
- 15 – Stärkt das Vertrauen im Team
- 19 – Verhindert Ideenbunkerei und Geheimniskrämerei
- 21 – Bindet eher introvertierte Teammitglieder mit ein
- 29 – Schwächt den „Inneren Zensor"
- 35 – Dynamisiert und aktiviert wenig dynamische Teams
- 36 – Schafft schnell Klarheit und beschleunigt Erkenntnisgewinn
- 38 – Verkürzt zu lange Meetingzeiten

Mögliche Extravorteile

- für Teams in einer Krisensituation
- für Teams mit einer schwachen Teamleitung
- für disruptiv unerfahrene Teams
- für innovativ ungeübte Teams
- für interkulturell unerfahrene Teams
- für multidisziplinär unerfahrene Teams
- für unerfahrene Trainer und Agile Coaches

Quellen

Buch – Das große Handbuch Innovation, B. van Aerssen, C. Buchholz (Vahlen 2018)

Buch – Revolutionäres Innovationsmanagement, B. van Aerssen (mi-Wirtschaftbuch 2009)

Grafik: verrocchio Mindset-Card – Illustration: Jennifer Weiss

Meme-ing

EinSatzBeschreibung

Methode zur Vereinfachung komplexer Zusammenhänge, indem Ideen in Memes verpackt werden.

Transformation-Index

P1 Leading	P2 Organizing	P3 Connecting	P4 Growing	P5 Talking	P6 Scanning	P7 Exploiting	P8 Exploring	P9 Earning	P10 Scaling
x	x	x	x	x	x	x	x	x	x

Beschreibung

Das Meme-ing ist das Verpacken von Ideen oder Aussagen in Memes. Es eignet sich in Transformations-Projekten daher bestens, um komplexe Ideen auf einen simplen Sachverhalt herunterzubrechen oder ehrliches Feedback zu generieren.

Wer auf Instagram oder in anderen Bild-geprägten sozialen Medien unterwegs ist, kann sich eine Kommunikation ohne Memes gar nicht mehr vorstellen. Die wenigsten wissen jedoch, dass der Begriff „Meme" von dem Evolutions-Biologen Richard Dawkins schon in den 1970er-Jahren geprägt wurde. Dawkins suchte ein Wort, um die kulturelle Übertragung von Ideen analog zur biologischen Selbst-Vervielfachung von Genen zu beschreiben und erfand es kurzerhand selbst: das „Meme".

In der Internetkultur beschreiben Memes eine Kombination aus Text und Bild, mit der meistens ein ironischer oder kritischer Inhalt transportiert wird. Memes werden vielfach geteilt, geliked und kommentiert; oft dient dasselbe Bildmotiv als Folie für ganz verschiedene Inhalte. Oder zu einem bestimmten Thema entstehen vielfältige Memes als Kommentar. Memes sind in der Regel sofort verständlich, sie sind anschlussfähig für die, die den inhaltlichen Kontext verstehen, und meistens kommen sie mit einem Augenzwinkern daher.

Das Meme-ing ist in unterschiedlichen Zusammenhängen einsetzbar, zum Beispiel als Kreativitäts-Technik, zum Einholen eines Stimmungsbildes aus dem Team oder einfach zur Auflockerung an langen und intensiven Projekttagen.

Durchführung

Beim Meme-ing lässt man das Projekt-Team Memes erstellen, um zum Beispiel die eigene Stimmung zu beschreiben, eine Aussage über ein Produkt zu validieren oder sich mit Memes in verschiedene Zielgruppen hineinzuversetzen.

Ein Meme besteht aus der Kombination von Bild- und Text-Elementen, die von den einzelnen Team-Mitgliedern oder in Teilgruppen mit digitalen Tools erstellt werden sollen. Dabei kann man entweder von einem gemeinsamen Bild ausgehen, zum dem unterschiedliche Texte geschrieben werden. Oder man gibt eine Auswahl von Bildmotiven vor, die einem festgelegten Thema oder Text zugeordnet werden. Für fortgeschrittene oder digital erprobte Teams bietet sich auch die Arbeit mit einem online Meme-Generator an.

Ein Meme-Template lässt sich auch ohne große grafische Kenntnisse z. B. in Miro oder PowerPoint sehr einfach vorbereiten: Man wählt ein Bildmotiv aus und legt ganz einfach ein lesbares Textfeld darüber.

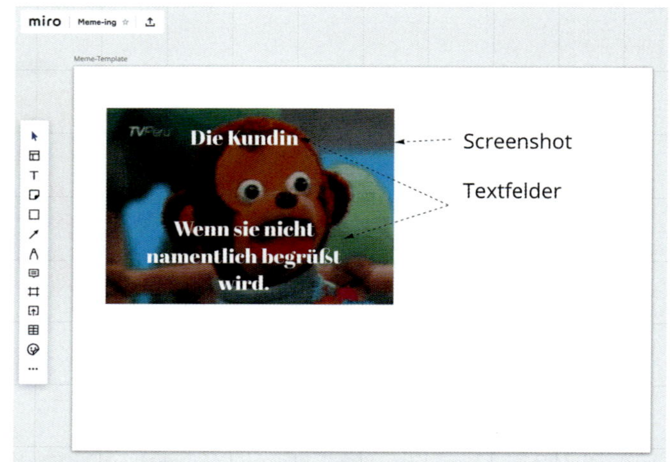

Grafik: Screenshot „TV Peru/Meme Monkey": https://www.fernsehersatz.de/2019/08/meme-monkey-pedro.html (20.04.2021)

Beispiele für den Einsatz von Meme-ing:

- **Stimmungs-Bild/Emotionen einfangen**
  Zum Check-in, Check-out, in der Retrospektive, zum Beginn des Wochen-Jour fixe etc. Alle Projektmitglieder erhalten das gleiche Bild und sollen einen Text-Slogan finden, um ihre eigene Stimmung damit zu assoziieren. Oder: Alle Projektmitglieder werden aufgefordert, ein Meme im Internet herauszusuchen, um ihre Stimmung zu beschreiben. Dann gibt es eine kurze Kommentar-Runde, in der beschrieben wird, warum man diesen Text/dieses Bild/dieses Meme ausgewählt hat
- **Meinungsaustausch/Feedback**
  Eignet sich, um ein direktes Stimmungsbild zu einem Konzept, einer Idee oder einer Entscheidung zu erzeugen. Auch als User-Feedback ist das Meme-ing sinnvoll einsetzbar: Man versetzt sich in die User-Perspektive und beschreibt die Reaktion z. B. auf einen Prozessschritt mit einem Meme. So lassen sich blinde Flecken aufdecken oder neue User-Bedürfnisse herausstellen.

- **Ehrliche Kritikpunkte herauskitzeln**
  Durch die humoristisch-kritische Eigenschaft von Memes eignet sich Meme-ing auch dazu, den Team-Mitgliedern oder Stakeholdern versteckte Vorbehalte oder Kritikpunkte zu entlocken. Auch Personen, die sonst eher zurückhaltend mit ihrer Meinung sind, können sich mit einem Meme äußern.
- **Ideen auf den Punkt bringen**
  Es bietet sich auch an, gesetzte und ausformulierte Ideen, zum Beispiel einen Marketing-Slogan, als Meme zu verproben. Natürlich gerät die Darstellung als Meme eher überzogen – aber man merkt so recht schnell, ob der Gedanke oder die Herangehensweise passt. Als Faustregel gilt grundsätzlich: Kann man ein Meme daraus machen? Dann ist die Idee zwischenmenschlich übertragbar.

Achtung: Manche Personen, die in der Internetkultur nicht so versiert sind, können Memes nicht lesen. Sie konzentrieren sich entweder auf das Bild oder den Text, können aber die Synthese nicht herstellen. Man sollte dann mehr Zeit einplanen, um Memes grundsätzlich zu erklären (ggf. auch aus dem Team heraus), oder aber ganz auf die Methode verzichten. Man kann diese Technik also auch nutzen, um herauszufinden, wer „digital" spricht und wer nicht.

Online-Tools zum Generieren von Memes:
https://imgflip.com/memegenerator
https://www.makeameme.org

Transformationswirksamkeit

- Wirksam für Herausforderungen mit niedriger Komplexität
- Wirksam für alle Transformationen

Transformationsfähigkeit

- Fördert die Teamkreativität
- Fördert grundlegend die Kreativität
- Fördert offene Mindsets und innovative Denkhaltungen
- Sorgt für Inspiration oder bessere Inspirationsempfindlichkeit
- Zahlt auf eine bessere Wahrnehmung ein

Einsatzcharakteristik

- Durchführungszeit: eher gering (< 1 Stunde)
- Durchführungszeit: eher hoch (> 1 Tag)
- Komplexität für den Moderator: eher mittel
- Komplexität für die Teilnehmer: eher mittel
- Teamgröße: Kleingruppe möglich (3 bis 5 Teilnehmer)
- Teamgröße: Mittelgroße Teams möglich (5 bis 20 Teilnehmer)
- Vorbereitungszeit: eher mittel (>1 Stunde bis <1 Tag)

Nötiger Input, um mit der Methode arbeiten zu können

- Aktuelle Herausforderung, Leitfrage, Problem
- Ideen, Lösungsansätze, Vorideen, Varianten

Erzeugter Output der Methode

- Erzeugt besseren Teamspirit, mehr Offenheit, Inspirationsempfindlichkeit
- Erzeugt kollaborative Lösungen und Ideen
- Erzeugt neues Wissen und neue Erfahrungen
- Erzeugt visualisierte Ideen, Begriffe, Themen
- Erzeugt größere Klarheit zu einem Thema
- Erzeugt motiviertere und transformationsfähigere Teilnehmer
- Hilft bei Entscheidungen, Bewertungen und Feedback

Hinderniseffekte, auf die die Methode positiv wirkt

- 07 – Integriert einen dysfunktionalen Schweiger
- 12 – Wirkt fehlender Inspiration entgegen
- 17 – Fördert gehemmte Teammitglieder
- 21 – Bindet eher introvertierte Teammitglieder mit ein
- 24 – Verkürzt und durchbricht vorhandene Kreativblockaden
- 35 – Dynamisiert und aktiviert wenig dynamische Teams

Mögliche Extravorteile

- für Teams in einer Komfortsituation
- für disruptiv erfahrene Teams
- für innovativ erfahrene Teams
- für interkulturell erfahrene Teams
- für multidisziplinär erfahrene Teams

Quellen

Buch – The Selfish Gene, Richard Dawkins (Oxford University Press – 2006 [1976])
Person – Stephanie Bretz, stephanie.bretz@masterplan.academy

128

Mindmapping

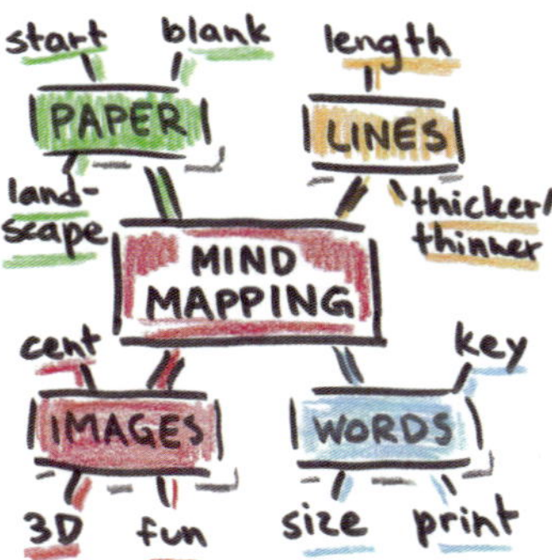

EinSatzBeschreibung

Visuelle, gehirngerechte und kreative Notation von Informationen, Ideen und vielem mehr.

Transformation-Index

P1 Leading	P2 Organizing	P3 Connecting	P4 Growing	P5 Talking	P6 Scanning	P7 Exploiting	P8 Exploring	P9 Earning	P10 Scaling
x	x	x	x	x	x	x	x	x	x

Beschreibung

Mindmapping ist eine der grundlegendsten Methoden, vielfältigste Themenfelder visuell zu erfassen und diese zu strukturieren.

Ausgehend von einem zentralen Thema werden alle Begriffe, die den Bearbeitenden dazu einfallen, aufgenommen und in Unterkategorien an diesem zentralen Thema mit Verbindungspfeilen angebunden.

Abhängig von der gewünschten Detaillierungstiefe und dem notwendigen Focus können vorab bereits einige Ideen, Schlüsselworte und Unterpunkte formuliert werden und eine maximale Hierarchietiefe definiert werden.

Sofern von vornherein der inhaltliche Rahmen festgelegt und damit eingeschränkt werden soll, ist es hilfreich eine separate Kategorie oder Map für alle nicht zu bearbeitenden Themen zu zeichnen.

Grafisch können neben farblicher Darstellung auch Symbole, Buchstaben oder Zahlen genutzt werden, um die Knoten weiter zu konkretisieren.

Durch den Einsatz von digitalen Mindmapping-Tools können auch weitere, detaillierte Informationsattribute nach und nach ergänzt werden, um in mehreren Iterationsschleifen ein Themenfeld komplett zu erfassen.

Daraus können neben den visuellen Basisinformationen auch Attribute wie Zuständigkeit, Aufwand oder Prioritäten zugeordnet werden, um diese in einen späteren Umsetzungsprozess zu übertragen.

Bei digitalen Mindmapping-Tools sind viele Funktionalitäten auch reversibel und erweiterbar, sodass dort mit höherem Freiheitsgrad gearbeitet werden kann. Zudem sind auch mehrdimensionale Verknüpfungen möglich und somit können unterschiedliche Themenfelder als Hauptzweig angezeigt werden. Die Möglichkeiten der Filterung, Formatierung und Attributierung einzelner Aspekte hilft zudem bei der Darstellung komplexer Ontologien.

Vorteile

- einfach einzusetzen
- gut vorzubereiten
- niedrige Einstiegshürde

Nachteile

- mehrdimensionale Verbindungen/Komplexität nicht einfach darstellbar
- Doppelungen und nicht korrekte Zuordnungen bei größeren Mindmaps schwer vermeidbar

Durchführung

Mindmapping funktioniert sowohl in der Gruppe als auch in der Einzelanwendung oder in digitaler Kollaboration. Die Einstiegshürde ist niedrig, sodass ohne Vorkenntnis direkt damit begonnen werden kann.

- Vorbereitung eines möglichst großen weißen Arbeitspapier oder digitalen Arbeitsbereichs.
- In der Mitte wird das zentrale Thema geschrieben oder skizziert.
- Die einzelnen abgehenden Unterpunkte werden entweder direkt oder mit Post-its mit Abstand um dieses Thema herum platziert und ggf. mit weiteren Unterkategorien versehen.
- Mit zusätzlichen Pfeilverbindungen auf unteren Ebenen können Querverweise und Abhängigkeiten dargestellt werden.
- Eine Detaillierung der einzelnen Felder kann durch Bilder, Symbole, Emojicons, Zahlen oder Nummern erfolgen.
- Eine Nummerierung bzw. eindeutige Benennung der einzelnen Stränge empfiehlt sich für eine spätere Nachbereitung oder digitale Weiterarbeit.
- Nach der eigentlichen Mindmapping-Session können die Ergebnisse fotografisch festgehalten werden und digital ergänzt werden.

Praxisschlaglicht

Mindmaps und entsprechende digitale Tools gehören eigentlich zu jedem Workshop und sind als wiederkehrendes Element bei längeren Projekten als Erinnerung und Fortschrittsdokumentation hilfreich.

Bei der Realisierung eines Multichannel-Konzepts wurde eine Mindmap als zentrales Element vom ersten Kick-off-Termin bis zum Livegang für alle Beteiligten zentral sichtbar aufgehängt. Die Fortschritte wurden auf Transparentpapier als Layer darübergelegt und im Laufe der Zeit konnte den Sponsoren hierdurch der Detaillierungsgrad und die Entwicklungsrichtung deutlich gemacht werden. Der Vorteil war zudem, dass die eigentliche Kernidee immer sichtbar war. Für den Einsatz von digitalen Mindmaps würden Transparenzen oder separate, gesperrte Ebenen bzw. Hintergrundbilder der ursprünglichen Mindmap den Bezug zu den ersten Gedanken konservieren.

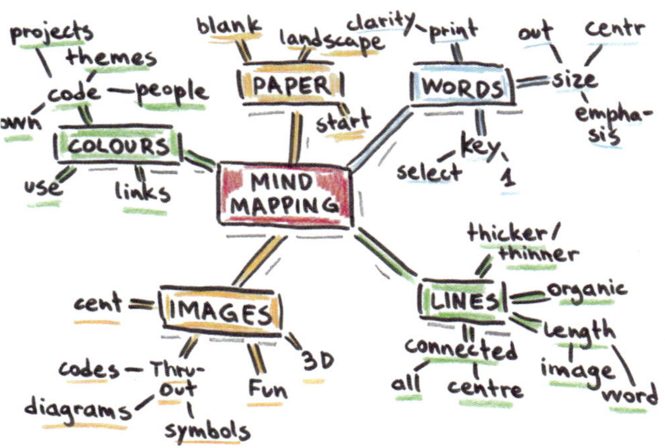

Grafik: Anja Faber – Mindmap

Transformationswirksamkeit

- Wirksam für Herausforderungen mit mittlerer Komplexität
- Wirksam für Herausforderungen mit niedriger Komplexität
- Wirksam für alle Transformationen
- Wirksam für radikale Transformationen

Transformationsfähigkeit

- Fördert die Teamkreativität
- Zahlt auf eine bessere Wahrnehmung ein

Einsatzcharakteristik

- Austauschfokus: vornehmlich mit internen Personen
- Durchführungszeit: eher gering (< 1 Stunde)
- Durchführungszeit: eher mittel (>1 Stunde bis <1 Tag)
- Einsatzfrequenz: sinnvoll im dauerhaften Einsatz
- Einsatzfrequenz: vornehmlich im einmaligen Einsatz
- Einsatzfrequenz: vornehmlich über im kompletten Projektzeitraum
- Einsatzradius: vornehmlich im Teameinsatz
- Einsatzradius: vornehmlich im projektweiten Einsatz
- Komplexität für den Moderator: eher gering
- Komplexität für die Teilnehmer: eher gering
- Teamgröße: Einzelpersonennutzung möglich
- Teamgröße: Kleingruppe möglich (3 bis 5 Teilnehmer)
- Teamgröße: Maxigruppen möglich (20 bis 40 Teilnehmer)
- Teamgröße: Mittelgroße Teams möglich (5 bis 20 Teilnehmer)
- Vorbereitungszeit: eher mittel (>1 Stunde bis <1 Tag)

Nötiger Input, um mit der Methode arbeiten zu können

- Aktuelle Herausforderung, Leitfrage, Problem
- Ideen, Lösungsansätze, Vorideen, Varianten
- Merkmale der gegebenen Herausforderung

Erzeugter Output der Methode

- Bessere Projekteffizienz, bessere Teamperformance
- Erzeugt Ideen, Lösungsansätze, Vorideen, Möglichkeiten
- Erzeugt Ideensuchfelder, unentdeckte Probleme, Inspiration
- Erzeugt segmentierte, kategorisierte, geclusterte Daten
- Macht Wirkzusammenhänge sichtbar

Hinderniseffekte, auf die die Methode positiv wirkt

- 11 – Schärft eine fehlende gemeinsame Ausrichtung
- 15 – Stärkt das Vertrauen im Team
- 21 – Bindet eher introvertierte Teammitglieder mit ein
- 24 – Verkürzt und durchbricht vorhandene Kreativblockaden
- 28 – Stärkt schwache Anreicherungsskills
- 41 – Verringert zu große Komplexitäten
- 42 – Überzeugt strukturliebende Teammitglieder

Mögliche Extravorteile

- für Teams mit einer konservativen, tradierten Kultur
- für innovativ erfahrene Teams
- für unerfahrene Trainer und Agile Coaches
- für die Arbeit mit digitalen Kollaborationsboards

Quellen

Buch – Das große Handbuch der Kreativitätsmethoden, M. Luther (managerSeminare Verlags GmbH 2020)

Buch – Produktinnovation, J. Gausemeier, P. Ebbesmeyer, F. Kallmeyer (Hanser Fachbuch 2001)

Buch – Revolutionäres Innovationsmanagement, B. van Aerssen (mi-Wirtschaftbuch 2009)

Buch – The Mind Map Book, T. Buzan (Pearson Education 2009)

Buch – Thinkertoys, M. Michalko (Ten Speed Press 2006)

Buch – Das kleine Handbuch der Innovationsmethoden, F. Rustler, I. Plambeck (Creaffective 2014)

Buch – Innovationsmanagement 12 Erfolgsstrategien für KMU, O. Gassmann, P. Granig (Hanser 2013)

Buch – Innovationsmanagement, F. Pleschak, H. Sabisch (UTB 1996)

Buch – Innovationsmanagement, Higgins, J. M. Wiese (Schäffer-Poeschel 1998)

Buch – Organisation, D. Vahs (Schäffer-Poeschel 2015)

Buch – Praxishandbuch Innovation, Leitfaden für Erfinder, Entscheider und Unternehmer, B. X. Weis (Gabler, 2. Auflage 2014)

Buch – Das große Handbuch der Kreativitätsmethoden, M. Luther (managerSeminare Verlags GmbH 2013)

129

Missing Link

EinSatzBeschreibung

Aufspüren fehlender Verbindungselemente zur Entwicklung von Verbindungsgliedern in neuen oder bestehenden Unternehmensprozessen.

Transformation-Index

P1 Leading	P2 Organizing	P3 Connecting	P4 Growing	P5 Talking	P6 Scanning	P7 Exploiting	P8 Exploring	P9 Earning	P10 Scaling
						x	x		

Beschreibung

Der Begriff „Missing Link" stammt ursprünglich aus der Evolutionsbiologie von Charles Darwin. Dahinter verbirgt sich die Annahme, dass es bei der Entstehung von neuen Arten Übergangsformen gegeben haben muss, die Merkmale von der alten und der neuen Art besitzen. Solange diese Formen nicht gefunden sind, ist es nicht greifbar, welche konkreten Eigenschaften sie haben. Sobald sie entdeckt wurden, stellen sie „connecting links", also Bindeglieder, zwischen den anderen Spezies dar.

Übertragen in die Unternehmenswelt gibt es zwei Optionen: Sobald Connecting Links entdeckt werden, kann man entweder abwarten oder aktiv werden. Solange diese jedoch nicht freigelegt sind, bleiben sie als Missing Links nicht greifbar und strategisch nicht konkret genug. In vielen Unternehmen ist die Lücke zwischen Strategie und Umsetzung bzw. dem Wissen und dem Tun groß und durch bestehende Strukturen systemimmanent. Zwischen den Möglichkeiten und Potenzialen auf der einen und bestehenden Realitäten auf der anderen Seite sind diese Missing Links zwar vorhanden, solange diese jedoch nicht benannt werden können, wird ihnen selten aktiv auf den Grund gegangen oder nach ihnen gesucht. Stattdessen wird im täglichen operativen Geschäft nicht von der eigentlichen Strategie abgewichen und „business as usual" gemacht.

Im Missing-Link-Prinzip wird versucht aus den Missing links Connecting Links zu machen. Dazu gibt es individuell spezifische organisatorische und geschäftliche Aspekte, die berücksichtigt werden müssen. Im Kontext zum eigenen Handlungsumfeld sind es fünf Dimensionen, die dabei betrachtet werden:

- Umgang mit Veränderungen
- Fähigkeit zur Innovation
- Globale Agilität
- Flexibilität des Geschäftsmodells
- Gesellschaftliche Engagement

Entwickelt man die unternehmerische Evolution systematisch anhand dieser fünf Bereiche, kann sich daraus ein Wettbewerbsvorteil ergeben, der ein hochdynamisch angepasster Prozess werden kann. Im digitalen Umfeld sind Wettbewerb und Kunden im steten Wandel und Missing Links häufiger und in kürzeren Zeiträumen vorzufinden als früher.

Aufgrund der Definition sind Missing Links oder Teile ihrer Eigenschaften zu ihrer jeweiligen Zeit ganz normale Bereiche eines Unternehmens, und erst im zeitlichen Rückspiegel erkennt man, dass diese Bindeglieder eine Übergangsform waren, die heute nicht mehr bestehen müssen.

Durchführung

Die Missing Links können anhand von Checklisten, die thematisch den fünf Handlungsfeldern zugeordnet sind, analysiert und systematisch eingegrenzt werden.

1. Einführung zum Thema Veränderungsmanagement: Wie werden Missing Links der Veränderung aufgespürt
2. Welche Maßnahmen müssen zur Überwindung der Missing Links ergriffen werden?
3. Innovationsvakuum aufdecken
4. Innovation fördern und einführen
5. Prüfen der globalen Integration
6. Aufschließen und vorangehen bei der globalen Integration
7. Missing Links im Geschäftsmodell erkennen
8. Umstellen des Geschäftsmodells
9. Defizite im gesellschaftlichen Engagement/Kontext benennen
10. Nachhaltigkeit und gesellschaftliche Verantwortung umsetzen

Vorteile

- In großen Unternehmen und etablierten Strukturen sind Missing Links gut einsetzbar.
- Checklisten erleichtern die Analyse.
- Der „kleinste gemeinsame Nenner" kann nicht mehr als Kompromiss dienen, weil immer neue Missing Links gesucht werden.

Nachteil

- Die Umsetzung, aus Missing Links tatsächlich Connecting Links zu generieren, ist mühsam, und fehlendem Verantwortungsbewusstsein der Beteiligten muss gegengesteuert werden.

Transformationswirksamkeit

- Wirksam für alle Transformationen
- Wirksam für radikale Transformationen

Transformationsfähigkeit

- Fördert die allgemeine Transformationsfähigkeit des Teams

Einsatzcharakteristik

- Austauschfokus: vornehmlich mit internen Personen
- Durchführungszeit: eher mittel (>1 Stunde bis <1 Tag)
- Einsatzfrequenz: vornehmlich über im kompletten Projektzeitraum

- Einsatzradius: vornehmlich im projektweiten Einsatz
- Komplexität für den Moderator: eher hoch
- Komplexität für die Teilnehmer: eher hoch
- Teamgröße: Einzelpersonennutzung möglich
- Teamgröße: Kleingruppe möglich (3 bis 5 Teilnehmer)
- Teamgröße: Maxigruppen möglich (20 bis 40 Teilnehmer)
- Teamgröße: Mittelgroße Teams möglich (5 bis 20 Teilnehmer)
- Vorbereitungszeit: eher mittel (>1 Stunde bis <1 Tag)

Nötiger Input, um mit der Methode arbeiten zu können

- Aktuell existierende Geschäftsmodelle
- Aktuell existierende Produkte und Services
- Aktuelle Herausforderung, Leitfrage, Problem

Erzeugter Output der Methode

- Erzeugt Ideen, Lösungsansätze, Vorideen, Möglichkeiten

Hinderniseffekte, auf die die Methode positiv wirkt

- 04 – Beugt blinden Flecken/Betriebsblindheit vor
- 24 – Verkürzt und durchbricht vorhandene Kreativblockaden

Mögliche Extravorteile

- für Teams in einer Komfortsituation
- für Teams mit einem starkem Auftragsmandat
- für agile Teams
- für erfahrene Trainer und Agile Coaches
- für innovativ erfahrene Teams

Quellen

Buch – Das Missing-Link-Prinzip, Dietmar Fink, Matthias Hartmann (Hanser 2009)

Grafik: verrocchio Mindset-Card – Illustration: Jennifer Weiss

Morphologischer Kasten

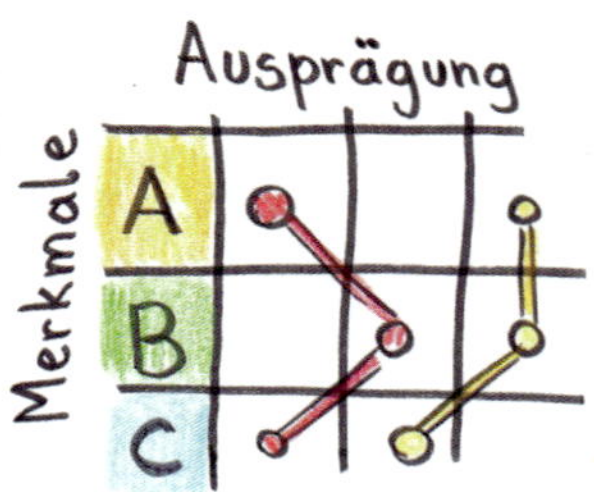

EinSatzBeschreibung

Kreativitätstechnik, die schnell viele Varianten eines Produkts oder Services herstellt.

Transformation-Index

P1 Leading	P2 Organizing	P3 Connecting	P4 Growing	P5 Talking	P6 Scanning	P7 Exploiting	P8 Exploring	P9 Earning	P10 Scaling
						x	x		

Beschreibung

Der „Morphologische Kasten" ist eine Kreativitätstechnik, mit der Sie aus unterschiedlichsten Varianten und Kombinationsmöglichkeiten Lösungen für komplexe Produkte und Probleme entwickeln. Dabei werden die Herausforderungen in Einzelteile zerlegt, analysiert und schließlich wieder sinnvoll zusammengesetzt.

Der Erfinder der Technik, Fritz Zwicky, wandte seine Methode an, um aus einer Vielfalt von Ideen konkrete Produkte zu entwickeln und Erkenntnisse über innovationspotenziale für konkrete Aufgabenstellungen zu generieren. Manche Aufgaben sind so komplex, dass gute Lösungen schwer erkennbar sind. Mit dem „Morphologischen Kasten" zerlegen Sie ein großes Problem in mehrere kleine, sodass Sie diese anschließend besser lösen können. Dabei zählen auch die Optimierungen von Produkten, Systemen oder Konzepten als typische Anwendungsszenarien, für die der „Morphologische Kasten" das passende Tool ist. Ein umfassendes Expertenwissen und analytisches Denkvermögen sind die Grundvoraussetzungen für die Methode.

Sie generieren mit dem „Morphologischen Kasten" Alternativen und Lösungen, indem Sie die notwendigen Parameter mit allen denkbaren Ausführungsvarianten identifizieren, auflisten und dann variabel miteinander kombinieren. „Morphologisch" entstammt der altgriechischen Sprache und bedeutet wörtlich: „Die äußere Gestalt betreffend". Die Kombinationsmöglichkeiten bilden Sie dementsprechend zum besseren Verständnis des Entscheidungsprozesses räumlich in einem dreidimensionalen Kasten ab und beschreiben durch diese strukturierte Form den Sachverhalt.

Der Morphologische Kasten selbst bildet also lediglich die einzelnen Parameter, Elemente und Variationen ab. Die vielfältigen Gestaltungsmöglichkeiten der Einzelelemente regen dann Ihre Kreativität für neue Lösungen an. Daher ist der morphologische Kasten das ideale Tool zur Produktentwicklung und -optimierung. Kreativitätstechniken, die wir mit unserem Buch liefern, bieten passende Ergänzungen zu der Methode.

Durchführung

1. Beschreiben Sie die Aufgabe

Bestimmen Sie zuerst ein interdisziplinäres Projektteam mit einem bestimmten Grad an „Expertenwissen", sowie ein Moderator, der idealerweise schon Erfahrung mit dieser Technik sammeln konnte – was aber keine Grundvoraussetzung ist. Formulieren Sie zum Start die konkrete Aufgabenstellung oder das genaue Problem. Beschreiben Sie dabei möglichst präzise und detailliert die Ausgangssituation, im Falle einer Optimierung eines Produkts zum Beispiel: Wie funktioniert das aktuelle Produkt? Wie wird das Produkt von Ihren Kunden angenommen? Wie bewerten Ihre Kunden es? Wo liegen die genauen Stärken und wo die Schwächen? Stellen Sie eine Vielzahl von Fragen und liefern dazu genaue Antworten

2. Bestimmung der Parameter

Im zweiten Schritt definieren Sie die Elemente, Kriterien und Paramater, die Ihr Produkt oder Ihr Problem allgemein beschreiben. Dazu formulieren Sie die gültigen Aspekte, Eigenschaften und Merkmale, die bei allen Lösungen vorkommen und die Ihr Produkt somit auszeichnen. Mit dieser Vorgehensweise zerlegen Sie Ihr Produkt oder Problem in seine Einzelteile. Bitte beachten sie dabei, dass sich die Parameter relevant und voneinander unabhängig darstellen sowie auf alle Lösungen passen.

3. Ordnen Sie die Parameter in einer Tabelle an

Erstellen Sie eine Tabelle und ordnen Sie die soeben definierten Parameter systematisch ein. In der ersten Spalte tragen Sie die Parameter bzw. einzelnen Elemente untereinander ein.

4. Varianten identifizieren

Nun gilt es, alle denkbaren Varianten zu identifizieren, die möglich sind. Halten Sie hierzu ein kreatives Brainstorming mit Ihrem Team. Tragen Sie die Lösungsmöglichkeiten in die weiteren Spalten der Tabelle ein.

5. Kombinationsmöglichkeiten abbilden

Kombinieren Sie in diesem Schritt Ihre alternativen Lösungsmöglichkeiten. So fügen Sie Ihre Teillösungen und die einzelnen Parameter bzw. Elemente zusammen und erarbeiten eine Lösung für Ihre Aufgabenstellung und Ihr Ziel. Die Erstellung von Kombinationsmöglichkeiten fällt durch die Visualisierung des „Morphologischen Kasten" leicht, und die Teammitglieder einer interdisziplinären Arbeitsgruppe inspirieren sich ideal im gegenseitigen Austausch.

6. Bewertung

Bewerten Sie die denkbaren Lösungen nach Kriterien wie Innovationsgrad, Kosten oder Kundenvorteile. Gehen Sie auf die Lösungen intensiver ein, die Ihre Teammitglieder favorisieren. Zum Schluss wählen Sie gemeinsam die Kombinationsmöglichkeiten aus, die den größten Erfolg versprechen. Sie können die Methode auch in sehr komplexen Aufgabenstellungen einsetzen. Natürlich gilt hierbei der Grundsatz, dass sich die Durchführung umso zeitintensiver darstellt, je mehr Parameter Sie verwenden.

Parameter	Variante 1	Variante 2	Variante 3	Variante 4
Medium	Bewerbung	Hochzeit	Family	Erotik
Location	Studio	Kirche	Garten	Bett
Kleidung	Business	Kleid/ Smoking	Casual	Neglige
Stil	Biometrisch	Festlich	Natürlich	Erotisch
Art	Portrait	Hochzeits-paar	Familie	Paar
Produkt	Stick	Fotorahmen	T-Shirts	Fotobuch
Online	LinkedIn	Facebook	Instagram	Intranet
Speicher	USB-Stick	Cloud	CD	Druck
Versand	eMail	SMS	Snapchat	WhatsApp

Grafik: Anja Faber – Morphologischer Kasten

Praxisschlaglicht

Die Fotobranche bot Ihren Kunden lange Zeit Produkte wie Fotokameras, Fotoalben, Leinwände und weiteres Zubehör über Kombinationen aus Fotofachgeschäft und Drogerie an. Diese ergänzten zudem Ihr Portfolio mit der Erstellung von Passfotos. Studioline Photography brach diese altehrwürdige Branche auf und bot seinen Kunden neben den traditionellen Produkten zahlreiche Variationen des Fotoshootings an.

Unser Studioline Photography Team setzte sich infolgedessen das nächste Ziel, den Kunden weitere innovative Dienstleistungen rund um die digitale Fotografie zu bieten. Wir haben zur Lösung dieser komplexen Aufgabenstellung die Technik des „Morphologischen Kasten" gewählt, um so möglichst viele Varianten und Kombinationsmöglichkeiten bei gleichen allgemeinen Parametern transparent abzubilden. Diese Technik half uns, einen Konsens durch die Bewertungen der zahlreichen Möglichkeiten zu finden.

So bieten wir unseren Kunden nunmehr vielfältige neue Shooting-Varianten wie z. B. die Iris-Fotografie an. Neben dem eigentlichen Shooting wurde uns schnell klar, dass wir die verschiedenen Varianten in der Weiterverarbeitung differenziert zu behandeln sind. So ist der Umgang mit einem vertrauensvollen Beauty-Shooting und die Art der Bereitstellung der Fotodaten eine gänzlich anderer als bei Bewerbungsfotos. Auch die Art der Veröffentlichung ist selbstverständlich komplett unterschiedlich. Mit der Visualisierung des „Morphologischen Kasten" veröffentliche ich nur einen kleinen Auszug der vielfältigen Kombinationsmöglichkeiten, mit der wir unsere Angebote verbessert haben.

Als Ergebnis haben wir die unterschiedlichsten Möglichkeiten in den unterschiedlichsten Varianten zusammengestellt, die wir als Dienstleistung miteinander kombinieren. Die Identifizierung und Visualisierung mithilfe des „Morphologische Kasten" verdeutlichte uns, wie viele Chancen uns zur Optimierung unseres Produkt- und Dienstleistungs-Portfolios zur Verfügung stehen. Den „Morphologischen Kasten" haben wir mit weiteren kreativen Methoden wie Scrum und Design Thinking kombiniert, um schnelle, optimale Ergebnisse zu erzielen.

Transformationswirksamkeit

- Wirksam für Herausforderungen mit mittlerer Komplexität
- Wirksam für Produkttransformationen
- Wirksam für Prozesstransformationen
- Wirksam für Servicetransformationen

Transformationsfähigkeit

- Fördert die Agilität eines Teams
- Fördert die Teamkreativität
- Fördert die allgemeine Transformationsfähigkeit des Teams
- Fördert grundlegend die Kreativität
- Fördert offene Mindsets und innovative Denkhaltungen
- Sorgt für Inspiration oder bessere Inspirationsempfindlichkeit
- Zahlt auf eine bessere Vorstellungskraft ein
- Zahlt auf eine bessere Wahrnehmung ein

130 Morphologischer Kasten

Einsatzcharakteristik

- Austauschfokus: vornehmlich mit internen und externen Personen
- Durchführungszeit: eher mittel (>1 Stunde bis <1 Tag)
- Einsatzfrequenz: vornehmlich über im kompletten Projektzeitraum
- Einsatzradius: vornehmlich im Teameinsatz
- Komplexität für den Moderator: eher mittel
- Komplexität für die Teilnehmer: eher mittel
- Teamgröße: Maxigruppen möglich (20 bis 40 Teilnehmer)
- Teamgröße: Mittelgroße Teams möglich (5 bis 20 Teilnehmer)
- Vorbereitungszeit: eher mittel (>1 Stunde bis <1 Tag)

Nötiger Input, um mit der Methode arbeiten zu können

- Aktuell existierende Geschäftsmodelle
- Aktuell existierende Produkte und Services
- Beteiligte Personen mit Tätigkeiten und Aufgaben
- Ergebnisse aus der Analysephase
- Existierende Prozesse und Verfahren
- Liste von Alternativen
- Vorhandenes Wissen und Erfahrungen
- Durchführungszeit, Trainingszeit
- Produktmerkmale, Skizzen, Eigenschaften

Erzeugter Output der Methode

- Bessere Projekteffizienz, bessere Teamperformance
- Erzeugt Ideen für neue Märkte und neue Business Modelle
- Erzeugt Ideen mit ersten Fundings und Machbarkeitsstudien
- Erzeugt Ideen, Lösungsansätze, Vorideen, Möglichkeiten
- Ideen, Ideencluster, höher integrierte Lösungen
- Erzeugt kollaborative Lösungen und Ideen
- Erzeugt umgesetzte Ideen
- Erzeugt visualisierte Ideen, Begriffe, Themen
- Erzeugt visualisierte Ideen, Begriffe, Themen
- Erzeugt größere Klarheit zu einem Thema
- Erzeugt segmentierte, kategorisierte, geclusterte Daten
- Hilft bei Entscheidungen, Bewertungen und Feedback

Hinderniseffekte, auf die die Methode positiv wirkt

- 04 – Beugt blinden Flecken/Betriebsblindheit vor
- 05 – Verhindert blinden Aktionismus
- 08 – Verhindert einseitige Bewertungen und Entscheidungen
- 11 – Schärft eine fehlende gemeinsame Ausrichtung
- 12 – Wirkt fehlender Inspiration entgegen
- 13 – Schafft für den Erfolg nötige Realitätsbezüge
- 20 – Verhindert Ideenfindung mit zu schwacher Erkenntnisgrundlage
- 24 – Verkürzt und durchbricht vorhandene Kreativblockaden
- 25 – Schwächt multidisziplinäre Reibungsverluste
- 28 – Stärkt schwache Anreicherungsskills
- 32 – Verhindert unreflektiertes Agieren
- 36 – Schafft schnell Klarheit und beschleunigt Erkenntnisgewinn
- 41 – Verringert zu große Komplexitäten

Mögliche Extravorteile

- für Teams mit einem starkem Auftragsmandat
- für Teams mit einer souveränen Teamleitung
- für erfahrene Trainer und Agile Coaches
- für multidisziplinär erfahrene Teams
- für die Arbeit mit digitalen Kollaborationsboards

Quellen

Buch – Das große Handbuch Innovation, B. van Aerssen, C. Buchholz (Vahlen 2018)

Web – https://www.ideenfindung.de/morphologischer-kasten.html, 11. Mai 2021

Web – https://kreativitätstechniken.info/morphologischer-kasten-bzw-morphologische-analyse, 11. Mai 2021

Web – https://www.projektmagazin.de/methoden/morphologischer-kasten, 11. Mai 2021

131

Mountain of Tomorrow

EinSatzBeschreibung

Unterstützung, eine gemeinsame Vision der Projektarbeit zu entwickeln und dabei auch die anstehenden Herausforderungen zu integrieren.

Transformation-Index

P1 Leading	P2 Organizing	P3 Connecting	P4 Growing	P5 Talking	P6 Scanning	P7 Exploiting	P8 Exploring	P9 Earning	P10 Scaling
x	x						x		

Beschreibung

Viele digitale Transformationsprojekte sind mit Herausforderungen und Unsicherheiten verbunden. Als Leiter oder Moderator eines Innovations- und Transformationsprojekts möchten Sie von Anfang an Klarheit, Dynamik und ein gemeinsames Engagement für das Projekt schaffen. Besonders wenn Sie ein Co-Creation-Projekt zwischen verschiedenen Personen, Abteilungen oder Organisationen starten, die noch nicht oft zusammengearbeitet haben, ist es wichtig, die Projektziele und die Roadmap gemeinsam zu definieren und abzustimmen.

Der Mountain of Tomorrow Canvas hilft Einzelpersonen, Teams und Organisationen dabei, den Umfang ihrer innovativen Projekte zu definieren. Der Canvas ist eine großartige Möglichkeit, um Initiativen anzustoßen und ein abgestimmtes, effektives Projektmanagement und eine effektive Ausführung sicherzustellen.

Durchführung

Praktische Hinweise und Rahmenbedingungen:

- das gesamte Projektteam sollte möglichst anwesend sein
- zwei Moderatoren (je nach Größe des Teams)
- zwei bis vier Stunden für den Workshop einplanen
- Vorbereitungszeit der Moderatoren 0,5 bis 1,5 Tage

Kern der Mountain of Tomorrow-Methode ist das Hintergrundbild eines Bergs (Mountain) mit mehreren Zwischenanstiegen/Gipfeln. Dazu werden einzelne Phasen auf dem Berg angezeichnet. Bis zum ersten Gipfel sind auf der Grafik vier Phasen vordefiniert:

- **Unsere wichtigsten Zukunftsziele**
  Wozu soll unser innovatives Projekt auf lange Sicht beitragen?
- **Die Herausforderungen von heute**
  Welche aktuellen Herausforderungen gibt es für unsere Endanwender, unsere Organisation und die Gesellschaft?
- **Die Projektziele**
  Was sind die Ergebnisse, die wir in diesem Projektzeitraum anstreben?
- **Projekt-Milestones und Sprints**
  Was ist der erste Schritt, den wir tun müssen und weiter? Wann muss was fertig sein, um den Endzielen näher zu kommen?
- **Ressourcen und Equipment**
  Welches Mindset, Wissen, Daten, Fähigkeiten benötigen wir, um das Ziel zu erreichen?
- **Arbeitsweise**
  Wie wollen wir während des Projekts zusammenarbeiten?

Arbeitsprozess

Folgen Sie dem Ablauf der Leinwand, indem Sie die Post-its gemeinsam ausfüllen, beginnend mit den (1) Zukunftszielen, gefolgt von (2) heutigen Herausforderungen, (3) Projektzielen, (4) Meilensteinen, (5) benötigten Ressourcen) und den (6) Arbeitsweisen.

Passen Sie den Prozess und die Zeit an, wenn einige der Fragen bereits in früheren Sitzungen beantwortet wurden.

Transformationswirksamkeit

- Wirksam für Herausforderungen mit hoher Komplexität
- Wirksam für Herausforderungen mit mittlerer Komplexität
- Wirksam für alle Transformationen
- Wirksam für radikale Transformationen

Transformationsfähigkeit

- Fördert die allgemeine Transformationsfähigkeit des Teams

Einsatzcharakteristik

- Austauschfokus: vornehmlich mit internen Personen
- Durchführungszeit: eher mittel (>1 Stunde bis <1 Tag)
- Einsatzfrequenz: sinnvoll im dauerhaften Einsatz
- Einsatzradius: vornehmlich im projektweiten Einsatz
- Komplexität für den Moderator: eher gering
- Komplexität für die Teilnehmer: eher gering
- Teamgröße: Einzelpersonennutzung möglich
- Teamgröße: Kleingruppe möglich (3 bis 5 Teilnehmer)
- Teamgröße: Maxigruppen möglich (20 bis 40 Teilnehmer)
- Teamgröße: Mittelgroße Teams möglich (5 bis 20 Teilnehmer)
- Vorbereitungszeit: eher mittel (>1 Stunde bis <1 Tag)

Nötiger Input, um mit der Methode arbeiten zu können

- Durchlaufenes Projekt oder Projektphasen

Erzeugter Output der Methode

- Bessere Projekteffizienz, bessere Teamperformance

131 Mountain of Tomorrow

Hinderniseffekte, auf die die Methode positiv wirkt

- 05 – Verhindert blinden Aktionismus
- 10 – Verhindert falsche Flughöhen
- 11 – Schärft eine fehlende gemeinsame Ausrichtung
- 32 – Verhindert unreflektiertes Agieren
- 41 – Verringert zu große Komplexitäten

Mögliche Extravorteile

- für Teams mit einem starkem Auftragsmandat
- für Teams mit einer souveränen Teamleitung
- für erfahrene Trainer und Agile Coaches

Quellen

Web – https://miro.com/miroverse/mountain-of-tomorrow-project-launch-canvas, 30.05.2021

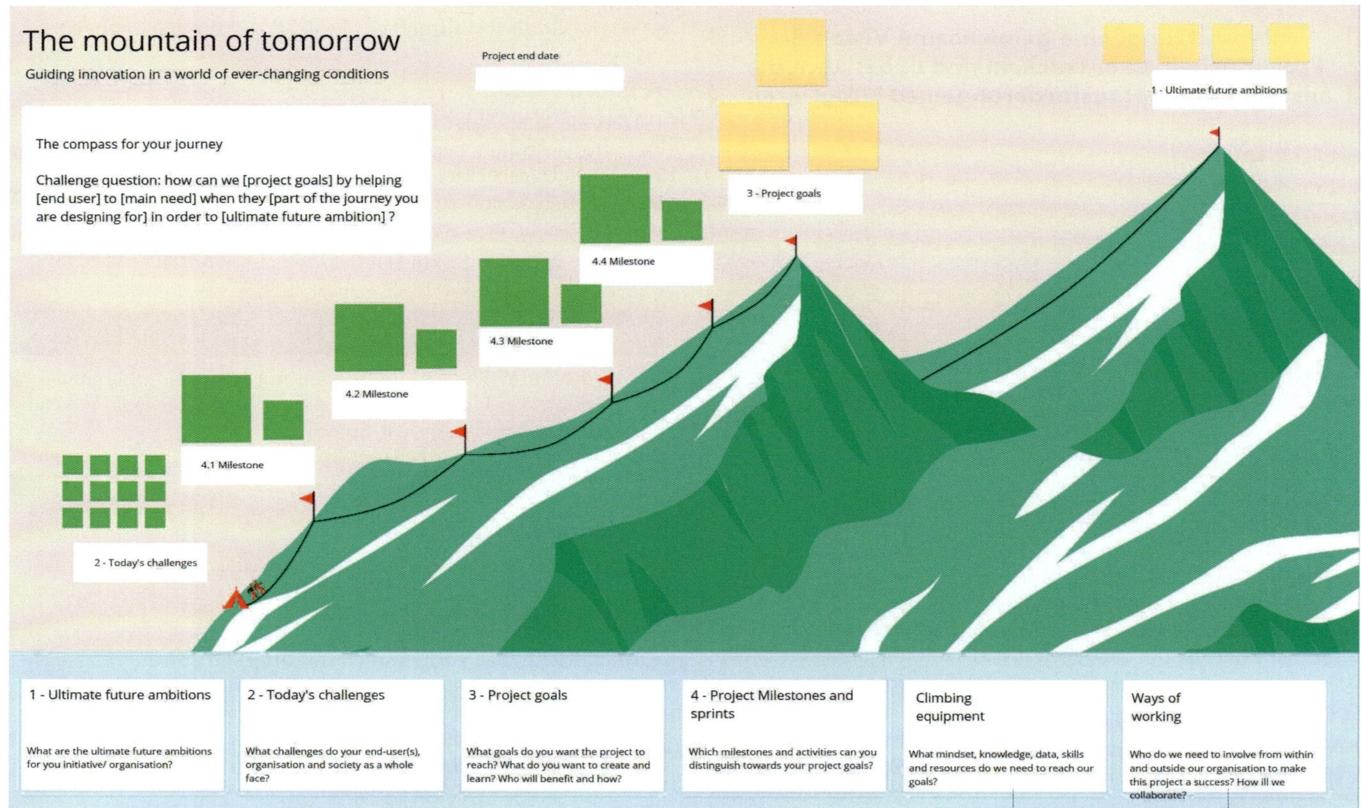

132

Moving Motivators

EinSatzBeschreibung

Kartenspielmethode, um die Motivation von Mitarbeitern und Teams im Change-Prozess zu ergründen.

Transformation-Index

P1 Leading	P2 Organizing	P3 Connecting	P4 Growing	P5 Talking	P6 Scanning	P7 Exploiting	P8 Exploring	P9 Earning	P10 Scaling
			x						

Beschreibung

Befinden Sie sich mit ihrem Unternehmen auch mitten im Prozess einer digitalen Transformation? Möglicherweise fällt es ihrem Team schwer, den Weg der Veränderung wie geplant ganz selbstverständlich mitzugehen? Wenn sie sich an dieser Stelle befinden, kann es absolut sinnvoll sein, die Methode „Moving Motivators" einzusetzen, um sich mit den Motiven ihrer Mitarbeiter zu beschäftigen.

Die spielerische Herangehensweise mit Moving Motivators kann ihnen helfen, die Motivatoren ihrer Teammitglieder zu ergründen und besser zu verstehen. So können sie ihre Mitarbeiter individualisierter und gezielter motivieren und steuern. Der Veränderungsprozess in ihrer Organisation kann mehr Fahrt aufnehmen und ihre Mitarbeiter supporten den Wandel proaktiv durch intrinsische Involviertheit.

Die Moving Motivators wurden von Jurgen Appelo (Coach, Speaker und Autor mehrerer Bücher), basierend auf den Motiven aus der Reiss-Profile-Motiv-Analyse (nach Prof. Dr. Steven Reiss) sowie dem CHAMPFROGS-Modell für intrinsische Motivation erstellt.

Ergründen Sie, was Ihr Team, Ihr Chef, und was Sie selbst am meisten motiviert.

Moving Motivators: 10 bedeutsame Motive für das Business-Umfeld

Diese nachfolgenden Motive beschreibt Jurgen Appelo als grundlegende Motive oder Bedürfnisse:

- **Wissbegierde:** Ich möchte viele Dinge ergründen und untersuchen
- **Werte:** Ich finde meine Wertewelt im Arbeitskontext wieder und das verstärkt meine Loyalität
- **Anerkennung:** Die Kollegen und Vorgesetzten schätzen meine Arbeit und meine Person
- **Perfektionierung**: Die Tätigkeit fördert und fordert meine Fähigkeiten
- **Einfluss**: Ich habe Gestaltungsspielraum und Einfluss in meinem Arbeitsbereich
- **Freiheit**: Ich bin selbstbestimmt in meinen Entscheidungen bezüglich meiner Arbeit und meinem Verantwortungsbereich
- **Verbundenheit:** Ich habe gute soziale Kontakte zu den Kollegen in meinem Arbeitskontext
- **Ordnung:** Regeln und orientierende Leitplanken sorgen für ein stabiles Arbeitsumfeld
- **Sinnerfüllung/Ziel:** Ich kann meine Lebensziele auch in meiner Arbeit wiederfinden
- **Status:** Ich habe eine gute Position im Unternehmen und diese wird anerkannt

Grafik: Anja Faber – Moving Motivators

Durchführung

Für jedes der oben beschriebenen Motive gibt es eine Karte, in Summe also zehn Karten. Jeder Teilnehmer des Spiels „Moving Motivators" bekommt einen Kartensatz.

Die begleitende Führungskraft oder der Moderator, Trainer oder Scrum Master definiert und erklärt die zehn Motive sowie die Spielregeln und den Ablauf des Spiels. Jedes Teammitglied hat die Gelegenheit Fragen zu stellen, um das Spiel vollständig zu durchdringen.

Es muss für jeden Teilnehmer ausreichend Tischfläche vorhanden sein, um die Karten in einer Linie vor sich hinlegen zu können.

Bei diesem Kartenspiel gibt es keine richtigen oder falschen Antworten. Zunächst legt jeder Teilnehmer die Karten (Motive) in eine persönliche Reihenfolge. Dabei ist maßgeblich, welche Motivatoren im Arbeitskontext für jeden Einzelnen besondere Relevanz haben bzw. besonders wichtig sind. Die Teammitglieder stellen sich eine anstrengende Situation vor und entscheiden dann, nach welchen Motiven sie handeln würden. Konzentration und

Ruhe sind Voraussetzung, um sich auf das Verschieben und Anordnen der Spielkarten richtig einzulassen.

Der Moderator oder die Führungskraft beobachtet diesen Prozess und behält die Uhr im Auge (maximal 15 Minuten).

Jetzt stellt jeder seine Karten vor und erläutert, warum sie so verortet wurden. Diese Vorgehensweise unterstützt die Offenheit und Transparenz in der Mannschaft. Teammitglieder werden ermuntert mutig zu sein. Es wird klar, was die einzelnen Mitarbeiter in der Zusammenarbeit motiviert und was Stress auslöst. Die drei zuletzt genannten Motive könnten ein erstes Indiz für einen „blinden Fleck“ sein.

Wie verändert sich die Motivreihenfolge der Teilnehmer, wenn sich im Team ein besonderes Ereignis einstellt? Das Team bekommt nun die Aufgabe, sich in eine wegweisende Veränderung „reinzudenken“. Beispielsweise die Einführung agiler Arbeitsmethoden, Umstrukturierung von Abteilungen, Aktivitäten in neuen Geschäftsfeldern oder die Gründung einer digitalen Tochter als Start-up.

Unter Annahme der neuen Prämissen, sortieren die Teammitglieder ihre Karten neu (maximal 10 Minuten). Es wird bewertet, ob ein Motivator eine positive oder negative Veränderung gemacht hat. Motivatoren, die sich nicht verändert haben, behalten ihren Platz. Im Anschluss beschreibt jedes Teammitglied warum Karten ggf. nach oben oder unten geschoben wurden (maximal zwei Minuten).

Durch die transparente Übung profitieren alle Beteiligten. Wechselseitiges Vertrauen und Verständnis kann aufgebaut bzw. vertieft und gefestigt werden. Die jeweiligen Präferenzen im Arbeitskontext werden sichtbar. Für die Führungskraft ist die Erkenntnis ob bestimmte Ereignisse eher motivieren oder demotivieren sehr wertvoll. Es lassen sich individuelle Maßnahmen ableiten und man kann Teammitglieder gezielter fördern.

Da von allen Teammitgliedern die Karten offen liegen, ist es sehr interessant nach Berührungspunkten bzw. Überschneidungen zu schauen. Entdeckt man Motive, die bei verschiedenen Teilnehmern unter den ersten drei Motiven verortet sind? Es gilt, die Gemeinsamkeiten und die Unterschiede im Team herauszuarbeiten. Was verbindet und was trennt die Mitglieder!

Praxisschlaglicht

In einem Software-Start-up haben fast alle acht Teammitglieder den Motivator „Einfluss“ nach oben priorisiert. Lediglich ein Teammitglied hat dieses Motiv ganz am Ende bzw. hinten liegen. Was kann der Grund dafür sein und wie kann man damit umgehen? In diesem vorliegenden Beispiel handelt es ich um eine Person, die sich mit sehr konkreten Arbeitsanweisungen äußerst wohl fühlt. Dinge rasch erledigen, um grüne Häkchen zu sammeln macht diesem Teammitglied sichtlich Freude. Entfaltung und Macht spielen für diese Person eine untergeordnete Rolle. Das ist gut zu wissen, denn korrekt und wertschätzend eingesetzt, kann dieses Teammitglied viele Tätigkeiten übernehmen um das Team in Summe zu supporten. Die Person kann beispielsweise den „Häuptlingen“ im Team den Rücken freihalten. Eine wichtige Funktion, um eine zielführende Diversität im Team sicherzustellen. Zu viele Häuptlinge und zu wenige Indianer kann ein Hochleistungsteam nicht vertragen.

Es bringt einen Mehrwert diese Unterschiede zwischen den handelnden Personen zu kennen. Kennt man diese nicht, kommt es zu Konflikten und Unstimmigkeiten in der Mannschaft. Dem kann man mit Moving Motivators wunderbar vorbeugen.

Transformationswirksamkeit

- Wirksam für alle Transformationen

Transformationsfähigkeit

- Fördert die allgemeine Transformationsfähigkeit des Teams
- Fördert offene Mindsets und innovative Denkhaltungen
- Zahlt auf eine bessere Wahrnehmung ein

Einsatzcharakteristik

- Austauschfokus: vornehmlich mit internen Personen
- Durchführungszeit: eher mittel (>1 Stunde bis <1 Tag)
- Einsatzfrequenz: vornehmlich im einmaligen Einsatz
- Einsatzfrequenz: vornehmlich über im kompletten Projektzeitraum
- Einsatzradius: vornehmlich im Teameinsatz
- Einsatzradius: vornehmlich im projektweiten Einsatz
- Komplexität für den Moderator: eher gering
- Komplexität für die Teilnehmer: eher gering
- Teamgröße: Kleingruppe möglich (3 bis 5 Teilnehmer)
- Teamgröße: Maxigruppen möglich (20 bis 40 Teilnehmer)
- Teamgröße: Mittelgroße Teams möglich (5 bis 20 Teilnehmer)
- Vorbereitungszeit: eher gering (<1 Stunde)

Nötiger Input, um mit der Methode arbeiten zu können

- Beteiligte Personen mit Tätigkeiten und Aufgaben
- Durchlaufenes Projekt oder Projektphasen
- Durchführungszeit, Trainingszeit

Erzeugter Output der Methode

- Bessere Projekteffizienz, bessere Teamperformance
- Erzeugt größere Klarheit zu einem Thema
- Erzeugt transformationsfähigere Organisationen
- Erzeugt mehr Agilität im Team
- Erzeugt mehr Know-how-Zuwachs
- Erzeugt motiviertere und transformationsfähigere Teilnehmer
- Identifiziert vorhandene Schwachstellen
- Identifiziert vorhandene Stärken
- Macht Wirkzusammenhänge sichtbar

Hinderniseffekte, auf die die Methode positiv wirkt

- 02 – Schwächt Angst vor Kritik und Zurückweisung
- 04 – Beugt blinden Flecken/Betriebsblindheit vor
- 11 – Schärft eine fehlende gemeinsame Ausrichtung
- 14 – Fördert eventuell fehlende Wertschätzung
- 15 – Stärkt das Vertrauen im Team
- 16 – Beugt Misinterpretationen vor
- 21 – Bindet eher introvertierte Teammitglieder mit ein
- 23 – Schwächt Konkurrenzdenken und Angst vor Machtverlust
- 25 – Schwächt multidisziplinäre Reibungsverluste
- 26 – Schwächt nicht zielführende Emotionen
- 36 – Schafft schnell Klarheit und beschleunigt Erkenntnisgewinn

Mögliche Extravorteile

- für Teams mit einer konservativen, tradierten Kultur
- für Teams mit einer schwacher Teamleitung
- für Teams mit schwachem Auftragsmandat
- für disruptiv unerfahrene Teams
- für innovativ ungeübte Teams
- für interkulturell unerfahrene Teams
- für multidisziplinär unerfahrene Teams
- für unerfahrene Trainer und Agile Coaches
- für die Arbeit mit digitalen Kollaborationsboards

Quellen

Web – https://newworksquad.com/moving-motivators/, 11.05.2021

Web – https://miro.com/miroverse/moving-motivators/, 11.05.2021

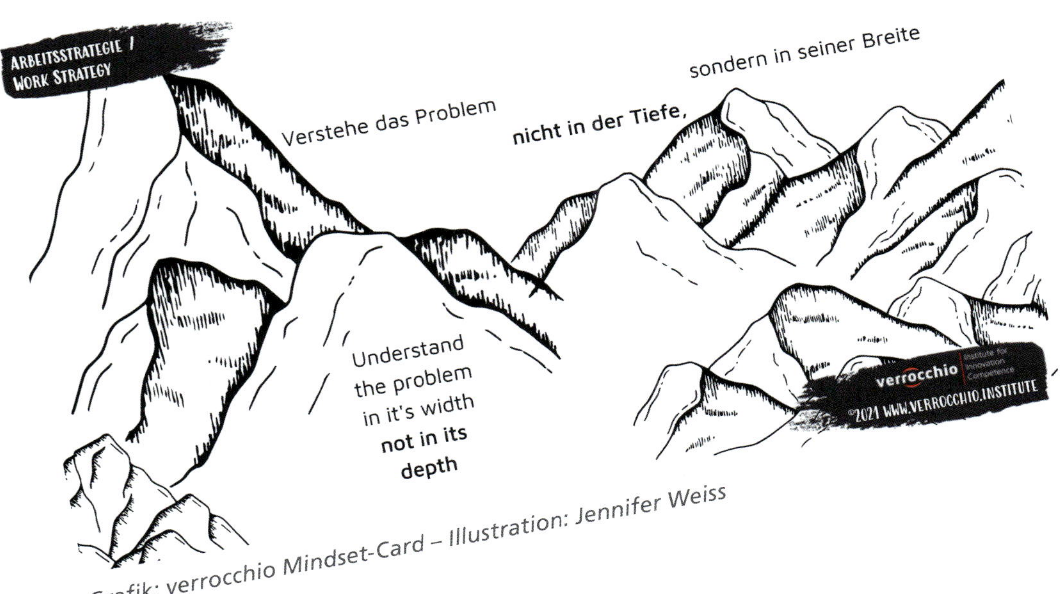

Grafik: verrocchio Mindset-Card – Illustration: Jennifer Weiss

Multiplikatoren

EinSatzBeschreibung

Wissen und bestimmte Themen werden durch interne Mitarbeitende auf Augenhöhe verbreitet und so ins Unternehmen gebracht.

Transformation-Index

P1 Leading	P2 Organizing	P3 Connecting	P4 Growing	P5 Talking	P6 Scanning	P7 Exploiting	P8 Exploring	P9 Earning	P10 Scaling
x		x	x	x	x	x			

Beschreibung

Um die Botschaften der Digitalen Transformation innerhalb der Belegschaft zu streuen und zu multiplizieren, bietet sich neben den klassischen Kommunikationswegen auch ein Multiplikatoren-Team aus internen Mitarbeitenden an, das direkt mit den anderen Mitarbeitenden spricht, ihnen die Hintergründe erklärt und für alle Fragen offen ist.

Gerade wenn die direkte Kommunikation mehr Erfolg verspricht und das Projektteam diese Arbeit kapazitativ nicht leisten kann, ist ein Multiplikatorenteam sehr hilfreich.

Ein Multiplikator ist zum einen bestens informiert, er ist als direkter Kollege aber auch nahbarer als das Projektteam des Topmanagements, das für die strategische Ausrichtung der Digitalen Transformation verantwortlich ist. Natürlich ist er auch greifbarer als einzelne Produktteams, die damit beschäftigt sind, gerade eine digitale Lösung für etwas zu entwickeln.

Multiplikatoren informieren aber nicht nur ihr Umfeld, sie sind auch die Augen und Ohren der Stakeholder und damit eine Art Schnittstelle zwischen dem Projektteam und den betroffenen Mitarbeitenden. Sie übermitteln das Feedback aus den eigenen Reihen zurück an das Projektteam und sind damit gleichzeitig Katalysator und Spiegel für Ängste und Widerstände aus der Belegschaft. So können die Kommunikationsmittel immer wieder überarbeitet und die strategische Ausrichtung der Digitalen Transformation überdacht und an die Bedürfnisse der Belegschaft angepasst werden.

Durchführung

Wer hilft dem Multiplikatorenteam?

Damit ein Multiplikator seine Arbeit aufnehmen kann, braucht er zunächst einen Ansprechpartner aus dem Projektteam der Digitalen Transformation, der seinerseits bestens informiert ist über den Status quo, die Zielsetzung, den Zweck und den Grund der digitalen Reise des Unternehmens. Diese Ansprechperson kennt außerdem verschiedene entwickelte Produkte, die das alles unterstreichen und stellt dem Multiplikatorenteam all diese Inhalte aufbereitet zur Verfügung und hält sie aktuell.

Dieser Vertreter des Projektteams koordiniert alle Aktivitäten der Multiplikatoren, führt die internen Veranstaltungen der Multiplikatoren wie die regelmäßigen Treffen durch und kümmert sich um die Kommunikation rund um die Multiplikatorenrolle, damit jeder aus der Belegschaft weiß, was und wer ein Multiplikator ist und an wen er sich wenden kann. Gleichzeitig übernimmt diese Ansprechperson aber im ersten Schritt auch die Auswahl der Multiplikatoren.

- Wie werde ich Multiplikator?

Die verantwortliche Person aus dem Projektteam startet einen öffentlichen Aufruf, um Multiplikatoren zu gewinnen. Bestenfalls melden sich Freiwillige, die für die Digitale Transformation einstehen und Lust haben, sie durch ihre Arbeit mitzugestalten. Sie sind durch die Veränderung selbst betroffen und deshalb besonders glaubwürdig („Transformation zum Anfassen"). Natürlich können auch Personen vorgeschlagen werden, die die neuen Symbole, Werte und Verhaltensweisen bereits leben und die neuen Prozesse kennen. Am Ende sollte jede Zielgruppe im Unternehmen einen Multiplikator haben, an den sie sich wenden können bzw. jede Zielgruppe sollte durch einen Multiplikator erreicht werden.

Weil der zeitliche Aufwand durch die Informationsaufgabe und durch die Treffen mit den anderen Multiplikatoren nicht zu unterschätzen ist, sollte die Arbeit als Multiplikator unbedingt mit den Vorgesetzten abgestimmt sein. Sofern vorhanden, muss auch der Betriebsrat über die Rolle der Multiplikatoren aufgeklärt werden, da deren Aufgabenbeschreibung je nach Aufwand gegebenenfalls erweitert werden muss.

- Wie fangen wir an?

Die Ansprechperson aus dem Projektteam veranstaltet eine ausführliche Auftaktveranstaltung, bei der sich die Multiplikatoren kennenlernen können und Klarheit über ihre Rolle erhalten. Aufgaben und Verantwortlichkeiten werden geklärt, organisatorische Fragen beantwortet und das weitere Vorgehen besprochen. Besonders schön für das Zusammengehörigkeitsgefühl ist es, wenn am Ende des Termins gemeinsam ein Name für das Multiplikatorenteam festgelegt wird – es ist viel sympathischer, sich als „Digital-ist" vorzustellen als als „Multiplikator für die Digitale Transformation".

Nicht vergessen werden darf, dass nicht jeder Multiplikator ein Naturtalent in Moderation und Kommunikation ist. Daher sollte der nächste Schritt eine Art Methodenbox sein, aus der sich der Multiplikator bedienen kann, um Inhalte zu präsentieren.

Gleichzeitig müssen die Inhalte so geschult werden, dass die Multiplikatoren die Ziele und die Vision der Digitalen Transformation „übersetzen" können.

- Wie geht's weiter?

Jeder Multiplikator führt eine bestimmte Anzahl an Kommunikationsszenarien durch, dokumentiert diese auf einer für alle zugänglichen Plattform, auf der auch alle anderen Inhalte zu finden sind, und stellt sie bei einem der regelmäßigen Treffen der Multiplikatoren vor, wenn er das möchte. Der 'Round Table der Digital-ists' dient zum einen dem Austausch untereinander, dem Teilen von Erfahrungswerten und zum anderen der Wertschätzung. Gleichzeitig können hier neue Inhalte durch das Projektteam vorgestellt werden. Auch wenn ein Projekt meistens ein fixes Ende hat, endet die Arbeit eines Multiplikators erfahrungsgemäß nie, weil man immer das Gesicht der Digitalen Transformation sein wird und darauf angesprochen wird.

Transformationswirksamkeit

- Wirksam für Herausforderungen mit hoher Komplexität
- Wirksam für alle Transformationen

Transformationsfähigkeit

- Fördert offene Mindsets und innovative Denkhaltungen
- Zahlt auf eine bessere Wahrnehmung ein

Einsatzcharakteristik

- Austauschfokus: vornehmlich mit internen Personen
- Durchführungszeit: eher hoch (> 1 Tag)
- Einsatzfrequenz: vornehmlich über im kompletten Projektzeitraum
- Einsatzradius: vornehmlich im unternehmensweiten Einsatz
- Komplexität für den Moderator: eher gering
- Komplexität für die Teilnehmer: eher mittel
- Teamgröße: Maxigruppen möglich (20 bis 40 Teilnehmer)
- Teamgröße: Mittelgroße Teams möglich (5 bis 20 Teilnehmer)
- Vorbereitungszeit: eher mittel (>1 Stunde bis <1 Tag)

Nötiger Input, um mit der Methode arbeiten zu können

- Aktuelle Herausforderung, Leitfrage, Problem
- Beteiligte Personen mit Tätigkeiten und Aufgaben
- Ideen und Projekte, die zur Umsetzung anstehen
- Merkmale der gegebenen Herausforderung
- Trends und Zukunftsentwicklungen

Erzeugter Output der Methode

- Bessere Projekteffizienz, bessere Teamperformance
- Erzeugt größere Klarheit zu einem Thema
- Erzeugt transformationsfähigere Organisationen
- Erzeugt mehr Hintergrundinformationen
- Erzeugt motiviertere und transformationsfähigere Teilnehmer

Hinderniseffekte, auf die die Methode positiv wirkt

- 04 – Beugt blinden Flecken/Betriebsblindheit vor
- 11 – Schärft eine fehlende gemeinsame Ausrichtung
- 13 – Schafft für den Erfolg nötige Realitätsbezüge
- 15 – Stärkt das Vertrauen im Team
- 16 – Beugt Misinterpretationen vor
- 36 – Schafft schnell Klarheit

Mögliche Extravorteile

- für Teams mit einem starkem Auftragsmandat
- für Teams mit einer konservativen, tradierten Kultur

Quellen

Buch – Change Management: Veränderungsprozesse erfolgreich gestalten – Mitarbeiter mobilisieren. Vision, Kommunikation, Beteiligung, Qualifizierung, Kerstin Stolzenberg/Krischan Heberle (Springer 2013)

MVP, MMP und MLP

EinSatzBeschreibung

Abgrenzung zwischen Minimum Viable Product, Minimal Marketable Product und Minimum lovalble Product verdeutlichen.

Transformation-Index

P1 Leading	P2 Organizing	P3 Connecting	P4 Growing	P5 Talking	P6 Scanning	P7 Exploiting	P8 Exploring	P9 Earning	P10 Scaling
							x		

Beschreibung

Nach der Idee für ein neues digitales Produkt kommt schnell die Frage auf, wie die Nachfrage am Markt für dieses Produkt getestet werden kann. Da die Idee noch nicht getestet ist oder viele Feedbackschleifen durchlaufen hat, ist es das Ziel, dabei so wenig Aufwand wie möglich einzusetzen. Hierbei stehen drei Wege zur Auswahl, die in sinnvoller Weise kombiniert werden können und sollten: MVP, MMP und MVP.

- **MVP – Minimum Viable Product**

Das MVP ist die Version eines Produkts, welche die Kernfunktionalitäten des Produkts beinhaltet, um die eigene Idee zu validieren. Der Unternehmer und Autor des Lean Startup-Ansatzes Eric Ries formuliert es wie folgt: so viel Feedback und Erfahrungen wie möglich von den Kunden zu erfahren, und zwar mit dem geringsten Aufwand. Das Ziel ist es, so viele Ideen und Impulse zu erfahren wie möglich, um das Produkt profitabel und erfolgreich zu machen – ein besonders wichtiger Schritt bei der Etablierung von digitalen Produkten und Services, welche sich im Angebot und bei dem jeweilig zu erringendem Aufwand zur Leistungserbringung unterscheiden können.

Grafik: Anja Faber – MVP

- **MMP – Minimal Marketable Product**

Häufig macht ein MVP eher Sinn, wenn noch viele Informationen herauszufinden sind und verschiedene Annahmen z.B. bezogen auf das Produkt, den Markt validiert werden müssen. Damit ist ein MVP weniger geeignet für Ideen, die schon validiert und deren Märkte schon etabliert sind. Hier kommt die Idee eines „Minimal Marketable Product" zum Tragen: Es soll gerade die Features abdecken, die einen Mehrwert für den Nutzer bzw. Kunden stiften und wofür diese ggf. sogar schon bezahlen würden. In Summe sollte dieses also bereits vermarktungsfähig sein. Zum Bauen des MMP spielen auch insbesondere das Feedback der Kundegruppe der Early Adopters (erste Nutzer des Produkts) eine große Rolle.

- **MLP – Minimum Lovable Product**

Ein MLP ähnelt dem MVP und basiert grundsätzlich auf dem gleichen Konzept. Während ein MVP aber z.B. auch ein einfacher Papier Prototype sein kann, der sicherlich keine Emotionen beim Benutzer hervorrufen wird, zielt das MLP genau darauf ab: Es soll durch einen hohen Fokus auf Aspekte wie User Experience und Design eine emotionale Verbindung mit dem Nutzer aufgebaut werden. Das Ziel ist, dass sich der Nutzer in das Produkt „verliebt". Das MLP soll also bei dem Benutzer das Gefühl erwecken, dieses Produkt unbedingt zu benötigen und stellt damit die nutzerzentrierte Sichtweise in den Vordergrund.

Durchführung

Ausgangspunkt der Produktentwicklung (z.B. einer App) ist die Konzeption eines ersten Minimum Viable Products. Auf Basis der eingeholten Erfahrungen auf dem Markt und von den potenziellen Kunden, folgt schnell ein zweiter und dritter MVP. Bei der Verwendung von MVPs können diese auch bewusst, unterschiedliche Schwerpunkte und Funktionen enthalten, um auf diesem Weg parallel unterschiedliche Leistungsversprechung zu testen und diese ggf. in einem dritten oder vierten Produktanpassung und Produktpositionierung zu kombinieren. Am Ende der MVP Testphase, sind die Kernfunktionalitäten festgehalten, welche in dem angebotenen Produkt angeboten werden können für den getesteten Preis. Im Ergebnis: Ein Minimal Marketable Product (MMP).

Das MMP ermöglicht insbesondere in der Kundegruppe der Early Adopters auszutesten, wie hoch der Mehrwert für den Kunden sind und was der Kunde für das Produkt bezahlen würde. Zu diesem Zeitpunkt sind die Hypothesen zu den Kernfunktionalitäten und welcher Markt adressiert werden würde beantwortet und es geht um die Verifizierung des Nutzens in dem identifizierten Markt, wozu ein bereits markfähiges Produkt verwendet wird.

Die Verwendung eines MLP wird bei Produkten, die Emotionen bei den Nutzern hervorrufen von Nutzen. Hierfür ist ein ausgereiftes und weiter entwickeltes Produkt zu verwenden, da die User Experience und das Design besonders getestet wird, um die emotionale Verdingung mit dem Produkt zu erproben. In der

Praxis kann dieser Schritt zeitnah nach der Validierung der ersten MVPs erfolgen. Um auch die emotionalen Einflüsse des Minimal Marketable Product zu testen, können die Ergebnisse des MLP vor dem Test des MMP durchgeführt werden.

Praxisschlaglicht

Ein populäres und überaus erfolgreiches Beispiel zur Anwendung der Minimum Viable Product Methode ist Dropbox. Der Co-Gründer Drew Huston, wollte hohe Entwicklungskosten mit dem möglichen Ergebnis vermeiden, dass niemand das Produkt kaufen oder nutzen wollte und entschied sich für einen simplen Test: Er erstellte ein Video, in dem er Dropbox und die Funktionalitäten in 3 Minuten erklärte. Simple, ohne großen Aufwand und transparent – schauen Sie es sich gern selbst an: https://www.youtube.com/watch?v=7QmCUDHpNzE

Drew Huston zeigt die Kernfunktionalitäten, schiebt Dokumente von A nach B und ist authentisch in seinen Erklärungen, eingerahmt in Witz und Humor, welcher den Nerv der Early Adopters trifft.

Im Ergebnis, besuchen über 100.000 Menschen die Produktwebsite und die Warteliste für eine Beta Dropbox Version stieg über Nacht von 5.000 auf 7.5000 Interessenten. In diesem Beispiel war das Video ein MVP. Die Demonstration sah aus wie eine Produktpräsentation. Die antizipierte Nutzergruppe wurde erreicht und ungefiltertes Feedback eingeholt. Dieses zeigte das echte Interesse der Kunden am Produkt, welches Drew Huston zu der Zeit entwickelte. In diesem Fall, die Produkt Validierung über die Ergebnisse z. B. einer Focus Gruppen hinaus – Kunden äußerten nicht nur ihr Interesse, sehr viele registrierten sich bereits für das Produkt.

Unabhängig davon, ob Sie ein MVP, ein MMP oder ein MLP bauen, allen Methoden liegen einige Best Practices zu Grunde, die sie stets berücksichtigen sollten:

- Legen Sie stets die Build – Measure – Learn Loop als Basis zu Grunde (siehe Lean Startup-Methode). Bauen Sie etwas, messen Sie definierte KPIs, lernen Sie aus dem Kontakt mit Nutzern und implementieren Sie diese Erkenntnisse.
- Alle Methode besitzen ein „M", welches für „Minimum" steht: Priorisieren Sie also ganz genau, was Sie in diesem „MxP" bauen und verproben wollen.
- Sammeln Sie so früh wie möglich reales Nutzerfeedback.
- Behalten Sie die Produktvision im Auge. Ein „MxP" ist ein Schritt auf dem Weg zur Etablierung dieser Vision.
- Vorsicht bei sich ändernden Anforderungen: Häufig kommt es vor, dass der Umfang des definierten MVP, MLP oder MMP aufgebläht wird. Ganz im Sinne des magischen Projektmanagement-Dreiecks hat es zur Folge, dass ein Test teuer werden kann und / oder länger dauert.

Transformationswirksamkeit

- Wirksam für Herausforderungen mit hoher Komplexität
- Wirksam für Herausforderungen mit mittlerer Komplexität
- Wirksam für Produkttransformationen
- Wirksam für Servicetransformationen
- Wirksam für radikale Transformationen

Transformationsfähigkeit

- Fördert die Agilität eines Teams
- Zahlt auf eine bessere Vorstellungskraft ein
- Zahlt auf eine bessere Wahrnehmung ein

Einsatzcharakteristik

- Austauschfokus: vornehmlich mit externen Personen
- Durchführungszeit: eher hoch (> 1 Tag)
- Einsatzfrequenz: vornehmlich über im kompletten Projektzeitraum
- Einsatzradius: vornehmlich im projektweiten Einsatz
- Komplexität für den Moderator: eher hoch
- Komplexität für die Teilnehmer: eher hoch
- Teamgröße: Kleingruppe möglich (3 bis 5 Teilnehmer)
- Teamgröße: Mittelgroße Teams möglich (5 bis 20 Teilnehmer)
- Vorbereitungszeit: eher hoch (>1 Tag)

Nötiger Input, um mit der Methode arbeiten zu können

- Ideen, Lösungsansätze, Vorideen, Varianten

Erzeugter Output der Methode

- Erzeugt frühe Prototypen

Hinderniseffekte, auf die die Methode positiv wirkt

- 11 – Schärft eine fehlende gemeinsame Ausrichtung
- 12 – Wirkt fehlender Inspiration entgegen
- 16 – Beugt Misinterpretationen vor
- 24 – Verkürzt und durchbricht vorhandene Kreativblockaden
- 28 – Stärkt schwache Anreicherungsskills
- 39 – Fördert die Agilität der Teilnehmer
- 41 – Verringert zu große Komplexitäten

Mögliche Extravorteile

- für Teams mit einem starkem Auftragsmandat
- für erfahrene Trainer und Agile Coaches
- für innovativ erfahrene Teams

Quellen

Web – https://themindstudios.com/blog/mlp-vs-mvp-vs-mmp/, 13.5.2021

Web – https://techcrunch.com/2011/10/19/dropbox-minimal-viable-product/, 24.05.2021

Web – https://blog.crisp.se/2016/01/25/henrikkniberg/making-sense-of-mvp, 18.05.2021

Buch – The Lean Product Playbook: How to Innovate with Minimum Viable Products and Rapid Customer Feedback, Dan Olsen (Wiley 2015)

Buch – The Lean Startup: How Constant Innovation Creates Radically Successful Businesses, Eric Ries (Currency 2011)

Nachhaltigkeits-Booster

EinSatzBeschreibung

Eine Methode, das Nachhaltigkeitsmanagement in Unternehmen zu tracken und zu optimieren.

Transformation-Index

P1 Leading	P2 Organizing	P3 Connecting	P4 Growing	P5 Talking	P6 Scanning	P7 Exploiting	P8 Exploring	P9 Earning	P10 Scaling
x		x	x	x	x	x			

Beschreibung

Nachhaltigkeit gliedert sich in

- ökologische Nachhaltigkeit
- soziale Nachhaltigkeit und
- ökonomische Nachhaltigkeit.

Es ist hierbei sehr wichtig, Nachhaltigkeit als strategischen Ansatz im Unternehmen zu implementieren. Nachhaltigkeitsmanagement startet mit einer Messung und Analyse der entsprechenden Daten. Sie ist die Basis für Managemententscheidungen zur Optimierung der Nachhaltigkeit.

In vielen Unternehmen bedeutet die Umsetzung einer Nachhaltigkeitsstrategie,

- komplizierte und zeitaufwändige Excel-Tabellen zu pflegen,
- viele Daten und Dokumente zu verarbeiten,
- teure Beratungsstunden von Experten zu buchen,
- ein kostenintensives Inhouse-Team für Nachhaltigkeitsmanagement.

Digitalisierung hilft Unternehmen dabei, diesen Grundprozess effizient umzusetzen und somit auch den Wandel im Bereich Nachhaltigkeit zu vereinfachen.

Durchführung

Digitale Tools helfen, automatisiert repetitive und komplizierte Prozesse für Unternehmen umzusetzen. Digitalisierung für das Nachhaltigkeitsmanagement bündelt Prozesse, Daten und Dashboard in einem. In den letzten Jahren sind hierfür einige SaaS-Tools auf dem Markt, die spezialisiert helfen, das gesamte Nachhaltigkeitsmanagement des Unternehmens abzubilden. Hilfreich ist, eine Recherche, denn je nach Unternehmensgröße findet man unterschiedliche Lösungen, die passgenau mal für KMU's und mal für große Konzerne einsetzbar sind.

Einen digitalen Prozess für Nachhaltigkeit in Unternehmen ist wie folgt anzugehen:

1. **Identifikation:** Das bedeutet im Detail die Themen Nachhaltigkeitsstrategie, Nachhaltigkeitsziele, Nachhaltigkeitsmaßnahmen und Nachhaltigkeitsprozess. Die Unternehmensleitung bekennt sich zum Thema Nachhaltigkeit als einen Wettbewerbsvorteil und definiert einen strategischen Leitfaden mit Zielsetzung für das gesamte Unternehmen. Alle KPI's und Punkte werden digital im Software-Tool erfasst. Bereits hier im ersten Schritt ergeben sich ggfs. die ersten Maßnahmen für das Unternehmen.
2. **Messung und Steuerung:** Die Steuerung der Nachhaltigkeit heißt, die Strategie zu implementieren sowie die Messung aller relevanten Informationen durchzuführen. Hierzu müssen zentral alle wichtigen Daten der ökologischen, sozialen und ökonomischen Nachhaltigkeit nach den international anerkannten Standards erfasst und nachverfolgt werden. Idealerweise nutzt das digitale Tool eine automatisierte Extraktion von Datenpunkten aus bereits vorhandenen Dokumenten und Ressourcen, z. B. aus der Eingangsbuchhaltung. Sofort erfolgt durch die Software eine Berechnung der Indikatoren.
3. **Überwachung:** Die Überwachung startet mit dem kontinuierlichen Messen der Erfolge sowie gegebenenfalls mit der Umsetzung einer prüferischen Durchsicht. Ergebnis ist ein digitales Nachhaltigkeitsdashboard. Datenbasierte Handlungsempfehlungen auf Grundlage der festgelegten Nachhaltigkeitsziele werden in der Software abgebildet. Das vereinfacht die Definition von Maßnahmen für das Unternehmen erheblich. Der Fortschritt kann umgehend digital im Dashboard dargestellt werden. Auch so aussagekräftige Elemente wie der CO_2-Fußabdruck kann mithilfe der Software in zertifizierten Projekten zeitnah kompensiert werden.
4. **Kommunikation:** Die aktive, transparente Berichterstattung wird jetzt umgesetzt. Hier hilft das digitale Nachhaltigkeitsdashboard mit interaktiver Visualisierung der qualitativen und quantitativen Nachhaltigkeitsdaten. Stakeholder-spezifische Dashboards oder Teamdashboards konkretisieren die Kommunikationsmaßnahmen. Auch ein schnell extrahierter offizieller Nachhaltigkeitsbericht ist digital abrufbar oder auf einer Landingpage darstellbar.

Die EU-Kommission hat Nachhaltigkeit zu einem Schwerpunktthema bis 2024 erklärt. Digitalisierung unterstützt Unternehmen, dieses Thema effizient zu meistern.

Praxisschlaglicht

Interview mit Markus Adler, Co-Founder Spenoki Solutions GmbH:

Wo trifft Digitalisierung auf Nachhaltigkeit?

Markus Adler: Das Nachhaltigkeitsmanagement wird durch Big Data, Künstlicher Intelligenz und co. beeinflusst. Durch Digitalisierung erfolgen eine sehr effiziente Informationsbeschaffung, Koordination sowie kommunikative Außendarstellung der Nachhaltigkeitsleistung. Damit beeinflusst die Digitalisierung wesentliche Disziplinen des Nachhaltigkeitsmanagements: Input, Unternehmens-Transformation und Output. Deshalb ist die Regulierung auf europäischer Ebene auch für mittelständische Unternehmen zukünftig Pflicht.

Welche drei Tipps hast du für Unternehmer:innen oder Nachhaltigkeitsverantwortliche, die heute Nachhaltigkeit mit Digitalisierung verbinden möchten?

Markus Adler: Digitalisierung ist die Basis für

- die Datenerhebung mit einer softwarebasierten Lösung
- Tools, um Ressourcen zu schonen (z. B. Papierverbrauch), sowie
- einen strategischen Ansatz für Nachhaltigkeit zu entwickeln.

Transformationswirksamkeit

- Wirksam für alle Transformationen

Transformationsfähigkeit

- Fördert die allgemeine Transformationsfähigkeit des Teams
- Zahlt auf eine bessere Wahrnehmung ein

Einsatzcharakteristik

- Austauschfokus: vornehmlich mit internen und externen Personen
- Durchführungszeit: eher hoch (> 1 Tag)
- Einsatzfrequenz: sinnvoll im dauerhaften Einsatz
- Einsatzradius: vornehmlich im unternehmensweiten Einsatz

Nötiger Input, um mit der Methode arbeiten zu können

- Aktuell existierende Geschäftsmodelle
- Aktuell existierende Produkte und Services
- Aktuelle Herausforderung, Leitfrage, Problem
- Ziele, Zielsystem, Kennzahlen

Erzeugter Output der Methode

- Erzeugt Prognosen und Ableitungen
- Erzeugt Ideen, Lösungsansätze, Vorideen, Möglichkeiten
- Erzeugt Ideensuchfelder, unentdeckte Probleme, Inspiration
- Erzeugt definierte Zielkorridore
- Erzeugt größere Klarheit zu einem Thema
- Erzeugt transformationsfähigere Organisationen
- Erzeugt mehr Hintergrundinformationen
- Erzeugt mehr Know-how-Zuwachs
- Erzeugt segmentierte, kategorisierte, geclusterte

Hinderniseffekte, auf die die Methode positiv wirkt

- 04 – Beugt blinden Flecken/Betriebsblindheit vor
- 05 – Verhindert blinden Aktionismus
- 08 – Verhindert einseitige Bewertungen und Entscheidungen
- 11 – Schärft eine fehlende gemeinsame Ausrichtung
- 13 – Schafft für den Erfolg nötige Realitätsbezüge
- 15 – Stärkt das Vertrauen im Team
- 16 – Beugt Misinterpretationen vor
- 18 – Bewahrt vor zu generischen Ideen und Aussagen
- 20 – Verhindert Ideenfindung mit zu schwacher Erkenntnisgrundlage
- 22 – Verhindert störende Killerphrasen
- 25 – Schwächt multidisziplinäre Reibungsverluste
- 26 – Schwächt nicht zielführende Emotionen
- 28 – Stärkt schwache Anreicherungsskills
- 32 – Verhindert unreflektiertes Agieren
- 33 – Schwächt Verdiskutiererei
- 34 – Verhindert vorschnelles Urteilen über Ideen
- 36 – Schafft schnell Klarheit und beschleunigt Erkenntnisgewinn
- 37 – Verkürzt zu lange Entscheidungsmeetings
- 41 – Verringert zu große Komplexitäten

Mögliche Extravorteile

- für Teams in einer Komfortsituation
- für Teams mit einem starkem Auftragsmandat
- für Teams mit einer konservativen, tradierten Kultur

Quellen

Buch – Digitalisierung und Nachhaltigkeit: Theorie und Praxis der Nachhaltigkeit, Walter Leal Filho (Springer Spectrum 2020)

Web – https://www.spenoki.de/blog, 2021

Web – https://www.nachhaltige-digitalisierung.de, 2021

Web – https://www.dieglorreichen17.de/g17-de, 2020

Web – https://www.kompetenzzentrum-kommunikation.de/artikel/wie-die-digitalisierung-nachhaltigkeit-in-kmu-unterstuetzen-kann-4870/, 2020

Web – https://www.csr-berichtspflicht.de/csrd, 2021 (CSR-Berichtspflicht)

Netzwerken mit System

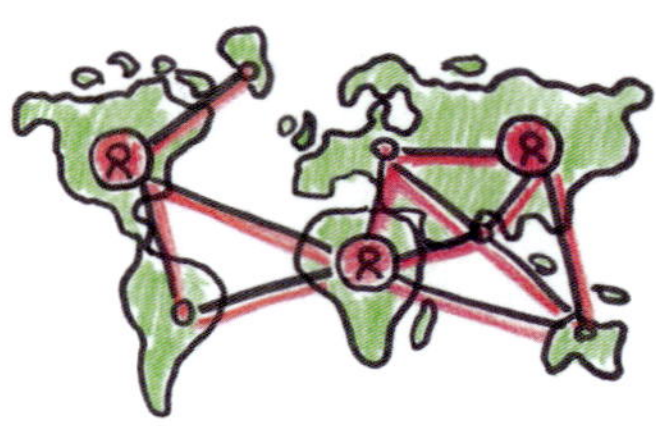

EinSatzBeschreibung

Werkzeug für den Aufbau und die Pflege beruflicher Kontakte.

Transformation-Index

P1 Leading	P2 Organizing	P3 Connecting	P4 Growing	P5 Talking	P6 Scanning	P7 Exploiting	P8 Exploring	P9 Earning	P10 Scaling
x		x							

Beschreibung

Transformation gelingt am besten mit vielen unterschiedlichen Personen, die in einem großen Netzwerk zusammenarbeiten. Damit Vernetzung sowie schließlich Zusammenarbeit und Lernen gut gelingen kann, braucht es ein stabiles und zugleich flexibles System, das an das Unternehmen angepasst ist. Ziel dieser Methode ist ein stufenweiser Auf- und Ausbau eines Netzwerks, der gezielt für die Transformation genutzt wird und auf echter Beziehungspflege basiert.

Sie werden sich und Ihre Beschäftigten damit aus der Komfortzone locken, gemeinsam durch verschiedene Inspirationsquellen neue Wege entdecken und ohne viel Aufwand auf dem aktuellen Stand der Zeit Ihrer Branche bleiben oder Fähigkeiten erlangen, die Ihnen dabei helfen, disruptiv zu denken. Das Netzwerk befähigt Teams über Abteilungen und Unternehmensbereiche hinaus Partner zu finden und eine weltweite Vernetzung anzustreben, dadurch erweitern sich nicht nur die Kompetenzen der Beschäftigten, sondern die Handlungsmöglichkeiten des Unternehmens.

Mögliche Extravorteile bestehen darin, dass ganz neue Beziehungen weltweit entstehen. Durch internationale Zusammenarbeit und Austausch entsteht eine neue Kultur und ein neues Mindset bei den Beschäftigten. Die nächsten Generationen wissen das nicht nur sehr zu schätzen, sondern werden diese Art der Zusammenarbeit von Unternehmen noch viel mehr fordern.

Tipps zur echten Beziehungspflege

- Neue Kontakte
  - Zielgerichtet oder zufällig lernen Sie einen neuen Menschen kennen und bauen eine ehrliche und persönliche Beziehung zu diesem Menschen auf.
  - Sie vertrauen darauf, dass Ihr neuer Kontakt gute Absichten verfolgt.
- Geben und Nehmen
  - Sie geben etwas und treten gerne in Vorleistung.
  - Sie vertrauen darauf, dass alles zu seiner Zeit zurückkommt.
- Austausch und voneinander lernen
  - Sie und Ihr Netzwerk tauschen Wissen aus und teilen Erfahrungen.
  - Lassen Sie sich inspirieren und motivieren Sie sich gegenseitig.
- Regelmäßiger Kontakt basierend auf echtem Interesse
  - Wie geht's Dir? Was hast du in den letzten Wochen gelernt? Wie haben sich deine Themen weiterentwickelt?
- Feedback und Kritik
  - Gegenseitiges Feedback zugeben und zu erhalten ist wertvoll und beugt blinden Flecken vor; Voraussetzung ist jedoch eine offene und wertschätzende Beziehung.

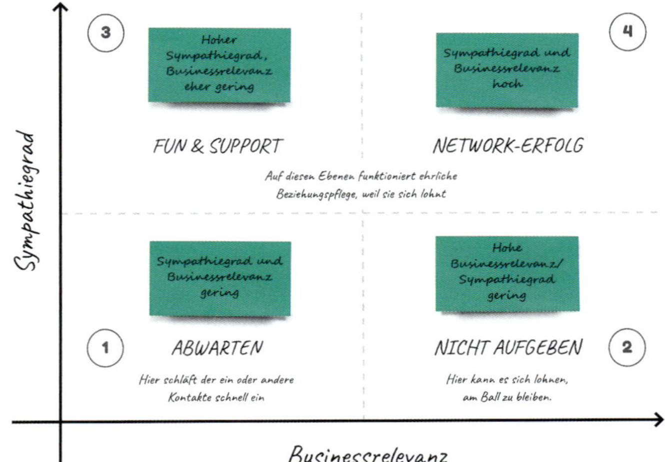

Grafik: Beate Sommer

Durchführung

1. Netzwerk Status quo

Strukturieren Sie Ihre Kontakte und lernen Sie Ihren Netzwerk Status quo kennen. Sie können das als Einzelperson durchführen, effektiver wäre es jedoch die Methode mindestens auf ein ganzes Team, viel mehr sogar auf das ganze Unternehmen auszuweiten. Lernen Sie gemeinsam:

a) welche Beziehungen Sie in welcher Art zu welchen Menschen pflegen,
b) was Vernetzung bislang für Ihr Unternehmen bedeutete und
c) reflektieren Sie über die bisherige Beziehungspflege und identifizieren Sie Optimierungspotenzial.

a) Kontakte

Hier kann jeder in einem Tool oder Adressbuch seine Kontakte aufführen.

b) Vernetzung im Unternehmen

Finden Sie heraus, was Vernetzung in Ihrem Unternehmen bedeutet und diskutieren Sie gemeinsam. Folgende Fragen helfen Ihnen dabei:

- Gibt es bereits ein internes oder externen Netzwerk?
- Wie viele Personen sind Teil solcher Netzwerke?

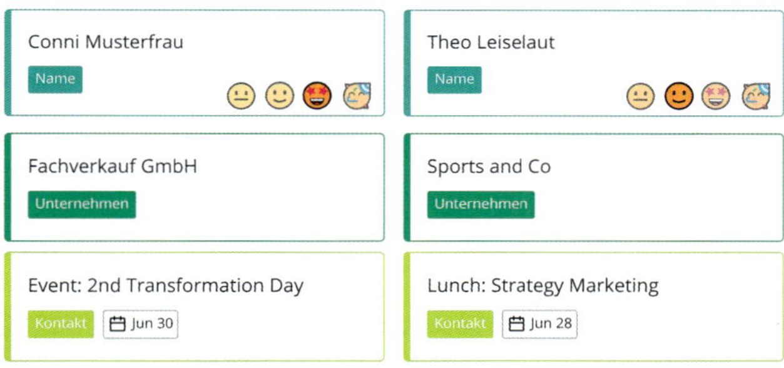

Grafik: Beate Sommer

- Was passiert in unserem Unternehmen beim Kaffee und Lunch?
- Pflegen wir wertschätzende Beziehungen zu unseren Kollegen und Geschäftspartnern?
- Wie agiert unser Unternehmen im nationalen und globalen Kontext?

c) Reflektieren Sie den Status quo und identifizieren Sie Optimierungspotenzial

Zur Reflexion nutzen Sie eine Matrix in einem Whiteboard-Tool oder auf einem Brownpaper/Flipchart. Hierin ordnen Sie Ihre Kontakte nach dem gefühlten Sympathiegrad und der tendenziellen Business-Relevanz ein.

Während man zu manchen Menschen einfach schneller eine Beziehung aufbaut und die Chemie auf Anhieb zu stimmen scheint, gibt es Kontakte, die nicht von Beginn an diese Energie versprühen. Diese Kontakte sind Teil Ihres Netzwerks und können sich weiterentwickeln, daher sollte erst einmal abgewartet werden, ob der Kontakt noch ausgebaut werden könnte (1). Ein etwaiger Kontaktausbau könnte von Ihrer Seite kommen, wenn die Businessrelevanz sehr hoch ist, der Sympathiegrad jedoch eher gering (2). Sehr einfach wird die Beziehungspflege bei einem hohen Sympathiegrad (3). Hier bewegen wir uns bereits in freundschaftlichen Beziehungsebenen. Mit diesen Personen haben Sie Spaß. Gleichzeitig können Sie ehrliche Unterstützung erhalten, z. B. in Form des Zuhörens. Wenn sowohl Sympathiegrad als auch Businessrelevanz hoch sind, bewegen wir uns im Business Network-Erfolg (4). Auf dieser Ebene entstehen partnerschaftliche Beziehungen, die zwei Personen bzw. deren Unternehmen zum Erfolg verhelfen.

Der Austausch macht Spaß, Vertrauen und Feedback sowie wertvolle Erfahrungen werden gerne geteilt.

2. Radius der Vernetzung

Markieren Sie nun die bestehenden Kontakte in der Matrix mit zusätzlichen Farb-Punkten/Markierungen in unterschiedlichen Farben, um zu erkennen, wie weit Ihre Vernetzung reicht. Die Farben spiegeln den Radius der Vernetzung wider – von hellen Farben (interne Vernetzung) hinzu kräftigen Farben (externe Vernetzung).

Interne Vernetzung (helle Farben)

a) Unmittelbar (gelb)

Auf kleiner Teamebene gelingt Netzwerken automatisch, indem digital und physisch gemeinsame Events persönliche Verbindungen schaffen, z. B. Teambuilding, Retrospektiven, gemeinsame Weiterbildungen und das Daily Business. Darüber hinaus bieten offene Formate, in denen Teammitglieder gemeinsame Projekte für das Unternehmen durchführen können, neue gemeinsame Erlebnisse und Möglichkeiten für eine intensivere Vernetzung.

b) Entfernt (orange)

Enge Kontakte zu benachbarten Teams, anderen Fachbereiche oder Service- und Produktlinien bereichern das Unternehmen in der Form, dass Abhängigkeiten zu internen Projekten erkannt, die gemeinsame Unternehmensvision besser verfolgt, neue Ansätze ausprobiert oder Projekte erfolgreicher werden.

Externe Vernetzung (kräftige Farben)

c) Unmittelbar (grün)

In ihrer unmittelbaren Nähe finden Sie Unternehmen Ihrer Branche oder einer anderen Branche, dessen Beschäftigte ähnliche Herausforderungen haben. Achten Sie beim nächsten Spaziergang bewusst auf benachbarte Firmen, erfragen Sie passende Kontakte über Hotlines und am Empfang und vereinbaren Sie einen Termin zu einem Austausch beim Mittagessen. Nutzen Sie bestehende Kontakte z. B., wenn Verwandte oder Freunde in einem Unternehmen in der Nähe arbeiten. Erfahren Sie auf diesem Weg, welche Themen andere Unternehmen beschäftigen und wie sie diese Probleme lösen. Tauschen Sie sich aus und lernen Sie voneinander.

d) National (blau)

Das gleiche funktioniert auf nationaler Ebene, physisch und virtuell – hier können Sie auf die gleiche Branche setzen und von Erfahrungsaustauschen enorm profitieren. Zusätzlich finden Sie auf nationaler Ebene viele Partner, die Sie strategisch, methodisch oder technologisch gezielt dabei unterstützen können, Ihre Transformation voranzutreiben (z. B. Experten, Start-ups, Beratungsfirmen)

e) International (schwarz)

Global stehen Unternehmen vor ähnlichen Herausforderungen. Eine entsprechende internationale Vernetzung und der dabei entstandene Mehrwert, andere Kulturen kennenzulernen, sorgen dafür, dass wir einfacher eigene Prozesse und Vorgehensweise hinterfragen, neue Sichtweise oder Inspirationsquellen erhalten oder spannende neue Lösungswege entdecken. Sie können bestehenden internationalen Netzwerken beitreten, gezielt Personen/Unternehmen über soziale Netzwerke suchen und sich in Ihrem Netzwerk erkundigen, wer bereits internationale Erfahrungen mit wem gesammelt hat.

3. Abschluss

Was bedeutet das für Sie, Ihr Team und Ihr Unternehmen? Welche Erkenntnisse ziehen Sie aus der Methode? Welche Optimierungschancen sehen Sie kurz- und mittelfristig? Notieren Sie konkrete To-dos und führen Sie regelmäßig eine Retrospektive durch bzw. wiederholen Sie die o. g. Schritte, um Ihr Netzwerk mit System auszubauen.

Praxisschlaglicht

Ich habe die Erfahrung gemacht, dass sich viele diverse Teams und Partnerschaften genauso familiär anfühlen wie das kleine bekannte Team, zu dem man täglich ins Büro geht. Das funktioniert jedoch nur, wenn man sich persönlich darauf einlässt und die organisatorischen und technischen Möglichkeiten gegeben sind. Zusätzlich müssen Vernetzung und Netzwerkpflege als Fundament im Unternehmen verankert sein. Schaffen Sie darüber hinaus die Voraussetzungen, um Netzwerkpflege zu erlernen, z. B. durch Lernformate oder durch das Kombinieren anderer

Mikromethoden, wie Working Out Loud (-> *WOL*). Schenken Sie Ihrem Netzwerk die Wertschätzung, die es verdient. Pflegen Sie Ihr Netzwerk mit System mit passenden Tools (Adressbuch, Adressmanager, Online-Board) und lernen Sie von und mit anderen Personen weltweit.

Transformationswirksamkeit

- Wirksam für alle Transformationen

Transformationsfähigkeit

- Fördert die allgemeine Transformationsfähigkeit des Teams
- Fördert offene Mindsets und innovative Denkhaltungen
- Sorgt für Inspiration oder bessere Inspirationsempfindlichkeit

Einsatzcharakteristik

- Austauschfokus: vornehmlich mit internen und externen Personen
- Durchführungszeit: eher hoch (> 1 Tag)
- Einsatzfrequenz: sinnvoll im dauerhaften Einsatz
- Einsatzradius: vornehmlich im unternehmensweiten Einsatz
- Teamgröße: Einzelpersonennutzung möglich
- Teamgröße: Großgruppen möglich (>50 Teilnehmer)
- Teamgröße: Kleingruppe möglich (3 bis 5 Teilnehmer)
- Teamgröße: Maxigruppen möglich (20 bis 40 Teilnehmer)
- Teamgröße: Mittelgroße Teams möglich (5 bis 20 Teilnehmer)
- Teamgröße: Speziell für Großgruppen geeignet (>50 Teilnehmer)

Nötiger Input, um mit der Methode arbeiten zu können

- Beteiligte Personen mit Tätigkeiten und Aufgaben

Erzeugter Output der Methode

- Bessere Projekteffizienz, bessere Teamperformance
- Erzeugt besseren Teamspirit, mehr Offenheit, Inspirationsempfindlichkeit
- Erzeugt kollaborative Lösungen und Ideen
- Erzeugt neues Wissen und neue Erfahrungen
- Erzeugt transformationsfähigere Organisationen
- Erzeugt mehr Know-how-Zuwachs
- Erzeugt motiviertere und transformationsfähigere Teilnehmer

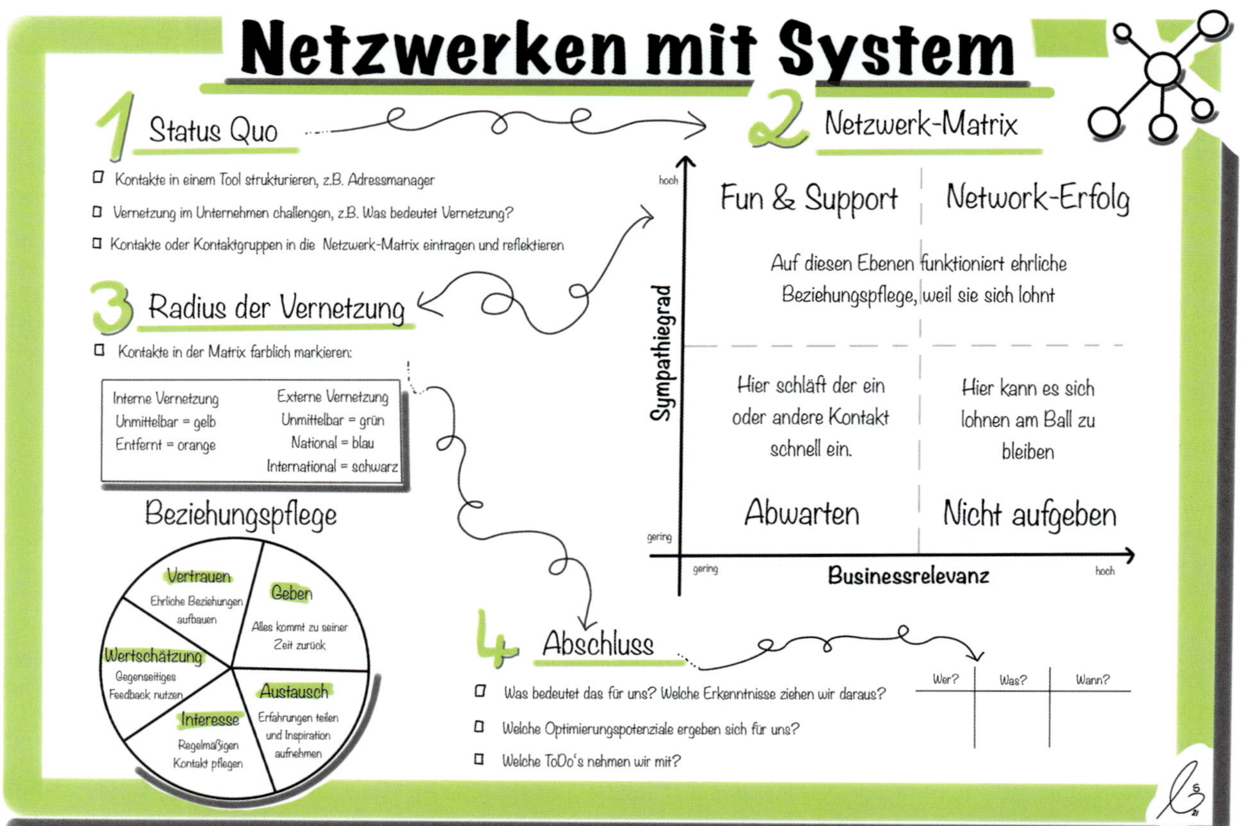

Grafik: Beate Sommer – Netzwerken mit System

Hinderniseffekte, auf die die Methode positiv wirkt

- 04 – Beugt blinden Flecken/Betriebsblindheit vor
- 06 – Schwächt das Leben in der Vergangenheit
- 12 – Wirkt fehlender Inspiration entgegen
- 15 – Stärkt das Vertrauen im Team
- 23 – Schwächt Konkurrenzdenken und Angst vor Machtverlust

Mögliche Extravorteile

- für Teams mit einer konservativen, tradierten Kultur
- für Teams mit einer schwacher Teamleitung
- für disruptiv unerfahrene Teams
- für innovativ ungeübte Teams
- für interkulturell unerfahrene Teams
- für multidisziplinär unerfahrene Teams

Quellen

Person – Beate Sommer, www.b-sommer.com
Web – https://zweikern.com/de/news/aktives-zuhoeren, 16.05.2021
Buch – The Future of Work, Jacob Morgan (Wiley 2014)
Buch – Networking for People Who Hate Networking, Devora Zack (Berrett-Koehler 2019)
Buch – Die Netzwerkbibel, Tijen Onaran (Springer 2019)

Foto: NEU Innovation – regioIT

137

Nightmare Competitor

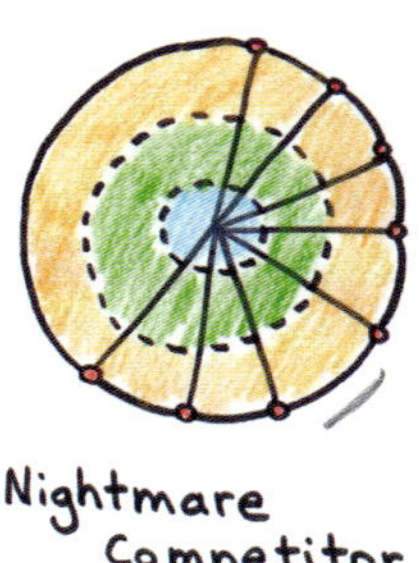

EinSatzBeschreibung

Diese Management-Methode transformiert traditionelle Geschäftsmodelle in kundenzentrierte Konzepte.

Transformation-Index

P1 Leading	P2 Organizing	P3 Connecting	P4 Growing	P5 Talking	P6 Scanning	P7 Exploiting	P8 Exploring	P9 Earning	P10 Scaling
							x	x	x

Beschreibung

Mit der Management-Methode des Nightmare Competitor Approach transformieren Sie traditionelle Geschäftsmodelle in kundenzentrierte Konzepte. Ausgangspunkt ist dabei eine mögliche oder bereits existierende Bedrohung durch den Wettbewerb – es sein denn, Ihr Unternehmen ist der Angreifer. Im Mittelpunkt stehen dabei die wesentlichen Wünsche Ihrer Kunden. Sie hinterfragen mit der Technik des Nightmare Competitor-Ansatzes, ob Ihre Kunden mit Ihren Produkten und Ihren Dienstleistungen wirklich glücklich sind – oder ob nicht vieles überflüssig ist und andererseits Innovationen dafür fehlen. So gestalten Sie Ihr Geschäftsmodell neu und es entscheidet sich, ob Ihr Albtraum wahr wird – oder Ihr Unternehmen selbst zum größten Albtraum Ihr Konkurrenz avanciert.

Warum trägt diese Management-Methode den drastischen Namen „Nightmare Competitor"? Zum einen erscheint es dem angegriffenen Unternehmen so, dass die Attacke quasi „über Nacht" erfolgt. Das ist bei Beteiligungen besonders agiler Start-ups auch oft der Fall, verstehen sie es doch, komplexe Prozesse und Produkte schlanker zu gestalten und sich auf das wesentliche zu konzentrieren. Zum anderen erscheinen uns die Dinge des Nachts bedrohlicher als bei Tageslicht. Ein Albtraum versetzt uns in Panik und bietet oft keinen Ausweg. So entwickeln sich angreifende Mitbewerber in einer sich immer schneller verändernden Welt für viele Unternehmen zu einem Albtraum, die sich gestern noch in einer bequemem Komfort-Zone wähnten.

Der Nightmare Competitor-Ansatz von Ulrich Grothe ist also eine Kreativ-Methode, welche die bildhafte Metapher des „Albtraumkonkurrenten" nutzt, um Unternehmen und Manager zu Veränderungen zu aktivieren. Mit einem möglichst bedrohenden, auch gern überzeichnenden Bild wird eine ausweglose Situation kreiert, aus der es sich zu befreien gilt. Denn solange es sich noch um einen Traum handelt, kann Ihr Unternehmen noch reagieren. Oder eben umgekehrt: Schritt für Schritt kann mit der Methode geplant werden, wie man selbst zum Albtraum für seinen Wettbewerb mutiert.

Mit der Methode entwickeln Sie systematisch Geschäftsmodelle, welche die Zukunft einer Branche prägen könnten. Zur Visualisierung und dem damit einhergehenden besseren Verständnisses des Nightmare Competitor Approach nutzt Grothe dabei den Business Model Radar. Das Management-Tool dient der Entwicklung von Geschäftsmodellen und stellt Leistungen, Produkte, Werteversprechen, Kosten und Nutzengraphisch dar. Es unterscheidet sich vom Business Model Canvas, indem es eine Netzwerkperspektive anstelle der traditionellen Wertschöpfungsperspektive einnimmt.

Durchführung

1. Grafische Darstellung per Business Model Radar

Eine graphische Darstellung ist unverzichtbar. Das Business Model Radar schafft die Voraussetzungen für ein gutes Story-Telling und damit einem schnellen Verständnis der Zusammenhänge.

2. Skizzierung des Geschäftsmodells

Der Ausgangspunkt für alle Überlegungen ist das Geschäftsmodell der eigenen Branche. In einer graphischen Kreis-Darstellung wird zunächst das Leistungsangebot mit seinen Produkten und Leistungen skizziert.

3. Ergänzung der wesentlichen Elemente

Diese Geschäftsmodell erschließt man dann über die Auseinandersetzung mit den wesentlichen Elementen des bestehenden Geschäftsmodells, wie zum Beispiel den entsprechenden Elementen der eigenen Wertschöpfung, Informationen über die Zulieferer, dem Modell zu Generierung von Einnahmen, sowie der Optimierung der Auslastung des Unternehmens.

4. Perspektivenwechsel

Dann wechselt man die Perspektive und begibt sich in die Position ausgewählter Kundengruppen. Dieses dient der Beurteilung des bestehenden Angebots: Was benötige Ihr Kunde wirklich? Was ist für ihn überflüssig? Was löst seine Probleme? Wofür ist er bereit zu zahlen? Was fehlt ihm?

5. Skizzierung des neuen Geschäftsmodells

Im letzten Schritt hinterfragen und überprüfen Sie, wie Sie Ihre Kunden mit einem erneuerten Geschäftsmodell besser erreichen: Alle überflüssigen und nicht nachgefragten Produkte und Leistungen eliminieren Sie, was Ihre Kunden sich nicht wirklich wünschen, was sie nicht nutzen und was sie nicht wirklich benötigen, bieten Sie nicht weiter an. Schließlich erneuern sie Ihr Portfolio mit genau den Innovationen, die sich Ihre Kunden wirklich wünschen. Und bieten das Gesamtpaket möglichst zu einem Preis an, der unterhalb des Wettbewerbs positioniert ist.

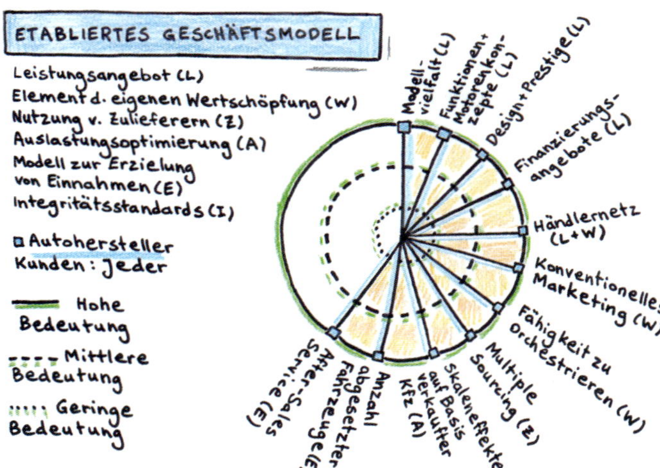

Grafik: Anja Faber – Nightmare Competitor

Grafik: Anja Faber – Nightmare Competitor

Praxisschlaglicht

Ein herausragendes Beispiel für einen Nightmare Competitor ist Elon Musk mit seinem Unternehmen Tesla. Die etablierten Automobilhersteller wie VW, Mercedes, BMW, Toyota und Co zogen seit Jahrzehnten ihre Bahnen in einer Erfolgsspur und machten sich maximal untereinander Konkurrenz. Oder fusionierten. Gefährlich wurde es für die Autogiganten nur, wenn sie mit ihren jeweiligen Modellvarianten den Geschmack der Konsumenten nicht trafen, oder wenn sie die Automation der Herstellung ineffizient gestalteten. Die Lösung lag in diesen Fällen meist in ein „Copy & Paste" der Produktpalette des Wettbewerbs. Ihr Geschäftsmodell hingegen schien schon aufgrund der reinen Unternehmensgröße und der damit verbundenen Liquidität unangreifbar.

Die traditionellen Hersteller fühlten sich mit ihrer Strategie sicher, ihre Modell-Varianten mit neuen Features wie 360-Grad-Kameras, automatischen Spurassistenten und Müdigkeitserkennung zu erweitern. Zu rentabel war ihr Geschäftsmodell, um Veränderungen herbeiführen zu wollen. Ihre Zielgruppe waren schlichtweg alle Kunden. Von der Limousine über das Cabrio bis hin zum SUV bietet fast jeder Hersteller die komplette Produktpalette an. Sportlich oder komfortabel. Preisgünstig oder exquisit: Jeder, der Auto fahren darf, sollte sein passendes Modell erhalten.

Tesla schaffte es in kürzester Zeit, zu einem Nightmare Competitor der Automobilindustrie zu avancieren. Der Newcomer identifizierte bei einem Kunden-Typus ein enormes Verbesserungspotenzial. Diese Kunden leben in Metropolen. Sind beruflich erfolgreich, umweltbewusst, technikaffin und zählen zu den sogenannten „Early Adaptern". Dabei lieben sie Autos und Innovationen, obgleich sie die aktuellen Angebote für nicht mehr zeitgemäß hielten. Kurzum: Diese Kunden waren offen für etwas wirklich Neues, etwas das der Zeit voraus war.

Tesla entschloss sich, dem Rechnung zu tragen und analysierte, was diese Kunden sich wirklich wünschten. Und nicht, was sie zwar per Car-Konfigurator zusammenstellen und auch bestellen konnten aber nie wirklich nutzen würden. Und Tesla identifizierte, was diesen Kunden dafür fehlte. Schließlich lieferte das Unternehmen von Elon Musk ein Produkt, das viel mehr als nur ein umweltfreundliches Fahrzeug war: Ein Elektro-Auto mit Batterie. Mit einem überdimensionalen Display als zentrale Steuerung im Cockpit versehen, das maximal innovativ positioniert ist. Bei dem der Service per Softwaredownload funktioniert. Ein Fahrzeug, das einfach innovativ und hipp ist

Heute folgen alle Automobilhersteller der Strategie des Neueinsteigers – was sich auch schon wieder als ein gravierender Fehler darstellen kann. Tesla ist nun der führende Autobauer – zumindest an der Börse.

Transformationswirksamkeit

- Wirksam für Herausforderungen mit hoher Komplexität
- Wirksam für Produkttransformationen
- Wirksam für Prozesstransformationen
- Wirksam für Servicetransformationen

Transformationsfähigkeit

- Fördert die allgemeine Transformationsfähigkeit des Teams
- Fördert offene Mindsets und innovative Denkhaltungen
- Sorgt für Inspiration oder bessere Inspirationsempfindlichkeit

Einsatzcharakteristik

- Austauschfokus: vornehmlich mit internen Personen
- Durchführungszeit: eher hoch (> 1 Tag)
- Einsatzfrequenz: vornehmlich über im kompletten Projektzeitraum
- Einsatzradius: vornehmlich im unternehmensweiten Einsatz
- Komplexität für den Moderator: eher hoch
- Komplexität für die Teilnehmer: eher hoch
- Teamgröße: Mittelgroße Teams möglich (5 bis 20 Teilnehmer)
- Vorbereitungszeit: eher hoch (>1 Tag)

Nötiger Input, um mit der Methode arbeiten zu können

- Aktuell existierende Geschäftsmodelle
- Aktuell existierende Produkte und Services

- Aktuelle Herausforderung, Leitfrage, Problem
- Ergebnisse aus der Analysephase
- Existierende Prozesse und Verfahren
- Vorhandenes Wissen und Erfahrungen
- Ideen, Lösungsansätze, Vorideen, Varianten
- Innovationssuchfelder, Intent Statements
- Trends und Zukunftsentwicklungen
- Umfeldbeobachtungen, Umfeldanalysen
- Wettbewerber und Komplementoren
- Ziele, Zielsystem, Kennzahlen

Erzeugter Output der Methode

- Erzeugt Listen von Chancen und Risiken
- Erzeugt Prognosen und Ableitungen
- Erzeugt Ideen für neue Märkte und neue Business Modelle
- Erzeugt Leitfragen für die Ideenfindung
- Erzeugt Nutzenfunktionen und Bedürfniskorridore
- Erzeugt angereicherte Ideen, Ideencluster, höher integrierte Lösungen
- Erzeugt definierte Zielkorridore
- Erzeugt eine Vision oder Zukunftsbild
- Erzeugt transformationsfähigere Organisationen
- Erzeugt mehr Agilität im Team
- Erzeugt motiviertere und transformationsfähigere Teilnehmer

Hinderniseffekte, auf die die Methode positiv wirken

- 01 – Schwächt Angst vor Neuem (Cainophobie)
- 04 – Beugt blinden Flecken/Betriebsblindheit vor
- 06 – Schwächt das Leben in der Vergangenheit
- 21 – Bindet eher introvertierte Teammitglieder mit ein
- 23 – Schwächt Konkurrenzdenken und Angst vor Machtverlust
- 36 – Schafft schnell Klarheit und beschleunigt Erkenntnisgewinn
- 39 – Fördert die Agilität der Teilnehmer

Mögliche Extravorteile

- für Teams in einer Krisensituation
- für disruptiv erfahrene Teams
- für agile Teams
- für innovativ erfahrene Teams
- für multidisziplinär erfahrene Teams

Quellen

Buch – Rocking the Ship: Turning Corporate Managers into Business Model Mavericks, Uli Grothe und Mat Lock (Lioncrest Publishing, Kindle Edition, 2017)

Web – https://www.researchgate.net/publication/337858524_Das_Business_Model_Radar, 13. Mai 2021

Web – https://www.grothe-strategie.de, 13. Mai 2021

No Drama Lama!

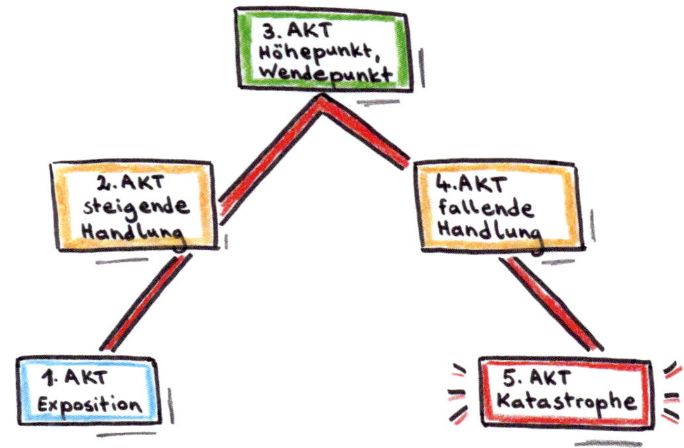

Grafik: Anja Faber

EinSatzBeschreibung

Dramatische Elemente im Projekt erkennen und mit einem Augenzwinkern deeskalieren.

Transformation-Index

P1 Leading	P2 Organizing	P3 Connecting	P4 Growing	P5 Talking	P6 Scanning	P7 Exploiting	P8 Exploring	P9 Earning	P10 Scaling
			x						

Beschreibung

Der Schriftsteller Gustav Freytag hat im 19. Jahrhundert die „Technik des Dramas" verfasst. In seinem Werk beschreibt er den Handlungsverlauf, die Figuren und den Aufbau eines klassischen Dramas. Das allgemein gängige Schema der Dramenpyramide aus Exposition, aufsteigender Handlung, Höhe-/ Wendepunkt, abfallender Handlung und Katastrophe lässt sich auf Freytags „Technik des Dramas" zurückführen.

In digitalen Transformationsprojekten kochen häufig die Emotionen hoch. Denn es sind insbesondere die Menschen, die im Projekt eine Verwandlung durchmachen. Das Team steht unter Druck, die Erwartungshaltung ist groß, die Zeit ist knapp, unterschiedliche Gemüter prallen aufeinander, einzelne Personen spielen sich auf, die Vision stimmt nicht überein, Frust prallt auf Über-Enthusiasmus, und so weiter. Mit einem Wort beschrieben: Drama! Die Mindset-Methode „No Drama Lama" setzt hier mit einem Augenzwinkern an. Sie liefert Anhaltspunkte aus der klassischen Dramentheorie Gustav Freytags, um dramatische Strukturen und Motive frühzeitig zu erkennen und zu deeskalieren. Holen Sie das beruhigende „No Drama Lama" auf die Bühne, und bleiben Sie entspannt.

Durchführung

An den folgenden Anhaltspunkten lassen sich in Transformationsprojekten dramatische Situationen erkennen und auflösen.

Regeln im Drama, frei zitiert nach Gustav Freytag und die digitale Transformation: Wenn sich solche Aussagen oder Situationen in Ihrem Projekt ergeben, sollten Sie gegensteuern.

Drama	Digitale Transformation
„Es kann nur einen Helden geben."	Die Aussage stimmt nicht in Transformationsprojekten – im Gegenteil. Insbesondere im agilen Arbeiten kommt man nur mit einer klaren Rollenverteilung auf mehrere Köpfe weiter. Und Heldinnen gibt es übrigens auch.
„Figuren im Drama zeigen nur die Eigenschaften, die für den Fortgang der Geschichte wichtig sind: Geizig, rechthaberisch, leichtgläubig, treu, heuchlerisch, falsch, etc."	Niemand steht nur für eine Sache. In Transformationsprojekten kann man ganz unterschiedliche Rollen einnehmen und neue Fähigkeiten entdecken und freisetzen. Menschen verändern sich in der digitalen Transformation.
„Figuren im Drama sind grundsätzlich entweder gut oder böse."	Digitalisierung beruht zwar technisch auf Nullen und Einsen, aber insbesondere bei Innovationsprozessen stellt sich heraus, dass man gerade aus dem Paradox Kreativität schöpfen kann.
„Alle Dichter sind männlich." (!)	Diversität ist ein wichtiger Asset in der digitalen Transformation. Und zwar nicht nur in Bezug auf das Geschlecht – auch beim Alter, der Herkunft, der Position oder dem fachlichen Hintergrund (u. v. m.) ist es unverzichtbar, ein diverses Team aufzustellen.

Drama	Digitale Transformation
„Seelenbewegungen, die Handlungen auslösen, sind dramatisch."	Entscheiden sie sachlich. Auch wenn es um ein emotionales Produkt geht oder Sie mit Ihrem Produkt Ihre Zielgruppe emotional ansprechen möchten. Setzen Sie Methoden ein, um Thesen und Wahrnehmungen zu validieren, bevor Sie sie in die Tat umsetzen. Entscheiden Sie gemeinsam mit dem Projektteam.
„Die Handlung muss eine fest geschlossene Einheit bilden."	Im Transformationsprojekt können Sie den Rahmen innovativ erweitern, wenn dies nötig wird.
„Die Handlung muss Wichtigkeit und Größe besitzen."	Selbstverständlich sollten Sie Ihr Projekt wichtig nehmen. Aber wenn Sie immer nur Getöse machen, werden die Beteiligten dazu neigen, auch die anderen Stilmittel des Dramas einzusetzen (s. weitere Beispiele auf der linken Seite der Tabelle.)
„Ein Drama ist pyramidal gebaut: Die Handlung steigt bis zum Wendepunkt, dann geht es abwärts bis zum Schluss."	Als Modell für eine erfolgreiche Projektumsetzung in der digitalen Transformation eignet sich (klassisch) der Wasserfall oder (agil) der Kreislauf. So hat man entweder eine klar strukturierte Vision vor Augen, oder generiert immer neue Ausgangspunkte aus dem Umgesetzten.
„Die Wahrscheinlichkeit, dass etwas schief gehen wird, ist sehr hoch."	Im innovativen Mindset lassen Sie unterschiedliche Wahrscheinlichkeiten zu und sind in der Lage, sie gegeneinander aufzuwiegen.
„Ein Drama endet mit einer Katastrophe."	Stimmt, also lassen Sie ihr Projekt nicht zum Drama werden. Wenn doch eine Katastrophe passiert ist: Setzen Sie auf ihre läuternde Wirkung, wie es die alten Dramatiker taten. Von einem guten Drama kann man immer etwas lernen. Und lassen Sie die Katastrophe nicht das Ende der Geschichte sein, sondern der Beginn einer neuen.

Situationen, die im Projekt kein Drama sein müssen und No-Drama-Lamas, die man dagegen einsetzen kann:

Drama	Lama
Jemand ist nicht verfügbar, wenn eine dringende Aufgabe ansteht: Fokus auf nur eine:n Held:in = Drama	Bereits im Vorfeld eine Stellvertretung für die Rollen im Projekt einplanen.
Etwas wird nicht früh genug fertig: Anstehende Nachtschichten = Drama.	Freigabe für einen späteren Abgabetermin holen oder Ressourcen aufstocken. Sonst muss man das Drama aushalten.
Etwas klappt nicht wie geplant, oder geht sogar richtig schief: Verheimlichen, Ausflippen, Schuldigen suchen = Drama.	Klärendes Gespräch führen, neuen Ansatz finden, offene und wertschätzende Kommunikation, aus der Krise lernen.
Eine Person verlässt das Team: Gerüchteküche = Drama.	Offene Kommunikation.
Zu hoher Workload: Dauerüberlastung im Team = Drama.	Ressourcen aufstocken, kleinteiliger priorisieren, mehr Zeit einplanen.
Jemand spielt sich auf, stört Meetings: Emotionaler Monolog = Drama.	Keine Bühne bieten. Mikro-Teams aus mehreren Personen bilden, klare Timings für den Austausch setzen (z. B. 5 Minuten pro Person im Team-Meeting).

In solchen Situationen gilt grundsätzlich: Kurz den Vorhang schließen und das „No Drama Lama" auf die Bühne bitten.

Transformationswirksamkeit

- Wirksam für alle Transformationen

Transformationsfähigkeit

- Zahlt auf eine bessere Wahrnehmung ein

Einsatzcharakteristik

- Einsatzfrequenz: sinnvoll im dauerhaften Einsatz
- Einsatzradius: vornehmlich im Teameinsatz
- Komplexität für den Moderator: eher gering
- Komplexität für die Teilnehmer: eher gering
- Teamgröße: Einzelpersonennutzung möglich
- Teamgröße: Großgruppen möglich (>50 Teilnehmer)
- Teamgröße: Kleingruppe möglich (3 bis 5 Teilnehmer)
- Teamgröße: Maxigruppen möglich (20 bis 40 Teilnehmer)
- Teamgröße: Mittelgroße Teams möglich (5 bis 20 Teilnehmer)
- Vorbereitungszeit: eher gering (<1 Stunde)

Nötiger Input, um mit der Methode arbeiten zu können

- Aktuelle Herausforderung, Leitfrage, Problem
- Beteiligte Personen mit Tätigkeiten und Aufgaben
- Gescheiterte Ideen und fehlgeschlagene Projekte
- Merkmale der gegebenen Herausforderung

Erzeugter Output der Methode

- Bessere Projekteffizienz, bessere Teamperformance
- Erzeugt besseren Teamspirit, mehr Offenheit, Inspirationsempfindlichkeit
- Hilft bei Entscheidungen, Bewertungen und Feedback

Hinderniseffekte, auf die die Methode positiv wirkt

- 05 – Verhindert blinden Aktionismus
- 08 – Verhindert einseitige Bewertungen und Entscheidungen
- 12 – Wirkt fehlender Inspiration entgegen
- 16 – Beugt Misinterpretationen vor
- 18 – Bewahrt vor zu generischen Ideen und Aussagen
- 22 – Verhindert störende Killerphrasen
- 26 – Schwächt nicht zielführende Emotionen
- 30 – Bändigt einen störenden Gruppenclown
- 33 – Schwächt Verdiskutiererei
- 34 – Verhindert vorschnelles Urteilen über Ideen
- 36 – Schafft schnell Klarheit und beschleunigt Erkenntnisgewinn
- 42 – Überzeugt strukturliebende Teammitglieder
- 43 – Überzeugt einen Daueropponenten

Mögliche Extravorteile

- für Teams in einer Krisensituation
- für multidisziplinär erfahrene Teams

Quellen

Buch – Die Technik des Dramas, Gustav Freytag, (Good Press 2020 [1863])
Person – Stephanie Bretz, stephanie.bretz@masterplan.academy

Nudging

EinSatzBeschreibung

Methode, um gewollte Verhaltensweisen zu fördern, die die Digitale Transformation vorantreiben.

Transformation-Index

P1 Leading	P2 Organizing	P3 Connecting	P4 Growing	P5 Talking	P6 Scanning	P7 Exploiting	P8 Exploring	P9 Earning	P10 Scaling
			x						

Beschreibung

Im Supermarkt stehen die günstigen Produkte meistens recht weit unten und die Süßigkeiten an der Kasse oftmals auf Augenhöhe von Kindern. Warum das so ist, leuchtet jedem sofort ein: Die entsprechenden Produkte sollen dem Käufer (oder seinen Eltern) direkt ins Auge springen in der Hoffnung, dass sie gekauft werden.

Inzwischen wird der Versuch, den Kundenkreis bei der Kaufentscheidung zu beeinflussen auch anderweitig benutzt, nämlich im Rahmen des Nudgings bzw. Nudge Managements. Nudging kommt vom Englischen „Nudge", was so viel wie „Stupser" bedeutet und es kann dafür sorgen, dass Mitarbeitende sich instinktiv 'richtig' verhalten. Die Idee des Nudgings geht auf den Nobelpreisträger Richard Thaler zurück.

Gerade Unternehmen setzen vermehrt darauf, die Arbeitsumgebung so zu gestalten, dass die Mitarbeitenden im Sinne des Unternehmens handeln. Denn das „Umfeld, in dem sich Menschen befinden, beeinflusst ihr Verhalten massiv"[35] und mit einer zielgerichteten Veränderung der Arbeitsumgebung kann schnell eine Verhaltensveränderung bewirkt werden.

An die Schnelllebigkeit unserer digitalen Welt denkend, ist es selbsterklärend, dass sich auch das Verhalten der Menschen schnell in Richtung digitales Mindset ändern muss.

Aber eigentlich weiß man doch um die Notwendigkeit von agilen Arbeiten und Co. und trotzdem verhalten sich die Mitarbeitenden anders als sie sich verhalten sollten – Innovationskraft und Digitale Transformation können beschleunigt werden, wenn sich ein Nudge Manager darum bemüht.

[35] Changement! – Nudge Management – mit kleinen Stupsern schnell zum Kulturwandel, Dr. Wolfgang Freibichler, Handelsblatt 2017, S.4.

Daniel Kahnemann hat in seinem Buch „Schnelles Denken, langsames Denken"[36] aufgezeigt, dass sich das menschliche Verhalten durch zwei Größen beeinflussen lässt: Verstand und Instinkte. Um den Verstand kümmern wir uns bereits mannigfaltig mit ausgiebigen Schulungen zur Digitalen Transformation, mit Strategielandkarten zur Zielerreichung im digitalen Zeitalter oder Führungskräfteprogrammen, die einen Boss zum Coaching-Experten werden lassen – man weiß daher, wie man sich verhalten sollte. Das Denken werde aber von den Instinkten überstimmt, so Kahnemann, aber um die Instinkte, die unbewusst in uns schlummern, kümmert man sich zu wenig. Für die Instinkte gibt es kein Management – außer man hat ein Nudge Management.

Apple, Google und Amazon machen vor, wie Nudge Management dafür sorgt, dass gewollte Verhaltensweisen gefördert werden. Natürlich beeinflusst Nudging die Menschen und könnte deswegen unethisch erscheinen, allerdings ist es nichts anderes als das Setzen bestimmter „Rahmenbedingungen, die es dem Menschen dann lediglich erleichtern, sich so zu verhalten, wie es ihr Verstand ihnen ohnehin gesagt hätte"[37].

Durchführung

Nudges können physischer, digitaler oder sozialer Natur sein:

1. Physische Nudges

Während hierzulande Büros meistens in Industriegebieten einer Stadt zu finden sind, wird im Silicon Valley viel Wert auf Grünfläche gelegt, weil die Natur das Stresslevel senkt. Große Parks um die Gebäude herum laden zu Mittagspausen im Grünen ein. Weniger Stress bedeutet mehr Kreativität und damit mehr Innovationsgeist! Physische Nudges finden also immer in der Arbeitsumgebung statt. Haben Sie beispielsweise schon mal daran gedacht, ihre Meetings im Freien durchzuführen? Dazu laufen Sie ums Bürogebäude herum, definieren bestimmte Wege pro Meetingdauer und geben noch die Personenanzahl an, die diesem Walking Meeting beiwohnen kann. Regenschirme nicht vergessen!

2. Digitale Nudges

In den Mailprogrammen könnte bei Termineinladungen bei „Ort des Meetings" auch noch die Auswahl „Walking Meeting" hinzugefügt werden, was die Meetingteilnehmer auch noch auf digitalem Weg dazu anstupst, sich richtig zu verhalten. Typische digitale Nudges sind auch die Verwendung des Bildschirmschoners mit einem flotten Spruch, der zum Nachdenken anregt oder verschickte Daily Hacks mit der Erklärung einer neuen Funktion, die man dann nutzt oder die Smartwatch, die dazu auffordert, mal wieder aufzustehen, was man dann auch gerne tut.

3. Soziale Nudges

Schneller verbreitet sich eine gesunde Meetingkultur natürlich, wenn man sein Vorhaben, Meetings im Freien abzuhalten, offen kundtut. Dazu bietet sich das Backlog an, das für jeden sichtbar im Büro hängt und in irgendeiner Weise um Walking Meetings ergänzt wird.

[36] Schnelles Denken, langsames Denken – Daniel Kahnemann, Siedler Verlag, 2012

[37] Changement! – Nudge Management – mit kleinen Stupsern schnell zum Kulturwandel, Dr. Wolfgang Freibichler, Handelsblatt 2017, S.6.

Transformationswirksamkeit

- Wirksam für alle Transformationen

Transformationsfähigkeit

- Fördert die Agilität eines Teams
- Fördert die Teamkreativität
- Fördert die allgemeine Transformationsfähigkeit des Teams
- Fördert grundlegend die Kreativität
- Fördert offene Mindsets und innovative Denkhaltungen
- Sorgt für Inspiration oder bessere Inspirationsempfindlichkeit

Einsatzcharakteristik

- Durchführungszeit: eher mittel (>1 Stunde bis <1 Tag)
- Einsatzfrequenz: sinnvoll im dauerhaften Einsatz
- Einsatzradius: vornehmlich im Teameinsatz
- Einsatzradius: vornehmlich im unternehmensweiten Einsatz
- Komplexität für den Moderator: eher gering
- Komplexität für die Teilnehmer: eher gering
- Vorbereitungszeit: eher hoch (>1 Tag)

Nötiger Input, um mit der Methode arbeiten zu können

- Verschiedene Botschaften, Meinungen, Statements
- Verschiedene Meinungen und Blickwinkel
- Vorhandenes Wissen und Erfahrungen

Erzeugter Output der Methode

- Bessere Projekteffizienz, bessere Teamperformance
- Erzeugt besseren Teamspirit, mehr Offenheit, Inspirationsempfindlichkeit
- Erzeugt kollaborative Lösungen und Ideen
- Erzeugt neues Wissen und neue Erfahrungen
- Erzeugt transformationsfähigere Organisationen
- Erzeugt motiviertere und transformationsfähigere Teilnehmer

Hinderniseffekte, auf die die Methode positiv wirkt

- 12 – Wirkt fehlender Inspiration entgegen
- 24 – Verkürzt und durchbricht vorhandene Kreativblockaden
- 37 – Verkürzt zu lange Entscheidungsmeetings
- 38 – Verkürzt zu lange Meetingzeiten
- 41 – Verringert zu große Komplexitäten

Mögliche Extravorteile

- für Teams in einer Komfortsituation
- für Teams in einer Krisensituation
- für Teams mit einer konservativen, tradierten Kultur
- für agile Teams

Quellen

Buch – Changement! Nudge Management: Mit kleinen Stupsern schnell zum Kulturwandel, Dr. Wolfgang Freibichler (Handelsblatt 2017)

Buch – Schnelles Denken, langsames Denken, Daniel Kahnemann (Siedler 2012)

OKRs

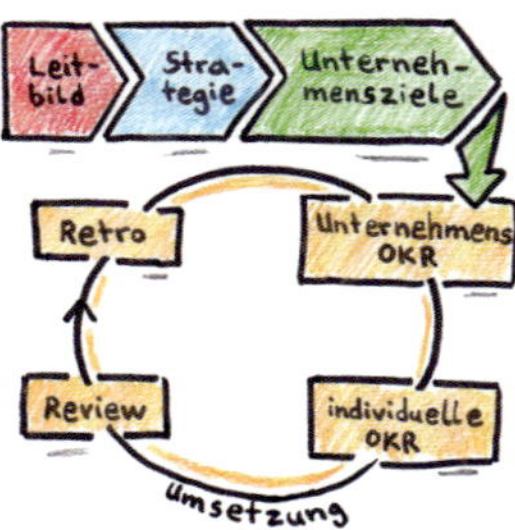

EinSatzBeschreibung

Top-down-/Bottom-up-Zielerreichungsmethode zur systematischen Operationalisierung von Strategien.

Transformation-Index

P1 Leading	P2 Organizing	P3 Connecting	P4 Growing	P5 Talking	P6 Scanning	P7 Exploiting	P8 Exploring	P9 Earning	P10 Scaling
x	x	x	x	x	x	x	x	x	x

Beschreibung

Digitale Transformationen erfordern die Ausrichtung und Bündelung der gemeinsamen Kräfte der gesamten Organisation. In vielen Fällen befinden wir uns dabei in hoch komplexen Umfeldern, in denen wenige einzelne Köpfe nicht länger das Denken und Entscheiden übernehmen können. Über kurz oder lang muss sich die Belegschaft hin zu mehr Selbstorganisation entwickeln. Objectives and Key Results (OKRs) sind eine Möglichkeit, wie man in Organisationen, Abteilungen und Teams mehr Alignment und Autonomie schaffen kann (siehe Alignment-Autonomy-Matrix). Die Methode selbst ist eine Weiterentwicklung der klassischen Management by Objectives (MbO) von Peter Drucker durch den Intel-Mitbegründer Andrew Grove aus den 70er-Jahren.

Folgende Vorteile bieten OKR gegenüber klassischen Zielerreichungssystemen (MbO):

- Es wird nicht nur definiert was erreicht werden soll (Objectives) sondern auch, mithilfe welcher Treiber man dieses Ziel bestmöglich und messbar erreich (Key Results)
- OKRs werden im Vergleich zur klassischen Zielvereinbarung quartalsweise statt jährlich bestimmt und bieten dadurch mehr Kontroll- und Steuerungsmöglichkeiten sowie eine bessere Anpassung an sich ändernde Rahmenbedingungen
- OKRs sind unternehmensweit öffentlich und transparent einsehbar, wodurch Synergien leichter erkennbar sind
- Es handelt sich um einen Top-down- und Bottom-up-Prozess, d.h. die Mitarbeiterteams überlegen selbst, wie sie den größtmöglichen Beitrag zur Unternehmensstrategie leisten können, was die Sinnhaftigkeit der Arbeit fördert
- OKRs sind unabhängig von der Vergütung und ermutigen dadurch die Formulierung von ambitionierten Zielen

Nutzen der OKR's sind u. a.:

- Ressourcen zielgerichtet einsetzen
- Fokus auf wichtige Themen
- Orientierung auf Ergebnisse
- Transparenz im Unternehmen optimieren

Durchführung

Eine klar definierte Vision und Mission, sowie das Verständnis der eigenen Werte sind die Voraussetzung für die Ableitung der notwendigen Strategie und Unternehmensziele, auf denen die OKRs basieren.

Je nach Unternehmens- bzw. Teamgröße bietet es sich an, vor der Formulierung der Quartals-OKRs noch jährliche OKRs oder Moals (=Mid-term Goals) zu formulieren, um die Fokusthemen der Unternehmensziele für das aktuelle Jahr zu definieren. Daraus abgeleitet ergeben sich zunächst die Unternehmens-OKR, die gemäß der bestehenden Hierarchiestrukturen bis auf Team oder sogar auf eine individuelle Ebene kaskadiert werden können.

Objectives definieren, welche Ziele erreicht werden sollen. Sie sind qualitative, nicht messbare Ziele, beschreiben einen zu erreichenden Zustand in der Zukunft und beziehen sich immer auf das gesamte Quartal. Key Results beschreiben, wie das Objective erreicht werden soll. Key Results sind quantitative, messbare Ziele. Ein OKR Set sollte aus max. fünf Objectives mit je bis zu vier Key Results bestehen. Alles was darin nicht enthalten ist, wird in diesem Quartal nicht gemacht.

Sobald das OKR-Set auf Unternehmensebene definiert ist, kann der sogenannte OKR-Workshop stattfinden. In diesem Workshop werden die OKRs durch die Geschäftsführung vorgestellt und alle Abteilungen und Teams leiten daraus ihre eigenen OKR-Sets mit wieder maximal fünf Objectives mit je vier Keyresults ab. Dieser Workshop wird durch einen OKR Coach moderiert, der auch den anschließenden dreimonatigen Umsetzungsprozess mitbegleitet.

Ein wichtiger Input: Formuliert in den Key Results sogenannte Stretchgoals, die unter normalen Umständen nicht 100% erreichbar sind. Das spornt an, nach neuen Wegen zu suchen und in vielen Fällen ergeben sich dadurch Ergebnisse, die vorher nicht erreichbar schienen.

In wöchentlichen Weeklys treffen sich die Teams und besprechen ihren Zielerreichungsfortschritt und ihr Confidence Level, d.h. ihre aktuelle Einschätzung der Umsetzungswahrscheinlichkeit bis zum Ende des OKR-Zyklus.

Transparent und messbar wird das durch das OKR-Board, welches bei kleinen Organisationen problemlos mit einem einfachen Tabellenprogramm oder durch ein virtuelles Taskboard dargestellt werden kann. Für große Organisationen gibt es hierfür spezielle OKR-Software als Software-as-a-Service.

Am Ende des dreimonatigen Zyklus findet eine strukturierte Reflexion statt, zunächst zum Ergebnis, dann zum Prozess. Im Review präsentieren die Teams, was sie erreicht haben. Die anschließende Retrospektive (-> Retrospektive) ermöglicht das Ableiten von Maßnahmen, um im nächsten OKR-Zyklus die Zusammenarbeitsprozesse zu optimieren und sich stetig in der Zielerreichung zu verbessern.

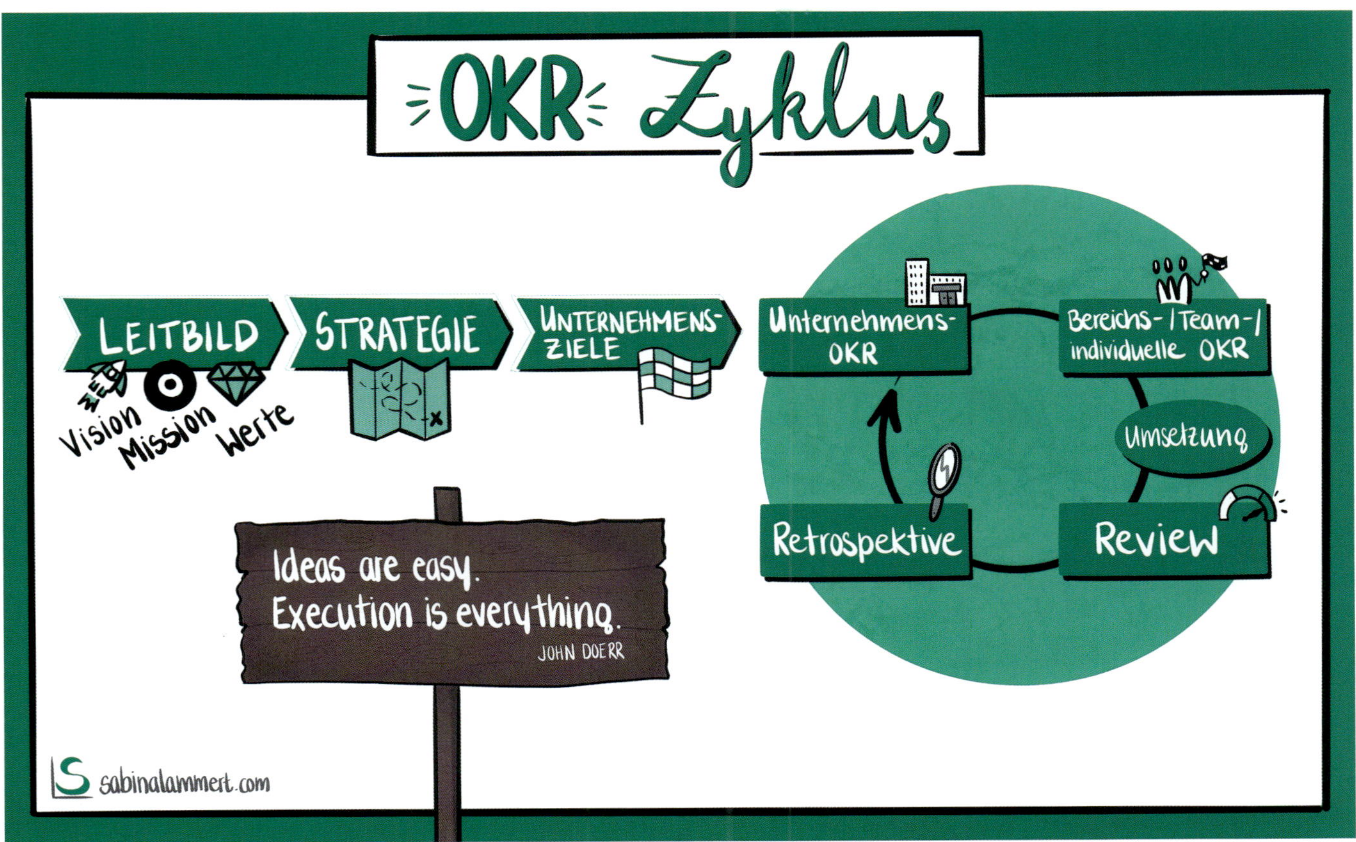

Grafik: Sabina Lammert – OKR-Zyklus

Eine Einführung von OKRs geht nicht von heute auf morgen. Die Mitarbeiter benötigen Zeit, um sich an die neue Art der Zielstellung, Zielmessung und die kürzeren Zielzeiträume zu gewöhnen. Hat man sich aber entschieden, nicht mehr die Präsenzzeit, sondern die Zielerreichung in den Teams zu fokussieren, sind OKRs genau der richtige Rahmen, Ziele zu definieren und Ziele gemeinsam erreichen zu wollen, insbesondere wenn man eine Remote-first-Kultur lebt.

Praxisschlaglicht

Eine Kommunikationsagentur mit rund 45 Mitarbeitern führte die OKRs parallel mit der Remote-first-Strategie (-> Remote First Bytes – Behavior – Bricks) ein. Die Agentur startete mit einer Testphase in zwei Teams á acht Personen für den ersten OKR-Zyklus. Dabei hat der Geschäftsführer sich für eine Einführung der Methodik ohne externe Unterstützung entschieden und sich dafür eigenständig in die Thematik eingearbeitet. Die Objectives leitete er von der aktuellen Strategie ab und besprach sie gemeinsam mit dem jeweiligen Teamleiter.

Der Geschäftsführer entschied sich im ersten OKR-Zyklus für eine Modifikation der gängigen Vorgehensweise. Statt einem OKR-Set auf der Unternehmensebene und jeweils einem weiteren OKR-Set von den beiden Teams, gab es im ersten Zyklus insgesamt nur ein OKR-Set, bei dem er sowohl die Objectives als auch einen Vorschlag für die Key Results vorgegeben hat, um ohne viel Zeitverlust die Umsetzung zu gehen. Der Teamleiter besprach diese Key Results innerhalb von zehn Tagen mit seinem Team und erarbeitete Modifizierungsvorschläge. Das OKR für das Tracking von Template hat der Geschäftsführer in Excel angelegt, was für kleine OKR-Pilotprojekte ein empfehlenswerter Einstieg ist und komplexen Softwarelösungen in den ersten Testzyklen zu bevorzugen ist. Dieses OKR-Dashboard schafft Transparenz im gesamten Unternehmen. Innerhalb des OKR-Zyklus bewährte sich, alle zwei Wochen – in einem OKR biweekly – den Stand der Zielerreichung mit den Teamleitern zu analysieren und Hilfestellungen seitens des Managements wie z. B. Ressourcen für die Zielerreichung zu diskutieren. Außerdem war es hilfreich, dass die Key Results so gestaltet waren, dass jedes Teammitglied einen Beitrag leisten konnte. Damit unterstützte die Vorgehensweise auch in sozialer Distanz eine kulturelle Bindung aller Teammitglieder. Kurz vor Abschluss des OKR-Zyklus terminierten die Teams ein OKR-Review Meeting mit der Geschäftsführung.

Im zweiten Zyklus entschied sich der Geschäftsleiter nach erfolgreicher Erstverprobung und positivem Feedback der Testteams, die OKRs im gesamten Unternehmen einzuführen. Die Objectives waren entgegen der gängigen Theorie im zweiten OKR-Zyklus noch dieselben, da sich die Kommunikationsagentur aufgrund der Pandemie umorientieren musste und sich der Geschäftsführer im Sinne einer Kontinuität trotz der Krisenzeit bewusst für diese

Modifikation entschieden hat. Die bereits in OKR geübten Teams haben im Vergleich zum ersten Zyklus ihre Key Results zum Teil selbst erarbeitet und der Geschäftsführung vorgeschlagen. So entstand in der Zieldefinition ein reger Austausch im Team sowie mit dem Management und der angestrebte Top-down-/Bottom-up-Ansatz konnte bereits in Teilen umgesetzt werden. Von Quartal zu Quartal erhöhte sich dabei die Selbstorganisation und der Gestaltungsrahmen der Mitarbeiter. Die Agentur hat mithilfe von OKR einen Weg gefunden, schneller auf Veränderungen zu reagieren und zeitgleich effizienter an einem Strang zu ziehen.

Zwei wichtige Erkenntnisse, die dieses Beispiel verdeutlicht: Es gibt für OKRs keine Blaupause, sondern jedes Unternehmen muss seine eigene Umsetzungsstrategie für das OKR-Framework unter Betrachtung der aktuellen Organisationssituation finden. Zweitens braucht es keine Perfektion oder zwangläufig externe Unterstützung für die Einführung von OKR. Am wichtigsten ist der Mut, es einfach auszuprobieren und sich auf den Prozess der kontinuierlichen Verbesserung und des gemeinsamen Lernens unabhängig der formalen Hierarchieebenen einzulassen.

Transformationswirksamkeit

- Wirksam für Herausforderungen mit hoher Komplexität
- Wirksam für alle Transformationen

Transformationsfähigkeit

- Fördert die allgemeine Transformationsfähigkeit des Teams

Einsatzcharakteristik

- Austauschfokus: vornehmlich mit internen Personen
- Durchführungszeit: eher hoch (> 1 Tag)
- Einsatzfrequenz: sinnvoll im dauerhaften Einsatz
- Einsatzradius: vornehmlich im unternehmensweiten Einsatz
- Komplexität für den Moderator: eher hoch
- Komplexität für die Teilnehmer: eher hoch
- Teamgröße: Einzelpersonennutzung möglich
- Teamgröße: Großgruppen möglich (>50 Teilnehmer)
- Teamgröße: Kleingruppe möglich (3 bis 5 Teilnehmer)
- Teamgröße: Maxigruppen möglich (20 bis 40 Teilnehmer)
- Teamgröße: Mittelgroße Teams möglich (5 bis 20 Teilnehmer)
- Teamgröße: Speziell für Großgruppen geeignet (>50 Teilnehmer)
- Vorbereitungszeit: eher hoch (>1 Tag)

Nötiger Input, um mit der Methode arbeiten zu können

- Durchlaufenes Projekt oder Projektphasen
- Existierende Prozesse und Verfahren

Erzeugter Output der Methode

- Bessere Projekteffizienz, bessere Teamperformance
- Erzeugt Planungen und Priorisierungen
- Erzeugt besseren Teamspirit, mehr Offenheit, Inspirationsempfindlichkeit
- Erzeugt transformationsfähigere Organisationen
- Erzeugt motiviertere und transformationsfähigere Teilnehmer
- Identifiziert vorhandene Schwachstellen
- Identifiziert vorhandene Stärken
- Macht Wirkzusammenhänge sichtbar

Hinderniseffekte, auf die die Methode positiv wirkt

- 05 – Verhindert blinden Aktionismus
- 10 – Verhindert falsche Flughöhen
- 13 – Schafft für den Erfolg nötige Realitätsbezüge
- 14 – Fördert eventuell fehlende Wertschätzung
- 15 – Stärkt das Vertrauen im Team
- 32 – Verhindert unreflektiertes Agieren
- 36 – Schafft schnell Klarheit und beschleunigt Erkenntnisgewinn

Mögliche Extravorteile

- für Teams mit einer schwacher Teamleitung
- für Teams mit einer souveränen Teamleitung
- für Teams mit schwachem Auftragsmandat

Quellen

Buch – OKR Objectives & Key Results: Wie Sie Ziele, auf die es wirklich ankommt, entwickeln, messen und umsetzen, John Doerr (Vahlen 2018)

Open Innovation

EinSatzBeschreibung

Einbeziehen externer Personen bzw. öffentlicher Gruppen in den eigenen Innovationsprozess.

Transformation-Index

P1 Leading	P2 Organizing	P3 Connecting	P4 Growing	P5 Talking	P6 Scanning	P7 Exploiting	P8 Exploring	P9 Earning	P10 Scaling
	x				x		x		

Beschreibung

Der Begriff Open Innovation (zu deutsch: Offene Innovation) bezeichnet die Öffnung der Innovationsprozesse von Unternehmen nach außen. Ziel ist dabei, das hinzukommende Wissen zu nutzen, um das Innovationspotenzial zu vergrößern.

Dabei unterscheidet man grundsätzlich drei verschiedene Formen von Open Innovation:

1. Outside-in: Die Ideen kommen von außen und werden zum Beispiel durch Lizenzgebühren im Unternehmen für Innovationen genutzt.
2. Inside-out: Im Unternehmen sind bereits neue Prozesse entstanden, die zum Beispiel durch Gründung eines Start-ups ausgegliedert werden.
3. Kooperativ: Gemeinsam werden Ideen entwickelt, durch Zusammenarbeit können zum Beispiel Prozesse zwischen Hersteller und Lieferant optimiert werden.

Ein Grund für den stärkeren Einsatz von Open Innovation ist eine zunehmend komplexe Umwelt, die dazu führt, dass Unternehmen mit den eigenen Ressourcen die Anforderungen nicht mehr allein erfüllen können. Open Innovation kann aber auch bewusst genutzt werden, um Ideenquellen außerhalb der eigenen Organisation anzuzapfen.

Durchführung

Es gibt verschiedene Ansätze und Methoden, um Open Innovation in der Organisation einzusetzen. Häufig genutzt werden die folgenden:

- Ideenwettbewerbe, die (in der Regel) über eine Online-Plattform gesteuert werden: Häufig wird diese Methode genutzt, um darüber Studententeams oder auch Endkunden aus dem Consumerbereich in den Innovationsprozess zu integrieren.
- Toolkits (zum Beispiel in Form von Entwicklungsumgebungen): Sie werden an Kunden und Anwender ausgegeben, damit diese neue Lösungen entwickeln können.
- Cross-Industry-Innovation: Bei diesem Ansatz werden Ähnlichkeiten der Akteure/Probleme in anderen Bereichen gesucht und die dort entwickelten Lösungen auf die eigene Fragestellung angewandt.
- Lead-User-Modell: Klassischerweise orientiert man sich bei diesem Modell an Kunden, die in der Nutzung des Produkts bereits sehr fortgeschritten und dem Massenmarkt voraus sind. Im Kontext zu Open Innovation können Lead User auch von anderen Märkten kommen, die ähnliche Probleme haben.
- Open Innovation Communities: Hier werden virtuell Produkte, Leistungen und Geschäftsmodelle diskutiert, häufig begleitet durch einen Moderator des organisierenden Unternehmens.

Transformationswirksamkeit

- Wirksam für Herausforderungen mit mittlerer Komplexität
- Wirksam für Herausforderungen mit niedriger Komplexität
- Wirksam für Produkttransformationen
- Wirksam für Servicetransformationen

Transformationsfähigkeit

- Fördert offene Mindsets und innovative Denkhaltungen
- Sorgt für Inspiration oder bessere Inspirationsempfindlichkeit

Einsatzcharakteristik

- Austauschfokus: vornehmlich mit externen Personen
- Durchführungszeit: eher hoch (> 1 Tag)
- Einsatzfrequenz: sinnvoll im dauerhaften Einsatz
- Einsatzfrequenz: vornehmlich über im kompletten Projektzeitraum
- Einsatzradius: vornehmlich im projektweiten Einsatz
- Komplexität für den Moderator: eher hoch
- Komplexität für die Teilnehmer: eher hoch
- Teamgröße: Großgruppen möglich (>50 Teilnehmer)
- Teamgröße: Speziell für Großgruppen geeignet (>50 Teilnehmer)
- Vorbereitungszeit: eher hoch (>1 Tag)

Nötiger Input, um mit der Methode arbeiten zu können

- Aktuelle Herausforderung, Leitfrage, Problem

Erzeugter Output der Methode

- Erzeugt Ideen für neue Märkte und neue Business Modelle
- Erzeugt Ideen, Lösungsansätze, Vorideen, Möglichkeiten

Hinderniseffekte, auf die die Methode positiv wirkt

- 04 – Beugt blinden Flecken/Betriebsblindheit vor
- 13 – Schafft für den Erfolg nötige Realitätsbezüge
- 27 – Schwächt das „Not invented here“-Syndrom
- 28 – Stärkt schwache Anreicherungsskills
- 36 – Schafft schnell Klarheit und beschleunigt Erkenntnisgewinn
- 41 – Verringert zu große Komplexitäten

Mögliche Extravorteile

- für Teams mit einem starkem Auftragsmandat
- für innovativ erfahrene Teams
- für interkulturell erfahrene Teams

Quellen

Buch – Kommunikation als Erfolgsfaktor im Innovationsmanagement, A. Zerfaß, K. M. Möslein (Gabler 2009)

Buch – NOT INVENTED HERE: Cross Industry Innovation, Ramon Vullings & Marc Heleven (BIS Publishers 2015)

Grafik: verrocchio Mindset-Card – Illustration: Jennifer Weiss

Optimal System Identification – Check-up

EinSatzBeschreibung

Methode zur Auswahl der richtigen Systeme, Tools oder digitalen Lösungen.

Transformation-Index

P1 Leading	P2 Organizing	P3 Connecting	P4 Growing	P5 Talking	P6 Scanning	P7 Exploiting	P8 Exploring	P9 Earning	P10 Scaling
	x				x				x

Beschreibung

Ein wichtiger Baustein in der Digitalisierung sind natürlich die Tools und Systeme, die Prozesse und Arbeitsschritte in digitale und automatische Lösungen verwandeln. Dabei hat sich in den letzten Jahrzehnten eine unfassbare Komplexität bei den möglichen Lösungen ergeben. Die Vielzahl an Software, die für jede Herausforderung und Problemstellung zur Verfügung steht, ist kaum noch transparent. Daher haben viele Unternehmen auch eine enorme Schwierigkeit bei der Auswahl bzw. Identifikation der richtigen Systeme.

Die elementaren Bausteine für eine optimale Tool Identifizierung sieht wie folgt aus:

- Definition eines High-level-Zielprozesses mit einer sinnvollen Tool-Architektur und entsprechenden Schnittstellen (Festlegung von Guiding Principles)
- Cross-funktionale Abstimmung der Zielprozessschritte (insb. Process Owner und operative Nutzer)
- Beschaffung einer Top-down-Freigabe und Erzeugung einer durchgehenden Akzeptanz
- Erstellung eines spezifischen Lasten- und Pflichtenhefts basierend auf „Leading Practice" für den Prozess und die Architektur
- Identifizierung der relevanten (ggf. internationalen) Compliance und rechtlichen Anforderungen für die Ausschreibung des Tools
- Durchführung eines Ausschreibungsprozesses inkl. System-Demo, Verhandlungen und vertraglichen Inhalten
- Erstellung eines Business Cases zur Ermöglichung einer finalen Entscheidung
- Definition und Festlegung eines Implementierungs- und Integrationsplans. Diese sollte mit dem Tool-Anbieter in der letzten Phase der Ausschreibung in eimem „statement of work" festgelegt werden
- Abstimmung mit anderen laufenden Projekten (insb. Systemprojekte, wie bspw. S/4)

Wann ist besonders auf eine vernünftige Toolauswahl zu achten?

- Gerade bei heterogenen Systemlandschaften erfordert die vernünftige Toolauswahl viel Aufmerksamkeit.
- Wenn der Aufwand zur Erreichung von Transparenz im Prozess und in den Daten besonders hoch ist.
- Falls der Prozess stark modular ist bzw. eine hohe Anzahl an manuellen Aktivitäten vorliegt.
- Im Falle eines hohen Risiko von Compliance- und regulatorischen Verstößen.

Aber es lohnt sich. Die Früchte einer guten Systemauswahl und Toolintegration sind:

- Reduktion und Verbesserung der Durchlaufzeiten
- Verbesserung der globalen Datenverfügbarkeit und -qualität
- standardisierte Prozesse zur Erzeugung der Transparenz und Effizienz
- erhöht die End-to-End-Automatisierung und Integration.

Die Herausforderungen und angestrebten Ziele lassen sich in einer einfachen Methodendurchführung zusammenfassen:

Durchführung

Neben einem guten Projekt- und Change-Management lässt sich die Methode in drei Kernelement aufteilen: Analyse & Design, Lieferantenauswahl & Ausschreibung sowie die Evaluation.

Analyse & Design:

- Erstellung eines Projektplans und einem „way-of-working".
- Festlegung der Guiding Principles und der Rahmenparameter.
- Erstellung des Zielprozesses (Level 3) zur Darstellung der relevanten Teilprozesse.
- Die Zielprozesse werden abgestimmt und mit den Stakeholdern verprobt. Hier helfen insbesondere Simulationen.
- Verproben der Prozesse in der gegenwärtigen Systemlandschaft und Prüfung möglicher Integrationen und Schnittstellen
- Beschreibung der Anforderungen aus den Zielprozessen und Integrationsszenarien für die folgende Ausschreibung.

Lieferantenauswahl und Ausschreibung:

- Funktionale und technische Anforderungen sind abgeleitet und in Form von Use Cases, Zielprozessen und Lasten-/Pflichtenheften in der Ausschreibung bereitgestellt.
- Initiale „Long-List" der möglichen Lösungen und Tools ist definiert (ca. acht bis zehn Lieferanten).
- Das Ausschreibungsdokument/-paket ist erstellt und wurde an die Long-List verteilt.
- Fragen der Anbieter werden beantwortet und geklärt (und unter allen Lieferanten geteilt).
- Die übermittelten Angebote werden evaluiert und eine „Sort-List" wird erstellt (ca. zwei bis vier Lieferanten).
- Es werden Live-Demos geplant, um die Use Cases vorgestellt zu bekommen. Dazu wird eine Evaluierungsmatrix erstellt und abgestimmt.
- Final wird mit zwei Anbietern ein finaler Implementierungsworkshop durchgeführt und ein „Statement of Work" erstellt.

Evaluation:

- Die Auswertung der Systemanbieterpräsentationen und -lösungen sind in der Bewertungsmatrix evaluiert und abgeschlossen.

Unterschiede der Softwareanbieter, sowie Vor- und Nachteile aus der Ausschreibung sind abgeschlossen.
- Verhandlungsstrategien sind entsprechend festzulegen.
- Business Case auf Basis der „Total cost of ownership"-Methode erstellt und validiert.
- Entscheidungsvorlage wird erstellt (quantitative und qualitativ).
- Implementierungsansatz, -plan und -zeitplan definiert und abgestimmt.

Die Methode ist hilfreich, um die Komplexität im Markt in den Griff zu bekommen. Sie ist skalierbar, gilt also für kleine Tools und Lösungen als auch für große Systemumstellungen und -implementierungen.

Transformationswirksamkeit

- Wirksam für alle Transformationen

Transformationsfähigkeit

- Fördert die allgemeine Transformationsfähigkeit des Teams

Einsatzcharakteristik

- Austauschfokus: vornehmlich mit internen und externen Personen
- Durchführungszeit: eher hoch (> 1 Tag)
- Einsatzfrequenz: vornehmlich über im kompletten Projektzeitraum
- Einsatzradius: vornehmlich im Teameinsatz
- Einsatzradius: vornehmlich im unternehmensweiten Einsatz
- Komplexität für den Moderator: eher hoch
- Komplexität für die Teilnehmer: eher hoch
- Teamgröße: Mittelgroße Teams möglich (5 bis 20 Teilnehmer)
- Vorbereitungszeit: eher hoch (>1 Tag)

Nötiger Input, um mit der Methode arbeiten zu können

- Aktuell existierende Geschäftsmodelle
- Aktuell existierende Produkte und Services
- Aktuelle Herausforderung, Leitfrage, Problem
- Durchlaufenes Projekt oder Projektphasen
- Ergebnisse aus der Analysephase
- Existierende Prozesse und Verfahren

Erzeugter Output der Methode

- Bessere Projekteffizienz, bessere Teamperformance
- Erzeugt Ideensuchfelder, unentdeckte Probleme, Inspiration
- Erzeugt Planungen und Priorisierungen
- Erzeugt neues Wissen und neue Erfahrungen
- Erzeugt größere Klarheit zu einem Thema
- Erzeugt mehr Hintergrundinformationen
- Erzeugt mehr Know-how-Zuwachs
- Identifiziert vorhandene Schwachstellen
- Identifiziert vorhandene Stärken

Hinderniseffekte, auf die die Methode positiv wirkt

- 04 – Beugt blinden Flecken/Betriebsblindheit vor
- 06 – Schwächt das Leben in der Vergangenheit
- 10 – Verhindert falsche Flughöhen
- 12 – Wirkt fehlender Inspiration entgegen
- 13 – Schafft für den Erfolg nötige Realitätsbezüge
- 32 – Verhindert unreflektiertes Agieren
- 36 – Schafft schnell Klarheit und beschleunigt Erkenntnisgewinn

Mögliche Extravorteile

- für Teams in einer Komfortsituation
- für Teams mit einem starkem Auftragsmandat
- für disruptiv unerfahrene Teams

Quellen

Web – https://de.statista.com/statistik/daten/studie/194117/umfrage/umsatz-mit-software-as-a-service-weltweit-seit-2010/, 10.05.2021
Web – https://prozessmaler.de/prozessebenen-tiefe/, 10.05.2021
Person – Dr. Jan Herrmann

Our own way of digital

EinSatzBeschreibung

Meta-Methode, um die eigene Version der digitalen Transformation festzuhalten, denn Digitalisierung ist für kein Team genau gleich.

Transformation-Index

P1 Leading	P2 Organizing	P3 Connecting	P4 Growing	P5 Talking	P6 Scanning	P7 Exploiting	P8 Exploring	P9 Earning	P10 Scaling
x	x	x	x	x	x	x	x	x	x

Beschreibung

Obwohl es in der digitalen Transformation zahlreiche Gemeinsamkeiten und sinnvolle Vorgehensweisen gibt, ist der Weg dorthin für jedes Team, jedes Produkt und jedes Unternehmen etwas ganz Eigenes. Auch das Zielbild, das nach dem Transformations-Projekt entsteht, wird auf die Besonderheiten des jeweiligen Teams zugeschnitten sein. Die eine Methode hat besser funktioniert als die andere, eine bestimmte Vorlage hat sich für den regelmäßigen Check-in durchgesetzt, die Wahl ist auf ein ganz bestimmtes Tool gefallen, mit dem das Team die Anforderungen für die technische Umsetzung und den Status der Aufgabenplanung erfasst, etc.

„Our own way of digital" ist eine Meta-Methode, mit der das Projektteam die Fortschritte bei der eigenen Transformation dokumentiert und für alle Beteiligten gemeinsam die verabschiedeten Best Practices festhält. Dies wirkt identitätsstiftend für das Team und unterstützt gleichzeitig die Übung mit den Methoden. Es gibt für die Darstellung unterschiedliche Vorgehensweisen, die entweder einen Methoden-Katalog, ein Poster, zum Beispiel an der Wand im Projekteraum, oder ein digitales Board erzeugen. Alle haben gemeinsam, dass Ideen und Methoden vom ganzen Team kollaborativ eingebracht und festgehalten werden. Die Unterlage ist ein lebendes Dokument, das als Basis für das gemeinsame Üben gedacht ist und mit neuen Erfahrungen aus der digitalen Arbeit ständig erweitert und verfeinert wird. Zum Beispiel kann eine Methode zum Anfang „aus dem Lehrbuch" in die Unterlage übernommen werden; nachdem sie ein paar Mal im spezifischen Team durchgespielt wurde, zeigt sich aber, dass eine angepasste Version oder Kombination mit einer anderen Methode für den gemeinsamen Kontext besonders gewinnbringend ist. Dies wird dann in der Unterlage ergänzt.

Durchführung

Man kann die „Our own way of digital"-Unterlage während des Projektes anwachsen lassen oder in einer „Lessons learned"-Session gemeinsam erarbeiten. Man sollte darauf achten, dass möglichst viele Mitglieder aus dem Projekt an der Erarbeitung der Unterlage beteiligt sind und sich auch aktiv einbringen. So entsteht das Bild wirklich aus dem Team heraus und es kann eine konstruktiv-kritische Reflexion des bisher Erreichten und Geleisteten erfolgen. Es bietet sich bei länger laufenden Projekten auch an, regelmäßige gemeinsame Updates der Unterlage einzuplanen. So werden Fortschritte sichtbar, aber auch Punkte, an denen man gemeinsam noch intensiver arbeiten möchte, lassen sich identifizieren und für die Zukunft einplanen.

Das „Digital Playbook"

Ein sehr einfacher und pragmatischer Weg, den eigenen Blick auf die Digitalisierung zu dokumentieren, ist eine geteilte PowerPoint-Präsentation. Das Team legt eine Unterlage an, die zusammen gepflegt und aktualisiert wird. So entsteht ein Katalog der Methoden, die das Team für digitale Transformations-Projekte anwendet. Dieser kann zum Beispiel für Präsentationen, die Auswahl der geeigneten Methode für eine neues Projekt oder auch das Onboarding neuer Kolleginnen und Kollegen im Team genutzt werden. Man kann das digitale Playbook sogar als E-Book oder Blog, im Inter- oder Intranet dokumentieren. So wird es dem ganzen Team, dem ganzen Unternehmen und möglicherweise sogar anderen Transformationsteams zugänglich. Wir alle lernen schließlich nach wie vor gemeinsam voneinander und miteinander, wie Digitalisierung funktioniert.

Poster/Wallboard

Die Umsetzung mit einem Poster oder Wallboard ist eine analoge Version der Dokumentation, die den „Own way of digital" sehr haptisch und visuell vergegenwärtigt. Man erstellt ein Poster, auf dem die gemeinsam genutzten Methoden festgehalten werden. Wenn ein gemeinsam genutzter Projektraum zur Verfügung steht, kann man sogar eine ganze Wand für ein Wallboard reservieren und nach und nach mit sehr visuellen Elementen anfüllen. Diese können unterschiedliche farbliche Post-its sein, oder Ausdrucke bzw. Bilder von Methoden oder Modellen, die das Team für das eigene digitale Vorgehen ausgewählt hat. Man kann hier auch horizontal unterscheiden und ggf. auch ein klassisches Kanban Board mit integrieren:

- Methoden, die wir noch ausprobieren möchten
- Methoden, die wir schon nutzen
- Methoden, die wir für uns verworfen haben

Auf dem Poster oder Wallboard lassen sich nach Wunsch auch gemeinsame Fotos oder Kommentare aus dem Team festhalten, um eine persönliche Note zu ergänzen.

Digitales Poster

Für remote vernetzte Teams lässt sich das Poster auch als Board in einem digitalen Tool, zum Beispiel Miro oder Mural, umsetzen. Die Elemente sind hier die gleichen und werden mit den Mitteln des jeweiligen Tools angelegt. Von Vorteil ist bei der digitalen Variante, dass man Bilder, Screenshots oder Links zu gemeinsam genutzten Verzeichnissen oder Tools direkt im Board hinterlegen kann. Im „Unlimited Space", den die digitalen Varianten bieten, ist man räumlich außerdem nicht durch eine Wand in einem Zimmer oder eine materielle Vorlage eingeschränkt und kann das digitale Poster nach Belieben mit zusätzlichen Elementen erweitern. Außerdem lassen sich das ganze Board oder einzelne Teile daraus im digitalen Umfeld sehr leicht mit anderen teilen oder präsentieren.

Transformationswirksamkeit

- Wirksam für alle Transformationen

Transformationsfähigkeit

- Fördert die Agilität eines Teams
- Fördert die Teamkreativität
- Fördert die allgemeine Transformationsfähigkeit des Teams
- Fördert grundlegend die Kreativität
- Fördert offene Mindsets und innovative Denkhaltungen
- Sorgt für Inspiration oder bessere Inspirationsempfindlichkeit
- Zahlt auf eine bessere Vorstellungskraft ein
- Zahlt auf eine bessere Wahrnehmung ein

Einsatzcharakteristik

- Austauschfokus: vornehmlich mit internen Personen
- Durchführungszeit: eher mittel (>1 Stunde bis <1 Tag)
- Einsatzfrequenz: sinnvoll im dauerhaften Einsatz
- Einsatzradius: vornehmlich im Teameinsatz
- Einsatzradius: vornehmlich im projektweiten Einsatz
- Komplexität für den Moderator: eher gering
- Komplexität für die Teilnehmer: eher mittel
- Teamgröße: Großgruppen möglich (>50 Teilnehmer)
- Teamgröße: Kleingruppe möglich (3 bis 5 Teilnehmer)
- Teamgröße: Maxigruppen möglich (20 bis 40 Teilnehmer)
- Teamgröße: Mittelgroße Teams möglich (5 bis 20 Teilnehmer)
- Teamgröße: Speziell für Großgruppen geeignet (>50 Teilnehmer)
- Vorbereitungszeit: eher gering (<1 Stunde)

Nötiger Input, um mit der Methode arbeiten zu können

- Durchlaufenes Projekt oder Projektphasen

Erzeugter Output der Methode

- Bessere Projekteffizienz, bessere Teamperformance
- Erzeugt Poster
- Erzeugt besseren Teamspirit, mehr Offenheit, Inspirationsempfindlichkeit
- Erzeugt kollaborative Lösungen und Ideen
- Erzeugt visualisierte Ideen, Begriffe, Themen
- Erzeugt transformationsfähigere Organisationen
- Erzeugt motiviertere und transformationsfähigere Teilnehmer
- Identifiziert vorhandene Stärken
- Macht Wirkzusammenhänge sichtbar

Hinderniseffekte, auf die die Methode positiv wirkt

- 11 – Schärft eine fehlende gemeinsame Ausrichtung
- 15 – Stärkt das Vertrauen im Team
- 12 – Wirkt fehlender Inspiration entgegen

Mögliche Extravorteile

- für die Arbeit mit digitalen Kollaborationsboards

Quellen

Organisation – masterplan.academy GmbH, Düsseldorf, www.masterplan.academy

Person – Stephanie Bretz, stephanie.bretz@masterplan.academy

Pair and Mob Programming

EinSatzBeschreibung

Beim Pair und Mob Programming arbeiten zwei oder mehr Personen gemeinsam an einem Problem, wobei nur eine der Personen den Code programmiert und die anderen bei der Lösungsfindung unterstützen.

Transformation-Index

P1 Leading	P2 Organizing	P3 Connecting	P4 Growing	P5 Talking	P6 Scanning	P7 Exploiting	P8 Exploring	P9 Earning	P10 Scaling
	x				x	x	x		

Beschreibung

"What one programmer can do in one month, two programmers can do in two months." Fred Brooks

Viele Leute denken, dass man Programmierung einfach und in hohem Maße parallelisieren kann. Wenn die Entwickler am selben Projekt arbeiten, funktioniert diese Methodik allerdings nur zu Teilen. Selbstverständlich können bestimmte Bestandteile unabhängig voneinander entwickelt werden, allerdings gibt es auch häufig Abhängigkeiten zwischen den zu programmierenden Modulen. Insbesondere in agilen Sprints stellt sich die Frage, inwiefern eine hohe Parallelisierung sinnvoll ist, denn hier soll ja bewusst ein gemeinsames Ziel und Produktinkrement geschaffen werden.

Aus dem Extreme Programming (XP) hat sich die Methodik des Pair Programmings entwickelt, die mittlerweile häufig in agilen Softwareprojekten angewandt wird. Hierbei arbeiten zwei Entwickler gleichzeitig an einem Arbeitsplatz an einer Aufgabe und programmieren zusammen. Einer der Entwickler schreibt dabei den Code ("Driver"), und der andere Entwickler kontrolliert den Code, gibt Feedback und denkt aktiv über die Problemstellung nach ("Navigator"). Diese Rollen werden dann nach und nach rotiert.

Untersuchungen haben gezeigt, dass dadurch die Entwicklungskosten nur minimal steigen, weil durch das „Vier-Augen-Prinzip" Fehler deutlich früher erkannt und behoben werden. In der Praxis lassen sich also durch das Pair Programming u. a. folgende Vorteile erzielen:

- geringe Fehlerquote,
- Zusammenarbeit und Kommunikation im Team wird gestärkt,
- Code-Qualität steigt,
- durch den gemeinsamen Austausch können Probleme besser gelöst werden,
- Wissen wird geteilt.

Eine Weiterführung des Pair Programmings ist das sogenannte Mob Programming. Hierbei arbeitet ein gesamtes Team – der „Mob" – an einer Coding-Aufgabe, wobei es wie beim Pair Programming einen Driver gibt, der an der Workstation sitzt und den Code eingibt. Die anderen Mitglieder übernehmen gemeinsam die Rolle des Navigators, entwickeln Lösungsvorschläge und diskutieren miteinander. Allerdings kennt das Mob Programming auch weitere Rollen, sodass neben dem Driver und Navigator auch folgende Rollen besetzt werden können:

- **Designated Navigator**: Moderiert die Diskussionen der anderen Navigatoren, sammelt Vorschläge und entscheidet, wenn die Vorschläge auseinander gehen
- **Researcher**: Übernimmt Forschungsaufgaben, die zur Lösung der Aufgabe hilfreich sein können
- **Learner**: Nimmt primär teil, um als Teil der Gruppe zu lernen und aktiv nachzufragen
- **Timekeeper**: Überwacht die Zeit und kümmert sich um den Rollenwechsel

Neben den Vorteilen aus dem Pair Programming stärkt das Mob Programming vor allem auch die Teambindung, da hier noch mehr Mitglieder involviert sind.

Durchführung

Die Vorgehensweise beim Pair-Programming und Mob-Programming ist vom Grundsatz her ähnlich:

1. Zunächst muss die zu lösende Aufgabe konkret formuliert werden und alle Mitglieder müssen das Problem verstanden haben.
2. Die anfänglichen Rollen sowie die Zeit zum Rotieren müssen festgelegt werden.
3. Schaffung des Arbeitsplatzes und einer Arbeitsatmosphäre, damit alle Teilnehmer produktiv an der Aufgabe arbeiten können und den Code begutachten können. Die Teilnehmer können sich also entweder in einem Raum befinden, Mob Programming kann aber auch remote durchgeführt werden. Dabei wird der Code per Bildschirmübertragung geteilt.
4. Anschließend wird die Aufgabe vom Team bearbeitet – dies beinhaltet das Verstehen des Problems, Finden einer Lösung, Schreiben des Codes, Testen der entwickelten Funktionalität sowie Dokumentation.
5. Nach der festgesetzten Zeit (z.B. 15 Minuten) werden die Rollen rotiert.
6. Dies wird so lange fortgesetzt, bis die Aufgabe (idealerweise vom Umfang so groß, dass diese innerhalb eines Tages bearbeitet werden kann) erledigt ist.
7. Am Ende kann die Konstellation eine kurze Retrospektive durchführen, um zu reflektieren, wie die Zusammenarbeit funktioniert hat

144 Pair and Mob Programming

Praxisschlaglicht

In der Praxis sollte man auf folgende Dinge achtgeben:

- Jeder sollte seine derzeit aktive Rolle ernst nehmen und sich verantwortlich fühlen, diese zu erfüllen.
- Austausch und Kommunikation ist sehr wichtig, „lautes Denken“ ist also ein Muss.
- Beachten der Rotation und Zeit.
- Gestaltung eines produktiven Arbeitsplatzes mit ausreichend Platz.
- Es ist auch möglich, die Methode Remote durchzuführen; wenn sich alle Teilnehmer in einem Raum befinden, dann kann es vorteilhaft sein, wenn jeder Teilnehmer seinen eigenen (mit dem Code synchronisierten) Monitor hat.
- Kritikfähigkeit, Transparenz und gemeinsames Wachsen sind essenziell.
- Zum Team-Building und Skill-Building kann es vorteilhaft sein, einen Senior Programmierer mit einem Junior Programmierer zu kombinieren.
- Die Methode kann selbstverständlich auch auf weitere Aufgabentypen (neben Programmierung) übertragen werden, z. B. auf UI/UX Design.
- Wenn ein Teilnehmer nichts mehr zur Lösung der Aufgabe beitragen kann, darf dieser jederzeit aussteigen.
- Nicht immer macht Pair oder Mob Programming Sinn – man kann die Methode ad hoc für spezifische komplexe Aufgaben einsetzen oder auch kulturell verankern, allerdings sollte man genau abwägen, ob die Team-Kultur dafür geeignet ist.
- Durch die intensive Arbeit ist es sehr wichtig, Pausen einzuplanen.

Transformationswirksamkeit

- Wirksam für Herausforderungen mit hoher Komplexität
- Wirksam für Produkttransformationen
- Wirksam für Prozesstransformationen
- Wirksam für Servicetransformationen
- Wirksam für radikale Transformationen

Transformationsfähigkeit

- Fördert die Agilität eines Teams
- Fördert die allgemeine Transformationsfähigkeit des Teams
- Fördert offene Mindsets und innovative Denkhaltungen
- Sorgt für Inspiration oder bessere Inspirationsempfindlichkeit

Einsatzcharakteristik

- Austauschfokus: vornehmlich mit internen Personen
- Durchführungszeit: eher hoch (> 1 Tag)
- Einsatzfrequenz: sinnvoll im dauerhaften Einsatz
- Einsatzfrequenz: vornehmlich über im kompletten Projektzeitraum
- Einsatzradius: vornehmlich im projektweiten Einsatz
- Einsatzradius: vornehmlich im unternehmensweiten Einsatz
- Komplexität für den Moderator: eher hoch
- Komplexität für die Teilnehmer: eher hoch
- Teamgröße: Kleingruppe möglich (3 bis 5 Teilnehmer)
- Teamgröße: Mittelgroße Teams möglich (5 bis 20 Teilnehmer)
- Vorbereitungszeit: eher hoch (>1 Tag)

Nötiger Input, um mit der Methode arbeiten zu können

- Ideen und Projekte die zur Umsetzung anstehen
- Ideen, Lösungsansätze, Vorideen, Varianten

Erzeugter Output der Methode

- Erzeugt besseren Teamspirit, mehr Offenheit, Inspirationsempfindlichkeit
- Erzeugt kollaborative Lösungen und Ideen
- Erzeugt umgesetzte Ideen

Hinderniseffekte, auf die die Methode positiv wirkt

- 04 – Beugt blinden Flecken/Betriebsblindheit vor
- 05 – Verhindert blinden Aktionismus
- 10 – Verhindert falsche Flughöhen
- 11 – Schärft eine fehlende gemeinsame Ausrichtung
- 15 – Stärkt das Vertrauen im Team
- 19 – Verhindert Ideenbunkerei und Geheimniskrämerei
- 27 – Schwächt das „Not invented here“-Syndrom
- 28 – Stärkt schwache Anreicherungsskills
- 32 – Verhindert unreflektiertes Agieren
- 35 – Dynamisiert und aktiviert wenig dynamische Teams
- 36 – Schafft schnell Klarheit und beschleunigt Erkenntnisgewinn
- 39 – Fördert die Agilität der Teilnehmer

Mögliche Extravorteile

- für Teams in einer Komfortsituation
- für Teams mit einer konservativen, tradierten Kultur
- für disruptiv unerfahrene Teams
- für innovativ ungeübte Teams
- für interkulturell unerfahrene Teams
- für multidisziplinär unerfahrene Teams
- für die Arbeit mit digitalen Kollaborationsboards

Quellen

Web – https://www.it-agile.de/wissen/agiles-engineering/pair-programming/, 24.05.2021

Web – https://www.agilealliance.org/glossary/pairing/, 24.05.2021

Web – https://stackify.com/pair-programming-advantages/, 24.05.2021

Penny Game

EinSatzBeschreibung

Spiel, dass die Zusammenarbeit stärkt und wertvolle Einsichten über Vorteile von agilen Teams liefert.

Transformation-Index

P1 Leading	P2 Organizing	P3 Connecting	P4 Growing	P5 Talking	P6 Scanning	P7 Exploiting	P8 Exploring	P9 Earning	P10 Scaling
			x						

Beschreibung

Das Penny Game ist ein Spiel, das häufig in agilen Teamkontexten eingesetzt wird, um die Zusammenarbeit zu stärken und agile Wirkprinzipien zu verdeutlichen, insbesondere die Vorteile des Arbeitens in kurzen Iterationen.

Um die Übung durchzuführen, werden mindestens zehn Spieler benötigt, dazu 20 Münzen (Pennies) und sechs Stoppuhren.

Die durchschnittliche Dauer beträgt 20 bis 30 Minuten.

Durchführung

Ziel des Spiels: Die 20 Münzen so schnell wie möglich durch das System der Arbeiter zu verarbeiten.

Es gibt 4 unterschiedliche **Rollen**:

4 Personen – „Arbeiter" – sitzen am Tisch

4 Personen – „Manager" – stehen mit Stoppuhr/Handy hinter den Arbeitern

1 Person – Schreiber/Moderator – schreibt die Zeiten auf das Flipchart und verfolgt mit einer Stoppuhr/einem Handy, wie lange es dauert, alle Münzen von Anfang bis Ende zu bearbeiten

1 Person – Kunde – verfolgt mit einer Stoppuhr/Handy die Zeit von der ersten Münze von Anfang bis Ende.

Zu Beginn liegen alle Münzen mit dem Kopf nach oben vor Arbeiter 1.

Die Übung wird in vier Iterationen durchgeführt.

Der erste Durchlauf beginnt damit, dass der Arbeiter in Abteilung 1 jede vor ihm liegende Münze mit einer Hand von Kopf nach Zahl umdreht. Sobald der Arbeiter beginnt, startet der Manager für Abteilung 1 seine Stoppuhr, ebenso der Kunde und der Präsident.

Wenn alle Münzen auf Zahl umgedreht wurden, schiebt Arbeiter 1 alle 20 Münzen zu dem Arbeiter in Abteilung 2 neben ihm hinüber. Wenn die erste Münze zu Arbeiter 2 geschoben wird, startet Manager 2 seine Stoppuhr. Wenn die letzte Münze von Arbeiter 1 zu Arbeiter 2 geschoben wird, stoppt Manager 2 seine Stoppuhr. Dieser Vorgang wird für Arbeiter 2, Arbeiter 3 und Arbeiter 4 wiederholt.

Wenn die letzte Münze von Arbeiter 4 zum Kunden bewegt wird, stoppt der Kunde seine Stoppuhr.

Halten Sie die Ergebnisse des ersten Durchgangs in einer Tabelle fest. Diese sollte auf der oberen Achse die Gesamtzahl der Münzen haben, die auf einmal verschoben werden (=20 in der ersten Iteration) und auf der linken Achse die

In der zweiten bis vierter Iteration ändert sich die Zahl der Münzen, die fertiggestellt werden müssen, bevor der Arbeiter sie weitergeben kann.

Dies bedeutet für die **Iterationen**:

Runde 1:

Die Arbeiter arbeiten in 20er-Stapeln, d. h. sie dürfen erst dann Münzen an den nächsten Arbeiter weitergeben, wenn sie alle 20 Münzen umgedreht haben.

Runde 2:

Die Arbeiter arbeiten in 10er-Stapeln, d. h. sie dürfen einen Stapel von 10 Münzen an den nächsten Arbeiter weitergeben, sobald sie 10 Münzen umgedreht haben.

Runde 3:

Die Arbeiter arbeiten in 5er-Stapeln, d. h. sie dürfen einen Stapel von 5 Münzen an den nächsten Arbeiter weitergeben, sobald sie 5 Münzen umgedreht haben.

Runde 4:

Die Arbeiter arbeiten in Stapeln von 1, d. h. sie dürfen jede Münze an den nächsten Arbeiter weitergeben, sobald sie 1 Münze umgedreht haben.

Analyse am Ende des Spiels:

Am Ende von Runde 4 führt der Moderator die Gruppe durch die Analyse der Zeitabläufe.

Die individuellen Zeiten werden typischerweise steigen, während die Zeit für den Münzprozess sinkt, was den Eindruck erweckt, dass jeder Arbeiter weniger effizient wird (besonders die am Ende des Prozesses), während der Prozess selbst effizienter wird.

Variationen:

Versuchen Sie, eine Münze unterschiedlicher Größe in den Prozess zu werfen, um zu sehen, wie die Teams mit Variationen umgehen.

Führen Sie nach der ersten Iteration eine Retrospektive durch, um zu sehen, ob die Teilnehmer selbst auf die Idee kommen, eine Änderung der Stapelgröße anzufragen.

Versuchen Sie zu verfolgen, wie lange es dauert, bis eine „dringende Anfrage" durch die verschiedenen Systeme mit Stapelgröße gelangt.

145 Penny Game

Transformationswirksamkeit

- Wirksam für alle Transformationen

Transformationsfähigkeit

- Fördert die Agilität eines Teams
- Fördert die allgemeine Transformationsfähigkeit des Teams

Einsatzcharakteristik

- Austauschfokus: vornehmlich mit internen Personen
- Durchführungszeit: eher gering (< 1 Stunde)
- Einsatzfrequenz: vornehmlich im einmaligen Einsatz
- Einsatzradius: vornehmlich im Teameinsatz
- Komplexität für den Moderator: eher gering
- Komplexität für die Teilnehmer: eher gering
- Teamgröße: Mittelgroße Teams möglich (5 bis 20 Teilnehmer)
- Vorbereitungszeit: eher gering (<1 Stunde)

Nötiger Input, um mit der Methode arbeiten zu können

- Durchführungszeit, Trainingszeit

Erzeugter Output der Methode

- Bessere Projekteffizienz, bessere Teamperformance
- Erzeugt mehr Agilität im Team
- Erzeugt motiviertere und transformationsfähigere Teilnehmer

Hinderniseffekte, auf die die Methode positiv wirkt

- 36 – Schafft schnell Klarheit und beschleunigt Erkenntnisgewinn
- 11 – Schärft eine fehlende gemeinsame Ausrichtung
- 15 – Stärkt das Vertrauen im Team

Mögliche Extravorteile

- für Teams mit einer konservativen, tradierten Kultur
- für unerfahrene Trainer und Agile Coaches

Quellen

Web – https://leanagiletraining.com/better-agile/agile-penny-game-rules 24.05.2021
Web – https://agilegameswithjames.com/penny-game , 24.05.2021

Grafik: verrocchio Mindset-Card – Illustration: Jennifer Weiss

Persona

EinSatzBeschreibung

Visueller Kundensteckbrief, um Produkte auf die Bedürfnisse des Kunden besser auszurichten.

Transformation-Index

P1 Leading	P2 Organizing	P3 Connecting	P4 Growing	P5 Talking	P6 Scanning	P7 Exploiting	P8 Exploring	P9 Earning	P10 Scaling
					x	x			

Beschreibung

Den Kunden in den Mittelpunkt zu stellen, ist einer der Basiswerte aus dem agilen Manifest und ohne Agilität keine Digitale Transformation. Wie kann man sicherstellen, die Kundenzentriertheit auch wirklich immer im Blick zu haben und so die Digitale Transformation voranzutreiben? Eine Methode dafür ist die Entwicklung von sogenannten Personas.

Personas sind fiktive Personen, die mit realen Charaktereigenschaften, Bedürfnissen und Lebensumständen vom Projekt- oder Produktteam kreiert werden. Sie stehen für eine bestimmte Zielgruppe und unterstützen das Team dabei, das Produkt auf die Bedürfnisse des potenziellen Kunden auszurichten und es ziel- und bedarfsspezifisch zu entwickeln.

Im Zentrum steht also das Nutzungsverhalten des Kunden, damit dieser das Produkt so effektiv wie nur möglich verwenden kann. Denn mit Personas kann das Nutzungsverhalten der spezifischen Zielgruppe vorausgesagt werden. Wichtig ist, dass die Persona zwar fiktiv ist, die ihr zugeschriebenen Merkmale aber real, datenbasiert und aus der Zielgruppe abgeleitet werden.

Genau wie die Zielgruppe selbst, entwickelt sich auch die Persona stetig weiter und muss immer wieder hinterfragt und angepasst werden. Die Merkmale der Persona helfen dabei, die Wünsche von Stakeholdern von tatsächlichen Bedarfen des Kunden zu unterscheiden. Außerdem ist es sehr viel einfacher, die veranschaulichte Person vor sich zu sehen, die das Produkt nutzt und sich so in sie hineinzuversetzen. Bedarfe können so mit deren Brille gesehen, verstanden und umgesetzt werden.

Der Softwareexperte Alan Cooper stellte die Methode, mit der Zielgruppenbeschreibungen um eine greifbare Persönlichkeit angereichert werden, erstmals 1999 in „The Inmates Are Running the Asylum“ vor und legte damit den Grundstein für die Persona Methode (lat. Maske). Angedacht war eigentlich, die Methode im Rahmen von Mensch-Maschine-Interaktionen zu verwenden, aber sie entwickelte sich schnell zu einer Methode zur Bedarfs- und Zielgruppenanalyse.

Durchführung

1. Vorarbeit

Bevor die Persona erstellt und genutzt werden können, muss einiges an Vorarbeit geleistet werden. Denn die Entwicklung der fiktiven Persona beruht nicht etwa auf fiktiven Merkmalen, sondern auf realen. Daher müssen auch reale Daten aus realen Analysen gesammelt werden. Hierzu bieten sich sowohl qualitative als auch quantitative Methoden aus der Sozialforschung an: Experten- oder Tiefen-Interviews, Umfragen oder (teilnehmende) Beobachtungen sind nur einige Beispiele, die möglich sind.

Wenn die Daten gewonnen sind, sollten sie evaluiert und kategorisiert werden, sodass jede Zielgruppe mit ihren Merkmalen vertreten ist und daraus Persona erstellt werden können, die wiederum eine Zielgruppe repräsentieren.

2. Workshop zur Persona-Erstellung

Der Workshop zur Erstellung der Persona ist sicherlich einer der spaßigsten Teile in der Persona-Methode, denn hier kann man seiner Fantasie freien Lauf lassen und der Kreativität sind keine Grenzen gesetzt! Teilen Sie das Team in kleine Gruppen ein und geben Sie jeder Gruppe eine ausgedruckte, beschreib- und bemalbare Vorlage, auf der sie ihre Persona ins Leben rufen dürfen.

Die Vorlage sollte so gestaltet werden, dass die Persona realistisch erscheint und man sich wirklich vorstellen kann, dass diese Person gleich den Flur entlang gelaufen kommt. Ergeben ihre Daten also, dass die Zielgruppe durchschnittlich 1,2 Haustiere pro Person hat, dann schreiben Sie nicht „1,2 Haustiere“ als Merkmal, sondern geben Sie ihrer Persona nur eine Katze oder nur einen Hund oder was sie ihr geben möchten, aber keine 1,2 Katzen oder Hunde. Mögliche Merkmale einer Persona sind persönliche Angaben wie Name, Alter, Geschlecht oder Familienstand. Die Laufbahn, der Beruf, die Ausbildung können genauso in ihrer Vorlage abgefragt werden wie Verhaltensmuster, Vorlieben oder Hobbys. Auch wenn die Merkmale einer Zielgruppe natürlich ähnlich sind, werden zum Schluss trotzdem ganz verschiedene Persona zum Vorschein kommen, in die man sich hineinversetzen kann.

3. Nutzung der Personas

Persona werden erstellt, um ein Produkt so zu entwickeln, dass der Kunde es kaufen und nutzen möchte. Daher macht es im nächsten Schritt Sinn, die Prototypen im Hinblick auf die Bedürfnisse der erstellten Persona zu testen. Macht das Produkt unter Berücksichtigung von Bedarfen, Erwartungen oder Lebensumständen Sinn für den Kunden oder müssen Dinge anders gestaltet werden? Es können nun konkrete Empfehlungen abgeleitet und das Produkt entsprechend weiterentwickelt werden.

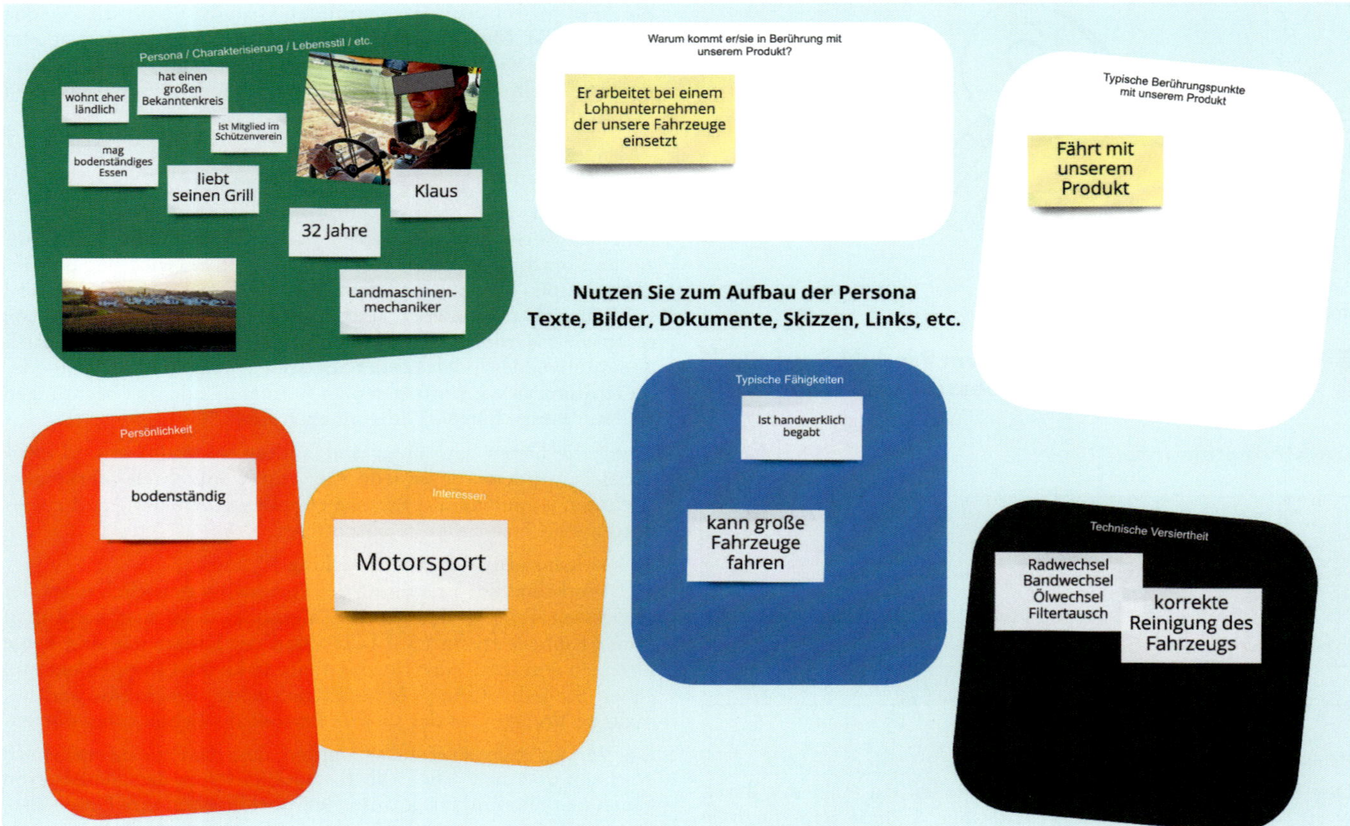

Grafik: verrocchio Institute

Tipps

Achten Sie unbedingt darauf, Ihrer Persona ein Gesicht zu geben! Es heißt nicht umsonst, „sich ein Bild von jemandem machen"!

Ein kurzer Slogan oder ein Lebensmotto sorgt dafür, dass Ihre Persona im Gedächtnis bleibt.

Auch ein charakteristischer Name, der darauf schließen lässt, wer die Persona ist und was sie tut, bewirkt Wunder – denken Sie an Benjamin Blümchens und Bibi Blocksbergs „Karla Kolumna"!

Transformationswirksamkeit

- Wirksam für alle Transformationen

Transformationsfähigkeit

- Fördert die Teamkreativität
- Fördert grundlegend die Kreativität
- Fördert offene Mindsets und innovative Denkhaltungen
- Sorgt für Inspiration oder bessere Inspirationsempfindlichkeit

Einsatzcharakteristik

- Austauschfokus: vornehmlich mit internen und externen Personen
- Durchführungszeit: eher hoch (> 1 Tag)
- Einsatzfrequenz: vornehmlich über im kompletten Projektzeitraum
- Einsatzradius: vornehmlich im projektweiten Einsatz
- Komplexität für den Moderator: eher mittel
- Komplexität für die Teilnehmer: eher mittel
- Teamgröße: Kleingruppe möglich (3 bis 5 Teilnehmer)
- Teamgröße: Maxigruppen möglich (20 bis 40 Teilnehmer)
- Teamgröße: Mittelgroße Teams möglich (5 bis 20 Teilnehmer)
- Vorbereitungszeit: eher mittel (>1 Stunde bis <1 Tag)

Nötiger Input, um mit der Methode arbeiten zu können

- Aktuell existierende Geschäftsmodelle
- Aktuell existierende Produkte und Services
- Aktuelle Herausforderung, Leitfrage, Problem
- Beteiligte Personen mit Tätigkeiten und Aufgaben
- Ergebnisse aus der Analysephase
- Ideen und Projekte die zur Umsetzung anstehen
- Verschiedene Botschaften, Meinungen, Statements
- Verschiedene Meinungen und Blickwinkel

- Personenmerkmale (Meinungen, Bedürfnisse, Werte, etc.)
- Produktmerkmale, Skizzen, Eigenschaften

Erzeugter Output der Methode

- Erzeugt Prognosen und Ableitungen
- Erzeugt Nutzenfunktionen und Bedürfniskorridore
- Erzeugt Planungen und Priorisierungen
- Erzeugt kollaborative Lösungen und Ideen
- Erzeugt größere Klarheit zu einem Thema
- Ziel- und Fokusgruppen

Hinderniseffekte, auf die die Methode positiv wirkt

- 10 – Verhindert falsche Flughöhen
- 13 – Schafft für den Erfolg nötige Realitätsbezüge
- 34 – Verhindert vorschnelles Urteilen über Ideen
- 36 – Schafft schnell Klarheit und beschleunigt Erkenntnisgewinn

Mögliche Extravorteile

- für agile Teams
- für erfahrene Trainer und Agile Coaches
- für innovativ erfahrene Teams
- für multidisziplinär erfahrene Teams

Quellen

Buch – The inmates are running the asylum: Why high-Tech Products Drive us crazy and how to restore the Sanity, Alan Cooper (Sams Publishing 1999)

Web – https://jendryschik.de/weblog/2010/12/28/mit-personas-projekte-menschlich-und-motivierend-gestaltenMit Personas Projekte menschlich und motivierend gestalten, 18.04.2021

Pirate Metrics

EinSatzBeschreibung

Die Pirate Metrics bearbeiten die fünf Phasen eines Kunden-Lebenszyklus.

Transformation-Index

P1 Leading	P2 Organizing	P3 Connecting	P4 Growing	P5 Talking	P6 Scanning	P7 Exploiting	P8 Exploring	P9 Earning	P10 Scaling
					x	x	x	x	x

Beschreibung

Die sogenannten Pirate Metrics wurden erstmals 2007 von dem Unternehmer und Angel Investor Dave McClure präsentiert, welche folgende fünf Phasen eines Kunden-Lebenszyklus zusammenbringen:

1. **Acquisition**: Wie/Wodurch wird der Nutzer akquiriert?
2. **Activation**: Wie/Wodurch wird der Nutzer aktiviert und eine erste positive Erfahrung geschaffen?
3. **Retention**: Wie/Wodurch kommt der Nutzer wieder?
4. **Referral**: Wie/Wodurch empfiehlt der Nutzer das Produkt weiter?
5. **Revenue**: Wie/Wodurch generiert der Nutzer einen Umsatz?

Wie Sie als aufmerksame/r Leser/in vermutlich bemerkt haben, ergibt sich der Name „Pirate Metrics“ aus den ersten Buchstaben der jeweiligen Phasen: AARRR. Was nun bspw. genau eine „Acquisition“ oder eine „Activation“ ist, hängt immer von dem jeweiligen Produkt ab.

Im Kontext von digitaler Transformation ist es essenziell, kontinuierlich Daten zu messen und zu analysieren, um genau zu verstehen, wie die eigenen digitale Produkte, Services, Bestellstrecken und Co. performen. Durch datengetriebene Arbeitsweisen kann der „Funnel“ vom Besucher bis zum Kunden kontinuierlich optimiert werden, um die Conversion Rates von oben nach unten zu verbessern. Wie man in der Grafik erkennen kann, wird der Funnel von oben nach unten immer schmaler. Natürlich sinken die Konversionsraten von oben nach unten in allen Phasen, aus denen ein einfacher Besucher ein bezahlender Kunde wird.

Selbstverständlich gibt es neben diesen fünf Kategorien weitere wichtige Metriken, aber die Pirate Metrics bieten sich vor allem als ein erster Wurf aus Sicht einer Produkt- und Marketingperspektive an. Auch wenn sonst keine Metriken gemessen werden, so sollten es zumindest diese.

Eine leicht andere Darstellung bietet der sogenannte Customer Factory Blueprint, der von Ash Maurya entwickelt wurde.

Hier wird das Geschäftsmodell metaphorisch durch eine Fabrik dargestellt. Im Wesentlichen werden die gleichen Metriken verwendet, allerdings wird der Funnel hier durch Piktogramme und nicht-lineare Schleifen ergänzt. So kann der Pfad eines Kunden einfacher visualisiert werden.

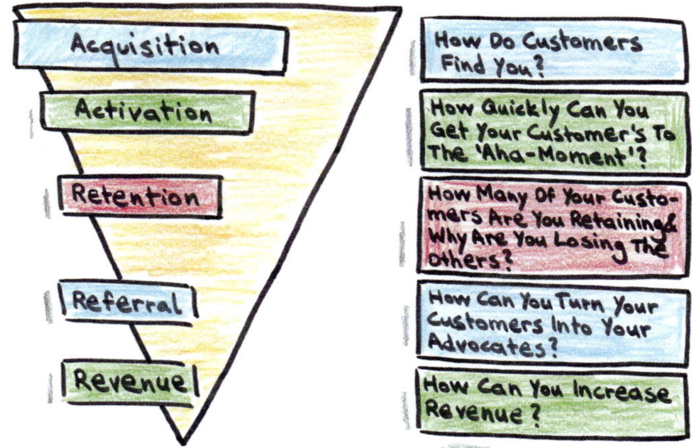

Grafik: Anja Faber

Durchführung

Die Durchführung wird exemplarisch anhand einer imaginären Software-as-a-Service-Lösung dargestellt. Diese imaginäre SaaS stellt eine mobile B2C Fitness-App dar, in der Benutzer eigene Workouts erstellen können und sich virtuell gegen andere Benutzer duellieren und messen können, indem die Duellanten das gleiche Workout durchführen. Wer das Workout am schnellsten durchgeführt hat, gewinnt.

1. **Tabelle vorbereiten**
   Bereiten Sie eine Tabelle vor, in der Sie je drei Spalten anlegen für die Phase (Acquisition, Activation usw.), die Aktion des Benutzers in der Phase und die entsprechende Conversion Rate in %.

Phase	Aktion	Conversion Rate (%)
…	…	…

2. **Modellierung der „Acquisition“-Phase**
   Nun beginnen Sie, den Funnel des Nutzers durch alle Phasen zu modellieren. Listen Sie im ersten Schritt sämtliche Aktionen auf, die Sie als „Akquise“ eines Benutzers definieren würden. Je nach Geschäftsmodell können hier natürlich unterschiedliche Aktionen stehen. Im Falle unseres Beispiels könnten sich die Schritte hier vom Besuch der Landing Page, dem Download der App bis zum Erstellen eines kostenlosen Accounts erstrecken. Anschließend ergänzen Sie je Aktion die Conversion Rate in %, also die Wahrscheinlichkeit, mit der ein Nutzer diese Aktion abschließt. Die Conversion Rate der ersten Aktion des Besuches stellt in unserem Beispiel 100 % dar. Die nachstehen-

den Conversion Rates beziehen sich dann prozentual gesehen immer auf den Wert davor. Das heißt, von den allen Nutzern, die die Landing Page besuchen, bleiben 40 % mindestens zwei Minuten auf der Seite. Von diesen 40 % laden sich 5 % die App herunter, und von diesen 5 % erstellen sich auch 80 % einen kostenlosen Account.

Phase	Aktion	Conversion Rate (%)
Acquistion	Nutzer besucht Landing Page	100 %
	Nutzer bleibt mindestens 2 Minuten auf der Seite	40 %
	Nutzer lädt sich die App herunter	5 %
	Nutzer erstellt sich einen kostenlosen Account	80 %

3. **Modellierung der „Activation"-Phase**
   Ob die Erstellung des Accounts unter Acquisition oder Activation zu verordnen ist, hängt immer vom Geschäftsmodell ab. Da wir die Erstellung des Accounts in unserem Beispiel in der „Acquisition"-Phase verordnet haben, wird der Nutzer durch ein automatisiertes Onboarding durch die App sowie die Durchführung des ersten Duells aktiviert.

Phase	Aktion	Conversion Rate (%)
Activation	Nutzer durchläuft Onboarding	80 %
	Nutzer erstellt erstes Workout	90 %
	Nutzer führt erstes Duell durch	50 %

4. **Modellierung der „Retention"-Phase**
   Anschließend listen Sie alle Aktionen auf, wodurch der Nutzer wiederkommt. In unserem Beispiel sind dies bspw. Aktionen wie Öffnen von Push-Benachrichtigungen sowie die Durchführung weiterer Duelle in einem spezifizierten Zeitraum.

Phase	Aktion	Conversion Rate (%)
Retention	Nutzer öffnet mindestens 5 Push-Benachrichtigungen/Woche	30 % (hier bezogen auf alle aktivierten Nutzer)
	Nutzer führt mindestens drei Duelle/Woche durch	20 % (hier bezogen auf alle aktivierten Nutzer)

5. **Modellierung der „Referral"-Phase**
   Dieselben Schritte werden auch für die „Referral"-Phase angewendet, also alle Aktionen, in denen Nutzer die App weiterempfehlen.

Phase	Aktion	Conversion Rate (%)
Referral	Nutzer wirbt mindestens einen weiteren Nutzer, der die Landing Page besucht	3 %
	Nutzer wirbt mindestens einen weiteren Nutzer, der die Phase „Activation" durchläuft	2 %

6. **Modellierung der „Revenue"-Phase**
   Die letzte Phase des Funnels stellt die Generierung von Umsatz durch den Nutzer dar. Da die App sowohl eine erweiterte kostenpflichtige Premium-Version als auch eine kostenlose Version mit Schaltung von Werbung bietet, haben wir hier zwei Szenarien:

Phase	Aktion	Conversion Rate (%)
Revenue	(Kostenloser) Nutzer klickt mindestens 10 Werbeanzeigen/Woche	20 %
	(Premium) Nutzer generiert einen minimalen Umsatz von 200,00 €	2 %

7. **Kontinuierliche Messung, Analyse und Verbesserung der Metriken**
   Metriken sind da, um kontinuierlich gemessen, analysiert und verbessert zu werden. In unserem Beispiel müsste man sich also die niedrigen Absprungraten anschauen und Ziele setzen, um diese zu verbessern. Wie können wir den Nutzer bspw. dazu bewegen, weitere Nutzer zu werben? Können wir zusätzliche Anreize geben? Darauf basierend könnten Experimente designed und bspw. in A/B-Tests verprobt werden, in denen eine „alte Version" (z. B. Weiterempfehlung ohne Zusatznutzen) gegenüber einer „neuen Version" (z. B. Weiterempfehlung mit Belohnung durch eine 1-monatige kostenlose Premium-Nutzung) verglichen werden.

Tipps aus der Praxis:

- Der Funnel kann immer geändert und neu-modelliert werden – wichtig ist, dass Sie irgendwo starten.
- Auch wenn man noch keine Daten hat, kann man starten: Sie können einen ersten mutmaßlichen Aufschlag für die Conversion Rates machen und diese nach den ersten Messungen anpassen.
- Sie können weitere Spalten in der Tabelle ergänzen, bspw. die Kanäle, die zu den Aktionen beitragen (SEO, Online-Werbung usw.) oder die entsprechenden Kosten.
- Messen – Analysieren – Verbessern – Repeat: Einen Funnel zu modellieren, ist das eine. Aber dieser muss auch genutzt werden. Messen Sie diese Zahlen also, stellen Sie diese auf Probe und setzen Sie sich Ziele, um diese kontinuierlich durch Maßnahmen zu verbessern.

Transformationswirksamkeit

- Wirksam für Herausforderungen mit hoher Komplexität
- Wirksam für Herausforderungen mit mittlerer Komplexität
- Wirksam für Marketingtransformationen
- Wirksam für Produkttransformationen
- Wirksam für Servicetransformationen
- Wirksam für radikale Transformationen

Transformationsfähigkeit

- Zahlt auf eine bessere Wahrnehmung ein

Einsatzcharakteristik

- Austauschfokus: vornehmlich mit internen Personen
- Durchführungszeit: eher mittel (>1 Stunde bis <1 Tag)
- Einsatzfrequenz: vornehmlich im einmaligen Einsatz
- Einsatzfrequenz: vornehmlich über im kompletten Projektzeitraum
- Einsatzradius: vornehmlich im projektweiten Einsatz
- Komplexität für den Moderator: eher mittel
- Komplexität für die Teilnehmer: eher mittel
- Teamgröße: Einzelpersonennutzung möglich
- Teamgröße: Kleingruppe möglich (3 bis 5 Teilnehmer)
- Teamgröße: Mittelgroße Teams möglich (5 bis 20 Teilnehmer)
- Vorbereitungszeit: eher mittel (>1 Stunde bis <1 Tag)

Nötiger Input, um mit der Methode arbeiten zu können

- Aktuell existierende Geschäftsmodelle
- Aktuell existierende Produkte und Services
- Aktuelle Herausforderung, Leitfrage, Problem

Erzeugter Output der Methode

- Erzeugt Ideen für neue Märkte und neue Business Modelle
- Erzeugt spezifischere Leitfragen, Ideen und Aussagen
- Erzeugt größere Klarheit zu einem Thema
- Erzeugt segmentierte, kategorisierte, geclusterte Daten
- Identifiziert vorhandene Schwachstellen
- Identifiziert vorhandene Stärken
- Macht Wirkzusammenhänge sichtbar

Hinderniseffekte, auf die die Methode positiv wirkt

- 05 – Verhindert blinden Aktionismus
- 08 – Verhindert einseitige Bewertungen und Entscheidungen
- 10 – Verhindert falsche Flughöhen
- 11 – Schärft eine fehlende gemeinsame Ausrichtung
- 13 – Schafft für den Erfolg nötige Realitätsbezüge
- 20 – Verhindert Ideenfindung mit zu schwacher Erkenntnisgrundlage
- 28 – Stärkt schwache Anreicherungsskills
- 32 – Verhindert unreflektiertes Agieren
- 36 – Schafft schnell Klarheit und beschleunigt Erkenntnisgewinn

Mögliche Extravorteile

- für disruptiv unerfahrene Teams
- für innovativ ungeübte Teams
- für multidisziplinär unerfahrene Teams
- für die Arbeit mit digitalen Kollaborationsboards

Quellen

Web – https://500hats.typepad.com/500blogs/2007/09/startup-metrics.html, 24.05.2021

Web – https://www.slideshare.net/dmc500hats/startup-metrics-for-pirates-long-version, 24.05.2021

Buch – Scaling Lean: Mastering the Key Metrics for Startup Growth, Ash Maurya (Portfolio, 2016)

Pivoting

EinSatzBeschreibung

Strategiemethode für die Entwicklung oder Veränderung des eigenen Geschäftsmodells.

Transformation-Index

P1 Leading	P2 Organizing	P3 Connecting	P4 Growing	P5 Talking	P6 Scanning	P7 Exploiting	P8 Exploring	P9 Earning	P10 Scaling
					x	x	x	x	x

Beschreibung

Der Begriff des Pivoting geht auf den Buchautor und Entrepreneur Eric Ries zurück, der auch als Gründer der Lean Startup-Methode bekannt wurde. Im Wesentlichen bedeutet der Begriff, dass ein Unternehmen sein Geschäftsmodell substanziell ändert, sobald es anhand von Kundenfeedback merkt, dass seine Produkte nicht mehr nachgefragt werden.

Erfahrungsgemäß tun sich traditionelle Unternehmen mit dieser Veränderung schwer, während bei Start-ups (insbesondere bei der Verfolgung der Lean Startup-Methode) das Pivoting zur Planung gehört und regelmäßig stattfindet.

Entscheidend für den Erfolg des Pivots ist der richtige Zeitpunkt. Wenn dieser zu früh erfolgt, sind die Kunden häufig noch nicht bereit dafür, wenn er zu langsam erfolgt, ist die Wahrscheinlichkeit groß, dass die Konkurrenz vorbeizieht.

Es gibt unterschiedliche Arten von Pivots:

- **Zoom-in-Pivot**
  In diesem Fall wird das, was zuvor als einzelnes Merkmal bei einem Produkt betrachtet wurde, zum Gesamtprodukt.
- **Zoom-out-Pivot**
  In der umgekehrten Situation ist manchmal ein einzelnes Merkmal nicht ausreichend, um ein ganzes Produkt zu stützen. Bei dieser Art von Pivot wird das, was als Gesamtprodukt galt, zu einem Einzelmerkmal eines größeren Produkts.
- **Kundensegment-Pivot**
  Bei diesem Pivot wird sich das Unternehmen bewusst, dass das Produkt, welches es herstellt, ein echtes Problem für echte Kunden löst, aber dass diese nicht die Art von Kunden darstellen, für die es ursprünglich gedacht war. Mit anderen Worten, die Produkt-Hypothese ist nur teilweise bestätigt, das richtige Problem wird gelöst, allerdings für andere Kunden als ursprünglich erwartet.
- **Kundenbedarfs-Pivot**
  Nachdem man seine Kunden sehr gut kennengelernt hat, wird es manchmal eindeutig, dass das Problem, welches wir zu lösen versuchen, für sie keine große Rolle spielt. Jedoch entdecken wir aufgrund dieser Vertrautheit mit dem Kunden oft andere, verwandte Probleme, die wichtig sind und von unserem Team gelöst werden können. In vielen Fällen erfordern diese verwandten Probleme lediglich eine kleine Kurskorrektur beim bestehenden Produkt. In anderen Fällen wird ein komplett neues Produkt erforderlich. Dies ist wiederum ein Fall, in dem die Produkt-Hypothese nur teilweise bestätigt ist; der Zielkunde hat ein Problem, das es zu lösen gilt, nur nicht das, was ursprünglich erwartet wurde. Ein berühmtes Beispiel ist die Kette Potbelly Sandwich Shop, die heute über 200 Läden vorzuweisen hat. Alles begann mit einem Antiquitätenladen im Jahr 1977; die Inhaber fingen an, Sandwiches zu verkaufen, um die Kundenfrequenz in ihren Läden zu stützen. Schon bald hatten sie den Pivot in einen komplett anderen Geschäftszweig eingeschlagen
- **Plattform-Pivot**
  Ein Plattform-Pivot bezieht sich auf eine Veränderung von einer Anwendung hin zu einer Plattform oder umgekehrt. Normalerweise fangen Start-up-Unternehmen, die eine neue Plattform erschaffen möchten, an, indem sie einzelne Anwendungen für ihre Plattform verkaufen, die sogenannte Killer App. Erst später verhilft die Plattform Dritten zum Durchbruch als ein Weg, ihre eigenen verwandten Produkte zu erschaffen. Diese Reihenfolge ist jedoch nicht immer in Stein gemeißelt und manche Firmen müssen diese Pivots mehrmals vollziehen.
- **Geschäftsmodell-Pivot**
  Dieses Pivot bedient sich eines Konzepts von Geoffrey Moore, der beobachtete, dass Firmen generell einem von zwei Hauptgeschäftsmodellen folgen: hohe Margen, geringes Volumen (Modell komplexer Systeme) oder niedrige Margen, hohes Volumen (Durchsatzvolumen-Modell). Ersteres wird häufig assoziiert mit Business to Business (B2B) oder Firmenvertriebszyklen und Letzteres mit Konsumgütern (es gibt nennenswerte Ausnahmen). Bei einem Geschäftsmodell-Pivot wechselt ein Start-up das Modell. Einige Firmen wechseln von hohen Margen, wenig Volumen hin zum Massenmarkt (zum Beispiel Googles Suchanwendung); bei anderen, die ursprünglich für den Massenmarkt konzipiert waren, stellte sich heraus, dass sie lange und kostenintensive Vertriebszyklen benötigten.
- **Wertschöpfungs-Pivot**
  Es gibt viele Wege, den Wert auszuschöpfen, den ein Unternehmen erschafft. Diese Methoden werden oft Monetarisierungs- oder Ertragsmodelle genannt. Diese Begriffe sind viel zu einengend. Dem Gedanken der Monetarisierung liegt zugrunde, dass es sich um ein separates Feature eines Produkts handelt, das nach Gutdünken hinzugefügt oder weggenommen werden kann. Tatsächlich ist die Wertschöpfung ein wesentlicher Bestandteil der Produkthypothese. Oft können Veränderungen in der Art, wie eine Firma Wertschöpfung betreibt, weitreichende Konsequenzen für das Geschäft, das Produkt und die Marketingstrategien mit sich bringen.
- **Wachstumsapparat-Pivot**
  Bei dieser Art von Pivot verändert eine Firma ihre Wachstumsstrategie, um ein schnelleres oder profitableres Wachstum

anzustreben. Generell, aber nicht immer, erfordert der Wachstumsapparat eine Veränderung in der Art der Wertschöpfung.

- **Kanal-Pivot**
  In der traditionellen Vertriebsterminologie wird der Mechanismus, durch den eine Firma ihr Produkt den Kunden nahebringt, Vertriebskanal genannt. Beispielsweise werden abgepackte Verbrauchsgüter in Lebensmittelgeschäften, Autos bei Vertragshändlern und Firmensoftware (mit weitreichenden Anpassungen) durch Beratungs- und spezialisierte Dienstleistungsfirmen verkauft. Oftmals bestimmen die Vorgaben des Kanals den Preis, die Merkmale und die Wettbewerbslandschaft eines Produkts. Ein Kanal-Pivot ist die Erkenntnis, dass ein und dieselbe Basislösung über einen anderen Kanal mit größerer Effektivität vertrieben werden könnte.
- **Technologie-Pivot**
  Manchmal entdeckt eine Firma einen Weg, dieselbe Lösung durch eine komplett andere Technologie zu erzielen. Technologie-Pivots kommen weitaus häufiger bei etablierten Unternehmen vor. Mit anderen Worten, sie unterstützen die Innovation, erreichen eine wachstumssteigernde Verbesserung und bewahren ihre bestehende Kundenbasis. Etablierte Firmen bevorzugen diese Art der Pivots, da sich nicht so viel verändert. Das Kundensegment bleibt gleich, die Kundenprobleme sind dieselben, das Wertschöpfungsmodell ist identisch und die Vertriebspartner sind dieselben. Die einzige Frage ist, ob die neue Technologie zu einem höheren Preis und/oder zu mehr Leistung führt im Vergleich zur bestehenden Technologie.

Ein Pivot sollte für ein bestehendes Unternehmen immer dann in Betracht gezogen werden, wenn die aktuelle Situation des Unternehmens nicht mehr zufriedenstellend ist, z. B.:

- Der Wettbewerb zieht davon/es gibt zu viel Wettbewerb
- Das Unternehmen entwickelt sich nicht weiter
- Nur ein Produktbereich macht Gewinn oder Fortschritte

Durchführung

Für die Entwicklung eines Pivot sollten sich wichtige Entscheidungsträger und Marktkenner des Unternehmens zusammenfinden. Dabei gibt es hier kein standardisiertes Vorgehen, um einen Pivot anzustoßen, dies hängt natürlich sehr stark von der Branche, dem Geschäftsmodell, der Reife des Marktes und vor allem von der Größe des Unternehmens ab.

Schritt 1: Situation sichtbar machen
Erfahrungsgemäß haben nicht alle Mitarbeiter im Unternehmen erkannt, dass ein Pivot notwendig ist. Hier gilt es auf die Problemstellung hinzuweisen und die Situation sichtbar zu machen

Schritt 2: Aktuelles Geschäftsmodell visualisieren
Nutzen Sie Werkzeuge wie den Business Model Canvas, um das aktuelle Geschäftsmodell für alle Beteiligten besprechbar zu machen. Häufig sind die Beteiligten sehr stark im Tagesgeschäft und brauchen einen offeneren Blick auf die Situation.

Schritt 3: Art des Pivots bestimmen
Überlegen Sie gemeinsam, wie der Pivot aussehen muss und welche Veränderungen notwendig sind.

Schritt 4: Neues Geschäftsmodell visualisieren
Neben dem Business Model Canvas können auch Werkzeuge wie die Blue-Ocean-Strategie hilfreich sein, um das neue Geschäftsmodell zu entwickeln und zu konkretisieren.

Transformationswirksamkeit

- Wirksam für Produkttransformationen
- Wirksam für Servicetransformationen
- Wirksam für radikale Transformationen

Transformationsfähigkeit

- Fördert die allgemeine Transformationsfähigkeit des Teams
- Fördert offene Mindsets und innovative Denkhaltungen

Einsatzcharakteristik

- Austauschfokus: vornehmlich mit internen Personen
- Durchführungszeit: eher hoch (> 1 Tag)
- Einsatzfrequenz: vornehmlich über im kompletten Projektzeitraum
- Einsatzradius: vornehmlich im projektweiten Einsatz
- Komplexität für den Moderator: eher hoch
- Komplexität für die Teilnehmer: eher hoch
- Teamgröße: Einzelpersonennutzung möglich
- Teamgröße: Kleingruppe möglich (3 bis 5 Teilnehmer)
- Teamgröße: Mittelgroße Teams möglich (5 bis 20 Teilnehmer)
- Vorbereitungszeit: eher hoch (>1 Tag)

Nötiger Input, um mit der Methode arbeiten zu können

- Aktuell existierende Geschäftsmodelle
- Aktuell existierende Produkte und Services
- Aktuelle Herausforderung, Leitfrage, Problem

Erzeugter Output der Methode

- Erzeugt Ideen für neue Märkte und neue Business Modelle
- Erzeugt Leitfragen für die Ideenfindung

Hinderniseffekte, auf die die Methode positiv wirkt

- 04 – Beugt blinden Flecken/Betriebsblindheit vor
- 06 – Schwächt das Leben in der Vergangenheit
- 18 – Bewahrt vor zu generischen Ideen und Aussagen
- 24 – Verkürzt und durchbricht vorhandene Kreativblockaden
- 28 – Stärkt schwache Anreicherungsskills
- 29 – Schwächt den „Inneren Zensor“

Mögliche Extravorteile

- für Teams mit einem starkem Auftragsmandat
- für innovativ erfahrene Teams

Quellen

Buch – The Lean Startup: How Today's Entrepreneurs Use Continuous Innovation to Create Radically Successful Businesses, E. Ries (Crown Business 2011)

Planning Poker

EinSatzBeschreibung

Methode zur Schätzung des Aufwands von einzelnen Entwicklungsabschnitten in der agilen Softwareentwicklung.

Transformation-Index

P1 Leading	P2 Organizing	P3 Connecting	P4 Growing	P5 Talking	P6 Scanning	P7 Exploiting	P8 Exploring	P9 Earning	P10 Scaling
	x								

Beschreibung

Planning Poker ist eine Methode zur relativen Aufwandsschätzung in der agilen Softwareentwicklung. In der Regel wird für die Durchführung ein Workshopformat gewählt. Teilnehmer des Workshops sind alle Mitglieder des Entwicklungsteams, der Auftraggeber und ein neutraler Moderator. Voraussetzung ist das die Aufgabenstellung vollständig in Form von sogenannten User Stories beschrieben wird.

Das Ergebnis des Planning Pokers ist die Bewertung aller User Storys mit Story Points. Für die User Storys, die noch genauer definiert werden müssen, wird eine Liste erstellt. Mithilfe dieser bewerteten User Storys ist dann die weitere Planung möglich, z. B. in Form eines Sprint Plannings.

Die Methode wurde erstmals im Jahr 2002 von James W. Grenning erwähnt. In den USA hat das Unternehmen Mountain Goat Software LLC Planning Poker als eingetragene Marke registriert und stellt ein kostenfreies Online-Tool für diese Methode zur Verfügung.

Schwierig wird der Einsatz der Methoden in folgenden Fällen:

- die Teilnehmerzahl liegt unter fünf Personen (Gruppeneffekt fällt weg) oder über elf Personen (die Schätzung wird zu aufwendig),
- die Teilnehmer haben zu wenig Fachwissen. Dann wird die Schätzung spekulativ.

Durchführung

Zu Beginn des Planning Poker müssen alle User Stories beschrieben sein

Um den Schätzwert für eine User Story zu erhalten, stellt der Moderator diese vor, die Teilnehmer geben daraufhin verdeckt einen Schätzwert für den relativen Arbeitsaufwand der User Story ab.

Für die Schätzung erhält jeder Teilnehmer einen Satz sogenannter Schätzkarten mit Punktwerten. Die Punktwerte werden üblicherweise in Fibonacci-Zahlen definiert: 1, 2, 3, 5, 8, 13, 21 usw. Dadurch soll die zunehmende Unsicherheit der Schätzgenauigkeit bei aufwendigeren Aufgaben verdeutlicht werden.

Die Punktwerte entsprechen keiner absoluten Messgröße, sondern bewerten lediglich den relativen Arbeitsaufwand der zu bewertenden User Storys. Diese sogenannten Story Points können ggf. anschließend über Erfahrungswerte in absolute Aufwandsschätzungen umgerechnet werden.

Nach der Schätzung gibt es drei mögliche Situationen:

- Die Schätzwerte sind alle gleich: Die User Story wird mit den entsprechenden Story Points bewertet
- Die Schätzwerte sind ähnlich: Die User Story wird mit dem höchsten Punktwert der abgegeben bewertet.
- Die Schätzwerte sind stark unterschiedlich: Die Teilnehmer diskutieren, warum die Werte unterschiedlich sind. Danach wird eine (oder mehrere) erneute Schätzrunden durchgeführt. Sollte sich da kein eindeutigeres Ergebnis ergeben, wird die Bewertung der User Story auf den nächsten Workshop verschoben. In der Zwischenzeit kann die User Story in kleinere Teile zerlegt oder fehlende Informationen ergänzt werden.

Die bewerteten User Storys werden anschließend in die weitere Projektplanung übernommen.

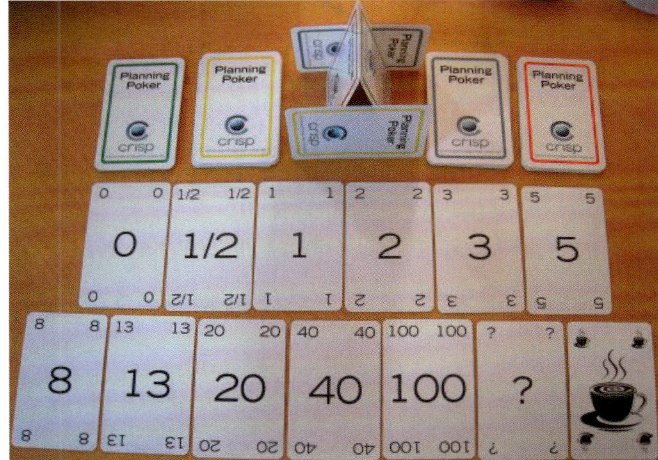

Foto: https://upload.wikimedia.org/wikipedia/commons/e/eb/CrispPlanningPokerDeck.jpg

Transformationswirksamkeit

- Wirksam für Herausforderungen mit hoher Komplexität
- Wirksam für Herausforderungen mit mittlerer Komplexität

149 Planning Poker

Transformationsfähigkeit

- Fördert die Agilität eines Teams

Einsatzcharakteristik

- Austauschfokus: vornehmlich mit internen Personen
- Durchführungszeit: eher mittel (>1 Stunde bis <1 Tag)
- Einsatzfrequenz: vornehmlich über im kompletten Projektzeitraum
- Einsatzradius: vornehmlich im Teameinsatz
- Komplexität für den Moderator: eher mittel
- Komplexität für die Teilnehmer: eher mittel
- Teamgröße: Kleingruppe möglich (3 bis 5 Teilnehmer)
- Teamgröße: Maxigruppen möglich (20 bis 40 Teilnehmer)
- Teamgröße: Mittelgroße Teams möglich (5 bis 20 Teilnehmer)
- Vorbereitungszeit: eher mittel (>1 Stunde bis <1 Tag)

Nötiger Input, um mit der Methode arbeiten zu können

- Beteiligte Personen mit Tätigkeiten und Aufgaben
- Durchlaufenes Projekt oder Projektphasen

Erzeugter Output der Methode

- Bessere Projekteffizienz, bessere Teamperformance
- Erzeugt Prognosen und Ableitungen

Hinderniseffekte, auf die die Methode positiv wirkt

- 04 – Beugt blinden Flecken/Betriebsblindheit vor
- 11 – Schärft eine fehlende gemeinsame Ausrichtung
- 15 – Stärkt das Vertrauen im Team
- 16 – Beugt Misinterpretationen vor
- 25 – Schwächt multidisziplinäre Reibungsverluste
- 26 – Schwächt nicht zielführende Emotionen
- 32 – Verhindert unreflektiertes Agieren
- 38 – Verkürzt zu lange Meetingzeiten

Mögliche Extravorteile

- für Teams mit einem starkem Auftragsmandat
- für agile Teams

Quellen

Buch – Agiles Projektmanagement, Jörg Preußig, (Haufe 2020)
Web –https://renaissancesoftware.net/files/articles/PlanningPoker-v1.1.pdf, 22.05.2021

Foto: NEU Innovation – Zentis GmbH & Co. KG

POEM (Product Ownership Evolution Model)

EinSatzBeschreibung

Template für die Klärung von Verantwortlichkeiten beim Product Ownership.

Transformation-Index

P1 Leading	P2 Organizing	P3 Connecting	P4 Growing	P5 Talking	P6 Scanning	P7 Exploiting	P8 Exploring	P9 Earning	P10 Scaling
	x					x	x		

Beschreibung

Entscheidet sich ein Unternehmen im Rahmen der digitalen Transformation Produktentwicklung mit Scrum zu betreiben, ergeben sich hinsichtlich der Produktverantwortung häufig Konflikte. Diese zeigen sich dadurch, dass beispielsweise der Product Owner zu sehr in den operativen Tätigkeiten involviert ist und dadurch keine Zeit findet, die Roadmap oder die Strategie zu pflegen. Damit Scrum seine volle Wirkung entfalten kann, müssen die Verantwortungen rund um das Produkt im Team geklärt sein. Es muss sichergestellt werden, dass kein Aspekt des Product Ownerships vernachlässigt wird.

Im Vergleich zum klassischen Projektmanagement liegt die Produktverantwortlichkeit nicht nur bei einer Person, sondern beim ganzen Team. Wie die genaue Verteilung dieser Verantwortung aussieht, wird jedoch im Scrum Guide nicht beschrieben. Als Framework liefert dieser lediglich einen Rahmen, der vom Team mit Leben gefüllt wird. Weist das Team Lücken im Bereich Product Ownership auf, gerät die Produktentwicklung unvermeidlich ins Stocken und das Projekt ist in Gefahr.

Das Team von „Die Produktwerker" hat sich dem Thema Product Ownership verschrieben und hierzu selbst eine Definition verfasst: „Product Ownership ist die ‚Verantwortung für das Produkt im eigenen Kontext zu übernehmen. Und zu jeder Zeit zu wissen und zu entschieden, was das Wertvollste ist, an dem wir mit Fokus arbeiten müssen."

In ihrer Zusammenarbeit mit Kunden haben sie das sogenannte Product Ownership Evolution Model entwickelt, das eine visuelle Hilfestellung für die Klärung der Verantwortlichkeiten in einem Produktentwicklungsteam bietet. Dabei wird der aktuelle Status des Product Ownerships neben ein gewünschtes Zielbild gestellt und der Weg dahin definiert.

Durchführung

Das POEM Template wird zunächst kurz vorgestellt und als Ausdruck jedem Teammitglied einzeln ausgeteilt. Damit sich die Teammitglieder gegenseitig nicht beeinflussen, werden keine tieferen Fragen zum Modell besprochen.

Die Teammitglieder füllen in Stillarbeit individuell das Modell aus ihrer jeweiligen Wahrnehmung aus.

Dabei gehen sie wie folgt vor:

1. Der Product Owner (PO) wird in die Reihe „Istzustand" eingezeichnet. Die Position hängt von den Entscheidungen ab, die der Product Owner aktuell unabhängig treffen kann.
2. Das Entwicklungsteam (DEV) wird in die Reihe „Istzustand" eingezeichnet. Die Position hängt von den Entscheidungen ab, die das Entwicklungsteam aktuell unabhängig treffen kann.
3. Der Product Owner (PO) in die Reihe „Zielzustand" eingezeichnet. Die Position hängt von den Entscheidungen ab, die der PO in Zukunft unabhängig treffen möchte.
4. Das Entwicklungsteam (DEV) wird in die Reihe „Zielzustand" eingezeichnet. Die Position hängt von den Entscheidungen ab, die DEV in Zukunft unabhängig treffen möchte.
5. Chief Product Owner (CPO) und/oder Business Owner / Management Sponsor (BO) werden die Reihe „Istzustand" eingezeichnet. Die Position hängt von den Entscheidungen ab, die der BO aktuell trifft.
6. Der BO wird in die Reihe „Zielzustand" eingezeichnet. Die Position hängt von den Entscheidungen ab, die der BO in Zukunft treffen sollte.
7. Die Felder, in denen das jeweilige Teammitglied momentan gecoacht wird, werden in der Reihe „Aktuelles Coaching" markiert.
8. Die Felder, in denen das jeweilige Teammitglied in Zukunft (zusätzliches) Coaching benötigt, werden in der Reihe „Coachingbedarf" markiert.
9. Die Ergebnisse werden mit den Teammitgliedern, Vorgesetzten oder Stakeholdern diskutiert.

Für die Diskussion bietet es sich an, die ausgefüllten POEMs nebeneinander zu hängen. So werden Unterschiede in den individuellen Wahrnehmungen umgehend sichtbar und eventuelle Missverständnisse können aus der Welt geschaffen werden.

Gibt es neben PO, Entwicklungsteam und Business Owner noch weitere Rollen, die am Product Ownership beteiligt sind, so ist das laut dem Team von „Die Produktwerker" ein Symptom geringerer Agilität und eines manifestierten klassischen Organisationsverständnisses.

> Für die abgeleiteten Maßnahmen muss sich aus Sicht des Teams von „Die Produktwerker" erst das Entwicklungsteam neu ausrichten, bevor der Product Owner seine Verantwortungen neu definieren kann.

Das POEM-Modell kann in folgenden Szenarien angewendet werden:

- Self-Assessment bei der Scrum-Implementierung
- Recruiting für die Product Owner Rolle
- Development Dialog mit Product Ownern
- Reorganisation/Skalierung/Restrukturierung

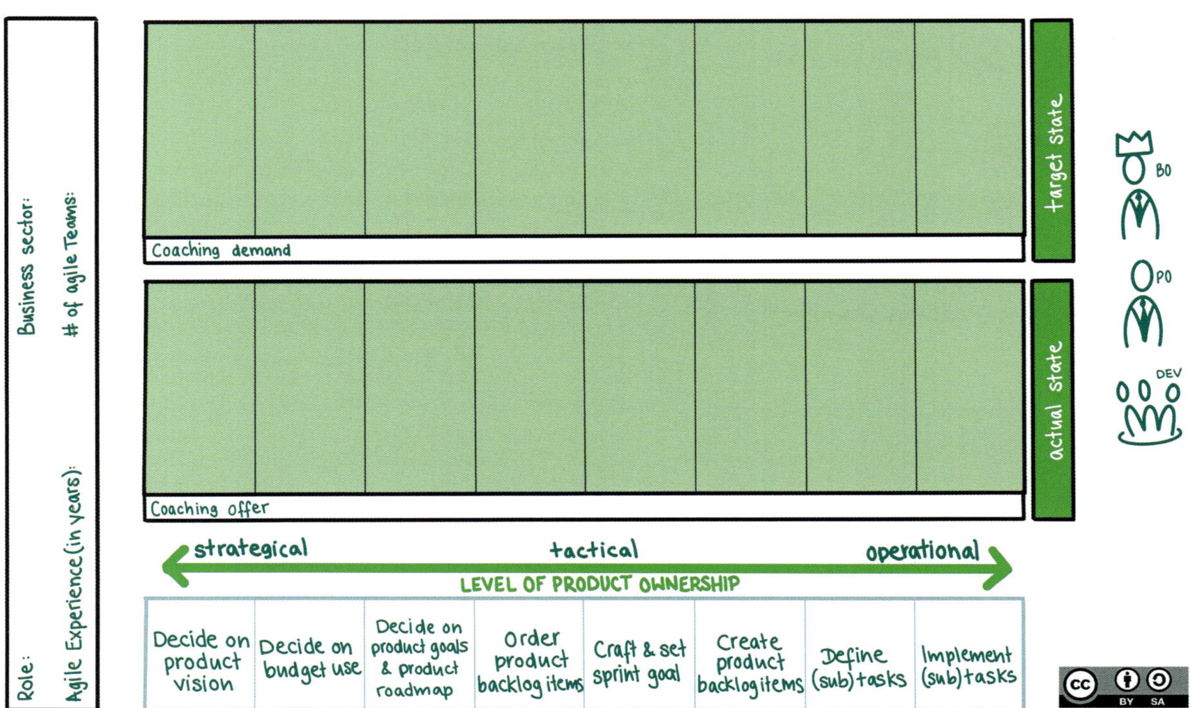

Grafik: Sabina Lammert

Praxisschlaglicht

In einem führenden Medienkonzern, der sich mitten in der digitalen Transformation befindet, beobachtete ein recht neuer Chief Product Officer (CPO), dass seine Scrum-Teams zwar mit hohem Zeitinvest für den größtmöglichen Erfolg des Produktes arbeiteten, aber seine Product Owner mit ihm immer häufiger das Gespräch über sehr operative Produktfragen suchten. Dabei wurde erwartetet, dass der CPO diese operativen Entscheidungen treffen solle.

Der CPO hatte jedoch viel Erfahrung als Product Leader und sah die Verantwortung für diese Art von Produktentscheidungen bei den Scrum-Teams anstatt bei sich. Aber auch nach unzähligen Gesprächen und Erklärungsversuchen, dass die Product Owner solche Entscheidungen gemeinsam mit ihren Scrum-Teams treffen müssten, änderte sich deren Verhalten in den kommenden Wochen nicht. Da sie sich nicht sicher genug fühlten, solche Entscheidungen zu treffen, zogen die Product Owner es stattdessen vor, ihren Fokus auf die Lieferung von Output zu legen, indem sie mit ihren Teams Features entwickeln. Da sich der CPO nicht mehr anders zu helfen wusste, traf er schließlich die Produktentscheidungen selbst. Mut und Commitment der Teams, Verantwortung für den Erfolg der Produkte zu übernehmen, litten dadurch immer weiter. Letztlich wurde dem CPO bewusst, dass die Teams keine wirkliche Produktverantwortung („Product Ownership") übernahmen.

Um zu mehr Verantwortungsübernahme der Teams zu kommen, brachte der CPO das Product Ownership Evolution Model (POEM) ins Spiel. Unter Anleitung eines Agile Coaches trugen alle Beteiligten (CPO, Product Owner, Scrum Master und interessierte Teammitglieder) ihre Einschätzung der aktuellen Situation in POEM ein – und ebenso ihre individuellen Erwartungen an eine gewünschte künftige Verteilung der Entscheidungsverantwortung.

Alle Beteiligten erklärten kurz ihre jeweils subjektive Darstellung in POEM. Sofort begann eine sehr offene Diskussion, in der eine Reihe unausgesprochener Erwartungshaltungen gefunden wurden, die zu Missverständnissen geführt hatten.

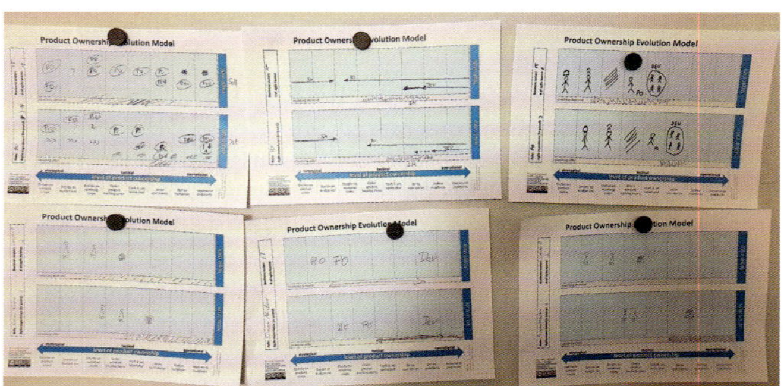

Foto: Tim Klein

Das Ziel vom Einsatz des Product Ownership Evolution Model (POEM), auf einfache Weise eine Transparenz über Entscheidungsverantwortung auszulösen, wurde erfolgreich erreicht.

Transformationswirksamkeit

- Wirksam für Herausforderungen mit hoher Komplexität
- Wirksam für Herausforderungen mit mittlerer Komplexität
- Wirksam für Herausforderungen mit niedriger Komplexität
- Wirksam für alle Transformationen

Transformationsfähigkeit

- Fördert die Agilität eines Teams

Einsatzcharakteristik

- Austauschfokus: vornehmlich mit internen Personen
- Durchführungszeit: eher gering (< 1 Stunde)
- Einsatzfrequenz: vornehmlich im einmaligen Einsatz
- Einsatzradius: vornehmlich im Teameinsatz
- Einsatzradius: vornehmlich im projektweiten Einsatz
- Komplexität für den Moderator: eher mittel
- Komplexität für die Teilnehmer: eher mittel
- Teamgröße: Einzelpersonennutzung möglich
- Teamgröße: Kleingruppe möglich (3 bis 5 Teilnehmer)
- Teamgröße: Mittelgroße Teams möglich (5 bis 20 Teilnehmer)
- Vorbereitungszeit: eher gering (<1 Stunde)

Nötiger Input, um mit der Methode arbeiten zu können

- Aktuelle Herausforderung, Leitfrage, Problem
- Beteiligte Personen mit Tätigkeiten und Aufgaben
- Verschiedene Botschaften, Meinungen, Statements
- Verschiedene Meinungen und Blickwinkel
- Durchführungszeit, Trainingszeit
- Personenmerkmale (Meinungen, Bedürfnisse, Werte, etc.)

Erzeugter Output der Methode

- Bessere Projekteffizienz, bessere Teamperformance
- Erzeugt Poster
- Erzeugt besseren Teamspirit, mehr Offenheit, Inspirationsempfindlichkeit
- Erzeugt größere Klarheit zu einem Thema
- Erzeugt transformationsfähigere Organisationen
- Erzeugt mehr Agilität im Team
- Hilft bei Entscheidungen, Bewertungen und Feedback

Hinderniseffekte, auf die die Methode positiv wirkt

- 04 – Beugt blinden Flecken/Betriebsblindheit vor
- 08 – Verhindert einseitige Bewertungen und Entscheidungen
- 10 – Verhindert falsche Flughöhen
- 15 – Stärkt das Vertrauen im Team
- 16 – Beugt Misinterpretationen vor
- 32 – Verhindert unreflektiertes Agieren
- 36 – Schafft schnell Klarheit und beschleunigt Erkenntnisgewinn
- 37 – Verkürzt zu lange Entscheidungsmeetings
- 39 – Fördert die Agilität der Teilnehmer
- 42 – Überzeugt strukturliebende Teammitglieder

Mögliche Extravorteile

- für Teams mit einer konservativen, tradierten Kultur
- für agile Teams
- für erfahrene Trainer und Agile Coaches
- für multidisziplinär unerfahrene Teams
- für unerfahrene Trainer und Agile Coaches

Quellen

Web – https://produktwerker.de/productownership/, 14.05.2021
Firma – Die Produktwerker, Köln, https://produktwerker.de/
Person – Tim Klein, https://produktwerk.de/
Person – Oliver Winter, https://oliver-winter.net/

151

Porters Five Forces Analyses

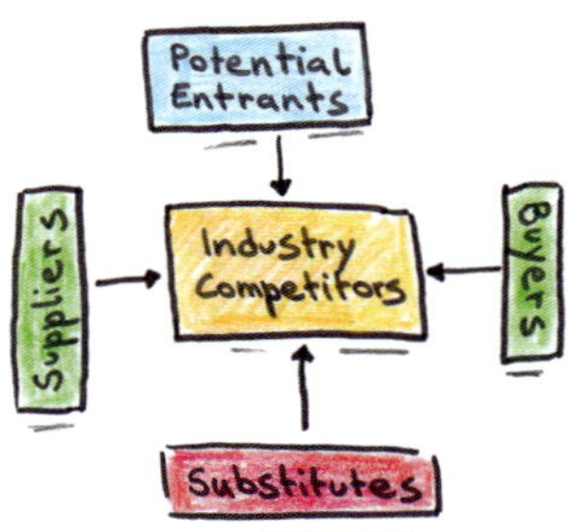

EinSatzBeschreibung

Strukturelle Analyse einer Branche.

Transformation-Index

P1 Leading	P2 Organizing	P3 Connecting	P4 Growing	P5 Talking	P6 Scanning	P7 Exploiting	P8 Exploring	P9 Earning	P10 Scaling
					x		x		

Beschreibung

Michael Porter's „Fünf Kräfte Modell" – im Original „Five Forces Analyses" – zählt zu den herausragenden Modellen, um eine Strukturanalyse einer Branche durchzuführen. Das Management-Werkzeug beruht auf der Annahme, dass sich die Strategie an der Struktur und dem Wettbewerb der Branche und deren permanenten dynamischen Veränderung orientiert.

Porter's Analyse unterstützt Sie besonders dann, wenn Sie ein neues Unternehmen gründen oder Sie neue Produkte auf den Markt bringen wollen. Es ist ein einfache, aber zugleich auch sehr wirksame Methode, um den Wettbewerb in Ihrem Umfeld mit all seinen Stärken und Schwächen zu versehen, zu analysieren und so die eigene Strategie zu entwickeln.

Porter identifizierte dazu die fünf Kräfte „Markteintritt", „Bedrohung durch Substitution", „Verhandlungsmacht der Käufer", „Verhandlungsmacht der Lieferanten" und „Rivalität unter den aktuellen Wettbewerbern".

Wirken diese Kräfte innerhalb Ihrer Branche sehr stark, so wird es Ihrem Unternehmen relativ schwerfallen, profitabel zu wirtschaften und eine gute Rendite zu erzielen – insbesondere dann, wenn ein Ungleichgewicht besteht und einzelne Teilnehmer zu dominant werden. Auf genau diese zielen sowohl Porter's Analyse, als auch die daraus zu entwickelnde Strategie besonders ab. Die Ausprägung der jeweiligen Kraft bestimmt die Intensität des Wettbewerbes in einer Branche und spiegelt wider, wie weit er über die etablierten Akteure hinausgeht. Das Ziel ist es, mit den Erkenntnissen der Analyse den Wettbewerb mit gezielten Maßnahmen und Aktionen zu schwächen.

In einer zunehmend digitalisierten Welt wird dieser Wettbewerb zunehmend härter, die Angebote transparenter, Produkte innovativer und vielfältiger und Lieferanten und Kunden mächtiger. Michael Porter's Five Forces gewinnen somit in diesem sich immer schneller verändernden Umfeld immer mehr an Bedeutung.

Durchführung

Mit Porter's Branchenanalyse betrachten Sie die strukturellen Grundlagen Ihrer Branche, sodass Sie auf dieser Basis die Profitabilität Ihres Unternehmens besser planen und einschätzen können. Analysieren Sie mit dem „Fünf Kräfte Modell" alle Ebenen gleichzeitig und behalten Sie so die Gesamtstruktur im Auge, anstatt sich auf ein bestimmtes Element zu konzentrieren. Unterscheiden Sie dabei zwischen temporären und zyklischen von strukturellen Veränderungen Ihrer Branche. So gehen Sie vor:

1. Beobachten Sie den Markteintritt möglicher Wettbewerber

Beobachten sie permanent, ob und welche neue Marktteilnehmer in Ihrer Branche und Ihrem direkten Umfeld auftauchen. Die neuen Wettbewerber haben schließlich nur Ihr bestes im Sinn: Sie wollen Ihnen in erster Linie Marktanteile abnehmen. Noch bevor der neue Wettbewerber seine Türen öffnet, wird er höchstwahrscheinlich bereits die Rentabilität Ihres Unternehmens beeinflussen oder schlimmstenfalls sogar gefährden: Sie fühlen sich gezwungen zum Handeln, senken eventuell Ihre Preise, investieren in neue Angebote und Services oder senken Ihre Kosten. Je höher Sie die Bedrohung einschätzen, desto eher sollten diese Maßnahmen den neuen Wettbewerber abschrecken. Sollten Sie sich zuvor in einer „Komfortzone" wohl gefühlt haben, so ist es spätestens jetzt an der Zeit, diese zu verlassen. Ihr oberstes Ziel: Bleiben Sie wettbewerbsfähig.

2. Bedrohung durch Substitution

Die zweite Kraft, die Sie analysieren, ist die Bedrohung durch eine Substition. Ein Substitut erfüllt die gleiche oder eine ähnliche Funktion wie Ihr Produkt, allerdings auf andere Art und Weise. Sie kann sich direkt oder indirekt auswirken. Betreiben Sie zum Beispiel eine Bowlingbahn, und eröffnet in Ihrer unmittelbaren Umgebung „Richy's Family Bowling", so identifizieren Sie diese als direkten Wettbewerb, auf die Sie höchstwahrscheinlich achtgeben und reagieren. Als indirekte Konkurrenten um die Gunst Ihrer zahlenden Kunden haben Sie wahrscheinlich „Manuel's Indoor Soccer" oder „Robert's phantastisches 5D Kino" weniger auf Ihrem Radar. Jedoch werden Sie mit genau diesen neuen Angeboten um

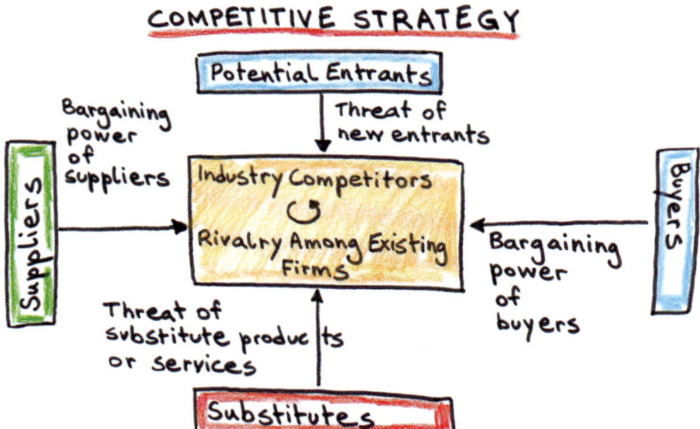

Grafik: Anja Faber – Porters Five Forces

die Gunst Ihrer Kunden und Ihrer Wünsche buhlen: Die Unterhaltungsbranche ist Ihr gemeinsamer Markt. Erweitern Sie also Ihre Sichtweise und identifizieren Sie auch diese indirekten Substitutionen als unmittelbare Gefahren für Ihr Geschäft. Jeder Euro kann schließlich nur einmal ausgegeben werden, und das Budget Ihrer Kunden ist limitiert.

Je attraktiver die Angebote Ihrer Wettbewerber sind, desto größer ist die Gefahr, in die Ihr Unternehmen gerät. Das gilt insbesondere für die Preisgestaltung, kann man diese doch schnell und einfach vergleichen. Unterbietet Sie der Wettbewerb, weil er vielleicht eine bessere Kostenstruktur hat oder er zum Markteintritt einfach nur angreifen will, so greift Sie das unmittelbar an. Schlecht fürs Geschäft ist es zudem, wenn ein natürlicher Wettbewerb in aggressive oder sogar böswillige Rivalität ausufert, bei der dann oft auch persönliche Dinge eine Rolle spielen. Sie handeln nicht mehr rational und Ihre Rentabilität leidet umso mehr.

3. „Verhandlungsmacht der Käufer“

Die Verhandlungsmacht der Käufer ist die dritte Kraft, die Sie im Zeitalter der digitalen Transformation stärker denn je analysieren und beachten müssen. Durch die maximale Transparenz und Vergleichbarkeit werden Kunden immer mächtiger, können besser die Preise drücken, eine optimale Produkt- und Service-Qualität einfordern und Sie so gegen Ihren Mitbewerber ausspielen. Diese steigende Macht der Kunden verringert zwangsläufig die Rentabilität Ihrer gesamten Branche und somit auch ihre finanzielle Lage. Einkäufer agieren in der Regel besonders dann aggressiv, wenn sie eine große Verhandlungsposition durch hohe Marktanteile in der Branche gewonnen haben. Sie nutzen Ihre Verhandlungsmacht zudem stärker aus, wenn nicht viele Unternehmen die Produkte nachfragen, die Produkte Ihrer Branche bereits sehr standardisiert und somit vergleichbar sind oder wenn ein Wechsel zu einem alternativen Anbieter leicht ist.

4. „Verhandlungsmacht der Lieferanten“

Die Macht der Lieferanten beeinflusst des Weiteren in nicht unerheblichen Maße Ihre Strategie. Versuchen Sie möglichst Lieferanten zu listen, die nicht bereits zu mächtig sind, um den Markt zu dominieren. Das wirkt sich unmittelbar in der Preisgestaltung aus, kann die Qualität der Produkte und der Leistungen senken und wirkt sich so direkt auf die Wertschöpfung Ihres Unternehmens aus. Je weniger Alternativen Sie im Einkauf haben, desto schwächer ist Ihre Verhandlungssituation. Oder umgekehrt – je mehr Optionen Sie haben, desto leichter können Sie zu einer günstigeren Alternative wechseln. Idealerweise kaufen Sie bei unterschiedlichen Lieferanten zugleich ein und verteilen so Ihr Auftragsvolumen. Beachten Sie dabei, wie Ihre Kosten im Verhältnis zu Ihrem Gesamtumsatz strukturiert sind. Im Rahmen der Digitalisierung besteht die erhöhte Gefahr der sogenannten „Vorwärtsintegration“ Ihrer Lieferanten. Immer mehr Anbieter suchen über Vertriebskanäle wie dem Internet den direkten Zugang zum Kunden, um Zwischenhändler auszuschalten und so Ihre Profitabilität zu erhöhen.

5. „Rivalität unter den aktuellen Wettbewerbern“

Last but not least ist die Intensität, mit der Sie mit Ihren Wettbewerbern um die Kunden kämpfen, von zentraler Bedeutung. Nicht zuletzt deshalb hat Michael Porter diese in den Mittelpunkt seiner Visualisierung gesetzt. Analysieren Sie die zentralen Fragen: Wie viele und welche Wettbewerber hat mein Unternehmen? Beachten Sie dabei nicht nur die direkten Rivalen, sondern auch die indirekte Konkurrenz. Der Wettbewerb wirkt sich im höchsten Maße destruktiv aus, wenn er sich in erster Linie auf den Preis konzentriert. Ein positiver Aspekt wäre hingegen, wenn er sich auf Ihre Leistungen auswirkt und Sie Ihre Produkte und Services in Qualität und Quantität bis hin zu neuen Produkten, Dienstleistungen und Services steigern.

Praxisschlaglicht

Die führenden Anbieter der Telekommunikationsbranche stehen seit Jahr und Tag in einem starken Wettbewerb zueinander, die Intensität des Kampfes um die Kunden ist enorm. Dementsprechend haben wir mit unserem Unternehmen alle fünf Kräfte von Michael Porter einer kontinuierlichen Branchenanalyse unterzogen. Dabei haben wir unsere stärksten Wettbewerber in den Mittelpunkt gestellt – wirkt sich doch jede noch so geringfügige Preisänderung bei einer millionenfachen Kundschaft unglaublich schnell und gewaltig aus. So haben wir sowohl die Tarifpreise der wichtigsten Wettbewerber als auch die Preise von Endgeräten wie Smartphones und Tablets, einer tagesaktuellen Analyse unterzogen, um blitzschnell darauf reagieren zu können.

Welche enorme Gefahr von einer Substitution ausgeht, konnten wir mit dem Markteintritt des Messaging-Dienstes „WhatsApp“ erfahren. Generierten wir mit dem klassischen Angebot des Versandes von Kurzmitteilungen per „SMS“ eine finanzielle Wertschöpfung in Milliardenhöhe, zerstörte die innovative Neuerung des WhatsApp-Angebots und dem damit verbundenen Austausch von Nachrichten per mobilen Internets dieses Geschäftsmodell in Rekordzeit.

Die Macht der Lieferanten lernten wir mit dem Launch des ersten iPhone von Apple kennen. Achteten wir zuvor intensiv darauf, dass der damalige „Platzhirsch“ Nokia mit seinem vielfältigen und auch dominierenden Angebot an Endgeräten nicht zu mächtig wurde, änderte das Team um Steve Jobs die Spielregeln des Marktes in völlig neuer Art und Weise. Es ging nicht mehr nur um Funktionen und Varianten, das iPhone revolutionierte den Markt auf vielfacher Ebene komplett.

Reseller schlossen sich schließlich zunehmend zu Kooperationen und Einkaufsverbunden zusammen und konzentrierten so ihre Verhandlungsmacht im Einkauf im entscheidenden Maße. Sie avancierten per Vorwärtsintegration zudem teilweise selbst zu bedeutenden Telekommunikationsanbietern, wie zum Beispiel 1&1 oder Aldi, die ihre Produkte zu günstigsten Konditionen vermarkten. Es ist also nicht damit getan, Konkurrenten auszuschalten – es entstehen schnell neue Wettbewerber. Ein wesentlicher Erfolgsfaktor ist vielmehr die Differenzierung der Marke, der Produkte, der Services, des Einkaufserlebnisses und der Dienstleistungen. So verschafft ein herausragende Kundenorientierung einen echten Vorteil in einem hart umkämpften Markt.

Transformationswirksamkeit

- Wirksam für Herausforderungen mit hoher Komplexität
- Wirksam für Marketingtransformationen
- Wirksam für Produkttransformationen
- Wirksam für Prozesstransformationen
- Wirksam für Servicetransformationen

Porters Five Forces Analyses

Transformationsfähigkeit

- Fördert die Agilität eines Teams
- Fördert die allgemeine Transformationsfähigkeit des Teams
- Zahlt auf eine bessere Wahrnehmung ein

Einsatzcharakteristik

- Austauschfokus: vornehmlich mit internen Personen
- Durchführungszeit: eher hoch (> 1 Tag)
- Einsatzfrequenz: sinnvoll im dauerhaften Einsatz
- Einsatzradius: vornehmlich im unternehmensweiten Einsatz
- Komplexität für den Moderator: eher hoch
- Komplexität für die Teilnehmer: eher hoch
- Teamgröße: Mittelgroße Teams möglich (5 bis 20 Teilnehmer)
- Vorbereitungszeit: eher hoch (>1 Tag)

Nötiger Input, um mit der Methode arbeiten zu können

- Aktuell existierende Geschäftsmodelle
- Aktuell existierende Produkte und Services
- Aktuelle Herausforderung, Leitfrage, Problem
- Beteiligte Personen mit Tätigkeiten und Aufgaben
- Ergebnisse aus der Analysephase
- Existierende Prozesse und Verfahren
- Vorhandenes Wissen und Erfahrungen
- Merkmale der gegebenen Herausforderung
- Trends und Zukunftsentwicklungen
- Umfeldbeobachtungen, Umfeldanalysen
- Wettbewerber und Komplementoren
- Ziele, Zielsystem, Kennzahlen

Erzeugter Output der Methode

- Bessere Projekteffizienz, bessere Teamperformance
- Erzeugt Listen von Chancen und Risiken
- Erzeugt Prognosen und Ableitungen
- Erzeugt Ideen für neue Märkte und neue Business Modelle
- Erzeugt Planungen und Priorisierungen
- Erzeugt größere Klarheit zu einem Thema
- Identifiziert vorhandene Schwachstellen
- Identifiziert vorhandene Stärken

Hinderniseffekte, auf die die Methode positiv wirkt

- 04 – Beugt blinden Flecken/Betriebsblindheit vor
- 06 – Schwächt das Leben in der Vergangenheit
- 08 – Verhindert einseitige Bewertungen und Entscheidungen
- 10 – Verhindert falsche Flughöhen
- 11 – Schärft eine fehlende gemeinsame Ausrichtung
- 13 – Schafft für den Erfolg nötige Realitätsbezüge
- 16 – Beugt Misinterpretationen vor
- 20 – Verhindert Ideenfindung mit zu schwacher Erkenntnisgrundlage
- 32 – Verhindert unreflektiertes Agieren
- 36 – Schafft schnell Klarheit und beschleunigt Erkenntnisgewinn
- 39 – Fördert die Agilität der Teilnehmer
- 40 – Verhindert Finanz- und Ressourcenfallen

Mögliche Extravorteile

- für Teams in einer Krisensituation
- für Teams mit einem starkem Auftragsmandat
- für Teams mit einer souveränen Teamleitung
- für multidisziplinär erfahrene Teams

Quelle

Buch – Competitive Strategy: Techniques for Analyzing Industries and Competitors, Michael E. Porter (Free Press 1980)

Problem Tackler

EinSatzBeschreibung

Verwandelt hässliche in sinnvolle Probleme (Selbstcoachingtool), um intrinsische Motivation zur Lösung zu fördern.

Transformation-Index

P1 Leading	P2 Organizing	P3 Connecting	P4 Growing	P5 Talking	P6 Scanning	P7 Exploiting	P8 Exploring	P9 Earning	P10 Scaling
					x				

Beschreibung

Der Problem Tackler ist ein Werkzeug, um unangenehme Herausforderungen in attraktive Herausforderungen zu verwandeln. Dies ist immer dann wichtig, wenn Mitarbeiter Lösungen entwickeln sollen zu Herausforderungen, zu denen sie keinen Sinnschluss haben herstellen können. Besonders im Umfeld digitaler Transformation, wo es zu tiefgreifenden Veränderungen kommen kann, sträuben sich viele Mitarbeiter regelrecht bei der Lösungsfindung – sie empfinden die gestellten Herausforderungen als sehr unangenehm.

Benno van Aerssen hat sich seit einigen Jahren mit der Frage beschäftigt, warum zum Beispiel kleine Start-up-Teams ihre Herausforderungen meistens viel ideenreicher lösen als so manches Team in einem großen Unternehmen. Untersucht man Teams und ihre Problemlösungsfähigkeit, dann findet man natürlich Themen wie Leidenschaft, Engagement, Motivation, Agilität und Ideenreichtum. Aber es gibt eben auch die andere Seite – die Seite des Problems.

Man kann sich also auch die Frage stellen: „Welche Eigenschaften haben Herausforderungen, die kreativ, schnell und erfolgreich gelöst wurden?" Bringt man beide Seiten zusammen, dann geht es um die schlichte Beziehung vom Herausforderungen zu seinen Problemlösern.

„Besteht eine gute Beziehung zwischen Problem und Problemlöser, dann gelingt eine kreative Lösung sehr viel besser, als wenn die Beziehung schlecht ist", sagt Benno van Aerssen. Anders ausgedrückt gibt es aus Sicht des Problemslösers hässliche, unattraktive Probleme und schöne, attraktive Probleme.

Der Problem Tackler setzt nun an der Stelle an, wo es darum geht, ein hässliches in ein attraktives Problem zu verwandeln. Das Tool hilft mit einem Arbeitsblatt und gezielten Hilfsfragen dabei, die durch die Abneigung verdeckten Sinnschlüsse zum dem gegebenen Problem wiederzufinden. Dabei ist es nicht wichtig, wann und wodurch die Abneigung zum gegebenen Problem entstanden ist.

Die Abneigung kann dadurch entstehen, dass …

- die Person das Problem schon mehrfach bearbeitet hat und noch nicht lösen konnte,
- das Problem von Kollegen gekannt und als völlig unattraktiv beschrieben wird,
- das Problem mit anderen negativen Erfahrungen eng verbunden ist oder
- die Person den Problemgeber schlicht nicht leiden oder riechen kann.

Durchführung

Die Durchführung beziehungsweise Bearbeitung des Problem Tacklers erfolgt in folgenden Schritten:

Schritt 1: Das Problem wird (einzeln oder auch im Team) oben auf das Arbeitsblatt geschrieben.

Schritt 2: Nun wird per Kreuz auf einer Skala von null bis zehn (unten rechts auf dem Arbeitsblatt) der empfundene Grad der aktuellen Attraktivität des Problems dargestellt.

Schritt 3: Beantwortung der Hilfsfragen im Bereich „Wozu?".

Schritt 4: Beantwortung der Hilfsfragen im Bereich „Was?

Schritt 5: Beantwortung der Hilfsfragen im Bereich „Was, wenn?".

Schritt 6: Beantwortung der Hilfsfragen im Bereich „Wie?".

Schritt 7: Nun wird wieder per Kreuz auf einer Skala von null bis zehn (unten rechts auf dem Arbeitsblatt) der empfundene Grad der nun aktuellen Attraktivität des Problems dargestellt und darüber reflektiert, ob und warum die Attraktivität im Idealfall besser geworden ist.

Transformationswirksamkeit

- Wirksam für alle Transformationen

Transformationsfähigkeit

- Fördert die allgemeine Transformationsfähigkeit des Teams
- Zahlt auf eine bessere Vorstellungskraft ein
- Zahlt auf eine bessere Wahrnehmung ein

Einsatzcharakteristik

- Komplexität für den Moderator: eher gering
- Komplexität für die Teilnehmer: eher gering
- Austauschfokus: vornehmlich mit internen Personen
- Durchführungszeit: eher gering (< 1 Stunde)
- Einsatzfrequenz: vornehmlich im einmaligen Einsatz
- Einsatzradius: vornehmlich im Teameinsatz
- Vorbereitungszeit: eher gering (<1 Stunde)
- Teamgröße: Mittelgroße Teams möglich (5 bis 20 Teilnehmer)
- Teamgröße: Kleingruppe möglich (3 bis 5 Teilnehmer)
- Teamgröße: Einzelpersonennutzung möglich

Problem Tackler

Will transform nasty problems quickly into attractive challenges!
More attractiveness = more conclusions = more creativity = better solutions!

Verwandelt eklige Probleme schnell in attraktive Herausforderungen!
Mehr Attraktivität = mehr Sinnschlüsse = mehr Kreativität = bessere Lösungen!

Problem: ....

1. **Why** / Wozu?

How do I benefit? / Was habe ich davon?
What will I gain? / Was ist mein direkter Nutzen?
What is the deeper meaning of this problem? / Was ist der tiefere Sinn dieses Problems?
What is the motivation behind it? / Was ist die dahinter liegende Motivation?
Who else will benefit by this solution? / Wer sonst hat einen Nutzen von der Lösung?
Whom would the solution help? / Wem würde eine Lösung helfen?

2. **What** / Was?

Will I gain a better overview? / Verschaffe ich mir einen breiten Überblick?
What exactly is this problem all about? / Worum geht es bei diesem Problem genau?
How has this problem come up? / Wie ist dieses Problem entstanden?
Do I really have all the information? / Habe ich wirklich alle Informationen?
Who is an expert being able to help me? / Wer ist ein Experte, der mir helfen kann?
Do I know anything similar? / Kenne ich etwas Vergleichbares?

3. **What if** / Was wenn?

What would happen, if we hit the best solution possible? / Was würde im Falle der besten Lösung alles passieren?
Who would be happy about my solution? / Wer würde sich über meine Lösung freuen?
How can I use the solution to achieve my aims? / Wie kann ich die Lösung für meine Ziele einsetzen?
How can I adapt the solution to my needs? / Wie kann ich die Lösung für meine Bedürfnisse anpassen?
Who could I tell about my solution? / Wem könnte ich von meiner Lösung erzählen?

4. **How** / Wie?

How can I proceed, in order to find a solution? / Wie kann ich vorgehen, um eine Lösung zu finden?
Which experiences could I use? / Welche Erfahrungen kann ich nutzen?
Where is the best place for me to find the solution? / Wo ist der beste Ort für mich, die Lösung zu finden?
Which creative tools could I use? / Welche Kreativtools kann ich nutzen?
What is my first step? / Was ist mein erster Schritt?
The proof of the pudding is in the eating! / Probieren geht über Studieren!

Problem handed over by / Problem überreicht von: ....

Date / Datum: ....

Author(s) / Autor(ren): ....

Problem attractivity before / Problemattraktivität vorher:

0 1 2 3 4 5 6 7 8 9 10

Problem attractivity after / Problemattraktivität nachher:

0 1 2 3 4 5 6 7 8 9 10

Special experience / Besondere Erfahrungen: ....

www.verrocchio-institute.com

Nötiger Input, um mit der Methode arbeiten zu können

- Aktuelle Herausforderung, Leitfrage, Problem

Erzeugter Output der Methode

- Bessere Projekteffizienz, bessere Teamperformance
- Erzeugt Prognosen und Ableitungen
- Erzeugt größere Klarheit zu einem Thema
- Erzeugt transformationsfähigere Organisationen
- Erzeugt motiviertere und transformationsfähigere Teilnehmer

Hinderniseffekte, auf die die Methode positiv wirkt

- 05 – Verhindert blinden Aktionismus
- 11 – Schärft eine fehlende gemeinsame Ausrichtung
- 16 – Beugt Misinterpretationen vor
- 22 – Verhindert störende Killerphrasen
- 24 – Verkürzt und durchbricht vorhandene Kreativblockaden
- 25 – Schwächt multidisziplinäre Reibungsverluste
- 32 – Verhindert unreflektiertes Agieren
- 42 – Überzeugt strukturliebende Teammitglieder

Mögliche Extravorteile

- für Teams in einer Komfortsituation
- für Teams in einer Krisensituation
- für Teams mit einer schwacher Teamleitung
- für Teams mit schwachem Auftragsmandat
- für disruptiv unerfahrene Teams
- für innovativ ungeübte Teams
- für interkulturell unerfahrene Teams
- für multidisziplinär unerfahrene Teams
- für unerfahrene Trainer und Agile Coaches
- für die Arbeit mit digitalen Kollaborationsboards

Quellen

Buch – Das große Handbuch Innovation, B. van Aerssen, C. Buchholz (Vahlen 2018)

Process Mining

EinSatzBeschreibung

Methode zur Evaluierung und Identifizierung von Stärken und Schwächen digitalisierter Prozesse.

Transformation-Index

P1 Leading	P2 Organizing	P3 Connecting	P4 Growing	P5 Talking	P6 Scanning	P7 Exploiting	P8 Exploring	P9 Earning	P10 Scaling
x	x							x	x

Beschreibung

In einer digitalen Transformation ist ein wichtiges Element der Prozess. Durch Prozesse werden die Aktivitäten beschrieben, die in einer bestimmten Reihenfolge, einen Geschäftszweck erfüllen. Gerade diese Prozesse sind häufig die Ausgangsbasis für eine Digitalisierung und schließlich der Grund für eine gesamtheitliche Transformation.

Eine wichtige Methode im Bereich der Prozessdigitalisierung/-optimierung ist das sogenannte Process Mining.

Process Mining ist eigentlich eine Disziplin der Geschäftsdatenanalyse, die im operativen Bereich eines Unternehmens dazu genutzt wird, Prozesse zu verbessern. Die in den Systemen gespeicherten einzelnen Schritte des Prozesses werden zusammengefügt und der Prozess in seiner Gesamtheit visualisiert (siehe die Abbildung gegenüber):

Process Mining ermöglicht, das in Daten enthaltene, implizite und sonst verborgene Prozesswissen zu modellieren und somit greifbar und transportierbar zu machen. Die Technik wird oft verwendet, …

- wenn durch andere Herangehensweisen keine formale Beschreibung der Prozesse möglich ist.
- wenn die Qualität existierender Prozessaufzeichnungen fragwürdig ist.
- wenn objektive Ursachen von Prozessvarianzen identifiziert werden sollen.
- wenn Effekt der Veränderung (bspw. Digitalisierung) auf ihren Wirkungsgrad analysiert werden sollen
- wenn Vergleiche zwischen den Prozessen, Business Units etc. ausgeführt werden sollen.

Die Vorteile einer solchen Methode liegen in der schnellen, automatisierten und objektiven Analyse von zig-fach ausgeführten Prozessdurchläufen und das Aufspüren der Stärken und Schwächen. Die Ziele, die verfolgt werden können, sind dabei mannigfaltig:

- Optimierte Prozesse ermöglichen die Automatisierung von Abläufen und steigern die **Effizienz**.
- Die **Durchlaufzeiten** und die **Prozessqualität** werden deutlich verbessert.
- **Einsparungen**: Weniger Arbeitszeit und reduzierte Betriebsmittelkosten senken die Ausgaben.
- Die Einhaltung wird überwacht, Prozessverletzungen und **Gesamtrisiken** werden reduziert.
- **Fokus**: ERP- und IT-Projekte erhalten vor der Migration Einblicke in wirklich benötigte und überflüssige Prozesse.
- **Transparenz**: Agnostische Daten liefern Echtzeit-Einblicke, vermeiden meinungsbasierte Diskussionen und reduzieren die Komplexität der Prüfung.

Hier soll nun gezeigt werden, wie das Process Mining als Methode in einem Unternehmen genutzt und welcher Projektstruktur gefolgt werden kann.

Durchführung

Der methodische Ansatz lässt sich in vier Schritte untergliedern: Onboarding & Scoping, Technischer Set-up, Analyse und Ergebnisse. Diesen vier Schritten lassen sich nun die elementaren Aktivitäten zu ordnen:

Schritt 1: Onboarding & Scoping:

- Diskutieren Sie aktuelle Prozess-Schmerzpunkte
- Definieren Sie wichtige strategische Ziele und Erfolgsfaktoren des Projekts
- Schätzen Sie den Zeitplan und den Aufwand ein
- Auswahl des Process-Mining-Anbieters
- Definition des/der Prozesse(s) im Rahmen der Wertanalyse
- Identifizierung der relevanten Stakeholder und Entscheidungsträger

Schritt 2: Technischer Set-up

- Detaillierten Überblick über die IT-Infrastruktur gewinnen (z. B. Quellsysteme)
- IT-Infrastruktur vorbereiten
- Datenquellen anbinden
- Daten in die Process-Mining-Cloud-Umgebung übertragen
- Datenmodell erstellen & erste Analyse durchführen
- Termine für Workshops vereinbaren
- Benutzereinrichtung & Schulung von Data Engineers & Business Experts

Schritt 3: Analyse

- Explorativer Ansatz (Visualisieren des Ist-Prozesses und Ziehen von Schlussfolgerungen aus der Analyse) vs. Benchmarking-Ansatz (Konformitätsprüfung des bestehenden Soll-Prozesses gegen den visualisierten Ist-Prozess)
- Aufbau einer funktionsspezifischen Analyse
- Identifizieren von Ursachen & Quantifizieren von Möglichkeiten
- Erkenntnisse präsentieren und diskutieren

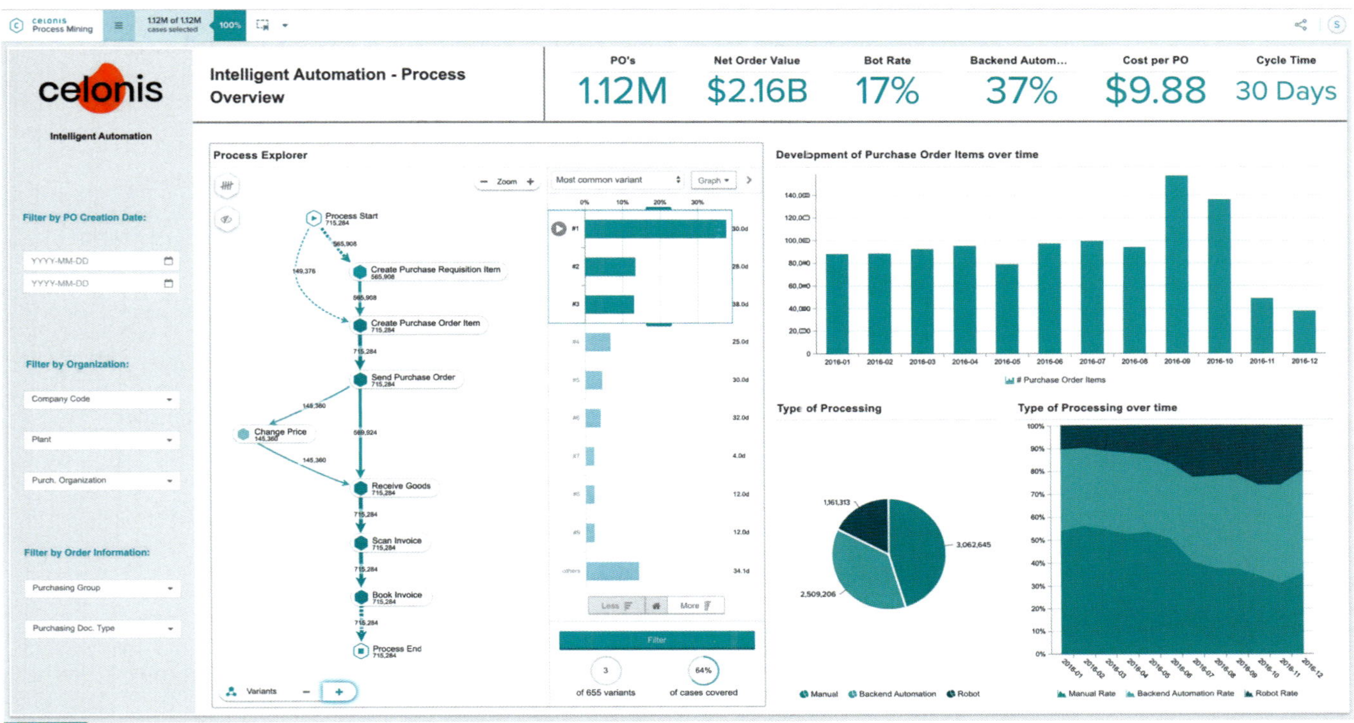

Grafik: Process Analytics, Celonis Intelligent Business Cloud

Schritt 4: Ergebnisse

- Analyse der Grundursachen
- Auswirkungen auf das Business
- Entwicklung von Gegenmaßnahmen
- Vorbereitung der abschließenden Ergebnispräsentation und des Executive Readouts
- Präsentation der Erkenntnisse vor der Geschäftsleitung
- Entscheidungsmeeting (Go- oder No-Go-Entscheidung zur Umsetzung)

Die Umsetzung eines Process-Mining-Ansatzes ermöglicht es, Prozesse zu visualisieren, zu verbessern und die Optimierung messbar zu machen – für die Digitalisierung von Prozessstrukturen ein wertvolles und häufig verwendetes Werkzeug.

Transformationswirksamkeit

- Wirksam für Herausforderungen mit hoher Komplexität
- Wirksam für Prozesstransformationen

Transformationsfähigkeit)

- Fördert die allgemeine Transformationsfähigkeit des Teams

Einsatzcharakteristik

- Austauschfokus: vornehmlich mit internen Personen
- Durchführungszeit: eher hoch (> 1 Tag)
- Einsatzfrequenz: sinnvoll im dauerhaften Einsatz
- Einsatzradius: vornehmlich im unternehmensweiten Einsatz
- Komplexität für den Moderator: eher hoch
- Komplexität für die Teilnehmer: eher hoch
- Teamgröße: Mittelgroße Teams möglich (5 bis 20 Teilnehmer)
- Vorbereitungszeit: eher hoch (>1 Tag)

Nötiger Input, um mit der Methode arbeiten zu können

- Angereicherte Ideen, Ideencluster oder höher integrierte Lösungen
- Beteiligte Personen mit Tätigkeiten und Aufgaben
- Ergebnisse aus der Analysephase
- Existierende Prozesse und Verfahren
- Vorhandenes Wissen und Erfahrungen
- Trends und Zukunftsentwicklungen
- Umfeldbeobachtungen, Umfeldanalysen
- Wettbewerber und Komplementoren
- Ziele, Zielsystem, Kennzahlen

Erzeugter Output der Methode

- Bessere Projekteffizienz, bessere Teamperformance
- Erzeugt Leitfragen für die Ideenfindung
- Erzeugt Planungen und Priorisierungen
- Erzeugt kollaborative Lösungen und Ideen
- Erzeugt neues Wissen und neue Erfahrungen
- Erzeugt spezifischere Leitfragen, Ideen und Aussagen
- Erzeugt visualisierte Ideen, Begriffe, Themen
- Erzeugt größere Klarheit zu einem Thema
- Erzeugt mehr Hintergrundinformationen
- Erzeugt mehr Know-how-Zuwachs
- Erzeugt segmentierte, kategorisierte, geclusterte Daten
- Hilft bei Entscheidungen, Bewertungen und Feedback
- Identifiziert vorhandene Schwachstellen
- Identifiziert vorhandene Stärken
- Macht Wirkzusammenhänge sichtbar

Hinderniseffekte, auf die die Methode positiv wirkt

- 04 – Beugt blinden Flecken/Betriebsblindheit vor
- 05 – Verhindert blinden Aktionismus
- 08 – Verhindert einseitige Bewertungen und Entscheidungen
- 10 – Verhindert falsche Flughöhen
- 13 – Schafft für den Erfolg nötige Realitätsbezüge
- 16 – Beugt Misinterpretationen vor
- 18 – Bewahrt vor zu generischen Ideen und Aussagen
- 20 – Verhindert Ideenfindung mit zu schwacher Erkenntnisgrundlage
- 25 – Schwächt multidisziplinäre Reibungsverluste
- 32 – Verhindert unreflektiertes Agieren
- 36 – Schafft schnell Klarheit und beschleunigt Erkenntnisgewinn
- 42 – Überzeugt strukturliebende Teammitglieder

Mögliche Extravorteile

- für disruptiv erfahrene Teams
- für innovativ erfahrene Teams
- für multidisziplinär erfahrene Teams

Quellen

Buch – Process Mining in Action, Lars Reinkemeyer (Springer 2020)

Web – Process Analytics | Celonis Intelligent Business Cloud | Process Mining-Lösungen, 26.05.2021

Process-driven Transformation (PdT)

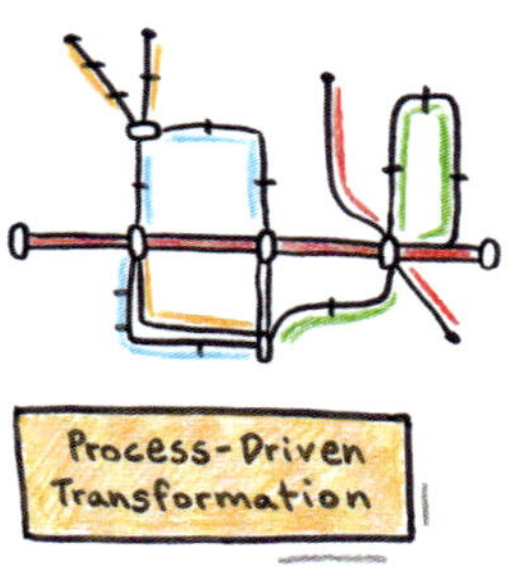

EinSatzBeschreibung

Heuristischer Ansatz zur Teilung einer Hauptaufgabe in sinnvolle und handhabbare Bausteine.

Transformation-Index

P1 Leading	P2 Organizing	P3 Connecting	P4 Growing	P5 Talking	P6 Scanning	P7 Exploiting	P8 Exploring	P9 Earning	P10 Scaling
						x	x		x

Beschreibung

Die „Prozess-gesteuerte Transformation" ist ein heuristischer Ansatz zur Teilung einer Hauptaufgabe in einzelne logische Bausteine komplexer und/oder hoch budgetierter Transformationsprojekte (Dekomposition). So wird beispielsweise das Target-Operating-Model (Beschreibung des gewünschten Zustands des Betriebsmodells einer Organisation) in sinnvolle, händelbare Projekte zerlegt. Das Zerlegen einer allumfassenden Optimierungsaufgabe ist erfolgsversprechend, da einzelne Fragestellungen in einer realistischen, einfachen Umgebung optimal gelöst werden, ohne dass diverse Parallel- oder Mamut-Aufgaben einer Lösung bedürfen.

Um diese Methodik zu beschreiben, nutzen wir das Beispiel des Einkauf in einem Unternehmens.

Durchführung

Die Grundlage des PdT setzt auf einen klassischen mathematischen Ansatz auf, der aus dem Bereich des Operation Research stammt. Ist man nicht in der Lage ein Optimierungsproblem in angemessener Zeit zu lösen, so bedient man sich der Heuristik, bei der man der optimalen Lösung möglichst nahekommt.

Die Analytiker dieser Welt werden behaupten, dass ein global übergeordnetes Optimum, das beispielsweise im Rahmen eines Target-Operating-Models (TOM) verfolgt wird, so nicht erreicht werden kann. Dies ist definitiv richtig. ABER: Bei einer so komplexen Aufgabenstellung, in der viele einzelne Individuen agieren und Entscheidungen treffen, müssen viele Kompromisse eingegangen werden. Ein globales Optimum für das Unternehmen wird somit von subjektiven Restriktionen beschränkt, die in punktuellen Projekten gar nicht aufkommen würden. Dies führt dazu, dass die Erreichung eines möglichen globalen Optimums zeitlich und inhaltlich nur selten erreicht werden kann. Somit ist das Näherungsverfahren durch kleinere Projekte und Optimierungen durchaus vergleichbar, wenn nicht sogar besser im Ergebnis als die Durchführung eines vollständigen TOM-Ansatzes mit den subjektiven Beschränkungen.

Damit ist nicht gemeint, dass der Target-Operating-Model-Ansatz per se nicht richtig ist. In vielen Fällen ist eine vollständige, grundsätzliche Optimierung die deutlich bessere Lösung. Das ist bspw. bei Post Merger Integrationen oder Restrukturierungen der Fall. Die PdT bietet eine alternative Variante der schrittweisen Optimierung und hilft Unternehmen dabei agil und flexibel durch die vollständige Transformation umzusetzen, ohne ein Budget- oder Komplexitätsproblem herbeizuführen.

Das klingt erst einmal einfach, die entsprechende Vorgehensweise unterliegt aber drei wichtigen Rahmenbedingungen:

- Es muss ein grundsätzliches Gesamtkonzept existieren.
- Das Konzept muss teilbar sein.
- Jeder Abschnitt für sich muss messbar und damit bewertbar sein.

Als Beispiel dient hier der Einkauf:

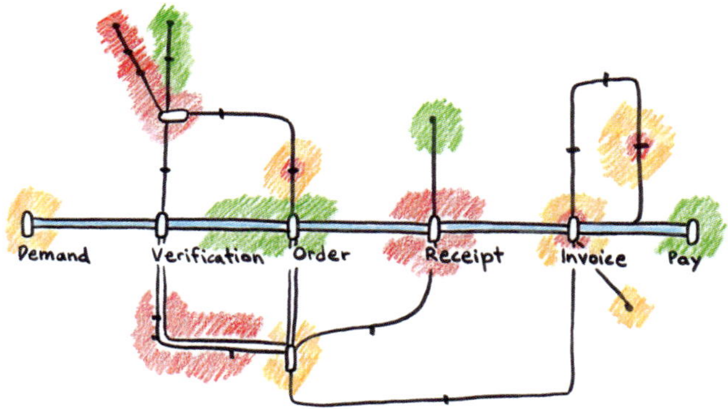

Grafik: Anja Faber – PdT – Heatmap

Schritt 1: Definition des Gesamtkonzepts

Das Grundkonzept wird in der Form eines U-Bahnfahrplans dargestellt. Diese Darstellungsform ermöglicht es grundlegende Einkaufsprozesse mit Ihren Abhängigkeiten abzubilden. Damit existiert ein übergeordnetes Konzept, dem man möglichst nah kommen möchte. Idealerweise sind die Prozessschritte digital und effizient in der Abwicklung.

Schritt 2: Aufteilung des Konzepts in Bausteine

Dieses Gesamtkonzept lässt sich in mehrere Bausteine teilen und individuell optimieren, ohne das übergreifende Bild aus den Augen zu verlieren. Die Bausteine sind spezifische Prozessabschnitte

Das Fundament der Prozesslandschaft ist der klassische Purchase-to-Pay-Prozess (P2P). Dieser ist Dreh- und Angelpunkt – denn ohne Bedarf kein Einkauf. An dem Bahnhof Product Varification überschneiden sich drei Prozesse – neben dem P2P-Prozess ist auch die Einkaufsstrategie sowie der Source-to-Contract-Prozess (S2C) von Relevanz. Hier wird entschieden, ob erforderliche Artikel systemseitig hinterlegt sind, ob erforderliche Stammdaten vorliegen und ob der Prozess mit der entsprechenden Warengruppenstrategie im Einklang ist. Sind relevante Daten nicht vorhanden, wird der Source-to-Contract (S2C) angestoßen. Von der sachgerechten Definition des Bedarfs, über die kompetitive Marktabfrage bis hin zur Vergabe und Vertragsfinalisierung wird der Grundstein gelegt, um zukünftige Bedarfe über den P2P-Prozess abzuwickeln.

Der Bahnhof „Contracts“ bildet den Dreh- und Angelpunkt für den Vertrags- sowie den Lieferantenmanagementprozess – abzulesen anhand der roten und grünen Linien. Nach Vertragsfinalisierung wird der der Vertrag freigegeben, im System hinterlegt und systemisch archiviert. Parallel hierzu wird der Lieferant in den Einkauf sowie Fachbereich eingephast. Mit dem ersten Wareneingang treffen der P2P-Prozess sowie das Lieferantenmanagement am Bahnhof „Goods Receipt“ aufeinander. Wichtige Kennzahlen, wie Liefermengenabweichung, Lieferqualität- und termintreue, werden ermittelt und zur Bewertung des Lieferanten an das Lieferantenmanagement adressiert.

Übergeordnet werden alle Einkaufsaktivitäten von dem Strategieprozess beeinflusst und kontrolliert. Ausgehend von internen und externen Daten sowie der Unternehmensstrategie werden Einkaufs- und Warengruppenstrategien entwickelt, umgesetzt, kontinuierlich re-evaluiert und angepasst.

Schritt 3: Bewertung und Messung der Bausteine

Es bleibt die Frage der Messbarkeit. Aus den folgenden drei Gründen ist eine solche Forderung elementar für die Anwendung des PdT:

- Priorisierung und Bewertung der Maßnahmen
- Effektmessung zum Abschluss der Maßnahme
- Tracking der Nachhaltigkeit durch ein Controlling

Um eine erste Bewertung vorzunehmen, ist es sinnvoll die einzelnen Haltestellen und Bahnhöfe in deren spezifischen Dimensionen zu analysieren und zu bewerten. Dabei werden Warengruppenstrukturen, Reifegrade, klassische Einkaufshebel, e-Solutions und ähnliches einbezogen. Die daraus resultierenden Stärken und Schwächen werden transparent und messbar gemacht.

Schritt 4: Konsolidierung der Ergebnisse

Aus den Stärken und Schwächen lässt sich eine sogenannte Heatmap abbilden und gibt Potenziale für die Einkaufstransformation an.

Mithilfe der Heatmap lassen sich die starken und kritischen Prozesselemente visualisieren. Auf dieser Basis wird ein Umsetzungsplan zur Hebung von digitalen Potenzialen erarbeiten. Dieser basiert auf quantitativen sowie qualitativen Prioritäten und resultiert in der Umsetzung der Maßnahmen.

Praxisschlaglicht: Beispiele

Ein Unternehmen der Chemieindustrie akquiriert erfolgreich ein Konkurrenzunternehmen. Das Unternehmen passt perfekt in das Produktportfolio. Bei einem Workshop finden sich Einkäufer aus beiden Unternehmen zusammen, um die nächsten gemeinsamen Schritte zu definieren. Die Beteiligten arbeiten strukturiert den U-Bahn Fahrplan ab. Dabei stellt sich heraus, dass gewisse Bereiche dringende Optimierungspotenziale aufweisen (die roten Bereiche einer Heatmap), während andere weniger stark priorisiert werden (gelb/orange). In dem Bereich der Spend Analytics wird beispielsweise identifiziert, dass hinsichtlich bestehender Vendoren Gemeinsamkeiten, aber auch grundlegende Unterschiede zu erkennen sind. Eine Detailanalyse wird allerdings dadurch erschwert, dass beide Unternehmen unterschiedliche ERP-Systeme mit unterschiedlichen Attributen und Klassifizierungen nutzen. Dieselben Lieferanten können aufgrund unterschiedlicher Schreibweisen nicht gemappt oder auf Mutter-Lieferanten-Ebene nicht zugeordnet werden. Basierend auf dieser Erkenntnis wird ein Maßnahmenkatalog geschnürt, der die folgenden kurzfristigen Optimierungsbereiche beinhaltet:

- Analytik der Datenlage (Data Analytics)
- Identifizierung des Produkt- und Warengruppenportfolios
- Eingruppierung von Lieferanten

Anhand von Einkaufsdaten werden strukturierte Erkenntnisse abgeleitet. Im ersten Schritt werden aus allen ERP-System FI/CO und MM Daten abgezogen und mit intelligenten Algorithmus aufgearbeitet, angereichert und harmonisiert. Im zweiten Schritt werden die Daten ausgewertet, anschaulich in PowerBI visualisiert und für den Kunden zugänglich gemacht. Hieraus können Erkenntnisse wie bspw. die Ist-Situation auf Lieferanten- und Warengruppenebene, sowie mögliche Ableitungen zum Harmonisierungspotenzial entwickeln werden. Im letzten Schritt wird die Datensicht mit dem Know-how von Einkaufsberatern ergänzt, um so weitere Hebel auf Produkt-, Lieferanten- und Warengruppenebene zu identifizieren.

Es wird deutlich, dass nach dem Abschluss der Kurzfristthemen aus einer Langzeitperspektive die folgenden Themen anzugehen sind: Zentralisierung/Harmonisierung von Bestellsystemen, Einführung eines Lieferantenklassifizierungssystems.

Mittels dieser Vorgehensweise werden Abhängigkeiten auf dem U-Bahnfahrplan transparent: Während Data Analytics zum aktuellen Zeitpunkt den Fokus darstellt, werden weitere Haltestellen, mitunter das Lieferantenmanagement (SRM) sowie das Bestellsystem (P2P) tangiert.

Innerhalb eines fünf Personen starken Einkaufsteams sind die Aufgaben der Einkäufer in operative und taktische Aufgaben unterteilt. Die Einkäufer kümmern sich um die Bestellauslösung, die Rechnungsprüfung, ad hoc Themen sowie die Optimierung von Standard-Katalogen (Kern- und Randsortimente), während auch Freitextbestellungen eine Rolle spielen. Das Unternehmen verzeichnet ein stetiges Wachstum in Höhe von rund 30 %. Der gleiche Trend ist hinsichtlich des Bestellvolumens sowie der Anzahl der Bestellungen zu verzeichnen.

Der Einkauf klagt über enorme operative Mehrarbeit und sogar Überlastung. Taktischen Aufgaben kann nicht nachgegangen werden. Darunter verschlechtert sich auch die Kostensituation, sowohl aus Prozess-, als auch als Materialkostensicht.

In diesem Beispiel steht der Purchase-to-Pay-Prozess im Vordergrund. Er weist den roten Bereich unserer Heatmap auf. Dabei werden den einzelnen Haltestellen dieses U-Bahn-Stranges unterschiedliche Optimierungsprioritäten zugesprochen.

Die Methode Optimal System Indication unterstützt bei der Auswahl und Implementierung geeigneter eProcurement-Partner. Klassischerweise resultiert daraus ein elektronisches Katalogsystem, das die Möglichkeit bietet, zentralisiert und prozessoptimiert einzukaufen. Über eProcurement-Lösungen werden direkte- sowie Beschaffungskosten reduziert. Es wird Transparenz in Form des klassischen Spendcubes maximiert, es entstehen Freiräume für taktische und strategische Aufgaben. Nicht zuletzt werden Abläufe nachvollziehbar und revisionssicher Abläufe. Das Beste für den Enduser: POs werden nun „Amazon like" ausgelöst und erfordern keinerlei Papier.

In diesem Beispiel erstreckt sich der Maßnahmenkatalog entlang des Bestellprozesses. Die Auswahl und Implementierung eines eProcurement-System stellt dabei die Spitze der Zielpyramide dar. Genehmigungs- und Rechnungsfreigabeprozesse werden weniger stark priorisiert, werden aber unmittelbar von einer einheitlichen Systemlandschaft und den digitalen Prozessen beeinflusst. eProcurement-Systeme sind modular zu betrachten. Neben dem klassischen Beschaffungsprozess unterstützen sie beispielsweise auch das Supplier Relationship Management sowie das Contract Management. Auch in diesem Fall zwei Aspekte, die es gilt zeitversetzt anzugehen.

Um es abschließend nochmals auf den Punkt zu bringen – diese Methode sieht eine prozess-gesteuerte Transformation vor. Auf diese Weise werden einzelne Baustellen des Einkaufs oder anderer Objekte in eine sinnvolle Optimierungsrangliste gebracht und aufeinander folgend optimiert. Das mindert die Komplexität und erleichtert Budget-Fragen. Auf diese Weise ist es möglich den Spagat zwischen den als kritisch angesehenen Kurzfristeinmaloptimierungen und den totalen Digitalisierungstransformationen zu meistern – als wie agil und flexibel schätzen Sie Ihre abgeschlossenen und anstehenden Einkaufsoptimierungsprojekte an? Stehen diese in einer logischen Reihenfolge zueinander? Ohne einen strategischen Ansatz, wie in unserem Fall dem Aufbau einer Heatmap, kann es sehr schwierig sein diese Frage zu beantworten. Vor allem vor dem Hintergrund eines TCO-Ansatzes.

Transformationswirksamkeit

- Wirksam für Herausforderungen mit hoher Komplexität

Transformationsfähigkeit

- Fördert die allgemeine Transformationsfähigkeit des Teams

Einsatzcharakteristik

- Austauschfokus: vornehmlich mit internen und externen Personen
- Durchführungszeit: eher hoch (> 1 Tag)
- Einsatzfrequenz: sinnvoll im dauerhaften Einsatz
- Einsatzradius: vornehmlich im Teameinsatz
- Einsatzradius: vornehmlich im unternehmensweiten Einsatz
- Komplexität für den Moderator: eher hoch
- Komplexität für die Teilnehmer: eher hoch
- Teamgröße: Einzelpersonennutzung möglich
- Teamgröße: Kleingruppe möglich (3 bis 5 Teilnehmer)
- Teamgröße: Mittelgroße Teams möglich (5 bis 20 Teilnehmer)
- Vorbereitungszeit: eher hoch (>1 Tag)

Nötiger Input, um mit der Methode arbeiten zu können

- Aktuelle Herausforderung, Leitfrage, Problem
- Existierende Prozesse und Verfahren
- Ideen und Projekte die zur Umsetzung anstehen

Erzeugter Output der Methode

- Bessere Projekteffizienz, bessere Teamperformance
- Erzeugt Poster
- Erzeugt größere Klarheit zu einem Thema
- Erzeugt transformationsfähigere Organisationen
- Macht Wirkzusammenhänge sichtbar

Hinderniseffekte, auf die die Methode positiv wirkt

- 04 – Beugt blinden Flecken/Betriebsblindheit vor
- 10 – Verhindert falsche Flughöhen
- 11 – Schärft eine fehlende gemeinsame Ausrichtung
- 32 – Verhindert unreflektiertes Agieren

Mögliche Extravorteile

- für Teams in einer Komfortsituation
- für Teams mit einer konservativen, tradierten Kultur
- für Teams mit einer schwacher Teamleitung
- für Teams mit schwachem Auftragsmandat
- für disruptiv unerfahrene Teams
- für agile Teams
- für innovativ ungeübte Teams
- für multidisziplinär unerfahrene Teams
- für die Arbeit mit digitalen Kollaborationsboards

Quellen

Web – https://www.pwc.de/de/strategie-organisation-prozesse-systeme/operations/procurement-und-strategischer-einkauf.html, 23.05.2021

Web – https://beschaffung-aktuell.industrie.de/einkauf/schritt-fuer-schritt-zum-digitalen-einkauf, 23.05.2021

155

Produkt ist das neue Projekt

EinSatzBeschreibung

Abgrenzung von Produkt- und Projektmanagement mit dem Ziel, kritische Bestandteile und wichtige Aufgaben des Produktmanagers zur erfolgreichen Entwicklung digitaler Produkte zu identifizieren.

Transformation-Index

P1 Leading	P2 Organizing	P3 Connecting	P4 Growing	P5 Talking	P6 Scanning	P7 Exploiting	P8 Exploring	P9 Earning	P10 Scaling
						x	x		x

Beschreibung

Digitale Veränderungen, neue Möglichkeiten für digitale Geschäftsmodelle und Produkte fordern neue Entwicklungsmethoden, andere Fähigkeiten zur Umsetzung und Vorgehensweisen als die Anwendung bestehender Projektmanagement Strukturen.

Technisch fortschreitende Entwicklungen fordern die schlanke und schnellen Einführung neuer Produkte. Als Folge wird in der digitalen Welt die Entwicklung von Produkten nicht in Projekten gedacht, sondern in agilen Produktstrukturen.

Digitale Produktentwicklungen sind kürzer getaktet, Projektteams organisieren sich und ihre Aufgaben selbst, z. B. über KANBAN Boards, und die Zeit bis zum Marktfähigen Produkt wird so kurzgehalten wie möglich, um zu vermeiden, dass die Umsetzung von Produktideen nicht technisch und/oder optisch bei Produktlounge

Der Projektmanger fragt:

- Welche zeitlichen Ressourcen gebraucht werden?
- Wann das Projekt geliefert wird?
- Wer was bis wann erledigt?

veraltet ist.

Durchführung

Die Abgrenzung des Produktmanagers vom Projektmanagers zeigt kritische Bestandteile und wichtige Aufgaben des Produktmanagers zur erfolgreichen Entwicklung digitaler Produkte. Folgende kritische Punkte gilt es zu beachten zum erfolgreichen und nachhaltigen Produktmanagement in der Praxis:

1. Den Kunden und nicht nur die „Sache" im Blick
Ein Projekt ist einen zeitlichen beschränkten Event, in dessen definierten Projektzeitraum, ein festgelegtes Ergebnis geliefert werden muss. Ein Produkt orientiert sich am Markt und den Bedürfnissen der Kunden mit dem Ziel das Problem für den Kunden zu lösen. Bei der Entwicklung digitaler Produkte, beginnt somit in permanentem Austausch mit dem Kunden, in dem auf Änderungen reagiert wird und dem nicht nach erbrachter Leistung der Rücken gekehrt werden kann.

2. Kurze Zeit zur Entwicklung
Umfassende Projektmanagement Prozesse und Dokumentationen, stehen der schnellen und schlanken Produktentwicklung im Weg. Schnelle technischen Entwicklungen, bieten kurzfristige Möglichkeiten zur digitalen Produktplatzierung. Dabei spielt die schnelle Erprobung auf dem Markt eine wichtigere Rolle als die Entwicklung von vorab definierten Abhängigkeiten und Anforderungen und ein fest definiertes Projekt Ergebnis. Digitale Wettbewerber oder technische Systementwicklungen, fordern schnelle Reaktionen nach Feststellung von Möglichkeiten neuer Produkte.

3. Fortlaufendes Produkt statt finales Projektende
Ein digitales Produkt ist nach Abschluss nicht fertig. Aus diesem Grund führt ein definiertes Projektende, nach erreichtem Projektziel nur kurze Zeit zum Erfolg des digitalen Produkts. Sobald ein erstes Produkt auf den Markt gebracht ist, stehen neben der Weiterentwicklung, technische Wartungsarbeiten, kontinuierliche Fehlerbehebung („bug fixing") auf den Plan. digitale Produktentwicklung, schaut mit dem Projektlaunch nach weiterführenden Verbesserungen und eventuellen

Der Projektmanger fragt:

- Welche Kundenwünsche erfüllen/welche Probleme lösen wir?
- Wie schaffe ich den größten Mehrwert?
- Was ist der Nutzen für den Kunden?

Möglichkeiten zur Produktänderung oder Erweiterung.

4. Verändernde Ziele – mit Iterationen zum digitalen Produkt
Projektstarts und Meilensteine, werden bei agil arbeitenden Teams durch Kanban Boards und MVPs abgelöst. Bei der Entwicklung digitaler Produkte, sind zwischenzeitliche Updates und Feedbackback sowie Testings mit den Zielkunden an der Tagesordnung. Produktmanager halten nicht an fest definierten Zielen fest, wenn der Markt etwas anders als erwartet signalisiert. Neue Anforderungen bestimmen neuen Aufgaben und werden umgesetzt.

Praxisschlaglicht

Digitale Produktentwicklung kann in Unternehmen mit bisherig analogen oder langfristig erfolgreichen Produkten eine Herausforderung darstellen. Auf Basis des bisherigen Erfolgs bestehender Produkte oder analogen Charakteristik von Produkten, ist die Entwicklung von digitalen Produkten eine neue Aufgabe, zu der in vielen Fällen die bestehende Projektmanagement Struktur und Vorgehensweise angewendet wird. Immer wiederholte Erfragungen sind lange Projekt/Produktentwicklungszeiten, Entwicklungen, die den Kundenbedürfnissen nicht oder nicht mehr entsprechen sowie technologische Entwicklungen, die die eigenen digitalen Produkte schnell einholen, überholen und damit unbrauchbar machen. Aus diesem Grund erfordert die Entwicklung von digitalen Produkten ein Umdenken in bestehenden (Projekt-) Organisationen und Strukturen.

Um diesen Herausforderungen zu begegnen, empfiehlt es sich, das Mindset des digitalen Produktmanagements mit weiteren Methoden zu paaren. Wie schon erwähnt, ist ein digitales Produkt im Grunde genommen niemals fertig. Um diesen ganzheitlichen Produktmanagement und -entwicklungsprozess somit optimal zu adaptieren, können u. a. folgende Methoden helfen:

- **Lean Startup** und **Design Thinking** zur kundenzentrierten und hypothesenbasierten Entwicklung,
- **Scrum, MVP & User Story Maps** zur agilen Umsetzung, zum Reagieren auf Veränderungen und zur kontinuierlichen Release-Planung,
- **Pirate Metrics** zum Erstellen und Analysieren eines KPI-Funnels

Wie diese Methoden gut zusammenspielen, können Sie auch in der Methode DELAG+ erfahren.

Transformationswirksamkeit

- Wirksam für alle Transformationen

Transformationsfähigkeit

- Fördert die allgemeine Transformationsfähigkeit des Teams

Einsatzcharakteristik

- Austauschfokus: vornehmlich mit internen Personen
- Durchführungszeit: eher hoch (> 1 Tag)
- Einsatzfrequenz: sinnvoll im dauerhaften Einsatz
- Einsatzradius: vornehmlich im unternehmensweiten Einsatz
- Komplexität für den Moderator: eher hoch
- Komplexität für die Teilnehmer: eher hoch
- Teamgröße: Großgruppen möglich (>50 Teilnehmer)
- Teamgröße: Kleingruppe möglich (3 bis 5 Teilnehmer)
- Teamgröße: Maxigruppen möglich (20 bis 40 Teilnehmer)
- Teamgröße: Mittelgroße Teams möglich (5 bis 20 Teilnehmer)
- Vorbereitungszeit: eher hoch (>1 Tag)

Nötiger Input, um mit der Methode arbeiten zu können

- Beteiligte Personen mit Tätigkeiten und Aufgaben
- Durchlaufenes Projekt oder Projektphasen
- Existierende Prozesse und Verfahren

Erzeugter Output der Methode

- Bessere Projekteffizienz, bessere Teamperformance
- Erzeugt motiviertere und transformationsfähigere Teilnehmer

Hinderniseffekte, auf die die Methode positiv wirkt

- 05 – Verhindert blinden Aktionismus
- 10 – Verhindert falsche Flughöhen
- 11 – Schärft eine fehlende gemeinsame Ausrichtung
- 13 – Schafft für den Erfolg nötige Realitätsbezüge
- 25 – Schwächt multidisziplinäre Reibungsverluste
- 32 – Verhindert unreflektiertes Agieren
- 36 – Schafft schnell Klarheit und beschleunigt Erkenntnisgewinn
- 41 – Verringert zu große Komplexitäten

Mögliche Extravorteile

- für Teams mit einem starkem Auftragsmandat

Quellen

Web – https://www.harbott.com/difference-between-product-and-project/, 23.4.2021

Web – https://www.cio.de/a/klassisches-projektmanagement-scheitert,3251258,2, 23.4.2021

Web – https://www.productplan.com/learn/product-management-versus-project-management/, 23.4.2021

Projektmatrix

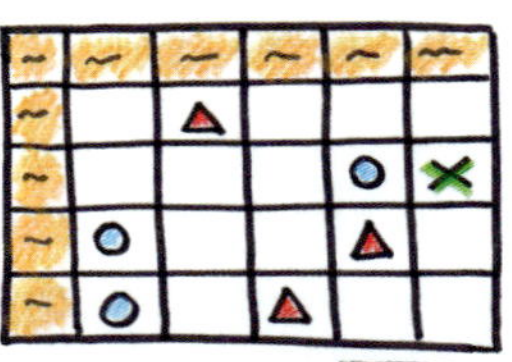

EinSatzBeschreibung

Methode zur schematischen Darstellung von Zuständigkeiten und Überschneidungen im Projekt – ohne klassische Hierarchien.

Transformation-Index

P1 Leading	P2 Organizing	P3 Connecting	P4 Growing	P5 Talking	P6 Scanning	P7 Exploiting	P8 Exploring	P9 Earning	P10 Scaling
	x								

Beschreibung

Die Projektmatrix ist eine schematische Darstellung, die in der Kombination von horizontalen und vertikalen Ebenen Überschneidungspunkte zwischen unterschiedlichen Entitäten abbildet. Diese Entitäten können zum Beispiel Prozesse oder Dienstleister in einem Projekt sein (Horizontale), denen Teilprojektstränge oder zuständige Abteilungen zugeordnet werden (Vertikale). An den Kreuzungspunkten können je nach Fragestellung oder Bedarf im Projekt ganz unterschiedliche Informationen stehen: zum Beispiel die Namen der zuständigen Personen, die Prozesse, die in verwendeten Systemen ablaufen sollen, oder das Ergebnis, das aus der Zusammenarbeit der in der Horizontalen und Vertikalen genannten Beteiligten erwartet wird.

In Projekten zur digitalen Transformation ist die Projektmatrix eine geeignete Methode, um abzubilden, an welchen Punkten oder in welchen Bereichen sich unterschiedliche Zuständigkeiten überschneiden. Daraus lassen sich wichtige Informationen festhalten und ablesen: Zum Beispiel gemeinsame Tätigkeitsfelder und Verantwortlichkeiten im Projekt; oder die jeweils benötigten Zugriffe zu Tools oder Systemen, mit denen im Projekt gearbeitet werden soll.

Auch zur Festlegung eines Organigramms kann die Projektmatrix genutzt werden. Als Gegenmodell zu einer klassischen hierarchischen Abbildung von Beziehungen eignet sie sich dabei bestens, um von einem Top-down-Blick der Führung zu einem geteilten und gemeinsamen Verständnis von Ownership zu kommen. Sie bietet sich damit nicht nur als rein strukturierende Methode an, sondern auch als passende Übung für ein transformiertes digitales Mindset.

Durchführung

Man kann die Projektmatrix gemeinsam mit dem Projektteam zum Beispiel am Flipchart oder Whiteboard aufmalen. Möchte man das Verständnis für diese neue Art der Organisationsstruktur im Projektteam besonders festigen, kann man sogar im ganz Kleinen bei den wahrgenommenen Aufgabenbereichen und Zuständigkeiten beginnen. Diese lässt man vom Team einzeln auf Kärtchen schreiben und ordnet sie im Folgenden gemeinsam der Matrix zu. Dabei ist ein wichtiger Fokus auf die Unterscheidung zwischen der Horizontalen und der Vertikalen zu legen (s. u.). Dies hilft dem Projektteam dabei, die Zuständigkeiten und Tätigkeitsbereiche passend zuzuordnen.

Alternativ lässt sich die Matrix auch als Synthese oder Arbeitsstand auf Projektmanagement-Ebene erstellen. Dazu kann man sich zum Beispiel ein einfaches PowerPoint-Template aus horizontalen und vertikalen Textfeldern erstellen und mit den nötigen Informationen befüllen.

In jedem Fall sollte die fertige Matrix gemeinsam mit dem Projektteam diskutiert und verabschiedet werden. So festigt sich der Blick zum einen schematisch und organisatorisch, zum anderen stärkt ein gemeinsames Bild von der gemeinsamen Arbeit auch die Projektkultur. Für die Teilnehmenden im Projekt ist es zudem identitätsstiftend, den eigenen Namen, die eigene Abteilung oder den eigenen Tätigkeitsbereich in der Projektmatrix wiederzufinden. Im Projektverlauf sollte die Projektmatrix ein lebendiges Dokument sein, das angereichert wird, wenn auf Horizontalen oder Vertikalen neue, abgrenzbare Entitäten dazu kommen.

- Vertikale

In der Vertikalen sollte man klar voneinander abgrenzbare Aufgabenfelder oder Abteilungsbereiche definieren. Über die Sortierung der Vertikalen nebeneinander können zum Beispiel aufeinanderfolgende Schritte abgebildet werden. Allerdings sollte die Sortierung kein hierarchisches Gefüge wiedergeben; als Faustregel kann man sich merken, dass die Vertikalen in der Reihenfolge gegeneinander austauschbar sein sollten.

Beispiele für passende Entitäten in der Vertikalen:

- Projektstränge oder Teilprojekte
- Produkte oder Produktbereiche
- Konzeptschritte
- Aufgabenbereiche
- Abteilungen im Unternehmen

- Horizontale

In der Horizontalen werden mehrere Ebenen untereinander abgebildet. Sie können zum Beispiel logisch aufeinander folgen, oder auch unterschiedliche Systemschichten abbilden. Grundsätzlich ist auch hier wichtig zu verdeutlichen, dass über die Reihenfolge keine Hierarchie entsteht.

Beispiele:

- Systeme und Prozesse
- Touchpoints
- Dienstleister im Projekt
- Partner im Projekt
- Gewerke
- Abteilungen im Unternehmen

	Projektstrang 1	Projektstrang 2	Projektstrang 3	Projektstrang 4	Projektstrang 5
Touchpoint 1	Aufgabe 1 Aufgabe 2 Aufgabe 3	Aufgabe 1 Aufgabe 2 Aufgabe 3	Aufgabe 1 Aufgabe 2 Aufgabe 3	-	-
Touchpoint 2	Aufgabe 1 Aufgabe 2 Aufgabe 3	Aufgabe 1 Aufgabe 2 Aufgabe 3	-	Aufgabe 1 Aufgabe 2 Aufgabe 3	Aufgabe 1 Aufgabe 2 Aufgabe 3
Touchpoint 3	Aufgabe 1	Aufgabe 1 Aufgabe 2 Aufgabe 3	Aufgabe 1 Aufgabe 2	-	-
System 1	Aufgabe 1	-	Aufgabe 1 Aufgabe 2	Aufgabe 1 Aufgabe 2	-
System 2			Aufgabe 1 Aufgabe 2	Aufgabe 1 Aufgabe 2	Aufgabe 1 Aufgabe 2

Grafik: Stephanie Bretz

Praxisschlaglicht

Bei der Umsetzung einer neuen digitalen Infrastruktur mit Kunden-Frontend hatten wir mit sechs unterschiedlichen Teilprojekt-Strängen und einer Vielzahl von Dienstleistern im Projekt zu tun. Die unterschiedlichen Projektstränge hatten dazu noch jeweils Überschneidungen in der Zusammenarbeit mit den Dienstleistern. Wir haben die Projektmatrix eingesetzt, um den Projektsträngen in der Vertikalen in der Horizontalen die unterschiedlichen Systeme und Touchpoints im Back- und Frontend mit den beteiligten Dienstleistern zuzuordnen. An den Kreuzungspunkten in der Matrix wurde jeweils notiert, welche Aufgabenbereiche für die Konstellation aus Teilprojekt/System bzw. Touchpoint relevant waren. So konnten wir für das gesamte Team einen strukturierten Überblick schaffen und Synergien in der Steuerung der Dienstleister heben. Die Matrix wurde im Projektverlauf fortlaufend ergänzt. Die Projektmatrix hat sich damit auch als guter Aufsatzpunkt für die anschließende Prozessdokumentation bewährt.

Transformationswirksamkeit

- Wirksam für alle Transformationen

Transformationsfähigkeit

- Fördert die allgemeine Transformationsfähigkeit des Teams
- Zahlt auf eine bessere Wahrnehmung ein

Einsatzcharakteristik

- Austauschfokus: vornehmlich mit internen und externen Personen
- Einsatzfrequenz: sinnvoll im dauerhaften Einsatz
- Einsatzfrequenz: vornehmlich über im kompletten Projektzeitraum
- Einsatzradius: vornehmlich im projektweiten Einsatz
- Komplexität für den Moderator: eher mittel
- Komplexität für die Teilnehmer: eher mittel
- Teamgröße: Einzelpersonennutzung möglich
- Teamgröße: Großgruppen möglich (>50 Teilnehmer)
- Teamgröße: Kleingruppe möglich (3 bis 5 Teilnehmer)
- Teamgröße: Maxigruppen möglich (20 bis 40 Teilnehmer)
- Teamgröße: Mittelgroße Teams möglich (5 bis 20 Teilnehmer)
- Vorbereitungszeit: eher mittel (>1 Stunde bis <1 Tag)

Nötiger Input, um mit der Methode arbeiten zu können

- Durchlaufenes Projekt oder Projektphasen

Erzeugter Output der Methode

- Bessere Projekteffizienz, bessere Teamperformance
- Erzeugt transformationsfähigere Organisationen
- Hilft bei Entscheidungen, Bewertungen und Feedback
- Macht Wirkzusammenhänge sichtbar

Hinderniseffekte, auf die die Methode positiv wirkt

- 04 – Beugt blinden Flecken/Betriebsblindheit vor
- 11 – Schärft eine fehlende gemeinsame Ausrichtung
- 16 – Beugt Misinterpretationen vor
- 25 – Schwächt multidisziplinäre Reibungsverluste
- 40 – Verhindert Finanz- und Ressourcenfallen
- 42 – Überzeugt strukturliebende Teammitglieder

Mögliche Extravorteile

- für multidisziplinär erfahrene Teams

Quellen

Organisation – masterplan.academy GmbH, Düsseldorf, www.masterplan.academy
Person – Stephanie Bretz, stephanie.bretz@masterplan.academy

Grafik: verrocchio Mindset-Card – Illustration: Jennifer Weiss

157

Quick Reference Card

EinSatzBeschreibung

Wissen komprimiert dargestellt, um es schnell in der Organisation zu verbreiten.

Transformation-Index

P1 Leading	P2 Organizing	P3 Connecting	P4 Growing	P5 Talking	P6 Scanning	P7 Exploiting	P8 Exploring	P9 Earning	P10 Scaling
			x						

Beschreibung

Mit einer Quick Reference Card fassen Sie auf höchstens einer Seite zusammen, was der Lesende auf einen Blick über das Thema wissen sollte. Grafisch aufbereitet, durch Abbildungen unterstützt und nett gestaltet kann so in kürzester Zeit Wissen vermittelt werden.

Typischerweise werden Sie als one pager gefertigt, ausgedruckt und den Nutzern ausgegeben, damit sie immer zur Hand sind und schnell aus der Schublade gezogen werden können, wenn man sie braucht. Daher nennt man sie auch „cheat sheet“, also Spickzettel. Natürlich gibt es sie inzwischen auch in digitaler Form. Quick Reference Cards sind in vielen Bereichen einsetzbar und nicht auf die Digitale Transformation beschränkt. Trotzdem können Sie gerade hier nützliche Dienste leisten, um durch Wissen Barrieren und Ängste vor neuen digitalen Produkten abzubauen.

Tastenkombinationen, Funktionen bei neuen Tools oder Begriffe sind nur einige der möglichen Inhalte. Gerade die digitalisierte Welt ist sehr weitläufig und vielfältig und mit einer Quick Reference Card kann diese Abstraktheit auf das Wesentliche reduziert werden[38] und Digitalisierung überschaubar und begreifbar gemacht werden. Diese Reduzierung auf das Wesentliche nennt man „didaktische Reduzierung“, worauf die Quick Reference Cards zurückzuführen sind. Es geht dabei nicht „um die (quantitative) Reduzierung von Lerninhalten“[39], sondern um den „Kern der Sache“[40], der vermittelt werden soll.

Durchführung

Erstellen einer Quick Reference Card

- Teilen Sie das Produktteam in Kleingruppen auf und geben Sie ihnen die Aufgabe, die wichtigsten 5 Inhalte ihres Produkts auf einem Flipcharts zusammenzufassen.
- Im zweiten Schritt dürfen die Kleingruppen folgende Fragen mit nur einem Satz beantworten:
  - Welchen Mehrwert bringt das Produkt?
  - Welches Problem löst das Produkt?
  - Was sind die besten Insider zum Produkt?
  - Tipps und Tricks?
- Zuletzt kommen die Kleingruppen im Plenum zusammen, stellen ihre Ergebnisse vor und entscheiden gemeinsam, welche der Inhalte final auf die Quick Reference Cards kommen.
- Die Quick Reference Cards sollten grafisch aufbereitet werden, sodass die Gestaltung die Vermittlung der Inhalte unterstützt. Das sorgt für bessere Lesbarkeit und lädt immer wieder dazu ein, die Quick Reference Cards zu nutzen.

Foto: NEU Innovation – Zentis GmbH & Co. KG

Etablieren der Quick Reference Cards

- Legen Sie die Quick Reference Cards zentral ab, sodass jeder darauf zugreifen kann.
- Gestalten Sie die Quick Reference Cards immer nach demselben Aufbau, sodass ein Widererkennungswert entsteht.
- Die besten Autoren sind die Fachbereiche selbst, denn sie sind die Experten auf ihrem Gebiet. Also bieten Sie mit einer Vorlage die Möglichkeit an, dass jeder eine Quick Reference Card zu seinem Thema anlegen kann. So verbreiten Sie Wissen zu den unterschiedlichsten Themen rasend schnell.

[38] Buch – Chemiedidaktik an Fallbeispielen. Anregungen für die Unterrichtspraxis, Sabine Streller/Claus Bolte/Dennis Dietz/Ruggero Noto la Diega (Springer Spektrum 2019), S. 12.

[39] Buch – Chemiedidaktik an Fallbeispielen. Anregungen für die Unterrichtspraxis, Sabine Streller/Claus Bolte/Dennis Dietz/Ruggero Noto la Diega (Springer Spektrum 2019), S. 12.

[40] Buch – Chemiedidaktik an Fallbeispielen. Anregungen für die Unterrichtspraxis, Sabine Streller/Claus Bolte/Dennis Dietz/Ruggero Noto la Diega (Springer Spektrum 2019), S. 11.

157

Quick Reference Card

Foto: NEU Innovation – AOK Rheinland/Hamburg

Auch wenn wir uns in diesem Buch im digitalen Sektor bewegen, sollten Sie den Wert von physischen Produkten nicht unterschätzen! Die haptische Erfahrung bei einem Spickzettel übersteigt den Wert eines online-Spickzettels.

Transformationswirksamkeit

- Wirksam für Herausforderungen mit niedriger Komplexität
- Wirksam für alle Transformationen

Transformationsfähigkeit

- Sorgt für Inspiration oder bessere Inspirationsempfindlichkeit
- Zahlt auf eine bessere Vorstellungskraft ein
- Zahlt auf eine bessere Wahrnehmung ein

Einsatzcharakteristik

- Austauschfokus: vornehmlich mit internen Personen
- Durchführungszeit: eher gering (< 1 Stunde)
- Einsatzfrequenz: vornehmlich im einmaligen Einsatz
- Einsatzradius: vornehmlich im unternehmensweiten Einsatz
- Komplexität für den Moderator: eher gering
- Komplexität für die Teilnehmer: eher gering
- Teamgröße: Einzelpersonennutzung möglich
- Teamgröße: Großgruppen möglich (>50 Teilnehmer)
- Vorbereitungszeit: eher mittel (>1 Stunde bis <1 Tag)

Nötiger Input, um mit der Methode arbeiten zu können

- Aktuell existierende Geschäftsmodelle
- Aktuell existierende Produkte und Services
- Aktuelle Herausforderung, Leitfrage, Problem
- Existierende Prozesse und Verfahren
- Frühe erste Prototypen
- Merkmale der gegebenen Herausforderung
- Produktmerkmale, Skizzen, Eigenschaften
- Trends und Zukunftsentwicklungen

Erzeugter Output der Methode

- Erzeugt neues Wissen und neue Erfahrungen
- Erzeugt spezifischere Leitfragen, Ideen und Aussagen
- Erzeugt größere Klarheit zu einem Thema

Hinderniseffekte, auf die die Methode positiv wirkt

- 16 – Beugt Misinterpretationen vor
- 34 – Verhindert vorschnelles Urteilen über Ideen

Mögliche Extravorteile

- für Teams mit einer konservativen, tradierten Kultur
- für innovativ ungeübte Teams
- für multidisziplinär unerfahrene Teams
- für die Arbeit mit digitalen Kollaborationsboards

Quellen

Buch – Chemiedidaktik an Fallbeispielen. Anregungen für die Unterrichtspraxis, Sabine Streller/Claus Bolte/Dennis Dietz/Ruggero Noto la Diega (Springer Spektrum 2019)

Rapid Contextual Design

EinSatzBeschreibung

Methode, um Benutzer-schnittstellen für Endgeräte zu entwickeln.

Transformation-Index

P1 Leading	P2 Organizing	P3 Connecting	P4 Growing	P5 Talking	P6 Scanning	P7 Exploiting	P8 Exploring	P9 Earning	P10 Scaling
						x	x		

Beschreibung

Rapid Contextual Design ist ein methodischer Ansatz, um User-Interfaces für Endgeräte zu entwickeln, mit welcher der Anwender mit einem Endgerät bei der Benutzung in Interaktion tritt. Die benutzerzentrierte Designtechnik zielt dabei auf eine hohe Geschwindigkeit bei den Entwicklungsprozessen ab, da Zeit sich zu einem wesentlich wichtigen Faktor im Systemdesign entwickelt hat.

Das Ziel des Rapid Contextual Design ist es, den Kunden in den Mittelpunkt der Prozesse zu stellen und in den Prozess einzubeziehen, ohne diese zu verlangsamen. Dabei gilt es, das Design in die bestehenden Strukturen, Erwartungen und Entwicklungsprozesse der Organisationen einzufügen.

Schwerpunkt des Rapid Contextual Design Process ist die systematische Befragung von Anwendern und Kunden. Die Interviews stehen dabei im direkten Kontext mit der Entwicklung des User Interfaces und werden mithilfe verschiedener Workshops strukturiert aufbereitet, um so schließlich neue Lösungsansätze zu entwickeln.

Die Geschwindigkeit des Entwicklungsprozesses hängt von der Komplexität des Produktes ab. Die einzelnen Schritte des Prozesses werden so kurz wie möglich gestaltet. Mit der Rapid Contextual Design Methode können Designer in nur einer Woche Kundendaten sammeln und nach der Befragung der Anwender eine Lösung ins Auge fassen. Der eigentliche Design-Prozess erstreckt sich infolgedessen von fünf bis sieben Wochen, was definitiv als „rapid" gewertet werden muss.

Durchführung

Vorbereitung

Zum Start des Rapid Contextual Design Prozesses bestimmen Sie die Zielgruppe, welche die Endgeräte mit Ihren Benutzerschnittstellen nutzen werden, und laden dementsprechend circa 4 bis 6 Nutzer aus diesem Kreis zu einem Interview ein, dass Sie im Kontext der konkreten Aufgabe führen.

Achten Sie darauf, dass die Gäste eine Affinität zu Ihrem Produkt aufweisen und offen für Ihre Fragen sind. Bereiten Sie dieses Interview gut vor, indem Sie alle Fragen notieren und strukturieren, die Sie beantwortet haben wollen.

Versuchen Sie bereits im Vorfeld das Interview so zu organisieren, dass Sie nicht gestört werden. Des Weiteren stellen Sie ein Team aus den unterschiedlichsten Bereichen Ihres Unternehmens auf, dass die Anforderungen, die sich aus den Interviews ergeben, strukturiert, analysiert und schließlich umsetzt.

Kontext-Interview

Stellen Sie Ihren Gästen zuerst die neue Produktidee vor und gehen Sie dann von der ersten Vorstellung immer tiefer ins Detail, um schließlich die genauen Anforderungen an ein ideales User Interface zu erörtern. Je natürlicher die Situation und je ungezwungener Sie das Interview führen, umso ehrlicher fallen die Antworten aus

Achten Sie darauf, dass Sie den Faden Ihres geplanten Interviews halten und Ihre wesentlichen Themen nicht aus dem Augen verlieren Detailinformation sind zwar wichtig, unentbehrlich sind aber die Antworten auf die wesentlichen Fragen. Machen Sie sich ausreichend Notizen, um die Statements nicht zu vergessen. Fassen Sie zwischenzeitlich immer wieder die Antworten Ihres Gegenübers zusammen und hinterfragen Sie, ob Sie alles richtig verstanden haben. So beugen Sie Fehlinterpretationen vor, die Sie und Ihr Team auf eine falsche Fährte locken. Versuchen sie, die Antworten Ihrer Interview-Partners möglichst wenig durch Ihre Rhetorik zu beeinflussen. Limitieren Sie Ihre Interviews zeitlich: Länger als zwei Stunden sollte keine Einzelbefragung dauern, um Ihre Nutzer nicht zu überfordern.

Interpretation-Session

Zwischen den einzelnen Interviews halten Sie sogenannte „Interpretations-Sessions": Sie schildern dabei Ihren Team mit Ihren eigenen Worten anhand Ihrer Notizen, was Sie in dem Interview erfahren haben. Berichten Sie möglichst originalgetreu den Ablauf und die Inhalte des Interviews, fassen Sie also nichts zusammen und lassen Sie nichts aus. Versuchen Sie, sich möglichst einfach und unkompliziert auszudrücken, damit die Interview-Inhalte nicht verzerrt werden. Sie können sich bestimmt noch an das „Stille Post" Spiel Ihrer Kindheit erinnern: Es ist nicht so einfach, gehörtes unverändert weiterzugeben. Die Interpretations-Session sollte daher möglichst zeitnah nach dem jeweiligen Interview erfolgen. Der Interviewer bringt sich in die Diskussionen ein, achtet darauf, dass die Gruppen den Faden nicht verliert und keine Aussagen verfremdet und bringt schließlich auch eigene Ideen ein.

Affinity-Diagramm

Im nächsten Schritt werden die aus den Interviews entstandenen Anforderungen der Nutzer auf einem „Affinity Diagramm" durch Kernaussagen zusammengefasst, strukturiert und zur besseren Übersicht auf eine Wand geheftet. Die Teammitglieder, die aus unterschiedlichen Disziplinen stammen, werden hierzu in einzelne Gruppen eingeteilt. Wichtig ist daher, dass sich alle das eigentliche Ziel stets vor Augen führen.

Gallery-Walk

Zum besseren Verständnis binden Sie nun eine weitere Methode ein, die wir in unserem Buch beschreiben: dem „Gallery Walk", bei dem das Team die an der Wand visualisierten Ideen gemeinsam betrachtet, analysiert und diskutiert. Daraus entstehen dann die wichtigsten Anforderungen der Nutzer und die besten Ideen.

Visioning-Workshop

Nun geht es ins Eingemachte: Das Team entwickelt anhand der zusammengefassten Interviews Lösungen, um die Anforderungen zu erfüllen und so das Produkterlebnis zu steigern. Dieser „Visioning-Workshop" ist eine Kombination aus einem Brainstorming mit Storytelling. Wichtig dabei ist, dass nicht unbedingt die Features der Anwendungen im Vordergrund stehen, sondern vielmehr, wie der Nutzer das Produkt in seinen Alltag integriert und damit umgehen kann. Alle Ideen werden schließlich auf einem Poster visualisiert.

Storyboard

Im Endspurt ist Detailarbeit gefragt. Jede einzelne Phase der Interaktion des Nutzern mit dem User-Interface und die darauffolgende Reaktionen des Systems werden auf einem Storyboard skizziert. Das Ergebnis ist ein sogenanntes „Wireframe", ein schematischer Entwurf, der von den Benutzern getestet wird. In einem iterativen Prozess durchläuft das Projekt weitere Phasen bis zum finalen Produkt.

Praxisschlaglicht

Das Rapid Contextual Design ist eine hervorragende Methode, um das User Interface für Endgeräte, wie zum Beispiel Smartphones, zu entwickeln. Für ein anstehendes Entwicklungs-Projekt wurde uns diese Vorgehensweise von einem Mitarbeiter eines renommierten internationalen Herstellers empfohlen, dass im besonderen Maße für seine benutzerfreundliche Oberfläche seiner Touchscreens berühmt sind: Einfach, intuitiv und selbsterklärend.

Eile war schließlich geboten: Die Aufgabe unserer Teams in Zusammenarbeit mit der ausführenden Agentur war die Entwicklung eines kundenzentrierten Aktivierungs-Portals, das Endkunden Tarife und SIM-Karten einer neuen Sub-Brand anbietet. Nun galt es, das Online-Portal möglichst schnell zu entwickeln, da ein Markteintritt ohne dieses nicht möglich war. Per Rapid Contextual Design-Methode gelang es dem Team in kürzester Zeit, ein Portal zu gestalten, dass in Punkto Benutzerfreundlichkeit, Bedienerführung und Einfachheit begeisterte. Der Schlüssel zum Erfolg war die intensiven, strukturierten Interviews mit potenziellen Kunden und unseren Handelspartnern. Das neue Online-Portal wurde nicht zuletzt aufgrund der konsequenten Verwirklichung der Nutzerwünsche von unseren Kunden angenommen.

Transformationswirksamkeit

- Wirksam für Herausforderungen mit mittlerer Komplexität
- Wirksam für Designtransformationen
- Wirksam für Produkttransformationen
- Wirksam für Prozesstransformationen

Transformationsfähigkeit

- Fördert die Agilität eines Teams
- Fördert die Teamkreativität
- Fördert offene Mindsets und innovative Denkhaltungen
- Sorgt für Inspiration oder bessere Inspirationsempfindlichkeit
- Zahlt auf eine bessere Vorstellungskraft ein
- Zahlt auf eine bessere Wahrnehmung ein

Einsatzcharakteristik

- Austauschfokus: vornehmlich mit internen und externen Personen
- Durchführungszeit: eher mittel (>1 Stunde bis <1 Tag)
- Einsatzfrequenz: vornehmlich über im kompletten Projektzeitraum
- Einsatzradius: vornehmlich im Teameinsatz
- Komplexität für den Moderator: eher mittel
- Komplexität für die Teilnehmer: eher mittel
- Teamgröße: Mittelgroße Teams möglich (5 bis 20 Teilnehmer)
- Vorbereitungszeit: eher mittel (>1 Stunde bis <1 Tag

Nötiger Input, um mit der Methode arbeiten zu können

- Frühe erste Prototypen
- Ideen und Projekte die zur Umsetzung anstehen
- Verschiedene Meinungen und Blickwinkel
- Durchführungszeit, Trainingszeit
- Ideen, Lösungsansätze, Vorideen, Varianten
- Innovationssuchfelder, Intent Statements

Erzeugter Output der Methode

- Bessere Projekteffizienz, bessere Teamperformance
- Erzeugt Ideen mit ersten Fundings und Machbarkeitsstudien
- Erzeugt Ideen, Lösungsansätze, Vorideen, Möglichkeiten
- Erzeugt Nutzenfunktionen und Bedürfniskorridore
- Erzeugt Poster
- Erzeugt angereicherte Ideen, Ideencluster, höher integrierte Lösungen
- Erzeugt besseren Teamspirit, mehr Offenheit, Inspirationsempfindlichkeit
- Erzeugt kollaborative Lösungen und Ideen
- Erzeugt neues Wissen und neue Erfahrungen
- Erzeugt umgesetzte Ideen
- Erzeugt visualisierte Ideen, Begriffe, Themen
- Erzeugt visualisierte Ideen, Begriffe, Themen
- Erzeugt frühe Prototypen
- Erzeugt mehr Agilität im Team

Hinderniseffekte, auf die die Methode positiv wirkt

- 08 – Verhindert einseitige Bewertungen und Entscheidungen
- 12 – Wirkt fehlender Inspiration entgegen
- 13 – Schafft für den Erfolg nötige Realitätsbezüge
- 20 – Verhindert Ideenfindung mit zu schwacher Erkenntnisgrundlage
- 24 – Verkürzt und durchbricht vorhandene Kreativblockaden
- 28 – Stärkt schwache Anreicherungsskills
- 32 – Verhindert unreflektiertes Agieren
- 33 – Schwächt Verdiskutiererei
- 36 – Schafft schnell Klarheit und beschleunigt Erkenntnisgewinn
- 39 – Fördert die Agilität der Teilnehmer
- 42 – Überzeugt strukturliebende Teammitglieder

Mögliche Extravorteile

- für agile Teams
- für innovativ erfahrene Teams
- für multidisziplinär erfahrene Teams

Quellen

Buch – Rapid Contextual Design: A How-to Guide to Key Techniques for User-Centered Design, Karen Holtzblatt (Kindle, Dezember 2004)

Web – https://www.coeno.com/blog/mit-rapid-contextual-design-zu-strukturierten-anforderungen, 10. Mai 2021

Grafik: verrocchio Mindset-Card – Illustration: Jennifer Weiss

Rapid Innovation

EinSatzBeschreibung

Innovationsframework zur schnellstmöglichen Entwicklung von neuen Produkten oder Services anhand strukturierter Rahmenbedingungen.

Transformation-Index

P1 Leading	P2 Organizing	P3 Connecting	P4 Growing	P5 Talking	P6 Scanning	P7 Exploiting	P8 Exploring	P9 Earning	P10 Scaling
							x		

Beschreibung

Rapid Innovation ist ein Innovationsframework, das mit der Kernfrage startet, welche größte Kundenherausforderung eigentlich vorliegt und gelöst werden muss. Bestehende Unternehmen versuchten klassisch durch kleine Veränderungsschritte einen neuen Kundennutzen zu entwickeln. Im digitalen Zeitalter reicht das jedoch nicht mehr aus.

Bei Rapid Innovation wird kollaborativ, bereichsübergreifend und autark an völlig neuen Lösungsansätzen „mobile first" gearbeitet. Das Smartphone als Interaktionsmedium für fast alle Aktivitäten wird als Prämisse gesetzt und durch ein Workshop- und Vortragskonzept Innovation innerhalb kürzester Zeit umgesetzt.

Dazu werden aus anderen Branchen und anderen Produktgruppen gute Lösungsansätze analysiert und für den eigenen Bedarf adaptiert. Als Werkzeug gibt es neben klassischen Ansätzen anderer Innovationsmethoden auch Papiervorlagen und Schablonen, um Prototypen und Wireframes direkt umzusetzen, zu verproben und ggf. direkt wieder zu ändern.

Vorteile:

- auch ohne digitale/IT-Kenntnisse gute Ergebnisse erzielbar
- Innovationsprozess anhand von realen Beispielen aus Fremdbranchen
- hierarchieübergreifend einsetzbar

Nachteile:

- Übertragung an die konkrete Realität nicht immer möglich

Durchführung

Der Zeitrahmen von der Idee zur Umsetzung wird möglichst kurz gewählt und innerhalb von 30 Tagen abgeschlossen sein.

In einem Workshopformat werden folgende Punkte abgearbeitet:

1. Erläuterung von Rapid Innovation
2. Sammlung der Handlungsfelder: Was sind die größten Painpoints der Kunden in ihrer Branche und ihrer Zielgruppe?
3. Out of the box-Benchmarking: Analyse von digitalen Lösungsansätzen außerhalb der eigenen Branche und der eigenen Produktkategorie!
4. Wie sieht dort der Prozess für gute Lösungen aus? Ausarbeitung der Lösungsbausteine. Aus den Optionen der Fremdbranchen wird eine „Bibliothek" für Herausforderungen, Services, Lösungen und Protoypen erstellt, mit dessen Hilfe die Innovationsgeschwindigkeit erhöht werden kann.
5. Adaption auf eigenes Geschäft/Produkt durch Kombination neuer, innovativer Lösungsansätze in der eigenen Branche und Variantenerstellung
6. Lösungshypothesen, Rapid Prototyping & MVP-Definition werden in Form von leicht erfassbaren Storyboards und einer persönlich begründeten Hypothese festgehalten.
7. Brainstorming & Storyboard anlegen durch Priorisierung der erarbeiteten Lösungshypothesen
8. Start des Prototypings mit mehreren Teams. Dazu werden spezielle Schablonen genutzt, um einen Klick-Dummy auf Papier zu bringen und die einzelnen Steps beispielhaft zu skizzieren.
9. Vorstellung aller Ergebnisse an einer „Prototype Wall" durch die Teammitglieder.
10. KPI-Definition und nächste Schritte zur Umsetzung eines MVPs.

Transformationswirksamkeit

- Wirksam für alle Transformationen
- Wirksam für radikale Transformationen

Transformationsfähigkeit

- Fördert die Agilität eines Teams
- Fördert die allgemeine Transformationsfähigkeit des Teams

Einsatzcharakteristik

- Austauschfokus: vornehmlich mit internen Personen
- Durchführungszeit: eher hoch (> 1 Tag)
- Einsatzfrequenz: vornehmlich über im kompletten Projektzeitraum
- Einsatzradius: vornehmlich im projektweiten Einsatz
- Komplexität für den Moderator: eher hoch
- Komplexität für die Teilnehmer: eher hoch
- Teamgröße: Kleingruppe möglich (3 bis 5 Teilnehmer)
- Teamgröße: Maxigruppen möglich (20 bis 40 Teilnehmer)
- Teamgröße: Mittelgroße Teams möglich (5 bis 20 Teilnehmer)
- Vorbereitungszeit: eher hoch (>1 Tag)

Nötiger Input, um mit der Methode arbeiten zu können

- Aktuelle Herausforderung, Leitfrage, Problem

- Angereicherte Ideen, Ideencluster oder höher integrierte Lösungen
- Ideen und Projekte die zur Umsetzung anstehen

Erzeugter Output der Methode

- Erzeugt frühe Prototypen

Hinderniseffekte, auf die die Methode positiv wirkt

- 06 – Schwächt das Leben in der Vergangenheit
- 24 – Verkürzt und durchbricht vorhandene Kreativblockaden
- 27 – Schwächt das „Not invented here"-Syndrom
- 28 – Stärkt schwache Anreicherungsskills
- 35 – Dynamisiert und aktiviert wenig dynamische Teams
- 36 – Schafft schnell Klarheit und beschleunigt Erkenntnisgewinn
- 39 – Fördert die Agilität der Teilnehmer
- 41 – Verringert zu große Komplexitäten

Mögliche Extravorteile

- für Teams mit einem starkem Auftragsmandat
- für Teams mit einer souveränen Teamleitung
- für agile Teams
- für erfahrene Trainer und Agile Coaches
- für innovativ erfahrene Teams

Quellen

Web – https://disrooptive.com/ , 22.05.2021
Organisation – disrooptive GbR, Hamburg, https://disrooptive.com

Grafik: verrocchio Mindset-Card – Illustration: Jennifer Weiss

160

Rapid Prototyping & Testing

EinSatzBeschreibung

Vorgehensweise zur schlanken und iterativen Entwicklung von Produkten und Services, auf Basis von Kundenfeedbacks.

Transformation-Index

P1 Leading	P2 Organizing	P3 Connecting	P4 Growing	P5 Talking	P6 Scanning	P7 Exploiting	P8 Exploring	P9 Earning	P10 Scaling
						x	x		

Beschreibung

Als Leser der beschriebenen Methode Lean Startup in diesem Buch kennen Sie bereits die Idee von schlanken Entwicklungsschritten und schnellem Feedback zur Umsetzung von Ideen. Rapid Prototyping und das anschließende Testen ist dabei eine konkrete Methode aus der Praxis, um mit frühem Feedback schneller zum Zielprodukt zu gelangen.

Dabei reiht sich Rapid Prototyping & Testing in die Gruppe der Methoden des iterativen Designs ein. Sie zielt darauf ab, ein praktisches Beispiel (z. B. Website) schnell auf Basis der besprochenen Anforderungen zu entwickeln. Im anschließenden Testen wird dieses praktische Beispiel dem Kunden oder Auftraggeber präsentiert, mit dem Ziel auf dieser Basis Feedback und weitere Anforderungen einzusammeln, um diese in das finale Produkt aufzunehmen.

Prototypen können unterschiedlicher Art sein:

- eine visuelle Ausarbeitung als erste Skizze eines Systems oder der ersten konkreten Optionen,
- Ausarbeitung von ersten funktionalen Prozessablaufen bis zum weiterentwickelten Zielbild.
- inhaltliche Ausarbeitung mit der Verwendung von „lorem ipsum“ bis zum finalen Content.

Durchführung

1. Schritt: Ziel festlegen

Zunächst sollten Sie sich fragen, was sie mit dem Prototypen erreichen wollen. Wollen Sie Hypothesen validieren, bspw. in Form eines MVP (Minimum Viable Product). Wollen Sie anhand des Prototyps Anforderungen für ein System entwickeln oder die Nutzerakzeptanz für bestimmte Features testen? Oder wollen Sie einen Prototyp für eine experimentelle Lösung entwickeln, von der Sie sich nicht sicher sind, ob sie funktionieren wird?

2. Schritt: Art festlegen

Je nach Ziel bieten sich verschiedene Arten von Prototypen an, die sich auch im Aufwand unterscheiden. Arten reichen von simplen Skizzen über Wireframes und Mockups hin zu visuellen Design-Prototypen und entwickelten (Code-)Prototypen.

3. Schritt: Prototyp schlank bauen

Die Methode würde nicht Rapid Prototyping heißen, wenn es nicht das Ziel wäre, möglichst schnell zu einem Ergebnis zu kommen. Wenn Sie den Prototypen also bauen, sei es als Wireframes, visuelle High-Fidelity-Design-Prototypen oder Code-Prototypen, beachten Sie bitte immer, dass es um einen Prototyp geht, der Ihr festgelegtes Ziel erreichen soll und nicht das finale System abbilden muss. Der Prototyp an sich kann aber durchaus ein Artefakt sein, welches Sie im späteren finalen System verwenden können oder darauf aufbauen.

4. Schritt: Prototyp testen, lernen und anpassen

Nachdem der Prototyp gebaut wurde, müssen Sie diesen natürlich im Kontext Ihrer Zielsetzung verproben, daraus lernen und ggf. anpassen. Am Ende sollten sich entsprechende Artefakte gemäß Ihrem Ziel ergeben, wie z. B. validierte Hypothesen, generierte Learnings oder eine Anforderungsspezifikation.

Praxisschlaglicht

Beispiele zur Anwendung des Rapid Prototyping & Testing helfen in der schlanken Entwicklung von Software-Systemen. Ausgangspunkt kann zum Beispiel sein, eine erste Idee zur systemischen Unterstützung von Geschäftsprozessen zu entwickeln, wobei bestimmte Spezifika die Arbeit erleichtern sollen und noch keine genaue Idee zum Design und dargestellten Ablauf der Funktionen im System besteht. Eine Basis, auf die kein Programmierer gern beginnt und ein System entwickelt, ggf. mit dem Ergebnis, dass sich zahlreiche Funktionalitäten noch verändern können.

Im Praxisbeispiel hat der Kunde eine Idee zu der systemischen Unterstützung von Prozessen im eigenen Unternehmen. Um diese Idee in die Praxis zu überführen, wurde ein Workshop zur Klärung der fachlichen Anforderungen, Zielsetzungen und dem Skizzieren von Anwendungsmöglichkeiten eines Prototyp-Systems entwickelt. Dieses System wurde auf Basis von modernen Frontend-Technologien wie React.js entwickelt, um schnell und agil prototypen zu können.

Das Prototype-System beinhaltet noch keine finalen Designs und Geschäftsprozesse wurden durch lorem ipsum und bisher verwendende Begrifflichkeiten notiert. Trotzdem war es ab diesem Zeitpunkt möglich, den Prozess von A bis Z im System zu testen und nicht nur auf dem Whitepaper zu „durchdenken“. Damit war eine Hemmschwelle der Vorstellungskraft überschritten. Beteiligte Mitarbeiter konnten live sehen, wie sie das System verwenden können. Viele neue Ideen wurden konkret festgehalten und zur Entwicklung notiert.

In einem zweiten Schritt wurden die Änderungen agil und lean im Prototyp verbaut, und eine Systemvorstellung (Testing) wurde durchgeführt. Im Ergebnis konnten konkrete Details und Spezifika festgehalten und ein Anforderungsdokument durch die An-

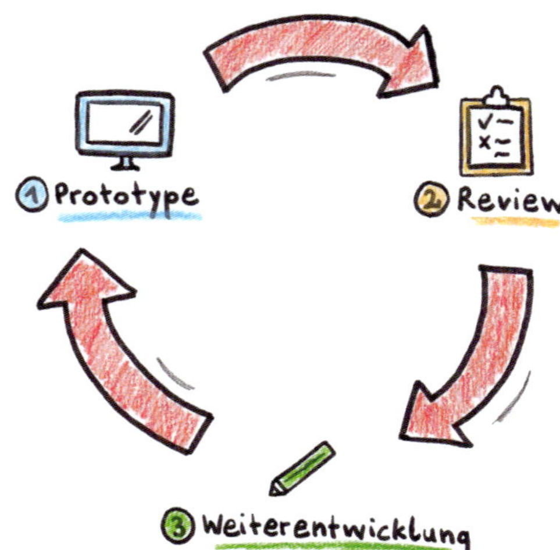

Grafik: Anja Faber – Rapid Prototyping & Testing

wendung der Methode „User Stories“ (finden Sie ebenso in diesem Buch) verfasst werden. Programmierer, die zu diesem Zeitpunkt das System noch nicht kannten, konnten auf Basis des Prototypen und des Anforderungsdokuments mit der Arbeit beginnen.

> Sparen Sie sich lange Listen und detaillierte Dokumentationen von funktionalen Anforderungen vor der Programmierung von IT-Systemen, welche sich in der Umsetzung mit hoher Wahrscheinlichkeit wieder verändern. Die Methode Rapid Prototyping & Testing ermöglicht Ihnen, Anforderungen konkret und ohne zu viele Abstimmungen festzuhalten.

Transformationswirksamkeit

- Wirksam für Herausforderungen mit mittlerer Komplexität
- Wirksam für Herausforderungen mit niedriger Komplexität
- Wirksam für Produkttransformationen
- Wirksam für Servicetransformationen
- Wirksam für radikale Transformationen

Transformationsfähigkeit

- Fördert die Agilität eines Teams
- Zahlt auf eine bessere Vorstellungskraft ein
- Zahlt auf eine bessere Wahrnehmung ein

Einsatzcharakteristik

- Austauschfokus: vornehmlich mit internen und externen Personen
- Durchführungszeit: eher hoch (> 1 Tag)
- Einsatzfrequenz: vornehmlich über im kompletten Projektzeitraum
- Einsatzradius: vornehmlich im projektweiten Einsatz
- Komplexität für den Moderator: eher mittel
- Komplexität für die Teilnehmer: eher mittel
- Teamgröße: Einzelpersonennutzung möglich
- Teamgröße: Kleingruppe möglich (3 bis 5 Teilnehmer)
- Teamgröße: Maxigruppen möglich (20 bis 40 Teilnehmer)
- Teamgröße: Mittelgroße Teams möglich (5 bis 20 Teilnehmer)
- Vorbereitungszeit: eher mittel (>1 Stunde bis <1 Tag)

Nötiger Input, um mit der Methode arbeiten zu können

- Aktuelle Herausforderung, Leitfrage, Problem
- Ideen, Lösungsansätze, Vorideen, Varianten

Erzeugter Output der Methode

- Bessere Projekteffizienz, bessere Teamperformance
- Erzeugt Ideen für neue Märkte und neue Business Modelle
- Erzeugt angereicherte Ideen, Ideencluster, höher integrierte Lösungen
- Erzeugt umgesetzte Ideen
- Erzeugt frühe Prototypen

Hinderniseffekte, auf die die Methode positiv wirkt

- 10 – Verhindert falsche Flughöhen
- 18 – Bewahrt vor zu generischen Ideen und Aussagen
- 20 – Verhindert Ideenfindung mit zu schwacher Erkenntnisgrundlage
- 24 – Verkürzt und durchbricht vorhandene Kreativblockaden
- 32 – Verhindert unreflektiertes Agieren
- 39 – Fördert die Agilität der Teilnehmer
- 41 – Verringert zu große Komplexitäten

Mögliche Extravorteile

- für Teams in einer Komfortsituation
- für Teams mit einem starkem Auftragsmandat
- für Teams mit einer souveränen Teamleitung
- für agile Teams
- für innovativ erfahrene Teams
- für multidisziplinär erfahrene Teams

Quellen

Web – https://www.enginess.io/insights/ux-toolbox-rapid-prototype-testing, 13.4.2021

Web – https://www.dev-insider.de/rapid-prototyping-und-low-code-entwicklung-a-828294/, 18.05.2021

Web – https://t3n.de/magazin/wireframes-prototypes-optimalen-interface-prototyping-ux-233367/, 18.05.2021

161

Rekombination_20

EinSatzBeschreibung

Zusammenfügen bestehender oder bekannter Elemente zu neuen Formen und Geschäftsmodellen immer mit digitaler Schnittstelle.

Transformation-Index

P1 Leading	P2 Organizing	P3 Connecting	P4 Growing	P5 Talking	P6 Scanning	P7 Exploiting	P8 Exploring	P9 Earning	P10 Scaling
						x	x		

Beschreibung

Der klassische Begriff der „Rekombination" stammt eigentlich aus der Biologie und stellt dort die stetige Neuanordnung von genetischem Material in den Zellen dar, die zu neuen Gen- und Merkmalskombinationen führt.

Der Begriff Rekombination im wirtschaftlichen Kontext wird durch Schumpeter 1943 im Zusammenhang mit seiner „schöpferischen Zerstörung" geprägt und als Synonym für Innovation genutzt und durch Oliver Gassmann im St. Galler Business Model Navigator weiterentwickelt.

Dabei wird aus bestehenden, bekannten Komponenten etwas Neues zusammengestellt. Meistens sind die ersten in Rekombination generierten Produkten einfacher und „schlechter" als etablierte Produkte, aufgrund ständiger Verbesserung werden jedoch schnelle Innovationszyklen in Gang gesetzt, die in kurzer Zeit das etablierte Produkt substituieren. Bis zu 90 Prozent aller Geschäftsmodell-Innovationen heute stellen lediglich eine Rekombination aus bekannten Ideen, Konzepten und Elementen dar.

Die neue Generation Rekombination_20, die mit der Corona-Pandemie 2020 weltweit Einkehr gehalten hat, lässt einen limitierenden Faktor der ursprünglichen Variante komplett hinter sich: Die physischen, geographischen Schnittstellen wurden temporär abgeschaltet und binnen kürzester Zeit durch digitale Schnittstellen ersetzt. Waren früher Ort und Zeit unmittelbar miteinander verbunden, hat seit 2020 für die Weltgesellschaft die größte Neueinordnung aller Zeiten begonnen.

Rekombination_20 stellt einen Gedankensprung an, der mit der „Arche Neo" beginnt: Man nehme alle verfügbaren Ressourcen – also nicht nur Flora und Fauna, sondern auch Produkte, Gegenstände und den gesammelten Wissensschatz der Menschheit – und bringe sie nach der Sintflut mit einem sicheren Schiff zum Neuland. Dort fügen sich diese Elemente zu einem neuen System neu zusammen – jedoch immer zusätzlich mit einer digitalen Schnittstelle. Durch diese digital unterstützte Infrastruktur werden viele bestehende Systeme anders zusammengebaut und etablierte ersetzt.

Zudem ermöglicht die schnittstellenbasierte digitale Infrastruktur cross-industrielle und grenzunabhängige standardisierte Kommunikation ohne Zeit- und Informationsverlust.

Wie würde diese neue Welt aussehen? Die Komponenten und das genetische Material wären zwar bekannt, die Form daraus wäre dagegen neu und die Abläufe und Abhängigkeiten würden neue Ausprägungen der Artenvielfalt, also auch der Geschäftsmodelle, hervorbringen.

Welche Herausforderung das für Kunden, Unternehmen und Produkte darstellt wird in einem Workshopformat erarbeitet.

Vorteile

Komplettes Neudenken ohne Limitationen und bestehenden Strukturen möglich.

Auch unrealistische Szenarien können und sollen skizziert werden.

Nachteile

Erfordert offene Teilnehmer und Gedankenfreiheit.

Durchführung

Phase 1: Bestandsaufnahme

- „Ich packe meinen Koffer…": Welche Produkte, Dinge und Komponenten, die für das eigene Unternehmen wichtig sind, kommen mit in die neue Welt? Dazu können materielle, aber auch immaterielle Gegenstände oder Werte zählen.
- „Ballast abwerfen": Was kommt nicht mit, was ist überflüssig oder doppelt vorhanden?
- Rahmenbedingungen benennen: Welche allgemeingültigen Grundlagen gelten für alle und was steht jedem Teilnehmer im Wettbewerb zu den anderen zur Verfügung?
- „Artenvielfalt" & „andere Länder, andere Sitten": In welchen vermeintlichen „rückständigen" oder „kleinen" Ländern- gibt es bereits jetzt Rekombinationen, die einen anderen Ansatz als in unserem Umfeld gewohnt verfolgen und hier erfolgreich sind?

Phase 2: Reise zum Neuland

- Ideen zum Neuanfang strukturell planen als Hypothese
- Ideen zum Produkt und Geschäftsmodell generieren
- potenzieller Nutzen und anzunehmende Größe des neuen Markts

Phase 3: Umsetzung der Rekombination_20 im Neuland

- hypothetische, prototypische Entwicklung eines Produkts oder Geschäftsmodells
- Aufstellen der „Zellstruktur" und des eigenen „Organismus"
- Erwartungshaltung zur Innovationsgeschwindigkeit und zum voraussichtlichen Zerstörungszeitpunkt durch die nächste Rekombination_20

Transformationswirksamkeit

- Wirksam für Herausforderungen mit hoher Komplexität
- Wirksam für Herausforderungen mit mittlerer Komplexität
- Wirksam für Produkttransformationen
- Wirksam für Servicetransformationen
- Wirksam für radikale Transformationen

Transformationsfähigkeit

- Sorgt für Inspiration oder bessere Inspirationsempfindlichkeit
- Zahlt auf eine bessere Vorstellungskraft ein

Einsatzcharakteristik

- Austauschfokus: vornehmlich mit internen Personen
- Durchführungszeit: eher hoch (> 1 Tag)
- Einsatzfrequenz: vornehmlich über im kompletten Projektzeitraum
- Einsatzradius: vornehmlich im projektweiten Einsatz
- Komplexität für den Moderator: eher hoch
- Komplexität für die Teilnehmer: eher hoch
- Teamgröße: Kleingruppe möglich (3 bis 5 Teilnehmer)
- Teamgröße: Mittelgroße Teams möglich (5 bis 20 Teilnehmer)
- Vorbereitungszeit: eher mittel (>1 Stunde bis <1 Tag)

Nötiger Input, um mit der Methode arbeiten zu können

- Aktuell existierende Geschäftsmodelle
- Aktuell existierende Produkte und Services
- Aktuelle Herausforderung, Leitfrage, Problem

Erzeugter Output der Methode

- Erzeugt Ideen für neue Märkte und neue Business Modelle

Hinderniseffekte, auf die die Methode positiv wirkt

- 06 – Schwächt das Leben in der Vergangenheit
- 12 – Wirkt fehlender Inspiration entgegen
- 18 – Bewahrt vor zu generischen Ideen und Aussagen
- 24 – Verkürzt und durchbricht vorhandene Kreativblockaden
- 29 – Schwächt den „Inneren Zensor“

Mögliche Extravorteile

- für Teams mit einem starkem Auftragsmandat
- für Teams mit einer souveränen Teamleitung
- für erfahrene Trainer und Agile Coaches
- für innovativ erfahrene Teams

Quellen

Buch – Digitale Transformation gestalten, Oliver Gassmann, Philipp Sutter (Hanser – 2019)

Buch – The Second Machine Age, Erik Brynjolfsson, Andrew McAfee (Plassen 2014)

Web – https://www.izt.de/fileadmin/publikationen/IZT_Text_3-2016_Peer-to-Peer.pdf, 25.05.2021

Person – Benjamin Brüser, brueser@BR-AIN.de

Remote first – Behavior Strategy

EinSatzBeschreibung

Einsatz, Nutzen und Umsetzung von Pulsbefragen zur Ermittlung der Key-Emotional-Indikatoren im Team.

Transformation-Index

P1 Leading	P2 Organizing	P3 Connecting	P4 Growing	P5 Talking	P6 Scanning	P7 Exploiting	P8 Exploring	P9 Earning	P10 Scaling
			x						

Beschreibung

Remote first ist zuallererst eine strategische Denkhaltung, ähnlich der Slogans „Mobile first" (berühmt durch Google & Facebook), „KI first" (Google) oder auch „Cloud first" (Microsoft). Remote first dekliniert sich am besten durch „Bricks, Bytes & Behavior". Es ist ein Teil der New-Work-Philosophie, wobei es eher den Umsetzungsteil des „neuen Arbeitens" beschreibt.

Die Vorteile dieser Strategie sind:

- nahezu papierloses Arbeiten,
- Arbeiten unabhängig von Zeit und Raum,
- höhere Freiheit in der Ausführung der Arbeit.

Ohne die Deklination des „Behavior", also das Verhalten von Menschen im Unternehmen neu zu betrachten, im gewissen Sinne sogar neu zu denken, ist z.B. eine Homeoffice- oder Flex-Office-Strategie in Organisationen schwer umsetzbar.

Digitales Arbeiten bedeutet unabhängiges Arbeiten in Bezug auf Zeit und Raum. Was zählt sind Arbeitsergebnisse anstelle einer Bewertung auf Anwesenheit. Damit ist auch die Unternehmenskultur zwangsläufig einer Veränderung unterworfen. Man muss diesen Prozess durch aktives digital Leadership steuern denn wandeln wird sich die Arbeitskultur definitiv. Den digitalen Wandel aktiv gestalten ist die sogenannte Ungewissheitskompetenz sehr hilfreich. Kleine Schritte gehen, immer wieder die Perspektive für die nächsten Themen schärfen, Erreichtes reviewen, ggf. Punkte justieren oder modifizieren und dann weiter mit den nächsten Schritten des Wandels. Es ist definitiv kein Transformationsprozess von heute auf morgen, dafür ist in vielen Unternehmen jahrzehntelang anders gedacht und gearbeitet worden

Die Ergebnisse sind u. a.:

- Fokus auf Ziele anstelle auf Präsenz
- Optimierte Kollaboration miteinander
- Arbeiten unabhängig von Zeit und Raum
- Höhere Freiheit mit größerer Eigenverantwortung in der Ausführung der Arbeit
- Vertrauen in die Teams geben

Ohne die Deklination des Behavior in Remote first ist z. B. eine funktionierende Homeoffice- oder Flex-Office-Strategie in Organisationen nicht umsetzbar.

Durchführung

Sich den Verhaltensänderungen von Menschen in Unternehmen und damit einen Part der Unternehmenskultur aktiv zu modifizieren ist kein einfaches Thema. Es ist aber notwendige Voraussetzung, um die Remote-first-Strategie umzusetzen.

Stellen wir uns vorab eine Frage: Haben wir bei einem aktiven Wandel etwas zu verlieren oder können wir vielmehr gewinnen?

Gallup hat eine Studie zur Arbeitszufriedenheit mit Zahlen für 2019 veröffentlicht: Von 100 Beschäftigten hatten nur 15 Personen eine hohe emotionale Bindung an ihr Unternehmen. 16 Prozent der Beschäftigten haben gar keine Bindung an ihr Unternehmen. Hochgerechnet bedeutet das aber, dass knapp sechs Millionen Menschen in Deutschland im Jahr 2019 innerlich gekündigt hatten. Da herrscht also dringend Handlungsbedarf und die Umsetzung einer Remote-first-Strategie kann helfen, dies zu wandeln.

Bevor man in den digitalen Wandel startet, sollten Fragen gestellt und beantwortet werden:

- Welche Kernprozesse haben wir im Unternehmen?
- Wie kann ich alle oder einzelne Prozesse digital gestalten?
- Wie kann ich die Tätigkeit oder wiederkehrende Arbeitsaufgaben durch den digitalen Wandel vereinfachen?
- Welche Effizienzen kann ich mit digitalen Methoden und Tools heben?
- Welche Kollegen können mit mir den digitalen Wandel aktiv gestalten?
- Welche Partner oder externen Dienstleister haben die Kompetenz Themen schnell zu transformieren?
- Wo haben Wettbewerber Erfolge im digitalen Wandel erzielt, die ich kopieren kann?

Das Verhalten von Mitarbeitern, eines Teams oder der gesamten Organisation kann u. a. in folgenden Themen für Remote first modifiziert werden:

- Modifizierung der Präsenzarbeitszeiten:
  Das kann von der Einführung einer verringerten Präsenz im Büro pro Tag über die Definition von nur noch 1-2 festen Bürotagen bis hin zu kompletter Freiheit des Arbeitsortes dekliniert werden.
- Neues Zielsystem starten:
  Objective & Key Results (siehe OKRs) eignen sich sehr gut für die Arbeit mit sozialer Distanz.
- Papierloses Arbeiten einführen:
  Kompromisslose Analyse, welche Prozesse und Unterlagen in Papierform umgesetzt werden und diese Schritte für Schritt ins Digitale transformieren. Wichtig hierbei: Erst mit den Beteilig-

ten sprechen, dann den Prozess neu denken und anschließend das digitale Tool suchen.

- Kollaboration lehren:
  E-Mail ist schneller als Fax oder Post. Doch E-Mail hat viele Nachteile und die cc Flut ist nur eine davon. Gegenüber guten Kollaborationstools, die vorher auch inhaltlich geschult und nicht nur installiert werden, ergibt sich schnell eine Veränderung in der Zusammenarbeit. Jeder spürt, wie schnell gute Entscheidungen erzielt werden für einen optimierten Arbeitsworkflow.
- Agilität für die Organisation beschleunigen:
  Agilität kann man definieren, wie man mit flexiblerem Framework günstiger und schneller bessere Ergebnisse erzielt, die der Kunde auch bei sich ändernden Rahmenbedingungen gebrauchen kann. Das betrifft jeden im Unternehmen – vom Chef bis zum Praktikanten. Eine Agilität funktioniert nur mit verantwortungsbereiten Managern und Mitarbeitern. Also mit solchen, die die gemeinsame Sache vor das eigene Ego stellen. Wer diese Reife nicht hat, fährt agile Organisationen an die Wand.
- Networking und Kommunikation fördern:
  Wenn die Kollegen nicht mehr täglich auf Zuruf da sind, müssen Ideen für Begegnungskommunikation her. Das ist nicht unbedingt Arbeit eines Chefs, sondern dies sollte aus der Mitarbeiterschaft heraus kreiert werden. Begegnungen erzeugen Identität. Andere Formate für das Flurgespräch oder das „Hallo“ an der Kaffeemaschine müssen gesucht werden.
- Interne Kommunikation digitalisieren:
  Das schwarze Brett hilft wenig, wenn man nicht mehr täglich im Büro ist. Die Kaffeeküche fehlt, um Neues zu erfahren. Es bedarf also einer Überprüfung, um Unternehmensnews zu senden, damit die Empfänger diese erreichen. Eine neue Deklination der Meetingstruktur gehört genauso dazu wie die Wandlung des schwarzen Bretts ins Digitale.
- Transformation transparent kommunizieren:
  Neue Software, neue digitale Tools, neue Prozesse tun erst einmal weh. Veränderungen bereiten immer irgendwo Schmerzen. Liebgewonnenes zu Hinterfragen und zu ersetzen, verlangsamt die Arbeit erst einmal. Das ist normal. Darüber sollte und muss offen mit allen Beteiligten gesprochen werden.

Foto: NEU Innovation – Zur Goldenen Idee

Sind dort Themen dabei, die man einer digitalen Wandlung unterziehen möchte, ist es gut schrittweise vorzugehen:

- Schritt 1: 2 bis 3 Themen definieren
- Schritt 2: Arbeitsgruppe zusammenstellen, denn es braucht Multiplikatoren in diesem Prozess
- Schritt 3: genaues Briefing erarbeiten inkl. Gegenüberstellung des alten Prozesses mit dem neuen digitalen Wunschprozess
- Schritt 4: die geeigneten digitalen Tools eigenständig recherchieren oder Ausschreibung eines externe Partner mit Kompetenz für das jeweilige Thema
- Schritt 5: Start der Umsetzung

Nicht nur Bytes (siehe Kapitale im Buch) sondern gerade auch Behavior der Führungskräfte und Kollegen ist dringende Voraussetzung für eine andere Arbeits- und Bürokultur. Digital Leadership muss trainiert werden und aktiv durch Learning & Development begleitet werden.

Zusammengefasst geht es um eine klare Haltung in der Führung: Alle werden nicht sofort auf diesem neuen Weg laufen wollen oder können. Der Weg führt über einen Tipping Point, wie ihn Malcolm Gladwell beschrieben hat. Und es wird auch Mitarbeiter geben, die nicht mitgehen wollen und das Unternehmen verlassen werden. All das ist normal und wichtig, denn Remote first kann eine Neuaufstellung des Unternehmens nach innen bedeuten.

Praxisschlaglicht

Eine Agentur für Experiences hat Behavior in folgenden Themen modifiziert:

- Kollaboration insbesondere mit Einführung neuer digitaler Prozesse und Tools,
- Reduktion von Papierarbeiten,
- neue Meetingstruktur für die gesamte Organisation
- Einführung von OKR's und
- Modifizierung der internen Kommunikation
- Workshops zu New Work Commitments

Dieser Wandlungsprozess wurde durch regelmäßige Reviews und Feedbacks getrackt. Die Zielerreichung ist in den OKR's abgebildet.

Transformationswirksamkeit

- Wirksam für alle Transformationen
- Wirksam für radikale Transformationen

Transformationsfähigkeit

- Fördert die Agilität eines Teams
- Fördert die allgemeine Transformationsfähigkeit des Teams
- Fördert offene Mindsets und innovative Denkhaltungen
- Sorgt für Inspiration oder bessere Inspirationsempfindlichkeit

Einsatzcharakteristik

- Einsatzradius: vornehmlich im unternehmensweiten Einsatz

Nötiger Input, um mit der Methode arbeiten zu können

- Aktuell existierende Geschäftsmodelle
- Aktuell existierende Produkte und Services

- Aktuelle Herausforderung, Leitfrage, Problem
- Beteiligte Personen mit Tätigkeiten und Aufgaben
- Personenmerkmale (Meinungen, Bedürfnisse, Werte, etc.)
- Trends und Zukunftsentwicklungen
- Umfeldbeobachtungen, Umfeldanalysen
- Wettbewerber und Komplementoren

Erzeugter Output der Methode

- Bessere Projekteffizienz, bessere Teamperformance
- Erzeugt transformationsfähigere Organisationen

Hinderniseffekte, auf die die Methode positiv wirkt

- 39 – Fördert die Agilität der Teilnehmer

Mögliche Extravorteile

- für disruptiv erfahrene Teams
- für agile Teams
- für innovativ erfahrene Teams
- für interkulturell erfahrene Teams
- für multidisziplinär erfahrene Teams

Quellen

Buch – Digitale Unternehmenskultur: Strategien für die moderne Arbeitswelt, Josef Herget (SpringerGabler 2021)

Buch – Digitalisierung im Mittelstand: Trends, Impulse und Herausforderungen der digitalen Transformation, Harald R. Fortmann (SpringerGabler 2020)

Buch – Remote First: A Manager's Guide to Building Remote Culture, Constance Watkins (BOOKBABY 2019)

Buch – Remote: Office Not Required, David Heinermeier Hansson, Jason Fried (Vermilion 2013)

Web – https://digital-transformation-tool.eu/startseite-2/, 2021

Web – https://www.personio.de/blog/eine-remote-first-kultur-etablieren/, 2020

Web – https://www.de-hub.de/blog/d/cultural-change-so-gelingt-die-digitale-transformation-in-unternehmen/, 2020

Web – https://www.haufe.de/personal/hr-management/digitale-unternehmenskultur-dimensionen_80_428542.html, 2020

Grafik: verrocchio Mindset-Card – Illustration: Jennifer Weiss

Remote first – Bricks Strategy

Foto: NEU Innovation – New Work – AOK Rheinland/ Hamburg

EinSatzBeschreibung

Denkhaltung bzw. Strategie, alle Aspekte rund um den Arbeitsplatz neu zu denken.

Transformation-Index

P1 Leading	P2 Organizing	P3 Connecting	P4 Growing	P5 Talking	P6 Scanning	P7 Exploiting	P8 Exploring	P9 Earning	P10 Scaling
	x	x		x		x			

Beschreibung

Bricks ist ein weiterer Deklinationspunkt der Remote-first-Strategie. Remote first ist ein Teil der New-Work-Philosophie, wobei es eher den Umsetzungsteil des „neuen Arbeitens" beschreibt.

Wenn man in der Remote-first-Strategie die Bereiche Bytes (digitales Arbeiten) und Behavior (Verhalten) entwickelt hat, ist der gedankliche Weg hin zu Bricks (Büro) naheliegend.

Folgende übergeordnete zentralen Fragen für eine agile Arbeitsweise werden bei der zukünftigen Bürowahl gestellt:

- Wo soll unser Bürostandort sein?
- Wie wollen wir hier arbeiten?
- Welche Umgebung innen und außen ist dafür passend?
- Welche Kultur soll unser Büro widerspiegeln aber auch befördern?

Hierbei beeinflusst der digitale Wandel das „neue" Büro immens, denn:

- papierloses Arbeiten ist schon aus Nachhaltigkeitsgründen keine Utopie mehr,
- mehr digitale und weniger Papier-Ordner-Ablage sind notwendig, so dass große Aktenschränke nicht mehr benötigt werden,
- die kollaborative Kommunikation erfolgt digital – Meetings als Austausch, für den vielfach kein großer Meetingtisch mehr notwendig ist ,
- durch digitale Flex-Office-Kultur sind weniger Schreibtische für Mitarbeiter notwendig,
- Arbeitsplätze sind in Ruhezonen für konzentriertes Arbeiten an Daten und in Kommunikationszonen für Gespräche einteilbar.

Dazu zählt dann auch die Frage, benötigen wir ein festes, eigens Büro oder fällt die Entscheidung für einen Co-Working-Anbieter.

Ohne die Deklination der „Bytes" und des „Behavior" in Remote First, ist eine New Work Brick-Strategie nicht umsetzbar.

Durchführung

Vielfach wird der Fehler gemacht, New Work rein mit einem neuen, modern ausgestatteten, etwas verrückt gestalteten Büro gleichzusetzen. Diese Vorstellung haben uns vornehmlich Digitalunternehmen wie Google in unsere Gedanken gebracht. Das ist aber unvollständig und führt vielfach zu großen Enttäuschungen bei Mitarbeitern und Führungskräften.

Eine Büro- und Arbeitsumgebung zu verändern, als ein großes Wohnzimmer mit Anbindung an eine Wohnküche und einem „Spielplatz" für Erwachsene (Kickertisch, Dartscheibe etc.) wird in vielen Unternehmen als großer Erfolg der Wandlungsfähigkeit auch hin zum Digitalen gefeiert. Ohne Verhaltensänderung der Menschen sowie ohne die digitale und technische Infrastruktur, scheitert diese Wandlung in den meisten Fällen. Menschen brauchen Orientierung. Der Aufbau und die Gestaltung der Büroräume des Unternehmens sind Teil dieser Orientierung – gerade auch wenn man eine digitale Wandlung des Unternehmens anstrebt.

Die Fragen der Büroplanung in der Vergangenheit:

- Wie viele Mitarbeiter haben wir und könnten wir in drei Jahren haben?
- Wie viele Arbeitsplätze mit Schreibtischen benötigen wir deshalb?
- Wie viele Einzelbüros und wie groß sollen die jeweils sein?
- Wie viele Meetingräume sind nötig?
- Wo soll die Kaffeeküche hin?

So ähnlich könnte man dann weiter im Detaillierungsbriefing eines Maklers vorgehen.

Schon vor der Covid-19-Pandemie begann ein erstes Umdenken. Erste Fragestellungen sind heute:

- Wollen wir Homeoffice erlauben oder sogar befürworten? Haben wir dafür auf Dauer überhaupt die digitale Infrastruktur?
- Ist unsere Kultur auf Präsenz und feste Anwesenheitszeiten determiniert? Können unsere Führungskräfte digital Leadership?

Foto: NEU Innovation – New Work – ARAG SE

Foto: NEU Innovation – New Work – © Denktisch

- Gehen wir den Weg eines Präsenz-Office oder eines Flex- oder Remote-Office? Können wir ohne Anwesenheitspflicht als Unternehmen erfolgreich sein.

Im digitalen Arbeiten kann grundsätzlich erst einmal jeder für sich entscheiden, wo und wann er arbeiten und nicht arbeiten möchte. Im Bewusstsein rückt das, wo man arbeiten muss, weit nach hinten. Ergebnisse kann man quasi überall erzielen. Daraus allein entstehen schon vielfältige Ergebnisse. Bricht man das dann weiter herunter, entsteht ein konkretes Briefing für das „neue" Büro :

- Wo kann der Ort des Büros sein (City oder Randlage)?
- Wie viele Schreibtische werden benötigt? Sind überhaupt herkömmliche Schreibtische das richtige Mobiliar für Desktoparbeit?
- Wo verorten wir Ruhezonen für die konzentrierte Arbeit an Daten und Dateien?
- Welche Kommunikationszonen sind sinnvoll? Mit welcher Digitaltechnik bestücken wir diese?
- Geben wir Pausenzonen auch als Arbeitszonen frei z. B. eine Cafeteria?
- Wie digital arbeiten wir? Welche Prozesse gestalten wir papierlos?
- Welche Server-IT-Technik verwenden wir oder wechseln wir in die Cloud?

Das Büro ist ein Tool! Die Arbeitsorte müssen so interessant gestaltet sein, dass für die Mitarbeiter ein Mehrwert besteht, sie aufzusuchen. Allein vor dem Computer sitzen kann jeder zu Hause. Unterschiedliche architektonische Angebote für die verschiedene Arten von Arbeit müssen gemacht werden. Ein Beispiel: Für konzentriertes Arbeiten (deep work) brauche ich Rückzugsräume. Eine kreative Arbeit erfordert Flächen, in denen ich Ablenkung und Austausch finde.

Zukünftig wird es für Arbeitgeber eine große Herausforderung sein, auf die unterschiedlichen Bedürfnisse der Menschen einzugehen. Es ist wichtig, dies bereits transparent und konsequent im Recruitingprozess zu klären. Es wird Menschen geben, die brauchen die tägliche Arbeit im Büro, mit ihrem festen Schreibtisch bis hin zur Schreibtischpflanze und Bildern sowie den täglichen engen Austausch auf „Armlänge" mit den Kollegen. Wiederum andere werden sagen „Ich soll mindestens 3x die Woche ins Büro. Nein. So komme ich nicht zu Euch. Ich will tägliche Freiheit, wo ich arbeite.". Dazwischen wird es dann viele sehr unterschiedliche Einstellungen, Meinungen und Detailfragen geben. Umso wichtiger ist es, dass eine Unternehmensführung einen klaren Rahmen zur Arbeits- und Präsenzkultur absteckt und damit auch zum Zweck des Büros im Unternehmen definiert. Ansonsten ist die Gefahr groß, sich in unzähligen Detaildiskussionen zu verzetteln. Ein umfangreiches Digitalisierungskonzept für die Arbeit im Unternehmen ist dafür zwingende Voraussetzung und damit aktiver Teil des digitalen Wandels.

Praxisschlaglicht

Eine Agentur für Experiences hat sich im Oktober 2020 für einen radikalen Bürowechsel entschieden. Die Agentur mit rund 50 Mitarbeitern hat ein Studio im Co-Working-Anbieter Design Office angemietet. Hier wurden acht feste Arbeitsplätze mit allem technischen Drum und Dran eingerichtet. Zusätzlich gibt es noch einen kleinen Meetingraum mit kompletter Videokonferenztechnik. Das ist die „Basis". Zusätzlich erhielten alle Mitarbeiter einen Co-Working Zugang zu allen Design Offices in Deutschland. Zusätzlicher Meetingraum kann an jedem Co-Working-Standort zugebucht werden. So kann jeder Mitarbeiter:in entscheiden, wo und wann man arbeiten möchte. Im Zuge der Einführung der Flex-Office-Philosophie wurde auch eine feste Präsenzzeit aufgehoben. Es zählt die wöchentliche Arbeitszeit, die sich jeder eigenständig im Rahmen der Gesetzgebung einteilen kann. Leitstern bei allem ist der Kunde, das Kundenprojekt und die Kundenzufriedenheit. Die Führung der Teams erfolgt u. a. über OKR's. Der Wandel zu einem Mehr an Digitalarbeit wurde durch Einführung verschiedener SaaS Software-Tools begleitet, die die Arbeit für die Mitarbeiter immens erleichtert.

Transformationswirksamkeit

- Wirksam für Prozesstransformationen
- Wirksam für Sozialtransformationen
- Wirksam für alle Transformationen
- Wirksam für radikale Transformationen

Foto: NEU Innovation – New Work – TÜV Rheinland

Transformationsfähigkeit

- Fördert die allgemeine Transformationsfähigkeit des Teams
- Fördert offene Mindsets und innovative Denkhaltungen
- Sorgt für Inspiration oder bessere Inspirationsempfindlichkeit

Einsatzcharakteristik

- Einsatzradius: vornehmlich im unternehmensweiten Einsatz

Nötiger Input, um mit der Methode arbeiten zu können

- Beteiligte Personen mit Tätigkeiten und Aufgaben
- Personenmerkmale (Meinungen, Bedürfnisse, Werte, etc.)
- Trends und Zukunftsentwicklungen
- Umfeldbeobachtungen, Umfeldanalysen
- Wettbewerber und Komplementoren

Erzeugter Output der Methode

- Bessere Projekteffizienz, bessere Teamperformance
- Erzeugt Ideen für neue Märkte und neue Business Modelle
- Erzeugt transformationsfähigere Organisationen

Hinderniseffekte, auf die die Methode positiv wirkt

- 39 – Fördert die Agilität der Teilnehmer

Mögliche Extravorteile

- für disruptiv erfahrene Teams
- für agile Teams
- für innovativ erfahrene Teams
- für interkulturell erfahrene Teams
- für multidisziplinär erfahrene Teams

Quellen

Buch – Remote First: A Manager's Guide to Building Remote Culture, Constance Watkins (BOOKBABY 2019)

Buch – Remote: Office Not Required, David Heinermeier Hansson, Jason Fried (Vermilion 2013)

Web – https://digital-transformation-tool.eu/startseite-2, 2021

Web – https://netbeez.net/blog/remote-first-work-from-home-new-normal, 2020

Web – https://www.business-punk.com/2017/11/buero-der-zukunft, 2020

Web – https://www.manager-magazin.de/harvard/management/wie-das-buero-der-zukunft-aussehen-wird-a-00000000-0002-0001-0000-000172382631, 2020

Remote first – Bytes Strategy

EinSatzBeschreibung

Denkhaltung bzw. Strategie, alle unternehmerischen Prozesse digital zu denken.

Transformation-Index

P1 Leading	P2 Organizing	P3 Connecting	P4 Growing	P5 Talking	P6 Scanning	P7 Exploiting	P8 Exploring	P9 Earning	P10 Scaling
	x	x	x	x	x	x	x	x	x

Beschreibung

Bytes, mein letzter Punkt der Remote-first-Strategie, ist ganz wesentlich, um z.B. eine Homeoffice- oder Flex-Office-Strategie in Organisationen umzusetzen. Remote first als ein Teil der New-Work-Philosophie ermöglicht:

- nahezu papierloses Arbeiten,
- Arbeiten unabhängig von Zeit und Raum,
- höhere Freiheit in der Ausführung der Arbeit.

Hierzu sind entsprechende Hardware-, aber besonders auch entsprechende Softwarelösungen für jeden Mitarbeiter einzurichten, um Remote first zu einem wirklich besseren Arbeitserlebnis werden zu lassen.

Durchführung

Bytes in der Remote-first-Strategie beschreibt die Art der digitalen Prozesse und den Einsatz der dazugehörigen digitalen Tools, die für die Arbeitsumsetzung notwendig sind. Häufig sind diese Tools cloudbasiert, sodass sie nahtlos auf jedem Digitalgerät angesehen und bearbeitet werden können.

Digitale Tools greifen in alle Teilgebiete eines Unternehmens ein. Hier einige Beispiele:

- Vertrieb (u.a. CRM-Tools, Marketing-Steuerungstools),
- Finanzmanagement (u.a. digitale Verarbeitung aller Rechnungen, Liquiditätsmanagement, Echtzeit-GuV-Management, Echtzeit KPI's, digitale Abrechnungsprozesse für Reisekosten, digitale Freigabeprozesse),
- Human Ressources (u.a. Mitarbeiterverwaltung, Bewerbungsmanagement, digitale Freigabeprozesse)
- Kommunikation und Zusammenarbeit (Chatsoftware One-to-One oder in organisierten Gruppen, Video- und Sprachkonferenzen, cloudbasierte Aufgaben-Verwaltungstools, virtuelle Eventplattformen, virtuelle Whiteboard-Software)
- Projektmanagement und Ablauforganisation für synchrone und asynchrone Kommunikation

Gerade in den letzten Jahren gibt es bei all diesen Tools ein Umdenken. Gab es früher ein großes, viel Funktionen abdeckendes, vollumfänglich gekauftes Software-Paket, geht heute der Trend zu fokussierten, kleineren Software-as-a-Service Tools (SaaS Tools). Software-as-a-Service ist ein Teilbereich des Cloud Computings. Diese SaaS Tools können aufgrund offener API-Schnittstellen miteinander verbunden werden. Das SaaS-Modell basiert auf dem Grundsatz, dass die Software und die IT-Infrastruktur bei einem externen IT-Dienstleister betrieben und vom Kunden als Dienstleistung genutzt werden. Somit addieren sich Digital-Tools in „pay-per-use" oder Subscription-Modellen und nicht mehr in einem Kaufpaket, was als große Einmal-Investition über Jahre abgeschrieben werden muss. Das spart Liquidität. Außerdem unterstützt es die agile Arbeitsweise. Es ist zukünftig eben auch möglich in kurzen Zeiträumen einzelne SaaS Tools gegen innovativere Software-Tools auszutauschen, ohne die gesamte digitale Prozesskette neu denken zu müssen.

Möchte man diese Methode starten, sollte man sich folgenden Fragestellungen zuwenden:

- Welche Software und welche digitalen Tools haben wir aktuell im Unternehmen?
- Wie setzen wir diese Software und digitalen Tools ein? Wie helfen Sie uns? Haben wir eine SWOT Analyse (Methode im Buch) gemacht?
- Welche Bereiche sind noch nicht mit digitalen Tools abgedeckt? Wo wird noch analog gearbeitet?
- Haben wir einen Research für den aktuellen Status im Markt der digitalen Tools durchgeführt?
- Gibt es eine Kosten-Nutzen-Analyse für unsere digitalen Tools?
- In welchen Bereichen würde die Digitalisierung unsere Effizienz steigern?

Wichtig ist bei allem: Von Anbeginn das Zusammenspiel dieser Tools strategisch planen und organisieren. Zusätzlich sind gegebenenfalls auch mit Programmierungsanpassungen Optimierungen sowie die Vermeidung der Redundanz von Daten zu erreichen. Einmal erfasste Daten müssen durch alle Tools gleichsam nutz-

Foto: NEU Innovation – Zur Goldenen Idee

bar sein. Nur so entsteht eine hohe Effizienz in der Arbeits- und Prozessorganisation.

Praxisschlaglicht

Eine Agentur für Experiences, hat in obiger Struktur „digital work" dekliniert. Für die Bereiche Projektmanagement, Reisebuchungen und Reisekosten, Human Ressources, Finance und IT-Hardware wurden entsprechende Tools und Standardisierungen recherchiert, strategisch verortet und anschließend implementiert. Fast alle dieser Tools waren schnell aufgesetzt. Außerdem sind alle Prozesse wie Urlaubsanträge, Krankheitsmeldung, Unterschriftenregelung für Aufträge etc. neu aufgesetzt und dann in die Digitalisierung überführt worden. Ergebnis ist, dass heute nahezu alle diese Prozesse papierlos ablaufen.

Transformationswirksamkeit

- Wirksam für Marketingtransformationen
- Wirksam für Produkttransformationen
- Wirksam für Prozesstransformationen
- Wirksam für Servicetransformationen
- Wirksam für Sozialtransformationen
- Wirksam für radikale Transformationen

Transformationsfähigkeit

- Fördert die allgemeine Transformationsfähigkeit des Teams
- Fördert offene Mindsets und innovative Denkhaltungen

Einsatzcharakteristik

- Einsatzradius: vornehmlich im unternehmensweiten Einsatz

Nötiger Input, um mit der Methode arbeiten zu können

- Aktuell existierende Geschäftsmodelle
- Aktuell existierende Produkte und Services
- Aktuelle Herausforderung, Leitfrage, Problem
- Angereicherte Ideen, Ideencluster oder höher integrierte Lösungen
- Beteiligte Personen mit Tätigkeiten und Aufgaben
- Existierende Prozesse und Verfahren
- Vorhandenes Wissen und Erfahrungen
- Trends und Zukunftsentwicklungen
- Umfeldbeobachtungen, Umfeldanalysen
- Wettbewerber und Komplementoren

Erzeugter Output der Methode

- Bessere Projekteffizienz, bessere Teamperformance
- Erzeugt neues Wissen und neue Erfahrungen
- Erzeugt größere Klarheit zu einem Thema
- Erzeugt transformationsfähigere Organisationen
- Erzeugt mehr Hintergrundinformationen
- Macht Wirkzusammenhänge sichtbar

Hinderniseffekte, auf die die Methode positiv wirkt

- 01 – Schwächt Angst vor Neuem (Cainophobie)
- 06 – Schwächt das Leben in der Vergangenheit
- 11 – Schärft eine fehlende gemeinsame Ausrichtung
- 32 – Verhindert unreflektiertes Agieren
- 36 – Schafft schnell Klarheit und beschleunigt Erkenntnisgewinn

Mögliche Extravorteile

- für Teams mit einer konservativen, tradierten Kultur
- für Teams mit einer schwacher Teamleitung
- für Teams mit einer souveränen Teamleitung
- für disruptiv erfahrene Teams
- für agile Teams
- für innovativ erfahrene Teams
- für interkulturell erfahrene Teams
- für multidisziplinär erfahrene Teams

Quellen

Buch – Remote First: A Manager's Guide to Building Remote Culture, Constance Watkins (BOOKBABY 2019)

Buch – Remote: Office Not Required, David Heinermeier Hansson, Jason Fried (Vermilion 2013)

Web – https://digital-transformation-tool.eu/startseite-2, 2021

Web – https://www.personio.de/blog/eine-remote-first-kultur-etablieren, 2020

Web – https://morethandigital.info/digitale-tools-fuer-die-steuerung-von-remote-arbeitenden-teams, 2021

165

Remote-Teams – Check-up

EinSatzBeschreibung

Zusammenarbeit, Digital Leadership und Impulse zu Besonderheiten für Remote-Teams.

Transformation-Index

P1 Leading	P2 Organizing	P3 Connecting	P4 Growing	P5 Talking	P6 Scanning	P7 Exploiting	P8 Exploring	P9 Earning	P10 Scaling
x	x	x	x						

Beschreibung

Gerade die digitale Arbeitswelt funktioniert unabhängig von Zeit und Raum. Bei Remote-Teams handelt es sich um eine Teamorganisation, deren Mitglieder mit gemeinsamen Zielen, regional oder international verteilt, damit an verschiedenen Orten und eventuell auch verschiedenen Zeitzonen zusammenarbeiten. Remote-Teams kommunizieren überwiegend mithilfe digitaler Tools miteinander. Grundlage für diese virtuellen Arbeitsgruppen ist die technologische Entwicklung aus IT, Software und Infrastruktur. Hinzu kommt die rasante Exploration an Tools, die jede reale Bürotätigkeit digitalisiert abbildet. Hierzu werden digitale Prozesse definiert, die häufig cloudbasiert in Tools umgesetzt werden. Die Bandbreite dieser Prozesse und Tools ist in der Methode Remote first – Bytes in diesem Buch dargestellt.

Im Verhalten müssen die gegenseitigen Erwartungshaltungen und klaren Teamregeln eindeutig besprochen und geklärt sein, denn Missverständnisse entstehen schneller als in einer Präsenzzusammenarbeit im Büro.

Ergebnisse dieser Entwicklung ist die Arbeit im Homeoffice, im Flex-Office oder neu auch im Travel-Office. Diese Arbeitsformen werden in der Zukunft zunehmen, denn sie haben viele Vorteile für Mitarbeiter und Unternehmen. Somit ist die Arbeit in Remote-Teams eine der prägendsten Erscheinungen der digitalen Wandlung von Unternehmen.

Durchführung

Remote-Arbeit hat viele Vorteile. Gerade deshalb entwickelt sich diese Arbeitsform so exponentiell. Möchte ein Unternehmen Remote-Teams initiieren, bedarf es aber vorab wesentliche zu erarbeitende Parameter, die verschiedene Facetten wie Kultur, Kommunikation, Produktivität, Führung und Umgang mit Mitarbeitern betreffen:

- Klare Regeln:
Gemeinsame Definition, wie gearbeitet wird. Klärung der Arbeitsorganisation und der belastbaren Basisprozesse, auf denen zusammengearbeitet wird. Auch für die virtuelle Kommunikation (sowohl synchron als auch asynchron) bieten sich Grundregeln an, da sich diese in Teilen maßgeblich von einer Face-to-Face-Kommunikation unterscheidet.
- Erwartungsmanagement:
In einem Remote-Team müssen die Erwartungen an das flexible Arbeiten eindeutig definiert sein.
- Remote Leadership:
Führungskräfte benötigen eine Haltung zur positiven Lenkung und Führung der Teammitglieder mit sozialer Distanz aus der Ferne. Insbesondere durch die soziale Distanz muss das Team zusammengehalten werden. Ein besonderes Maß an Empathie ist dafür notwendig, da viele kleine soziale Interaktionen wegfallen bzw. dafür ein Ersatz gesucht werden muss.
- Gemeinsame Zieldefinition:
Die Führung und Zusammenarbeit von Remote-Teams erfolgen auf definierten Zielen und der gemeinsamen Zielerfüllung. Ein gutes Tool sind hierfür OKR's (Methode im Buch beschrieben). Aufgrund der isolierten Arbeitsweise sind gemeinsame Leitbilder und das Messen an Zielen eine gute Möglichkeit, Erfolge zu spüren – sowohl als Teammitglied als auch für das gesamte Team.
- Definition der digitalen Tools:
Um geordnet miteinander zu arbeiten und zu kommunizieren, bedarf es vorab einem gemeinsamen Commitment, mit welchen Tools die Teammitglieder für welches Arbeitsthema zusammenarbeiten. Die Bandbreite der Tools ist mittlerweile gigantisch geworden, deshalb müssen die Anforderungen gemeinsam mit den Vorlieben des Teams abgewogen werden.
- Freiheit und Verantwortung:
Arbeit in Remote-Teams erfordert eine hohe Eigenverantwortung jedes Mitarbeiters. Im Gegenzug ergeben sich hohe Freiheitsgrade, wann und wie die Arbeit umgesetzt wird. Basis der Zusammenarbeit ist ein hoher Vertrauensgrad im täglichen Doing. Hierzu vorab die Verantwortung gemeinsam zu thematisieren, erleichtert das Miteinander.
- Definition der Art und Weise von Meetings:
Meetings und die Meetingstruktur in Remote-Teams dienen nicht nur zur Klärung von Themen, sondern sind auch für das Wir-Gefühl ein entscheidendes Werkzeug. Auch Daily Standups aus den agilen Arbeitsweisen oder „Check-in-Moodboard" (im Buch beschrieben) können remote durchgeführt werden und bieten sich insbesondere an, um in Kontakt zu bleiben, das Teamgefühl zu stärken und auf kurzem Wege schnell und effizient Informationen auszutauschen.
- Diversität:
Die Einbindung von Vielfältigkeit mit Beachtung der Unterschiede, insbesondere auch der kulturellen Unterschiede, sind Erfolgsfaktoren. Dies fängt bereits bei einem rein deutschen Remote-Team an, die u. a. teilweise verschieden Arbeiten oder unterschiedliche Feiertage haben können.
- Gegenseitige Fürsorgepflicht:
Gerade auch in Remote-Teams muss Nähe geschaffen werden. Teammitglieder sind füreinander auch virtuell da.

- Virtuelles On- und Offboarding:

Mit einer transparenten Checkliste auf Basis eines vorab definierten Prozesses ist das Onboarding zu gestalten. Beim Offboarding ist unbedingt darauf zu achten, wie das erarbeitete Mitarbeiterwissen im Team und im Unternehmen verbleibt und weiter genutzt werden kann.

- Umgang mit Missverständnissen:

Aufgrund der virtuellen Kommunikation können Missverständnisse schneller entstehen. Ein vorab vereinbarter klarer Prozess für die Klärung und Beseitigung untereinander ist eine gute Basis, Unstimmigkeiten schnell zu klären.

Diese Checkliste bietet eine erste High-Level-Übersicht, um ein Remote-Team zu etablieren; sie kann jedoch nicht vollständig sein. Individuelle Erfordernisse in den jeweiligen Unternehmen und Teams sind zu besprechen und zu definieren. Eine kontinuierliche Reflexion und iterative Verbesserungen der Arbeitsweisen in Remote-Teams ist essenziell, damit die Arbeit in Remote-Teams langfristig und erfolgreich umgesetzt werden. Den digitalen Wandel im Unternehmen wird es beflügeln.

Die oben genannten Punkte sind übergreifend zu beachten. Im Groben lässt sich die Etablierung von Remote-Teams in folgende Schritte eingliedern:

Schritt 1 – Schaffung von Rahmenbedingungen: Zunächst müssen die legalen Rahmenbedingungen geschaffen werden (bspw. länderübergreifendes Einstellen von Mitarbeitern, Homeoffice Datenschutzrichtlinien usw.).

Schritt 2 – Mitarbeiter abholen bzw. neu anstellen: Für Remote-Teams müssen die Mitarbeiter abgeholt und ggf. angestellt werden. Das Team muss sich einspielen und kennenlernen und ggf. auch auf Remote Work einstellen bzw. kennenlernen.

Schritt 3 – Hardware- und Software-Ausstattung: Mit dem Team sollte entschieden werden, auf welchen Hardware-Stack und Software-Stack man setzt, damit die Remote Work ermöglicht wird.

Schritt 4 – Remote-Kultur, Standardprozesse und Regeln: Die Etablierung von „Remote" in der DNA/Kultur des Teams ist essenziell. Dazu gehören Aspekte wie die Kommunikation, On- und Offboarding, Schaffung von Basisregeln und Standardprozessen, gemeinsamen Zielen, usw.

Schritt 5 – in den produktiven/operativen Arbeitsmodus kommen: Sind die Rahmenbedingungen geschaffen und das Team startbereit, muss schließlich auch remote gearbeitet werden. Hierbei ist auch das Onboarding sehr wichtig, um möglichst gut in den Arbeitsmodus zu kommen. Hier sind insbesondere auch Punkte wie die Nutzung der digitalen Tools und Hardware sowie effektive und effiziente Kommunikation (synchron und asynchron) wichtig.

Schritt 6 – kontinuierlich reflektieren und verbessern: Die Remote-Arbeitsweise sollte kontinuierlich im Team und durch die Führung reflektiert werden, um sich so kontinuierlich zu verbessern, damit „Remote" wirklich Teil der DNA des Teams wird.

Foto: Chris Montgomery

Praxisschlaglicht

Mit dem Management von Remote-Teams steht man vor vielen Herausforderungen. Im Folgenden sind einige Tipps aus der Praxis aufgelistet, die sich bei der Einführung, Führung und Gestaltung von Remote-Teams bewährt haben:

- Ausstattung der Mitarbeiter sicherstellen und vereinheitlichen (betrifft Software und Hardware, aber auch Ausstattung von Homeoffice und Co.)
- Es ist wichtig, die Zeitzonen zu beachten, wenn die Mitarbeiter in verschiedenen Zeitzonen arbeiten (digitale Tools können hierbei helfen)
- Virtuelles Team-Building: Co-Working und Events können auch virtuell stattfinden und sind sehr wichtig, um ein gemeinsames Wir Gefühl zu schaffen.
- Remote schließt physisch nicht aus. So kann man sich bspw. einige Male im Jahr physisch als Team treffen. Eventuell leben manche Team-Mitglieder auch in der Nähe, um sich zu treffen oder zusammenzuarbeiten.
- Vorsicht vor zu vielen synchronen Meetings: In Remote-Teams läuft man schnell Gefahr, dass man für jede Kleinigkeit ein Meeting einberäumt. Dadurch verhindert man „Deep Work", die Kalender füllen sich und das ständige „Hoppen" von einem Meeting ins nächste ist energiezehrend. Neben synchroner Kommunikation sollte auch asynchrone Kommunikation ein integraler Bestandteil sein sowie die Möglichkeit, fokussiert arbeiten zu können („Deep Work").
- Remote wäre nicht remote, wenn man nicht die Stärken ausspielen würde. Dies hat viel mit Vertrauen zu tun, aber es ergeben sich Freiheiten durch remote, bspw. eine gewisse zeitliche und örtliche Unabhängigkeit, die dann auch ausgespielt werden sollte. Wo hier genau die Grenzen liegen, sollte im Team festgehalten werden.
- Mittlerweile gibt es viele integrierte Software-Tool-Suiten (wie von Microsoft oder Google), die sich mit vielen weiteren Tools integrieren und somit den kompletten Fluss von Kommunikation, Kollaboration und Co. abbilden können
- Auch die Arbeitsweise mit dem Kunden muss folglich auf Remote umgestellt werden.

- Man sollte auch an die legalen Richtlinien denken, die sich bspw. auf Datenschutz oder das Einstellen von Mitarbeitern aus anderen Ländern auswirken.

Transformationswirksamkeit

- Wirksam für alle Transformationen

Transformationsfähigkeit

- Fördert die Agilität eines Teams
- Fördert offene Mindsets und innovative Denkhaltungen

Einsatzcharakteristik

- Einsatzradius: vornehmlich im Teameinsatz
- Einsatzradius: vornehmlich im projektweiten Einsatz
- Einsatzradius: vornehmlich im unternehmensweiten Einsatz

Nötiger Input, um mit der Methode arbeiten zu können

- Beteiligte Personen mit Tätigkeiten und Aufgaben
- Existierende Prozesse und Verfahren
- Ziele, Zielsystem, Kennzahlen

Erzeugter Output der Methode

- Bessere Projekteffizienz, bessere Teamperformance
- Erzeugt besseren Teamspirit, mehr Offenheit, Inspirationsempfindlichkeit
- Erzeugt transformationsfähigere Organisationen
- Erzeugt mehr Agilität im Team
- Erzeugt motiviertere und transformationsfähigere Teilnehmer

Hinderniseffekte, auf die die Methode positiv wirkt

- 09 – Schwächt zu extrovertierte Teammitglieder
- 11 – Schärft eine fehlende gemeinsame Ausrichtung
- 15 – Stärkt das Vertrauen im Team
- 21 – Bindet eher introvertierte Teammitglieder mit ein
- 25 – Schwächt multidisziplinäre Reibungsverluste
- 28 – Stärkt schwache Anreicherungsskills

Mögliche Extravorteile

- für disruptiv erfahrene Teams
- für agile Teams
- für innovativ erfahrene Teams
- für interkulturell erfahrene Teams
- für multidisziplinär erfahrene Teams
- für die Arbeit mit digitalen Kollaborationsboards

Quellen

Buch – Leading from Anywhere: The Essential Guide to Managing Remote Teams, David Burkus (Houghton Mifflin Harcourt 2021)

Buch – Das Handbuch für ortsunabhängige Unternehmen: Strategien und Werkzeuge für die Digitalisierung und erfolgreiche Zusammenarbeit in Remote Teams und im Home-Office für KMU, Startups und Solopreneure, Thomas Dahlmann (Independently published, 2020)

Web – https://www.me-company.de/magazin/remote-work, 2020

Buch – Remote: Office Not Required, David Heinemeier Hansson, Jason Fried (Vermilion 2013)

Retrospektive

EinSatzBeschreibung

Effizientes Vorgehen für eine strukturierte Reflexion von Arbeitsphasen im Team.

Transformation-Index

P1 Leading	P2 Organizing	P3 Connecting	P4 Growing	P5 Talking	P6 Scanning	P7 Exploiting	P8 Exploring	P9 Earning	P10 Scaling
x	x	x	x	x	x	x	x	x	x

Beschreibung

Jedes Unternehmen strebt nach kontinuierlicher Verbesserung, wenn man jedoch einen genauen Blick in die operativ und strategisch agierenden Team wirft, fällt auf, dass oft für eine tatsächlich gelebte kontinuierliche Verbesserung ein wichtiger Bestandteil fehlt. So besteht dieser Prozess laut Deming aus vier iterierenden Schritten: Plan-Do-Check-Act.

In der operativen Hektik sind wir schnell dazu verleitet, das Check, die Überprüfung, zu überspringen. Das Ergebnis dieses Versäumnisses ist in vielen Fällen ein Aktionismus, der der Komplexität von Digitalisierungsprojekten nicht gerecht wird.

Scrum ist unter anderem deswegen so ein erfolgreiches Framework (siehe Methode Scrum), weil die kontinuierliche Verbesserung als fester Bestandteil im Prozess abgebildet ist. Das Check ist dabei durch zwei Meetings repräsentiert: Review und Retrospektive. Das Review ist ein Feedback zum Produkt, wohingegen die Retrospektive ein Feedback zum Prozess ist. In jeder Iteration findet daher eine strukturierte und moderierte Reflexion der Zusammenarbeit statt. Nun macht es nicht immer Sinn nach Scrum zu arbeiten, dennoch kann jedes Unternehmen und jedes Team nach dem Beispiel von Scrum passende Iterationslängen definieren, nach denen eine strukturierte Reflexion stattfindet – ob agil gearbeitet wird oder nicht.

Durchführung

Eine Retrospektive besteht nach Derby und Larsen aus fünf verschiedenen Phasen, die aufeinander aufbauen.

Phase 1: Set the Stage/Gesprächsklima schaffen

Die erste Phase hat das Ziel, dass die Teilnehmer der Retrospektive nicht nur physisch, sondern auch mental im Meeting ankommen. Hierfür gibt es zahlreiche verschiedene Möglichkeiten von einfachen sogenannten Check-in-Fragen über das Schreiben einer Rezension des zu betrachtenden Zeitraums bis hin zu Quizfragen. Je besser der Moderator es schafft, die volle Aufmerksamkeit der Teilnehmer auf die gewählte Aufgabe oder Fragestellung zu bündeln, desto besser können diese von Gedanken und Stress aus vorhergegangenen Meetings und Erlebnissen loslassen und sich auf die nachfolgende Retrospektive einlassen.

Phase 2: Gather Data/Themen sammeln

Nun geht es an die Sammlung von Zahlen, Daten, Fakten, Beobachtungen und subjektiven Erlebnissen – nach Möglichkeit zunächst ohne Interpretation. In der zweiten Phase soll sich das Team passend zur gegebenen Fragestellung einen Überblick der Ereignisse und Ergebnisse verschaffen, bevor es anschließend in die Interpretation und Diskussion geht.

Wer bereits das Vergnügen hatte, selbst wissenschaftlich zu arbeiten, dem wird die Trennung von Faktensammlung und anschließender Interpretation der Ergebnisse bekannt vorkommen. Durch diese Trennung bietet der Moderator eine Hilfestellung, um die sachliche von der emotionalen Ebene zu separieren und anschließend eine lösungsorientierte Diskussion zu führen.

5 Phasen einer Retrospektive

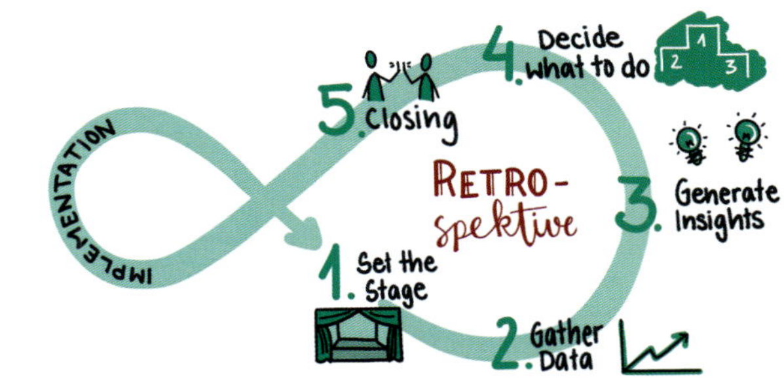

sabinalammert.com

Grafik: Sabina Lammert

Phase 3: Generate Insights/Erkenntnisse gewinnen

Wie bereits angekündigt, kommt nun die Interpretation und Diskussion der gesammelten Informationen. Dabei liegt im ersten Schritt der Fokus darauf, wertzuschätzen, was in der Zusammenarbeit gut lief bevor das Team in einem zweiten Schritt Verbesserungspotenzial identifiziert. Es empfiehlt sich an dieser Stelle ein sogenanntes stilles Brainstorming durchzuführen, bei dem alle Teilnehmer zunächst einige Minuten für sich allein Haftnotizzettel schreiben, bevor sie ihre Gedanken nacheinander mit allen teilen. Dies ermöglicht auch introvertierteren Persönlichkeiten ihre Anliegen im vollen Umfang zu präsentieren.

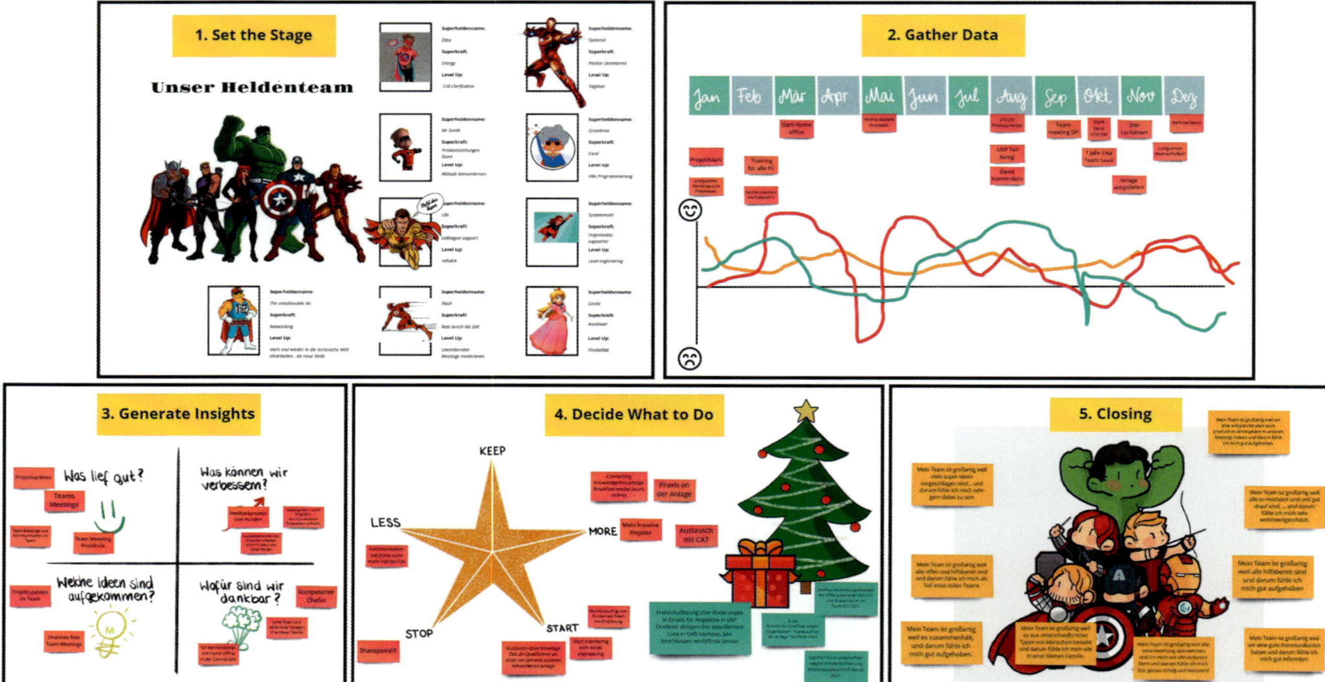

Grafik: Sabina Lammert

Phase 4: Decide What to Do/Maßnahmen ableiten

Eine Retrospektive wird auf lange Sicht nur dann vom Team anerkannt und wertgeschätzt, wenn sie nicht nur aus der Reflexion der vergangenen Ereignisse besteht, sondern auch sinnvolle Maßnahmen für eine Verbesserung der Zusammenarbeit abgeleitet werden. Dabei ist wichtig, dass besser nur eine Maßnahme abgeleitet wird, die bis zur nächsten Retrospektive umgesetzt wird, als dass eine ganze Liste von Maßnahmen identifiziert wird, die aus Mangel an Fokus nicht umgesetzt wird. Des Weiteren gilt, je konkreter die Formulierung der Maßnahmen ist, desto größer ist die Umsetzungswahrscheinlichkeit.

Phase 5: Closing/Abschluss

In der abschließenden Phase der Retrospektive hat der Moderator durch die Wahl der Fragestellung oder Aufgabe die Möglichkeit, die Teilnehmer mit einem positiven Gefühl zu verabschieden. Hier kann beispielsweise eine kurze Retrospektive der Retrospektive durchgeführt werden, das Teamgefühl durch eine Anekdote aus dem Alltag gestärkt werden oder Vorfreude auf ein bevorstehendes Ereignis geschaffen werden.

Durch die Komposition der fünf Phasen der Retrospektive wird maßgeblich die Teamdynamik im Prozess beeinflusst. Es empfiehl sich, in jeder Retrospektive unterschiedliche Schwerpunkte zu setzen, sodass das Team in jeder Reflexion seine Zusammenarbeit aus unterschiedlichen Blickwinkeln beleuchtet.

Eine sehr übersichtliche Inspirationsquelle für die Verschiedenen Ausgestaltungsmöglichkeiten von Retrospektiven ist retromag.org. Corinna Baldauf hat in Zusammenarbeit mit zahlreichen Coaches eine Sammlung bewährter Methoden für die fünf Phasen zusammengestellt und frei zugänglich gemacht.

Für Retrospektiven gibt es einige wichtige Erfolgsfaktoren:

- Die Las Vegas Regel lautet: Was in der Retrospektive passiert, bleibt in der Retrospektive
- Die Prime Directive, das oberste Gebot in der agilen Zusammenarbeit, besagt, dass wir daran glauben, dass jedes Teammitglied das bestmögliche unter den gegebenen Rahmenbedingungen geleistet hat. Wenn eine bessere Performance gewünscht wird, müssen die Rahmenbedingungen angepasst werden.
- Je seltener eine Retrospektive stattfindet, desto mehr Zeit muss man für sie einplanen, da der zu betrachtende Zeitraum größer ist und mehr Daten gesammelt und besprochen werden müssen
- Die Retrospektive sollte von einem inhaltlich nicht eingebundenen Moderator durchgeführt werden, der sich auf die vollkommen auf die Methode fokussieren kann. Dies empfiehlt sich vor allem bei selten stattfindenden Retrospektiven oder wenn sich Konflikte im Team manifestieren. Im zweiten Fall ist eine professionelle Unterstützung zielführend.
- Der Moderator sollte sich angesichts des Reifegrades des Teams bewusst dafür entscheiden, ob es sinnvoller ist, dass jedes Teammitglied eine individuelle Maßnahme zur Verbesserung der Zusammenarbeit formuliert oder ob es eine gemeinsame Teammaßnahme gibt. Die gemeinsame Teammaßnahme macht erst dann Sinn, wenn das Team sich einer gemeinsamen Verantwortung bewusst ist und die abgeleitete Maßnahme nicht an Einzelpersonen hängen bleibt.
- Fokus bei der Maßnahmendefinition, denn weniger ist mehr. Lieber definiert das Team eine einzige Maßnahme und setzt diese bis zur nächsten Perspektive um, als das sie 20 Maßnahmen definieren, von denen nur eine umgesetzt wird. Im ersten Fall sind es 100 % Zielerreichung und eine realistische Einschätzung

der verfügbaren Kapazität, wohingegen es sich im zweiten Fall bei gleicher Anzahl an umgesetzten Maßnahmen wie ein Versagen anfühlt.

Die erfolgreiche Umsetzung der definierten Maßnahmen sollte unbedingt zu Beginn der nächsten Retrospektive überprüft werden, sodass das Team auch an dieser Stelle ein unmittelbares Feedback erhält, ob die Art und Weise, wie sie die Maßnahmen definiert haben und angegangen sind, zielführend war oder es einer Anpassung bedarf.

Praxisschlaglicht

Das Prozessteam eines Laborgeräteherstellers führte im Rahmen eines OKR-Ziels zum Jahresabschluss erstmalig eine Retrospektive durch. Sie ließen die Moderation durch einen professionellen externen Facilitator durchführen, da sie unternehmensintern noch keine Erfahrungen mit diesem Format hatten. Die Retrospektive fand, bedingt durch die Pandemie, remote statt, wobei Miro das Tool der Wahl war.

Zunächst fand ein erster Austausch zwischen der Teamleiterin und dem Facilitator statt, in dem der Facilitator die Rahmenbedingungen, aktuelle Herausforderungen und die Teamdynamik erfragte. Gemeinsam sind sie Phase für Phase die Möglichkeiten der Umsetzung durchgegangen, wobei sie als Inspirationsquelle neben der Sammlung an Retrospektiveformaten des Facilitators zusätzlich retromat.org als Inspirationsquelle genutzt haben. Wichtig dabei war, dass die gewählten Methoden und Fragestellungen zu dem Wesen des Teams passten.

- Phase 1: Set the Stage/ Gesprächsklima schaffen

Nach einer kurzen Einführung, in der der Facilitator Ziel und Ablauf der Retrospektive vorstellte, erlebte das Team ein Superhelden-Check-in. Die Teammitglieder fügten dafür auf dem Miro-Board ein Bild ihrer Wahl ein, dass sie als Superheldenavatar verwenden wollten. Zusätzlich schrieben sie einen fiktiven Superheldennamen, eine auf die Arbeit bezogene Superkraft und ihr Level-up, d.h. eine Fähigkeit, die sie im vergangenen Jahr im Team dazugelernt haben, neben ihren Avatar. Der Vorteil dieser Übung zu Beginn der Retrospektive war, dass Teammitglieder, die bisher noch keine Berührung mit Miro oder eine anderen online Whiteboardtool hatten, ein erstes Skillbuilding durchlebten.

- Phase 2: Gather Data/Themen sammeln

Die Teamleiterin entschied sich für einen Gesamtjahresrückblick passend zum Jahresende. Den dafür verwendeten Zeitstrahl ergänzten die Teammitglieder im ersten Schritt um ihre individuellen Highlights. Im zweiten Schritt wurde über den betrachteten Zeitraum das Energielevel abgefragt, wobei jedes Teammitglied mit der Stiftfunktion in Miro rückblickend einzeichnete, wann sie ein positives und wann ein negatives Energielevel hatten.

- Phase 3: Generate Insights/Erkenntnisse gewinnen

Für die Interpretation der gesammelten Daten wählten Teamleiterin und Facilitator die Vier-Felder-Matrix, mit der sie abfragten, was gut lief, wo es Verbesserungspotenzial gibt, wem das Team danken möchte und welche Ideen es gibt.

- Phase 4: Decide What to Do/Maßnahmen ableiten

Diese Phase wurde in zwei Schritte unterteilt. Zunächst führte das Team mithilfe des bekannten Starfish-Formats ein Brainstorming für das Ableiten von Maßnahmen basierend auf ihrer Sammlung aus der Vier-Felder-Matrix durch. Anschließend hat jedes Teammitglied eine eigene Maßnahme definiert, wie es bis zur nächsten Retrospektive einen Beitrag zur Verbesserung der Zusammenarbeit leisten möchte. Passend zur Weihnachtszeit entschied sich der Facilitator für einen Weihnachtsstern statt eines Seesterns und für einen Weihnachtsbaum, unter den die abgeleiteten individuellen Maßnahmen als Geschenk gelegt wurden.

- Phase 5: Closing/Abschluss

Die Teamleiterin entschied sich im Closing für das Format „Mein Team ist großartig" aus dem Retromat, in dem jedes Teammitlied einen Satz formuliert, der mit „mein Team ist großartig, weil ..." beginnt. Mit dieser Übung stärkten die Teammitglieder selbst ihr eigenes Teamgefühl und konnten mit positiver Energie die Retrospektive verlassen.

Diese Retrospektive war die erste von vielen weiteren, die nun zu einem regelmäßigen Meetingformat im Team geworden sind. Nachdem teamintern die Kompetenzen zur Komposition und Moderation von Retrospektiven seitens des Facilitators vermittelt worden sind, ist das Team nicht länger auf externe Unterstützung für die Durchführung von Retrospektiven angewiesen.

Transformationswirksamkeit

- Wirksam für Herausforderungen mit hoher Komplexität
- Wirksam für Herausforderungen mit mittlerer Komplexität
- Wirksam für Herausforderungen mit niedriger Komplexität
- Wirksam für alle Transformationen

Transformationsfähigkeit

- Fördert die Agilität eines Teams
- Fördert die allgemeine Transformationsfähigkeit des Teams
- Fördert offene Mindsets und innovative Denkhaltungen
- Zahlt auf eine bessere Wahrnehmung ein

Einsatzcharakteristik

- Austauschfokus: vornehmlich mit internen und externen Personen
- Durchführungszeit: eher mittel (>1 Stunde bis <1 Tag)
- Einsatzfrequenz: sinnvoll im dauerhaften Einsatz
- Einsatzfrequenz: vornehmlich über im kompletten Projektzeitraum
- Einsatzradius: vornehmlich im projektweiten Einsatz
- Komplexität für den Moderator: eher mittel
- Komplexität für die Teilnehmer: eher mittel
- Teamgröße: Kleingruppe möglich (3 bis 5 Teilnehmer)
- Teamgröße: Mittelgroße Teams möglich (5 bis 20 Teilnehmer)
- Vorbereitungszeit: eher mittel (>1 Stunde bis <1 Tag)

Nötiger Input, um mit der Methode arbeiten zu können

- Aktuelle Herausforderung, Leitfrage, Problem
- Beteiligte Personen mit Tätigkeiten und Aufgaben
- Verschiedene Botschaften, Meinungen, Statements
- Verschiedene Meinungen und Blickwinkel
- Vorhandenes Wissen und Erfahrungen
- Durchführungszeit, Trainingszeit

Erzeugter Output der Methode

- Bessere Projekteffizienz, bessere Teamperformance
- Erzeugt Planungen und Priorisierungen
- Erzeugt besseren Teamspirit, mehr Offenheit, Inspirationsempfindlichkeit
- Erzeugt größere Klarheit zu einem Thema
- Erzeugt transformationsfähigere Organisationen
- Erzeugt mehr Hintergrundinformationen
- Erzeugt mehr Agilität im Team
- Erzeugt motiviertere und transformationsfähigere Teilnehmer
- Identifiziert vorhandene Schwachstellen
- Identifiziert vorhandene Stärken
- Macht Wirkzusammenhänge sichtbar
- Für einen einzelnen Mitarbeiter wirkungsvoll

Hinderniseffekte, auf die die Methode positiv wirkt

- 04 – Beugt blinden Flecken/Betriebsblindheit vor
- 06 – Schwächt das Leben in der Vergangenheit
- 10 – Verhindert falsche Flughöhen
- 11 – Schärft eine fehlende gemeinsame Ausrichtung
- 13 – Schafft für den Erfolg nötige Realitätsbezüge
- 14 – Fördert eventuell fehlende Wertschätzung
- 15 – Stärkt das Vertrauen im Team
- 26 – Schwächt nicht zielführende Emotionen
- 32 – Verhindert unreflektiertes Agieren
- 36 – Schafft schnell Klarheit und beschleunigt Erkenntnisgewinn
- 39 – Fördert die Agilität der Teilnehmer
- 41 – Verringert zu große Komplexitäten

Mögliche Extravorteile

- für Teams mit schwachem Auftragsmandat
- für disruptiv unerfahrene Teams
- für innovativ ungeübte Teams
- für interkulturell unerfahrene Teams
- für multidisziplinär unerfahrene Teams

Quellen

Buch – Agile Retrospektiven, Esther Derby, Diana Larsen, (Vahlen 2019)

Buch – Retrospektiven in der Praxis: Veränderungsprozesse in IT-Unternehmen effektiv begleiten , Marc Löffler (dpunkt 2014)

Web – https://retromat.org, 27.03.2021

Reverse Mentoring

EinSatzBeschreibung

Vermittlung von neuem Wissen und Denkweisen, indem jüngere Mitarbeiter die Rolle des Mentors für ältere Führungskräfte übernehmen.

Transformation-Index

P1 Leading	P2 Organizing	P3 Connecting	P4 Growing	P5 Talking	P6 Scanning	P7 Exploiting	P8 Exploring	P9 Earning	P10 Scaling
x			x						

Beschreibung

Beim Reverse Mentoring werden jüngere Mitarbeiter mit (in der Regel älteren) Mitgliedern des Führungsteams zusammengebracht, um sie dabei zu unterstützen die Gedankenwelt der jüngeren Zielgruppen zu verstehen.

Insbesondere in der digitalen Transformation wird dies von vielen Unternehmen genutzt, um notwendiges Wissen über die Denkhaltung der jüngeren Generation und die Nutzung von Technologien zu transferieren.

Die Methode des Reverse Mentoring ist nicht neu, bereits 1999 hat Jack Welch, der ehemalige CEO von General Electric (GE) das Konzept eingesetzt, und stellte eine Gruppe von 500 Top Managern und 500 jüngeren Mitarbeitern zusammen, in der jüngere Mitarbeiter den älteren Führungskräften das Internet und die damals neuen digitalen Technologien vorstellen sollten.

Neben den Vorteilen für Mentor und Mentee kann Reverse Mentoring auch wertvolle Ergebnisse für die gesamte Organisation bringen. Durch die gefühlte Umkehrung der Hierarchie hilft es bei der Implementierung agiler Methoden und kann auch dabei helfen strategische Ziele zu erreichen, wie z.B. eine Erhöhung der Attraktivität als Arbeitgeber und damit auch die Bindung von jüngeren Zielgruppen.

Durchführung

Folgende Punkte helfen bei der Umsetzung von Reverse Mentoring im eigenen Unternehmen:

Schritt 1: Definieren einer Herausforderung

Welche aktuellen Herausforderungen unseres Unternehmens sollen mit dem Reverse Mentoring-Programm gelöst werden? Diese Frage sollte zu Beginn geklärt werden. Ohne dieses klare Ziel wird es sehr schwierig sein die notwendigen Ressourcen (Zeit und Geld) für das Programm zu aktivieren.

Schritt 2: Passende Mentoring Tandems bilden

Wenn die Herausforderung definiert ist, ist es einfacher die Teams passend zusammenzusetzen. Beispiel: Wenn die Herausforderung lautet „Die Zahl der weiblichen Mitarbeiter in unserer Organisation ist X % geringer als bei vergleichbaren anderen Unternehmen“ dann könnte das Programm so gestaltet werden, dass alle männlichen Mitglieder des Topmanagements mit einem weiblichen Mentor in der Rolle eines Managers oder darunter ein Tandem bilden und gemeinsam mindestens 2 Ideen entwickeln, wie eine Lösung für diese Herausforderung aussehen kann.

Schritt 3: Executive Sponsor finden

Damit das Programm funktioniert, sollte eine bekannte Persönlichkeit aus dem oberen Führungskreis sich offiziell als Sponsor dafür einsetzen. So erhält das Programm die notwendige Sichtbarkeit und es besteht die Möglichkeit, den Einsatz für das Programm an die Ziele der Führungskraft zu koppeln.

Beginne mit den Mentees

Erfahrungsgemäß ist es schwieriger, Top-Führungskräfte für das Programm zu begeistern als jüngere Mitarbeiter dafür zu finden. Es macht also Sinn, bei der Rekrutierung für das Programm mit den älteren Führungskräften zu beginnen und erst dann die passenden Mentoren zu suchen.

Hilfreiche Ressourcen

Vielen fällt es zu Beginn schwer, sich in der neuen Rolle zurechtzufinden. Unterstützung finden sie in hilfreichen Dokumenten wie z.B. „Wie funktioniert Mentoring?“ und „Pflichten und Verantwortungen für Mentor und Mentee“.

Start und Checkpoints

Den Beginn sollte eine Programmeinführung für die Mentees durch den Executive Sponsor stattfinden, in dem die Wichtigkeit des Programms erläutert wird. Danach sollte zumindest in der Mitte des Programms ein Checkpoint stattfinden, in dem beide unabhängig voneinander von dem bisherigen Verlauf berichten. Ebenso sollte am Ende ein Review-Termin stattfinden, in dem über die Erfolge des Programms berichtet wird, aber auch über mögliche Verbesserungen.

Transformationswirksamkeit

- Wirksam für alle Transformationen

Transformationsfähigkeit

- Fördert die allgemeine Transformationsfähigkeit des Teams
- Fördert offene Mindsets und innovative Denkhaltungen

Einsatzcharakteristik

- Austauschfokus: vornehmlich mit internen Personen
- Durchführungszeit: eher gering (< 1 Stunde)
- Einsatzfrequenz: sinnvoll im dauerhaften Einsatz
- Einsatzradius: vornehmlich im unternehmensweiten Einsatz
- Komplexität für den Moderator: eher gering
- Komplexität für die Teilnehmer: eher gering
- Teamgröße: Kleingruppe möglich (3 bis 5 Teilnehmer)
- Vorbereitungszeit: eher mittel (>1 Stunde bis <1 Tag)

Nötiger Input, um mit der Methode arbeiten zu können

- Durchführungszeit, Trainingszeit

Erzeugter Output der Methode

- Bessere Projekteffizienz, bessere Teamperformance
- Erzeugt besseren Teamspirit, mehr Offenheit, Inspirationsempfindlichkeit
- Erzeugt transformationsfähigere Organisationen
- Erzeugt motiviertere und transformationsfähigere Teilnehmer

Hinderniseffekte, auf die die Methode positiv wirkt

- 14 – Fördert eventuell fehlende Wertschätzung
- 15 – Stärkt das Vertrauen im Team
- 21 – Bindet eher introvertierte Teammitglieder mit ein
- 25 – Schwächt multidisziplinäre Reibungsverluste

Mögliche Extravorteile

- für Teams in einer Komfortsituation
- für Teams mit einer konservativen, tradierten Kultur
- für Teams mit einer souveränen Teamleitung
- für erfahrene Trainer und Agile Coaches
- für interkulturell unerfahrene Teams
- für multidisziplinär unerfahrene Teams

Quellen

Buch – Fit für die Next Economy, Anne M. Schüller/Alex T. Steffen (Wiley 2017)

Buch – Reverse Mentoring: What My Students Taught Me, Jim Towns (Xulon Press 2006)

Web – https://hbr.org/2019/10/why-reverse-mentoring-works-and-how-to-do-it-right, 20.05.2021

Grafik: verrocchio Mindset-Card – Illustration: Jennifer Weiss

Robotic Process Automation (RPA)

EinSatzBeschreibung

Robotic Process Automation ist eine virtuelle Lösung zur Abarbeitung von immer gleichen Transaktionen.

Transformation-Index

P1 Leading	P2 Organizing	P3 Connecting	P4 Growing	P5 Talking	P6 Scanning	P7 Exploiting	P8 Exploring	P9 Earning	P10 Scaling
						x			

Beschreibung

Neue Technologien und digitale Methoden sind das Rückgrat intelligenter Automatisierung und damit der digitalen Transformation. Das beste Beispiel dafür: Robotic Process Automation (RPA). Die RPA-Software nutzt die Benutzeroberfläche unterschiedlicher Anwendungen und reproduziert über die Benutzerschnittstellen Handlungen menschlicher Nutzer.

Der Vorteil: Durch individuelle Konfigurationen können bisher manuelle, zeitaufwändige, regelbasierte und wiederkehrende Aufgaben automatisiert werden. Und zwar individuell zugeschnitten auf die jeweilige Infrastruktur der Organisation. Damit liefert RPA einen wichtigen Beitrag zur unternehmenseigenen Digitalstrategie.

Ein einfaches Beispiel für eine RPA-Anwendung sind Ergänzungsanwendungen. Ein RPA kann bei einer digitalen Bestellung bestimmte Nummern aus einer Tabelle ergänzen. Nehmen wir beispielsweise an, dass bei jeder Bestellung eine Nummer für den Anlieferstandort ergänzt werden soll. Der Roboter bekommt dann den Auftrag jede Bestellung im System zu öffnen, das Feld des Anlieferstandorts zu lesen. Dieser Text wird in einer Tabelle gesucht und die richtige, beistehende Nummer wird auswählt und kopiert. In der Bestellung wird die Nummer in die dafür vorgesehen Zelle einfügt. Die Bestellung wird wieder geschlossen und in einer weiteren Tabelle dokumentiert der Roboter, dass er seine Aufgabe in der Bestellung XY durchgeführt hat. Danach wählt er sich eine neue Bestellung und führt dieselbe Aktivität durch.

Herausforderungen einer RPA-Implementierung:

- Trotz optimierter Prozesse sind viele manuelle Tätigkeiten noch notwendig, um Daten zu ergänzen und Informationen oder Genehmigungen einzuholen
- SAP-basierte Prozesse benötigen für einen automatischen Durchlauf eine hohe Qualität an Inputdaten (Bsp. Rechnung vs. Bestellung).
- Bei unterschiedlichen Geschäftsmodellen ist ein hoher Standardisierungsgrad schwierig zu erreichen und Standardtools (z. B. für Bauleistungen) nicht am Markt verfügbar.
- Die Disziplinierung der Geschäftspartner kann als kontinuierlicher Verbesserungsprozess etabliert werden, ist aber in der Regel unzureichend für einen hohen Automatisierungsgrad.
- Die Vielzahl von gelegentlichen Prozessanwendern erschweren die Qualitätskontrolle.

Die **Vorteile** einer RPA-Anwendung sind sehr vielfältig.

- Finanziell
  - RPA ist noch effizienter als ein Offshore-SSC-Center.
  - RPA Projekte amortisieren sich bereits innerhalb weniger Jahre (im Durchschnitt nach ein bis zwei Jahren).
  - RPA-Implementierung ermöglicht hohe Einsparpotenziale.
- Governance & Compliance
  - Prozesstransparenz steigt mit RPA, da die Prozesse regelbasiert durchlaufen und die einzelnen Schritte dokumentiert sind.
  - Prozesskonformität und -konsistenz der Prozesse werden durch Automatisierung sichergestellt.
  - Hoher Compliance-Grad (Minimierung von Fraud-Risiken) wird erreicht.
- Technisch & operativ
  - RPA nutzt vorhandene Systeme und Technologien, statt neue Schnittstellen zu entwickeln.
  - RPA Lösungen lassen sich schnell entwickeln und implementieren.
  - RPA bietet eine skalierbare Lösung mit Prozesseffizienzsteigerung.
- Mitarbeiter
  - Automatisierung manueller, regelbasierter Tätigkeiten ermöglicht die Kapazitätssteigerung bzw. -verlagerung.
  - Roboter sind 24/7 aktiv .
  - Operative Teams haben durch die Kapazitätsverlagerung Zeit für das, was sonst unerledigt bleibt.
  - Durch die Automatisierung von manuellen Tätigkeiten werden qualitativ hochwertigere Ergebnisse generiert, wodurch der Aufwand für Nacharbeiten in den operativen Teams reduziert wird.

Durchführung

Der RPA selbst würde man wahrscheinlich eher als Technologie oder Softwareanwendung beschreiben. Doch die Umsetzung einer guten RPA-Implementierung erfordert einen methodischen Ansatz. Die Gründe für einen strukturierten Ansatz sind:

- Roboter werden häufig nicht nur für eine Transaktion oder ein Anwendungsfall eingesetzt. Es ist daher notwendig, eine RPA-Strategie aufzustellen.
- Der Einsatz eines RPAs erfordert auch eine Transformation des Operating Model und damit mehr als nur eine Softwareprogrammierung.
- Die Koordination mehrerer Roboter ist möglich und benötigt eine digitale Koordination und Priorisierung.

Der methodische Ansatz zur RPA-Integration lässt sich in **fünf Schritten** definieren:

1. **Definieren des RPA (Scope/Umfang)**
   - Bewerten von Prozessen und Transaktionen zur Bestimmung der RPA-Eignung
   - Priorisieren und selektieren der Prozesse und Transaktionen
   - Identifizierung der Stakeholder und Experten
2. **RPA-Pilot und Anbieterauswahl**
   - Workshadowing des ausgewählten Prozess (Tiefenverständnis erlangen)
   - Definition eines Fachkonzepts zur Prozessbeschreibung
   - Entwicklung eines „Case for Change"
   - Auswählen des passenden RPA-Anbieters
3. **Implementieren des Roboters**
   - Installation der Robotics Software
   - Konfigurieren und Implementieren des Roboters
   - Test und Sign-off
   - Go-live Support
4. **Entwicklung einer RPA-Strategie**
   - Abstimmen der RPA-Vision und des Projektansatzes mit relevanten Stakeholdern
   - Entwickeln des Zielbetriebsmodells
   - Entwerfen einer langfristigen Roadmap
5. **Roll-out in die Organisation**
   - Kontinuierlicher Verbesserung und Erweiterung des RPA Scopes
   - Entwicklung eines Center of Expertise
   - Wartung und Pflege des Roboters

Praxisschlaglicht

Die praktische Einbindung des ersten RPAs ist sicherlich eine Überwindung und erfordert ein entsprechendes Change-Management. Nach einer erfolgreichen Integration öffnen sich meistens die Schleusen und mehr und mehr Anwendungsfälle werden entdeckt und eingebunden.

> Wichtig ist, dass der RPA nur befristet sinnvoll für ein bestimmtes Szenario eingesetzt werden kann. Häufig ändern sich Prozesse, Systeme oder Way of Working innerhalb von zwei bis drei Jahren so, dass der Anwendungsfall nicht mehr relevant ist. Die freiwerdende Roboterkapazität sollte dann wieder für neue Themen eingesetzt werden.

Transformationswirksamkeit

- Wirksam für Herausforderungen mit niedriger Komplexität

Transformationsfähigkeit

- Fördert die allgemeine Transformationsfähigkeit des Teams

Einsatzcharakteristik

- Austauschfokus: vornehmlich mit internen und externen Personen
- Durchführungszeit: eher hoch (> 1 Tag)
- Einsatzfrequenz: sinnvoll im dauerhaften Einsatz
- Einsatzradius: vornehmlich im unternehmensweiten Einsatz
- Teamgröße: Kleingruppe möglich (3 bis 5 Teilnehmer)
- Vorbereitungszeit: eher hoch (>1 Tag)

Nötiger Input, um mit der Methode arbeiten zu können

- Beteiligte Personen mit Tätigkeiten und Aufgaben
- Existierende Prozesse und Verfahren

Erzeugter Output der Methode

- Bessere Projekteffizienz, bessere Teamperformance

Hinderniseffekte, auf die die Methode positiv wirkt

- 12 – Wirkt fehlender Inspiration entgegen
- 41 – Verringert zu große Komplexitäten
- 42 – Überzeugt strukturliebende Teammitglieder
- 44 – Überzeugt einen Rationalisierer

Mögliche Extravorteile

- für innovativ erfahrene Teams
- für multidisziplinär erfahrene Teams

Quellen

Web – RPA: Robotic Process Automation – PwC, 08.05.2021

ROTI Score

EinSatzBeschreibung

Feedbackmethode zur Ermittlung der aktuellen Meetingeffizienz.

Transformation-Index

P1 Leading	P2 Organizing	P3 Connecting	P4 Growing	P5 Talking	P6 Scanning	P7 Exploiting	P8 Exploring	P9 Earning	P10 Scaling
x	x	x	x	x	x	x	x	x	x

Beschreibung

In der digitalen Transformation sind Meetings und Workshops zur Abstimmung oder Weiterbildung unabdingbar. Ihr Mehrwert kann jedoch sehr unterschiedlich sein, von einer vollkommenen Zeitverschwendung bis hin zu einer Quelle an inspirierenden Ideen, zielorientierten Entscheidungen oder motivierenden Maßnahmen ist alles dabei.

Die Gefahr, die vor allem bei Serienterminen besteht, ist dass ihr Mehrwert, nachdem sie einmal aufgesetzt sind, nicht mehr hinterfragt wird. So füllen sich schnell aber stetig die Terminkalender der Mitarbeiter mit unproduktiven Zusammenkünften, durch die alle beschäftigt aussehen, aber keine Ergebnisse liefern.

Über das Abfragen des **Return On Time Invested** (ROTI), d. h. des Mehrwerts des Meetings im Vergleich zur investierten Meetingzeit, kann am Ende eines Meetings oder Workshops effektiv ein Stimmungsbild eingeholt und eventuelles Verbesserungspotenzial ermittelt werden.

Durchführung

Zunächst sollte sich der Moderator dazu Gedanken machen, welche Skala und welches Format für die Ermittlung des ROTI Scores verwendet werden. Sitzt das Team gemeinsam im Raum, bietet sich die Abfrage mit den Fingern an, wobei fünf Finger die bestmögliche Bewertung für das Meeting sind, und wahlweise ein Finger oder eine Faust ausdrücken, dass das Meeting keinen Mehrwert geliefert hat.

Manche Moderatoren präferieren eine Skala von 1 bis 10, da diese granularer ist oder alternativ Smileys statt Zahlen, die per Dot-Voting auf einem Flipchart ausgewählt werden. In den älteren Beschreibungen der Methode durch Esther Derby und Steven M. Smith wird eine Skala von 0 bis 4 verwendet, wobei die 2 einen Break-Even darstellt, d. h. dass die investierte Zeit dem Nutzen entspricht und die beiden Werte darüber einen Mehrwert darstellen, der die investierte Zeit übersteigt.

Die ROTI-Abfrage funktioniert auch im virtuellen Raum. Hier haben sich Tools wie Mentimeter, Polly oder Google Forms bewährt, welche vorab vorbereitet werden müssen.

Nach dem Meeting werden die Teilnehmer gebeten, den Mehrwert des Meetings zu bewerten. Dazu kann der Meetingmoderator beispielsweise folgende Frage stellen:

„Auf einer Skala von 0 bis 5: Wie bewertest du die investierte Meetingzeit im Verhältnis zum Ergebnis, wobei 0 bedeutet, dass das Meeting keinen Mehrwert für dich hatte und 5 bedeutet, dass sich jede Minute des Meetings für dich gelohnt hat?“

Diese Bewertung sollte üblicherweise schnell gehen. Die anschließende zweite Frage ist wichtig, damit eine Optimierung des Meetings erfolgen kann:

„Was hätte anders sein müssen, damit du das Meeting mit einer 5 bewertet hättest?“

Wenn das Meeting bereits mit einem Wert von 4 oder größer bewertet wurde, kommen an dieser Stelle nicht zwangsläufig antworten. Es gibt in jeder Gruppe Teilnehmer, die aus Prinzip keine Höchstwertung vergeben und bei genauerem Nachfragen keine konkreten Verbesserungswünsche haben.

Tendenziell fallen anonymisierte Bewertungen, wie z. B. mit Mentimeter, schlechter aus als nicht anonyme ROTI-Abfragen.

In jedem Fall ist es wichtig, dass der Moderator nicht in die Rechtfertigung verfällt, sondern sich für das Feedback bedankt und anschließend reflektiert, welche Maßnahmen für das nächste Meeting abgeleitet werden sollen.

Tipp: Wenn ein Meeting über zwei bis drei Abfragen einen ROTI-Score in den oberen beiden Skalenwerten erzielt hat, kann der Meetingmoderator die Abfragefrequenz senken, sodass beispielsweise nur bei jedem vierten Meeting eine ROTI-Abfrage stattfindet.

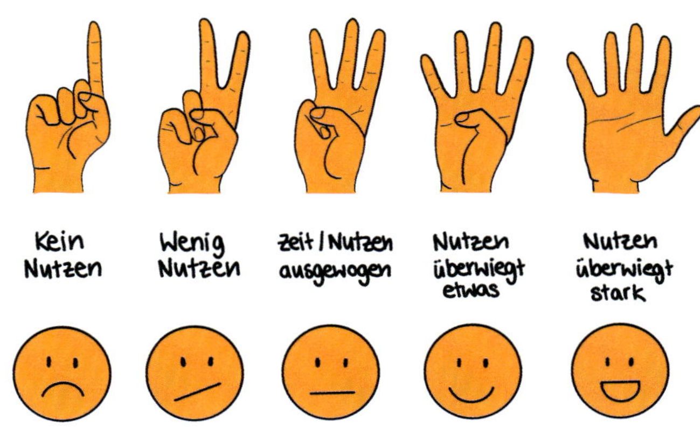

Grafik: Sabina Lammert

Praxisschlaglicht

In einem OKR-Zyklus setzte sich der Geschäftsbereich eines Laborgeräteherstellers das Objective, die vielen Projekt- und Teammeetings effizienter zu gestalten. Eines der dafür definierten Key Results war, dass sie in allen Projekt- und Teammeetings den ROTI-Score über mehrere Wochen abfragen und in einer Excel-Tabelle nachverfolgen.

Im ersten Schritt stellte ein Mitglied des OKR-Teams allen Mitarbeitern in einer 15-minütigen Online-Schulung vor, was der ROTI-Score ist und weshalb dieser über die nächsten Wochen abgefragt wird. Vorab erstellte das OKR-Teammitglied ein Google-Forms Dokument, eine Polly-Umfrage und ein Mentimeter, um die verschiedenen Tools in der Online-Schulung vorzustellen und die Teilnehmer diese direkt praktisch anwenden zu lassen. Zum Abschluss zeigte sie den Datei-Pfad zur Excel-Tabelle in Microsoft Teams, in der die erhobenen ROTI-Score abgelegt werden sollten.

Das Experiment zeigte seine Wirkung. Wo zuvor keine Reflexion zu der Effizienz der Meetings stattfand, haben zunehmend mehr Mitarbeiter den ROTI-Score als festen Bestandteil ihrer Meetings eingebaut, wodurch sie einen wichtigen Beitrag zur kontinuierlichen Verbesserung der Meetingqualität in ihrer Organisation leisten.

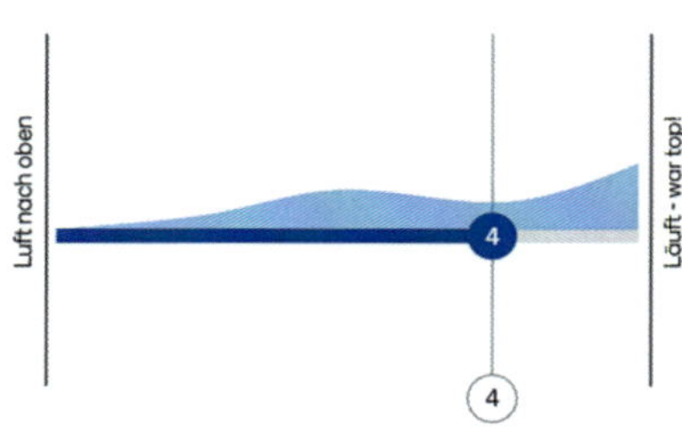

Sabina Lammert (ROTI mit Mentimeter)

Transformationswirksamkeit

- Wirksam für alle Transformationen

Transformationsfähigkeit

- Zahlt auf eine bessere Wahrnehmung ein

Einsatzcharakteristik

- Austauschfokus: vornehmlich mit internen und externen Personen
- Durchführungszeit: eher gering (< 1 Stunde)
- Einsatzfrequenz: sinnvoll im dauerhaften Einsatz
- Einsatzradius: vornehmlich im Teameinsatz
- Einsatzradius: vornehmlich im projektweiten Einsatz
- Komplexität für den Moderator: eher gering
- Komplexität für die Teilnehmer: eher gering
- Teamgröße: Großgruppen möglich (>50 Teilnehmer)
- Teamgröße: Kleingruppe möglich (3 bis 5 Teilnehmer)
- Teamgröße: Maxigruppen möglich (20 bis 40 Teilnehmer)
- Teamgröße: Mittelgroße Teams möglich (5 bis 20 Teilnehmer)
- Vorbereitungszeit: eher gering (<1 Stunde)

Nötiger Input, um mit der Methode arbeiten zu können

- Verschiedene Botschaften, Meinungen, Statements
- Verschiedene Meinungen und Blickwinkel

Erzeugter Output der Methode

- Bessere Projekteffizienz, bessere Teamperformance

Hinderniseffekte, auf die die Methode positiv wirkt

- 11 – Schärft eine fehlende gemeinsame Ausrichtung
- 38 – Verkürzt zu lange Meetingzeiten
- 42 – Überzeugt strukturliebende Teammitglieder

Mögliche Extravorteile

- für Teams mit einer schwacher Teamleitung
- für Teams mit schwachem Auftragsmandat
- für unerfahrene Trainer und Agile Coaches

Quellen

Web–https://www.stickyminds.com/article/roti-method-gauging-meeting-effectiveness, 18.04.2021
Web – https://stevenmsmith.com/measure-roti/, 18.04.2021
Person – Esther Derby, https://www.estherderby.com/
Person – Steven M. Smith, https://stevenmsmith.com/

Scaled Agile Framework SAFe (5.0)

EinSatzBeschreibung

Framework für den agilen Betrieb von Unternehmen und größeren Strukturen.

Transformation-Index

P1 Leading	P2 Organizing	P3 Connecting	P4 Growing	P5 Talking	P6 Scanning	P7 Exploiting	P8 Exploring	P9 Earning	P10 Scaling
x	x		x						

Beschreibung

Das SAFe versteht sich als übergeordnetes Betriebssystem eines Unternehmens und besteht aus sieben verschiedenen Kernkompetenzen mit darin enthaltenen Prinzipien und Abläufen, um agile Praktiken im gesamten Unternehmen umzusetzen.

In seinem Framework bietet SAFe unterschiedliche Ausbau- und Nutzerstufen an, die aufeinander aufbauend auch für große bzw. wachsende Strukturen geeignet sind: Essential, Large Solution, Portfolio oder Full-SAFe.

Grundlage für alle Ausbaustufen sind die sieben, um den Kundenbedarf herum orientierten Werte.

- Lean Agile Leadership: Die Mitarbeiter, v.a. Führungskräfte und Manager unterstützen die agile Veränderung und leben diese auch durch Denken und Handeln vor.
- Team- und technische Agilität: Die crossfunktionalen Teams werden so zusammengestellt, dass sie über die erforderlichen technischen Fähigkeiten und Werkzeuge verfügen, um qualitativ hochwertige Lösungen zu liefern.
- Agile Produktentwicklung: Die kundenzentrierte Strategie erzeugt eine kontinuierliche Lieferpipeline mit kleinen, schnellen Releasezyklen.
- Bereitstellung von Unternehmenslösungen: Lean-Prinzipien werden auch unternehmensweit angewendet, um große Systeme aufzubauen und bestehende Livesysteme entlang der gesamten Wertschöpfungskette kontinuierlich weiterzuentwickeln.
- Lean-Portfolio Management: Im Portfoliomanagement werden Strategie, Finanzierung und Ausführung übergreifend aufeinander abgestimmt, um mit wenig Aufwand dezentrale Entscheidungen treffen zu können.
- Organisatorische Agilität: Das Unternehmen soll lean-agile aufgestellt werden, um die täglichen Geschäfte effizient abzuarbeiten und schnell auf Herausforderungen und Bedrohungen reagieren zu können.
- Kontinuierliche Lernkultur: Jeder im Unternehmen lernt und wächst gemeinsam. Fortwährendes Lernen und verbessern von Prozessen, Services und Lösungen ist die Aufgabe jeden Mitarbeiters.

Auf dieser Basis werden verschiedene Strukturen- agile Teams, Programmstrukturen und Portfolios- aufgebaut und durch weitere agile Arbeitsweisen im täglichen Aufgabenmanagement unterstützt.

Die Rollen, die die Mitarbeiter einnehmen, sind klar definiert und in der ersten Ebene wie bei Scrum benannt. Mit jeder Ausbaustufe kommen zusätzliche Rollen hinzu, die abhängig von den eigenen Anforderungen auch zusammengefasst werden können.

Die Umsetzung der Aufgaben erfolgt klassisch mit Design Thinking, Scrum oder Kanban und organisatorisch durch mindestens zwei Team-Instanzen (Agile Team und Release Train Team).

Die Entwicklungsergebnisse werden dann in inkrementellen Integrationsschleifen dem „Agile Release Train" zugespielt und geprüft und erzeugen dadurch ein systembedingt qualitativ hochwertiges Produkt für den Kunden.

Vorteile

- Klare Struktur und Organisationseinheiten
- Einführung und Umsetzung nach klarem Stufenplan
- Auch für komplexe Unternehmen geeignet
- Einheitliches Vokabular und Produktsicht

Nachteile

- Höhere Einarbeitungs- und Umsetzungszeit
- Die Einstiegshürde ist recht hoch
- Einsatz erst in späterem Unternehmensstadium ab gewisser Größe sinnvoll
- Zusätzliche Hierarchien bei größeren Strukturen widersprechen agilem Prinzip

Durchführung

Für die Einführung von SAFe werden 12 Schritte zur Implementierung empfohlen:

- Den Wendepunkt erreichen (Startschuss für SAFe- Einsatz)
- Mitarbeiter schulen, die Veränderungen nach Lean-Agile-Prinzipien vorantreiben sollen
- Führungskräfte, Manager und Teamleiter schulen
- Ein Lean-Agile-Exzellenzzentrum einrichten
- Wertströme und ARTs (Agile Release Trains) ermitteln
- Den Implementierungsplan erstellen
- Die ART-Einführung vorbereiten
- Teams schulen und den ART einführen
- Coaching zur ART-Durchführung anbieten
- Weitere ARTs und Wertströme einführen
- Auf das Portfolio ausweiten
- Beschleunigen (früher: Pflegen und optimieren)

Transformationswirksamkeit

- Wirksam für alle Transformationen

170

Scaled Agile Framework SAFe (5.0)

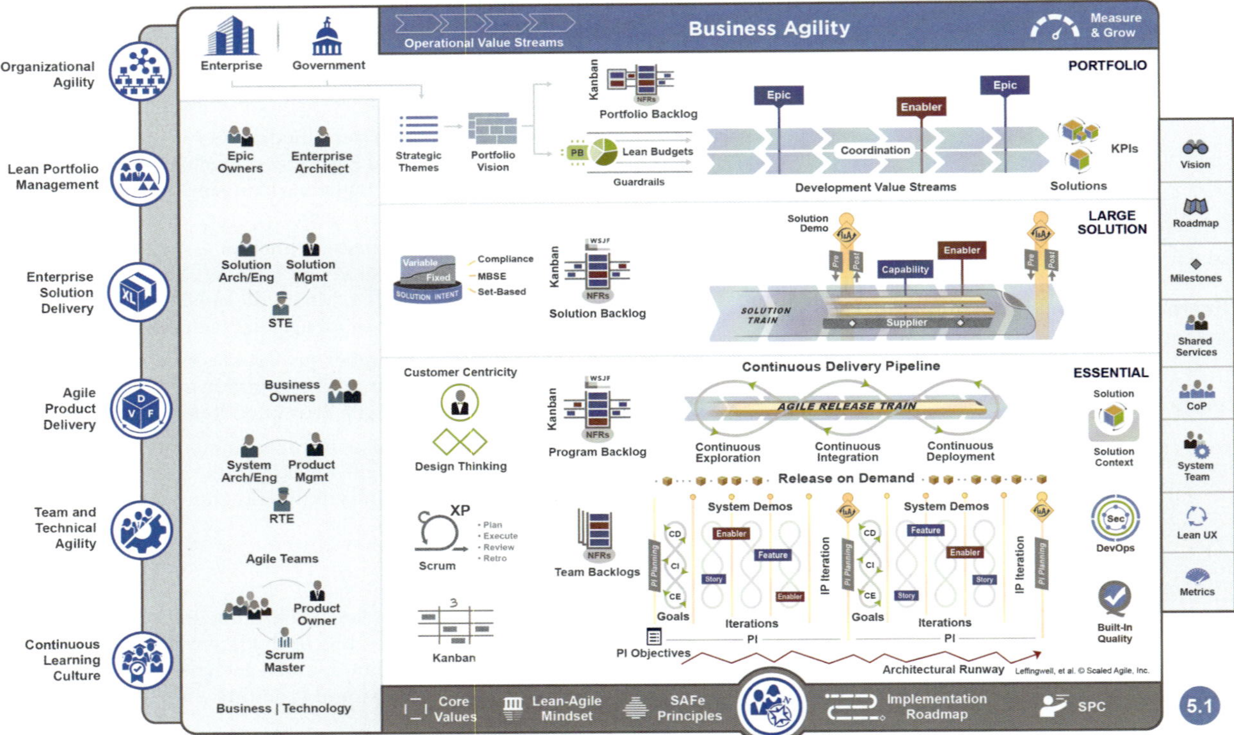

https://www.scaledagileframework.com/posters

Transformationsfähigkeit

- Fördert die allgemeine Transformationsfähigkeit des Teams

Einsatzcharakteristik

- Austauschfokus: vornehmlich mit internen Personen
- Durchführungszeit: eher hoch (> 1 Tag)
- Einsatzfrequenz: sinnvoll im dauerhaften Einsatz
- Einsatzradius: vornehmlich im unternehmensweiten Einsatz
- Komplexität für den Moderator: eher hoch
- Komplexität für die Teilnehmer: eher hoch
- Teamgröße: Großgruppen möglich (>50 Teilnehmer)
- Vorbereitungszeit: eher hoch (>1 Tag)

Nötiger Input, um mit der Methode arbeiten zu können

- Beteiligte Personen mit Tätigkeiten und Aufgaben

Erzeugter Output der Methode

- Bessere Projekteffizienz, bessere Teamperformance
- Erzeugt transformationsfähigere Organisationen

Hinderniseffekte, auf die die Methode positiv wirkt

- 04 – Beugt blinden Flecken/Betriebsblindheit vor
- 25 – Schwächt multidisziplinäre Reibungsverluste
- 32 – Verhindert unreflektiertes Agieren
- 41 – Verringert zu große Komplexitäten
- 42 – Überzeugt strukturliebende Teammitglieder
- 44 – Überzeugt einen Rationalisierer

Mögliche Extravorteile

- für Teams mit einer konservativen, tradierten Kultur

Quellen

Web – www.scaledagileframework.com , 20.05.2021
Web – https://www.actonic.de/be-safe-teil-1-kernprinzipen-und-vorteile-des-scaled-agile-framework/, 21.05.2021

SCAMPER

EinSatzBeschreibung

Kreativtechmik zur schnellen Variantengenerierung über sieben unterschiedliche Denkwege.

Transformation-Index

P1 Leading	P2 Organizing	P3 Connecting	P4 Growing	P5 Talking	P6 Scanning	P7 Exploiting	P8 Exploring	P9 Earning	P10 Scaling
						x	x		

Beschreibung

SCAMPER ist eine schöne, übersichtliche Checklistentechnik, die von Bob Eberle (1997) entwickelt wurde und einen festen Platz unter den Kreativtechniken hat. Im Fokus digitale Transformation erlangt SCAMPER eine besondere Bedeutung, da es besonders auch die Ideenfindung zu dreidimensionalen Dingen und Prozessen sehr gut unterstützt. Bei vielen Herausforderungen im Bereich digitale Transformation müssen gleichzeitig, virtuelle, digitale, prozessuale und haptische Komponenten neu gedacht werden.

Nachdem eine Herausforderung genau definiert und beschrieben wurde, hilft SCAMPER schnell, in verschiedene Richtungen weiter zu denken. SCAMPER ist so auch gut als Anfangspunkt für laterale Denkprozesse verwendbar. Eine Weiterentwicklung von SCAMPER selbst ist SCAMPERR. Die bekannte Osborn-Checkliste ist eine ebenfalls mit SCAMPER eng verwandte Technik. SCAMPER ist besonders geeignet bei der Weiterentwicklung neuer Produkte oder Prozesse, die sich aus bisherigen ableiten. Auch als Nachfolgemethode zu einem Brainstorming bietet sich SCAMPER gut an.

Durchführung

Schritt 1: Der Moderator stellt die Herausforderung vor und gibt an, wie die Checkliste bearbeitet werden soll und wie lange.

Schritt 2: Die Punkte/Denkperspektiven der Checkliste (siehe unten) werden nun nacheinander von den Teilnehmern durchgearbeitet. Der auffordernde Charakter der einzelnen Schritte dient dabei der Strukturierung der einzelnen Ideenfindungsrunden.

Schritt 3: Im Anschluss erarbeiten die Teilnehmer eine abschließende Analyse, wobei keine methodischen Vorgaben gemacht werden.

Die Ergebnisse sind nicht zwangsläufig alle praktikabel, sollen aber als Anfangspunkt für die weitere Ideenfindung dienen. In jedem Schritt kann auch problemlos eine zusätzliche Technik kombiniert werden, wie zum Beispiel Brainstorming oder Mindmapping. Es müssen auch nicht zu allen Punkten der Checkliste Ideen gefunden werden, die Methode liefert auch selektiv angewandt sehr gute Ergebnisse.

Schritt	Blickwinkel	Bedeutung
S	Substitute	Ersetze – Komponenten, Materialien und Personen
C	Combine	Kombiniere – Vermische mit anderen Zusatzfunktionen oder Aggregaten; überschneide mit Service, integriere Funktionalität.
A	Adapt	Ändere ab – Verändere Funktion, verwende ein Teil eines anderen Elements, einer Baugruppe, eines Aggregats
M	Modify	Steigere oder vermindere – Größe, Maßstab oder Maßstäblichkeit, verändere Gestalt, variiere Attribute (Farbe, Haptik, Akustik, …)
P	Put to another use	Finde weitere Verwendung(en) Finde anderen Zusammenhang zur Nutzung, formuliere den Anwendungsbereich um
E	Eliminate	Entferne Elemente, Komponenten, reduziere auf Kernfunktion, vereinfache
R	Reverse	Kehre um, stülpe das Innere nach außen – Stelle auf den Kopf, finde eine entgegengesetzte Nutzung

Transformationswirksamkeit

- Wirksam für Herausforderungen mit mittlerer Komplexität
- Wirksam für Herausforderungen mit niedriger Komplexität
- Wirksam für alle Transformationen

Transformationsfähigkeit

- Fördert grundlegend die Kreativität
- Sorgt für Inspiration oder bessere Inspirationsempfindlichkeit

Einsatzcharakteristik

- Austauschfokus: vornehmlich mit internen Personen
- Durchführungszeit: eher hoch (> 1 Tag)
- Durchführungszeit: eher mittel (>1 Stunde bis <1 Tag)
- Einsatzfrequenz: vornehmlich im einmaligen Einsatz
- Einsatzfrequenz: vornehmlich über im kompletten Projektzeitraum
- Einsatzradius: vornehmlich im Teameinsatz
- Komplexität für den Moderator: eher gering
- Komplexität für die Teilnehmer: eher gering
- Teamgröße: Einzelpersonennutzung möglich

- Teamgröße: Kleingruppe möglich (3 bis 5 Teilnehmer)
- Teamgröße: Mittelgroße Teams möglich (5 bis 20 Teilnehmer)
- Vorbereitungszeit: eher mittel (>1 Stunde bis <1 Tag)

Nötiger Input, um mit der Methode arbeiten zu können

- Aktuelle Herausforderung, Leitfrage, Problem

Erzeugter Output der Methode

- Erzeugt Ideen, Lösungsansätze, Vorideen, Möglichkeiten

Hinderniseffekte, auf die die Methode positiv wirkt

- 20 – Verhindert Ideenfindung mit zu schwacher Erkenntnisgrundlage
- 24 – Verkürzt und durchbricht vorhandene Kreativblockaden

Mögliche Extravorteile

- für Teams mit einer schwacher Teamleitung
- für innovativ ungeübte Teams
- für unerfahrene Trainer und Agile Coaches
- für die Arbeit mit digitalen Kollaborationsboards

Quellen

Buch – Das große Handbuch Innovation, B. van Aerssen, C. Buchholz (Vahlen 2018)
Buch – CREABILITY, M. J. Eppler, F. Hoffmann, R. A. Pfister (Schäffer Poeschel 2014)
Buch – The Innovator's Toolkit, D. Silverstein, P. Samuel, N. de Carlo (New Jersey 2009)
Buch – Das große Handbuch der Kreativitätsmethoden, M. Luther (managerSeminare Verlags GmbH 2013)
Buch – Das kleine Handbuch der Innovationsmethoden, F. Rustler, I. Plambeck (Creaffective 2014)
Web – http://www.ideenfindung.de/Übersicht-Liste-Kreativitaets techniken-Ideenfindung.html, April 2017
Buch – Revolutionäres Innovationsmanagement, B. van Aerssen (mi-Wirtschaftbuch 2009)
Buch – Thinkertoys, M. Michalko (Ten Speed Press)

Grafik: verrocchio Mindset-Card – Illustration: Jennifer Weiss

SCRUM

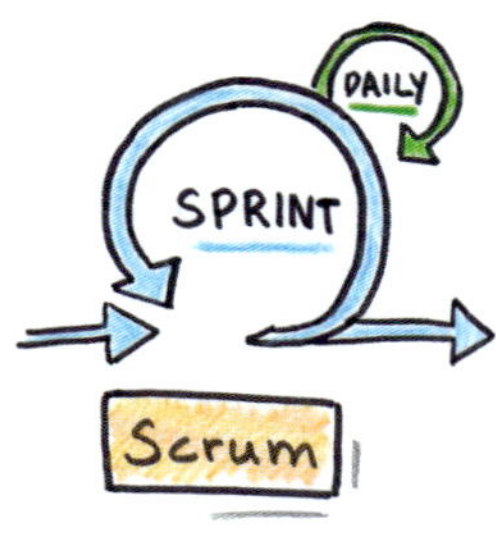

EinSatzBeschreibung

Scrum ist ein Vorgehensmodell des Projekt- und Produktmanagements, insbesondere zur agilen Softwareentwicklung.

Transformation-Index

P1 Leading	P2 Organizing	P3 Connecting	P4 Growing	P5 Talking	P6 Scanning	P7 Exploiting	P8 Exploring	P9 Earning	P10 Scaling
x	x	x	x	x	x	x	x	x	x

Beschreibung

Projekte im Zeitalter der Digitalen Transformation sind oftmals so komplex, dass sie mitunter nicht vollumfänglich in einem üblichen Projektplan erfasst werden können. An dieser Stelle kommen vermehrt agile Methoden zum Einsatz, die Ihren Ursprung zu großen Teilen in der „traditionellen" Softwareentwicklung haben; so auch die Methode Scrum.

Scrum ist dabei genau genommen gar keine echte Methode, sondern wird überwiegend als methodisches Rahmenwerk klassifiziert, das Projektbeteiligten dabei helfen soll, Ergebnisse über schlanke (iterative, inkrementelle und empirisch untermauerte) Entwicklungsschleifen im Rahmen eines zeitlich definierten Ablaufs kontinuierlich zu produzieren. Scrum wurde erstmals 1995 von Jeff Sutherland und Ken Schwaber auf einer Konferenz öffentlich vorgestellt und seither permanent weiterentwickelt. Insbesondere in den letzten Jahren hat das Rahmenwerk erheblich zum Verständnis moderner, agiler Arbeitsweisen beigetragen.

Anders als übliche Projektmanagement-Methoden versteht sich Scrum sozusagen als Antipode zum Wasserfall- sowie zur Lasten- und Pflichtheft-Logik. Auch die kulturelle Logik hinter dem Rahmenwerk entspricht weniger einer Befehl-Kontroll-Kette. Vielmehr sollen bei Scrum Beteiligte über Rollen dazu ermächtigt werden, im eigenen Freiraum kreativ, pragmatisch und lösungsorientiert zu arbeiten. Oftmals bestehen Scrum-Teams allein schon aus diesem Grund weniger aus homogenen Expertengruppen als vielmehr aus hochqualifizierten, interdisziplinär besetzten Entwicklungsteams.

Die erwähnte „kulturelle Logik" haben Jeff Sutherland und Ken Schwaber unter anderem in Ihrem Agilen Manifest aus dem Jahr 2001 festgehalten. Die vier darin verankerten Regeln, an denen sich jedes Scrum-Projekt orientieren sollte, lauten:

1. Individuen und Interaktionen sind wichtiger als Prozesse und Werkzeuge
2. Funktionierende Software ist wichtiger als umfassende Dokumentation
3. Zusammenarbeit mit dem Kunden ist wichtiger als Vertragsverhandlungen
4. Reagieren auf Veränderung ist wichtiger als das Befolgen eines Plans

Durchführung

Scrum besteht im Kern aus nur wenigen Regeln. Darunter vier Ereignisse, drei sogenannte Artefakte und drei Rollen, auf denen das Rahmenwerk fußt.

1. Schritt: Rollen besetzen. Im Scrum-Rahmenwerk existieren insgesamt nur 3 verschiedene Rollen, die zusammen genommen das Scrum-Team ausmachen:

Der Product Owner (PO) ist eine Einzelperson und definiert zum Beispiel im Rahmen einer Produktumsetzung das sogenannte Product Backlog. Dieses Product Backlog umfasst alle Features und damit Qualitätsbestandteile der Entwicklung. Als eine Art Auftraggeber verantwortet der PO das „Was".

Der Scrum Master (SM) ist ebenfalls mit einer spezifischen Person besetzt. Sie verantwortet die Einhaltung der Scrum-Regeln und grundsätzlichen Vorgehensweise. Der SM sorgt für möglichst gute Arbeitsbedingungen und unterstützt das Development Team bei der Selbstorganisation.

Das Development Team (DT) entwickelt das Produkt in seinen Ausprägungen entlang vorgegebener Sprint Zyklen. Das Team ist für die Produktqualität und Lieferung verantwortlich und verantwortet damit sozusagen das „Wie".

2. Schritt: Rahmen/Events festlegen. Neben den Rollen werden in jedem Scrum zu Beginn die sogenannten Events festgelegt. 4 Events determinieren ein agiles Scrum-„Projekt":

Jeder sogenannte Sprint, also jeder einzelnen wiederkehrende Scrum-Entwicklungszyklus, basiert primär auf einem sogenannten Sprint Planning. In diesem Zusammenhang wird das übergeordnete Ziel eines spezifischen Sprints festgelegt bzw. die Frage beantwortet: was wollen wir am Ende des Sprints erreicht haben. Sprints sind dabei zeitlich fixierte Time Boxes von in der Regel 1-4 Wochen Länge. Ist der Zyklus anfänglich festgelegt passen sich die 4 Sub-Events in den Zyklus ein.

Ein Beispiel: Eine Organisation legt im Rahmen eines Projektes zum Neuaufbau einer Intranetstruktur fest mit Scrum zu arbeiten. Das Scrum-Team einigt sich darauf in 1wöchigen Zyklen zu arbeiten und so wiederkehrende 1-Wochen Sprints zu durchlaufen. Jeder einwöchige Sprint beginnt mit einem Sprint Planning und endet mit einem Sprint Review, in dem durch den PO überprüft wird, ob das gelieferte Ergebnis seinen Ansprüchen entspricht. Über die Woche arbeitet das Development Team mit dem Scrum Master in täglicher Struktur. Jeder Tag umfasst dabei ein in der Regel 15minütiges Daily Scrum, in dem das Tagesziel mit dem Team besprochen wird. Zum Abschluss der Woche kommt das Scrum-Team zusammen, um im sogenannten Retrospektive Gelerntes, offene Fragen, Risiken und sonstiges Projektbezogenes zu teilen.

3. Schritt: Artefakte definieren. Neben Rollen und Events basiert jeder Scrum auf sogenannten Artefakten. Neben dem Product Backlog (das durch den PO verantwortet wird), findet sich das Sprint Backlog (verantwortet vom SM) als sprintspezifische Teilmenge des Product Backlogs sowie das Inkrement als lieferfähiges Ergebnis aus einem Sprint.

4. Schritt: Durchführung des Scrum. Scrum orientiert sich an der immer gleichen Logik eines iterativen Prozesses und lässt sich optimal auch in remote geführten Teams praktizieren. Neben den genannten Kernelementen und Regeln gibt es einige weitere fachspezifische Begriffe. Im Kern reichen jedoch bereits die oben genannten Basiselemente, um ein Projekt erfolgreich nach Scrum zu meistern.

Transformationswirksamkeit

- Wirksam für Herausforderungen mit hoher Komplexität
- Wirksam für alle Transformationen

Transformationsfähigkeit

- Fördert die Agilität eines Teams
- Fördert die Teamkreativität
- Fördert die allgemeine Transformationsfähigkeit des Teams
- Fördert grundlegend die Kreativität
- Fördert offene Mindsets und innovative Denkhaltungen

Einsatzcharakteristik

- Austauschfokus: vornehmlich mit internen und externen Personen
- Durchführungszeit: eher hoch (> 1 Tag)
- EEinsatzfrequenz: vornehmlich über im kompletten Projektzeitraum
- Einsatzradius: vornehmlich im projektweiten Einsatz
- Komplexität für den Moderator: eher hoch
- Komplexität für die Teilnehmer: eher mittel
- Teamgröße: Großgruppen möglich (>50 Teilnehmer)
- Teamgröße: Maxigruppen möglich (20 bis 40 Teilnehmer)
- Teamgröße: Mittelgroße Teams möglich (5 bis 20 Teilnehmer)
- Vorbereitungszeit: eher mittel (>1 Stunde bis <1 Tag)

Nötiger Input, um mit der Methode arbeiten zu können

- Aktuelle Herausforderung, Leitfrage, Problem
- Ideen und Projekte die zur Umsetzung anstehen
- Durchführungszeit, Trainingszeit
- Produktmerkmale, Skizzen, Eigenschaften
- Ziele, Zielsystem, Kennzahlen

Erzeugter Output der Methode

- Bessere Projekteffizienz, bessere Teamperformance
- Erzeugt Ideen, Lösungsansätze, Vorideen, Möglichkeiten
- Erzeugt neues Wissen und neue Erfahrungen
- Erzeugt umgesetzte Ideen
- Erzeugt visualisierte Ideen, Begriffe, Themen
- Erzeugt frühe Prototypen
- nen
- Erzeugt mehr Agilität im Team
- Hilft bei Entscheidungen, Bewertungen und Feedback

Hinderniseffekte, auf die die Methode positiv wirkt

- 05 – Verhindert blinden Aktionismus
- 08 – Verhindert einseitige Bewertungen und Entscheidungen
- 27 – Schwächt das „Not invented here"-Syndrom
- 35 – Dynamisiert und aktiviert wenig dynamische Teams
- 39 – Fördert die Agilität der Teilnehmer

Mögliche Extravorteile

- für Teams mit einem starkem Auftragsmandat
- für Teams mit einer schwacher Teamleitung
- für agile Teams
- für erfahrene Trainer und Agile Coaches
- für multidisziplinär erfahrene Teams

Quellen

BUCH – The SCRUM Guide. The definite guide to scrum: The rules of the game: Schwaber, K.; Sutherland, J.; (Creative commons 2020)

Web – https://www.projektmagazin.de/glossarterm/scrum, 25.05.2021

Web – https://www.scrum.org/resources/scaling-scrum, 25.05.2021

Shift and Share

EinSatzBeschreibung

Mit Minipräsentationen gemeinsame Innovationskraft und Vertrauen im Projekt-Team aufbauen.

Transformation-Index

P1 Leading	P2 Organizing	P3 Connecting	P4 Growing	P5 Talking	P6 Scanning	P7 Exploiting	P8 Exploring	P9 Earning	P10 Scaling
x	x	x	x	x	x	x	x	x	x

Beschreibung

Shift and Share ist eine Methode aus der Familie der Liberating Structures – Mikrostrukturen, die helfen, die Zusammenarbeit in Teams zu verbessern und gemeinsam unerwartete Kreativität freizusetzen. Mit Shift and Share lassen sich gute Ideen im Team verbreiten, indem Innovatoren ihre Ideen an Stationen für kleine Gruppen von Zuhörern kurz und prägnant vorstellen. Gleichzeitig werden dadurch Hemmungen untereinander abgebaut, sodass eine unbefangene Verbindung zwischen Ideengebern und dem ganzen Team entstehen kann. Das gesamte Team kann durch den Austausch untereinander Beziehungen zwischen den Ideen herstellen, und die Innovatoren selbst verbessern ihre Präsentations-Fähigkeiten.

In Projekten zur digitalen Transformation ist diese Methode deshalb sehr gewinnbringend. Denn oft kommen hier heterogene Teams zusammen, die vorher noch nie miteinander gearbeitet haben oder einander durch klassisch im Unternehmen gelebte Hierarchien bisher nie auf Augenhöhe begegnet sind. Mit Shift and Share kann man die gemeinsame Innovationskraft im Transformations-Team erhöhen und Vertrauen untereinander aufbauen. Es kann ein freundschaftlich-sportlicher Wettbewerb untereinander entstehen, der das Team zum Austausch von Ideen und zur Zusammenarbeit anregt. Durch die Methode werden außerdem lange Präsentationszeiten vermieden, da sie eine frontale Vortragssituation in kürzere kommunikative Formate aufbricht. Shift and Share bietet sich zum Beispiel auch an, um die Zwischenpräsentation einer oder mehrerer Projektgruppen innerhalb eines größeren Unternehmens umzusetzen, zum Beispiel als Tag der offenen Tür im Projektbüro.

Durchführung

Aufgabe bei Shift and Share ist, dass zuvor definierte Innovatoren an kleinen Stationen in jeweils 10 Minuten die Essenz ihrer Idee präsentieren. Der Rest des Teams kann die Stationen hintereinander besuchen und in direkten Kontakt zu den Innovatoren kommen. Dazu sollte man einen großen Raum vorsehen, in dem ca. 5 bis 8 Stationen untergebracht werden können. Es sollten genügend Platz und ggf. Sitzmöglichkeiten für die zuhörenden Personen vorhanden sein. Außerdem sollte man sicherstellen, dass die Präsentatoren einander nicht stören oder übertönen. Je nach Thema und Format der Innovationen werden zusätzlich noch Präsentationsmaterialien oder Aufbauten benötigt (z. B. Flipcharts, Poster, Monitore zur Darstellung digitaler Inhalte).

Im Vorfeld werden die Innovatoren benannt und bereiten ihre Präsentationen vor. Der Rest der Gruppe wird in genauso viele Kleingruppen unterteilt, wie Innovatoren mit Ideen präsent sind. Innerhalb dieser Gruppen gibt es keine Hierarchien; alle Beteiligten werden gleichermaßen ermutigt und aufgefordert, sich am Austausch mit den Innovatoren zu beteiligen. Damit alle Themen in der Gesamtgruppe präsentiert werden können, sollten die Kleingruppen in der ursprünglichen Konstellation zusammenbleiben, wenn sie sich durch den Präsentationsraum bewegen.

Für die Durchführung der Methode mit sechs Kleingruppen sollte man etwa 90 Minuten Zeit einplanen. Die Kleingruppen besuchen nacheinander die Stationen der Innovatoren. Nach der 10-minütigen Präsentation sollte man sich jeweils noch ca. 5 Minuten Zeit für eine Frage- und Feedback-Runde nehmen. Man kann mit einem Timer oder Wecker arbeiten, oder mit einem Signalton den Wechselzeitpunkt zwischen den Stationen einläuten. Die Kleingruppen wechseln so lange durch, bis sie alle Stationen besucht haben. Zum Abschluss kann man mit der ganzen Gruppe („Besucher" und Innovatoren) ein gemeinsames Resümee ziehen.

Die Methode kann je nach Bedarf abgewandelt oder mit weiteren Methoden kombiniert werden, z. B.: Open Space statt festgelegte Kleingruppen; kürzere Präsentationszeiten für die Innovatoren; Umsetzung als Abendveranstaltung mit Getränken und Snacks; Umsetzung in virtuellen Präsentationsräumen mit digitalen Tools für remote vernetzte Teams; Umsetzung in mehreren Runden mit offenen Plätzen für spontane Präsentationen.

Transformationswirksamkeit

- Wirksam für alle Transformationen

Transformationsfähigkeit

- Fördert die Teamkreativität
- Fördert die allgemeine Transformationsfähigkeit des Teams
- Fördert offene Mindsets und innovative Denkhaltungen
- Sorgt für Inspiration oder bessere Inspirationsempfindlichkeit

Einsatzcharakteristik

- Austauschfokus: vornehmlich mit internen und externen Personen
- Durchführungszeit: eher mittel (>1 Stunde bis <1 Tag)
- Einsatzfrequenz: vornehmlich im einmaligen Einsatz
- Einsatzradius: vornehmlich im projektweiten Einsatz
- Einsatzradius: vornehmlich im unternehmensweiten Einsatz

- Komplexität für den Moderator: eher mittel
- Komplexität für die Teilnehmer: eher hoch
- Teamgröße: Großgruppen möglich (>50 Teilnehmer)
- Teamgröße: Kleingruppe möglich (3 bis 5 Teilnehmer)
- Teamgröße: Maxigruppen möglich (20 bis 40 Teilnehmer)
- Teamgröße: Mittelgroße Teams möglich (5 bis 20 Teilnehmer)
- Vorbereitungszeit: eher mittel (>1 Stunde bis <1 Tag)

Nötiger Input, um mit der Methode arbeiten zu können

- Angereicherte Ideen, Ideencluster oder höher integrierte Lösungen
- Beteiligte Personen mit Tätigkeiten und Aufgaben
- Durchlaufenes Projekt oder Projektphasen
- Frühe erste Prototypen
- Ideen und Projekte die zur Umsetzung anstehen
- Durchführungszeit, Trainingszeit
- Ideen, Lösungsansätze, Vorideen, Varianten

Erzeugter Output der Methode

- Erzeugt Ideensuchfelder, unentdeckte Probleme, Inspiration
- Erzeugt Poster
- Erzeugt besseren Teamspirit, mehr Offenheit, Inspirationsempfindlichkeit
- Erzeugt kollaborative Lösungen und Ideen
- Erzeugt neues Wissen und neue Erfahrungen
- Erzeugt umgesetzte Ideen
- Erzeugt visualisierte Ideen, Begriffe, Themen
- Erzeugt größere Klarheit zu einem Thema
- Erzeugt transformationsfähigere Organisationen
- Erzeugt mehr Hintergrundinformationen
- Erzeugt motiviertere und transformationsfähigere Teilnehmer

Hinderniseffekte, auf die die Methode positiv wirkt

- 02 – Schwächt Angst vor Kritik und Zurückweisung
- 04 – Beugt blinden Flecken/Betriebsblindheit vor
- 07 – Integriert einen dysfunktionalen Schweiger
- 11 – Schärft eine fehlende gemeinsame Ausrichtung
- 14 – Fördert eventuell fehlende Wertschätzung
- 15 – Stärkt das Vertrauen im Team
- 17 – Fördert gehemmte Teammitglieder
- 19 – Verhindert Ideenbunkerei und Geheimniskrämerei
- 21 – Bindet eher introvertierte Teammitglieder mit ein
- 23 – Schwächt Konkurrenzdenken und Angst vor Machtverlust
- 24 – Verkürzt und durchbricht vorhandene Kreativblockaden
- 35 – Dynamisiert und aktiviert wenig dynamische Teams
- 38 – Verkürzt zu lange Meetingzeiten

Mögliche Extravorteile

- für Teams in einer Komfortsituation
- für Teams mit einem starkem Auftragsmandat
- für innovativ erfahrene Teams

Quellen

Buch – Liberating Structures, Daniel Steinhöfer (Vahlen 2021)
Web – https://liberatingstructures.de/liberating-structures-menue/shift-share/, 25.05.2021

Show Room

EinSatzBeschreibung

Digitalisierung wird durch eine Ausstellung greif- und erlebbar gemacht.

Transformation-Index

P1 Leading	P2 Organizing	P3 Connecting	P4 Growing	P5 Talking	P6 Scanning	P7 Exploiting	P8 Exploring	P9 Earning	P10 Scaling
				x			x		

Beschreibung

Der Showroom ist eine Ausstellungsfläche, auf der Dinge präsentiert werden. „Viele Unternehmen betreiben Showrooms als mediale Präsentationsfläche der firmenspezifischen Produkte und Leistungen. Je nach Zielgruppenzugehörigkeit präsentiert sich dem Besucher ein minutiös und multimedial inszeniertes Verkaufs- und Imageinstrument“[41]. Im Zuge der Digitalen Transformation lässt sich der Showroom auf zwei Arten nutzen:

1. In einem realen Ausstellungsraum, der physisch besucht werden kann, können die für die Mitarbeitenden neuen Tools, Software, Apps oder Geräte, die demnächst genutzt werden sollen, ausgestellt werden und die Digitalisierung damit greifbar und erlebbar gemacht werden. Hier geht es nicht mehr darum, firmeninterne Produkte für externe Kunden auszustellen, sondern darum, die internen Kunden, also die Mitarbeitenden, an die neue und digitale Welt heranzuführen. So werden Ängste und Skepsis gegenüber neuen Technologien abgebaut und bestenfalls sogar die Lust geweckt, schnellstmöglich mit der neuen Technologie zu arbeiten.
2. Die zweite Variante des Showrooms im Kontext der Digitalen Transformation ist ein virtueller Ausstellungsraum, den man per Login über den Computer oder eine Virtual Reality Brille besuchen kann. Der Inhalt der Ausstellung hat nicht zwingend etwas mit Digitalisierung zu tun, denn hier geht es mehr um das Erlebnis, das entsteht, wenn die reale Welt in die digitale Welt übersetzt wird und man als Besucher darin abtaucht. Der virtuelle Showroom kann entweder eins zu eins den analogen Showroom abbilden oder es wird eine ganze neue Ausstellungsfläche kreiert.

[41] Buch - Die Produktion zentraler öffentlicher Räume in der Aufmerksamkeitsökonomie.
Ästhetische, ökonomische und mediale Restrukturierungen durch gestaltwirksame Koalitionen in Berlin seit 1980, Sabine Knierbein (VS Verlag für Sozialwissenschaften 2010), S. 261

Durchführung

Analoger Showroom

Inhalt: Um Digitalisierung greif- und erlebbar zu machen, sollte der Showroom eine Geschichte erzählen, die auf jeden Besucher bzw. Mitarbeitenden zutrifft, einen „Aha-Effekt“ auslöst und Begehrlichkeiten weckt, um schnell mit den Ausstellungsstücken arbeiten zu wollen. Erklären Sie mit der Geschichte, welche alltäglichen Probleme des Mitarbeitenden durch die neuen Technologien gelöst werden statt den Besuchern tolle, zukunftsweisende Technologien vorzustellen, die schlimmstenfalls eher respekteinflößend sind. Nachdem der Rundgang durch den Showroom mit der Geschichte untermalt wurde, sollte der Showroom zum Ausprobieren und Mitmachen einladen! Denn ein realer Showroom punktet im Gegensatz zum virtuellen Showroom mit der Haptik!

Rahmenbedingungen: Ein analoger Showroom muss innerhalb der Arbeitszeit besichtigt werden können und sich schlank in den Arbeitsalltag einfügen – nah am Arbeitsplatz, für einen 5-minütigen Besuch genauso geeignet wie für einen 30-minütigen Aufenthalt und so ausgestattet, dass die digitalen Elemente tatsächlich in der nächsten Zeit zum Einsatz kommen könnten.

Virtueller Showroom

Inhalt: Da der virtuelle Showroom im wahrsten Sinne des Wortes nicht greifbar ist, sollten Alternativen gefunden werden, um das zu kompensieren. Gestalten Sie die virtuelle Ausstellung möglichst interaktiv und nutzen Sie die Vorteile der digitalen Welt, die eine analoge Ausstellung nicht bietet. Videos, Bilder und Grafiken können genauso eingesetzt werden wie klickbare Infopunkte, die Informationen in verschiedenen Sprachen bereithalten.

Rahmenbedingungen: Der virtuelle Showroom ist modern, innovativ und hat rund um die Uhr geöffnet! Die Besucher sind nicht länger an Öffnungszeiten oder Standorte gebunden und können den Showroom besuchen, wann und wo sie wollen. Dazu benötigt man nur ein Endgerät wie einen Laptop, ein Smartphone oder ein Tablet, um sich einzuloggen. Oder es ist eine kombinierte Lösung, indem in einem analogen Showroom eine Virtual Reality Brille parat steht und in den virtuellen Showroom überleitet – so wird eine Brücke geschlagen zwischen analog und virtuell.

Um einen virtuellen Showroom zu gestalten, ist eine technologische Lösung notwendig, die entweder den analogen Showroom in die digitale Welt überführt oder es wird ein komplett neu gestalteter Ausstellungsraum kreiert, den es so in der realen Welt nicht gibt. Darauf spezialisierte Firmen bauen beide Varianten mit Ihnen auf.

> Im virtuellen Showroom kann die Begrüßung der Besucher durch einen Avatar erfolgen – genau wie im analogen Showroom, der digital abgebildet wird –, es können aber auch Menschen gezeigt werden, die der Firma angehören. Wann wird man schon vom CEO persönlich in Empfang genommen und willkommen geheißen?

Transformationswirksamkeit

- Wirksam für Herausforderungen mit mittlerer Komplexität
- Wirksam für Herausforderungen mit niedriger Komplexität
- Wirksam für radikale Transformationen

Transformationsfähigkeit

- Fördert offene Mindsets und innovative Denkhaltungen
- Sorgt für Inspiration oder bessere Inspirationsempfindlichkeit
- Zahlt auf eine bessere Vorstellungskraft ein

Einsatzcharakteristik

- Austauschfokus: vornehmlich mit internen und externen Personen
- Durchführungszeit: eher hoch (> 1 Tag)
- Einsatzfrequenz: vornehmlich über im kompletten Projektzeitraum
- Einsatzradius: vornehmlich im unternehmensweiten Einsatz
- Komplexität für den Moderator: eher gering
- Komplexität für die Teilnehmer: eher mittel
- Teamgröße: Einzelpersonennutzung möglich
- Teamgröße: Großgruppen möglich (>50 Teilnehmer)
- Teamgröße: Kleingruppe möglich (3 bis 5 Teilnehmer)
- Teamgröße: Maxigruppen möglich (20 bis 40 Teilnehmer)
- Teamgröße: Mittelgroße Teams möglich (5 bis 20 Teilnehmer)
- Teamgröße: Speziell für Großgruppen geeignet (>50 Teilnehmer)
- Vorbereitungszeit: eher hoch (>1 Tag)

Nötiger Input, um mit der Methode arbeiten zu können

- Aktuell existierende Produkte und Services
- Aktuelle Herausforderung, Leitfrage, Problem
- Produktmerkmale, Skizzen, Eigenschaften
- Trends und Zukunftsentwicklungen

Erzeugter Output der Methode

- Erzeugt besseren Teamspirit, mehr Offenheit, Inspirationsempfindlichkeit
- Erzeugt kollaborative Lösungen und Ideen
- Erzeugt neues Wissen und neue Erfahrungen
- Erzeugt visualisierte Ideen, Begriffe, Themen
- Erzeugt größere Klarheit zu einem Thema
- Erzeugt transformationsfähigere Organisationen
- Erzeugt mehr Hintergrundinformationen
- Erzeugt mehr Know-how-Zuwachs
- Erzeugt motiviertere und transformationsfähigere Teilnehmer

Hinderniseffekte, auf die die Methode positiv wirkt

- 01 – Schwächt Angst vor Neuem (Cainophobie)
- 13 – Schafft für den Erfolg nötige Realitätsbezüge
- 16 – Beugt Misinterpretationen vor

Mögliche Extravorteile

- für Teams mit einem starkem Auftragsmandat
- für disruptiv erfahrene Teams
- für innovativ erfahrene Teams

Quellen

Buch – Die Produktion zentraler öffentlicher Räume in der Aufmerksamkeitsökonomie. Ästhetische, ökonomische und mediale Restrukturierungen durch gestaltwirksame Koalitionen in Berlin seit 1980, Sabine Knierbein (VS Verlag für Sozialwissenschaften 2010)

Simple Ethnography

EinSatzBeschreibung

Methode, um bestehende Situationen, Bedürfnisse oder Prozesse genau zu beobachten und mögliche Optimierungen abzuleiten.

Transformation-Index

P1 Leading	P2 Organizing	P3 Connecting	P4 Growing	P5 Talking	P6 Scanning	P7 Exploiting	P8 Exploring	P9 Earning	P10 Scaling
					x	x	x		

Beschreibung

An einer eigenen Idee oder einer etablierten Routine und Prozessablauf hält jeder gern fest und lässt dabei nicht selten die Möglichkeiten aus etwas anderes auszuprobieren, um zu schauen, ob es anders eventuell noch besser klappen würde. Die Methode Simple Ethnography aus der Sammlung der Liberating Structures, öffnet die zu neuen Innovationen und Änderungen in bestehenden Abläufen, indem die Teilnehmer genau erforschen, was genau getan wird und dabei grundlegende Bedürfnisse und neue Lösungen entdecken. Nicht ausgesprochenes, latentes Wissen und Bedürfnisse der analysierten Zielgruppe werden zugänglich. So können gemachte Beobachtungen zu kurzfristigen Performance-Optimierungen führen, wie z. B. bei Beobachtung von Vertriebsmitarbeitern. Im Produktentwicklungsprozess können genaue Einsichten vom Kunden aufgenommen werden. Die Methode kann in einer kleinen und großen Gruppe von Teilnehmenden angewendet werden.

Durchführung

Als Vorbereitung wird die Fragestellung festgelegt, welche im Rahmen der Methode genau bearbeitet werden soll. Dies kann im Rahmen der Optimierung von Verkaufsgesprächen, z. B. die Analyse von Verkaufsgesprächen sein. Die Aufnahme erfolgt an der jeweiligen Örtlichkeit, welche Einblicke in die genauen Details der Prozessausführung sowie dem Nutzererlebnis gibt. Im Beispiel der Vertriebsschulung kann dies z. B. in einem Kundencenter erfolgen. Der Ablauf der Übung folgt in folgenden Schritten:

Schritt 1: Die Teilnehmer werden angehalten den jeweiligen Ort der Analyse zu besuchen. Vor Ort beobachten und notieren Sie alle Details und Überlegungen, ohne miteinander oder den Beobachteten in Interaktion zu treten. Der Zeitbedarf richtet sich je nach Komplexität des beobachteten Prozesses.

Schritt 2: Nach der Aufnahme, gehen die Teilnehmer die notierten Ergebnisse durch und notieren konkrete Verhaltensweisen, welche in den Beobachtungen zu Teilen oder vollständig unerwartete und außergewöhnliche Art und Weise ausgeführt wurden. Auf Grund dieser Ergebnisse, gehen die Teilnehmer mit den beteiligten Personen in die Interaktion, um neben der Beobachtung von außen, auch von den Personen selbst zu erfahren, wie sie sich gefühlt oder wie sie gehandelt haben. Der Zeitbedarf richtet sich wieder nach der Komplexität der beobachteten Fragestellung und kann zwischen 20 min und 1,5 Std. liegen.

Schritt 3: Nach den Beobachtungen und durchgeführten Interviews werden die Notizen zusammengetragen und verglichen, um übergreifenden Themen und Muster zu identifizieren sowie Besonderheiten und außergewöhnliche Lösungen im Rahmen der betrachteten Problemstellung zu identifizieren (15 Min.).

Schritt 4: Auf Basis der erkannten Ergebnisse, werden die erkannten Anforderungen und Bedürfnisse (z. B. der Kunden im Kundencenter) sowie Möglichkeiten zur Optimierung der Situation gesammelt (10–20 Min).

Schritt 5: Die neuen Eindrücke werden verwendet zur Erstellung von neuen Prototypen oder Prozessabläufen als Alternative zur bestehenden Problemstellung (10 Min). Hierbei können kreative Geschichten und Beispiel Analogien verwendet werden, um neue Ideen und Ansätze zu testen und nicht in bestehende Muster zu verfallen. Diese Schritte werden wiederholt bis den Großteil der Teilnehmer der Meinung sind, dass eine neue vielversprechende Lösung z. B. zur Durchführung eines neuen Vertrieb Prozesses haben, um diese in Form eines Protypen-Tests auszuprobieren.

Die Methode „Simple Ethnography" hilft, bestehende Muster und eingefahrene Prozessabläufe sowie unsichtbare Bedarfe (z. B. von Kunden) sichtbar und greifbar zu machen. Dabei sollte vermieden werden, dass von den Beobachtungen zu schnell auf (naheliegende) Schlussfolgerungen zurückgegriffen wird, ohne dass eine vollständige Betrachtung der Ausganslage durchgerührt wurde. Hilfreiche und neue Einblicke kommen oft mit dem Erfragen eventuell unangenehmer und ungewöhnlichen Beobachtungen. Der Einsatz von Video und Bildmaterial bietet weitere Möglichkeiten, die Ist-Situation aufzunehmen.

Transformationswirksamkeit

- Wirksam für Produkttransformationen
- Wirksam für Prozesstransformationen
- Wirksam für Servicetransformationen

Transformationsfähigkeit

- Sorgt für Inspiration oder bessere Inspirationsempfindlichkeit
- Zahlt auf eine bessere Vorstellungskraft ein
- Zahlt auf eine bessere Wahrnehmung ein

Einsatzcharakteristik

- Austauschfokus: vornehmlich mit externen Personen
- Durchführungszeit: eher mittel (>1 Stunde bis <1 Tag)

175 Simple Ethnography

SIMPLE ETHNOGRAPHY Klärende Fragen

REIHENFOLGE Was zuerst? Was als nächstes?

GENAUIGKEIT Lass uns Gestern als Beispiel nehmen… Bitte starte am Anfang… Kommt Dir eine kritische Situation in Erinnerung?

AUFGABEN+STRUKTUR Kannst Du mir ein Diagramm Deiner täglichen Arbeit zeichnen?

VERGLEICH Würden andere genauso mit der Situation umgehen? Was würden Deine Kollegen denken?

BETEILIGUNG Zeig mir wie Du ____ tust und wo Du es tust… Gibt es andere Wege, dasselbe zu tun?

GESCHICHTE Welche Methoden hast Du bisher genutzt, um diese Herausforderung zu adressieren?

WICHTIGKEIT Ich sehe, dass Du stark reagierst, kannst Du mir sagen warum?

QUANTITÄT Wie viele Deiner Kollegen fallen in diese Kategorie?

VERÄNDERUNGEN Was hat sich im Vergleich zum letzten Jahr geändert?

NAIVER AUßENSTEHENDER Ich bin hier fremd, kannst Du mir etwas über die Kultur erzählen?

EINHEIMISCHER Was meinst Du damit, wenn Du sagst ____ und ____ (lachen, Augenrollen, Schulterzucken, Grimasse schneiden)?

POSITIVE ABWEICHUNG Kennst Du jemanden, der dabei helfen kann die Herausforderungen, die wir besprochen haben zu überstehen? Wie, wie, wie?

SPIEGELN Also, verstehe ich Dich richtig, dass ____? Ist das richtig?

Grafik: Anja Faber – Simple Ethnography

- Einsatzfrequenz: vornehmlich über im kompletten Projektzeitraum
- Einsatzradius: vornehmlich im projektweiten Einsatz
- Komplexität für den Moderator: eher mittel
- Komplexität für die Teilnehmer: eher mittel
- Teamgröße: Einzelpersonennutzung möglich
- Teamgröße: Kleingruppe möglich (3 bis 5 Teilnehmer)
- Teamgröße: Mittelgroße Teams möglich (5 bis 20 Teilnehmer)
- Vorbereitungszeit: eher mittel (>1 Stunde bis <1 Tag)

Nötiger Input, um mit der Methode arbeiten zu können

- Aktuelle Herausforderung, Leitfrage, Problem

Erzeugter Output der Methode

- Erzeugt Ideen, Lösungsansätze, Vorideen, Möglichkeiten
- Erzeugt Ideensuchfelder, unentdeckte Probleme, Inspiration
- Erzeugt Leitfragen für die Ideenfindung
- Erzeugt Nutzenfunktionen und Bedürfniskorridore

Hinderniseffekte, auf die die Methode positiv wirkt

- 04 – Beugt blinden Flecken/Betriebsblindheit vor
- 16 – Beugt Misinterpretationen vor
- 18 – Bewahrt vor zu generischen Ideen und Aussagen
- 24 – Verkürzt und durchbricht vorhandene Kreativblockaden

Mögliche Extravorteile

- für unerfahrene Trainer und Agile Coaches

Quellen

https://liberatingstructures.de/simple-ethnography/ 27.04.2021
Buch – Liberating Structures, Daniel Steinhöfer (Vahlen 2021)

SIPOC Map

EinSatzBeschreibung

IPOC ist eine effiziente Vorgehensweise zur lückenlosen Aufnahme und Analyse bestehender sowie zum Sketchen möglicher neuer Projekte.

Transformation-Index

P1 Leading	P2 Organizing	P3 Connecting	P4 Growing	P5 Talking	P6 Scanning	P7 Exploiting	P8 Exploring	P9 Earning	P10 Scaling
			x			x		x	

Beschreibung

Prozessualität und Standardisierung sind in Zeiten der Digitalisierung wohl noch ein wenig relevanter geworden, zumindest wenn es um den Faktor Effizienz geht. Erst wenn gute analoge Prozesse als Grundlage vorliegen, lohnt sich eine Skalierung wirklich. Denn nur dann sind Sie für größere Umfänge belastbar. Bekannt ist dies spätestens nach dem Zitat von Thorsten Dirks, CEO von Telefonica Deutschland, im Jahr 2015 auf dem Wirtschaftsgipfel der Süddeutschen Zeitung: „Wenn Sie einen Scheißprozess digitalisieren, dann haben Sie einen scheiß digitalen Prozess."

SIPOC ist eine Methode aus dem Six Sigma Universum, die im Vorfeld von Digitalisierungen dabei hilft qualitativ gute Grundlagen zu schaffen. Wie alle Six Sigma Submethoden, werden durch ihre Anwendung Prozessverbesserungen sowie statistische Qualitätsziele angestrebt. Six Sigma ist ein klassisches Managementsystem zur Beschreibung, Analyse, Messung, Verbesserung und Überwachung von Geschäftsvorgängen. SIPOC ist dabei ein Akronym und steht im Einzelnen für:

S wie Supplier

I wie Input

P wie Process

O wie Output

C wie Customer.

Die Methode an sich ist ganz besonders zielführend, wenn es darum geht, bereits entwickelten neuen Produktlösungen den Weg in die Produktion und Lieferung zu ebnen.

Oft scheitert (Digitale Transformation oder) Skalierung genau an dieser Umsetzung und daher dient die Methode sozusagen als Trittbrett, indem sie die einzelnen Prozessschritte in ihre Einzelteile zerlegt und damit für Transparenz und Ablaufverständnis sorgt.

Mit SIPOC wird die Basis dafür gelegt, ein grobes Verständnis für einen Prozess zu erhalten und dafür, wie z. B. eine Produktlösung letztlich produziert oder geliefert werden kann.

Durchführung

Um die SIPOC Map bestmöglich anzuwenden, sollten folgende Schritte beachtet werden:

Schritt 1: Prozesslandschaft auf hohem Niveau einrichten

Zunächst wird der Prozess (P) auf höchster Flugebene beschrieben in Bezug auf jeden einzelnen Schritt. Dafür eignet es sich, im Rahmen einer Tabelle zunächst das mittlere Feld Process zu befüllen.

Supplier (Lieferant)	Input (Einsatzfaktoren)	Process (Prozess)	Output (Ergebnisse)	Customer (Kunde)
Zuliefe-rer 1 Zuliefe-rer 2 Zuliefe-rer 3 …	Eingangs-faktor 1 Eingangs-faktor 2 Eingangs-faktor 3 …	Schritt 1 Schritt 2 Schritt 3 …	Ergebnis 1 Ergebnis 2 Ergebnis 3 …	Kunde 1 Kunde 2 Kunde 3 …

Schritt 2: Identifikation des Outputs der Prozesse

Prozessschritte generieren Output. Auch selbiger werden auf einer hohen Flugebene im entsprechenden Feld festgehalten.

Schritt 3: Identifikation der Kunden für Output der Prozesse

Output kann sich in der Regel an einen Kunden (Adressaten oder den nächsten Empfänger) richten. Auch diese werden in der entsprechenden Tabellenspalte festgehalten.

Schritt 4: Identifikation der Inputs, die der Prozess benötigt

Anschließend werden alle Eingangsfaktoren wie z. B. Materialien, Vorprodukte oder Informationen festgehalten, die erforderlich sind, um die einzelnen Prozessschritte zu ermöglichen. Dabei können Inputs bei Bedarf bereits als Haupt- oder Nebenbestandteile klassifiziert werden.

Schritt 5: Identifikation der jeweiligen Lieferanten für den Prozess

Zuletzt werden in der ersten Spalte der Tabelle die jeweiligen Lieferanten zu den einzelnen, aufgeführten Inputs festgehalten.

Über die Methode wird schnell ein hohes Maß an Transparenz im Kontext einer Prozesslandschaft hergestellt. Gerade im Rahmen von Analysephasen zur betrieblichen Ablaufverbesserung sowie zur Identifikation von Effizienzmaßnahmen findet der Ansatz regelmäßig Anwendung. Um den Fokus auf den Kunden (Abnehmer einer Leistung) zu erhöhen, setzen einige erfahrene Prozessmanager auf eine Tabellenbefüllung entgegen der Leserichtung, also von rechts nach links.

176

SIPOC Map

Transformationswirksamkeit

- Wirksam für Herausforderungen mit mittlerer Komplexität
- Wirksam für Prozesstransformationen

Transformationsfähigkeit

- Zahlt auf eine bessere Wahrnehmung ein

Einsatzcharakteristik

- Austauschfokus: vornehmlich mit internen Personen
- Durchführungszeit: eher hoch (> 1 Tag)
- Einsatzfrequenz: vornehmlich über im kompletten Projektzeitraum
- Einsatzradius: vornehmlich im unternehmensweiten Einsatz
- Komplexität für den Moderator: eher hoch
- Komplexität für die Teilnehmer: eher mittel
- Teamgröße: Einzelpersonennutzung möglich
- Teamgröße: Kleingruppe möglich (3 bis 5 Teilnehmer)
- Vorbereitungszeit: eher hoch (>1 Tag)

Nötiger Input, um mit der Methode arbeiten zu können

- Aktuell existierende Geschäftsmodelle
- Aktuell existierende Produkte und Services
- Beteiligte Personen mit Tätigkeiten und Aufgaben
- Existierende Prozesse und Verfahren
- Ziele, Zielsystem, Kennzahlen

Erzeugter Output der Methode

- Bessere Projekteffizienz, bessere Teamperformance
- Erzeugt Ideensuchfelder, unentdeckte Probleme, Inspiration
- Erzeugt eine Vision oder Zukunftsbild
- Erzeugt transformationsfähigere Organisationen
- Erzeugt mehr Hintergrundinformationen

Hinderniseffekte, auf die die Methode positiv wirkt

- 13 – Schafft für den Erfolg nötige Realitätsbezüge
- 36 – Schafft schnell Klarheit und beschleunigt Erkenntnisgewinn
- 40 – Verhindert Finanz- und Ressourcenfallen
- 41 – Verringert zu große Komplexitäten

Mögliche Extravorteile

- für Teams mit einem starkem Auftragsmandat
- für die Arbeit mit digitalen Kollaborationsboards

Quellen

Buch – Six Sigma: Methoden und Statistik für die Praxis: Toutenburg, H.; Knöfel, P. (Springer-Verlag 2008, S. 67)

SMART

EinSatzBeschreibung

Formulierungstechnik, um Ziele effizient, klar und wirkungsvoll zu beschreiben.

Transformation-Index

P1 Leading	P2 Organizing	P3 Connecting	P4 Growing	P5 Talking	P6 Scanning	P7 Exploiting	P8 Exploring	P9 Earning	P10 Scaling
x									

Beschreibung

SMART ist eine Projektmanagementtechnik, die auf George Doran zurückgeht. Sie dient zur Formulierung von Zielaussagen unter Benutzung bestimmter Mindestkriterien.

Die Buchstaben des Akronyms SMART stehen für

S = spezifisch,
M = messbar,
A = akzeptiert/ anspruchsvoll,
R = realistisch,
T = terminiert.

Im Kontext eines Projekts hilft SMART, die Richtung eines Problemlösungsprozesses festzulegen und den Prozess gut und effizient zu fokussieren. SMART gibt dem nachfolgenden Prozess eine Richtung und der Ideenfindung eine Grundlage, wonach gesucht wird (und nicht, was vermieden werden soll).

Im digitalen Wandel können die einzelnen Aufgaben im Prozess klar benannt und abgegrenzt werden, sodass bei verteilten Teams mit weniger Abstimmungsmöglichkeiten gute Ergebnisse erzielt werden.

Gerade im digitalen Wandel ist die Benennung von klaren Zielen wichtig und notwendig, um Doppelungen aufzuzeigen oder nicht bearbeitete Themenfelder zu benennen.

Vorteile

- klare Struktur und „Excel freundlich“ abzubilden
- bei wechselnden Teams gute Übergabe und Dokumentation möglich
- einfach zu erlernen und anzuwenden

Nachteile

- Häufig tun sich rein intuitiv arbeitende Ideenfinder und Design Thinker mit einer Zielformulierung und der Festlegung auf einen definierten Endzustand vor der Ideensammlung schwer.
- Der Umfang der einzelnen Ziele kann, abhängig von der Detaillierung, deutlich voneinander abweichen und für ungeübte Teilnehmer zu einer Verzerrung des Arbeitsumfangs führen.

Durchführung

Die aktuelle Herausforderung oder das gegebene Problem wird in ein klar definiertes, mess- und überprüfbares Ziel umformuliert, um der nachfolgenden Ideenfindungsphase und damit dem weiteren Prozess eine konstruktive, lösungsorientierte Richtung zu geben. Dazu wird das formulierte Problem in einen vollständigen Zielsatz umformuliert, der folgenden fünf Kriterien genügen muss:

S = spezifisch: Ziele müssen eindeutig definiert sein (nicht vage oder generisch, sondern so präzise wie möglich)
M = messbar: Ziele müssen messbar sein zum Beispiel in Zeit, Menge, Ablauf oder ähnlichem
A = anspruchsvoll und attraktiv: Ziele müssen für die Empfänger angemessen, attraktiv und erstrebenswert sein
R = realistisch: Ziele dürfen hochgesteckt, müssen aber erreichbar sein
T = terminiert: zu jedem Ziel gehört eine klare Terminvorgabe, bis wann das Ziel erreicht sein muss

Die SMART-formulierten Ziele lassen sich ebenfalls unterteilen in die Kategorien:

- langfristige Ziele: Wegweiser
- kurz- und mitttelfristige Ziele: Aktionsmeilensteine

Die jeweiligen Ziele werden digital entweder als Aufgaben oder Termine gespeichert und können abhängig von den eingesetzten Softwaretools auch für eine stetige Messung der Fortschritte hinzugezogen werden.

Eine Überprüfung der Ziele und ob diese gegebenenfalls angepasst werden müssen, empfiehlt sich jeweils nach ¼ der geplanten Zeitspanne. Hier können zur Not noch Anpassungen vorgenommen werden, ohne dass in der Gesamtheit größere Probleme zu erwarten sind.

Die vermeintliche Transparenz, die mit SMART definierten Zielen erzielt wird, stellt nicht immer den tatsächlichen Arbeitsaufwand dar. Abhängig von dem zu erwartenden Aufwand einzelner Aufgaben können die Umfänge nicht klar sichtbar gemacht werden.

Transformationswirksamkeit

- Wirksam für alle Transformationen

Transformationsfähigkeit

- Fördert die allgemeine Transformationsfähigkeit des Teams

Einsatzcharakteristik

- Austauschfokus: vornehmlich mit internen Personen
- Durchführungszeit: eher mittel (>1 Stunde bis <1 Tag)
- Einsatzfrequenz: sinnvoll im dauerhaften Einsatz

- Einsatzfrequenz: vornehmlich über im kompletten Projektzeitraum
- Einsatzradius: vornehmlich im projektweiten Einsatz
- Einsatzradius: vornehmlich im unternehmensweiten Einsatz
- Komplexität für den Moderator: eher mittel
- Komplexität für die Teilnehmer: eher mittel
- Teamgröße: Einzelpersonennutzung möglich
- Teamgröße: Großgruppen möglich (>50 Teilnehmer)
- Teamgröße: Kleingruppe möglich (3 bis 5 Teilnehmer)
- Teamgröße: Maxigruppen möglich (20 bis 40 Teilnehmer)
- Teamgröße: Mittelgroße Teams möglich (5 bis 20 Teilnehmer)
- Vorbereitungszeit: eher mittel (>1 Stunde bis <1 Tag)

Nötiger Input, um mit der Methode arbeiten zu können

- Durchlaufenes Projekt oder Projektphasen
- Ziele, Zielsystem, Kennzahlen

Erzeugter Output der Methode

- Bessere Projekteffizienz, bessere Teamperformance
- Erzeugt definierte Zielkorridore
- Erzeugt eine Vision oder Zukunftsbild
- Erzeugt größere Klarheit zu einem Thema
- Erzeugt transformationsfähigere Organisationen

Hinderniseffekte, auf die die Methode positiv wirkt

- 10 – Verhindert falsche Flughöhen
- 11 – Schärft eine fehlende gemeinsame Ausrichtung
- 15 – Stärkt das Vertrauen im Team
- 16 – Beugt Misinterpretationen vor

Mögliche Extravorteile

- für Teams in einer Krisensituation
- für Teams mit einer konservativen, tradierten Kultur
- für Teams mit schwachem Auftragsmandat
- für unerfahrene Trainer und Agile Coaches

Quelle

Buch – Das große Handbuch Innovation, B. van Aerssen, C. Buchholz (Vahlen 2018)

Grafik: verrocchio Mindset-Card – Illustration: Jennifer Weiss

Software-as-a-Service

EinSatzBeschreibung

Ziele, Nutzen, Einsatzgebiete und Implementierung von Software-as-a-Service.

Transformation-Index

P1 Leading	P2 Organizing	P3 Connecting	P4 Growing	P5 Talking	P6 Scanning	P7 Exploiting	P8 Exploring	P9 Earning	P10 Scaling
x	x	x	x	x				x	x

Beschreibung

Software-as-a-Service, abgekürzt SaaS, sind Software-Anwendungen, die vom Unternehmen nicht mehr als Volllizenz gekauft werden müssen, sondern auf Abonnementbasis genutzt werden können. Die Software wird nicht lokal installiert. Der Nutzer verwendet eine bereitgestellte Software meist cloudbasiert via Internetverbindung. Somit werden Hard- und Software vom Anbieter als Dienstleistung angeboten.

SaaS Anbieter fordern keine Lizenzgebühren. Somit entfallen Anschaffungskosten oder es sind nur geringe einmalige Startkosten zu zahlen. Ansonsten wird die monatliche oder jährliche Nutzung je nach Umfang abgerechnet. Der Softwareanbieter liefert vielfach Fullservice inkl. technischer Weiterentwicklung, Wartung, Update-Aktualisierung und Hosting. Das ist eine enorme Kosteneinsparung in Projekten zur digitalen Transformationen, besonders auch für klein- und mittelständische Unternehmen.

Die Nutzung von SaaS ist stark gewachsen. Leistungsstarke Unternehmenssoftware muss somit nicht mehr inhouse vom Unternehmen selbst betrieben werden, das verschafft Geschwindigkeit. In sehr vielen Nischen der Digitalisierung sind spezielle SaaS Anbieter preiswerter und fokussierter Lösungsanbieter. Große Softwarearchitekturen können abgelöst werden. Durch SaaS können auch kleinste Bereiche digitalisiert werden. Meistens erfolgt die Vernetzung der einzelnen SaaS-Anwendungen durch entsprechende offene Programmierschnittstellen, sogenannte API's, sodass einmal erfasste Daten redundant nutzbar gemacht werden können.

SaaS Tools sind ein wesentlicher Treiber des digitalen Wandels in Unternehmen geworden.

Durchführung

Start einer jeden Software-Entscheidung ist eine Problemstellung, welcher durch schnelle Digitalisierung gelöst werden kann. Typische Themen hierfür sind die Effizienzsteigerung eines Prozesses, das optimierte Management von Daten und Zahlen oder die Dezentralisierung der Datenerfassung z. B. auch via Mobilgeräte. Gerade auch die variable Nutzung u. a. über mobile Endgeräte ist ein wesentlicher Vorteil der meisten SaaS-Anwendungen.

Typische SaaS-Einsatzgebiete sind:

- Finanzmanagement, von der Buchführung über Liquiditätsforecasts bis hin zu monatlichen GuV-Auswertungen
- Zahlungsmanagement für alle möglichen Arten von Online-Geschäften
- Personalmanagement von Personalverwaltung über Recruiting bis hin zur Gehaltsabrechnung
- Projektmanagement und Projektorganisation
- Kreations- und Ideenfindung in Meetings
- Kommunikationsmanagement für interne und externe kollaborative Zusammenarbeit

Die Anwendungs- und Einsatzgebiete nehmen in hoher Geschwindigkeit rasant zu.

Ist die Definition der Problemstellung erfolgt, startet der Research von Anbietern. Neben der Desktoprecherche im Internet hilft es sehr, sich bei anderen Unternehmen zu erkundigen, wie sie das Thema gelöst haben und was sie empfehlen können. Zusätzlich gibt es Plattformen, die SaaS Software vergleichen. Empfehlenswert ist eine Shortlist von drei bis vier SaaS-Anbietern. Vielfach kann man sich direkt auf der Website des Anbieters für einen Demo-Termin eintragen. Diese Demo dauert etwa 30 bis 45 Minuten und liefert einen ersten guten Überblick zum Umfang der SaaS. Anschließend kann man dann mit ein bis zwei Anbietern in den tiefere Einkaufsprozess einsteigen.

Wichtige Entscheidungen beim Einsatz von Saas sind:

1. Löst die SaaS das Problem?
2. Sind offene Programmierschnittstellen (API) vorhanden?
3. Wie können einmal erfasste Daten für die SaaS integriert werden (Vermeidung Redundanz)?
4. Ist die Software in der Standardisierung einsetzbar? Gibt es zusätzlichen individuellen Programmieraufwand?
5. Wie sieht das Vertragspaket aus (monatliche bzw. jährliche Kosten, Laufzeitbindung, Einmalkosten zum Start etc.)?

Die Abrechnung von SaaS erfolgt über unterschiedliche Wege. Meist gibt es bereits transparente Preismodelle auf der Website des Anbieters. Diese Preispakete reichen von Pay per use, Subscription über eine Laufzeit, Anzahl der Nutzer, Nutzungstiefe, Zu- und Rückbuchungsoptionen von Nutzern bis hin zu festen Laufzeiten ohne Modifizierungsmöglichkeiten. Trotz der Vielfalt entsteht eine hohe Transparenz der Gesamtbetriebskosten.

Zusammengefasst liefern SaaS Anwendungen eine schnelle, effiziente und zielgerichtete Möglichkeit, den digitalen Wandel in Unternehmen zu gestalten.

Praxisschlaglicht

Durch die Corona Krise erlitten viele Unternehmen einen plötzlichen Absatzeinbruch. Dieser wirkt sich sehr schnell auf die zukünftige Liquidität aus. Eine Kommunikationsagentur reagierte schnell und implementierte eine SaaS-Anwendung für Liquidi-

Grafik: Anja Faber

tätsforecast. Die Einbindung von Konten, der Prozess Ausgangsrechnungen zu integrieren sowie Ausgabenpositionen für Fix- und variable Kosten zu subsummieren, war schnell erstellt und installiert. Der On-time Forecast der nächsten Monate durch die SaaS-Anwendung, wie lange die Liquidität ausreicht und wo wann gegengesteuert werden muss, liefert Sicherheit und Grundlage für Investitionen.

Transformationswirksamkeit

- Wirksam für Herausforderungen mit hoher Komplexität
- Wirksam für Herausforderungen mit mittlerer Komplexität
- Wirksam für radikale Transformationen

Transformationsfähigkeit

- Fördert die allgemeine Transformationsfähigkeit des Teams

Einsatzcharakteristik

- Einsatzfrequenz: sinnvoll im dauerhaften Einsatz
- Vorbereitungszeit: eher hoch (>1 Tag)

Nötiger Input, um mit der Methode arbeiten zu können

- Aktuell existierende Geschäftsmodelle
- Aktuelle Herausforderung, Leitfrage, Problem
- Beteiligte Personen mit Tätigkeiten und Aufgaben

Erzeugter Output der Methode

- Bessere Projekteffizienz, bessere Teamperformance
- Erzeugt neues Wissen und neue Erfahrungen
- Erzeugt transformationsfähigere Organisationen
- Erzeugt mehr Agilität im Team
- Erzeugt motiviertere und transformationsfähigere Teilnehmer

Hinderniseffekte, auf die die Methode positiv wirkt

- 01 – Schwächt Angst vor Neuem (Cainophobie)
- 36 – Schafft schnell Klarheit und beschleunigt Erkenntnisgewinn
- 40 – Verhindert Finanz- und Ressourcenfallen
- 41 – Verringert zu große Komplexitäten

Mögliche Extravorteile

- für Teams in einer Krisensituation
- für Teams mit schwachem Auftragsmandat
- für innovativ ungeübte Teams

Quellen

Buch – The Software As A Service Business Model: The Ultimate Guide To Starting Your SAAS Business With All The Techniques, Dawson Barnes (2021)

Buch – The complete Guide to Software-as-a-Service, Robert Michon (2017)

Web – https://www.salesforce.com/de/learning-centre/tech/saas/, 2021

Web – https://www.businessinsider.de/gruenderszene/lexikon/begriffe/software-as-a-service-saas/, 2019

Web – https://www.cloud-mag.com/was-ist-saas/, 2020

Sorgen auf den Tisch/Wicked Questions

EinSatzBeschreibung

Sorgen und Problemstellungen wahrnehmen und paradoxe Fragestellungen als kreativen Ausgangspunkt nutzen.

Transformation-Index

P1 Leading	P2 Organizing	P3 Connecting	P4 Growing	P5 Talking	P6 Scanning	P7 Exploiting	P8 Exploring	P9 Earning	P10 Scaling
x	x	x	x	x	x	x	x	x	x

Beschreibung

„Sorgen auf dem Tisch" ist ein geflügeltes Wort aus dem Doppelkopf: In dem Kartenspiel gibt es besondere Blätter mit hohen Punktwerten, die den Mitspielern zugespielt werden müssen, damit man sie gemeinsam für die Wertung berücksichtigen kann. Läuft eine Partie mal nicht gut, oder hat man ein schlechtes Blatt auf der Hand, sollte man nach der Faustregel „Sorgen auf den Tisch" möglichst bald die wichtigen Karten in den Umlauf bringen – damit die Mitspieler eine Chance bekommen, sie als Trumpf für das Team mitzunehmen.

Auch in Transformations-Projekten gibt es oft Themen, die zu Beginn vertrackt erscheinen. Man weiß nicht richtig, wie man sie angehen und unterbringen soll; manchmal finden die Mitwirkenden auch nicht den richtigen Weg, sie in Worte zu fassen. „Hättest du das doch mal früher signalisiert" – diesen Vorwurf möchte man tunlichst vermeiden. Auch für eine wertschätzende Team-Kultur ist es wichtig, von Beginn an die Bedenken aus dem Team ernst zu nehmen und bestenfalls als kreativen Aufhänger zu nutzen.

Hier kommen die „Wicked Questions" in Spiel: Mit der Methode aus den Liberating Structures lassen sich paradox erscheinende Konstellationen erkennen, thematisieren und Lösungsansätze dafür ermitteln. So bekommt man den Dreh, um solche Themen auf den Tisch zu bringen. Anfängliche Sorgen müssen das Projekt-Team nicht unausgesprochen belasten, sondern können zum Ausgangspunkt von Kreativität werden. Insbesondere in Change-Prozessen lassen sich aus widersprüchlich wirkenden Einflüssen so Kräfte entfalten.

Durchführung

Für die Durchführung der Wicked Questions sollte man ca. 25 Minuten einplanen. Zunächst teilt man bei einer größeren Gruppe die Teilnehmenden in kleine Teams von vier bis sechs Personen ein. Alle Beteiligten sind bei der Methode gleichberechtigt; jede Person bekommt die Möglichkeit und auch die Aufforderung, sich einzubringen. Erfahrungsgemäß gibt es bei dieser Methode einzelne Personen, die den Rest der Gruppe inspirieren können. Je nach Gruppengröße kann man die Methode auch mit einem ganzen Projektteam gemeinsam oder auch auf Einzelpersonen-Ebene durchführen. Bei der Durchführung in Untergruppen sollte man die Situation auch räumlich so einrichten, dass diese sich zurückgezogen austauschen können, zum Beispiel mit Sitzgruppen, oder bei digitalen Teams durch Breakout-Räume (z. B. mit Zoom oder Microsoft Teams). Die Teilnehmenden bekommen die Aufforderung, die Ergebnisse ihrer Diskussion zu protokollieren, um sie später im großen Kreis diskutieren zu können.

1. Ansatz für die Wicked Questions sind immer paradox formulierte Problemstellungen. Diese erkennt man in der Konzeptionsphase gut an der Häufung von „Ja, aber…"- oder „entweder … oder"-Formulierungen. Sie lassen sich mit folgender Ausgangsfrage auf den Punkt bringen, die man dem Team stellt:
   „Welche gegensätzlichen, sich aber ergänzenden Strategien sollten wir parallel verfolgen, um erfolgreich zu sein?"
   Man kann die Ausgangsfrage auch freier formulieren und auf die jeweilige Projekt-Situation anpassen:
   „Wie kann es sein, dass wir … und … gleichzeitig sind?"
   Die Pünktchen sind dann jeweils als Platzhalter auszutauschen. (Zeitplanung: 5 Min.)
   Bei der Formulierung sollte man darauf achten, dass die widersprüchlichen Seiten in einer positiven und anerkennenden Art betrachtet und keine garstig wirkenden Widersprüche formuliert werden.
2. Nachdem die Ausgangsfrage für die jeweilige Projektsituation passend formuliert ist, sollen die Teilnehmenden, zunächst für sich allein, dann in Gruppen, im vorgegebenen Format Gegensatz-Paare aus der eigenen Arbeit im Projekt identifizieren. (Zeitplanung: 5 Min.)
   In dieser Phase sollte man solche Fragen herausfiltern, die sich durch eine Analyse von Fakten beantworten lassen. Man kann auch auf Praxis-Erfahrungen zurückgreifen oder nach bereits erlebten Situationen fragen, in denen zwei widersprüchliche Dinge gleichzeitig galten. Die einzelnen Gruppen sollen in der Auseinandersetzung untereinander möglichst vertrackte Widersprüche formulieren.
3. Nun wählt jede Gruppe die Frage aus, die sie am vertracktesten und einflussreichsten empfindet. Diese ausgewählten Fragen werden der gesamten Gruppe präsentiert. (Zeitplanung: 5 Min.)
4. Nun entscheidet die ganze Gruppe gemeinsam, welcher dieser Fragen am einflussreichsten sind. Diese werden noch weiter verfeinert. (Zeitplanung: 10 Min.)

Im Ergebnis wird durch die Auseinandersetzung mit den Wicked Questions die strategische Perspektive im Projekt geschärft. Gegensätzliche Einflüsse können nun idealerweise nicht allein als hinderlich, sondern auch als einander ergänzend wahrgenommen werden. Oder die Methode hilft bei Einschätzungen und Entscheidungen, ob nur die eine Seite der paradoxen Formulierung bedient werden kann, oder beide priorisiert werden können.

179 Sorgen auf den Tisch/Wicked Questions

Durch die Beschreibung und Auseinandersetzung mit den Fragestellungen in der Gruppe steigt die gemeinsame Vorstellungskraft im Team. Kreative Spannungen werden erzeugt, und die für den Umsetzungsprozess nötige Freiheit und Verantwortung werden gefördert.

Es bietet sich an, mehrere aufeinanderfolgende Runden der Wicked Questions durchzuspielen, z. B. zunächst mit den einfacheren und später mit den komplizierteren Widersprüchen. Oder man nimmt mehrere Anläufe, um besonders vertrackte Problemstellungen aufzulösen (nicht immer hat man direkt die Antwort parat).

Beispiele für Wicked Questions:

- „Wie können wir ein Unternehmen sein mit einer einheitlichen globalen Identität und gleichzeitig einzigartig und spezifisch an jedem Standort?"
- „Wie können wir gleichzeitig integriert und eigenständig sein?"
- „Wie können wir als Fachabteilung unsere wesentliche Funktion in den Kontext der Gesamtorganisation stellen?"
- „Wie schaffe ich es, mich meiner Arbeit zu widmen und gleichzeitig vollständig für meine Familie da zu sein?"

Transformationswirksamkeit

- Wirksam für Herausforderungen mit hoher Komplexität
- Wirksam für Herausforderungen mit mittlerer Komplexität
- Wirksam für Herausforderungen mit niedriger Komplexität
- Wirksam für alle Transformationen

Transformationsfähigkeit

- Fördert die Teamkreativität
- Fördert die allgemeine Transformationsfähigkeit des Teams
- Fördert offene Mindsets und innovative Denkhaltungen
- Sorgt für Inspiration oder bessere Inspirationsempfindlichkeit
- Zahlt auf eine bessere Wahrnehmung ein

Einsatzcharakteristik

- Austauschfokus: vornehmlich mit internen Personen
- Durchführungszeit: eher gering (< 1 Stunde)
- Einsatzfrequenz: vornehmlich über im kompletten Projektzeitraum
- Einsatzradius: vornehmlich im Teameinsatz
- Einsatzradius: vornehmlich im projektweiten Einsatz
- Komplexität für den Moderator: eher mittel
- Komplexität für die Teilnehmer: eher mittel
- Teamgröße: Einzelpersonennutzung möglich
- Teamgröße: Kleingruppe möglich (3 bis 5 Teilnehmer)
- Teamgröße: Maxigruppen möglich (20 bis 40 Teilnehmer)
- Teamgröße: Mittelgroße Teams möglich (5 bis 20 Teilnehmer)
- Vorbereitungszeit: eher gering (<1 Stunde)

Nötiger Input, um mit der Methode arbeiten zu können

- Aktuelle Herausforderung, Leitfrage, Problem

Erzeugter Output der Methode

- Erzeugt Ideensuchfelder, unentdeckte Probleme, Inspiration
- Erzeugt besseren Teamspirit, mehr Offenheit, Inspirationsempfindlichkeit
- Erzeugt kollaborative Lösungen und Ideen
- Erzeugt größere Klarheit zu einem Thema
- Hilft bei Entscheidungen, Bewertungen und Feedback
- Macht Wirkzusammenhänge sichtbar

Hinderniseffekte, auf die die Methode positiv wirkt

- 03 – Schwächt störende Bewertung während der Ideenfindung
- 04 – Beugt blinden Flecken/Betriebsblindheit vor
- 07 – Integriert einen dysfunktionalen Schweiger
- 08 – Verhindert einseitige Bewertungen und Entscheidungen
- 12 – Wirkt fehlender Inspiration entgegen
- 15 – Stärkt das Vertrauen im Team
- 16 – Beugt Misinterpretationen vor
- 18 – Bewahrt vor zu generischen Ideen und Aussagen
- 22 – Verhindert störende Killerphrasen
- 24 – Verkürzt und durchbricht vorhandene Kreativblockaden
- 29 – Schwächt den „Inneren Zensor"
- 34 – Verhindert vorschnelles Urteilen über Ideen
- 43 – Überzeugt einen Daueropponenten
- 44 – Überzeugt einen Rationalisierer

Mögliche Extravorteile

- für disruptiv erfahrene Teams
- für innovativ erfahrene Teams

Quellen

Buch – Liberating Structures, Daniel Steinhöfer (Vahlen 2021)
Web – https://liberatingstructures.de/liberating-structures-menue/wicked-questions, 22.05.2021

Sounding Board

EinSatzBeschreibung

Feedbackbarometer, um entstehende Meinungen und Stimmungen über Hierarchieebenen hinweg in Veränderungsprozessen aufzunehmen.

Transformation-Index

P1 Leading	P2 Organizing	P3 Connecting	P4 Growing	P5 Talking	P6 Scanning	P7 Exploiting	P8 Exploring	P9 Earning	P10 Scaling
x			x						

Beschreibung

Sie haben eine große Veränderung vor sich oder bereits laufend? Wie gelingt es Ihnen dabei das Stimmungsbild der Belegschaft wahrzunehmen und zu reagieren, wenn notwendig? Das Sounding Board ist für jede Führungskraft und/oder Change-Manager ein Interventionsformat zur kontinuierlichen Standortbestimmung und aktiven Reflexion während (digitalen) Veränderungsprojekten.

Der Begriff wird aus der Musik abgeleitet und stammt von der Resonanz eines Klanges, z.B. des eines Musikinstruments. So hat der Resonanzboden eines Klaviers die Aufgabe die Vibration angeschlagener Seiten aufzunehmen und zu verstärken. Übertragen auf laufende Veränderungsprojekte und Maßnahmen, hat das Sounding Board die Aufgabe, angestoßene Stimmungen und Meinungen in der Organisation aufzunehmen und als Resonanz von den betroffenen Interessengruppen den Projekt und/oder Organisationsverantwortlichen aufzuzeigen.

Als „Ohr an der Belegschaft", eignet sich das Sounding Board besonders als Feedbackbarometer um entstehende Meinungen und Stimmungen über Hierarchieebenen hinweg während des Veränderungsprozesses früh und aus dem Querschnitt der Belegschaft von betroffenen Mitarbeitern zu erheben. So entsteht eine offene Atmosphäre, welche insbesondere Raum für erlebte oder beobachtete Emotionen bietet.

Durchführung

1. Auswahl von Sounding Board-Vertretern:

Das Sounding Board wird individuell auf ein Veränderungsprojekt und/oder eine andere Transformation der Organisation bestimmt. Sounding Board-Mitglieder sollten aus unterschiedlichen Interessensgruppen bestehen. Schlüsselpersonen mit vielen unterschiedlichen Kontakten sind hier besonders geeignet. Dabei sollten sowohl Abteilungsleitungen wie Mitarbeiter aus unterschiedlichen Fachrichtungen vertreten sein. Die Auswahl und die Anzahl der vertretenden Personen, ist abhängig von der Reichweite der Veränderung sowie tangierten Abteilungen und Bereichen. Vertreter des Betriebsrats sollten dem Board angehören. Externe Berater können ebenso eingebunden werden.

2. Sounding Board-Meeting:

Die definierte Gruppe trifft sich zu regelmäßigen Terminen (z.B. alle drei Wochen) zum Besprechen des Projektfortschritts und zum Austausch erlebter Erfahrungen. Die Termindauer ist abhängig von der Größe der Veränderung und beteiligten Mitarbeitergruppen (Richtwert: 2h bis 1/2 Tag bei 20 bis 50 Teilnehmern). Die Betonung des ehrlichen Rahmens in diesem Meeting, sollte vergewissert und in jedem Termin zu Beginn genannt werden.

3. Terminstruktur:

a) *Projektverantwortliche* geben einen Status zum aktuellen Projekt/Veränderungsfortschritt. Wo steht das Projekt? Was läuft gut? Was läuft schlecht? Welcher Input ist ggf. vom Sounding Board an diesem Tag erwünscht?

b) *Sounding Board-Vertreter* gehen in Arbeitsgruppen und sammeln offenes Feedback und Fragen auf Metaplankarten zu thematisch und projektspezifischen Maßnahmen der Transformation. Sie notieren erlebte Emotionen von sich selbst sowie Personen in Ihrem Umkreis. Eine Erläuterung des Feedbacks ist wünschenswert und ausreichend Raum gegeben werden sollte, da Projektverantwortliche insbesondere an dem Stimmungsbild interessiert sind. Diskussionen und Antwort auf offene Punkte können erfolgen, sind aber nicht notwendig an dieser Stelle.

c) *Ergebnis-Dokumentation:* Gemachte Beobachtungen und genanntes Feedback wird notiert und protokolliert zum Ableiten möglicher Maßnahmen. Offene Aufgaben werden im Nachgang von Projektverantwortlichen abgeleitet und bearbeitet. Die Methode zeigt besonders durch die systematisch und rollierend wiederholenden Aufbereitung des Stimmungsbilds zu den aktuell laufenden Veränderungen ihre Stärke.

Transformationswirksamkeit

- Wirksam für radikale Transformationen

Transformationsfähigkeit

- Fördert die allgemeine Transformationsfähigkeit des Teams
- Zahlt auf eine bessere Wahrnehmung ein

180 Sounding Board

Einsatzcharakteristik

- Austauschfokus: vornehmlich mit internen Personen
- Durchführungszeit: eher gering (< 1 Stunde)
- Einsatzfrequenz: sinnvoll im dauerhaften Einsatz
- Einsatzradius: vornehmlich im unternehmensweiten Einsatz
- Komplexität für den Moderator: eher mittel
- Komplexität für die Teilnehmer: eher mittel
- Teamgröße: Mittelgroße Teams möglich (5 bis 20 Teilnehmer)
- Vorbereitungszeit: eher gering (<1 Stunde)

Nötiger Input, um mit der Methode arbeiten zu können

- Durchführungszeit, Trainingszeit

Erzeugter Output der Methode

- Bessere Projekteffizienz, bessere Teamperformance
- Erzeugt größere Klarheit zu einem Thema
- Erzeugt transformationsfähigere Organisationen
- Erzeugt mehr Hintergrundinformationen
- Erzeugt motiviertere und transformationsfähigere Teilnehmer

Hinderniseffekte, auf die die Methode positiv wirkt

- 11 – Schärft eine fehlende gemeinsame Ausrichtung
- 25 – Schwächt multidisziplinäre Reibungsverluste
- 36 – Schafft schnell Klarheit und beschleunigt Erkenntnisgewinn

Mögliche Extravorteile

- für innovativ ungeübte Teams
- für interkulturell erfahrene Teams
- für interkulturell unerfahrene
- für multidisziplinär unerfahrene Teams

Quelle

Web – https://projekte-leicht-gemacht.de/blog/pm-methoden-erklaert/sounding-board-methode (April 2021)

Grafik: verrocchio Mindset-Card – Illustration: Jennifer Weiss

Spotify-Modell

EinSatzBeschreibung

Agile Organisationsmethode nach dem Modell von Spotify zur schnellen Produktentwicklung.

Transformation-Index

P1 Leading	P2 Organizing	P3 Connecting	P4 Growing	P5 Talking	P6 Scanning	P7 Exploiting	P8 Exploring	P9 Earning	P10 Scaling
						x	x		x

Beschreibung

Das Spotify-Modell ist eine agile Organisationsmethode, mit dem Ihr Unternehmen schnell und erfolgreich Produkte entwickelt. Die Stärke dieses Framework liegt in einer effizienten Hierarchie mit einer selbstbestimmten Arbeit der Teammitglieder, die eine Skalierung der Lösungen und Konzepte ermöglicht.

Das Framework basiert dabei auf dem Modell von Spotify, einem schnell wachsenden Musik-Streaming Dienst mit weltweit über 350 Millionen Nutzern und 60 Millionen Titeln. Spotify entwickelte seine eigene skalierende agile Methode, bei der alle Entwickler in die gleiche Richtung arbeiten: Die Führung definiert die übergeordnete Strategie und die genauen Ziele, die Teams erhalten die Freiheit zu entscheiden, wie sie die Umsetzung gestalten und die Ziele erreichen. Die Organisation orientiert sich dabei sowohl an agilen Methoden als auch an klassischen Organigrammen.

Das Spotify-Modell ermutigt Mitarbeiter über den Tellerrand zu schauen und permanent Neues auszuprobieren. Die Einheiten agieren dabei sehr autonom – Voraussetzung hierzu ist, dass ihnen die Ziele und der Sinn Ihres Unternehmens greifbar und verständlich formuliert werden. Das Fundament dieser agilen, selbstbestimmten Organisation sind Werte wie Wertschätzung und Vertrauen in die Leistung, dem Willen, die Arbeitskraft und die Selbstständigkeit der Teammitglieder. Lebt Ihr Unternehmen diese Werte, funktioniert das Spotify-Modell.

Die Mitarbeiter erstellen in kleineren, autonomen Teams die Leistungen. Diese „Squads" gehen in übergeordnete „Tribes" auf. Ihre fachliche Heimat finden sie in einer funktionalen Organisationsform namens „Chapter". In Communities, den sogenannten Guilds, erfolgt zudem ein Austausch der Mitarbeiter zu beliebigen Themen. Diese Struktur löst das natürliche Spannungsverhältnis zwischen einer organisatorischen Verantwortung und der fachlichen Perspektive. Von entscheidender Bedeutung ist eine souveräne Führung, die den Mitarbeitern ihr Vertrauen schenkt.

Das Spotify-Modell funktioniert auch in größeren Unternehmen – Spotify selbst zählt über 3.000 Mitarbeiter. Für größere Unternehmen ist es sehr wichtig, dass agile Teams Ergebnisse skalieren. Sie müssen zum einen z. B. Produkte ihrer Modellreihe unterscheiden, aber trotzdem ein abgestimmtes Portfolio aufweisen. Zum anderen müssen Sie ein einzelnes Produkt in die Tiefe weiterentwickeln. Diese vielfältigen Ziele lösen Sie am besten mit skalierenden, agilen Methoden wie dem Spotify-Modell, das Ihnen den Freiraum bietet, die speziellen Anforderungen Ihres Unternehmens in ein passgenaues Framework zu transportieren. Sie müssen dabei keine Software entwickeln: Das Spotify-Modell funktioniert in allen Organisationen, bei der Agilität gefordert ist.

Durchführung

1. Grundvoraussetzung

Das Spotify-Modell beruht auf Werten wie Vertrauen und Wertschätzung. Es ermutigt seinen Mitarbeitern, weitsichtlich zu agieren und Neues zu probieren. Eng verbunden ist damit eine Kultur, die Fehler zulässt. Innovationen schaffen Sie nicht ohne Fehlversuche, wichtig ist, dass sie aus diesen lernen und mit Iterationen das Produkt verbessern. Was nicht funktioniert, wird nicht mehr gemacht. Was funktioniert, wird weiterentwickelt – hier übernimmt das Framework Aspekte aus dem Lean Startup-Management.

2. Aufbau

Um eine Spotify-Organisation aufzubauen, organisieren Sie zuerst die nachfolgend beschriebenen Einheiten. Mitarbeiter von Spotify dürfen 10 Prozent Ihrer Zeit in eigene Projekte, sogenannte „Hacks" spenden -was nicht Grundvoraussetzung für das Framework ist, aber die Einstellung des Unternehmens ausdrückt.

- **Squads – agile Teams mit 8 bis 10 Personen**
Die Squads sind die interdisziplinär besetzten kleinsten Einheiten innerhalb einer Spotify-Organisation. Sie zählen bis zu 8 Personen, die vollumfänglich für ein Produkt, ein Feature oder ein Konzept verantwortlich zeichnen. Die Squads bekommen von der Führung ein Ziel gesetzt und sind dabei frei in der Ausgestaltung ihrer Methoden. Spotify orientierte sich an den agilen Scrum-Teams, wobei Squads ursprünglich militärische Teileinheiten, bestehend aus rund 8 Soldaten, sind.
- **Tribes – Zusammenschluss der Squads mit bis 150 Personen**
Squads werden organisatorisch mit den Tribes zu größeren Einheiten zusammengefasst. Sie arbeiten unter verschiedenen Gesichtspunkten eng an einem übergeordneten Ziel bzw. an einem gemeinsamen Produkt oder einer Leistung zusammen. Die Führung steht einem oder mehreren Tribe Leads vor, was z. B. mit einem Produktmanager zu vergleichen ist. Ein Tribe ist auf 150 Personen begrenzt, damit die Tribe-Leads den Überblick behalten.
- **Chapter – fachliche Netzwerke innerhalb eines Tribes**
In einem Chapter werden alle Mitarbeiter zusammengefasst, die einem Fachbereich angehören, vergleichbar mit einer klassischen Abteilung. Der Chapter-Lead steuert diese Einheit nach fachlichen Gesichtspunkten, verfügt aber über keine Weisungsbefugnis – diese ist in den Squads verankert. Wechselt ein Mitarbeiter seinen Squad innerhalb der gleichen Tribe, so gehört er unverändert dem Chapter an.

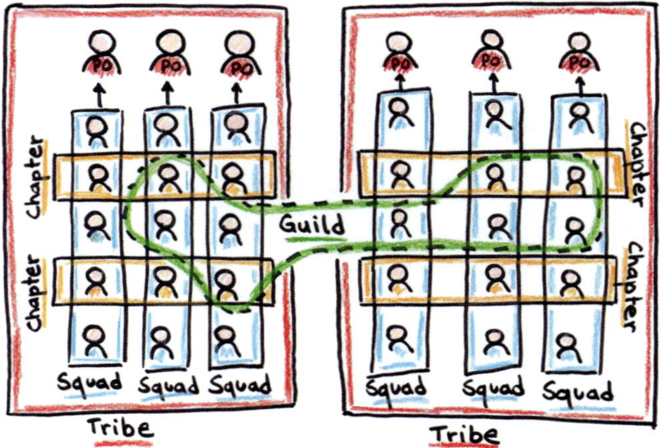

Grafik: Anja Faber

- **Guilds – übergreifende Communities**

Eigener Antrieb, intrinsische Motivation und Freiwilligkeit sind das Fundament einer Spotify-Organisation. Das spielt sich schlussendlich in den „Guilds" wieder, freiwilligen Communities, die über den Grenzen einer Tribe hinausgehen. Das gemeinsame Interesse der Mitarbeiter an Aspekten Ihrer Arbeit sowie einer Vernetzung untereinander treibt die Guilds an, und dass ohne Vorgaben Ihrer Vorgesetzten.

3. Ziele setzen – und selbstständig arbeiten lassen

Zur Umsetzung reicht es nun nicht aus, Squads, Tribes, Chapters und Guilds zu organisieren. Analysieren Sie nun Ihre Geschäftsmodelle und bauen darauf Ihr Spotify-Modell auf. Wer sind Ihre Kunden und wie sind Ihre Zielgruppen definiert? Wo treffen Sie auf Ihre Kunden? Was sind ihre Probleme? Setzen Sie Ihren neuen Einheiten dann klare und erreichbare Ziele. Und schließlich übertragen Sie ihnen maximale Verantwortung und Autonomie in der Durchführung. Idealerweise setzen Sie agile Coaches ein, welche die Umgestaltung Ihrer Organisation nach dem Spotify-Modell begleiten.

Praxisschlaglicht

Spotify traf mit seinem Streaming Dienst den Geschmack der Zeit und übertraf sogar Apple in Punkto Fortschrittlichkeit und Innovation in seinem Segment. Das Unternehmen wuchs in rasanter Geschwindigkeit, und setzte agile Methoden zur Produkt-Entwicklung ein. Spotify machte dann aber schnell die Erfahrung, die auch traditionelle Unternehmen nur zu gut kennen: Erfolgt Wachstum zu schnell und werden die Produkte komplexer, so stoßen agile Methoden schon einmal an ihre Grenzen.

Also ging Spotify den nächsten Schritt, und entwarf nach Vorbild agiler Methoden wie Scrum und Lean Startup sein eigenes Framework. Dieses erwies sich sehr schnell als erfolgreich, ist es doch einfach in der Anwendung und gestattet trotzdem die Einbindung zahlreicher Mitarbeiter, um zu skalieren und große Ziele zu verwirklichen. Das Spotify-Modell war also ursprünglich keine Blaupause für agile Coaches und Unternehmensberater, sondern beschrieb nur die Arbeitsweise in dem jungen, aber sehr erfolgreichen, agilen Unternehmen.

Das selbstbestimmte Handeln in der Durchführung ist das Grundprinzip des Spotify-Modells. Ich weiß, dass Sie hier vielleicht ein wenig Zögern. Dieses strikte Prinzip verlangt von Führungskräften ein Umdenken. Aber Hand aufs Herz: Beherrschen Sie die operative Arbeit Ihrer Mitarbeiter besser als diese selbst? Mit dem Spotify-Modell wachsen Ihre Mitarbeiter über sich hinaus: Sie arbeiten nicht aufgrund des Befehl- und Gehorsam Prinzips und nach Vorschrift. Sie kreieren stattdessen eigenständig Lösungen. Lassen Sie Ihnen den Freiraum. Der Erfolg von Spotify spricht für sich.

Transformationswirksamkeit

- Wirksam für Herausforderungen mit hoher Komplexität
- Wirksam für Produkttransformationen
- Wirksam für Prozesstransformationen
- Wirksam für Servicetransformationen

Transformationsfähigkeit

- Fördert die Agilität eines Teams
- Fördert die Teamkreativität
- Fördert die allgemeine Transformationsfähigkeit des Teams
- Fördert grundlegend die Kreativität
- Fördert offene Mindsets und innovative Denkhaltungen
- Sorgt für Inspiration oder bessere Inspirationsempfindlichkeit
- Zahlt auf eine bessere Vorstellungskraft ein
- Zahlt auf eine bessere Wahrnehmung ein

Einsatzcharakteristik

- Austauschfokus: vornehmlich mit internen Personen
- Durchführungszeit: eher hoch (> 1 Tag)
- Einsatzfrequenz: sinnvoll im dauerhaften Einsatz
- Einsatzradius: vornehmlich im unternehmensweiten Einsatz
- Komplexität für den Moderator: eher hoch
- Komplexität für die Teilnehmer: eher hoch
- Teamgröße: Einzelpersonennutzung möglich
- Teamgröße: Großgruppen möglich (>50 Teilnehmer)
- Teamgröße: Maxigruppen möglich (20 bis 40 Teilnehmer)
- Teamgröße: Mittelgroße Teams möglich (5 bis 20 Teilnehmer)
- Vorbereitungszeit: eher hoch (>1 Tag)

Nötiger Input, um mit der Methode arbeiten zu können

- Aktuell existierende Geschäftsmodelle
- Aktuell existierende Produkte und Services
- Aktuelle Herausforderung, Leitfrage, Problem

Erzeugter Output der Methode

- Bessere Projekteffizienz, bessere Teamperformance
- Erzeugt Ideen für neue Märkte und neue Business Modelle
- Erzeugt besseren Teamspirit, mehr Offenheit, Inspirationsempfindlichkeit
- Erzeugt kollaborative Lösungen und Ideen
- Erzeugt transformationsfähigere Organisationen
- Erzeugt mehr Agilität im Team
- Erzeugt motiviertere und transformationsfähigere Teilnehmer

Hinderniseffekte, auf die die Methode positiv wirkt

- 11 – Schärft eine fehlende gemeinsame Ausrichtung
- 15 – Stärkt das Vertrauen im Team
- 25 – Schwächt multidisziplinäre Reibungsverluste
- 39 – Fördert die Agilität der Teilnehmer
- 41 – Verringert zu große Komplexitäten
- 42 – Überzeugt strukturliebende Teammitglieder

Mögliche Extravorteile

- für Teams mit einem starkem Auftragsmandat
- für Teams mit einer souveränen Teamleitung
- für disruptiv erfahrene Teams
- für agile Teams
- für erfahrene Trainer und Agile Coaches
- für innovativ erfahrene Teams
- für interkulturell erfahrene Teams
- für multidisziplinär erfahrene Teams
- für die Arbeit mit digitalen Kollaborationsboards

Quellen

Buch – Agil skalieren mit dem Spotify-Framework: Wie Sie erfolgreich Squads, Tribes und Chapters mit dem richtigen Mindset einführen und eine agile Transformation starten, Maik Scheele und Manuel Marsch (2020)

Web – https://agile-unternehmen.de/was-ist-das-spotify-modell, 13. Mai 2021

Web – https://digitaleneuordnung.de/blog/spotify-model, 13. Mai 2021

Grafik: verrocchio Mindset-Card – Illustration: Jennifer Weiss

182

St. Galler Business Model Navigator

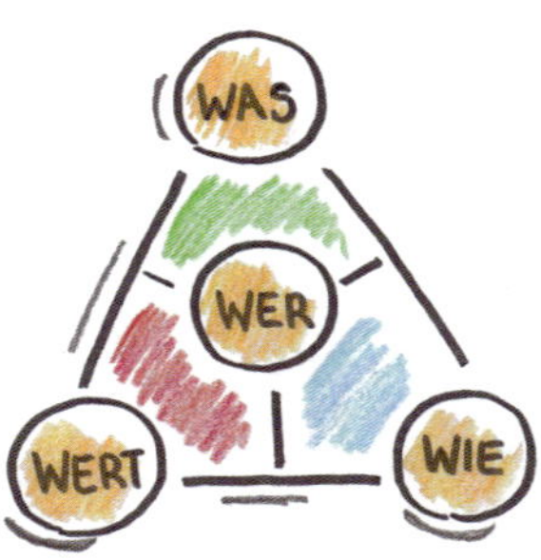

EinSatzBeschreibung

Ein einfaches und ganzheitliches Modell zur Beschreibung von Geschäftsmodellen.

Transformation-Index

P1 Leading	P2 Organizing	P3 Connecting	P4 Growing	P5 Talking	P6 Scanning	P7 Exploiting	P8 Exploring	P9 Earning	P10 Scaling
							x	x	x

Beschreibung

Auf der Grundlage langjähriger Arbeit und Erfahrung mit Firmen zu dem Thema Geschäftsmodellentwicklung hat das bmi_lab aus St. Gallen ein einfaches und trotzdem ganzheitliches Modell zur Beschreibung von Geschäftsmodellen entwickelt. Dieses passt sehr gut für die interaktive Skizzierung von Geschäftsmodellen in Innovationsworkshops und -trainings. Das Modell besteht aus vier Dimensionen und wird in einem magischen Dreieck dargestellt.

1. Der Kunde – wer sind die Zielkunden?
2. Das Nutzenversprechen – was bietet man den Kunden an?
3. Die Wertschöpfungskette – wie stellt man die Leistung her?
4. Die Ertragsmechanik – wie wird Wert erzielt?

Beantwortet man diese vier Fragen und konkretisiert die Dimensionen der Kundensegmente, des Nutzenversprechens, der Wertschöpfungskette und der Ertragsmechanik, wird das Geschäftsmodell anfassbar und ermöglicht eine Basis für Innovationen.

Es ist ein magisches Dreieck, da die Optimierung/Veränderung an einem der Eckpunkte (beispielsweise Ertragsoptimierung) automatisch Anpassungen der beiden anderen Seiten (Nutzenversprechen oder Wertschöpfungskette) erfordert. Verändert man mindestens zwei der vier Dimensionen bei bekannten Geschäftsmodellen, entsteht eine gute Chance für ein neuartiges Geschäftsmodell.

Das Prinzip ist ähnlich zu der TRIZ-Methodik, die bereits seit den 1960er-Jahren im Bereich von technischen Innovationen eingesetzt wird. Im Rahmen der digitalen Plattformoptionen sind wiederkehrende, in sich abgeschlossene Elemente auch auf Geschäftsmodelle anwendbar und können die Basis für neue, innovative Ansätze darstellen.

Darauf aufbauend sind im St. Galler Business Model Navigator vier Schritte aufgezeigt, die den Innovationsprozess beschreiben

1. Initiierung
2. Ideenfindung
3. Integration
4. Implementierung

Aus der Analyse des Umfelds mit der Benennung der Akteure und der Einflussfaktoren wird das bestehende „magische Dreieck" überprüft.

Im zweiten Schritt, der Ideenfindung, werden die 55 Geschäftsmodellmuster über Ähnlichkeitsprinzipien und Konfrontationsprinzipien dem alten Geschäftsmodell entgegengestellt und iterativ Ideen abgeleitet.

Die Ausgestaltung des Geschäftsmodells und die geplante Integration in den bestehenden Kontext findet in der dritten Phase statt, bevor tatsächlich die Realisierung durch Tests, Anpassungen und Markteinführung erfolgen kann.

Durchführung

Schritt 1: Nutzen Sie eine Vorlage des magischen Dreiecks und beschreiben Sie so Ihr vorhandenes oder neues oder ein Ihnen bekanntes Geschäftsmodell.

Schritt 2: Besprechen Sie im Team Ihre Erkenntnisse und markieren Sie die Auffälligkeiten.

Schritt 3: Verabschieden Sie sich von einigen Ihrer Erkenntnisse und/oder fügen Sie neue hinzu. Sie können durch eine gespielte Beerdigungsrede weitere Teams informieren und gegebenenfalls einbinden. Alternativ kann es im positiven Fall auch eine „Pressekonferenz" sein.

Schritt 4: Um neue Geschäftsmodelle zu entwickeln, können Sie die 55 Geschäftsmodell-Muster-Karten nutzen. Diese stellen jeweils ein bekanntes Geschäftsmodell-Muster dar, die Ihnen als Inspirationsquelle dienen. Pro Karte generieren Sie Analogie-Ideen zu Ihrem Modell und bewerten diese anschließend im Team.

Transformationswirksamkeit

- Wirksam für Herausforderungen mit hoher Komplexität
- Wirksam für Herausforderungen mit mittlerer Komplexität
- Wirksam für Produkttransformationen
- Wirksam für Servicetransformationen
- Wirksam für radikale Transformationen

Transformationsfähigkeit

- Sorgt für Inspiration oder bessere Inspirationsempfindlichkeit

Einsatzcharakteristik

- Austauschfokus: vornehmlich mit internen Personen
- Durchführungszeit: eher hoch (> 1 Tag)
- Einsatzfrequenz: vornehmlich über im kompletten Projektzeitraum
- Einsatzradius: vornehmlich im projektweiten Einsatz
- Komplexität für den Moderator: eher hoch
- Komplexität für die Teilnehmer: eher hoch
- Teamgröße: Einzelpersonennutzung möglich

- Teamgröße: Kleingruppe möglich (3 bis 5 Teilnehmer)
- Teamgröße: Mittelgroße Teams möglich (5 bis 20 Teilnehmer)
- Vorbereitungszeit: eher mittel (>1 Stunde bis <1 Tag)

Nötiger Input, um mit der Methode arbeiten zu können

- Aktuell existierende Geschäftsmodelle
- Aktuell existierende Produkte und Services
- Aktuelle Herausforderung, Leitfrage, Problem

Erzeugter Output der Methode

- Erzeugt Ideen, Lösungsansätze, Vorideen, Möglichkeiten
- Erzeugt Ideensuchfelder, unentdeckte Probleme, Inspiration
- Erzeugt Leitfragen für die Ideenfindung

Hinderniseffekte, auf die die Methode positiv wirkt

- 12 – Wirkt fehlender Inspiration entgegen
- 16 – Beugt Misinterpretationen vor
- 20 – Verhindert Ideenfindung mit zu schwacher Erkenntnisgrundlage
- 24 – Verkürzt und durchbricht vorhandene Kreativblockaden
- 32 – Verhindert unreflektiertes Agieren
- 41 – Verringert zu große Komplexitäten

Mögliche Extravorteile

- für Teams mit einem starkem Auftragsmandat
- für Teams mit einer souveränen Teamleitung
- für agile Teams
- für erfahrene Trainer und Agile Coaches

Quellen

Buch – Geschäftsmodelle entwickeln: 55 innovative Konzepte mit dem St. Galler Business Model Navigator, O. Gassmann, K. Frankenberger, M. Csik (Hanser 2013)

Buch – Das große Handbuch Innovation, B. van Aerssen, C. Buchholz (Vahlen 2018)

Grafik: Anja Faber – Modell Business Model Navigator

183

Stacey-Matrix

EinSatzBeschreibung

Hilfe, um zu erkennen und zu erklären, in welchen Situationen agiles Management sinnvoll ist.

Transformation-Index

P1 Leading	P2 Organizing	P3 Connecting	P4 Growing	P5 Talking	P6 Scanning	P7 Exploiting	P8 Exploring	P9 Earning	P10 Scaling
x	x		x						

Beschreibung

Die Stacey-Matrix wurde ursprünglich von Ralph Douglas Stacey entwickelt, einem britischen Organisationstheoretiker und Professor für Management. Heute wird sie häufig in veränderter Form eingesetzt, um zu erklären in welchen Situationen agiles Management sinnvoll ist.

Das Tool stellt einen Zusammenhang her zwischen den Eigenschaften des Systems und den beiden Kriterien „Klarheit der Anforderungen" und „Klarheit/Bekanntheit des Lösungsansatzes". Häufig wird es in Verbindung mit dem Cynefin-Framework angewendet.

Die Systemeigenschaften sind bezeichnet als:

- einfach
- kompliziert
- komplex
- chaotisch

Beginnen im unteren linken Bereich (Einfach) mit bekannten Anforderungen und bekannte Lösung bis oben rechts (Chaos) mit unbekannten Anforderungen und unbekannten Lösungswegen.

- Einfach (linkes unteres Feld): Die Beteiligten haben das gleiche Verständnis der Anforderungen und ihnen ist klar, wie sie vorgehen sollen. Hier bietet sich klassisches Projektmanagement zur Lösung des Problems an, wie z. B. mit dem Wasserfall-Modell.
- Kompliziert: Wenn die Beteiligten nicht genau beschreiben können, was sie erreichen wollen und es abweichende Vorstellungen über das richtige Vorgehen gibt, hilft möglicherweise ein Kanban-Board dabei, die Arbeit zu organisieren.
- Komplex: In diesen Situationen kann nicht auf die Erfahrungen aus der Vergangenheit zurückgegriffen werden. Es herrscht starke Uneinigkeit zwischen den Beteiligten aufgrund einer hohen Unsicherheit. Hier spielen agile Methoden wie Scrum eine Rolle.
- Chaotisch: In (meist akuten) chaotischen Situationen versucht man in kleinen iterativen Schritten vorzugehen. Wichtig sind hier kleinere Zwischenschritte zur Findung des nächsten Schritts. Methoden wir Scrum, Lean Startup oder auch Design Thinking finden hier Anwendung.

In der digitalen Transformation eingesetzt schafft die Stacey-Matrix in der soeben verwendeten Form Klarheit darüber, dass Digitalisierung nicht nur kompliziert ist und als klassisches Projekt abgewickelt werden kann. Häufig gibt es nämlich eben nicht eine klare Übereinstimmung der Beteiligten darüber, was Digitalisierung für die Organisation bedeutet und es herrscht eine hohe Unsicherheit über die Zukunft. Hier findet sich eine komplexe Situation vor.

Häufig wird an der Stacey-Matrix in (auch hier beschriebenen Form) kritisiert, dass sie nicht mit dem ursprünglichen Modell und den Kernaussagen von Professor Stacey übereinstimmt. In der Weiterentwicklung ist sie jedoch auch ein Modell, dass sich gut zur Reflexion der Ausgangssituation eignet und die Komplexität der Digitalisierung erst sichtbar macht.

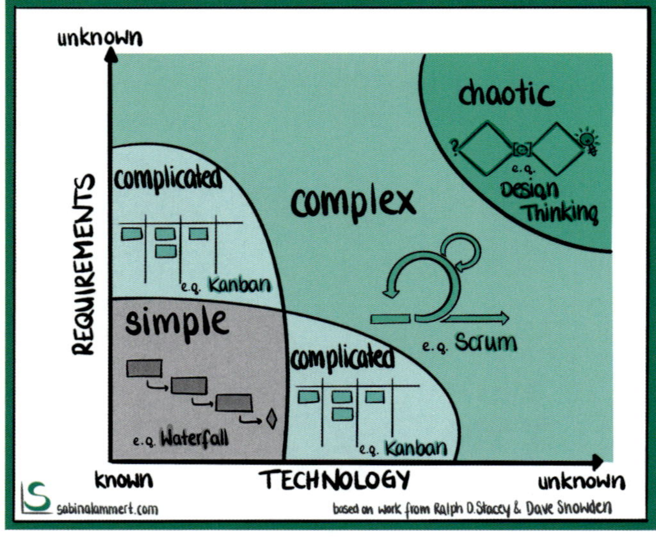

Grafik: Sabina Lammert

Durchführung

Schritt 1: Die Stacey-Matrix mit den verschiedenen Schritten wird den Teilnehmern erläutert. Die Teilnehmer betrachten entweder die allgemeine Situation im Unternehmen oder konkrete aktuelle Projekte.

Schritt 2: Selbstreflexion – jeder Teilnehmer erhält ein paar Minuten Zeit, um in Einzelarbeit darüber zu reflektieren, welche aktuellen Situationen im Unternehmen sich zu den jeweiligen Ausprägungen des Modells zuordnen lassen. Dazu können Entscheidungen, Projekte oder auch Prozesse gehören.

Schritt 3: Sammeln in der Gruppe – die Themen werden in der Gesamtgruppe gesammelt. Dazu wird die Stacey-Matrix auf eine

Pinnwand gezeichnet und die einzelnen von den Teilnehmern genannten Themen vom Moderator auf Post It's geschrieben. Unterschiedliche Meinungen zur richtigen Zuordnung werden diskutiert, um gemeinsam Klarheit zu erhalten.

Schritt 4: Reflexion – die Gruppe diskutiert das Ergebnis. Leitfragen können sein:

- In welchem Bereich liegen die meisten aktuellen Themen in unserer Organisation?
- Welche Handlungsempfehlungen ergeben sich aus der Situation?
- Wo ergeben sich häufig Herausforderungen für unsere Organisation?
- Passen unsere bisher eingesetzten Prozesse/Methoden zu den Ergebnissen? Welche würden sich anbieten?

Schritt 5: Gegebenenfalls können nun in kleineren Gruppen noch tieferer Diskussionen zu einzelnen Themen geführt werden und konkrete To-dos abgeleitete werden. Dazu nimmt sich jede Gruppe ein relevantes Thema und bespricht, ob ein anderes Vorgehen bessere Ergebnisse liefern könnte. So kann das Diskussionsmodel in konkrete Aktivitäten umgesetzt werden.

Transformationswirksamkeit

- Wirksam für Herausforderungen mit hoher Komplexität
- Wirksam für Herausforderungen mit mittlerer Komplexität
- Wirksam für Herausforderungen mit niedriger Komplexität
- Wirksam für alle Transformationen
- Wirksam für radikale Transformationen

Transformationsfähigkeit

- Fördert die Agilität eines Teams
- Fördert die allgemeine Transformationsfähigkeit des Teams
- Fördert offene Mindsets und innovative Denkhaltungen
- Zahlt auf eine bessere Wahrnehmung ein

Einsatzcharakteristik

- Austauschfokus: vornehmlich mit internen Personen
- Durchführungszeit: eher mittel (>1 Stunde bis <1 Tag)
- Einsatzfrequenz: vornehmlich im einmaligen Einsatz
- Einsatzradius: vornehmlich im Teameinsatz
- Einsatzradius: vornehmlich im unternehmensweiten Einsatz
- Komplexität für den Moderator: eher mittel
- Komplexität für die Teilnehmer: eher mittel
- Teamgröße: Einzelpersonennutzung möglich
- Teamgröße: Großgruppen möglich (>50 Teilnehmer)
- Teamgröße: Kleingruppe möglich (3 bis 5 Teilnehmer)
- Teamgröße: Maxigruppen möglich (20 bis 40 Teilnehmer)
- Teamgröße: Mittelgroße Teams möglich (5 bis 20 Teilnehmer)
- Teamgröße: Speziell für Großgruppen geeignet (>50 Teilnehmer)
- Vorbereitungszeit: eher mittel (>1 Stunde bis <1 Tag)

Nötiger Input, um mit der Methode arbeiten zu können

- Aktuell existierende Geschäftsmodelle
- Aktuell existierende Produkte und Services
- Aktuelle Herausforderung, Leitfrage, Problem
- Beteiligte Personen mit Tätigkeiten und Aufgaben
- Verschiedene Botschaften, Meinungen, Statements
- Verschiedene Meinungen und Blickwinkel
- Vorhandenes Wissen und Erfahrungen
- Durchführungszeit, Trainingszeit
- Trends und Zukunftsentwicklungen
- Umfeldbeobachtungen, Umfeldanalysen
- Wettbewerber und Komplementoren
- Ziele, Zielsystem, Kennzahlen

Erzeugter Output der Methode

- Erzeugt besseren Teamspirit, mehr Offenheit, Inspirationsempfindlichkeit
- Erzeugt größere Klarheit zu einem Thema
- Erzeugt transformationsfähigere Organisationen
- Hilft bei Entscheidungen, Bewertungen und Feedback
- Identifiziert vorhandene Schwachstellen
- Identifiziert vorhandene Stärken
- Macht Wirkzusammenhänge sichtbar

Hinderniseffekte, auf die die Methode positiv wirkt

- 04 – Beugt blinden Flecken/Betriebsblindheit vor
- 06 – Schwächt das Leben in der Vergangenheit
- 11 – Schärft eine fehlende gemeinsame Ausrichtung
- 13 – Schafft für den Erfolg nötige Realitätsbezüge
- 16 – Beugt Misinterpretationen vor
- 36 – Schafft schnell Klarheit und beschleunigt Erkenntnisgewinn
- 39 – Fördert die Agilität der Teilnehmer
- 41 – Verringert zu große Komplexitäten

Mögliche Extravorteile

- für Teams mit einer konservativen, tradierten Kultur

Quellen

Buch – Strategic Management and Organisational Dynamics Weaving Sense-Making into the Fabric of Our World, Ralph D. Stacey (Pearson Education 2015)

184 Stakeholder-Matrix

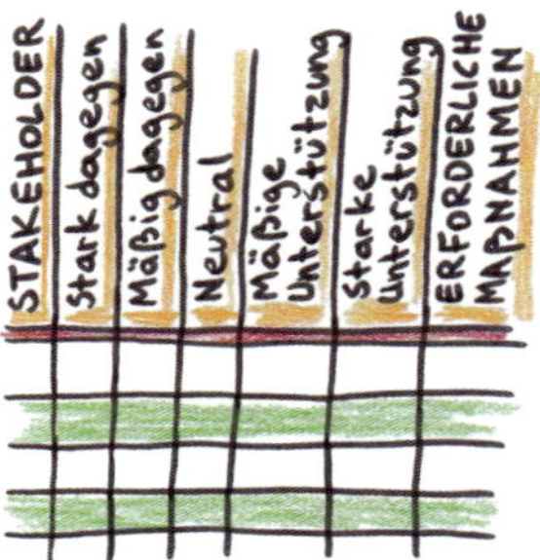

EinSatzBeschreibung

Technik, um die Bedeutung von Stakeholdern für ein Projekt zu visualisieren und zu verstehen.

Transformation-Index

P1 Leading	P2 Organizing	P3 Connecting	P4 Growing	P5 Talking	P6 Scanning	P7 Exploiting	P8 Exploring	P9 Earning	P10 Scaling
	x	x	x	x					

Beschreibung

Jeder kennt Projekte, bei denen jemand mal blockiert hat. Es ist auch kaum denkbar, allein ein großes Transformationsprojekt erfolgreich umzusetzen. Dafür werden immer Verbündete benötigt. Denn Projektmanagement ist auch im digitalen Zeitalter immer auch von verschiedenen Stakeholdern abhängig.

Damit ein Projekt im digitalen Wandel erfolgreich wird, ist es immer wegweisend, sich mit diesen Personen oder Kollegen zu beschäftigen. Im Projektmanagement wird dafür häufig die Stakeholder-Matrix angewandt. Die Methode dient als Technik, um die Bedeutung von Stakeholdern zu visualisieren. Ermittelt werden die wichtigsten Stakeholder mit ihrem Interesse, ihrer Macht, ihrer Einstellung zur Veränderung und ihrem Einfluss innerhalb der Company. „Blockierer" können durch den Einsatz der Methode besser identifiziert werden. Gezielte Gegenmaßnahmen können abgeleitet werden, um das Projekt anzukurbeln.

In diesem Zusammenhang geht es beim Stakeholdermanagement also um das Management der unterschiedlichen Interessen und Anliegen der verschiedenen Anspruchsgruppen.

Man unterscheidet zwischen internen und externen Stakeholdern. Externe Stakeholder sind Mitwirkende, die nicht im direkten Umfeld des Unternehmens stehen. Es ist unerlässlich, diese Gruppen nicht falsch einzuschätzen. Eine falsche Bewertung könnte ausreichen, um das Projekt zum Scheitern zu bringen. Zu den externen Stakeholdern zählen unter anderem:

- Staat und Gesetzgebung
- Presse und Medien
- Kunden und Lieferanten
- Behörden

Interne Stakeholder sind Beteiligte aus dem unmittelbaren Umfeld des Unternehmens:

- Geschäftsführung und Vorstand
- Betriebsrat
- Projektleitung und Projektmitarbeiter
- Management und Mitarbeiter aus diversen Bereichen (Personalabteilung, Marketing, Finanzen, Controlling, IT, Recht etc.)

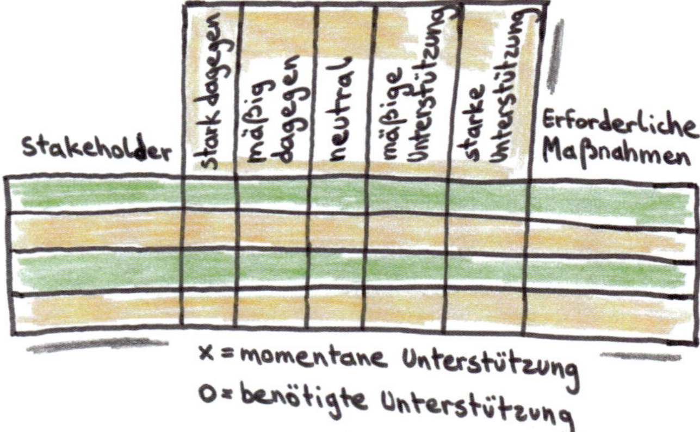

Grafik: Anja Faber – Stakeholder-Matrix

Durchführung

Die Stakeholder-Matrix visualisiert diese Stakeholder relativ zueinander in einem XY-Graph. Welche Eigenschaften als Ordnungsmerkmale an welchen Achsen dargestellt werden variiert. So lässt sich folgende Visualisierung realisieren:

- Einfluss einzelner Stakeholder von niedrig bis hoch
- Haltung zu einem definierten Vorhaben von kritisch bis positiv
- Meinung von festgelegt bis offen
- Beeinflussbarkeit von niedrig bis hoch
- Interesse von niedrig bis hoch

Idealerweise visualisiert man nicht alle potenziellen Stakeholder in der Stakeholder-Matrix. Es ist zielführender, sich bei der Darstellung auf die wichtigsten Stakeholder zu fokussieren. Wertvoll ist die Anordnung der Stakeholder zueinander und die daraus resultierende Ableitung von Maßnahmen:

- Ein Stakeholder, mit hohem Einfluss und einem hohen Interesse an einem Transformationsprojekt, sollte **intensiv begleitet** werden
- Ein Stakeholder mit hohem Interesse, aber geringem Einfluss im Unternehmen, könnte lediglich ein **regelmäßiges Projekt-Update** erhalten
- „Schwache Widersacher" des Projektes gilt es zu **beobachten**, „schwache Befürworter" sollten **unterstützt** und **eingebunden** werden usw.

Praxisschlaglicht

Ein regionaler Energiekonzern hatte sich entschieden ein Tochterunternehmen zu gründen, um ein signifikantes Kundenwachstum anzustreben. Das neu gegründete digitale Energie-Start-Up sollte nach einer einjährigen Initialisierungsphase den bundesweiten Vertrieb von Strom und Erdgasverträgen aufnehmen. Zur erfolgreichen Initialisierung des neuen digitalen Energieversorgers waren eine breite Unterstützung durch „helfende Hände“ und das tiefe energiewirtschaftliche Fachwissen diverser Stakeholder des Mutterkonzerns erforderlich. Nicht alle wichtigen internen Stakeholder hatten ein intrinsisches Eigeninteresse das Transformationsprojekt positiv und zielführend zu begleiten. Durch den Einsatz der Stakeholder-Matrix konnten gezielte, persönliche Maßnahmen abgeleitet werden, um essenzielle Stakeholder mit Einfluss zu begeistern. Durch das nachhaltige Mitwirken aller relevanten Stakeholder wurde das digitale Transformationsprojekt zum Benchmark in der Energiebranche.

Transformationswirksamkeit

- Wirksam für Herausforderungen mit hoher Komplexität
- Wirksam für Herausforderungen mit mittlerer Komplexität
- Wirksam für Herausforderungen mit niedriger Komplexität
- Wirksam für alle Transformationen
- Wirksam für radikale Transformationen

Transformationsfähigkeit

- Fördert die allgemeine Transformationsfähigkeit des Teams

Einsatzcharakteristik

- Austauschfokus: vornehmlich mit internen und externen Personen
- Durchführungszeit: eher mittel (>1 Stunde bis <1 Tag)
- Einsatzfrequenz: sinnvoll im dauerhaften Einsatz
- Einsatzfrequenz: vornehmlich über im kompletten Projektzeitraum
- Einsatzradius: vornehmlich im projektweiten Einsatz
- Komplexität für den Moderator: eher gering
- Komplexität für die Teilnehmer: eher gering
- Teamgröße: Einzelpersonennutzung möglich
- Teamgröße: Kleingruppe möglich (3 bis 5 Teilnehmer)
- Teamgröße: Mittelgroße Teams möglich (5 bis 20 Teilnehmer)
- Vorbereitungszeit: eher mittel (>1 Stunde bis <1 Tag)

Erzeugter Output der Methode

- Bessere Projekteffizienz, bessere Teamperformance
- Erzeugt größere Klarheit zu einem Thema
- Erzeugt transformationsfähigere Organisationen
- Erzeugt mehr Hintergrundinformationen

Hinderniseffekte, auf die die Methode positiv wirkt

- 04 – Beugt blinden Flecken/Betriebsblindheit vor
- 13 – Schafft für den Erfolg nötige Realitätsbezüge
- 25 – Schwächt multidisziplinäre Reibungsverluste
- 32 – Verhindert unreflektiertes Agieren

Mögliche Extravorteile

- für Teams mit einer konservativen, tradierten Kultur
- für Teams mit einer schwacher Teamleitung
- für Teams mit schwachem Auftragsmandat

Quellen

Buch – Das große Handbuch Innovation, B. van Aerssen, C. Buchholz (Vahlen 2018)
Web – www.t2informatik.de, 17.04.2021
Web – www.soft-skills.com, 10.05.2021

185 Start-up-Kooperation

EinSatzBeschreibung

Von Start-ups lernen – für die strategische digitale Ausrichtung, die tägliche operative Arbeit und digitale Transformationen.

Transformation-Index

P1 Leading	P2 Organizing	P3 Connecting	P4 Growing	P5 Talking	P6 Scanning	P7 Exploiting	P8 Exploring	P9 Earning	P10 Scaling
	x	x	x	x	x	x	x	x	

Beschreibung

Eine Methode, um die digitale Transformation des eigenen Unternehmens voranzutreiben und aus seiner persönlichen Komfortzone herauszugehen ist die integrierte Zusammenarbeit oder das finanzielle Investment in Start-ups.

Sich inhaltlich und auch finanziell mit einem Start-up-Unternehmen zu engagieren, zieht immer eine enorme Lernkurve nach sich, besonders für Unternehmen mit einer eher tradierten Herkunft. Man ist mit dabei im Maschinenraum einer Firma der digitalen Welt und nah dran, wie das alles im Markt funktionieren kann. Somit erarbeitet man sich ein besseres Verständnis für die technischen sowie sachlichen Mechanismen für Innovationen und Wandel. Zusätzlich subsumieren sich digitale Erfahrungen mit Themen, die meist zuerst junge, schlanke Unternehmen testen. Ein Beispiel: New Work, was viele etablierte Unternehmen erst viel später aufgriffen.

> Zusammenarbeit mit Start-ups sind mehr als reine Finanzinvestments oder Teil einer Vermögenverwaltung. Sie sind unternehmerische und berufliche Weiterbildung par excellence.

Die Sammlung von Praxiserfahrung fehlt (noch) vielen Managern und Führungspersonen, die in ihren Unternehmen dafür verantwortlich zeichnen, den digitalen Wandel zu implementieren. Denn die meisten sind eben keine Digital Natives und müssen sich dieses Wissen erst aneignen. Viel zu wenige haben in junge Unternehmen investiert. Dabei schlägt diese Erfahrung jeden Workshop, jedes Strategie-Offsite oder auch jedes theoretische Fachbuch bei Weitem.

Durchführung

Möchte man eine Zusammenarbeit oder ein Investment mit jungen Gründern oder Start-ups angehen, gibt es vielfältige Wege dies anzugehen:

- BAND – Das Business Angels Netzwerk Deutschland, wo man viele Anknüpfungspunkte und Kontakte herstellen kann.
- Bundesverband Deutsche Start-ups – Netzwerk für den Austausch zwischen Start-ups, etablierter Wirtschaft und Politik.
- START-UP TEENS – Ein NGO, welches junge Gründer mit Mentoren zusammenbringt. Es ist die reichweitenstärkste digitale Bildungsplattform in Deutschland, die Schülerinnen und Schülern unternehmerisches Denken und Handeln sowie Coding beibringt.
- Accelerator oder Inkubator – Eine Einrichtung, meist selbst ein gesellschaftsrechtliches Unternehmen, wo Geschäftsideen entwickelt und betreut werden. Zum Abschluss der Entwicklungsphase gibt es vielfach Demo Days, wo die Start-ups sich nicht nur präsentieren, sondern auch Investorengelder einsammeln.
- Update des persönlichen LinkedIn Profils auf Start-up und Angel Tätigkeit. Hierüber entwickeln sich gute Kontakte und ein Netzwerk für Betätigungsfelder.

Diverse weitere Organisationen und Institutionen, die sich für junge Gründer engagieren, sind im Netz zu finden. Viele suchen Rat, vielfach auch Finanzhilfe von externen Experten.

Was sollte beachtet werden, wenn diese Methode angewendet wird?

- Erstens ist es sinnvoll, sich in Themengebiete einzubringen, wo die eigene Kompetenz liegt. Gesucht wird oftmals Mentoring im Bereich Vertrieb oder Marketing aber auch Finanzen. Ein beruflicher Hintergrund als Betriebswirt, Selbstständiger oder Führungskraft ist sinnvoll.
- Zweitens wird Know-how in einer bestimmte Produktkategorie gesucht, denn die kann ein großer Mehrwert für Gründer sein. Wichtig in diesem Prozess ist, die Dinge nicht zu verkomplizieren. Ein Start-up ist schlank aufgestellt. Testen und Machen ist am Anfang wichtiger als ausgefeilte Strategie in Charts zu bauen. Außerdem ist Speed ein wichtiger Faktor für den Markterfolg. Interessant ist, dass auch ein Start-up meist schon in einem Konkurrenzumfeld arbeitet. Gibt es keinen Wettbewerb, ist vielleicht das Produkt oder Geschäftsmodell für den Markt gar nicht attraktiv! Diese gemeinsame Suche einer Positionierung in der richtigen Marktnische ist ein spannender, lehrreicher Weg.
- Drittens können Start-up Angels oder Start-up-Mentoren besonders am Start sehr wichtig sein, denn 90 % der Start-ups und Gründer haben sehr ähnliche Herausforderungen, bei deren Bewältigung externer Rat sehr wertvoll sein können. Intensive Branchen- oder Prozesskenntnis ist in den ersten 12 Monaten gar nicht entscheidend. Vielmehr zählt die Art des Mentoring ohne Weisungsbefugnis. Das Gründerteam muss es packen. Das eigene Ego sollte man weglassen. Auch das schult und trainiert einen als Mentor für Themen.

Der Erfolg kommt beim Machen. Junge Start-ups gehen die Dinge anders an und das ist gut so. Beispiele für typische Start-up-Vorgehensweisen und Arbeitsansätze:

- **Pivoting**
  Das ist eine Abwandlung der Geschäftsidee. Gerade Start-ups testen viel und realisieren dann schneller als langjährig etablierte Unternehmen, was funktioniert und was nicht. Damit ändern

Grafik: Anja Faber

sie auch schneller Ihr Geschäftsmodell, um es erfolgreich zu positionieren.

- **Disruption**
  Eine Disruption kann etablierte Geschäftsmodelle ablösen und auch ganze Märkte verschwinden lassen. Meist sind Ineffizienzen Auslöser von Disruptionen. Vieles was man mit Start-ups lernt, schärft die Perspektive für die eigene berufliche Themen.
- **Entscheidungsgeschwindigkeit**
  Auch bei Vorzeige-Start-ups verbergen sich unter dem Brennglas eine Menge unangenehmer Entscheidungen auf dem Weg zum Erfolg. Dies hautnah zu erleben, schärft den Fokus und die Notwendigkeit einer schnellen Entscheidung ungemein.
- **Problemanalyse**
  Jedes neue Geschäftsmodell, jede Geschäftsidee aber auch jede unternehmerische Wandlung sollte mit einer Problemanalyse starten. Wird dies vernachlässigt, erlebt man schnell das Gefühl am Markt und an den Menschen vorbei konzipiert zu haben.
- **Ungewissheitskompetenz**
  Diese Fähigkeit steht für schnelle Entscheidungen trotz unvollständiger Information und dabei aus Fehlern rasch zu lernen. Das ist eine Basis des Kreislaufs: Erst Kreieren – dann Entscheiden – erstmal Testen – möglichst schnelles Review – daraus Lernen und dann wieder von vorne bis man den optimalen Fit hat.
- **Skalierbarkeit**
  Skalieren ist die Fähigkeit, den Umsatz zu steigern, ohne gleichzeitig größere Investitionen tätigen zu müssen. Fast alle digitalen Geschäftsmodelle sind äußerst erfolgreich, weil sie skalieren.
- **Mentoring**
  Als Mentor für junge Gründer gibt man fachliches Wissen und Erfahrung weiter. Es ist vielfach eine kostenlose, transparente Beratung und Hilfe. Im Prozess und im Austausch mit Gründern lernt man selbst viel über neue digitale Themenfelder.
- **Lösungsorientierung**
  Junge Gründer leben von Schnelligkeit gepaart mit Lösungsorientierung im täglichen Arbeiten. So erlebt man in Reflexion, wie langsam, zäh und machtorientiert es in vielen althergebrachten Unternehmen zugeht. Innovationen gerade im digitalen Wandel bedingen eine lösungsorientierte Haltung und Einstellung.

Wählt man die Methode der Arbeit mit Start-ups und Gründern, erlebt man eine vielfältige unternehmerische Weiterbildung für digitalen Wandel.

Transformationswirksamkeit

- Wirksam für Herausforderungen mit hoher Komplexität
- Wirksam für Herausforderungen mit mittlerer Komplexität
- Wirksam für Herausforderungen mit niedriger Komplexität
- Wirksam für alle Transformationen
- Wirksam für radikale Transformationen

Transformationsfähigkeit

- Fördert die allgemeine Transformationsfähigkeit des Teams
- Fördert offene Mindsets und innovative Denkhaltungen

Einsatzcharakteristik

- Austauschfokus: vornehmlich mit externen Personen
- Durchführungszeit: eher hoch (> 1 Tag)
- Einsatzfrequenz: sinnvoll im dauerhaften Einsatz

Nötiger Input, um mit der Methode arbeiten zu können

- Ideen und Projekte die zur Umsetzung anstehen
- Gescheiterte Ideen und fehlgeschlagene Projekte
- Ideen, Lösungsansätze, Vorideen, Varianten
- Innovationssuchfelder, Intent Statements
- Vorhandene Produkte und Geschäftsmodelle

Erzeugter Output der Methode

- Erzeugt Ideen für neue Märkte und neue Business Modelle
- Erzeugt neues Wissen und neue Erfahrungen
- Erzeugt größere Klarheit zu einem Thema
- Erzeugt mehr Hintergrundinformationen
- Erzeugt mehr Know-how-Zuwachs
- Identifiziert vorhandene Schwachstellen und Stärken

Hinderniseffekte, auf die die Methode positiv wirkt

- 04 – Beugt blinden Flecken/Betriebsblindheit vor
- 12 – Wirkt fehlender Inspiration entgegen
- 18 – Bewahrt vor zu generischen Ideen und Aussagen
- 32 – Verhindert unreflektiertes Agieren
- 36 – Schafft schnell Klarheit und beschleunigt Erkenntnisgewinn

Mögliche Extravorteile

- für Teams mit einer konservativen, tradierten Kultur
- für innovativ unerfahrene Teams
- für interkulturell unerfahrene Teams
- für multidisziplinär unerfahrene Teams

Quellen

Web – https://www.business-angels.de, 2021
Web–https://gruenderplattform.de/finanzierung-und-foerderung/finanzierung-finden/finanzierungsmoeglichkeiten/business-angel, 2021

Start with why

EinSatzBeschreibung

Kreativitätstechnik zur Lösung von Kundenproblemen.

Transformation-Index

P1 Leading	P2 Organizing	P3 Connecting	P4 Growing	P5 Talking	P6 Scanning	P7 Exploiting	P8 Exploring	P9 Earning	P10 Scaling
		x	x	x			x	x	x

Beschreibung

Warum kauft Ihr Kunde Ihr Produkt? Oder umgekehrt: Warum kauft er es nicht? Warum glauben wir an eine Innovation? Warum folgen wir einer Führungskraft? Warum sollten wir einen Prozess ändern? Die „Start with Why" – „Frage immer erst Warum"-Technik zählt sicherlich zu den Ursprüngen agiler Methoden wie „Design Thinking" oder „Solving".

Die gleichermaßen einfache, wie geniale Methode nennt sein Erfinder, Simon Sinek, „Der goldene Kreis". Mit seinem Kreis skizziert der berühmte Unternehmensberater, wie wir denken, wie wir handeln und wie wir kommunizieren sollten. Dabei steht eben die Frage nach dem Problem des Kunden, nach seinen Wünschen und nach seinen Bedürfnissen im Vordergrund. Es gilt, die Probleme des Kunden zu verstehen und zu lösen.

Doch wenn diese Frage doch so einfach klingt: Warum stellen sich so viele von uns sie nicht? Warum müssen also erst agile Management-Methoden diesen Ansatz herausstellen? Umso wichtiger ist es daher, dass wir an dieser Stelle beantworten, warum und wie genau sie das so erfolgreich machen.

Warum verkauft also das eine Unternehmen sein Smartphone besser als das andere? Wo es doch mit einer Hülle kaum von einem anderen Modell zu unterscheiden ist? Weil es das „Warum" von seinen Kunden wissen will. Weil sich das Unternehmen wirklich für ihre Wünsche, ihre Bedürfnisse und ihre Probleme interessiert. Nur so kann es Produkte kontinuierlich verbessern, oder eine begeisternde Kommunikation aufsetzen. Wenn ich nicht weiß, warum mein Kunde etwas gut findet – wie will ich den Produktvorteil in den Vordergrund stellen? Und wenn ich ein Problem nicht kenne, wie will ich es lösen? Und dass wir es lösen müssen, steht außer Frage: Nicht zuletzt durch die digitale Transformation von Produkten, Prozessen und Plattformen ist das alternative, bessere Angebot für unsere Kunden nur einen Maus-Klick entfernt.

Durchführung: Der goldene Kreis: „Warum? Wie? Was?"

Simon Sinek geht vom greifbarsten Gegenstand zum am wenigsten greifbaren und führt in seiner berühmten Präsentation aus: „Sie denken und kommunizieren von innen nach außen. Im Zentrum, in der Mitte des Kreises, steht die Frage nach dem „Warum". Wenn Sie daran glauben, was Sie tun, folgen sie dem, der Sie inspiriert. Im zweiten Kreis dann die Frage nach dem „Wie?". Im dritten, dem äußeren Kreis, schließlich erst die Frage nach dem „Was?"

1. Starten Sie immer erst mit dem „Warum"

Simon Sinek analysiert in seiner Rede trefflich, dass wir wissen, was wir tun. „Einige von uns wissen auch, wie sie es tun. Sie wissen vielleicht sogar, ob es sich um einen differenzierten Wertschöpfungsprozess oder um ein Alleinstellungsmerkmal handelt. Aber nur sehr wenige von uns wissen, warum sie wirklich das tun, was sie tun. Und mit diesem „Warum" ist nicht gemeint, einen Profit zu erzielen. Der Gewinn ist nur ein Ergebnis. Mit dem „Warum" ist gemeint: Was ist Ihr Geschäftszweck? Was ist Ihr Anliegen? Was sind Ihre Glaubensgrundsätze? Warum existiert Ihr Unternehmen? Warum stehen Sie morgens auf? Und warum sollte Ihr Kunde Ihr Produkt kaufen?" Die Antwort nach dem Kaufgrund ist nicht das Produkt an sich, egal wie schön es ist. Die Antwort ist der konkrete Nutzen für Ihren Kunde: Ich kann mit meinem Smartphone Filme schauen. Fotos schießen und versenden. Videotelefonieren mit der Oma, wenn der reale Besuch während der Pandemie nicht möglich ist.

2. Dann erst folgt das „Wie?"

Erst nach dem „Warum" folgt also das „Wie". Das ist zum Beispiel das schöne Design des Smartphones. Die lange Laufzeit des Akkus. Das Brillante Display. Es gibt zahlreiche „Wie". Das „Warum" ist schon einzigartiger.

3. Und schließlich dann das „Was?"

Und nach dem „Wie" folgt dann schließlich erst das „Was". Also das Produkt selbst – das neuste Smartphone in der Variante XL. Allerdings stellen genau das die meisten von uns in den Vordergrund ihres Handelns und ihrer Kommunikation. Oft leider auch die Experten aus der Werbung.

Das spannende dabei ist: Diese Erkenntnis basiert auf den Grundsätzen der Biologie. Der Querschnitt des menschlichen Gehirns ist, von oben nach unten gesehen, in drei Teile aufgeteilt, die dem „Goldenen Kreis" entsprechen. Der äußere Neocortex ist verantwortlich für unsere rationalen und analytischen Gedanken und unsere Sprache, er entspricht dem „Was". Die mittleren beiden Teile bilden unser limbisches Gehirn, das verantwortlich für unsere Gefühle wie Vertrauen und Loyalität zeichnet. Es ist auch verantwortlich für all unser menschliches Verhalten, und jede Entscheidungsfindung.

Übersetzt bedeutet dies für Ihre Durchführung: Wenn wir also von außen nach innen kommunizieren, so verstehen wir Informationen wie die besonderen Merkmale, den Nutzen, die Fakten und die Zahlen. Nur lenken diese Informationen nur stark bedingt unser Verhalten. Kommunizieren wir jedoch von innen nach außen, so sprechen wir direkt den Teil des Gehirns an, das unser Verhalten kontrolliert. So entstehen Entscheidungen aus dem Bauch heraus: „Ich verstehe, was mir alle Fakten sagen, aber es fühlt sich einfach nicht richtig an. Ich entscheide anders". Sie kaufen also das iPhone auch dann, wenn es die kostspieligste Alternative ist, und Sie auch mit einem Samsung auch weitaus günstiger telefonieren, surfen und fotografieren könnten.

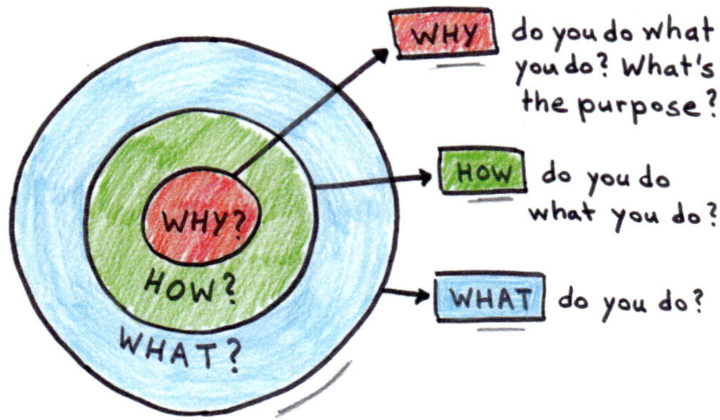

Grafik: Anja Faber

Praxisschlaglicht

Wir haben also gemäß der Lehre von Simon Sinek und seinem „Goldenen Kreis" bei der Vermarktung unserer Smartphones unsere Kommunikation von innen nach außen gesteuert. Den Benefit des Kunden in den Fokus gerückt – und das konsequent in unserer gesamten Kommunikation und Werbung. Bei unserem Launch des ersten iPhones Anno 2007 war es wichtig, dass wir zuerst die Innovatoren, und dann die „Early Adapter" begeisterten, um so die kritische Masse für einen Massenmarkt zu erreichen. Der sogenannte „Kipping-Point" liegt bei einer Marktdurchdringung zwischen 15 und 18 Prozent liegt. Diese beiden Zielgruppen machen in Summe rund 16 Prozent aus und sind deshalb immer so wichtig bei der Vermarktung von Innovationen.

Das Problem: Diese attraktive Zielgruppe gewinnen Sie nicht mit einer gesteigerten Akkulaufleistung des Nokia 6110. Diese Menschen gewinnen Sie mit der Frage nach dem „Warum". Und mit charismatische Leader wie Steve Jobs, der mit „One more thing" das entscheidende Ass aus dem Ärmel zauberte. Betrachten wir, wie Jobs das Highlight seiner Veranstaltung präsentierte, erklärt sich die Frage des großen Erfolgs von Apple: Er stellt die Frage nach dem „Warum" in den Mittelpunkt. Apple avancierte so zum Kult-Unternehmen. Und half uns damit entscheidend, dass erste iPhone von Beginn an wie geschnitten Brot zu verkaufen.

Sinek erklärt uns die Why-Methode an diesem konkreten Beispiel trefflich: „Wir glauben daran, dass wir anders denken. Wir sind anders. Das Besondere an Apple ist, dass die Kalifornier den Status quo in Frage stellen. „Think different", wie der legendäre Markenclaim auf den Punkt bringt. Darum kaufen Sie ein Apple Produkt. Weil auch Sie anders sein möchten. Das außergewöhnliche schöne Design ist erst zweitrangig von Bedeutung. Und erst dann ist es für Sie wichtig, dass Apple- Produkte einfach zu nutzen und besonders benutzerfreundlich sind. Der Beweis: Obgleich Hersteller wie Samsung oder Huawei durchaus erfolgreich Apple Produkte imitieren, erlangen Sie nicht den Kult-Status des Unternehmens aus dem Silikon Valley. Und darum ließen sich Apple-Produkte stets zu einem Preis verkaufen, der in einem anderen Rennen lief.

Sinek führt in seiner Präsentation weiter aus: „Wäre Apple ein beliebiges Unternehmen, würde die Werbebotschaft lauten. „Wir stellen großartige Smartphones her. Sie sehen gut aus, sind einfach zu benutzen und benutzerfreundlich. Möchten Sie einen kaufen?". So lauten herkömmliche Verkaufs- und Werbebotschaften. Wir sagen, was wir machen, wir sagen, wie wir uns unterscheiden oder warum wir besser als andere sind, und erwarten dann ein bestimmtes Verhalten, idealerweise einen Kaufabschluss. Apple jedoch stellt das „Warum" in den Mittelpunkt seines Denkens und Handelns: „Think different". Und dann folgt das Produkt mit seinen Features und wir stellen jetzt die Abschlussfrage. Alles, was Steve Jobs getan hat, ist also die Reihenfolge seiner Kommunikation mit den entsprechenden Informationen umzustellen. Von der Mitte nach außen."

„Think Different" ist folglich der Grund dafür, dass Menschen bei Launch des neusten iPhone stundenlang in der Schlange stehen. Und die Hardcore-Fans sogar vor dem Shop im Schlafsack übernachten. Es ist ihre Weltanschauung. Sie möchten, dass der Nokia Käufer sich mehr als wundert, wenn er diese Bilder in den 20 Uhr Nachrichten sieht. Sie sind die Ersten. Sie sind anders. Sie wollen sich besonders positionieren. Wenn Sie also ein Produkt erfolgreich auf den Markt bringen möchten, so müssen Sie zuerst diejenigen überzeugen, die an die Dinge glauben, die sie tun. Die nach dem „Warum" fragen. Diese „Nachzügler" kaufen das iPhone nur genau dann, wenn das Nachfolgemodell des Nokia 6110 nicht mehr entwickelt wird, weil Nokia nach Hause gegangen ist.

Nun wissen Sie den Grund, warum agile, kreative Management-Methode die Frage nach dem „Warum" in den Fokus rücken. „Think different!".

Transformationswirksamkeit

- Wirksam für Herausforderungen mit mittlerer Komplexität
- Wirksam für Designtransformationen
- Wirksam für Marketingtransformationen
- Wirksam für Produkttransformationen
- Wirksam für Servicetransformationen
- Wirksam für Sozialtransformationen

Transformationsfähigkeit

- Fördert grundlegend die Kreativität
- Fördert offene Mindsets und innovative Denkhaltungen
- Sorgt für Inspiration oder bessere Inspirationsempfindlichkeit
- Zahlt auf eine bessere Vorstellungskraft ein
- Zahlt auf eine bessere Wahrnehmung ein

Einsatzcharakteristik

- Austauschfokus: vornehmlich mit internen und externen Personen
- Durchführungszeit: eher mittel (>1 Stunde bis <1 Tag)
- Einsatzfrequenz: sinnvoll im dauerhaften Einsatz
- Einsatzradius: vornehmlich im unternehmensweiten Einsatz
- Komplexität für den Moderator: eher mittel
- Komplexität für die Teilnehmer: eher mittel
- Teamgröße: Einzelpersonennutzung möglich
- Teamgröße: Kleingruppe möglich (3 bis 5 Teilnehmer)
- Teamgröße: Maxigruppen möglich (20 bis 40 Teilnehmer)
- Teamgröße: Mittelgroße Teams möglich (5 bis 20 Teilnehmer)
- Vorbereitungszeit: eher mittel (>1 Stunde bis <1 Tag)

Nötiger Input, um mit der Methode arbeiten zu können

- Aktuell existierende Produkte und Services
- Angereicherte Ideen, Ideencluster oder höher integrierte Lösungen
- Frühe erste Prototypen
- Verschiedene Botschaften, Meinungen, Statements
- Verschiedene Meinungen und Blickwinkel
- Ideen, Lösungsansätze, Vorideen, Varianten
- Produktmerkmale, Skizzen, Eigenschaften

Erzeugter Output der Methode

- Erzeugt Ideen, Lösungsansätze, Vorideen, Möglichkeiten
- Erzeugt Ideensuchfelder, unentdeckte Probleme, Inspiration
- Erzeugt größere Klarheit zu einem Thema
- Erzeugt transformationsfähigere Organisationen
- Erzeugt motiviertere und transformationsfähigere Teilnehmer
- Ziel- und Fokusgruppen

Hinderniseffekte, auf die die Methode positiv wirkt

- 12 – Wirkt fehlender Inspiration entgegen
- 18 – Bewahrt vor zu generischen Ideen und Aussagen
- 22 – Verhindert störende Killerphrasen
- 24 – Verkürzt und durchbricht vorhandene Kreativblockaden
- 36 – Schafft schnell Klarheit und beschleunigt Erkenntnisgewinn
- 39 – Fördert die Agilität der Teilnehmer

Mögliche Extravorteile

- für agile Teams

Quellen

Buch – Start with Why. How Great leaders inspire Everyone to Take Action, Simon Sinek (Penguin, 2011)

Web – https://www.ted.com/talks/simon_sinek_how_great_leaders_inspire_action?language=de, 13.05.2021

Grafik: verrocchio Mindset-Card – Illustration: Jennifer Weiss

Supplier Relationship Management – Check-up

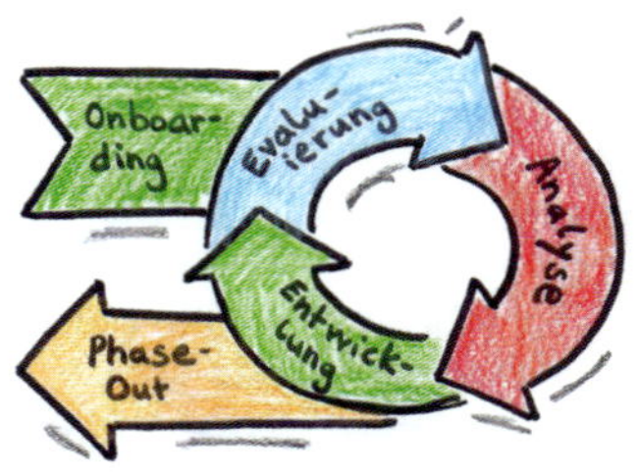

EinSatzBeschreibung

Das Lieferantenbeziehungsmanagement hilft bei der Bewertung und Weiterentwicklung des Lieferanten und ermöglicht damit auch die Verlagerung der digitalen Transformation.

Transformation-Index

P1 Leading	P2 Organizing	P3 Connecting	P4 Growing	P5 Talking	P6 Scanning	P7 Exploiting	P8 Exploring	P9 Earning	P10 Scaling
			x						

Beschreibung

In der digitalen Transformation ist eine elementare Bezugsquelle von Innovationen und Lösungen der Lieferant. Ein kontinuierliches und exzellentes Supplier Relationship Management (SRM) ist ein wichtiger Faktor um als erster an den Innovationsquellen zu sein, sie zu identifizieren und realisieren.

Bevor wir die Werttreiber und den geschäftlichen Nutzen von SRM untersuchen, ist es wichtig, eine klare **Definition** des Konzepts festzulegen. SRM ist:

- Unternehmensweite Analyse, welche Aktivitäten mit Unternehmen, von denen man Waren und Dienstleistungen beziehen, unternommen werden sollen.
- Koordinierte Planung und Ausführung aller Interaktionen mit Lieferanten, um den finanziellen und strategischen Gesamtwert zu maximieren.
- Nutzung der Ressourcen und Fähigkeiten von Lieferanten für Wettbewerbsvorteile.
- Nicht das Management von Lieferanten, sondern das gemeinsame Management von Interaktionen zwischen Kunden und Lieferanten.

Die **Umsetzung** eines effektiven SRMs hat elementare Vorteile für eine digitale Transformation:

- Die enge Interaktion mit seiner Lieferantenbasis ermöglicht es schnell und effektiv an Innovationen zu kommen.
- Änderungen des eigenen Operating Models lassen sich durch eine strukturierte Zusammenarbeit mit den Lieferanten deutlich einfacher und erfolgversprechender umsetzen.
- Riskante Aktivitäten mit Lieferanten oder die Identifizierung von risikobehafteten Unternehmen erfolgt deutlich schneller und verhindert kritische Situationen.
- Schnellers Aus- und Einphasen der Lieferanten ermöglicht schnellere Go-to-market-Prozesse bzw. eliminiert und gewollte Partnerschaften deutlich effektiver
- Gute Partnerschaften mit Lieferanten ermöglichen eine effektive gemeinsame Weiterentwicklung

Um ein effektives SRM zu implementieren sind folgende **Herausforderungen und Praktiken** anzugehen:

- Es sind alle Interaktionen über den Lebenszyklus der Lieferantenbeziehungen systematisch und ganzheitlich zu managen. Dies bedeutet insbesondere die Aufrechterhaltung einer engen Verbindung zwischen der Leistungsmessung der Lieferanten und zukünftiger Beschaffungsentscheidungen. Die Durchführung von Verhandlungen ist auf einer Art und Weise durchzuführen, die eine Grundlage für eine vertrauensvolle Zusammenarbeit schafft.
- Es sind alle Interaktionen mit Lieferanten über Geschäftseinheiten und Funktionen hinaus in einer systematischen, integrierten Weise zu verwalten. Ziel ist es,
  - die Effizienz zu steigern, die Hebelwirkung zu maximieren (sowohl im Wettbewerb als auch in der Zusammenarbeit),
  - das Vertrauen zu stärken (indem man mit „einer Stimme" zu den Lieferanten spricht),
  - systemisch Maßnahmen zu identifizieren und umzusetzen,
  - die Lieferantenrisiken sind in der Lieferkette zu identifizieren.
- Gleichgewicht zwischen Wettbewerbsdruck und kollaborativen Engagement. Unternehmen müssen weggehen von Drohungen (z. B. Vertragsstrafen, Geschäftsverluste) als primäres Mittel, um Lieferanten zu motivieren, maximalen Wert zu liefern. Beschaffung und Supply-Chain-Organisationen müssen ein breiteres Spektrum an Strategien einsetzen, um den Einfluss auf die Lieferanten zu nehmen, um die Leistung der Lieferanten zu verbessern.
- Systematisches Management der zwischenmenschlichen Dimension der Lieferantenbeziehungen. Es gibt natürliche persönliche und professionelle Grenzen, die festzulegen sind, wenn es um Lieferantenbeziehungen geht. Dennoch muss die menschliche Seite der Lieferantenbeziehungen gemanagt werden – und darf nicht ignoriert oder verdrängt werden.
- Nutzen Sie alle Ressourcen, Fachkenntnisse und Fähigkeiten der Lieferanten, um den Wettbewerbsvorteil zu maximieren.

Dies klingt grundsätzlich als sinnvolles Ziel. Allerdings ist bei der Komplexität der Lieferantenstrukturen ein erheblicher Aufwand damit verbunden. An dieser Stelle sollen **sieben Prinzipien** dabei helfen, zielgerichtet ein effektives SRM zu realisieren:

1. Fokussieren der SRM-Bemühungen auf die Lieferanten, bei denen das größte Potenzial zur Wertschöpfung und Risikominderung besteht. Die Implementierung von SRM ist mit erheblichen Investitionen in das Änderungsmanagement verbunden. Diese Investitionen sollten sorgfältig auf die Möglichkeiten hin abgestimmt werden, neue Werte zu schaffen und/oder ein besseres Risikomanagement mit Lieferanten zu erzielen. Es ist zu vermeiden, das SRM undifferenziert bei zu vielen Lieferanten zu implementieren, da es zu vergeudeter Zeit und Aufwand sowie zu einem geringeren Nutzen führt.

2. Behandeln Sie alle Lieferanten mit einem hohen Maß an Professionalität und Respekt. Die Tendenz, einige Lieferanten auf selbstherrliche Weise zu behandeln (schließlich bezahlen wir sie ja), ist in vielen Unternehmen tief verwurzelt. Ein Unternehmen, das die Respektlosigkeit auch nur einiger Lieferanten toleriert, wird feststellen, dass dieses Verhalten unweigerlich auch auf den Umgang mit strategischen Lieferanten übergreift. Interaktionen mit strategischen Lieferanten übergeht – wo es eine zersetzende Wirkung auf den realisierten Wert hat.
3. Investieren Sie in ein besseres Verständnis der Lieferanten. Machen Sie sich ihre Strategien, Geschäftsmodelle, Organisationsstruktur, Kulturen und Fähigkeiten transparent. Dies verbessert Ihre Fähigkeit, Einfluss auf die Lieferanten zu nehmen und Möglichkeiten zu erkennen, mit ihnen mehr Wert zu schaffen.
4. Geben Sie Ihren Lieferanten in ein besseres Verständnis über Ihr Unternehmen. Auch die Lieferanten müssen Ihre Strategie, Ihre Prioritäten, Ihre Organisationsstruktur und -kultur sowie Ihre Richtlinien und Verfahren verstehen. Erhöhen Sie die Fähigkeit der wichtigsten Lieferanten, ihre Ressourcen und Lösungen zu entwickeln und Dienstleistungen zu erbringen, die optimal auf Ihre Bedürfnisse abgestimmt ist.
5. Bauen Sie aktiv Vertrauen zu Lieferanten auf und erhalten Sie es. Vertrauen mag wie ein „weicher" Faktor erscheinen. Dennoch gibt es überwältigende Beweise dafür, dass mangelndes Vertrauen zwischen Kunden und Lieferanten wie eine enorme Steuer auf die Produktivität und ein Hindernis für die Wertschöpfung wirkt. Umgekehrt erleichtert ein hohes Maß an Vertrauen zwischen Geschäftspartnern den transparenten und effizienten Informationsaustausch sowie eine größere Bereitschaft, Zeit, Mühe und Kapital zu investieren.
6. Bitten Sie die Lieferanten um Feedback zur Leistung Ihres eigenen Unternehmens und verfolgen Sie den Nutzen für Ihren Lieferanten. Obwohl Lieferanten-Scorecards immer häufiger eingesetzt werden, liegt ihr Fokus noch zu oft auf der Messung der Lieferantenleistung und dem damit verbundenen Wert für Sie. Allerdings liegen die Ursachen vieler Leistungsprobleme jedoch nicht nur bei den Lieferanten.
7. Laden Sie Lieferanten ein und seien Sie offen für deren Ideen und Vorschläge. Beschaffungs- und Einkaufsorganisationen arbeiten oft an der Entwicklung eng definierter Anforderungen und Spezifikationen, die einen direkten Vergleich zwischen den Lieferanten ermöglichen (oder erzwingen). Diese Taktiken resultieren zum Teil aus der Tendenz, sich stark auf den Wettbewerbsdruck zu verlassen, um den besten Wert von Lieferanten zu erhalten und eine optimale Leistung zu motivieren. Allerdings verhindert dies auch spezifische Stärken der Lieferanten zu identifizieren und damit ein besseres Ergebnis für Sie zu erreichen.

Insgesamt sind die Ziele, Praktiken und Prinzipien eines SRM ein Dreh- und Angelpunkt einer extern-vorangetriebenen Transformation. Daher ist ein methodischer Ansatz zur Optimierung der Lieferantenbeziehung erstrebenswert und erforderlich.

Durchführung

Grundsätzlich lässt sich das methodische Vorgehen eines SRM am Lebenszyklus festmachen: Onboarding, Evaluierung, Analyse, Entwicklung und Phase-Out. Der methodische Ansatz gibt hier keine Antwort auf die Komplexitätsreduktion, sondern nur ein grundlegendes Kochrezept:

Schritt 1: Onboarding

Zunächst werden die Stammdaten und die relevanten Informationen der Zusammenarbeit aufgenommen. Notwendige Qualifizierungen werden durchgeführt bzw. die relevanten Zertifizierungen werden geprüft und eingeholt. Sobald der Lieferanten aktiv freigegeben wird, ist eine Zusammenarbeit möglich.

Schritt 2: Evaluierung

Sämtliche Informationen und Daten, die sich über den Lieferanten finden lassen, werden zusammengetragen. Dies sind auf der einen Seite interne Informationen, wie bspw. Lieferdaten, Qualitätsinformationen, Verspätungen, etc. Auf der anderen Seite sind es externe Daten, die externe Datenbanken zur Verfügung stellen, wie D&B oder Ecovadis oder von Lieferanten selbst kommen (bspw. durch Fragebögen, Erhebungen oder Lieferantenaudits).

Schritt 3: Analyse

Eine kontinuierliche Analyse der relevanten Kennzahlen ermöglicht die strukturierte Arbeit mit den Informationen. Es lassen sich Leistungsinformationen zusammenstellen, die Vergleiche ermöglichen oder Stärken und Schwächen identifizieren. Zusätzlich ermöglicht es aber auch komplexere Analysen: Bspw. können bestimmte Konstellationen von Kennzahlen und Informationen auch erlernte Rückschlüsse ermöglichen. Ist ein Heimatland eines Unternehmens mit schlechten Wirtschaftskennzahlen bewertet, Kreditreforminformationen sinken und die on-time delivery sinkt, so ist eine kritische Liefersituation zu erwarten und ein Risiko anzuzeigen.

Schritt 4: Entwicklung

Die Lieferantenbeziehung ist kontinuierlich zu entwickeln und zu verbessern. Nur dann kann eine Lieferantestruktur bei den notwendigen Transformationsbedarf eines Unternehmens bestehen bleiben und erfolgreich realisiert werden. Dabei reicht es nicht nur Maßnahmen zu identifizieren, es ist auch eine Steuerung, Kontrolle und Führung notwendig.

Schritt 5: Phase-out

Die Beendigung einer Lieferantenbeziehung sollte eher als „einschlafen" bezeichnet werden. Nur weil ein Lieferant mal ausgemustert wird, heißt es nicht, dass er nicht wieder relevant sein könnte. Das vertrauenswürdige Ausphasen von Lieferanten sollte also zukunftsförderlich sein und keine unüberbrückbaren Differenzen zurücklassen. Die Daten und Informationen, die bis dato gesammelt wurden, werden entsprechend beibehalten. Ein gewisses Maß an Evaluierung und Analyse sollten dennoch weiter aufrecht erhalten bleiben, um hier keine erneute Chance zu verpassen.

> Die Methode eines effizienten Supplier Relationship Management ist eine externe Quelle zur Identifikation von Innovationen und Informationen, die für eine digitale Transformation genauso wichtig sind wie die kreative Idee selbst. Die Einbindung der Lieferantenressourcen ist somit einer Verstärkung der eigenen Kapazität, die für mehr Geschwindigkeit unbedingt notwendig ist.

Transformationswirksamkeit

- Wirksam für Herausforderungen mit hoher Komplexität
- Wirksam für Prozesstransformationen

Transformationsfähigkeit

- Fördert die allgemeine Transformationsfähigkeit des Teams

Einsatzcharakteristik

- Austauschfokus: vornehmlich mit externen Personen
- Durchführungszeit: eher hoch (> 1 Tag)
- Einsatzfrequenz: sinnvoll im dauerhaften Einsatz
- Einsatzradius: vornehmlich im unternehmensweiten Einsatz
- Komplexität für den Moderator: eher hoch
- Komplexität für die Teilnehmer: eher hoch
- Teamgröße: Großgruppen möglich (>50 Teilnehmer)
- Vorbereitungszeit: eher hoch (>1 Tag)

Nötiger Input, um mit der Methode arbeiten zu können

- Aktuell existierende Geschäftsmodelle
- Aktuell existierende Produkte und Services
- Aktuelle Herausforderung, Leitfrage, Problem

Erzeugter Output der Methode

- Bessere Projekteffizienz, bessere Teamperformance
- Erzeugt Ideen für neue Märkte und neue Business Modelle
- Erzeugt Ideen, Lösungsansätze, Vorideen, Möglichkeiten
- Erzeugt Ideensuchfelder, unentdeckte Probleme, Inspiration
- Erzeugt Leitfragen für die Ideenfindung

Hinderniseffekte, auf die die Methode positiv wirkt

- 04 – Beugt blinden Flecken/Betriebsblindheit vor
- 08 – Verhindert einseitige Bewertungen und Entscheidungen
- 12 – Wirkt fehlender Inspiration entgegen
- 13 – Schafft für den Erfolg nötige Realitätsbezüge
- 18 – Bewahrt vor zu generischen Ideen und Aussagen
- 19 – Verhindert Ideenbunkerei und Geheimniskrämerei
- 20 – Verhindert Ideenfindung mit zu schwacher Erkenntnisgrundlage
- 25 – Schwächt multidisziplinäre Reibungsverluste
- 35 – Dynamisiert und aktiviert wenig dynamische Teams
- 36 – Schafft schnell Klarheit und beschleunigt Erkenntnisgewinn

Mögliche Extravorteile

- für disruptiv erfahrene Teams
- für innovativ erfahrene Teams
- für interkulturell erfahrene Teams
- für multidisziplinär erfahrene Teams

Quelle

Buch – Getting the Most Out of SRM, Jonathan Hughes und Jessica Wadd (Supply Chain Management Review, 2012)

SWOT-Analyse

EinSatzBeschreibung

Die SWOT-Analyse ist ein Instrument der strategischen Planung und dient der Positionsbestimmung und Strategieentwicklung.

Transformation-Index

P1 Leading	P2 Organizing	P3 Connecting	P4 Growing	P5 Talking	P6 Scanning	P7 Exploiting	P8 Exploring	P9 Earning	P10 Scaling
					x	x	x	x	x

Beschreibung

Die SWOT-Analyse ist eine Basis-Methode, um den Fokus zur Entwicklung von Handlungsstrategien zu schärfen. Sie ist sehr gut anwendbar bei umzusetzenden Transformationen oder bei der Wandlung von unternehmerischen Geschäftsmodellen sowie Produkten. Die SWOT-Analyse liefert einen ausreichend präzisen Ist-Status, auf den man weiter aufbauen kann.

SWOT definiert eine Stärken-Schwächen-Chancen-Risiken-Analyse. Die Chancen und Risiken sind dementsprechend eine Analyse der externen Umwelt. Diese werden mit den Stärken und Schwächen der internen Unternehmensanalyse gegenübergestellt. So wird geprüft, ob und welche Handlungsoptionen für Wandlungen bestehen könnten. Somit ist die SWOT-Analyse ein Instrument der strategischen Planung für ein Unternehmen.

Im Internet findet man viel Material über die SWOT-Analyse. Auch Bücher von Wirtschaftsexperten mit Handlungsanweisungen zur SWOT-Analyse sind bereits mannigfaltig veröffentlicht. Nachfolgend eine grobe Orientierung, denn die Fragen und Auflistung von Punkten für die einzelnen Themen der SWOT-Analyse sind sehr individuell und spezifisch gestaltbar:

Stärken (strengths):

- Kunden & Kundenzufriedenheit
- Know-how
- Personal
- Innovationskraft
- Prozesse

Grafik: www.swot-analyse.net

Schwächen (weakness):

- Kostenstruktur
- Kultur
- Produktivität und Bürokratie
- Engagement und Konflikte
- Liquidität

Chancen (opportunities):

- Innovationen
- Neue Zielgruppen
- Wertewandel
- Deregulierung
- Globalisierung
- Digitalisierung

Risiken (threats):

- Kundenerwartungen
- Wettbewerb
- Gesetzgebung und politische Rahmenbedingungen
- Konjunktur und Wirtschaftskrisen

Gerade bei einer anstehenden digitalen Transformation, die ja einer strategischen Planung folgen soll, ist die SWOT-Analyse schnell und einfach einsetzbar.

Durchführung

Die Durchführung einer SWOT-Analyse sollte in einem speziell angesetzten Workshop erfolgen. Wichtig ist die Zusammensetzung der Workshopteilnehmer mit hoher Diversifikation. Somit verhindert man Ergebnisse, die Themen ausblenden. Eine gute Diskussion aus verschiedenen Perspektiven dient besseren Ergebnissen.

Bezogen auf den Themenkomplex der digitalen Transformation sind folgende Schritte bei der Durchführung anzudenken:

1. Der Start erfolgt mit einer **Umfeldanalyse**. Hier geht es um eine Auflistung der großen Trends. In Bezug auf Digitalisierung könnte das u. a. die Betrachtung von SaaS-Lösungen (Software-as-a-Service Lösungen, siehe Kapitel im Buch) sein. Weiterhin ist eine Analyse des Markts bindend. Jede Branche hat ihre eigene digitale Transformation in Bezug auf Themen, Geschwindigkeit und Innovationsrate. Ebenfalls ist hier eine Auflistung der aktuell wichtigsten Wettbewerber mit ihren Digitalisierungsanstrengungen hilfreich.
2. Anschließend folgt die Erarbeitung der Stärken und Schwächen als **interne Analyse**. Redaktionell sollte der Workshopleiter im Vorfeld geeignete W-Fragen formuliert haben. Gerade ungeübte Teilnehmer hilft dies, schneller zielgerichtet Punkte zu finden. Zusätzlich ist es aber wichtig, blinde Flecken nicht auszublenden, sondern den Teilnehmern die Freiheit zugestehen, weitere Fragen zu formulieren oder Themen von Stärken und Schwächen hinzuzufügen.
   Für digitale Transformationen bearbeitet der Workshop insbesondere den Status der Organisation, Abläufe und Prozesse: Wie sind die Prozesse strukturiert und organisiert? Welche end-to-end aufgesetzten Prozesse haben wir? Wie wirken sie sich positiv auf die Qualität von Produkten und Services aus? Welche Stärken oder Schwächen existieren hier im Unternehmen?
3. Danach geht es um die **Auflistung der Chancen und Risiken**. Auch hier sind vorformulierte W-Fragen als Rahmen sinnvoll. Chancen und Risiken in Bezug auf digitale Wandlungsfähigkeit sind entscheidende Faktoren. Solche Themen sind vielfach das Finden neuer Zielgruppen mit damit einhergehenden modifizierten Kundenerwartungen. Auch der gesellschaftliche Wertewandel sowie unsere globale, vernetzte Welt beeinflussen zukünftige Strategien. Gerade auch durch die Corona Pandemie haben wir aufgrund sich ändernder Rahmenbedingungen einen digitalen Wandel in sehr hoher Geschwindigkeit erlebt.
   Workshopfragen könnten lauten: Was sind neue Zielgruppen für unser(e) Produkt(e)? Welche Kundenerwartungen an unser(e) Produkt(e) sind heute schon oder in der Zukunft zu sehen? Wo sind wir zu analog und wo gibt es Erwartungen an digitalen Lösungen? Wie beeinflusst ein Wertewandel in Bezug auf Digitalisierung unser Geschäftsmodell? Welche Chancen und Risiken bietet uns die Globalisierung?
4. Zum Schluss werden die **Maßnahmen zur Digitalisierung** erarbeitet, um Chancen zu nutzen und Risiken zu verringern. Somit entsteht ein komprimiertes, fokussiertes Ergebnis, um darauf Lösungsmaßnahmen und Innovationsprojekte in einem weiterführenden Strategiemeeting zu digitalen Stoßrichtungen mit konkreten digitalen Maßnahmen zu definieren und zu starten.
5. Die **Umsetzung** aufgrund der schnelllebigen digitalen Entwicklung ist fortlaufend zu kontrollieren. Als Abschluss oder Zwischenergebnis eines Prozesses ist wiederum eine SWOT Analyse sinnvoll. Hält man es möglichst einfach und fokussiert sich auf die zwei bis drei wichtigsten Chancen und Risiken, ist eine derartige Zwischenanalyse schnell und pragmatisch in drei bis vier Stunden umgesetzt.

Transformationswirksamkeit

- Wirksam für Herausforderungen mit hoher Komplexität
- Wirksam für Herausforderungen mit mittlerer Komplexität
- Wirksam für Herausforderungen mit niedriger Komplexität
- Wirksam für alle Transformationen

Transformationsfähigkeit

- Fördert die allgemeine Transformationsfähigkeit des Teams
- Fördert offene Mindsets und innovative Denkhaltungen
- Zahlt auf eine bessere Wahrnehmung ein

Einsatzcharakteristik

- Austauschfokus: vornehmlich mit internen Personen
- Durchführungszeit: eher mittel (>1 Stunde bis <1 Tag)
- Einsatzfrequenz: sinnvoll im dauerhaften Einsatz
- Einsatzradius: vornehmlich im projektweiten Einsatz
- Komplexität für den Moderator: eher mittel
- Komplexität für die Teilnehmer: eher mittel
- Teamgröße: Kleingruppe möglich (3 bis 5 Teilnehmer)
- Teamgröße: Mittelgroße Teams möglich (5 bis 20 Teilnehmer)
- Vorbereitungszeit: eher mittel (>1 Stunde bis <1 Tag)

Nötiger Input, um mit der Methode arbeiten zu können

- Aktuell existierende Geschäftsmodelle
- Aktuell existierende Produkte und Services
- Aktuelle Herausforderung, Leitfrage, Problem

- Existierende Prozesse und Verfahren
- Trends und Zukunftsentwicklungen
- Umfeldbeobachtungen, Umfeldanalysen

Erzeugter Output der Methode

- Erzeugt Listen von Chancen und Risiken
- Erzeugt Prognosen und Ableitungen
- Erzeugt größere Klarheit zu einem Thema
- Hilft bei Entscheidungen, Bewertungen und Feedback
- Identifiziert vorhandene Schwachstellen
- Identifiziert vorhandene Stärken
- Macht Wirkzusammenhänge sichtbar

Hinderniseffekte, auf die die Methode positiv wirkt

- 04 – Beugt blinden Flecken/Betriebsblindheit vor
- 05 – Verhindert blinden Aktionismus
- 08 – Verhindert einseitige Bewertungen und Entscheidungen
- 10 – Verhindert falsche Flughöhen
- 11 – Schärft eine fehlende gemeinsame Ausrichtung
- 13 – Schafft für den Erfolg nötige Realitätsbezüge
- 16 – Beugt Misinterpretationen vor
- 32 – Verhindert unreflektiertes Agieren
- 33 – Schwächt Verdiskutiererei
- 36 – Schafft schnell Klarheit und beschleunigt Erkenntnisgewinn
- 42 – Überzeugt strukturliebende Teammitglieder

Mögliche Extravorteile

- für Teams in einer Krisensituation
- für Teams mit einer konservativen, tradierten Kultur
- für Teams mit einer schwacher Teamleitung
- für Teams mit schwachem Auftragsmandat
- für disruptiv unerfahrene Teams
- für innovativ ungeübte Teams
- für interkulturell unerfahrene Teams
- für multidisziplinär unerfahrene Teams
- für unerfahrene Trainer und Agile Coaches
- für die Arbeit mit digitalen Kollaborationsboards

Quellen

Buch – Praxisleitfaden SWOT-Analyse: Stärken/Schwächen sowie Chancen/Risiken identifizieren und managen, Willy Schneider (Books on Demand, 2021)

Buch – Die SWOT-Analyse als Ausgangspunkt für strategische Entscheidungen in Unternehmen, Andreas Schütz (GRIN Verlag, 2014)

Web – https://digital-transformation-tool.eu/training/mod/hvp/view.php?id=141&lang=de, 2020

Buch – Das große Handbuch Innovation, B. van Aerssen, C. Buchholz (Vahlen 2018)

Tasklogs

EinSatzBeschreibung

Methode zur Strukturierung und Nachverfolgung von Aufgabenclustern.

Transformation-Index

P1 Leading	P2 Organizing	P3 Connecting	P4 Growing	P5 Talking	P6 Scanning	P7 Exploiting	P8 Exploring	P9 Earning	P10 Scaling
	x								

Beschreibung

Ein Tasklog ist eine Liste von Aufgaben, die in einem Projekt zu erledigen sind. Die Aufgaben werden mit weiteren Informationen angereichert, zum Beispiel Zuständigkeiten oder Abgabeterminen. Im Tasklog wird in regelmäßigen Abständen sehr präzise und klar festgehalten, wie der Status zu den einzelnen Aufgaben ist und welche Schritte als nächstes zu bearbeiten sind. Erledigte Aufgaben werden im Tasklog markiert. So behält man zum Beispiel bei der Umsetzung unterschiedlicher Arbeitsschritte in einem Projekt den aktuellen Arbeitsstand im Blick.

In Transformationsprojekten werden oft Teams zusammengestellt, die es noch nicht gewohnt sind, miteinander zu arbeiten. Außerdem entstehen in der Regel neue Aufgabencluster, die sich nicht im Rahmen der üblichen Organisationslinien abarbeiten lassen. Tasklogs geben hier Struktur und helfen, im Projekt den roten Faden zu behalten. Zuständigkeiten und Deadlines können sehr effizient nachvollzogen werden. Digital vernetzte Teams können über das selbstständige Pflegen der Aufgaben im Tasklog lernen, in die Owner-Rolle hineinzuwachsen. Tasklogs bieten sich zum Beispiel auch sehr gut als Leitfaden für einen regelmäßigen Team Jour Fixe an.

Durchführung

Tasklogs orientieren sich an einer Listen- bzw. Tabellenstruktur. In der Primärspalte werden Aufgaben aufgelistet und mit Unteraufgaben versehen. In den weiteren Spalten lassen sich weitere Informationen zu den einzelnen Aufgaben eintragen und nachvollziehen.

Zunächst sollte man sich über die übergeordnete Gruppierung im Tasklog Gedanken machen: Lassen sich die zu bearbeitenden Aufgabencluster zum Beispiel nach Projekten, Produkten oder Arbeitsbereichen unterteilen, oder sollen strategisch definierte Ziele für die Gliederung maßgeblich sein? Ist dies einmal entschieden, trägt man in der Primärspalte die einzelnen Elemente in die Liste ein und ordnet ihnen darunter jeweils die benötigten Arbeitsschritte zu.

Es bietet sich hierbei an, je nach Tool diese hierarchischen Beziehungen direkt mit abzubilden: Auf oberster Ebene stehen die einzelnen Projekte, Produkte oder Arbeitsbereiche, die untergeordneten Teil-Aufgaben werden eingerückt dargestellt (Parent-Child-Verknüpfung). So lässt sich nach Bedarf ein höheres Abstraktionslevel erreichen; zum Beispiel kann man sich dann auf der obersten Ebene sehr gut ansehen, wie der übergeordnete Arbeitsstand aussieht, ohne zu detailliert die einzelnen Schritte zu betrachten. Außerdem erzeugt man nebenbei aggregierte Daten, was für die Weiterbearbeitung in anderen Tools oder das Aufsetzen von Automatisierungen sehr hilfreich ist.

Neben der Primärspalte werden in den weiteren Spalten der Tabelle oder Liste die Punkte ergänzt, die man im Zusammenhang mit den Aufgaben dokumentieren möchte. Man kann zum Beispiel auch mit Filtern arbeiten, um sich nur Aufgaben anzeigen zu lassen, die in eine bestimmte Kategorie gehören.

Folgende Kategorien empfehlen sich grundsätzlich:

- Deadline: Gibt es einen festgelegten Abgabetermin für die Aufgabe? Wenn nein, was ist ein realistisch anzunehmender oder planbarer Termin?
- Status: Sollte als Dropdown hinterlegt werden, damit man ihn übergreifend einheitlich nachvollziehen kann. Zum Beispiel: Neu – Nicht begonnen – In Bearbeitung – On Hold – Erledigt.
- Nächster Schritt: Was ist bei dieser Aufgabe als nächstes zu erledigen? Dies ist zugleich die Arbeitsanweisung für die Person, der die Aufgabe gerade zugewiesen ist.
- Owner/Verantwortlich: Wer ist grundsätzlich dafür verantwortlich, dass die Aufgabe erledigt wird? Welche Person muss man ansprechen, um mehr Informationen zu der Aufgabe zu bekommen?
- Zugewiesen zu: Wer ist für die Erledigung des nächsten Schrittes im Zusammenhang mit dieser Aufgabe zuständig? Die Person, die hier eingetragen ist, muss sich nicht mit derjenigen decken, die als Owner definiert ist.
- Kommentar: Freies Feld für zusätzliche Informationen. Ist erfahrungsgemäß sehr hilfreich, damit die Information unter „Nächster Schritt“ knapp und übersichtlich bleiben kann. Bei langen Listen ist dieses Feld eine gute Gedankenstütze.

Optional und je nach Tool bieten sich weitere Spalten-Typen an:

- Checkbox „Erledigt“: Viele Tools ermöglichen das Setzen eines Häkchens in der dafür vorgesehenen Spalte. Zeilen, die mit dem Häkchen markiert sind, werden dann z. B. automatisch durchgestrichen oder ausgegraut, sodass man den Gesamt-Status sehr gut auf den ersten Blick sehen kann.
- Ansprechpartner oder verantwortliche Person aus einem komplementären Bereich: Gibt es zum Beispiel technische Ansprechpersonen im Team oder Dienstleister im Zusammenhang mit einer Aufgabe?
- Priorisierung: Eine Prio-Spalte, die je nach Tool auch mit Icons arbeiten kann, gibt insbesondere bei langen Aufgabenlisten Orientierung.

189 Tasklogs

smartsheet

Datei Automatisierung Formulare

Tasklog Beispiel

	Flag	Prio	Erledigt	Aufgabenname	Go Live/ Plan	Verantwortlich	Zugewiesen zu	Status	Kommentare
1				**Aufgaben in der Transformation**				In Bearbeitung	
2		!		**Projekt 1**	**08.07.21**	**Stephanie**		**In Bearbeitung**	
3				Technischen Prozess klären	31.05.21		Beate	In Bearbeitung	
4				Formulierungen definieren	15.06.21		Benno	Nicht begonnen	
5	⚑			Layout	30.06.21		Tobias	On Hold	Abhängig vom Prozess.
6		–		**Projekt 2**				**In Bearbeitung**	
10									

Grafik: Stephanie Bretz

- Flag: Ein Icon, das man je nach Tool setzen kann, um besonders kritische Zeilen grafisch hervorzuheben. Profis hinterlegen zusätzlich eine bedingte Formatierung, sodass geflaggte Zeilen automatisch ins Auge springen (zum Beispiel bei blockierten Themen oder kritischen Timings).

Um den Tasklog zu erstellen, wählt man idealerweise vernetzte Tools, die Listen oder Tabellen abbilden können: Zum Beispiel Google Sheet, Excel, smartsheet, Airtable. So kann das ganze Team an dem Tasklog arbeiten. Ziel sollte sein, dass die jeweils zuständigen Personen den Fortschritt ihrer Aufgaben im Tasklog eigenständig dokumentieren. Alle Spalten, bis auf die Primärspalte, dürfen dabei immer mit den aktuellsten Informationen überschrieben werden. In regelmäßigen Abständen sollte der Tasklog gemeinsam mit dem ganzen Projektteam besprochen werden. So lassen sich Abhängigkeiten und Blocker identifizieren, neue Aufgaben mit Priorisierungen versehen oder Zuständigkeiten gemeinsam diskutieren und zuweisen. Das Schönste am Tasklog ist natürlich das gemeinsame Abhaken von erledigten Aufgaben – so kann das Team gemeinsam den Fortschritt am Projekt dokumentieren.

Mit einem Tool, das unterschiedliche Ansichten von strukturierten Daten erzeugen kann, lässt sich ein begonnener und gepflegter Tasklog in ein Kanban Board umwandeln. Man sollte in der Kanban-Ansicht natürlich sicherstellen, dass man die Strukturierung der Buckets sinnvoll wählt; z. B. ist je nach Kontext eine Gliederung nach Projekt, Produkt oder Status sinnvoller.

Praxisschlaglicht

Schlaglicht 1:

Wir haben einen Kunden im E-Commerce mit einem Tasklog unterstützt. Das Unternehmen war gerade aus einer klassischen Organisationsstruktur zu einer Matrix übergegangen. Abteilungen, die im Marketing vorher in „ihrer" Vertikalen gearbeitet hatten, sollten nun themenbezogen horizontal zusammenarbeiten. Es gab eine Vielzahl von strategischen Ansätzen und konkreten Umsetzungsideen; die Priorisierung, der zeitliche Horizont und insbesondere die jeweilige Zuständigkeit zwischen den Teams waren sehr schwierig nachzuhalten. Mit einem Tasklog als Google-Sheet konnten wir den Überblick über die Aufgaben strukturieren und im wöchentlichen Austausch Schritt für Schritt die Zuständigkeiten festlegen und die Fertigstellung nachvollziehen. Schließlich sind wir auf Wunsch des Teams zu einem Kanban Board in Trello übergegangen.

Schlaglicht 2:

Im Agentur-Kontext setzen wir den Tasklog zur internen Kommunikation ein. Mehrere Teams bearbeiten unterschiedliche Dienstleistungen für den gleichen Kunden. Ein klassischer Tasklog ist hierbei ein zentrales Element der Koordination zwischen den unterschiedlichen Bereichen. Je nach Aufgabenbereich (z. B. Social Media, Website, Strategie, etc.) sind die zuständigen Personen dafür verantwortlich, den aktuellen Arbeitsstand zu dokumentieren. Der Tasklog wird einmal wöchentlich zu einem bestimmten Stichtag auf den aktuellen Stand gebracht. So haben alle gemeinsam den Überblick darüber, wie der Status in den unterschiedlichen Aufgabenbereichen ist.

Transformationswirksamkeit

- Wirksam für alle Transformationen

Transformationsfähigkeit

- Fördert die Agilität eines Teams
- Fördert die allgemeine Transformationsfähigkeit des Teams
- Zahlt auf eine bessere Wahrnehmung ein

Einsatzcharakteristik

- Durchführungszeit: eher gering (< 1 Stunde)
- Einsatzfrequenz: sinnvoll im dauerhaften Einsatz
- Einsatzradius: vornehmlich im Teameinsatz
- Einsatzradius: vornehmlich im projektweiten Einsatz
- Komplexität für den Moderator: eher gering
- Komplexität für die Teilnehmer: eher gering
- Teamgröße: Einzelpersonennutzung möglich
- Teamgröße: Großgruppen möglich (>50 Teilnehmer)
- Teamgröße: Kleingruppe möglich (3 bis 5 Teilnehmer)
- Teamgröße: Maxigruppen möglich (20 bis 40 Teilnehmer)
- Teamgröße: Mittelgroße Teams möglich (5 bis 20 Teilnehmer)
- Vorbereitungszeit: eher gering (<1 Stunde)

Nötiger Input, um mit der Methode arbeiten zu können

- Beteiligte Personen mit Tätigkeiten und Aufgaben
- Ideen und Projekte die zur Umsetzung anstehen

Erzeugter Output der Methode

- Bessere Projekteffizienz, bessere Teamperformance
- Erzeugt definierte Zielkorridore
- Erzeugt größere Klarheit zu einem Thema
- Erzeugt transformationsfähigere Organisationen
- Erzeugt mehr Agilität im Team
- Erzeugt segmentierte, kategorisierte, geclusterte Daten

Hinderniseffekte, auf die die Methode positiv wirkt

- 11 – Schärft eine fehlende gemeinsame Ausrichtung
- 25 – Schwächt multidisziplinäre Reibungsverluste
- 36 – Schafft schnell Klarheit und beschleunigt Erkenntnisgewinn

Mögliche Extravorteile

- für die Arbeit mit digitalen Kollaborationsboards

Quellen

Organisation – masterplan.academy GmbH, Düsseldorf, www.masterplan.academy
Person – Stephanie Bretz, stephanie.bretz@masterplan.academy

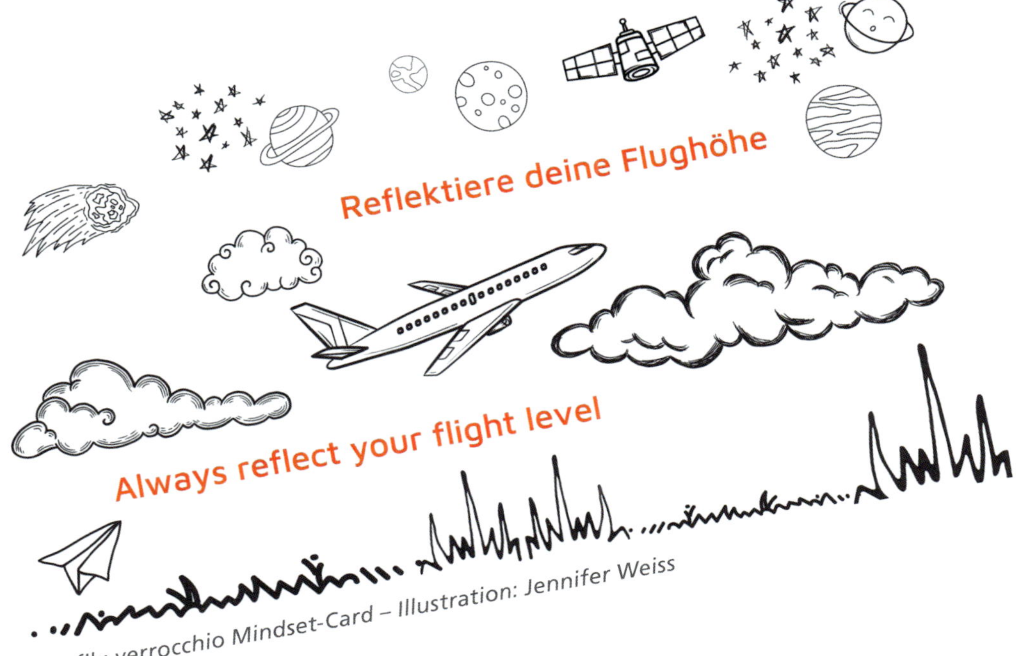

Grafik: verrocchio Mindset-Card – Illustration: Jennifer Weiss

Team Dialogue Sheet

EinSatzBeschreibung

Template für eine strukturierte lösungsfokussierte Reflexion im Team.

Transformation-Index

P1 Leading	P2 Organizing	P3 Connecting	P4 Growing	P5 Talking	P6 Scanning	P7 Exploiting	P8 Exploring	P9 Earning	P10 Scaling
x	x	x	x	x	x	x	x	x	x

Beschreibung

Unternehmen, die kürzlich ihre digitale Transformation gestartet haben, fehlen in vielen Fällen noch erfahrene Coaches, die Coaching Sessions für Teams und einzelne Mitarbeiter anbieten können. Dabei sind solche Reflexionsformate wesentliche Treiber, damit die betroffenen Mitarbeiter aus sich selbst heraus Lösungen für die auftretenden Herausforderungen finden und ihre Fähigkeiten sich dem sich ändernden Umfeld anpassen können. Regelmäßige Coachinggespräche reduzieren die Widerstände des kulturellen Wandels und befähigen die Mitarbeiter dazu, sich selbst zu helfen.

Beatrix Holzer hat für den lösungsfokussierten Coachingansatz ein Dialogue Sheet für Themenarbeit (tDiaS) entwickelt, mit dessen Hilfe ein Team selbstorganisiert durch die vier Ebenen der Lösungspyramide navigieren kann (siehe Methoden Lösungspyramide). Dabei handelt es sich wahlweise um ein physisches Blatt oder um ein virtuelles Template, das Fragen für ein lösungsfokussiertes Gespräch bietet, die die Teammitglieder gemeinsam nacheinander beantworten.

Dieses kann in folgenden Settings verwendet werden:

- Retrospektiven
- Themen-Workshops für Teams/ Gruppen
- Team Coaching Sessions
- Großgruppen-Workshops (> 20 Personen)

Das Ziel ist, von einem aufgetretenen Problem den Blick schnell hin zur Lösung zu lenken und erste Schritte abzuleiten. Ein Dialogue Sheet ist für eine maximale Gruppengröße von acht Personen gedacht. Großgruppen können entsprechend aufgeteilt werden.

Dabei profitiert das Team von folgenden Effekten des Dialogue Sheets:

- In kurzer Zeit erfolgt die Änderung des Fokus vom Problemraum in den Lösungsraum.
- Es findet eine starke Orientierung auf die vorhandenen Ressourcen im Team und das, was bereits funktioniert, statt.
- In einer Stunde erzielt das Team bereits konkret umsetzbare Ergebnisse.

Das Dialogue Sheet ist auch als Version für Einzelperson-Selbstreflexionen verfügbar.

Durchführung

Für das physische Setting wird das Dialogue Sheet auf DIN A1-Größe ausgedruckt und entsprechend der Anzahl an 2-8 Personen Teams auf Tische gelegt. Zusätzlich stattet der Moderator die Tische mit Stiften und Haftklebezetteln aus, sodass die Teilnehmer sich Notizen auf dem Sheet machen können. Außerdem druckt der Organisator für jedes Teammitglied ein Exemplar der Benutzungshinweise aus und verteilt diese ebenfalls auf dem Tisch. Eine sehr gute Hilfestellung, um den Fokus auf die jeweilige Frage des Dialogue Sheets zu lenken, ist eine Spielfigur, die von Frage zu Frage geschoben wird und somit den Prozessfortschritt visuell hervorhebt.

Das Team benötigt vorab zur Bearbeitung des Dialogue Sheets keine Einführung in die lösungsfokussierte Arbeit, um direkt die Vorteile der Methode zu erfahren.

Die Teilnehmer setzen sich um das Poster herum und einigen sich zunächst darauf, wie viel Zeit sie für die Bearbeitung des Dialogue Sheets verwenden möchten. Die Person, die am nächsten bei der ersten Frage sitzt, liest diese vor und moderiert die anschließende Diskussion. Dabei ist es wichtig, dass dieses Teammitglied für die Zeit der Moderation auch die Zeit im Blick hat, sodass das Team sich nicht zu lange an einer Frage aufhält. Wichtige Erkenntnisse notieren die Teammitglieder direkt auf das Dialogue Sheet. Die Zitate am Rande des Dialogue Sheets dienen als Inspiration. Nachdem die erste Frage beantwortet ist, geht es nacheinander mit den restlichen Fragen entsprechend der vorgegebenen Reihenfolge weiter.

Entsprechend dem Benutzungshinweis bedeutet das Mute-Symbol, dass es sich bei der Frage um Stillarbeit handelt. Das Symbol mit den Personen und der Sprechblase weist auf eine mündliche Diskussion in der Gruppe hin und die Stiftsymbole fordern zum aktiven Erstellen von Notizen auf. Im Verlauf der Übung sollte jedes Teammitglied mindestens eine Frage vorlesen und moderieren, um eine ausgewogene Beteiligung zu fördern.

Praxisschlaglicht

In einem der großen europäischen IT-Dienstleister soll im Rahmen einer Innovationsinitiative eine Neuausrichtung einzelner Bereich erfolgen. Dazu wurden Strategie-Workshops für einzelne Bereiche durchgeführt.

In einem der Strategie-Workshop waren 30 Teilnehmer aufgefordert ein neues Leitbild für ihren Bereich zu erarbeiten. Nach kurzer Einleitung und Anmoderation durch den Moderator wurde die Gruppenarbeit mit dem tDias gestartet. Die Gruppen waren in

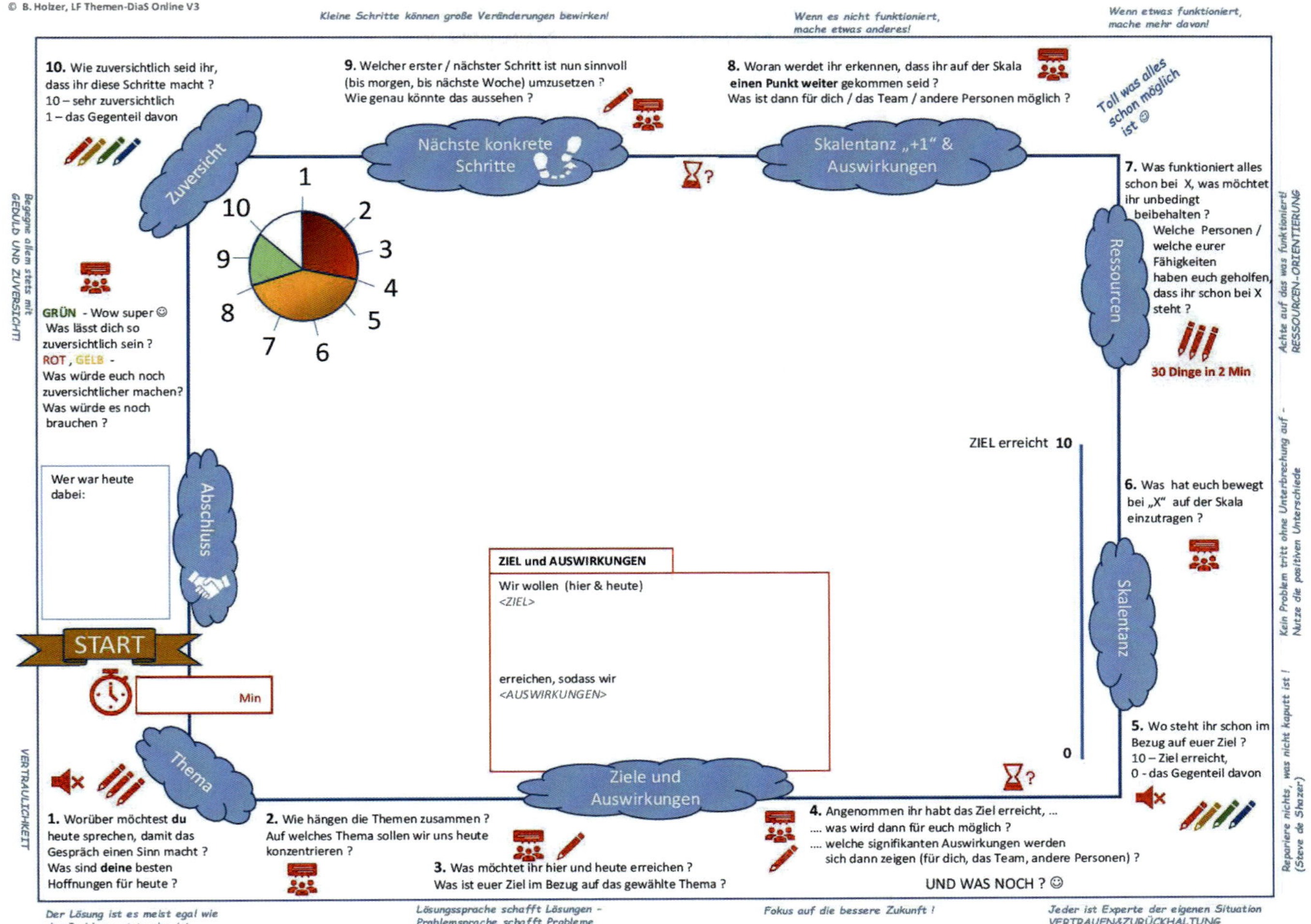

Grafik: Sabina Lammert

2 x 8 Personen und 2 x 7 Personen aufgeteilt mit entsprechender Anordnung der Tische mit dem aufgelegten tDiaS.

Für die Gruppenarbeit wurde eine Timebox von 1 Stunde festgelegt. Die Teilnehmer sollten selbstorganisiert diese Timebox auch beobachten. Der Moderator hat in dieser Zeit die einzelnen Gruppen „besucht“, um eventuell auftretende Fragen zu klären.

Die Ergebnisse der Gruppenarbeit (erste nächste Schritte) wurden im Plenum präsentiert und reflektiert. Für die nächsten Schritte wurden entsprechende Maßnahmen in einem Maßnahmenplan aufgenommen.

Alle Teilnehmer waren erstaunt welche wertvollen Ergebnisse in 1 h erreicht und in welcher Klarheit die nächsten Schritte definiert werden konnten.

Transformationswirksamkeit

- Wirksam für Herausforderungen mit mittlerer Komplexität
- Wirksam für alle Transformationen

Transformationsfähigkeit

- Fördert die Agilität eines Teams
- Fördert die Teamkreativität
- Fördert die allgemeine Transformationsfähigkeit des Teams

Einsatzcharakteristik

- Austauschfokus: vornehmlich mit internen Personen
- Durchführungszeit: eher gering (< 1 Stunde)
- Einsatzfrequenz: sinnvoll im dauerhaften Einsatz
- Einsatzfrequenz: vornehmlich über im kompletten Projektzeitraum
- Einsatzradius: vornehmlich im Teameinsatz
- Einsatzradius: vornehmlich im projektweiten Einsatz
- Einsatzradius: vornehmlich im unternehmensweiten Einsatz
- Komplexität für den Moderator: eher mittel
- Komplexität für die Teilnehmer: eher mittel
- Teamgröße: Einzelpersonennutzung möglich
- Teamgröße: Großgruppen möglich (>50 Teilnehmer)
- Teamgröße: Kleingruppe möglich (3 bis 5 Teilnehmer)

190 Team Dialogue Sheet

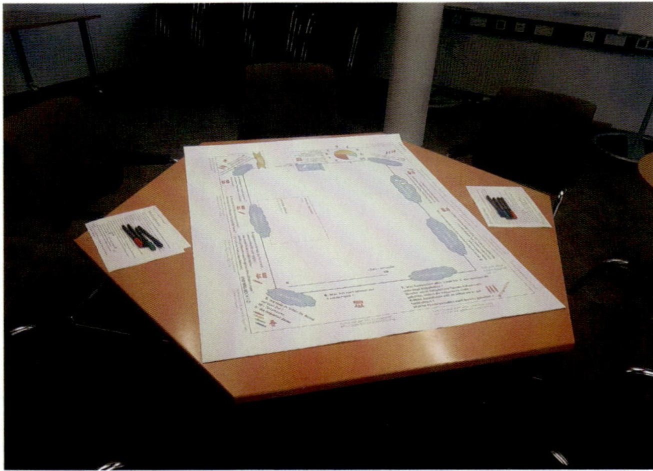

Foto: Sabina Lammert

- Teamgröße: Maxigruppen möglich (20 bis 40 Teilnehmer)
- Teamgröße: Mittelgroße Teams möglich (5 bis 20 Teilnehmer)
- Teamgröße: Speziell für Großgruppen geeignet (>50 Teilnehmer)
- Vorbereitungszeit: eher gering (<1 Stunde)

Nötiger Input, um mit der Methode arbeiten zu können

- Aktuelle Herausforderung, Leitfrage, Problem
- Verschiedene Meinungen und Blickwinkel
- Vorhandenes Wissen und Erfahrungen
- Durchführungszeit, Trainingszeit
- Ziele, Zielsystem, Kennzahlen

Erzeugter Output der Methode

- Bessere Projekteffizienz, bessere Teamperformance
- Erzeugt Ideen, Lösungsansätze, Vorideen, Möglichkeiten
- Erzeugt Poster
- Erzeugt kollaborative Lösungen und Ideen
- Erzeugt eine Vision oder Zukunftsbild
- Erzeugt größere Klarheit zu einem Thema
- Erzeugt transformationsfähigere Organisationen
- Erzeugt mehr Agilität im Team
- Identifiziert vorhandene Stärken

Hinderniseffekte, auf die die Methode positiv wirkt

- 06 – Schwächt das Leben in der Vergangenheit
- 08 – Verhindert einseitige Bewertungen und Entscheidungen
- 10 – Verhindert falsche Flughöhen
- 12 – Wirkt fehlender Inspiration entgegen
- 15 – Stärkt das Vertrauen im Team
- 22 – Verhindert störende Killerphrasen
- 24 – Verkürzt und durchbricht vorhandene Kreativblockaden
- 31 – Verhindert Topic-Jumping und schnelles Abschweifen
- 32 – Verhindert unreflektiertes Agieren
- 33 – Schwächt Verdiskutiererei
- 36 – Schafft schnell Klarheit und beschleunigt Erkenntnisgewinn
- 41 – Verringert zu große Komplexitäten
- 42 – Überzeugt strukturliebende Teammitglieder
- 43 – Überzeugt einen Daueropponenten

Mögliche Extravorteile

- für Teams in einer Krisensituation
- für unerfahrene Trainer und Agile Coaches

Quellen

Buch – Agile Teams lösungsfokussiert coachen, Veronika Kotrba und Ralph Miarka, (dpunkt.verlag, 2019)

Web – https://www.holzer-sol.at

Web – https://www.infoq.com/articles/dialogue-sheets-retrospectives/, 14.05.2021

Person – Beatrix, Holzer, https://www.holzer-sol.at

Team Management System (TMS)

EinSatzBeschreibung

Arbeitspräferenzen von Teammitgliedern analysieren, um die idealen Tätigkeiten und Verantwortlichkeiten zu matchen.

Transformation-Index

P1 Leading	P2 Organizing	P3 Connecting	P4 Growing	P5 Talking	P6 Scanning	P7 Exploiting	P8 Exploring	P9 Earning	P10 Scaling
			x						

Beschreibung

Digital getriebene Veränderungsprozesse gelingen vor allem dann, wenn Mitarbeiter in Unternehmen die Chancen und Risiken sowie ihre eigene Rolle in der Welt neuer Technologien verstehen und konsequent an der Zukunftsfähigkeit ihres Arbeitgebers arbeiten. Wenn die beteiligten Menschen sich durch die Nutzung digitaler Geschäftspotenziale und Automatisierung von Routineprozessen auf das konzentrieren können, was sie am besten können.

Idealerweise werden Mitarbeiter und Teams entsprechen ihrer Neigungen eingesetzt, Prozesse können verbessert werden und Innovationsambitionen von Organisationen bekommen Rückenwind. Im digitalen Wandel von Organisationen und deren Belegschaft macht es durchaus Sinn, bei der Entfaltung von Teamleistungen die *Arbeitspräferenzen* der beteiligten Mitarbeiter genauer zu analysieren und zu verstehen. Durch die Nutzung von TMS können Unternehmen sicherstellen, dass hervorragende diverse Teams zusammengestellt werden, um dem Ziel der Entwicklung von innovativen Hochleistungsteams näherzukommen.

Team Management System (TMS) steht für ein Instrumentarium zur systemischen Organisations- und Personalentwicklung, das von den australischen Wissenschaftlern Charles Margerison und Dick McCann Mitte der 1980er-Jahre entwickelt wurde. Grundlage ist ein auf Selbstbeschreibung beruhender Persönlichkeitstest (auch *TMP – Team Management Profile* genannt) mit Aussagen zu Entscheidungsfindung, Informationsverarbeitung, Organisations- und Kommunikationsverhalten (Quelle: Wikipedia)

Margerison und McCann entdeckten, dass es acht Aufgabenbereiche gibt, die alle wegweisend wichtig sind für dauerhaften Erfolg. Allerdings führt jeder Mensch nur zwei bis drei Tätigkeiten dieser acht Aufgabenbereiche gerne durch. Diese Arbeitspräferenzen beschreiben, welchen wichtigen Beitrag zum Teamerfolg jeder leistet und welche spezifischen Verhaltensweisen dahinterstecken. Das alles zeigt das Team-Management-Profil, das durch einen wissenschaftlich validierten Fragebogen mit 60 Fragen erstellt wird. Organisationen, die mit dem TMS arbeiten, können „blinde Flecken" aufdecken und diese durch ausgewogene Teamkonstellationen beseitigen.

Die **acht Arbeitsfunktionen** im Team-Management-Profil lauten:

- Beraten: Informationen zusammentragen und weitergeben
- Innovieren: Neue Ideen generieren und mit ihnen experimentieren
- Promoten: Neue Möglichkeiten erkunden und andere davon überzeugen
- Entwickeln: Die Anwendbarkeit neuer Ansätze bewerten und testen
- Organisieren: Verfahren und Abläufe einführen und in Gang setzen
- Umsetzen: Mit etablierten Systemen und Verfahren die gewünschte Arbeitsleistung liefern
- Überwachen: Das Funktionieren von Systemen kontrollieren und, auch im Detail, überprüfen
- Stabilisieren: Werte, Standards und Prozesse aufrechterhalten und absichern

TMS Zentrum – Rad der Arbeitspräferenzen (Rollen)

Einsatzbereiche der TMS-Methode:

- Teamentwicklung
- Teamzusammensetzung in Start-ups
- Führungskräfteentwicklung
- Zusammensetzung agiler Teams
- Change-Management in kommunalen Strukturen

191 Team Management System (TMS)

- Managementtraining
- Karriereentwicklung
- Schulung in Diversität
- Organisationsentwicklung

Durchführung

Diverse TMS Workshops von TMS Trainern werden sowohl physisch als auch online angeboten. Erstellung eines individuellen TMS Profils™ der persönlichen Arbeitspräferenzen und der Teamrollen als Basis zur Persönlichkeitsentwicklung und persönlichen Führungsperformance (Durchführung vor dem Seminar per Online-Fragebogen – Softwaregestützte, individuelle Auswertung mit ca. 30 Seiten und einem persönlichen Arbeitsbuch) gehören zum Standard der Durchführung des Workshops.

Das TMS Profil führt zu einem Feedback in Bezug auf die eigenen Arbeitspräferenzen und wird durch eine Software generiert, welche die Antworten auf 60 Fragen zum individuellen Verhalten im Arbeitsbereich auswertet. Da der Fragebogen auf wissenschaftlichen Forschungen fußt, sind die Resultate valide und sehr gut nutzbar. Die meisten Menschen sind im Kontext des digitalen von Unternehmen selbstverständlich in der Lage, mehrere der acht Teamrollen zu besetzen. Die individuelle Kombination von Arbeitspräferenzen und deren unterschiedlichen Ausprägungen ergeben das Team Management Profil. So existieren 208 trennscharfe Profilvarianten die wissenschaftlich fundiert sind.

Grafik: TMS Zentrum – Hochleistungsteams

Transformationswirksamkeit

- Wirksam für alle Transformationen

Transformationsfähigkeit

- Fördert die allgemeine Transformationsfähigkeit des Teams

Einsatzcharakteristik

- Austauschfokus: vornehmlich mit internen Personen
- Durchführungszeit: eher hoch (> 1 Tag)
- Einsatzfrequenz: sinnvoll im dauerhaften Einsatz
- Einsatzfrequenz: vornehmlich über im kompletten Projektzeitraum
- Einsatzradius: vornehmlich im Teameinsatz
- Einsatzradius: vornehmlich im unternehmensweiten Einsatz
- Komplexität für den Moderator: eher hoch
- Komplexität für die Teilnehmer: eher mittel
- Teamgröße: Einzelpersonennutzung möglich
- Teamgröße: Kleingruppe möglich (3 bis 5 Teilnehmer)
- Teamgröße: Maxigruppen möglich (20 bis 40 Teilnehmer)
- Teamgröße: Mittelgroße Teams möglich (5 bis 20 Teilnehmer)
- Vorbereitungszeit: eher mittel (>1 Stunde bis <1 Tag)

Nötiger Input, um mit der Methode arbeiten zu können

- Durchführungszeit, Trainingszeit

Erzeugter Output der Methode

- Bessere Projekteffizienz, bessere Teamperformance
- Erzeugt besseren Teamspirit, mehr Offenheit, Inspirationsempfindlichkeit
- Erzeugt motiviertere und transformationsfähigere Teilnehmer

Hinderniseffekte, auf die die Methode positiv wirkt

- 11 – Schärft eine fehlende gemeinsame Ausrichtung
- 14 – Fördert eventuell fehlende Wertschätzung
- 15 – Stärkt das Vertrauen im Team
- 17 – Fördert gehemmte Teammitglieder
- 21 – Bindet eher introvertierte Teammitglieder mit ein
- 23 – Schwächt Konkurrenzdenken und Angst vor Machtverlust
- 25 – Schwächt multidisziplinäre Reibungsverluste
- 28 – Stärkt schwache Anreicherungsskills
- 32 – Verhindert unreflektiertes Agieren
- 33 – Schwächt Verdiskutiererei
- 35 – Dynamisiert und aktiviert wenig dynamische Teams
- 39 – Fördert die Agilität der Teilnehmer
- 42 – Überzeugt strukturliebende Teammitglieder

Mögliche Extravorteile

- für interkulturell unerfahrene Teams
- für multidisziplinär unerfahrene Teams
- für unerfahrene Trainer und Agile Coaches

Quellen

Web – www.team.energy/team-management-profil
Web – https://www.resource-people.de
Web – https://www.team.energy/, 24.04.2021
Web – https://www.teammanagementsystems.com, 24.04.2021

Testkonzept

EinSatzBeschreibung

Ein gut geplantes und durchgeführtes Testkonzept hilft beim Roll-out und der Implementierung von digitalen Lösungen.

Transformation-Index

P1 Leading	P2 Organizing	P3 Connecting	P4 Growing	P5 Talking	P6 Scanning	P7 Exploiting	P8 Exploring	P9 Earning	P10 Scaling
	x					x			x

Beschreibung

Ein elementarer Bestandteil der Transformation sind digitale Tools, Lösungen und Systeme. Bei deren Integration ist ein wichtiger Erfolgsfaktor das Testen. Durch das Testen lassen sich Features, Prozesse, Schnittstellen, Use Cases und Anforderungen nach dem Design und Build Phase kontrollieren und auf Richtigkeit prüfen. Ohne ein gut strukturiertes Testing ist an ein erfolgreicher Roll-out oder Go live in einem Unternehmen nicht denkbar. Ganz in dem Sinne: Man hat nur eine Chance auf einen guten ersten Eindruck.

Zum Testen gehört die Erstellung des Testkonzept. Das Testkonzept bestimmt Abgrenzung, Vorgehensweise, eingesetzte Mittel und den Ablaufplan der Testaktivitäten. Es identifiziert die Testobjekte, die zu testenden Features und die Testaufgaben. Damit wird die Grundlage gebildet, auf der die Testorganisation sowie die Testinfrastruktur bereitgestellt und die Tests durchgeführt werden.

Ein Testkonzept lässt sich durch eine etwas sehr bürokratische, aber sinnvolle Checkliste erstellen, die in der Norm IEEE 829-2008 hinterlegt. Die Abschnitte dieser Norm lassen sich wie folgt zusammenstellen:

- Zuweisung einer Testkonzept-ID
- Erstellung einer Zusammenfassung (Strategie, Ziele, Ausgangssituation, etc.)
- Festlegung der Testgegenstände
- Ermittlung der zu testende Eigenschaften
- Eliminierung der nicht zu testenden Eigenschaften
- Bestimmung des Testansatzes (die gewählte Teststrategie)
- Kriterien für Testende und -abbruch ermitteln
- Kriterien für Testunterbrechung und Testwiederanlauf beschreiben
- Testergebnisse (Arbeitsergebnisse) definieren und Templates vorbereiten
- Testaktivitäten beschreiben
- Erforderliche Voraussetzungen (u. a. Testumgebungen) prüfen und bereitstellen
- Zuständigkeiten und Verantwortlichkeiten festlegen
- Besetzung und Trainingsbedarf beschreiben und durchführen
- Testplan erstellen
- Risiken und Notfallplan vorbereiten
- Genehmigungen/Freigaben festlegen

Viele Testkonzepte orientieren sich an diesem Gerüst. Allerdings wird, wie in der Norm beschrieben, sich meistsens nicht an einem Dokument entlang gehandelt, sondern man erstellt eher ein Set an Regeln und Vorgehensweisen. Gerade im agilen Umfeld ist hier von einer sklavischen, wasserfallartigen Struktur abzuraten. Nichtsdestotrotz sind die Inhalte für ein erfolgreiches Testing wirklich hilfreich und notwendig.

Auch müssen wir dringend mit der Vorstellung aufräumen, ein Testmanager säße wie ein Handwerker – oder treffender – ein musikalisches Genie im stillen Kämmerlein und entwerfe da sein großes Werk. Nein, ein Testkonzept entsteht schrittweise im Dialog mit Experten und zukünftig Betroffenen im Projekt.

Wichtig bei allen Ausarbeitungen und Festlegungen: Man braucht die unbedingte Zustimmung der Beteiligten! Ein Review-Zyklus dient also nicht der Fehlerfindung im Konzept allein, sondern vor allem der Zustimmung. Diese muss man sich aktiv einholen. Viele machen hier den Fehler, ein Konzept auf den Tisch zu knallen und dann davon auszugehen, dass sich alle (gefälligst) daranhalten. Systemisch liegt dann die Verantwortung bei dem Ersteller des Testkonzepts und er wird sich um alles selbst kümmern müssen, was selten sinnvoll ist.

Durchführung

Schritt 1: Arbeitsteilung im Test – Teststufen oder Testquadranten geben Orientierung

Es gibt unterschiedliche Tests, die aus verschiedensten Perspektiven das zu testende System unter die Lupe nehmen:

- Reviews auf Anforderungen, Design, sonst. Spezifikationen
- Komponententest: Entwickler testen ihre einzelnen Komponenten
- (Komponenten-)Integrationstest: sas Zusammenspiel der Komponenten wird ggf. schrittweise (wie z. B. bei Continuous Integration) getestet
- Systemtest: das zu liefernde System wird als Ganzes getestet (ist damit eher der Warenausgangstest der IT)
- Abnahmetest: das gelieferte System wird durch Abnehmer bzw. Nutzer auf Anwendbarkeit/Nutzbarkeit geprüft. Daher oft auch Akzeptanztest genannt
- (System-)Integrationstest: das System muss sich im Zusammenspiel in der gesamten Anwendungslandschaft bewähren. Manche Geschäftsprozesse oder Lastszenarien sind erst hier wirklich abbildbar.

Für agile Teams hat sich inzwischen ein abgewandeltes Modell durchgesetzt, dass die verschiedenen Testperspektiven etwas vereinfachend, aber umso wirkungsvoller darstellt. Die sogenannten vier Testquadranten von Crispin & Gregory teilen die Testaufgabe

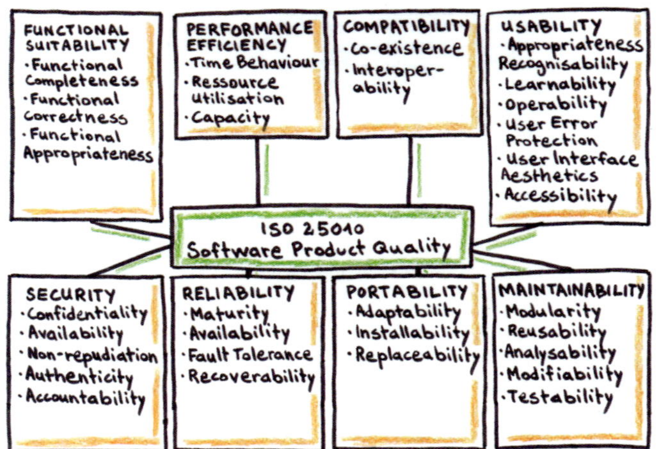

Anja Faber – Testkonzept

in eine eher IT-technische und eine eher fachliche Perspektive bei den Tests. Außerdem werden Tests unterschieden, je nachdem, was man im Vorhinein schon ausgearbeitet hat (supporting the team – Team unterstützend) und auf welche Probleme man erst im Laufe der Fertigstellung stößt (critique the product – Produkt hinterfragend).

Damit lassen sich ebenfalls verschiedene Testarten (z. B. Unit-Test, Benutzbarkeitstest) unterteilen, für die es ggf. verschiedene Mitarbeitergruppen gibt, die sich jeweils darum kümmern. Gerade bei Last-/Performancetests, Sicherheitstest und Zuverlässigkeitstests sind oft Hilfestellungen von Partnern außerhalb des Projektteams nötig.

Schritt 2: Was testen und was nicht

Wenn man die Perspektiven des Tests und damit ggf. auch die Arbeitsteilung im Test geklärt hat, sollte man sich vor Augen führen, was überhaupt der Testgegenstand ist. Zum einen wären natürlich die Funktionen/Features zu nennen. Hier ist genau zu unterscheiden, was zu testen ist und was nicht. Bitte wirklich Beides überlegen! Manchmal ist eine Funktion besser dadurch abzugrenzen, was nicht zum Funktionsumfang gehört. Zum anderen sollte man aber auch quer zu den Features auf die nicht funktionalen Qualitätseigenschaften schauen. Aktuell haben wir einen Trend, bei dem Zuverlässigkeit und Sicherheit bei IT-Projekten absolut im Vordergrund stehen. Aber auch Benutzbarkeit ist ein häufig unterschätztes Thema. Hier empfiehlt sich ein Blick auf das Qualitätsmodell der ISO 25010, das man als Checkliste der Reihe nach durchgehen sollte.

Nun ist es wichtig, dieses Modell nicht 1:1 in sein eigenes Testkonzept zu übernehmen, sondern sich anhand der Kriterien zu fragen: Ist das wirklich wichtig für unser Projekt? Wenn ja, können wir das gezielt prüfen? Haben wir die Kompetenz dazu?

Daraus ergibt sich, ob noch bestimmte nicht-funktionale Testperspektiven fehlen, für die man ggf. mithilfe Dritter (zentrale Experten eines Testcenters, externe Firmen, anerkannte Experten in anderen Projekten) arbeiten sollte.

Schritt 3: Das Richtige tun – Prioritäten setzen und Strategien entwickeln

Nun ist ein Punkt erreicht, wo man die Arbeitsaufwände richtig kanalisieren und optimieren sollte. Da in Wirklichkeit nicht alles gleich wichtig und relevant ist, sollte die Priorisierung oder Teststrategie nun festgelegt werden. Um ein Beispiel zu geben: Ein Web-Portal, das Anmeldungen (für Sportkurse, Förderprogramme) nach dem Prinzip first-come, first-served zu vergeben hat, kämpft eher mit Sicherheit bzw. Last/Performance. Die Funktionalität ist dabei äußerst simpel. Dementsprechend muss Unwichtiges auf die Kernfunktionen beschränkt werden und den Rest möglicherweise bis auf ein paar Stichprobentests reduziert werden. Man nennt dies eine risikoorientierte Teststrategie. Es gibt aber auch andere Teststrategien, über die man sich ergänzend Gedanken machen sollte. So z. B. die Strategie, möglichst früh zu testen. Je früher Fehler gefunden werden, desto (deutlich) geringer sind die Kosten für die Behebung.

Schritt 4: Testumgebung und Testdaten – rechtzeitig die Infrastruktur beantragen

Testdaten und Testumgebung brauchen in den meisten Fällen besonders langfristige Vorbereitung und viel Zuarbeit von Mitarbeitern außerhalb des Projektteams, die sicher nicht bereitwillig auf Aufträge von Ihnen warten. Daher sollte man früh die Frage klären, wie produktivnah die Umgebung sein muss. Bei nichtfunktionalen Tests, wie Sicherheit- und Last-/Performance- ist das ein sehr unangenehmes Thema. Vielleicht kann man die Testumgebung so geschickt auf die zu erwartenden Schwachstellen zusammenstutzen und sich so eine zweite Produktivumgebung ersparen. Eine Prüfung mit Experten lohnt sich hier, um den Aufwand massiv zu reduzieren.

Auch bei den Testdaten wird es heikel. Die Verwendung von Produktivdaten ist in vielen Fällen sogar datenschutzrechtlich verboten. Solange nur ein Fachbereich als Tester auftritt, tut man sich hier leichter. Aber für alle anderen Tester sind synthetisch erzeugte Testdaten bzw. anonymisierte Testdaten aus Produktion ein Muss.

Schritt 5: Testaktivitäten – Zusammenarbeit und Zuständigkeiten grob skizzieren

Nun zum klassischen Testplan: „Wer macht Was?“ Solange man noch in Gesprächen mit Anderen oder in der Gruppe ist, sollte man die Zuständigkeiten festlegen. Wer ist für was der Richtige – und könnte er das auch übernehmen? Braucht man noch zusätzliche Ressourcen oder Hilfe von Experten außerhalb des Projektteams (z. B. für Sicherheit, Last/Performance)?

Anschließend sollte man eine vorsichtige Schätzung machen. In agilen Teams reicht es, die nächste Iteration zu schätzen und dann von Iteration zu Iteration die Schätzmethoden zu verfeinern. In klassischen Projekten sollte man zunächst wirklich alle Aktivitäten und Aufwände auflisten, die vermutlich anfallen werden. Allerdings sollte man es mit der Genauigkeit nicht übertreiben, da man vieles noch nicht genau wissen kann.

Schritt 6: Risiken und Notfall

Zum Beginn des Tests sollte man sich schon den klassischen Fragen stellen und Antworten überlegen, damit man Handlungsfähig ist, wenn etwas nicht so funktioniert, wie geplant. Was kann alles schiefgehen? Wie könnten wir uns dann aus der Schlinge ziehen? Wenn sich z. B. die Tests als komplizierter herausstellen als gedacht, habe ich dann mit dem Abnehmer bzw. Kunden schon vereinbart, welche Teile wir ggf. opfern können, um dennoch pünktlich produktiv zu gehen?

Man kann nur immer wieder betonen, dass sich diese sechs Schritte in einem Workshop zügig durchsprechen lassen, solange man sie als Roadmap im Blick behält. Und sicher ist, dass dann noch eine Menge an Detailarbeit – vor allem in klassischen Projekten – nötig ist. Viele dieser Fragen stellt man sich möglicherweise immer wieder und löst sie möglicherweise (zumindest innerhalb einer Organisation) auf die gleiche Art und Weise. Es ist daher nur anzuraten, diese Lösungen in die Gemeinschaft der Tester bzw. Projekte zu tragen und als Best Practices allen verfügbar zu machen. So etwas nennt sich dann Testhandbuch.

Transformationswirksamkeit

- Wirksam für Herausforderungen mit hoher Komplexität
- Wirksam für Prozesstransformationen

Transformationsfähigkeit

- Fördert die Agilität eines Teams

Einsatzcharakteristik

- Austauschfokus: vornehmlich mit internen Personen
- Durchführungszeit: eher hoch (> 1 Tag)
- Einsatzradius: vornehmlich im projektweiten Einsatz
- Komplexität für den Moderator: eher hoch
- Komplexität für die Teilnehmer: eher hoch
- Teamgröße: Großgruppen möglich (>50 Teilnehmer)
- Teamgröße: Kleingruppe möglich (3 bis 5 Teilnehmer)
- Teamgröße: Maxigruppen möglich (20 bis 40 Teilnehmer)
- Teamgröße: Mittelgroße Teams möglich (5 bis 20 Teilnehmer)
- Teamgröße: Speziell für Großgruppen geeignet (>50 Teilnehmer)
- Vorbereitungszeit: eher hoch (>1 Tag)

Nötiger Input, um mit der Methode arbeiten zu können

- Beteiligte Personen mit Tätigkeiten und Aufgaben
- Durchlaufenes Projekt oder Projektphasen
- Existierende Prozesse und Verfahren
- Liste von Alternativen
- Verschiedene Botschaften, Meinungen, Statements
- Vorhandenes Wissen und Erfahrungen
- Frühere Lösungen, Falllisten
- Merkmale der gegebenen Herausforderung
- Produktmerkmale, Skizzen, Eigenschaften
- Ziele, Zielsystem, Kennzahlen

Erzeugter Output der Methode

- Erzeugt Planungen und Priorisierungen
- Erzeugt spezifischere Leitfragen, Ideen und Aussagen
- Hilft bei Entscheidungen, Bewertungen und Feedback
- Identifiziert vorhandene Schwachstellen
- Identifiziert vorhandene Stärken
- Macht Wirkzusammenhänge sichtbar

Hinderniseffekte, auf die die Methode positiv wirkt

- 05 – Verhindert blinden Aktionismus
- 08 – Verhindert einseitige Bewertungen und Entscheidungen
- 15 – Stärkt das Vertrauen im Team
- 36 – Schafft schnell Klarheit und beschleunigt Erkenntnisgewinn
- 40 – Verhindert Finanz- und Ressourcenfallen
- 41 – Verringert zu große Komplexitäten

Mögliche Extravorteile

- für agile Teams

Quellen

Web – software_testing_A_Software_Testing_Primer.pdf (eddie-jackson.net), 27.05.2021

Web – Das perfekte Testkonzept, informatik-aktuell.de, 27.05.2021

Buch – IEEE Std 8292008, IEEE Standard for Software and System Test Documentation, The Institute of Electrical and Electronics Engineers, 2008

Buch – Agile Testing: A practical Guide for Testers and agile Teams, Crispin, L., Gregory, J., (AddisonWesleyLongman, 2009)

Buch – ISO/IEC 25010:2011, Systems and software engineering – Systems and software Quality Requirements and Evaluation (SQuaRE), System and software quality models, 2011

Ticket Check-up

EinSatzBeschreibung

Tipps und Tricks für den Einsatz von Ticket-Systemen als Basis für die agile Projektarbeit.

Transformation-Index

P1 Leading	P2 Organizing	P3 Connecting	P4 Growing	P5 Talking	P6 Scanning	P7 Exploiting	P8 Exploring	P9 Earning	P10 Scaling
	x								

Beschreibung

Das Beschreiben von Anforderungen in Tickets ist ein zentrales Element in der Umsetzung von digitalen Projekten. Es gibt unterschiedliche Tools, mit denen man solche Tickets erstellen, kategorisieren und verwalten kann (zum Beispiel Asana, redmine, JIRA). Jedes Ticket beinhaltet eine klar abgegrenzte Aufgabe.

Das Ticket wird zum zentralen Ort, an dem alle Informationen und Änderungen zu dieser Aufgabe erfasst werden. Tickets können dynamisch von Person zu Person zur Bearbeitung weitergereicht und mit Kommentaren versehen werden und tragen alle benötigten Informationen und ihre Änderungshistorie dabei stets im Gepäck mit sich. Die Arbeit mit Tickets ist skalierbar: So lassen sich einzelne Aufgaben oder Teilprojekte abbilden, oder aber auch große und komplexe Abläufe mit Tickets koordinieren.

Der große Vorteil von Tickets ist, dass man durch eine konsistente Dokumentation alle Informationen im Projekt für das ganze Team dezentral zugänglich macht. Alle Mitarbeitenden können über das Ticket-Tool jederzeit einsehen, welche Aufgaben wann und warum erledigt werden müssen. So wird die Zusammenarbeit im Projekt deutlich einfacher und effizienter, da Kommunikations-Schleifen vermieden werden. Man kann, je nach Tool, Tickets beobachten und sich per E-Mail benachrichtigen lasse, wenn Änderungen an den Tickets vorgenommen werden. Das Arbeiten mit Ticket-Systemen ist in Projekten zur digitalen Transformation damit eine wichtige Grundlage für das agile Arbeiten. Sie erleichtern eine Priorisierung der Aufgaben untereinander und machen eine verbindliche Zeit- und Ressourcenplanung möglich.

Mit Ticket-Systemen lassen sich auch Teams zusammenbringen, die nicht am gleichen Ort arbeiten. So können Teams in Remote-Kontexten mit Tickets zusammenarbeiten oder auch Teammitglieder aus unterschiedlichen Abteilungen oder Unternehmen einbezogen werden; zum Beispiel auch, wenn man verschiedene Dienstleister in das Projekt einbinden möchte.

Durchführung

Das passende Tool auswählen

Bevor man mit der Arbeit mit Tickets beginnt, sollte man das passende Tool wählen. Dieses hängt von der Komplexität der zu bearbeitenden Aufgaben und des Projektes an sich ab. Für das Aufgaben-Tracking oder das Verwalten von Anforderungs-Bereichen mit unterschiedlichen Teilnehmern ist ein einfach zugängliches Basis-Tool sinnvoll (z. B. Asana). Mit diesen Tools lassen sich Projekte definieren und Tickets anlegen, diese dann Personen zur Bearbeitung zuweisen und mit einem Abgabe-Datum und Anhängen versehen.

Für die Softwareentwicklung sollte man ein mächtigeres Tool wählen (z. B. JIRA). Mit solchen Tools kann man u. a. umfassendere Dokumentationen erstellen und vernetzen, unterschiedliche Ticket-Kategorien (Story, Epic, Bug, Taks) oder Projekte erstellen und Plug-ins verknüpfen (zum Beispiel zum Abbilden von Test Cases oder Erstellen von Prozessen und UX-Konzepten).

Tickets sind grundsätzlich auch mit simplen Tools für Aufgaben-Management umsetzbar, allerdings haben diese in der Regel (noch) nicht so einen hohen Dokumentationswert (Stand Mai 2021).

Man sollte in der Vorbereitung etwas Zeit einplanen, um sich bei kostenpflichtigen Tools mit dem Lizenz-Management auseinanderzusetzen. So kann man mit dem Projektteam direkt in die Umsetzung starten.

Was gehört in ein Ticket?

- Genaue Beschreibung der Anforderung
- Dokumentationsmaterial: zum Beispiel Prozessbeschreibungen, Styleguides, Marken-Vorgaben, etc.
- Eine zuständige Person
- Ein Abgabe-Datum
- Die Priorität
- In den Kommentaren: Sachliche Hinweise zu Punkten, die die Anforderungen betreffen
- Kurze Rückfragen zum Status oder Bitten, das Ticket für die Priorisierung zu berücksichtigen

Was gehört nicht in ein Ticket?

- Kommunikation zu anderen Themen oder Anforderungen, die nicht unmittelbar etwas mit dem Ticket zu tun haben.

INVEST-Faustregel zum Erstellen von Tickets

Die INVEST-Regel zum Erstellen von User Stories in der agilen Softwareentwicklung ist für Tickets eine gute Richtschnur. Folgende Eigenschaften sind darin für gute User Stories definiert: Independent, Negotiable, Valuable, Estimable, Small, Testable.

Daran kann man sich für das Formulieren von Tickets grundsätzlich gut orientieren: Ein Ticket muss eine klar abgegrenzte Beschreibung der Anforderung enthalten und unabhängig umsetzbar sein (Independent); es sollte grundsätzlich verhandelbar sein, sowohl in der Ausgestaltung der finalen Lösung als auch in der Priorisierung (Negotiable); es sollte einen Wert für das Projekt oder Geschäftsmodell erzeugen, in dessen Zusammenhang es umgesetzt werden soll (Valuable); der benötigte Aufwand für die Umsetzung des Tickets sollte klar einschätzbar sein (Estimable); die Ausprägung der Anforderung sollte so klar und knapp wie möglich umrissen sein, damit Aufgaben unabhängig voneinander umgesetzt werden können (Small); die erfolgreiche Umsetzung des Tickets sollte sich in einem Test überprüfen lassen (Testable).

Praxisschlaglicht

„Warum muss ich dafür ein Ticket schreiben?" Diese Frage haben wir schon oft aus Teams gehört, die aus klassischen Briefing-Prozessen auf das agile Arbeiten mit Ticket-Systemen umgestiegen sind. Aus den gelernten Geschäftsabläufen sind die Mitarbeitenden in der Regel gewohnt, Anfragen an umsetzende Abteilungen in statischen Briefing-Dokumenten oder per E-Mail zu formulieren. Kommt auf eine solche E-Mail als Antwort die Bitte nach einem Ticket als Grundlage für die Bearbeitung zurück, wird dies nicht selten als unpersönliche und überformelle Zurückweisung empfunden. In einem Projekt zur Shop-Entwicklung im E-Commerce fühlten sich die Kollegen aus dem Marketing vom IT-Team nicht mehr wahrgenommen. Hier half ein persönliches Gespräch, in dem die IT-Kolleginnen dem Marketing-Team einen Einblick in die lange Liste der zu bewältigenden Aufgaben und die vielen Unterschiedlichen Input-Quellen gaben. Statt die Kollegen zurückweisen zu wollen waren sie ganz im Gegenteil auf ihre Unterstützung angewiesen, um die Fülle der Aufgaben im Sinne der Kollegen geordnet umsetzen zu können. Nachdem die ersten kleinen Anforderungen zuverlässig umgesetzt waren, war der Erfolg auch für das Marketing spürbar. Es brauchte etwas Zeit und Geduld, um die neuen dynamischen Abläufe zu lernen und die Vorteile der neuen Methode zu erkennen. Und der E-Mail-Kanal wurde damit sogar wieder freier für das Zwischenmenschliche und Kommunikative.

Transformationswirksamkeit

- Wirksam für alle Transformationen

Transformationsfähigkeit

- Fördert die Agilität eines Teams
- Transformationsfähigkeit des Teams
- Zahlt auf eine bessere Wahrnehmung ein

Einsatzcharakteristik

- Austauschfokus: vornehmlich mit internen und externen Personen
- Einsatzfrequenz: sinnvoll im dauerhaften Einsatz
- Einsatzfrequenz: vornehmlich über im kompletten Projektzeitraum
- Einsatzradius: vornehmlich im projektweiten Einsatz
- Komplexität für den Moderator: eher gering
- Komplexität für die Teilnehmer: eher gering
- Teamgröße: Großgruppen möglich (>50 Teilnehmer)
- Teamgröße: Kleingruppe möglich (3 bis 5 Teilnehmer)
- Teamgröße: Maxigruppen möglich (20 bis 40 Teilnehmer)
- Teamgröße: Mittelgroße Teams möglich (5 bis 20 Teilnehmer)
- Vorbereitungszeit: eher gering (<1 Stunde)

Nötiger Input, um mit der Methode arbeiten zu können

- Aktuelle Herausforderung, Leitfrage, Problem
- Beteiligte Personen mit Tätigkeiten und Aufgaben
- Ideen und Projekte die zur Umsetzung anstehen

Erzeugter Output der Methode

- Bessere Projekteffizienz, bessere Teamperformance
- Erzeugt Planungen und Priorisierungen
- Erzeugt angereicherte Ideen, Ideencluster, höher integrierte Lösungen
- Erzeugt kollaborative Lösungen und Ideen
- Erzeugt transformationsfähigere Organisationen
- Erzeugt mehr Hintergrundinformationen
- Erzeugt mehr Agilität im Team
- Erzeugt segmentierte, kategorisierte, geclusterte Daten
- Hilft bei Entscheidungen, Bewertungen und Feedback

Hinderniseffekte, auf die die Methode positiv wirkt

- 39 – Fördert die Agilität der Teilnehmer
- 41 – Verringert zu große Komplexitäten
- 42 – Überzeugt strukturliebende Teammitglieder

Mögliche Extravorteile

- für agile Teams
- für die Arbeit mit digitalen Kollaborationsboards

Quellen

Organisation – masterplan.academy GmbH, Düsseldorf, www.masterplan.academy
Person – Stephanie Bretz, stephanie.bretz@masterplan.academy

Top-10-Methode

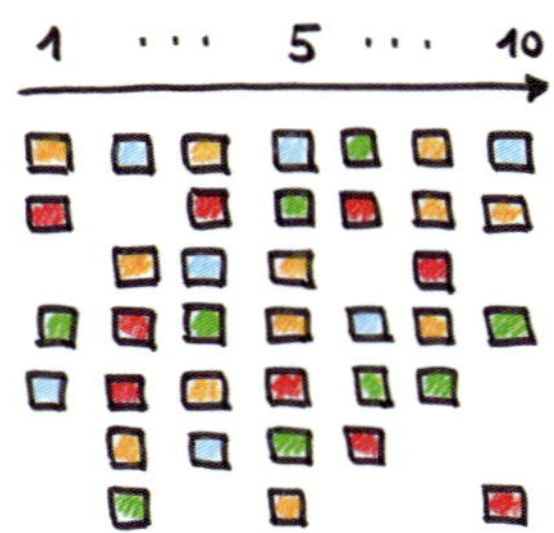

EinSatzBeschreibung

Methode zur Priorisierung und Reduktion von Ideen und Lösungen.

Transformation-Index

P1 Leading	P2 Organizing	P3 Connecting	P4 Growing	P5 Talking	P6 Scanning	P7 Exploiting	P8 Exploring	P9 Earning	P10 Scaling
					x	x	x	x	x

Beschreibung

Digitale Produkte erfordern freies und kreatives Denken. Kreatives Denken führt zu vielen Ideen. Und viele Ideen müssen bewertet und eine Auswahl der Top Ideen bearbeitet werden. Hierfür bietet die Top-10-Methode eine einfache und schlichte Methode die Ideen, Konzepte oder Möglichkeiten in eine Reihenfolge zu bringen und mit einer priorisierten Auswahl weiterzuarbeiten. Die Methode kann allein angewendet werden, aber ist besonders geeignet, wenn Sie in der Gruppe angewendet wird. Durch die konsequente Bewertung und Abwägung genannter Ideen und Optionen, erzwingen unterschiedliche Bewertungen und Standpunkte die Möglichkeit sich auf die besten Ideen zu einigen. Top-10-Methode dient zur effizienten Priorisierung und kann oft zur Ergänzung von anderen Methoden verwendet werden.

Durchführung

Die Anwendung der Methode erfolgt oft nach der Sammlung einer großen Anzahl unterschiedlicher Ideen und Handlungsoptionen. Alle zu priorisierenden Möglichkeiten werden auf Post-its oder Metaplankarten notiert.

Die Arbeitsgruppe pinnt oder klebt eine erste Idee an und vor der Positionierung der zweiten Idee, muss die Gruppe entscheiden, ob diese Idee im jeweiligen Kontext und der jeweiligen Fragestellung entsprechend besser oder schlechter geeignet zu bewerten ist.

Ist die Idee besser als die bereits positionierte Idee, wird die Idee über der bestehenden Idee positioniert, ist sie weniger gut geeignet wird sie unter der Idee notiert.

So werden alle weiteren Ideen nach dem Prinzip bewertet, dass keine Ideen nebeneinander geklebt werden, sondern die Gruppe sich immer entscheidet, die Idee vor oder hinter anderen Ideen zu positionieren.

Ab der Bewertung der 11. Idee fallen die ersten Ideen aus der Auswahl der Top 10 hinaus. Bei jeder Idee wird die bessere ausgewählt.

Praxisschlaglicht

Viele Ideen werden gebraucht, um die eine oder die Auswahl der besten Ideen auszuwählen. Diese Erfahrungen treten besonders oft während der Erarbeitung von neuen (digitalen) Produkten und Ideen auf, da neben der initialen Idee, in und nach Prototypen und Testrunden immer wieder neue Hypothesen validiert und Bewertungen festgelegt werden. Die Top-10-Methode kann dabei ideal mit Post-its oder an der Pinnwand angewendet und genutzt werden. So simple die Methode ist, so anstrengend und radikal kann sie auch sein. So wird der Anwender der Methode immer wieder dazu verleitet, bestehende Ideen doch manchmal nebeneinander und nicht untereinander zu kleben. Das widerspricht der Top-10-Auswahl und sollte, wenn immer möglich, vermieden werden. Im Fall, dass Ideen oder Möglichkeiten gleich sind, wird nur eine Idee behalten. So selektieren Sie aus der Sammlung Ihrer Ideen die besten Ideen.

Online kann die Methode auf einem Online Board oder in MS Teams in einem „Teams Planner" umgesetzt werden. Alle Ideen werden hierfür digital notiert und in der gleichen beschriebenen Vorgehensweise nacheinander notiert und verschoben. Ideen, die im Rang 11 oder dahinter fallen, werden aussortiert.

Transformationswirksamkeit

- Wirksam für Herausforderungen mit niedriger Komplexität
- Wirksam für alle Transformationen

Transformationsfähigkeit

- Fördert die Agilität eines Teams

Einsatzcharakteristik

- Austauschfokus: vornehmlich mit internen Personen
- Durchführungszeit: eher mittel (>1 Stunde bis <1 Tag)
- Einsatzfrequenz: vornehmlich im einmaligen Einsatz
- Einsatzfrequenz: vornehmlich über im kompletten Projektzeitraum
- Einsatzradius: vornehmlich im Teameinsatz
- Einsatzradius: vornehmlich im projektweiten Einsatz
- Komplexität für den Moderator: eher gering
- Komplexität für die Teilnehmer: eher gering
- Teamgröße: Kleingruppe möglich (3 bis 5 Teilnehmer)
- Teamgröße: Mittelgroße Teams möglich (5 bis 20 Teilnehmer)
- Vorbereitungszeit: eher mittel (>1 Stunde bis <1 Tag)

Nötiger Input, um mit der Methode arbeiten zu können

- Ideen und Projekte die zur Umsetzung anstehen
- Liste von Alternativen
- Frühere Lösungen, Falllisten
- Ideen, Lösungsansätze, Vorideen, Varianten

Erzeugter Output der Methode

- Hilft bei Entscheidungen, Bewertungen und Feedback

Hinderniseffekte, auf die die Methode positiv wirkt

- 37 – Verkürzt zu lange Entscheidungsmeetings
- 38 – Verkürzt zu lange Meetingzeiten

Mögliche Extravorteile

- für unerfahrene Trainer und Agile Coaches
- für die Arbeit mit digitalen Kollaborationsboards

Quellen

Buch – Personal Kanban: Visualisierung und Planung von Aufgaben, Projekten und Terminen mit dem Kanban-Board, Benson, J., & Barry, T. D. (dpunkt.verlag, 2012)

Web – https://kanbanize.com/de/kanban-ressourcen/kanban-erste-schritte/was-ist-kanban-board, 22.4.2021

Grafik: verrocchio Mindset-Card – Illustration: Jennifer Weiss

195

Total Cost of Ownership – Check-up

EinSatzBeschreibung

Die Bewertung von Business Cases oder Lösungsalternativen erfordert eine strukturierte Bewertung aller Kosten.

Transformation-Index

P1 Leading	P2 Organizing	P3 Connecting	P4 Growing	P5 Talking	P6 Scanning	P7 Exploiting	P8 Exploring	P9 Earning	P10 Scaling
x	x							x	x

Beschreibung

Zu einer digitalen Transformation gehört auch eine sinnvolle Bewertung des Business Cases. Auch wenn die Ideen noch so gut und kreativ sind, muss man damit am Ende auch Geld verdienen können. Die im Folgenden vorgestellte Methode bezieht sich auf die Kostenseite des Business Cases und soll helfen strukturiert keine Kosten zu übersehen oder zu vergessen.

Total Cost of Ownership (TCO, Gesamtkosten eines Vermögensgegenstandes) ist ein Bewertungsverfahren, das Unternehmen helfen soll, alle anfallenden Kosten von Investitionen (wie beispielsweise Software und Hardware in der IT) abzuschätzen. Die Idee dabei ist, eine Kostenbewertung zu erhalten, die nicht nur die Anschaffungskosten enthält, sondern auch Aspekte der vorherigen Anbahnung sowie der späteren Nutzung (Energiekosten, Reparatur und Wartung) aller betreffenden Komponenten. Somit können bekannte Kostentreiber oder auch versteckte Kosten möglicherweise bereits im Vorfeld einer Investitionsentscheidung identifiziert werden.

Die Transaktion der Anschaffung heißt hier Bestellung. Die einzelnen Kostentreiber oder –arten lassen sich als Kostenkomponenten bezeichnen. Dabei ist nach der Kostenevaluierung zu prüfen, wie diese Kosten in der GuV zum Tragen kommen, bspw. in Form von Abschreibungen. Im Folgenden werden nun einige wichtige Komponenten beschrieben.

Kostenkomponenten vor der Bestellung:

- Kosten der Spezifikationserstellung: Zeichnungen, Lastenhefte, technische Datenblätter, Stücklisten, Liefervorschriften, Normen, Zertifizierungen
- Bezugsquellenermittlung: Beschaffungsmarktanalyse, Erstellung eines Request for Information, Lieferantenscouting, Messen
- Verhandlungen/Vertragsabschluss: Vertragserstellung, Abstimmungen mit Rechtsabteilungen/-anwälten, Verhandlungsvorbereitungen und -durchführung, Kommunikationskosten (Reise, etc.)
- Lieferantenqualifizierung: Auditkosten, Reisekosten, Qualifizierungskosten, Entwicklungskosten, Wechselaufwände (Werkzeugkosten, Erstmusterprüfung, Sondertransportkosten, Muster), Experten

Kostenkomponenten während der Bestellung:

- Materialpreis: Materialpreisbasis, möglich Indizes, Materialanteile, sonstige Zuschläge
- Dienstleistungspreis: Rate-Cards, Leistungseinheiten, sonstige Zuschläge
- Preiszuschläge: Boni, Skonto, Incoterms, Wechselkurse
- Lieferung und Transport: Verpackung, Fracht, Handling
- Menge: Minimum Order Quantity, Wiederbeschaffungszeiten, minimale Lösgröße auf Basis von Wiederbeschaffungszeiten, Sicherheitsbestand, Lagerhaltungskosten, Vendor-managed-Inventory
- Kosten pro Bestellung: Prozesskostenaufwand für Bedarfsanforderung, Bestellung, Waren-/Serviceeingangsbuchung
- Qualitätskontrolle: Kosten Prüfequipment (extern, intern), Wareneingangsprüfung, Ausschusskosten, Rücksendungen

Kosten nach der Bestellung:

- Ausfallzeiten: Maschinen, Mitarbeiter, Services, Fremdarbeiter
- Betriebskosten: Energie, Raum/Fläche, Reinigung
- Rüstkosten: Anlaufkosten, Werkzeugwechsel, Umrüstvorgänge, Schlosserarbeiten, etc.
- Reparatur und Wartung: Instandhaltung, Fehlerbehebung, industrielle Reinigung, Verschleißteilewechsel, Nacharbeitungskosten, Sonderfahrten
- Lagerbestandskosten: Lagerhaltung für Puffer, Werkzeuge, Material
- Sonstige Kosten: Entsorgungskosten, Kosten durch Verzögerung, Streitigkeiten und Projektmanagement, Beratung

Je nach Investition lassen sich sicherlich noch spezifische Kosten identifizieren, an die hier nicht gedacht wurde. Wichtig ist, sich vorab Gedanken um die möglichen Kostentreiber zu machen.

Durchführung

Ein grundsätzliches Vorgehen hilft eine Kostenstruktur für die relevante Investition zu ermitteln und zu bewerten:

1. Festlegung der zu analysierenden Investitionen und ggf. in entsprechende sinnvolle Elemente oder Gewerke zerlegen. Auch hier sollte man den Elefanten im Zweifel in Scheiben schneiden.
2. Im ersten Schritt sind alle grundlegenden Daten zu ermitteln, beispielsweise Zinssätze, Bedarfsumfänge, Vergangenheitsdaten oder Entfernungen.
3. Es sind sämtliche Kostenkomponenten vor, nach und während der Bestellung zu evaluieren. Hier lassen sich sicherlich Methoden, wie bspw. des Brainstormings, Process-driven-Transformation o. ä. gut einsetzen.
4. Durchführung der Kostenbewertungen. Festlegungen der Formeln, Definition der Kostenarten (bspw. Abschreibungen oder

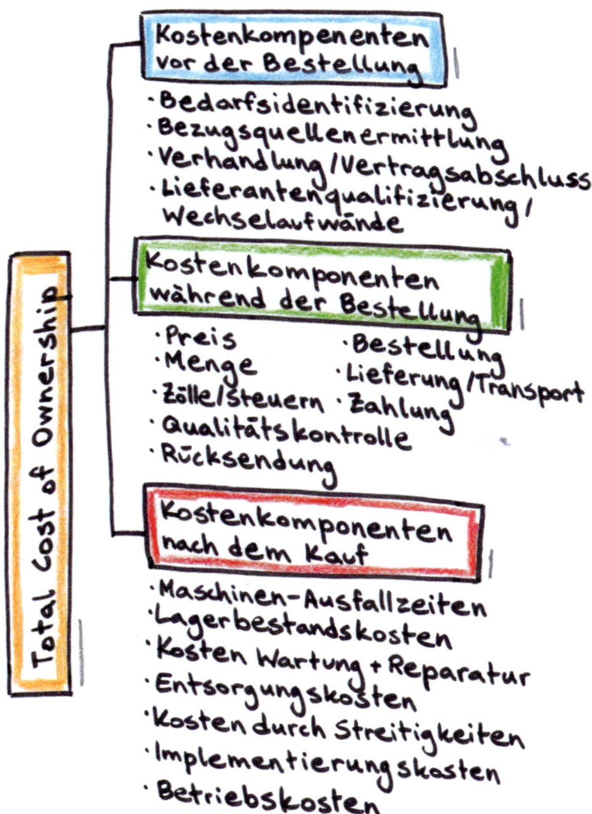

Grafik: Anja Faber

andere Aufwendungen, Auszahlungen) und Berechnungen über die entsprechenden Zeiträume.

5. Ermittlung sonstiger Kosten oder Effekte, die sich nicht direkt zuordnen lassen, aber dringend berücksichtigt werden müssen.
6. Eliminierung von Kosten, deren Bewertung komplexer ist als der entscheidungsrelevante Mehrwert.
7. Konsolidierung und Auswertung der Total Cost of Ownership.

Der aufsummierte Wert aller Kosten gibt dann eine sehr gute Bewertung einer Investition und somit ein gutes Bild für ein Business Case.

Zur Vermeidung von Kostenüberraschungen bei einer Investitionsentscheidung ist die Methode einer TCO-Bewertung hilfreich. Nicht nur, dass man seinen eigenen Business Case von vornherein gut im Griff hat, sondern man kann auch die Bedenkenträger damit überzeugen, dass man an alles gedacht hat.

Transformationswirksamkeit

- Wirksam für alle Transformationen

Transformationsfähigkeit

- Fördert die allgemeine Transformationsfähigkeit des Teams

Einsatzcharakteristik

- Austauschfokus: vornehmlich mit internen Personen
- Durchführungszeit: eher hoch (> 1 Tag)
- Einsatzfrequenz: sinnvoll im dauerhaften Einsatz
- Einsatzradius: vornehmlich im unternehmensweiten Einsatz
- Komplexität für den Moderator: eher hoch
- Komplexität für die Teilnehmer: eher hoch
- Teamgröße: Kleingruppe möglich (3 bis 5 Teilnehmer)
- Teamgröße: Mittelgroße Teams möglich (5 bis 20 Teilnehmer)
- Vorbereitungszeit: eher hoch (>1 Tag)

Nötiger Input, um mit der Methode arbeiten zu können

- Beteiligte Personen mit Tätigkeiten und Aufgaben
- Durchlaufenes Projekt oder Projektphasen

Erzeugter Output der Methode

- Bessere Projekteffizienz, bessere Teamperformance
- Erzeugt transformationsfähigere Organisationen
- Hilft bei Entscheidungen, Bewertungen und Feedback
- Macht Wirkzusammenhänge sichtbar

Hinderniseffekte, auf die die Methode positiv wirkt

- 11 – Schärft eine fehlende gemeinsame Ausrichtung
- 32 – Verhindert unreflektiertes Agieren
- 40 – Verhindert Finanz- und Ressourcenfallen
- 41 – Verringert zu große Komplexitäten
- 42 – Überzeugt strukturliebende Teammitglieder

Mögliche Extravorteile

- für Teams mit einem starkem Auftragsmandat
- für Teams mit einer souveränen Teamleitung

Quellen

Buch – Total Cost of Ownership: Konzept, Anwendung und Bedeutung deutscher Industrieunternehmen, Stefanie Krämer (VDM Verlag Dr. Müller 2007)

Web – https://de.wikipedia.org/wiki/Total_Cost_of_Ownership, 08.05.2021

Person – Jan Herrmann, jan_herrmann@gmx.net

Transformation Team Canvas

EinSatzBeschreibung

Poster zur Herleitung und Identifikation geeigneter Mitglieder für ein Transformationsteam.

Transformation-Index

P1 Leading	P2 Organizing	P3 Connecting	P4 Growing	P5 Talking	P6 Scanning	P7 Exploiting	P8 Exploring	P9 Earning	P10 Scaling
	x			x					

Beschreibung

Eine Möglichkeit, um die agile digitale Transformation in einer Organisation strukturiert voranzubringen, ist die Etablierung eines sogenannten Transformation Teams. Dieses Team ist für die Aufstellung und Durchführung des Change-Prozesses verantwortlich und sollte selbst in seiner Vorbildfunktion für die Umsetzung nach agilen Werten, Prinzipien, Praktiken und Methoden arbeiten (siehe Agiler Mindset Baum). Agilität wird somit mithilfe von Agilität eingeführt – in diesem Fall angelehnt an Scrum.

Die größte Herausforderung dabei ist die Zusammensetzung des Transformationsteams. Es sollte nicht zu groß sein und dennoch die wichtigsten Rollen beinhalten, damit ein Überblick über die Gesamtlage in der Organisation während der Transformation gewährleistet ist und die wichtigsten Informationen ohne große Verzögerung diese Steuerungseinheit erreichen.

Eine Hilfestellung für die initiale Aufstellung des Transformation Teams bietet der Transformation Team Canvas. Die insgesamt acht Felder sind eine Reflexionshilfe, um mögliche Teammitglieder zu identifizieren und verschiedene Konstellationen zu durchdenken.

Durchführung

Auf einem Flipchart oder auf einem digitalen Whiteboard wird der Transformation Team Canvas wahlweise aufgezeichnet oder in einem großen Format ausgedruckt. Die Entscheidungsträger gehen gemeinsam nacheinander die Felder von links oben im Uhrzeigersinn durch.

Feld: Wer sind die Treiber der Agilität im Unternehmen?

Zu Beginn werden die Initiatoren aber auch die agilen Vordenken in der Organisation identifiziert. In vielen Fällen haben einzelne Mitarbeiter, lange bevor die Geschäftsleitung an das Thema Agilität gedacht hat, bereits erste Initiativen gestartet, um die gemeinsame Zusammenarbeit zu optimieren. Solche Innovatoren und Early Adopters (nach Evrett M. Rogers Diffusionstheorie) sind oftmals bringen in der Regel das angestrebte agile Mindset mit, was sich unter anderem im bereitwilligen Teilen von Wissen, Experimentierfreudigkeit oder einer natürlichen Veranlagung zur lateralen Führung manifestiert.

Feld: Wer ist der Visionär der Transformation?

So wie es in einem Scrum-Team einen Product Owner gibt, benötigt auch das Transformation Team einen Product Owner. Dieser sollte ein Zukunftsbild der Organisation entwickeln und vermitteln können, welches anschließend in logische Transformationsschritte geteilt wird. Ebenso wie der klassische Product Owner übernimmt er die Pflege und Priorisierung des Transformation Team Backlogs.

Feld: Wer sind unsere Treiber im Topmanagement?

Eine erfolgreiche agile digitale Transformation benötigt Unterstützung auf sämtlichen Ebenen der Organisation. Es ist daher essenziell, einen Vertreter aus dem Topmanagement im Team zu haben, welcher auf kurzem Weg dabei unterstützen kann, dass auftretende Hindernisse beseitigt werden.

Feld: Welche Abteilungen sind am stärksten von der Transformation betroffen?

Jede Transformation ist anders und entsprechend können auf die unterschiedlichsten Abteilungen im Unternehmen besondere Herausforderungen zukommen. Falls im Zuge der Digitalisierung plötzlich die IT-Infrastruktur aufgebessert werden muss, macht es beispielsweise Sinn, einen Vertreter der IT mit im Team zu haben. Braucht die Organisation dringend eine große Zahl an Fachkräften für die Umsetzung der Projekte, sollte die Personalabteilung aktiv beteiligt sein. Während der Transformation können sie die Belastungen für die verschiedenen Abteilungen ändern und entsprechend sollte hier auch die Auswahl der Teammitglieder angepasst werden.

Feld: Welche Stakeholder möchten man im Transformation Team wissen?

Vertreter aus dem Betriebsrat, Eigentümer oder Verantwortliche aus Mutterkonzernen können in manchen Konstellationen wichtige Unterstützer bei der agilen digitalen Transformation sein, die als aktive Gestalter einen entscheidenden Mehrwert für einen effizienten Transformationsprozess leisten.

Feld: Wer sind geeignete Vertreter aus agilen Pilotteams?

Über kurz oder lang werden einzelne Teams die neue Art der Zusammenarbeit verproben müssen. Nach agilen Trainings und Workshops werden sie mit einer agilen Methode ihrer Wahl starten und erste Erfahrungen über die Möglichkeiten und Grenzen der Anwendung dieser in der Organisation sammeln. Diese Rückmeldungen sind wichtig, um die Praktiken bedarfsgerecht an die Rahmenbedingungen des Unternehmens anzupassen und umgekehrt die Rahmenbedingungen zu optimieren, wo dies möglich ist.

Feld: Wen sonst möchte man im Team nicht missen?

An dieser Stelle lohnt es sich einmal auf alle bisher ausgewählten potenziellen Teammitglieder zu blicken und zu überlegen, ob noch jemand zwar keiner der Kategorien angehört, aber dennoch einen wichtigen Beitrag zu Transformation leisten könnte.

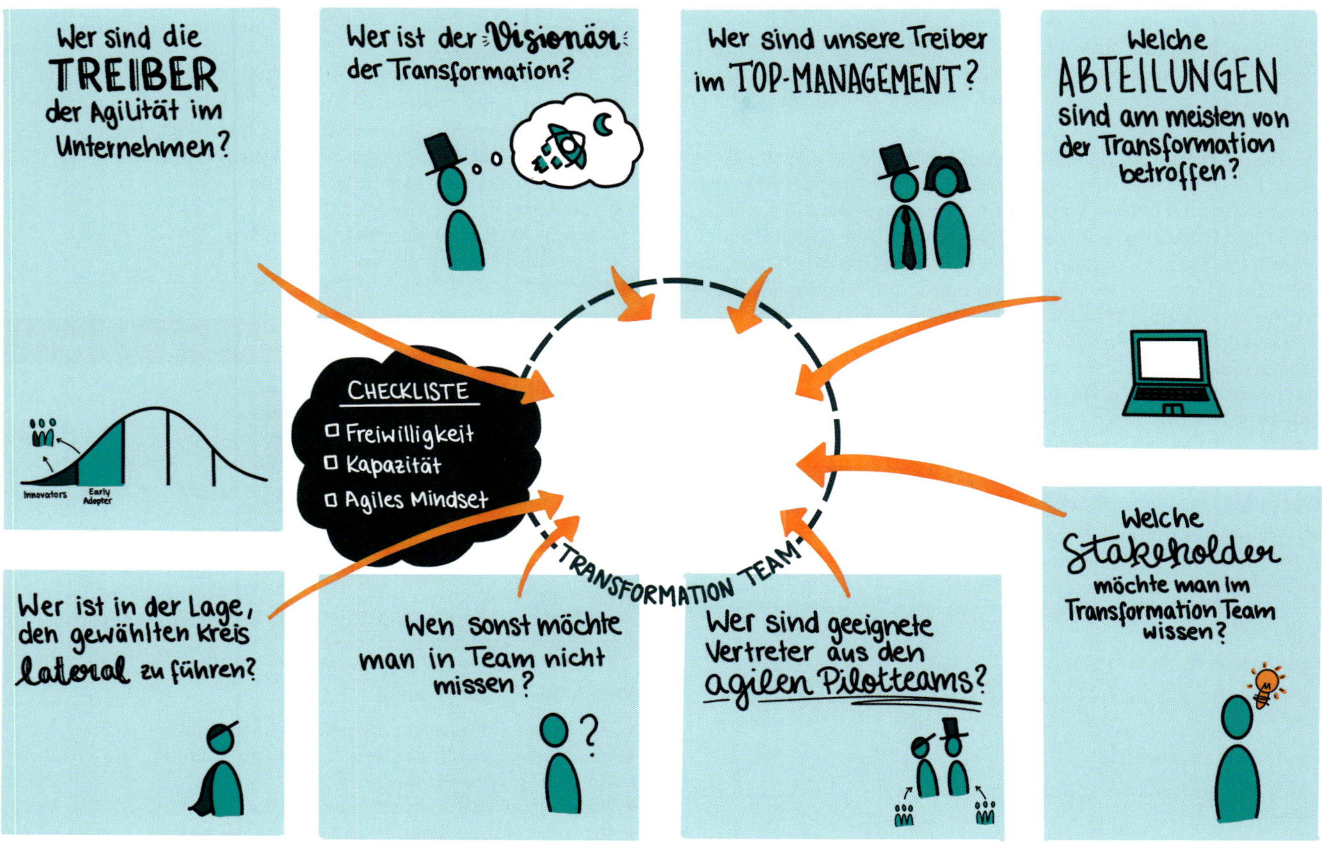

Grafik: Sabina Lammert

Feld: Wer ist in der Lage, den gewählten Kreis lateral zu führen?

Hier stellt sich die Frage nach dem agilen Transformationscoach. Es sollte jemand mit methodischer und fachlicher Expertise sein, der dafür sorgt, dass die Teammitglieder ihren Fokus nicht aus den Augen verlieren und in ihre Vorbildfunktion als agiles Team hineinwachsen. Sollte es unternehmensintern keine passende Expertise für diese Rolle geben, macht es Sinn, sie durch einen erfahrenen externen Coach zu besetzen. Wichtig dabei ist, dass die Chemie zwischen dem Coach und dem Team stimmt. So sollte der Coach Autorität besitzen, eine Hands-on-Mentalität haben, auf sämtlichen Hierarchieebenen der Organisation auf Augenhöhe kommunizieren können, lösungsorientiert sein, diszipliniert, lateral führen können und sowohl auf menschlicher als auch auf zwischenmenschlicher Ebene Souveränität mitbringen.

Das Transformationsteam bleibt in der Regel über die Dauer der Transformation nicht konstant. Es ist wichtig, regelmäßig im Team zu reflektieren, ob die aktuelle Konstellation dem vorherrschenden Bedarf noch gerecht wird und die Besetzung entsprechend anzupassen. Das Transformation Team hat ebenso wie ein Scrum-Team alle Scrum-Meetings: Planning, Weeklys statt Dailys, Reviews (zu denen die Mitarbeiter eingeladen werden), Retrospektiven und Backlog Refinements. Dabei besteht ein großer Teil der Backlogs aus Impediments, d.h. den Hindernissen der operativ tätigen agilen Teams und den an der Transformation betroffenen Abteilungen.

Praxisschlaglicht

Das Transformation Team Canvas wurde im Rahmen der Transformation einer mittelständischen Bank entwickelt. Das initiale Transformation Team hat nur drei Teammitglieder gehabt, die bei weitem nicht in der Lage waren, alle auftretenden Herausforderungen kurzfristig zu lösen. Beim täglichen Daily mit den externen Beratern ist immer wieder aufgefallen, dass vor allem Rückmeldungen seitens der IT lange auf sich haben warten lassen. Im Rahmen einer Reflexion kam der Vorschlag auf, das bisherige Transformation Team und wichtige Akteure der Transformation zu erweitern.

Dazu wurde der Canvas auf zwei Flipcharts gezeichnet und gemeinsam mit dem Verantwortlichen der Transformation wurden die Namen potenzieller Kandidaten auf Haftnotizzettel geschrieben und in die jeweiligen Felder geklebt. Eine Erkenntnis in diesem Prozess war, dass der Verantwortliche der Transformation unter den aktuellen Rahmenbedingungen kein geeigneter Product Owner für die Transformation ist, auch wenn er sich bisher in dieser Rolle gesehen hat. Aufgrund zahlreicher weiterer Verpflichtungen konnte er nicht die notwendige Zeit aufbringen, um das Transformation Backlog zu pflegen und zu priorisieren, was auch die Stagnation der Transformation in den vergangenen Wochen erklärt hat.

Um diese Erkenntnis bereichert standen nun zwei Optionen im Raum: Entweder mussten anderweitige Aufgaben abgegeben werden oder ein alternativer Product Owner musste benannt werden. Der Transformationsverantwortliche hat mehrere Szenarien für potenzielle Transformation Team Konstellationen erstellt, die nebeneinander gehängt werden konnten und jeweils ihre Vor- und Nachteile mit sich brachten. Dank des Transformation Team Canvas konnte er den Auswahlprozess für die Mitglieder des Transformation Teams strukturiert angehen und sich nach Rücksprachen mit Kollegen für eine passende initiale Zusammensetzung entscheiden.

Transformationswirksamkeit

- Wirksam für Herausforderungen mit mittlerer Komplexität
- Wirksam für alle Transformationen
- Wirksam für radikale Transformationen

Transformationsfähigkeit

- Fördert die allgemeine Transformationsfähigkeit des Teams

Einsatzcharakteristik

- Austauschfokus: vornehmlich mit internen und externen Personen
- Durchführungszeit: eher mittel (>1 Stunde bis <1 Tag)
- Einsatzfrequenz: vornehmlich im einmaligen Einsatz
- Einsatzradius: vornehmlich im Teameinsatz
- Komplexität für den Moderator: eher mittel
- Komplexität für die Teilnehmer: eher mittel
- Teamgröße: Einzelpersonennutzung möglich
- Teamgröße: Kleingruppe möglich (3 bis 5 Teilnehmer)
- Vorbereitungszeit: eher gering (<1 Stunde)

Nötiger Input, um mit der Methode arbeiten zu können

- Aktuelle Herausforderung, Leitfrage, Problem
- Beteiligte Personen mit Tätigkeiten und Aufgaben
- Existierende Prozesse und Verfahren
- Liste von Alternativen
- Verschiedene Botschaften, Meinungen, Statements
- Verschiedene Meinungen und Blickwinkel
- Durchführungszeit, Trainingszeit
- Merkmale der gegebenen Herausforderung
- Personenmerkmale (Meinungen, Bedürfnisse, Werte, etc.)
- Ziele, Zielsystem, Kennzahlen

Erzeugter Output der Methode

- Bessere Projekteffizienz, bessere Teamperformance
- Erzeugt Listen von Chancen und Risiken
- Erzeugt Ideen, Lösungsansätze, Vorideen, Möglichkeiten
- Erzeugt Poster
- Erzeugt visualisierte Ideen, Begriffe, Themen
- Erzeugt größere Klarheit zu einem Thema
- Erzeugt transformationsfähigere Organisationen
- Hilft bei Entscheidungen, Bewertungen und Feedback
- Identifiziert vorhandene Schwachstellen
- Identifiziert vorhandene Stärken
- Macht Wirkzusammenhänge sichtbar
- Ziel- und Fokusgruppen

Hinderniseffekte, auf die die Methode positiv wirkt

- 04 – Beugt blinden Flecken/Betriebsblindheit vor
- 05 – Verhindert blinden Aktionismus
- 08 – Verhindert einseitige Bewertungen und Entscheidungen
- 10 – Verhindert falsche Flughöhen
- 20 – Verhindert Ideenfindung mit zu schwacher Erkenntnisgrundlage
- 32 – Verhindert unreflektiertes Agieren
- 36 – Schafft schnell Klarheit und beschleunigt Erkenntnisgewinn
- 42 – Überzeugt strukturliebende Teammitglieder

Mögliche Extravorteile

- für Teams mit einer schwacher Teamleitung
- für Teams mit schwachem Auftragsmandat
- für disruptiv unerfahrene Teams
- für multidisziplinär unerfahrene Teams
- für unerfahrene Trainer und Agile Coaches

Quellen

Buch – Agile Transformation: Der Praxisguide zum Change abseits des Happy Path, C. Schmiedinger et al., (Hanser 2020)

Web – https://www.projektmagazin.de/artikel/agile-transformation-mit-dem-transition-team-sicher-durch-die-veraenderung-steuern_1133204 ,21.03.2021

Person – Sabina Lammert, sabina@leadventure.de

Transformation Trendradar

EinSatzBeschreibung

Methode zur Identifikation und Anwendung eines konkreten Trends, zu dem alle Beschäftigten für 6 oder 12 Monate neues Wissen aufbauen.

Transformation-Index

P1 Leading	P2 Organizing	P3 Connecting	P4 Growing	P5 Talking	P6 Scanning	P7 Exploiting	P8 Exploring	P9 Earning	P10 Scaling
			x		x		x		

Beschreibung

Mit der digitalen Transformation müssen Unternehmen besondere Trends identifizieren und berücksichtigen sowie permanent anpassungsfähig bleiben. Während Experten in ihren spezialisierten Gebieten in der Regel ein eigenes Innovationsmanagement betreiben, setzt der Transformation-Trendradar einen konkreten Trend für sechs oder 12 Monate in den Fokus des Gesamtunternehmens. In diesem Anwendungszeitraum erhalten alle Beschäftigten die Möglichkeit Wissen und Skills aufzubauen, während Experten konkrete Trendanalysen oder Proof of Concepts durchführen.

Sowohl Megatrends können im Transformation-Trendradar behandelt werden wie z. B. Künstliche Intelligenz, New Work, IT-Sicherheit, Gesundheit, Nachhaltigkeit, etc. als auch relevante Unternehmenstrends, die alle Beschäftigten kennen sollten (z. B. Technologietrends für Unternehmen der IT-Branche).

Im Rahmen der digitalen Transformation wird mit dem Transformation-Trendradar ein entscheidender Schritt in eine lernende und anpassungsfähige Organisation gesetzt. Bereits die einmalige Anwendung dieser Methode bringt vielfältige neue Kompetenzen bei den Beschäftigten hervor und berücksichtigt einen für das Unternehmen wichtigen neuen Trend. Die Anwendung der Methode in wiederholenden Zyklen führt zum Unternehmenserfolg und sorgt dafür, dass eine lernende und anpassungsfähige Kultur tief verwurzelt wird.

Die Methode besteht aus zwei Teilen. Im ersten Teil erstellt ein multidisziplinäres Team den Transformation-Trendradar für das Unternehmen (Erstellung). Im zweiten Teil wendet die gesamte Organisation diesen Transformation-Trendradar an (Anwendung).

Die initiale Bewertung, die durch das Team bei der Erstellung vorgenommen wurde, wird während der Anwendung gefestigt, konkretisiert oder widerlegt. Dadurch entstehen neue Erkenntnisse, bis hin zu Aktionsplänen oder Maßnahmen.

Der Transformation-Trendradar ist eine Mikromethode und kann als Alternative oder Ergänzung zum klassischen Trendradar genutzt werden. Während der klassische Trendradar mehrere Trends über verschiedene Ebenen darstellt, z. B. potenzielle Handlungsempfehlungen über einen bestimmten Zeitraum oder unterschiedliche Trendreifen auf dem Markt, wird beim Transformation-Trendradar gezielt nur der übergreifende Teil betrachtet, der für alle Beschäftigten in den nächsten sechs bzw. 12 Monaten besonders relevant wird.

Durchführung

1. Erstellung

a. Identifikation
   Das multidisziplinäre Team recherchiert über einen bestimmten Zeitraum aktuell relevante Trends, die für den Transformation-Trendradar relevant sein könnten. Diese Trends werden auf Post-its, entweder auf einem physischen Teamboard oder in einem Whiteboard-Tool gesammelt. Sofern den Teammitgliedern bei der Recherche bereits potenzielle Ideen für Einsatzzwecke oder Maßnahmen im Unternehmen einfallen, werden diese Ideen auf farbig anderen Post-its vermerkt, damit sie nicht verloren gehen.

b. Bewertung
   Ziel der Bewertung ist es aus den oben identifizierten Trends ein bis maximal drei Trends herauszufiltern, die final im Transformation-Trendradar abgebildet werden sollen. Dafür müssen die Trends zunächst nach der Marktreife sortiert werden. Das heißt, die Trends, die bereits in anderen Branchen etabliert sind bzw. sehr reif in der Anwendung scheinen, rücken auf dem Board nach ganz oben. Die übrigen Trends wandern in den Backlog. Sie hängen weiter unten auf dem Board und werden in diesem Zyklus nicht für das ganze Unternehmen relevant.

Die ausgewählten reifen Trends werden nun nach der Unternehmensrelevanz priorisiert. Folgende Fragen helfen bei der Bewertung. Trends, bei denen nahezu alle Fragen mit „Ja" beantwortet werden können, sollten nach ganz oben auf der Liste, da sie tendenziell eine sehr hohe Unternehmensrelevanz aufweisen:

- Gibt es Partner oder Wettbewerber, die mit diesem Trend bereits experimentieren?
- Sollte für diesen Trend größeres Know-how bei nahezu allen Beschäftigten aufgebaut werden?
- Wurde der Trend schon einmal von Experten im Unternehmen näher betrachtet?
- Wurden bereits in unserem Unternehmen Trendanalysen oder Machbarkeitsstudien durchgeführt?
- Fühlt es sich richtig an, wenn dieser Trend in den nächsten sechs Monaten eine sehr herausragende Relevanz in unserem Unternehmen hat?

Zum Schluss erfolgt mittels Dotmocrazy die finale Abstimmung. Die Frage lautet: „Welcher Trend wird im Trendfokus über die nächsten 6 bzw. 12 Monate für das ganze Unternehmen relevant?"

Jedes Teammitglied erhält drei Stimmen (3 Klebepunkte/3 Votes pro Person). Jedes Teammitglied darf die Stimmen auf einen

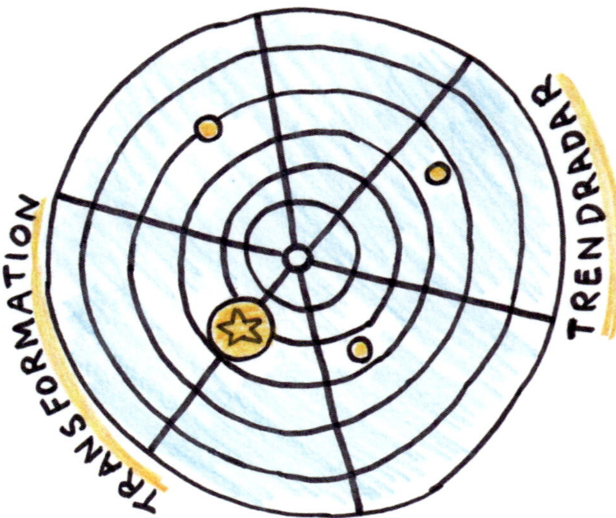

Grafik: Anja Faber – Transformation Trandradar

Trend oder über drei Trends verteilen. Der Trend mit den meisten Stimmen geht in die nächste Phase.

c. Trendbeschreibung
   Um Interpretationsspielräume zu vermeiden, ist es wichtig, eine Definition für den Trend zu erstellen. Hierfür reicht im ersten Schritt eine kurze Beschreibung, für die z. B. Experten aus dem eigenen Unternehmen hinzugezogen werden können. Für weitere Details oder Hintergrundwissen kann (soweit verfügbar) auf externe Informationsquellen verlinkt werden. Im Laufe der Anwendung werden diese Trendbeschreibungen durch alle Beschäftigten angereichert, Trendanalysen durchgeführt oder weitere Untersuchungen vorgenommen und in der Trendbeschreibung dokumentiert bzw. verlinkt.

d. Veröffentlichung
   Die Veröffentlichung erfolgt im Intranet des Unternehmens. Gemeinsam mit einer Botschaft aus dem Team oder von der Geschäftsleitung wird der Startschuss für die 6- oder 12-monatige Reise verkündet. In der Botschaft wird kurz der Trend erklärt sowie ggf. ein, zwei Gründe erläutert, weshalb sich das Team für explizit diesen Trend entschied. Die Beschäftigten werden zur Anwendung des Transformation Trendradars aufgerufen.

2. Anwendung

Der Transformation Trendradar wird mit der Veröffentlichung an die Beschäftigten übergeben. Diese Übergabe führt dazu, dass nun jeder Mitarbeiter in der Pflicht steht, etwas beizutragen. Vorhandene Experten bieten ihr Wissen an (z. B. durch Lunch & Learn, Vorträge oder Workshops), Personal- und Kommunikationsabteilungen sorgen für passende Formate (Trainings, Webinare, Guestspeaker, Panel Diskussionen, etc.). Der Trendradar führt dazu, dass jeder Beschäftigte Wissen aufbauen muss, z. B. durch Lesen von Beiträgen, Schauen von Videos, Buchen von Newslettern oder der Teilnahme an Veranstaltungen. Zusätzlich dürfen die Beschäftigten ihr neues Wissen anderen Beschäftigten zur Verfügung stellen, in dem sie die Trendbeschreibung im Intranet ergänzen und erweitern. Daraus neu entstehende Produkt- und Serviceideen könnten ggf. bereits in der Phase der Anwendung pilotiert werden.

Experten sollten gemeinsam mit der Kommunikationsabteilung kleinere Gewinnspiele oder Wissensabfragen veranstalten, an denen die Beschäftigten teilnehmen können. Sie sollten sich auch über kleine hilfreiche Give Aways Gedanken machen, die einen besonderen Aspekt des ausgewählten Trends herausheben. So werden in regelmäßigen Abständen alle Beschäftigten daran erinnert, dass jeder etwas für den Transformation-Trendradar beitragen soll.

Und denken Sie nach dem Abschluss der 6- bzw. 12-monatigen Reise an einen angemessenen Abschluss. Feiern Sie das neue Gemeinschaftsgefühl, das Gelernte und die erfolgreichen Schritte in Richtung digitaler Transformation und vergessen Sie dabei nicht den Dank an alle Beschäftigten für ihr Engagement.

Praxisschlaglicht

Für die Erarbeitung des Transformation Trendradars ist die Zusammensetzung des Teams entscheidend. Es sollten Experten aus verschiedenen Bereichen des Unternehmens, aus unterschiedlichen Hierarchiestufen und weitere Personen, z. B. von der Personalvertretung teilnehmen können. Je nach Größe und Vielfalt des Teams in Relation zur Unternehmensgröße, kann das Team entweder allein die Bewertung vornehmen oder alternativ mittels Voting fünf bis zehn vorausgewählte Trends in die Abstimmung geben. Dadurch können z. B. gerade in großen Unternehmen alle Beschäftigten direkt einbezogen werden und selbst mitbestimmen, was in der späteren Anwendung zu deutlich mehr Beteiligung führen wird.

Eine entscheidende Kompetenz, die bei der Anwendung des Transformation-Trendradars erlangt wird, ist der Wissensaufbau, die Experimentierfreudigkeit und die dabei wachsende intrinsische Motivation, sich mit Neuartigem zu beschäftigen. Nutzen Sie diese Eigenschaften, in dem Sie Ihren Beschäftigten in weiteren Zyklen immer mehr Beteiligung gewähren (z. B. durch die Einlieferung von Trend-Ideen oder der aktiven Unterstützung bei der Bewertung).

Als nächsten oder ergänzenden Schritt könnte ein klassisches Trendradar mit verschiedenen Trendfeldern und Zeithorizonten erarbeitet werden, um ein Gesamtbild möglicher bevorstehender Trends für das gesamte Unternehmen z. B. auch unter Berücksichtigung einer Trendradar-Software anzubieten. Ein sehr gutes Vorgehen für das klassische Trendradar-Konzept und weitere spannende Einblicke zum Thema Trends beschreibt Dr. Jörg Blechschmidt im Buch „Quick Guide Trendmanagement“.

Transformationswirksamkeit

- Wirksam für Herausforderungen mit hoher Komplexität
- Wirksam für Herausforderungen mit mittlerer Komplexität
- Wirksam für alle Transformationen

Transformationsfähigkeit

- Fördert die allgemeine Transformationsfähigkeit des Teams
- Sorgt für Inspiration oder bessere Inspirationsempfindlichkeit
- Zahlt auf eine bessere Wahrnehmung ein

Einsatzcharakteristik

- Austauschfokus: vornehmlich mit internen und externen Personen
- Durchführungszeit: eher hoch (> 1 Tag)
- Einsatzfrequenz: sinnvoll im dauerhaften Einsatz
- Einsatzradius: vornehmlich im unternehmensweiten Einsatz
- Komplexität für den Moderator: eher mittel
- Komplexität für die Teilnehmer: eher mittel
- Teamgröße: Mittelgroße Teams möglich (5 bis 20 Teilnehmer)
- Vorbereitungszeit: eher hoch (>1 Tag)

Nötiger Input, um mit der Methode arbeiten zu können

- Aktuelle Herausforderung, Leitfrage, Problem
- Trends und Zukunftsentwicklungen
- Umfeldbeobachtungen, Umfeldanalysen
- Wettbewerber und Komplementoren

Erzeugter Output der Methode

- Bessere Projekteffizienz, bessere Teamperformance
- Erzeugt Planungen und Priorisierungen
- Erzeugt kollaborative Lösungen und Ideen
- Erzeugt neues Wissen und neue Erfahrungen
- Erzeugt innovationsfähigere Organisationen
- Erzeugt mehr Know-how-Zuwachs
- Erzeugt motiviertere und innovationsfähigere Teilnehmer

Hinderniseffekte, auf die die Methode positiv wirkt

- 04 – Beugt blinden Flecken/Betriebsblindheit vor
- 06 – Schwächt das Leben in der Vergangenheit
- 08 – Verhindert einseitige Bewertungen und Entscheidungen
- 21 – Bindet eher introvertierte Teammitglieder mit ein
- 39 – Fördert die Agilität der Teilnehmer
- 41 – Verringert zu große Komplexitäten
- 42 – Überzeugt strukturliebende Teammitglieder

Mögliche Extravorteile

- für erfahrene Trainer und Agile Coaches
- für innovativ ungeübte Teams
- für interkulturell erfahrene Teams
- für multidisziplinär erfahrene Teams

Quellen

Buch – Quick Guide Trendmanagement, Jörg Blechschmidt (Springer Gabler 2020)
Web – https://www.itonics-innovation.de/trendradar, 11.04.2021
Person – Beate Sommer, www.b-sommer.com

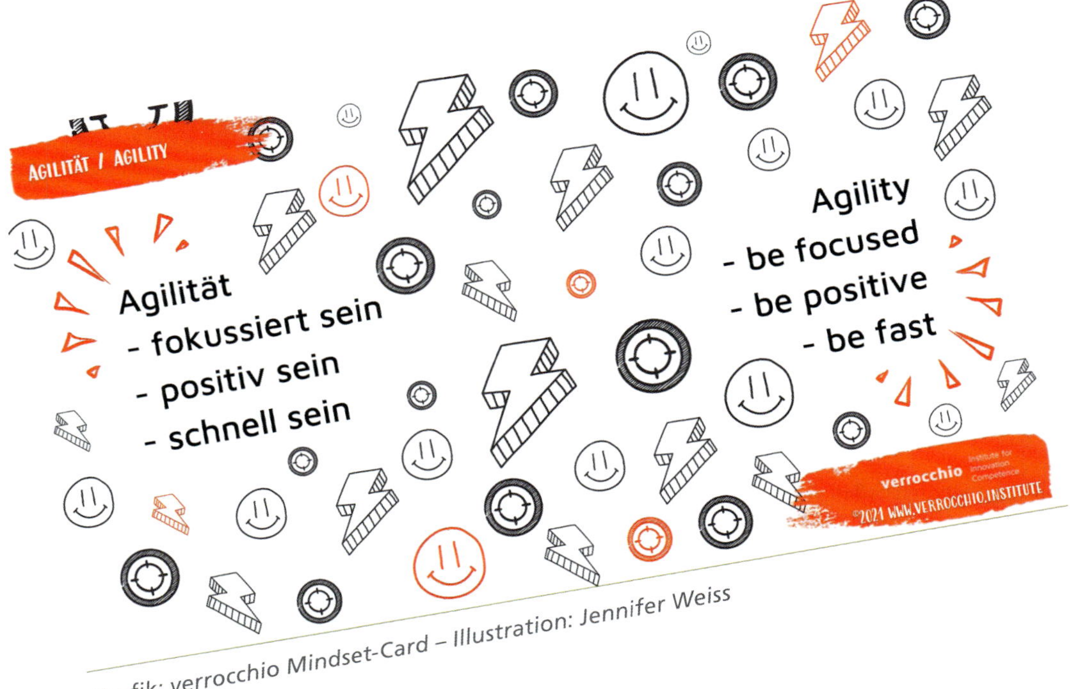

Grafik: verrocchio Mindset-Card – Illustration: Jennifer Weiss

Transformationskultur-Check-up

EinSatzBeschreibung

Messen und reflektieren, wie es um die Transformationskultur der Organisation bestellt ist.

Transformation-Index

P1 Leading	P2 Organizing	P3 Connecting	P4 Growing	P5 Talking	P6 Scanning	P7 Exploiting	P8 Exploring	P9 Earning	P10 Scaling
x			x						

Beschreibung

Man kann digitale Transformation aus vielen Blickwinkeln betrachten und treiben, aber im großen Ganzen betrachtet ist digitale Transformation zwangsläufig immer auch ein Wandel in Kultur und Werten. Es braucht also, besten Falle, auch eine Transformationskultur, die wir parallel zu unseren Projekten entwickeln und fördern. Dabei bauen wir auf langjährige Erfahrungen aus dem Bereich Innovation und dem Entwickeln beispielsweise von Innovationskultur und auch Fehlerkultur.

Der Transformationskultur-Check-up vom verrocchio Institute liefert einige Kriterien, die dabei helfen, die Transformationskultur für die eigene Organisation zu reflektieren und auch ein wenig zu messen.

Durchführung

Erstellen Sie mit den nachfolgenden Kriterien eine Checkliste, indem Sie pro Kriterium eine Skala von null bis zehn hinzufügen. Beantworten Sie nun für Ihr Team oder für die ganze Organisation die einzelnen Fragen, indem Sie ein Kreuz auf jeder Skala setzen.

Hier die Kriterien für den Transformationskultur-Check-up:

- Diversity (zum Beispiel Alter, Fachrichtung) ist ein Kriterium bei der Personalauswahl.
- Innovationsfähigkeit ist ein Kriterium bei der Potenzialeinschätzung.
- Es werden regelmäßig Impulse aus branchenfremden Wissensgebieten gegeben (zum Beispiel durch externe Referenten).
- Die F&E-Bereiche kooperieren mit Hochschulen/Fachhochschulen.
- Transformationsmethoden gehören zur Managementqualifizierung.
- Bei der Auswahl der Führungskräfte wird Wert gelegt auf:
  - eine breite Allgemeinbildung und breite Interessen
  - eine hohe Analysekompetenz
  - eine hohe Sozial- und Kommunikationskompetenz
  - die Fähigkeit zum Perspektivwechsel
  - das Bedürfnis, Dinge zu hinterfragen
  - die Fähigkeit, andere Menschen dazu zu bringen, ihr Wissen zu teilen.
- Es existieren Prozesse zur Identifikation und Auswahl von Botschaftern und Multiplikatoren.
- Es gibt spezielle Weiterbildungsprogramme für Transformationsteams.
- Es gibt spezielle Netzwerke für Transformationsteams.
- Ein Veränderungsvorschlag genießt einen natürlichen Vertrauensvorschuss.
- Es ist akzeptiert, dass sich Mitarbeiter und Führungskräfte für einige Stunden zusammensetzen und Brainstorming betreiben, ohne dass die sofortige Umsetzbarkeit der Idee im Vordergrund steht.
- Zielvereinbarungen dienen als Antrieb zur Verbesserung, nicht zur Kontrolle.
- Die administrativen Regelungen unterstützen das Vertrauen in die Mitarbeiter (z. B. Vertrauensarbeitszeit, uneingeschränkte Internetnutzung).
- Teams werden bewusst unter dem Gesichtspunkt der Transformationsförderung zusammengesetzt (z. B. Interdisziplinarität).
- Die Arbeitsplatzgestaltung fördert den Wissensaustausch (z. B. offene Architekturen, Kaffeeecken).
- Auch kleine digitale Transformationen sind gefragt.
- Der Entscheidungs- und Handlungsspielraum der Mitarbeiter ist angemessen.
- Die Mitarbeiter kennen die Bedeutung der digitalen Transformation für das Unternehmen.
- Die Unternehmensleitung betont die Bedeutung von digitaler Transformation und steht spürbar für dieses Thema ein.
- Es gibt Anreizsysteme für digitale Transformation, die über das betriebliche Vorschlagwesen hinausgehen.

Foto: NEU Innovation – Zur Goldenen Idee

- Die Weitergabe und Nutzung von Wissen wird durch Systeme unterstützt (z. B. Intranet, Wissensdatenbanken).
- Das Thema digitale Transformation ist systematischer Bestandteil von Zielvereinbarungen.
- Wir betreiben Plattformen und Instrumente für internes Unternehmertum (z. B. Intrapreneurship-Programme, Skunk works, internes Venture Capital).
- Interne Best Practices werden aktiv gesucht und intern vermarktet.
- In internen Medien wird regelmäßig über Transformationsprojekte berichtet.
- Auch kritische Aspekte von digitaler Transformation werden in internen Medien offen angesprochen.
- Es gibt eine Vernetzung zwischen der Planung von Forschung und Entwicklung und den möglichen Auswirkungen auf die Human Ressource.
- Es gibt eine frühzeitige Diskussion über benötigte Kompetenzen und Ressourcen, sodass man seitens der Personalplanung rechtzeitig Vorsorge treffen kann.
- Den Mitarbeitern sind zukünftige Veränderungen des Geschäfts so bewusst, dass sie aus eigener Initiative handeln können.

Transformationswirksamkeit

- Wirksam für alle Transformationen
- Wirksam für radikale Transformationen

Transformationsfähigkeit

- Fördert die allgemeine Transformationsfähigkeit des Teams

Einsatzcharakteristik

- Austauschfokus: vornehmlich mit internen Personen
- Durchführungszeit: eher mittel (>1 Stunde bis <1 Tag)
- Einsatzfrequenz: sinnvoll im dauerhaften Einsatz
- Einsatzradius: vornehmlich im unternehmensweiten Einsatz
- Komplexität für den Moderator: eher hoch
- Komplexität für die Teilnehmer: eher hoch
- Teamgröße: Einzelpersonennutzung möglich
- Teamgröße: Großgruppen möglich (>50 Teilnehmer)
- Teamgröße: Kleingruppe möglich (3 bis 5 Teilnehmer)
- Teamgröße: Maxigruppen möglich (20 bis 40 Teilnehmer)
- Teamgröße: Mittelgroße Teams möglich (5 bis 20 Teilnehmer)
- Vorbereitungszeit: eher mittel (>1 Stunde bis <1 Tag)

Nötiger Input, um mit der Methode arbeiten zu können

- Aktuelle Herausforderung, Leitfrage, Problem
- Beteiligte Personen mit Tätigkeiten und Aufgaben
- Existierende Prozesse und Verfahren
- Durchführungszeit, Trainingszeit

Erzeugter Output der Methode

- Bessere Projekteffizienz, bessere Teamperformance
- Erzeugt Listen von Chancen und Risiken
- Erzeugt Prognosen und Ableitungen
- Erzeugt motiviertere und transformationsfähigere Teilnehmer
- Identifiziert vorhandene Schwachstellen
- Identifiziert vorhandene Stärken
- Macht Wirkzusammenhänge sichtbar

Hinderniseffekte, auf die die Methode positiv wirkt

- 06 – Schwächt das Leben in der Vergangenheit
- 11 – Schärft eine fehlende gemeinsame Ausrichtung
- 25 – Schwächt multidisziplinäre Reibungsverluste
- 32 – Verhindert unreflektiertes Agieren
- 36 – Schafft schnell Klarheit und beschleunigt Erkenntnisgewinn

Mögliche Extravorteile

- für Teams in einer Komfortsituation
- für Teams mit einem starkem Auftragsmandat
- für Teams mit einer souveränen Teamleitung

Quelle

Organisation – verrocchio Institute GmbH, Düsseldorf, www.verrocchio.institute

Trend-Matrix

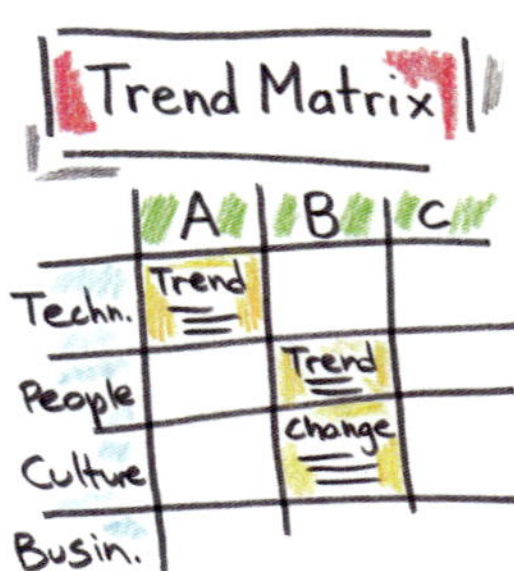

EinSatzBeschreibung

Übersicht über Veränderungen und Trends, die aktuell stattfinden und die uns zukünftige Veränderungen aufzeigen kann.

Transformation-Index

P1 Leading	P2 Organizing	P3 Connecting	P4 Growing	P5 Talking	P6 Scanning	P7 Exploiting	P8 Exploring	P9 Earning	P10 Scaling
					x				

Beschreibung

Die Trend-Matrix zeigt auf hoher Flughöhe, wie Trends und Veränderungskräfte auf Technologie, Wertschöpfung, Menschen und Kulturen wirken. Sie liefert einen schnellen Überblick zu den Wirkfaktoren von Trends auf das eigene Unternehmen oder das Projekt. Gerade in auch in digitalen Projekten steigt die Erfolgswahrscheinlichkeit von Projekten, wenn diese an aktuelle und bevorstehende Trends gekoppelt sind.

Durchführung

Die Trend-Matrix besitzt als Koordinatensystem oder Tabelle zwei Achsen. So enthält zum Beispiel die Hochachse Werte und Einflusskategorien wie „Technologie", „Markt", „Menschen" und „Kultur" und die andere Achse die Werte für verschiedene Wirkweisen von Trends wie „Einfluss bereits vorhanden", „Einfluss beginnt" und „Einfluss erwartet". Die einzelnen Zellen der Trend Matrix enthalten dann die jeweils hier gefundenen und zugeordneten Trends.

Schritt 1: Auswahl und Erstellung der Wertelisten für die Achsen der Tabelle. Da die Trend Matrix langfristig eingesetzt werden sollte, macht es Sinn, die Einflusskategorien sorgsam und reflektiert im Team zu identifizieren und auszuwählen.

Schritt 2: Nun folgt die Recherche und Identifikation von Trends und das Ausfüllen der Trend-Matrix mit den gefundenen Trends. Diese Aufgabe sollte am besten zyklisch und permanent erfolgen und sie sollte sich mehrerer Trendquellen beziehungsweise Datenbanken bedienen (Beispiel: Der Trendexplorer von TrendONE).

Schritt 3: Gehen Sie nun auf etwas Abstand zur Trend-Matrix und diskutieren Sie mit Ihrem Team die Tabelle aus einer Art Vogelperspektive.

Schritt 4: Fassen Sie Ihre Ergebnisse und Erkenntnisse zusammen und tragen Sie diese zum Beispiel als Overlayebene mit in die Trend-Matrix ein.

Optional: Wiederholen Sie diese Schritte zyklisch und geben Sie die Ergebnisse an alle Teams, die mit Innovation im Zusammenhang stehen.

Transformationswirksamkeit

- Wirksam für alle Transformationen

Transformationsfähigkeit

- Fördert die allgemeine Transformationsfähigkeit des Teams
- Sorgt für Inspiration oder bessere Inspirationsempfindlichkeit

Einsatzcharakteristik

- Austauschfokus: vornehmlich mit internen Personen
- Durchführungszeit: eher hoch (> 1 Tag)
- Einsatzfrequenz: sinnvoll im dauerhaften Einsatz
- Einsatzradius: vornehmlich im unternehmensweiten Einsatz
- Komplexität für den Moderator: eher hoch
- Komplexität für die Teilnehmer: eher hoch
- Teamgröße: Einzelpersonennutzung möglich
- Teamgröße: Großgruppen möglich (>50 Teilnehmer)
- Teamgröße: Kleingruppe möglich (3 bis 5 Teilnehmer)
- Teamgröße: Maxigruppen möglich (20 bis 40 Teilnehmer)
- Teamgröße: Mittelgroße Teams möglich (5 bis 20 Teilnehmer)
- Vorbereitungszeit: eher hoch (>1 Tag)

Nötiger Input, um mit der Methode arbeiten zu können

- Aktuelle Herausforderung, Leitfrage, Problem
- Durchlaufenes Projekt oder Projektphasen

Erzeugter Output der Methode

- Erzeugt Ideen für neue Märkte und neue Business Modelle

Hinderniseffekte, auf die die Methode positiv wirkt

- 04 – Beugt blinden Flecken/Betriebsblindheit vor
- 06 – Schwächt das Leben in der Vergangenheit
- 10 – Verhindert falsche Flughöhen
- 11 – Schärft eine fehlende gemeinsame Ausrichtung

Mögliche Extravorteile

- für Teams mit einem starkem Auftragsmandat
- für die Arbeit mit digitalen Kollaborationsboards

Quellen

Buch – 101 Design Methods, V. Kumar (Wiley 2012)
Web – https://www.trendexplorer.com, 19.05.2021
Buch – Das große Handbuch Innovation, B. van Aerssen, C. Buchholz (Vahlen 2018)

Triple Diamond

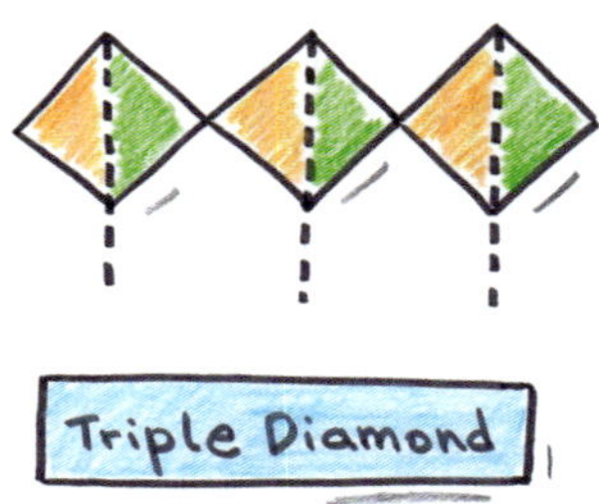

EinSatzBeschreibung

Das Triple-Diamond-Modell schafft einen agilen Rahmen, um Kommunikationsstrategien zu entwickeln und Tests zu integrieren.

Transformation-Index

P1 Leading	P2 Organizing	P3 Connecting	P4 Growing	P5 Talking	P6 Scanning	P7 Exploiting	P8 Exploring	P9 Earning	P10 Scaling
		x		x					

Beschreibung

Das Triple-Diamond-Modell bietet einen Rahmen, um Kommunikationsstrategien und -maßnahmen systematisch zu entwickeln. Es beinhaltet Arbeitsschritte und Werkzeuge, um für die jeweilige kommunikative Herausforderung einen passenden Weg zu finden. Dabei wird jeder Arbeitsschritt getestet, so vor der Festlegung strategischer Entscheidungen konkretes Feedback vorliegt. Im Verlauf des Modells werden je nach Bedarf verschiedene Tools des Kommunikationsmanagements eingesetzt, beispielsweise Benchmarking, die Entwicklung von Personas oder Tools zur Markenentwicklung.

Das Modell findet insbesondere in digitalen Zeiten Anwendung, da man festgestellt hat, dass viele klassische Kommunikationsmodelle bei den heute raschen Veränderungen nicht mehr funktionieren. Die Digitalisierung spielt hier eine wichtige Rolle, aber auch andere viele gesellschaftliche Entwicklungen.

Das Triple-Diamond-Modell wurde inspiriert durch den aus dem Design Thinking bekannten Ansatz des Double Diamond. Er verbindet jeden Entwicklungsschritt mit einem umfangreichen Test, der die Zwischenergebnisse verifiziert und verdichte

Das Double-Diamond-Modell hat seinen Namen von seiner grafischen Darstellung. Es besteht aus zwei Rauten, die nebeneinander angeordnet sind und die vier Phasen des Prinzips darstellen. Da diese Darstellung an Diamanten wird es als Double-Diamond-Prinzip bezeichnet. Das Triple-Diamond-Modell weist einen Diamanten mehr auf, welcher durch den Zusatz „Triple" im Namen den Charakter der Methode kennzeichnet. Der größte Unterschied zum Double-Diamond-Prinzip besteht in den jeweiligen Testphasen, die schon in der Analyse und bei der Definition der Strategie für zeitige Kurskorrekturen sorgen.

Die einzelnen Diamanten sind:

- **Diamant 1: Analyse**
  Die Analyse in Diamant 1 besteht aus fünf Ebenen. Sie beinhaltet die Gesellschaft, die Stakeholder, die Organisation, die beteiligten Akteure und die Technik, welche für die Umsetzung verwendet werden soll. Diese Ebenen werden sorgfältig analysiert, dabei werden unterschiedliche Werkzeuge eingesetzt.
- **Diamant 2: Strategie**
  Die Entwicklung der Strategie erfolgt im zweiten Diamanten. Dazu gehört die Entwicklung der Marke, das Finden einer Leitidee, das Definieren von Zielen und das Entwickeln einer Content-Strategie. Ausgangspunkt ist die wichtigste Herausforderung, die sich aus der Analyse ergeben hat. Daraufhin werden die strategische Leitidee und überprüfbare Ziele festgelegt.
- **Diamant 3: Maßnahmen und Taktik**
  Im dritten Diamant werden Maßnahmen zur realen Umsetzung der definierten Strategie besprochen. Vorher können Ideen entstehen, aber erst in diesem Schritt werden die notwendigen Entscheidungen zu den konkreten Maßnahmen und zu den Kommunikationskanälen getroffen. Diamant 3 beinhaltet die Ebenen Themenplanung, Auswahl der passenden Instrumente, Definition der Workflows und Governance. Es werden Formate für die inhaltliche Gestaltung entwickelt, ebenso Redaktionspläne und SEO-Strategien. Auch Entscheidungen zu Verantwortlichkeiten und Arbeitsabläufen werden hier getroffen

Durchführung

Häufig wird (insbesondere unter hohem Zeitdruck) das Triple-Diamond-Prinzip als Design Sprint durchgeführt. Jake Knapp, Autor des Buches „Design Sprint", hat dieses beispielsweise für Google Ventures entwickelt. Dazu wird der komplette Durchlauf in fünf Tagen durchgeführt, inklusive Ideenentwicklung und Test. Voraussetzung dafür ist ein heterogenes Team und eine gute Vorbereitung.

Transformationswirksamkeit

- Wirksam für alle Transformationen

Transformationsfähigkeit

- Fördert die allgemeine Transformationsfähigkeit des Teams

Einsatzcharakteristik

- Austauschfokus: vornehmlich mit internen Personen
- Durchführungszeit: eher hoch (> 1 Tag)
- Einsatzfrequenz: sinnvoll im dauerhaften Einsatz
- Einsatzradius: vornehmlich im unternehmensweiten Einsatz
- Komplexität für den Moderator: eher hoch
- Komplexität für die Teilnehmer: eher hoch
- Teamgröße: Kleingruppe möglich (3 bis 5 Teilnehmer)
- Teamgröße: Mittelgroße Teams möglich (5 bis 20 Teilnehmer)
- Vorbereitungszeit: eher hoch (>1 Tag)

Nötiger Input, um mit der Methode arbeiten zu können

- Aktuelle Herausforderung, Leitfrage, Problem

Erzeugter Output der Methode

- Bessere Projekteffizienz, bessere Teamperformance

Hinderniseffekte, auf die die Methode positiv wirkt

- 11 – Schärft eine fehlende gemeinsame Ausrichtung
- 28 – Stärkt schwache Anreicherungsskills
- 32 – Verhindert unreflektiertes Agieren
- 41 – Verringert zu große Komplexitäten
- 42 – Überzeugt strukturliebende Teammitglieder

Mögliche Extravorteile

- für Teams in einer Komfortsituation
- für Teams mit einem starkem Auftragsmandat
- für erfahrene Trainer und Agile Coaches
- für innovativ erfahrene Teams

Quellen

Buch – Sprint: Wie man in nur fünf Tagen neue Ideen testet und Probleme löst, Jake Knapp (Redline 2016)

Web – https://www.kompetenzzentrum-kommunikation.de/wp-content/uploads/2020/07/Strategieentwicklung-mit-dem-Tripple-Diamond_-1.pdf , 24.05.2021

Web – https://www.kompetenzzentrum-kommunikation.de/artikel/das-triple-diamond-modell-der-strategieentwicklung-4365/, 24.05.2021

Grafik: verrocchio Mindset-Card – Illustration: Jennifer Weiss

TRIZ

EinSatzBeschreibung

Probleme im Detail und schlimmsten Ausmaß beschreiben, um anschließend Maßnahmen für Lösungen zu finden.

Transformation-Index

P1 Leading	P2 Organizing	P3 Connecting	P4 Growing	P5 Talking	P6 Scanning	P7 Exploiting	P8 Exploring	P9 Earning	P10 Scaling
						x	x		

Beschreibung

Durch das Ablegen von altem Ballast und Überwinden von bestehenden Hindernissen, um Raum für neue Ideen zu generieren, bietet die Methode TRIZ einen Weg nicht in die eigenen Muster zu verfallen bei der Suche nach neuen Ideen, sondern aktiv zu hinterfragen, was anders gemacht oder komplett gelassen werden muss, um dem Ziel näher zu kommen.

Digitale Entwicklungen, Neuerungen und technische Möglichkeiten hinterfragen fest etablierte Grundsätze über Nacht. Damit müssen oft Räume für neue Idee erst geschaffen werden, bis Ideen diese Orte einnehmen können.

Persönliche wie institutionelle Hemmnisse spielen hierbei eine wichtige Rolle. TRIZ bietet die Möglichkeit persönliche Tabuthemen und Kreativitätsblocker in spaßiger Art aufzudecken und Raum für mutige Unterhaltungen in einem neu geschaffenen Raum geschaffen.

Wie Miguel de Unamuno sagt: „In jedem Ende, liegt ein neuer Anfang" – so bietet TRIZ die Möglichkeit bestehende Gedanken und Hindernisse einzureißen und mit neuen Innovationen und Ideen den entstandenen Raum zu füllen.

Durchführung

TRIZ kann in kleinen Gruppen mit vier und ca. sieben Personen pro Gruppe durchgeführt werden. Jede Gruppe sollte mit Papier und Stiften ausgestattet werden. Online kann z. B. ein Miro oder Conceptboard verwendet werden. Der Moderator leitet die Methode an und erklärt das weitere Vorgehen. Die Übung besteht aus vier Schritten, die jeweils fünf oder zehn Minuten dauern.

Schritt 1: Die Workshop-Moderation stellt zu Beginn ein Beispiel für ein unerwünschtes Ergebnis vor, welches jede Gruppe in der Übung verwenden kann. Alternativ können die Gruppen in fünf Minuten gemeinsam überlegen und ein wirklich unerwünschtes und das schlecht mögliche Ergebnis/Ereignis überlegen.

Schritt 2: Jede Gruppe erhält den Auftrag, in zehn Minuten eine Liste mit allen Möglichkeiten darüber zu erstellen, was sie tun können, um möglichst das schlechte Ergebnis/Ereignis zu erreichen.

Schritt 3: Jede Gruppe erhält den Auftrag, in zehn Minuten die notierte Liste erneut durchzugehen und in einer weiteren Liste alle Punkte zu notieren, die die Teilnehmer aktuell ausführen und die in irgendeiner Art und Weise den Möglichkeiten der ersten liste entsprechen. Der Moderator kann hier betonen, dass die Teilnehmer ehrlich und schonungslos sein sollten, um alle kontraproduktiven Prozesse oder andere Aufgaben aufzulisten.

Schritt 4: Jetzt sind die schlechten Szenarien und konkreten Prozesse, die dazu führen, benannt. Jede Gruppe hat zehn Minuten, um für jeden Eintrag in der zweiten Liste zu notieren, welche Maßnahmen und Schritte ihnen helfen würden, um die unerwünschte Aktivität, die Reaktion oder den Prozess zu stoppen. Das Fenster für Lösungen ist geöffnet und Probleme können gelöst werden.

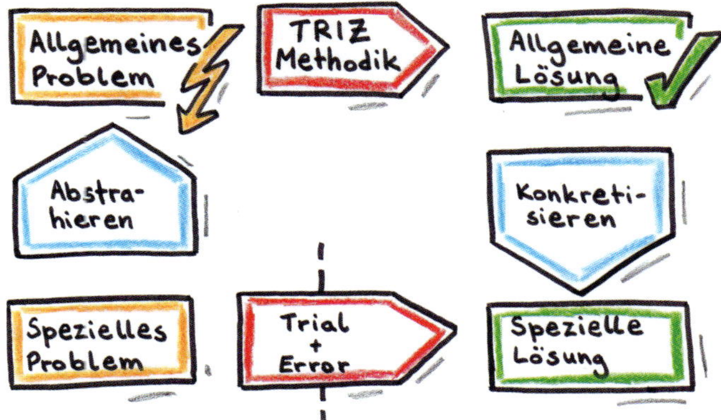

Grafik. Anja Faber – TRIZ Modell

Die Übung eignet sich sowohl vor Ort oder online und stellt eine unterhaltsame Methode und Chance da, falsch laufende Prozesse und Aufgaben auf den Tisch zu bringen sowie anschließend Maßnahmen zur Lösung zu identifizieren. Bei der Summe an Möglichkeiten, was alles wirklich schlecht läuft, ist eine gute Stimmung während der Methode hilfreich. Innovationen und neue Ideen kommen ans Licht, wenn bestehende Missstände benannt sind – womit TRIZ eine Möglichkeit für neue Impulse eröffnet. Es wird dabei nicht auf die Quantität der genannten Lösungen geachtet, sondern vielmehr auf die Qualität, der umfassend beschriebenen Problemstellung und der damit erreichten Bildbetrachtung. In der Durchführung der einzelnen Schritte kann z. B. die 1-2-4-All-Methode angewendet werden, um jeweils die Listen zu füllen.

Transformationswirksamkeit

- Wirksam für Herausforderungen mit hoher Komplexität
- Wirksam für Herausforderungen mit mittlerer Komplexität
- Wirksam für Herausforderungen mit niedriger Komplexität
- Wirksam für Designtransformationen
- Wirksam für alle Transformationen
- Wirksam für radikale Transformationen

Transformationsfähigkeit

- Fördert die Teamkreativität

Einsatzcharakteristik

- Austauschfokus: vornehmlich mit internen Personen
- Durchführungszeit: eher mittel (>1 Stunde bis <1 Tag)
- Einsatzfrequenz: vornehmlich im einmaligen Einsatz
- Einsatzradius: vornehmlich im Teameinsatz
- Komplexität für den Moderator: eher hoch
- Komplexität für die Teilnehmer: eher hoch
- Teamgröße: Einzelpersonennutzung möglich
- Teamgröße: Kleingruppe möglich (3 bis 5 Teilnehmer)
- Teamgröße: Maxigruppen möglich (20 bis 40 Teilnehmer)
- Teamgröße: Mittelgroße Teams möglich (5 bis 20 Teilnehmer)
- Vorbereitungszeit: eher mittel (>1 Stunde bis <1 Tag)

Nötiger Input, um mit der Methode arbeiten zu können

- Aktuelle Herausforderung, Leitfrage, Problem

Erzeugter Output der Methode

- Erzeugt Ideen, Lösungsansätze, Vorideen, Möglichkeiten

Hinderniseffekte, auf die die Methode positiv wirkt

- 12 – Wirkt fehlender Inspiration entgegen
- 24 – Verkürzt und durchbricht vorhandene Kreativblockaden
- 41 – Verringert zu große Komplexitäten
- 42 – Überzeugt strukturliebende Teammitglieder

Mögliche Extravorteile

- für erfahrene Trainer und Agile Coaches

Quellen

Web – https://liberatingstructures.de/liberating-structures-menue/triz/, 23.05.2021

Web – https://karrierebibel.de/triz-methode/, 23.05.2021

Troika Consulting

EinSatzBeschreibung

Schnelle Beratung durch Kollegen, bei der drei Personen abwechselnd für zehn Minuten die Klienten-Rolle einnehmen.

Transformation-Index

P1 Leading	P2 Organizing	P3 Connecting	P4 Growing	P5 Talking	P6 Scanning	P7 Exploiting	P8 Exploring	P9 Earning	P10 Scaling
			x		x				

Beschreibung

Eine wichtige Kompetenz für die digitale Transformation ist das Lebenslage Lernen. Diese Form der Weiterbildung bildet die Grundlage für weitere wichtige Kompetenzen und Möglichkeiten, u.a. Anpassungsfähigkeit, Agilität, Innovation, Sozialkompetenz und Selbstorganisation. Eine Makromethode für das Lebenslange Lernen stellt das sogenannte Peer-to-Peer-Lernen dar. Das Peer-to-Peer-Lernen ermöglicht eine effektive Mitarbeiterentwicklung, bei der Kollegen in einem flexiblen und selbstgesteuerten Format miteinander verknüpft werden.

Mit der Troika-Beratung beschreiben wir eine Mikromethode, die Beschäftigte jederzeit unkompliziert in Anspruch nehmen können. Bei der Methode erhalten Beschäftigte eine kurze schnelle Beratung durch andere Kollegen zu einer Frage, einer Herausforderung oder bestimmten Gedanken. Die Methode stammt aus den Liberating Structures (siehe dieses Buch) und wurde von Henri Lipmanowicz und Keith McCandless entwickelt.

In einer Gruppe mit drei Personen werden drei Beratungsrunden á zehn Minuten durchgeführt. Jede Person ist einmal der Klient, während die anderen beiden Personen beraten. Während der Beratungsrunden erhalten die Personen Einblicke und Perspektivwechsel in ihre eigenen Themen und fördern damit ihre eigene Reflexionskompetenz. Durch den Austausch mit Kollegen wächst der Zusammenhalt, das Vertrauen untereinander und die Expertise der gesamten Gruppe. Zusätzlich entsteht für die Person, die beraten wird (der Klient) eine frische Betrachtungsweise, die bereits während der Beratung zu neuen Lösungsansätze und Inspirationen führen kann.

Durchführung

Einladung

- Eine Person lädt zwei weitere Menschen zu einer Troika-Beratung ein. Dabei erklärt die einladende Person, dass sie Unterstützung benötigt und für diesen Zweck eine Troika-Beratung wünscht. Die zwei eingeladenen Personen können sich die Methode vorab schon einmal anschauen, und jeder Teilnehmer ist herzlich eingeladen, ebenfalls eine aktuelle Fragestellung mitzubringen.

Ankommen

- Die Teilnehmer haben eine Minute Zeit, um in Ruhe bei der Beratung anzukommen. Währenddessen können Sie noch einmal ihre aktuelle Frage schärfen. Wo wird gerade Unterstützung benötigt? Was ist gerade eine Herausforderung?
- Damit die Methode wirklich kurzgehalten wird, ist es hilfreich, einen Zeitnehmer zu bestimmen, der auf die Einhaltung der Zeiten achtet.

1. Beratungsrunde

- Der erste Klient richtet seine Problemstellung an die Berater und hat dafür eine Minute Zeit.
- Die Berater können zwei Minuten Verständnisfragen stellen.
- Der Klient dreht sich um oder schaltet im Falle einer virtuellen Begegnung die Kamera aus.
- Die Berater besprechen für fünf Minuten gemeinsam die Herausforderung und erarbeiten Ideen und Vorschläge für den Klienten. Der Klient hört aufmerksam zu und kann sich Notizen erstellen.
- Nach Ablauf der Zeit dreht sich der Klient wieder um bzw. aktiviert die Kamera. Er erzählt für ein bis zwei Minuten, was für ihn an dieser Erfahrung besonders wertvoll war.

2. Beratungsrunde

- Nun ist eine andere Person der 3er-Gruppe der Klient.
- Die Schritte aus der ersten Beratungsrunde werden wiederholt.

3. Beratungsrunde

- Die dritte Person ist nun der Klient.
- Die Schritte aus der ersten Beratungsrunde werden wiederholt.

Im Sinne des Gebens und Nehmens ermöglicht die Troika-Beratung nicht nur schnelle Selbsthilfe, sondern stellt im gleichen Moment Hilfe für andere Personen zur Verfügung. Diese Bereicherung wissen die Teilnehmer der 3er-Gruppe sehr zu schätzen, zumal dabei nur sehr wenig Zeit investiert werden muss.

In der Regel führt bereits die erste Troika-Beratung, an der man selbst als Berater und Klient teilnimmt, zu einer Bereicherung. Da die Teilnehmer beide Rollen wahrnehmen, werden sich mit der Zeit die Fähigkeiten der „Berater-Rollen" weiterentwickeln. Sie werden in den Beratungen feststellen, welch Erkenntniskraft gut gemeinte Ratschläge besitzen, jedoch auch realisieren, welche Kraft im Vergleich dazu die Fragen auslösen, die die eigene Selbsterkenntnis und Selbstreflexion des Klienten erhöhen. Diese nächste Stufe der Beratung führt mit der Zeit zu noch besseren Ergebnissen.

Troika Consulting

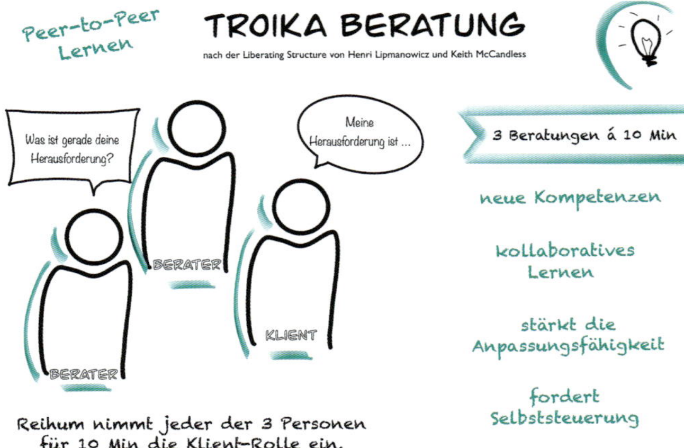

Grafik: Beate Sommer

Transformationswirksamkeit

- Wirksam für Herausforderungen mit mittlerer Komplexität
- Wirksam für alle Transformationen

Transformationsfähigkeit

- Fördert die Agilität eines Teams
- Fördert die allgemeine Transformationsfähigkeit des Teams
- Sorgt für Inspiration oder bessere Inspirationsempfindlichkeit

Einsatzcharakteristik

- Austauschfokus: vornehmlich mit internen Personen
- Durchführungszeit: eher gering (< 1 Stunde)
- Einsatzfrequenz: sinnvoll im dauerhaften Einsatz
- Einsatzradius: vornehmlich im unternehmensweiten Einsatz
- Komplexität für die Teilnehmer: eher gering
- Teamgröße: Kleingruppe möglich (3 bis 5 Teilnehmer)
- Vorbereitungszeit: eher gering (<1 Stunde)

Nötiger Input, um mit der Methode arbeiten zu können

- Aktuelle Herausforderung, Leitfrage, Problem
- Verschiedene Meinungen und Blickwinkel
- Vorhandenes Wissen und Erfahrungen
- Durchführungszeit, Trainingszeit
- Merkmale der gegebenen Herausforderung

Erzeugter Output der Methode

- Bessere Projekteffizienz, bessere Teamperformance
- Erzeugt Ideen, Lösungsansätze, Vorideen, Möglichkeiten
- Erzeugt besseren Teamspirit, mehr Offenheit, Inspirationsempfindlichkeit
- Erzeugt kollaborative Lösungen und Ideen
- Erzeugt neues Wissen und neue Erfahrungen
- Erzeugt größere Klarheit zu einem Thema
- Erzeugt transformationsfähigere Organisationen
- Erzeugt mehr Agilität im Team
- Erzeugt mehr Know-how-Zuwachs
- Erzeugt motiviertere und transformationsfähigere Teilnehmer

Hinderniseffekte, auf die die Methode positiv wirkt

- 02 – Schwächt Angst vor Kritik und Zurückweisung
- 08 – Verhindert einseitige Bewertungen und Entscheidungen
- 12 – Wirkt fehlender Inspiration entgegen
- 15 – Stärkt das Vertrauen im Team
- 24 – Verkürzt und durchbricht vorhandene Kreativblockaden
- 32 – Verhindert unreflektiertes Agieren
- 35 – Dynamisiert und aktiviert wenig dynamische Teams
- 36 – Schafft schnell Klarheit und beschleunigt Erkenntnisgewinn
- 38 – Verkürzt zu lange Meetingzeiten
- 39 – Fördert die Agilität der Teilnehmer
- 41 – Verringert zu große Komplexitäten

Mögliche Extravorteile

- für Teams mit einer schwacher Teamleitung
- für disruptiv erfahrene Teams
- für agile Teams
- für interkulturell unerfahrene Teams
- für multidisziplinär unerfahrene Teams

Quellen

Web – https://liberatingstructures.de/liberating-structures-menue/troika-consulting/, 02.05.2021

Web – https://www.pinkuniversity.de/blog/peer-to-peer-learning-am-arbeitsplatz-in-5-schritten/, 02.05.2021

Ubongo Flow Game

EinSatzBeschreibung

Serious Game, das die Spieler erleben lässt, wie der Prozess einen größeren Einfluss auf den Outcome hat als individuelle Kompetenzen oder die Motivation der Spieler.

Transformation-Index

P1 Leading	P2 Organizing	P3 Connecting	P4 Growing	P5 Talking	P6 Scanning	P7 Exploiting	P8 Exploring	P9 Earning	P10 Scaling
			x			x			

Beschreibung

Im Kontext digitaler Transformationen von Unternehmen, stehen Beschäftigte und Führungskräfte häufig vor der Challenge, ihre Arbeitsmethoden überdenken zu müssen. Effizienzgedanken stehen in Organisationen immer häufiger im Vordergrund und der immense Bedarf an geeigneten agilen Arbeitsmethoden ist nicht von der Hand zu weisen. Wie schaffen Unternehmen und Führungskräfte eigentlich ein Bewusstsein in der Belegschaft für eine zeitgemäße agile Arbeitswelt?

Gerade in traditionellen Unternehmen und Branchen tummeln sich möglicherweise Mitarbeiter und Führungskräfte, die sich mit agilen Organisationsprinzipien nicht so leicht anfreunden können. Die Relevanz agiler Arbeitsmethoden wird von einigen Mitarbeitern nicht sofort erkannt und akzeptiert. Eine spielerische Anbahnung mit dem Ubongo Flow Game kann die agilen Potenziale und Vorteile besser zugänglich machen. Durch den Einsatz von Ubongo Flow Game in Workshops, kann man üben sich stetig zu verbessern. Die praktische und spielerische Erfahrung mit Ubongo ruft bei allen Beteiligten eine lebhafte Begeisterung hervor.

Ubongo simuliert beispielsweise Arbeitsabläufe und Prozesse wobei die Simulation aufzeigen soll, dass durch eine gewisse Form/Methode der Zusammenarbeit die Resultate stärker beeinflusst werden als beispielsweise durch die individuelle Kompetenz von einzelnen Teammitgliedern.

Durchführung

Die Teilnehmer haben die Aufgabe, in unterschiedlichen Rollen verschiedene Arbeitspakete zu erledigen. Im Team sollen möglichst viele Arbeitspakete und somit viele Wertepunkte erzielt werden. Es wird in drei Runden gespielt. Zunächst in Runde eins im traditionellen Wasserfall-Prinzip, in den Runden zwei und drei ändert sich die Vorgehensweise in Richtung Kanban und Scrum.

Für jedes Team wird ein Ubongo-Spiel (Kosmos-Verlag) benötigt. Beinhaltet sind diverse Auftragskarten mit unterschiedlichen Wertepunkten. Jeder Teilnehmer bekommt eine bestimmte Rolle zugewiesen, welche auf dafür vorgesehene Rollenkarten beschrieben sind. Der Coach oder Moderator benötigt zudem eine Uhr und ein Flipchart, um die erzielten Punkte festzuhalten.

Sabina Lammert – Ubongo-Spielsituation

Acht unterschiedliche Rollen können im Spiel vergeben werden:

- **Auftraggeber:** Die Auftragskarten für die Spielrunde werden ausgewählt.
- **Analyst:** Auf Basis der Auftragskarten werden die passenden Legekarten gesucht.
- **Lieferant:** Die Legeteile für die Legekarten werden rausgesucht.
- **Entwickler:** Dieser Teilnehmer verteilt die Legeteile passend auf die Legekarten.
- **Manager:** Diese Rolle informiert den Auftraggeber über den aktuellen Arbeitsstatus.
- **Tester:** Es wird geprüft, ob der Entwickler die Fläche richtig bedeckt hat.
- **Beobachter:** Das Teammitglied beobachtet, wie die anderen Teammitglieder zusammenarbeiten.
- **Protokollant:** Diese Funktion schreibt die erzielten Wertepunkte auf.

Teammitglieder mit der identischen Rolle werden in der ersten Runde optimalerweise zusammen platziert. Das bedeutet, dass alle Auftraggeber, alle Analysten etc. an einem Tisch sitzen. Alle Beteiligten werden mit ihrer Rolle bzw. Funktion vertraut gemacht. Im Anschluss beginnt die erste Spielsession mit einem geplanten Zeitlimit von sechs Minuten.

Die erste Runde endet mit dem Addieren und Notieren der Punktzahlen pro Gruppe, wobei die generierte Punktzahl keine finale Relevanz hat. Pro Gruppe werden Optimierungspotenziale in Bezug auf Ablauf und Organisation reflektiert und umgesetzt. Danach startet die zweite Spielrunde. Der Spielleiter hat die wichtige Aufgabe, den Veränderungsprozess mit klug gestellten Fragen zielführend zu steuern, um mit dem Team gemeinsam den neuen organisatorischen Ablauf zu definieren.

Das Ubongo Flow Game eignet sich hervorragend, um die Veränderung vom Wasserfall-Prinzip auf ein selbstorganisierendes Team einzuleiten. Der begleitende Spaß bei der Durchführung des Spiels hilft dabei, die Mitarbeiter von agilen Arbeitsmethoden im digitalen Wandel zu überzeugen. Gerade wenn die Zeit drückt, ist der Einsatz von Ubongo eine effiziente und kurzweilige Technik, um die Mitarbeiter auf die erforderliche Reise mitzunehmen.

Transformationswirksamkeit

- Wirksam für alle Transformationen

Transformationsfähigkeit

- Fördert die Agilität eines Teams
- Fördert die allgemeine Transformationsfähigkeit des Teams
- Fördert offene Mindsets und innovative Denkhaltungen

Einsatzcharakteristik

- Austauschfokus: vornehmlich mit internen Personen
- Durchführungszeit: eher gering (< 1 Stunde)
- Einsatzfrequenz: vornehmlich im einmaligen Einsatz
- Einsatzradius: vornehmlich im Teameinsatz
- Komplexität für den Moderator: eher mittel
- Komplexität für die Teilnehmer: eher mittel
- Teamgröße: Mittelgroße Teams möglich (5 bis 20 Teilnehmer)
- Vorbereitungszeit: eher gering (<1 Stunde)

Nötiger Input, um mit der Methode arbeiten zu können

- Durchführungszeit, Trainingszeit

Erzeugter Output der Methode

- Bessere Projekteffizienz, bessere Teamperformance
- Erzeugt motiviertere und transformationsfähigere Teilnehmer

Hinderniseffekte, auf die die Methode positiv wirkt

- 11 – Schärft eine fehlende gemeinsame Ausrichtung
- 15 – Stärkt das Vertrauen im Team
- 25 – Schwächt multidisziplinäre Reibungsverluste
- 26 – Schwächt nicht zielführende Emotionen
- 39 – Fördert die Agilität der Teilnehmer

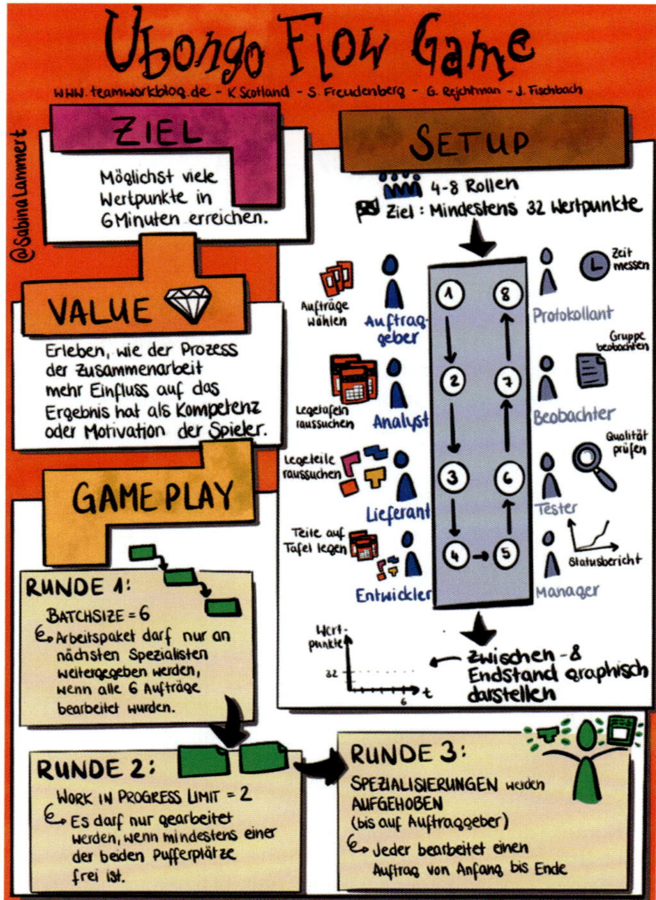

Grafik: Sabina Lammert – Ubongo Anleitung

Mögliche Extravorteile

- für Teams mit einer konservativen, tradierten Kultur
- für multidisziplinär unerfahrene Teams

Quellen

Web – https://einfachsagen.de/teams-in-die-agile-arbeitswelt-einfuehren-mit-dem-ubongo-flow-game/, Mai 2021

Web – https://agile-verwaltung.org/2018/12/03/spielend-lernen/#more-4679, Mai 2021

Web – https://www.teamworkblog.de/2016/10/das-ubongo-flow-game.html, Mai 2021

Person – Jan Fischbach

Use-Case-Diagramm

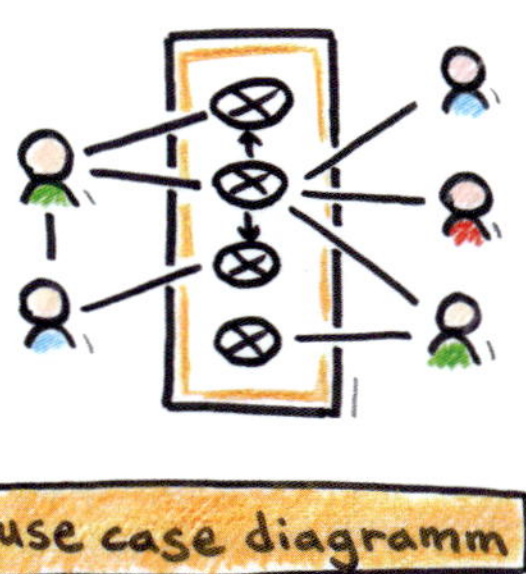

EinSatzBeschreibung

Ein Use-Case-Diagramm visualisiert und strukturiert das Verhalten eines Systems aus Anwendersicht.

Transformation-Index

P1 Leading	P2 Organizing	P3 Connecting	P4 Growing	P5 Talking	P6 Scanning	P7 Exploiting	P8 Exploring	P9 Earning	P10 Scaling
					x		x	x	x

Beschreibung

Wie kommt man bei der Systementwicklung von der abstrakten Vision (siehe Methode im Buch) und den Zielen des Systems hin zu den konkreten Anforderungen, die bspw. als User Stories formuliert werden (siehe User Story Map im Buch)?

Eine praktische Methode, um die Brücke dazwischen zu schlagen, sind Use Cases bzw. Anwendungsfälle. Diese spezifizieren funktionale High-Level-Anforderungen, die beschreiben, was bestimmte Akteure mit dem System machen wollen.

In einem Use-Case-Diagramm werden meistens folgende Aspekte visualisiert:

- Das **System** sowie seine **Grenze** zur Umwelt (repräsentiert als **Rechteck**)
- Die **Use Cases** (repräsentiert als **Kreise bzw. Ellipsen**)
- Die **Akteure** (repräsentiert als **Strichmännchen**) und **Nachbarsysteme** (repräsentiert als **Strichmännchen oder Zylinder**)

Die Systemumgebung mit Fremdsystemen und Systemgrenzen wird ebenfalls näher in sogenannten Kontextdiagrammen analysiert, aber in der Praxis überschneiden sich diese beiden Diagramme ein bisschen. Wenn man auf die Use Cases blickt, bietet sich ebenfalls ein Blick auf die Fremdsysteme und Systemgrenzen an.

Mit einem Use-Case-Diagramm gewinnt man also sofort einen schnellen und einfachen Überblick über die wichtigsten Funktionen des Systems und von wem diese ausgehen. Außerdem zwingt es uns, nutzerzentriert zu denken, da die Anwendungsfälle von den Nutzern (oder Nachbarsystemen) ausgehen. Aus den einzelnen Anwendungsfällen kann man dann wiederum detailliertere Anforderungen bis hin zu User Stories ableiten.

Zu beachten ist, dass das Use-Case-Diagramm aber hauptsächlich die Frage nach dem „Was?“ beantwortet, also welche Funktionen das System liefert. Um prozessuale Abläufe zu visualisieren, kann man bspw. das SIPOC Diagramm benutzen (siehe Buchmethode).

Durchführung

Ein Use-Case-Diagramm kann gut auf einem Flipchart modelliert werden:

1. **System aufmalen:** Zunächst malt man in die Mitte ein Rechteck für das System und gibt diesem einen Namen. In dieses Rechteck werden hinterher die Anwendungsfälle als Kreise/Ellipsen gezeichnet.
2. **Akteure und Nachbarsysteme identifizieren:** Nun zeichnen Sie außerhalb des Systemrechtecks als Strichmännchen die Akteure und als Zylinder/Strichmännchen die Nachbarsysteme, die mit Ihrem System interagieren.
3. **Use Cases identifizieren:** Bei der Identifikation der Anwendungsfälle sollten Sie als Unterstützung Materialien hinzuziehen, die Sie ggf. schon identifiziert haben, wie bspw. Personas und User Journeys, Geschäftsprozesse, die das System unterstützen soll, die Vision und Ziele des Systems oder ein Kontextdiagramm. Basierend darauf können Sie für jeden Akteur die Anwendungsfälle identifizieren, die das System für diesen Akteur bereitstellen muss, um ihn zu unterstützen (bspw. durch Abbildung eines Geschäftsprozesses, Schaffung eines Mehrwerts, erfolgreiches Durchlaufen der User Journey, usw.) Auch wenn Sie schon einigen Input wie oben beschrieben haben, können Sie die Gelegenheit nutzen, um auch hier noch einmal kreativ tätig zu werden. Die Anwendungsfälle werden dann als Kreise/Ellipsen in das Systemrechteck gezeichnet mit dem Namen des Anwendungsfalls (kurz und knapp, z.B. „Buch bestellen“ oder „Rechnung überweisen“) und zwischen den jeweiligen Akteuren/Nachbarsystemen einen entsprechenden Strich. Diese Beziehung kann gemäß UML-Konvention noch weiter ausdifferenziert werden, z.B. durch Darstellung von Multiplizitäten, Generalisierung von Anwendungsfällen oder Include- und Extend-Beziehungen.
4. **Use Case Beschreibungen anlegen:** Optional können Sie die Anwendungsfälle mit einer erweiterten Tabelle mit weiteren wichtigen Informationen noch weiter spezifizieren. Diese Informationen können neben ID und Titel das Ziel bzw. den Kundennutzen, Szenarien/Beispiele, Vor- und Nachbedingungen, Akteure, Priorität, Risiken, Auslösebedingungen, Ablauf, nicht-funktionale/Qualitätsanforderungen, usw. beinhalten. Nehmen Sie hier alles mit auf, was zur weiteren Spezifikation und Ableitung von User Stories sowie vor allem zum Verständnis des Use Cases beitragen kann.

Tipps & Tricks aus der Praxis

- Beachten Sie, dass das Use-Case-Diagramm eine „High-Level“-Perspektive des Systems zeigt. Somit sollten auch die Use Cases aus dieser Perspektive betrachtet werden und nicht zu „feingliedrig“ werden. Achten Sie, dass der Detaillierungsgrad zwischen den Use Cases konsistent bleibt.
- Ein Use-Case-Diagramm sollte idealerweise (je nach Format) entweder auf eine DIN A4 Seite oder auf ein Flipchart passen. Dies ist natürlich stark systemabhängig, aber zu viele Use Cases machen das Diagramm unübersichtlich, und dann geht der Nutzen des schnellen Überblicks verloren.

- Wenn Sie weitere Diagramme benutzen, wie bspw. ein Kontextdiagramm oder SIPOC-Diagramm, dann bietet es sich an, die Benennungen konsistent zu halten.
- Legen Sie die Priorität auf die systemspezifischen und essenziellen Anwendungsfälle: Was macht Ihr System einzigartig? Wo liegt das Alleinstellungsmerkmal? Generische Anwendungsfälle wie „Authentifizierung" kann man u. U. sogar weglassen oder sinnvoll zusammenfassen.
- Wie oben erwähnt, können die Beziehungen zwischen Akteuren/Nachbarsystemen und Anwendungsfällen spezifiziert werden. Auch wenn es sicherlich Anwendungsfälle dafür gibt, ist dies in der Praxis meist eher hinderlich, da dadurch häufig die Lesbarkeit und die Verständlich leiden müssen. Versuchen Sie daher, zunächst ohne diese „erweiterten" Beziehungen auszukommen bzw. achten Sie auf eine Nutzung, die wirklich einen Mehrwert stiftet. Die Anwendungsfälle können wie oben beschrieben auch weiter durch ergänzende Use-Case-Beschreibungen spezifiziert werden. Des Weiteren sind Use Cases immer noch auf einer hohen Flugebene angesiedelt und werden im Laufe des Projektes noch weiter durch User Stories usw. spezifiziert.

Transformationswirksamkeit

- Wirksam für Herausforderungen mit hoher Komplexität
- Wirksam für Herausforderungen mit mittlerer Komplexität
- Wirksam für Produkttransformationen
- Wirksam für Servicetransformationen
- Wirksam für Sozialtransformationen
- Wirksam für radikale Transformationen

Transformationsfähigkeit

- Zahlt auf eine bessere Vorstellungskraft ein
- Zahlt auf eine bessere Wahrnehmung ein

Einsatzcharakteristik

- Austauschfokus: vornehmlich mit internen und externen Personen
- Durchführungszeit: eher mittel (>1 Stunde bis <1 Tag)
- Einsatzfrequenz: vornehmlich über im kompletten Projektzeitraum
- Einsatzradius: vornehmlich im projektweiten Einsatz
- Komplexität für den Moderator: eher hoch
- Komplexität für den Moderator: eher mittel
- Komplexität für die Teilnehmer: eher hoch
- Teamgröße: Einzelpersonennutzung möglich
- Teamgröße: Kleingruppe möglich (3 bis 5 Teilnehmer)
- Teamgröße: Maxigruppen möglich (20 bis 40 Teilnehmer)
- Teamgröße: Mittelgroße Teams möglich (5 bis 20 Teilnehmer)
- Vorbereitungszeit: eher mittel (>1 Stunde bis <1 Tag)

Nötiger Input, um mit der Methode arbeiten zu können

- Aktuell existierende Geschäftsmodelle
- Aktuell existierende Produkte und Services
- Aktuelle Herausforderung, Leitfrage, Problem
- Umfeldbeobachtungen, Umfeldanalysen

Erzeugter Output der Methode

- Erzeugt Ideen für neue Märkte und neue Business Modelle
- Erzeugt Ideen, Lösungsansätze, Vorideen, Möglichkeiten
- Erzeugt Ideensuchfelder, unentdeckte Probleme, Inspiration

Hinderniseffekte, auf die die Methode positiv wirkt

- 10 – Verhindert falsche Flughöhen
- 11 – Schärft eine fehlende gemeinsame Ausrichtung
- 13 – Schafft für den Erfolg nötige Realitätsbezüge
- 18 – Bewahrt vor zu generischen Ideen und Aussagen
- 32 – Verhindert unreflektiertes Agieren
- 36 – Schafft schnell Klarheit und beschleunigt Erkenntnisgewinn

Mögliche Extravorteile

- für Teams mit einer konservativen, tradierten Kultur
- für disruptiv unerfahrene Teams
- für erfahrene Trainer und Agile Coaches
- für innovativ ungeübte Teams
- für multidisziplinär unerfahrene Teams

Quellen

Buch – Requirements Engineering für die agile Softwareentwicklung: Methoden, Techniken und Strategien, Johannes Bergsmann (dpunkt.verlag 2018)

Buch – Workshops im Requirements Engineering, Markus Unterauer (dpunkt.verlag 2019)

Buch – UML 2 glasklar: Praxiswissen für die UML-Modellierung, Christine Rupp, Stefan Queins, die SOPHISTen (Hanser, 2014)

Buch – Object Oriented Software Engineering: A Use Case Driven Approach, Ivar Jacobson (Addison-Wesley 1992)

User Story Maps

EinSatzBeschreibung

Mit User Story Maps kann man ganzheitlich einen Überblick über die User Stories in einer zweidimensionalen Form visualisieren.

Transformation-Index

P1 Leading	P2 Organizing	P3 Connecting	P4 Growing	P5 Talking	P6 Scanning	P7 Exploiting	P8 Exploring	P9 Earning	P10 Scaling
							x		

Beschreibung

Im Kontext von agilen Projekten kommen häufig sogenannte User Stories zur Beschreibung von Anforderungen zum Einsatz. Um diese zu formulieren, legen sich Teams häufig auf ein festes Schema fest, um folgende Hauptaspekte beschreiben zu können: WER (1) fordert WAS (2) und WARUM (3)?

Eines der meistgenutzten Schablonen stellt sich wie folgt dar:

„Als <Rolle> möchte ich <Funktionalität>, damit <Nutzen/Grund>."

Im Folgenden werden einige Beispiele von User Stories dargestellt:

- „Als <Leser:in des Buches> möchte ich <ein kategorisiertes Inhaltsverzeichnis sehen>, damit <ich einen schnellen Überblick über alle Methoden bekomme>."
- „Als <Leser:in des Buches> möchte ich <zu jeder Methode eine beispielhafte Durchführung sehen>, damit <ich besser nachvollziehen kann, wie ich diese Methode in der Praxis anwenden kann>."
- „Als <Besucher:in von Amazon> möchte ich <die Produkte nach Rezensionen filtern können>, damit <ich eine bessere Entscheidungsgrundlage für den Kauf meines Produktes habe>."

Wie man sieht, kann man das Format der User Stories sowohl auf technische als auch nicht-technische Systeme anwenden.

Des Weiteren werden User Stories meistens um weitere Aspekte wie bspw. Akzeptanzkriterien ergänzt, um diese User Story näher spezifizieren und hinterher abnehmen zu können.

User Stories bieten zur Anforderungsdefinition mitunter folgende Vorteile:

- Sie stellen sicher, dass die gewünschte Anforderung einen Mehrwert für eine bestimmte Rolle oder Persona stiftet, und fördern damit kundenzentrierte Entwicklungen.
- Sie sind für alle Stakeholder-Gruppen leicht zu verstehen und fördern aufgrund des „Story"-Formats die Kommunikation und Diskussion.
- Sie sind lösungsfrei und bieten den Umsetzern daher die Möglichkeit, die bestmögliche Lösung zu finden.
- Sie fördern Verständnis und Transparenz, weil der Grund für die Anforderung hinterlegt ist.
- Sie können schnell verfasst werden und Schritt für Schritt durch bspw. Akzeptanzkriterien verfeinert werden,

Die formulierten User Stories werden in agilen Projekten in einem sogenannten „Product Backlog" festgehalten. Dieses stellt somit eine dynamische Liste dar, in der sämtliche Anforderungen gesammelt werden. Obwohl das Backlog kontinuierlich gepflegt, verfeinert und priorisiert werden muss, geht in größeren Projekten häufig die Übersicht verloren, worunter insbesondere die Makro-Ebene zu leiden hat.

Grafik: www.unsplash.com (Jason Goodman)

User Story Maps sind dafür ein exzellentes Tool, um sich ganzheitlich einen Überblick zu verschaffen und die User Stories in einer speziellen Form zu visualisieren. Wohingegen ein Product Backlog User Stories in einer eindimensionalen Liste darstellt, werden diese in einer User Story Map in einer zweidimensionalen Matrix dargestellt. Dies bietet u. a. folgende Vorteile:

- Man gewinnt einen holistischen und visuellen Überblick über den Anforderungskatalog
- Abhängigkeiten zwischen User Stories lassen sich besser erkennen
- Unterstützung beim Release Planning
- Einfache Identifikation von Anforderungslücken
- Die Priorisierung der User Stories wird einfacher zu erkennen
- Das Verständnis und die Kommunikation werden gefördert

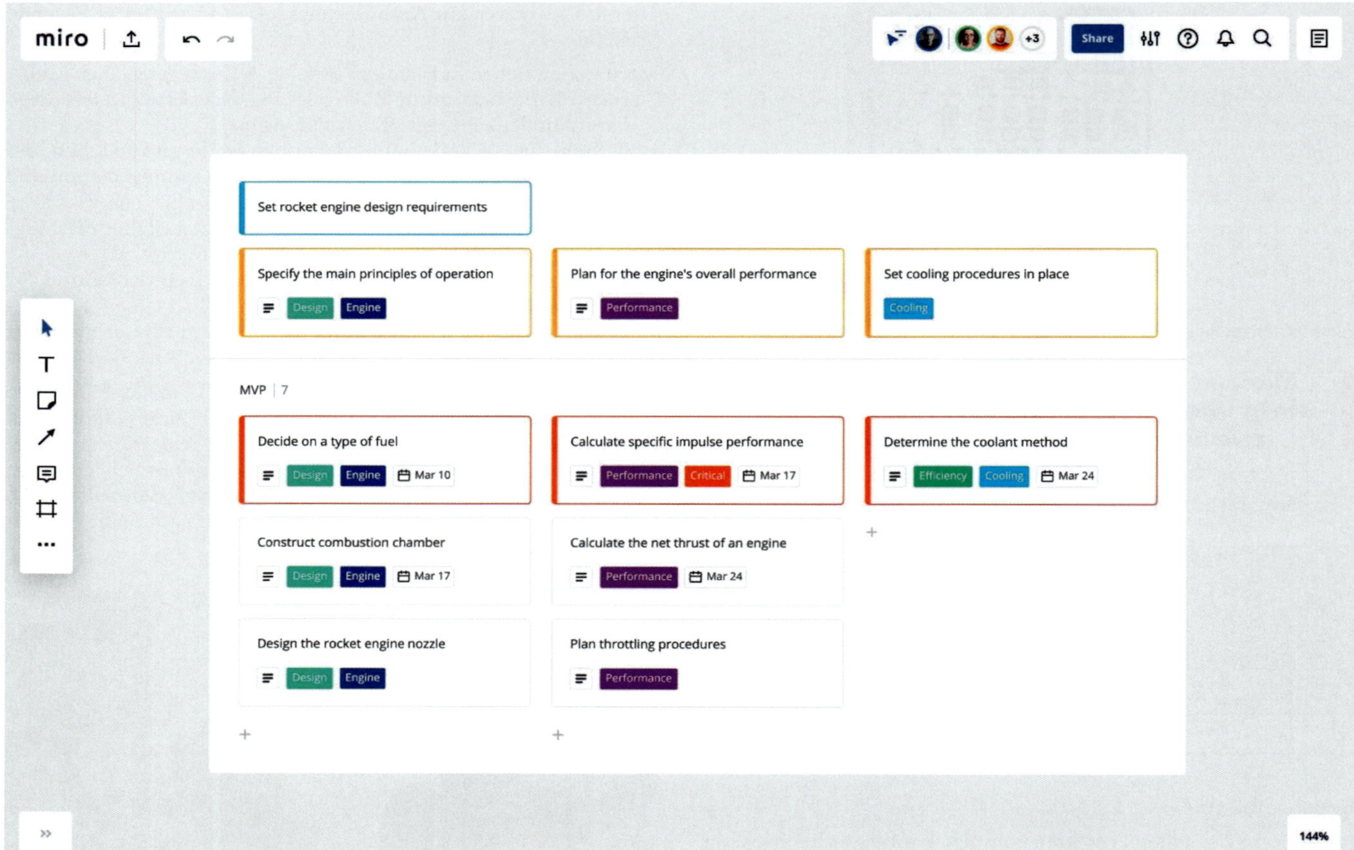

Grafik: https://miro.com/templates/user-story-map/

Eine User Story Map wird üblicherweise von oben nach unten (grobe nach feine Anforderungen) und von links nach rechts (zeitliche Reihenfolge) gelesen und beinhaltet damit folgende Bestandteile (diese können auch erweitert oder reduziert werden):

- **Benutzer/Personas**, die entlang der User Story Map versuchen, ein bestimmtes Ziel zu erreichen.
- Die **Aktivitäten** der Benutzer, die darunter wiederum verschiedene **Aufgaben** gruppieren.
- Die Aktivitäten und Aufgaben bezeichnet man auch als „**Backbone**" der User Story Map.
- Dieser „**Backbone**" ist von links nach rechts in einem zeitlichen und narrativen Fluss angeordnet.
- Unterhalb des „Backbones" stehen dann die verschiedenen **User Stories**, die zu den relevanten Aufgaben und Aktivitäten gehören.

Durchführung

Wie genau kommt man nun von User Stories zu einer User Story Map?

1. **Das Problem und angestrebte Lösung (Produkt) definieren:** Im ersten Schritt sollte klar definiert werden, wozu die User Story Map angelegt wird. Unabhängig davon, ob schon User Stories existieren oder nicht, sollte das Produkt, die Vision, das zu lösende Problem und die Zielgruppen definiert und ersichtlich gemacht werden.
2. **Das „Big Picture" aufzeigen:** Nachdem Problem, Lösung und Zielgruppe definiert wurden, geht es zunächst darum, das „Big Picture" aufzuzeigen. Hierbei geht es also vor allem um das „Backbone", also um die Aktivitäten und Aufgaben der Zielgruppe. Hierbei stellen Sie sich am besten einen typischen Tag der Zielgruppe mit dem Produkt vor und versuchen diese als „Big Picture" von links nach rechts aufzuzeigen. Hierbei kann auch die Verwendung einer User Journey hilfreich sein. Zu den Aktivitäten und Aufgaben können zusätzlich auch die entsprechenden Personas notiert werden.
3. **Verfeinerung durch User Stories:** Sobald der „Backbone" der User Story Map steht, können entweder bereits bestehende User Stories eingeordnet werden oder noch nichtexistierende User Stories identifiziert werden. Im Falle der Ermittlung von User Stories geht es hierbei auch vor allem um Kreativität, denn die User Stories stellen die Anforderungen der Benutzer dar, damit sie die darüber liegenden Aufgaben und Aktivitäten durchführen können.
4. **Releases festlegen:** Die bisher entstandene Matrix kann nun horizontal geschnitten werden, um Produkt-Releases festzulegen. Obenstehende User Stories sollten also eine hohe Priorität

haben und zuerst umgesetzt werden. Somit ergibt sich also eine Art Produkt-Roadmap.

5. **Umsetzungsstrategie festlegen:** Wenn zumindest das erste Release feststeht, kann dieses in drei (oder mehr) Phasen geschnitten werden, die alle ein konkretes Ziel haben:
   „Opening Game" hat das Ziel, die einfachste funktionale Version zu bauen, die die essenziellen Features des „Backbones" abbildet.
   „Mid Game" hat das Ziel, die Funktionalitäten weiter auszubauen und zu verbessern.
   „End Game" hat das Ziel, das Release zu verfeinern und skalierbar zu gestalten.

Praxistipps

- Leute mit verschiedenen Disziplinen
- erst in die Breite, dann in die Tiefe
- man kann mehrere Ebenen ergänzen
- gute Integration mit weiteren Methoden wie der User Journey
- sehr gut, um MVP-Definition durchzuführen

Transformationswirksamkeit

- Wirksam für Herausforderungen mit hoher Komplexität
- Wirksam für Herausforderungen mit mittlerer Komplexität
- Wirksam für Herausforderungen mit niedriger Komplexität
- Wirksam für Produkttransformationen
- Wirksam für Servicetransformationen
- Wirksam für Sozialtransformationen
- Wirksam für radikale Transformationen

Transformationsfähigkeit

- Fördert die allgemeine Transformationsfähigkeit des Teams
- Zahlt auf eine bessere Vorstellungskraft ein
- Zahlt auf eine bessere Wahrnehmung ein

Einsatzcharakteristik

- Austauschfokus: vornehmlich mit internen Personen
- Durchführungszeit: eher mittel (>1 Stunde bis <1 Tag)
- Einsatzfrequenz: vornehmlich über im kompletten Projektzeitraum
- Einsatzradius: vornehmlich im projektweiten Einsatz
- Komplexität für den Moderator: eher gering
- Komplexität für die Teilnehmer: eher gering
- Teamgröße: Einzelpersonennutzung möglich
- Teamgröße: Kleingruppe möglich (3 bis 5 Teilnehmer)
- Teamgröße: Maxigruppen möglich (20 bis 40 Teilnehmer)
- Teamgröße: Mittelgroße Teams möglich (5 bis 20 Teilnehmer)
- Vorbereitungszeit: eher gering (<1 Stunde

Nötiger Input, um mit der Methode arbeiten zu können

- Aktuelle Herausforderung, Leitfrage, Problem
- Ergebnisse aus der Analysephase
- Umfeldbeobachtungen, Umfeldanalysen

Erzeugter Output der Methode

- Erzeugt Leitfragen für die Ideenfindung
- Erzeugt Nutzenfunktionen und Bedürfniskorridore
- Erzeugt größere Klarheit zu einem Thema
- Macht Wirkzusammenhänge sichtbar

Hinderniseffekte, auf die die Methode positiv wirkt

- 10 – Verhindert falsche Flughöhen
- 13 – Schafft für den Erfolg nötige Realitätsbezüge
- 16 – Beugt Misinterpretationen vor
- 18 – Bewahrt vor zu generischen Ideen und Aussagen
- 32 – Verhindert unreflektiertes Agieren
- 36 – Schafft schnell Klarheit und beschleunigt Erkenntnisgewinn

Mögliche Extravorteile

- für disruptiv unerfahrene Teams
- für innovativ ungeübte Teams
- für die Arbeit mit digitalen Kollaborationsboards

Quellen

Buch – User Story Mapping: Discover the Whole Story, Build the Right Product, Jeff Patton (O'Reilly 2014)

Buch – User Stories Applied: For Agile Software Development, Mike Cohn (Addison-Wesley 2004)

UX/UI-Design

EinSatzBeschreibung

Sowohl das UI als auch die UX sind entscheidende Faktoren dafür, wie eine Website, ein Produkt oder eine App beim Nutzer wahrgenommen wird.

Transformation-Index

P1 Leading	P2 Organizing	P3 Connecting	P4 Growing	P5 Talking	P6 Scanning	P7 Exploiting	P8 Exploring	P9 Earning	P10 Scaling
				x			x		

Beschreibung

Der Begriff UX steht für User Experience, der Begriff UI wird für User Interface verwendet. Sowohl das UI als auch die UX sind entscheidende Faktoren dafür, wie eine Website oder eine App beim Nutzer wahrgenommen wird und ob das Produkt dadurch funktioniert.

UI-Design

Das User-Interface-Design beschäftigt sich mit der Gestaltung der Oberfläche (dem Interface) einer App oder einer Website. Themen, mit denen ein UI-Designer zu tun hat, sind z. B. die Art der Navigations-Leisten, Sidebars, Icons und Eingabe-Felder. Dabei geht es nicht um die „Schönheit" der Oberfläche, sondern darum, dass das Layout die Benutzbarkeit unterstützt. Trotzdem ist eine ästhetisch ansprechende Gestaltung des User Interfaces wichtig, denn das Visuelle ist das, was sich neben der Technik nachhaltig in den Köpfen der Nutzer verankert. Wer also eine emotionale Bindung zu seinen Usern aufbauen möchte, kommt um ein gutes UI-Design nicht herum.

UI Design überschneidet sich oft mit einem anderen Bereich, genannt Interaktionsdesign (IxD). Interaktionsdesign spezialisiert sich auf die Wege, mit denen ein Nutzer mit dem System interagiert. Dazu gehören z. B. Benutzeroberfläche, Pop-Ups, Chat und Fehlermeldungen. Interaktionsdesign stellt das Nutzerverhalten in den Vordergrund stellt, es liegt somit zwischen UI und UX Design.

UX-Design (UXD, UED oder XD)

Das User-Experience-Design fokussiert sich vor allem auf das Anwender-Erlebnis, ist also Webdesign aus der Perspektive des Nutzers. Dabei versucht man eine „intuitive" Bedienung zu erreichen, als eine Bedienung, die ohne weiteres Suchen in der Anleitung klappt. Der Weg des Besuchers durch eine Website/App wird häufig als „User Journey" bezeichnet. Die Kernfrage des UX-Design ist: Wie lässt sich eine Anwendung so gestalten, dass der User seine Ziele einfach und ohne großen Aufwand erreichen kann? Es gibt einen direkten Zusammenhang zwischen UX Design und Unternehmenszielen wie Verkäufe oder Conversions. Eine Website sollte beispielweise so optimiert sein, dass sie zu bestimmten Verhaltensweisen animiert.

UI- und UX-Designer arbeiten im Team zusammen. Ihre Tätigkeitsbereiche trennen sich dort, wo der UI-Designer sich um die Funktionalität kümmert, während der UX-Designer mit Testnutzern und Feedback-Analysen daran arbeitet, Schwachstellen in der Benutzung zu finden.

Den Beginn macht immer das UX-Design. Das UX Design wird oft in Wireframes erarbeitet. In diesen groben Plänen wird die Struktur der Navigation festgelegt und gezeigt. Später in der Phase des UI-Designs werden diese Wireframes in detaillierte Seiten umgewandelt, wobei z. B. Schriften, Farben, Branding usw. hinzugefügt werden.

Durchführung

Beispielhafte User-Experience-Checkliste für das Webdesign:

- Ist Nutzern innerhalb von 5 Sekunden klar, worum es auf der Website geht?
- Wird die Startseite innerhalb von wenigen Sekunden geladen?
- Ist die Navigation klar und intuitiv?
- Ist die optische Gestaltung zeitgemäß?
- Sind Links so gekennzeichnet, dass sie erkannt werden und dem Nutzer klar ist wohin sie führen?
- Sind die Inhalte aktuell?
- Sind die Texte fehlerfrei und gut strukturiert?
- Kann der Nutzer auf einfache Art und Weise Kontakt aufnehmen?
- Ist die Seite auf allen Endgeräten (Desktop, Smartphone, Tablet) gut zu benutzen?
- Ist die Seite in den wichtigsten Suchmaschinen aufffindbar?
- Gibt es eine Verzahnung mit Social-Media-Seiten?

Transformationswirksamkeit

- Wirksam für Produkttransformationen
- Wirksam für Prozesstransformationen
- Wirksam für Servicetransformationen
- Wirksam für radikale Transformationen

Transformationsfähigkeit

- Fördert die allgemeine Transformationsfähigkeit des Teams

Einsatzcharakteristik

- Austauschfokus: vornehmlich mit internen Personen
- Durchführungszeit: eher hoch (> 1 Tag)
- Einsatzfrequenz: vornehmlich über im kompletten Projektzeitraum
- Einsatzradius: vornehmlich im projektweiten Einsatz
- Komplexität für den Moderator: eher hoch
- Komplexität für die Teilnehmer: eher hoch
- Teamgröße: Einzelpersonennutzung möglich
- Teamgröße: Kleingruppe möglich (3 bis 5 Teilnehmer)
- Teamgröße: Mittelgroße Teams möglich (5 bis 20 Teilnehmer)
- Vorbereitungszeit: eher hoch (>1 Tag)

Nötiger Input, um mit der Methode arbeiten zu können

- Ideen und Projekte die zur Umsetzung anstehen

Erzeugter Output der Methode

- Erzeugt frühe Prototypen

Hinderniseffekte, auf die die Methode positiv wirkt

- 10 – Verhindert falsche Flughöhen
- 13 – Schafft für den Erfolg nötige Realitätsbezüge
- 16 – Beugt Misinterpretationen vor
- 18 – Bewahrt vor zu generischen Ideen und Aussagen
- 32 – Verhindert unreflektiertes Agieren
- 36 – Schafft schnell Klarheit und beschleunigt Erkenntnisgewinn

Mögliche Extravorteile

- für innovativ erfahrene Teams
- für die Arbeit mit digitalen Kollaborationsboards

Quellen

Web – https://entwickler.de/online/web/ui-und-ux-design-kennen-den-unterschied-143641.html, 24.05.2021

Web – https://de.wikipedia.org/wiki/User_Experience_Design, Oktober 2021

Grafik: verrocchio Mindset-Card – Illustration: Jennifer Weiss

Value Chain Building

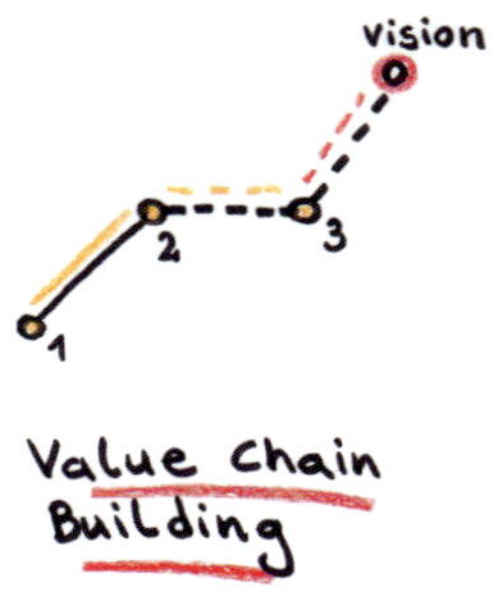

EinSatzBeschreibung

Mit Value Chain Building wird disruptives Geschäftsmodelldenken im Innovation Horizon 3 zur rational nachvollziehbaren Rechenaufgabe.

Transformation-Index

P1 Leading	P2 Organizing	P3 Connecting	P4 Growing	P5 Talking	P6 Scanning	P7 Exploiting	P8 Exploring	P9 Earning	P10 Scaling
							x		

Beschreibung

Die gegenwärtige VUCA-Welt hält Organisationen und Unternehmen jeder Branche unentwegt in Atem. Wir leben seit einigen Jahren in einer neuen Realität, in der permanente Anpassung an neue Gegebenheiten vor dem Hintergrund eines sich schneller wandelnden Umfelds zum Standard geworden ist.

Während in einer nicht allzu fernen Vergangenheit Core Innovation für Organisationen noch als absoluter Werttreiber und mitunter sogar lediglich als nice to have klassifiziert wurde, sieht das Bild im Kontext des digitalen, disruptiven Wandels heute ganz anders aus.

Inzwischen ist Innovation im Kerngeschäft einer Unternehmung essenziell für ihr Fortbestehen – sozusagen vom nice to have zum absoluten must have. Entwickelt sich eine Organisation nicht fort, droht ihr ein sukzessiver Wertverlust und schließlich im schlimmsten Fall die vollständige Wettbewerbsunfähigkeit. Vor diesem Hintergrund, bei dem Kerninnovation kein Werttreiber mehr ist, heißt es für Unternehmen neue Quellen des Wachstums zu identifizieren. Value Chain Building (VCB) ist hierfür ein methodischer Ansatz, der genau solche Quellen für transformatives Wachstum risikoreduziert nachverfolgbar macht.

Konkret bedeutet VCB, dass eine Verknüpfung von einem Geschäftsmodell zu einem fernen anderen strukturiert hergestellt wird. Dabei ist nicht unbedingt eine logische vertikale Marktverbindung zwischen Hersteller und Lieferant gemeint, also beispielsweise der Flaschenhersteller liefert an den Getränkeabfüller, sondern die Fragestellung: wie kommt Unternehmen A von einem laufenden, bekannten Geschäft grundsätzlich zu einem gänzlich neuen – zu seiner eigenen Vision.

Stellen Sie sich z. B. einen Stahlhändler vor, der plötzlich einen eCommerce-Marktplatz eröffnen will oder eine Beratung, die in den Vertrieb von Yoga-Matten möchte. Natürlich erscheint die Frage berechtigt, warum derartige Unternehmen dies tun sollten, immerhin sind sie wahrscheinlich gut in dem was sie tun. Allerdings geht es hier eher um die Frage, was ein Unternehmen in einer ungewissen Zukunft machen kann, wenn eine radikal andersartige Vision verfolgt werden soll oder die Unternehmung auf radikale Diversifikation setzt, z. B. weil der angestammte Markt Stück für Stück wegbricht. Denken Sie mit Blick in die Vergangenheit nur einmal an die damalige Entwicklung von Nokia – vom Gummistiefelhersteller zum Handyproduzenten.

Jedes Unternehmen steht gerade im Zeitalter der Digitalen Transformation mehr denn je vor der Diskussion, wie es das eigene Geschäft entweder erweitern oder durch radikale (nicht direkt ersichtliche) Diversifikation auf eine solide Basis stellen kann.

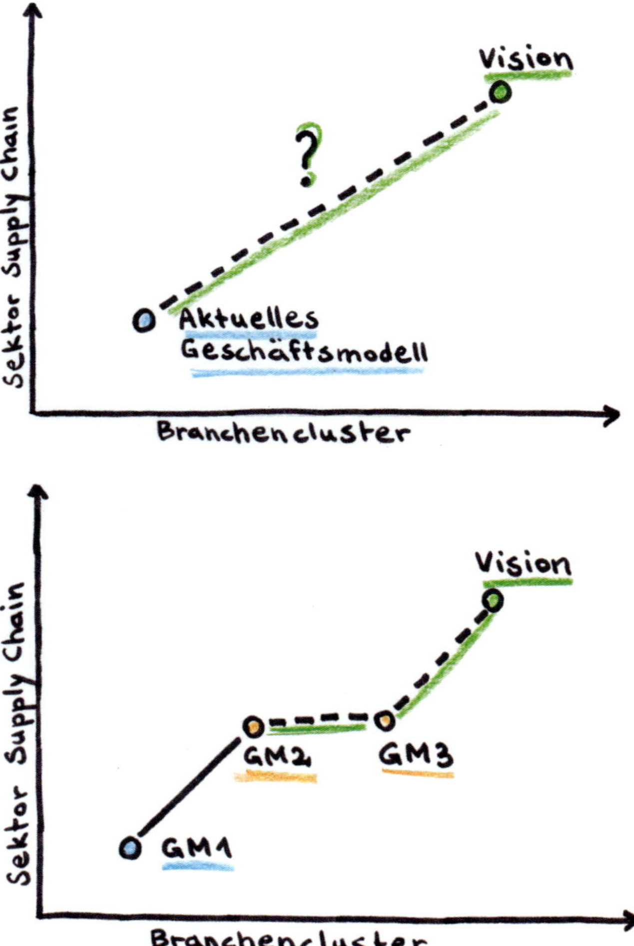

Grafik: Anja Faber – Value Chain Building

Durchführung

Nehmen wir erneut ein Beispiel zur Hand: Ein Berater plant sich zu einem Händler von Sportartikeln weiterzuentwickeln. Wir gehen davon aus, dass er nach eingängiger Analyse einen werthaltigen Markt für sich entdeckt hat. Nehmen wir ferner an, dass der Berater einige Kontakte hat, die Merchandise-Artikel für ihre Fitness-videos und -studios benötigen. Der Berater kann und möchte bei der Fortentwicklung sein laufendes Unternehmen nicht aufgeben. Vielmehr plant er eine integrierte Value Chain zu erzeugen, die die beiden Unternehmen A (Ausgangsunternehmen) und B (Zielunternehmen) miteinander verbindet. Sein Ziel ist nicht nur ein entsprechender Gewinn im aktuellen oder visionären Zielunternehmen zu erzeugen, sondern auch Gewinne in der gesamten Value Chain abzuschöpfen (echte Beteiligungen, Netzwerkeffekte, etc.). VCB basiert im Ansatz also auf einer besonderen Form der Netzwerkanalyse. Wie gehen wir nun vor?

Schritt 1: Halten Sie z. B. auf einem dynamischen Concept Board oben rechts ein Zielbild (das zu erreichende, ferne Geschäftsmodell) fest. Unten links führen Sie Ihr derzeitiges Kerngeschäft auf.

Schritt 2: Erzeugen Sie nun eine Aufstellung darüber, welche Unternehmen und Geschäftsmodelle eigentlich zu Ihrem derzeitigen Geschäftsmodell passen würden. Orientieren Sie sich dabei am nahegelegenen Horizont 1 Ihrer Organisation.

Schritt 3: Stellen Sie sich nach Komplettierung der Liste die Frage, wie diese Firmen in Ihre Value Chain integriert werden könnten. Wiederholen Sie von dieser neuen Ausgangsbasis aus die Schritte 2 und 3 bis Sie auf einem lateralen Weg das Visionsmodell erreicht haben.

Es ist nachvollziehbar, dass die Vorgehensweise allein durch die Beschränkungen qua Logik die Vielzahl von Lösungsmöglichkeiten für eine VC nicht hinreichend reduziert. Weiterhin bestehen schier unendlich viele Kombinationen, um schließlich die Verknüpfung „Ausgangsunternehmen – Zielunternehmen“ herzustellen. Der sinnvollste Lösungsweg und das optimale Netzwerk sind unmöglich auf den ersten Blick auszumachen.

Hinzu kommt, dass nicht jedes Folge-Geschäftsmodell einer Kette optimal erscheint.

Schritt 4: Ziehen Sie daher Bewertungskriterien heran, nach denen Sie Ihre Value Chain(s) rechenbar machen. KPIs könnten sein: a) können verbundene Unternehmen gemeinsam Umsatz generieren, b) Kosten optimieren oder c) führen die Transaktionskosten überhaupt zu einem positiven Business Case. Beachten Sie auch d) qualitative Mehrwerte wie Wissensverschiebung und Ähnliches.

Schritt 5: Legen Sie nun zusätzlich fest, ob sie eine einfache Lieferanten-Hersteller Beziehung anstreben oder ob sie sogar vertikal integriert operieren wollen. Beachten Sie dabei, dass ab einer bestimmten Distanz nur noch das reine Lieferanten-Hersteller Modell lohnend ist.

Schritt 6: Im Ergebnis erhalten Sie ein Entscheidungskriterien-Set, dass die sinnvollsten Kombinations-Szenarien ihrer VCs selektierund vergleichbar macht. Damit nähern Sie sich Schritt für Schritt der (Digitalen) Zukunft.

Transformationswirksamkeit

- Wirksam für Herausforderungen mit hoher Komplexität
- Wirksam für radikale Transformationen

Transformationsfähigkeit

- Sorgt für Inspiration oder bessere Inspirationsempfindlichkeit
- Zahlt auf eine bessere Vorstellungskraft ein

Einsatzcharakteristik

- Austauschfokus: vornehmlich mit internen Personen
- Durchführungszeit: eher hoch (> 1 Tag)
- Einsatzfrequenz: sinnvoll im dauerhaften Einsatz
- Einsatzradius: vornehmlich im unternehmensweiten Einsatz
- Komplexität für den Moderator: eher hoch
- Komplexität für die Teilnehmer: eher hoch
- Teamgröße: Einzelpersonennutzung möglich
- Teamgröße: Kleingruppe möglich (3 bis 5 Teilnehmer)
- Vorbereitungszeit: eher hoch (>1 Tag)

Nötiger Input, um mit der Methode arbeiten zu können

- Aktuell existierende Geschäftsmodelle
- Aktuell existierende Produkte und Services
- Aktuelle Herausforderung, Leitfrage, Problem
- Trends und Zukunftsentwicklungen
- Umfeldbeobachtungen, Umfeldanalysen
- Wettbewerber und Komplementoren
- Ziele, Zielsystem, Kennzahlen

Erzeugter Output der Methode

- Erzeugt Ideen für neue Märkte und neue Business Modelle
- Erzeugt eine Vision oder Zukunftsbild
- Erzeugt transformationsfähigere Organisationen
- Hilft bei Entscheidungen, Bewertungen und Feedback

Hinderniseffekte, auf die die Methode positiv wirkt

- 05 – Verhindert blinden Aktionismus
- 08 – Verhindert einseitige Bewertungen und Entscheidungen
- 13 – Schafft für den Erfolg nötige Realitätsbezüge
- 18 – Bewahrt vor zu generischen Ideen und Aussagen
- 40 – Verhindert Finanz- und Ressourcenfallen
- 41 – Verringert zu große Komplexitäten

Mögliche Extravorteile

- für Teams in einer Krisensituation
- für Teams mit einer konservativen, tradierten Kultur
- für disruptiv erfahrene Teams
- für disruptiv unerfahrene Teams

Quellen

Organisation – Kopfspringer GmbH, Düsseldorf, www.kopfspringer.com
Person – Jan Herrmann, jan_hermann@gmx.net
Person – Nicolas Burkhardt, burkhardt@kopfspringer.com

Value Proposition Canvas

EinSatzBeschreibung

Visuelles Tool, um die Passung zwischen Kunde und Produkt/Service deutlich zu verbessern.

Transformation-Index

P1 Leading	P2 Organizing	P3 Connecting	P4 Growing	P5 Talking	P6 Scanning	P7 Exploiting	P8 Exploring	P9 Earning	P10 Scaling
					x	x	x		

Beschreibung

Der Value Proposition Canvas ist ein Innovationstool, das von Alexander Osterwalder und Yves Pigneur entwickelt wurde und über die Firma Strategyzer publiziert und angeboten wird. Diese Tool zielt darauf ab, die Passung zwischen einem Produkt oder Service und dem Kunden zu verbessern (Product-Customer-Fit).

Der Value Proposition Canvas selbst ist ein Arbeitsblatt, das aus den beiden Teilen Value Propostion Map und Cutomer Profile besteht. Die Nutzung der Methode wird im Buch „Value Proposition Design" beschrieben.

Dieses visuelle Tool bietet mehrere spannende Einsatzmöglichkeiten:

- detailliertes Verstehen von Kunden und Kundengruppen
- Analyse vorhandener Produkte und Services
- Analyse der Passung existierender Produkte mit existierenden Kunden
- innovieren vorhandener Produkte in Bezug auf existierende Kunden
- innovieren vorhandener Produkte in Bezug auf neue Kundengruppen
- kreieren neuer Produkte in Bezug auf existierende Kunden
- kreieren neuer Produkte in Bezug auf neue Kundengruppen

Die Basis dieses Tools ist die Erkenntnis Osterwalders, dass Produkte mit einer schlechten Passung zum Kunden äußerst preissensibel sind. Dagegen werden Produkte mit einer idealen Passung nicht über den Preis gekauft und es lässt sich mit diesen erheblich mehr Geld verdienen.

Insbesondere bei digitalen Geschäftsmodellen entfaltet der Value Proposition Canvas einen hohen Nutzwert, da hier ein genaues Verständnis des Kundennutzens und die Übersetzung in ein passendes Produkt aufgrund der hohen Konkurrenz überlebenswichtig ist.

Durchführung

Für die Anwendung des Value Proposition Canvas gibt es eine grundlegende Vorgehensweise in vier Schritten:

Schritt 1: Ausfüllen des Customer Profile (mittels Post-it-Notes)

Schritt 2: Ausfüllen der Value Proposition Map (mittels Post-it-Notes)

Schritt 3: Das Gegenüberstellen (der „Match") von Customer Profile und Value Proposition Map

Schritt 4: Die Ideenfindung an Stellen, bei denen es keine Passung gibt

Die vier Schritte etwas detaillierter betrachtet:

Foto: Benno van Aerssen

Customer Profile

Das Ausfüllen des Customer Profile geschieht in vier Schritten:

1. Ausfüllen des Feldes „Customer Jobs"

Hier wird beschrieben, welche funktionalen, emotionalen und sozialen Tätigkeiten der Kunden typischer Weise in seinem täglichen Leben ausführt.

2. Ausfüllen des Feldes „Pains"

Hier werden die Schmerzen erfasst, die unser Kunde typischer Weise hat. Schmerzen sind all die Dinge, die dieser Kunde nicht möchte, dass sie eintreten. Dinge, die ihn ärgern, beunruhigen, ängstigen oder frustrieren.

3. Ausfüllen des Feldes „Gains"

Hier werden die Zugewinne erfasst, über die sich unser Kunde sichtbar freuen würde. Zugewinne sind besonders die unerwarteten Dinge: Rabatte, gewonnene Zeit, unverhoffte Aufmerksamkeit, zusätzliche Sicherheiten, et cetera.

4. Sortieren der Werte in den drei Feldern des Customer Profiles

Nun werden in allen drei Feldern die Werte nach ihrer Relevanz oder Priorität oder Wichtigkeit sortiert.

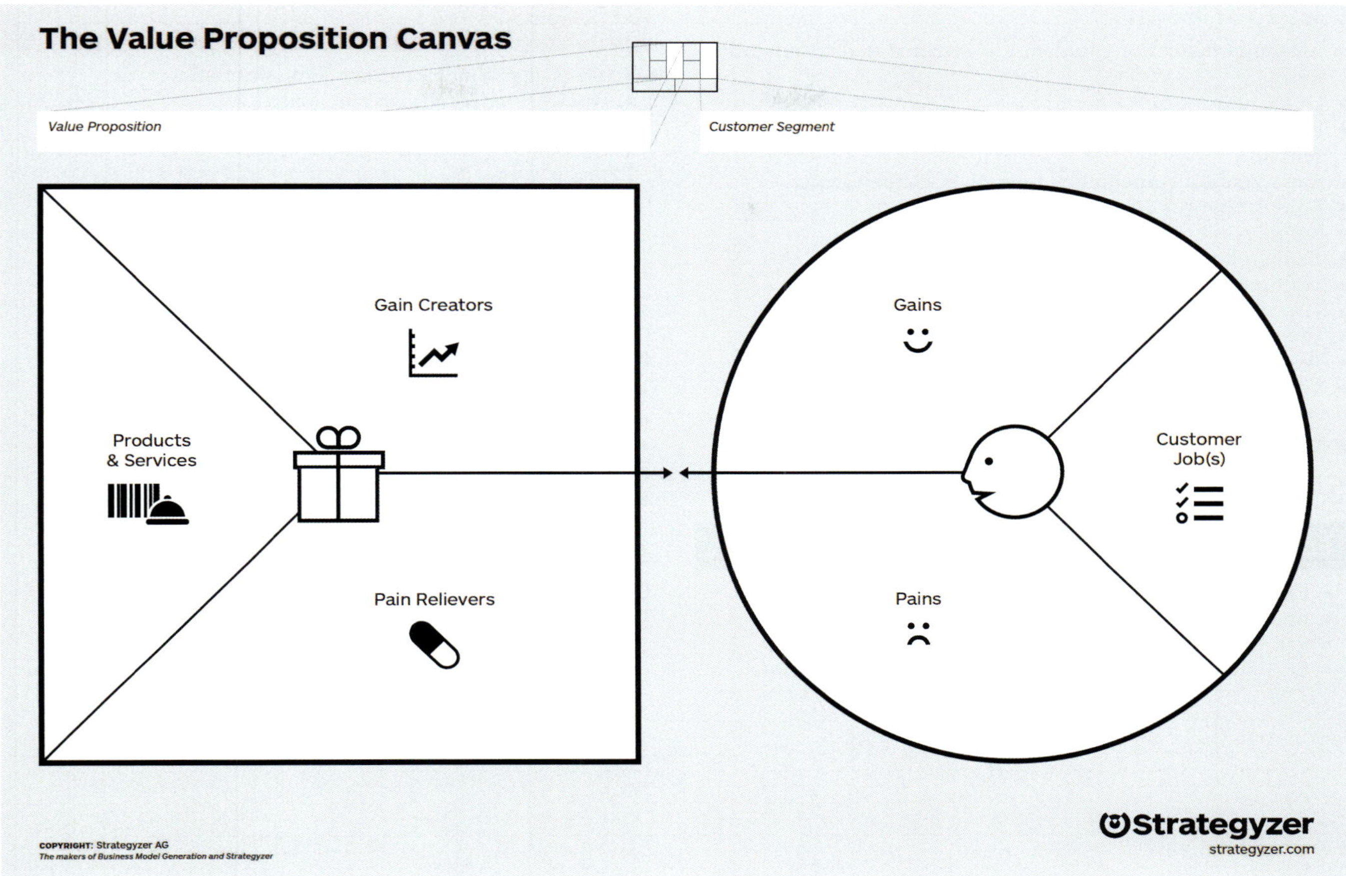

Strategyzer.com, 24.05.2021

Value Proposition

Das Ausfüllen der Value Proposition Map geschieht in vier Schritten:

1. Ausfüllen des Feldes „Products & Services"

Hier wird unser Produkt oder Service, dass wir verbessern wollen, in seinen wesentlichen Bestandteilen beschrieben.

2. Ausfüllen des Feldes „Pain Reliever"

Hier werden die Schmerzstiller erfasst, die unser Produkt mitbringt und die Schmerzen unserer Kunden lindern oder verhindern.

3. Ausfüllen des Feldes „Gain Creators"

Hier werden die Zugewinnerzeuger erfasst, die unser Produkt mitbringt, und die bei unseren Kunden unerwartete Zugewinne erzeugen.

4. Sortieren der Werte in den drei Feldern der Value Proposition Map

Nun werden in allen drei Feldern die Werte nach ihrer Relevanz oder Priorität oder Wichtigkeit sortiert.

Match

Im Arbeitsschritt des „Match" untersuchen wir nun, ob es zu den einzelnen Schmerzen oder Zugewinnen auf der Kundenseite entsprechende passende Pain Relievers oder Gain Creators auf der Produktseite gibt. Diese Passung kann z. B. durch verknüpfende Linien dargestellt werden.

In der Phase der Ideenfindung kreieren wir sodann auf der Produktseite nicht vorhandene Pain Reliever oder Gain Creators, und die Passung zwischen Kunde und Produkt verbessert sich augenblicklich.

Transformationswirksamkeit

- Wirksam für Produkttransformationen
- Wirksam für Servicetransformationen

Transformationsfähigkeit

- Sorgt für Inspiration oder bessere Inspirationsempfindlichkeit

Value Proposition Canvas

Einsatzcharakteristik

- Austauschfokus: vornehmlich mit internen und externen Personen
- Durchführungszeit: eher hoch (> 1 Tag)
- Einsatzfrequenz: vornehmlich über im kompletten Projektzeitraum
- Einsatzradius: vornehmlich im projektweiten Einsatz
- Komplexität für den Moderator: eher hoch
- Komplexität für die Teilnehmer: eher hoch
- Teamgröße: Einzelpersonennutzung möglich
- Teamgröße: Großgruppen möglich (>50 Teilnehmer)
- Teamgröße: Kleingruppe möglich (3 bis 5 Teilnehmer)
- Teamgröße: Maxigruppen möglich (20 bis 40 Teilnehmer)
- Teamgröße: Mittelgroße Teams möglich (5 bis 20 Teilnehmer)
- Vorbereitungszeit: eher mittel (>1 Stunde bis <1 Tag)

Nötiger Input, um mit der Methode arbeiten zu können

- Aktuelle Herausforderung, Leitfrage, Problem

Erzeugter Output der Methode

- Erzeugt Leitfragen für die Ideenfindung
- Erzeugt Nutzenfunktionen und Bedürfniskorridore
- Erzeugt größere Klarheit zu einem Thema
- Erzeugt segmentierte, kategorisierte, geclusterte Daten

Hinderniseffekte, auf die die Methode positiv wirkt

- 04 – Beugt blinden Flecken/Betriebsblindheit vor
- 10 – Verhindert falsche Flughöhen
- 12 – Wirkt fehlender Inspiration entgegen
- 16 – Beugt Misinterpretationen vor
- 18 – Bewahrt vor zu generischen Ideen und Aussagen
- 32 – Verhindert unreflektiertes Agieren
- 36 – Schafft schnell Klarheit und beschleunigt Erkenntnisgewinn
- 42 – Überzeugt strukturliebende Teammitglieder

Mögliche Extravorteile

- für Teams in einer Krisensituation
- für innovativ ungeübte Teams
- für multidisziplinär unerfahrene Teams
- für unerfahrene Trainer und Agile Coaches
- für die Arbeit mit digitalen Kollaborationsboards

Quellen

Buch – Value Proposition Design, A. Osterwalder (Campus 2015)
Web – https://www.strategyzer.com, Mai 2021

Vertriebsdigitalisierung – Check-up

EinSatzBeschreibung

Check-up, der bei der Digitalisierung des Vertriebs hilft (Statusanalyse und Entwicklungsmaßnamen-Katalog).

Transformation-Index

P1 Leading	P2 Organizing	P3 Connecting	P4 Growing	P5 Talking	P6 Scanning	P7 Exploiting	P8 Exploring	P9 Earning	P10 Scaling
					x	x		x	x

Beschreibung

Die Digitalisierung im Vertrieb – gerade auch im B2B – wächst exponentiell. Erfolgreich im Vertrieb sein, heißt zukünftig mehr denn je eine starke Verzahnung mit dem Marketing. Gerade für die Digitalisierung im B2B Vertrieb bedeutet das oft auch einen großen Wandel im Mindset und Kultur.

Genauso wie es eine große Vielfalt in der Marketing-Automatisierung gibt, digitalisiert sich auch der Vertrieb in vielen Themen. Gerade auch kleinere Unternehmen können darüber Umsätze optimiert und kostengünstiger skalieren. Im digitalen Wandel für erfolgreiche Unternehmen ist das ein wesentlicher Treiber.

Basis für digitalen Vertrieb und digitales Marketing ist die Customer Journey und somit die Touchpoints des Kunden oder der Zielgruppe mit Marke und Produkt. Dies geschieht nicht nur absenderorientiert. Es muss auch der Rückkanal den Marken- und Produktverantwortlichen helfen, die bestehenden und potenziellen Kunden besser zu verstehen und kennen zu lernen. Dadurch können Marketing- und Vertriebsmaßnahmen gezielt automatisiert und individualisiert ausgespielt werden. Das schließt ein gutes Datenmanagement mit ein. Im Unternehmen intern kann ein digitaler Prozess im Vertrieb mit digitalen Tools eine höhere Transparenz der Ergebnisse, eine optimierte Verzahnung zwischen Außen- und Innendienst, eine größere Schnelligkeit in der Auftragsabwicklung sowie eine verbesserte Serviceorganisation für den Kunden erzielen.

Durchführung

Alle Vertriebsthemen müssen zunächst einer Digitalisierung-Prüfung unterzogen werden. Unser Check-up bietet einen ersten **konkreten Leitfaden**:

- Website: Verfügen wir über eine optimierte SEO-Website? Ist diese mit vielfältigem Medieneinsatz und verschiedenen Rückkanal-Möglichkeiten des Kunden oder Interessanten zum Unternehmen gestaltet?
- CRM: Ist unser CRM-Tool zur Aussteuerung von Maßnahmen und nicht nur zur Ablage von Kontakten aufgebaut?
- Social Media: Sind unsere Social Media-Maßnahmen automatisiert mit einer zielgerichteten Umsetzung nach einem Redaktionsplan? Erzielen wir über LinkedIn, XING oder andere Vertriebserfolge?
- Performance Marketing: Setzen wir bereits Performance Marketing Maßnahmen für eine messbare Reaktion und/oder Transaktion mit dem Kunden ein?
- Digitale Demos: Können wir unsere Produkte über eine digitale Demo präsentieren? Sind Demo Termine automatisch mit einem persönlichen Ansprechpartner über Tools wie Calendly direkt über die Website buchbar? Setzen wir dabei neue Technologien wie z. B. Virtual Reality, Augmented Reality oder KI absatzfördernd ein?
- Datenmanagement: Sind unsere Daten strukturiert? Hilft uns aktives Datenmanagement (Big Data) bei Lead Generierung, Lead Management, Informationsversorgung, Vertriebsplanung und -kontrolle sowie bei Entscheidungsfindungen im Rahmen der Vertriebssteuerung?
- Preismodelle: Haben wir unsere Preismodelle (‚Pricing') für mehr Einfachheit für den digitalen Vertrieb entwickelt? Arbeiten wir mit Festpreisen wie Subscription, pay-per-use bis hin zu Hybridmodelle mit Beratungs- und Integrationsleistung oder transparenten Fees für Nebenkosten?
- Erfolgskontrolle: Haben wir ein automatisiertes Tracking und eine digital-gesteuerte Erfolgskontrolle durch eingebundene digitale Tools?
- Digitalisierung der Vertriebsprozesse: Sind unsere Prozesse aus Kundensicht wie Auftragseingang, Auftragsbearbeitung, Service, Reklamationsmanagement etc. digitalisiert?
- Vertriebstrainings: Wie ist der kontinuierliche Learning & Development Prozess für die Vertriebsmitarbeiter und allen prozessbegleitenden Kollegen in Bezug auf die Auswirkung neuer Technologien im Vertrieb gestaltet?

Für viele der oben genannten Themen und zur zielgerichteten Ausrichtung des Vertriebs mit digitalen Maßnahmen sind wichtige **Vorbereitungsarbeiten** durchzuführen:

- Wie ist unsere Markt-Selektion strukturiert?
  - nach quantitativen Punkten wie Unternehmensgrößen
  - nach qualitativen Elementen wie Wirtschaftsbranchen
  - Suche nach neuen Nischen, wo ein guter Product Market Fit existiert
- Haben wir Ideal Client Persona (ICP) dekliniert?
  - Fokussieren des Problems, das die Zielgruppe hat
  - Aktueller Status der Zielgruppe sowie Wunschsituation der Zielgruppe
  - Score-Abstufungen nach Qualifizierungstermin – von perfekter Kunde mit Problem hat Priorität und schneller Abschluss möglich bis hin zu kein Budget und kein Problem vorhanden
- Ist eine Nischen-Strategie für zielgerichtete, digitale Ansprache definiert?
  - Nischen mit wenig Wettbewerb
  - Nischen, wo man weiß wie die Zielperson anzusprechen ist
  - schlüssige Erkenntnisse sind schnell ableitbar

  - die Botschaft zum Produkt ist auf den Punkt in der Sprache der Person geschrieben
- Sind hochpersonalisierte, digitale High-Value Messaging kreiert, um schnell Meetings und Demo-Termine mit Interessenten zu generieren?

Viele Unternehmen versuchen die digitale Welt mit den Gesetzmäßigkeiten der realen Welt zu verstehen. Die unterschiedliche Infrastruktur und damit die strategische Ausrichtung sind nicht miteinbezogen. Hier gibt es in jedem Unternehmen noch viel Potenzial zu heben, denn die Auswirkungen der Digitalisierung wachsen exponentiell. Die digitale Reife stellt eine echten Erfolgsfaktor dar – gerade auch im Vertrieb.

Praxisschlaglicht

Ein Start-up möchte seine SaaS Software-Produkt vermarkten. Die Founder starten mit einer grundlegenden Markt-Situation, recherchieren zwei Nischen, in denen die SaaS Software ein Problem lösen könnte und gestalten auf der Website eine automatisierte Buchungsmöglichkeit für Demo-Termine. Das Preismodell ist als pay-per-use definiert. Als Ansprache-Weg entscheiden sich die Founder für LinkedIn und bauen dort einen Sales Funnel auf, indem sie mit einer spezialisierten Software und standardisierten Spearing Mails mögliche Interessenten und Zielkunden ansprechen. Hier achten sie genau auf die Einhaltung der Regularien bei LinkedIn in Anzahl und Größe der täglichen Aussendungen. Eine direkte automatisierte Terminbuchungsmöglichkeit ist auch angeboten. Daraus ergeben sich für die Sales-Mitarbeiter tägliche Demo-Termine von 30 Minuten maximaler Länge. Diese Demo-Termine sind vorab mit dem Ziel eines Geschäftsabschluss didaktisch standardisiert. Das Mindset der Sales Manager ist darauf trainiert. Die Basis bildet das perfekte CRM-System, um die schnell eingehenden Informationen zu verarbeiten, aber auch ein Tracking der Nische und des Erfolgs automatisiert auszuwerten. Ergebnis ist ein schneller, größtenteils digital automatisierter Prozess von Erstansprache bis hin zum Auftragsclosing für eine hohe Wachstumsskalierung.

Transformationswirksamkeit

- Wirksam für Marketingtransformationen
- Wirksam für Prozesstransformationen
- Wirksam für Servicetransformationen

Transformationsfähigkeit

- Fördert die allgemeine Transformationsfähigkeit des Teams

Einsatzcharakteristik

- Austauschfokus: vornehmlich mit externen Personen
- Einsatzfrequenz: sinnvoll im dauerhaften Einsatz
- Einsatzradius: vornehmlich im unternehmensweiten Einsatz
- Vorbereitungszeit: eher hoch (>1 Tag)

Nötiger Input, um mit der Methode arbeiten zu können

- Aktuell existierende Geschäftsmodelle
- Aktuell existierende Produkte und Services

Erzeugter Output der Methode

- Bessere Projekteffizienz, bessere Teamperformance
- Erzeugt Ideen für neue Märkte und neue Business Modelle
- Erzeugt transformationsfähigere Organisationen
- Erzeugt mehr Know-how-Zuwachs
- Erzeugt segmentierte, kategorisierte, geclusterte Daten
- Hilft bei Entscheidungen, Bewertungen und Feedback
- Identifiziert vorhandene Schwachstellen
- Identifiziert vorhandene Stärken
- Macht Wirkzusammenhänge sichtbar

Hinderniseffekte, auf die die Methode positiv wirkt

- 04 – Beugt blinden Flecken/Betriebsblindheit vor
- 11 – Schärft eine fehlende gemeinsame Ausrichtung
- 13 – Schafft für den Erfolg nötige Realitätsbezüge
- 36 – Schafft schnell Klarheit und beschleunigt Erkenntnisgewinn

Mögliche Extravorteile

- für Teams in einer Komfortsituation
- für Teams in einer Krisensituation
- für Teams mit einer souveränen Teamleitung
- für disruptiv erfahrene Teams
- für agile Teams
- für innovativ erfahrene Teams

Quellen

Buch – Digitalisierung im B2B-Vertrieb: Ergebnisse verbessern mit digitalen Tools: Impulse zur Entscheidung und Umsetzung, Stephan Kober (Springer Gabler 2020)

Buch – Stand der Digitalisierung im B2B-Neukundenvertrieb: Entwicklung von Beurteilungskritierien und Erstellung eines Reifegradmodells, Thomas Barsch (Springer Gabler 2019)

Buch – Digitalisierung in Marketing und Vertrieb inkl. Arbeitshilfen online: Richtige Strategien entwickeln und Potenziale der Digitalisierung für mehr Umsatz nutzen, Norbert Schuster (Haufe 2020)

Buch – Next Level Sales: Wie Sie erfolgreich Ihren Vertrieb digitalisieren, Christopher Held (Wiley-VCH 2021)

Web – https://blog.hubspot.de/sales/digitalisierung-im-vertrieb, 2021

Web – https://www.salesforce.com/de/blog/2020/01/digitalisierung-im-vertrieb–sind-sie-gut-aufgestellt-.html, 2020

Web – https://www.saasfunnels.io/case-study/meetanyway, 2021

Virtual Café

EinSatzBeschreibung

Virtuelle Runde zum freien Austausch, um Kontakte zu pflegen und ein neues Thema zu erörtern.

Transformation-Index

P1 Leading	P2 Organizing	P3 Connecting	P4 Growing	P5 Talking	P6 Scanning	P7 Exploiting	P8 Exploring	P9 Earning	P10 Scaling
	x	x	x	x					

Beschreibung

In unserer vernetzten und globalisierten Welt arbeitet man mit Fachkräften aus aller Welt und das automatisch standortübergreifend – es ist ein großer Vorteil, den die Digitale Transformation mit sich bringt. Gleichzeitig arbeiten wir immer und überall, sind dauerhaft online und nicht mehr an den Schreitisch gebunden. So sehr die Digitale Transformation Technologien zum Homeoffice doch beschleunigt, damit wir an Video-Calls teilnehmen können und uns ins Firmennetz einwählen können, so sehr fehlt doch der persönliche Kontakt vor Ort oft. Der tägliche Austausch am Kantinentisch, die Absprachen per Zuruf über den Schreibtisch hinweg oder der Plausch angelehnt im Türrahmen fallen heutzutage oft weg.

Doch gerade im Rahmen der digitalen Welt ist ein Informations- und Wissensaustausch immens wichtig, um sich weiterzubilden und immer auf dem neuesten Stand zu sein! Neugierde und Wissenshunger sind die Basis für Kreativität und Innovation und die Konversation mit Kollegen kann der Schlüssel dafür sein. Eine Plattform dafür kann das Virtual Café sein, ein organisiertes, virtuelles Treffen zu einem bestimmten Thema, bei dem sich die Teilnehmer austauschen, diskutieren und gegenseitig helfen.

Mit dem eigentlichen Kaffeetrinken bzw. einem Plausch in der Kaffeepause hat es wenig zu tun, denn Kaffee gibt es keinen. Sondern mit dem Virtual Café wecken Sie die Freude an neuen Kontakten und dem Austausch untereinander, bei dem das persönliche Netzwerk erweitert werden kann. Indem die Teilnehmenden Fragen stellen, die nicht durch einen Experten beantwortet werden, sondern durch die anderen, fördern Sie das Vertrauen untereinander. Das Onboarding neuer Mitarbeiter wird angenehmer, die richtigen Ansprechpartner können leichter gefunden werden und neue Themen platziert werden. Gleichzeitig streuen Sie so Wissen und Erfahrung dort, wo sie benötigt wird.[42]

Durchführung

Mit dem Virtual Café bieten Sie einen Raum und den zeitlichen Rahmen für einen Austausch zu einem bestimmten Thema. Das Thema sollte aus dem weiten Feld der Digitalen Transformation stammen – es bieten sich beispielsweise Tools an, die neu im Einsatz sind und noch Fragen in der Anwendung aufwerfen.

Als Organisator kümmern Sie sich um diesen zeitlichen Rahmen, also einen festen Termin, zu dem sich jeder Interessierte einwählen kann, ohne sich vorher anmelden zu müssen.

Mit der Einladung bitten Sie um Fragen, Impulse und Gedankengänge, die die Teilnehmenden ins Virtual Café mitbringen, um sie dort zu diskutieren. Als Organisator ist es an Ihnen, nicht nur das Format zu erklären, sondern auch Tipps und Tricks oder konkrete Fragestellungen zum Thema vorzubereiten, damit ein Gesprächsfluss angeregt wird!

Gerade in einem virtuellen Meeting wird gerne erstmal die Kamera nicht angemacht und zugehört, während man sich zurücklehnt. Dabei ist es gerade die Diskussion mit den anderen, die wichtig ist, um die Komfortzone zu verlassen und zu lernen. Ist das Gespräch im Gange, ist das Ziel erreicht und sie als Organisator und Moderator können sich zurücknehmen – die Teilnehmenden vernetzen sich, tauschen Informationen aus und können neue Ideen entwickeln.

Transformationswirksamkeit

- Wirksam für Herausforderungen mit niedriger Komplexität
- Wirksam für alle Transformationen

Transformationsfähigkeit

- Fördert offene Mindsets und innovative Denkhaltungen
- Sorgt für Inspiration oder bessere Inspirationsempfindlichkeit

Einsatzcharakteristik

- Austauschfokus: vornehmlich mit internen Personen
- Durchführungszeit: eher gering (< 1 Stunde)
- Einsatzfrequenz: sinnvoll im dauerhaften Einsatz
- Einsatzradius: vornehmlich im projektweiten Einsatz
- Einsatzradius: vornehmlich im unternehmensweiten Einsatz
- Komplexität für den Moderator: eher gering
- Komplexität für die Teilnehmer: eher gering
- Teamgröße: Kleingruppe möglich (3 bis 5 Teilnehmer)
- Vorbereitungszeit: eher gering (<1 Stunde)

Nötiger Input, um mit der Methode arbeiten zu können

- Aktuelle Herausforderung, Leitfrage, Problem
- Beteiligte Personen mit Tätigkeiten und Aufgaben
- Durchlaufenes Projekt oder Projektphasen
- Existierende Prozesse und Verfahren
- Vorhandenes Wissen und Erfahrungen

[42] https://www.mysteryminds.com/mysterycoffee/#learn-more, 27.04.2021

Erzeugter Output der Methode

- Erzeugt Ideen, Lösungsansätze, Vorideen, Möglichkeiten
- Erzeugt besseren Teamspirit, mehr Offenheit, Inspirationsempfindlichkeit
- Erzeugt neues Wissen und neue Erfahrungen
- Erzeugt transformationsfähigere Organisationen
- Erzeugt mehr Hintergrundinformationen
- Erzeugt mehr Know-how-Zuwachs

Hinderniseffekte, auf die die Methode positiv wirkt

- 17 – Fördert gehemmte Teammitglieder
- 25 – Schwächt multidisziplinäre Reibungsverluste
- 35 – Dynamisiert und aktiviert wenig dynamische Teams

Mögliche Extravorteile

- für Teams mit einer konservativen, tradierten Kultur
- für multidisziplinär erfahrene Teams

Quelle

Web – https://www.mysteryminds.com/mysterycoffee/#learnmore, 27.04.2021

Grafik: verrocchio Mindset-Card – Illustration: Jennifer Weiss

Vision Statement – Check-up

EinSatzBeschreibung

Guideline und Hilfe zu Entwicklung eines Vision Statements.

Transformation-Index

P1 Leading	P2 Organizing	P3 Connecting	P4 Growing	P5 Talking	P6 Scanning	P7 Exploiting	P8 Exploring	P9 Earning	P10 Scaling
x			x						

Beschreibung

Im Duden wird die Vision als ein „in jemandes Vorstellung besonders in Bezug auf Zukünftiges entworfenes Bild" beschrieben. Was so trivial klingt und häufig unterschätzt wird, kann im Alltag bei der Entwicklung von Produkten einen großen Mehrwert bringen.

Im Wesentlichen soll die Vision natürlich ausdrücken, was in der Zukunft erreicht werden soll. Visionen können dementsprechend in verschiedenen Kontexten formuliert werden, bspw. für ein Unternehmen oder für ein einzelnes Produkt.

Die Vision von IKEA ist bspw. wie folgt formuliert:

„To create a better every day life for the many people."

Die Vision kann man als ein bestimmtes Statement natürlich noch mit weiteren Details ausführen, wie Sie in der Beschreibung der Durchführung sehen werden. Aber wie man an diesem Beispiel gut sieht, sollte die Vision inspirierend klingen. Denn eine Vision soll im Kontext von Organisationen oder Produktentwicklung wie ein Nordstern sein und die Richtung weisen. Sie soll motivieren, inspirieren und einen Sinn geben. Sämtliche Aufgaben, die erledigt werden, können immer in Hinblick auf die Vision überprüft werden: Bringt uns diese Aufgabe ein Stück weiter zu unserer Vision?

Wie wichtig eine Vision ist, bemerkt man meist erst dann, wenn keine Vision existiert. Dies wird früher oder später negative Konsequenzen mit sich bringen: Die Marschrichtung ist unklar, die Daseinsberechtigung wird hinterfragt und im operativen Modus verliert man sich ohne Nordstern.

Ein gutes Vision Statement sollte u. a. folgende Eigenschaften vereinen:

- Eine Vision bezieht sich immer auf die **Zukunft.**
- Sie repräsentiert ein **Wunschbild** und einen Endzustand, den man erreichen will.
- Idealerweise ist sie **kurz, prägnant** und **verständlich** formuliert.
- Die Vision sollte **groß** sein, **emotional** und **inspirierend** klingen.
- Sie sollte **nicht zu spezifisch** sein (SMART-formulierte Ziele stehen in der Hierarchie unter der Vision).
- Eine Vision sollte das Unternehmen oder Produkt in einer **einzigartigen** Weise beschreiben.
- Die Vision ist **zeitlos.**
- Sie klingt **authentisch** und passt zum Unternehmen bzw. Produkt.

Durchführung

Ein Vision Statement kann man auf viele verschiedene Arten erstellen, solange es die oben genannten Eigenschaften vereint.

Zunächst müssen folgende Inhalte erarbeitet werden:

- Was ist unser „**Warum**"? Warum machen wir das alles? Warum existiert das Unternehmen oder das Produkt? Hierfür bietet sich die Methode „Start with why" an, die ebenfalls im Buch beschrieben ist
- Wer ist der **Kunde**? Wen wollen wir als Unternehmen oder mit dem Produkt helfen?
- Was hat der Kunde für **Bedürfnisse** und für **Probleme**? Wie wollen wir diese Bedürfnisse erfüllen bzw. Probleme lösen?
- Wer sind unsere **Wettbewerber**?
- Wie **unterscheiden** wir uns von den Wettbewerbern? Was macht uns **einzigartig**?
- Was sind unsere **Werte** und **Glaubenssätze**?

Wenn diese Fragen beantwortet wurden, können diese in einem Vision Statement zusammengebracht werden. Hierfür bieten sich verschiedene Möglichkeiten an. Diese können komplementär genutzt werden, um sich Stück für Stück an das perfekte Vision Statement anzutasten.

1. **Elevator Pitch:** In einem Elevator Pitch geht es darum, einen Gesprächspartner in maximal 60 Sekunden von einer Idee zu überzeugen. Meist sind die Pitches nach der AIDA-Formel aufgebaut:

Attention:	Aufmerksamkeit	erzeugen
Interest:	Interesse	wecken
Desire:	Verlangen	auslösen
Action:	Handlung	provozieren

   Versuchen Sie hier also, die obigen Inhalte in einen 60-sekündigen Pitch zu verpacken – dadurch wird das Statement schon einmal deutlich verkürzt. Die AIDA-Formel hilft weiterhin bei weiteren Dimensionen wie z. B. der Emotionalität oder Inspiration.
2. **Tweet:** Wie könnte Ihre Vision lauten, wenn Sie diese in einem einzigen Tweet verpacken müssten, der nicht länger als 280 Zeichen sein darf? Stellen Sie sich vor, dass Sie einen Twitter Account haben und alle relevanten Personen (wie z. B. Ihre aktuellen Mitarbeiter, Ihre potenziellen zukünftigen Mitarbeiter, Ihre Kunden, Ihre Investoren, usw.) Ihnen auf Twitter folgen und diesen Tweet sehen werden. Wie können Sie diese begeistern und gleichzeitig authentisch bleiben?
3. **Die Produktverpackung:** Stellen Sie sich einmal vor, wie eine physische Verpackung Ihres Produktes oder Ihres Unternehmens aussehen würde. Wäre es eher eine große oder eine kleine

Box? Was würde darauf stehen? Wo würde es im Laden stehen? Welche Farben hätte die Verpackung? Etwas abstraktes wie eine Vision in eine konkrete Verpackung zu verwandeln kann viele Gedanken hervorbringen. Sie können die Verpackung natürlich auch wirklich basteln.

4. **Die perfekte Bewertung:** Wie würde aus Ihrer Sicht die perfekte Bewertung/Rezension für Ihr Unternehmen oder Produkt von einem begeisterten Kunden aussehen? Versetzen Sie sich kundenzentriert in die Perspektive des Kunden und formulieren Sie eine solche Rezension. Hierbei geht es vor allem um Kundenzentriertheit und Positivität.
5. **Vision Board:** Sie können die oben genannten Inhalte bspw. auf ein Whiteboard aufzeichnen und in eine Art Canvas mit verschiedenen Feldern transformieren, wobei jede Kernfrage von oben ein eigenes Feld bekommt. Selbstverständlich können Sie weitere Felder ergänzen. Anschließend können Sie über allen Feldern eine weitere Box namens „Vision Statement" zeichnen, in der Sie dann versuchen diese Inhalte auf einen Punkt zu bringen.
6. **Vision Statement Template:** Ein häufig genutztes Template zur Formulierung von Vision Statements (häufig im Kontext von Produkten), das die obigen Kernfragen berücksichtigt, lautet wie folgt:
   Für <Zielgruppe>,
   der/die <Bedürfnis/Problem hat>,
   ist <Produktname> ein/e <Produkt-Kategorie>,
   das <Hauptvorteile>.
   Im Gegensatz zu <Wettbewerber>
   bietet unser Produkt <Alleinstellungsmerkmale>.
7. **Komplett frei:** Sie können selbstverständlich auch komplett ohne Vorlage ein Vision Statement frei formulieren.

Praxistipps

- Das Vision Statement sollte zu Ihnen passen und nicht zu allgemein klingen.
- Wenn das Vision Statement formuliert ist, sollte dieses auch sichtbar gemacht und kommuniziert werden.
- Es lohnt sich, regelmäßig die aktuellen Fragestellungen, Handlungsfelder, Projekte usw. gegenüber der Vision zu überprüfen.
- Die Formulierung einer Vision kann Zeit brauchen und muss sich „richtig" anfühlen – daher kann es sich lohnen, diese Vision in mehreren Schritten zu finden und zu formulieren.

Transformationswirksamkeit

- Wirksam für alle Transformationen
- Wirksam für radikale Transformationen

Transformationsfähigkeit

- Fördert die allgemeine Transformationsfähigkeit des Teams
- Zahlt auf eine bessere Vorstellungskraft ein

Einsatzcharakteristik

- Austauschfokus: vornehmlich mit internen Personen
- Durchführungszeit: eher hoch (> 1 Tag)
- Einsatzfrequenz: sinnvoll im dauerhaften Einsatz
- Einsatzradius: vornehmlich im unternehmensweiten Einsatz
- Komplexität für den Moderator: eher hoch
- Komplexität für die Teilnehmer: eher hoch
- Teamgröße: Großgruppen möglich (>50 Teilnehmer)
- Teamgröße: Kleingruppe möglich (3 bis 5 Teilnehmer)
- Teamgröße: Maxigruppen möglich (20 bis 40 Teilnehmer)
- Teamgröße: Mittelgroße Teams möglich (5 bis 20 Teilnehmer)
- Vorbereitungszeit: eher mittel (>1 Stunde bis <1 Tag)

Nötiger Input, um mit der Methode arbeiten zu können

- Aktuelle Herausforderung, Leitfrage, Problem
- Angereicherte Ideen, Ideencluster oder höher integrierte Lösungen
- Beteiligte Personen mit Tätigkeiten und Aufgaben
- Merkmale der gegebenen Herausforderung
- Trends und Zukunftsentwicklungen
- Ziele, Zielsystem, Kennzahlen

Erzeugter Output der Methode

- Bessere Projekteffizienz, bessere Teamperformance
- Erzeugt Ideen für neue Märkte und neue Business Modelle
- Erzeugt Ideensuchfelder, unentdeckte Probleme, Inspiration
- Erzeugt größere Klarheit zu einem Thema
- Erzeugt transformationsfähigere Organisationen
- Erzeugt motiviertere und transformationsfähigere Teilnehmer

Hinderniseffekte, auf die die Methode positiv wirkt

- 01 – Schwächt Angst vor Neuem (Cainophobie)
- 10 – Verhindert falsche Flughöhen
- 11 – Schärft eine fehlende gemeinsame Ausrichtung
- 13 – Schafft für den Erfolg nötige Realitätsbezüge
- 15 – Stärkt das Vertrauen im Team
- 16 – Beugt Misinterpretationen vor
- 43 – Überzeugt einen Daueropponenten

Mögliche Extravorteile

- für Teams mit einem starkem Auftragsmandat
- für Teams mit einer konservativen, tradierten Kultur
- für Teams mit einer souveränen Teamleitung

Quellen

Web – https://www.online-projektmanagement.info/agiles-projektmanagement-scrum-methode/scrum-artfakte/product-vision/, 2021

Web – https://www.visual-paradigm.com/scrum/how-to-write-scrum-product-vision/, 2021

Web – https://scrumkurs24.de/guide/die-scrum-produkt-vision/#tab-con-11, 2021

Web – https://agilecoach.de/2015/03/30/wie-formulieren-wir-eine-produktvision-agilecoach-de-ausbildungskanal/, 2021

Web – https://www.akademie.de/de/wissen/unternehmensvision-entwickeln/was-ist-eine-vision-0, 2021

Web – https://www.romanpichler.com/blog/the-product-vision-board/, 2021

Visionsentwicklung

EinSatzBeschreibung

Erstellen eines Zukunftsbildes, um strategische Unterziele und Entwicklungsmaßnahmen abzuleiten.

Transformation-Index

P1 Leading	P2 Organizing	P3 Connecting	P4 Growing	P5 Talking	P6 Scanning	P7 Exploiting	P8 Exploring	P9 Earning	P10 Scaling
x									

Beschreibung

Wer weiß schon, wie unsere Arbeitswelt in zehn Jahren aussieht? Vielleicht gehen wir gar nicht mehr zur Arbeit, sondern schicken unseren persönlichen Avatar ins Büro, während wir selbst im Wald einen Spaziergang machen und nur noch für die komplizierten Fälle zuständig sind. Vielleicht müssen wir den Wald bei diesen komplizierten Fällen auch gar nicht mehr verlassen und auch kein Gerät wie ein Handy nutzen, sondern sehen direkt über eine Linse im Auge, was vor sich geht. Geben Sie es zu – das ist ein zugleich attraktiver wie auch beängstigender Gedanke, aber er ist auf jeden Fall recht visionär, nicht wahr?

Um eine Vision handelt es sich dabei aber noch nicht. Dazu müsste ausdiskutiert worden sein, ob es sich bei dem Gedanken wirklich um etwas Erstrebenswertes handelt, dem man so nachgehen will, dass man das Unternehmen verändert und davon strategische Maßnahmen abgeleitet werden. Eine Vision ist also ein „attraktiver Zielzustand, den es zu erreichen gilt“[43].

So bettet sich die Vision und deren Notwendigkeit dann auch in die digitale Transformation ein: Um Mitarbeitende mit auf die Reise in die digitale Welt zu nehmen, braucht es für sie einen erstrebenswerten Zielzustand, der so in den Köpfen verankert ist, dass die Veränderung namens Digitale Transformation angenommen, wenn nicht sogar gefördert wird.

Das Streben nach diesem Zustand ist in der Vision versprachlicht. „Die Vision ist der rote Faden, dem Maßnahmen im Rahmen der Veränderung folgen sollen, der eine Basis für Entscheidungen darstellt und der den Betroffenen die Möglichkeit bietet, sich mit den zukünftigen Veränderungen auseinanderzusetzen“[44]. Gibt es im Unternehmen keine Vision für die Digitale Transformation, wird die Digitale Transformation scheitern. Und selbst eine gute Vision ist unbrauchbar, wenn sie nicht jeden Mitarbeitenden in der Organisation erreicht und berührt hat – neben der Vision selbst ist daher auch die Kommunikation derselbigen unabdingbar.

Die Vision wirkt sinnstiftend auf die Mitarbeiter und ist sozusagen der Klebstoff, der alles zusammenhält, also muss auch aus ihr hervorgehen, wozu man diesen Zielzustand erreichen will.

Der Urvater aller Veränderungsbegleitungen, John P. Kotter[45], nennt **sechs wesentliche Merkmale**, die eine Vision haben muss, damit sie „funktioniert“:

- Vorstellbar: Sie erzeugt ein klares Bild, wie die Zukunft aussehen wird.
- Erstrebenswert: Alle Stakeholder fühlen sich von ihr angesprochen und stehen dahinter.
- Machbar: Realistische und erreichbare Ziele sind verankert.
- Fokussiert: Sie ist deutlich genug formuliert, um als Entscheidungshilfe zu dienen.
- Flexibel: Wenn sich Gegebenheiten verändern, kann die Vision angepasst werden.
- Vermittelbar: Sie sind leicht zu kommunizieren und schnell zu erklären.

Durchführung

Um eine Vision für Ihre Organisation im Bezug auf die Digitale Transformation zu entwickeln, sollten Maßnahmen zur Einbindung aller Mitarbeitenden, ein Workshop von circa 2 Tagen mit Vertreterinnen und Vertretern aller Stakeholder und die entsprechenden Kommunikationsmaßnahmen eingeplant werden.

Einbindung – Wir haben eine Vision?

Bevor ein verdutzter Kollege vor Ihnen steht und hinterfragt, ob ihre Organisation wirklich weiß, wo für sie die Reise der Digitalen Transformation hingehen soll, weil er die entwickelte Vision nicht kennt, ist es besser, viel Zeit in die Einbindung zu investieren.

Denn die Faustregel lautet: „Je intensiver sich eine Person mit der Vision auseinandergesetzt hat, je mehr eigene Ideen und Gedanken in sie eingeflossen sind, desto stärker identifiziert sich die Person mit ihren Inhalten und desto klarer kann sie sie anderen vermitteln“[46]. Sprich – je mehr Mitarbeitende in die Visionsentwicklung eingebunden werden, desto höher ist die Akzeptanz, desto höher ist die Energie, die in die Realisierung der Vision investiert wird und desto weniger Aufwand muss in die Kommunikation gesteckt werden.

Um den eigentlichen Visionsentwicklungs-Workshop beginnen zu können, müssen die Mitarbeitenden eingebunden werden, indem zum einen das Vorhaben erklärt wird und zum anderen nach deren Meinung gefragt wird. Dafür können die Mitarbeitenden Fragen beantworten, die darauf abzielen, wo die Organisation aktuell steht und wo sie hinwill. Die Aufnahme der aktuellen Situation

[43] Kerstin Stolzenberg und Krischan Heberle: Change Management – Veränderungsprozesse erfolgreich gestalten: Mitarbeiter mobilisieren. Vision, Kommunikation, Beteiligung, Qualifizierung, (Springer Verlag 2013), S. 15.

[44] Ebd., S. 17.

[45] John P. Kotter: Chaos Wandel Führung (Econ 1998).

[46] Kerstin Stolzenberg und Krischan Heberle: Change Management – Veränderungsprozesse erfolgreich gestalten: Mitarbeiter mobilisieren. Vision, Kommunikation, Beteiligung, Qualifizierung, (Springer Verlag 2013), S. 18.

ist wichtig, um den „Sense of Urgency, also die Begründung der Notwendigkeit für die Veränderung“[47] darzulegen.

Als Leitfragen, die beispielsweise per anonymem Fragebogen online beantwortet werden können, eignen sich:

- Was gefällt Ihnen an dem Unternehmen? Was sollte beibehalten werden? (aktuelle Situation)
- Wie nehmen Externe das Unternehmen wahr? (aktuelle Situation)
- Was wünschen Sie sich? (Zukunft)
- Welche Rolle nimmt das Unternehmen in zehn Jahren in der Branche ein? (Zukunft)

Workshop – Wo wollen wir hin?

Teilnehmende: Binden Sie die Mitarbeitenden auch ein, indem Sie offen fragen, wer an so einem Workshop teilnehmen möchte und wen die Mitarbeitenden hier gerne sehen würden! Das Topmanagement hat sicherlich oft genug top-down entschieden, wie die Zukunft auszusehen hat, also lassen sie diejenigen entscheiden, wer die Vision entwickeln soll, die sie auch umsetzen.

Ablauf: Die aufbereiteten Meinungen aus der Einbindungsphase dienen als Auftakt des Workshops!

- Diskussion anhand der Meinungen mit dem Ergebnis, dass ein gemeinsames Verständnis der aktuellen Situation und der eventuellen Zukunft entstanden ist. Mögliche Leitfragen:
  - Was fällt als Erstes auf?
  - Welche Meinungen kann man zusammenfassen?
  - Welches Fazit ziehen wir daraus?
- Gruppenarbeit zur Veranschaulichung der oben erarbeiteten Ergebnisse: Lassen Sie die Teilnehmenden basteln (kneten, malen, schneiden, etc.), damit ein Bild der Zukunft entsteht. Die Ergebnisse werden im Plenum vorgestellt, Kernaussagen abgeleitet und den Meinungen aus der Einbindungsphase zugeordnet. Ist alles abgedeckt? Worauf haben die Bastelnden den Fokus gelegt und warum?
- Gruppenarbeit zur Formulierung einer Vision: Anhand der erarbeiteten Kernaussagen und deren Verbildlichung dürfen die Teilnehmenden nun Formulierungsvorschläge für eine Vision machen. Dazu geben Sie Ihnen Kotters Kriterienkatalog an die Hand, an den sich alle zu halten haben!
- Verdichtung der Visionen: Alle Visionsvorschläge werden vorgestellt, erklärt und nebeneinander für alle sichtbar aufgehängt. Im nächsten Schritt werden die Formulierungsvorschläge immer weniger, verdichtet und zu einer gemeinsamen Vision überführt. Aus 7 Vorschlägen werden in der nächsten Zeile 5, dann 3 und schließlich nur noch eine Formulierung.

Praxistipps

Die Vision muss nicht vornherein rein sachlich und klar formuliert sein, im Gegenteil – wer kreativ arbeitet, darf seiner Fantasie freien Lauf lassen und erstmal nur beschreiben. Mit so viel SPIELraum werden alle Aspekte bedacht und sie kommen zu einer rundum gelungenen Vision!

Kommunizieren, kommunizieren, kommunizieren! Die Einbindung vorab macht die Akzeptanz einfacher, ersetzt aber nicht die wichtigen und gut durchdachten Kommunikationsmaßnahmen.

[47] Ebd., S. 15.

Transformationswirksamkeit

- Wirksam für alle Transformationen

Transformationsfähigkeit

- Fördert die allgemeine Transformationsfähigkeit des Teams

Einsatzcharakteristik

- Austauschfokus: vornehmlich mit internen und externen Personen
- Durchführungszeit: eher hoch (> 1 Tag)
- Einsatzfrequenz: sinnvoll im dauerhaften Einsatz
- Einsatzradius: vornehmlich im unternehmensweiten Einsatz
- Komplexität für den Moderator: eher hoch
- Komplexität für die Teilnehmer: eher mittel
- Vorbereitungszeit: eher hoch (>1 Tag)

Nötiger Input, um mit der Methode arbeiten zu können

- Aktuell existierende Geschäftsmodelle
- Aktuelle Herausforderung, Leitfrage, Problem
- Ergebnisse aus der Analysephase
- Verschiedene Botschaften, Meinungen, Statements
- Ideen, Lösungsansätze, Vorideen, Varianten
- Trends und Zukunftsentwicklungen
- Umfeldbeobachtungen, Umfeldanalysen

Erzeugter Output der Methode

- Erzeugt Prognosen und Ableitungen
- Erzeugt Ideen für neue Märkte und neue Business Modelle
- Erzeugt Ideensuchfelder, unentdeckte Probleme, Inspiration
- Erzeugt Leitfragen für die Ideenfindung
- Erzeugt visualisierte Ideen, Begriffe, Themen
- Erzeugt eine Vision oder Zukunftsbild
- Erzeugt motiviertere und transformationsfähigere Teilnehmer

Hinderniseffekte, auf die die Methode positiv wirkt

- 06 – Schwächt das Leben in der Vergangenheit
- 11 – Schärft eine fehlende gemeinsame Ausrichtung
- 12 – Wirkt fehlender Inspiration entgegen

Mögliche Extravorteile

- für Teams in einer Krisensituation
- für innovativ erfahrene Teams
- für multidisziplinär erfahrene Teams

Quellen

Buch – Change Management: Veränderungsprozesse erfolgreich gestalten – Mitarbeiter mobilisieren. Vision, Kommunikation, Beteiligung, Qualifizierung, Kerstin Stolzenberg/Krischan Heberle (Springer 2013)

Buch – Chaos Wandel Führung, John P. Kotter (Econ 1998)

Visuelle Meetingcheckliste

EinSatzBeschreibung

Visuelle Checkliste für die Planung von Meetings.

Transformation-Index

P1 Leading	P2 Organizing	P3 Connecting	P4 Growing	P5 Talking	P6 Scanning	P7 Exploiting	P8 Exploring	P9 Earning	P10 Scaling
x	x	x	x	x	x	x	x	x	x

Beschreibung

Ein Schlüssel zu einer erfolgreichen digitalen Transformation sind effiziente Absprachen. In vielen Unternehmen hat sich über die Jahre eine kontraproduktive Meetingkultur eingeschlichen. Eine fehlende Agenda, ein unklares Meetingziel oder auch unausgeglichene Redeanteile in Meetings sorgen für Frust bei allen Beteiligten. Aufgestellte Meetingregeln sind ein gut gemeinter Versuch die Effizienz zu steigern, jedoch hängen diese meistens in den Meetingräumen, wodurch sie die wichtigste Phase effizienter Meetings nicht beeinflussen: die Vorbereitung.

Die visuelle Meetingcheckliste von Sabina Lammert ist eine Unterstützung zur Meetingvorbereitung, mit deren Hilfe Meetingmoderatoren die fünf dargestellten Phasen des Meetings vorab planen können. Ein ansprechendes visuelles Design lädt dazu sein, sich diese Checkliste an den Arbeitsplatz zu hängen und somit die wichtigsten Punkte bei der Meetingplanung im Blick zu haben. Die Liste selbst kann individuell durch weitere Checkpunkte ergänzt werden oder als Inspiration für eine eigene Meetingcheckliste dienen.

Durchführung

Während der Meetinplanung nimmt der Moderator die Meetingcheckliste zur Hand und geht die fünf Phasen der Meetingvorbereitung durch:

Phase 1: Vorbereitung

Hier sollte der Moderator mit der Frage beginnen, was denn das Ziel des Meetings ist. Diese Information sollte zusammen mit den weiteren aufgerührten Informationen wie Zeit, Ort, Teilnehmer, Agenda und eventuellen Dokumenten in der Einladung des Meetings zu finden sein. Handelt es sich um einen Workshop statt einem Meeting, kann der Organisator sich für den virtuellen Raum überlegen, zusätzlich ein physischen Care-Paket an die Teilnehmer zu senden, um so etwas Nähe in das Online-Event zu bringen. Die Vorbereitungszeit sollte in ihrer Zeit nicht unterschätzt werden, zumal sie beinhaltet, dass der Moderator gedanklich durch die restlichen vier Phasen der Meetingcheckliste geht, um so die Agenda aufzustellen.

Phase 2: Raumsetting

Egal ob im physischen oder im virtuellen Raum: Das Raumsetting muss zum Ziel des Meetings passen. Möchte der Organisator die Teilnehmer nur informieren, ist nicht viel Platz und Technik notwendig. Handelt es sich hingegen um einen interaktiven Workshop in einer Großgruppe, sollte der Raum groß genug sein, bzw. die Möglichkeit für Breakout-Sessions im Remote-Setting bieten. Auch die Wahl eines geeigneten Mediums für kollaborative Aufgaben muss im Vorfeld stattfinden und der Moderator sollte prüfen, ob diese alle Anforderungen des Meetings erfüllen.

Phase 3: Einleitung

Eine interaktive Einleitung zu Beginn des Meetings erhöht die Beteiligung der Teilnehmer während der restlichen Meetingzeit. Dieser Einstieg in das Meeting darf daher nicht dem Zufall überlassen werden. Es gibt zahlreiche Möglichkeiten den Einstieg in das Meeting an den Meetinginhalt anzupassen. Möchte der Moderator eine intensive Diskussion anregen, bietet sich ein Impromptu Networking aus Liberating Structures dafür an. Handelt es sich um ein Folgemeeting, empfiehlt sich eine Zusammenfassung der Ergebnisse vom letzten Mal. Die Einführung von Erfolgsfaktoren, wie die Einhaltung einer Timebox oder die ELMO Regel (Enough – Let's Move On), schaffen eine gemeinsame Basis für ein produktives Miteinander.

Phase 4: Hauptteil

Während der inhaltlichen Meetingdiskussion sollten Ideen, die nicht auf das Ziel des Meetings einzahlen nicht weiterverfolgt, aber dennoch wertgeschätzt werden. Dafür hat sich ein Ideenparkplatz bewährt, bei dem virtuelle oder physische Haftnotizzettel mit einem Vermerk des angeschnittenen Themas festgehalten werden. Damit stellt der Moderator sicher, dass sich der Ideenbringer wieder auf das eigentliche Thema des Meetings konzentriert.

Meetingmoderationskarten, die vorab an alle Teilnehmer ausgeteilt werden, sorgen dafür, dass alle Teilnehmer in die Verantwortung für eine effiziente Meetingumsetzung genommen werden. Sollte der Meetingorganisator inhaltlich involviert sein und keine Moderation übernehmen können, so besteht die Möglichkeit für einzelne Agendapunkte die Verantwortung für Fokus, Timebox oder auch Kommunikation an freiwillige Meetingteilnehmer zu übertragen.

Liberating Structures bieten zahlreiche Umsetzungsmöglichkeiten für die interaktive Ausgestaltung dieses Hauptteils.

Phase 5: Abschluss

Nachdem das Ergebnis zusammengefasst wurde, sollten offene Fragen geklärt werden und die Verantwotlichkeiten für abgeleitete Maßnahmen festgelegt werden. Der Moderator sollte ebenfalls überprüfen, ob es einen Folgetermin braucht. Ein ROTI (-> Return on Time Invested) ermöglicht ein schnelles Feedback zur Meetingeffizienz und sichert damit die Qualität zukünftiger Meetings. Ein Check-out in Form einer abschließenden stimmungsaufhellenden Frage rundet das Meeting ab.

Praxisschlaglicht

Der Beratungsunternehmen startete einen erneuten Anlauf, um die Mitarbeiter für das Thema Meetingeffizienz zu sensibilisieren. Dieses Mal versuchten sie einen neuen Ansatz. Statt Meetingregeln aufzustellen, entschieden sie sich dazu, ihre Mitarbeiter in Workshops zu befähigen, selbst eine gute Moderation zu übernehmen. Dafür holten sie sich eine externe Trainerin, die getreu dem Motto „Leading by Example" zunächst mit allen Führungskräften eine Retrospektive zu ihren Erfahrungen aus ihren täglichen Meetings machte. Für alle identifizierten Verbesserungspotenziale stelle die Trainerin in interaktiven Übungen konkrete Tools und Moderationsmethoden vor, die die Führungskräfte direkt in ihren nächsten Meetings selbst einsetzen konnten. Jede Führungskraft fertigte eine eigene Meetingcheckliste an, mit der sie die Qualität der anstehenden Meetings sicherstellen konnte und plante Experimente für die anstehenden Meetings. Zwei Wochen später fand der zweite Teil des Workshops mit der Trainerin und den befähigten Führungstreffen statt, in dem sie von ihren Erfahrungen der umgesetzten Experimente berichteten und weitere praxisrelevante Tipps erhielten.

Transformationswirksamkeit

- Wirksam für Herausforderungen mit niedriger Komplexität
- Wirksam für alle Transformationen

Transformationsfähigkeit

- Fördert die allgemeine Transformationsfähigkeit des Teams
- Sorgt für Inspiration oder bessere Inspirationsempfindlichkeit

Einsatzcharakteristik

- Austauschfokus: vornehmlich mit internen und externen Personen
- Durchführungszeit: eher gering (< 1 Stunde)
- Einsatzfrequenz: sinnvoll im dauerhaften Einsatz
- Einsatzradius: vornehmlich im unternehmensweiten Einsatz
- Komplexität für den Moderator: eher mittel
- Komplexität für die Teilnehmer: eher gering
- Teamgröße: Einzelpersonennutzung möglich

Grafik: Sabina Lammert

- Teamgröße: Kleingruppe möglich (3 bis 5 Teilnehmer)
- Vorbereitungszeit: eher gering (<1 Stunde)
- Vorbereitungszeit: eher mittel (>1 Stunde bis <1 Tag)

Nötiger Input, um mit der Methode arbeiten zu können

- Aktuelle Herausforderung, Leitfrage, Problem
- Vorhandenes Wissen und Erfahrungen
- Durchführungszeit, Trainingszeit
- Merkmale der gegebenen Herausforderung

Erzeugter Output der Methode

- Bessere Projekteffizienz, bessere Teamperformance
- Erzeugt größere Klarheit zu einem Thema

Hinderniseffekte, auf die die Methode positiv wirkt

- 04 – Beugt blinden Flecken/Betriebsblindheit vor
- 10 – Verhindert falsche Flughöhen
- 32 – Verhindert unreflektiertes Agieren
- 33 – Schwächt Verdiskutiererei
- 37 – Verkürzt zu lange Entscheidungsmeetings
- 38 – Verkürzt zu lange Meetingzeiten
- 42 – Überzeugt strukturliebende Teammitglieder

Mögliche Extravorteile

- für Teams mit einer schwacher Teamleitung
- für Teams mit schwachem Auftragsmandat
- für disruptiv erfahrene Teams
- für unerfahrene Trainer und Agile Coaches
- für die Arbeit mit digitalen Kollaborationsboards

Quellen

Buch – Liberating Structures: Entscheidungen revolutionieren, Daniel Steinhöfer (vahlen 2021)
Web – https://www.leadventure.de/meetingeffizienz, 13.05.2021
Web – https://www.liberatingstructures.com/, 13.05.2021
Person – Sabina Lammert, sabina@leadventure.de

214

Visuelle Schnellbewertung

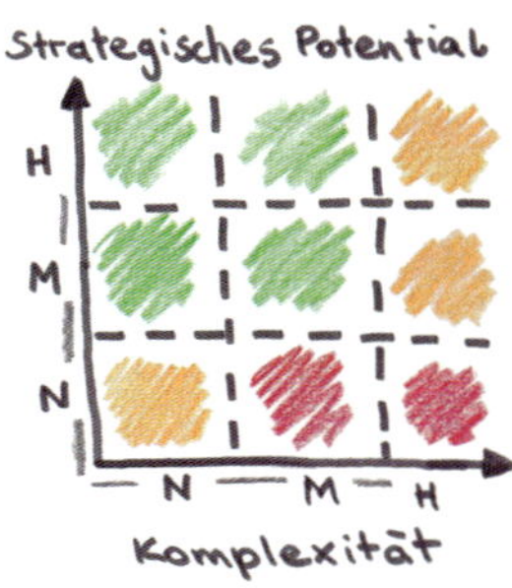

EinSatzBeschreibung

Schnelles und visuelles Bewertungstool für Ideen, welches Entscheidungsmeetings sehr effizient macht.

Transformation-Index

P1 Leading	P2 Organizing	P3 Connecting	P4 Growing	P5 Talking	P6 Scanning	P7 Exploiting	P8 Exploring	P9 Earning	P10 Scaling
x	x	x	x	x	x	x	x	x	x

Beschreibung

Die Visuelle Schnellbewertung, die aus der strategischen Ideenbewertung von Tamer Kemeröz abgeleitet wurde, ist eine sehr effiziente Methode zur Ideenbewertung, die ungerichtete und unendliche Diskussionen vermeidet. Durch ihren visuellen Ansatz werden Entscheidungsdiskussionen erheblich in der Zeit verkürzt, da immer auf Basis des gemeinsam erzeigten Meinungsbildes diskutiert wird. Im Zusammenhang mit meist agilen Projekten in der digitalen Transformation wird es elementar wichtig, dass ein Team viele Entscheidungen schnell und richtig treffen kann. Viele Projekte verlieren ihr Momentum, da viel zu viel Zeit im Bereich der zu treffenden Entscheidungen verloren geht und die Projekte dadurch unnötig gestreckt werden.

Die Visuelle Schnellbewertung stellt sich als einfaches Koordinatensystem mit zwei Achsen dar.

Achse 1: Hier wird das strategische Potenzial unserer Idee, unserer Investition, unserer Maßnahme abgefragt, über die wir entscheiden wollen oder müssen – in den Werten niedrig, mittel und hoch.

Achse 2: Hier wird die Komplexität der Umsetzung unserer Idee abgefragt, wenn wir diese umsetzen würden – in den Werten niedrig, mittel und hoch.

Durch die Dreiteilung der Achsen ergeben sich nun neun Bewertungsfelder, die die möglichen wertschöpfungsrelevanten Korridore zeigen.

Die grünen Felder beschreiben Ideen, die wir alle am liebsten sehen würden. Sie haben ein mittleres bis hohes strategisches Potenzial bei gleichzeitig niedriger bis mittlerer Komplexität der Umsetzung.

Die orangenen Felder beschreiben Ideen, deren Umsetzung grundsätzlich in den meisten Fällen noch okay wäre, wenn alternativ keine grünen Ideen vorliegen. Dabei sollten Ideen der Kategorie „niedrig/niedrig“ nur umgesetzt werden, wenn dafür keine Ressourcen vom Kerngeschäft abgezogen werden müssen. Ideen der Kategorie „hoch/hoch“ dagegen sollten Sie nur umsetzen, wenn eine detaillierte Risikoanalyse das Go gibt.

Die roten Felder repräsentieren Ideen, die normalerweise kein Unternehmer gerne umgesetzt sieht. Sie haben niedrige Potenziale bei gleichzeitig mittleren bis hohen Komplexitäten in der Umsetzung.

Durchführung

Schritt 1: Pro Idee, über die entscheiden werden muss, wird ein Schnellbewertungsarbeitsblatt angelegt (siehe Abbildung). Dabei sind Sie in der Formatwahl frei: DIN A5 oder DIN A4 oder auf einem Kollaborationsboard oder etwas anderes. Dieses Blatt trägt oben eine kurze Beschreibung der Ideen – ein bis zwei Sätze.

Schritt 2: Gibt es mehrere Entscheidungen zu treffen werden nun nacheinander die Bewertungsblätter in die Runde der Teilnehmer gegeben.

Schritt 3: Jeder Teilnehmer setzt pro umlaufendem Blatt einen Klebepunkt oder ein Kreuz an die Stelle, die für ihn nun die Idee repräsentiert – damit gibt er seine Bewertung ab. Dieser Vorgang soll bewusst schnell durchgeführt werden – maximal eine bis fünf Sekunden, dann wird das Blatt an den nächsten Teilnehmer weitergegeben, bis alle Arbeitsblätter durchgelaufen sind.

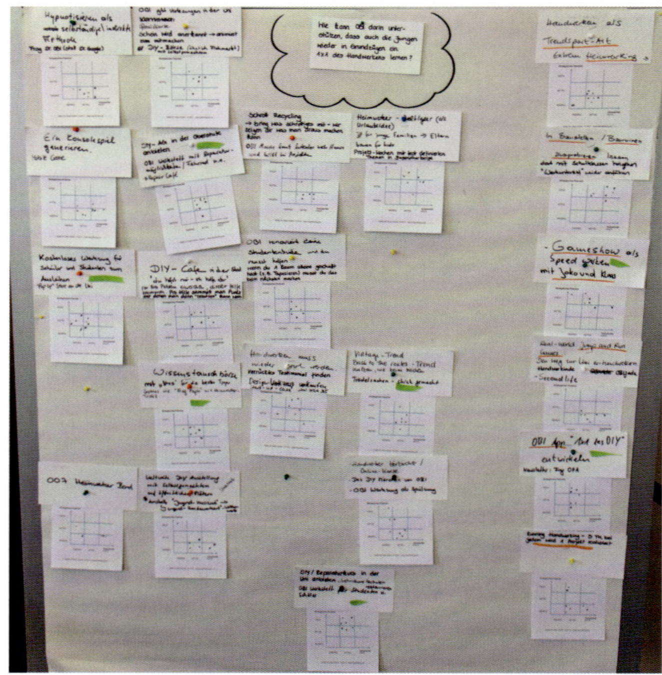

Foto: Benno van Aerssen

Bei der Bewertung wird nicht gesprochen und es werden auch im Nachgang keine Erklärungen oder gar Rechtfertigungen der Teilnehmer abgegeben – niemals!

Das große Potenzial der Methode besteht darin, dass jeder seine ganze Expertise in Bezug auf die zu bewertende Idee fokussiert in einem Punkt zum Ausdruck bringt.

Schritt 4: Alle Arbeitsblätter werden am besten an Pinnwänden aufgehängt, sodass schnell ein Überblick entsteht.

Schritt 5: Gemeinsam wird nun entschieden, welche Ideen zum Beispiel in die nächste Phase des Transformationsprojektes durchgelassen werden.

Transformationswirksamkeit

- Wirksam für alle Transformationen

Transformationsfähigkeit

- Fördert die Agilität eines Teams
- Fördert die allgemeine Transformationsfähigkeit des Teams

Einsatzcharakteristik

- Austauschfokus: vornehmlich mit internen Personen
- Durchführungszeit: eher gering (< 1 Stunde)
- Einsatzfrequenz: sinnvoll im dauerhaften Einsatz
- Einsatzradius: vornehmlich im Teameinsatz
- Einsatzradius: vornehmlich im projektweiten Einsatz
- Einsatzradius: vornehmlich im unternehmensweiten Einsatz
- Komplexität für den Moderator: eher gering
- Komplexität für die Teilnehmer: eher gering
- Teamgröße: Großgruppen möglich (>50 Teilnehmer)
- Teamgröße: Kleingruppe möglich (3 bis 5 Teilnehmer)
- Teamgröße: Maxigruppen möglich (20 bis 40 Teilnehmer)
- Teamgröße: Mittelgroße Teams möglich (5 bis 20 Teilnehmer)
- Vorbereitungszeit: eher gering (<1 Stunde)

Nötiger Input, um mit der Methode arbeiten zu können

- Angereicherte Ideen, Ideencluster oder höher integrierte Lösungen
- Ergebnisse aus der Analysephase
- Ideen und Projekte die zur Umsetzung anstehen
- Ideen, Lösungsansätze, Vorideen, Varianten
- Innovationssuchfelder, Intent Statements

Erzeugter Output der Methode

- Bessere Projekteffizienz, bessere Teamperformance
- Erzeugt größere Klarheit zu einem Thema
- Erzeugt mehr Agilität im Team
- Hilft bei Entscheidungen, Bewertungen und Feedback

Hinderniseffekte, auf die die Methode positiv wirkt

- 08 – Verhindert einseitige Bewertungen und Entscheidungen
- 15 – Stärkt das Vertrauen im Team
- 16 – Beugt Misinterpretationen vor
- 21 – Bindet eher introvertierte Teammitglieder mit ein
- 32 – Verhindert unreflektiertes Agieren
- 33 – Schwächt Verdiskutiererei
- 36 – Schafft schnell Klarheit und beschleunigt Erkenntnisgewinn
- 37 – Verkürzt zu lange Entscheidungsmeetings
- 38 – Verkürzt zu lange Meetingzeiten
- 39 – Fördert die Agilität der Teilnehmer
- 42 – Überzeugt strukturliebende Teammitglieder

Mögliche Extravorteile

- für Teams mit einer schwacher Teamleitung
- für disruptiv unerfahrene Teams
- für innovativ ungeübte Teams
- für multidisziplinär unerfahrene Teams
- für unerfahrene Trainer und Agile Coaches
- für die Arbeit mit digitalen Kollaborationsboards

Quellen

Organisation – verrocchio Institute GmbH, Düsseldorf

Buch – Das große Handbuch Innovation, B. van Aerssen, C. Buchholz (Vahlen 2018)

VUCA-Modell

EinSatzBeschreibung

Ein Modell, das dabei hilft, in die Zukunft zu denken und diese mit zeitgemäßen Lösungen zu gestalten.

Transformation-Index

P1 Leading	P2 Organizing	P3 Connecting	P4 Growing	P5 Talking	P6 Scanning	P7 Exploiting	P8 Exploring	P9 Earning	P10 Scaling
x			x		x		x		

Beschreibung

VUCA ist ein Akronym und steht für Volatility, Uncertainty, Complexity und Ambiguity. VUCA umschreibt die Herausforderungen eines schwieriges Marktumfeldes, denen sich Unternehmen einer Welt stellen müssen, die gezeichnet ist durch eine komplexe digitale Transformation mit all seinen Auswirkungen. In dieser „VUCA-Welt" geht es darum, vorausschauend in die Zukunft zu denken und diese mit zeitgemäßen Lösungen zu gestalten. Die Bedeutung und Interpretation der vier Begrifflichkeiten auf den Punkt gebracht:

- volatility (Volatilität): Das Marktumfeld verändert sich rasant und radikal.
- uncertainty (Ungewissheit): Marktentwicklungen sind nur schwer zu prognostizieren.
- complexity (Komplexität): Das Umfeld besteht aus vielen unbekannten Elementen.
- ambiguity (Ambiguität): Informationen können unterschiedlich gedeutet werden.

Das Kunstwort VUCA findet seinen Ursprung Ende 1986 in den Führungstheorien von Warren Bennis und Burt Nanus. Das War Collage der US Army formulierte dann in den 1990er-Jahren mit VUVA die Veränderungen, die das Ende des Kalten Krieges mit sich brachte. Mit dem Niedergang der UDSSR fehlte der eine, klare Feind, sodass in der US-Army ein Orientierungsverlust entstand. Die Welt der Soldaten veränderte sich unabdingbar und undurchsichtig.

Genau wie seinerzeit in der US-Army, durchlaufen in der digitalen Transformation Unternehmen gravierende Veränderungen, die von vielen der Markt-Beteiligten nur schwer zu durchschauen und zu akzeptieren ist. Klassische Linienorganisationen versagen oft an der disruptiven Dynamik der Digitalisierung, und agile Management-Methoden wie Scrum, Lean Management oder Design Thinking überfordern sehr oft das Management, das sein Universitäts-Studium in einer anderen Zeit absolvierte.

Das VUCA-Prinzip illustriert die Dynamik der vier Kräfte Volatility, Uncertainty, Complexity und Ambiguity und die damit verbundenen Auswirkungen auf die digitale Transformation trefflich. Um in der neuen Welt erfolgreich Unternehmen führen zu können, muss man sich den vier Herausforderungen stellen.

Durchführung: So meistern Sie die VUCA-Welt

1. Die VUCA-Welt verstehen und Perspektiven wechseln

Die vier Komponenten Volatilität, Ungewissheit, Komplexität und Ambiguität entstehen aus einer tiefen Unwissenheit im Unternehmen und bringen oft Ratlosigkeit und Verunsicherungen mit sich, wie man diesen komplexen Herausforderungen begegnen soll. Als Reaktion darauf flüchtet die Führungsspitze in ein Micro-Management, in dem Sie Ihre Teams eng führen. Diese traditionelle, überholte Vorgehensweise ist nun absolut kontraproduktiv und verstärkt die Wechselwirkungen der „VUCA-Welt". Die Motivation der Mitarbeiter sinkt zur Folge weiter.

Die Lösung ist, den Kontrollverlust zu akzeptieren. Man kann in einer immer komplexeren Welt nicht mehr alles verstehen und kontrollieren. Viel wichtiger ist es, Teams optimal zu befähigen und klare Ziele zu setzen:

- Identifizieren Sie den bestmöglichen Reaktionshebel
- Reduzieren Sie die Komplexität Ihrer Prozesse, Produkte und Plattformen

2. Klarheit und Wissen schaffen

Bauen Sie ein tiefgreifendes Wissen über ihre Kunden, denn Wettbewerb und den Markt auf. Was sind die Probleme Ihrer Kunden? Was sind ihre Bedürfnisse? Welchen Benefit wünschen sie sich? Hier greifen die Mechanismen der agilen Management-Methoden, die wir in unserem Buch beschreiben. Analysieren Sie also Ihre Kunden und Ihren Wettbewerb im Detail. Tauschen Sie sich mit Ihnen aus, erheben Sie Daten, treten Sie in ihre Welt ein. So entwickeln Sie Lösungen, und erfüllen die Wünsche Ihrer Kunden. Gehen Sie dabei wie folgt vor:

- Befragen und beobachten Sie Ihre Kunden
- Gestalten Sie Prototypen und Experimente

Agile Methoden wie „Shadowing", „Customer Journey" oder auch einem „Wall Walk" helfen Ihnen dabei, Ihre Kunden zu verstehen. Die Entwicklung erster, einfacher Prototypen liefern Ihnen schnelle Antworten auf Ihre Fragen. Ein „Minimum Viable Product", die frühe Version einer finalen Lösung, schafft klare Erkenntnisse, sodass Sie nicht zu lange in eine falsche Richtung laufen. Schauen Sie aber stets mit dem Blickwinkel des Kunden auf Ihr Angebot.

3. Agile Teams bilden

Die Antwort auf eine komplexe Welt sind agile Teams, die schnell und effizient Probleme lösen. Stellen Sie diese aus den unterschiedlichsten Fachbereichen zusammen, um möglichst alle Perspektiven der Probleme zu durchleuchten. Das Grundprinzip: Viele Experten ersetzen einen Entscheider. Vertrauen Sie Ihren Experten. Geben Sie die Kontrolle teilweise ab. Experten entscheiden in erster Linie auf Basis von Daten und empirischen

Erkenntnissen, und folgen nicht dem klassischen „Befehl und Gehorsam“ der Hierarchie. Ersetzen Sie den einen „Manager“ und entscheiden Sie sich für agile Führungskräfte, die Verantwortung übernehmen und selbstorganisiert arbeiten. So schaffen sie Klarheit und begegnen perfekt den Anforderungen einer VUCA-Welt.

Ihre Führung in einer erfolgreichen VUCA-Welt

Konzentrieren Sie sich auf das Wesentliche: Akzeptieren Sie Ungewissheit. Reduzieren Sie die Komplexität. Schaffen Sie Klarheit. Installieren Sie agile Teams. Schritt für Schritt lösen Sie so die VUCA-Welt auf und gestalten ein erfolgreiches Unternehmen mit zufriedenen Mitarbeitern.

Anja Faber – VUCA Modell

Praxisschlaglicht

Die Digitale Transformation hat enorme Auswirkungen auf den Handel, auf Dienstleistungen, auf die Situation in den Innenstädten mit all ihren Ladenlokalen und damit auch auf unsere Fotostudio-Kette. Die Corona-Pandemie mit den beträchtlichen Folgen beschleunigt diese Prozesse in einem nie geahnten Ausmaß. Fanden unsere Mitarbeiter zuvor Ihre Orientierung in den klar formulierten Methoden und Programmen unseres Expansionskurses, so befinden sie sich in dieser Extrem-Situation in einer „VUCA-Welt“ wieder.

Umso wichtiger ist es für unser Management, unseren Mitarbeitern kurz- mittel- und langfristige Visionen, Strategie und Ziele aufzuzeigen, mit denen wir die Folgen der Pandemie erfolgreich meistern. Wir nutzen die Zeit, in dem unsere Fotostudios Corona-bedingt geschlossen haben, die Zukunft unseres Unternehmens zu gestalten. Die Nachfrage nach hochwertigen Fotografie-Dienstleistungen steigt unverändert und es gilt, diese Potenziale zu heben.

Dazu benötigen wir tiefgreifende Erkenntnisse über unsere Kunden, die sehr aktiv in Social-Media-Kanälen wie Instagram, Pinterest und Facebook unterwegs sind. Es gilt, diese Aktivitäten zu analysieren und neue Produkte und Dienstleistungen daraus abzuleiten. Diese Veränderungen funktionieren nicht mehr mit dem „Wasserfall-Prinzip“ von oben nach unten, sondern mit agilen Teams, die schnell und effizient Bedürfnisse verstehen und in Innovationen umsetzen. So begegnen wir den Herausforderungen der „VUCA-Welt“ und gestalten unsere Zukunft aktiv.

Transformationswirksamkeit

- Wirksam für Herausforderungen mit hoher Komplexität
- Wirksam für alle Transformationen

Transformationsfähigkeit

- Fördert die allgemeine Transformationsfähigkeit des Teams
- Zahlt auf eine bessere Wahrnehmung ein

Einsatzcharakteristik

- Austauschfokus: vornehmlich mit internen Personen
- Durchführungszeit: eher hoch (> 1 Tag)
- Einsatzfrequenz: sinnvoll im dauerhaften Einsatz
- Einsatzradius: vornehmlich im unternehmensweiten Einsatz
- Komplexität für den Moderator: eher hoch
- Komplexität für die Teilnehmer: eher hoch
- Teamgröße: Einzelpersonennutzung möglich
- Teamgröße: Mittelgroße Teams möglich (5 bis 20 Teilnehmer)
- Vorbereitungszeit: eher hoch (>1 Tag)

Nötiger Input, um mit der Methode arbeiten zu können

- Aktuell existierende Geschäftsmodelle
- Aktuelle Herausforderung, Leitfrage, Problem
- Umfeldbeobachtungen, Umfeldanalysen
- Wettbewerber und Komplementoren

Erzeugter Output der Methode

- Bessere Projekteffizienz, bessere Teamperformance
- Erzeug transformationsfähigere Organisationen

Hinderniseffekte, auf die die Methode positiv wirkt

- 04 – Beugt blinden Flecken/Betriebsblindheit vor
- 11 – Schärft eine fehlende gemeinsame Ausrichtung
- 13 – Schafft für den Erfolg nötige Realitätsbezüge
- 32 – Verhindert unreflektiertes Agieren
- 36 – Schafft schnell Klarheit und beschleunigt Erkenntnisgewinn

Mögliche Extravorteile

- für Teams in einer Krisensituation
- für agile Teams
- für erfahrene Trainer und Agile Coaches
- für multidisziplinär erfahrene Teams

Quellen

Buch – Leaders: The Strategies for Taking Charge, Warren Bennis und Burt Nanus (Harper Collins 1986)
Web – https://www.vuca-welt.de, 13. Mai 2021

216

Welcome Transformation

Foto: Beate Sommer

EinSatzBeschreibung

Kleine physische Pakete für Beschäftigte, die den Start in eine Transformation erleichtern.

Transformation-Index

P1 Leading	P2 Organizing	P3 Connecting	P4 Growing	P5 Talking	P6 Scanning	P7 Exploiting	P8 Exploring	P9 Earning	P10 Scaling
	x								

Beschreibung

Mit Transformationen müssen Strategien angepasst, veränderte Mindsets von Beschäftigten gefordert und neue Werte, Prinzipien, Frameworks oder Formate nachhaltig verankert werden. Mit Welcome Transformation erhalten die Beschäftigten ausgewählte Pakete, die diesen Weg gut unterstützen und den Beschäftigten wertschätzend zeigen, dass die Veränderungen rund um die Transformation nicht leicht, aber notwendig sind.

Von besonderer Bedeutung dabei sind die Glücksgefühle der Beschäftigten, die beim Empfang oder beim Auspacken der Pakete im Gehirn produziert werden können. Wenn die Produktion dieser Hormone ausreichend hoch war, können zu späteren Zeitpunkten, z. B. beim Nutzen der Paketinhalte immer wieder Glücksgefühle freigesetzt werden. Das ebnet den Weg für ein besonderen Ansatz: zufriedenere Beschäftigte.

Durchführung

1. Wählen Sie ein Welcome-Transformation-Paket

In der Übersicht am Ende dieser Methode finden Sie drei konkrete Vorschläge, mit denen Sie gezielt an die Beschäftigten herantreten können. Wählen Sie ein Paket aus, dass zu Ihrem Unternehmen bzw. Ihrer Transformation am besten passt. Alternativ dazu können Sie ein neues Paket mit eigenen Inhalten erarbeiten.

2. Wählen Sie passende Produkte

Recherchieren Sie passende Produkte inhouse bzw. am Markt und erstellen Sie so eine Einkaufsliste. Schauen Sie noch einmal über die finale Auswahl. Der Gedanke der Welcome Transformation zählt und soll den Beschäftigten Nützliches für den neuen Start an die Hand geben. Hierbei gelingt Wertschätzung und Nutzen explizit durch das Prinzip: „Weniger ist mehr“! Wählen Sie Ihre Paketinhalte daher ganz bewusst und nachhaltig aus.

3. Bringen Sie die Welcome Transformation an die Beschäftigten

Bestellen Sie die Artikel und konfektionieren Sie die Welcome-Transformation-Pakete. Versenden Sie die Pakete an die Beschäftigten und packen Sie Weitere auf Vorrat, damit auch neue Teammitglieder, die in Ihr Unternehmen kommen, gut integriert werden.

Praxisschlaglicht

Wir verteilten Pakete an die Beschäftigten eines neu gegründeten Explore-it-Teams sowie in den darauffolgenden Wochen an alle (auch temporären) jeweils neu hinzukommenden MitarbeiterInnen. Wir entschieden uns für einen Mix der o.g. Welcome Transformations, da alle drei Schwerpunkte in der Transformation gleichwertig wichtig waren (You, Values, Agile World) und die MitarbeiterInnen bisher in allen drei Bereichen komplett neu waren. Das Paket bestand aus: Notizbuch mit persönlicher Ansprache und einem begeisternden Zitat, Werte-Bild, Kaffee-Gutschein, Post-its und Stifte, Planning Poker Karten, USB-Stick mit einer PowerPoint-Präsentation (Erläuterungen zur Transformation), Küchen-Timer mit Pomodoro-Erklärung, Washi-Tape, Playbooks,). Der Dank bzw. das Feedback nach dem Erhalt der Pakete war durchgehend gut. Nach knapp zehn Monaten überlegten wir die Welcome Transformation einzustellen und holten

Foto: Beate Sommer

Foto: Beate Sommer

im Rahmen eines Lean Coffee die Meinung des Explore-it-Teams ein. Das Feedback war eindeutig. Die klare Empfehlung lautete, die Welcome Transformation für alle weiteren neuen (auch temporären) MitarbeiterInnen beizubehalten, da einerseits der Inhalt wertvoll für das tägliche Geschäft war und den Beschäftigten Wertschätzung entgegenbrachte. Andererseits – und das war für uns der entscheidende Faktor, die Welcome Transformation weiterzuführen – begannen beim Austausch darüber bei manchen Beschäftigten die Augen zu strahlen. Sie hielten bei diesem virtuellen Treffen prompt Inhalte aus dem Paket direkt vor die Kamera und sprachen begeistert über die Notwendigkeit dieser Pakete. Sie berichteten darüber, dass sie sich immer noch sehr an den Erhalt dieser Pakete erfreuen, teilweise Monate später. Sie schauten auf einzelne Inhalte, z. B. den Timer oder die Karten und begannen zu lächeln. Diese glücklichen Ausdrücke waren ausschlagend genug, die Welcome Transformation weiter durchzuführen.

Transformationswirksamkeit
Wirksam für Herausforderungen mit hoher Komplexität

- Wirksam für Herausforderungen mit mittlerer Komplexität
- Wirksam für Herausforderungen mit niedriger Komplexität
- Wirksam für alle Transformationen
- Wirksam für radikale Transformationen

Transformationsfähigkeit

- Fördert die allgemeine Transformationsfähigkeit des Teams
- Fördert offene Mindsets und innovative Denkhaltungen
- Sorgt für Inspiration oder bessere Inspirationsempfindlichkeit
- Zahlt auf eine bessere Wahrnehmung ein

Einsatzcharakteristik

- Austauschfokus: vornehmlich mit internen Personen
- Einsatzfrequenz: vornehmlich im einmaligen Einsatz
- Einsatzradius: vornehmlich im unternehmensweiten Einsatz
- Teamgröße: Kleingruppe möglich (3 bis 5 Teilnehmer)
- Vorbereitungszeit: eher hoch (>1 Tag)

Nötiger Input, um mit der Methode arbeiten zu können

- Ideen und Projekte die zur Umsetzung anstehen
- Verschiedene Botschaften, Meinungen, Statements
- Merkmale der gegebenen Herausforderung
- Personenmerkmale (Meinungen, Bedürfnisse, Werte, etc.)
- Ziele, Zielsystem, Kennzahlen

Erzeugter Output der Methode

- Erzeugt neues Wissen und neue Erfahrungen
- Erzeugt größere Klarheit zu einem Thema
- Erzeugt mehr Know-how-Zuwachs
- Macht Wirkzusammenhänge sichtbar

Hinderniseffekte, auf die die Methode positiv wirkt

- 01 – Schwächt Angst vor Neuem (Cainophobie)
- 05 – Verhindert blinden Aktionismus
- 06 – Schwächt das Leben in der Vergangenheit
- 10 – Verhindert falsche Flughöhen
- 13 – Schafft für den Erfolg nötige Realitätsbezüge
- 14 – Fördert eventuell fehlende Wertschätzung
- 19 – Verhindert Ideenbunkerei und Geheimniskrämerei
- 27 – Schwächt das „Not invented here"-Syndrom
- 32 – Verhindert unreflektiertes Agieren

Mögliche Extravorteile

- für Teams in einer Komfortsituation
- für Teams mit einer konservativ, tradierten Kultur
- für disruptiv unerfahrene Teams
- für innovativ ungeübte Teams

Quellen

Organisation – Wonderwerk Consulting GmbH, Wien, www.wonderwerk.com

Person – Beate Sommer, www.b-sommer.com

Web – Liberating Structures: https://liberatingstructures.de/, 05.04.2021

Web – Pomodoro-Technik: https://karrierebibel.de/pomodoro-technik/, 05.04.2021

Web – Agiles Manifest: https://agilemanifesto.org/iso/de/manifesto.html, 05.04.2021

Welcome Transformation	Welcome You	Welcome New Values	Welcome Agile World
Beschreibung	„Du bist unser Held/unsere Heldin und bereicherst unser Team". Der Mensch ist nicht bloß eine Ressource mit Personalnummer, sondern das wichtigste Element im Unternehmen. Im Zusammenspiel mit Anderen führt uns das zum Erfolg. Der Aufbau einer wertschätzenden Kultur ist die Basis dafür.	Neue Werte und Prinzipien sorgen für ein neues Fundament im Unternehmen. Während die bisherige Art und Weise der Zusammenarbeit in vielen Jahren zur Gewohnheit wurde, können neue Werte nicht von heute auf morgen geändert werden, sondern brauchen Zeit und die nötige Pflege, um nachhaltig verankert werden zu können.	Das Anwenden agiler Arbeitsweisen macht großen Spaß, sorgt dafür, das interne Prozesse effizienter und Unternehmen erfolgreicher werden. Die Umstellung, gerade wenn Beschäftigte bisher eher traditionell arbeiteten, ist aber eine große Herausforderung und benötigt viel Aufmerksamkeit.
Inhalte	• Notizbuch mit persönlicher Ansprache und Widmung auf der ersten Seite • Feedbackkarten, die dazu ermutigen selbst Feedback einzufordern bzw. anderen Feedback zu geben (Feedback für mich/für dich) -> Feedback-Karten) • Kaffee-Gutscheine mit zufällig ausgewählten Namen anderer Kollegen, laden zur Vernetzung ein • USB-Stick mit Teambuilding-/Networking-Ideen (z. B. Powerpoint Sammlung mit Kurzbeschreibungen zu 5 Lieblingsmethoden aus den Liberating Structures*) • QR-Code zu einer digitalen Skillmatrix im Intranet oder einem internen Social Network (Einladung sich mit eigenen Skills einzutragen bzw. sich mit anderen zu vernetzen) • Lob-Sticker zum Weitergeben und Verschenken (Das hast du toll gemacht. Vielen Dank für deine Hilfe. Nicht den Kopf in den Sand stecken. Lass uns feiern. Das hat Spaß gemacht.) • Postkarten mit humorvollen Kurzsätzen und Zeichnungen zum Aufhängen am Teamboard oder Pinnwänden (Gut, dass jeder von uns ein bisschen verrückt ist. Unsere Ecken und Kanten machen das Unternehmen rund. Wir inspirieren und transpirieren gemeinsam. Wir suchen gerade den Wissensschatz des Unternehmens – hast du Lust mitzumachen …) • Brainfood, wie Nüsse, oder Süßigkeiten, wie Gummibärchen • Smiley-Stressball oder Smiley-Schlüsselanhänger	• Eigene Doku (Playbook, Broschüre, Flyer) über die neuen Werten (Definition und Begründung der neuen Werte, deren Auswirkung auf Teams und Bedeutung Beschäftigte) • Passendes Logo oder „Welcome New Values" auf einem Schreibblock drucken/kleben • Umrahmtes A5 Bild zum Stellen oder Hängen mit den neuen Werten und Prinzipien • QR-Code zur Dauer-Feedback-Umfrage, kann einmal im Monat oder einmal im Quartal über die nächsten 12 Monate ausgefüllt werden (Wie gut leben wir unsere Werte? Was läuft noch nicht optimal und warum? • Abhängig von den Werten ein/zwei Gutscheine, z. B. Wert = Lernen: Weiterbildungs-Gutschein Wert = Mut: Konsent-Prinzip-Gutschein Wert = Vielfalt: Gutschein für eine Mitarbeit oder Hospitanz in einem anderen Bereich (1 bis 14 Tage) • Schere (symbolisch; mit beiliegendem Text „zum Abschneiden alter Zöpfe") • Stressball mit Logo „Welcome New Values" oder in Form eines Baums (falls der Agile Baum genutzt wurde) • Verknüpfungsidee mit einem passenden internen Projekt: z. B. Baum pflanzen – Teambuilding oder für erfolgreiche Umfrageergebnisse wird im Namen des Unternehmens ein Baum gepflanzt	• Post-its und Stifte mit Unternehmens-Logo oder „Welcome Agile World" • Küchen-Timer mit beiliegender Erklärung der Pomodoro-Technik* • Verschiedene Playbooks und Bücher über Kanban, Scrum, Design Thinking und agile Organisationsentwicklung, jeder erhält ein Buch mit dem Hinweis „Buchtausch/-ausleihe ist explizit erwünscht" • A3-Poster mit den Prinzipien des agilen Manifests* • Jeder Mitarbeitende erhält eine Tasse, wobei unterschiedliche Tassen im Umlauf sind – als Aufschrift werden jeweils Auszüge aus dem agilen Manifest genutzt (Individuen und Interaktion, funktionierende Leistung, Zusammenarbeit mit Kunden, Reagieren auf Veränderung, etc.) • QR Code zu einer Intranet-Seite „Wie arbeiten wir im Unternehmen zusammen (virtuell und physisch)?": Meeting-Knigge, Infos über Freiräume (z. B. Slack-Time), Verlinkung/QR Codes zu Tools (z. B. Whiteboard-Tools oder Smartphone Apps) • Aufkleber oder Magnete mit Logo oder „Welcome Agile World" • Planning-Poker-Karten • Washi Tape • Kleine Lego-Sets

217 Wireframing

EinSatzBeschreibung

Visualisierung von Design und Funktion einer Anwendung im Prototyping.

Transformation-Index

P1 Leading	P2 Organizing	P3 Connecting	P4 Growing	P5 Talking	P6 Scanning	P7 Exploiting	P8 Exploring	P9 Earning	P10 Scaling
							x		

Beschreibung

Ein Wireframe ist eine ganz simple, auf funktionale Aspekte beschränkte Darstellung von User Interfaces auf digitalen Geräten (Computern, Tablets, Smartphones oder Smartwatches). Schaltflächen, Navigations-Icons, Anordnungen und Anzeigen werden hier gezeigt, um damit von Test-Usern erste Feedbacks zu den Ideen einsammeln zu können.

Das Ziel ist, über diese Wireframes möglichst schnell Funktionen und Anordnungen für weitere Prototypen zu bestimmen. Zum Einsatz kommen dabei meist einfache Zeichnungen auf Papier, Post-it oder Pappe.

Ein Wireframe ist ein schematischer Entwurf, der definiert, welche Elemente an welchen Stellen verwendet werden und wie die Navigation zwischen den Elementen auf einzelnen oder verschiedenen Webseiten oder Screens einer Anwendung funktioniert. Den Prozess zur Erstellung eines Wireframes wird als Wireframing bezeichnet. Übersetzt heißt Wireframe „Drahtgerüst" und kommt ursprünglich von dem Begriff der „Schneiderpuppe".

Wireframing ist ein wichtiger Bestandteil des Entwicklungsprozesses von Software. Es erlaubt dem Designer die Planung des Layouts und der Interaktion mit den Schnittstellen, ohne von Farben, Schriftbild oder sogar Texten abgelenkt zu werden.

Durchführung

Wireframing wird typischerweise in den Protypisierungsphasen von Transformationsprojekten eingesetzt, analog zur Prototypisierung bei Design Thinking. Es gibt grundsätzlich zwei Arten von Wireframes:

Low-Fidelity-Wireframes (auch statische Wireframes)

Low-Fidelity-Wireframes sind einfachste Entwürfe wie z.B. Zeichnungen auf einem Blatt Papier. Im Mittelpunkt stehen die Auswahl und Anordnung der Elemente. Blindtext ersetzt hier häufig die späteren Bezeichnungen.

High-Fidelity-Wireframes (auch dynamische Wireframes)

Ein High-Fidelity-Wireframe ist eine ausgereiftere, optisch und auch technisch detailliertere Variante. Dazu gehören z. B. zusätzliche Informationen wie konkrete Dimensionen/Abmessungen, Verhaltensweisen von Elementen und mögliche Interaktionen werden dargestellt. Die Erstellung ist aufwändiger wie beim Low-Fidelity-Wireframe, dafür verstehen die beteiligten Personen besser die endgültige Funktionsweise. High-Fidelity-Wireframes können bereits zum Überprüfen der User Experience genutzt werden.

Foto: Kelly Sikkema

Beide Arten von Wireframes bauen dabei aufeinander auf. Die Weiterentwicklung davon sind dann die Mock-ups und im weiteren Verlauf Protoypen.

Wie detailliert die Wireframes gestaltet sind hängt auch von dem eigenen Strukturierungsprozess ab. Die Abläufe (und damit auch der Aufwand) können sich deutlich unterscheiden. Manche Entwickler beginnen bereits nach der ersten Zeichnung mit dem Programmieren, während andere erst unterschiedlich detaillierte Wireframes entwickeln.

Häufig werden für das Erstellen der Wireframes Softwarelösungen eingesetzt. Neben professionellen Programmen finden sich auch viele freie Tools im Internet.

Transformationswirksamkeit

- Wirksam für Herausforderungen mit hoher Komplexität
- Wirksam für Produkttransformationen
- Wirksam für Prozesstransformationen
- Wirksam für Servicetransformationen
- Wirksam für radikale Transformationen

Transformationsfähigkeit

- Zahlt auf eine bessere Vorstellungskraft ein
- Zahlt auf eine bessere Wahrnehmung ein
- Im Toolcluster „Design Thinking“ anwendbar
- Im Toolcluster „Lean Entrepreneurship – Lean Start-up-Innovation“ anwendbar

Einsatzcharakteristik

- Austauschfokus: vornehmlich mit internen und externen Personen
- Durchführungszeit: eher hoch (> 1 Tag)
- Einsatzfrequenz: vornehmlich über im kompletten Projektzeitraum
- Einsatzradius: vornehmlich im projektweiten Einsatz
- Komplexität für den Moderator: eher hoch
- Komplexität für die Teilnehmer: eher hoch
- Teamgröße: Einzelpersonennutzung möglich
- Teamgröße: Kleingruppe möglich (3 bis 5 Teilnehmer)
- Teamgröße: Mittelgroße Teams möglich (5 bis 20 Teilnehmer)
- Vorbereitungszeit: eher hoch (>1 Tag)

Nötiger Input, um mit der Methode arbeiten zu können

- Angereicherte Ideen, Ideencluster oder höher integrierte Lösungen
- Durchlaufenes Projekt oder Projektphasen

Erzeugter Output der Methode

- Erzeugt frühe Prototypen

Hinderniseffekte, auf die die Methode positiv wirkt

- 08 – Verhindert einseitige Bewertungen und Entscheidungen
- 13 – Schafft für den Erfolg nötige Realitätsbezüge
- 18 – Bewahrt vor zu generischen Ideen und Aussagen
- 20 – Verhindert Ideenfindung mit zu schwacher Erkenntnisgrundlage
- 32 – Verhindert unreflektiertes Agieren
- 34 – Verhindert vorschnelles Urteilen über Ideen
- 36 – Schafft schnell Klarheit und beschleunigt Erkenntnisgewinn

Mögliche Extravorteile

- für Teams mit einem starkem Auftragsmandat
- für Teams mit einer souveränen Teamleitung
- für agile Teams
- für innovativ erfahrene Teams
- für die Arbeit mit digitalen Kollaborationsboards

Quellen

Web – https://wireframes.tumblr.com, 22.05.2021

Grafik: verrocchio Mindset-Card – Illustration: Jennifer Weiss

Working Out Loud

EinSatzBeschreibung

Methode, um das eigene Netzwerk zu erweitern und ein persönliches Ziel schneller und besser zu erreichen.

Transformation-Index

P1 Leading	P2 Organizing	P3 Connecting	P4 Growing	P5 Talking	P6 Scanning	P7 Exploiting	P8 Exploring	P9 Earning	P10 Scaling
		x	x	x					

Beschreibung

Sharing is caring, also teile dein Wissen und deine Erfahrung in einem WOL-Circle! WOL steht für „Working Out Loud" und ist eine Methode, um „relevante Arbeitsbeziehungen aufzubauen, die dabei helfen, ein Ziel zu erreichen oder neue Themen zu entdecken"[48].

Der Begriff „Working Out Loud" geht auf Bryce Williams zurück, der 2010 in einem Blogbeitrag[49] fragte „When will we start to work out loud? Soon!" und selbst antwortete, dass alle davon profitieren können, wenn der Einzelne seine Arbeit sichtbar mache und dadurch sein Wissen teile. 2015 griff John Stepper diesen Gedanken auf und veröffentlichte das gleichnamige Buch „Working out loud: For a better career and life" und machte WOL zu einer Methode, mit der man „effektiver (ist), weil man Zugang zu mehr Menschen, Wissen und Möglichkeiten hat, die helfen können"[50].

Wissen und Erfahrungen zu teilen, darüber zu diskutieren und dadurch weiterzuentwickeln, sind der Kern von WOL, denn so entstehen Netzwerke und ein Austausch, der zu einer neuen Art der Zusammenarbeit führt.

Neben seinem Buch veröffentlichte Stepper einen Leitfaden für den gesamten WOL-Weg, der jedem Interessierten kostenfrei per Download zur Verfügung steht[51]. Dieser Leitfaden begleitet die WOL-Teilnehmer bei jedem Treffen und gibt ihnen Aufgaben und Anleitungen, die die Vernetzungskompetenz der Teilnehmer verbessert und auf den Prinzipien „Beziehungen pflegen", „Großzügigkeit", „zielgerichtetes Erkunden", „sichtbare Arbeit" und „wachstumsorientiertes Denken" beruhen.

Beziehungen aufzubauen und diese zu nutzen, um etwas zu lernen ist gerade heutzutage in unserer globalisierten und vernetzten Welt eine entscheidende Kompetenz, um die Digitale Transformation zu meistern – kein Siloabbau ohne Wissenstransfer. Durch eine vernetztere Arbeitsweise kann die gesamte Unternehmenskultur agiler, kollaborativer und offener werden. Das ist der Grund, weshalb WOL bereits in vielen Unternehmen wie Bosch, Siemens oder Continental angewandt wird[52].

Durchführung

Eine kleine Gruppe von 3–5 Personen, der sogenannte WOL-Circle, trifft sich 12 Wochen lang einmal in der Woche virtuell oder persönlich. Dabei bearbeitet jeder Circle-Teilnehmer ein eigens definiertes Ziel, für das es keine inhaltlichen Vorgaben oder Grenzen gibt – allein durch die Unterschiede an Tiefe und Ausrichtung der einzelnen Ziele entsteht eine wunderbare Mannigfaltigkeit der Themen, die auch die Vielfalt der Teilnehmer widerspiegelt!

WOL ist ein schönes Beispiel für die Diversität der Mitarbeitenden im Unternehmen.

Anhand eines von John Stepper kostenfrei bereitgestellten Leitfadens[53], dem sogenannten Circle-Guide, arbeitet jeder Teilnehmer an der Erreichung seines Ziels. Stepper stellt den Teilnehmern im Circle-Guide für jedes der zwölf Treffen Aufgaben und Übungen bereit, sodass das Treffen angeleitet ist und man seinem Ziel ein Stück näher rückt. Jede Aufgabe aus dem Circle-Guide wird mithilfe der anderen Circle-Teilnehmer diskutiert und gelöst.

Die unterschiedlichen Erfahrungen, Problemlösungsstrategien und Perspektiven der Circle-Teilnehmer sorgen dafür, dass man sich selbst reflektiert und weiterentwickelt. Gleichzeitig vergrößert man das eigene Netzwerk, wenn die anderen Teilnehmer aus ihrem Netzwerk jemanden kennen, der bei der Erreichung eines Ziels behilflich sein könnte. Ganz nach dem Motto „geben statt nehmen" sind die Aufgaben aber so ausgelegt, dass nicht nur das eigene Netzwerk vergrößert wird, sondern vor allem in Beziehungen investiert wird.

In den sozialen Medien ist WOL reich vertreten und Circle-Teilnehmer bzw. – Interessierte in jeder Stadt zu finden, sodass WOL auch im privaten Rahmen ausprobiert werden kann. Für Unternehmen bietet es sich an, WOL in bestehende Programme zu Unternehmenskultur oder Onboarding zu integrieren und so zu etablieren.

Praxisschlaglicht

Stimmen einer WOL-Teilnehmerin: Wovon hast du am meisten profitiert, als du an einem WOL-Circle teilgenommen hast?

„Ehrlich gesagt habe ich noch nie eines meiner Ziele erreicht, wenn ich an einem Circle teilgenommen habe, und das hat mich schon ins Grübeln gebracht. Ist es das dann wert? Schließlich investiert man auch recht viel Zeit in das Ganze. Diskutiert habe

48 https://workingoutloud.com/de/about, 18.04.2021

49 https://thebryceswrite.com/2010/11/29/when-will-we-work-out-loud-soon/, 18.04.2021

50 https://workingoutloud.com/de/about, 18.04.2021

51 Kostenfreier Download unter https://workingoutloud.com/resources

52 Für mehr Information und mitmachende Unternehmen siehe https://workingoutloud.com/de/for-your-org

53 Kostenfreier Download unter https://workingoutloud.com/resources

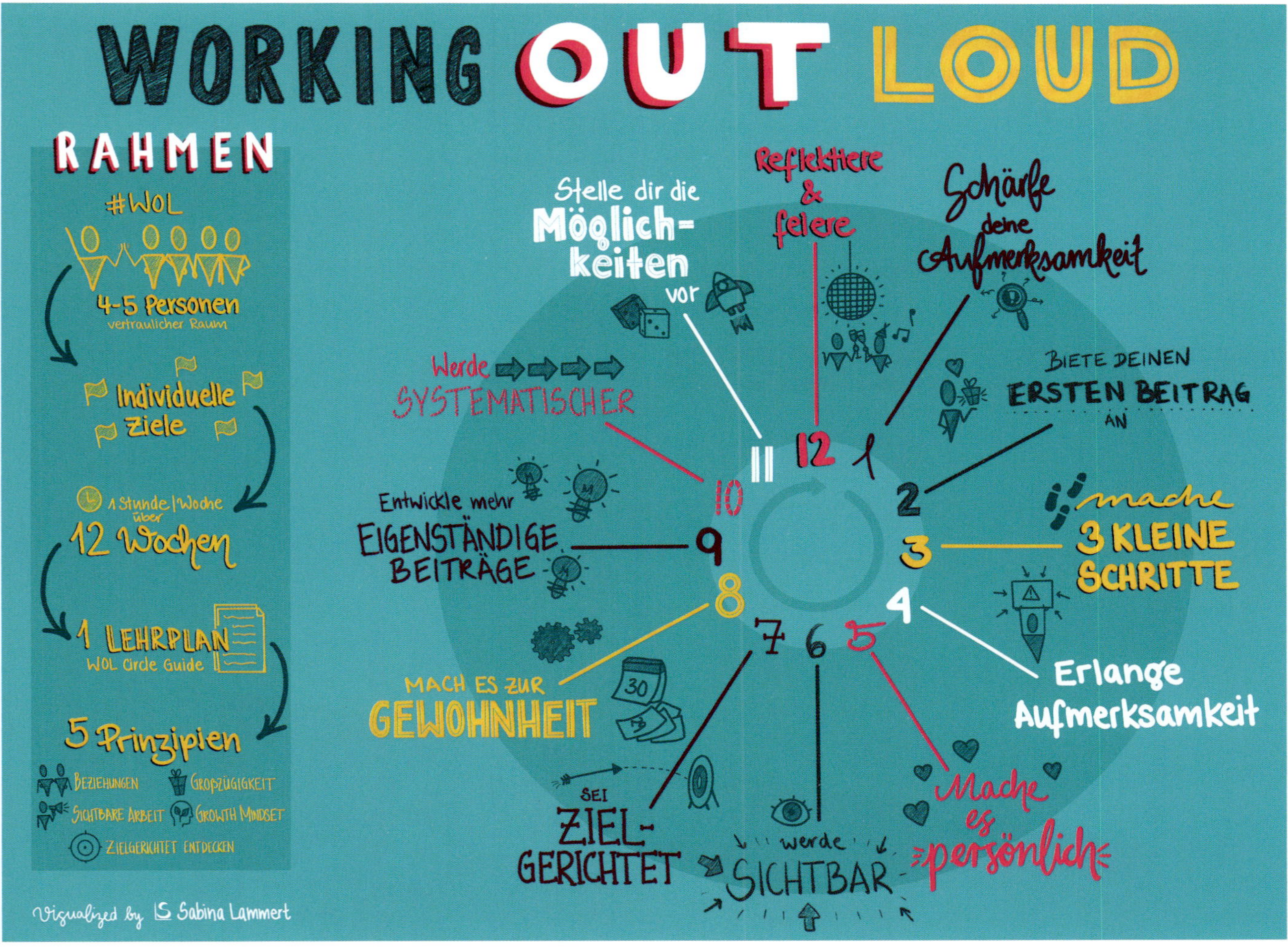

Grafik: Sabina Lammert

ich diese Frage dann in einem meiner ehemaligen WOL-Circle, mit dem ich mich noch regelmäßig treffe. Wir kamen zu dem Entschluss, dass unsere entstandene Verbindung zueinander die größte Errungenschaft der Teilnahme war und dass wir darauf nicht mehr verzichten möchten. Außerdem zeigt einem WOL auf, was man selbst an Wissen und Kontakten alles zu bieten hat, das anderen helfen könnte, denn das vergisst man manchmal!"

Transformationswirksamkeit

- Wirksam für alle Transformationen

Transformationsfähigkeit

- Fördert offene Mindsets und innovative Denkhaltungen
- Sorgt für Inspiration oder bessere Inspirationsempfindlichkeit

Einsatzcharakteristik

- Austauschfokus: vornehmlich mit internen und externen Personen
- Durchführungszeit: eher gering (< 1 Stunde)
- Einsatzradius: vornehmlich im unternehmensweiten Einsatz
- Komplexität für die Teilnehmer: eher gering
- Teamgröße: Kleingruppe möglich (3 bis 5 Teilnehmer)
- Vorbereitungszeit: eher mittel (>1 Stunde bis <1 Tag)

Nötiger Input, um mit der Methode arbeiten zu können

- Vorhandenes Wissen und Erfahrungen

Erzeugter Output der Methode

- Erzeugt besseren Teamspirit, mehr Offenheit, Inspirationsempfindlichkeit
- Erzeugt kollaborative Lösungen und Ideen
- Erzeugt neues Wissen und neue Erfahrungen
- Erzeugt größere Klarheit zu einem Thema
- Erzeugt transformationsfähigere Organisationen
- Erzeugt mehr Hintergrundinformationen
- Erzeugt mehr Know-how-Zuwachs
- Erzeugt motiviertere und transformationsfähigere Teilnehmer

Hinderniseffekte, auf die die Methode positiv wirkt

- 01 – Schwächt Angst vor Neuem (Cainophobie)
- 06 – Schwächt das Leben in der Vergangenheit
- 12 – Wirkt fehlender Inspiration entgegen
- 15 – Stärkt das Vertrauen im Team
- 28 – Stärkt schwache Anreicherungsskills
- 29 – Schwächt den „Inneren Zensor"
- 36 – Schafft schnell Klarheit und beschleunigt Erkenntnisgewinn

Mögliche Extravorteile

- für Teams mit einer konservativen, tradierten Kultur
- für multidisziplinär unerfahrene Teams

Quellen

Buch – Working Out Loud, John Stepper (Vahlen 2020)
Web – https://workingoutloud.com/de/about, 18.04.2021
Web – https://thebryceswrite.com/2010/11/29/when-will-we-work-out-loud-soon/, 18.04.2021
Web – https://workingoutloud.com/de/about, 18.04.2021

Grafik: verrocchio Mindset-Card – Illustration: Jennifer Weiss

Worksetting Canvas

EinSatzBeschreibung

Werkzeug zum Verstehen der Mitarbeiterbedürfnisse und Abgleich mit den Unternehmensangeboten für Life-Family-Work-Balance.

Transformation-Index

P1 Leading	P2 Organizing	P3 Connecting	P4 Growing	P5 Talking	P6 Scanning	P7 Exploiting	P8 Exploring	P9 Earning	P10 Scaling
x	x		x						

Beschreibung

Für eine erfolgreiche digitale Transformation braucht es motivierte, widerstandsfähige und gesunde Menschen, die gerne zur Arbeit kommen. Sie sollen begeistert die Digitalisierung vorantreiben, in verschiedene Ströme springen, ihre Expertisen ausbauen und Netzwerke klug erweitern. Wenn wir genauer hinsehen, führen nicht Unternehmen digitale Transformationen, sondern die Menschen, die in den Unternehmen beschäftigt sind. Die Veränderungen, die sich mit der digitalen Transformation ereignen, bringen veränderte Anforderungen an Arbeitsbedingungen bzw. das Arbeitsumfeld mit. Jetzt ist die richtige Zeit, diese neuen Anforderungen zu eruieren, existierende Angebote zu prüfen und neue Formate zu evaluieren.

Die Work-Life-Balance oder die Vereinbarkeit von Beruf und Familie, die in den letzten Jahren vielfach ausgebaut wurden, werden in den nächsten Jahren zur Motivation der Beschäftigten nicht mehr ausreichen. Vielmehr müssen sich Unternehmen bewusstwerden, dass sie nur noch an dritter Stelle stehen werden, hinter dem Lebensstil, den persönlichen Werten und Hobbies (Life) sowie hinter ausreichender qualitativ hoher Zeit mit der Familie bzw. Familienangehörigen (Family) und erwarten schließlich Unternehmen mit modernen Arbeitsbedingungen innerhalb einer wertschätzenden Organisation (Work). Alle drei Ebenen müssen ganzheitlich betrachtet und im Unternehmen akzeptiert werden. Während die drei Grenzen zwischen den Ebenen bei Personen aus einer Generation ineinanderfließen, ziehen Personen aus einer anderen Generation klare Grenzen zwischen den Ebenen. Nichtsdestotrotz fließt die Zufriedenheit der Beschäftigten auf allen drei Ebenen zusammen. Die ganzheitliche Betrachtung bringt Beschäftigte in einen Status der Zufriedenheit bzw. vor allem aber in einen Status, der für Gesundheit und Stressreduktion sorgt, da z.B. wichtige systemische Themen wie Lebenslanges Lernen, Achtsamkeit, Flexibilität, Zeit, Freude, etc. einfließen können. Richtig ausgeführt führt das zu dauerhaft hoher Arbeitsleistung, die vor, während und nach der digitalen Transformation benötigt wird.

Jacob Morgan berichtet in seinem Buch „The Future of Work", dass diejenigen, die sich nicht frühzeitig in die Richtung der neuen Arbeitsumgebungen begeben, „out-of-business" sein werden. Was der Beschäftigte der Zukunft möchte, beschreibt er wie folgt: „The future employee wants to work for an organization that believes and invests in sustainability and community development, corporate social responsibility, health and wellness, employee happiness, ethical choices, and in making the world a better place."

„The leaders of firms that will survive in the future will understand that coming to work should involve more than picking up a paycheck. They will appeal to staff members' wants and not only their basic needs. Businesses of the future will attract employees who share their values, not just people who need jobs. Organizations will retain staff members by providing personal and financial benefits – leaving workers happier, more fulfilled and empowered."

Abgeleitet vom Value Proposition Canvas von Alexander Osterwalder und Yves Pigneur, bei dem ein Produkt oder Service mit den Bedürfnissen der Kunden abgeglichen wird (Product-Customer-Fit), bietet das Worksetting Canvas den Abgleich zwischen Life-Family-Work Angeboten des Unternehmens (Worksetting) und den dort beschäftigten Mitarbeitern (Worksetting-Mitarbeiter-Fit).

Das Worksetting Canvas besteht wie das Value Proposition Canvas aus zwei Teilen, der Worksetting Map und dem Mitarbeiter-Profil.

Das Tool bietet folgende Einsatzmöglichkeiten:

- detailliertes Verstehen der Bedürfnisse, Wünsche und Probleme der Beschäftigten
- Analyse vorhandener Angebote im Unternehmensbereich, die auf das Worksetting einzahlen
- Analyse der Passung existierender Angebote mit Mitarbeitern
- Kreieren neuer Angebote in Bezug auf existierende und künftige Beschäftigte

Durchführung

Für die Anwendung des Canvas gibt es eine grundlegende Vorgehensweise in vier Schritten:

Schritt 1: Ausfüllen des Mitarbeiterprofils (mittels Post-it-Notes)

Schritt 2: Ausfüllen der Worksetting Map (mittels Post-it-Notes)

Schritt 3: Das „Matchen" (Gegenüberstellen) von Mitarbeiter Profil und Worksetting Map

Schritt 4: Die Ideenfindung an Stellen ohne Passung bzw. Ideenanreicherung um neue Trends

Die vier Schritte etwas detaillierter betrachtet:

Schritt 1: Das Ausfüllen des Mitarbeiterprofils geschieht in vier Schritten:

1. Ausfüllen des Feldes „Mitarbeiter-Jobs"

Hier wird beschrieben, welche funktionalen, emotionalen und sozialen Herausforderungen der Mitarbeiter typischer Weise in seinem täglichen Leben hat.

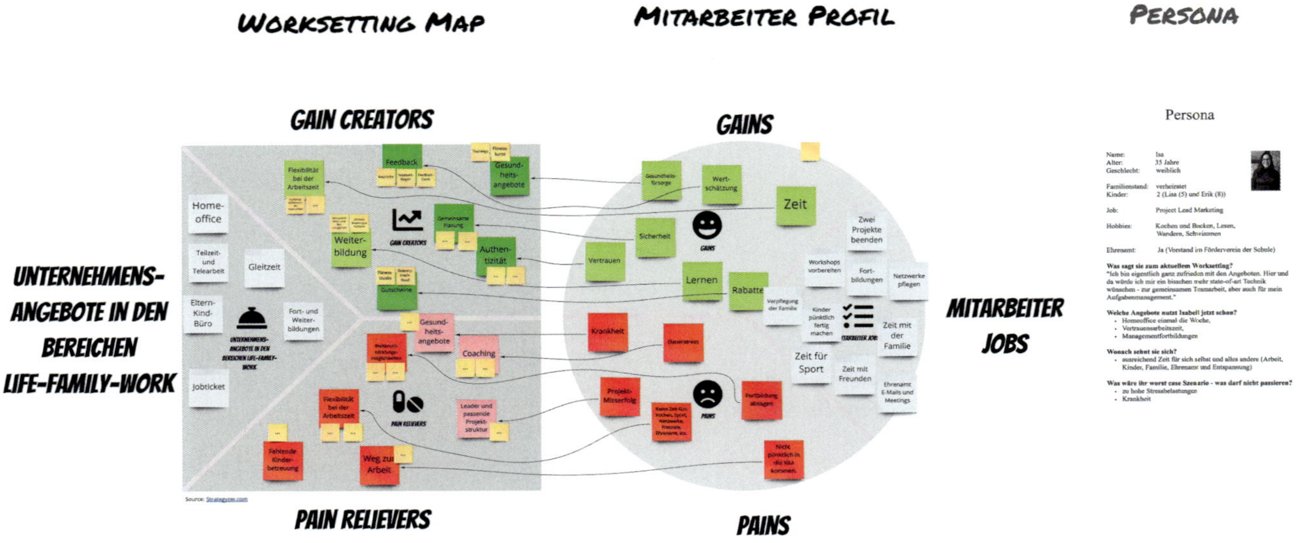

Grafik: Beate Sommer

2. Ausfüllen des Feldes „Pains"

Hier werden die Schmerzen erfasst, die unser Mitarbeiter typischer Weise hat. Schmerzen sind all die Dinge, die dieser Mitarbeiter nicht möchte, dass sie eintreten. Dinge, die ihn ärgern, beunruhigen, ängstigen oder frustrieren.

3. Ausfüllen des Feldes „Gains"

Hier werden die Zugewinne erfasst, über die sich unser Mitarbeiter sichtbar freuen würde. Zugewinne sind z. B. Vertrauen, Zeit, Aufmerksamkeit, Sicherheit, Rabatte etc.

4. Sortieren der Werte in den drei Feldern des Mitarbeiter Profils

Nun werden in allen drei Feldern die Werte nach ihrer Relevanz, Priorität oder Wichtigkeit sortiert.

Schritt 2: Das Ausfüllen der Worksetting Map geschieht ebenfalls in vier Schritten:

1. Ausfüllen des Feldes „Work-Family-Life"

Hier werden unsere Angebote aufgenommen, die bereits existieren.

2. Ausfüllen des Feldes „Pain Reliever"

Hier werden die Schmerzstiller erfasst, die unsere Angebote mitbringen und die die Schmerzen unserer Mitarbeiter lindern oder verhindern.

3. Ausfüllen des Feldes „Gain Creators"

Hier werden die Zugewinnerzeuger erfasst, die unsere Angebote mitbringen, und die bei unseren Mitarbeitern (unerwartete) Freude, Zufriedenheit oder Gesundheit erzeugen.

4. Sortieren der Werte in den drei Feldern der Work Map

Nun werden in allen drei Feldern die Werte nach ihrer Relevanz, Priorität oder Wichtigkeit sortiert.

Schritt 3: Der Arbeitsschritt des „Matchens"

Hier untersuchen wir nun, ob es zu den einzelnen Schmerzen oder Zugewinnen auf der Mitarbeiterseite entsprechende passende Pain Relievers oder Gain Creators auf der Angebotsseite gibt, z. B. durch Pfeilverbindungen.

Schritt 4: Die Ideenfindung und Ideenanreicherung

In dieser Phase kreieren wir auf der Angebotsseite fehlende und zusätzliche Pain Reliever oder Gain Creators, die sich aus den Schmerzen und Zugewinnen ergeben können.

Praxisschlaglicht

Für große Unternehmen braucht es für die Durchführung dieser Methode ein sehr diverses interdisziplinäres Team, dass aus mehreren Generationen, unterschiedlichen Arbeitstypen, Intro- und Extrovertierten mit verschiedenen Familienständen besteht und insgesamt unterschiedliche Bedürfnisse und Hobbies mitbringt. Dadurch sind unterschiedliche Meinungen im Team vertreten, das gegenseitige Verständnis innerhalb des Teams wird gefördert und schließlich bessere Ergebnisse erzielt. Es empfiehlt sich zusätzlich, vor Beginn des Workshops drei bis fünf Personas zu erarbeiten, die dann im Mitarbeiter Profil einfließen können. Auf diesem Weg kann sich jedes Teammitglied später noch besser in die Bedürfnisse der Mitarbeiter hineinversetzen, Optimierungsbedarf identifizieren und fachlich-fundiertere Vorschläge erarbeiten. Gemeinsam mit der HR-Abteilung bzw. der Geschäftsführung können „low-hanging fruits" erkannt und ausprobiert werden bzw. größere Themen in die Strategieplanung einfließen.

Werden Sie auf den Post-it-Notes so konkret wie möglich. „Flexibilität zulassen" oder „Achtsamkeit stärken" lassen sehr viel Interpretationsspielraum. Machen Sie es stattdessen explizit und verwenden Sie stets ganze Sätze, z. B. „Wir bieten Trainings und Coachings für mehr Achtsamkeit im Unternehmen an."

Transformationswirksamkeit

- Wirksam für Herausforderungen mit hoher Komplexität
- Wirksam für Herausforderungen mit mittlerer Komplexität
- Wirksam für alle Transformationen

Transformationsfähigkeit

- Fördert die allgemeine Transformationsfähigkeit des Teams
- Fördert grundlegend die Kreativität
- Fördert offene Mindsets und innovative Denkhaltungen
- Sorgt für Inspiration oder bessere Inspirationsempfindlichkeit

Einsatzcharakteristik

- Austauschfokus: vornehmlich mit internen Personen
- Durchführungszeit: eher mittel (>1 Stunde bis <1 Tag)
- Einsatzfrequenz: sinnvoll im dauerhaften Einsatz
- Einsatzfrequenz: vornehmlich über im kompletten Projektzeitraum
- Einsatzradius: vornehmlich im projektweiten Einsatz
- Einsatzradius: vornehmlich im unternehmensweiten Einsatz
- Komplexität für den Moderator: eher mittel
- Komplexität für die Teilnehmer: eher mittel
- Teamgröße: Einzelpersonennutzung möglich
- Teamgröße: Kleingruppe möglich (3 bis 5 Teilnehmer)
- Teamgröße: Mittelgroße Teams möglich (5 bis 20 Teilnehmer)
- Vorbereitungszeit: eher mittel (>1 Stunde bis <1 Tag)

Nötiger Input, um mit der Methode arbeiten zu können

- Aktuell existierende Produkte und Services
- Aktuelle Herausforderung, Leitfrage, Problem
- Beteiligte Personen mit Tätigkeiten und Aufgaben
- Existierende Prozesse und Verfahren
- Verschiedene Meinungen und Blickwinkel
- Vorhandenes Wissen und Erfahrungen
- Durchführungszeit, Trainingszeit

Erzeugter Output der Methode

- Bessere Projekteffizienz, bessere Teamperformance
- Erzeugt Ideen, Lösungsansätze, Vorideen, Möglichkeiten
- Erzeugt Ideensuchfelder, unentdeckte Probleme, Inspiration
- Erzeugt Nutzenfunktionen und Bedürfniskorridore
- Erzeugt kollaborative Lösungen und Ideen
- Erzeugt transformationsfähigere Organisationen
- Erzeugt motiviertere und transformationsfähigere Teilnehmer
- Identifiziert vorhandene Schwachstellen
- Identifiziert vorhandene Stärken
- Macht Wirkzusammenhänge sichtbar

Hinderniseffekte, auf die die Methode positiv wirkt

- 04 – Beugt blinden Flecken/Betriebsblindheit vor
- 06 – Schwächt das Leben in der Vergangenheit
- 08 – Verhindert einseitige Bewertungen und Entscheidungen
- 14 – Fördert eventuell fehlende Wertschätzung
- 21 – Bindet eher introvertierte Teammitglieder mit ein
- 32 – Verhindert unreflektiertes Agieren
- 41 – Verringert zu große Komplexitäten
- 42 – Überzeugt strukturliebende Teammitglieder

Mögliche Extravorteile

- für disruptiv erfahrene Teams
- für innovativ erfahrene Teams
- für innovativ ungeübte Teams
- für interkulturell unerfahrene Teams
- für multidisziplinär erfahrene Teams
- für multidisziplinär unerfahrene Teams
- für die Arbeit mit digitalen Kollaborationsboards

Quellen

Buch – The Future of Work, Jacob Morgan (Wiley 2014)
Buch – Das große Handbuch Innovation, Benno van Aerssen, Christian Buchholz (Vahlen 2018)
Web – https://www.strategyzer.com, 07.04.2021
Person – Beate Sommer, www.b-sommer.com

World Café

EinSatzBeschreibung

Format für den gezielten Austausch und Wissensaufbau in Kleingruppen mit sehr vielen Teilnehmenden.

Transformation-Index

P1 Leading	P2 Organizing	P3 Connecting	P4 Growing	P5 Talking	P6 Scanning	P7 Exploiting	P8 Exploring	P9 Earning	P10 Scaling
		x		x					

Beschreibung

Um erfolgreich die digitale Transformation im Unternehmen voranzutreiben, muss der Dialog zwischen den Beschäftigten über die Themen der digitalen Transformation vertieft werden. Das World Café ist dafür eine geeignete Methode, die es ermöglicht mit einer nahezu unbegrenzten Teilnehmerzahl zielgerichtet über ausgewählte Themen zu sprechen. Dafür finden sich die Teilnehmer in einem Café-ähnlichen Setting zu den sogenannten Dialogrunden an kleinen Tischen zusammen und wandern nach Ablauf des Dialogzeitraums im Uhrzeigersinn an andere Tische. Während zunächst in diesen kleineren Gesprächskreisen übergreifende Zusammenarbeit und systemische Denkweisen wachsen, wird im Laufe des Events eine umfassende Schwarmintelligenz aufgebaut, die tiefgreifende Handlungsempfehlungen hervorbringen kann. World Cafés bieten sich an, wenn Wissen ausgetauscht oder Themen untersucht werden sollen, jeder Teilnehmer zu Wort kommen und in die Ergebnisverantwortung einbezogen werden soll und authentische Gespräche explizit erwünscht sind.

Das Event sollte mindestens mit 12 Personen durchgeführt werden. Es empfiehlt sich jedoch eine größere Teilnehmerzahl zwischen 60 und 200 Personen. Die Erfinder der Methode haben Veranstaltungen mit bis zu 1200 Personen durchgeführt. Die Methode stammt von Juanita Brown und David Isaacs. Als Grundannahme, die mit dem World Cafés einhergeht, sagen die beiden in ihrem Buch 'Das World Café', dass Menschen bereits das nötige Wissen und die Kreativität in sich tragen, um selbst die schwierigsten Herausforderungen bewältigen zu können.

Weltweit existieren mittlerweile viele Typen des World-Cafés, z. B. das Solutions-Café. Mit dem Solution Café können konkrete Handlungsschritte für die Umsetzung eines Ziels identifiziert werden. Im Rahmen der digitalen Transformation kann mit diesem Typ des World-Cafés die Schwarmintelligenz des eigenen Unternehmens transparent gemacht und in die Entscheidungsfindung integriert werden.

Erweiterungen unter Einbezug anderer Komponenten sind ebenfalls möglich. So nutzt beispielsweise der Keturi-Typ des World-Cafés zusätzlich Bewegung, Musik und Kunst, um den Dialog in eine stärkere emotionale Verbundenheit vertiefen zu können.

Vorbereitung

Herausforderung und Ziele definieren

- Bestimmen Sie, zu welcher Herausforderung eine größere Gruppe von Beschäftigten in den Dialog treten sollte.
- Formulieren Sie die Ziele, die Sie als Gastgeber mit dem World Café erreichen möchten.
- Überlegen Sie wie Ihr World-Café heißen soll, z. B. Transformation Café, New Culture Café oder New Work Café.

Rahmen und Ausgestaltung festlegen

- Für ein gelungenes Event braucht es bedeutungsvolle Dialoge. Das Fundament dafür bilden kraftvolle Fragen, die zum Entdecken einladen und für die Teilnehmer von Bedeutung sind.
- Legen Sie fest, wie viele Personen teilnehmen sollen und wie lange das Events andauert (mindestens 90 Minuten, möglich sind auch Events, die sich über mehrere Tagen erstrecken).
- In der Regel gibt es eine Fragestellung, die alle Tische gleichzeitig für zwei oder drei Dialogrunden erörtern. Es können aber auch unterschiedliche Fragen an mehreren Tischen platziert werden, sodass mehrere Themen parallel vertieft werden können.
- Nutzen Sie zusätzliche Möglichkeiten beim Gestalten der Gesprächsumgebung und entscheiden Sie unter Berücksichtigung der zuvor genannten Prozessschritte, wie Ihr World Café aussehen soll, z. B. an welchem vielleicht eher untypischen Ort oder mit welchen zusätzlichen Dekorationen könnte das Event stattfinden.

Teilnehmer einladen

- Entscheiden Sie, wer partizipieren soll und achten Sie möglichst auf Heterogenität. Die Verschiedenheit der Teilnehmer führt zu neuen Denkweisen, wodurch sich eine Herausforderung weiterentwickelt, anders betrachtet und anders verstanden wird.
- Gestalten Sie eine ansprechende Einladung und zeigen Sie auf diesem Wege Ihre Gastfreundlichkeit, eines der Gastgeber-Prinzipien.

Durchführung

Dialog begleiten

- Zu Beginn der Veranstaltung muss der Prozess klar erläutert werden.
  - Es gibt der Teilnehmeranzahl entsprechend ausreichend Tische an denen drei bis fünf Personen Platz haben.
  - Die Dialogrunden dauern mindestens 20 Minuten.
  - Jeder Teilnehmer soll Notizen, Ideen und Zeichnungen während des Dialogs, z. B. auf Flipchartpapier, das auf dem Tisch liegt, festhalten.

  - Die Teilnehmer rotieren nach Ablauf jeder Dialogrunde im Uhrzeigersinn an den nächsten Tisch.
  - Der Tisch-Gastgeber begrüßt die Teilnehmer an seinem Tisch und informiert nach jeder Gruppenrotation die jeweils nachfolgende Gruppe über die bisherigen Erkenntnisse. Er nimmt aktiv am Dialog teil.
- Der Gastgeber beobachtet die Entwicklung des Dialogs und die dabei entstehende Energie. Er unterstützt und stärkt die entstandenen Netzwerke. Er spricht zurückhaltende Personen direkt an und ermutigt sie und er schaut, welche Personen Unterstützung benötigen.

Ideen festhalten und visualisieren

- Neben den Notizen und Zeichnungen am Tisch ist es ratsam, die gewonnenen Erkenntnisse explizit sichtbar zu machen. Bitten Sie hierfür nach jeder Dialogrunde die Teilnehmer ihre wichtigsten Erkenntnisse mit jeweils einem Satz auf 2-3 Post-its zu schreiben. Diese Post-its können erst einmal auf den Tischen verbleiben und durch den Tisch-Gastgeber genutzt werden. Spätestens nach der letzten Dialogrunde werden alle Post-its an eine große Wand gehangen. Alternativ zu den Post-its können Sie eine Mindmap an einer Wand im Raum vorzeichnen, die die Teilnehmer nach 1 oder 2 Dialogrunden immer wieder gemeinsam mit ihren Erkenntnissen befüllen.
- Das World Café kann zusätzlich mit einem Graphic Recording oder einer Live-Protokollierung in Form einer Geschichte oder eines Gedichts abgerundet werden.

Abschluss

- Der Gastgeber bedankt sich bei den Teilnehmern und kann noch zum Abschluss vereinzelte Blitzlichter einholen.

Nachbereitung

Analysieren und Dokumentieren

- Der Gastgeber schaut rückblickend auf den Dialog. Er beantwortet für sich die Fragen:
  - Wie haben sich Gespräche entwickelt?
  - Was ist daraus entstanden?
  - Welche Wirkung oder Bedeutung ergibt sich daraus?
- Er schaut auf die Ergebnisse, erstellt evtl. weitere Dokumentationen oder eine abschließende Zusammenfassung.
- Darüber hinaus wird analysiert, welche Vorschläge für mögliche nächste Schritte bereits im World Café entstanden sind und wie diese weiterverfolgt werden können.

Ergebnisse teilen

- Der Gastgeber verteilt die Gesprächsergebnisse und kommuniziert etwaige nächste Schritte.

Praxisschlaglicht

Bei vielen Themen der digitalen Transformation funktioniert das World Café sehr gut virtuell. Gerade in größeren Bereichen eines Unternehmens, in denen sich viele Menschen durch die Arbeit bereits kennen, können die virtuellen Tools den Dialog sogar ver-

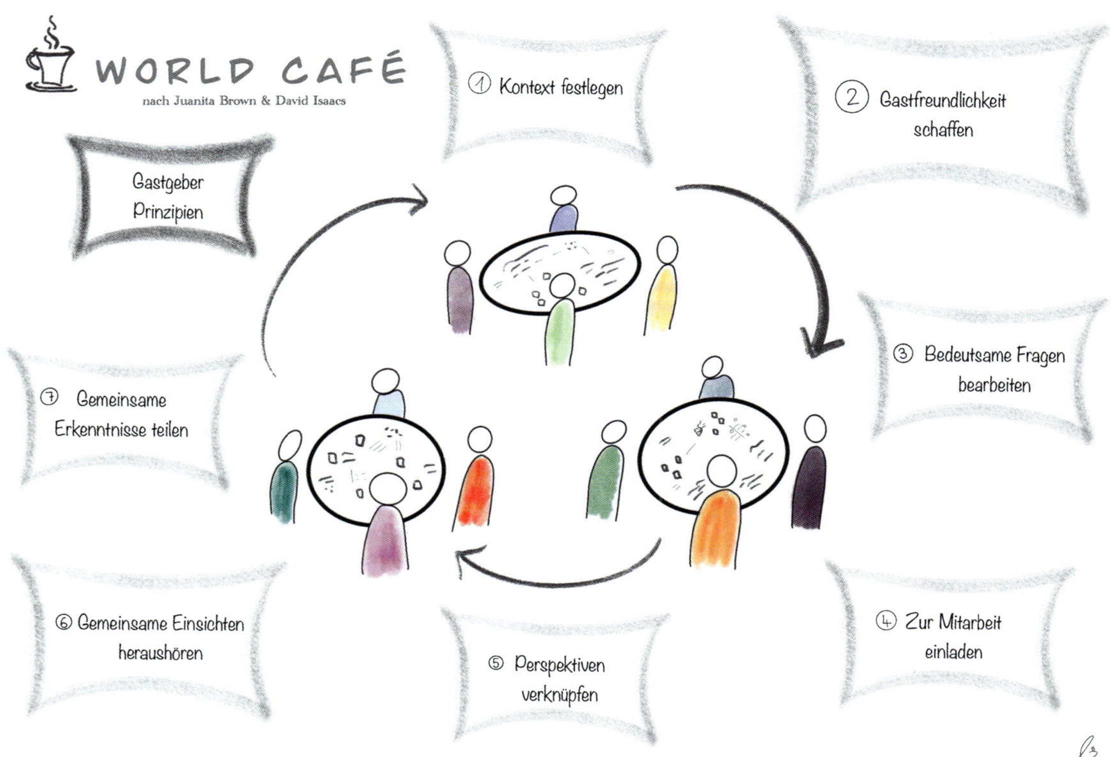

Grafik: Beate Sommer

tiefen. Mit Collaboration Tools, wie einem Online-Whiteboard ist es möglich, Bilder einzufügen, die dem gesprochenen Wort oder einer Meinung viel intensiveren Ausdruck verleihen. Zusätzlich entstehen über ein Online-Whiteboards mit Post-its, Bildern, GIFs, Zeichnungen oder Notizen Aufzeichnungen, die durch alle Beteiligten entstanden sind und das Gemeinschaftsgefühl ebenso stark beflügeln, wie in der physischen Welt des World Cafés.

Die Herausforderung des Gastgebers ist es, die Energie in virtuellen Breakout-Sessions zu interpretieren und spätestens in der nächsten Plenumsrunde auf eine nächst-höhere Ebene zu ziehen. Hierbei kann es helfen, die Tisch-Gastgeber als Feedback-Kanal zu nutzen. Die Tisch-Gastgeber sollten sogar Methoden zum Auflockern und zum konkreten Abfragen von Stimmungsbildern an die Hand bekommen und individuell während der Dialogrunden einsetzen können, z. B. zum Beginn oder zum Ende der Dialogrunde ihres Tisches. Dafür sollte der Zeitraum für die Dialogrunde insgesamt auf 30 Minuten erweitert werden. Zusätzlich sind ausreichend Pausen und ausreichend Netzwerkzeit einzuplanen (z. B. mittels virtueller Café-Stationen).

Transformationswirksamkeit

- Wirksam für Herausforderungen mit hoher Komplexität
- Wirksam für Herausforderungen mit mittlerer Komplexität
- Wirksam für alle Transformationen

Transformationsfähigkeit

- Fördert die allgemeine Transformationsfähigkeit des Teams
- Fördert grundlegend die Kreativität
- Fördert offene Mindsets und innovative Denkhaltungen
- Zahlt auf eine bessere Wahrnehmung ein

Einsatzcharakteristik

- Austauschfokus: vornehmlich mit internen Personen
- Austauschfokus: vornehmlich mit internen und externen Personen
- Durchführungszeit: eher hoch (> 1 Tag)
- Durchführungszeit: eher mittel (>1 Stunde bis <1 Tag)
- Einsatzfrequenz: vornehmlich im einmaligen Einsatz
- Einsatzfrequenz: vornehmlich über im kompletten Projektzeitraum
- Einsatzradius: vornehmlich im unternehmensweiten Einsatz
- Komplexität für den Moderator: eher mittel
- Komplexität für die Teilnehmer: eher mittel
- Teamgröße: Maxigruppen möglich (20 bis 40 Teilnehmer)
- Teamgröße: Speziell für Großgruppen geeignet (>50 Teilnehmer)
- Vorbereitungszeit: eher hoch (>1 Tag)

Nötiger Input, um mit der Methode arbeiten zu können

- Aktuelle Herausforderung, Leitfrage, Problem
- Verschiedene Botschaften, Meinungen, Statements
- Verschiedene Meinungen und Blickwinkel
- Vorhandenes Wissen und Erfahrungen
- Merkmale der gegebenen Herausforderung

Erzeugter Output der Methode

- Erzeugt besseren Teamspirit, mehr Offenheit, Inspirationsempfindlichkeit
- Erzeugt kollaborative Lösungen und Ideen
- Erzeugt neues Wissen und neue Erfahrungen
- Erzeugt visualisierte Ideen, Begriffe, Themen
- Erzeugt größere Klarheit zu einem Thema
- Erzeugt transformationsfähigere Organisationen
- Erzeugt mehr Hintergrundinformationen
- Erzeugt mehr Know-how-Zuwachs
- Erzeugt motiviertere und transformationsfähigere Teilnehmer
- Macht Wirkzusammenhänge sichtbar

Hinderniseffekte, auf die die Methode positiv wirkt

- 04 – Beugt blinden Flecken/Betriebsblindheit vor
- 15 – Stärkt das Vertrauen im Team
- 21 – Bindet eher introvertierte Teammitglieder mit ein
- 24 – Verkürzt und durchbricht vorhandene Kreativblockaden
- 27 – Schwächt das „Not invented here"-Syndrom
- 36 – Schafft schnell Klarheit und beschleunigt Erkenntnisgewinn
- 41 – Verringert zu große Komplexitäten
- 42 – Überzeugt strukturliebende Teammitglieder

Mögliche Extravorteile

- für Teams mit einem starkem Auftragsmandat
- für Teams mit einer konservativen, tradierten Kultur
- für disruptiv erfahrene Teams
- für erfahrene Trainer und Agile Coaches
- für innovativ erfahrene Teams
- für innovativ ungeübte Teams
- für interkulturell unerfahrene Teams
- für multidisziplinär unerfahrene Teams

Quellen

Buch – Organisation in einer digitalen Zeit, Malte Foegen, Christian Kaczmarek (wibas GmbH 2020)
Buch – Das World Café, Juanita Brown, David Isaacs (Carl-Auer 2007)
Web – http://www.worldcafe.eu/de/, 01.05.2021
Web – https://changeologen.wordpress.com/2020/09/08/wie-man-machtige-fragen-entwirft/, 01.05.2021

WWW-Methode für agiles Feedback

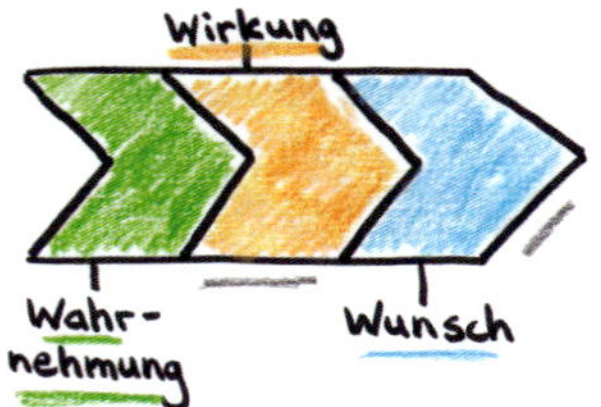

EinSatzBeschreibung

Methode, die dabei unterstützt, Feedbacks positiv formulierbar zu geben.

Transformation-Index

P1 Leading	P2 Organizing	P3 Connecting	P4 Growing	P5 Talking	P6 Scanning	P7 Exploiting	P8 Exploring	P9 Earning	P10 Scaling
			x						

Beschreibung

Feedbackprozesse sind essenziell für gute Transformationsprozesse. Feedbacks sind nicht nur formalistisch, sondern gerade auch als Treiber zwischendurch einzusetzen. Neue Feedbackmethoden sollten dabei immer abgestimmt mit der HR-Abteilung initiiert werden. Idealerweise existiert hier bereits ein Tool – ob digital oder analog – wie die Feedbackmethode institutionalisiert werden kann.

Feedbacks sind nicht ausschließlich Führungsaufgabe, sondern gerade in unserer schnelllebigen Arbeitswelt von heute, unerlässlich in der Zusammenarbeit in Teams und mit Kollegen. Auch in der kollaborativen Arbeit mit externen Partnern ist Feedback eine wesentliche Methode für bessere Ergebnisse.

Wichtig: Feedback ist keine negative Kritik, sondern ein Impuls, Handlungen zu überdenken und neues Verhalten zu erlernen.

Es muss verhindert werden, dass die falsche Feedbackformen beim Feedbacknehmer Frustration und Demotivation erzeugt. Im Feedbackbereich gibt es daher viele neue Methoden, die gerade auch in virtuell und digital arbeitenden Teams gut anwendbar sind. Mithilfe dieser Feedbackmethoden kann der Feedbackgeber schnell und unkompliziert bei Fehlentwicklungen von Teams oder einzelnen Teammitgliedern gegensteuern.

Die WWW-Feedbackmethode ist eine agile Feedbackmethode, die schnell erlernbar und damit adhoc einsetzbar ist.

Vorteile
- klare Feedbackstruktur
- positive Punkte werden explizit integriert
- die Gesprächsstruktur führt zu annehmbar formulierten Feedbacks

Die WWW-Feedbackmethode ist gleichermaßen sehr gut für Feedbacks von Führungskräften zu Mitarbeitern aber auch von Kollegen zu Kollegen einsetzbar. Somit wird das agile Feedback ein wesentlicher Treiber in der Wandlung und Wandlungsfähigkeit von Unternehmen.

Durchführung

Zentraler Punkt ist die Entscheidung für konkrete Feedbackmethoden für das gesamte Unternehmen. Denn ein Mix ist nicht zielführend, zumal in agiler Arbeitsweise die Mitarbeiter um ein Vielfaches mehr mit anderen Mitarbeitern aus anderen Teams für Projekte zusammenarbeiten.

Feedbackgespräche müssen gut vorbereitet werden. Es sind alle Ereignisse relevant und nicht nur die der letzten Tage. Deshalb ist es hilfreich sich ein digitales Notizbuch mit kontinuierlich Feedbacknotizen zu führen.

Die WWW-Feedbackmethode ermöglicht, das Feedbackgespräch positiv und annehmbar zu gestalten. Sie gliedert sich in Wahrnehmung – Wirkung – Wunsch.

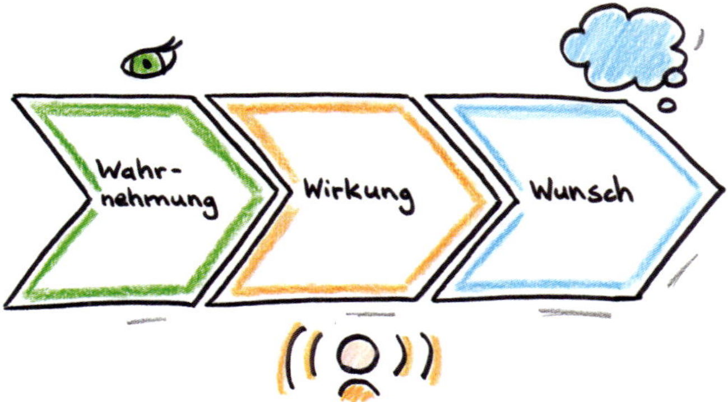

Grafik: Anja Faber

1. **Wahrnehmung:**
   - Wie nimmt der Feedbackgeber die Situation wahr? Hier müssen Fakten genannt werden.
   - Hilfreich ist, sich zu versichern, dass der Feedbacknehmer die Faktenlage genauso sieht.
2. **Wirkung:**
   - Welche Wirkung erzielt der Feedbacknehmer damit?
   - Warum ist dieser Punkt dem Feedbackgeber oder dem Team wichtig?
   - Die Wirkung kann positiver aber oftmals leider auch eher negativer Natur sein. Wichtig hierbei: kein Kritikgespräch führen, sondern annehmbar formulieren.
3. **Wunsch:**
   - Welchen Wunsch hat der Feedbackgeber?
   - Hier ist eine klare Formulierung dieses Wunsches entscheidend und das Anbieten der Hilfe des Feedbackgebers für die weitere Umsetzung wichtig.
   - Wie könnte alles besser werden? Jedes gute Feedback sollte mit einem Vorschlag für die Zukunft enden.
   - Nicht werten! Persönliche Wertungen sind hierbei destruktiv und bringen niemanden weiter. Beleidigende Worte sind tabu!

WWW-Methode für agiles Feedback

Zusätzlich gibt es noch ein viertes „W" – der Einsatz von W-Fragen im Feedbackgespräch. Diese W-Fragen an den Feedbacknehmer sind eine gute Lösung, um das Gespräch nicht zu einem Monolog werden zu lassen. Jeweils am Ende des jeweiligen Feedbackparts platziert, erzeugen sie eine gute Dialogatmosphäre.

Hält der Feedbackgeber sich an diese drei Säulen bei der Vorbereitung und Durchführung, führt das Feedback zu einer erhöhten Akzeptanz und einem positiven Effekt. Zusammengefasst sind die agilen Feedbackmethoden ein großer Einflussfaktor, die Wandlungsfähigkeit von Teams zu beschleunigen. Die WWW-Feedbackmethode ist hierbei eine sehr gute Hands-on-Lösung.

Transformationswirksamkeit

- Wirksam für Herausforderungen mit hoher Komplexität
- Wirksam für Herausforderungen mit mittlerer Komplexität
- Wirksam für Herausforderungen mit niedriger Komplexität
- Wirksam für alle Transformationen

Transformationsfähigkeit

- Fördert die allgemeine Transformationsfähigkeit des Teams
- Fördert offene Mindsets und innovative Denkhaltungen

Einsatzcharakteristik

- Austauschfokus: vornehmlich mit internen Personen
- Durchführungszeit: eher gering (< 1 Stunde)
- Einsatzfrequenz: sinnvoll im dauerhaften Einsatz
- Komplexität für den Moderator: eher mittel
- Komplexität für die Teilnehmer: eher mittel
- Teamgröße: Einzelpersonennutzung möglich
- Teamgröße: Kleingruppe möglich (3 bis 5 Teilnehmer)
- Teamgröße: Mittelgroße Teams möglich (5 bis 20 Teilnehmer)
- Vorbereitungszeit: eher gering (<1 Stunde)

Nötiger Input, um mit der Methode arbeiten zu können

- Beteiligte Personen mit Tätigkeiten und Aufgaben
- Verschiedene Botschaften, Meinungen, Statements
- Verschiedene Meinungen und Blickwinkel
- Vorhandenes Wissen und Erfahrungen
- Personenmerkmale (Meinungen, Bedürfnisse, Werte, etc.)
- Umfeldbeobachtungen, Umfeldanalysen
- Ziele, Zielsystem, Kennzahlen

Erzeugter Output der Methode

- Bessere Projekteffizienz, bessere Teamperformance
- Erzeugt besseren Teamspirit, mehr Offenheit, Inspirationsempfindlichkeit
- Erzeugt definierte Zielkorridore
- Erzeugt größere Klarheit zu einem Thema
- Erzeugt transformationsfähigere Organisationen
- Erzeugt mehr Know-how-Zuwachs
- Erzeugt motiviertere und transformationsfähigere Teilnehmer
- Hilft bei Entscheidungen, Bewertungen und Feedback
- Identifiziert vorhandene Schwachstellen
- Identifiziert vorhandene Stärken
- Macht Wirkzusammenhänge sichtbar

Hinderniseffekte, auf die die Methode positiv wirkt

- 02 – Schwächt Angst vor Kritik und Zurückweisung
- 04 – Beugt blinden Flecken/Betriebsblindheit vor
- 11 – Schärft eine fehlende gemeinsame Ausrichtung
- 15 – Stärkt das Vertrauen im Team
- 16 – Beugt Misinterpretationen vor
- 23 – Schwächt Konkurrenzdenken und Angst vor Machtverlust
- 25 – Schwächt multidisziplinäre Reibungsverluste
- 26 – Schwächt nicht zielführende Emotionen
- 33 – Schwächt Verdiskutiererei
- 35 – Dynamisiert und aktiviert wenig dynamische Teams
- 36 – Schafft schnell Klarheit und beschleunigt Erkenntnisgewinn

Mögliche Extravorteile

- für Teams in einer Krisensituation
- für Teams mit einer konservativen, tradierten Kultur
- für Teams mit einer schwacher Teamleitung
- für disruptiv unerfahrene Teams
- für innovativ ungeübte Teams
- für interkulturell unerfahrene Teams
- für multidisziplinär unerfahrene Teams

Quellen

Web – https://www.tbd.community/de/a/konstruktives-feedback-wahrnehmung-wirkung-wunsch, 2020

Web – https://www.online-projektmanagement.info/pm-modelle/www-feedback/, 2021

X-Team Silos Game

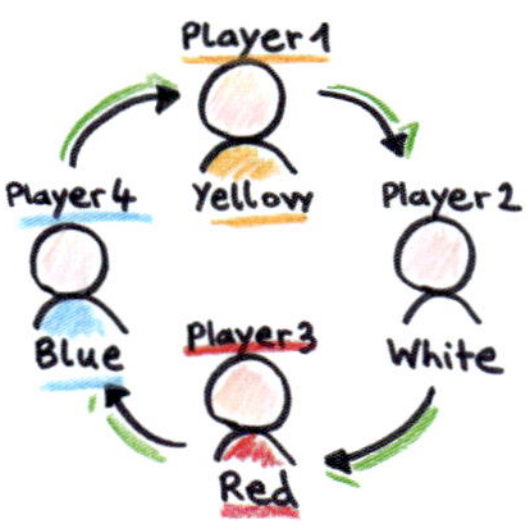

EinSatzBeschreibung

Serious Game, das den Mehrwert von T-shaped Teams vermittelt.

Transformation-Index

P1 Leading	P2 Organizing	P3 Connecting	P4 Growing	P5 Talking	P6 Scanning	P7 Exploiting	P8 Exploring	P9 Earning	P10 Scaling
						x			

Beschreibung

Die volle Kraft entfaltet die Anwendung agile Frameworks im Rahmen einer digitalen Transformation, wenn die Teammitglieder anfangen über ihren eigenen Expertenbereich hinaus zu agieren. Schnittstellen werden effizienter, Missverständnissen wird vorgebeugt und das Risiko für eventuelle personelle Ausfälle wird gesenkt, da kein Wissen mehr in einzelnen Köpfen gehortet wird.

Der kulturelle Wandel weg von Silos hin zu cross-funktionalen Teams erweist sich jedoch meist als schwieriges Unterfangen. Auch wenn das Team die Gesamtheit der notwendigen Expertise vereint, fällt es einzelnen Teammitgliedern schwer, sich gegenüber den Themen ihrer Kollegen zu öffnen und Aufgaben außerhalb ihres Fachbereichs zu übernehmen. Oft fallen dann Sätze wie „Auf dem Taskboard ist keine Aufgabe für mich" oder „Ich muss warten, bis die Kollegin wieder zurück aus dem Urlaub ist". Dies ist jedoch notwendig, um ein tatsächliches T-shaped Team zu bilden.

Bei der Bezeichnung „T-shaped" handelt es sich um eine Metapher, bei der die vertikale Linie des Ts für das Expertentums eines Teammitglieds steht, wohingegen die horizontale Linie das Wissen abseits des eigenen Fachbereichs darstellt. In einem cross-funktionalen Team sollten die Teammitglieder entsprechend nicht nur interdisziplinär sein, sondern ein Verständnis und eine Umsetzungskompetenz für die anderen vertretenen Fachbereiche haben.

Mia Kolmodin und Per Lundholm haben mit ihrer Simulation X-Team Silos Game einen spielerischen Weg entwickelt, um den Mehrwert von cross-funktionalen Teams interaktiv zu vermitteln. Dabei übernehmen die verschiedenen Teammitglieder unterschiedliche Rollen und dürfen in einer ersten Runde nur Arbeitspakete ihrer eigenen Farbe in Form von Legosteinen legen. Da dies in der vorhandenen Zeit zu keinem wünschenswerten Ergebnis führt, werden die Kompetenzen im Team verteilt, sodass jedes Teammitglied Legosteine verschiedener Farben legen darf.

Durch diesen einfachen Spielverlauf wird auf anschauliche Weise gezeigt, dass das Potenzial eines Teams nur dann voll ausgeschöpft werden kann, wenn die Teammitglieder neben ihrem Expertenwissen auch Aufgaben aus anderen Fachbereichen übernehmen können, sodass Abhängigkeiten und Wartezeiten reduziert werden können.

Durchführung

Der Moderator erklärt zunächst das **Ziel des Spiels**: Es sollen drei User Storys abgeschlossen werden. Diese sind priorisiert. Um eine User Story abzuschließen, müssen Legosteine in der vorgegebenen Reihenfolge von unten nach oben zusammengebaut werden. Jeder der vier Teilnehmer kann jedoch nur eine Farbe an Legosteinen legen. Es werden zwei Iterationen mit jeweils fünf Runden gespielt. Die vorgegebene Spielerreihenfolge muss in jeder Runde eingehalten werden, sodass Gelb startet, gefolgt von Weiß, Rot und abschließend Blau. Wenn alle Spieler an der Reihe waren, beginnt die nächste Runde. Kann ein Spieler keinen Stein legen, ist das ein verpasster Zug, welcher vom Moderator in die vorgegebene Liste auf dem Template eingetragen wird. Sobald eine User Story abgeschlossen wird dies ebenfalls auf dem Template unterhalb der User Story vermerkt. Nach fünf Runden endet die erste Iteration. Erfahrene Moderatoren können die Anleitung mit Storytelling ausschmücken und jeder der Farben im Team eine typische Rolle eines Entwicklungsteams zuordnen.

Zum **Spielbeginn** erhält jeder der vier Spieler zwölf Legosteine in einer der vier auf dem Template dargestellten Farben. Sollten ein oder zwei zusätzliche Spieler verfügbar sein, können diese sich anstelle des Moderators um die Dokumentation kümmern.

Die **erste Runde** kann unter den gegebenen Voraussetzungen, d. h. dass jedes Teammitglied nur Steine in einer Farbe legen darf, nicht erfolgreich abgeschlossen werden. Nach dieser Erkenntnis zum Abschluss der ersten Iteration ändert der Moderator für die **zweite Runde** die Regeln wie folgt:

Nachdem die Spieler die Legotürme auseinandergebaut haben, geben sie jeweils zwei Legosteine ihrer Farbe an die drei anderen Spieler. Nach dem Tausch hat jeder Spieler sechs Legosteine der eigenen Farbe und jeweils zwei Legosteine der drei anderen Farben. Die Reihenfolge muss weiterhin eingehalten werden, jedoch besitzen nun die einzelnen Teammitglieder mehr Kompetenzen und können auch Steine anderer Farben legen. Von hier an ist der Spielverlauf identisch zur ersten Iteration. Der einzige Unterschied ist, dass symbolisch ein T-shaped Team gebildet wurde, in dem jedes Teammitglied seine Expertise in Form von den sechs Legosteinen der ursprünglichen Farbe hat und zusätzlich in kleinerem Umfang Kompetenzen für die anderen Farben mitbringt.

Nach der zweiten Iteration findet eine **Reflexion** statt, in der die erste und die zweite Runde miteinander verglichen werden. Dabei kann der Moderator folgende Fragen stellen:

- Was passiert, wenn wir für jedes Thema nur einen Experten im Team haben und dieser ausfällt?
- Was passiert, wenn wir nicht die am höchsten priorisierte User Story liefern, sondern den Rest?
- Was passiert, wenn einige Teammitglieder erst am Ende des Sprints ihre Arbeit machen können?

Weitere Beispielfragen für das Debrief gibt es auf der Website von DandyPeople oder bei #TheDebriefingCube (siehe Methode).

Praxisschlaglicht

Im Rahmen eines Agile Basics Trainings spielte das Entwicklungsteam eines Medizintechnikunternehmens das X-teams Silos Game. In der Vorbesprechung zum Training teilte der Scrum Master mit, dass das Team noch nicht in ausreichendem Maß cross-funktional zusammenarbeitete, weshalb sich die Trainerin für diese Übung entschied.

Da das Training online stattfand, verwendete das Team ein digitales Whiteboard anstelle von Legosteinen. Hierfür modifizierte die Trainerin das Board, indem sie einen Pfeil für die korrekte Baurichtung der Steine verwendete. Rechtecke in entsprechenden Farben dienten als virtueller Ersatz für die Legosteine.

Die Trainerin teilte die Teilnehmer in zwei 5er-Gruppen geteilt, wobei vier Teilnehmer die virtuellen Legosteine legten und jeweils ein Teilnehmer pro Team die Dokumentation übernahm. In der ersten Iteration schafften die Teams es nicht, alle User Storys abzuschließen, da die einzelnen Experten für die jeweiligen Farben oft in Runden aussetzen mussten.

In der zweiten Iteration wurden die Teammitglieder im „Legen andersfarbiger Legosteine geschult“, wodurch sie nicht mehr nur ihre eigene Farbe legen durften, sondern je zwei virtuelle Steine einer anderen Farben erhielten. Dadurch eröffnete sich eine neue strategische Vielfalt. Die Kommunikation innerhalb des Teams nahm zu und die Motivation ebenfalls, da der Ausgang nicht mehr durch die limitierten Kompetenzen einzelner Teammitglieder bestimmt war.

In der abschließenden Reflexion erkannten die beiden Teams, dass ihnen solche Limitierung durch ihre verschiedenen Expertenrollen auch im Alltag begegneten. Sie fragten neugierig nach Möglichkeiten, um die Silos nach und nach aufzulösen und sie entschieden sich, dieses Thema mit in die nächste Retrospektive zu nehmen.

X-Team Silos Game

Discover how Lean Team will change your way of working

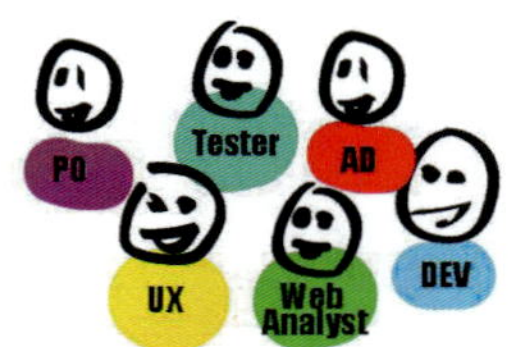

Lean Team - Agile Cross Functional Tea

Cross-functional teams are teams with different expertise that covers enough to create a product and put it into production. However, it is not enough to put together a group of differently skilled people and expect them to deliver as a team. This game tries to convey the consequences of holding on to your primary expertise and role only.

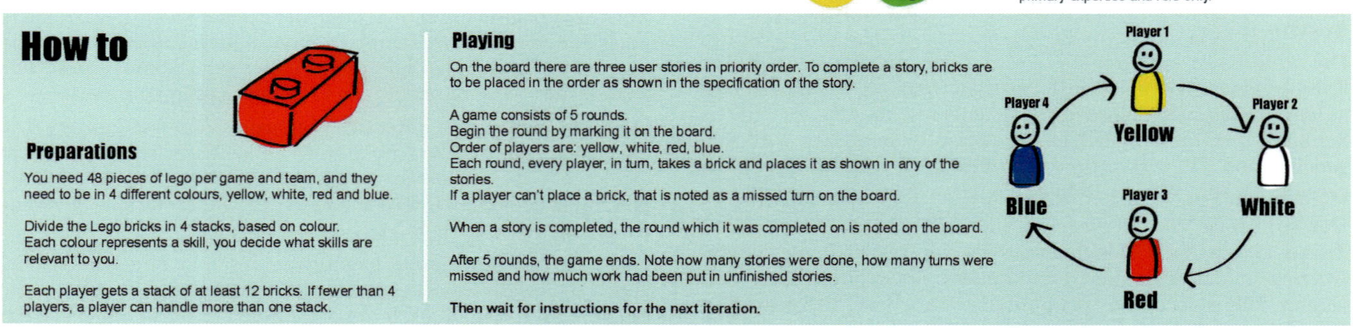

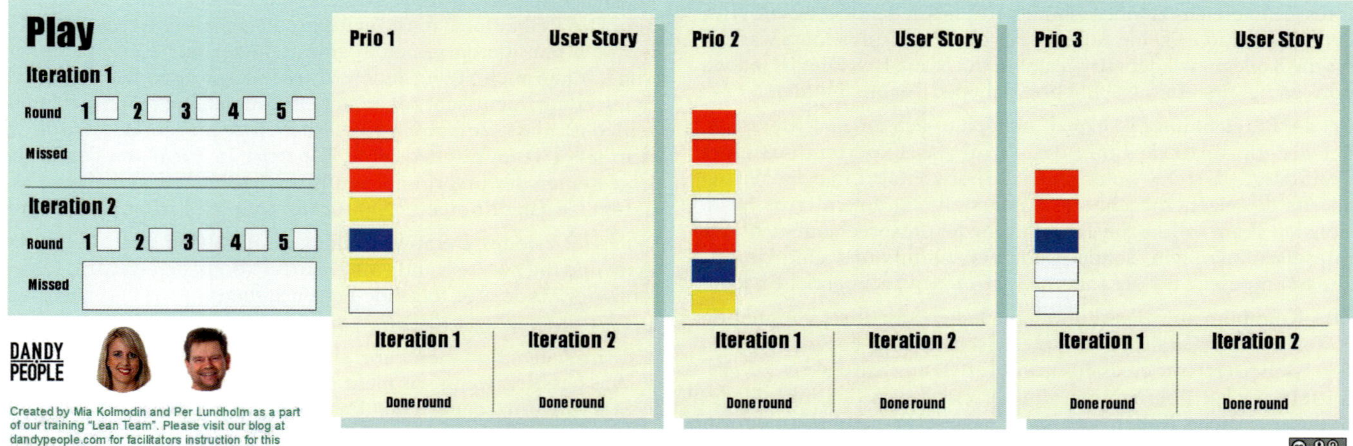

Grafik: Dandy People, Stockholm

Transformationswirksamkeit

- Wirksam für Herausforderungen mit mittlerer Komplexität
- Wirksam für alle Transformationen

Transformationsfähigkeit

- Fördert die Agilität eines Teams

Einsatzcharakteristik

- Austauschfokus: vornehmlich mit internen Personen
- Durchführungszeit: eher gering (< 1 Stunde)
- Einsatzfrequenz: vornehmlich im einmaligen Einsatz
- Komplexität für den Moderator: eher mittel
- Komplexität für die Teilnehmer: eher gering
- Teamgröße: Kleingruppe möglich (3 bis 5 Teilnehmer)
- Vorbereitungszeit: eher gering (<1 Stunde)

Nötiger Input, um mit der Methode arbeiten zu können

- Vorhandenes Wissen und Erfahrungen
- Durchführungszeit, Trainingszeit

Erzeugter Output der Methode

- Bessere Projekteffizienz, bessere Teamperformance
- Erzeugt transformationsfähigere Organisationen
- Erzeugt mehr Agilität im Team
- Erzeugt motiviertere und transformationsfähigere Teilnehmer
- Identifiziert vorhandene Schwachstellen
- Macht Wirkzusammenhänge sichtbar

Hinderniseffekte, auf die die Methode positiv wirkt

- 39 – Fördert die Agilität der Teilnehmer
- 25 – Schwächt multidisziplinäre Reibungsverluste
- 43 – Überzeugt einen Daueropponenten

Mögliche Extravorteile

- für Teams mit einer konservativen, tradierten Kultur
- für disruptiv unerfahrene Teams
- für agile Teams
- für multidisziplinär unerfahrene Teams
- für unerfahrene Trainer und Agile Coaches
- für die Arbeit mit digitalen Kollaborationsboards

Quellen

Web – https://dandypeople.com/blog/x-team-silos-game-getting-in-tshape/, 14.05.2021

Web – https://blog.crisp.se/2016/08/27/miakolmodin/x-team-silos-game-getting-in-tshape, 14.05.2021

Organisation – Dandy People, Stockholm, https://dandypeople.com/

Person – Mia Kolmodin, https://www.linkedin.com/in/miakolmodin/

Person – Per Lundholm, https://www.linkedin.com/in/perlundholm/

Grafik: verrocchio Mindset-Card – Illustration: Jennifer Weiss

Die Online-Methodensuche

Natürlich sollte ein Buch über digitale Transformation auch digitale Elemente enthalten. „Das große Handbuch Digitale Transformation" bietet Ihnen daher eine komplette digitale Suche, die dabei hilft, die richtige Methodenauswahl zu treffen.

Die Suche kann nach dem Namen der Methode oder nach einer Auswahl von Filtern geschehen. Diese beinhalten u. a.

- Suche nach Transformation-Index
- Suche nach Methodentypen
- Suche nach Hinderniseffekt sowie
- weitere Filter, die nicht im Buch enthalten sind.

Den Zugang zur Methodensuche finden Sie unter:

www.handbuch-digitale-transformation.com/methodensuche

Oder Sie nutzen den QR-Code rechts. Die Online-Methodensuche ist responsiv, kann also auch bequem mit dem Smartphone oder auf dem Tablet aufgerufen werden.

Registrierung erforderlich

Die Methodensuche ist ein Bonus für unsere Buchleser. Daher sind vor der Nutzung eine Anmeldung sowie die Eingabe eines Buchcodes erforderlich. Dieser Code lautet:

EHv4-RzW72k

Nach der Registrierungsbestätigung haben Sie exklusiven Zugriff auf alle Funktionen der Online-Methodensuche.

Über das verrocchio Institute

Wer sich in den letzten Jahren intensiver mit dem Thema Innovation beschäftigt hat, wird mit hoher Wahrscheinlichkeit auch in Kontakt gekommen sein mit den beiden Gründern des verrocchio Institutes, **Benno van Aerssen** und **Christian Buchholz**. Das verrocchio-Team arbeitet seit vielen Jahren daran, Wissen und Methoden rund um das Thema Innovation zu sammeln und für Kunden sowie Leser ihrer Bücher anzureichern und verstehbar zu machen.

Namensgeber des verrocchio Institutes ist **Andrea del Verrocchio**, der nicht nur als Künstler in der Renaissance bekannt wurde, sondern vor allem als Lehrer von **Leonardo da Vinci**, einem der größten Erfinder und Visionäre der Weltgeschichte. Nicht verwunderlich ist da die Mission des verrocchio-Teams:

„Wir wollen – ganz im Stil von Andrea del Verroccio – die so nötigen Erneuerer des 21. Jahrhunderts finden, ausbilden und befähigen."

Christian Buchholz und Benno van Aerssen in Florenz

Benno im Storytelling-Modus

Innovation lernen: Kernstück des verrocchio-Universums ist die Ausbildung zum **Innovation Coach,** die u. a. mit dem Internationalen Deutschen Trainingspreis ausgezeichnet wurde. Die einzelnen Bestandteile **Innovation Professional** und **Innovation Master** liefern wertvolle Anleitungen für die Entwicklung von Innovation in einer Organisation. Mit dem **Innovation Guide** und **Innovation Scout** bietet das Institut aber auch ein konkretes Angebot für gestandene Innovationsprofis. Auf dem digitalen verrocchio Campus treffen sich die Teilnehmenden dann zum Austausch.

Innovation umsetzen: Die beiden Gründer des verrocchio Institute sind ausgewiesene **Praxisexperten** und arbeiten nahezu täglich mit ihren Kunden an der Entwicklung von innovativen Produkten und Dienstleistungen.

Mittlerweile sind aus dieser Zusammenarbeit zahlreiche Werkzeuge entstanden, die dabei helfen, konkrete Innovationsherausforderungen zu lösen. Beispiele sind:

- Innovationdigging
- Ideen Sed Card
- Innovation Performance Radar
- Inspiration Card Set

- Road Runner Framework
- Innovation Management Canvas

Die Webseite des verrocchio Institute bietet dabei nicht nur einen Überblick über das Angebot an Tools und Weiterbildungen, sondern führt den Leser mit einem Navigator durch das umfassende Thema Innovation:

www.verrocchio.institute

Innovationdigging im Einsatz

Über die Autoren

Benno van Aerssen

Benno van Aerssen (Jahrgang 1964) stammt aus einer uralten Tessiner Künstlerfamilie und ist am Niederrhein groß geworden.

1996 gründet er sein erstes Unternehmen im Internetbusiness, welches virtuelle Lernwelten unter anderem für Global Player wie VW, Vodafone und Allianz herstellte.

Seit 2007 ist Benno van Aerssen mit seiner „Atelier für Ideen AG" und dem „verrocchio Institute for Innovation Competence" als Innovationscoach, Managementberater und Querdenker für internationale Unternehmen und Marken tätig.

Seine Kunden nennen ihn den „Innovationskünstler" und sagen: „Bei ihm gibt es die Ideengarantie". Sein wertvoller Erfahrungsschatz basiert auf mehr als zehn Jahren fokussierter Arbeit im Innovationsbusiness in ganz Europa, Nord- und Südamerika mit über 1.300 Workshops und dem Wissen über viele hundert Methoden.

Bennos aufrüttelnde Impulsvorträge, sein Engagement für Freiräume und seine Lehraufträge an verschiedenen Hochschulen sind weitere Facetten seines Wirkens. 2014 wurde er gemeinsam mit Christian Buchholz mit dem „Internationalen Deutschen Trainingspreis" des BDVT für sein Ausbildungskonzept „Innovationcoach" ausgezeichnet.

Seine Mission hat er klar formuliert: „Ich entwickle die kreative Intelligenz veränderungsbereiter Menschen für ein Leben voller grenzenloser Vorstellungskraft, Ideenreichtum und Leidenschaft." Auf seiner Website www.bennovanaerssen.com erschließt sich sein Stammbaum bis in die Renaissance, seine Expertise und auch seine weiteren Engagements.

Was ist deine Lieblingsmethode im Buch?

Es ist tatsächlich unser Transformation Canvas, weil wir sehen können, wie er vielen Teams schnell Klarheit zum Thema digitale Transformation gibt. Besonders auch deshalb, weil die zehn Kerntätigkeiten den Menschen ein kleines, gemeinsames Vokabular geben für Gespräche auf Augenhöhe.

Was ist für dich an digitaler Transformation spannend?

Spannend ist für mich, dass eigentlich bei allen Projekten zu digitaler Transformation andere Ergebnisse entstehen, als die Beteiligten sich vorher vorgestellt haben.

Was ist digitale Transformation für dich?

Es ist für mich eine Aufgabe der Evolution an uns, die wir nur dann zu unserem Nutzen bestehen werden, wenn wir sie holistisch und klug angehen.

Christian Buchholz

Christian Buchholz arbeitet als internationaler Innovation Coach, Managementberater und Vortragsredner.

Der Geschäftsführer des verrocchio Institutes hat in 21 unterschiedlichen Ländern gearbeitet und eine Vielzahl von Unternehmen bei radikalen Transformationen begleitet. Als mehrfacher Gründer kennt er die Herausforderungen von Start-ups wie auch die Gedankenwelt von Großkonzernen.

Die Expertise von Christian Buchholz beruht auf den Erfahrungen aus vielen hundert Innovationsprojekten. Zusätzlich sammelte er Hintergrundwissen durch zahlreiche Weiterbildungen, wie z. B. einen Master in kognitiven Neurowissenschaften (aon).

Christian Buchholz wurde zweifach mit dem Internationalen Deutschen Trainingspreis ausgezeichnet. Er schrieb mehrere Bücher zum Thema Innovation und ist u. a. Herausgeber von „Das große Handbuch Innovation“ und „The Innovator's Dictionary“.

In seinen Vorträgen macht Christian Buchholz Mut zum Perspektivenwechsel und weckt Freude an neuen Ideen. Klare Sprache und spannendes Storytelling sind sein Markenzeichen.

Auf seiner Website www.christian-buchholz.com veröffentlicht er regelmäßig Impulse zur Umsetzung eigener Ideen. Aktuell ist sein wichtigstes Thema die Entwicklung und Umsetzung von neuen Ideen für eine nachhaltige Transformation von Organisationen.

Was ist deine Lieblingsmethode im Buch?

Dieses Buch beinhaltet viele spannende Methoden, die dabei helfen, die digitale Transformation zu gestalten. Eine der wichtigsten Fähigkeiten, um die Digitalisierung zu begleiten, ist die Fähigkeit zu agilem Denken und Arbeiten. Daher sind für mich alle Methoden, die Agilität fördern und fordern, besonders relevant.

Was ist für Dich an digitaler Transformation spannend?

Meine Jugendzeit war durch die Anfänge der Digitalisierung geprägt. Als ich mit dem *Commodore 64* meinen ersten Computer zum Geburtstag bekam, war dies für mich wie eine Tür in eine neue, spannende Welt. Digitale Werkzeuge prägen seitdem meinen Alltag. Dies hat sich bis heute nicht verändert, nur sind die Möglichkeiten natürlich um ein Vielfaches größer.

Was ist digitale Transformation für dich?

Die Digitale Transformation ist für mich eine der größten Erneuerungen in der Menschheitsgeschichte, die in der Lage ist, alles zu verändern, was wir über die Zusammenhänge in der Welt wissen. Sie verändert die Art und Weise wie wir zusammenleben, wie wir arbeiten und unsere Freizeit gestalten.

Prof. Dr. Nicolas Burkhardt

Dr. Nicolas Burkhardt ist Management-Berater, Autor, Keynote Speaker und Social Media Influencer mit über 50.000 Followern. Er schreibt regelmäßig zu den Themen Innovation, Strategie, Leadership und New Work. Nicolas ist Gründer und Gesellschafter verschiedener Agenturen, Start-ups und (Software-)Unternehmen, die er überwiegend unter dem Dach der Kopfspringer Gruppe zusammengeführt hat.

Die Gruppe berät mit ihrem Portfolio seit 2015 größere Mittelständler und Konzerne, maßgeblich in den Bereichen Vertrieb, New Business, Personal, Organisation, IT und Strategie. 2018 wurde Kopfspringer für den besonders kundenzentrierten, unkonventionellen und pragmatischen Beratungsansatz als TOP-Beratung für den Mittelstand ausgezeichnet.

In seiner mittlerweile zweiten Professur beschäftigt sich Nicolas Burkhardt derzeit insbesondere mit dem Themenbereich der digitalen Transformation. Er absolvierte eine akademische Ausbildung in Deutschland, Island und der Schweiz sowie im renommierten MBA-Programm der Henley Business School in Großbritannien. Aus diesen Stationen hält er Abschlüsse in Kommunikation, Medien, Finanzökonomie und General Management.

Während seiner langjährigen Tätigkeit in der Industrie verantwortete Nicolas Burkhardt als leidenschaftlicher Praktiker internationale Transformations- und Innovationsprojekte in der Konzernwelt und wurde mit seinem Team u. a. mit dem Preis für „Digitale Transformation des Landes NRW" ausgezeichnet.

Im Privaten gilt seine Leidenschaft der Kunst sowie – als mehrfacher Ironman – dem Extremsport. Er ist verheiratet, hat zwei Kinder und lebt in Düsseldorf

Was ist deine Lieblingsmethode im Buch?

Ich habe eine große Leidenschaft für kleinere Dinge mit besonders großem Wirkhebel. Von dieser Kategorie gibt es gleich zahlreiche Methoden im vorliegenden Buch. Das Besondere hierbei ist die Unterschiedlichkeit ihrer Anwendungs- und Wirkfelder. Von Organisation, Kultur, Geschäftsmodell bis hin zu Kommunikation oder Skalierung. Für jeden Bereich haben unsere Autoren Helfer herausgesucht oder aus ihren eigenen Erfahrungen niedergeschrieben – und das ist einfach in Summe meine Lieblingsperspektive.

Was ist für dich an digitaler Transformation spannend?

Das Besondere ist ja, dass wir uns zurzeit tatsächlich an einer Art entscheidender Weiche für die nächsten Jahrzehnte bewegen. Digitale Transformation ist, mikroökonomischen betrachtet, eine durchaus glänzende Möglichkeit, die eigene Unternehmung zukunftsfähig zu machen, ihr Innovationskraft einzuhauchen und Effizienzen schnell und einfach zu heben. Aus makroökonomischer Perspektive ist digitale Transformation der Trigger für gesellschaftliche Veränderung. Sie bestimmt, wie wir zukünftig zusammenleben, wenn vieles automatisiert und Arbeit von Maschinen übernommen wird. Sie ist Utopie und Dystopie zugleich. Eine Chance, die riesigen Potenziale von Menschen und Gesellschaft wirklich freizusetzen und gleichzeitig das Risiko, ganze Personen- und Ressourcengruppen ungebraucht zurückzulassen. Vor allem aber ist doch die aus der digitalen Transformation erwachsene Notwendigkeit besonders spannend: Wann standen wir denn schon einmal vor einer Zeitenwende, in der der springende Punkt die Kreativität der Betroffenen sein wird?

Was ist digitale Transformation für dich?

Digitale Transformation ist für mich Arbeitsgrundlage. Ausgangspunkt und Zielsetzung zugleich. In jedem Fall permanente Veränderung und Übertragung von Leben und Prozessen in Bits und Bytes. Persönlich verstehe ich digitale Transformation als Chance. Ich sehe das Zusammenwachsen von analoger und digitaler Welt in eine neue Form hybrider Realität – mit smarten Anwendungsfällen und Erleichterungen für den Alltag von Milliarden Menschen. Digitale Transformation ist der Weckruf für unsere Zukunft.

Tobias Scharikow

Tobias Scharikow wurde 1992 in Bensberg geboren. Sein Lebensmittelpunkt liegt in der Metropolregion Rhein-Ruhr. In Bochum aufgewachsen, lebt er in Essen und arbeitet in Düsseldorf.

Schon in seiner Kindheit entdeckte er das Bedürfnis, verstehen zu wollen, wie Dinge funktionieren und wie man sie selbst erschaffen kann. Inspiriert von den Retro-Games aus den 1990ern-Jahren, startete Tobias in seiner Jugend die ersten eigenen Projekte und schrieb die ersten Zeilen Code, entwickelte eigene Stories, skizzierte Konzeptzeichnungen und setzte diese als 3D-Modelle oder Pixel Art digital um. Diese „Schöpfung aus dem Nichts" – von der leeren Leinwand zum Kunstwerk, von der ersten Zeile Code hin zur fertigen Software, von der Idee zum Produkt – begleitet ihn zusammen mit der damit verbundenen Kreativität bis heute und ist mitunter seine größte Inspiration und Motivation.

2012 begann Tobias mit dem Studium der Wirtschaftsinformatik an der Universität Duisburg-Essen. Angetrieben durch die Interdisziplinarität des Studiengangs hat er in dieser Zeit seine ersten Start-ups als CTO mitgegründet. Er erreichte u. a. den 2. Platz eines Start-up-Wettbewerbs und wurde in ein Gründer-Stipendium aufgenommen.

Nach dem Studium machte sich Tobias als Freelancer im Bereich der digitalen Produktentwicklung selbstständig und setzte über mehrere Jahre hinweg über 20 digitale Produkte für Start-ups, Mittelstand und Konzerne um. Dabei begleitete er verschiedene Phasen im Produktentwicklungsprozess – von der Konzeption über die kreative und technische Umsetzung bis hin zum Release.

2019 hat Tobias das Unternehmen „oomanIT" gegründet, das heute branchenübergreifend an der Schnittstelle zwischen Technologie, Design, Business und Mensch digitale Produkte konzeptioniert, designt und entwickelt.

Wenn Tobias in seiner Freizeit nicht gerade an irgendwelchen Ideen tüftelt, findet man ihn entweder in der Natur, beim Training mit dem eigenen Körpergewicht, beim Lesen oder beim Go spielen.

Was ist deine Lieblingsmethode im Buch?

Ich finde viele Methoden aus diesem Buch super. Welche Methode mich besonders reizt, ist das DELAG+ Framework. Dieses nutzen wir bei oomanIT zur Entwicklung von eigenen digitalen Geschäftsmodellen und Produkten, da es die verschiedenen benötigten Komponenten ganzheitlich zu einem fertigen Puzzle zusammensetzt.

Was ist für dich an digitaler Transformation spannend?

Für mich ist es spannend zu sehen, wie die Transformation durch die Zukunft gelenkt wird. Digitale Transformation ist nicht binär zu betrachten – ein Unternehmen kann nicht digital transformiert *sein*, denn die Transformation ist ein ständiger und kontinuierlicher Prozess und Wandel, in dem wir und unsere Umwelt sich befinden. Und dieser Wandel wird maßgeblich von zukünftigen Technologien und Entwicklungen beeinflusst, wodurch verschiedenste Bereiche zusammenwachsen und sich verändern werden.

Was ist digitale Transformation für dich?

Digitale Transformation ist für mich „Digitale (R)Evolution". Denn durch das kontinuierliche Voranschreiten von Hardware, Software, Infrastrukturen und Technologien wird sich nachhaltig alles für Mensch, Gesellschaft und Umwelt verändern – die Art und Weise wie wir leben, arbeiten und kommunizieren.

Benjamin Brüser

Benjamin Brüser betreibt im Herzen des Ruhrpotts sein Büro „BR-AIN Brüser Architektur & Innovation". Nach dem Abitur hat er Architektur und Bauingenieurwesen in Wismar, Shenyang (China) und New York studiert und in dieser Zeit Digitalisierung in allen Ebenen und verschiedenen Kulturen miterlebt. Er ist verheiratet und hat zwei Söhne.

Geboren 1981 im Sauerland, dort aufgewachsen und sozialisiert zwischen Schützenfest, Tetris und Hidden Champions faszinieren ihn Innovationsthemen seit Jugendtagen. Als Gründer von „Emmas Enkel" im Jahr 2011 gilt er als Pionier im Multichannelhandel und spannt mit seinem Büro in vielfältigen Projekten online und offline den Bogen zwischen Tradition und Moderne.

Dabei umfasst das Spektrum Projekte im Bereich Digitalisierung von Geschäftsmodellen, Logistik sowie IT/Datenmanagement – meistens kombiniert mit der Gestaltung der gebauten Architektur.

Seit 2019 ist Benjamin Brüser Lehrbeauftragter für Shop-und Warenwirtschaftssysteme und Prozessmanagement an der Hochschule Ruhr West und teilt in Workshops und Vorträgen seine Erfahrungen mit Unternehmen.

Ehrenamtlich ist er als Mentor und Mitglied in verschiedenen Gremien tätig.

Was ist deine Lieblingsmethode im Buch?

Zum einen das klassische Mindmapping als einfach erlernbare Methode, die Innovationen zu sortieren und später anzureichern. Anderseits Buildwork, um einen ganzheitlichen Blick auf das zu bearbeitende Themenfeld zu bekommen und daraus notwendige Aktivitäten abzuleiten.

Was ist für dich an digitaler Transformation spannend?

Das wir gerade mittendrin sind in einer Zeit, in der jedes Jahr mindestens eine gravierende Innovation die Rahmenbedingungen komplett verändert und somit auch antizipierte Ergebnisse immer schneller korrigiert werden müssen. Durch den Einsatz der richtigen Werkzeuge macht dieser Ritt viel Freude und bedeutet, täglich wachsam zu bleiben.

Was ist digitale Transformation für dich?

Der stetige, iterative Anpassungsprozess einer Gesellschaft – ohne den roten Faden und die Geschichte ganz außer Acht zu lassen.

Stephanie Bretz

Stephanie Bretz ist Unternehmerin und Expertin für Digitalisierung und digitale Geschäftsmodelle. Die erfahrene Projekt- und Teamleiterin hat schon zahlreiche Konzepte für digitale Ökosysteme, Infrastrukturen und People-Transformationen erarbeitet und umgesetzt.

Stephanies Einstieg ins digitale Business lief über den digitalen Buchhandel. Sie hat E-Book-Plattformen für die größten Player in der DACH-Region aufgebaut und schließlich in leitender Position ein Shop-System für digitale Services mit einem der größten Handelskonzerne Europas umgesetzt. In ihrer beruflichen Laufbahn hat Stephanie schon vielfältige Unternehmen kennengelernt und dabei mit den unterschiedlichsten Menschen zusammengearbeitet: von der Literaturkommission über den E-Commerce bis hin zur wachsenden inhabergeführten Agentur.

Heute ist Stephanie selbst Inhaberin und Geschäftsführerin der 2020 gegründeten masterplan.academy GmbH, einer Beratung für Digital Business. Neben der Entwicklung und Umsetzung von digitalen Projekten und Produktkonzepten versteht sich die Academy auch als Austausch-Hub, um gemeinsam Wissen über die Digitalisierung aufzubauen und miteinander zu teilen (www.masterplan.academy).

Eigentlich hatte Stephanie vor, Übersetzerin zu werden. Im Studium entschied sie sich dann aber doch für einen Wechsel zur Literatur-, Kultur- und Medienwissenschaft und machte ihren Abschluss schließlich in der Kulturpoetik. Sie lernte dabei vieles, was sie in ihrer heutigen Tätigkeit in der Digitalisierung virtuos einsetzt: Systeme und Codes verstehen, Typen und Strukturen erkennen und kategorisieren, Semantik, Pragmatik, Dekonstruktion. Und dann doch das Übersetzen – an der Schnittstelle zwischen Business und Technik und zwischen Menschen und Systemen.

Was ist deine Lieblingsmethode im Buch?

Das Schreiben von „No Drama Lama“ hat mir am meisten Spaß gemacht. Ich möchte damit zeigen, dass man insbesondere mit den Skills aus der Literaturwissenschaft für die Digitalisierung bestens gerüstet ist. Eine literarische Bildung und die Arbeit in einem Beruf mit technisch-wirtschaftlichem Bezug sind keine Widersprüche. Im Gegenteil.

Meine Lieblingsmethode in der Anwendung ist „Embrace the Chaos“. Denn das ist auch mein Motto für die Digitalisierung – obwohl oder gerade, weil ich ein sehr strukturliebender Mensch bin. Wir haben nämlich gar keine andere Chance, als uns auf das ewige Geschnatter einzulassen, das uns umgibt. Zum Glück ist das nicht schlimm, wenn wir es schaffen, die Dinge zu sortieren, die uns wichtig erscheinen. Mir fällt es durch diese Perspektive viel leichter, die Ansatzpunkte für die Umsetzung meiner Ideen und Projekte im Blick zu behalten.

Das ist für mich der Clou: Digitale Transformation ist ein Prozess, der sich verändert, während wir ihn bearbeiten. Die Methode „Embrace the Chaos“ ist mein persönlicher Trick, um die tägliche Informationsflut zu bewältigen. Ich habe sie in diesem Buch gern geteilt.

Was ist für dich an digitaler Transformation spannend?

Wenn man genau hinsieht, ist kein Projekt in der digitalen Transformation gleich. Es gibt Strukturen, Herausforderungen, Technologien und Trends, die für alle gelten, das ist klar. Aber Digitalisierung kann für jedes Projekt, jedes Team und jedes Unternehmen etwas ganz Eigenes bedeuten. Das war mir zum Beispiel beim Schreiben der Methode „Our own way of digital“ wichtig: Digitalisierung wird zu dem, was man selbst daraus macht. Deshalb ist auch jedes neue digitale Projekt, das ich angehe, auf seine ganz eigene Weise spannend.

Was ist digitale Transformation für dich?

Für mich bedeutet digitale Transformation nicht allein einen technischen, sondern vor allem auch einen kulturellen Wandel. Diese Perspektive wird oft auf den ersten Blick ausgeblendet, ist aber in meinen Augen total wichtig. Ganz konkret sehe ich das in meiner täglichen Arbeit mit Transformations-Teams. Letztlich ist digitale Transformation für mich wie eine Sprache, die wir gemeinsam lernen. Was wir dann sagen, bleibt uns überlassen.

Valerie Wacker

„… du hast mich mit deiner Begeisterung für Digitalisierung und Veränderung wirklich beeindruckt und ich hoffe sehr, dass ich eines Tages genauso für meinen Job brennen werde, wie du es tust!" waren die dankenden Abschlussworte einer Praktikantin an Valerie.

Und genau das trifft es am besten: Wenn Valerie etwas anpackt, dann nur aus voller Überzeugung. Und dann ist es eine Leichtigkeit, andere mit dieser Begeisterung anzustecken! Deshalb ist die Arbeit als Change-Managerin auch kein Beruf, sondern eine Berufung für sie.

Sie begleitet Unternehmen und deren Mitarbeitenden auf der Reise in die digitale Zukunft, nimmt ihnen die Angst vor neuen Technologien und macht sie mit Blockchain und Co. vertraut. Nach einem Ausflug ins Diversity Management zog es sie in die GAFAM-Familie, wo sie sich als Unternehmensberaterin zu einer Expertin für cloud-basierte Kollaborationsplattformen einen Namen machte. Danach zog es sie zurück in die Automobilbranche, wo sie heute ihre Erfahrung als Change-Managerin im Bereich Digitale Transformation einbringen kann.

Dass sie mit Abschlüssen in Empirische Kulturwissenschaft, Jura und Mediation nicht die klassische IT-Sprache beherrscht, ist dabei kein Nachteil, sondern macht sie eher zu einem gefragten Bindeglied zwischen analogem und digitalem Zeitalter.

Die Liebe zu ihrem Job hegt sie auch für ihre Heimat: Aufgewachsen in Stuttgart ist sie „niemals 0815, sondern immer 0711" und lebt deshalb auch heute noch mit ihrem Mann und ihrem Sohn in der Stadt der schnellen und schönen Autos, der Kehrwoche, der Maultaschen, Brezeln und Spätzle.

Was ist deine Lieblingsmethode im Buch?

Die „Brown Bag" und „Espresso Sessions"! Weiterbildung wird oft mit starren Räumlichkeiten und viel Zeitaufwand in Verbindung gebracht, obwohl es so einfach sein kann, und zwar für den Interessenten *und* den Organisator. Außerdem ist es klasse, kein schlechtes Gewissen mehr für den dritten Espresso des Tages haben zu müssen.

Was ist für dich an digitaler Transformation spannend?

Veränderung bzw. Transformation bedeutet immer, dass etwas Neues entsteht. Und doch setzt man sich gerade erst dann mit dem Bestehenden richtig auseinander und überlegt, was beibehalten werden sollte. Meistens entsteht dadurch eine wundervolle Mischung aus Alt und Neu, an die so vorher niemand gedacht hat – und genau so ist das auch mit der digitalen Transformation.

Was ist digitale Transformation für dich?

Eine neverending Story! Aus irgendeinem Grund ist die digitale Transformation ja erst jetzt zu einem richtigen Buzzword geworden und dass, obwohl wir ihr schon immer ausgesetzt waren – man denke nur an die Uhr, die von der Hosentasche in Richtung Arm wanderte und nun an der Supermarktkasse zum Zahlen gebraucht wird! Und ich bin mir sicher, dass da noch viele spannende Dinge kommen werden!

Dirk Kossey

Dirk Kossey wurde 1973 geboren und wuchs in einer Unternehmerfamilie in Kassel und München auf.

1993 gründete er sein erstes Unternehmen. In den darauffolgenden zwei Jahren arbeitete er neben dem Studium im Automobilbereich und bereiste alle Länder Europas, wobei sein Tätigkeitsschwerpunkt auf Osteuropa und Großbritannien lag. Nach dem erfolgreichen Universitätsabschluss als Wirtschaftswissenschaftler startete er in der FMCG-Branche und arbeitete nebenbei als Dozent für E-Commerce und E-Business an der „Academy for Management".

Danach war er 20 Jahre beim Vodafone-Konzern im Vertrieb in verschiedenen Managementaufgaben tätig. Er hatte als Prokurist für etwa drei Jahre die Gesamtverantwortung für den erfolgreichen Neustart der Zweitmarke „OTELO" im deutschen Mobilfunkmarkt. Zuletzt verantwortete er knapp vier Jahre als Director das gesamte, direkte Retailgeschäft für „Vodafone" in Deutschland und damit die etwa 1.500 eigenen Filialen und Partneragenturen.

Seit Anfang 2019 ist Dirk CEO von Deutschlands größter Fotostudiokette „Studioline Gruppe" mit fast 600 Mitarbeitern und etwa einer Million Kunden pro Jahr. Ebenso lange leitet er schon die Unternehmensberatung „good2best GmbH" und berät Firmen bei der Digitalisierung ihrer Unternehmensprozesse und Vertriebsstrategien.

Sein ganzes Berufsleben ist er vom Prinzip der permanenten Weiterbildung und des lebenslangen Lernens überzeugt. Mit großer Freude und Elan besuchte er im Laufe der Zeit berufsgleitend über 50 Seminare und schloss erfolgreich die „International Business Strategy"-Vorlesungsreihe an der Universität in Maastricht ab. Seit 2017 ist Dirk darüber hinaus Alumnus der Kellogg Management School, Chicago. Seine Erfahrungen aus über 20 Jahren Training und Weiterbildung bringt er gern in seine neuen beruflichen Herausforderungen ein.

Als Co-Autor der Bücher „Moderne Vertriebssteuerung" und „Sales Performance Excellence" (Haufe 2016) konnte er seine große Leidenschaft der Customer Centricity erstmals zu Papier bringen. Dementsprechend lautet seine Vision und Mission heute: Überrasche deinen Kunden so positiv und zu einem Zeitpunkt, an dem er nicht damit rechnet, sodass er nachhaltig zum Fan und Botschafter deines Produktes/deines Unternehmens wird. Nichts weniger als das ist das Ziel.

Was ist deine Lieblingsmethode im Buch?

Für mich ist „The Lean Startup" eine faszinierende Methode, um schnell zu erkennen, was die Erfolgsfaktoren einer Idee sind und dies zu testen. Mit so wenig Aufwand wie möglich, so schnell wie möglich an den Start zu gehen! Ein Minimum Viable Product, Nutzer-Feedback und andere Key Performance Indicators erzeugen ununterbrochen neue Produkt- und Vermarktungsideen für das Unternehmen. Dies begeistert mich und entspricht ganz besonders meiner Einstellung und meinem Naturell.

Was ist für dich an digitaler Transformation spannend?

Alles ist möglich – was gestern noch unvorstellbar schien, ist heute fest in unserem Alltag eingebunden und unverzichtbar zum „New Normal" geworden.

Was ist digitale Transformation für dich?

Es passt hervorragend zu meiner Einstellung des lebenslanges Lernens, da es beschreibt, dass alles der permanenten Veränderung unterliegt und darin wahrscheinlich die größte Chance unseres Lebens steckt.

Dr. Jan Herrmann

Dr. Jan Herrmann wurde 1980 in Gütersloh geboren.

Nach dem Studium und der Promotion im Bereich Operations Reasearch (2008) wechselte er ins Consulting und startete bei der Firma BrainNet seine Karriere als Einkaufsberater. 2015 wechselte er in die Kerkhoff Group und gründete dort die Tochtergesellschaft Kerkhoff Indirect Procurement, die er 2018 verließ, um als Partner im Bereich Management Consulting bei PwC Deutschland einzusteigen.

Bei PwC leitet Dr. Jan Herrmann den Bereich Procurement Consulting und berät Unternehmen beim Aufbau transparenter Lieferketten, um neben regulatorischer Compliance auch Vertrauen und Wachstum sicherzustellen.

Dr. Jan Herrmann gilt als Experte für Supply Chain Management und strategischen Einkauf mit mehr als 13 Jahren Erfahrung in Beratung und Industrie.

Sein grundsätzlicher Antrieb ist, immer wieder neue Problemstellungen anzugehen, die Unternehmen umgeben oder beschäftigen. Gerade die Vielfältigkeit und Nuancen der Herausforderungen sind Anreiz, um neue Projekte anzugehen und erfolgreich zu gestalten. Insbesondere die Digitalisierung und damit die klare analytische Auseinandersetzung mit Prozessen sind Teil seiner DNA und Anreiz, als Berater unterwegs zu sein.

Was ist deine Lieblingsmethode im Buch?

Für mich ist die „Process-driven Transformation“ ein wichtiger Bestandteil für die digitale Reise eines Unternehmens. Es hilft dabei, dass einem der Berg, vor dem man steht, nicht mehr ganz so groß vorkommt.

Was ist für dich an digitaler Transformation spannend?

Ich glaube, dass die digitale Transformation ein elementarer Bestandteil unserer Geschichte und im gleichen Atemzug mit der industriellen Revolution oder der Renaissance genannt werden wird. Teil dieses Weges in unserer Geschichte zu sein, beeindruckt mich immer wieder.

Was ist digitale Transformation für dich?

Es ist schwierig, alle Dimensionen aufzuzählen, die eine digitale Transformation ausmachen. Ein Kernelement gefällt mir aber besonders gut: die Automatisierung. Die rasante Verlagerung von manuellen Tätigkeiten in automatisierte Abläufe und die dadurch entstehende Erleichterung und Effizienz beeindrucken mich in allen Facetten des Alltags und beruflichen Lebens.

Göran Göhring

Göran Göhring wurde 1969 in Berlin-Pankow, im damaligen Ost-Berlin, geboren.

Nach der Flucht 1989 über die Prager Botschaft in die Bundesrepublik Deutschland arbeitete er als Aufnahmeleiter und Regieassistent beim Fernsehen, u. a. für „Wetten, dass …?“, „Marianne & Michael“ oder „Das aktuelle Sport-Studio“. Parallel studierte er Betriebswirtschaft an der heutigen Hochschule Rhein-Main und erwarb dort 1995 das Diplom.

2003 gründete er mit Partnern STAGG & FRIENDS, eine Agentur für Experiences – real & digital. Die Agentur kreiert, konzipiert und führt globale Projekte größtenteils für DAX-Konzerne und mit Schwerpunkt Automotive durch.

Seit mehr als drei Jahren engagiert sich Göran Göhring als Business Angel für digitale, global skalierbare Geschäftsmodelle sowie als Advisor bei Business-Builder-Unternehmen wie die Next Mobility Labs. Außerdem ist er Mentor bei den Startup Teens, einer Non-Profit-Organisation für junge Menschen mit unternehmerischen Ideen.

Sein Antrieb und seine Leidenschaft gelten dem Unternehmertum und die Weitergabe des Wissens an junge Unternehmer. Besonders interessiert ihn die Arbeit an innovativen Business-Modellen und daran, diese immer wieder neu zu denken.

Was ist deine Lieblingsmethode im Buch?

Ich mag die Remote-first-Methoden sehr, denn ich glaube daran, dass Freiheit und Verantwortung in Zukunft ein immer gewichtigerer Teil der Arbeit sein werden.

Was ist für dich an digitaler Transformation spannend?

Spannend ist der Weg zum Ziel. Selten ist das Endergebnis von vornherein bekannt. Man muss sich Schritt für Schritt den Erfolg erarbeiten. Doch ist der Tipping Point erreicht, sieht man Möglichkeiten und Erfolge, die wirklich neu sind.

Was ist digitale Transformation für dich?

Sie ist für mich die Weiterentwicklung unseres täglichen Lebens auf einer neuen Ebene. Es revolutioniert unsere Art zu arbeiten, zu lernen und insbesondere, Themen neu zu denken.

Beate Sommer

Beate Sommer (Jahrgang 1989) wuchs umgeben von unendlich schönen Landschaften und Wäldern in der Nähe von Berlin auf. Ihre Berufsausbildung absolvierte sie im öffentlichen Dienst und ist seither ihrem Dienstherrn treu geblieben, wobei sie sich berufsbegleitend nicht nur der Betriebswirtschaftslehre widmete, sondern auch der Naturheilkunde und dem Coaching.

Sie lebt mit ihrem Ehemann und ihren zwei Töchtern in Frankfurt am Main. Ca. 10.000 Mitarbeitende sind deutschlandweit bei ihrem Arbeitgeber beschäftigt. Beate Sommer war Gründungsmitglied des Bereichs IT-Innovation. Sie unterstützte den Aufbau eines Innovationslabors und begleitete Innovations- und Digitalisierungsprojekte. Mit der Methode Design Thinking entdeckte sie schnell ihre Leidenschaft für nutzerzentriertes Denken in multidisziplinären Teams und fand so ihren Weg als Innovation Coach. Parallel standen neue Herausforderungen an, die weitere Skills in einem anderen Bereich der agilen Arbeitsweise erforderten. So sammelte sie u. a. Praxiserfahrungen mit den Methoden Scrum, Kanban und OKR. Sie schätzt die Initiativen und Weiterentwicklungen im Bereich des neuen Arbeitens sehr. Mit dem Entwickeln, Ausprobieren und Integrieren neuer Methoden, Techniken und Instrumente begeistert sie Führungskräfte, Projekt- und Teammitglieder sowie ganze Abteilungen für neue Arbeitsweisen und Ansätze. Der Mensch mit all seinen Facetten steht dabei stets im Mittelpunkt.

Nicht nur bei der Arbeit verprobt und iteriert sie Neues, auch privat lässt sie bei ihren Hobbies und dem Familienleben ihrer Kreativität freien Lauf und geht grundsätzlich optimistisch durchs Leben. In ihren Augen stellen Zufriedenheit und Spaß ein wesentliches Grundgerüst dar, mit dem aus Herausforderungen jederzeit spannende neue Möglichkeiten entstehen können.

Was ist deine Lieblingsmethode im Buch?

Es ist und bleibt Design Thinking: ein großartiger Ansatz, der komplexe Sachverhalte zerlegt, Probleme konkretisiert, Kunden einbindet und iterative Weiterentwicklung durch Prototyping und Testing zulässt. Multidisziplinäre Teams lernen sich einander schnell schätzen und es entsteht innerhalb kürzester Zeit ein maximaler Teamspirit, der jedem Coach das Herz aufgehen lässt.

Was ist für dich an digitaler Transformation spannend?

Für mich ist die Veränderungsbereitschaft der Menschen das Spannendste. Es ist ein Bereich, der emotional, vielfältig und herausfordernd ist. Die Menschen dort abzuholen, wo sie stehen, und mit ihnen gemeinsam einzelne Schritte auf einem neuen Weg zu beschreiten, ist ein fantastisches Gefühl.

Was ist digitale Transformation für dich?

Für mich ist digitale Transformation ein natürlicher nächster Schritt in die Zukunft, wobei dieser Schritt mit Veränderung einhergeht. Die Kunst ist, diese Veränderungen zu begrüßen, sie als Herausforderung anzunehmen und dabei eigene vielfältige Chancen zu erkennen und zu nutzen. Mir hilft der Gedanke, dass Veränderungen ganz natürlich sind und in allen Lebenslagen dazugehören. Es kommt immer darauf an, mit welchem Blick man auf sie schaut.

David Sauer

David Sauer wurde in Hildesheim geboren und ist dort aufgewachsen. Nach seinem dualen Studium und einer Tätigkeit im Handelsunternehmen tegut…, dort in der Planung und Umsetzung von Prozess – und Organisationsveränderungen in deutschlandweiten Filialstandorten, ist die strategische und operative Ausrichtung von Unternehmen zur erfolgreichen Integration von Veränderungen und neuer (digitaler) Herausforderungen das Interesse seines unternehmerischen Wirkens.

Seine akademische Ausbildung absolvierte David in Deutschland, den USA und Großbritannien, wo er in 2017 den Master of Letters in International Business und im Jahr 2018 den Master of Science in Psychologie an der University of St Andrews erwarb. David hat als Dozent an der Hochschule Fulda am Fachbereich Wirtschaft im Studiengang Logistikmanagement und Internationale Betriebswirtschaftslehre gelehrt.

Nach seiner Rückkehr aus Großbritannien ist David seit 2018 im Management Consulting tätig, wo er aktuell als Leiter des Customer Corporate Development-Bereichs in der Kopfspringer GmbH (digitale) Transformationsprojekte sowie Projekte im Bereich Innovation steuert und dabei u. a. mit Kunden aus dem Energiesektor, der Konsumgüter, dem Bereich Automotive sowie der Telekommunikations- und Versicherungsbranche zusammenarbeitet.

David promoviert seit 2020 am Lehrstuhl für Familienunternehmen an der WHU. Hier untersucht er Entscheidungsprozesse in Familienunternehmen, insbesondere im Zuge der digitalen Transformation. Sein privates Interesse gilt der Musik und dem Sport. Er ist Mitglied im Cello Ensemble „I Cellisti Appassionati“, spielt leidenschaftlich Volleyball und ist begeisterter Segler.

Was ist deine Lieblingsmethode im Buch?

Als Analysemethode in digitalen Transformationen hilft die „Change-Landkarte“ in jeder Transformation spielerisch im Voraus, mögliche Probleme und Dynamiken zu antizipieren. In der Umsetzung von (digitalen) Projekten ist das „KANBAN Board“ hilfreich und einfach in der Anwendung, um Projekte und Produktentwicklungen transparent und erfolgreich zu meistern.

Was ist für dich an digitaler Transformation spannend?

Die Fragen nach digitalen Projekten, Produkten oder Ideen haben häufig zu Beginn neue digitale Technologien noch nicht im Fokus und fragen vielmehr nach den Bedürfnissen der Menschen. Die digitale Transformation können wir dabei nutzen, neu verfügbare Werkzeuge und neues Wissen einzusetzen, aktuelle und neue Bedürfnisse der Menschen zu befriedigen.

Was ist digitale Transformation für dich?

Digitale Transformation stellt eine Sammlung aktueller und neuer Möglichkeiten da, welche schnell überwältigend und unverständlich sowie gleichzeitig opportunistisch und bereichernd wahrgenommen werden können. Es liegt an uns, das neue (digitale) Wissen mit bestehendem Fachwissen in Unternehmen zu kombinieren und so Problemlösungen neu zu denken.

Thomas Schönhoff

Thomas Schönhoff, Jahrgang 1970, lebt mit seiner Ehefrau und seinen zwei Kindern in Münster. Sein Blick auf die Digitalisierung der Energiewirtschaft für dieses Buch ist seine Premiere als Autor.

In seinem „ersten Leben“ hatte er klassisch den Beruf verfehlt. Deshalb hängte Thomas seinen Job als Fernmeldehandwerker bei der Deutschen Telekom im Alter von 25 Jahren „an den Nagel“. Dieser Schritt, raus aus der Komfortzone, gepaart mit dem Besuch des Abendgymnasiums in Hagen und Abitur 1997, war richtungsweisend für ihn. Das anschließende Studium der Psychologie schloss Thomas Schönhoff 2003 an der Ruhruniversität Bochum mit dem Abschluss als Diplom-Psychologe ab.

Sein Weg setzte sich danach in der Telekommunikationsbranche bei dem Global Player Vodafone fort. 15 Jahre verantwortete er diverse Positionen, vom Verkäufer zum Retailexperten bis hin zum Head of Germany für 1.200 Franchiseshops. Als Vertriebsdirektor und Prokurist stieg er 2019 bei Vodafone aus.

Mit viel Elan, Lern- und Veränderungsbereitschaft ging es dann in die Welt der Energiewirtschaft, und zwar zu einem der größten kommunalen Energieversorger. Neben dem klassischen Management des gesamten Privatkundengeschäfts von Commodity (Strom, Erdgas) und Non-Commodity (z. B. Elektromobilität) beschäftigt sich Thomas Schönhoff maßgeblich mit der digitalen Transformation seines Arbeitgebers.

Zusätzlich zu seiner Rolle als Leiter Privatkunden verantwortet er seit 2020 als Geschäftsführer das energiewirtschaftliche Tochterunternehmen. Diese Ausgründung des Energieversorgers wird auch als „digitales Schnellboot“ bezeichnet. Das Start-up aus dem Ruhrgebiet hat das Ziel, den bundesweiten Energievertrieb durch den Einsatz digitaler Plattformen aus Kundensicht zu revolutionieren. Beim „Handelsblatt Energiegipfel 2021“ referierte er darüber, wie kommunale Energieversorger digital Punkten können.

Thomas Schönhoff versteht sich als klassischer „People Manager“, dem es gelingt, die Extrameile aus seinen Leuten herauszuholen. Echtes Interesse an Mitarbeitern, Kunden, Ergebnissen und viel Spaß sowie die Leidenschaft beim „MACHEN“ treiben ihn an.

Was ist deine Lieblingsmethode im Buch?

Ich bin ein sehr großer Fan der „Strategic-Play®“-Methode. Mit Lego® und Serious Play® werden komplexe Herausforderungen mit strategischer Co-Kreativität gelöst. Spielerisch werden hier Kreativität und Visionskraft von Teams an die Oberfläche geholt, um neue Potenziale aufzudecken.

Was ist für dich an digitaler Transformation spannend?

Es fasziniert mich, zu beobachten, wie der Widerstand und die Skepsis „digitaler Immigranten“ zur technologischen Genese immer weiter bröckelt – und bröckeln muss. Die digitale Transformation ist in vollem Gange.

Was ist digitale Transformation für dich?

Mehr Komfort, mehr Komplexitätsreduktion, mehr Zeit – insbesondere für Organisationen, Kunden, Mitarbeiter und die Gesellschaft insgesamt.

Sabina Lammert

Sabina Lammert studierte Biochemie und anschließend Neurowissenschaften mit dem Ziel, als Projektmanagerin in der Medikamentenforschung einen Beitrag zum Gesundheitssystem zu leisten. Dieses Ziel verwirklichte sie beim Tübinger Impfstoffentwickler CureVac – zunächst als Projektkoordinatorin für prophylaktische Impfstoffe und später als Projektmanagerin für die Etablierung von Laboren für die Qualitätskontrolle. Parallel absolvierte sie, neben einem MBA in internationalem Management, eine Trainerausbildung für Problemlösung und Entscheidungsfindung nach Kepner-Tregoe und schulte intern Mitarbeiter und Führungskräfte darin, systematisch komplizierte Fragestellungen zu lösen.

Die Freude daran, sich regelmäßig neuen Herausforderungen zu stellen und Menschen Wissen zu vermitteln, führten sie schließlich in die agile Transformationsberatung borisgloger Consulting. Dort vertiefte sie ihre Fähigkeiten als Beraterin, Trainerin und Facilitator und gab ihre ersten Leadership-Trainings. Sie baute auch ihre Visualisierungsfähigkeiten aus und gewann durch das Teilen ihrer nützlichen Sketchnotes und Infografiken ein großes Netzwerk in den sozialen Medien und in der agilen Szene. Die intensive Beschäftigung mit agilen Zusammenarbeitsmodellen im Bankwesen und in der Versicherungsbranche machten Sabina Lammert neugierig: Wie kann agile Zusammenarbeit im Healthcare-Bereich aussehen?

Im Sommer 2019 machte sie sich selbstständig. Unter dem Motto „Mache deinen Arbeitsalltag zum Erlebnis!" unterstützt und befähigt sie ihre Kunden, zum aktiven Gestalter ihres Arbeitsalltags zu werden. Dabei ist es ihr wichtig, ihre von außen in das Projekt gebrachten Kompetenzen beim Kunden intern zu verankern, um ein nachhaltiges System der Zusammenarbeit sicherzustellen. Zu ihren Kunden gehören unter anderem Pharma- und Medizintechnikunternehmen, die sie dabei berät, agile Methoden und Praktiken im regulierten Bereich anzuwenden.

Als lösungsfokussierte Coach tritt Sabina Lammert auch gern aus ihrer Rolle als Beraterin zurück und unterstützt ihre Kunden in Einzel- und Gruppengesprächen dabei, ihre eigenen sinnvollen nächsten Schritte zu identifizieren. Seit März 2021 firmiert sie mit Anna Wörner unter der gemeinsamen Marke leadventure. Beide teilen eine große Leidenschaft für die klare Vermittlung von Wissen unter Verwendung von Serious Games, Visualisierungen und anderen interaktiven Übungen.

Was ist deine Lieblingsmethode im Buch?

Das ist eine sehr schwierige Frage für mich, da ich mehrere Lieblingsmethoden in diesem Buch habe. Eine Methode, die jedoch über die unmittelbare Anwendung hinaus meine Denkweise geprägt hat, ist die Lösungspyramide. Dieser lösungsfokussierte Ansatz hat mich gelehrt, dass aufmerksames Zuhören und die richtigen Fragen wichtiger sind als meine gutgemeinten Ratschläge.

Was ist für dich an digitaler Transformation spannend?

Es ist vor allem der kulturelle Wandel. Die Mehrheit der Mitarbeiter ausreichend auf diese Reise vorzubereiten und sie bei den bevorstehenden Veränderungen angemessen zu unterstützen, ist eine Herausforderung für jede Organisation. Als Beraterin und Coach freue ich mich, mein Wissen meinen Kunden zur Verfügung zu stellen und gemeinsam diesen Weg zu gehen.

Was ist digitale Transformation" für dich?

In der digitalen Transformation sehe ich eine Chance für Unternehmen, ihre eigenen Produkte, Kompetenzen und Zusammenarbeitsmodelle innovativ zu hinterfragen und für die Zukunft nachhaltig neu aufzustellen.

Anja Faber (Illustration)

Anja Faber wurde 1990 in München geboren und wuchs im Münchner Umland auf. Nach dem Abitur war sie sechs Monate lang mit dem internationalen Musik-, Kultur- und Bildungsprogramm „Up with People" in den USA, Mexiko und Skandinavien unterwegs. Eine Gruppe von 120 jungen Menschen aus 24 verschiedenen Ländern reiste dabei jede Woche in eine andere Stadt, in der sie eine interkulturelle Show mit Liedern und Tänzen aus der ganzen Welt performten, bei Gastfamilien lebten und ehrenamtliche Tätigkeiten verrichteten. Vom Leiten von Anti-Rassismus-Workshops in finnischen Schulen über das Packen von Essenspaketen in Denver (USA) bis hin zum Aufbau von Spielplätzen in Mexiko hat sie dabei reichlich Erfahrungen gesammelt.

Neben ihrer Leidenschaft für Kulturen und Sprachen lebte Anja Faber ihre Kreativität aus, indem sie 2016 zusätzlich zu ihrem Bachelorabschluss in Interkultureller Germanistik an der LMU München den Abschluss zur Geprüften Grafikdesignerin absolvierte.

Durch die Arbeit für diverse E-Commerce-Shops im Bereich Kinderartikel, Sport und Innengestaltung hat Anja Faber viel Erfahrung in der digitalen Welt sammeln können. Newsletter- und Bannerwerbung sowie das Gestalten für soziale Medien gehörten dabei zu ihrer täglichen Arbeit.

Besondere Freude fand sie am Entwerfen und Optimieren von Webseiten und am Konzipieren und Designen von Softwareanwendungen für das Web und Apps. Über die Zeit hat sich immer mehr ihre Leidenschaft für UX-Design herausgestellt, die Gestaltung und Optimierung der Nutzererfahrung auf Webseiten und in digitalen Programmen. Komplizierte Vorgänge übersichtlich darzustellen und Abläufe zu vereinfachen, ist für sie eine spannende Aufgabe.

Heute arbeitet Anja Faber als UX-Designerin an webbasierten Lösungen und Diensten für das Gesundheitswesen und freut sich zusätzlich zu ihrer digitalen Arbeit, analoge Aufträge wie die Illustrationen in diesem Buch anzufertigen.

www.design-faber.de

Neu-Innovation (Fotos)

Sabine und Jørn Rings sind mit ihrem Team der NEU – Gesellschaft für Innovation die Gestalter der Innovationsbereiche, Workshopzonen und agilen Projekträume, die in diesem Handbuch dargestellt sind.

Beide sind Experten für Raum- und Arbeitsweltkonzepte nach New-Work-Grundsätzen und schaffen nachhaltige Veränderungen in Unternehmen, indem sie die Beschäftigten der Organisationen von Anfang an eng in den Prozess einbinden.

Sie haben das Team-Office-Prinzip (TOP) entwickelt, mit dem sich team- und ideenfördernde Bürowelten konzipieren lassen. Sie betreiben außerdem das New Work Lab „Zur Goldenen Idee“.

www.neu-innovation.de

www.goldene-idee.de

Every company is an IT company

Es gibt in jedem Projekt zur digitalen Transformation immer eine unausweichliche Konsequenz bzw. Naturkonstante: Es wurde immer irgendwo, von irgendwem ein Quellcode geschrieben! Egal ob unmittelbar im Projekt oder mittelbar durch die Nutzung vorhandener digitaler Komponenten.

Machen Sie sich diese Konsequenz stets und immer sehr klar. In diesem Sinne und in dem Anspruch, mit diesem Buch ein ganzheitliches Werk zu schaffen, das einen 360-Grad-Blick möglich macht, lassen wir an dieser Stelle einen Freund und leidenschaftlichen Softwareentwickler zu Wort kommen: „Lieber Kajetan Mischok. Danke dir für diesen wichtigen Blickwinkel!"

***

Unsere ersten Berührungspunkte mit der IT-Branche hatten wir im Jahr 2006. Sie erinnern sich vielleicht an die Fußball-WM in Deutschland und eine relativ frisch gewählte Kanzlerin Angela Merkel, die zu ihrem Amtsantritt ein Jahr zuvor noch ohne iPhone auskommen musste. Dieses kam erst 2007 auf den Markt. Die Technologie- und Medienwelt hat sich seitdem nicht nur durch Apples Innovationen massiv gewandelt. Das alltägliche Leben heute ist durch diese Veränderungen kaum mit dem vor 15 Jahren vergleichbar.

Mit ihrem Smartphone in der Hand können sie diese Transformation jeden Tag bewusst erleben. Sie können sich staunend daran erinnern, wie es in einer Zeit vor der Verfügbarkeit von Smartphones gewesen ist. Wie haben Sie zuvor Ihr Bahnticket gebucht oder den Weg in einer fremden Stadt gefunden? Wie haben Sie kommuniziert?

Und doch glauben wir, dass die wirklich relevanten Entwicklungen vollkommen an Ihnen vorübergehen.

Die heutige Welt ist eine komplett andere als die von 2006 und die Welt in 15 Jahren wird wiederum eine andere sein als heute. Und wir glauben, dass Sie das noch nicht realisiert haben. Wir glauben, dass Sie davon erst etwas bemerken, wenn es schon lange zu spät ist.

Der Grund dafür ist ganz einfach: Software! Wer wofür von wem Software kauft und wie Software entwickelt wird, befindet sich in einem fundamentalen Wandel. Es wird Firmen geben, die heute niemand kennt und die diesen Wandel für sich nutzen werden. Gleichzeitig werden Firmen untergehen, von denen Sie das niemals gedacht hätten.

Lassen Sie uns bildhaft anschauen, wie wir die IT-Branche in den 2000ern erlebt haben: Es ist Sommer 2006. Sie wollen einige Freunde einladen, um mit ihnen das WM-Achtelfinale zu schauen. Die deutsche Elf um Lahm, Schweinsteiger und Klose tritt gegen Schweden an (und werden diese mit einem souveränen 2:0 besiegen). Ihre Planung für Grill und Getränke steht, aber der Wetterbericht macht Ihnen Sorgen. Ideal wäre also noch eine Überdachung für Ihre Gäste, falls es regnet. Glücklicherweise gibt es Firmen, die genau darauf spezialisiert sind!

Das beauftragte Unternehmen beginnt mit dem Bau einer einfachen, modularen Lagerhalle. Sie bietet bequem Platz für alle Gäste. Die großen seitlichen Türen können bei schönem Wetter geöffnet werden, und nachts entsteht nicht so viel Lärmbelästigung für die Nachbarschaft. Optional könnten Sie, zu einem späteren Zeitpunkt, sogar noch eine Photovoltaikanlage auf dem Dach installieren und Geld mit dem selbsterzeugten Strom verdienen. Die Lösung hat also wirklich Potenzial!

Natürlich winken Sie freundlich ab. Ohne die Vorteile infrage stellen zu wollen, ist die skizzierte Lösung maßlos überdimensioniert und vor allem viel zu teuer. Im Fall ihrer WM-Party haben Sie Glück, da Sie um Faltpavillons und Partyzelte wissen und es Ihnen demnach leichtfällt, das Angebot zu bewerten.

Die „goldenen" Jahre der Softwarebranche

Hätten Sie jedoch vor der Jahrtausendwende versucht, eine Geschäftsidee softwaregestützt umzusetzen, es wäre Ihnen wohl anders ergangen. Die Branche der Softwaredienstleistung, wie wir sie heute kennen, befand sich noch in der Findungsphase. In vielen Bereichen fehlten langfristige Erfahrungswerte. Gleichzeitig war das Innovationstempo beängstigend, sowohl für Werkzeuge und Bibliotheken wie für die Hardware, auf der die Software dann betrieben wurde.

Viele Programmierer:innen blicken wehmütig auf diese Zeit zurück. Es musste wenig erklärt werden. Durch Unwissenheit und Unerfahrenheit der Beauftragenden ergab sich ein großes Machtmonopol für die technikaffinen Nerds, wie wir sie heute nennen würden. Einfach gesagt: Der breiten Masse war nicht klar, wie Software strukturiert ist und mit welchem Vorgehen Systeme aufgesetzt, entwickelt, gewartet und angepasst werden. Man verließ sich blind auf diejenigen, die etwas davon verstanden. Oder zumindest verstehen sollten.

Getrieben von dem Wunsch nach flexiblen Lösungen und dem Entdeckertrieb in Bezug auf Frameworks, Technologien und Bibliotheken, erstellten die Fachleute dann eben oft die Lagerhalle als Regenschutz für die kleine Gartenparty. Pünktlich fertig war sie im Übrigen auch in den seltensten Fällen, weil Unvorhergesehenes dazwischenkam oder sich Rahmenbedingungen änderten.

Agile Methoden als Silver Bullet

Die Folge: Nur ein Bruchteil der Softwareprojekte wurde pünktlich, geschweige denn innerhalb des Kostenrahmens fertig. Zum Teil wurden astronomische Beträge investiert, ohne jemals ein einsetzbares Produkt zu erhalten. Mit dem im Jahr 2001 veröffentlichten agilen Manifest begab sich die Branche in einen substanziellen Wandlungsprozess. Während die Arbeit zuvor eher handwerklich geprägt war, versuchte man nun, durch agile Methoden die Profession als Ingenieursdisziplin zu interpretieren.

Prozesse wie Scrum sorgten in der Folge für deutlich mehr Austausch zwischen den verschiedenen Beteiligten. Die auf kurze Iterationen optimierten Methoden bewirkten zumindest weniger komplett fehlschlagende Projekte, da sie die Änderung von Anforderungen und Rahmenbedingungen als normal ansahen und im Prozess berücksichtigten. Auch sorgten deutlich verbesserte Frameworks und Bibliotheken für eine schnellere Entwicklung und das langsam sinkende Innovationstempo führte zur Etablierung von Standards. Kurz gesagt: Es wurden weniger Zeit und Geld verschwendet.

So glänzend die Ideen aus dem agilen Manifest in der Theorie erscheinen, so schwierig gestaltete sich deren Umsetzung im Alltag. Einerseits ist es praktisch unmöglich, in einer Organisation mit gewachsenen Strukturen isolierte Softwareprojekte mithilfe eines agilen Prozesses durchzuführen. Auf der anderen Seite entfalten agile Methoden ihre Stärken ausschließlich in flexiblen vertraglichen Modellen: Alle Versuche, einen Werkvertrag mit reinem Scrum umzusetzen, sind zum Scheitern verurteilt. Andererseits ist durch die verschwenderischen Jahre die Kostensensitivität der Beauftragenden gestiegen und der Wunsch nach Risikominimierung nachvollziehbar.

Aktuelle Bestrebungen wie Modern Agile versuchen, an den Schwächen der mittlerweile etablierten Prozesse zu arbeiten. So offensichtlich die Unzulänglichkeiten sind, so wenig konkrete Vorschläge liegen jedoch derzeit auf dem Tisch. Aber auch große Konzerne und Organisationen passen langsam ihre Strukturen an, um die Basis für agile Methoden zu schaffen.

Blick in die Glaskugel

Software ist schon heute ein ständiger Begleiter und ihr Stellenwert wird durch die fortschreitende Digitalisierung immer weiter steigen. Obwohl in der Vergangenheit individuelle Softwarelösungen geschaffen wurden, die neue Probleme mit sich brachten, ohne das eigentliche zu lösen, werden automatisierte Prozesse in Zukunft trotzdem das Benzin im Tank der digitalen Transformation sein. Beziehungsweise die elektrische Energie in den Batterien. Oder doch der grüne Wasserstoff für die Brennstoffzelle?

Es ist möglich, ein Projekt, das um die Jahrtausendwende ein Jahr gedauert hat, mit den heutigen Technologien und Prozessen in weniger als einem Monat umzusetzen. Unzählige Teams haben das bewiesen. Während sich das Streben nach perfekten technischen Lösungen als nicht wirtschaftlich entpuppt hat, setzt sich das Verständnis durch, dass Wirtschaftlichkeit die wahre Perfektion ist.

Nur durch die bloße Anwendung agiler Methoden und Prozesse lösen sich noch nicht allzu viele Probleme. Insbesondere sind sie kein Garant dafür, ein wesentliches Spannungsfeld aus der Welt zu schaffen: den Anspruch an die Wertschöpfung durch Software. Während sich diese in der klassischen Produktentwicklung über Kunden- und Umsatzzahlen noch halbwegs beziffern lässt, bleibt sie doch immer noch zu häufig schwer greifbar und fast mystisch. Diese Tatsache verwundert, da in der Vergangenheit doch viel zu viel Geld für Software ausgegeben wurde, die sich am

Ende nie amortisiert hat. Da die Wertschöpfung in vielen Fällen schwer messbar und visualisierbar ist, erfordert es ein hohes Maß von Verantwortungsbewusstsein – auch und insbesondere von Software-Entwickler:innen.

Diese Erkenntnis hat weitere Implikationen für Anforderungen an Tätigkeiten innerhalb der Softwareentwicklung. Gestartet mit eher handwerklicher Ausprägung erforderten die agilen Methoden ein höheres Maß an Kommunikation. In Zukunft werden alle Beteiligten einen noch ganzheitlicheren Blick auf das Endprodukt etablieren müssen, also insbesondere auch betriebswirtschaftliche Aspekte einfließen lassen. Nicht am Rande oder rein zur Kenntnisnahme, sondern in der alltäglichen Arbeit, bei jeder Teilaufgabe.

Den Fachkräftemangel, durch die zum Teil drastische Lage treffender als „War of Talents" bezeichnet, wird durch diese Entwicklung zusehends verschärft. Schon heute erfordert das Recruiting von IT-Spezialist:innen deutlich mehr als nur eine einfach Stellenausschreibung. Von den anspruchsvollen Kommunikationsstrukturen in Projekten ganz zu schweigen. Damit alle Beteiligten jederzeit verantwortliche Entscheidungen für das Produkt treffen können, müssen zahlreiche Informationen transparent gemacht werden und ein Klima absoluten Vertrauens herrschen. Hohe Anforderungen für viele Organisationen!

Vermutlich wird sich die gesamte Wirtschaftswelt grundlegend verändern: Gene Kim stellt in seinem Roman „The Phoenix Project" die These in den Raum, dass jede Firma mittelfristig eine IT-Firma sein wird – unabhängig davon, in welcher Branche sie tätig ist oder tätig zu sein glaubt: „A bank is just an IT company with a banking license". So viel Anspruch in dieser Erkenntnis auch steckt, so viel Sinn macht sie doch bei näherer Betrachtung: Software wird nicht mehr um der Digitalisierung willen erstellt, sondern sie löst punktgenau konkrete Herausforderungen.

Würde die flächendeckende Integration von IT im Allgemeinen und Softwareentwicklung im Speziellen in die fachlichen Abteilungen viele der zuvor genannten Probleme lösen, ergeben sich für Unternehmen neue Herausforderungen: Wie gelangen Spezialisten abteilungsübergreifend in Austausch? Wie bleiben sie auch über Jahre am technologisch am Ball? Wie gelingt ein kontinuierlicher Verbesserungsprozess bei den Methoden und Werkzeugen?

Softwaresysteme auf der grünen Wiese zu erstellen, wird zum Luxus. Manchmal kann es sinnvoll sein, die Lagerhalle zu bauen, und mit entsprechendem Return of Invest spricht natürlich auch gar nichts dagegen. Aber in vielen Fällen genügt der gemietete Faltpavillon. Konkreter: Lohnt es sich wirklich, für die datenschutzkonforme Speicherung von Kontaktdaten ein komplett neues System zu entwerfen, zu entwickeln und zu betreiben oder gibt es eine Standardlösung, die durch entsprechende manuell ausgeführte Unternehmensprozesse gestützt die Anforderungen bereits erfüllt? Letzteres wird fast immer wirtschaftlicher sein. Unterstützt wird diese Entwicklung durch No-Code und Low-Code Frameworks, das es Beteiligten ohne technische Kenntnisse ermöglicht, Software zur Verfügung zu stellen.

Der Ball liegt bei den Unternehmen. Wer akzeptiert die Erkenntnis, ein IT-Unternehmen innerhalb einer speziellen Branche zu sein? Wer ist bereit, gewachsene und bewährte Unternehmensstrukturen dahingehend anzupassen, dass Mitarbeitende langfristig motiviert sind und verantwortungsbewusst handeln? Wem gelingt es, werteorientierte Spezialist:innen auch langfristig an das eigene Unternehmen zu binden? Es geht um wesentlich mehr als um Programmiersprachen und Technologien. Der nächste Entwicklungsschritt der Softwarebranche betrifft vor allem diejenigen, die sich heute noch nicht davon betroffen fühlen. Denken Sie daran: „Every company is an IT company...".

Kajetan Mischok

www.mischok.de